Biologie für Mediziner
und Naturwissenschaftler

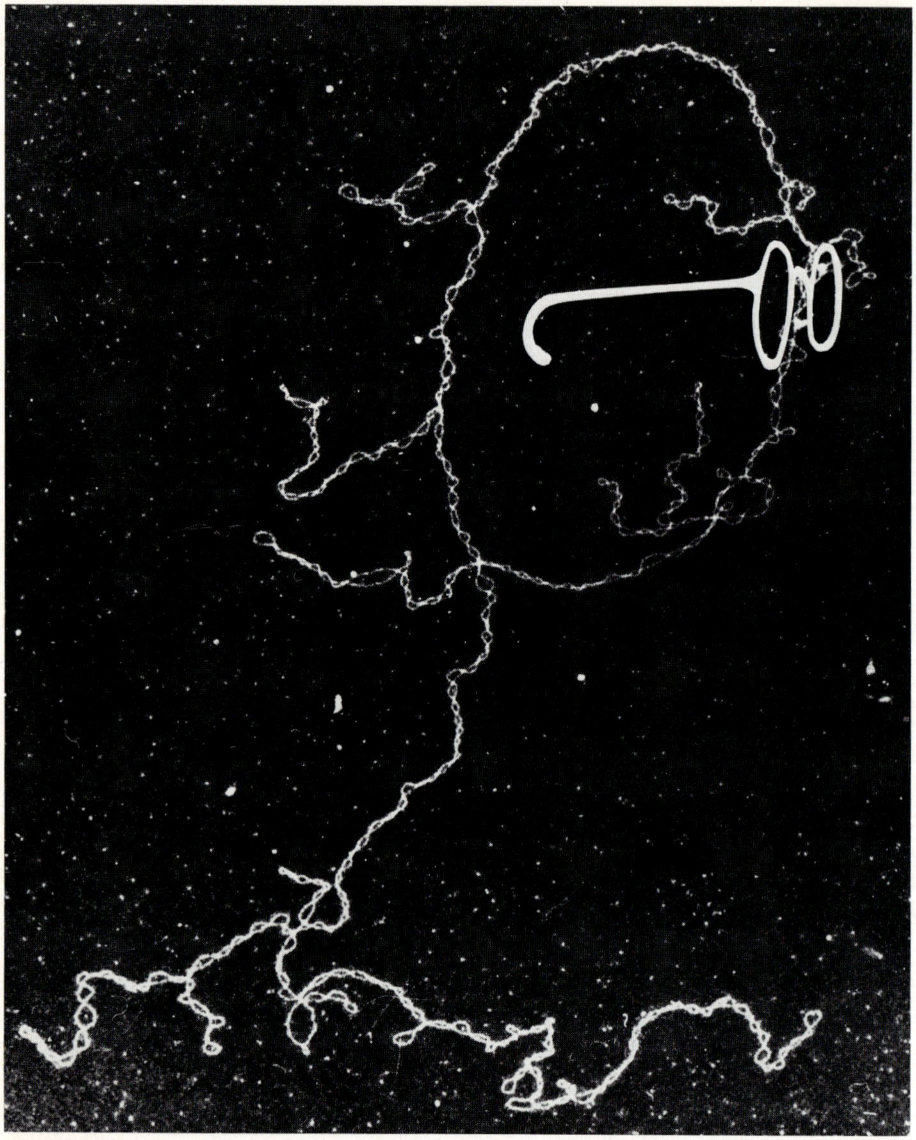

„Professor DNA", elektronenmikroskopische Aufnahme einer DNA mit Dekoration
(Aufnahme: G. Klotz, Ulm)

Biologie für Medziner

und Naturwissenschaftler

Monica Hirsch-Kauffmann
Manfred Schweiger

3., überarbeitete und erweiterte Auflage

398 meist zweifarbige Abbildungen in 529 Einzeldarstellungen
69 Tabellen

1996
Georg Thieme Verlag Stuttgart · New York

Für Katja, Susann und Michal-Ruth

Prof. Dr. med. Monica Hirsch-Kauffmann,
verh. Schweiger
Institut für Med. Biologie und Humangenetik
Universität Innsbruck
Schöpfstraße 41
A-6020 Innsbruck

Prof. Dr. med., Dr. rer. nat. Manfred Schweiger
Institut für Biochemie
Freie Universität Berlin
Thielallee 63
14195 Berlin-Dahlem

Die Deutsche Bibliothek – CIP-Einheitsaufnahme

Hirsch-Kauffmann, Monica:
Biologie für Mediziner und Naturwissenschaftler : 69 Tabellen / Monica Hirsch-Kauffmann ; Manfred Schweiger. – 3., überarb. Aufl. – Stuttgart ; New York : Thieme, 1996
NE: Schweiger, Manfred:

1. Auflage 1987
2. Auflage 1992

Wichtiger Hinweis:

Wie jede Wissenschaft ist die Medizin ständigen Entwicklungen unterworfen. Forschung und klinische Erfahrung erweitern unsere Erkenntnisse, insbesondere was Behandlung und medikamentöse Therapie anbelangt. Soweit in diesem Werk eine Dosierung oder eine Applikation erwähnt wird, darf der Leser zwar darauf vertrauen, daß Autoren, Herausgeber und Verlag große Sorgfalt darauf verwandt haben, daß diese Angabe **dem Wissensstand bei Fertigstellung des Werkes** entspricht.

Für Angaben über Dosierungsanweisungen und Applikationsformen kann vom Verlag jedoch keine Gewähr übernommen werden. **Jeder Benutzer ist angehalten,** durch sorgfältige Prüfung der Beipackzettel der verwendeten Präparate und gegebenenfalls nach Konsultation eines Spezialisten festzustellen, ob die dort gegebene Empfehlung für Dosierungen oder die Beachtung von Kontraindikationen gegenüber der Angabe in diesem Buch abweicht. Eine solche Prüfung ist besonders wichtig bei selten verwendeten Präparaten oder solchen, die neu auf den Markt gebracht worden sind. **Jede Dosierung oder Applikation erfolgt auf eigene Gefahr des Benutzers.** Autoren und Verlag appellieren an jeden Benutzer, ihm etwa auffallende Ungenauigkeiten dem Verlag mitzuteilen.

Satz: Druckhaus Götz GmbH, Ludwigsburg
(Linotype System 5 [202])

Druck: Appl, Wemding

ISBN 3-13-706503-8   2 3 4 5 6

Vorwort zur dritten Auflage

Die außerordentlich freundliche Aufnahme, die auch der zweiten Auflage dieses Lehrbuches zuteil geworden ist, machte mehrere Nachdrucke notwendig. Durch den schnellen Wissenszuwachs auf einigen Gebieten wurde eine überarbeitete Neuauflage erforderlich. Neben Ergänzungen und Verbesserungen in fast allen Kapiteln wurde besonders neuen und bedeutsamen Entwicklungen in der Gentechnologie Rechnung getragen. Es wurden Mechanismen des Spleißens, Ribozyme, posttranskriptionelle Regulation der Aconitase („Eisen-spezifische Elemente"), Enhancer und Silencer, Pseudogene und Telomerase eingefügt. Molekulare Entwicklungsgenetik und Techniken mit transgenen Tieren wurden aufgenommen. Die neuesten Erkenntnisse u. a. auf Gebieten der mitochondrialen Erkrankungen, der cystischen Fibrose, der Triplett-Expansions-Krankheiten, der elterlichen Prägung und der DNA-Reparatur wurden ebenfalls eingebracht. Herr Gratzer hat das Buch wieder um einige interessante Bilder bereichert.

Wir danken herzlich für die zahlreichen Zuschriften mit Verbesserungsvorschlägen und Anregungen. Besonders hat uns das intensive Echo von seiten der Studenten gefreut, aber auch die vielen zustimmenden und ermutigenden Reaktionen von Kollegen und Freunden waren sehr wohltuend. Gerne würden wir an dieser Stelle unseren Dank namentlich aussprechen, müssen aber leider aus Platzgründen darauf verzichten

Die Zusammenarbeit mit dem Verlag war wieder erfreulich und effizient. Besonders danken wir dem Abteilungsleiter der Herstellung, Herrn Krüger, daß er auch im Chaos Ruhe bewahrte und uns in persönlichem Einsatz zur Seite stand. Unsere Töchter Katja, Susann und Michal-Ruth, die zunächst aus diesem Buch lernten, haben jetzt mit Sachverstand Anregungen gegeben und Fehler beseitigt. Trotz aller Umsicht sind von letzteren sicher noch so manche unentdeckt geblieben. Für Hinweise werden wir deshalb weiterhin sehr dankbar sein, ebenso für Verbesserungsvorschläge und Anregungen.

Wer verstehen möchte, wie das Buch beim Lernen am besten zu handhaben ist, sei auf das Vorwort zur ersten Auflage verwiesen. Ergänzend sei erwähnt, daß alle satzartigen Überschriften, unabhängig davon, ob rot oder schwarz gedruckt, einen Teil des Repetitoriums darstellen.

Wir hoffen, daß das Buch Interesse wecken und das Lernen erleichtern wird!

Berlin und Innsbruck,
im Februar 1996

Monica Hirsch-Kauffmann
Manfred Schweiger

Vorwort zur ersten Auflage

Die Biologie wird häufig bei der Ausbildung von „Nebenfach-Studenten" allzu stiefmütterlich behandelt. Dabei wird übersehen, welch eine zentrale Rolle die grundlegenden Vorgänge in der Biologie für das Verständnis z. B. der Biochemie, Pathologie, Physiologie oder Pharmakologie spielen. Die zur Verfügung stehenden Lernhilfen sind beschränkt. Vorlesungsmitschriften und auf die Bedürfnisse der entsprechenden Universitäten abgestimmte Skripten, führen häufig nur zur Vermittlung von Spezialwissen bzw. zum Lernen des jeweiligen Prüfungsstoffes. Immer wieder wurde sowohl von seiten der Lernenden als auch von Lehrenden der Wunsch nach einem didaktisch durchdachten Lehrbuch laut, das den Bedürfnissen der verschiedenen Universitäten gerecht werden könnte. Ist die Biologie für die Mediziner ein zentrales Grundlagenfach, so gewinnt sie auch für die Pharmazeuten und Chemiker zunehmend an Bedeutung durch das immer größer werdende Angebot an Biochemie und Pharmakologie. Häufig fehlt diesen Studenten der biologische Bezug und es wird vermehrt nach einer Möglichkeit gesucht, in vertretbarer Zeit, biologische Grundlagen zu erlernen.

Die Intention dieses Biologiebuches ist es, nach modernen didaktischen Gesichtspunkten biologische Grundprinzipien zu präsentieren. Zu diesem Zweck wurde der relevante Stoff, der sich zum großen Teil durch die Richtlinien des Gegenstandskataloges für die Ausbildung der Mediziner in Biologie ergab, zusammengetragen und möglichst straff gegliedert. Die Bereiche der Biologie wurden 14 Kapiteln zugeordnet und innerhalb der Kapitel entsprechend der Wertigkeit ihrer Aussagen untergliedert. Die einzelnen Abschnitte wurden dabei bewußt häufig kurz gehalten, damit der Überblick besser gewahrt wird. Nicht immer war die Kürze des Buches Leitmotiv, häufig wurden Vorgänge ausführlicher dargestellt, damit sie in ihrer Komplexität besser erfaßt werden können. Zusatzinformationen, die dem besonders interessierten Leser zugute kommen sollten, wurden in Kleindruck gesetzt. Dieses Buch soll nach Möglichkeit ohne Zuhilfenahme weiterer Bücher lesbar sein. Allerdings wurde auf eine ausführliche Darstellung chemischer Grundlagen verzichtet und ein klinisches Wörterbuch wäre sicher zum Verständnis hilfreich. Da natürlich ein Hauptziel die Erleichterung der Aneignung von Wissen und besonders von Prüfungswissen sein soll, haben wir in dieses Buch Lernerleichterungen eingebaut.

Wir haben versucht, ein Repetitorium derart einzubeziehen, daß diese Teile des Lehrbuches auf den ersten Blick am Farbraster zu erkennen sind. Auch Tabellen und Abbildungen, die zur Wiederholung des Stoffes unerläßlich sind, wurden auf einen braunen Raster gesetzt. Ebenfalls zum Repetitorium gehören die Überschriften, die in Form von Merksätzen den Leitfaden des entsprechenden Abschnittes wiedergeben.

Besondere Sorgfalt wurde bei der Erstellung des Glossars aufgewendet, das sich durch farbige Randmarkierung als zum Repetitorium gehörend ausweist. Dieses Glossar soll unter anderem dem Studenten zur Eigenkontrolle seines Wissens dienen. Er schlägt ein Stichwort auf und kann selbst überprüfen, ob die entsprechenden Aspekte bereits zu seinem Wissensschatz gehören. Die zahlreichen Abbildungen sind ebenfalls als Lernerleichterung gedacht und wurden nach didaktischen Gesichtspunkten optimiert.

Alle Punkte des Gegenstandskatalogs wurden im Text berücksichtigt. Darüber hinaus ergab sich die Notwendigkeit, in wesentlichen Abschnitten über den Gegenstandskatalog hinauszugehen. So verlief zum Beispiel die Entwicklung der Gentechnologie in den letzten Jahren derartig rasant, daß der Gegenstandskatalog nicht schnell genug angepaßt wurde. Ein elementares Wissen über die Möglichkeiten dieses Gebietes ist für die Biologieausbildung unerläßlich. Ebenso erlangt die Parasitologie immer größere Bedeutung, nicht nur wegen der steigenden Zahl der von Parasiten betroffenen Menschen, sondern auch wegen grundlegender biologischer Aspekte, die sich aus der Parasitologie ergeben. Eine gewisse Kenntnis darüber ist als Rüstzeug für einen angehenden Mediziner unumgänglich. Auch die Virologie geht über den Rahmen des Gegenstandskatalogs hinaus. Ihre Bedeutung, die sie in der letzten Zeit z. B. durch Hepatitis, Aids oder Onkogene und Protoonkogene und damit für die Tumorbiologie gewonnen hat, ist immens. Diese Erweiterung der Grundkenntnisse auf einzelnen Gebieten der Biologie sollen keine Konkurrenz für Grundvorlesungen oder Fachlehrbücher sein. Es sollen nur die biologischen Grundlagen zusammenhängend dargestellt und Verständnis für Zusammenhänge bei den Studenten geweckt werden.

Es war das Hauptziel unserer Bemühungen, den Studenten ein gut les- und lernbares Lehrbuch der Biologie in die Hand zu geben. Sicherlich werden wir mit diesem Buch nicht in der Lage sein, nachträglich unsere Deutschlehrer zu erfreuen. Besonderes Kopfzerbrechen hat uns die „c“-, „k“- bzw. „z“-Schreibung bereitet. Um den Studenten den Zugang zur angelsächsischen Literatur zu erleichtern, haben wir in vielen Fällen zugunsten der dort üblichen Schreibweise entschieden. Wir hoffen sehr, daß die Benutzer dieses Buches uns Fehler und Unklarheiten, die sich eingeschlichen haben, mitteilen werden. Für Hinweise auf Unstimmigkeiten werden wir jederzeit sehr dankbar sein – insbesondere für Anregungen und konstruktive Kritik in bezug auf Didaktik oder Inhalt, um gegebenenfalls in Zukunft Verbesserungen vornehmen zu können.

Dieses Buch verdankt zu einem großen Teil seine Entstehung der Entdeckung des zeichnerischen Talents von Herrn cand. med. Jakob Gratzer, der mit großer Ausdauer und hohem Sachverständnis unsere Vorlagen in die Zeichnungen dieses Buches umsetzte. Er hat versucht, mit den Augen eines Studenten die Bilder kritisch zu betrachten und hat in manchen schlaflosen Nächten Frustrationen zugunsten neuer künstlerischer Eingebungen zu überwinden verstanden. Ergänzt wurden die Bemühungen von Herrn Gratzer durch das verlagsinterne Zeichnerteam, mit Herrn Dambacher und Frau Weigend, die mit größter Geduld und persönlichem Einsatz unseren zahlreichen Korrekturwünschen nachkamen. Wir danken ganz besonders herzlich unseren vielen Freunden und Kollegen, die uns ihre schönsten Fotos der verschiedensten biologischen Objekte zur Verfügung gestellt haben. Die Namen sind unter den Bildern vermerkt. Für die E.M.-Aufnahmen des „Institut für Virologie, Gießen“ danken wir unserem Freund Prof. Rudi Rott. Unser besonderer Dank gilt weiterhin Frau Traudl Auer, Frau Friedl Schraffl und Frau Christine Schardt, die unterstützt von Frau Eva Dollinger die mühsame Arbeit des Übertragens eines unleserlichen Manuskripts in eine Reinschrift ohne Klage durchgeführt haben. Für das Lesen von Teilen dieses Manuskripts und daraus resultierender konstruktiver Kritik danken wir Herrn Prof. Kern (Marburg) und Herrn Prof. Schmieger (München). Für mannigfaltige Hilfestellung danken wir unseren Mitarbeitern im Institut für Biochemie (Nat. Fak.) und im Institut für Medizinische Biologie und Genetik, die so manche Höhen und Tiefen der Manuskripterstellung mit uns durchlitten haben. Herrn Harald Weirich und unseren Töchtern Susann und Katja sei besonders für die Hilfe bei der Fertigung des Registers gedankt.

Wesentlich erleichtert wurde unsere Aufgabe durch die für uns in jeder Richtung erfreuliche Zusammenarbeit mit dem Georg Thieme Verlag. Dankbar sind wir Herrn Dr. Heinrich, der mit großem Engagement geholfen hat, entscheidende Hürden zu überwinden. Für ihre bewundernswerte Geduld und das stets einfühlsame Verständnis bei der schwierigen Aufgabe der Endfertigung danken wir besonders Frau Hieber und Herrn Krüger. Einen entscheidenden Anteil daran, daß dieses Buch erscheinen konnte, hatte auch Herr Dr. Greuner, der mithalf, eine außergewöhnliche Anfangsschwierigkeit zu überwinden und in großzügiger Weise die Entstehung dieses Buches gefördert hat.

Wir haben dieses Buch geschrieben, um das Interesse an dem faszinierenden Gebiet der Biologie bei unseren Studenten zu wecken und ihnen das Lernen zu erleichtern. Es ist unser größter Wunsch, daß diese „Biologie für Mediziner, Pharmazeuten und Chemiker“ nicht nur ein Buch zum Lernen, sondern auch ein Buch zum Lesen werden wird.

Innsbruck, im Juli 87

Monica Hirsch-Kauffmann
Manfred Schweiger

Inhaltsverzeichnis

Kapitel 1

Zellbiologie ... 1

1.1 Methoden der Zellbiologie ... 2

1.2 Die eukaryontische Zelle besteht aus Membranen, Cytosol und Organellen ... 3

1.3 Membranen ... 5
1.3.1 Membranen haben viele Funktionen ... 5
1.3.2 Membranen ähneln sich in ihrem Aufbau .. 6
1.3.3 Wichtigstes Merkmal einer Membran: ihre Fluidität ... 8
1.3.4 Lipide und Glycolipide sind asymmetrisch verteilt ... 8
1.3.5 Biologische Membranen enthalten Proteine und bestätigen das Fluid-mosaic-Modell ... 9
1.3.6 Die Zellen sind außen von einer Glycokalix umgeben ... 10
1.3.7 Die Erythrocyten-Membran eignet sich besonders gut als Untersuchungsobjekt 10
1.3.8 Die Hauptmembran-Proteine der Erythrocyten-Membran sind Spectrin, Glycophorin und Band-III-Protein ... 11
1.3.9 Physikalische und biologische Methoden charakterisieren die Fluidität einer Membran ... 11
1.3.10 Stoffaustausch durch Membranen ... 14
1.3.11 Cytosen ... 18
1.3.12 Zellkontakte ... 23
1.3.13 Intrazelluläre Membransysteme ... 32
1.3.14 Membranbegrenzte Organellen: Lysosomen, Peroxisomen ... 40
1.3.15 Mitochondrien sind Doppelmembranbegrenzte Organellen ... 43
1.3.16 Chloroplasten sind auch von Doppelmembranen begrenzt ... 47
1.3.17 Der Nucleus besitzt ebenfalls eine Doppelmembran ... 49

1.4 Der Zellkern ist das Organell der genetischen Information ... 52
1.4.1 Im Kern ist die DNA zusammen mit Proteinen zu Chromatin organisiert ... 52
1.4.2 Spiralisierungs- und Faltungsprozesse packen die DNA auf kleinsten Raum ... 54
1.4.3 Die DNA wird zu Nucleosomen verpackt, zur 30-nm-Fiber spiralisiert und in Schleifen gelegt ... 55
1.4.4 In polytänen Chromosomen werden Gene als Banden sichtbar ... 56
1.4.5 Transkription der DNA erfordert Dekondensierung des Chromatins ... 56
1.4.6 Das Chromatin kommt in zwei Formen vor: dem Euchromatin und dem Heterochromatin ... 56
1.4.7 Konstitutives Heterochromatin steht fakultativem gegenüber ... 57
1.4.8 70% der DNA bestehen aus einmaligen, 30% aus repetitiven Sequenzen ... 57
1.4.9 Im Nucleus liegt der Nucleolus, der Ort der rRNA-Synthese ... 58

1.5 Zellcyclus ... 59
1.5.1 Der Zellcyclus unterteilt sich in die Phasen G1, S, G2 und Mitose ... 59
1.5.2 Die Kern- und Zellteilung ist der Höhepunkt des Zellcyclus ... 61
1.5.3 Der Zellcyclus wird intensiv kontrolliert .. 63

1.6 Meiose ... 65
1.6.1 Die Prophase I ist in fünf Phasen gegliedert ... 66
1.6.2 Metaphase I, Anaphase I, Telophase I ähneln den Stadien einer Mitose ... 69
1.6.3 Die zweite Teilung, die Meiose II, ist eine Mitose ohne DNA-Replikation ... 69

1.7 Cytoskelett ... 70
1.7.1 Mikrotubuli ... 70
1.7.2 Mikrofilamente ... 76
1.7.3 Das Cytoskelett ist an der Zellbewegung beteiligt ... 83
1.7.4 Elemente des Cytoskeletts durchziehen die Mikrovilli ... 84

1.8 Extrazelluläre Matrix ... 85

Kapitel 2

Molekulare Biologie

Molekulare Biologie ... 87

2.1 Das genetische Material ist Desoxyribonucleinsäure (DNA) ... 87
2.1.1 Mit Hilfe von virulenten und avirulenten Pneumokokken bewies Avery die Transformation ... 87
2.1.2 Auch Phagenexperimente bewiesen die DNA als Informationsträger ... 87
2.1.3 Auch RNA kann Informationsträger sein ... 88
2.1.4 DNA-abhängige Enzymsynthese *in vitro* rundet die Beweiskette ab ... 89
2.1.5 Nucleinsäuren sind fadenförmige Makromoleküle ... 90
2.1.6 Die Struktur der DNA erklärt ihre Funktion ... 90

2.2 DNA-Replikation ... 94
2.2.1 Die DNA-Replikation braucht einen Startpunkt ... 94
2.2.2 Die Eukaryonten-DNA hat mehrere Replikations-Startpunkte ... 96
2.2.3 Die DNA-*Polymerase* ist das Replikationsenzym ... 97
2.2.4 Ein RNA-Startmolekül beginnt die Kette ... 97
2.2.5 Die Polymerisation erfolgt in 5'-3' Richtung ... 97
2.2.6 Die RNA-Starter werden durch DNA ersetzt ... 98
2.2.7 Die DNA-Fragmente werden durch *DNA-Ligase* verbunden ... 98
2.2.8 Die Telomerase beugt der Verkürzung der Chromosomen vor ... 100

2.3 Mutation und Rekombination ... 100
2.3.1 Spontane und induzierte Mutationen ändern die Basensequenz ... 100
2.3.2 Chemische Substanzen können Mutationsauslöser sein ... 102
2.3.3 Auch Strahlen lösen Mutationen aus ... 105
2.3.4 Der Mensch kann nur eine gewisse Strahlendosis tolerieren ... 106
2.3.5 Die Mutagenität von Noxen wird durch Mutagenitätstests ermittelt ... 106
2.3.6 DNA-Schäden können durch DNA-Reparatur eliminiert werden ... 109
2.3.7 Genetisches Material kann durch Rekombination durchmischt werden ... 112
2.3.8 Rekombination erfolgt durch Bruch und Wiedervereinigung ... 113

2.4 Transkription und Reverse Transkription ... 113
2.4.1 RNA-Moleküle sind charakterisiert durch den Gehalt an Ribose, Uracil und ihre Einzelsträngigkeit ... 113
2.4.2 Die *Reverse Transkriptase* schreibt RNA in DNA um ... 113
2.4.3 Transkription ermöglicht Botenfunktion, Regulation und Vervielfältigung ... 115
2.4.4 Die DNA-abhängige *RNA-Polymerase* ist das Enzym der Transkription ... 115
2.4.5 mRNA, rRNA und tRNA sind die Transkriptionsprodukte ... 117
2.4.6 Viele RNAs werden als Vorstufen synthetisiert und während eines Reifungsprozesses zurechtgeschnitten ... 117
2.4.7 Die eukaryontische mRNA entsteht durch Spleißen aus hnRNA und durch Modifikation ihrer Enden ... 119
2.4.8 RNA-Redaktion (RNA-Editing) fügt ein, verändert oder entfernt Nucleotide von der mRNA ... 122
2.4.9 Ribonucleinsäuren (RNAs) können als Enzyme wirken: „Ribozyme“ ... 122

2.5 Proteinsynthese – Translation ... 124
2.5.1 Die Proteinsynthese findet an Ribosomen statt ... 124
2.5.2 Die tRNA ist das Verbindungsmolekül zwischen Nucleotid-Code und Aminosäure ... 126
2.5.3 Die Bindung von Aminosäuren an ihre tRNA wird durch Aminoacyl-tRNA-Synthetasen katalysiert ... 127
2.5.4 Nucleotid-Tripletts bilden die Grundlage des genetischen Codes ... 127
2.5.5 Der genetische Code ist degeneriert, nicht überlappend, interpunktionslos und universell ... 129
2.5.6 Synthetische, definierte Basensequenzen führten zur Entzifferung des Codes ... 129
2.5.7 Der Mechanismus der Translation ist komplex ... 130

2.6 Die Genexpression wird mannigfaltig reguliert ... 139
2.6.1 Die Rolle der Regulation ist eine ökonomische ... 139
2.6.2 Die DNA kann eliminiert oder amplifiziert werden ... 139
2.6.3 Auf dem Transkriptionsniveau wird durch kontrollierte Bereitstellung von Messenger reguliert ... 139
2.6.4 Die Mechanismen zur Regulation auf dem Translationsniveau sind zahlreich ... 148
2.6.5 Auch während der Proteinreifung kann reguliert werden ... 149

Kapitel 3

Genetik

Genetik ... 151

3.1 Weismann und Mendel sind die Begründer der Genetik ... 151

3.2 Experimente an Erbsen zeigten die Grundgesetze der Genetik auf ... 152

3.3 Homozygotie und Heterozygotie für ein dominantes Merkmal werden im Testkreuz erkannt ... 155

3.4 Erbmerkmale werden unabhängig voneinander vererbt ... 155

3.5 Allele sind die Zustandsformen eines Gens ... 156

3.6 Das genetische Kombinationsquadrat zeigt die Genotypen und Phänotypen der nächsten Generation ... 160

3.7 Gene des gleichen Chromosoms werden gekoppelt vererbt ... 160

3.8 Rekombination schränkt die Kopplung ein ... 160

3.9 Tetradenanalyse bei *Neurospora* beweist: Rekombination durch Chromatidenüberkreuzung (Crossing-over) ... 163

3.10 Die Häufigkeit der Rekombination zwischen zwei Genen gibt ihre Entfernung an ... 165

3.11 Der Prozentsatz der Rekombination entspricht dem Verhältnis von Rekombinanten zu Gesamtnachkommen ... 166

3.12 Die physikalische Chromosomenkarte korreliert gut mit der genetischen ... 167

3.13 Die Chromosomenzuordnung von Genen erfolgt über Aberrationen, über den Erbgang (X-Chromosom) oder über somatische Zellgenetik ... 168

Kapitel 4

Humangenetik

Humangenetik ... 172

4.1 Schwierigkeiten der Humangenetik sind bedingt durch die Art der Vermehrung und die Komplexität des Genoms ... 172

4.2 Die Stammbaumanalyse ergibt den Genotyp und den Typ des Erbgangs ... 172

4.2.1 Bei der Codominanz werden beide Allele ausgeprägt ... 172

4.2.2 Beim autosomal-dominanten Erbgang wird der Phänotyp vom dominanten Allel bestimmt ... 178

4.2.3 Beim autosomal-rezessiven Erbgang wird der defekte Phänotyp nur bei Homozygoten ausgeprägt ... 180

4.2.4 Bei der X-chromosomal-dominanten Vererbung sind auch die weiblichen Individuen betroffen ... 185

4.2.5 Bei der X-chromosomal-rezessiven Vererbung sind vor allem die Männer betroffen, die Frauen meist Konduktorinnen ... 186

4.2.6 Die Lyon-Hypothese: Nur ein X-Chromosom bleibt aktiv, alle anderen werden inaktiviert ... 189

4.3 Die Ausprägung des Phänotyps unterliegt Variationen ... 190

4.3.1 Genetische Konstitution und Umwelt beeinflussen die Ausprägung des Phänotyps ... 190

4.3.2 Penetranz und Expressivität bestimmen die Ausprägung des Genotyps ... 191

4.3.3 Viele Merkmale werden polygen vererbt .. 191

4.3.4 Das Zusammenspiel von Polygenie und Umweltfaktoren führt zur kontinuierlichen Varianz des Phänotyps ... 192

4.3.5 Die genetisch bedingte Variabilität wird durch die Heritabilität ausgedrückt ... 194

4.3.6 Monozygote Zwillinge sind isogene Menschen ... 194

4.3.7 Abweichung vom Normdurchschnitt offenbart multifaktorielle Erbleiden ... 195

4.3.8 Elterliche Prägung von Genen (Imprinting of Genes) kann zur Variabilität der Ausprägung führen ... 196

Kapitel 5

Cytogenetik

Cytogenetik ... 199

5.1 Chromosomen können spezifisch angefärbt werden ... 199

5.1.1 Zur Darstellung werden die Chromosomen in der Metaphase fixiert ... 200

5.1.2 Ein Chromosom besteht aus zwei Schwesterchromatiden, die im Zentromer zusammengehalten werden ... 202

5.1.3 Die Nucleolus-Organisator-Region liegt an Satelliten ... 202

5.1.4 Die Chromosomen werden nach Größe, Form und Banden klassifiziert ... 203

5.1.5 Chromosomale Polymorphismen sind charakteristische Merkmale ... 204

5.2 Chromosomen können Abnormitäten, Aberrationen zeigen 204
5.2.1 Bei numerischer Aberration ist die Zahl der Chromosomen verändert 204
5.2.2 Strukturelle Aberrationen sind sichtbare Veränderungen der Chromosomen 212

5.3 In der pränatalen Diagnose können Chromosomenaberrationen und Stoffwechseldefekte festgestellt werden 224

Kapitel 6

Populationsgenetik 226

6.1 Die Populationsgenetik untersucht das Schicksal von Allelen in Populationen ... 226

6.2 Die Allelfrequenzen charakterisieren den Gen-Pool 227

6.3 Die Heterozygotenhäufigkeit kann aus der Anzahl der Homozygoten ermittelt werden 229

6.4 Aus der Allelfrequenz kann die Zahl der Heterozygoten und der Homozygoten ermittelt werden 229

6.5 Kleine Populationen unterliegen leicht Veränderungen 230

6.6 Separationsmechanismen von Populationen führen zur Entstehung neuer Arten 231

6.7 Inzucht beeinflußt nicht direkt die Allelfrequenz 231

6.8 Genetische Risikoabschätzung erfolgt über das Bayessche Theorem 233

Kapitel 7

Evolution 235

7.1 Mutationen sind die Grundlage ständiger Veränderungen der Arten 235

7.2 Die Einführung der Abstammungslehre war eine geistige Revolution 236

7.3 Die Abstammungslehre oder Evolution formuliert die Regeln und Gesetzmäßigkeiten der Entwicklung der Arten 237
7.3.1 Eine Art ist ein Kollektiv, das gegen die anderen Arten abgegrenzt ist und dessen Mitglieder miteinander unter natürlichen Bedingungen fertile Nachkommen zeugen können 237

7.4 Alle Organismen sind untereinander mehr oder weniger verwandt 239
7.4.1 Enge Verwandtschaften können aus morphologischen und physiologischen Kriterien abgelesen werden 239
7.4.2 Die DNA/RNA beweist die Verwandtschaftsgrade 239
7.4.3 Über die Verwandtschaft chromosomaler Proteine können auch Viren in den Stammbaum eingeordnet werden 240
7.4.4 Sequenz-Übereinstimmungen homologer Proteine sind ebenfalls geeignet, Verwandtschaften zu beweisen 241
7.4.5 Die Verwandtschaftsbeziehungen aus molekularbiologischen und klassischen Methoden stimmen überein 242

7.5 Der radioaktive Zerfall von ^{14}C bzw. ^{40}K ermöglicht die rückwirkende Zeitmessung in der Evolution 243

7.6 Ein Netzwerk von Beweisen belegt die Abstammungslehre 244
7.6.1 Die Phylogenie (Stammesentwicklung) ist durch die Paläontologie dokumentiert 244
7.6.2 Lebende Fossilien vermitteln Vorstellungen zu Übergängen der Evolution 244
7.6.3 Die geographische Verbreitung der Arten belegt die Evolution (Biogeographie) 245
7.6.4 Weitere Indizien für die Evolution können aus der Individual-Entwicklung abgeleitet werden 246

7.7 Alle Fakten zusammen liefern den Entwicklungs-Stammbaum der Organismen 255
7.7.1 Am Anfang entstand die Erde 255
7.7.2 Das Leben entstand in einer langen Periode schrittweise 255
7.7.3 Als nächste entscheidende Entwicklungsstufe wurde die Energiegewinnung aus dem Sonnenlicht entwickelt 256
7.7.4 Ein weiterer Schritt der Entwicklung war die Übertragung der Energie des Protonengradienten auf ein Diphosphat zur Bildung einer neuen Phosphat-Anhydrid-Bindung .. 257
7.7.5 Die Einführung eines Redox-Nucleotids war ein kleiner, aber wichtiger Schritt 257
7.7.6 In 750 Millionen Jahren entwickelten sich aus den Probionten die Prokaryonten mit komplettem Intermediärstoffwechsel, Phospholipiden und Murein 257
7.7.7 Durch die Photosynthese entstand die Sauerstoff-Atmosphäre 258
7.7.8 Prokaryonten übernahmen in Symbiose mit großen kernhaltigen Zellen die Atmung und entwickelten sich zu Mitochondrien ... 258

7.7.9 Zellen vereinigten sich zu Kolonien, einzelne Zellen spezialisierten sich – es entwickelten sich Vielzeller 259
7.7.10 Die Chorda ist charakteristisch für die Chordaten 262
7.7.11 Die Entwicklung der Primaten wurde bedingt durch die fünffingrige Greifhand und räumliches Sehvermögen 262
7.7.12 Aus den Hominoidea entwickelten sich die Hominiden: *Ramapithecus, Australopithecus, Homo erectus und Homo sapiens* 262

Kapitel 8

Fortpflanzung und Ontogenese des Menschen 266

8.1 Bei Pflanzen und Tieren kann die Fortpflanzung vegetativ oder sexuell erfolgen 266
8.1.1 Vegetative Fortpflanzung erfolgt durch Sprossung, Teilung oder Sporulation 266
8.1.2 Die sexuelle Fortpflanzung beginnt mit der Bildung von Gameten und deren Kopulation 266

8.2 Beim Menschen werden die Keimzellen bereits im frühen Embryo angelegt 266
8.2.1 Die Sex-Determination erfolgt in der Embryonalentwicklung durch das SRY-Genprodukt (sex reversal on Y) 267
8.2.2 Spermien werden während der gesamten Zeit der sexuellen Reife gebildet 268
8.2.3 Die weiblichen Keimzellen werden im Embryo vorgefertigt und dann später abgerufen 270
8.2.4 Im Monatscyclus erfolgt die Bereitstellung der befruchtungsfähigen Eizelle (Menstruationscyclus) 273
8.2.5 Die Befruchtung ist ein sehr komplexer biochemischer Prozeß, der in der Ampulle des Oviducts stattfindet 275
8.2.6 Während der Wanderung der befruchteten Eizelle vom Oviduct in den Uterus finden die ersten Teilungen statt 277

8.3 In der frühen Phase der Embryonalentwicklung der Vertebraten werden die Stadien Morula, Blastula und Gastrula durchlaufen 279
8.3.1 In der Gastrula entstehen die Keimblätter: Ektoderm, Entoderm und Mesoderm 279
8.3.2 Die Gewebe entstehen durch Zelldifferenzierung und Zellkontakte 282
8.3.3 Ein Teil des Mammalia-Embryos spezialisiert sich auf die Nahrungsaufnahme 282
8.3.4 Die drei Keimblätter entwickeln sich zu Organgruppen 283
8.3.5 Die Doppelschicht Ektoderm/Entoderm zwischen Amnion und sekundärem Dottersack bildet den Embryonalschild 283

8.4 Plazenta, Allantois und Dottersack sind für die Entwicklung notwendig 285

8.5 Die fortgeschrittene Embryonalentwicklung des Menschen offenbart die phylogenetische Abstammung 287
8.5.1 Die Entwicklung von Kiemen belegt die phylogenetische Verwandtschaft mit den Fischen 287
8.5.2 Die Lunge entwickelt sich aus einer Darmknospung 289
8.5.3 Aus dem Ektoderm bildet sich die Neuralplatte, aus der das Nervensystem hervorgeht 289
8.5.4 Die Augen sind eine Spezialentwicklung des Zentral-Nerven-Systems 291
8.5.5 An Hand der Embryogenese des Kreislaufs läßt sich besonders gut die phylogenetische Herkunft des Menschen dokumentieren 292
8.5.6 Beim menschlichen Embryo werden, wie in der Phylogenie Vor-, Ur-, und Nachniere angelegt 295
8.5.7 Die Embryonalentwicklung unterliegt bei Metazoen vergleichbaren Mechanismen 295

Kapitel 9

Immunbiologie 300

9.1 Das Immunsystem 300
9.1.1 Antikörper dienen der Infektionsabwehr 300
9.1.2 Die Entdeckung der Immunität war einer der entscheidenden Fortschritte der Medizin 300
9.1.3 Antikörper und Antigen bilden Komplexe 301
9.1.4 Weiße Blutzellen können primäre und sekundäre Immunantwort vermitteln und immunologisches Gedächtnis entwickeln 301
9.1.5 Neben der durch Antikörper gebildeten humoralen Immunität spielt die zelluläre Immunität eine Rolle 302
9.1.6 T-Lymphocyten erkennen fremde Histocompatibilitätsgene 303
9.1.7 T-Lymphocyten unterscheiden sich nach ihrer Funktion in cytotoxische T-Lymphocyten und T-Helferzellen 304

9.2 Immunglobuline 307
9.2.1 Die Immunglobuline bestehen aus leichten und schweren Ketten 307

9.2.2 Die verschiedenen Immunglobulinklassen haben unterschiedliche Aufgaben 308
9.2.3 Die Individualität der Antikörper wird durch ihre Bildung bestimmt 310

9.3 Eine funktionierende Immunabwehr erfordert das Zusammenspiel hochdifferenzierter Zellen 312
9.3.1 Lymphocytenstimulierung erfolgt durch Bindung des Antigens an das spezifische Oberflächen-Ig von B-Lymphocyten 312
9.3.2 Proliferation eines Lymphocyten führt zu monoklonalen Antikörpern 314
9.3.3 Pathologische Veränderungen des Immunsystems führen zu ernsten Krankheiten 315

Kapitel 10

Mikrobiologie

Mikrobiologie 317

10.1 Prokaryonten sind kernlose Zellen 318
10.1.1 Die Bakterienzellen haben Murein-haltige Zellwände 319
10.1.2 Die bakterielle Zellwand trägt Kapsel, Pili und Flagellen 321
10.1.3 Bacillen und Clostriden sind Sporenbildner 322
10.1.4 Bakterien synthetisieren ihre Bestandteile aus einfachen Bausteinen 323
10.1.5 Spezielle Bedürfnisse einzelner Bakterienstämme können für „biologische quantitative Tests" ausgenutzt werden 324
10.1.6 Bakterien vermehren sich unter optimalen Bedingungen exponentiell 327
10.1.7 Mikroorganismen werden durch Desinfektion oder Sterilisation abgetötet 328
10.1.8 Die genetische Konstellation von Bakterien kann durch DNA-Transfer verändert werden 335

10.2 Spezielle Bakteriologie: Die Einteilung der Bakterien kann unter den verschiedensten Gesichtspunkten erfolgen 340
10.2.1 Bakterien werden nach ihrer Färbbarkeit in grampositiv und in gramnegativ eingeteilt 340
10.2.2 Bakterien können auch nach Gestalt oder nach physiologischen Kriterien eingeteilt werden 340
10.2.3 Obligat parasitäre Bakterien (bakterienähnliche, prokaryontische Mikroorganismen) können sich nicht unabhängig vermehren . 343

10.3 Pilze 345
10.3.1 Pathogene Pilze haben besonders in der Dermatologie Bedeutung 345
10.3.2 Pilze mit großem Fruchtkörper synthetisieren viele eigenartige, teilweise giftige Verbindungen 345

Kapitel 11

Virologie

Virologie 347

11.1 Bakterielle Viren (Bakteriophagen) sind ausgezeichnete Modelle für die Molekularbiologie 347
11.1.1 Grundtechnik der Phagenforschung ist die Plaquebildung auf einem Bakterienrasen .. 347
11.1.2 Viren sind Nucleinsäure-Protein-Komplexe 349
11.1.3 Ein spezifisches Methyl-Muster der DNA (Modifikation) ermöglicht es der Zelle, Fremd-DNA zu erkennen 351
11.1.4 Viren haben raffinierte Strategien entwikkelt, um die Gen-Expression umzusteuern . 351
11.1.5 Das Genom einiger Viren kann in das Wirtsgenom einrekombiniert werden und so persistieren, bis es wieder ausgeschnitten wird: Lysogenie 352

11.2 Tierische Viren haben große praktische Bedeutung 354
11.2.1 Viren können in Tieren oder in Zellkultur gezüchtet werden 354
11.2.2 Viren können wie große Proteine gereinigt werden 354
11.2.3 Viren werden wie Makromoleküle charakterisiert 354
11.2.4 Viren sind phylogenetisch mit Zellen verwandt 356
11.2.5 Die Virusentwicklung hat eine Frühphase, in der der Wirt entmachtet wird, und eine späte oder Replikationsphase 356
11.2.6 Schutzimpfung ist das beste Mittel gegen Virusepidemien 363
11.2.7 Virusinfektionen während der Schwangerschaft können zu Mißbildungen führen 363
11.2.8 Interferone sind zelleigene Abwehrproteine 364
11.2.9 Tumorviren 364
11.2.10 Oncogene aktivieren die Proliferationssignalkette 366
11.2.11 Tumorsuppressorgene bremsen die Tumorentstehung 366
11.2.12 Viroide 370

Kapitel 12

Gentechnologie ... 371

12.1 Die Strategie der Klonierung beinhaltet das Einsetzen der Passagier-DNA, das Einschleusen des beladenen Vektors und seine Vermehrung ... 371
12.1.1 Isolierung der Passagier-DNA ... 371
12.1.2 Der Vektor muß autonom replizieren, Passagier-DNA aufnehmen und in Wirtszellen eingeschleust werden können ... 374
12.1.3 Entscheidend ist der gezielte Einbau der Passagier-DNA in den Vektor ... 379
12.1.4 Einschleusen des Vektors mit der Passagier-DNA in die Wirtszelle erfolgt durch DNA-Transformation, Infektion oder Elektroporation ... 380
12.1.5 Die Vermehrung von beladenen Vektoren erfolgt als Plasmid oder als Virus ... 380
12.1.6 Die Selektion für spezifische, klonierte DNAs kann über die DNA oder die Genprodukte erfolgen ... 381
12.1.7 Präparation der klonierten Passagier-DNA ... 382

12.2 Die durch Gentechnologie gewonnene DNA kann analysiert und als Matrize für die Produktion spezifischer Genprodukte benutzt werden ... 384
12.2.1 Charakterisierung von Genen und der dazugehörigen Signale ... 384
12.2.2 Produktion schwer zugänglicher Proteine . 388
12.2.3 Transgene Tiere zeigen die funktionelle Rolle eines Gens ... 390

Kapitel 13

Parasitologie ... 393

13.1 Allgemeine Parasitologie ... 393
13.1.1 Mehr als eine Milliarde Menschen leiden unter Parasiten ... 393
13.1.2 Die sexuelle Vermehrung der Parasiten erfolgt im Endwirt, die asexuelle im Zwischenwirt ... 394
13.1.3 Die Pathogenitätsmechanismen der Parasiten sind sehr unterschiedlich ... 394
13.1.4 Um den Wirt ausnutzen zu können, müssen die Abwehrmechanismen überlistet werden ... 395
13.1.5 Der Nachweis des Parasitenbefalls erfolgt direkt oder über serologische und immunologische Techniken ... 396

13.2 Spezielle Parasitologie ... 398
13.2.1 Einteilung ... 398
13.2.2 Parasitäre Protozoen (Einzeller) ... 398
13.2.3 Plathelminthes (Plattwürmer) und Nemathelminthes (Schlauchwürmer) ... 403
13.2.4 Arthropoden (Gliederfüßler) ... 411

Kapitel 14

Ökologie ... 417

14.1 Die Autökologie analysiert die Wechselwirkung des Einzelorganismus mit der Umwelt ... 417
14.1.1 Die Umwelt setzt sich aus belebten (biotischen) und unbelebten (abiotischen) Faktoren zusammen ... 417
14.1.2 Biotop und Biozönose bilden das Ökosystem ... 418
14.1.3 Organismen, die an enge Bedingungen gebunden sind, sind stenopotent (stenök), anpassungsfähige nennt man eurypotent (eurök) ... 418
14.1.4 Tiere mit konstanter Körpertemperatur sind homoiotherm, die mit wechselnder poikilotherm ... 419
14.1.5 Ein weiterer lebensnotwendiger abiotischer Faktor ist das Sonnenlicht ... 419

14.2 Biotische Faktoren regulieren die Populationen des Ökosystems (Synökologie) . 420
14.2.1 Konkurrenz führt zur Einnischung ... 420
14.2.2 Endogene Rhythmen sind wichtige biotische Faktoren ... 421
14.2.3 Das Räuber-Beute-Prinzip ist eine Grundlage des Ökosystems und Beispiel für ein biozönotisches Gleichgewicht ... 423
14.2.4 Symbiosen sind Lebensgemeinschaften zum gegenseitigen Nutzen ... 425
14.2.5 Beim Parasitismus ist der Nutzen einseitig ... 425

14.3 Im Ökosystem sind die Organismen durch Kreisläufe der Energie und von Stoffen, die abgegeben und aufgenommen werden, miteinander verbunden ... 426
14.3.1 Der Kreislauf der Energie geht von den autotrophen Pflanzen über die heterotrophen Konsumenten und Destruenten ... 426
14.3.2 Kreisläufe der Elemente Stickstoff, Kohlenstoff und Sauerstoff sind wichtig für die Biomasse ... 427
14.3.3 Jede Konsumentenstufe reduziert die Energieausbeute auf ein Zehntel ... 427

14.4 Die Bedingungen im Ökosystem regulieren die Population (Populationsökologie) ... 428
14.4.1 Die Populationsgröße wird von dichteunabhängigen (abiotischen) und dichteabhängigen (biotischen) Faktoren bestimmt ... 428
14.4.2 Populationspyramiden geben Aufschluß über die Struktur der Population ... 429
14.4.3 Die natürlichen Faktoren versagen, um die menschliche Population zu regulieren ... 429
14.4.4 Die Bevölkerungsexplosion gefährdet die Ökosphäre ... 430
14.4.5 Die katastrophale Verschmutzung der Gewässer zeigt die ruinöse Wirkung der menschlichen Population auf die Ökosysteme ... 432
14.4.6 Die Ozonschicht der Stratosphäre schützt vor kurzwelligem UV ... 432
14.4.7 Bodennahes Ozon ist ein starkes Gift ... 433
14.4.8 Das zunehmende CO_2 der Atmosphäre verursacht den Treibhauseffekt ... 433

Glossar ... 435

Sachverzeichnis ... 450

Abkürzungen

A.	Arterie
ADP	Adenosindiphosphat
AMP	Adenosinmonophosphat
ATP	Adenosintriphosphat
b	Basen der Nucleinsäure
bp	Basenpaare der DNA
cAMP	cyclisches 3′5′AMP
CAP	cyclisches AMP-bindendes Protein
CDP	Cytidindiphosphat
CMP	Cytidinmonophosphat
CTP	Cytidintriphosphat
dADP	Deoxyadenosindiphosphat
dAMP	Deoxyadenosinmonophosphat
dATP	Deoxyadenosintriphosphat
dCDP	Deoxycytidindiphosphat
dCMP	Deoxycytidinmonophosphat
dCTP	Deoxycytidintriphosphat
DNA	Deoxyribonucleinsäure
ER	Endoplasmatisches Reticulum
SER	samtenes (glattes) Endoplasmatisches Reticulum
RER	rauhes Endoplasmatisches Reticulum
GDP	Guanosindiphosphat
GMP	Guanosinmonophosphat
GTP	Guanosintriphosphat
dGDP	Deoxyguanosindiphosphat
dGMP	Deoxyguanosinmonophosphat
dGTP	Deoxyguanosintriphosphat
Hb	Hämoglobin
HGPRT	Hypoxanthin-Guanin-Phosphoribosyl-Transferase
Ig	Immunglobulin
NAD	Nicotin-Adenin-Dinucleotid
P	Phosphat
PKU	Phenylketonurie
PP	Pyrophosphat
RNA	Ribonucleinsäure
tRNA	Transfer-Ribonucleinsäure
mRNA	Messenger-Ribonucleinsäure
rRNA	ribosomale Ribonucleinsäure
SRP	Signal-Erkennungsprotein
TDP	Thymidindiphosphat
TMP	Thymidinmonophosphat
TTP	Thymidintriphosphat
TK	Thymidinkinase
UDP	Uridindiphosphat
UMP	Uridinmonophosphat
UTP	Uridintriphosphat
V.	Vene

Kapitel 1

Zellbiologie

Die Aufgabe dieses ersten Kapitels ist es, die Zelle mit ihren vielfältigen Strukturen zu besprechen. Neben der reinen Morphologie, in die wir dank des Licht- und Elektronenmikroskops Einblick erhalten haben, wird uns die Frage nach dem molekularen Aufbau der einzelnen Bestandteile beschäftigen. Was aber brächte diese Betrachtungsweise ohne die ständige Frage nach der Funktion? Die Funktionen der diversen Zellstrukturen innerhalb der Zelle und jene, die die Wechselwirkungen der Zellen untereinander ermöglichen, sind zum Verständnis der Biologie der lebenden Zelle unerläßlich. Das gilt sowohl für einzellige, kernlose Organismen, die Prokaryonten, als auch für die komplexeren, kernhaltigen Zellen und Gewebe der Eukaryonten, die in erster Linie Gegenstand dieses Kapitels sein werden.

Robert Hooke beschrieb erstmals 1665 an dem dünnen Schnitt eines Korkens Zellen, wie sie sich ihm als einzelne abgeschlossene Räume im **Lichtmikroskop** darstellten. Es waren dies tote leere Zellen eines pflanzlichen Gewebes. Erst Ende der 30er Jahre des letzten Jahrhunderts veröffentlichten Mathias Jakob Schleiden und Theodor Schwann Beobachtungen, mit denen sie die Cytologie begründeten. Sie erkannten, daß alle Lebewesen und alle Gewebe zellulär organisiert sind. Damit war die Zelle definiert als kleinste, in ihren Strukturen vergleichbare Funktionseinheit eines lebenden Organismus. 1855 führte der Berliner Virchow diese Erkenntnis weiter. Der Ausspruch: „Jede Zelle entsteht aus einer Zelle“ verweist auf den allen Lebewesen gemeinsamen Vermehrungsmodus, die Zellteilung.

Trotz der Kleinheit des Beobachtungsobjektes – die Größe von Zellen, und dazu gehören auch Bakterien, reicht von 0,2 µm bis 80 µm – waren schon in der zweiten Hälfte des 19. Jahrhunderts wesentliche Zellbestandteile, wie Kern, Chloroplasten, Zentriol, Golgi-Apparat und Mitochondrien, mit Hilfe des Lichtmikroskops beschrieben worden. Eingehendere Strukturanalysen oder Aussagen über die Funktion waren jedoch wegen der Kleinheit (0,2 bis 0,001 µm) dieser Zellbereiche nicht möglich. Erst die Entwicklung des Elektronenmikroskops, die Einführung spezifischer Färbetechniken und die Ultrazentrifugation ermöglichten einen Einblick in makromolekulare Bereiche der Zelle. So können unter anderem Viren im **Elektronenmikroskop** sichtbar gemacht werden. Neben einer Schnittechnik, die ultradünne „Scheiben“ produziert, gehen verschiedenste Aufarbeitungsmethoden der eigentlichen Mikroskopie voraus, deren ausführliche Beschreibung den Rahmen dieses Kapitels sprengen würde.

Die Anordnungen von Molekülen und Strukturen, die kleiner als 1 nm sind, müssen durch die **Röntgenstrukturanalyse** aufgeklärt werden (DNA, RNA, Proteine etc.) (Abb. 1.**1**).

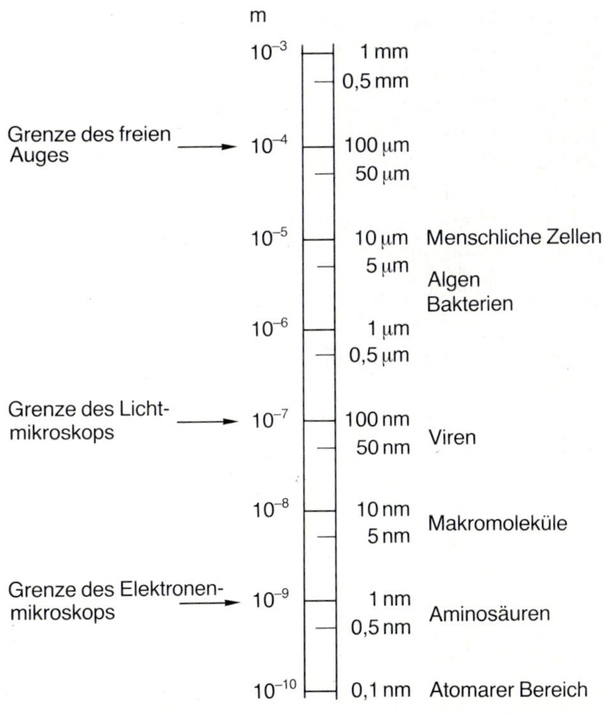

Abb. 1.1 Größenskala biologischer Strukturen
Größenangaben biologischer Strukturen in Relation zum Auflösungsvermögen von Auge, Licht- und Elektronenmikroskop; Größenangaben als Bruchteile eines Meters

1.1. Methoden der Zellbiologie

Die **Cytochemie** macht sich die Tatsache zunutze, daß nach Fixierung, d. h. Abtötung der Zelle, wie bei einer Momentaufnahme die Strukturen erhalten bleiben. Chemische Gruppen im Zellmaterial gehen spezifische Reaktionen mit bestimmten Farbstoffen ein (z. B. Methylenblau, Eosin). Auch Fluoreszenz-Farbstoffe können eingesetzt werden (Abb. 1.**2**).

Bei der **Immunfluoreszenz** werden Antikörper, die gegen bestimmte biologische Strukturen (Antigene) gerichtet sind, mit Fluoreszenz-Farbstoffen markiert.

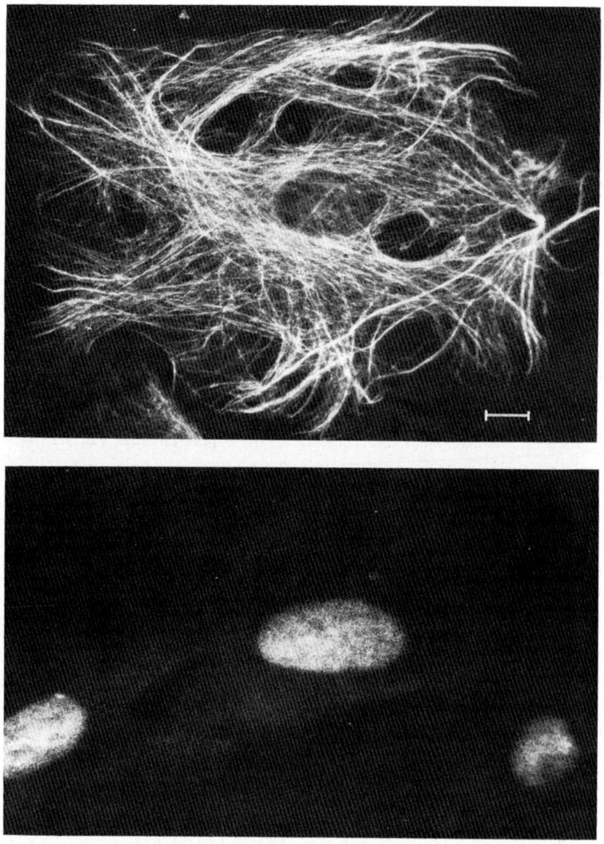

a

b

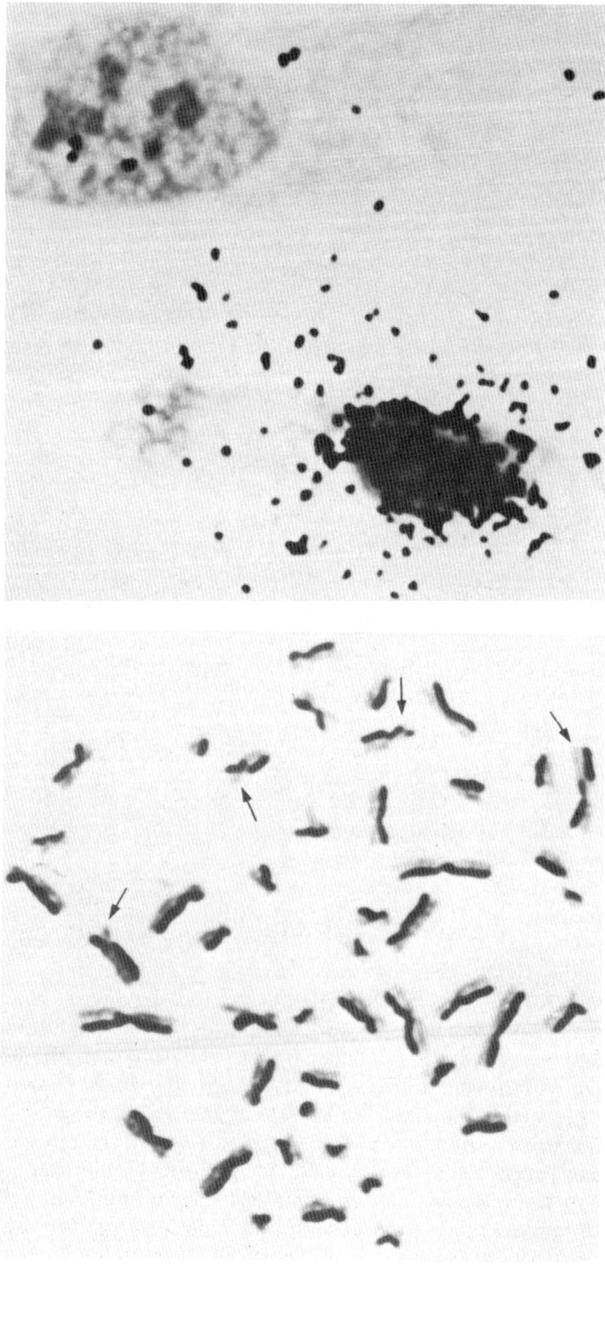

c

d

Abb. 1.2 Methoden zur Darstellung zellulärer Bestandteile
a Augenlinsen-Epithelzellen vom Kaninchen: Darstellung von Intermediärfilamenten durch Immunfluoreszenz mit Antikörpern gegen Vimentin (Aufnahme: P. Traub, Heidelberg)
b Menschliche Fibroblasten: Darstellung der *Topoisomerase* im Kern durch fluoreszenzmarkierte Antikörper (Aufnahme: G. Wick, Innsbruck)
c Menschliche Fibroblasten: Autoradiographische Darstellung der DNA-Synthese im Kern durch Einbau radioaktiv markierten Thymidins. Grains (schwarze Körnchen) geben Ort und Menge der DNA-Synthese an (Aufnahme: H. Schwaiger, Innsbruck)
d Chromosomen aus menschlichen Lymphocyten: Darstellung der Schwesterchromatide durch Spezialfärbung; Pfeile kennzeichnen Stellen des sogenannten Schwesterchromatid-Austausches (SCE) (Aufnahme: H. Schwaiger, Innsbruck)

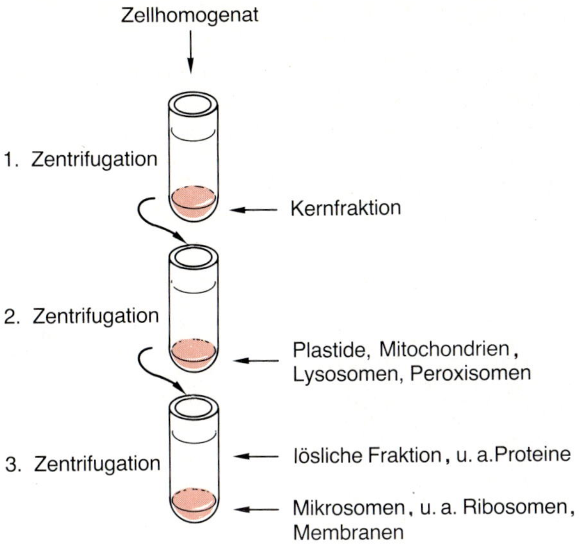

Abb. 1.3 Isolierung intrazellulärer Strukturen durch Differentialzentrifugation
Die Zellmembran wird mechanisch aufgebrochen und das Homogenat durch Zentrifugation mit unterschiedlicher Geschwindigkeit aufgetrennt

Durch die Ausbildung von Antigen-Antikörper-Komplexen werden die Antigene in der Zelle sichtbar gemacht.

Eine andere Methode der Auffindung und Zuordnung zellulärer Strukturen in der lebenden Zelle bietet die **Isotopenmarkierung** und anschließende Autoradiographie (z. B. Zuordnung der rRNA-Synthese zu akrozentrischen Chromosomen).

Sehr wertvoll für die Analyse einzelner Zellstrukturen war die Einführung der **Ultrazentrifugation.** Hierzu müssen die Zellen homogenisiert werden. Die Zellmembran wird geöffnet (Methoden hierzu: Enzyme, Ultraschall, nichtionische Detergentien und Homogenisatoren). Eine differentielle Zentrifugation trennt zunächst die Kerne ab. Sie sind die größten und schwersten Zellpartikel. Im Überstand verbleiben alle anderen Zellbestandteile. Dieser Überstand wird stärker zentrifugiert: Mitochondrien und Plastide setzen sich ab. Nach weiterer Zentrifugation des verbleibenden Überstandes setzen sich die Mikrosomen ab. Im Überstand der löslichen Fraktion bleiben z. B. Proteine gelöst (Abb. 1.**3**).

Zur Erlangung eines höheren Reinheitsgrades können die einzelnen Fraktionen wiederholt zentrifugiert werden. Auch andere Zentrifugationstechniken können zur weiteren Reinigung und Konzentrierung bestimmter Strukturen angeschlossen werden (Dichtezentrifugation, Zonensedimentation, s. Kap. **2**).

Auch die löslichen Bestandteile können weiter aufgetrennt werden, z. B. durch **Elektrophoresen** und **chromatographische Methoden** (z. B. Säulenchromatographie, Tab. 1.**1**).

Tab. 1.1 Methoden zur Charakterisierung von Zellstrukturen zur mikroskopischen bzw. biochemischen Analyse

Cytochemie	chemische Farbreaktionen Fluoreszenzfärbung Enzymreaktionen UV-Absorption Isotopenmarkierung und Autoradiographie
Immunchemie	Antigen-Antikörper-Reaktionen
Ultrazentrifugation	differentielle Zentrifugation Dichtezentrifugation (z. B. CsCl) Zonensedimentation (z. B. Saccharose)
Andere Methoden	Elektrophorese Säulenchromatographie

1.2. Die eukaryontische Zelle besteht aus Membranen, Cytosol und Organellen

Die Zelle (Abb. 1.**4**) ist bei allen Organismen die Grundeinheit des Lebens. Als **Protoplasma** bezeichnet man die gesamte strukturierte lebende Substanz der Zelle, die vom **Plasmalemma** (Zell- oder Plasmamembran) umgeben wird. Bei allen Zellen außer den Bakterien und Cyanobakterien (Blau-Grünalgen), die kernlos sind, wird das Protoplasma unterteilt in **Cytoplasma** (Zellplasma) und **Karyoplasma** (Kernplasma). Nucleinsäuren, Lipide, Kohlenhydrate, Spurenelemente, Proteine und Wasser sind die chemischen Grundbausteine (Rep. 1.**1**), wobei

Rep. 1.1 Chemische Zusammensetzung des Protoplasmas

H_2O	ca. 70%
Protein	15–20%
Fette	2– 3%
Kohlenhydrate	1%
Mineralsalze	1%
Nucleinsäuren	10%

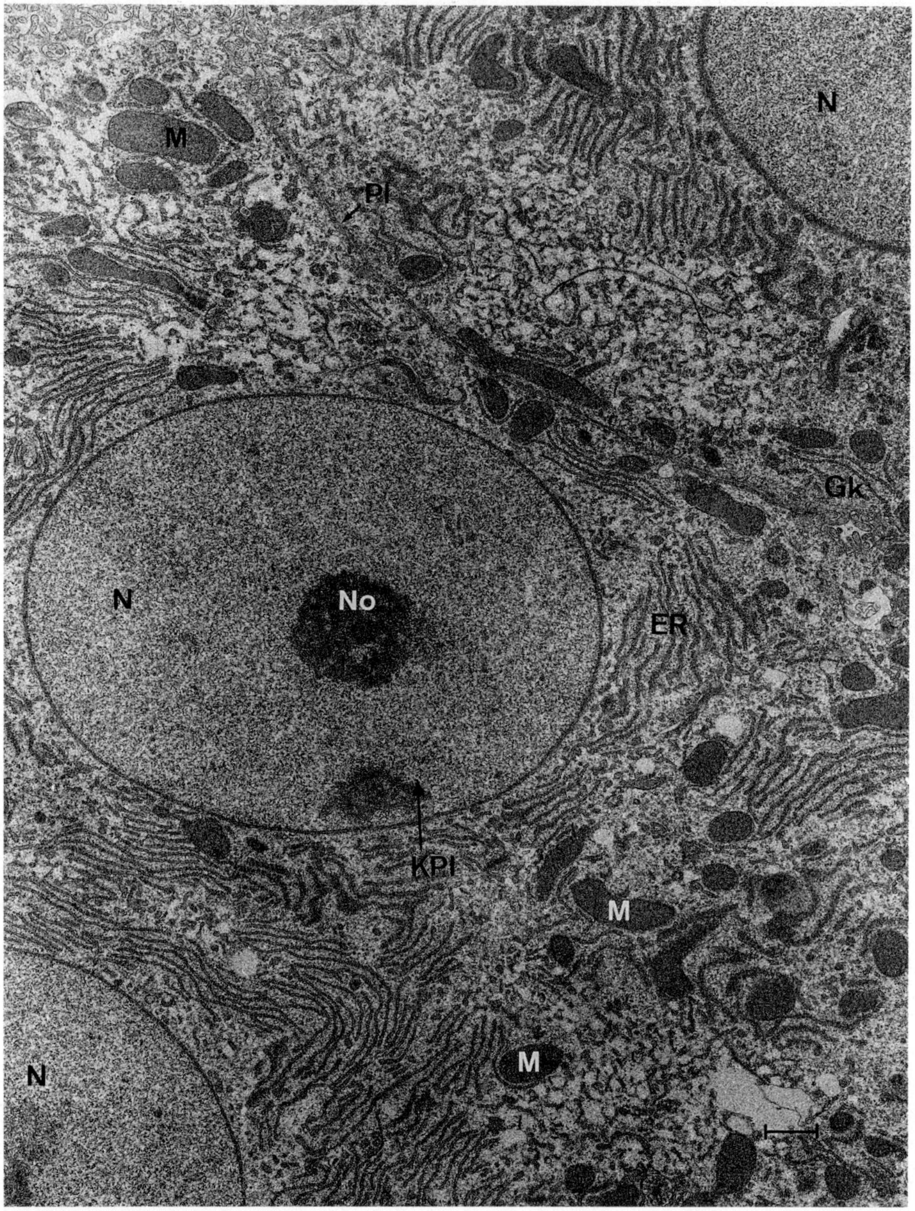

Abb. 1.4 **Elektronenmikroskopische Aufnahme eukaryontischer Zellen; Objekt: Rattenleberparenchymzelle**

ER Endoplasmatisches Reticulum
GK Gallenkanälchen
KPl Karyoplasma
M Mitochondrien
N Nucleus
No Nucleolus
PL Plasmalemma
(Aufnahme: S. Berger, H. G. Schweiger, Heidelberg; M: 1 cm ≙ 1 μm)

die im Wasser dispergierten Proteine das im Lichtmikroskop homogen erscheinende **Cytosol** (Grundplasma) bilden. Im Cytosol eingebettet finden sich die verschiedensten **Zellorganellen** (Kern, Mitochondrien, Golgi-Apparat, Zentriolen, evtl. Chloroplasten bei Pflanzen etc.), von denen der **Zellkern** die prominenteste ist. Die übrigen Zellorganellen sind, je nach Zellart und Zellfunktion, in wechselnder Menge ausgebildet (Rep. 1.**2**).

Nicht nur der Kern unterscheidet die Prokaryonten von den Eukaryonten. In letzteren ist z. B. der intrazelluläre Membranreichtum auffällig, der eine Kompartimentierung (Untergliederung des Protoplasmas in abgegrenzte Funktionsräume) ermöglicht. Auch die Organellen sind von Membranen umgeben (Tab. 1.**2**).

Rep. 1.**2** Plasmatische Bestandteile der Eukaryontenzelle

- Protoplasma (umgeben von Plasmalemma = Plasmamembran = Zellmembran)
  - Cytoplasma
    - Cytosol (Grundplasma)
      - lösliche Fraktion
      - Cytoskelett
    - Endoplasma (Plasma in den Organellen; s. Rep. 1.**13**)
  - Karyoplasma (umgeben von Karyolemma = Kernhülle)

Tab. 1.**2** Bestandteile des Cytosols

Lösliche Fraktion			
Wasser			
Enzyme			
Lipide			
Kohlenhydrate			
tRNAs			
Ribosomen			
Proteine			
Tubulin	bildet →	Mikrotubili	Cytoskelett
Actin, Myosin	bilden →	Mikrofilamente, Myofibrillen	Cytoskelett

1.3. Membranen

1.3.1. Membranen haben viele Funktionen

Die Aufgaben der Membranen sind mannigfaltig (Rep. 1.**3**, 1.**4**). Sie dienen zur **Abgrenzung** nach außen und nach innen. Sie bieten der Zelle Schutz und halten den Zellinhalt zusammen. Sie ermöglichen den selektiven Austausch von Substanzen. Permeabilität und **Transporte** für bestimmte Moleküle müssen sowohl von außen nach innen als auch in entgegengesetzter Richtung möglich sein. Membranen helfen der Zelle, ein von der Umgebung unterschiedliches **Ionenmilieu** aufrechtzuerhalten. So ist z. B. die Konzentration vieler Stoffe im Serum gänzlich anders als innerhalb der Zellen. Als Permeationsschranke halten Membranen nicht erwünschte Stoffe fern und verhindern das Ausrinnen lebenswichtiger Substanzen.

Rep. 1.**3** Aufgaben von Membranen

- Bildung von Kompartimenten
- Oberflächenvergrößerung
- Selektiver Austausch von Substanzen:
  selektive Permeabilität (erleichterte Diffusion)
  Transporte für Aufnahme und Abgabe
- Aufrechterhaltung von Gradienten
- Erkennungsfunktion – Rezeptoren
- Erregungsleitung

Rep. 1.**4** Aufgaben von Plasmamembranen

- Schutz nach außen
- Abgrenzung außen gegen innen
- Zusammenhalt des Zellinhalts
- Aufrechterhaltung eines von der Umgebung abweichenden intrazellulären Milieus
- Ausprägung der Zellindividualität (HLA; Blutgruppen, außen Glycosylierung)
- Ausbildung eines molekularen Erkennungssystems durch zellspezifische Oligosaccharid-Muster
- Interzelluläre Kommunikation durch Rezeptoren

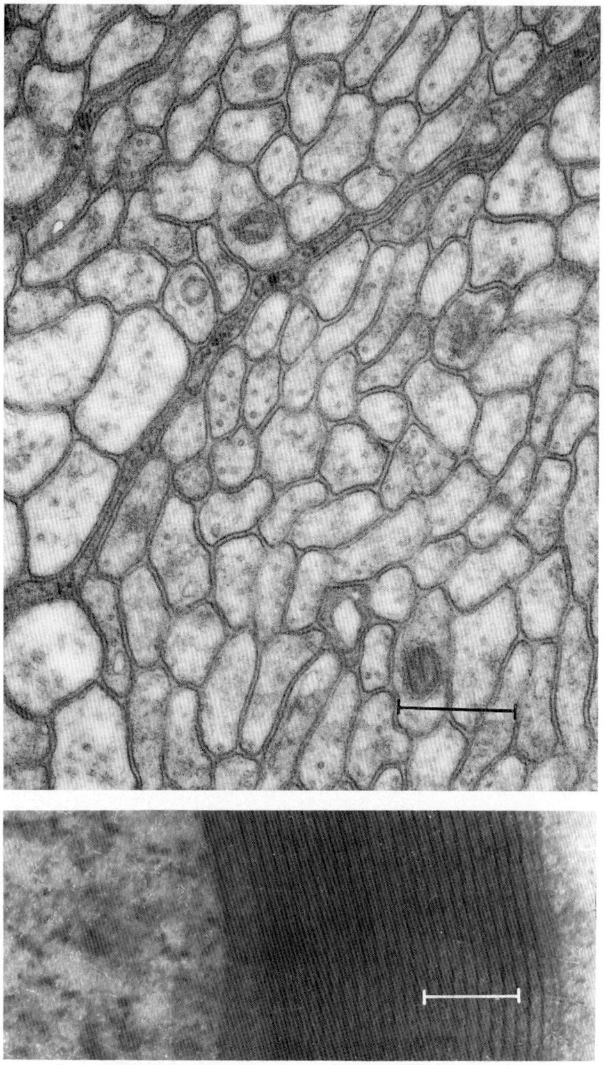

a

b

Abb. 1.5 Elektronenmikroskopische Darstellung von Nerven in verschiedenen Myelinisierungszuständen
a Querschnitt durch einen myelinarmen Nerven (Nervus opticus, Süßwasserschnecke) M: 1,58 cm = 0,05 µm
b Markscheide eines Axons der weißen Maus (Aufnahmen: J. Klima, Innsbruck; M: 2 cm ≙ 0,15 µm)

Die Membranen sorgen mit Hilfe von spezifischen Strukturen, den Rezeptoren, für **interzelluläre Kommunikation.** Membrangebundene Strukturen sind es auch, die den Zellen ihre **Individualität** verleihen und körpereigene von körperfremden Zellen unterscheiden helfen (Blutgruppen, Antigene). Membranen bilden **Kompartimente.** In diesen Räumen können störungsfrei spezifische Funktionen ablaufen. So werden z. B. in Lysosomen Verdauungsenzyme verpackt, die frei herumschwimmend in der Zelle unkontrollierte Verdauungsvorgänge katalysieren würden. Im Kernkompartiment wird die genetische Information auf kleinstem Raum aufbewahrt. In den Mitochondrien und Chloroplasten führen stark gefaltete Membranen zu einer enormen Oberflächenvergrößerung und bieten somit möglichst vielen für die Energieversorgung der Zelle lebenswichtigen Enzymen Platz. Kompartimente haben weiterhin den Vorteil, daß an ihren Membranen Konzentrationsgefälle **(Ionengradienten)** aufgebaut werden können, die im kleinen Raum viel effektiver wirksam werden, als sie es in der riesigen Weite einer Zelle könnten. Auch die **Erregungsleitung** der Nerven ist ein Problem, das mit Hilfe von Membranen gelöst wird (Abb. 1.**5**).

Die Nervenfortsätze (Axone) bestimmter Nervenzellen (Neurone) bei Vertebraten sind von einer dicken **Myelinscheide** umgeben. Dieses Myelin wird von speziellen Stützzellen (Gliazellen) des Nervengewebes gebildet, indem diese ihre eigene Plasmamembran in engen Lagen um die Nervenfaser herumwickeln. Spezifische Proteine, das basische Myelinprotein und ein Proteolipid, fördern die enge Vernetzung der Plasmamembranschichten. Viele dieser Zellen, sie werden im peripheren Nervensystem **Schwann-Zellen** genannt, lagern sich dem Nervenfortsatz in seinem Verlauf an und bilden um ihn dicke, ca. 1 mm lange Isoliermäntel. Dort, wo die Myelinscheide einer Zelle an die der nächsten stößt, bleibt ein Myelin-freier Spalt, der **Ranvier-Schnürring.** Hier liegen die für die Erregungsbildung notwendigen Na^+-Kanäle. Dank der Isolierung großer Teile des Nervenfortsatzes setzt sich die Erregung unter Überspringen der Myelinscheide von Schnürring zu Schnürring mit großer Geschwindigkeit fort. Auch im zentralen Nervensystem gibt es Zellen (Oligodendrozyten), die Nervenfasern mit Myelin umkleiden. Bei der neurodegenerativen Erkrankung **Multiple Sklerose** wird das Myelin in weiten Bereichen des Gehirns und des Rückenmarks zerstört. Möglicherweise zählt diese Krankheit, für die eine Infektion nicht ausgeschlossen ist, zu den Autoimmunerkrankungen. Die Patienten synthetisieren Antikörper gegen das körpereigene basische Myelinprotein.

1.3.2. Membranen ähneln sich in ihrem Aufbau

Membranen (Rep. 1.**5**) bleiben mit ihrem Durchmesser von 6 bis 10 nm für das Lichtmikroskop unsichtbar. Im Elektronenmikroskop stellen sie sich, entsprechend ihres chemischen Aufbaus, dreischichtig dar: eine innere hellere Schicht (hydrophobe Anteile) wird von zwei elektronendichteren, dunkleren Schichten (hydrophiler Anteil und Proteine) begrenzt. Dieses Erscheinungsbild ist gleich, sowohl bei den zellbegrenzenden Plasmamembranen als auch bei intrazellulären Membranen, und hat zu dem allgemein gebrauchten Begriff der **„Einheitsmembran"** geführt. Obwohl sich das basale Strukturprinzip und die Funktionen sehr gleichen, ist diese Terminologie irreführend, da die chemische Zusammensetzung der Grundbausteine von Membran zu Membran sehr unterschiedlich ist. Das zentrale Bauelement ist eine

Rep. 1.5 Gemeinsamkeiten von Membranen

Dicke	6–10 nm
Aufbau	Lipid-Doppelschicht mit asymmetrischer Verteilung der Bestandteile
Bestandteile	Lipide (Phospholipide, Cholesterin, Glycolipide) Proteine (periphere, integrale, Glycoproteine)
Wichtigste Eigenschaften	Fluidität Bildung einer Permeationsschranke

Lipid-Doppelschicht (bilayer). 50% der Masse der meisten Plasmamembranen tierischer Zellen besteht aus Lipiden. **Phospholipide** machen den Löwenanteil aus (Abb. 1.**6**), gefolgt von **Cholesterin** und einem kleinen Teil **Glycolipide** (zuckerhaltige Lipide). Diese Moleküle sind **amphipathisch,** d. h. sie bestehen aus einem **polaren** (hydrophilen = wasserfreundlichen) und einem **apolaren** (hydrophoben = wasserabstoßenden bzw. lipophilen = fettfreundlichen) Anteil. Den polaren Kopf bildet das zentrale Glycerin, dessen eine Hydroxygruppe mit Phosphorsäure verestert ist, die ihrerseits wieder Ester mit verschiedenen polaren Molekülen (z. B. Cholin, Serin, Ethanolamin) bilden kann. Der apolare Schwanz besteht aus zwei langkettigen aliphatischen Fettsäuren, von denen häufig eine ungesättigt ist, d. h. sie enthält eine oder mehrere Doppelbindungen. Diese Doppelbindungen steigern die wichtigste Eigenschaft der Membran: ihre **Fluidität.** Phospholipide haben die Eigenschaft, sich im wäßrigen Milieu spontan aneinanderzulegen, indem

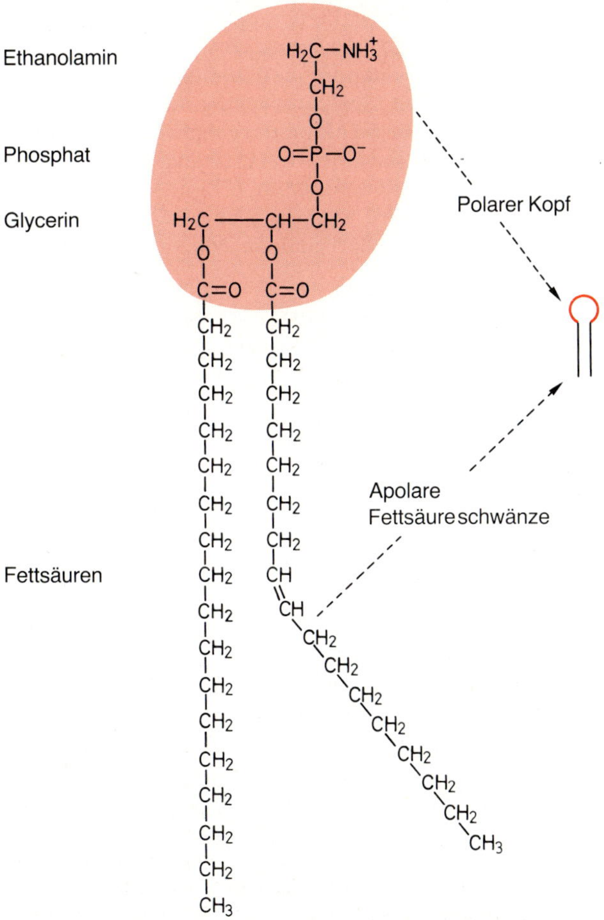

Abb. 1.6 Molekulare Struktur eines Phospholipids
Phosphatidyl-Ethanolamin als Beispiel für ein Phospholipid mit polarem Kopf und apolarem Schwanz; eingeblendet ist eine symbolische Schreibweise

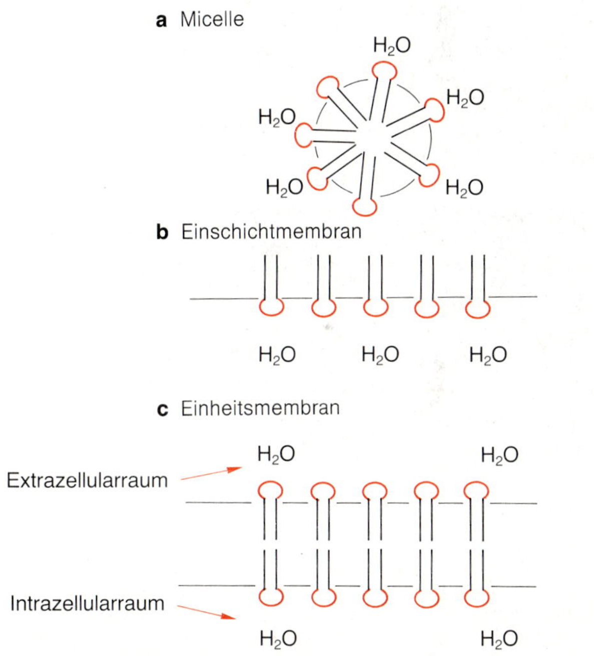

Abb. 1.7 Mögliche Anordnung von Phospholipiden in wäßrigem Milieu (schematische Darstellung)
Phospholipide ordnen sich im wäßrigen Milieu spontan zu Micellen bzw. Membranen, indem sie ihre polaren Köpfe zum Wasser hin, ihre apolaren Schwänze vom Wasser weg orientieren
a Verhalten im Wasser: Ausbildung von Micellen
b Verhalten an Wasseroberflächen: Ausbildung von Einschichtmembranen (Monolayer)
c Verhalten zwischen zwei wäßrigen Phasen: Ausbildung einer Einheitsmembran (Bilayer)

sie bestrebt sind, ihre hydrophoben Schwänze vom Wasser weg zu orientieren. Das können sie entweder dadurch erreichen, daß sie Micellen bilden (kreisrunde Gebilde), in denen die polaren Köpfe zu einer Kugel geordnet sind und in deren Zentrum alle Schwänze hineinragen. Oder sie formen Einheitsmembranen (Bilayer) (Abb. 1.**7**). Die Köpfe werden hierbei dem Wasser zugekehrt, die hydrophoben Anteile liegen geschützt im Innern. Derartige bimolekulare Lipidfilme bauen Zellmembranen auf, die extrazelluläre von intrazellulären Räumen trennen und von beiden Seiten von wäßrigem Milieu umgeben sind. Einen Beweis für die Doppelschichtigkeit gibt unter anderem die Methode der **Gefrierätzung** in der Elektronenmikroskopie. Hierbei wird die Doppelschicht in der Mitte gespalten, und zwei Einzelschichten entstehen.

1.3.3. Wichtigstes Merkmal einer Membran: ihre Fluidität

Künstliche Membranen haben über das Verhalten der einzelnen Moleküle Aufschluß gegeben. Kovalente Bindungen werden nicht ausgebildet. Dadurch ist die seitliche Beweglichkeit eines Moleküls hoch. Ein Molekül führt ca. 10^7mal pro Sekunde einen Partnerwechsel durch; d. h., ein Lipidmolekül innerhalb einer Erythrocyten-Membran kann diese innerhalb von vier Sekunden einmal umrunden. Auch Rotation und Beugung der Moleküle innerhalb der Einzelschicht einer Membran sind möglich. Außerordentlich selten hingegen ereignet sich ein sog. Flip-Flop, der Wechsel eines Moleküls von einer zur anderen Membranschicht. Eine Membran ist um so fluider, je mehr ungesättigte Fettsäuren sie enthält. Eine gleichbleibende Fluidität der Membran ist entscheidend für eine Zelle, da andernfalls lebenswichtige Transportmechanismen in Gefahr geraten. Von der Umwelttemperatur abhängige Organismen (Poikilotherme) wie Bakterien sind deshalb in der Lage, die Bausteine ihrer Membran auszuwechseln. Sinken die Temperaturen, dann werden Phospholipide mit mehr ungesättigten Fettsäuren eingebaut als bei hoher Temperatur.

In Membranen der Eukaryonten sichert das Cholesterin eine gewisse Stabilität des Flüssigzustandes innerhalb der Membran und hilft, die Fluidität auch bei einem Temperaturabfall konstant zu erhalten. Bei Tieren, die in kalten Regionen leben, haben die Fettsäuren andere Sättigungsgrade als bei denen in wärmeren Regionen (Rep. 1.**6**).

Rep. 1.6 Eine Membran ist um so fluider je höher

- ihr Gehalt an Lipiden
- ihr Gehalt an Cholesterin
- der Anteil der ungesättigten Fettsäuren
- die Temperatur

1.3.4. Lipide und Glycolipide sind asymmetrisch verteilt

Die Lipide werden im Cytoplasma am **Endoplasmatischen Reticulum** (S. 34) gebildet und bauen erst die innere (dem Cytosol zugewandte) Membranschicht auf, um dann in die äußere überzuwechseln.

Die Innenseite einer Membran ist immer cytoplasmawärts gerichtet. Bei Plasmamembranen ist die Außenseite der Membran dem Interzellularraum, bei inneren Membranen dem Inneren der Organellen zugewandt (Abb. 1.**8**). Es kommt zu einer asymmetrischen Verteilung der verschiedenartigen Phospholipide im inneren und äußeren Anteil der Membran, die sich auch in ihrer Ladung unterscheiden. Die Glycolipide sind gänzlich der äußeren Membranschicht vorbehalten. Über ihre Funktion ist nicht viel bekannt. Das Glycolipid G_{M1}, ein Gangliosid, liefert z. B. den Oberflächenrezeptor für das Choleratoxin. Dieses Bakterientoxin ist für die Cholera-Diarrhoe (Durchfall) verantwortlich.

Neben ihrer Funktion, die Fluidität einer Membran zu garantieren, sind Lipide notwendig, um die enzymatische Aktivität der in die Membran eingelagerten Proteine zu erhalten. Der Bacillus, der Gasgangrän hervorruft, löst z. B. mit einer *Phospholipase C* Lipide aus der Membran heraus. Dadurch wird das Enzym *Glucose-6-phosphatase* restlos inaktiviert und die Nutzung der Glucose unmöglich gemacht.

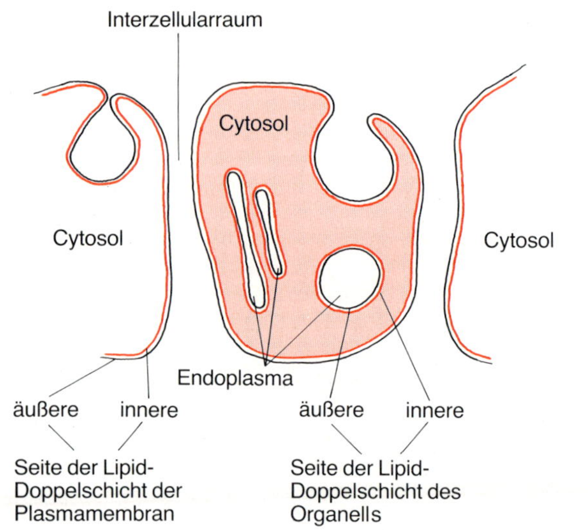

Abb. 1.**8 Die Innenseite der Membrandoppelschicht schaut immer cytosolwärts**
Schematische Darstellung von Zellen mit Organellen. An das Endoplasma im Inneren der Organellen grenzt die Außenschicht des Membranbilayers, während die Innenschicht dem Cytosol zugewandt ist

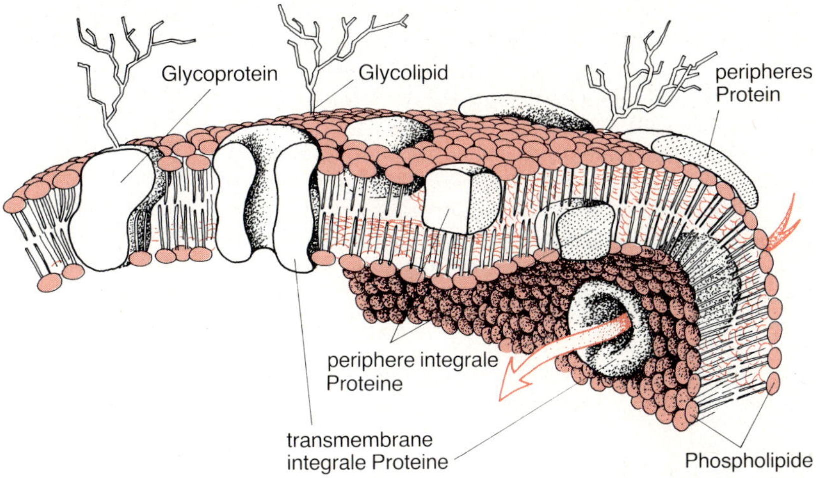

Abb. 1.9 „Fluid-Mosaic-Modell"
Schematische Darstellung einer Membran mit Proteinen, die der Phospholipid-Doppelschicht ein-, an- und aufgelagert sind, entsprechend der Modellvorstellung von Singer und Nicolson. Verzweigte Oligosaccharide machen Proteine zu Glycoproteinen, Lipide zu Glycolipiden, wie sie in der Glycokalix zu finden sind

1.3.5. Biologische Membranen enthalten Proteine und bestätigen das Fluid-mosaic-Modell

Die zweite wesentliche Komponente im Membranaufbau sind Proteine. Hatte man lange Zeit, angeregt durch elektronenmikroskopische Bilder, geglaubt, daß Proteine beiderseits der polaren Schichten der Lipid-Doppelmembran aufgelagert sind, so entwickelten 1972 Singer und Nicolson das **Fluid-Mosaic-Modell** (Abb. 1.**9**). Anhand von elektronenmikroskopischen Daten, gewonnen durch Gefrierätzung, Immuncytochemie und biologische Tests, geht dieses Modell mit der biologischen Funktion der Membran konform und berücksichtigt in besonderem Maß die Dynamik der Membranen.

Bildet die Lipid-Doppelschicht die strukturelle Grundlage einer Membran, so reflektieren Art und Menge der Proteine die Funktionen der Membranen. Proteine bilden dabei wichtige Enzyme und dienen als Transportsysteme (Tab. 1.**3**). Das Lipid-Protein-Verhältnis ist in verschiedenen Membranen unterschiedlich, ebenso die Zusammensetzung der Proteine selbst. So beträgt z. B. der Proteingehalt des **Myelins,** jener vielschichtigen Membranscheide, die Nervenfasern isoliert, weniger als ein Viertel der Lipidmenge. **Mitochondrien-Membranen** mit ihren wichtigen Transportfunktionen enthalten dreimal so viel Proteine wie Lipide. In der Erythrocytenmembran ist das Verhältnis 1:1 (Abb. 1.**10**).

Das Fluid-Mosaic-Modell läßt einen engen Kontakt zwischen strukturellen und funktionellen Elementen der Membran erkennen. Die Proteine, ebenso wie Lipide, amphipathische Moleküle, sind mit ihren hydrophoben Anteilen in die Lipid-Doppelschicht eingesenkt. Einige Proteine sind **Transmembranproteine.** Sie grenzen an der

Tab. 1.3 Aufgaben von Membranlipiden und Membranproteinen

Lipide	Proteine
Struktur	Struktur
Fluidität	Enzymaktivität
Antigene	Bestandteile von Zellkontakten Antigene Zellrezeptoren Regulation
Essentiell für Funktion membrangebundener Proteine	Transmembran-transporte Zellerkennung

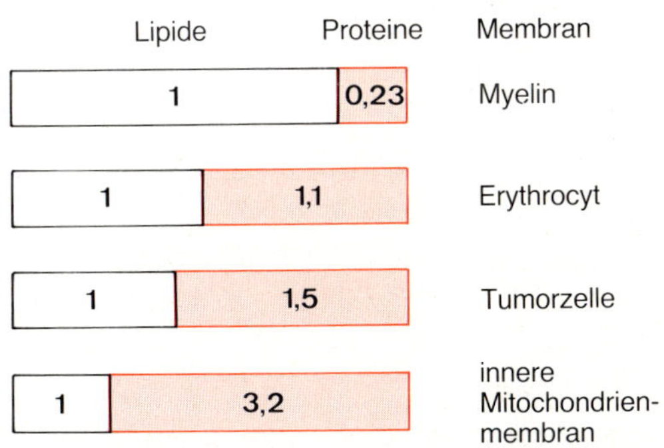

Abb. 1.10 Lipid-Protein-Verhältnis in Membranen unterschiedlicher Herkunft
Der Lipid- bzw. Proteinanteil der Membranen verschiedener biologischer Strukturen ist durch Balken symbolisiert, deren unterschiedliche Länge das Verhältnis dieser beiden Komponenten widerspiegelt

äußeren und der inneren Membranseite an wäßriges Milieu. Proteine der Plasmamembran-Innenseite können zu Strukturen des Cytoskeletts Kontakt gewinnen. Proteine der Membranaußenseite können mit Kohlenhydratketten versehen sein, sie sind glycosyliert. Je nach Polarität der Phospholipide können Proteine mit unterschiedlichen polaren Anteilen in der Membran „gelöst" werden. Auch die Proteine sind zwischen „außen" und „innen" asymmetrisch verteilt. So finden sich **Glycoproteine** ausschließlich außen an der Membran. Möglicherweise führt der Synthesemodus zu dieser unterschiedlichen Verteilung.

Alle Proteine werden an Ribosomen gebildet. Proteine der Membran-Innenseite werden von frei im Cytoplasma schwimmenden Ribosomen synthetisiert. Anders entstehen jene, die an die Außenseite der Membranen sezerniert werden sollen. Diese müssen durch die hydrophobe Lipid-Doppelschicht hindurchgeschleust werden. Zu diesem Zweck werden die Ribosomen an die Membran-Innenseite (dem Cytoplasma zugekehrt) des Endoplasmatischen Reticulums geheftet (S. 34). Das wachsende Protein wird – das zuerst gebildete NH_2-Ende voraus – im noch ungefalteten Zustand durch die Membran ins Lumen des Endoplasmatischen Reticulums geschoben. Zu diesem Zeitpunkt kommt die hydrophile Eigenschaft der Proteine noch nicht voll zum Tragen. Außerdem beginnen diese Proteine alle mit einer **„Signalsequenz"** (s. Kap. **2**), die besonders viele hydrophobe Aminosäuren trägt. Diese Sequenz wird, hat sie die Membran durchquert, abgespalten. Proteine, die im weiteren Verlauf ihrer Polypeptidkette eine hydrophobe Sequenz besitzen, werden an die Fettschicht der Membran assoziiert und bilden die integralen oder Transmembran-Proteine.

Die Glycosilierung beginnt im Endoplasmatischen Reticulum und wird im Golgi-Apparat perfektioniert. Von ihm aus werden Glycoprotein tragende Membranfragmente im Zuge des dauernden Membranauf- und -abbaus in Form von Transportvesikeln an die Plasmamembran herangeführt und in diese durch Membranverschmelzung integriert.

Nicht nur die Lipide, auch die Proteine sind in der Membran beweglich. Sie können um die eigene Achse rotieren und lateral diffundieren. Ein Flip-Flop findet nicht statt. Auch die laterale Beweglichkeit kann eingeschränkt sein. Das gilt z. B. für Proteine, die an Zellkontakten beteiligt sind. Zellkontakte wie die *Zonula occludens* (Verschlußkontakte), bilden eine Barriere für die freie Beweglichkeit. Dadurch werden Proteine mitsamt ihren Funktionen streng an bestimmte Zellmembranregionen gebunden.

Auch Aggregation von mehreren Proteinen kann zu einer langsameren und trägeren seitlichen Diffusion führen. Ebenso beeinträchtigt die Verknüpfung von Proteinen mit dem Cytoskelett ihre Beweglichkeit.

1.3.6. Die Zellen sind außen von einer Glycokalix umgeben

Der äußeren Zellmembran ist eine zusätzliche Schicht, eine Membran-Deckschicht, aufgelagert, die je nach Zellart und Funktion unterschiedlich stark ausgeprägt ist. Diese Schicht (sie ist 10 bis 20 nm dick) heißt **Glycokalix** und besteht bei menschlichen Zellen aus Glycoproteinen, Glycolipiden und **Proteoglycanen** (proteinhaltige Polysaccharide). Der Kohlenhydrat-Gehalt der Membranen beträgt zwischen 2% und 10%. An der Verbindung zwischen Epithel- und Bindegewebszellen schließt sich der Glycokalix die **Basalmembran** an. An ihrem Aufbau sind die in der Außenschicht der Plasmamembran enthaltenen Glycoproteine ebenso beteiligt wie solche, die nach Sekretion in den Extrazellularraum von außen an die Membran adsorbiert werden.

Die eingelagerten Kohlenhydrate setzen sich aus einigen wenigen Zuckern zusammen (unter anderem Galactose, Fucose, Glucose, Mannose). Das häufige Vorkommen von **Neuraminsäure** am Kettenende ist mitverantwortlich für die insgesamt gesehen negative Außenladung eukaryonter Zellen.

Besonders reich an Neuraminsäure sind Erythrocyten. Durch die entstehende negative Ladung stoßen diese Zellen sich gegenseitig im Blutstrom ab. Im Alter vermindert sich der Neuraminsäure-Anteil und es kann zu Verklumpungen und zum Aussortieren dieser Erythrocyten in der Milz kommen.

1.3.7. Die Erythrocyten-Membran eignet sich besonders gut als Untersuchungsobjekt

Die bestuntersuchte Plasmamembran ist die **Erythrocyten-Membran** (Abb. 1.**11**). Das hat viele Gründe:

- Erythrocyten sind leicht zu gewinnen.
- Erythrocyten besitzen keine störenden inneren Membranen.
- Möglichkeit der Herstellung von Erythrocytengeistern ist gegeben: Erythrocyten schwellen bei der Behandlung mit hypotonen Lösungen. Hämoglobin, das Haupt-Nichtmembranprotein, fließt aus. Es bleiben reine Membranen zurück, die man willkürlich zu „Außen-außen"- bzw. „Innen-außen"-Vesikeln schließen kann.

Die Lage der Proteine in einer Membran kann an Hand ihrer Herauslösbarkeit bestimmt werden. Aufgelagerte Proteine lassen sich leicht, integrierte nur nach Zerstörung der Membran z. B. durch Detergentien entfernen. Um integrale Proteine – ihr Anteil an Membranproteinen ist 70% – anzureichern und zu untersuchen, werden proteolytische Enzyme benutzt, die die äußeren und inneren peripheren Proteine verdauen. Es verbleiben

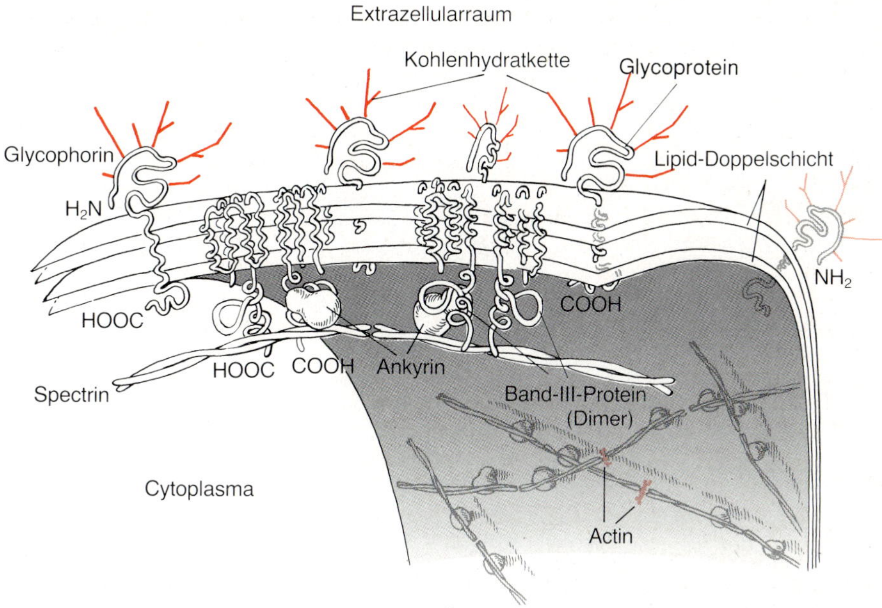

Abb. 1.11 Schematische Darstellung eines Teils der Erythrocytenmembran Gezeigt sind Glycoproteine, die mit ihren Oligosaccharidanteilen gemeinsam mit denen der Glycolipide an der Außenseite der Membran die Glycokalix bilden. Das Glycophorin verankert sich an der Membran-Innenseite mit Spectrinmolekülen. Diese stehen ihrerseits mit Actinfilamenten des Cytoskeletts in Verbindung. Das Band-III-Protein liegt als Dimer vor und bildet dadurch einen Kanal durch die Membran

Proteine, die integral und wasserunlöslich sind. Sie werden mit Detergentien ausgelöst. Ihre Trennbarkeit über Gel-Elektrophorese ermöglicht es, sie einzeln zu studieren (Abb. 1.**11**).

1.3.8. Die Hauptmembran-Proteine der Erythrocytenmembran sind Spectrin, Glycophorin und Band-III-Protein

Spectrin liegt der Membran-Innenseite auf. Es ist fädig und myosinartig. Seine Verbindung zum Cytoskelett hilft dem Erythrocyten, seine Form zu wahren. Ist das Spectrin defekt, dann kommt es zum Krankheitsbild der **hereditären Sphärocytose.**

Ein wesentliches transmembranes Protein ist das **Glycophorin** (700 000 Kopien pro Erythrocyt). Es wurde als erstes Membranprotein voll sequenziert. Seine 131 Aminosäuren liegen zu 60% an der Membran-Außenseite. Dieser hydrophile Teil ist mit kurzen Kohlenhydrat-Ketten besetzt und mit Blutgruppen-Eigenschaften (MN-System) assoziiert. Der in der Lipid-Membran eingelagerte Teil besteht aus 20 zum größten Teil lipophilen Aminosäuren. Daran schließt sich das hydrophile Carboxylende an.

Auch das dritte wichtige Protein ist ein Transmembranprotein und hat Transportfunktion. Es wird nach seiner Position in der SDS-Gel-Elektrophorese **Band-III-Protein** genannt und durchzieht die Membran mehrmals als globuläres Protein. Es liegt dimer vor und bildet einen Anionenkanal, durch den CO_2 in Form von HCO_3^- gegen Cl^- ausgetauscht wird (s. Abb. 1.**11**).

Das im Gewebe gebildete CO_2 wird vom Blut aufgenommen und diffundiert in die Erythrocyten. Hier wird es mit Hilfe der **Carboanhydrase** zu HCO_3^- und H^+ umgewandelt:

$$H_2O + CO_2 \rightarrow H^+ + HCO_3^-$$

Das Hämoglobin der Erythrocyten gibt Sauerstoff an das Gewebe ab. Dabei ermöglicht eine Konformationsänderung des Hämoglobins Bindung der Protonen. HCO_3^- wird über das Band-III-Protein im 1 : 1-Austausch gegen Cl^- aus den Erythrocyten transportiert. Auf diese Weise schützen sich die roten Blutkörperchen vor einer toxischen Anhäufung von HCO_3^- und einer Alkalisierung des zellulären Milieus. In der Lunge wird hingegen Sauerstoff an Hämoglobin gebunden, wodurch die Protonen abdissoziieren. In diesem Fall wird HCO_3^- im Austausch gegen Cl^- in die Zellen hineintransportiert, wo es unter H^+-Aufnahme zu Wasser und CO_2 zerfällt und schließlich abgeatmet werden kann.

1.3.9. Physikalische und biologische Methoden charakterisieren die Fluidität einer Membran

Ein wesentliches Charakteristikum einer Membran ist ihre Fluidität. Hierfür gibt es Testmethoden (Tab. 1.**4**).

Tab. 1.**4** Fluiditätsbestimmungen an Membranen

Physikalische Methoden:
- Laserstrahlen-Technik

Biologische Methoden:
- Durchmischung von Antigen-Antikörper-Komplexen in Hybridzellen
- „Capping" an Lymphocyten-Membranen
- Nachweis funktionstüchtiger Hormonrezeptor-Komplexe in Hybridzellmembranen

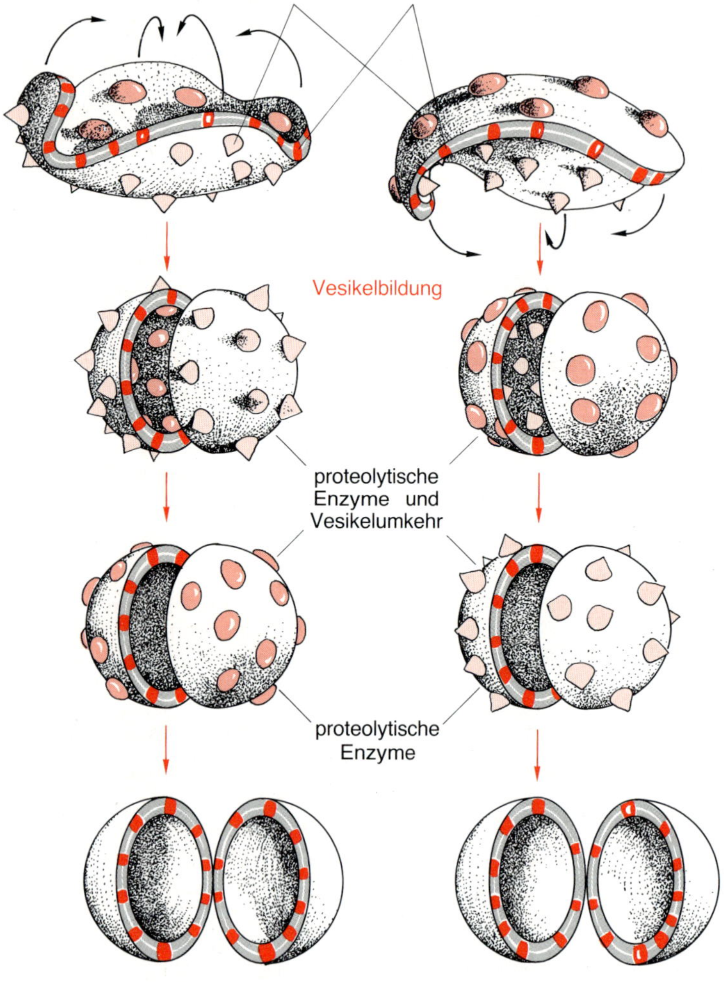

Abb. 1.**12 Anreicherung und Gewinnung integraler Proteine**
Schematische Darstellung des experimentellen Vorgehens: Membranfragmente schließen sich spontan zu Vesikeln, deren Membranen entweder außen-außen oder umgekehrt, d. h. innen-außen, orientiert sind. Nach proteolytischem Verdau der peripheren Proteine werden die Vesikel geöffnet und in umgekehrter Orientierung wieder geschlossen. Erneuter Verdau der peripheren Proteine hinterläßt Membranvesikel, die ausschließlich integrale Proteine enthalten

Physikalische Methode

Pyrene sind chemische Stoffe, die in Membranen eingelagert und durch Laserstrahlen in Schwingungen versetzt werden können. Diese Schwingungen werden als Fluoreszenz sichtbar. Die **Fluoreszenz** erlischt, sobald der Stoff mit einer wäßrigen Phase in Berührung kommt. Ist die Membran fluide, dann wird das Pyren sehr schnell auf eine Flüssigkeitsphase auftreffen und „gelöscht" (gequenched) werden. Ist die Membran starrer, dann hält die Fluoreszenz länger an.

Biologische Methoden

Fluidität kann auch durch die **Geschwindigkeit der Fusion** zweier Membranen gemessen werden. Gegen Mauszellen und menschliche Zellen, die sich in ihren gewebsspezifischen Antigenen unterscheiden, werden Antikörper hergestellt, die mit Fluoreszenz-Farbstoffen markiert werden. Mit speziellen Methoden werden diese Zellen verschmolzen (hybridisiert). Sie fusionieren zu einer einzigen Zelle, einem Heterokaryon. Zugabe von Antikörpern führen zur Bildung von Antigen-Antikörper-Komplexen. Zunächst bleiben diejenigen von Maus und Mensch in der gemeinsamen Plasmamembran getrennt. Nach einiger Zeit durchmischen sie sich, deutlich sichtbar an dem Fluoreszenz-Verteilungsmuster; ein Beweis dafür, daß Membranproteine, in diesem Fall Antigene, dank der fluiden Membran, lateral beweglich sind (Abb. 1.**13**).

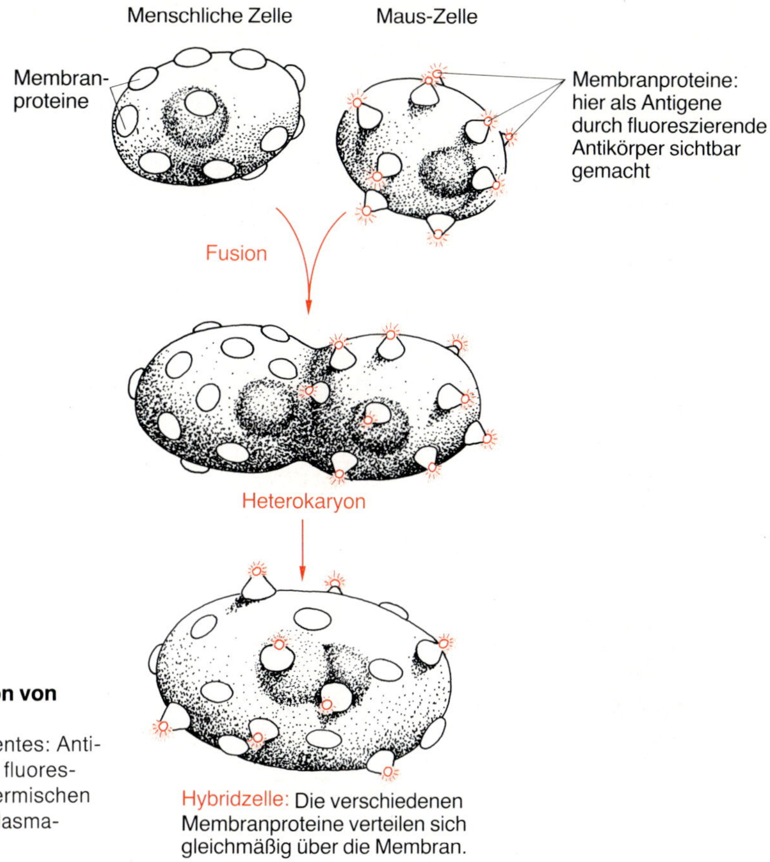

Abb. 1.13 Fluiditätsbestimmung durch Fusion von Zellen
Schematische Darstellung eines Fusionsexperimentes: Antigene auf Maus- bzw. Menschzellen werden durch fluoreszierende Antikörper markiert. In der Hybridzelle vermischen sich langsam die Antigene dank der Fluidität der Plasmamembran

Ein anderer Beweis für Fluidität wird durch das **Capping** in Lymphocyten geführt (Abb. 1.**14**). Antikörper sind bivalent, d. h. sie können Antigene miteinander verknüpfen. Mit Hilfe von Antikörpern, die gegen Lymphocyten-Oberflächen-Antigene gerichtet sind, kann das Phänomen des „Capping" verfolgt werden. Werden fluoreszenzmarkierte Antikörper an die Lymphocyten-Membran gebunden, verknüpfen sie mit ihren beiden Valenzen jeweils zwei Antigene. Da sich im Experiment fluoreszierende Flecke bilden, die auf das Vorliegen großer zusammenhängender Antigen-Antikörper-Komplexe hinweisen, wird angenommen, daß diese durch Zusammenziehung der auf der Lymphocyten-Oberfläche verstreuten Antigene zustande gekommen sind. Diffusion der Proteine innerhalb der fluiden Membran hat dazu geführt. Dieser passive Vorgang der „Patch-Bildung" wird noch im sog. Capping fortgesetzt. Unter Energieverbrauch werden die Antigen-Antikörper-Komplexe schließlich an einem Pol der Lymphocyten zusammengezogen, wo sie dem Lymphocyten wie ein Käppchen aufsitzen. Wie das Käppchen zustande kommt, ist noch nicht geklärt. Eine Hypothese macht cytoplasmatische Actinfilamente für das Zusammenziehen der Proteinkomplexe verantwortlich. Eine andere Möglichkeit ist durch den konstanten Membranfluß gegeben, der an einem Zellpol Membranvesikel endocytiert, um sie am anderen Pol zu integrieren. Auf diese Weise können die Proteinflecke an einem Zellpol zusammengeschwemmt werden. Capping der Lymphocyten kann auch mit **Lectinen** durchgeführt werden. Lectine sind pflanzliche Proteine, die bivalent an spezifische Zuckermoleküle binden und damit die Glycoproteine der Membran fixieren.

Ein weiterer Vorgang beruht ebenfalls auf Fluidität der Membran: Einige Glycoproteine der Glycokalix haben **Rezeptorfunktion:** Sie nehmen Reize aus der Umgebung auf und bewirken eine zelluläre Reaktion auf den Reiz durch die Bildung von cAMP. Diese ist abhängig vom Vorhandensein eines membrangebundenen Enzyms, der *Adenylatcyclase* (s. Kap. **2**). Der Rezeptor muß mit einem derartigen Enzym in Verbindung treten und es nach Reizempfang aktivieren. Rezeptoren und Enzyme sind frei beweglich, treffen bei Bedarf aufeinander und wirken als Funktionseinheit.

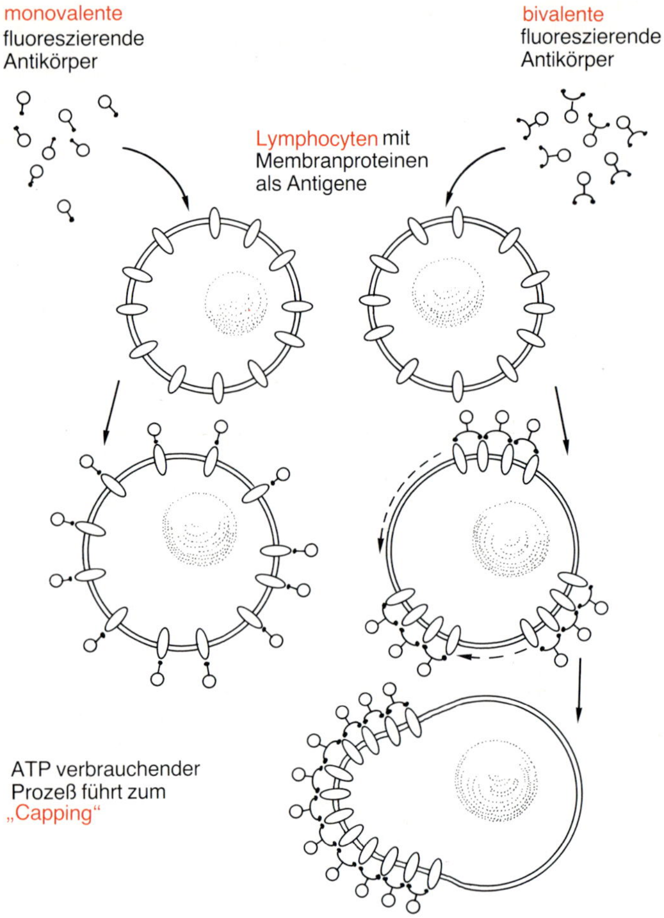

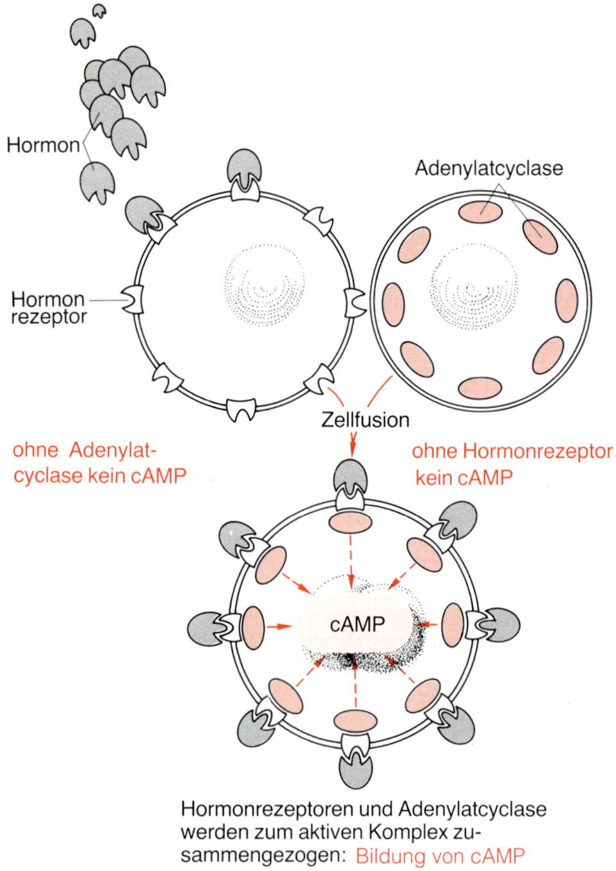

Abb. 1.14 Fluiditätsbestimmung durch „Capping" der Lymphocyten
Schematische Darstellung der Möglichkeit, Antigene, die sich auf der Lymphocyten-Oberfläche befinden, durch Zugabe von bivalent bindenden Antikörpern in Regionen zusammenzuziehen. Dieser Vorgang, ebenso wie das extreme „Capping", ist ein Zeichen für die Fluidität der Plasmamembran

Abb. 1.15 Fluiditätsbestimmung durch Aktivierung der *Adenylatcyclase* nach Zellfusion
Schematische Darstellung der Vereinigung von zwei Proteinen (Hormonrezeptor der einen Zelle mit der *Adenylatcyclase* der anderen Zelle) zum aktiven Komplex. Der Nachweis desselben ergibt sich durch cAMP-Produktion nach Hormoneinwirkung

Tatsächlich bestätigt das folgende Experiment diese Forderung (Abb. 1.**15**): Zellen werden miteinander fusioniert. Die einen Zellen besitzen Hormonrezeptoren, aber keine funktionstüchtige *Adenylatcyclase.* Die anderen besitzen *Adenylatcyclase,* aber keinen Hormonrezeptor. Vor der Fusion kann es deshalb in keiner der beiden Zellen zu cAMP-Produktion nach Hormoneinwirkung kommen. Anders im Heterokaryon: Die Rezeptoren der einen Zelle finden die *Adenylatcyclase*-Moleküle der anderen Zelle durch laterale Diffusion in der Membran. Binden die Rezeptoren das angebotene Hormon, dann induzieren sie die funktionstüchtige *Adenylatcyclase* zur cAMP-Produktion. Das beweist, daß Proteine in der Membran beweglich sind.

1.3.10. Stoffaustausch durch Membranen

Membranen bilden Permeationsschranken

Die Membranen grenzen die Zelle gegen ihre Umgebung ab und bilden eine **Permeationsbarriere.** Diese Barriere darf aber keineswegs völlig undurchlässig sein, sollen in der Zelle physiologische Bedingungen erhalten bleiben (Rep. 1.**7**). **Abfallprodukte** müssen die Zelle verlassen

Rep. 1.7 Stoffaustausch durch Membranen

Passive Transporte: nicht energieverbrauchend in einem Konzentrationsgefälle
- Diffusion: Molekülbewegung vom Ort höherer zum Ort niederer Konzentration
- erleichterte Diffusion: Diffusion durch Membranen mit Hilfe von Permeasen (Transporter); molekülspezifisch!
- Osmose: Wasser-Diffusion durch semipermeable Membranen

Aktive Transporte: energieverbrauchend(!) auch gegen ein Konzentrationsgefälle
- Pumpen: z. B. Na^+/K^+-Pumpe, Ca^{2+}-Pumpe
  a) Symporte
  b) Antiporte
- Cytosen:
  a) Exocytose
  b) Endocytosen: Pinocytose, Phagocytose

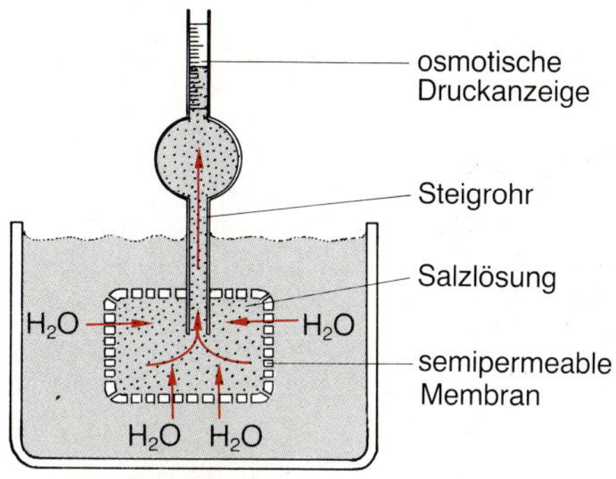

Abb. 1.16 Apparatur zur Messung des osmotischen Drucks
Eine Salzlösung wird mit Hilfe einer semipermeablen Membran vom Wasser getrennt. Da zwar das Wasser, aber nicht das Salz diffundieren kann, strömt das Wasser ein, um einen Konzentrationsausgleich zu schaffen. Die Volumenvergrößerung führt zum Anstieg der Lösung im Steigrohr. Der osmotische Druck kann direkt abgelesen werden

und **Nährstoffe** müssen aufgenommen werden können. Der **osmotische Druck** (Abb. 1.**16**) muß erhalten bleiben, soll die Zelle nicht durch Wasserverlust kollabieren oder durch übermäßige Wasseraufnahme platzen (s. Abb. 1.**20**). Zellen sind von flüssigem Milieu umgeben. Bei höheren Organismen sind dies Interzellularflüssigkeiten wie Serum oder Lymphe. Moleküle müssen intrazellulär so konzentriert werden, daß sie den Lebensfunktionen der Zelle, z. B. der Energiebereitstellung, optimal dienen, unabhängig davon, in welcher Konzentration sie extrazellulär angeboten werden (Tab. 1.**5**).

Liegen Stoffe in zwei verschiedenen Konzentrationen vor und werden diese durch eine permeable Membran voneinander getrennt, dann gleichen sich die Konzentrationen mit der Zeit aus: Vom Ort höherer Konzentration diffundieren Teilchen zum Ort niederer Konzentration entlang dem Konzentrationsgefälle. Dieser Vorgang heißt **Diffusion** und ist ein passiver, ohne Energieverbrauch ablaufender Prozeß (Abb. 1.**17**).

Durch die Lipid-Doppelmembran können nur lipophile Stoffe, wie z. B. CO_2, O_2, N_2, H_2O, Harnstoff und Ethanol diffundieren (Tab. 1.**6**). Für andere Moleküle ist die Zellmembran selektiv permeabel. Sie organisiert **Transportmechanismen** unter Zuhilfenahme von Membranproteinen.

Ein passiver Transportvorgang: die erleichterte Diffusion

Prinzipiell müssen passive, nicht energieverbrauchende von aktiven, energieverbrauchenden Transporten unterschieden werden. Untersucht man Diffusionsvorgänge an einer isolierten Membran, z. B. der der Erythrocyten, dann diffundieren einige Stoffe schneller als sie ihrer chemischen Natur nach dürften. Dazu gehört z. B. die hydrophile Glucose. Glucose wird dabei entlang ihres Konzentrationsgefälles befördert. Da der Transport aber leichter geht, als es ihren osmotischen Eigenschaften entsprechen würde, nennt man diese Diffusion **erleichterte Diffusion** (Abb. 1.**18**). Sie verläuft passiv, ohne Energieaufwand. Die Beschleunigung wird durch Mem-

Tab. 1.5 Konzentration einiger wichtiger Ionen in Mammaliazellen und im Serum

Ion	Zelle (mM)	Serum (mM)
Na^+	12	145
K^+	139	4
Mg^{2+}	0,8	1,5
Ca^{2+}	10^{-4}	1,8
Cl^-	4	116
HCO_3^-	12	29
Fixierte Anionen im Cytoplasma wie Proteine, Nucleinsäuren etc.		

Tab. 1.6 Der Einfluß verschiedener Faktoren auf die Membrangängigkeit eines Moleküls

Faktor	Membrangängigkeit
Fettlöslichkeit	positiv
Polarität	negativ
Hydrathülle	negativ
Größe	negativ

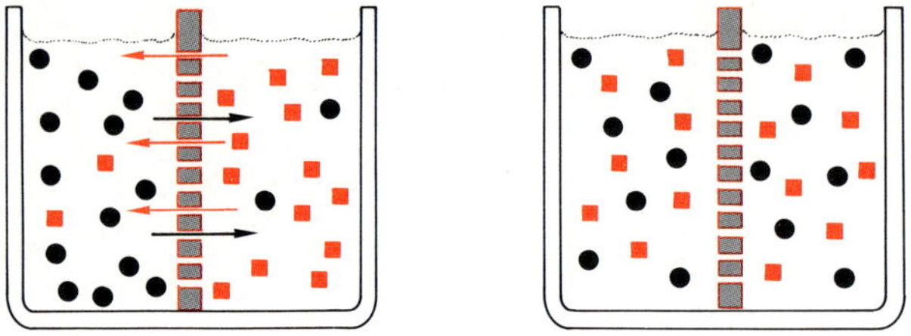

Abb. 1.17 **Diffusion**
Darstellung des Konzentrationsausgleiches zwischen zwei Lösungen, die durch eine **permeable** Membran getrennt sind. Der Ausgleich erfolgt vom Ort der höheren zum Ort der niederen Konzentration ohne Energieaufwand

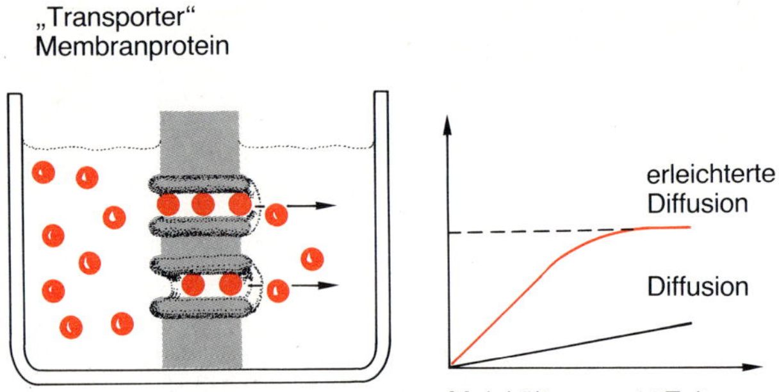

Abb. 1.18 **Erleichterte Diffusion**
Lösungen eines hydrophilen Stoffes, z. B. Glucose unterschiedlicher Konzentration, sind durch eine biologische Membran getrennt. Die Diffusion der Glucose vom Ort höherer zum Ort niederer Konzentration wird durch glucosespezifische Membranproteine (Transporter) erleichtert. Im Diagramm ist der Molekültransport pro Zeiteinheit aufgetragen. Deutlich mehr Moleküle diffundieren bei erleichterter Diffusion (obere Kurve) als bei einfacher Diffusion

branproteine erreicht: sie werden deshalb auch **Transporter** genannt. Derartige Membranproteine sind spezifisch für ein bestimmtes Molekül, für das sie einen **spezifischen Kanal** bilden, durch den das hydrophile Substrat geschleust wird. Ist viel Substrat zu transportieren, dann wird so viel transportiert, wie es die Kapazität des Transporters erlaubt. Die Spezifität derartiger Transporter kann dadurch erreicht werden, daß das zu transportierende Molekül am Ort höherer Konzentration an das Membranprotein bindet. Eine durch die Bindung ausgelöste Konformationsänderung des Transmembranproteins führt zur Öffnung eines spezifisch geformten Kanals. Nach Durchtritt des Moleküls schnellt der Transporter in seine Ausgangskonfiguration zurück. Einige dieser Transporter (Kanäle) können, je nach Bedarf, geöffnet oder geschlossen werden. „Kanaldeckel" gibt es z. B. bei Na^+- und K^+-Kanälen. Nur wenn sie geöffnet sind, können die für die Zelle so lebenswichtigen Ionen entsprechend ihrem Konzentrationsgefälle passiv fließen. Öffnungsreize bieten dazu extrazelluläre Proteine oder das Erreichen einer gewissen Konzentration eines dieser Ionen. Soll z. B. möglichst viel Glucose durch erleichterte Diffusion transportiert werden, dann muß die Zelle möglichst lange ein hohes Konzentrationsgefälle aufrechterhalten. Dies kann sie mit Hilfe eines Tricks erreichen: Sie verändert intrazellulär das Substrat derart, daß es nicht mehr zur Konzentrationserhöhung beiträgt. So wird Glucose z. B. zu Glucosephosphat.

Aktive Transporte können gegen Konzentrationsgefälle laufen und verbrauchen Energie

Häufig müssen Substanzen **gegen ein Konzentrationsgefälle** transportiert werden. Wieder sind für Moleküle oder Molekülgruppen spezifische Transporter vorhanden, die aber **unter Energieverbrauch** arbeiten (Mutationen in derartigen Transportsystemen sind Ursachen erblicher Krankheiten). Die benötigte Energie für den Transport kann aus der Hydrolyse des **Energielieferanten Adenosintriphosphat (ATP)** oder aus **Ionengradienten** geschöpft werden. Über ATP-Hydrolyse werden Na^+, K^+, Ca^{2+} und H^+-Ionen transportiert. Andere Moleküle, wie Cl^-, HCO_3^-, Zucker, Aminosäuren etc., benutzen Energie aus Na^+-Konzentrationsgradienten. Mißt man mit Mikroelektroden die Ladung im Inneren von Erythrocyten, dann ist die Plasmamembran innen relativ zu außen negativer geladen. Dieses elektrische **Ruhepotential** beträgt je nach Zellart zwischen 20 und 150 mV. Die K^+-Ionen-Konzentration innerhalb der Zelle ist im Gegensatz zu außen hoch – eine Notwendigkeit für das Funktionieren der Proteinbiosynthese und der Glycolyse. Entsprechend dem Konzentrationsgefälle fließen K^+-Ionen durch Rest-Diffusion nach außen: Die Membran wird innen negativ. Na^+-Ionen, die außen höher konzentriert sind als innen, strömen langsam in die Zelle entlang ihres Konzentrationsgefälles ein, gefördert von der innen vorherrschenden negativen Ladung. Durch seine große Hydrathülle behindert, diffundiert das Na^+-Ion viel schwerfälliger als die K^+-Ionen. Trotzdem würde die Diffusion der Ionen zu einem langsamen Konzentrationsausgleich und einer völligen Depolarisation der Membran führen, gäbe es nicht einen Transportmechanismus, der aktiv K^+-Ionen in die Zelle hinein und Na^+-Ionen hinausbefördert.

Aktive Transporte arbeiten nach dem Prinzip einer Pumpe

Dieser aktive Transport arbeitet im Sinne einer **Pumpe:** Unter Energieverbrauch werden Ionen gegen ihr Kon-

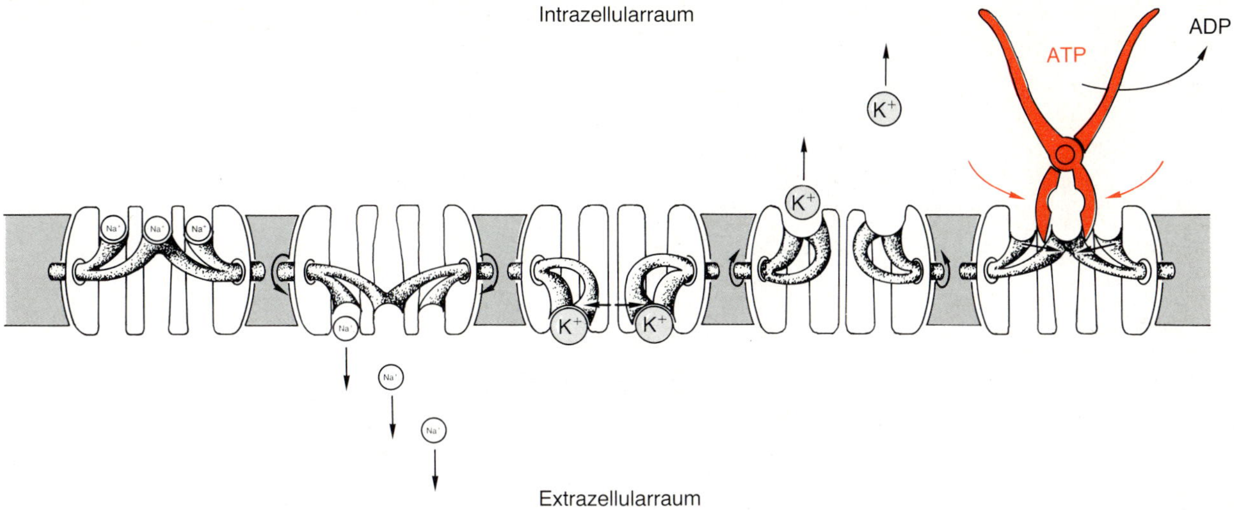

Abb. 1.19 Die Na$^+$-K$^+$-Pumpe als Modell für einen aktiven Transport
Im energetisierten Zustand besitzt die Na$^+$-K$^+$-Pumpe an der Membran-Innenseite drei Bindungsstellen für Natrium-Ionen. Drei Na$^+$-Ionen werden nach außen gebracht und entlassen. In diesem Zustand hat die Pumpe zwei Bindungsmöglichkeiten für K$^+$-Ionen. Wenn an der Membraninnenseite die K$^+$-Ionen abgegeben worden sind, ist die Pumpe entspannt. Durch Energiezufuhr wird die Pumpe wieder energetisiert, d. h. gespannt. Die Energie wird aus der Spaltung von ATP bezogen. Ein neuer Aktionscyclus, bei dem drei Na$^+$-Ionen von innen nach außen und zwei K$^+$-Ionen von außen nach innen transportiert werden, beginnt. (Die beschriebenen Vorgänge sind schematisch von links nach rechts dargestellt)

zentrationsgefälle bergauf gepumpt (Abb. 1.**19**). Diese Pumpe ist eine *Na$^+$-K$^+$-ATPase,* ein Protein (Enzym), das in Abhängigkeit von Na$^+$ und K$^+$ ATP spaltet. Diese ATPase reicht durch die Membran hindurch. An der cytoplasmatischen Seite befinden sich Bindungsstellen für ATP und Na$^+$-Ionen. An der extrazellulären Seite sind die K$^+$-Bindungsstellen. Wird ATP an das Enzym angelagert, so wird es bei Anwesenheit von Na$^+$- und K$^+$-Ionen gespalten. Das freiwerdende Phosphat phosphoryliert eine Proteinuntereinheit der Pumpe und ermöglicht die Bindung von drei Na$^+$-Ionen. Gleichzeitig werden außen zwei K$^+$-Ionen in der K$^+$-Bindungsstelle angelagert. Eine Konformationsänderung führt zu einer Rotationsbewegung des Proteins und führt die Na$^+$-Bindungsstelle an die extrazelluläre, die K$^+$-Bindungsstelle an die intrazelluläre Membranseite. Die Ionen werden abgegeben. Das Protein wird dephosphoryliert und schnellt wieder in seine Ausgangsstellung zurück. Der Prozeß kann von neuem beginnen. Ein Drittel der gesamten Zellenergie wird in die Na$^+$-K$^+$-Ionen-Pumpe gesteckt. Es gibt auch andere Pumpen, z. B. eine **Ca^{2+}-Ionen-Pumpe,** die Ca^{2+}-Ionen aus der Zelle herauspumpt.

Ein weiteres ATP-getriebenes Transportsystem hat bei Eukaryonten Bedeutung. Es ist verantwortlich für therapeutisch unliebsame Resistenzentwicklung von Tumorzellen gegen verschiedene Drogen. Das Transportprotein, ein Glykoprotein P170 (M_r170 000) befindet sich bevorzugt in Membranen von Leber, Nieren- und Darmzellen, wo es für den Transport und die Ausscheidung von Toxinen sorgt. Dieses, seiner Funktion nach **Multidrogen-Resistenz-Protein (MDR)** genannt, gehört zu der sog. **ABC-Transporter-Superfamilie,** die in Bakterien für den Transport unterschiedlichster Moleküle sorgt, und deren Proteine sich durch hochkonservierte ATP-Bindungsstellen auszeichnen. Das MDR-Protein pumpt aus Eukaryontenzellen verschiedenste Drogen hinaus, die durch ihre Hydrophobie in die Zelle hineindiffundieren konnten. Behandlung von Tumorzellen, z. B. mit einem Cytostatikum, kann zur Induktion dieses Transporters und damit zur Resistenz gegen alle möglichen anderen Drogen führen. Auch für die medizinisch bedeutungsvolle Resistenzausbildung gegen das Malariamittel Chloroquin (eine Million Menschen sterben jährlich an Malaria) scheint ein MDR-Protein in der Membran des Malariaerregers *Plasmodium falciparum* verantwortlich zu sein. Immer mehr Transportproteine der ABC-Familie werden bei Eukaryonten gefunden. So liegt z. B. einer genetischen Krankheit, der cystischen Fibrose, eine Mutation im „Cystische-Fibrose-Transmembran-Regulator(CFTR)-Protein", einem Cl$^-$-Kanal, zugrunde, der zu den ABC-Transportern gehört.

Ionengradienten sind für Zelltransporte lebenswichtig

Ionengradienten liefern Energie zum Transport lebenswichtiger Moleküle. Derartige Transporte sind **Cotransporte,** wobei man **Symporte** von **Antiporten** unterscheidet. Bei den Symporten wird der Metabolit in die gleiche Richtung wie das Ion transportiert, bei den Antiporten in die dem Ionentransport entgegengesetzte Richtung.

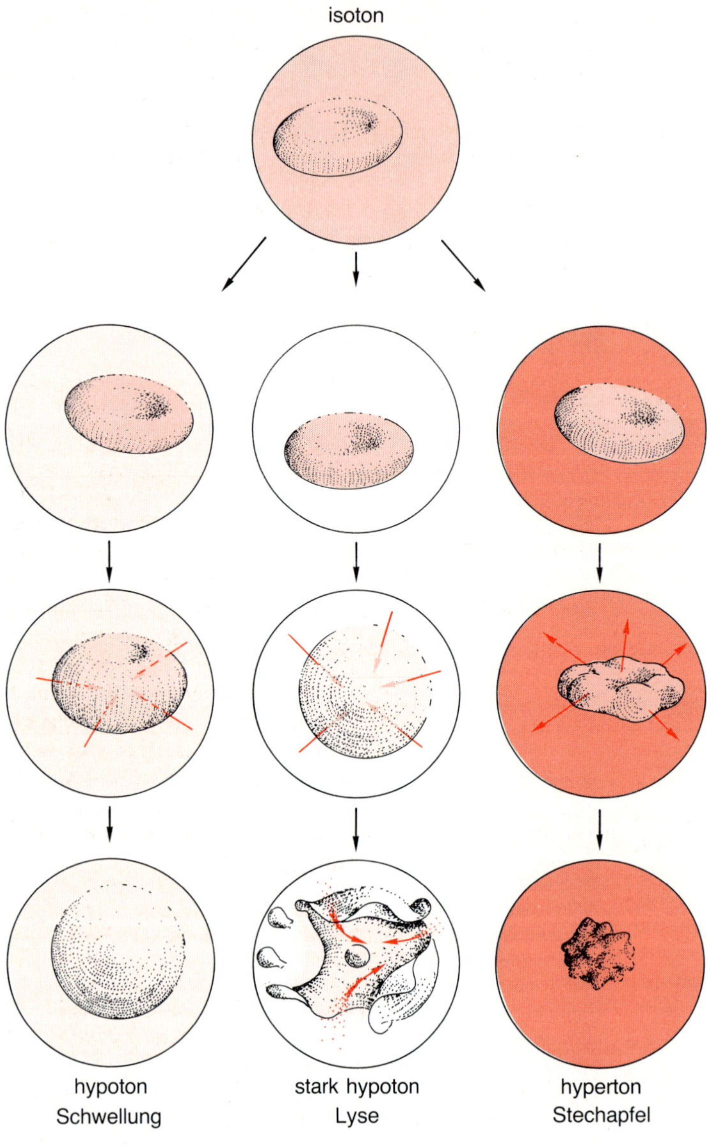

Abb. 1.20 Osmose an biologischen Membranen
Dargestellt ist das Verhalten eines Erythrocyten in Medien unterschiedlicher Ionenkonzentrationen. Ausgehend von einem isotonen Medium (Ionenkonzentration innerhalb und außerhalb des Erythrocyten gleich) wird der Erythrocyt in ein Medium niedrigerer Ionenkonzentration bzw. in ionenfreies Wasser überführt. Schwellung bzw. Lyse sind die Folge.
Überführung des Erythrocyten in ein Medium höherer Ionenkonzentration führt zu Wasserentzug und Schrumpfung des Erythrocyten (Stechapfelform). Ionengradienten liefern die Energie, um durch Transporte die Isotonie zwischen Zellen und Umgebung aufrechtzuerhalten

So können **Glucose-Transport** oder **Aminosäure-Transport** als Na^+-Symporte ablaufen. Holt der Na^+-Ionen-Transporter Na^+-Ionen entsprechend dem Konzentrationsgefälle in die Zelle hinein, dann bricht das Membranpotential langsam zusammen. Die dabei freiwerdende Energie wird genutzt, um aktiv Glucose, auch gegen ein Konzentrationsgefälle, in die Zelle zu ziehen. In Bakterien werden häufig H^+-Ionen-Cotransporte zu ähnlichen Zwecken benutzt. Eine regional begrenzte Verteilung von Transportern innerhalb einer Zelle kann z. B. zum interzellulären Transport eines Metaboliten ausgenutzt werden.

Transporter im apicalen Bereich der Darmepithelzellen sorgen für einen Na^+-Symport von Glucose aus dem Darmlumen. Im basalen und lateralen Bereich derselben Zellen finden sich Na^+-Ionen-unabhängige Transportproteine, die die Glucose entlang ihrem Konzentrationsgefälle durch erleichterte Diffusion ans Blut abgeben. In die Zelle eingeströmte Na^+-Ionen werden mittels der *Na^+-K^+-ATPase* wieder hinausbefördert und damit die Membran neu energetisiert.

Ionengradienten sind für die Konstanterhaltung des Zellvolumens nötig

Die Zellmembranen sind frei durchlässig für Wassermoleküle. Man nimmt an, daß zahlreiche permanent offene Poren für Wassermoleküle die Lipidmembran durchsetzen. Die Menge Wasser, die eine Zelle aufnimmt oder abgibt, hängt von der **Osmolarität** ab, d.h. von der Konzentration der in ihr und im umgebenden Milieu gelösten Teilchen (Abb. 1.**20**). Herrscht intrazellulär die gleiche Konzentration wie extrazellulär, dann spricht man von **Isotonie.** Isotonie existiert z.B. zwischen den Erythrocyten und dem Serum. Wird das intrazelluläre Ionenmilieu aber z.B. durch Na^+-Einstrom erhöht, dann strömt gleichzeitig Wasser ein – es findet also **Osmose** statt –, um die entstandene **Hypertonie** auszugleichen. Die Zelle schwillt und platzt im Extremfall (Hämolyse). Wird hingegen die Osmolarität im Serum erhöht, d.h. herrscht Hypotonie im Zellinnern, dann strömt Wasser aus den Erythrocyten aus. Diese schrumpfen und erhalten die sog. **Stechapfelform.** Aufrechterhaltung des Ionenmilieus ist somit auch aus der Sicht der Osmolarität eine Notwendigkeit für jede Zelle.

1.3.11. Cytosen

Endo- und Exocytosen sind aktive Transporte

Sonderformen der aktiven Transporte sind die **Cytosen** (Rep. 1.**8**). Über **Exocytosen** geben Zellen Makromoleküle, aber auch kleinere Partikel nach außen ab. Über **Endocytosen** nehmen sie derartige Stoffe auf. Das Prinzip dieser Transportvorgänge besteht darin, daß die Substanzen in membranumschlossenen Bläschen, sog. **Vesikeln,** verpackt und mittels Membranverschmelzungsprozessen durch die Membranen hindurchgeschleust werden. Die Endocytoseleistung von Zellen ist, wenn auch von Zellart zu Zellart verschieden, bemerkenswert. Ein **Makrophage** verdaut z.B. in zwei Stunden ein Volumen, das 50% seines eigenen entspricht bzw. in 15 Min. ein Volumen, das 50% seiner Plasmamembran entspricht. Da die Größe der Zelle nicht abnimmt, muß die endocytierte Membran durch gleichzeitige exocytotische Prozesse ersetzt werden. Endo- und Exocytose finden an allen Membranen, also auch an den zellinternen, statt. Alle Zellen sind in der Lage, kleinere Partikel und Flüssigkeiten zu endocytieren. Diese Endocytose heißt **Pinocytose** (die Transportvesikel sind klein). Werden größere Partikel z.B. Bakterien, defekte Erythrocyten oder dergleichen, der Zelle einverleibt, spricht man von **Phagocytose** (Transport in großen Vesikeln bzw. Vakuolen). Phagocytose ist bestimmten Zellen vorbehalten, z.B. Makrophagen oder polymorphkernigen Leukocyten.

Rep. 1.8 Cytosen sind aktive Transporte

Exocytose: Sekretion, Ausstoßung von Schadstoffen
- permanent
- schubweise

Endocytose: Aufnahme, Ernährung; Körperabwehr
- Pinocytose
  Aufnahme kleiner Partikel und Flüssigkeiten (alle Zellen!)
- Transcytose (Cytopempsis)
  Transport von Endocytosevesikeln durch Zellen
- Phagocytose
  Aufnahme großer Partikel durch Makrophagen, Leukocyten (spezialisierte Zellen!)

Die Exocytose ist eine Sekretion

Im Verlauf der Exocytose (Abb. 1.**21**) werden Stoffe, die die Zelle verlassen sollen, wie **Schadstoffe** oder **Sekrete**, im Golgi-Apparat (S. 36) von Membranen eingeschlossen. Membranvesikel lösen sich vom Golgi-Apparat ab, werden mit Hilfe des Cytoskeletts (S. 70) durch die Zelle geleitet und heften sich an der Plasmamembran-Innenseite an. Auf diese Weise sind gleiche Membranseiten – in diesem Fall cytoplasmatische – einander angelagert. Der Zusammenbruch des Membranpotentials an den Kontaktstellen verhindert eine gegenseitige Abstoßung. Während der nun folgenden Membranverschmelzung wird die Vesikelmembran in die Plasmamembran inkorporiert und der Bläscheninhalt nach außen abgegeben. Die Abgabe eines Sekrets kann permanent oder, nach vorheriger Speicherung der Vesikel, schubweise erfolgen. Die Oberfläche einer Zelle, die maximal sezerniert, kann durch einfusionierte Vesikel enorm vergrößert werden – bis zum 30fachen ihrer Ausgangsgröße.

Durch Endocytose ernährt sich die Zelle und wehrt Schadstoffe ab

Die Endocytose (Abb. 1.**22**, 1.**23**) ist eine Umkehr der Exocytose. Material, das in die Zelle aufgenommen werden soll, z.B. **Nahrungsstoffe,** wird an bestimmten Zellmembranregionen an Rezeptoren gebunden (rezeptorvermittelte Endocytose). Diese Regionen stehen mit intrazellulären Actinfilamenten in Verbindung. Die Substrat-Rezeptor-Bindung führt zu einer **Invagination,** d.h. einer Einstülpung der Zellmembran. Der Hals dieser Einstülpung wird immer länger und immer enger, bis gegenüberliegende Membranen aneinanderstoßen (wieder gleiche Plasmamembranseiten – in diesem Fall extrazelluläre). Die Membranen verschmelzen zu einer intakten Zellmembran und die Einstülpung wird als Membranvesikel ins Innere der Zelle entlassen (Endosom). Derartige Vesikel besitzen an ihrer cytoplasmatischen Seite oder Außenseite einen Kranz regelmäßiger Stäbchen oder Zacken **(Stachelsaum-Vesikel, „coated vesicles“).** Das Hauptprotein derartiger Hüllen ist das Clathrin, das wie ein Korbgeflecht den Vesikel umgibt (Abb. 1.**24**).

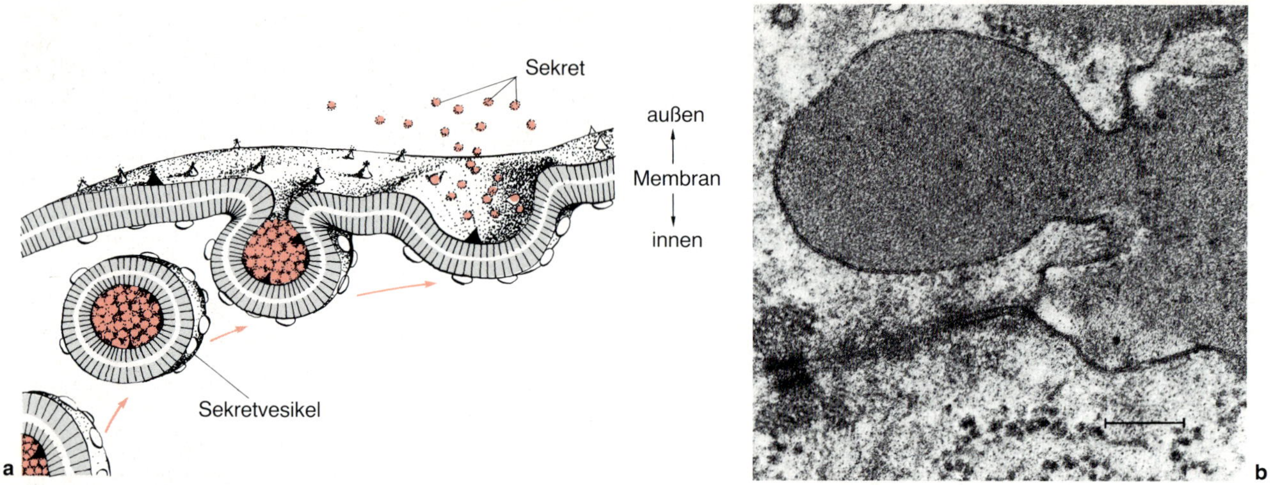

Abb. 1.21 Exocytose

a Schematische Darstellung der Ausschleusung eines sekrethaltigen Vesikels durch die Plasmamembran. Membran-Außenseite bzw. Membran-Innenseite sind als solche markiert. Gleichartige Membranseiten lagern sich aneinander, die Vesikelmembran wird in die Plasmamembran integriert und das Sekret nach außen abgegeben

b Zymogengranulum im Pankreas (Aufnahme: H. F. Kern, Marburg; M: 2 cm ≙ 0,2 μm)

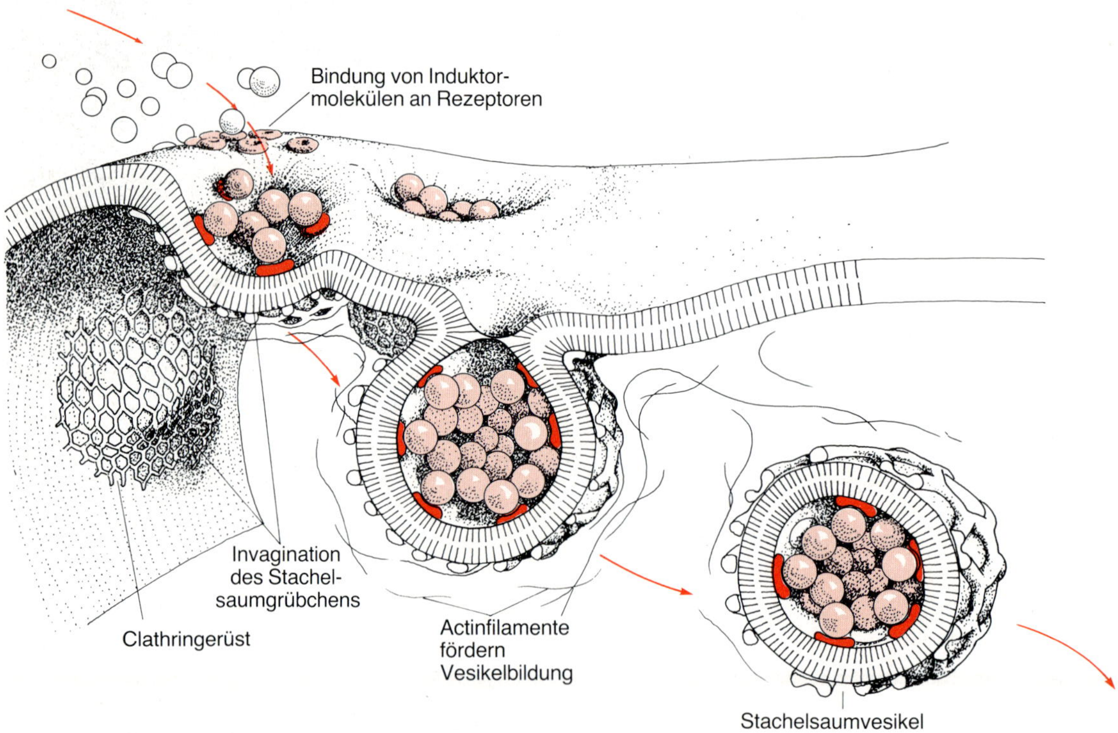

Abb. 1.22 Endocytose: rezeptorvermittelte Endocytose

Schematische Darstellung der Endocytose kleiner Partikel. Moleküle werden an Rezeptoren der Membranaußenseite gebunden, und zwar oft in Regionen, in denen die Membraninnenseite Stacheln trägt (coated pits). Intrazelluläre Actinfasern (stressfibers) sind am Vorgang der Invagination und Vesikelbildung beteiligt. Schließlich erfolgt die Abschnürung eines Vesikels (Stachelsaum-Vesikel, Coated vesicle)

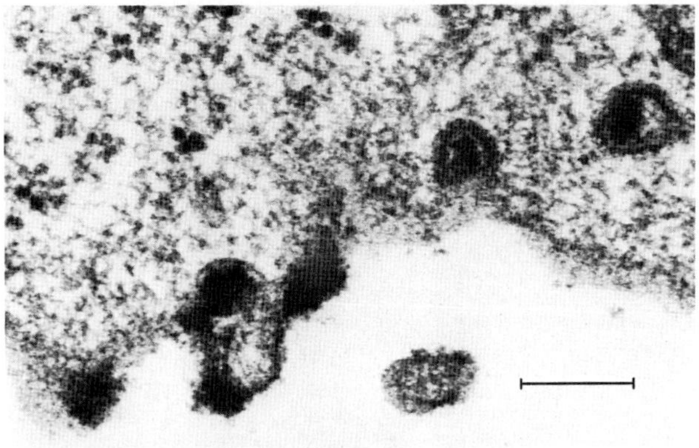

a

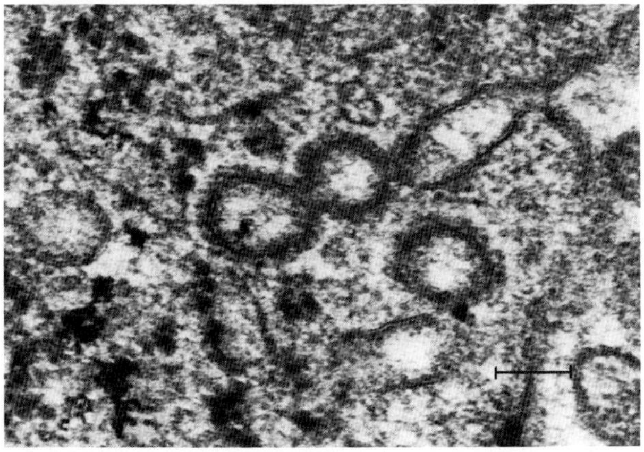

b

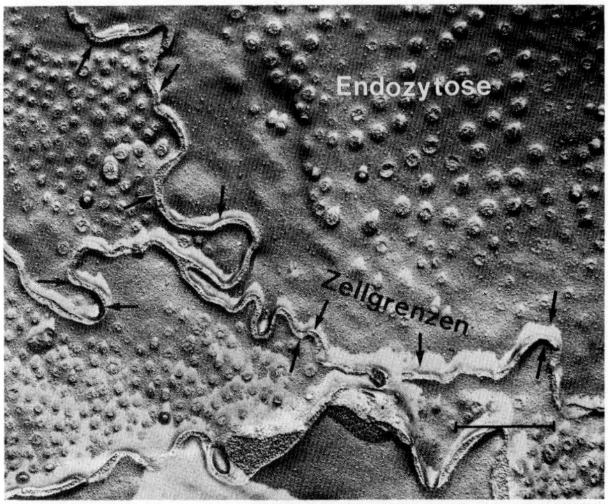

c

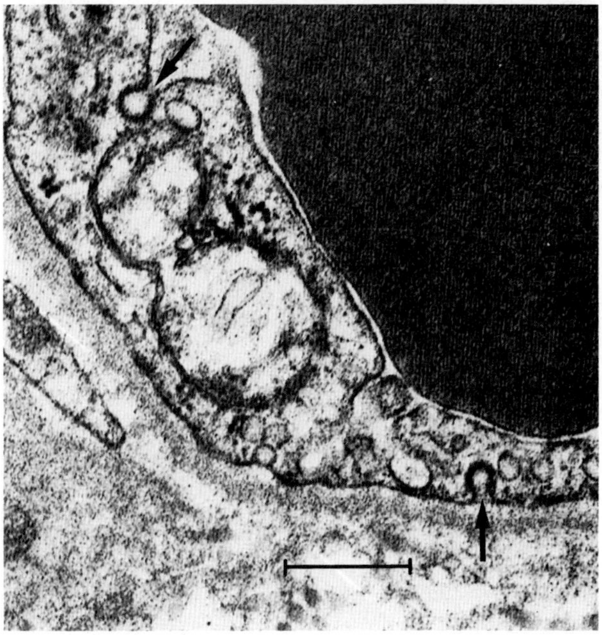

d

Abb. 1.23 Endocytose in der elektronenmikroskopischen Darstellung
a Endocytose von kationischem Ferritin, Adenokarzinom des Pankreas des Menschen (M: 2,4 cm ≙ 0,2 μm)
b Endocytose, Coated pit, Coated vesicle, Adenokarzinom des Pankreas des Menschen (M: 1,5 cm ≙ 0,15 μm)
c Endothel einer Kapillare, Nachweis der Endocytose, Gefrierbruchtechnik (M: 2 cm ≙ 0,2 μm)
d Kapillare aus dem Pankreas des Menschen, Beispiel für Pinocytose; Pfeile zeigen auf Coated pits (Aufnahmen: H. F. Kern, Marburg; M: 2 cm ≙ 0,5 μm)

Bereits die Plasmamembran-Regionen, von denen sie sich abschnüren, besitzen derartige Zacken an ihrer dem Cytoplasma zugewandten Seite. Stachelsaum-Vesikel sind auch bei der Cholesterin-Aufnahme der Zelle über Low-density-Lipoproteine, der Transportform des an Proteine gebundenen Cholesterins im Blut, beteiligt. Die Substrat-Rezeptor-Bindung konzentriert die endocytierte Substanz im Vesikelinneren. Auch Invagination von nicht rezeptortragenden Plasmamembran-Anteilen ist möglich. Dabei wird unselektioniert extrazelluläres Material eingefangen, und es entstehen glatte Vesikel. Die Endosomen können durch die Zelle hindurchtransportiert und ungeöffnet exocytiert werden, wie es häufig bei Endothelzellen der Fall ist (Transcytose, Cytopempsis). Oder die Endocytosevesikel fusionieren im Zellinneren untereinander bzw. mit primären Lysosomen (S. 40) und bilden sekundäre Lysosomen. Die in den Lysosomen kompartimentierten Verdauungsenzyme besorgen den Abbau der eingeschleusten Materialien. Unverdauliches bleibt liegen und bildet Residualkörper (S. 40). Bevor es zur

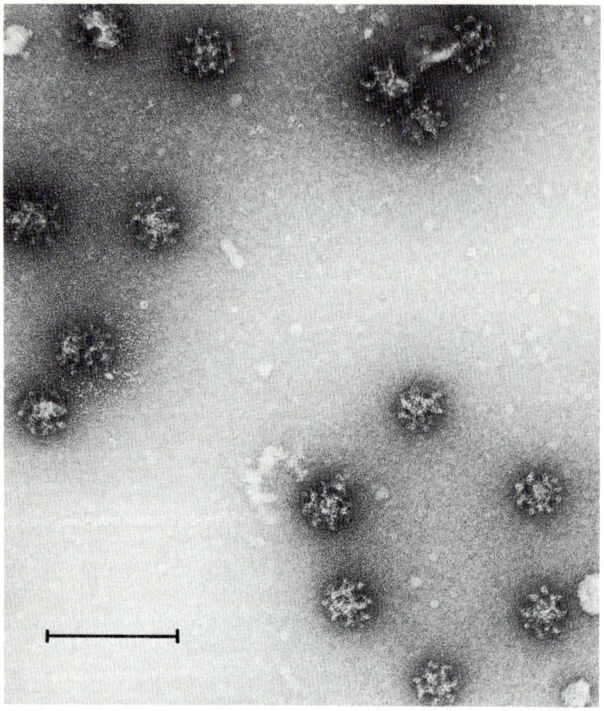

Abb. 1.24 Clathringerüste um Stachelsaumvesikel, isoliert aus Rindergehirn
(Aufnahme: E. Robbins, D. Sabatini, New York; M: 2,5 cm ≙ 0,15 μm)

Tab. 1.7 Zell-Zell-Kontakte (in multizellulären Organismen)

Name	Synonym	Form	Interzellularraum	Hauptaufgabe
Verschlußkontakt	*Zonula occludens,* Tight-junction	gürtelförmige Nähte	nicht mehr vorhanden	Permeationseinschränkung
Gürtel-Desmosom	*Zonula adhaerens*	gürtelförmiges Band	normal (20 nm)	mechanischer Zellzusammenhalt
Punkt-Desmosom	*Macula adhaerens*	druckknopfartig	normal bis breiter (20–30 nm)	mechanischer Zellzusammenhalt
Kommunikations-Kontakt	elektrische Synapse, Nexus, Gap-junction	fleckförmig	verengt (2–4 nm)	interzellulärer Substanzaustausch
Hemi-Desmosom		kein eigentlicher Zellkontakt		Verschweißung von Epithelzellen mit Bindegewebe (Basalmembran)

Fusion des Endosoms mit Lysosomen kommt, wird ein für die Zelle außerordentlich ökonomischer Schritt eingeschaltet: Die Rezeptoren (z. B. für LDL) werden vom Liganden getrennt und an die Zellmembran zurückgeschickt. Dieser Vorgang findet sich fast immer bei rezeptorvermittelten Endocytosen, und es bedarf eines besonderen Tricks, um die zunächst so feste und spezifische Bindung vom Rezeptor an seinen Liganden zu lösen. Die Regulation erfolgt über Veränderungen des pH-Milieus. Dazu verschmilzt das entstandene Endosom mit einem Vesikel aus dem sog. CURL-Kompartiment (engl. *C*ompartment of *u*ncoupling of *r*eceptor and *l*igand) zu einem Übergangsvesikel. In diesen Vesikeln herrscht ein saurer pH von ca. 5,0, der durch eine wandständige ATP-abhängige Protonenpumpe aufrechterhalten wird. (Schon ca. 10 Protonen genügen in einem Vesikel von der Größe eines Endosoms – ca. 80 nm –, um den pH-Wert von 7,0 auf 5,0 zu senken!) Unter diesen Begingungen löst sich der Rezeptor vom Liganden. Die Rezeptoren werden vom Endosom in einem eigenen Vesikel abgeschnürt und zur Plasmamembran transportiert.

Die Endocytose großer Materialien, die **Phagocytose,** ist die Aufgabe spezifischer Phagocytosezellen (Abb. 1.**25**, 1.**26**). Ein Teil der Körperabwehr funktioniert über diesen Mechanismus, z. B. die Phagocytose von Bakterien. Außerdem werden Membranbruchstücke und überalterte Erythrocyten – mehrere Milliarden pro Tag – beseitigt. Auch hierbei spielen **Rezeptoren,** z. B. in Form von Antigenen, eine wichtige Rolle. Ein eindringendes Bakterium wird zunächst von Antikörpern besetzt und dadurch für die Makrophagen mundgerecht gemacht. Gerät ein derartig hergerichtetes Bakterium in die Nähe eines Makrophagen, dann umfließt dieser mit langen zellulären Fortsätzen (Pseudopodien) seine Beute. Die Plasmamembran hangelt sich dabei von einem Antigen-Antikörper-Komplex zum anderen, bis das Bakterium in eine Membranvakuole eingeschlossen ist. Der Makrophage verschlingt und verdaut es mit Hilfe der Lysosomen (Abb. 1.**25** und Abschn. 1.3.14, S. 40).

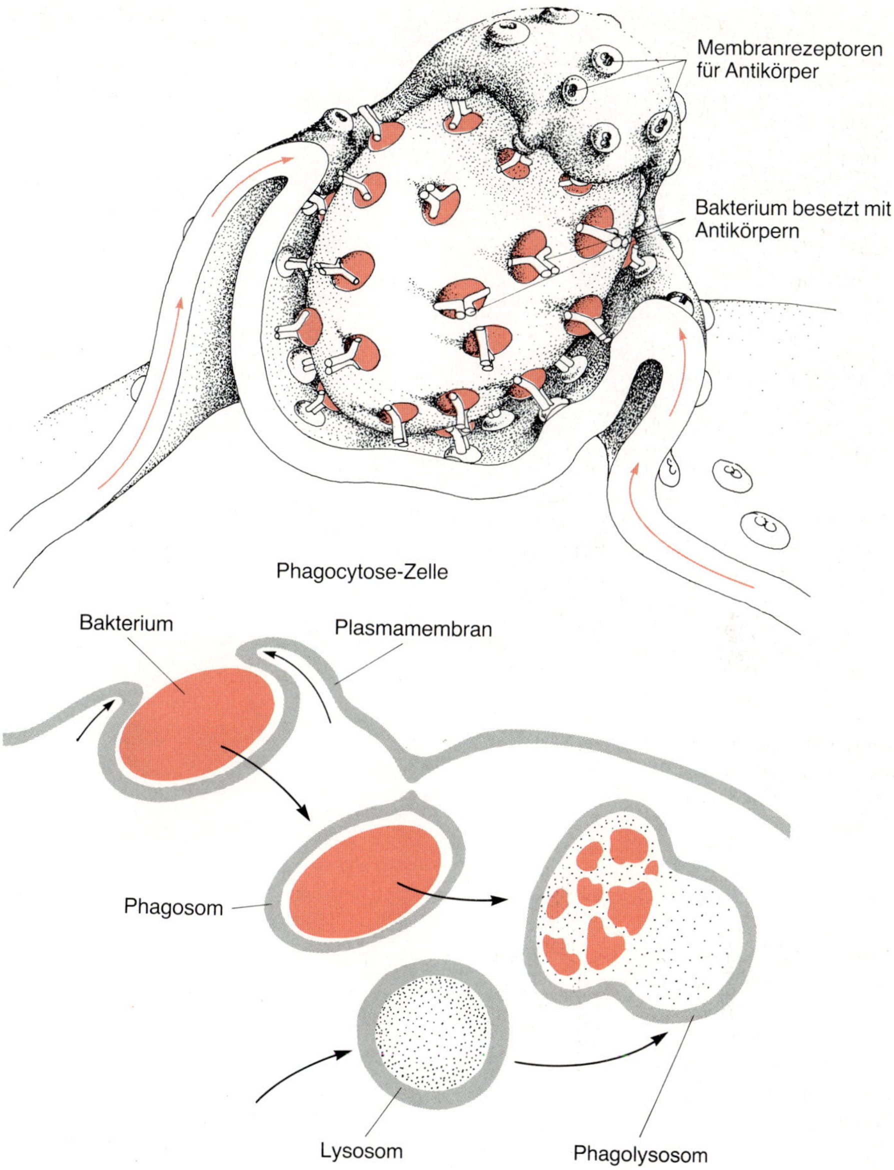

Abb. 1.25 Schematische Darstellung der Phagocytose eines Bakteriums
Die Rezeptoren an der Membran-Außenseite binden an Antikörper, die am Bakterium haften. Die Membran bildet eine Vakuole um das Bakterium. Der Vakuolen-Eingang wird immer enger. Schließlich vereinigen sich die Membranen. Die so entstandenen Phagosomen gelangen ins Zellinnere, wo sie mit Verdauungsvesikeln verschmelzen

1.3.12. Zellkontakte

Höhere Organismen sind **multizellulär.** Unzählige individuelle Zellen bilden Gewebe und Organe, wobei jede Zelle im Kontakt mit ihrer Umgebung am harmonisch funktionierenden Ganzen mitwirken muß. Zu diesem Zweck sind die Zelloberflächen zur **Kommunikation** ausgebildet. Daß Zellen „spüren", wenn sie eine andere Zelle berühren, zeigt sich in der Zellkultur (Abb. 1.**27**). Hier wachsen Fibroblasten nur solange, bis sie an allen Seiten an Zellen anstoßen. Dann stellen sie die Vermehrung ein: **Kontaktinhibition.** Krebszellen haben diese Reaktionsmöglichkeit verloren. Sie wachsen ungehemmt und sind zur geordneten Gewebsbildung nicht in der Lage.

Zellkontakte (Tab. 1.**7**) haben verschiedenen Aufbau und verschiedene Funktionen. Sie spielen z. B. eine wesentliche Rolle zwischen Epithelzellen. Diese Zellen bedecken als Gewebe die Oberfläche unseres Körpers und kleiden alle inneren Hohlräume aus.

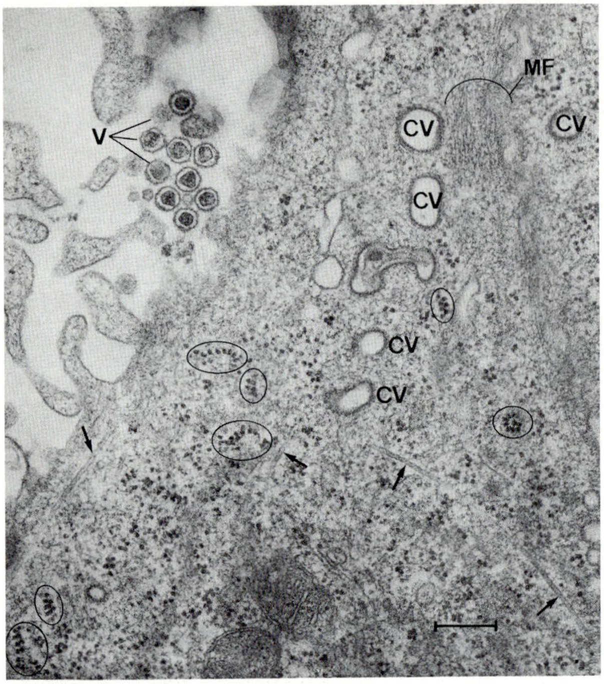

Abb. 1.26 Ausschnit aus einem Makrophagen mit phagocytierten Viren
CV Coated vesicles
MF Actin-Mikrofilamentbündel
V Virus
↑ Mikrotubuli im Längsschnitt
○ Kreise umgeben freie Ribosomen
(Aufnahme: E. Robbins, D. Sabatini, New York; M: 1,5 cm ≙ 0,25 µm)

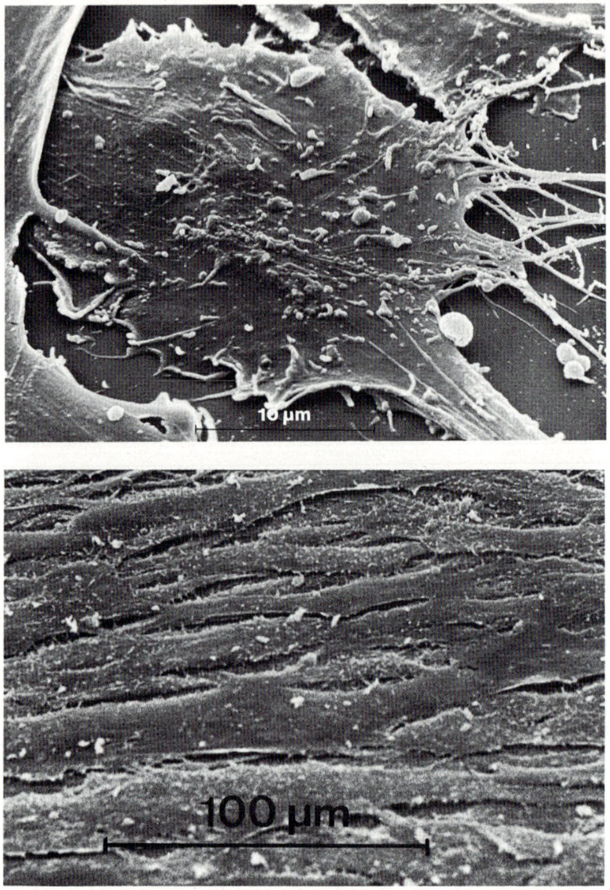

Abb. 1.27 Rasterelektronenmikroskopische Aufnahmen von Fibroblasten in Kultur
a Logarithmisch wachsende Zellen (M: 4 cm ≙ 10 µm)
b Kontaktinhibierte Zellen (M: 4 cm ≙ 100 µm) (Aufnahmen: S. Berger, H. G. Schweiger, Heidelberg)

Die interzellulären Verbindungen werden, entsprechend ihren Funktionen, in drei Hauptgruppen unterteilt

- Die **Zonula occludens (Verschlußkontakt,** Tight junction) macht Zellschichten **impermeabel.** Funktion: Aufrechterhaltung eines interzellulären Mileus, das sich von dem der Umgebung unterscheidet.
- **Zonula adhaerens** bzw. Macula adhaerens (Gürtel-Desmosom und Punkt-Desmosom). Funktion: feste Verankerung der Zellen untereinander zum **Schutz gegen Scherkräfte.**
- **Kommunikationskontakte** oder **Nexus** (elektrische Synapse, Gap junction) bilden ein Rohrpostsystem zwischen den Zellen. Funktion: Ermöglichung direkten Stoffaustausches von Zelle zu Zelle.

Erregungsfortleitung zwischen Zellen mit Hilfe von **Neurotransmittern** – und deshalb kein Kontakt im engeren Sinn – ist die Funktion einer vierten Gruppe, der chemischen **Synapsen.**

Hemi-Desmosomen sind keine eigentlichen Zellkontakte. Sie verschweißen Epithelzellen mit dem darunter gelegenen Bindegewebe.

Zellkontakte unterscheiden sich

- durch ihre Ausdehnung:
  Zonula: gürtelförmig um die Zelle herumführende Kontaktlinien,
  Macula: punktförmige Kontakte zwischen den Zellen;
- durch die Breite des interzellulären Spaltes:
  Adhaerens: ein interzellulärer Spalt bleibt erhalten,
  Occludens: der interzelluläre Spalt verschwindet.

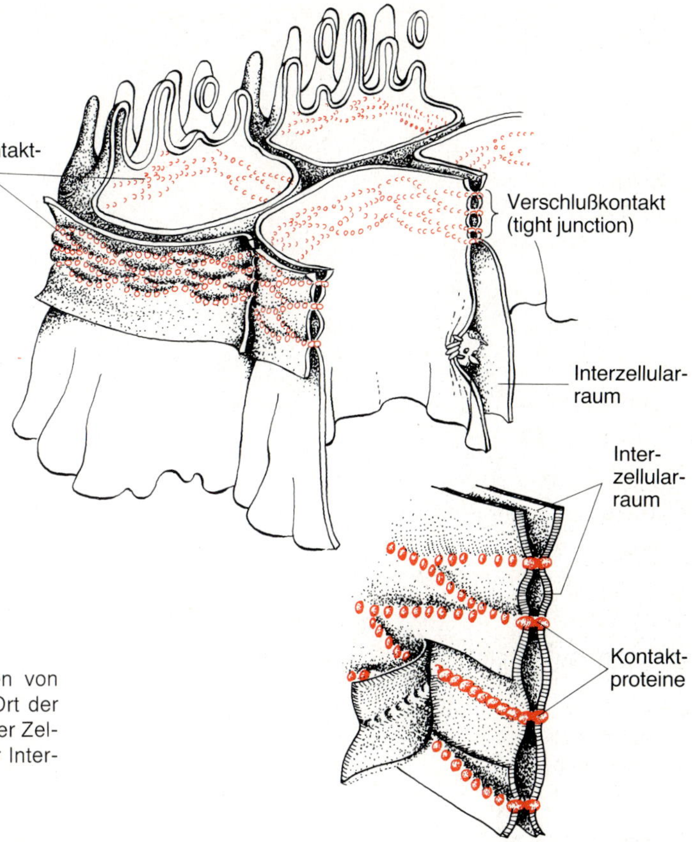

Abb. 1.28 Verschlußkontakte
Schematische Darstellung übereinanderliegender Reihen von Verschlußkontakten am apicalen Rand von Zellen. Am Ort der Kontakte rücken die Membranproteine zweier benachbarter Zellen Kopf an Kopf zusammen, so daß zwischen ihnen der Interzellularraum verschwindet. Es bildet sich eine feste Naht

Rep. 1.9 Verschlußkontakte

Aufbau	– Verzahnung von Plasmamembran-Proteinen benachbarter Zellen – mehrere Nähte können untereinanderliegen und miteinander verzweigen
Aufgaben	– Verschluß des Interzellular-Raumes des Epithels – Permeationsschranke – Einschränkung der Lateraldiffusion von Transportproteinen in einer Membran
Häufiges Vorkommen	– in Epithelzellen des Dünndarms der Niere der Blase der Gehirngefäße (Blut-Hirn-Schranke) der vorderen Augenkammer

Verschlußkontakte machen Epithelien undurchlässig

Verschlußkontakte (tight junctions) (Rep. 1.**9**) bilden **Permeationsschranken** und finden sich z. B. an der apicalen Seite der Epithelzellen, die das Dünndarmlumen auskleiden. In den Verschlußkontakten sind die äußeren Plasmamembran-Schichten zweier benachbarter Zellen dicht aneinander gerückt, so daß der Interzellularraum zwischen ihnen verschwindet (Abb. 1.**28**). Membranproteine von beiden Seiten rücken Kopf an Kopf dicht zusammen und bilden eine feste Naht, die gürtelförmig um die Zellen verläuft. Je mehr derartige Nähte aneinandergelegt sind, um so undurchlässiger ist der Kontakt (Abb. 1.**29**).

Die Verschlußkontakte im Dünndarmepithel haben zwei Funktionen:

- Die Epithelzelle nimmt aus dem Darmlumen selektiv Nährstoffe auf, z. B. Glucose. Die Verschlußkontakte am apicalen Zellpol verhindern den Rückfluß der Glucose via Interzellularraum, in den sie durch Transportmechanismen gelangen kann.

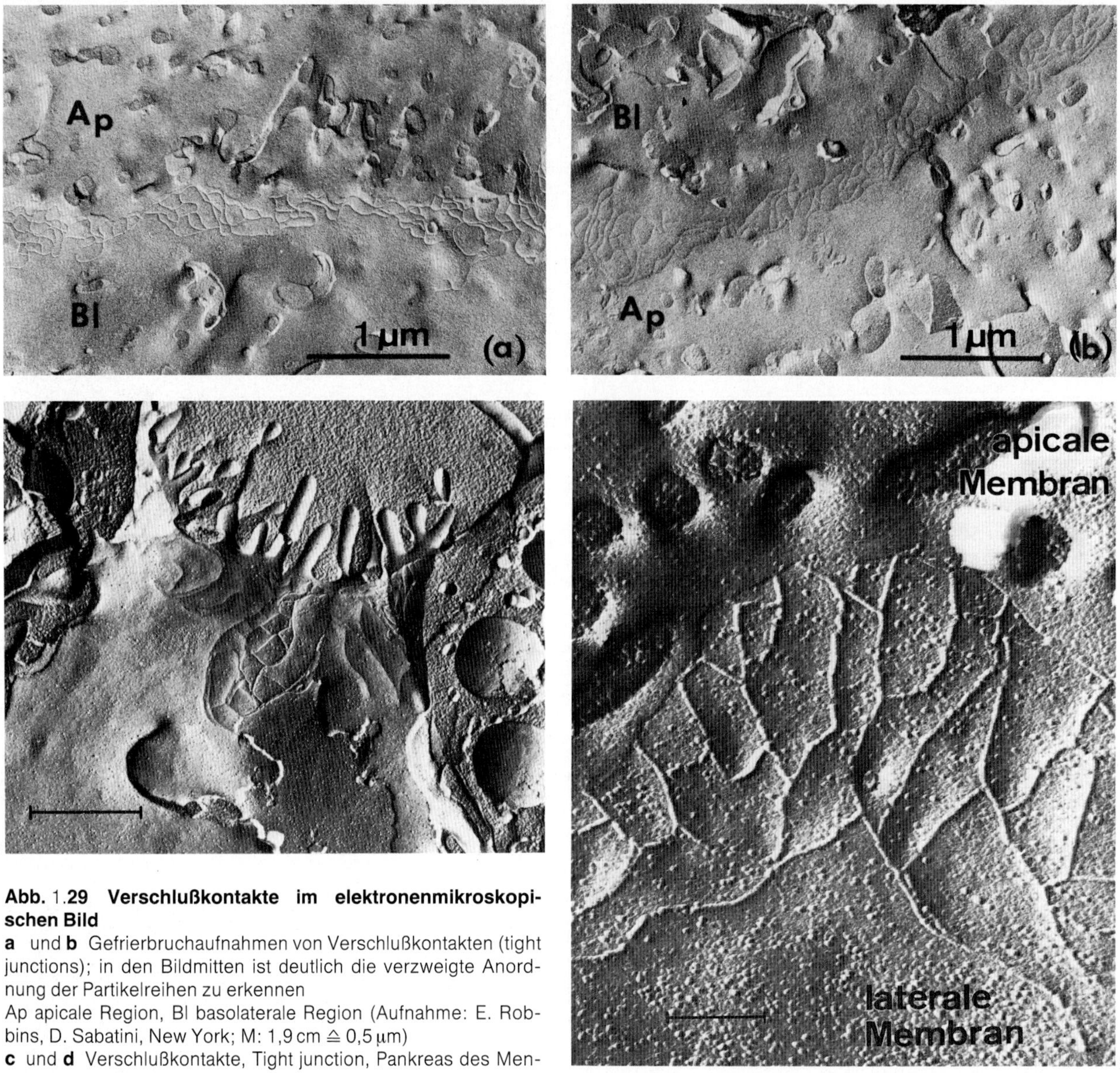

Abb. 1.29 Verschlußkontakte im elektronenmikroskopischen Bild
a und **b** Gefrierbruchaufnahmen von Verschlußkontakten (tight junctions); in den Bildmitten ist deutlich die verzweigte Anordnung der Partikelreihen zu erkennen
Ap apicale Region, Bl basolaterale Region (Aufnahme: E. Robbins, D. Sabatini, New York; M: 1,9 cm ≙ 0,5 µm)
c und **d** Verschlußkontakte, Tight junction, Pankreas des Menschen in zwei verschiedenen Vergrößerungen (Aufnahme: H. F. Kern, Marburg; M c: 2 cm ≙ 1 µm und d: 1,9 cm ≙ 0,2 µm)

– In der Epithelzelle findet ein gerichteter Transport der Glucose statt: apicale Resorption aus dem Darmlumen und basaler und lateraler Export der Glucose in den Interzellularraum und in die Blutgefäße. Die Verschlußkontakte ermöglichen eine regionale Anordnung von Transportproteinen: Sie sind eine **Barriere** für die **Lateraldiffusion** der Proteine in der fluiden Membran (Abschn. 1.3.5., S. 9).

Verschlußkontakte sind wesentlich an der Aufrechterhaltung der **Blut-Hirn-Schranke** beteiligt. Die Blut-Hirn-Schranke schützt das Gehirn vor dem Übertritt schädi-

Abb. 1.**30 Zellkontakte**
a Komplex von Kontakten zwischen zwei aneinandergrenzenden Hepatocyten unmittelbar im Anschluß an einen Gallenkanal
D Desmosom mit Tonofilamenten
GJ Gap junction
GK Gallenkanal
M Mitochondrium
RER Rauhes Endoplasmatisches Reticulum
TJ Tight junction
(Aufnahme: E. Robbins, D. Sabatini, New York; M: 2,28 cm ≙ 0,4 μm)

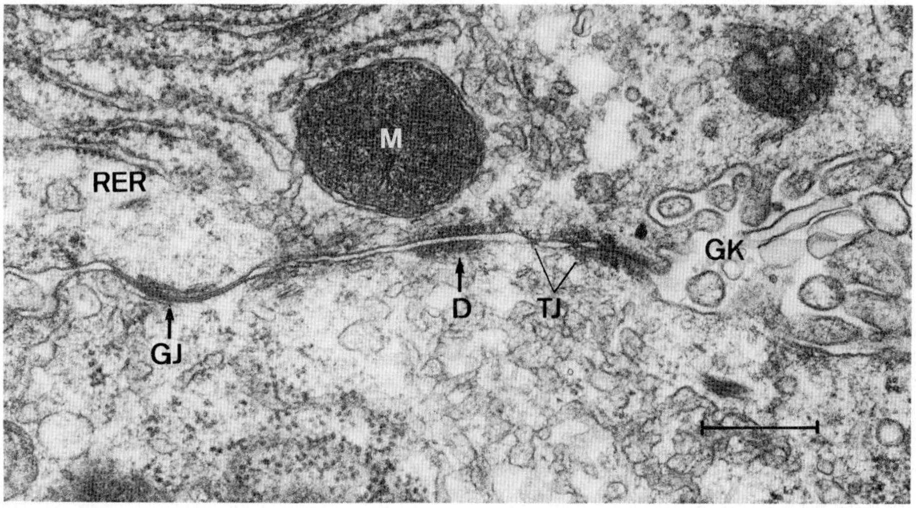

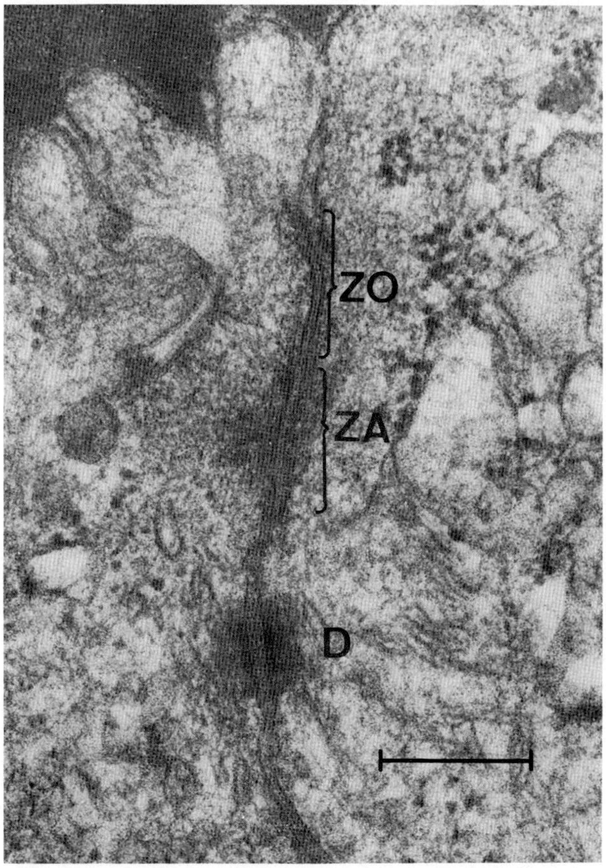

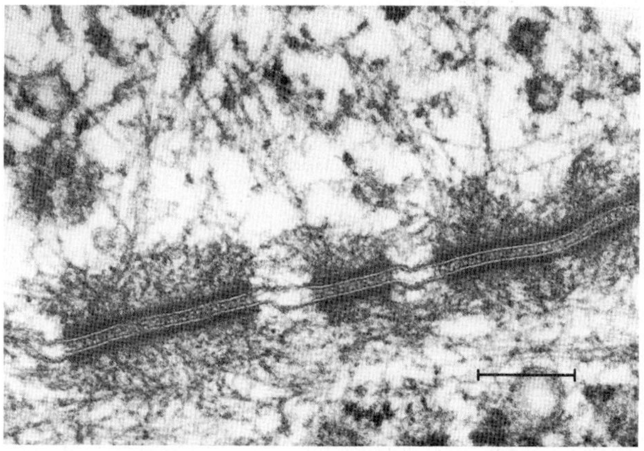

b Verschlußzonen in Azinuszellen, Pankreas der Ratte
D Desmosom
ZA Zonula adhaerens
ZO Zonula occludens

c Desmosom und Intermediärfilamente
(Aufnahmen: H. F. Kern, Marburg; M b: 2 cm ≙ 0,5 μm und c: 2 cm ≙ 0,2 μm)

Rep. 1.10 Desmosomen

Gürtel-Desmosomen

Aufbau	– Interzellularraum gefüllt mit filamentösem Material – actinartige Filamente parallel zur Plasmamembran
Aufgaben	– mechanischer Zusammenhalt – Beteiligung auch an embryonaler Organbildung
Häufiges Vorkommen	– Epithelzellen im Anschluß an Verschlußkontakte

Punkt-Desmosomen

Aufbau	– Interzellularraum normal bis leicht verbreitert, gefüllt mit filamentösem Material – **Zentralstratum-Tonofilamente** (nicht kontraktil) ankern in scheibenförmigen Verdickungen unter der Plasmamembran – ziehen zum Stratum – strukturieren das Cytoplasma
Aufgabe	– mechanischer Zusammenhalt
Häufiges Vorkommen	– Epithelzellen der Haut – Epithelzellen des Uterushalses – Herzmuskelzellen

Hemi-Desmosomen: keine Zell-Zell-Kontakte!

Aufbau	– scheibenförmige Verdickungen an der cytoplasmatischen Seite der Plasmamembran mit Tonofilamenten
Aufgabe	– Verankerung der Epithelzellen mit der Basalmembran, dem Bindegewebe
Vorkommen	– Basalmembran

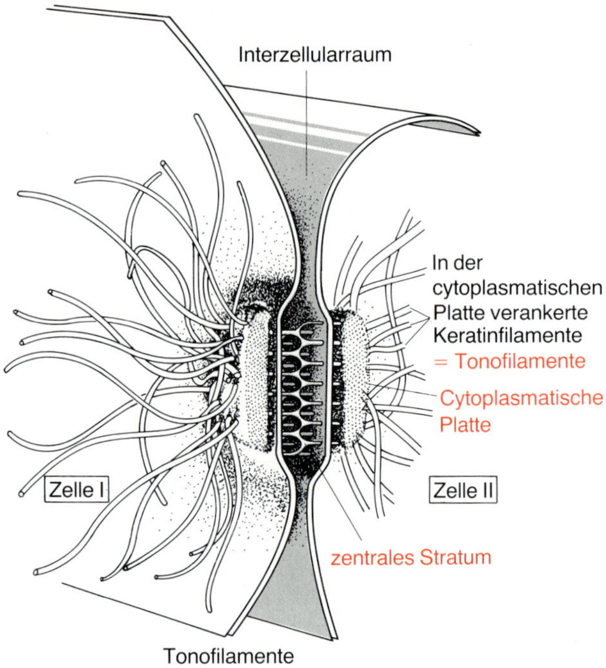

Abb. 1.31 Desmosomen
Skizze eines Desmosoms zwischen zwei Zellen. Erweiterter Interzellularraum mit zentralem Stratum. Transmembranfilamente verbinden dieses mit der cytoplasmatischen Platte. Tonofilamente durchziehen die Cytoplasma und senken sich in die cytoplasmatische Platte ein

gender Substanzen aus dem Blutstrom in die empfindliche Gehirnmasse. Außer Glucose und Neurohormonen werden viele Moleküle an der Permeation stark behindert – leider weder Alkohol noch Morphium. Diese Tatsache bietet ein großes therapeutisches Handicap: z. B. sind Antibiotica, die gegen Meningitis eingesetzt werden, nicht in der Lage, diese Schranke zu überwinden. Auch die Behandlung des Morbus Parkinson bietet Probleme.

Verschlußkontakte an der vorderen Augenkammer sorgen für die Aufrechterhaltung eines hohen Ionenmilieus. Verschlußkontakte wurden schon im Zweizellstadium des Embryos nachgewiesen und sind entscheidend für die ordnungsgemäße Embryonalentwicklung.

Desmosomen sorgen für den mechanischen Zusammenhalt von Gewebszellen

Diese Kontakte (Rep. 1.**10**) finden sich besonders zwischen Zellen, die einer intensiven mechanischen Belastung standhalten müssen, wie z. B. Epithelzellen und Herzmuskelzellen. Zwei Verbindungsarten können unterschieden werden: **gürtelförmige** und **punktförmige Desmosomen.**

Gürtelförmige Kontakte schließen bei den Epithelzellen bzw. Endothelzellen unmittelbar basalwärts an die Verschlußkontakte an (Abb. 1.**30**, 1.**31**). Hier ist der Interzellularraum wieder vorhanden. Er ist mit filamentösem Material angefüllt. Im Bereich des Desmosomenbandes verlaufen intrazellulär unterhalb der Plasmamembran **kontraktile Actinfasern.** Diese Art der Kontakte spielt in der **Embryonalentwicklung** eine wichtige Rolle: Durch Kontraktion dieser Actinfilamente werden linear

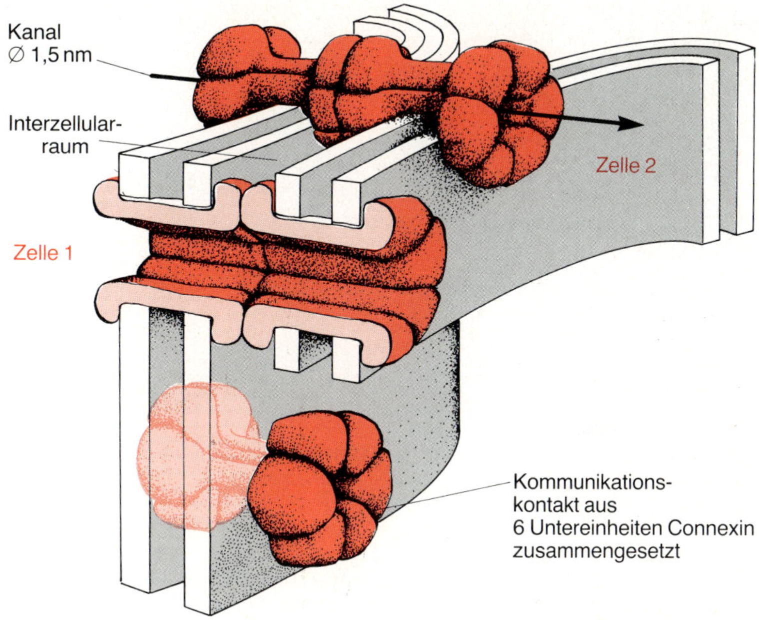

Abb. 1.32 Kommunikationskontakte
Die röhrenförmigen Kommunikationskontakte, die aus sechs Untereinheiten zusammengesetzt sind, verbinden Zelle 1 mit Zelle 2. Der Interzellularraum ist dabei stark eingeengt

angeordnete Epithelzellen in ihrem oberen, lumenwärts gerichteten Bereich zusammengerafft, und die Epithelzellreihe ordnet sich zu einem Rohr, dem Neuralrohr (s. Kap. **8**).

Die **punktförmigen Desmosomen** sind wie Druckknöpfe zwischen den Zellen verteilt. Sie sind für ihre Aufgabe, die Zelle gegen mechanische Belastungen widerstandsfähig zu machen, mit einem besonderen Fasersystem ausgerüstet. Der Interzellularraum ist mit Glycoproteinen und Mucopolysacchariden vollgepackt. In der Mitte verdickt sich diese Kittsubstanz zu einem Streifen, dem **zentralen Stratum.** Cytoplasmawärts finden sich an den Membran-Innenseiten plattenartige Verdikkungen, in die sich, senkrecht zur Plasmamembran ziehend, Bündel von Fibrillen, sog. **Tonofilamente,** senken. Diese Tonofilamente sind nicht kontraktil, sie bestehen aus Keratin, durchziehen die ganze Zelle und strukturieren das Cytoplasma. Auch durch den Interzellularraum ziehen derartige Tonofilamente und verankern sich im zentralen Stratum. Das gehäufte Auftreten von Mitochondrien im Bereich der Desmosomen spricht dafür, daß der Zusammenhalt dieser Zellkontakte möglicherweise Energie verbraucht. Hauptvorkommen: Herzmuskel, Uterushals und Haut.

Kommunikationskontakte ermöglichen den Stoffaustausch zwischen Zellen

Kommunikationskontakte (Nexus, **Gap junctions**) (Rep. 1.**11**), die zum Informationsaustausch zwischen Zellen

Rep. 1.11 Kommunikationskontakte

Aufbau	– Interzellularraum eingeengt – transmembrane, zylindrische Proteine **(Connexin)** verbinden Intrazellularräume, Öffnung 1,5 nm – Ausbildung der Kontakte erst bei Zellberührung, Ca^{2+}-abhängig
Aufgaben	– **Zellkommunikation:** Passage von Disacchariden, Aminosäuren, Nucleotiden, Vitaminen, Steroidhormonen, cAMP möglich – metabolische Synchronisation der Gewebsdifferenzierung und embryonale Wachstumskontrolle – **elektrische Kopplung:** Erregungsleitung im embryonalen Gewebe; am adulten Myocard; bei der Synchronisation der Dünndarmperistaltik – **Abkopplung** toter Zellen aus dem Zellverband – eventuelle Beteiligung an der Kontaktinhibition: einige Krebszelltypen defekt in Kommunikationskontakt-Bildung
Vorkommen	– in allen Zellen an beliebigen Stellen der Plasmamembran

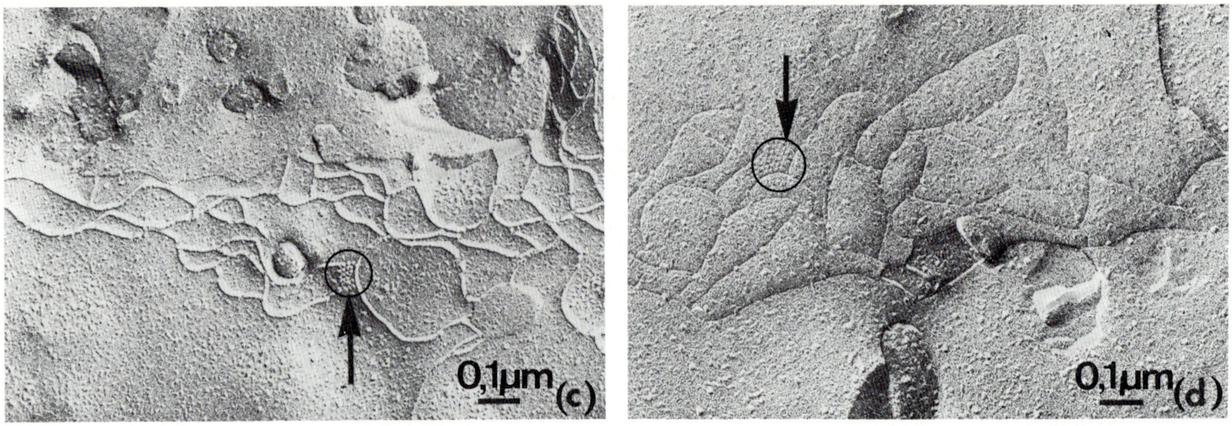

a b

Abb. 1.33 Elektronenmikroskopische Gefrierbruchaufnahmen von Kommunikationskontakten (gap junctions)
Die Pfeile bezeichnen Aggregationen von Kommunikationskontakten (Aufnahmen: E. Robbins, D. Sabatini, New York; M: 0,8 cm ≙ 0,1 µm)

dienen, sind die häufigsten Kontakte und können überall fleckförmig auf der Zellmembran vorkommen. Der Interzellularraum ist stark eingeengt (2–4 nm) und wird von Proteinen durchquert, die kanalartig die Zellmembranen zweier aneinandergrenzender Zellen durchziehen (Abb. 1.**32**, 1.**33**). **Connexin** ist das Hauptprotein, dessen sechs Untereinheiten einen Zylinder bilden; diese Röhren haben eine Porengröße von 1,5 nm und lassen wasserlösliche Moleküle bis zu einer rel. Molekülmasse von etwa 1500 direkt hindurch. Zu solchen Molekülen zählen Disaccharide, Aminosäuren, Nucleotide, Vitamine, Steroidhormone und cAMP. Gibt man eine Fluoreszenzmarkierung in eine Zelle, dann taucht die Markierung unmittelbar in der benachbarten Zelle auf. Gibt man hingegen die Substanz in den Interzellularraum, dann breitet sie sich zwar zwischen den Zellen aus, erscheint aber nicht intrazellulär.

Die Kommunikationskontakte verbinden Zellen unter Überbrückung des Interzellularraums auf dem kürzesten Weg. Diese Tatsache erklärt ihre Funktion.

Eine Information kann sich von einer Zelle mit hoher Geschwindigkeit auf andere ausbreiten. Dazu gehören elektrische Impulse. Dieser Kontakt wird deshalb auch elektrische Synapse oder Nexus genannt. Die Signale werden ohne Zwischenschaltung eines Neurotransmitters (s. chemische Synapsen, nächster Abschnitt) weitergegeben. Mit Hilfe von Kommunikationskontakten ist eine Erregungsleitung während der Embryonalentwicklung noch vor Ausbildung der ersten Nervenendplatten möglich. Die Kopplung elektrischer Impulse wird durch derartige Kontakte mit besonderer Exaktheit erreicht, so z. B. im Myocard **(Herzmuskulatur)** oder bei der **Darmperistaltik.** Kommunikationskontakte wurden auch im Zentralnervensystem gefunden.

Wie wichtig die Zellkommunikation über Kommunikationskontakte ist, zeigt sich besonders in der **Embryonalentwicklung.** Wachstumsfördernde Stoffe können von einer Zelle auf andere übergehen. Diese Impulse wirken so lange, bis die Größenzunahme der Zelle die Konzentration der stimulierenden Substanz unter einen nötigen Schwellenwert bringt. Auch der Nahrungstransport zwischen embryonalen Zellen vor Ausbildung des Blutgefäßsystems erfolgt über Kommunikationskontakte.

Die Ausbildung von Kommunikationskontakten setzt erst ein, wenn Zellen Kontakt zueinander aufgenommen haben. Sie ist stark von **Ca^{2+}-Ionen abhängig.** Die intrazelluläre Ca^{2+}-Ionen-Konzentration ist 10000fach niedriger als die extrazelluläre. Strömen Ca^{2+}-Ionen in die Zelle ein, z. B. als Folge einer Verletzung, dann werden die Kommunikationskontakte sofort verschlossen, um das Ausfließen lebenswichtiger Stoffe zu verhindern. Kann die Membran repariert werden, werden die Ca^{2+}-Ionen hinausgepumpt und die Kommunikationskontakte werden wieder geöffnet. Dieses Kollabieren der Kontakte bei Ca^{2+}-Ionen-Einstrom ermöglicht es dem Organismus, tote Zellen vom Gewebe abzukoppeln, da die Membran toter Zellen für Ca^{2+}-Ionen permeabel wird.

Einige **Krebszellen** haben keine Kommunikationskontakte. Werden sie mit normalen Zellen fusioniert, dann bilden die Fusionszellen normale Kommunikationskontake aus. Die bei Krebszellen fehlende Kontaktinhibition stellt sich in derartigen Hybridzellen wieder ein. Eine genetisch fixierte Fähigkeit zur Ausbildung von Kommunikationskontakten ist dadurch wahrscheinlich.

Die gängige Art der Reizleitung erfolgt über chemische Synapsen

Synapsen (Rep. 1.**12**) finden sich

- an Muskelzellen, als motorische Endplatten (neuromuskulär),

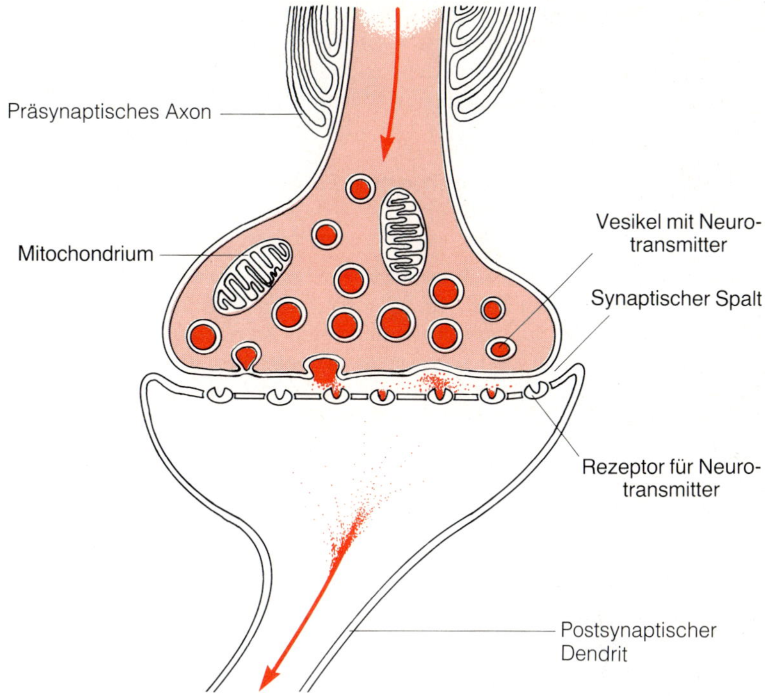

Abb. 1.34 Schematische Darstellung einer chemischen Synapse

- an Sinneszellen (neurosensorisch),
- an Drüsenzellen (neuroglandulär),
- zwischen Neuronen (neuroneural).

An der Synapse unterscheidet man **präsynaptische** und **postsynaptische** Elemente (Abb. 1.**34**). Beide werden durch den **synaptischen Spalt,** der mit 25 bis 35 nm breiter als ein normaler Interzellularraum ist, getrennt. Im präsynaptischen Element, einer knopfartigen Verdickung der Nervenendigung, werden in Vesikeln Überträger, also **Neurotransmitter** wie z. B. Acetylcholin, Adrenalin, Serotonin, Dopamin, gespeichert. Wird durch Reizleitung die präsynaptische Membran depolarisiert, verschmelzen die Vesikel mit der Membran und ihr Inhalt wird in den synaptischen Spalt exocytiert. Der Neurotransmitter diffundiert durch den Spalt und wird von Membranrezeptoren der postsynaptischen Empfängerzelle gebunden. Es kommt zur Depolarisierung dieser Membran und damit zur Fortleitung der Erregung. Der Neurotransmitter wird schnell enzymatisch inaktiviert. Bei der Spaltung des Acetylcholins entstehendes Cholin wird von der präsynaptischen Zelle resorbiert und mit Hilfe der *Acetylcholin-Synthetase* zu Acetylcholin aufgebaut und erneut gespeichert. Ein anderer Transmitter, z. B. überschüssiges Glutamat, das an bestimmten Synapsen Neurotransmitterfunktion ausübt und zu diesem Zweck in hohen Konzentrationen in den synaptischen Spalt exocytiert wird, muß wegen seiner hohen Toxizität unschädlich gemacht werden. Na^+-getriebene Glutamattransporter, z. B. in Gliazellen, ziehen das Glutamat im Verhältnis 3 Na^+/1 Glutamat aus dem Verkehr.

Rep. 1.**12** Chemische Synapsen	
Aufbau	– Nervenendigung verdickt zum präsynaptischen Element – Speicherung von Neurotransmittern in Vesikeln – synaptischer Spalt (25–35 nm) trennt präsynaptische Membran von postsynaptischer, die Neurotransmitter-Rezeptoren trägt
Aufgabe	– Erregungsleitung
Vorkommen	– Muskelzellen – Sinneszellen – Drüsenzellen – zwischen Neuronen

Nervengifte greifen an den verschiedenen Stellen dieses Prozesses ein: **Curare,** das Gift der Indianerpfeile, bindet an die Acetylcholin-Rezeptoren der motorischen Endplatte und blockiert diese. **Botulin,** das Toxin des

Clostridium botulinum, verhindert die Acetylcholin-Freisetzung. **E605,** ein Insektizid, hebt die Wirksamkeit der *Acetylcholinesterase* auf, Acetylcholin kann nicht mehr abgebaut werden – es kommt zu einer Dauererregung.

1.3.13. Intrazelluläre Membransysteme

Membranen durchziehen das Cytosol

Das Cytoplasma einer Eukaryontenzelle zeigt eine hochdifferenzierte Ultrastruktur: Im Cytosol, dem Grundplasma, eingebettet liegt ein dreidimensional netzförmig die Zelle durchziehendes Kanalsystem. Membranen bilden die Wände der Becken und Röhren, deren Zahl die Funktion der jeweiligen Zelle widerspiegelt. Zu diesem **endomembranösen System** gehören: **Kernhüllen, Endoplasmatisches Reticulum, Golgi-Apparat.**

Außerdem umschließen Membranen Hohlräume und bilden **Organellen.** Dazu gehören: Kern (Nucleus), Mitochondrien, Chloroplasten (bei Pflanzen), Lysosomen und Peroxisomen (Rep. 1.**13**).

Diese Membransysteme bewirken eine Kompartimentierung innerhalb der Zelle (Rep. 1.**14**). Solche Kompartimente sind essentiell, denn sie separieren in der Zelle verschiedene enzymatische Aktivitäten (z. B. gegenläufige wie Aufbau und Abbau einer Substanz). Durch Abgrenzung kleinerer Bereiche können in der Zelle unterschiedliche pH-Gradienten und Ionengradienten aufgebaut werden, eine hohe Flexibilität intrazellulärer Aktivitäten wird ermöglicht. Ein weiterer Vorteil des Membranreichtums ist der Gewinn an Oberflächen, die lebenswichtigen membrangebundenen Enzymen Platz bieten.

Alle membranumschlossenen Kompartimente sind vom Cytosol, dem Grundplasma umgeben, das ca. 55% des Cytoplasmas ausmacht. Hier ist der Ort des Intermediärstoffwechsels. Enzyme, Proteine, tRNA und Ribosomen sind im Cytosol enthalten. Außerdem befinden sich hier die Proteine des Cytoskeletts: Tubulin, aus dem sich Mikrotubuli und mikrotubolinhaltige Organellen (Cilien, Zentriolen) zusammensetzen bzw. Actin und Myosin, aus denen sich Mikrofilamente bilden (s. Tab. 1.**2**). Im Cytosol werden in manchen Zellen auch Speicherprodukte wie Glycogen oder Fett eingelagert.

Die **intrazellulären Membranen** sind für die jeweiligen Funktionen spezialisiert. Ihr Aufbau gleicht dem jeder biologischen Membran: eine Lipid-Doppelschicht mit auf- und eingelagerten Proteinen. Diese Schichten sind im Aufbau asymmetrisch, und es muß unterschieden werden zwischen der dem Cytosol zugewandten, cytoplasmatischen Seite und der dem Lumen des Kompartiments zugekehrten endoplasmatischen Seite. (Das im Lumen einer Organelle eingeschlossene Cytoplasma heißt Endoplasma.) Die endoplasmatische Seite entspricht in ihrem Aufbau der extrazellulären Seite der Plasmamembran (s. Abb. 1.**8**).

Rep. 1.**13** Membranbegrenzte Kompartimente

Endomembransystem	– Endoplasmatisches Reticulum – Golgi-Komplexe – Kernhüllen
Membranumschlossene Organellen	– Kern – Mitochondrien – Chloroplasten (in Pflanzenzellen) – Lysosomen – Peroxisomen (Glyoxisomen in Pflanzenzellen)

Rep. 1.**14** Aufgaben des Endomembransystems

- Trennung bzw. Assoziation von Enzymsystemen durch Kompartimentierung
- Bildung von Diffusionsbarrieren
- Aufbau von: Ionengradienten
  pH-Gradienten
  Membranpotentialen
- Oberflächenvergrößerung

Das Endoplasmatische Reticulum (ER) ist ein weitverzweigtes Kanalsystem

Dieses Membransystem, mengenmäßig von Zelltyp zu Zelltyp verschieden, entwickelt sich im Lauf der Zelldifferenzierung. Es besteht aus einer großen Zahl **anastomosierender,** membranbegrenzter **Röhren** und **Becken (Zisternen)** (Abb. 1.**35**). Zum Verständnis seiner Entstehung hilft am besten folgende Vorstellung: Ein riesiges Membrantuch schließt sich um einen Teil des Cytoplasmas zu einem schlaffen Sack. Dieser Sack wird in unzähligen Windungen hin und her gefaltet, der Innenraum, das endoplasmatische Lumen (lichte Weite 5 bis mehrere 100 nm) zieht sich wie der Gang eines Labyrinths durch die Zelle. Die endoplasmatische Membran setzt sich auf die äußere Kernhülle fort. Das Lumen bekommt Kontakt zum perinucleären Raum und über die Kernporen zum Karyoplasma. Ebenso besteht eine Verbindung zum extrazellulären Raum.

Das Endoplasmatische Reticulum wird in ein **Rauhes (granuläres) (RER)** und ein **Glattes (samtenes) ER (SER)** unterteilt.

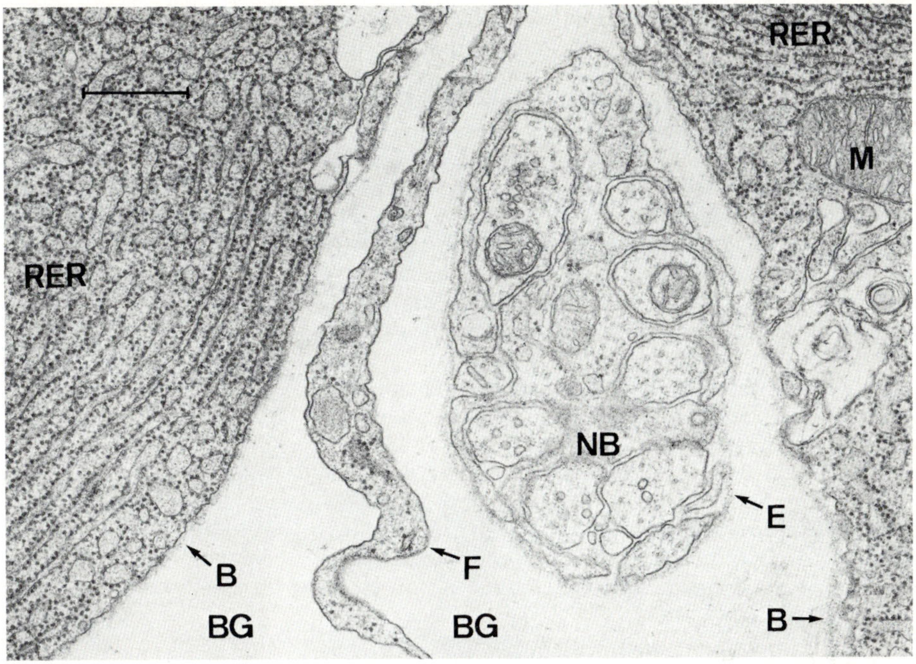

Abb. 1.**35 Stark ausgebildetes Rauhes Endoplasmatisches Reticulum (RER) in zwei Pankreaszellen der Ratte**
Im Bindegewebe (BG) zwischen den Zellen liegt ein markloses Nervenbündel (NB), B Basalmembran, F Fibroblastenfortsatz, M Mitochondrium (Aufnahme: E. Robbins, D. Sabatini, New York; M: 2,25 cm ≙ 0,5 μm)

Rep. 1.**15**	Rauhes Endoplasmatisches Reticulum (RER)
Aufbau	– anastomosierendes **Kanalsystem** aus fluiden Membranen – cytoplasmatische Membranseite mit Ribosomen besetzt
Aufgaben	**Synthese** von – strukturellen Proteinen (z. B. Kollagen) – sekretorischen Proteinen (Mucin, Albumin, Immunglobulin) – enzymatischen und proteolytischen Proteinen (z. B. Trypsin in der Bauchspeicheldrüse). **Transport** – der Proteine zum Golgi-Apparat – transmembraner Proteine innerhalb der Zelle
Vorkommen	– besonders in sekretorischen Zellen

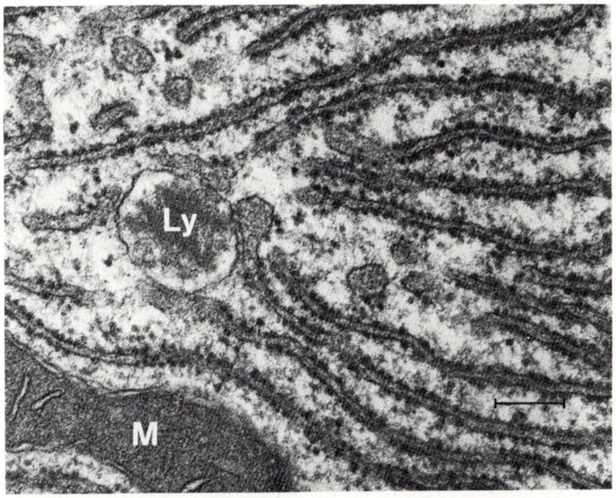

Abb. 1.**36 Rauhes Endoplasmatisches Reticulum**
Membrangebundene Ribosomen sind deutlich als schwarze Punkte auf den Membranschläuchen sichtbar
Ly Lysosom, M Mitochondrium
(Aufnahme: S. Berger, H. G. Schweiger, Heidelberg; M: 1,5 cm ≙ 0,25 μm)

(Um eine Vorstellung über die Menge an Endomembranen zu geben: 1 ml Lebergewebe enthält 10 m^2 ER, davon entfallen ⅔ auf das RER.) Die Funktion des Endoplasmatischen Reticulums ist unterschiedlich.

Am Rauhen Endoplasmatischen Reticulum (RER) werden Proteine synthetisiert

Das **RER** (Rep. 1.**15**) ist besonders stark in **sekretorischen Zellen** mit intensiver Proteinbiosynthese entwikkelt. Beispiele: Insulin produzierende Zellen der Bauchspeicheldrüse, Kollagensynthese in Bindegewebszellen, Immunglobulin-Synthese in Plasmazellen, Nissl-Schollen in Nervenzellen. In diesen Zellen ist die Außenseite der Membran des Endoplasmatischen Reticulums perlschnurartig mit kleinen schwarzen Granula besetzt, den **membrangebundenen Ribosomen** (Abb. 1.**36**). Bis zur Hälfte aller Ribosomen können am RER gebunden sein. Eine intensive Proteinsynthese kann sogar zu einer Ausweitung des Lumens des ER führen, so z. B. bei Antikörper-Produktion in Plasmazellen. Die Proteine sind entweder für die eigene Zelle oder zum Export bestimmt; letztere werden sekretorische Proteine genannt.

Das ER hat neben der Syntheseleistung noch die Aufgabe des Transports. Die Proteine werden zum Transport in Membranvesikel verpackt.

Nicht alle Proteine werden an Ribosomen des RER synthetisiert. So werden z. B. Histone, einige mitochondriale und ribosomale Proteine an freien Ribosomen direkt im Cytosol gebildet. Wie weiß die Zelle, welche Proteine am RER produziert werden sollen?

Die Ribosomen werden über Signalsequenzen der gebildeten Proteine an das RER gebunden

Sekretorische Proteine besitzen eine **Signalsequenz,** für die die Information auf der mRNA festgelegt ist (s. Kap. **2**). Die Signalsequenz schließt unmittelbar an das Startcodon an. Sie codiert für 15 bis 20 meist hydrophobe Aminosäuren, die sich am NH_2-Terminus der wachsenden Polypeptid-Kette befinden. Sobald diese Sequenz an Ribosomen des Cytosols synthetisiert worden ist, bindet ein Signal-Erkennungsprotein (SRP = signal recognition protein) des Cytosols an diese Sequenz und das Ribosom, verhindert die Fortsetzung der Translation und führt das Ribosom samt Messenger und begonnener Polypeptidkette zum ER. Hier helfen Rezeptoren, den Ribosomenkomplex an die Membran zu binden, und das Polypeptid wird in ribosomenbindende spezifische Tunnelproteine eingefädelt. Diese Proteine entsprechen möglicherweise den nur im RER gefundenen integralen Proteinen **Ribophorin I und II.** Die Signalsequenz des zukünftigen Proteins erreicht das Lumen des ER, wobei das Ribosom wie mit einer Stecknadel auf der Innenseite der ER-Membran fixiert ist. Die Proteinsynthese geht weiter, und die Polypeptid-Kette wird ins Innere der Zisternen hineingeschoben. Proteine, die für die Sekretion nach außen oder für den Transport in andere Zellorganellen bestimmt sind, werden ganz ins ER-Lumen sezerniert. Hier wird die Signalsequenz enzymatisch abgespalten (Abb. 1.**37**).

Viele Proteine werden zum weiteren Modifizieren, z. B. zum Glycosylieren, in den **Golgi-Apparat** transportiert. (Im Cytosol synthetisierte Proteine sind nie glycosyliert!) Andere Proteine bleiben transmembranös in der ER-Membran stecken. Diese können mitsamt einem kleinen Membranstück (Vesikel) ausgebaut und in eine andere Membran, z. B. in die Zellmembran, eingebaut werden. Die Ribosomen fallen nach Fertigstellung des Proteins vom ER ab und stehen im Cytosol zur neuen Initiation zur Verfügung.

Zellen, in denen das RER besonders dicht gepackt ist, z. B. exokrine Pankreaszellen oder Nissl-Schollen der Nervenzellen können wegen ihres hohen Anteils an rRNA mit basophilen Farbstoffen angefärbt werden. Diese schon im Lichtmikroskop sichtbaren Cytoplasmaregionen werden in der Cytologie als **Ergastoplasma** bezeichnet und erweisen sich im Elektronenmikroskop als dicht gepacktes RER.

Rep. 1.16	Glattes Endoplasmatisches Reticulum (SER)
Aufbau	– anastomosierendes **Kanalsystem** aus fluiden Membranen – hoher Enzymgehalt der Membranen und des Lumens
Aufgaben	**Synthese** von – Triglyceriden – Phospholipiden – Cholesterol – Steroidhormonen **enzymatische Leistungen** – Glycogenmobilisierung *(Glucose-6-phosphatase* in Leberzellen) – Calciumbereitstellung *(ATPase* im SER der Myofibrillen) – Proteinreifung (*Peptidasen, Glycosyl-Transferasen, Hydroxilasen* im SER-Lumen) **Transport** neusynthetisierter Membranteile in Form von Vesikeln zum Golgi-Apparat **Entgiftung:** – Cytochrom P450 in der Leber – Oxidation von Pestiziden und Drogen – fettlösliche Stoffe werden wasserlöslich (nierengängig)
Vorkommen	bevorzugt in – Darmzellen – Leberzellen – Talgdrüsenzellen – Nebennierenrindenzellen – Steroidhormon produzierenden Zellen der Gonaden

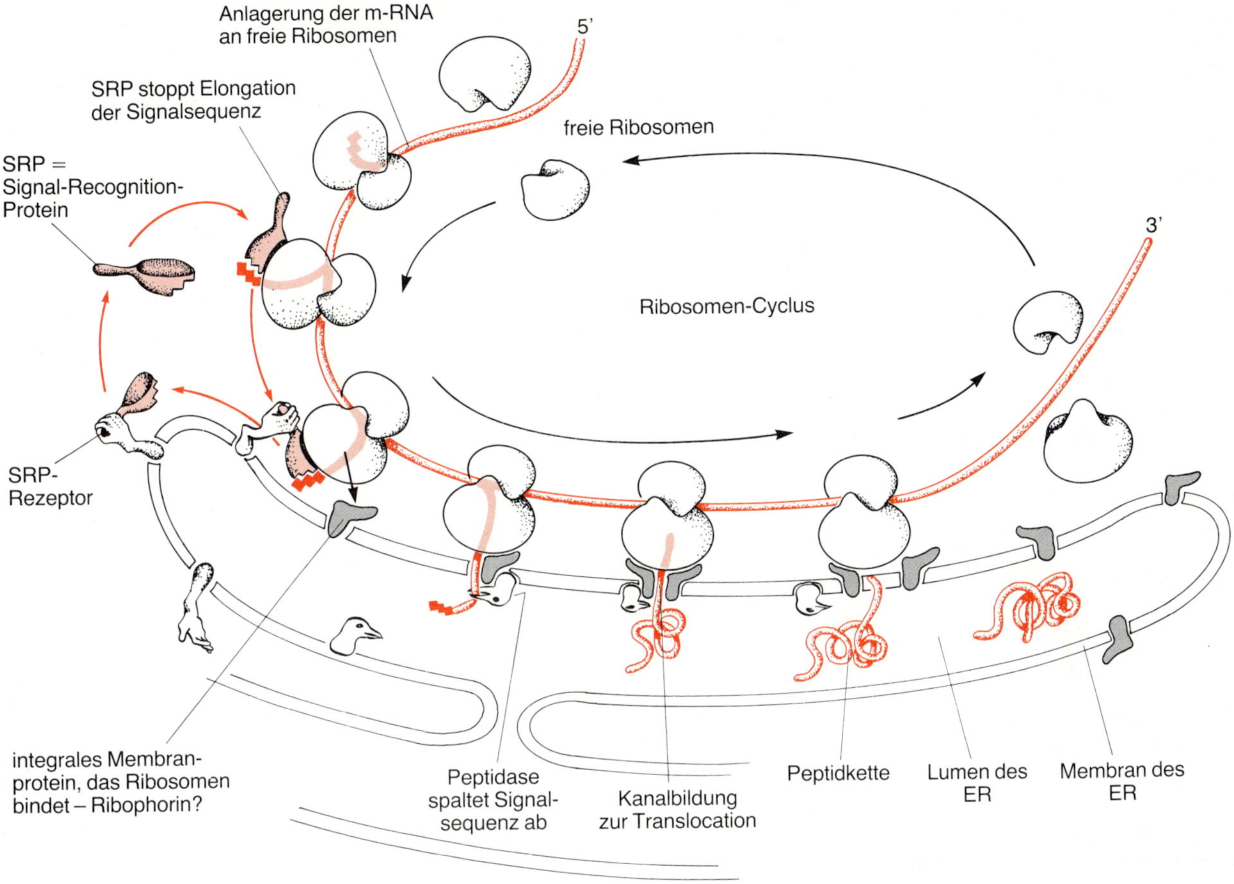

Abb. 1.37 Schematische Darstellung der Synthese eines sekretorischen Proteins nach Blobel
Eine mRNA, die die Information für ein sekretorisches, ein lysosomales oder ein integrales Protein trägt, wird von freien Ribosomen besetzt und translatiert. Sobald die Signalsequenz am Ribosom erscheint, blockiert ein Protein unter Bindung an das Ribosom die weitere Translation. Dieses Protein wird SRP (signal recognition protein), auch Docking-Protein, genannt. Das SRP wird seinerseits von einem SRP-Rezeptorprotein, einem integralen Protein der ER-Membran, gebunden. Diese Fixierung ermöglicht eine Bindung des Ribosoms an andere integrale Membranproteine, möglicherweise Ribophorin I und II. Es wird diskutiert, daß diese Proteine einen Tunnel bilden, durch den die hydrophile Polypeptidkette ins Innere des ER-Lumens geschoben wird. Die Ablösung vom SRP und seinem Rezeptor bewirkt die Fortsetzung der Translation. Die Signalsequenz kann von einer *Peptidase* abgespalten werden. Das fertige Protein wird ins Lumen entlassen, integrale Proteine werden in der Membran festgehalten. Die Ribosomen fallen ab, dissoziieren und werden in den Ribosomen-Cyclus eingeschleust. Auch die mRNA und die beteiligten Proteine (SRP etc.) stehen zur neuerlichen Verwendung zur Verfügung

Am Glatten Endoplasmatischen Reticulum (SER) werden Lipide und Steroide synthetisiert und transportiert

Das **Glatte Endoplasmatische Reticulum** (Abb. 1.**38**) ist nicht in allen Zellen gleich gut ausgebildet (Rep. 1.**16**). Es ist zur **Synthese** folgender Moleküle ausgerüstet: **Triglyceride, Phospholipide, Cholesterol** und **Steroidhormone.** Hauptsächliches Vorkommen ist deshalb in Darmzellen, Leberzellen (Hepatocyten), Talgdrüsenzellen, Nebennierenrindenzellen und Steroidhormon produzierenden Zwischenzellen der Gonaden. Neben der Syntheseleistung hat das SER die Aufgabe, die Syntheseprodukte zu transportieren. Die Phospholipid-Synthese, die zur Membranbildung erforderlich ist, findet nur an der cytoplasmatischen Seite der Membran-Doppelschicht des SER statt. Neue Lipide werden in der angrenzenden Einzelschicht eingebaut und wahrscheinlich durch Transportproteine auf die lumenwärts gelegene Schicht transferiert. Aus der so vergrößerten Membran des ER werden

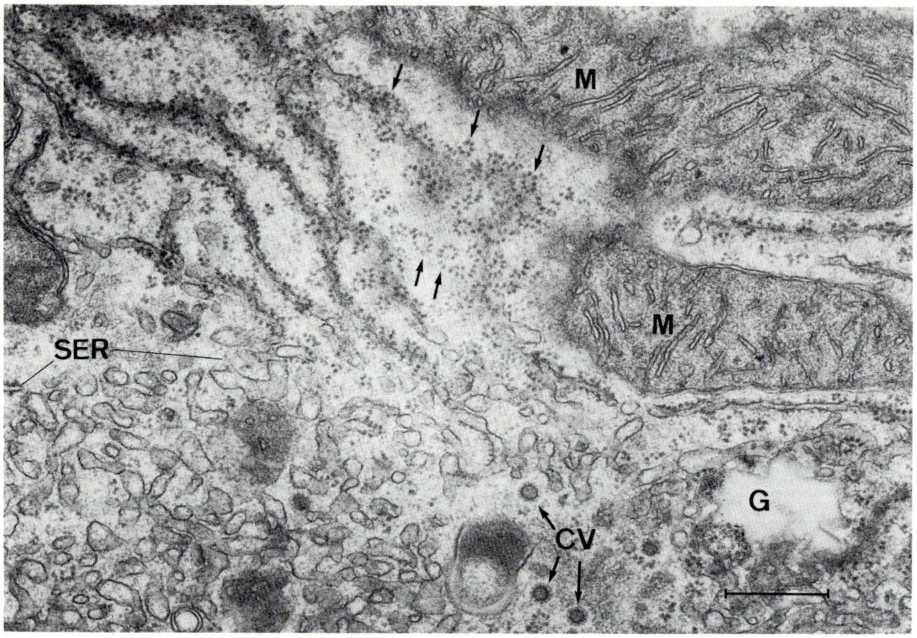

Abb. 1.38 Hepatocyt einer gehungerten Ratte
Neben den gebundenen Ribosomen des RER (Pfeile) ist eine Region mit glattem Endoplasmatischem Reticulum (SER) zu sehen
CV Coated vesicles
G Glycogen-Speicherareal, das entleert ist
M Mitochondrium
(Aufnahme: E. Robbins, D. Sabatini, New York; M: 2,5 cm ≙ 0,4 μm)

Stücke abgespalten, in sich circulär zu Vesikeln geschlossen und zusammen mit intramembranen Proteinen über den Golgi-Apparat zu den Lysosomen und zur Plasmamembran transportiert. Da glycosylierende Enzyme nur im Lumen des ER vorhanden sind, ergibt sich die Asymmetrie der Membranschichten, d.h. die Zuckerketten befinden sich nur an der endoplasmatischen Membranseite.

Neben Lipidsynthese und Transport kommen den Enzymen des SER weitere wichtige Aufgaben zu. So findet sich z.B. in der Leber das **Cytochrom P450,** ein Enzym mit stark oxidativer Wirkung. Durch Oxidation **entgiftet** dieses Enzym Fremdstoffe wie z.B. Pestizide und Drogen (z.B. Barbiturate). Die Entgiftung des Organismus besteht darin, fettlösliche Stoffe wasserlöslich und damit nierengängig, d.h. ausscheidungsfähig, zu machen. Die Überfunktion einer derartigen Oxidationsleistung kann allerdings auch nachteilige Folgen haben. So führen Gaben von Phenobarbital, einem Schlafmittel, bzw. Hormone zur Hypertrophie des SER und zur Induktion der dort befindlichen Enzyme. Wird dem Organismus nun z.B. Benzpyren, ein an sich harmloses Produkt, zugeführt, dann wird es durch Oxidation in ein potentes Karzinogen umgesetzt.

Weiterhin befindet sich im SER der Leberzellen das wichtige Enzym *Glucose-6-phosphatase.* Mit Hilfe dieses Enzyms kann aus Glucosephosphat Glucose gebildet werden, die in der dephosphorylierten Form aus der Zelle hinausgelangen und ans Blut abgegeben werden kann: Die Folge ist die Mobilisierung der Glycogen-Reserven der Leber.

Auch im **Lumen des SER** finden sich Enzyme. Wir haben sie bei der Prozessierung der Proteine bereits als Peptidase und glycosylierende Enzyme kennengelernt. Eine Sonderform des SER umgibt die Myofibrillen der quergestreiften Muskulatur: das **Sarcoplasmatische Reticulum.** In diesem Reticulum liegt die *Calcium-ATPase,* die die für die Muskelkontraktion notwendigen Ca^{2+}-Ionen in die Zellen pumpt.

Der Golgi-Apparat besteht aus Stapeln von Zisternen

1898 beschrieb Camillo Golgi ein intrazelluläres Membransystem, das aber erst nach der Entdeckung des Elektronenmikroskops etabliert wurde. **Golgi-Komplexe** (Rep. 1.**17**) kommen in allen eukaryonten Zellen vor; eine Ausnahme davon bilden einige hochspezialisierte Zellen, wie z.B. Erythrocyten. Obwohl Golgi-Komplexe in verschiedenen Zellen verschieden stark ausgeprägt sind, ist ihr Erscheinungsbild charakteristisch (Abb. 1.**39**, 1.**40**, 1.**41**, 1.**42**). Von glatten Membranen umschlossene, **flache Zisternen** sind suppentellerförmig übereinandergestapelt. Fünf bis sieben derartige Zisternen bilden eine Einheit, einen Stapel, auch **Diktyosom** genannt. Die Zahl solcher Stapel kann zwischen 1 und 100 variieren. Sie können verstreut über die ganze Zelle oder gehäuft an einer Stelle auftreten. In den schleimsezernierenden Be-

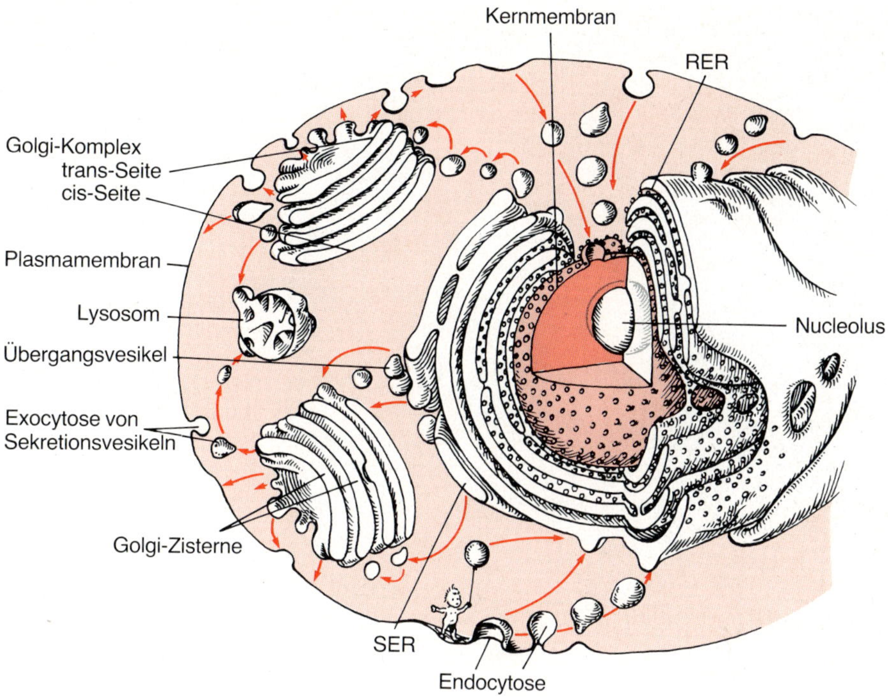

Abb. 1.39 Schema zur Membrandynamik mit Darstellung der Orientierung des Golgi-Komplexes innerhalb der Zelle
Aus dem Endoplasmatischen Reticulum abgeschnürte Membranvesikel wandern durch die Zisternen des Golgi-Apparates und werden an der Reifungsseite als Vesikel abgeschnürt, deren Membranen durch Exocytose in die Plasmamembran inkorporiert werden können. Membranstücke der Plasmamembran gelangen ihrerseits auf dem Wege der Exocytose zurück zum Golgi-Apparat bzw. zum SER und erneuern auf diesem Weg auch das Rauhe Endoplasmatische Reticulum bzw. die Kernmembran

Rep. 1.17 Der Golgi-Komplex

Aufbau
- membranumgebene Hohlräume (Zisternen) suppentellerartig aufeinandergestapelt
- 5–8 **Zisternen** bilden ein Diktyosom mehrere dieser Stapel bilden den Golgi-Komplex

Polarität
- konvexe Seite liegt nucleusseitig = Bildungsseite = Regenerationsseite = *cis*-Seite
- konkave Seite liegt plasmamembranseitig = Reifungsseite = Sekretionsseite = *trans*-Seite

Aufgaben

Posttranslationale Proteinmodifikation
- Glycosylierung von Proteinen (und Lipiden)
- Anheftung von Sulfaten (Mucopolysaccharide)
- Phosphorylierung lysosomaler Proteine
- kovalente Anheftung von Fettsäuren

Umschlagplatz für Makromoleküle
- sekretorische Proteine
- Membran-Proteine
- Proteoglycane
- lysosomale Enzyme
- **Vesikelbildung**
  zur Speicherung
  zum gezielten Transport
  zur Sekretion

Vorkommen
- in eukaryonten Zellen

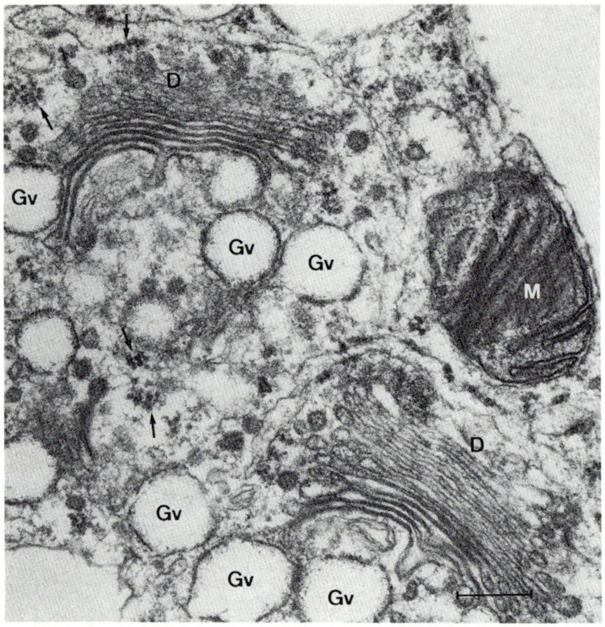

Abb. 1.40 Golgi-Komplexe von *Acetabularia mediterranea*
Deutlich sichtbar sind die Zisternenstapel (D). Von der Reifungsseite haben sich große Golgi-Vesikel (GV) abgeschnürt. M Mitochondrium; die Pfeile zeigen auf Polysomen (Aufnahme: S. Berger, H. G. Schweiger, Heidelberg; M: 2 cm ≙ 0,3 μm)

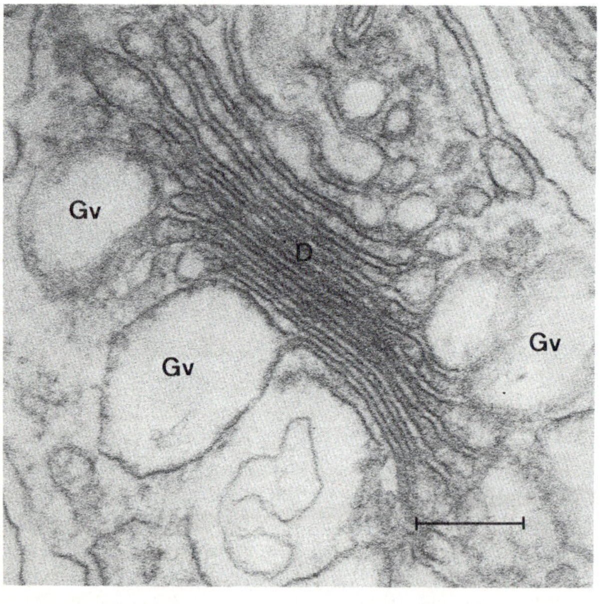

Abb. 1.41 Großaufnahme eines Golgi-Komplexes von *Acetabularia mediterranea*
D Zisternen-Stapel, GV Golgi-Vesikel (Aufnahme: S. Berger, H. G. Schweiger, Heidelberg; M: 2,4 cm ≙ 0,2 μm)

cherzellen des Dünndarms machen die Golgi-Zisternen einen Großteil des Cytoplasmas aus. In Leberzellen finden sich ca. 50 derartige Strukturen, diese entsprechen 2% des Cytosols. Bei den Vertebraten liegen sie am häufigsten in Kernnähe. Mehrere Stapel, die über Vesikel miteinander in Verbindung stehen, bilden den Golgi-Komplex. Die Golgi-Zisternen sind halbmondförmig gebogen (Abb. 1.**41**, 1.**42**). Dabei ist die konvexe Seite dem Kern, die konkave der Zellmembran zugekehrt. Entsprechend diesen Seiten unterscheidet man die konvexe oder **Regenerationsseite** bzw. *cis*-**Seite** (Bildungsseite) von der konkaven oder **Sekretionsseite** bzw. *trans*-**Seite** (Reifungsseite). Diese Polarität zeigt sich auch in der Membrandicke: Die Membran der konvexen Seite ist dünner als die der konkaven. Ein steigender Cholesteringehalt in den Membranen ist dafür verantwortlich. Die Regenerationsseite ist dem ER zugekehrt. Von diesem lösen sich Übergangsvesikel ab, die mit den Golgi-Zisternen verschmelzen, ihr Sekret ins Innere des Golgi-Lumens abgeben und mit ihrem Membrananteil den Golgi-Apparat regenerieren. Abschnürung und Aufnahme von Vesikeln ermöglichen den Transport von einer Zisterne zur nächsten. An der Sekretionsseite werden vom Golgi-Komplex große Sekretionsvesikel abgeschnürt, die ihrerseits mit anderen Organellen (Lysosomen) oder der Zellmembran verschmelzen. Dieser Sekretionsvorgang bedeutet für den Golgi-Komplex einen dauernden Membranverlust. Neue Membranen werden an der Regenerationsseite aus dem ER nachgeliefert; auch aus dem Plasmalemma werden Membranvesikel reinkorporiert, ein unermüdlicher Kreislauf der Erneuerung.

Im Golgi-Apparat werden Proteine und Lipide modifiziert

Die Aufgaben des Golgi-Apparates bestehen im wesentlichen im Modifizieren und Transportieren von Makromolekülen (Rep. 1.**17**). Proteine, auch Lipide, werden im Golgi-Lumen durch Wirkung von *Glycosyltransferasen,* die ein Anhängen von **Kohlenhydraten** bewirken, modifiziert. Es entstehen Proteine der Glycokalix, z. B. Oberflächenerkennungsmoleküle. In Tumorzellen führt eine Verminderung der *Glycosyltransferasen* im Golgi-Apparat zu einer Oberflächenveränderung. Auch die Immunglobuline sind Glycoproteine. Ebenso werden **Sulfate** an Proteine angeheftet; hierzu gehören beispielsweise die schwefelhaltigen Glycoproteine (Mucopolysaccharide) der Knorpelzellen. Andere Proteine werden durch Anhängen von Fettsäuren **acyliert.**

Proteine werden im Golgi-Apparat verpackt und sezerniert

Der Golgi-Apparat ist ein **Umschlagplatz für Makromoleküle.** Hier werden Moleküle sortiert und das Schicksal

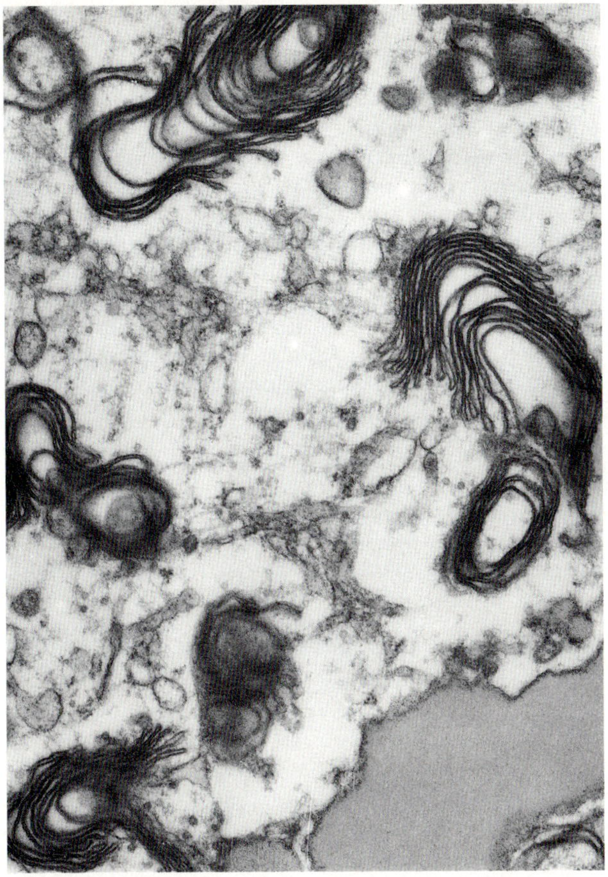

Abb. 1.42 Golgikomplexe einer reifenden Eizelle eines Muschelkrebses (Aufnahme: J. Klima, Innsbruck; M.: 1,9 cm = 1 μm)

jedes einzelnen Moleküls bestimmt. Fertiggestellte Sekrete (Hormone, Enzyme, Enzymvorstufen) können in Membranvesikeln verpackt und gespeichert werden. Zu diesem Zweck wird das Sekret häufig eingedickt; so hat mehr abzuspeichernde Substanz Platz und steht für den Bedarfsfall bereit. Neurotransmitter werden in den Synapsen gespeichert. Die Möglichkeit, Zellprodukte in Speichern zu lagern, schützt die Zelle auch vor momentaner Überproduktion.

Manche Sekrete sind für den intrazellulären Gebrauch bestimmt. Dazu gehören die lysosomalen Enzyme. Andere werden nach außen sezerniert. Verpakkung in Vesikeln garantiert in jedem Fall einen schnellen und gerichteten Transport unter Abschirmung gegen störende Einwirkungen des Zellmilieus. Welche Mechanismen es dem Golgi-Apparat ermöglichen, das richtige Makromolekül in den richtigen Vesikel zu verpacken und diesen an den richtigen Bestimmungsort zu schicken, ist Gegenstand lebhafter Forschung.

Der Vorgang der **Reifung** von Glycoproteinen soll kurz erwähnt werden; genaueres kann Lehrbüchern der Biochemie entnommen werden. Wird ein sekretorisches Protein ins Lumen des RER sezerniert, dann wird ein vorgefertigtes **Oligosaccharid** *N*-glycosidisch an bestimmte Aminosäuren des Peptids gebunden. Dieses Oligosaccharid, das aus drei Molekülen Glucose, neun Molekülen Mannose und zwei *N*-Acetyl-glucosamin-(NAcGlc-) Resten besteht, wird an **Dolichol,** einem in der Lipidschicht der RER-Membran befestigten Donormolekül, synthetisiert. Viele solche Mannose-haltige Ketten werden angefügt, von denen anschließend, noch im RER, die drei Glucose-Moleküle und bis zu vier Mannose-Moleküle abgespalten werden. Weitere Modifikationen – Abspaltung oder Anhängen von Mannose-Molekülen, Anhängen von zusätzlichen NAcGlc-Resten, von Galactose, Neuraminsäure und Fucose finden in verschiedenen Regionen des Golgi-Apparates statt. Hier befinden sich die entsprechenden Enzyme in Kompartimenten der *cis*-Seite, bzw. der Golgi-Mitte, bzw. der *trans*-Seite. Möglicherweise gibt es in bezug auf unterschiedliche enzymatische Prozesse mindestens sechs Unterkompartimente im Golgi-Apparat.

Wenig ist über die **Sortierungsprozesse** und die eventuell daran beteiligten Erkennungsproteine bekannt. Nur über den Mechanismus der intrazellulären Auswahl und des Weitertransports von **lysosomalen Proteinen** gibt es genauere Vorstellungen. Lysosomale Proteine werden als typische Mannose-reiche Glycoproteine im RER synthetisiert und beschnitten (getrimmt). Die Erkennungssequenz, **Mannose-6-phosphat-Reste,** wird in *cis*-Zisternen des Golgi-Apparates angehängt. Ein **2156 000 M_r-Rezeptor-Protein** ist im Golgi-Komplex entdeckt worden. Diese Rezeptoren wurden auch in Stachelsaum-Vesikeln und Lysosomen gefunden. Bindung und Lösung der Erkennungssequenz-Rezeptorkomplexe und Recyclisierung der Rezeptoren sind wichtige Vorgänge beim selektiven gerichteten Transport.

Membranen unterliegen einer ständigen Membrandynamik

Durch den Transport von Vesikeln ist der Golgi-Apparat wesentlich an der **Membrandynamik** beteiligt (Rep. 1.**18**). Membranen werden **nie** *de novo* gebildet. (Bei der Differenzierung der Erythrocyten ausgestoßene Membra-

Rep. 1.**18** Membrandynamik

Membranen gehen aus Membranen hervor:
- Membranvermehrung erfolgt durch Vergrößerung und Teilung vorhandener Membranen
- Membranen gehen ineinander über. Durch Exocytose an die Zellmembran verlorene Membranen werden durch endocytierte ersetzt (Recyclisierung)
- Membranbestandteile unterliegen einer dauernden Erneuerung (Halbwertszeit 1–10 Tage)
- Membranen werden entsprechend den Erfordernissen der Umgebung modifiziert

nen werden deshalb nicht mehr nachgebildet.) Sollen Membranen vermehrt werden, dann werden vorhandene vergrößert und anschließend geteilt. Wie Zellen von Zellen, so stammen Membranen immer von Membranen ab. Grundmembranen werden modifiziert. Die einzelnen Membranbestandteile unterliegen einem dauernden Erneuerungsprozeß **(turn-over).** Nach maximal 20 Tagen ist eine Membran von Grund auf erneuert. Nicht, daß ein Alterungsprozeß Bestandteile unbrauchbar gemacht hätte, es werden vielmehr alle Membranbausteine völlig unabhängig von ihrem Alter ausgetauscht. Die Membrandynamik trägt zu diesem Erneuerungsprozeß bei: Membranen des SER gelangen über die Golgi-Vesikel in die Zellmembran, dort wiederum führen Endocytoseprozesse zur Membraninkorporation in die Zelle und zum Einbau derselben in endomembranöse Systeme – ein dauernder Prozeß der Recyclisierung (s. Abb. 1.**39**).

1.3.14. Membranbegrenzte Organellen: Lysosomen, Peroxisomen

Lysosomen verdauen zelleigenes und zellfremdes Material

Lysosomen sind Magen und Abfalleimer der Zelle zugleich. Sie sind Membranvesikel, die von der Reifungsseite des Golgi-Apparats als kleine, schmale Vesikel, die primären Lysosomen, abgeschnürt werden. In ihrem Innern befinden sich **Verdauungsenzyme mit Hydrolaseaktivität**. Da diese Enzyme ihre Wirkung nur bei einem für die Zelle erstaunlich niedrigem pH-Wert entfalten, herrscht hier der saure pH-Wert von 5. Lysosomale Enzyme werden am RER synthetisiert, durch das SER in den Golgi-Apparat transportiert und hier in Lysosomen verpackt. Lysosomenmembranen sind so beschaffen, daß sie von ihren eigenen Enzymen nicht angegriffen werden können. Wird die Membran jedoch von außen verletzt, oder dringt ein zur Verdauung geeignetes Substrat in die Lysosomen ein, dann werden die Enzyme aktiv. Lysosomen sind in der Lage, sowohl zelleigenes **(Autophagie)** als auch zellfremdes **(Heterophagie)** Material zu verdauen. Dieser Vorgang wird durch Fusion der **primären Lysosomen** mit membranumgebenen Substraten eingeleitet. Es entstehen **sekundäre Lysosomen,** Autophagosomen zur Verdauung zelleigener Substrate und Heterophagosomen – nach Fusion mit Phagocytose-Vesikeln – zum Verdauen zellfremden Materials (Abb. 1.**44**, Rep. 1.**19**).

Durch die Hydrolyse der Substrate (wobei ein Lysosom ein oder mehrere Enzymarten enthalten kann) gewinnt die Zelle lebenswichtige Grundbausteine. Diese werden durch aktive bzw. passive Transportvorgänge ins Cytoplasma transportiert. **Unverdauliche Reste,** wie z. B. Schwermetalle oder das Alterspigment Lipofuscin, werden entweder durch Exocytose aus der Zelle entfernt oder sie bleiben im Lysosom zurück und bilden **Residualkörper,** sog. **Telolysosomen.** Möglicherweise tragen Anhäufungen derartiger Residualkörper zum Altern eines Organismus bei.

Beim Menschen sind die polymorphkernigen, granulären **Leukocyten** und die **Makrophagen** besonders zur Phagocytose befähigt. Leukocyten enthalten mehrere Lysosomen. Ist deren Kapazität erschöpft, dann stirbt der Leukocyt. Makrophagen gibt es in den verschiedenen Geweben: Im Bindegewebe sind es die Histiocyten, im blutbildenden und lymphatischen System die Reticulumzellen. Ein Makrophage kann innerhalb einer Stunde zweimal seine Oberfläche inkorporieren, natürlich nur unter der Voraussetzung, daß Membranen reinkorporiert werden.

Rep. 1.**19** Lysosomen

Aufbau	– schmale Membranvesikel werden als **primäre Lysosomen** von der Golgi-Reifungsseite abgeschnürt – sie enthalten Verdauungsenzyme; pH-Wert = 5,0! – **sekundäre Lysosomen** entstehen durch Fusion mit Substratvesikeln – polymorphes Aussehen
Aufgaben	– Verdauung von zelleigenem **(Autophagie)** bzw. zellfremdem **(Heterophagie)** Material – Ernährung – Fremdkörperabwehr (Müllabfuhr)
Autophagosomen	
Entstehung	– Fusion primärer Lysosomen mit zelleigenem Material
Aufgaben	– Abbau zelleigenen Materials – Rückgewinnung verwertbarer Substanzen – Einschluß unverdaulicher Reste in Residualkörpern (Telolysosomen; Dense bodies)
Heterophagosomen	
Entstehung	– Fusion von primären Lysosomen mit zellfremdem Material
Aufgaben	– Abbau zellfremden Materials – Rückgewinnung verwertbarer Substanzen – Fremdkörperabwehr – Einschluß unverdaulicher Reste in Residualkörpern

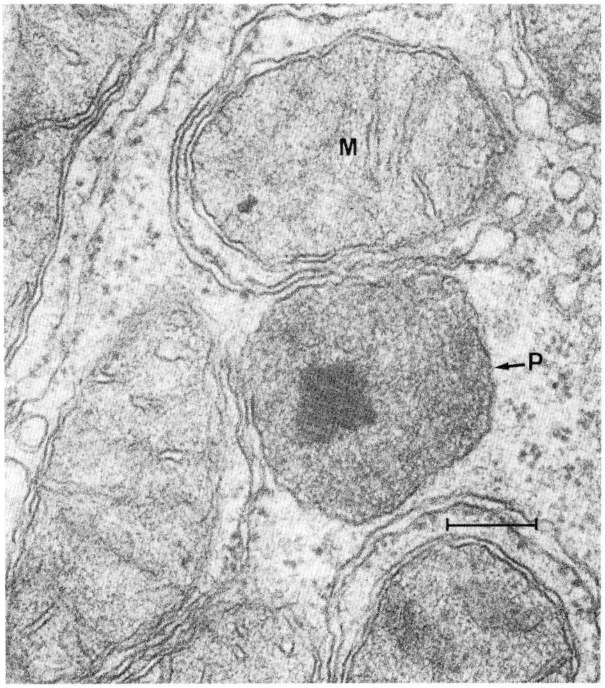

Abb. 1.**43** **Leberperoxisom (P)**
Das Peroxisom enthält ein kristallines Core des Enzyms *Uratoxidase* M = Mitochondrium (Aufnahme: E. Robbins, D. Sabatini, New York; M: 2 cm ≙ 0,2 μm)

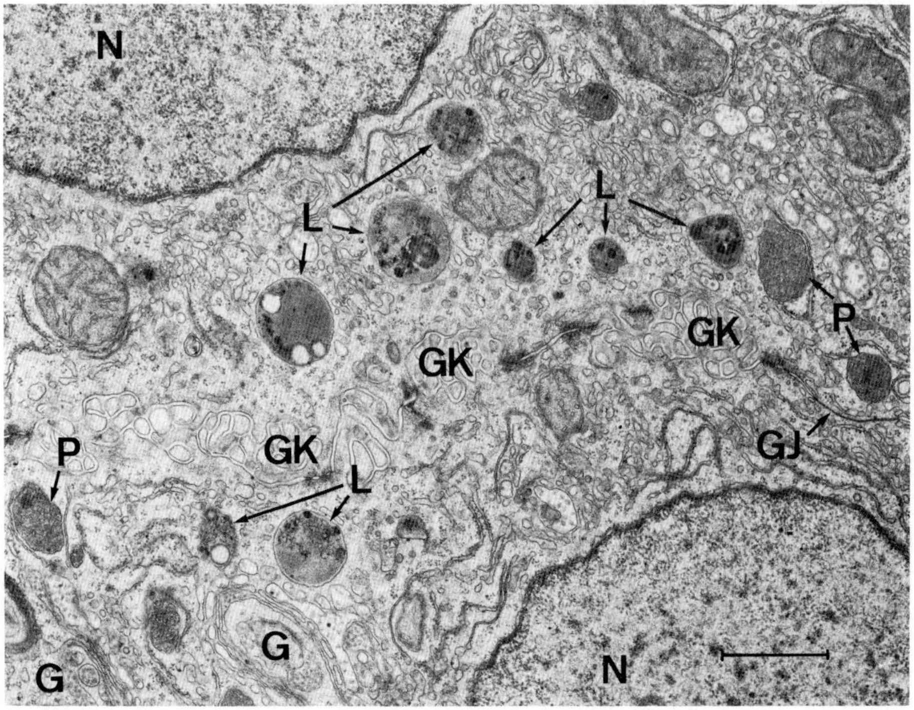

Abb. 1.**44** **Lysosomen (L) im Cytoplasma zweier Leberzellen um einen Gallenkanal (GK)**
G Golgi, GJ Gap junction
N Nucleus, P Peroxisomen
(Aufnahme: E. Robbins, D. Sabatini, New York; M: 2,27 cm ≙ 1 μm)

Lysosomale Enzyme aktivieren Enzyme und Hormone

Die Aufgaben der Lysosomen werden durch die Vielfalt der **lysosomalen Enzyme** – es sind etwa 40 – bestimmt. Es werden nicht nur Substrate (Rep. 1.**20**) verdaut, es werden auch **inaktive Vorstufen,** z. B. von Hormonen, enzymatisch in aktive Formen überführt. In der Schilddrüse wird die Speicherform des Schilddrüsenhormons, das Thyreoglobulin, in Tri- und Tetrajodthyronin überführt. Lysosomale Enzyme können auch Knorpel und Knochen abbauen. Weiterhin sorgen sie für den **Zellabbau** beim organischen Zelltod. Der Abbau alter Erythrocyten und die Thrombenauflösung gehören ebenso zu ihren Aufgaben wie die Beseitigung überalterter Mitochondrien. (Die Halbwertszeit von Lebermitochondrien beträgt beispielsweise 10 Tage.) Auch der Zellabbau während der Entwicklung wird durch lysosomale Enzyme garantiert. (Larvengewebe, Müllerscher- und Wolffscher Gang, unbefruchtete Eizellen, Rückbildung des Uterus nach der Schwangerschaft, mit einer Gewichtsreduktion auf 1/40 innerhalb von 10 Tagen.) Lysosomale Enzyme ermöglichen die Befruchtung: Das **Akrosom** des Spermiums, ursprünglich ein Lysosom, setzt *Hyaluronidase* frei und bahnt dem Spermienkern den Weg ins Ei. Ausfälle eines der lysosomalen Enzyme bzw. Wirkung der lysosomalen Enzyme am falschen Ort, führen zu zahlreichen **Krankheiten** (Tab. 1.**8**). Es sei erwähnt, daß bei entzündlichen Prozessen lysosomale Enzyme in die Umgebung freigesetzt werden. Cortisone wirken entzündungshemmend, indem sie die Lysosomenmembran stabilisieren.

Rep. 1.**20** Lysosomale Enzyme

Bildung	als Sekretionsproteine am RER, Transport über SER in Golgi-Komplex, Einschluß in primäre Lysosomen
Aufgabe	hydrolytische Spaltung von Makromolekülen; Abbau
Enzyme	Phosphatasen, Esterasen, Nucleasen, Proteasen, Peptidasen, Kollagenasen, Glycosidasen, β-Galactosidase, Hexosaminidasen, Neuraminidase, α-Glucuronidase, Phospholipase, Sphingomyelinase, Hyaluronidase etc.

Tab. 1.**8** Lysosomale Fehlleistungen

Speicherkrankheiten			
Ursache	genetisch bedingte Reduktion der Abbauaktivitäten von lysosomalen Enzymen		
	Krankheit	betroffenes Enzym	Folge
Glycogenosen	Pompe	*Glucosidase*	Speicherung von Glycogen in Leber und Muskel
Glycosphingolipidosen	Tay-Sachs	*Hexosaminidase*	Speicherung von Gangliosid bzw.
	Niemann-Pick	*Sphingomyelinase*	Sphingomyelin in Lysosomen besonders im Gehirn
Mucopolysaccharidosen	heterogen Typ I–VII	Glycosamino-Glycan-Abbauenzyme	Speicherung diverser Abbauprodukte mit Entwicklungsstörungen, Skelettveränderungen, Hornhauttrübungen
Enzymlose Lysosomen			
Ursache	Defekt bei der Synthese des Erkennungssignals verhindert Enzymtransport in Lysosomen		
Krankheit	I-Cell disease. Lysosomale Enzyme werden im Cytoplasma in Vesikeln als Einschlußkörperchen (inclusion bodies) abgelagert		
Fehlwirkungen lysosomaler Enzyme			
Ursache	Brüchigwerden der Lysosomenmembran, z. B. durch Überschuß an fettlöslichen Vitaminen (A, K, D und E) bzw. Sexualhormonen		
Beispiel	Vitamin-A-Hypervitaminose Osteoblasten entlassen lysosomale Enzyme Spontanfrakturen		

Rep. 1.**21** Peroxisomen

Aufbau	– kleine Membranvesikel gefüllt mit *Peroxidasen* und *Katalasen*
Aufgabe	– Abbau von Wasserstoffperoxid
Vorkommen	– besonders in Leber- und Nierenzellen
Anmerkung	– in Pflanzenzellen finden sich **Glyoxisomen** (Abb. 1.**45**). Sie enthalten Enzyme, die für die Zuckersynthese der Samenzellen notwendig sind (Glyoxylatcyclus)

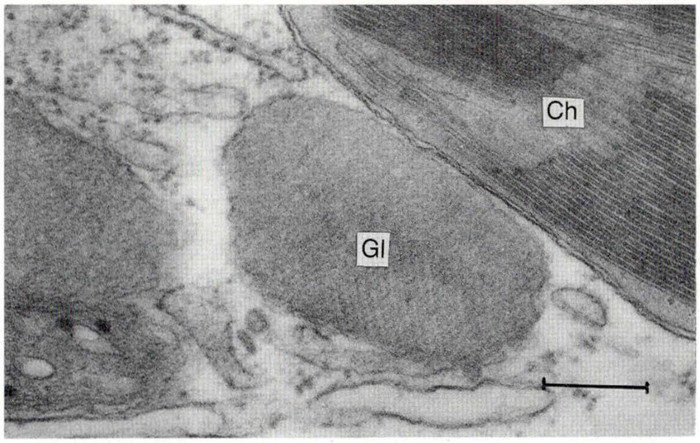

Abb. 1.45 Glyoxisom (Gl) mit Proteinkristall von *Euphorbia*
Ch Chloroplast
(Aufnahme: J. Klima, Innsbruck; M: 1,2 cm = 0,5 µm)

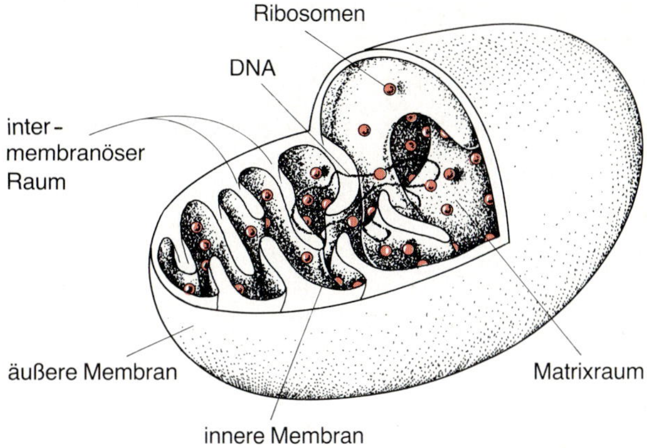

Abb. 1.46 Schematische Darstellung eines Mitochondriums

Peroxisomen enthalten *Oxidasen* und *Katalasen*

Eine von den Lysosomen abgrenzbare Vesikelgruppe bilden die **Perioxisomen** oder **Microbodies** (Rep. 1.**21**, Abb. 1.**43**). Sie enthalten *Oxidasen* und *Katalasen.* Durch Oxidation entstandenes Wasserstoffperoxid, das extrem giftig für die Zelle ist, kann mit Hilfe der *Katalase* in Wasser und Sauerstoff gespalten werden. Vorkommen: besonders in Leber- und Nierenzellen.

Peroxisomen vermehren sich durch Wachstum und Teilung. Da sie aber, anders als Mitochondrien und Chloroplasten, keine DNA enthalten, müssen sie alle Proteine aus dem Cytosol importieren. Dafür tragen viele dieser Proteine ein Erkennungssignal: Am Carboxylende befindet sich eine Sequenz aus 3 Aminosäuren (Ser-Lys-Leu), die ein Rezeptorprotein auf der Außenseite der Peroxisomen erkennt. Die katastrophale Auswirkung fehlerhaften Transports demonstriert die schwere erbliche Krankheit **Zellweger Syndrom:** Diese Patienten haben funktionsuntüchtige Peroxisomen und sterben früh an Veränderungen in Gehirn, Leber und Niere.

Rep. 1.**22**	Mitochondrien
Aufbau	– 1–5 µm lang – eine **Doppelmembran** begrenzt den intermembranösen Raum – die **äußere Membran** ist permeabel – die **innere Membran** (gefaltet als Cristae, Tubuli oder Sacculi) durchzieht den Matrixraum – die innere Membran enthält Enzyme der Atmungskette – der **Matrixraum** enthält abbauende Enzyme: Citratcyclus, Fettsäureabbau etc.; DNA; Ribosomen
Aufgabe	– Energieproduzent (ATP) – Trennung von Auf- und Abbauprozessen – Calciumspeicherung – cytoplasmatische Vererbung
Vorkommen	vermehrt in energieverbrauchenden Zellen: – Herzmuskel – Nierentubuli – Spermien

1.3.15. Mitochondrien sind Doppelmembran-begrenzte Organellen

Zu den Organellen, die von Doppelmembranen umgeben sind, gehören Mitochondrien, Chloroplasten und Nucleus.

Mitochondrien sind die Energieproduzenten der Zelle

Bereits in der Mitte des 19. Jahrhunderts wurden von **Flemming** färbbare Granula im Cytoplasma beschrieben, die später in fast allen Zellen gefunden wurden. Aussagen über die biochemische Funktion dieser **Mitochondrien** (Rep. 1.**22**) konnten allerdings erst gemacht werden, nachdem man sie mit Hilfe der Zellfraktionierung reinigen und konzentrieren konnte. Die Zahl der Mitochondrien wechselt von Zelltyp zu Zelltyp. Haben Erythrocyten keine, so können Leberzellen 1000 bis 2000 dieser kleinen 1 bis 5 µm langen Organellen enthalten. Im allgemeinen gilt, daß Zellen, die energieverbrauchende

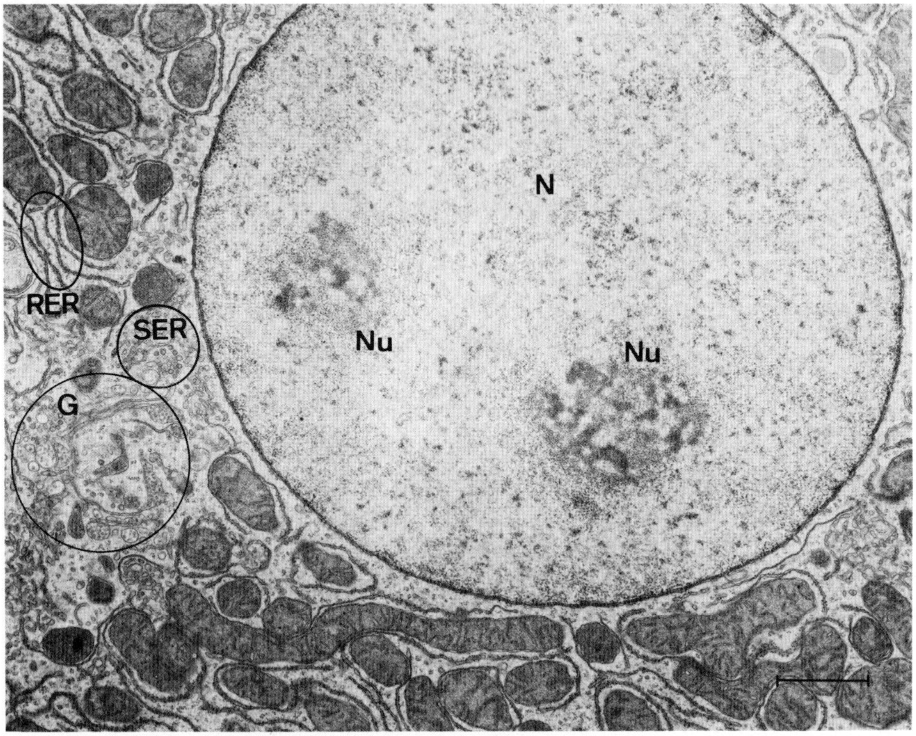

Abb. 1.**47 Mitochondrien**
a Ausschnitt aus einer Leberzelle der Ratte mit zahlreichen Mitochondrien
G Golgi-Apparat mit Lipoprotein-Partikeln, N Nucleus, Nu Nucleolus, RER Rauhes Endoplasmatisches Reticulum, SER Glattes Endoplasmatisches Reticulum (Aufnahme: E. Robbins, D. Sabatini, New York; M: 2,2 cm ≙ 1 μm)

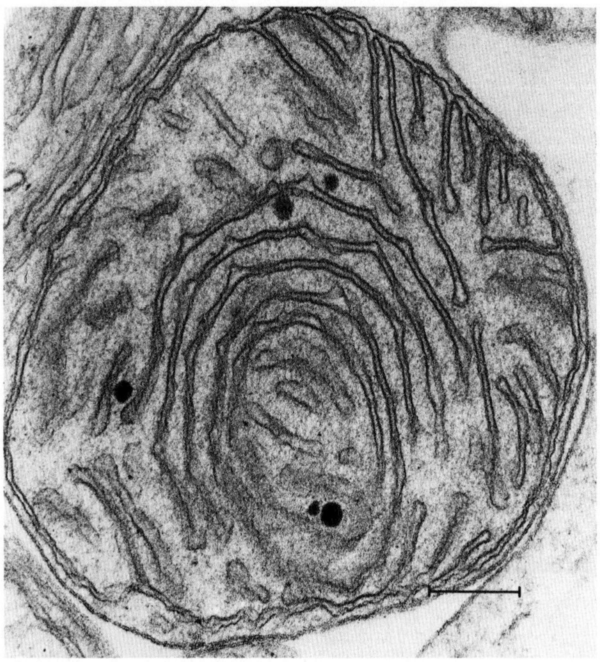

b Mitochondrium von *Acetabularia mediterranea* (Aufnahme: S. Berger, H. G. Schweiger, Heidelberg; M: 2 cm ≙ 0,3 μm)

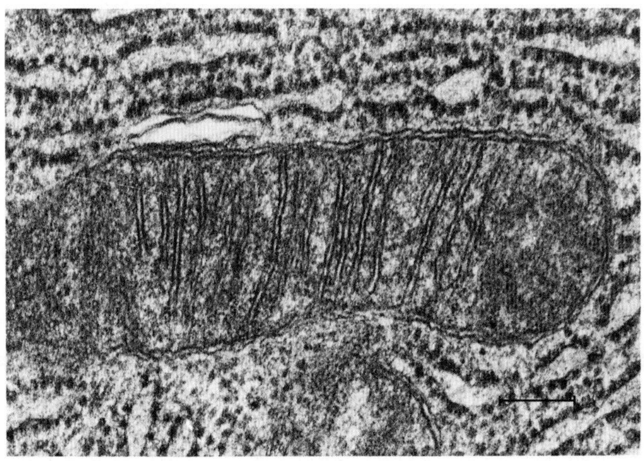

c Mitochondrium, Pankreas der Ratte (Aufnahme: H. F. Kern, Marburg; M: 2 cm ≙ 0,2 μm)

Funktionen haben, besonders reich an Mitochondrien sind, so z. B. die Herzmuskulatur, die Nierentubuli oder die Spermiengeißel. Diese Tatsache und ihr Aufbau reflektieren die Aufgabe der Mitochondrien, nämlich die Bereitstellung von leicht zugänglicher **Energie.**

Der Aufbau der Mitochondrien (Abb. 1.**46**, 1.**47**) ist in allen Zellen vergleichbar: Eine **Doppelmembran** unterteilt das Mitochondrium in einen inneren **Matrixraum** und in einen schmalen, zwischen den Membranen gelegenen, **intermembranösen Raum.** Jede einzelne der Membranen besteht aus einer Lipid-Doppelschicht. Die **äußere Membran** dient dem Schutz des Organells, die **innere Membran** ist durch Falten, Röhren oder säckchenartige Ausstülpungen stark **vergrößert.** Diese Cristae, Tubuli oder Sacculi können, je nach Aktivität des Mitochondriums, vermehrt werden. In tierischen Zellen überwiegt der Cristaetyp. In Testes, Ovar und Nebennierenrinde findet man hauptsächlich den Tubulus-Typ.

An den inneren Membranen sitzen die **Enzyme der Atmungskette.** Dem Matrixraum zugekehrt liegt das ATP-bildende Enzym, die *ATP-Synthetase*.

Durch Mitochondrien werden Abbau- und Aufbauprozesse getrennt

Im Mitochondrien-Innenraum sind substrat-abbauende Enzyme kompartimentiert; unter anderem die Enzyme des **Citronensäure-Cyclus** und des Fettsäurekatabolismus, der sog. **β-Oxidation.** Durch den Besitz derartiger Kompartimente ist es der eukaryonten Zelle möglich, komplizierte Synthesewege (anabolische Prozesse), die sich im Cytoplasma abspielen, von Abbauwegen (katabolische Prozesse) zu trennen.

Das Mitochondrium ist ein Calciumspeicher

Eine weitere wesentliche Funktion des Mitochondriums ist die **Ca^{2+}-Ionen-Speicherung.** Da Calcium eine Reihe von Stoffwechselwegen aktiviert, würde eine freie Speicherung im Cytoplasma zum Chaos führen. Mit Hilfe der Mitochondrien werden Ca^{2+}-Ionen aus dem Verkehr gezogen, um bei Bedarf wieder entlassen zu werden. Calcium wird im Mitochondrium-Inneren als Calciumphosphat präzipitiert.

Die Mitochondrien sind autonom

Die Mitochondrien-Membranen nehmen nicht an der Membrandynamik des endomembranösen Systems teil. Die Mitochondrien sind quasi **autonom.** Sie enthalten, ähnlich wie der Nucleus, **eigene DNA** (mtDNA). 0,5% der gesamten Zell-DNA in Mammalia entfällt auf mitochondriale DNA. Die mitochondriale DNA (16569 bp) ist ringförmig an die innere Membran gebunden und liegt in mehreren identischen Kopien vor. Die DNA ist doppelsträngig bis auf eine kleine Region, in der ein kurzes DNA-Stück einen dritten Strang (D-Schleife) bildet. Nach Denaturierung sedimentieren die DNA-Einzelstränge mit unterschiedlicher Dichte. Man unterscheidet einen schweren H-Strang (heavy) und einen leichten L-Strang (light). Ersterer enthält die meisten Gene, die, **ohne Introns,** dicht gepackt sind und für 13 Proteine, 2 RNAs und 22 tRNAs codieren. Infolge der gesteigerten Produktion von **Sauerstoff-Radikalen** im Verlauf der Atmung ist die mtDNA zehnmal so mutationsanfällig wie Kern-DNA. (Hierin liegt vermutlich ein Grund für das Altern eukaryontischer Zellen). Alle von der mtDNA codierten Proteine sind Bestandteile der Atmungskette. Eigene **Ribosomen,** eigene **tRNA** und **Enzyme** helfen bei der Expression mitochondrial codierter Proteine. Ein Großteil der mitochondrialen Enzyme wird vom Kern codiert, an Ribosomen des Cytosols synthetisiert und in die Mitochondrien transportiert. Einen Gegentransport von Proteinen oder Nucleinsäuren aus den Mitochondrien ins Cytosol gibt es nicht.

Die Vermehrung der Mitochondrien erfolgt immer durch Wachstum und Teilung bereits vorhandener Organellen. Diese Vermehrung kann während der gesamten Interphase der Zelle erfolgen. Auch die damit verbundenen Organellen-DNA-Synthese ist autonom und nicht an die S-Phase der Zelle gekoppelt.

Die Gene der Mitochondrien-DNA werden cytoplasmatisch vererbt

Mitochondrien werden bei der Zellteilung, dem Zufall folgend, mit dem Cytoplasma auf die Tochterzellen verteilt. Deshalb unterliegen die mitochondrialen Gene in ihrer Vererbung nicht den Mendelschen Gesetzen. Man spricht von **cytoplasmatischer** oder **extrachromosomaler Vererbung.** Zahlreiche Beispiele für derartig vererbte Merkmale existieren.

Zur Veranschaulichung soll die Vererbung des Merkmals „mickrig" („poky") in *Neurospora crassa* dienen. Dieser Schimmelpilz kann diploide und haploide Zellen ausbilden (s. Kap. **3**). Werden zwei haploide Zellen gekreuzt, die eine davon sei normal, die andere „mickrig", dann verschmelzen diese zur diploiden Zygote. Im Cytoplasma sind die Mitochondrien beider Zellen vertreten. Während der folgenden mitotischen Teilungen der Zygote, auch vegetatives Wachstum genannt, werden das Cytoplasma und die darin enthaltenen Mitochondrien auf die Tochterzellen verteilt. Da das Merkmal „mickrig" einen Defekt in mitochondrial codierten Ribosomen darstellt, können wir das Schicksal der Mitochondrien an der Ausprägung dieses Merkmals verfolgen. Sporulieren nach vielen Teilungsrunden die vegetativen *Neurospora*-Zellen, dann bilden sich, nach erfolgter Meiose, haploide Zellen im Ascosporus, deren jede zu Hyphen auswächst. Einige Sporen wachsen zu mickrigen, andere zu

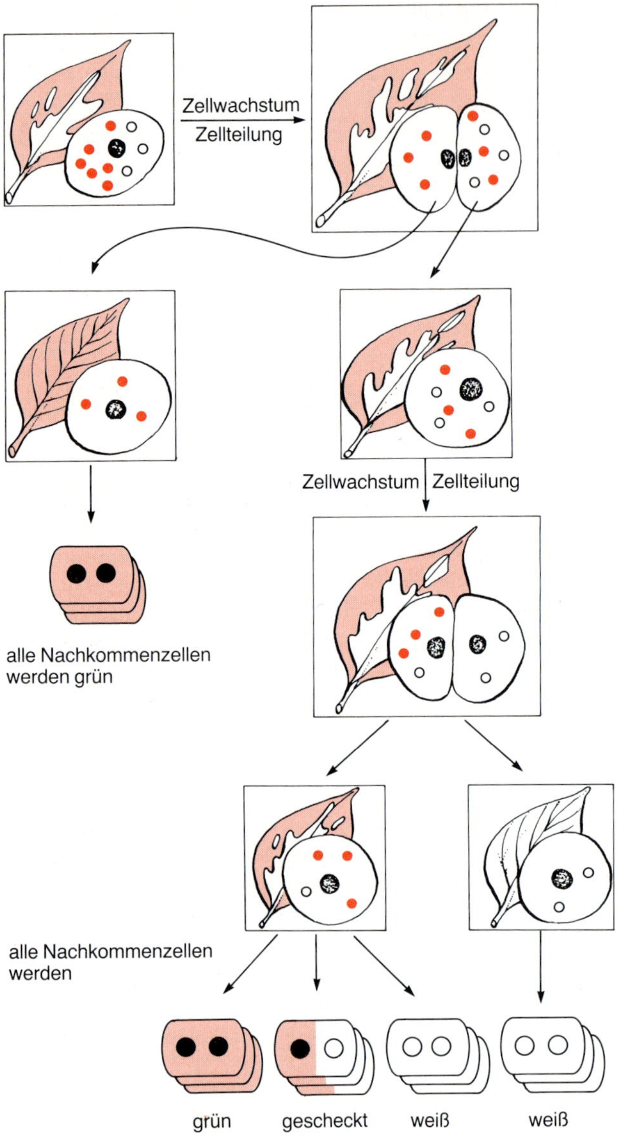

Abb. 1.**48 Cytoplasmatische Vererbung am Beispiel der *Mirabilis jalapa***
Die Eigenschaft Blattfärbung wird nur über das Cytoplasma vererbt, da sie durch den Chlorophyll-Gehalt der Chloroplasten bestimmt wird

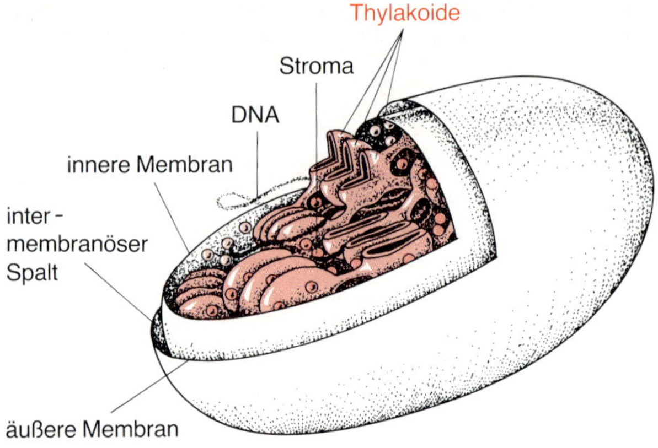

Abb. 1.**49 Schematische Darstellung eines Chloroplasten**

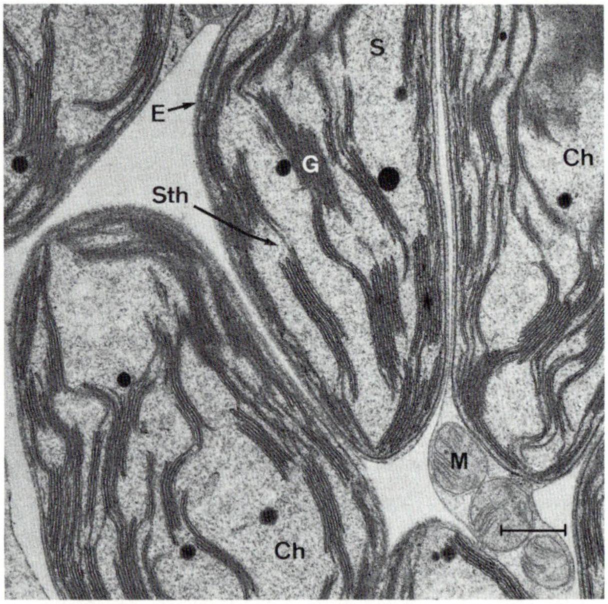

Abb. 1.**50 Chloroplasten von *Acetabularia mediterranea***
Ch Chloroplast, E Hüllmembran, G Granum, M Mitochondrium, S Stroma, Sth Stromathylakoid
(Aufnahme: S. Berger, H. G. Schweiger, Heidelberg; M: 1,5 cm ≙ 0,5 μm)

normalen Hyphen heran. Das läßt darauf schließen, daß im Verlauf des vegetativen Wachstums der Elternzellen eine mitotische Segregation stattgefunden hat. Einige Zellen haben im Cytoplasma nur Mitochondrien mit dem genetischen Merkmal „mickrig“, andere nur normale Mitochondrien erhalten. Das Merkmal „mickrig“ hat sich nicht der Chromosomenverteilung entsprechend vererbt, sondern ist über die Mitochondrien-DNA cytoplasmatisch weitergegeben worden. Da in vielen Organismen das Cytoplasma hauptsächlich über die mütterliche Eizelle in die Zygote eingebracht wird, spricht man auch von **maternaler Vererbung.**

Beim Menschen gibt es zahlreiche **Erkrankungen,** die auf Mutationen (Punktmutationen, Deletionen, Duplikationen) des mitochondrialen Genoms zurückzuführen sind, und die anhand bestimmter Kriterien diagnostiziert werden können:

Da mtDNA Enzyme der **oxidativen Phosphorylierung** codiert, sind atmungsintensive Organe wie Herz, Muskel, Nervengewebe, Niere und Leber besonders betroffen (Tab. 1.**9**). Entsprechend der cytoplasmatisch maternalen Vererbung der Mitochondrien werden diese Krankheiten von erkrankten Müttern auf alle Nachkommen übertragen. Kranke Väter haben gesunde Kinder.

Mitochondriale Krankheiten zeichnen sich durch große Variabilität aus. Diejenigen Zellen und Gewebe sind am schwersten betroffen, die die meisten defekten Mitochondrien erhalten haben. Das gleichzeitige Vorhandensein von Mitochondrien mit defekter und gesunder DNA in einer Zelle bezeichnet man als **Heteroplasmie.**

Extrachromosomale Vererbung gibt es auch bei den **Pflanzen.** Hier sind auch die **Chloroplasten** Träger von DNA. Beim Löwenmäulchen z. B. gibt es geschecktfarbige Blätter, in denen helle und dunkle Plastiden, Chloroplasten, zu finden sind. Teilung derartiger Blattzellen können zur Trennung dunkler von hellen Plastiden und damit zu einheitlich dunklen oder hellen Blättern führen (Abb. 1.**48**).

Tab. 1.9 Einige Mitochondriale Erkrankungen des Menschen

Krankheit	klinische Symptome	Mutationstyp
– Lebersche Hereditäre Optikus Neuropathie (LHON)	bilaterale Erblindung im frühen Erwachsenenalter	Missense-Mutation *(NADH-Dehydrogenase)*
– Mitochondriale Encephalomyopathie, Lactat-Acidose mit Schlaganfall-ähnlichen Symptomen (MELAS)	Epileptische Anfälle, Erbrechen	Mutation im Bereich der 16S-RNA
– Myoklonische Epilepsie der Ragged Red Fibers (MERRF)	Myoklonische Epilepsie, Myopathie	Punktmutation in der Lys-tRNA
– Neurogene Muskelschwäche mit Ataxie und Retinitis pigmentosa (NARP)	Retinitis pigmentosa, Ataxie, Krämpfe, Demenz, prox. Muskelschwäche	Punktmutation in Untereinheit 6 der *Synthetase*
– Kearns-Sayre-Syndrom	Augenlähmung, Retina-Depigmentierung, Taubheit, Cardiomyopathie	große Deletionen

1.3.16. Chloroplasten sind auch von Doppelmembranen begrenzt

In den Chloroplasten findet Photosynthese statt

Chloroplasten (Rep. 1.**23**) sind Organellen in **Pflanzenzellen,** die zur **Photosynthese** spezialisiert sind. Sie sind in ihrer Energieproduktion abhängig vom Tageslicht. Während der Dunkelheit sorgen ausschließlich die Mitochondrien der Pflanzenzellen für ATP-Nachschub. Die Chloroplasten ähneln in vielem den Mitochondrien. Auch sie sind von **Doppelmembranen** umgeben, deren äußere permeabel ist, deren innere einen zentralen Raum, das **Stroma,** umgibt und zwischen denen ein schmaler **intermembranöser Spalt** bleibt (Abb. 1.**49**).

In den Chloroplasten gibt es ein System gefalteter, flacher, miteinander kommunizierender Säcke im Stromaraum, die **Thylakoide** (Abb. 1.**50**). In sie sind das **Chlorophyll** – das photochemische Pigment –, Enzyme der **Elektronentransport-Kette** und eine *ATPase* integriert. Die Chloroplasten enthalten, wie die Mitochondrien, **DNA, RNA, Ribosomen** und **Enzyme** und vermehren sich durch Teilung während des Zellwachstums. Wird im Herbst das Chlorophyll in den Blättern abgebaut, dann verursachen Carotinoide die Buntfärbung. Die Chloroplasten werden zu **Chromoplasten.** Die geordnete Thylakoid-Struktur verschwindet.

Sowohl Mitochondrien als auch Chloroplasten weisen eine große Ähnlichkeit mit bakteriellen Systemen auf: Während der Entwicklung der Eukaryonten wurden Bakterien als **Symbionten** aufgenommen – die heutigen Mitochondrien. Als Tier- und Pflanzenzellen sich voneinander trennten, nahmen die späteren Pflanzenzellen nochmals Bakterien endocytotisch auf, die sich zu Chloroplasten gewandelt haben (s. Kap. **7**).

Rep. 1.**23** Chloroplasten

Aufbau	– **Doppelmembran** begrenzt intermembranösen Spalt – **Thylakoide** befinden sich im zentralen **Stroma** – DNA, Ribosomen, tRNA liegen im Stroma
Aufgabe	– Photosynthese – Energiegewinn
Vorkommen	– Pflanzenzellen

Der Protonengradient ist die zentrale Form der Energie der Zelle

Die Organellen, Mitochondrien und Chloroplasten, sind die wichtigsten **Energielieferanten.** In den Mitochondrien wird die Energie von organischen Substanzen in der Atmungskette in Energie, die die Zelle für ihre Lebensprozesse benötigt, umgesetzt. In den Chloroplasten wird die Energie der Lichtquanten des Sonnenlichts in Zellenergie umgewandelt. Das gemeinsame Prinzip dieser Energieumwandlungen wurde 1961 von Peter Mitchell

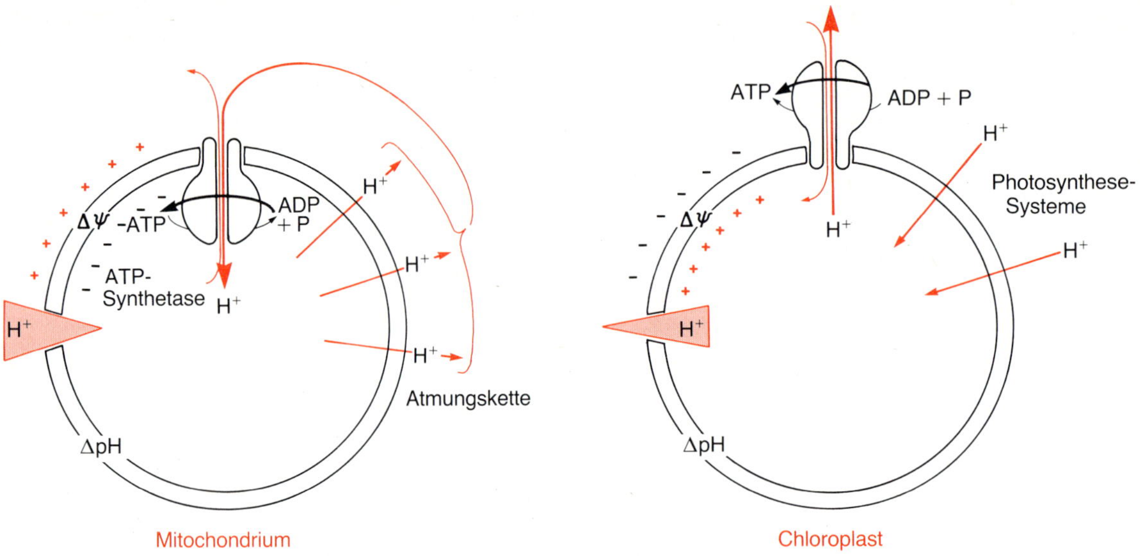

Abb. 1.51 Der Protonengradient bei Mitochondrien und Chloroplasten
Bei Mitochondrien werden durch die Atmungskette, bei Chloroplasten durch das Photosynthesesystem Protonen durch die Membran bewegt. Dadurch wird ein Protonenkonzentrationssprung, Protonengradient, aufgebaut, der aus der Konzentrationsdifferenz Δ pH und der Ladungsdifferenz $\Delta\,\psi$ besteht. Die Energie des Protonenrückflusses wird zur ATP-Synthese genutzt

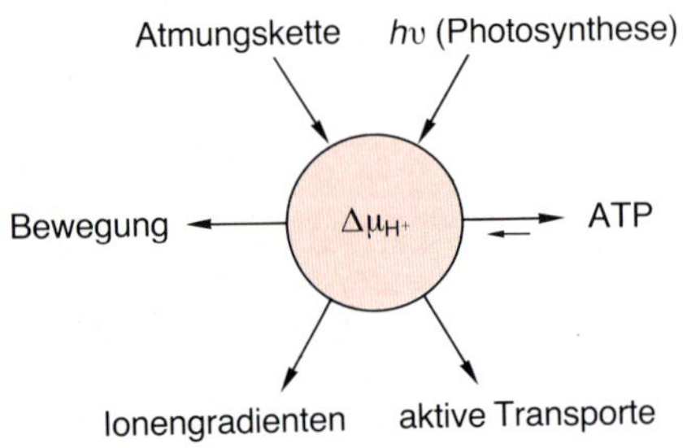

Abb. 1.52 Der elektrochemische Protonengehalt ist der Hauptumschlagplatz der Zellenergie

erkannt. Es ist erstaunlich einfach. Verbindendes Glied ist der **Protonengradient** (Abb. 1.**52**). Im Mitochondrium werden durch die in der inneren Membran lokalisierte Atmungskette Protonen von innen nach außen befördert. Dadurch entsteht ein Konzentrationsanstieg von innen nach außen (Gradient). Wenn außen mehr Protonen als innen sind, ist die äußere Seite der Membran positiv geladen und die innere negativ. Dieses Potential ($\Delta\psi$) ist eine Komponente der Energie des Protonengradienten, und zwar die **elektrische.** Daneben gibt es die **chemische Energiekomponente,** die von Konzentrationsgradienten dargestellt wird. Der elektrochemische Protonengradient ($\Delta\mu H^+$) setzt sich also zusammen:

$$\Delta\mu H^+ = \Delta\psi - 2{,}3\,\frac{RT}{F}\Delta pH$$

R Gaskonstante
T Temperatur (in Kelvin)
F Faraday-Konstante

Variabel ist im zweiten Ausdruck der pH-Wert. Da der pH-Wert der negative Logarithmus der Protonenkonzentration ist, folgt

$$\Delta pH = -\log\,[H^+]_{außen} + \log\,[H^+]_{innen}$$

oder

$$\Delta pH = \log \frac{[H^+]_{innen}}{[H^+]_{außen}}$$

Das heißt, entscheidend für den Konzentrationsgradienten ist das Verhältnis der Konzentrationen innen zu außen.

Kleine Zellen – Bakterien – können einen Protonengradienten zwischen dem kleinen Zellvolumen und dem umgebenden Medium aufbauen. Durch die Vergrößerung der Zellen infolge differenzierterer Aufgaben in der Phylogenese wurde die Einführung eines kleinen Raumes für die Errichtung von ausschöpfbaren Protonengradienten notwendig. Es entwickelten sich Mitochondrien und Chloroplasten.

Wie bei den Mitochondrien werden auch bei den Chloroplasten Protonengradienten aufgebaut. Die

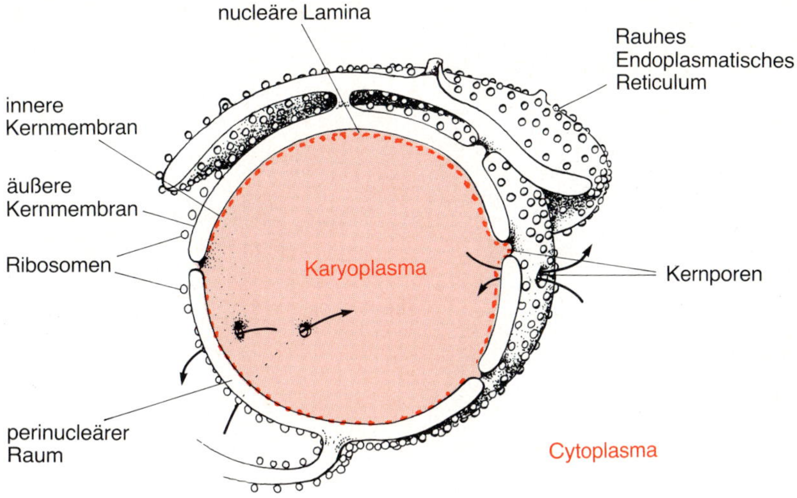

Abb. 1.53 Der Kern und seine Membranen

Bestandteile der Lichtreaktion sind in Membranen lokalisiert. Hier wird jedoch der Protonengradient im Gegensatz zum Mitochondrium von außen nach innen aufgebaut. Die Protonen werden bei der Energiekonservierung von außen nach innen gepumpt (Abb. 1.**51**).

Die **Energie** der elektrochemischen Protonengradienten kann bei Bakterien direkt für die **Fortbewegung** benutzt werden oder zur Errichtung der für die Zelle notwendigen **Ionengradienten** und damit zur Aufrechterhaltung des osmotischen Drucks dienen. Diese Energie kann auch direkt für **aktive Transporte** herangezogen werden. Der elektrochemische Protonengradient ist die wichtigste Quelle chemischer Energie der Zelle, des **ATP**. Das Bergabfließen der Protonen treibt die in der Membran befindliche Protonen-getriebene *ATP-Synthetase* an, die aus dem Protonengradienten ATP erzeugt (Abb. 1.**51**). Bei den Chloroplasten ist die *ATP-Synthetase* natürlich gegensätzlich zu Mitochondrien orientiert.

Der elektrochemische Protonengradient ist das wichtigste generelle Energieprinzip der Zelle, für dessen Entdeckung Peter Mitchell mit dem Nobelpreis ausgezeichnet wurde.

1.3.17. Der Nucleus besitzt ebenfalls eine Doppelmembran

Die äußere Membran des Kerns ist RER

Eine der auffälligsten und bereits im Lichtmikroskop wahrnehmbare Organelle der eukaryonten Zelle ist der **Zellkern** (Rep. 1.**24**). Das Kernplasma (Karyoplasma) ist vom Zellplasma (Cytoplasma) durch eine **Doppelmembran** (Karyolemma, Kernhülle) getrennt, die zwischen sich einen 20 bis 40 nm breiten Spalt, den **perinucleären Raum** läßt. Dieser Raum steht in direkter Verbindung mit dem Lumen des Endoplasmatischen Reticulums, und die äußere Kernmembran ist eine direkte Fortsetzung des Rauhen Endoplasmatischen Reticulums (RER) (Abb. 1.**53**). Demzufolge kann sie dicht mit Ribosomen besetzt sein. Der **inneren Kernhülle** lagert sich karyoplasmawärts eine **fibröse nucleäre Lamina** auf, die in allen eukaryonten Zellen zu finden ist und der eine wesentliche Funktion bei der Organisation des Chromatins und beim Auf-

Rep. 1.**24** Nucleus

Aufbau	– eine **Doppelmembran** begrenzt den perinucleäran Raum – die Membranen sind von **Poren** durchsetzt – die äußere Membran ist mit Ribosomen besetzt – die innere Membran trägt karyoplasmawärts eine **nucleäre Lamina** (3 Hauptpolypeptide sind eingebettet in fibrösem Material) – das **Karyoplasma** enthält Chromatin und Nucleoli
Aufgabe	– Schutz der DNA – Ort der DNA-Replikation – Ort der RNA-Synthese – Organisation des Chromatins (nucleäre Lamina)
Vorkommen	– in allen eukaryonten Zellen (Ausnahme: Erythrocyten der Mammalia)

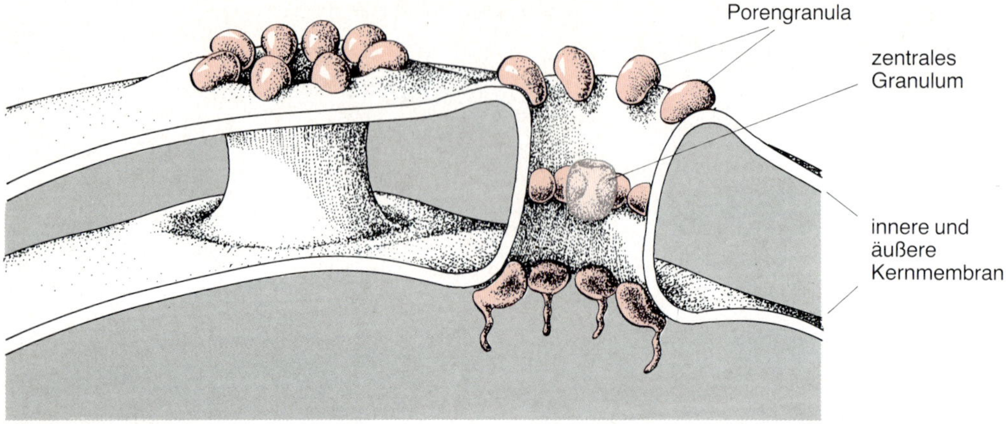

Abb. 1.54 Schnitt durch die Kernmembranen mit Kernporen; schematische Darstellung
Ringförmige Poren sind in die Kernmembran eingelassen, an deren Rändern äußeres und inneres Kernmembranblatt miteinander verschmelzen. Die Poren werden umgrenzt von 8 Proteingranula, die einen inneren Kanal von ca. 10 nm Größe freilassen. In diesem Kanal liegt häufig, im EM sichtbar, ein zentrales Granulum

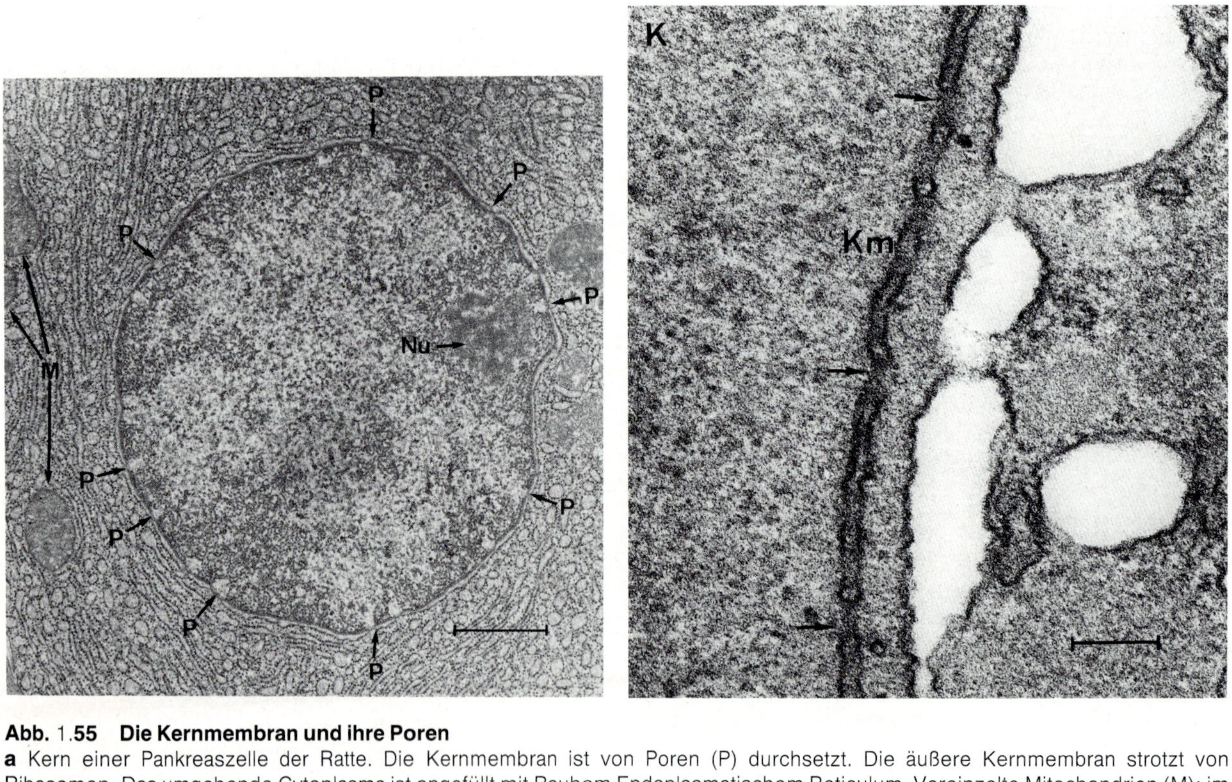

a b

Abb. 1.55 Die Kernmembran und ihre Poren
a Kern einer Pankreaszelle der Ratte. Die Kernmembran ist von Poren (P) durchsetzt. Die äußere Kernmembran strotzt von Ribosomen. Das umgebende Cytoplasma ist angefüllt mit Rauhem Endoplasmatischem Reticulum. Vereinzelte Mitochondrien (M); im Kern liegt ein Nucleolus (Nu) (Aufnahme: E. Robbins, D. Sabatini, New York; M: 2,2 cm ≙ 1 μm)
b Acetabularia mediterranea: Kernmembran, quergeschnitten. K Zellkern, Km Kernmembran
Die Pfeile zeigen auf die Kernporen (Aufnahme: S. Berger, H. G. Schweiger, Heidelberg; M: 1,5 cm ≙ 0,17 μm)

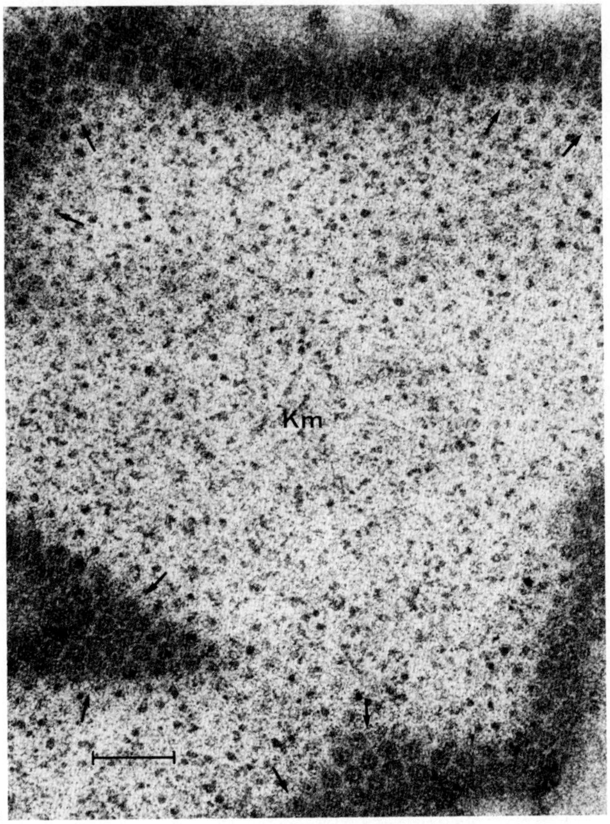

a

b

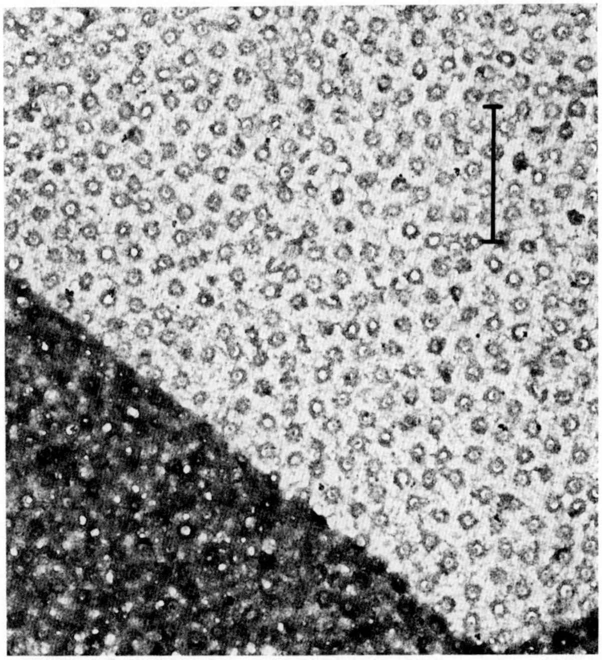
c

Abb. 1.56 Die Kernmembran und ihre Poren
a Acetabularia mediterranea: Kernmembran (Km), tangentialgeschnitten. Die Pfeile zeigen auf die Kernporen. Deutlich erkennbar auch das zentrale Granulum (M: 1,8 cm ≙ 0,5 µm) (Aufnahme: S. Berger, H. G. Schweiger, Heidelberg)
b Kernmembran mit Kernporen, Gefrierbruchschnitt (Aufnahme: H. F. Kern, Marburg; M: 1,6 cm ≙ 0,5 µm)
c Acetabularia mediterranea: isolierte Kernmembran mit Kernporen. In der Mitte eine einfache Membranlage (Aufnahme: S. Berger, H. G. Schweiger, Heidelberg; M: 1,8 cm ≙ 1,5 µm)

und Abbau der Kernmembran während der Zellteilung zukommt. In Säugetierzellen aggregieren und disaggregieren die drei Hauptpolypeptide (Lamine A, B, C) der Lamina je nach ihrem Phosphorylierungszustand spontan.

Die Organisation des Kerninhalts in einem Kompartiment hat außerordentliche Bedeutung. Auf diese Weise können, anders als bei Prokaryonten, Prozesse, die im Cytoplasma ablaufen, z. B. die Proteinsynthese, strikt von solchen des Karyoplasmas, z. B. der RNA- oder DNA-Synthese, getrennt werden. Außerdem wird das Informationsgut der Zelle, die DNA, bestmöglich geschützt und ein Zuschneiden der RNA vor ihrer Verwendung als „messenger“ ermöglicht (Kap. **2**).

Karyoplasma und Cytoplasma stehen durch Poren in der Kernmembran miteinander in Verbindung

Eine Doppelmembran bietet besondere Transportprobleme. Um dennoch einen Austausch zwischen Kern und Cytoplasma zu ermöglichen, wobei Proteine importiert, RNA-Moleküle exportiert werden müssen, sind in die Kernmembran Poren eingelassen, die beide Membranblätter durchsetzen. Diese **Porenkomplexe** werden durch acht große, auf innerer und äußerer Membran oktaederartig angeordnete Proteingranula gebildet (Rep. 1.**25**). Diese Proteine liegen einander gegenüber und verschweißen die Doppelmembran am Rande des Porenlumens (Abb. 1.**54**–1.**56**). Die Größe der Poren gestattet Molekülen mit einer rel. Molekülmasse bis ca. 60 000 den freien Durchtritt. Größere Proteine, wie z. B. *DNA-* und *RNA-Polymerase* oder Ribosomen, müssen entweder verformt durch das Porenlumen gequetscht werden, oder es wäre denkbar, daß ein aktiver Transportmechanismus momentan die Pore vergrößert. 3000 bis 4000 Poren pro Kern nehmen in regelmäßiger Anordnung ein Fünftel der Kernoberfläche ein.

Rep. 1.25 Kernporen

Aufbau	– Porenkomplexe bestehen aus 8 oktaederartig angeordneten symmetrischen Proteineinheiten, die Ringstrukturen auf äußerer und innerer Kernmembran bilden – an diesen Stellen fusionieren die Membranen – zentrales Granulum – innerer Porendurchmesser: ca. 10 nm
Aufgabe	– selektiver Transport von Partikeln, z. B. Ribonucleoproteine
Vorkommen	– 3000–4000 Poren bedecken ca. ein Fünftel der Kernoberfläche

1.4. Der Zellkern ist das Organell der genetischen Information

1.4.1. Im Kern ist die DNA zusammen mit Proteinen zu Chromatin organisiert

Die Poren sind für DNA undurchlässig. Sie bleibt in Form von riesigen Nucleinsäure-Molekülen (beim Menschen sind dies $3 \cdot 10^9$ Nucleotidpaare [3000 Mbp] verteilt auf 23 Chromatinfäden) als fädiges Netzwerk im Kern liegen (Tab. 1.**10**). Bei den Dimensionen eines DNA-Fadens mit 2 nm Durchmesser bei einer durchschnittlichen Länge von 5 cm pro menschlichen Chromosoms erhebt sich die absolute Forderung nach einem Ordnungsprinzip. (Auch ein Gartenschlauch muß aufgewickelt werden, will man lästige Verknotungen und Verwirrungen vermeiden.) Unter Zuhilfenahme von spezifischen DNA-Bindungsproteinen, sog. Histonen, wird die DNA organisiert. Als Chromatin bezeichnet man das Nucleoprotein, d. h. die DNA mit ihren Proteinen. Zu diesen Proteinen zählen neben den basischen Histonen auch Nicht-Histon-Proteine, die unter anderem regulatorische und als Matrix-Proteine strukturelle Aufgaben erfüllen. Alles in allem macht die DNA weniger als 20% des Chromatins aus; 80% sind Proteine. Chromosomen bestehen aus derartigem Chromatin, das durch seine besonders enge Verpackung (Kondensierung) im Mikroskop zum Zeitpunkt der Teilung (Mitose) sichtbar wird.

Tab. 1.10 Vergleich der DNA-Molekül-Längen einiger Pro- und Eukaryonten (einfacher Chromosomensatz)

Art	Länge	Basenpaare (bp)
Simian Virus 40 (SV 40)	1,7 μm	5 226
φ x174	1,7 μm	5 375
T7	12,5 μm	38 000
Escherichia coli	1,36 mm	4 000 000
Hefe	4,6 mm	13 500 000
Drosophila	5,6 cm	160 000 000
Mensch	0,93 m	3 000 000 000

(Die DNA der Prokaryonten bildet ausschließlich netzartige Knäuel. Auch hier ist die DNA in Schleifen organisiert, ist aber, durch fehlende Kondensierung, im Lichtmikroskop nicht sichtbar, ebensowenig wie die von Mitochondrien oder Chloroplasten.)

Jedes Chromosom besteht aus einem durchgehenden Chromatin-Faden (uninemes Chromosom), dessen Länge sich entweder anhand seiner Viskosität, je länger um so visköser – oder durch Ausmessen im Elektronenmikroskop bestimmen läßt.

Aus Hefe konnte man DNA verschiedener Längen isolieren, die auf 18 Hefechromosomen schließen ließen. Diese Annahme hat sich bestätigt.

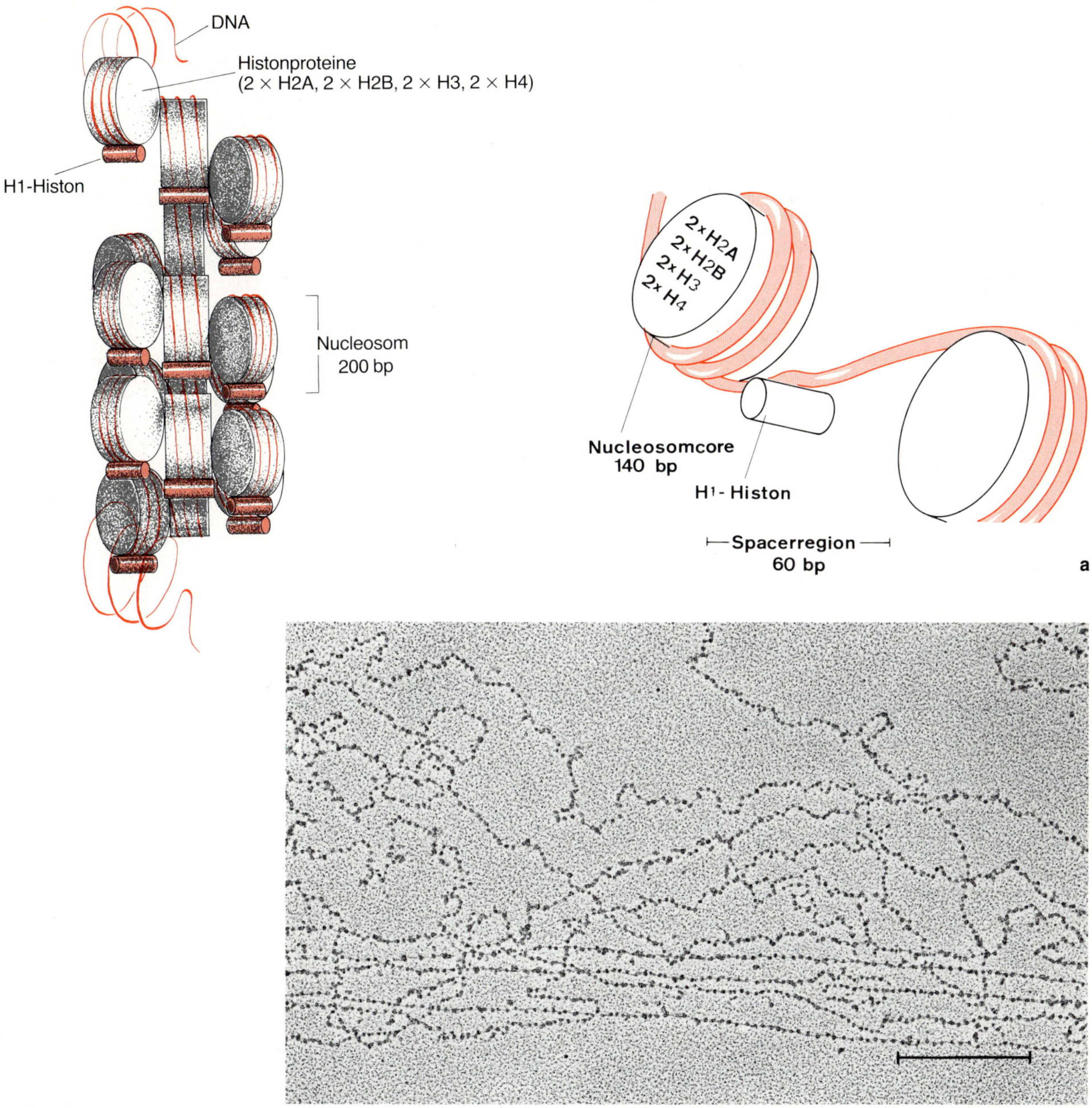

Abb. 1.57 Nucleosomen

a Schematische Darstellung der Nucleosomenstruktur

b Oocytenchromatin einer reifenden *Rana esculenta* Oocyte (Aufnahme: H. Spring, Heidelberg; M: 2 cm ≙ 0,5 μm)

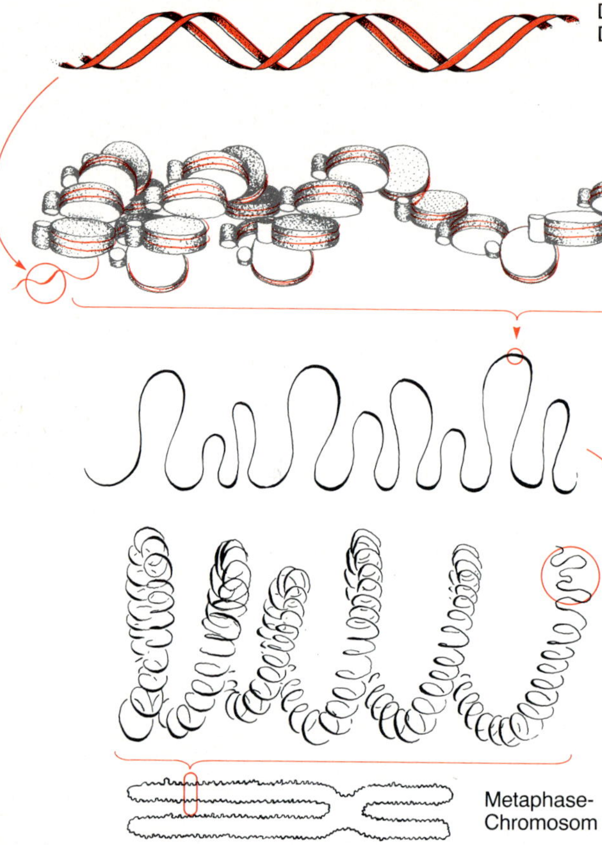

a

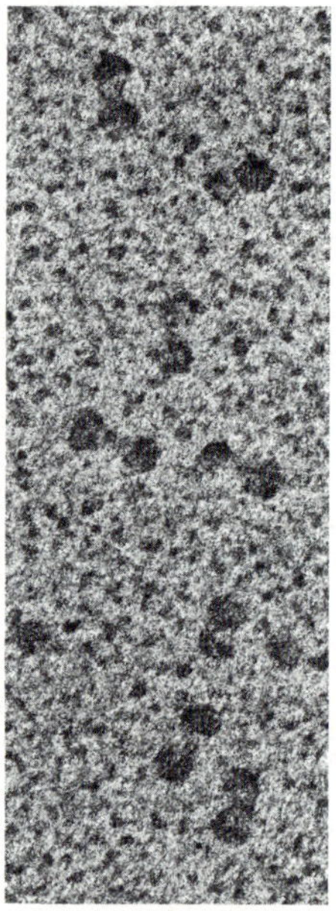

b

Abb. 1.58 Nucleosomen
a Schematische Darstellung der Aufwindung der Nucleosomen zum kompakten Chromatin

b Nucleosomen-Dimere (Aufnahme: R. Marx, D. Doenecke, Marburg; M: 2,5 cm ≙ 100 μm)

1.4.2. Spiralisierungs- und Faltungsprozesse packen die DNA auf kleinsten Raum

Die Gesamt-DNA menschlicher Chromosomen ist, könnte man sie lang ausgestreckt messen, ca. 1 m lang (pro haploide Zelle). Der Kerndurchmesser beträgt aber nur ca. 5 μm (0,000005 m). Um dieses Mißverhältnis zu überwinden, wird die DNA durch Zuhilfenahme der DNA-Bindungsproteine, der **Histone,** intensiv gefaltet. Diese Proteine haben viele basische Aminosäuren, so daß sie durch ihre positive Ladung eine hohe Affinität zur negativen Ladung der DNA bekommen. Histone haben ihre Aminosäuresequenz im Verlauf der Evolution konserviert, was die funktionelle Bedeutung erhellt. Vier verschiedene Histone **(H2A, H2B, H3** und **H4)** lagern sich zu einer an den Polen abgeflachten Proteinkugel zusammen, einem Oktamer aus den Dimeren jedes einzelnen Histons. Viele Millionen Histone müssen pro Zelle gebildet werden. Ihre Synthese findet hauptsächlich während der DNA-Synthese-Phase statt. Da sie in derartig großer Menge benötigt werden, gibt es für jedes Histon mehrere Gene, an denen bei Bedarf gleichzeitig mRNA transkribiert wird. Um jene Proteinkugeln wird der DNA-Faden schraubenförmig gewunden, es entsteht ein **Nucleosom** (Abb. 1.**57**, 1.**58**). In der sog. **Spacer-Region,** dem DNA-Stück zwischen zwei derartigen Nucleosomen, liegt ein fünftes Histon, **H1,** das evolutionär weniger konservativ ist als die anderen.

Die Histone unterliegen starken **Modifikationen:** Sie können methyliert, acetyliert und phosphoriliert werden, es können Ubiquitin und ADP-Ribose-Moleküle angehängt werden; die DNA-Packung kann dadurch geändert werden, das Chromatin wird variabel.

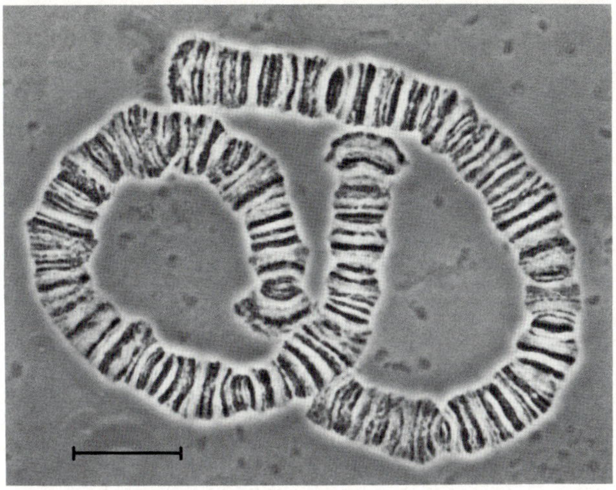
a

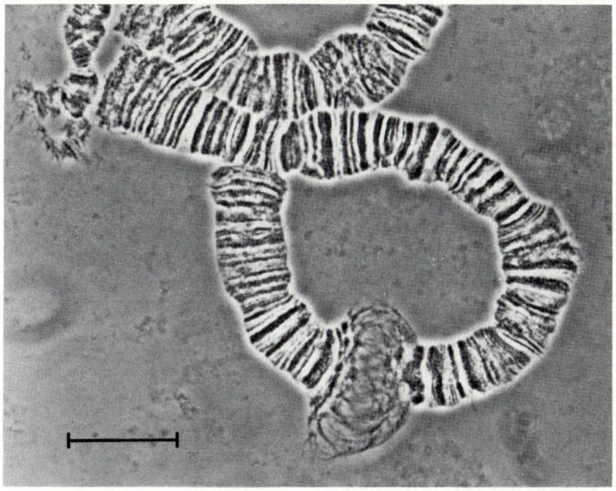
b

Abb. 1.**59 Polytäne Chromosomen**
a Polytänes Chromosom von *Chironomus* (Zuckmücke)
b Polytänes Chromosom von *Chironomus* (Zuckmücke) mit Balbiani-Ring (Aufnahmen: J. E. Edström, Heidelberg; M: 2 cm ≙ 20 μm)

1.4.3. Die DNA wird zu Nucleosomen verpackt, zur 30-nm-Fiber spiralisiert und in Schleifen gelegt

Im Elektronenmikroskop betrachtet, erscheinen die **Histonkomplexe** perlschnurartig aneinandergereiht. Jede Perle bildet ein Nucleosom (Abb. 1.**57 b**), das mit Hilfe von Verdauungsexperimenten näher analysiert wurde: *Endonucleasen* schneiden die nicht proteingebundene DNA. Es entstehen Einheiten, in denen DNA mit einer Länge von 200 Basenpaaren (bp) um ein Histonoktamer gewunden ist. *Exonuclease*-Verdau der überstehenden DNA-Enden in der Spacer-Region reduziert die Zahl der Basenpaare auf 140 und läßt das Core des Nucleosoms übrig. Die Verteilung der DNA auf Spacer und Core mag z. B. bei der Reparatur von DNA-Fehlern eine Rolle spielen. Im Spacer ist die DNA Enzymen leichter zugänglich als im Core. Eine Verschiebung der DNA vom Core in die Spacer-Region und umgekehrt ist möglich.

Eine weitere Verkürzung des DNA-Fadens wird durch die H1-Histone erreicht, mit deren Hilfe mehrere Nucleosomen helical aufgedreht werden. Eine 40fache Verkürzung ist die Folge. Der so entstandene Chromatinfaden, wegen seiner Dicke **30-nm-Fiber** genannt, wird weiter um das ca. 20fache durch **Schleifenbildungen** verkürzt, wobei die Schleifen unterschiedlich groß sind. Gleichartige Schleifen werden wieder zu sog. **Domänen** zusammengefaßt, um schließlich im Metaphasechromosom nochmals aufgewunden zu werden. Dadurch wird insgesamt eine ca. 20 000fache Verkürzung des DNA-Fadens erreicht (Abb. 1.**58 a**).

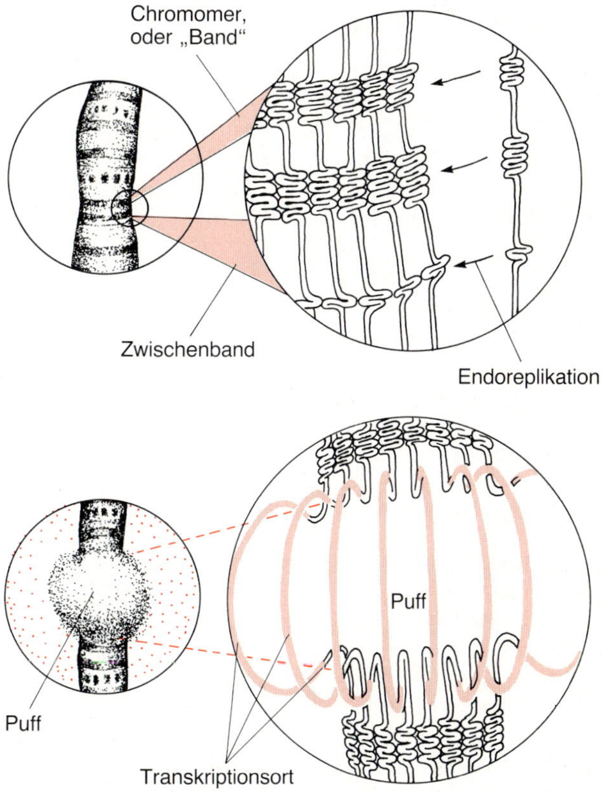

Abb. 1.**60 Schematische Darstellung eines polytänen Chromosoms mit Puffbildung**

Die Schleifen werden an Nicht-Histonproteine, die **Kernmatrix,** angeheftet. Zu diesen Matrixproteinen gehört z. B. Topoisomerase II, ein Protein, das mithilft, bestimmte DNA-Abschnitte zur Transkription bereitzustellen (s. 2.4.).

1.4.4. In polytänen Chromosomen werden Gene als Banden sichtbar

Jeder Schleifenkomplex kann im Metaphasechromosom durch Spezialfärbung sichtbar gemacht werden **(Chromomere).** Solche Banden enthalten beim Menschen das Material eines oder einiger Gene. Besonders gut sichtbar werden die zu einer Bande zusammengefaßten Domänen bei den **Riesenchromosomen** der Speicheldrüsen von *Drosophila* (Taufliege) (Abb. 1.**59**). Diese Chromosomen entstehen durch Endoreduplikation, d. h., über zehn DNA-Synthesecyclen hin werden die Chromosomen repliziert, ohne sich voneinander zu trennen (Endomitose führt zu **polytänen Chromosomen**) (Abb. 1.**59**, 1.**60**). Diese Chromosomen, bestehend aus einem Bündel von 1024 stark gestreckten Chromatiden, sind wegen ihrer Dicke (bis 10 µm!) auch im Interphasekern zu sehen. Sie sind über 100mal so lang wie Metaphasechromosomen. Die Homologen sind gepaart, und damit auch identische Genabschnitte bzw. Schleifenkomplexe. Sie entstehen in Regionen starker Kondensation ca. 5000 Querbanden (Chromomere). Auch die Zwischenbanden sind informativ: Jede trägt die Information für ein Protein.

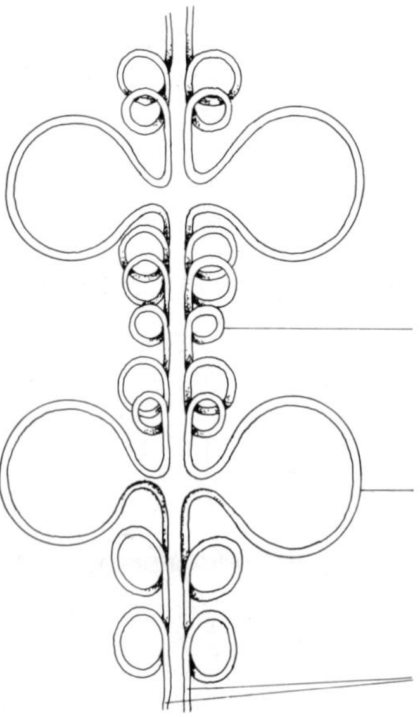

Abb. 1.61 Schematische Darstellung eines Lampenbürsten-Chromosoms

1.4.5. Transkription der DNA erfordert Dekondensierung des Chromatins

Wird eines der Gene transkribiert, dann entfaltet sich die DNA der Schleifenstruktur und es entstehen sog. **Puffs** als Zeichen genetischer Aktivität. Besonders große Puffs werden als **Balbiani-Ringe** bezeichnet (Abb. 1.**59**, 1.**60**). Ähnliche Beobachtungen können an anderen, gut sichtbaren Chromosomen gemacht werden, die sich in Oocyten finden. Diese **Lampenbürsten-Chromosomen** (Abb. 1.**61**) wurden wegen ihrer besonderen Größe hauptsächlich in Amphibieneiern untersucht. Treten **Oocyten** in die Meiose ein, dann durchlaufen die Chromosomen zunächst in der Interphase die DNA-Synthese, so daß sie anschließend aus zwei Chromatiden bestehen. Die gepaarten homologen Chromosomen bilden eine Tetrade aus vier Chromatiden und können in diesem Zustand lange Zeit (Diktyotän, s. Kap. **8**) verharren. Da das unreife Ei während dieses Ruhestadiums **RNA-Vorrat** produzieren muß, werden Regionen der Oocytenchromosomen zur Transkription entfaltet. Die DNA, an diesen Stellen nur noch über Histonkomplexe organisiert und mit Transkriptionsprodukten dicht bepackt, steht in Schleifen aus den Chromosomen heraus. Diese haben zum Namen „Lampenbürsten-Chromosomen" geführt. (Ihre Form erinnert an die Bürsten, die man in vergangener Zeit zur Reinigung der Öllampen benötigte.)

Sowohl die Puffs polytäner Chromosomen als auch Lampenbürsten-Chromosomen offenbaren ein wesentliches Prinzip: Gene können nur dann aktiv sein, wenn ihr Chromatin entfaltet, dekondensiert, ist. Die in der Mitose maximal kondensierten Chromosomen werden nicht transkribiert, sie sind für die Enzyme der Transkriptionsmaschine nicht zugänglich.

1.4.6. Das Chromatin kommt in zwei Formen vor: dem Euchromatin und dem Heterochromatin

Berücksichtigt man, daß die menschliche DNA aus $3 \cdot 10^9$ Nucleotidpaaren pro haploider Zelle besteht, dann erhebt sich die Frage, ob überhaupt zu irgendeinem Zeitpunkt im Zellcyclus das gesamte genetische Material transkribiert bzw. jemals die gesamte DNA voll dekondensiert wird. Setzt man die durchschnittliche rel. Molekülmasse eines Proteins mit 40 000 an, dann codieren etwa 1200 Nucleotide für ein Protein. Die DNA hätte die Kapazität für mehr als 1 Million Proteine. In der menschlichen Zelle werden aber nur etwa 50 000 Proteine ausgeprägt, d. h., nur einige Prozent der DNA werden in Protein übersetzt. Diese Tatsache erhellt auch das Mißverhältnis zwischen DNA-Gehalt der Zellen einer Art und ihrem Entwicklungsgrad. So hat die Lilie mehr DNA als der Mensch (Tab. 1.**11**)! Die Funktion der nicht-codieren-

Tab. 1.11 Haploider DNA-Gehalt verschiedener Spezies

Spezies	Haploider Chromosomensatz	Basenpaare (bp)	Teilchenmasse (m)	DNA-Länge (in m)
Lilie	11	$3 \cdot 10^{11}$	$2 \cdot 10^{14}$	100
Mais	10	$6{,}6 \cdot 10^{9}$	$4{,}4 \cdot 10^{12}$	2,2
Mensch	23	$2{,}75 \cdot 10^{9}$	$1{,}9 \cdot 10^{12}$	0,93
Kuh	30	$2{,}45 \cdot 10^{9}$	$1{,}6 \cdot 10^{12}$	0,83
Drosophila	4	$1{,}75 \cdot 10^{8}$	$1{,}2 \cdot 10^{11}$	0,0595
Hefe	18	$1{,}75 \cdot 10^{7}$	$1{,}2 \cdot 10^{10}$	$6 \cdot 10^{-3}$
T4-Phage	1	$1{,}75 \cdot 10^{5}$	$1{,}2 \cdot 10^{8}$	$6 \cdot 10^{-5}$
λ-Phage	1	$4{,}65 \cdot 10^{4}$	$3{,}3 \cdot 10^{7}$	$1{,}6 \cdot 10^{-5}$
SV40-Virus	1	5226	$3{,}5 \cdot 10^{6}$	$1{,}7 \cdot 10^{-6}$

1 bp entspricht $M_r \approx 660$
1 μm entspricht $M_r \approx 2 \cdot 10^{6}$

den DNA ist unklar. Ein Teil dieser DNA könnte evolutionärer Ballast sein. Immerhin scheint sie nicht zu stören, sonst wäre sie längst eliminiert worden. Die nicht übersetzte DNA ist stark kondensiert.

Das Chromatin wird entsprechend seinem Kondensierungszustand in zwei Gruppen unterteilt (Rep. 1.**26**): das weniger kondensierte, daher potentiell **aktive Euchromatin** und das **inaktive Heterochromatin.** Prinzipiell kann jede Chromosomenregion durch Kondensation

Rep. 1.**26** Chromatin (Nucleoprotein)

Euchromatin:
entspiralisiert
transkribierbar

Heterochromatin:
kondensiert
wenig transkribiert
spät repliziert
mutationsarm

konstitutives Heterochromatin
- in allen Zellen vorhanden
- nichttranskribiert
- permanent kondensiert
- stark repetitive Sequenzen: Satelliten-DNA

Beispiel: Zentromerregion

fakultatives Heterochromatin
- in Zellen entsprechend ihrem physiologischen Zustand bzw. Entwicklungszustand
- enthält aktivierbare Gene

Beispiel: inaktiviertes X-Chromosom (Barr-Körper)

heterochromatisch werden. Einige Regionen sind permanent (konstitutiv) heterochromatisch. Sie sind auch im Interphasekern sichtbar, werden nicht transkribiert, spät repliziert und als Heterochromatin auf die Tochterzellen vererbt.

1.4.7. Konstitutives Heterochromatin steht fakultativem gegenüber

Konstitutives Heterochromatin kommt in allen Zellen eines Organismus vor. Dazu gehört z. B. das Chromatin der **Zentromerregion,** jene Region, durch die die beiden Chromatiden eines Chromosoms zusammengehalten werden. Dieses Heterochromatin hebt sich sogar während der Mitose in Präparaten durch seine intensive Färbung vom übrigen ab. Es kann mit Spezialmethoden, wie z. B. der C-Bandierung, angefärbt werden. Die Basensequenz bietet eine Besonderheit: Sie ist hochrepetitiv, d. h., kurze Sequenzen, 6 bis 250 bp, wiederholen sich ständig. (10% der Gesamt-DNA ist hochrepetitiv und kann als sog. Satelliten-DNA im CsCl-Gradienten sichtbar gemacht werden.) Zentromer-DNA wird besonders spät, erst während der Mitose, repliziert.

Fakultatives Heterochromatin spiegelt den physiologischen Zustand bzw. den Entwicklungszustand einer Zelle wider. So haben embryonale Zellen wenig, ausdifferenzierte Zellen viel Heterochromatin. Gene, die nicht mehr gebraucht werden, können durch Kondensierung stillgelegt werden. Ruhigstellung der Genaktivität durch Heterochromatin-Bildung ist somit eine Möglichkeit der Genregulation. Ein Beispiel für fakultatives Heterochromatin ist das **Sexchromatin,** jenes X-Chromosom in Zellen weiblicher Individuen, das zum Gen-Dosis-Ausgleich mit männlichen Zellen inaktiviert wird. Es kann im Interphasekern durch Anfärbung als Barr-Körper sichtbar gemacht werden. Fakultatives Heterochromatin hat keine Besonderheiten in bezug auf die Basensequenz

1.4.8. 70% der DNA bestehen aus einmaligen, 30% aus repetitiven Sequenzen

70% der DNA bestehen aus **Basensequenzen,** die einmalig sind **(unique).** Sie beinhalten die für Proteine codierende DNA. Die restlichen 30% DNA setzen sich aus sich wiederholenden Sequenzen zusammen. Ein Drittel davon macht jene **hochrepetitive** Satelliten-DNA aus, zu der das konstitutive Heterochromatin gehört. Die Sequenzen der übrigen zwei Drittel sind ebenfalls repetitiv. Allerdings sind die sich wiederholenden Stücke mit 300 bis 400 bp länger, und ihre Aufeinanderfolge wird durch einmalige Sequenzen unterbrochen. Derartige **unterbrochene repetitive Sequenzen** (interspersed repetitive sequences) können über das Chromosom verteilt sein. Die Funktion vieler dieser Sequenzen ist unbekannt. 1% der repetitiven DNA hat codierenden Charakter. Zu ihr gehören die Gene der tRNAs, die Histon-Gene, die Gene der 5S-RNA und die zahlreichen Gene für ribosomale RNA. Letztere sind, in Tandemform hintereinandergeschaltet, auf den kurzen Armen aller satellitentragenden Chromosomen mit Ausnahme des Y-Chromosoms, lokalisiert (Rep. 1.**27**).

Die **Häufigkeit von Sequenzen** innerhalb des Genoms läßt sich anhand von Kinetiken der Geschwindigkeit der Selbst-Hybridisierung von DNA ermitteln. Dazu muß die DNA, z. B. durch Erhitzen, zu Einzelsträngen denaturiert und anschließend fragmentiert werden. Die Geschwindigkeit, mit der die einzelnen DNA-Fragmente wieder zum Doppelstrang renaturieren, gibt Auskunft über ihre Basenzusammensetzung: häufig wiederkehrende Sequenzen werden schnell, einmalige Sequenzen viel langsamer zueinander finden.

Die **hochrepetitiven Sequenzen** können anhand ihrer Größe noch in zwei große Gruppen, Tandemwiederholungen und verstreute Sequenzwiederholungen, unterteilt werden. Diese lassen sich wiederum definierten DNA-Regionen zuordnen (Tab. 1.**12**).

Die **Satelliten-DNA** ist ein nicht-transkribiertes Heterochromatin, das beim Menschen ca. 5% des Genoms ausmacht. (Beim Pferd sind es 45%!) Die kurzen Sequenzen umfassen 5–25 bp. Sie wiederholen sich bis zu einer Million mal. **α-Satelliten** sind 171 bp lang, die Tandems umfassen ca. 100000 Kopien und sind Heterochromatin der Zentromerregionen. Die Grundsequenz der **β-Satelliten** ist 68 bp lang und tritt in ener Kopienzahl von ca. 100000 auf.

Minisatelliten-DNA umfaßt die DNA der **Telomere.** Hier wird das Hexanukleotid GGGTTA bis zu 1000 mal wiederholt. Die hypervariable Familie beinhaltet 9–64 Variationen einer ca. 10 bp langen Sequenz. Es finden sich ca. 1000 Cluster in Telomer-Nähe auf allen Chromosomen. Die Wiederholungen der **Microsatelliten** sind sehr kurz. Sie kommen ca. alle 20 Kilobasen auf allen Chromosomen vor und bilden die **„VNTR"s** (siehe Kap. 12).

Verstreute Sequenzwiederholungen machen ebenfalls ca. 5% des Genoms aus. Einige werden transkribiert. Ihre Länge streut von 100 bis 1000 bp und sie treten ca. alle 6000 bp auf. Der Mensch besitzt die **Alu-Familie** (so genannt wegen einer Schnittstelle für die Restriktions-Endonuklease Alu I). Die Sequenzen der **Kpn-Familie** (Schnittstelle für die Endonuklease Kpn I) sind länger (6 kb) und seltener.

Tab. 1.12 Einteilung hochrepitiver DNA-Sequenzen

I. Tandemwiederholungen	1. Satelliten	kurze, α-Satelliten, β-Satelliten
	2. Minisatelliten	Telomer-Familie
II. verstreute Sequenzwiederholungen	3. Microsatelliten z. B. Alu-Familie, Kpn-Familie	hypervariable Familie

Rep. 1.**27** Chromatin: Häufigkeiten von DNA-Sequenzen

70 % **einmalige** Sequenzen (davon 1% codierende DNA)

30 % **repetitive** Sequenzen

- 10% hochrepetitiv – Satelliten-DNA (z.B. Zentromerregionen)
- 20% einfachrepetitiv davon 1% codierend (u. a. für: rRNA-Gene 5S-RNA-Gene tRNA-Gene)

1.4.9. Im Nucleus liegt der Nucleolus, der Ort der rRNA-Synthese

Die Transkription der rRNA-Gene führt zur Bildung des im Nucleus auffälligen **Nucleolus** (Rep. 1.**28**). Der Nucleolus ist der **Bildungsort der Ribosomenuntereinheiten.** Seine Größe entspricht der Aktivität der Zelle. Er wird am Ende der Mitose, der Telophase, gebildet und bleibt während der Interphase erhalten. Manche Zellen haben mehrere Nucleoli entsprechend der Zahl der Chromosomen, die rRNA-Gene tragen. Die menschlichen diploiden Zellen haben zunächst zehn kleine Nucleoli, die dann zu einem großen fusionieren. Im Elektronenmikroskop zeigt sich, daß der Nucleolus keine Membran hat (Abb. 1.**62**). Er besteht aus drei Bestandteilen:

- **DNA-Schleifen,** die die rRNA-Gene tragen. Diese Schleifen heißen Nucleolus-Organisator-Region und erscheinen in Metaphasechromosomen als sekundäre Konstriktionen unterhalb der Satelliten. Diese DNA wird sehr spät repliziert;

Rep. 1.**28** Nucleolus

Aufbau	– membranlos – **zentral:** fibrilläres Material DNA-Schleifen, die rRNA-Gene tragen rRNA-Transkripte (45-S-Vorstufen) – **peripher:** granuläres Material ribosomale Untereinheiten (z. T. inkomplett)
Aufgabe	– Produktion der ribosomalen Untereinheiten
Vorkommen	– in allen Zellkernen während der Interphase – an der Nucleolus-Organisator-Region (NOR) akrozentrischer Chromosomen

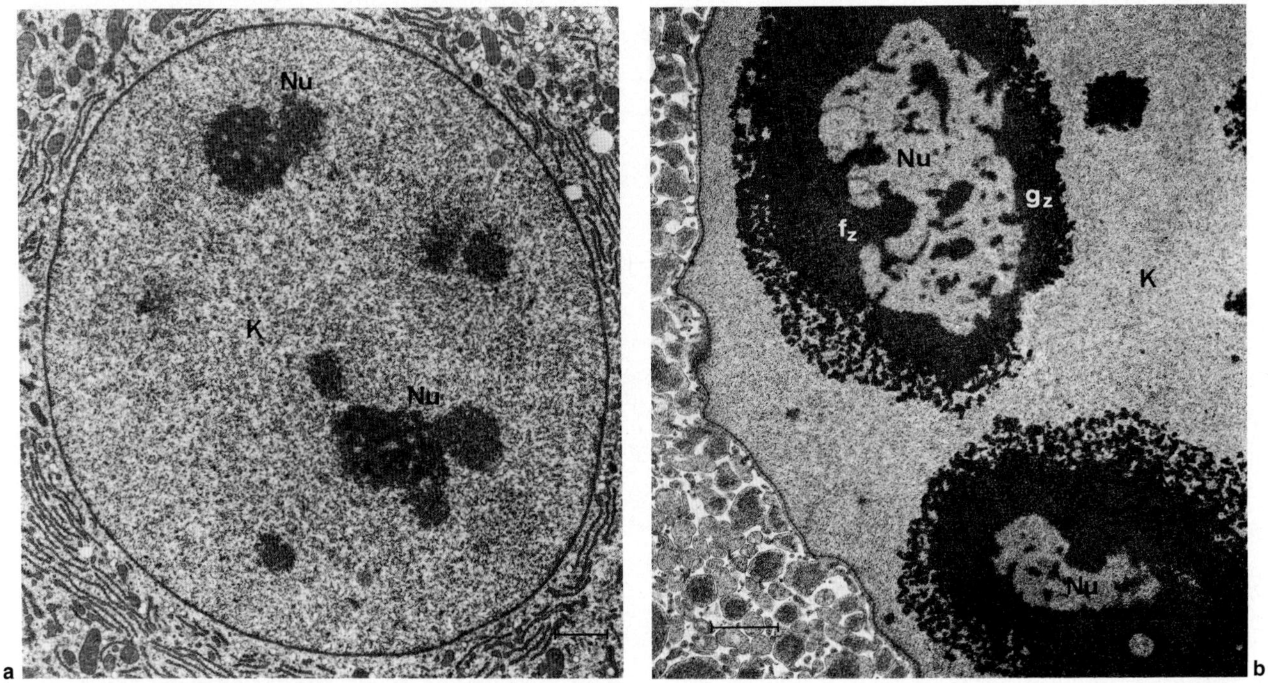

Abb. 1.62 Elektronenmikroskopische Aufnahmen von Nucleoli
a Zellkern (K) mit mehreren Nucleoli (Nu) in einer Leberzelle der Ratte (M: 1,4 cm ≙ 0,5 μm)
b Nucleoli (Nu) bei *Acetabularia mediterranea* (M: 1,8 cm ≙ 3 μm)
K Zellkern, fz fibrilläre Zone, gz granuläre Zone
(Aufnahmen: S. Berger, H. G. Schweiger, Heidelberg)

- fibrillärem Material, das wiederum aus **rRNA-Transkripten** besteht, an die aus dem Cytoplasma importierte ribosomale Proteine gebunden sind;
- granulärem Material, das aus fertigen und unfertigen **ribosomalen Untereinheiten** aufgebaut ist. Die großen Untereinheiten sind teilweise inkomplett, sie werden erst beim Transfer ins Cytoplasma fertiggestellt: ein spezieller Mechanismus der verhindert, daß Ribosomen bereits im Kern an die hnRNA, Vorstufen der mRNA, gebunden werden.

rRNA wird in rasantem Tempo transkribiert, oft gleichzeitig an allen rRNA-Genen. In Zellen besonderer Aktivität, z. B. Amphibien-Oocyten, können an der Nucleolus-Organisator-DNA die wachsenden RNA-Ketten im Elektronenmikroskop sichtbar gemacht werden. Die verschieden langen Transkripte sind mit der pyramidenförmigen Anordnung der Zweige eines Christbaumes vergleichbar (Kap. **2**).

1.5. Zellcyclus

1.5.1. Der Zellcyclus unterteilt sich in die Phasen G 1, S, G 2 und Mitose

Beobachtet man eine Zelle über einen längeren Zeitraum hinweg, beispielsweise menschliche Hautzellen in Kultur über 24 Stunden, dann wächst die Zelle so lange, bis sie eine gewisse Größe erreicht hat, teilt sich dann, um erneut zu wachsen. Die Periode von einer Zellteilung bis zur nächsten heißt **Zellcyclus** (Rep. 1.**29**) und wird in einzelne, unterschiedlich lange Phasen unterteilt (Abb. 1.**63**)

Das markanteste Ereignis ist die Zellteilung, die **Mitose,** der der übrige Zellcyclus als **Interphase** gegenübersteht. Herausragendes Ereignis der Interphase ist die

Abb. 1.63 Zellcyclus mit Mitose-Phasen in schematischer Darstellung
Die Zellcyclus-Phasen sind im Kreis aufgetragen – mit Angabe der ungefähren Zeitdauer jeder Phase (ermittelt an Zellen in Zellkulturen). Der einfache Chromatin-Gehalt des diploiden Chromosomensatzes (2n, 2C) wird während der DNA-Synthese (S-Phase) verdoppelt (2n, 4C), um im Verlauf der Stadien der Mitose wieder halbiert zu werden (2n, 2C)

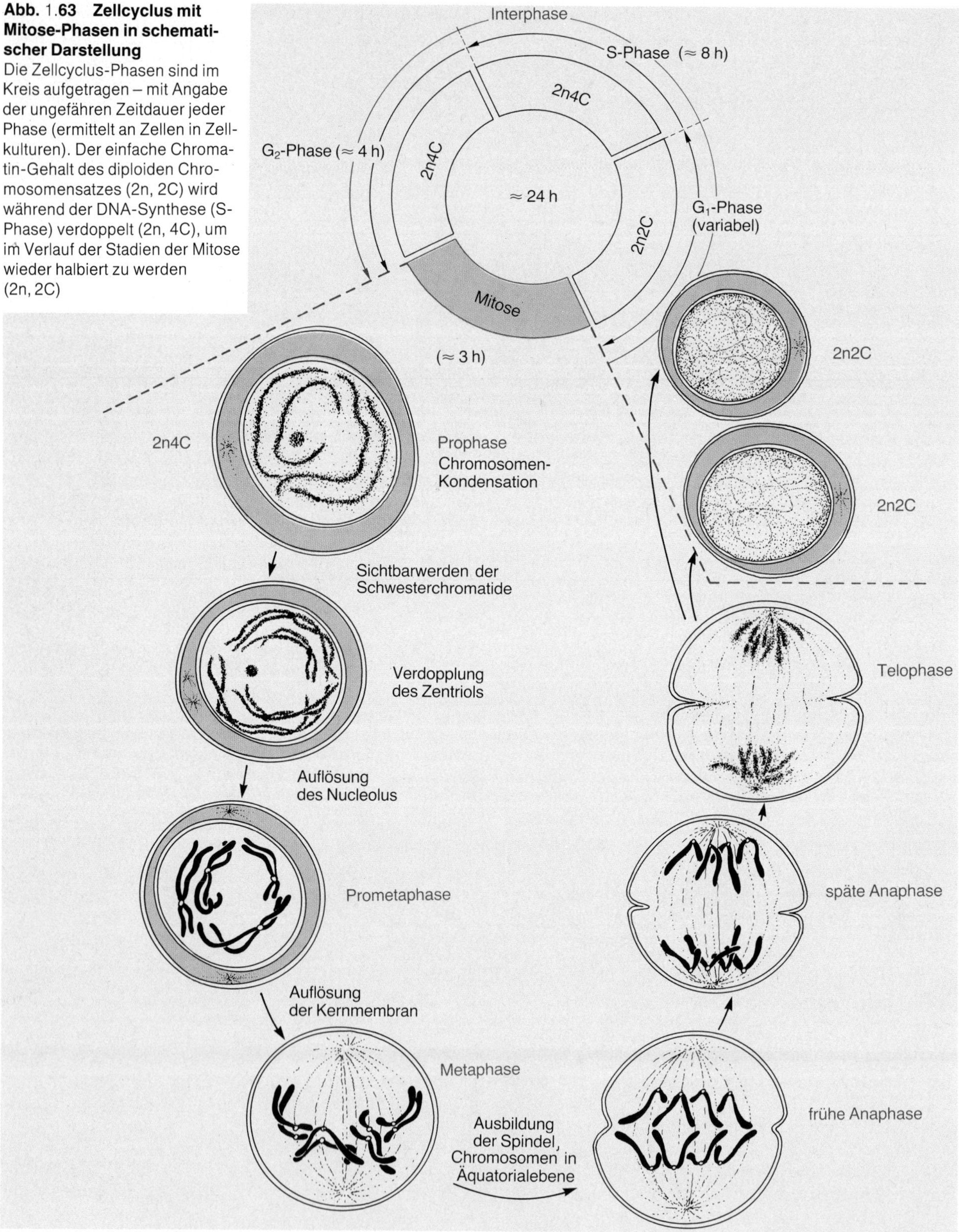

Rep. 1.**29** Die Phasen des Zellcyclus

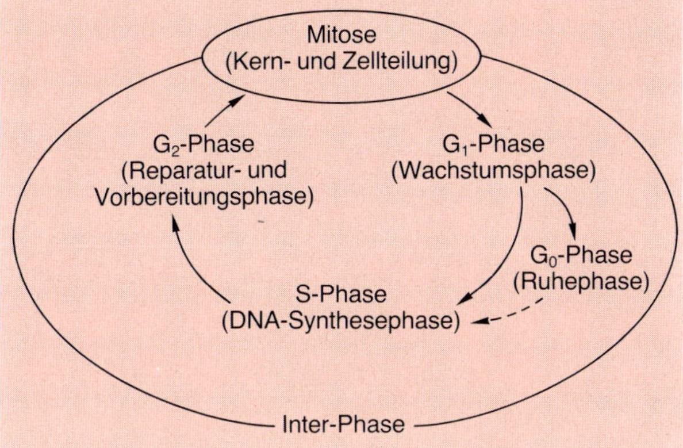

Rep. 1.**30** Mitose – der Vorgang der Zellteilung

Prophase	– maximale Kondensierung des Chromatins zu Chromosomen – Sichtbarwerden der Chromatiden – Auflösung des Nucleolus – Bildung der polaren Spindelfasern an den Mikrotubulus-Organisationszentren – Verschiebung der Zentriolen an die Zellpole
Prometaphase	– Zusammenbruch der Kernmembran – Ausbildung der Kinetochor-Spindelfasern
Metaphase	– Orientierung der Chromosomen in der Äquatorialebene durch Zug und Gegenzug der Spindelfasern
Anaphase	– (Replikation der Zentromerregion?) – Verschiebung der Chromatiden zu den Zellpolen
Telophase	– Ausbildung eines Teilungsringes – Bildung neuer Kernmembranen – Dekondensation des Chromatins – Beginn der rRNA-Synthese – Formierung der Nucleoli
Cytokinese	– Durchschnürung der Mutterzelle und Bildung von zwei Tochterzellen unter Verteilung der Organellen

Verdoppelung der DNA. Diese DNA-Replikation ist notwendig, damit die Tochterzellen, die aus dem Teilungsprozeß hervorgehen, die gleiche DNA-Menge erhalten, wie sie die Mutterzelle hatte. Die Replikationsphase der DNA wird als **S-Phase,** Synthesephase, bezeichnet. Die zwischen Mitose und S-Phase einerseits und zwischen S-Phase und nächster Mitose andererseits verbleibenden Perioden sind die **G-Phasen** (G = gap) G_1 und G_2. Während Proteine innerhalb des gesamten Zellcyclus in annähernd gleicher Menge produziert werden, werden Histone hauptsächlich während der S-Phase synthetisiert, was aus ihrer Funktion als DNA-Bindungsproteine leicht verständlich ist. Die **G_1-Phase** ist die intensive **Wachstumsphase** der Zelle. RNA- und Proteinsynthese laufen auf Hochtouren.

In der späten G_2-Phase werden außerhalb des Kerns im Cytoplasma die Zentriolen verdoppelt.

In der S-Phase wird durch semikonservative Replikation die DNA verdoppelt: Aus einem Chromatinfaden, einem Chromatid, werden zwei Chromatinfäden, sog. **Schwesterchromatiden.** Sie hängen im Zentromer aneinander, jener Struktur aus repetitiver DNA, die während der S-Phase nicht mitrepliziert wird und deshalb die Schweißstelle für die Chromatiden bildet.

1.5.2. Die Kern- und Zellteilung ist der Höhepunkt des Zellcyclus

Das Ende der Replikation markiert den Beginn der **G_2-Phase.** Jetzt können **Korrekturen,** wie Reparaturen, an der DNA vorgenommen werden. Spezifische, zur Zellteilung notwendige Proteine werden synthetisiert. Dazu gehört eine Proteinkinase, die das H1-Histon phosphoryliert, das die dichte Packung chromosomalen Materials bewirkt. Auch werden die Polypeptide der nucleären Lamina phosphoryliert und dadurch disaggregiert: die Kernmembran löst sich auf. Der Zugriff cytoplasmatischer Spindelelemente zu den Chromosomen wird ermöglicht.

Liegen während der G_2-Phase die verdoppelten Chromatiden entwunden als Netzwerk vor, dann kündigt eine zunehmende Spiralisierung – Kondensierung – das Nahen der Mitose an.

Die Mitose läuft in sechs aufeinanderfolgenden Stufen ab (Rep. 1.**30**, Abb. 1.**64**). Liegen am Ende der G_2-Phase alle Chromosomen kondensiert vor, dann ist die erste Phase der Mitose, die Prophase, erreicht (Abb. 1.**64 a**). In menschlichen Zellen befinden sich zu diesem Zeitpunkt 46 Chromosomen, deren jedes aus zwei Chromatiden besteht.

In der Prophase der Mitose wird der Nucleolus aufgelöst, es bildet sich der Spindelapparat

Der **Nucleolus,** dessen Chromatinschleifen ebenfalls kondensieren und nun nicht mehr transkribiert werden, löst sich in der **Prophase** auf und **verschwindet.**

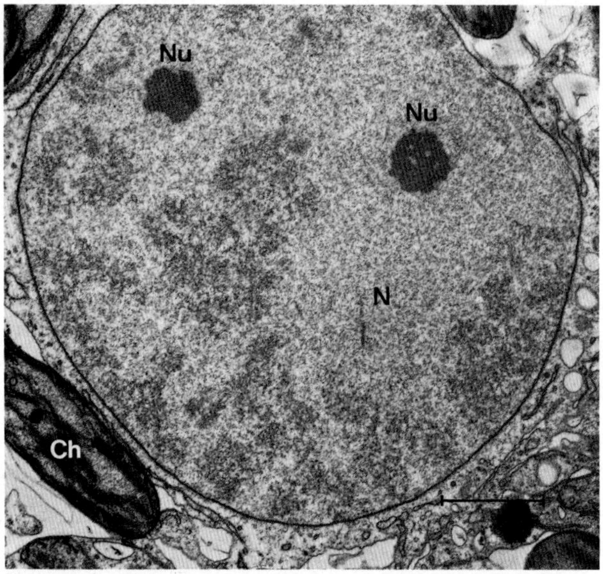

a

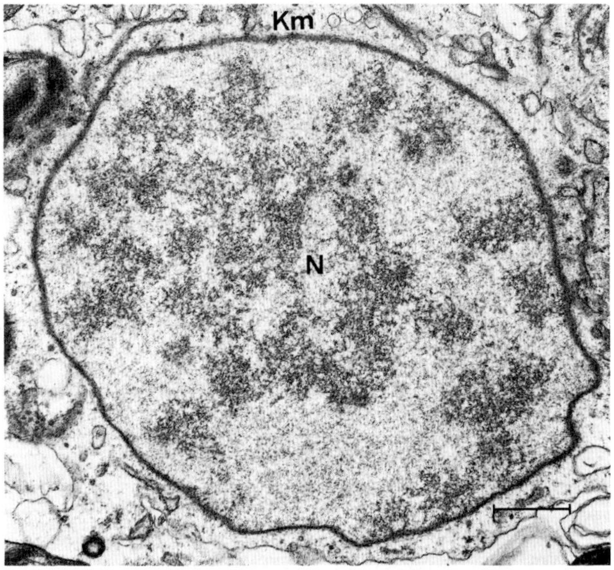

b

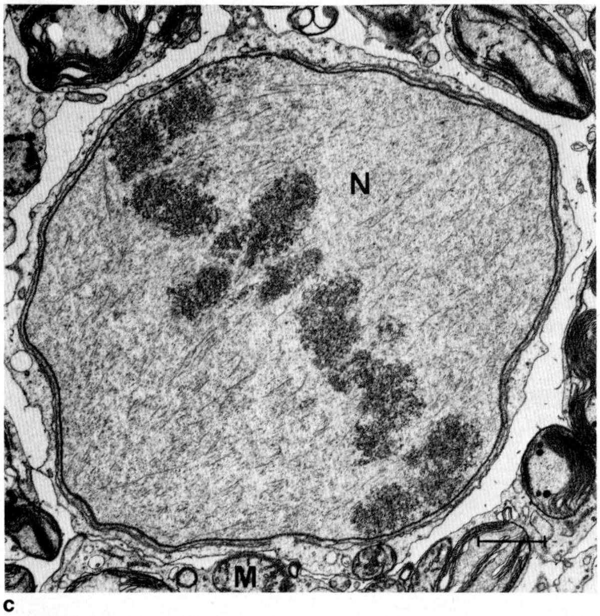

c

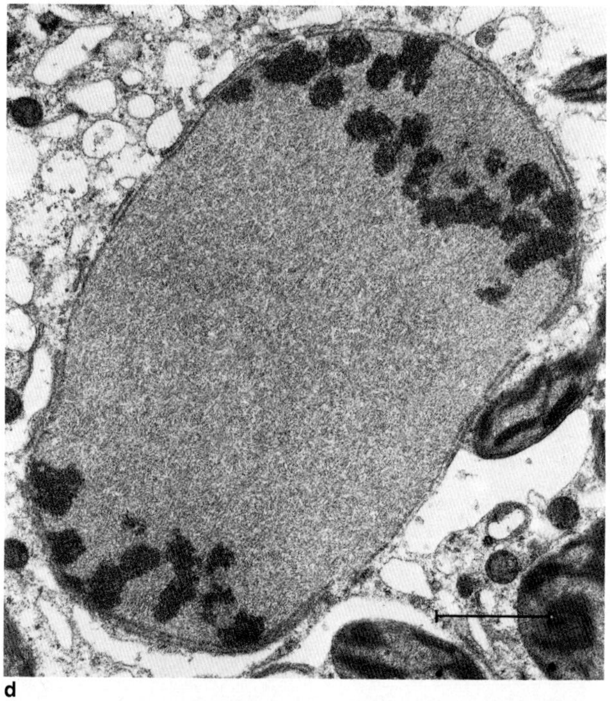
d

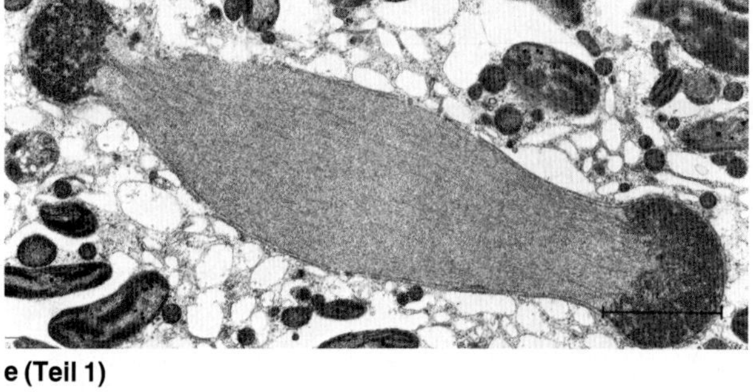
e (Teil 1)

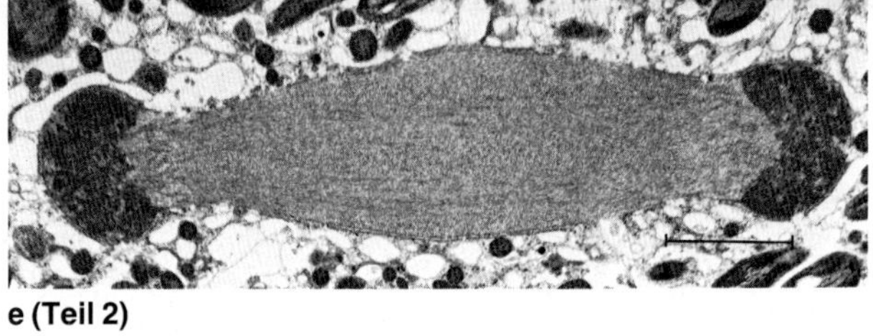
e (Teil 2)

Im Cytoplasma werden Mikrotubulus-Strukturen des Cytoskeletts (s. Abschn. 1.7.1.) disaggregiert. Dadurch stehen die Tubulinuntereinheiten zur Bildung des Spindelapparates, der für die Verteilung der Chromosomen sorgt, zur Verfügung. Die ersten Spindelfasern sind die polaren. Sie bilden sich zwischen den Mikrotubulus-Organisationszentren aus, deren Mittelpunkt die kurz vor der S-Phase verdoppelten, im rechten Winkel zueinander liegenden Zentriolen (s. Abschn. 1.7.1.) bilden. Die Längenzunahme der **polaren Spindelfasern** bewirkt, daß die Zentriolen an entgegengesetzte Zellpole geschoben werden.

In der Prometaphase löst sich die Kernmembran auf

Diese Phase (Abb. 1.**64 b**) wird durch den **Zusammenbruch der Kernmembran** charakterisiert. Der bisher außerhalb des Kerns gelegene Spindelapparat bekommt direkten Zugang zu den Chromosomen: Die **Kinetochor-Spindelfasern** bilden sich aus. Sie ziehen vom Zentriol (Mikrotubulus-Organisationszentrum) zum Zentromer der Chromosomen.

Metaphase: Die Chromosomen werden „an die Leine gelegt"

In diesem Stadium haben die Kinetochoren-Spindelfasern alle Chromosomen an die Leine gelegt. Dabei setzen die Fasern der entgegengesetzten Pole jeweils an den ihnen zugewandten Kinetochoren der einzelnen Chromatiden an. Sie orientieren die Chromosomen und halten sie in der **Äquatorialebene** durch Zug und Gegenzug in der Schwebe (Abb. 1.**64 c**).

Anaphase: Trennung der Chromosomen

Nach einer unterschiedlich langen Metaphase, deren Ende möglicherweise die erfolgte Replikation der Zentromerregion bestimmt, werden die **Chromatiden** mit einer Geschwindigkeit von 1 nm pro min an die **Zellpole** gezogen, jede Chromatide eines Chromosoms an einen entgegengesetzten Pol (Abb. 1.**64 d**).

Telophase: Abschluß der Kernteilung

In Höhe der Äquatorialebene bildet sich ein **Teilungsring.** Eine Dephosphorylierung der drei Proteine der nucleären Lamina führt zu deren Aggregation. Eine **neue Kernmembran** bildet sich um jedes Chromatidenpaket aus. Die Chromosomen dekondensieren, die rRNA-Synthese beginnt, und die Nucleoli formieren sich wieder (Abb. 1.**64 e**).

Cytokinese: Teilung des Cytoplasmas

Die eigentliche Mitose wird jetzt abgeschlossen. Das Cytoplasma wird geteilt, indem sich der Teilungsring vertieft und Actinfasern die Taille der Mutterzelle wie mit einem Gürtel zusammenziehen. Schließlich bleibt nur noch eine feine Brücke erhalten, nach deren Zusammenbruch **zwei selbständige Tochterzellen** entstehen, jede mit dem artspezifischen diploiden Chromosomensatz. Während des Teilungsvorganges müssen auch Organellen verteilt werden. So erhält z. B. jede Zelle ein Zentriolenpaar. Da zwei Zellen mehr Plasmamembran brauchen als eine, werden in der mütterlichen Zelle bereits Reservemembranstücke unter der Plasmamembran gespeichert.

1.5.3. Der Zellcyclus wird intensiv kontrolliert

Das gesunde Überleben eines Organismus ist abhängig von dem korrekten Wachstum seiner Zellen, der exakten Verdoppelung seiner DNA und der fehlerlosen Verteilung der Schwesterchromatiden auf einwandfreie, zum weiteren Wachstum befähigte Tochterzellen. Äußere und innere Signale müssen ineinandergreifen, um die jeweilige Situation im Zellcyclus zu prüfen und die nächsten Schritte vorzubereiten. Zu diesem Zweck gibt es an den entscheidenden Übergängen von einer Phase zur anderen **Kontrollpunkte,** an denen der Zellcyclus angehalten wird, und erst nach erfolgreicher Qualitätskontrolle wird der nächste Schritt freigegeben (Abb. 1.**65**). Drei derartige Kontrollpunkte sind bekannt: 1. der **G_2-Kontrollpunkt** am Übergang G_2/Mitose, 2. der **Metaphase-Kontrollpunkt** am Übergang Mitose/G_1 und 3. der **G_1-Kon-**

◄ **Abb. 1.64 Stadien der Mitose**
Objekt: *Batophora oerstedii* (einzellige Grünalge)
Ch Chloroplast, M Mitochondrium, N Zellkern, Nu Nucleoli, Km Kernmembran
a Prophase mit kondensiertem Chromatin (M: 2,2 cm ≙ 1 μm)
b Prometaphase: Das Chromatin ist stark kondensiert, die Nucleoli sind aufgelöst (M: 2 cm ≙ 1 μm)
c Metaphase: Die Chromosomen sind in der Äquatorialplatte angeordnet. Im Zellkern sind die Mikrotubuli (längsgeschnitten) sicht 1,5 cm ≙ 1 μm)
d Anaphase: Die Chromosomen sind zu den Polen gezogen (M: 2,5 cm ≙ 2,5 μm)
e Telophase: Der Zellkern beginnt sich zu teilen (M: 2,5 cm ≙ 5 μm) (Aufnahmen: S. Berger, H. G. Schweiger, Heidelberg)

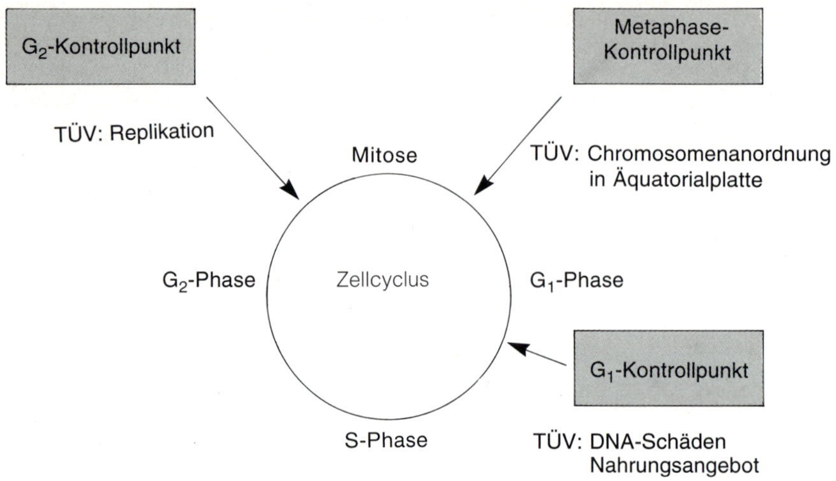

Abb. 1.65 Der Zellcyclus unterliegt strengen Kontrollen
Kritische Punkte im Zellcyclus werden scharf kontrolliert, bevor der Startschuß zum Beginn einer weiteren Cyclus-Phase gegeben wird. Bei Nichterfüllung der Kriterien des „Technischen Überwachungsvereins (TÜV)" der Zelle wird der Zellcyclus in der jeweiligen Phase angehalten, bis die Mängel beseitigt sind, oder die Zelle wird ausrangiert.

trollpunkt am Übergang G_1-/S-Phase. Das gesamte Kontrollsystem beruht auf zwei großen Gruppen von Proteinen (Abb. 1.**66**): Die eine Gruppe treibt durch Phosphorylierung diverser Strukturen den Ablauf des Zellcyclus voran. Diese Proteine sind Kinasen (Phosphat-übertragende Enzyme). Sie heißen wegen ihrer Abhängigkeit von der zweiten Proteingruppe **Cyclin-abhängige (dependent)-Protein-Kinasen (CdK)** und sind **konstitutiv** vorhanden. Ihre Aktivität wird durch Phosphorylierung und durch Assoziation an **Cycline** reguliert. Die Cycline ihrerseits – man kennt inzwischen die Gruppen A–H – unterliegen einem periodischen Auf- und Abbau. Die **G_1-Cycline** binden während der G_1-Phase an CdKs und sind mitverantwortlich für den Eintritt in die S-Phase (S-Phase-Promotor). Die **G_2-Cycline** sind mitotische Cycline. Sie aktivieren CdKs während der G_2-Phase und sorgen für den Eintritt in die Mitose. Ein wichtiger Vertreter ist Cyclin B.

Dieses Protein hat zwei funktionelle Domänen. Die C-terminale Domäne zur Bindung und Aktivierung von Cdc2, einer Untereinheit der CdK. Die N-terminale Domäne beinhaltet eine Signalsequenz, die sog. destruction-box, die den Abbau des Cyclins fördert. Dieser Abbau wird über ein proteinabbauendes System bewerkstelligt, das die abzubauenden Proteine durch Ubiquitin-Modifikation kennzeichnet.

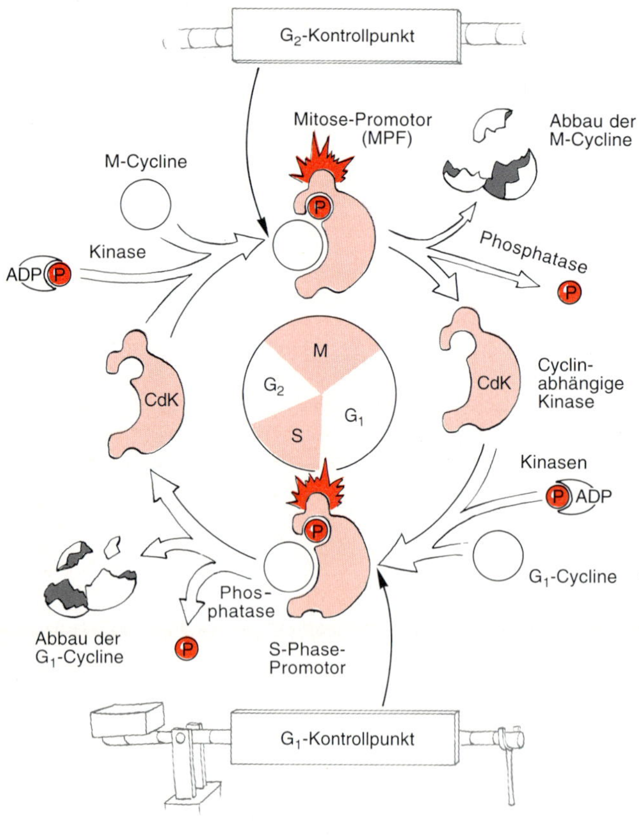

◄ **Abb. 1.66 Die Triebfedern des Zellcyclus sind Cycline und Cyclin-abhängige Proteinkinasen**
Eintritt in Mitose und S-Phase und Austritt aus der Mitose werden durch Auf- und Abbau spezifischer Cycline bewerkstelligt, die ihrerseits konstitutiv vorhandene Proteinkinasen aktivieren. Empfänglichkeit dieser CdKs für Cyclin-Aktivierung geschieht durch Phosphorylierung (Kinasen) und Dephosphorylierung (Phosphatasen). Aktivierte CdKs können als Mitose- und S-Phase-Promotoren ihrerseits Proteine phosphorylieren, die in der jeweiligen Zellcyclusphase gebraucht werden.

Am G_2-Übergang wird der Mitose-Promotor-Faktor aktiv

Steigende Produktion von Cyclin B führt zur Bindung an Phosphat-aktiviertes Cdc2. Es bildet sich der **Mitose-Promotor-Faktor (MPF).** MPF ist eine aktive Proteinkinase, die durch Phosphorylierung zahlreiche Zellkomponenten zum Eintritt in die Prophase und für die Teilung vorbereitet. Dazu gehört die Kondensierung der Chromosomen (MPF phosphoryliert auch Histon H1), die Reorganisation des Cytoskeletts und des Spindelapparates (MPF phosphoryliert Microtubuli-assoziierte Proteine) und damit die ordnungsgemäße Anordnung der Chromosomen in der Äquatorialplatte sowie die Auflösung der Kernmembran (MPF phosphoryliert die Lamine der Lamina interna).

Am Metaphase-Anaphase-Übergang wird die Chromosomenanordnung kontrolliert

Sind alle Chromosomen in der Metaphase geordnet, dann wird das Ende der Mitose eingeleitet. Phosphatgruppen müssen durch Phosphatasen wieder abgebaut werden. MPF induziert den Abbau von Cyclin B (Aktivierung des proteolytischen Systems) und führt zu seiner eigenen Inaktivierung, die für die Cytokinese wichtig ist.

Der G_1-Übergang bestimmt den Eintritt in die S-Phase

Die Synthese von G_1-Cyclinen stoppt zunächst den Abbau von Cyclin B durch Inaktivierung des proteolytischen Systems. Mitotische Cycline regenerieren sich langsam wieder. Den Eintritt in die S-Phase bewerkstelligt Cdc2, diesmal in Assoziation mit G_1-Cyclinen. Der Kontrollpunkt zur S-Phase ist der strikteste im Zellcyclus. Hier hält die Zelle inne, kontrolliert, ob sie groß genug ist, d. h. ob der Nährstoffgehalt korrekt ist (so werden Zellen in Zellkultur z. B. durch Serumentzug in ein Wartestadium, die G_0-Phase versetzt), und vor allem, ob keine DNA-Schäden vorliegen. Diese Kontrolle wird mit Hilfe des Proteins p53 durchgeführt. Ist dieses Protein mutiert, wird der Zellcyclus nicht mehr in G_1 arretiert: es kommt zur Replikation mutierter DNA. Entgleisung der kontrollierten Zellproliferation und krebsige Entartung sind die Folge. (In zahlreichen Tumoren sind Mutationen von p53 gefunden worden.) Auch andere Funktionsstörungen in den Kontrollpunkten können zur Krebsentstehung führen. So kann ein Zuviel an Cyclin oder ein Zuwenig an Inhibitoren den Weg der normalen Zellvermehrung durcheinanderbringen.

Die Zellcyclus-Kontrollen stehen unter dem Einfluß von Wachstumsfaktoren. Einer Proliferationsentgleisung wirken Produkte der Tumorsuppressorgene entgegen.

Nicht alle Zellen sind zu allen Zeiten zur Vermehrung bereit. Einige Zellen, z. B. ausdifferenzierte Gehirnzellen, bleiben zwar vital, teilen sich aber nicht mehr. Diese Ruheperiode wird auch als **G_0-Phase** bezeichnet.

1.6. Meiose

Zellen, die zur geschlechtlichen Vermehrung bestimmt sind, d. h. die **Zellen der Keimbahn,** sind zu einer besonderen Form der Zellteilung befähigt, der Reduktionsteilung oder **Meiose** (Rep. 1.**31**, Abb. 1. **67**).

Sinn dieses speziellen Teilungsvorganges ist es, den diploiden Chromosomensatz auf die Hälfte, d. h. auf den haploiden Satz, zu reduzieren. Nur so kann aus der Vereinigung zweier Geschlechtszellen (Gameten) ein neues Individuum, das Zellen mit diploidem Chromosomensatz enthält, hervorgehen.

Der Prozeß der Meiose besteht aus zwei aufeinanderfolgenden Teilungsvorgängen, deren erster die eigentliche Reduktion zum haploiden Chromosomensatz beinhaltet, – die **Reduktionsteilung.** Der zweite verläuft im wesentlichen wie eine Mitose – **Äquationsteilung.** Beide Prozesse durchlaufen die Hauptstadien Prophase, Metaphase, Anaphase und Telophase, die der Zusatz I bzw. II zuordnet. Aus einer diploiden Ausgangszelle entstehen über zahlreiche Schritte vier haploide Zellen. Beim Mann gehen auf diese Weise aus der Spermatocyte I. Ordnung die Spermatiden hervor, die zu reifen Spermien ausdifferenzieren. Bei der Frau entstehen aus der Oocyte I. Ordnung durch ungleiche Verteilung des Cytoplasmas eine reife Eizelle und drei Polkörperchen (Kap. **8**).

In der einer meiotischen Teilung vorausgehenden Interphase wird die DNA während der S-Phase verdoppelt. Jedes der dekondensierten Chromatiden wird dabei repliziert. Wie während jeder Interphase bleiben diese Schwester-Chromatiden eng gekoppelt. Erst in der späten Prophase I wird ein Spalt zwischen ihnen sichtbar.

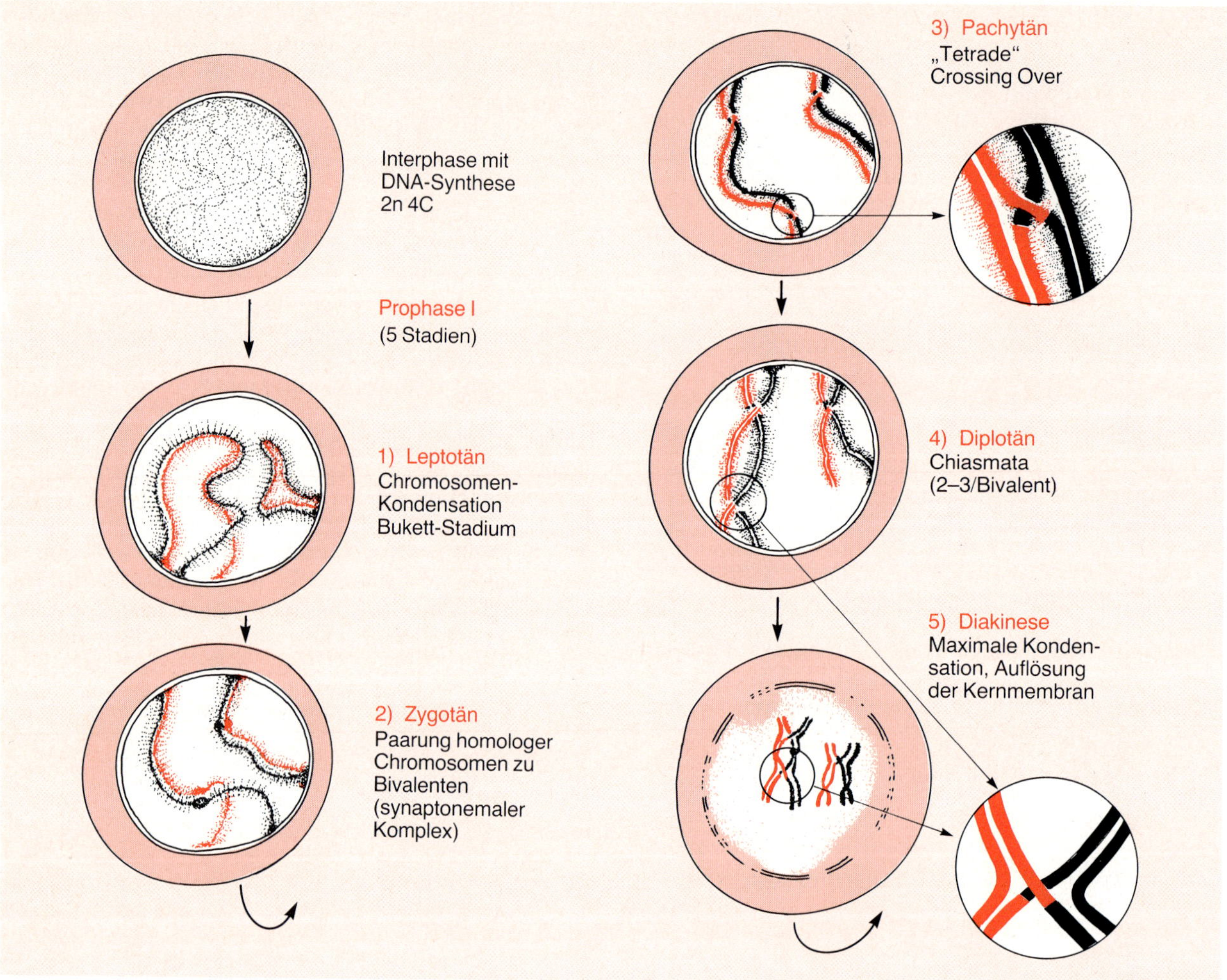

Abb. 1.67 Stadien der Meiose
Stellvertretend für den diploiden Chromosomensatz von 23 homologen Paaren beim Menschen werden zwei homologe Chromosomenpaare durch die Stadien der Meiose verfolgt. Vor der Prophase I findet in der S-Phase der Interphase eine Verdopplung des Chromatin-Gehaltes von 2n, 2C zu 2n, 4C statt. Während des Pachytäns der Prophase I findet das Crossing-over mit Stückaustausch statt; der Vorgang ist vergrößert herausgezeichnet, ebenso ein Chiasma. Nach der Metaphase I werden homologe Chromosomen in der Anaphase I getrennt. In der Telophase I besitzen die Zellen einen haploiden Chromosomensatz mit noch verdoppeltem Chromatin-Gehalt 1n, 2C. Trennung der Chromatide in der Anaphase II führt zu Zellen mit haploidem Chromosomensatz und einfachem Chromatin-Gehalt 1n, 1C.

1.6.1. Die Prophase I ist in fünf Phasen gegliedert

Die Prophase I der Meiose wird durch Kondensierung des genetischen Materials eingeleitet und erfolgt in charakteristischen Schritten.

Leptotän

Chromosomen, bestehend aus den optisch noch nicht differenzierbaren Schwesterchromatiden, werden durch Anfärbung sichtbar. Mit beiden Enden, den **Telomeren,** ist jedes Chromosom an der nucleären Lamina fixiert. Man nennt diesen Zustand **Bukett-Stadium.**

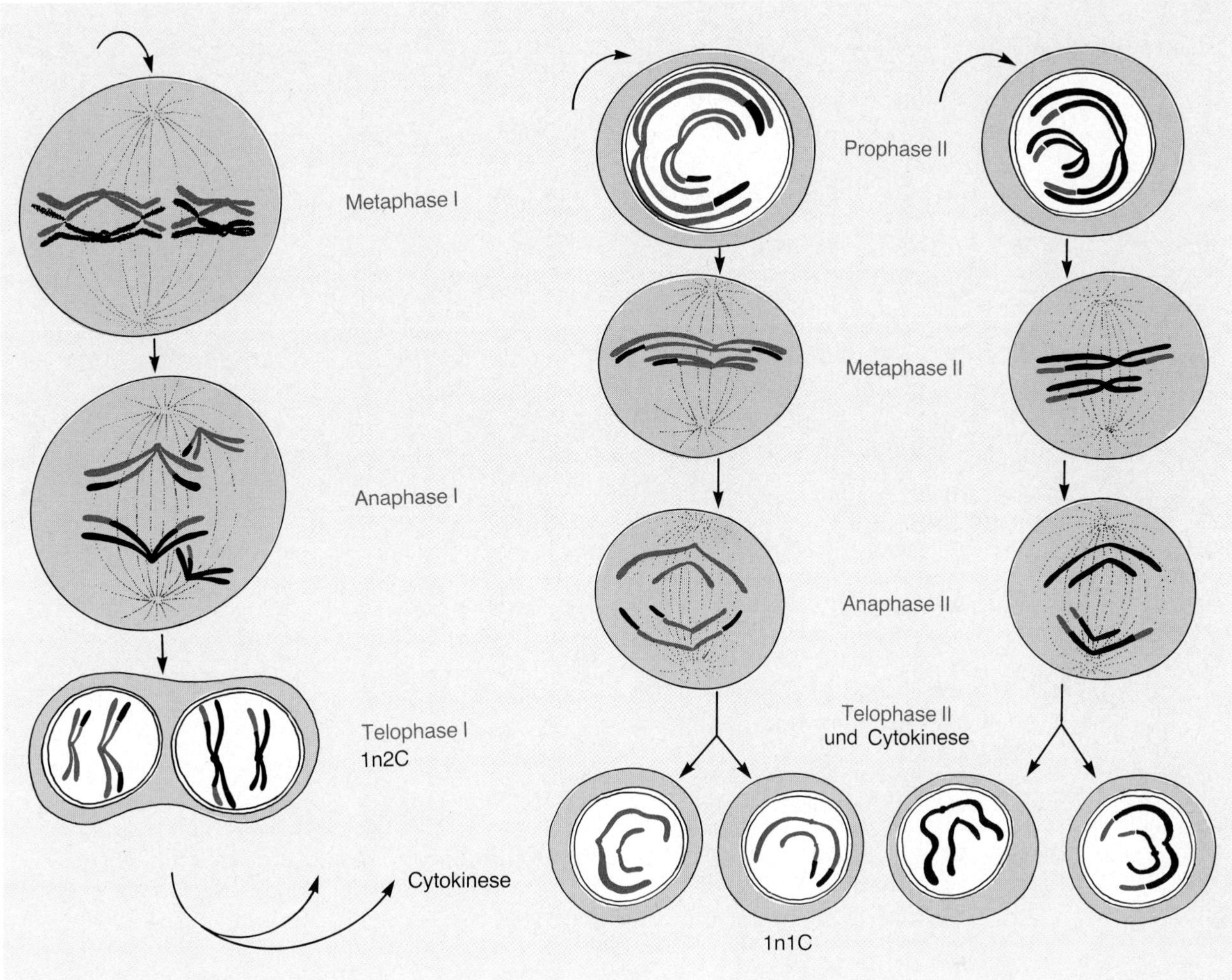

Abb. 1.67 **(Fortsetzung)**

Zygotän

Der wesentliche Vorgang dieses Stadiums ist die **Synapsis.** Anders als bei der Mitose werden in der Prophase I der Meiose **homologe Chromosomen gepaart.** Homologe Chromosomen sind Paare gleicher Chromosomen, die als Erbteil von Vater und Mutter im neuen Individuum vereinigt wurden. Die exakte Paarung derartiger Homologe ist außerordentlich wichtig und beginnt, indem die Enden eines Chromosomenpaares durch ihre Anheftung an der Kernmembran einander finden und erkennen. Sobald die Enden gepaart sind, erfolgt die Aneinanderlagerung reißverschlußartig von beiden Seiten gleichzeitig. Dieser Vorgang muß exakt erfolgen: Gleiche Genloci müssen einander gegenüberliegen. Jedes Chromosom wird in seiner Längsachse durch ein proteinartiges Band verstärkt, an das beide Schwesterchromatiden seitlich angelagert sind. Diese Proteinachsen beider Homologen liegen einander gegenüber. Im zwischen ihnen freiliegenden Raum, der breiter als 100 nm ist, werden Querverbindungen sichtbar, so daß ein leiterartiges Gerüst, der **Synaptonemale Komplex,** entsteht (Abb. 1.**68**). Mit Hilfe dieser Schienung und durch Verzahnung der Leitersprossen werden gleiche Regionen erkannt und exakt gepaart. Die gepaarten homologen Chromosomen bilden ein **Bivalent.** Da jedes Chromosom bereits aus zwei Chromatiden besteht, ist auch die Bezeichnung **Tetrade** geläufig.

Rep. 1.31 Die Meiose

Reifeteilung zur Bildung befruchtungsfähiger Gameten

Zwei Teilungsschritte:
- Meiose I = Reduktionsteilung
- Meiose II = Äquationsteilung (s. Mitose, Rep. 1.**30**)

Meiose I

Prophase I verläuft in 5 Stufen:

1. Leptotän:	Sichtbarwerden des kondensierten Chromatins als Chromosomen (2n, 4C) Fixierung der Chromosomenenden an der nucleären Lamina: **Bukett-Stadium**
2. Zygotän:	Paarung homologer Chromosomen: **Synapse** **Synaptonemaler Komplex** garantiert exakte Paarung Ergebnis: Bivalente bzw. Tetraden
3. Pachytän:	**Crossing-over** bewirkt Durchmischung des genetischen Materials
4. Diplotän:	Auflösung des synaptonemalen Komplexes leichtes Auseinanderrücken der homologen Chromosomen **Chiasmata** werden sichtbar
5. Diakinese:	weitere Kondensierung läßt Schwesterchromatiden sichtbar werden
Metaphase I:	Anordnung der Bivalente in der Äquatorialebene
Anaphase I:	Trennung **homologer** Chromosomen unter Lösung der Chiasmata
Telophase I:	aus einer Keimzelle mit diploidem Chromosomensatz entstehen zwei Zellen mit haploidem Satz und durchmischtem genetischen Material (1n, 2C)

Meiose II

Prophase II, Metaphase II, Anaphase II und Telophase II entsprechen den Phasen einer Mitose
Interphase zwischen Meiose I und Meiose II kurz und ohne S-Phase
Anaphase II trennt **Schwesterchromatiden** voneinander
Endresultat:
Entstehung von vier Zellen mit haploidem Chromosomensatz (1n, 1C)

n = Chromosomensatz C = Anzahl der homologen Chromatiden = Chromatin-Gehalt

Pachytän

Während dieses Stadiums findet das für die Durchmischung des genetischen Materials so wichtige **Crossing-over** statt. Nicht-Schwesterchromatiden überkreuzen sich, und Gene werden durch Rekombination (s. Kap. **2** u. **3**) ausgetauscht. Knoten erscheinen auf dem Synaptonemalen Komplex, die den zur Rekombination nötigen Multienzymkomplexen entsprechen.

Diplotän

Der Synaptonemale Komplex löst sich auf. Die homologen Chromosomen können auseinanderweichen. Allerdings bleiben sie an den Stellen des Crossing-over – 1 bis 3 pro Chromosom – verbunden. Diese Kreuzungsstellen werden als **Chiasmata** sichtbar und rücken, je weiter die Chromosomen auseinanderweichen, an deren Enden. Diesen Vorgang nennt man **Terminalisierung.**

In den Oocyten kann dieses Stadium als **Diktyotän** Jahrzehnte bestehen bleiben – bis zur Ovulation der entsprechenden Oocyte. Die Chromosomen werden dabei dekondensiert, so daß RNA-Synthese stattfinden kann. Die Chiasmata bleiben erhalten.

Diakinese

Dieses letzte Stadium der Prophase I führt in die Metaphase I über. Die Chromosomen kondensieren weiter, werden von der Kernmembran abgelöst, und der Spalt zwischen den Schwesterchromatiden der Bivalente wird sichtbar. Die Schwesterchromatiden bleiben im Zentromer gekoppelt. Nicht-Schwester-Chromatiden hängen noch immer im Bereich der Chiasmata zusammen.

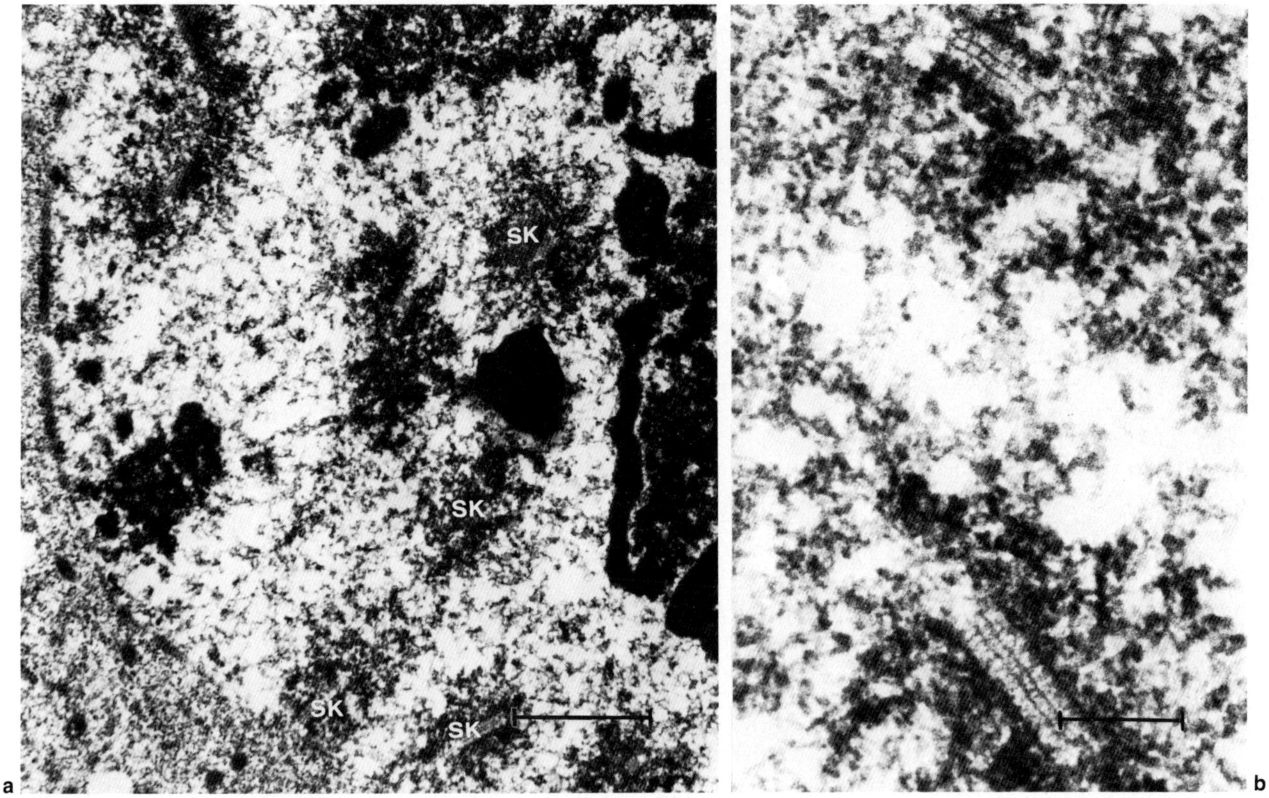

Abb. 1.68 Vorkommen und Struktur von Synaptonemalen Komplexen
a Übersichtsaufnahme eines Ultradünnschnitts durch den Oocytenkern eines Insekts *(Dytiscus)* des Pachytän-Stadiums der meiotischen Prophase. Segmente synaptisch gepaarter Pachytän-Chromosomen sind durch SK markiert (M: 2 cm ≙ 1 μm)
b Die Ausschnittvergrößerung zeigt die Strukturelemente des Synaptonemalen Komplexes (M: 1,75 cm ≙ 0,25 μm) (Aufnahmen: M. Trendelenburg, Heidelberg)

1.6.2. Metaphase I, Anaphase I, Telophase I ähneln den Stadien einer Mitose

Die nun folgenden Phasen der Meiose gleichen denen zweier aufeinanderfolgender mitotischer Teilungen. In der Metaphase I werden die gepaarten homologen Chromosomen in der Äquatorialebene ausgerichtet. In der **Anaphase I** lösen sich die Chiasmata, und es werden, anders als in einer Mitose, die **homologen Chromosomen,** jedes bestehend aus zwei Chromatiden, voneinander getrennt. Die Telophase I produziert zwei Zellen mit je einem haploiden Chromosomensatz. Die eigentliche Reduktion ist erfolgt. Jetzt enthält jede Zelle entsprechend zufälliger Verteilung von jedem Chromosomenpaar entweder das mütterliche oder das väterliche Chromosom. Bei einem haploiden Chromosomensatz von $n = 23$ gibt es demnach theoretisch $2^{23} = 8\,388\,608$ verschiedene Chromosomenkombinationen in den haploiden Gameten.

1.6.3. Die zweite Teilung, die Meiose II, ist eine Mitose ohne DNA-Replikation

Meiose I ist von Meiose II durch eine kurze Interphase II getrennt, die aber keine S-Phase beinhaltet, denn jedes Chromosom liegt ja bereits repliziert vor. Die Meiose II entspricht in allen Einzelheiten einer Mitose mit Prophase II, Metaphase II, Anaphase II und Telophase II. Während der **Anaphase II** werden die **Schwesterchromatiden** jedes Chromosoms voneinander getrennt. Aus einer diploiden Zelle gehen im Verlauf der Meiose vier Zellen mit haploidem Chromosomensatz und einfachem DNA-Gehalt hervor.

1.7. Cytoskelett

Im Gegensatz zu Bakterien- und Pflanzenzellen sind tierische Zellen nicht von einer festen Zellwand, sondern nur von einer Plasmamembran umgeben. Trotzdem sind sie in der Lage, ihre Gestalt zu wahren. Diese Fähigkeit verdanken sie einem feinen Netz von nicht kontraktilen Röhren **(Mikrotubuli)** und kontraktilen Fasern **(Mikrofilamente),** die das Cytoplasma durchziehen und in ihrer Gesamtheit das Cytoskelett der Zelle ausmachen (Abb. 1.**69**). Neben diesen Strukturen gibt es die Gruppe der sog. **intermediären Filamente.** Zu ihnen gehören z. B. die **Cytokeratinfilamente** der Desmosomen, auch als Tonofilamente bezeichnet. Finden sich Mikrotubuli und Mikrofilamente in allen Zellen, so sind die Intermediärfilamente für spezifische tierische Zellen charakteristisch, z. B. **Neurofilamente** für Neuronen, **Gliafilamente** für Gliazellen und **Desminfilamente** für Muskelzellen. Die Stabilität und Spezifität dieser Filamente wird für die Tumordiagnostik ausgenutzt. Wegen ihrer Spezifität sollen sie jedoch nicht näher besprochen werden. Es sei nur erwähnt, daß sie sich aus α-helical gewundenen Polypeptidketten zu kurzen Fasern zusammenfügen. Ebenfalls aus Intermediärfilamenten besteht die nucleäre Lamina (S. 49), die unterhalb der inneren Kernmembran liegt. Die Elemente des Cytoskeletts haben neben der statischen auch eine dynamische Funktion: Einmal bewegen sie die Chromosomen (Spindelapparat) und bewirken die Cytokinese (Zellteilung), zum anderen verschieben sie intrazellulär Organellen und Transportvesikel. Außerdem verhelfen sie bestimmten Zellen zur Eigenbeweglichkeit (s. Abschn. 1.7.3.).

Die Grundbausteine des Cytoskeletts sind Proteine – **Tubulin** für Mikrotubuli, **Actin** und **Myosin** für Mikrofilamente –, die im Cytosol liegen und je nach Bedarf polymerisieren und wieder dissoziieren (Tab. 1.**13**).

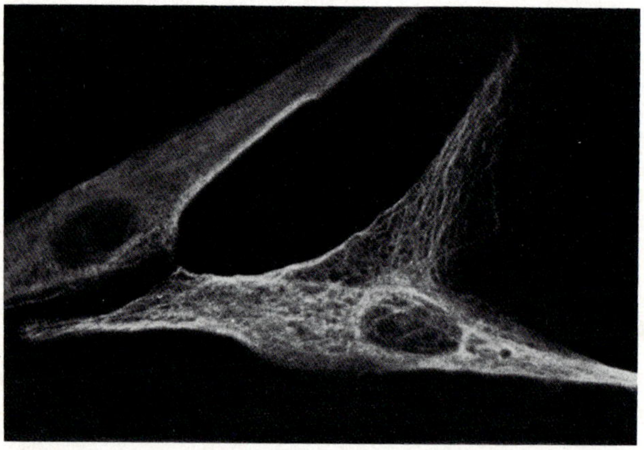

Abb. 1.69 Teil des Cytoskeletts (Mikrotubuli) von Fibroblasten in Kultur
Es wurde zur Darstellung ein fluoreszierender Antikörper gegen Tubulin verwendet (Aufnahme: G. Wiche, Wien)

Tab. 1.13 Filamente des Cytoskeletts

Name	Vorkommen	Proteinuntereinheit	Durchmesser
Mikrotubuli	generell	α-, β-Tubulin	12–25 nm
Intermediärfilamente	spezialisiert	Keratin Desmin Vementin	10 nm
Mikrofilamente	generell	Actin (Myosin) (Myofilamente)	6 nm

Neben diesen labilen Strukturen treten Tubuli und Filamente zu geordneten, stabilen Systemen zusammen: den Cilien und Geißeln, den Basalkörpern und Zentriolen, den Myofibrillen.

1.7.1. Mikrotubuli

Mikrotubuli sind Zylinder aus Tubulin

Die **Mikrotubuli** (Rep. 1.**32**), sind Strukturen, die sich durch Autoaggregation unter Energieverbrauch aus Tubulin aufbauen (1 GTP pro Tubulus-Monomer →

Rep. 1.32 Mikrotubulus

Aufbau	– **Protofilamente:** filamentöse Ketten (4–5 nm dick) aus Tubulinuntereinheiten α- **und** β-**Tubulin** (globuläre Proteine) bilden Heterodimere unter GTP-Hydrolyse – 13 parallele Protofilamente umwinden helical ein Zentrum und bilden einen Hohlzylinder (18–25 nm) – labile Struktur – dauernder Aggregation und Disaggregation unterworfen
Aufgaben	– Prägung und Erhaltung der Zellform – Verteilung von Organellen und Makromolekülen – Polarität der Bewegung
Vorkommen	in Eukaryonten: – Cytoplasma – Spindelapparat – Zentriolen (Basalkörper) – Cilien – Geißeln

GDP + P). **Tubulin,** ein globuläres Protein, kommt in einer α- und einer β-Form mit sehr ähnlicher Aminosäure-Sequenz vor und hat eine rel. Molekülmasse von 54 000. Bei der Polymerisation zum Mikrotubulus lagern sich α- und β-Monomere mit Hilfe von S–S-Brücken unter GTP-Hydrolyse zu Heterodimeren aneinander und bilden kettenförmige **Protofilamente.** 13 derartige Protofilamente lagern sich parallel, über Wasserstoff-Brükken verbunden, aneinander, wobei die Ketten immer um 1 Monomer versetzt sind, und bilden einen Hohlzylinder mit einem Durchmesser von 18 bis 25 nm. Die Ketten umwinden dabei diesen Zylinder leicht schraubenförmig (Abb. 1.**70**, 1.**71**).

Mikrotubuli entstehen immer an einem **Organisationszentrum.** Das größte in einer Zelle, das Zellzentrum oder Zentrosom, enthält häufig Zentriolen und ist Ausgangspunkt für die Bildung der Spindelfasern.

Die Mikrotubulus-Polymerisation kann durch **Gifte** unterbunden werden. So bindet das **Cholchicin** (Colcemid), ein Alkaloid der Herbstzeitlosen, an die Tubulin-Dimere und verhindert ihre Polymerisation. Auf diese Weise wird die Ausbildung der Spindelfasern blockiert, und die Zellen werden an der Teilung gehindert (s. Kap. **5**). **Vinblastin** ist ebenfalls ein Mitosegift. Es präzipitiert die Tubulinkomplexe und wurde deshalb therapeutisch gegen entartete, sich schnell teilende Tumorzellen verwendet.

Mikrotubuli sind in Kernnähe am dichtesten, von hier aus verteilen sie sich netzartig bis zur Zellperipherie.

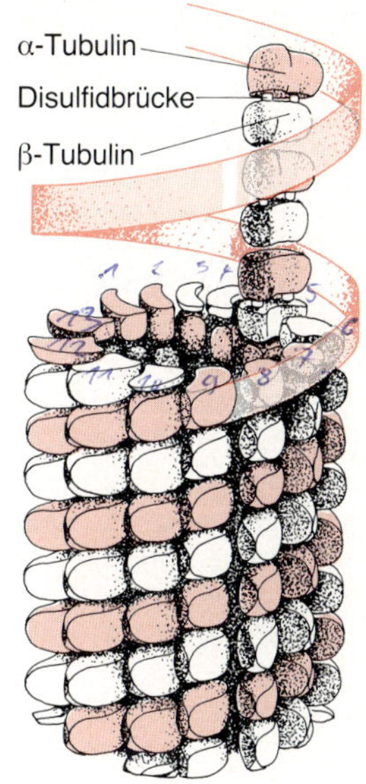

Abb. 1.**70** **Aufbau eines Mikrotubulus**
Die Wand eines Mikrotubulus wird aus 13 Protofilamenten, die sich ihrerseits aus α- und β-Tubulin-Untereinheiten zusammensetzen, gebildet.

Der Spindelapparat besteht aus Mikrotubuli

Zum Zeitpunkt der Ausbildung der Spindelfasern während der Mitose (Prophase) werden zahlreiche Mikrotubuli polymerisiert. Diese entspringen einem **Mikrotubu-**

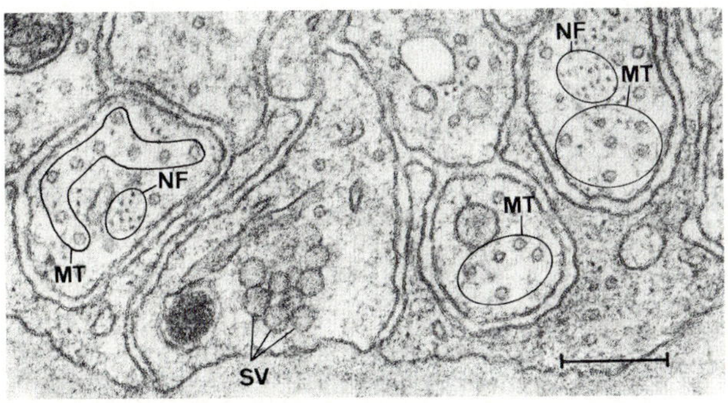

a

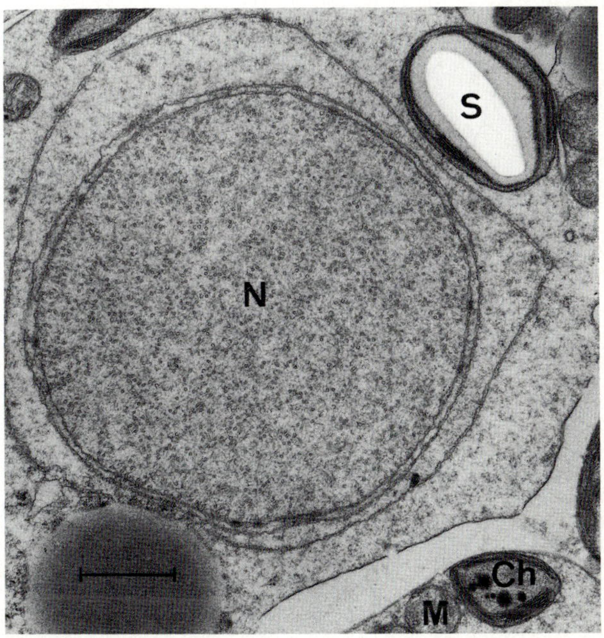

b

Abb. 1.**71** **Mikrotubuli**
a Querschnitt durch ein unmyelinisiertes Nervenbündel; Objekt: Meerschweinchendarm
Gruppen von Mikrotubuli (MT) und Neurofilamenten (Intermediärfilamente, NF) sind eingekreist, SV synaptische Vesikel
(Aufnahme: E. Robbins, D. Sabatini, New York; M: 2 cm ≙ 0,2 μm)
b Quergeschnittene Mikrotubuli in einem Mitosekern von *Acetabularia mediterranea*
Ch Chloroplast, M Mitochondrien, N Zellkern, S Stärke
(Aufnahme: S. Berger, H. G. Schweiger, Heidelberg; M: 1,8 cm ≙ 1 μm)

lus-Organisationszentrum (Zellzentrum, Cytozentrum oder Zentrosom), das häufig Zentriolen enthält (Ausnahmen: höhere Pflanzen, Mäuseoocyten) und in der Mitose die Spindelpole bildet. Die Spindelfasern ziehen entweder als polare Mikrotubuli zur Äquatorialebene oder als Kinetochor-Mikrotubuli zu den Kinetochoren. Kinetochoren sind am Zentromer eines Chromosoms einander gegenüberliegende Spindelansatzregionen jeder Chromatide. Bei menschlichen Chromosomen können bis zu 40 Spindelfasern an einem Kinetochor ansetzen. Cirka 3000 Mikrotubuli werden zum Aufbau des Spindelapparates benötigt. Die Chromosomen wirbeln so lange ungeordnet zwischen den beiden Zellpolen hin und her, bis ihre Kinetochoren von Spindelfasern wie mit einem Lasso eingefangen und fixiert werden. Dabei setzen immer gleich viele Fasern an beiden Kinetochoren an, orientieren damit die Chromatiden gegen die beiden Zellpole hin und halten das Chromosom in der Äquatorialebene in der Schwebe.

Ziehen die Spindelfasern von beiden Kinetochoren eines Chromosoms zu einem Pol, so entsteht ein kritischer Zustand. Löst dieser sich nicht, dann kommt es zu Chromatid-Fehlverteilungen, **Non-disjunction,** Anaphase-Lag (s. Kap. 5). Die Anaphase, das Auseinanderweichen der Chromatiden zu den Zellpolen, kommt nur scheinbar durch eine Kontraktion der Kinetochor-Mikrotubuli zustande. Sehr wahrscheinlich kommt es zu einer einseitigen Verkürzung der Chromosomen-Spindelfasern am Kinetochor durch Depolarisation. Außerdem schiebt eine, ebenfalls einseitige, Verlängerung der polaren Mikrotubuli im Bereich der Äquatorialebene die Pole weiter auseinander (Abb. 1.**72**).

Basalkörper und Zentriolen bestehen aus neun Mikrotubulus-Tripletts

Basalkörper und **Zentriolen** sind Konstruktionen aus Mikrotubuli, die, im Cytoplasma gelegen, häufig im Mikrotubulus-Organisationszentrum zu finden sind. Beide Organellen haben gleiche Struktur und sind auch funktionell vergleichbar (Rep. 1.**33**). Sie bestehen jeweils aus Mikrotubuli in der Anordnung **9 × 3**. Dabei bilden neun Dreiergruppen einen kurzen, dicken Zylinder.

Diese Tripletts sind aus einem vollständigen Mikrotubulus, der aus dreizehn Protofilamenten besteht, und zwei unvollständigen Mikrotubuli zusammengesetzt. Diese ergänzen ihre zehn Protofilamente durch drei des jeweiligen Nachbarringes, an dem sie partizipieren. Die neun Tripletts sind miteinander verbunden. Radiäre Strukturen ziehen besonders im basalen Anteil zum Zylinderinneren (Abb. 1.**73**).

Zentriolen scheinen aus Basalkörpern hervorzugehen. So werden z. B. die Basalkörper des Spermiums zu den Zentriolen des befruchteten Eies und ermöglichen die erste mitotische Teilung. An zahlreichen Beispielen läßt sich belegen, daß Basalkörper zu Zentriolen werden, wenn die Zelle zur Teilung bereit ist.

Zentriolen kommen **paarweise** vor. Dabei liegen beide Zylinder im rechten Winkel zueinander (Abb. 1.**74**). Ihre Verdoppelung fällt im Zellcyclus mit dem Zeitpunkt des Beginns der DNA-Synthese zusammen. Vor der Verdopplung weicht das Zentriolenpaar auseinander, und jedes Zentriol bildet einen neuen Partner. Es gibt auch Zentriolensynthese *de novo,* z. B. in unbefruchteten Eiern bei der Parthenogenese.

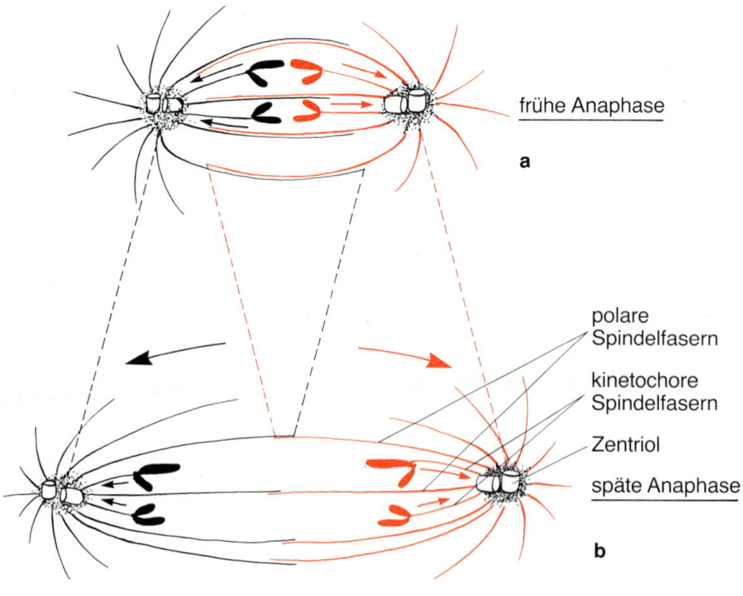

Abb. 1.72 Der Spindelapparat besteht aus polaren und kinetochoren Spindelfasern
a Polare Fasern schieben die Mikrotubulus-Organisationszentren an entgegengesetzte Zellpole. Nach Auflösung der Kernmembran: Angriff der kinetochoren Spindelfasern an den Zentromerregionen (Kinetochoren) der Chromosomen.
b Depolarisation der polnahen Anteile der kinetochoren Spindelfasern und Verlängerung der polaren Mikrotubuli im Bereich der Äquatorialebene bewirken ein Auseinanderweichen der Chromatiden

Rep. 1.**33**	Basalkörper und Zentriolen
Aufbau	kurze **Zylinder:** Durchmesser 150–250 nm, Länge bis 500 nm Grundelemente: Mikrotubuli Anordnung: Ring aus 9 Mikrotubuli-Tripletts (9 × 3) **Triplett:** – A-Tubulus kompletter Mikrotubulus (13 Protofilamente) – B-Tubulus inkompletter Mikrotubulus (10 Protofilamente) – C-Tubulus inkompletter Mikrotubulus (10 Protofilamente) – radiale Strukturen zum Zentrum keine Membran
Aufgabe	– Organisation von Cilien und Geißeln als Basalkörper (essentiell) – Organisation von Spindelfasern als Zentriol (nicht essentiell, z. B. nicht in höheren Pflanzen)
Vorkommen	– in eukaryonten Zellen

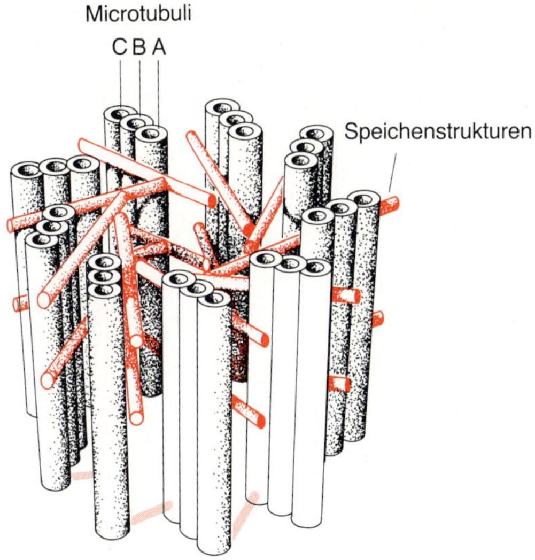

Abb. 1.**73 Zentriolen bzw. Basalkörper**
Schematische Zeichnung eines Zentriols als Hohlzylinder, bestehend aus 9 Tripletts von Mikrotubuli: Radspeicherähnliche Strukturen ziehen im unteren Teil des Zentriols ins Innere des Zylinders, Verbindungen zwischen den A- und C-Tubuli halten auf der gesamten Länge des Zentriols die Tripletts zusammen

a 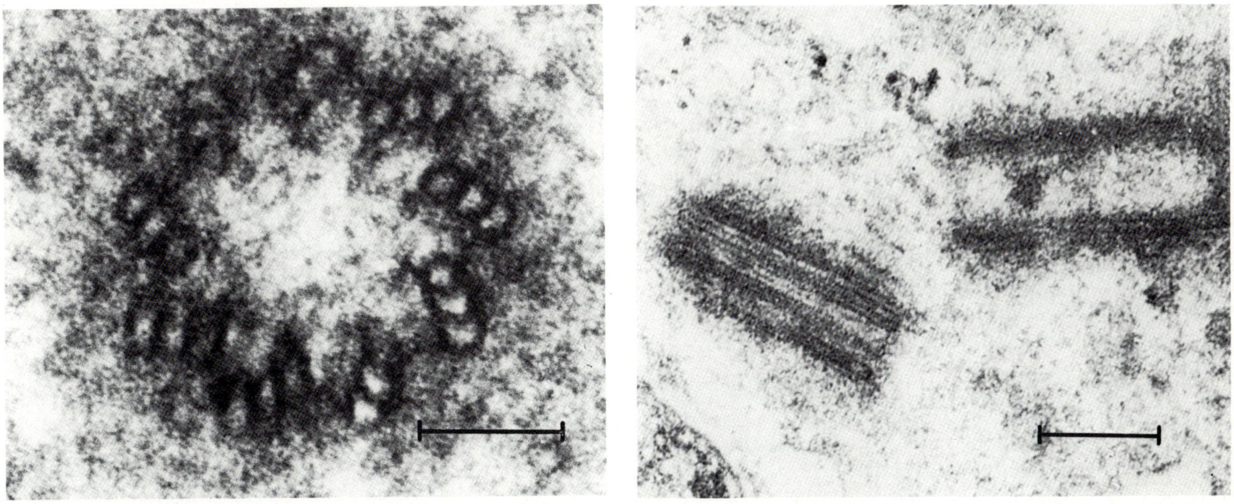 b

Abb. 1.**74 Zentriolen**
Querschnitt und Längsschnitt durch Zentriolen (Aufnahmen: H. F. Kern, Marburg: M: Querschnitt 1,8 cm ≙ 0,1 μm; Längsschnitt 1,6 cm ≙ 0,25 μm)

Cilien und Geißeln haben eine charakteristische Tubulusanordnung

Die Basalkörper bilden das Organisationszentrum für Cilien und Geißeln und kommen in allen eukaryonten Zellen vor, die Cilien und Geißeln ausbilden.

Cilien sind kurz (5–10 µm) und zahlreich, **Geißeln** sind lang (ca. 150 µm) und stehen vereinzelt (Rep. 1.**34**). Beide Strukturen sind ihrem Aufbau nach einander ähnlich.

Die Cilien zeigen im Verlauf der Evolution eine Konservierung ihrer Struktur: Ein wichtiger Hinweis auf die gemeinsame Evolution eukaryonter Organismen. Folgende **Funktionen** kommen diesen Fortsätzen an der Zelloberfläche zu:

a) Fortbewegung der Zelle, z. B. Spermiengeißel;
b) Nahrungssuche, z. B. Protozoen;
c) bei statischen Zellen Bewegung der zellumgebenden Flüssigkeit:
   - Flimmerepithel des Bronchialgewebes: Reinigung der Atemwege,
   - Flimmerepithel des Genitaltraktes: Fortbewegung der Eizelle im Ovidukt;
d) nichtbewegliche Cilien: sensorische Rezeptoren, z. B. in den Stäbchenzellen der Retina.

Auf Cilien und Geißeln, die dünne Ausläufer des Cytoplasmas sind, setzt sich die Plasmamembran fort. Im Zentrum findet sich eine fädige Struktur, der sog. **Axialfaden.** In ihm werden die Mikrotubuli-Tripletts der Basalkörper als Dupletts weitergeführt. Der dritte Mikrotubulusring wird beendet. Dafür treten zwei zentrale Mikrotubuli auf. Die charakteristische **(9 × 2) + 2**-Struktur entsteht und erstreckt sich über die ganze Länge der Fortsätze. Neun Mikrotubulipaare bilden einen Kranz, in dessen Zentrum zwei einzelne Mikrotubuli liegen. In den Doppelstrukturen ist, vergleichbar mit den Basalkörpern, nur der äußere A-Mikrotubulus vollständig (13 Protofilamente). Der B-Tubulus besteht aus zehn Protofilamenten und teilt sich die drei weiteren mit dem A-Tubulus. Die Doppelringe sind durch Proteinbrücken **(Nexin)** miteinander verbunden. Außerdem trägt jede A-Subfiber ein Hakenpaar, das aus dem Protein **Dynein** besteht (Abb. 1.**75**, 1.**76**). Dieses Dynein ist eine *ATPase:* Bekommt ein Dyneinarm Kontakt zum benachbarten Doppelring, dem *B*-Tubulus, dann wird ATP, das aus umliegenden Mitochondrien bereitgestellt wird, gespalten. Die freiwerdende Energie reicht aus, den kontaktierten Mikrotubulus-Doppelring ein wenig in Richtung Cilienspitze zu verschieben. Dieses Verschieben der Mikrotubuli-Doppelringe gegeneinander ist der Gleitme-

Rep. 1.**34** Cilien und Geißeln

Aufbau	dünne cytoplasmahaltige Ausstülpungen der Plasmamembran mit zentralem, semirigidem Axialfaden; in ihm Fortsetzung der Mikrotubulus-Tripletts des Basalkörpers als **Mikrotubulus-Dupletts** Anordnung: Ring aus 9 Mikrotubulus-Dupletts plus 2 zentralen Mikrotubuli (9 × 2) + 2 Duplett: – A-Tubulus, kompletter Mikrotubulus (13 Protofilamente) – B-Tubulus, inkompletter Mikrotubulus (10 Protofilamente) proteinhaltige Brücken **(Nexin)** verbinden die Dupletts Hakenpaar an A-Tubulus besteht aus **Dynein** (Protein mit *ATPase*-Aktivität) zentrale Mikrotubuli: verbunden durch Proteinbrücke, umgeben von Proteinscheide radiale Speichen: dyneinhaltige Zacken vom A-Tubulus zur zentralen Scheide hin		
Cilien	kurz (5–10 µm), zahlreich		
Geißeln	lang (bis 150 µm), vereinzelt		
Aufgaben	Zellbewegung Mediumbewegung Partikelbewegung		
Vorkommen	**Cilien:**	undulierende Membran **Flimmerepithelien** (Respirationstrakt, Urogenitaltrakt, Eitransport)	
	nichtbewegliche Cilien:	sensorische Rezeptoren u. a. in Stäbchen und Zapfen der Retina (Aufbau: (9 × 2) + 0)	
	Geißeln:	Spermium-Schwanz (Achtung: Bakteriengeißeln sind aus Flagellin aufgebaut!)	

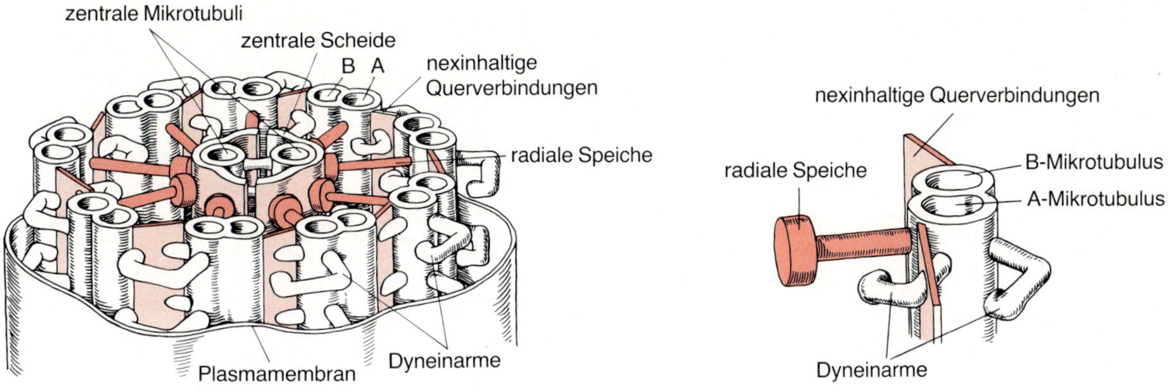

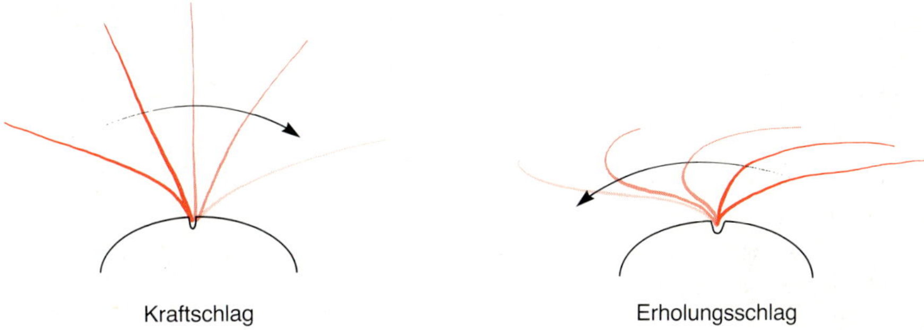

Abb. 1.75 Querschnitt durch ein Cilium (schematische Darstellung)
Die Pfeile zeigen die Bewegungsrichtung an

chanismus, der zur Beugung des Ciliums führt. Die Lösung des Dyneinarmes von der benachbarten Subfiber führt zum rhythmischen Zurückschlagen des Ciliums. Die Cilienbewegung kommt also durch relative Verschiebung der Mikrotubuli innerhalb des Axialfadens zustande. An diesem Gleiten beteiligen sich auch dyneinartige **radiäre Strukturen,** die dicht an die zentrale Scheide heranreichen. Die **zentrale Scheide** besteht aus Proteinarmen, die von den beiden inneren Mikrotubuli ausgehen, die ihrerseits durch Brückenproteine verbunden sind. All dies sind Strukturelemente, die für den geordneten Bewegungsablauf sorgen.

Der geschilderte Bewegungsablauf gilt auch für alle Geißeln der Eukaryonten. (Nicht verwechselt werden sollten diese mit den Geißeln der **Prokaryonten,** den **Flagellen,** deren Protein das Flagellin ist und deren Bewegung durch einen turbinenartigen Antrieb ausgelöst wird; s. Kap. **10**).

Ausfallerscheinungen im Bereich dieser Bewegungselemente führen zu diversen Krankheitserscheinungen. Bei einer Erbkrankheit, dem Kartagener-Syndrom, fehlen die Dyneinarme der Cilien und Geißeln. Diese Patienten sind wegen der Unbeweglichkeit ihrer Spermien unfruchtbar. Da auch die Cilien im Flimmerepithel des Respirationstraktes betroffen sind, gehören rezidivierende Bronchitiden sowie chronische Stirn- und Kieferhöhlenerkrankungen zum Krankheitsbild. Besonders bemerkenswert ist das gehäufte Auftreten eines *Situs inversus,* d. h., alle im Körper asymmetrisch angelegten Organe liegen seitenverkehrt. Die Schlußfolgerung liegt nahe, daß der Cilienschlag in der frühembryonalen Entwicklung eine ausschlaggebende Rolle bei der richtigen Organanordnung spielt.

Zahlreiche Proteine sind Mikrotubulus-assoziiert

Mikrotubulus-assoziierte Proteine (MAP) sind weit verbreitet, wurden aber bevorzugt in Nervenzellen untersucht, wo sie einerseits zur Stabilität der Mikrotubuli beitragen, andererseits als Motorproteine den Transport von Vesikeln und Organellen entlang den Mikrotubuli vorantreiben. Diese MAPs besitzen zwei Bindungsdomänen, von denen nur eine an Mikrotubuli bindet. Die andere stellt den Kontakt zu anderen Zellbestandteilen her. So quervernetzt und stabilisiert z. B. die Proteingruppe TAU Mikrotubuli in Nervenzellaxons. Veränderungen in den Eigenschaften von TAU werden bei der Genese der Alzheimer-Krankheit diskutiert.

Kinesine und cytoplasmatische Dyneine sind richtungsspezifische Motorproteine, die in Axons den Transport von Vesikeln entlang den Mikrotubuli fördern. Ihre Mikrotubulus-bindenden Domänen haben dabei ATPase-Funktion.

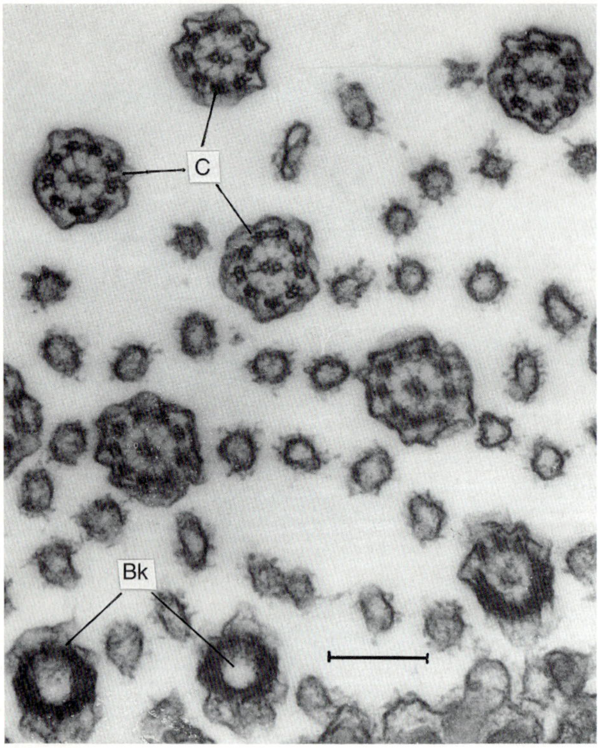

a

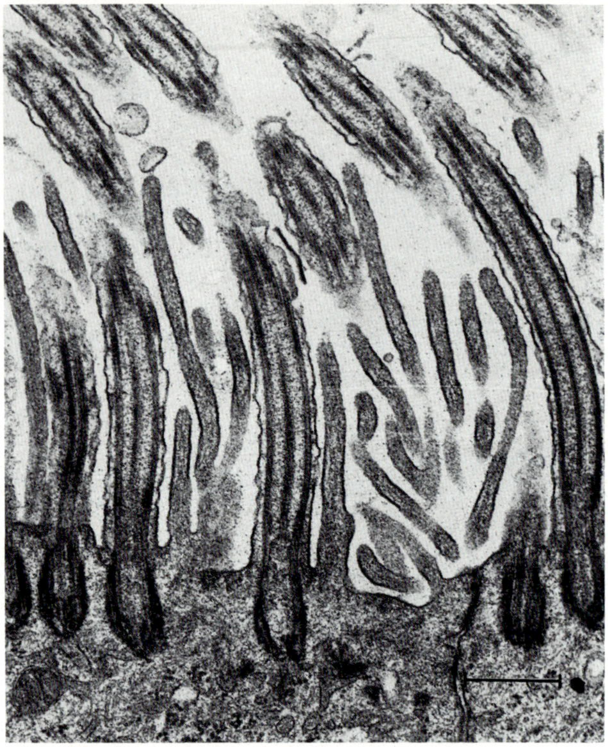

b

Abb. 1.**76 Cilien**
a Querschnitt durch Cilien (C), nahe der Basis geschnitten.
BK Basalkörper (die zentralen Mikrotubuli fehlen noch) (Aufnahme: J. Klima, Innsbruck; M: 1,3 cm = 0,25 μm)
b Cilien in der Trachea des Hundes, längsgeschnitten (Aufnahme: H. F. Kern, Marburg; M: 1,6 cm ≙ 1 μm)

1.7.2. Mikrofilamente

Mikrofilamente bilden die „Zellmuskulatur"

Neben den Mikrotubuli bilden die Mikrofilamente das zweite große Strukturelement des Cytoskeletts. Diese Filamente sind in allen eukaryonten Zellen vertreten und bestehen aus zwei Hauptproteinen, dem **Actin** und dem **Myosin.** Würde man die Mikrotubuli infolge ihrer mangelnden Kontraktilität mit dem knöchernen Skelett vergleichen, dann entsprächen Mikrofilamente der Muskulatur. Tatsächlich sind Actin und Myosin die Strukturelemente der Muskelzellen, sei es im Herzmuskel, der glatten Muskulatur oder dem quergestreiften Skelettmuskel. Actin ist das Hauptprotein der Mikrofilamente und macht 5–10% des gesamten Zellproteins aus. Actin kann, muß aber nicht mit Myosin assoziiert sein. Ohne Myosin ist es nicht kontraktil und übernimmt strukturelle Funktionen. In Assoziation mit Myosin bildet es in Nicht-Muskelzellen kleine „Mini-Sarcomere", z. B. im Teilungsring bei der Zellteilung, in den Streßfasern unterhalb der Zellmembran und im Blutpfropf bei der Thrombocytenaggregation.

Obwohl das Protein Actin von verschiedenen Genen codiert wird und sich, je nach Zellart, immer ein wenig unterscheidet, ist seine Sequenz stark konserviert, wohingegen das Myosin in vielen verschiedenen Arten vorkommt. Um über Aufbau und Funktion dieser Proteine Näheres zu erfahren, bietet sich als Untersuchungsobjekt die **quergestreifte Muskulatur** mit ihrem Reichtum an Actin und Myosin an (Rep. 1.**35**).

Die Muskelfaser ist die Zelle des Muskelgewebes und enthält Myofibrillen, die sich aus den Myofilamenten Actin und Myosin aufbauen

Der Muskel besteht aus **Muskelfasern.** Diese sind mehrkernige Zellen **(Syncytium)** mit einem Durchmesser von 50 bis 200 μm. Die Plasmamembran dieser Zellen heißt **Sarcolemma,** das Cytoplasma **Sarcoplasma,** in dem sich, wegen des hohen Energiebedarfs, viele Mitochon-

Rep. 1.**35** Elemente eines Skelettmuskels

Muskel besteht aus Muskelfasern = Syncytium

Syncytium	Zusammenschluß vieler Zellen unter Verlust der Zellgrenzen vielkernig, langgestreckt, Durchmesser 50–200 μm
Sarcolemma	umgibt sarcosomenreiches Sarcoplasma
Sarcoplasma	durchzogen von Myofibrillen
Myofibrillen	umgeben von Sarcoplasmatischem Reticulum (Durchmesser 1–3 μm)
Sarcoplasmatisches Reticulum	steht durch Transversaltubuli mit Sarcolemma in Verbindung
Sarcomer	kontraktile Einheiten (Länge 2,5 μm) einer Myofibrille, enthalten Myofilamente
Myofilamente	faserige Proteine, machen 80% einer Myofibrille aus
Dünne Myofilamente	Durchmesser 5 nm, Länge 1,0 μm **F-Actin** (fibrillär) polymerisiert aus **G-Actin** (globulär) 2 Actinketten helixartig umeinandergewunden
Dicke Myofilamente	Durchmesser 15 nm, Länge 1,5 μm **Myosin** – stark asymmetrisches Molekül 2 schwere Ketten helixartig umeinandergewunden bilden Schaft und globulären Kopfbereich 4 leichte Ketten addieren sich im Kopfbereich Kopf hat *ATPase*-Aktivität bindet an Actin

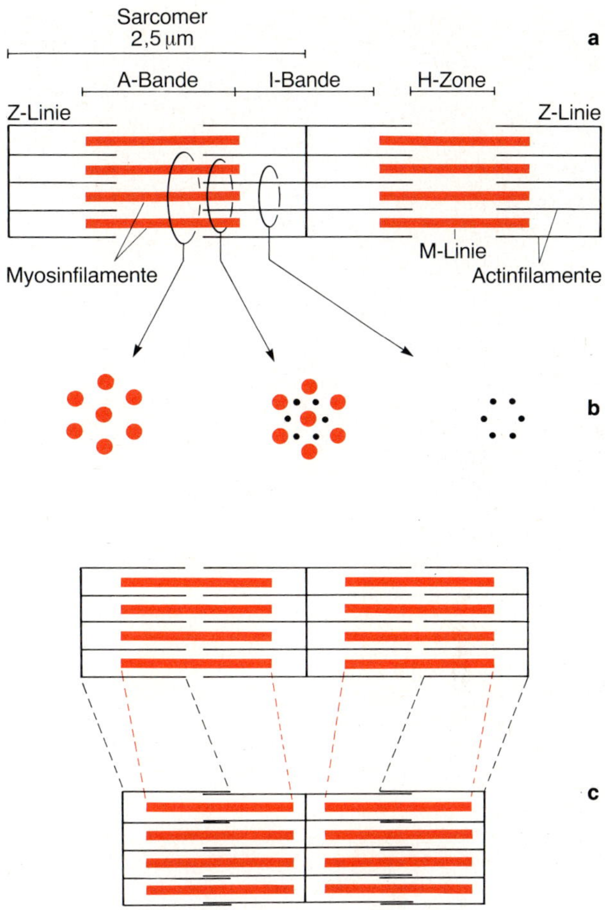

Abb. 1.**77 Schematische Darstellung der Bänder und Linien, die die Querstreifung der Skelettmuskulatur im Mikroskop hervorrufen**

a Darstellung eines Sarcomers, der kleinsten Längeneinheit einer Myofibrille (Näheres s. Text)

b Ansicht der Actin- und Myosinfilamente im Querschnitt; Schnitthöhe im Bereich der A-Bande

c Verzahnung der Myofilamente bei der Muskelkontraktion

drien, die **Sarcosomen,** befinden. Die Plasmamembran steht mit T-Tubuli, transversalen Einstülpungen mit dem Endoplasmatischen Reticulum – in der Muskelzelle **Sarcoplasmatisches Reticulum** genannt – in Kontakt. Dieses umgibt mit einem dichten Netzwerk die intrazellulären Bündel von **Myofibrillen,** die sich ihrerseits aus den Myofilamenten Actin und Myosin zusammensetzen. Die Myofibrillen, die 1 bis 3 μm dick sind, erscheinen im Elektronenmikroskop durch hellere und dunklere Bänder gestreift. In ihnen befindet sich die eigentliche kontraktile Einheit, das **Sarcomer** (Abb. 1.**77a**). Dieser 2,5 μm lange Abschnitt wiederholt sich mehrere hundert Mal im Verlauf einer Myofibrille. Da die Sarcomere benachbarter Myofibrillen mit ihrer Bänderung genau parallel zueinander angeordnet sind, ergibt sich im Mikroskop eine Streifung (Abb. 1.**78**, 1.**79**). Die Sarcomere sind durch den **Z-Streifen** gegeneinander abgegrenzt. Ein schmales, helleres **I-Band** (isotrop) schließt sich an und geht in ein breites, dunkleres **A-Band** (anisotrop) über. Dieses wird in der Mitte durch ein **H-Band** aufgehellt,

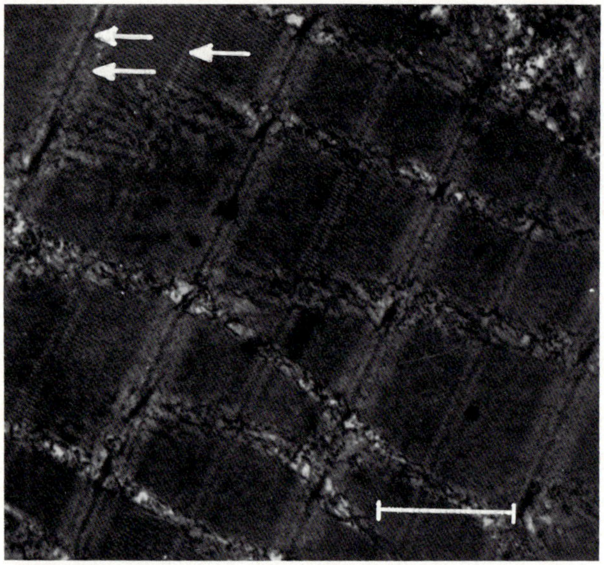

Abb. 1.78 Quergestreifte Muskulatur
Weißer, mitochondrienarmer, quergestreifter Muskel. Die dunkleren Z-Streifen (durch Doppelpfeile gekennzeichnet) heben sich von den helleren M-Streifen (durch Einfachpfeil gekennzeichnet) im Sarcomer gut ab. Die Myofibrillen sind regelmäßig angeordnet (Aufnahme: J. Klima, Innsbruck; M: 1,7 cm ≙ 2 μm)

dessen Mittellinie die **M-Linie** (bestehend aus einem M-Protein) markiert. Bänder und Linien ergeben sich durch das Vorkommen von Proteinen. Zu ihnen gehören die Myofilamente Actin und Myosin, die mit 80% den Löwenanteil der Myofibrillen-Proteine ausmachen. Sie sind parallel angeordnet. Actin ist an die Z-Linie, die hauptsächlich aus dem Faserprotein α-Actinin besteht, angeheftet, verläuft aber nicht durch die gesamte Breite des Sarcomers. Die Myosinfilamente ziehen von einer I-Bande zur nächsten. Die **Actinfilamente** sind halb so dick wie die **Myosinfilamente.** Im Querschnitt betrachtet, werden die Myosinfilamente, die die Ecken eines Sechsecks markieren, von jeweils sechs Actinfilamenten umgeben. Die Regelmäßigkeit der Struktur erinnert an einen Kristall (Abb. 1.**79 b**). Während des Kontraktionsvorganges kann sich ein Sarcomer bis um 1 μm – das sind fast 50% seiner Länge – verkürzen. Dabei kontrahieren sich die Myofilamente nicht, sondern verschieben sich gleitend gegeneinander und verzahnen sich dabei (Abb. 1.**77 c**).

Myofilamente sind aus Proteineinheiten aufgebaut

Actin besteht aus globulären Monomeren, dem **G-Actin,** wie es auch in Fibroblasten vorkommt. Dieses Protein (rel. Molekülmasse 41 800) bindet je ein Molekül Calcium und ATP. Im normalen Milieu des Cytosols polymeri-

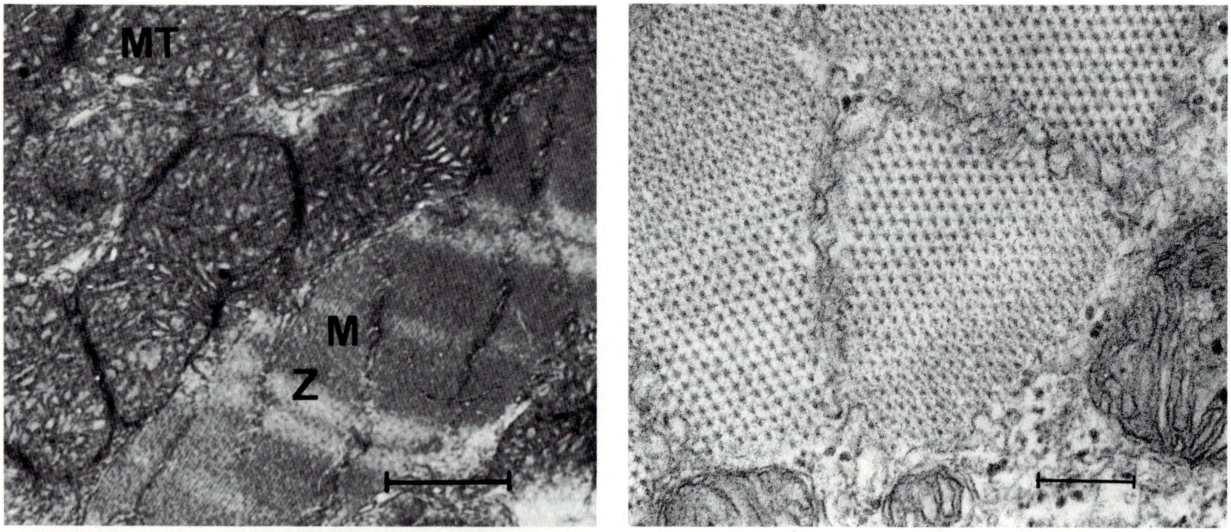

a b

Abb. 1.79 Quergestreifte Muskulatur
a Roter (mitochondrienreicher) quergestreifter Muskel. Zahlreiche Mitochondrien liegen zwischen den Myofibrillen (M: 1,6 cm ≙ 0,5 μm)

b Krötenmuskel. Querschnitt durch die A-Bande, wobei die Myosinfilamente leicht schräg getroffen sind, so daß reine Myosingitter mit solchen mit zusätzlichen Actinfasern in der Überlappungszone abwechseln. Die Myofibrillen sind durch das Sarkoplasmatische Reticulum voneinander getrennt. (M: 1,3 cm = 0,25 μm)
M M-Streifen, MT Mitochondrien, Z Z-Streifen (Aufnahmen: J. Klima, Innsbruck)

sieren diese Moleküle energieunabhängig zum strangförmigen F-Actin mit doppelhelicaler Struktur (Abb. 1.**80**).

Globuläre Actine haben zwei Enden, so daß bei der gerichteten Zusammenlagerung von Kopf- an Schwanzenden ein polares Molekül mit einem plus(+)- und einem minus(–)-Pol entsteht. Die Polymerisation am +Pol geht schneller voran als am –Pol. Nach der Polymerisation hydrolysiert das ATP zu ADP, das am Actin hängenbleibt und eine neuerliche Polymerisation erschwert. Auch ein dem Actin assoziiertes Protein reguliert pH-abhängig die Polymerisation zum F-Actin. Dieses **Profilin** (Mr 15 000) bindet mit einer 1 : 1 Rate an G-Actin. Der Komplex **Profilactin** kann keinen Proliferationskern bilden und verhindert auf diese Weise einen verfrühten Beginn der Polymerisation. Profilactin kann jedoch an F-Actin, allerdings nur an den +Pol binden. Nach der Bindung dissoziiert Profilin vom nun verlängerten F-Actin ab. Im Gegensatz zu Muskel-Actin können die Nicht-Muskelactine einem starken Auf- und Abbau unterworfen sein (Abb. 1.**80c**).

Myosin ist komplexer aufgebaut als Actin. Es besteht aus einem **fibrillären Schaft** und einer **globulären Kopfregion.** Im Schaft sind zwei Polypeptid-Ketten in Helixstruktur umeinandergewunden (rel. Molekülmasse 200 000). Im Kopfbereich weichen beide Ketten auseinander, um ihr *N*-terminales Ende globulär aufzuknäulen. Zu jedem globulären Kettenende treten hier im Kopf noch kurze, leichte Ketten hinzu (rel. Molekülmassen 15 000 bis 27 000). Behandelt man das Myosin mit Trypsin, dann spaltet dieses den Schaft in der Mitte. Es entstehen ein leichtes und ein schweres Halbmyosin, das **Meromyosin**. Verdaut man das Molekül mit Papain, dann trennt man den Kopf vom Schaft. Der Kopf zerfällt in zwei **S1-Fragmente** (Abb. 1.**80b**). Myosinmoleküle lagern sich zu Bündeln zusammen, indem sich die Schäfte aneinanderlegen und rechts und links vom Molekül die Köpfe wie aus einem doppelseitigen Blumenstrauß herausstehen (Abb. 1.**80a**). Jedes dicke Filament hat ca. 500 Myosinköpfe. Der Kopf ist die aktive Region des Myosins. Er besitzt *ATPase*-**Aktivität** und kann an Actin binden.

Jedes Actinmonomer hat eine Bindungsstelle für ein S1-Fragment eines Myosins. Diese Bindung an Actin wiederum stimuliert die *ATPase*-Aktivität. Jedes Myosinmolekül kann 5 bis 10 ATP-Moleküle pro Sekunde hydrolysieren. Die ATP-Moleküle werden von Mitochondrien geliefert, dabei bedient sich die Zelle eines ATP-Speichers: **Kreatinphosphat** kommt in der Muskelzelle in fünffach höherer Konzentration als ATP vor und

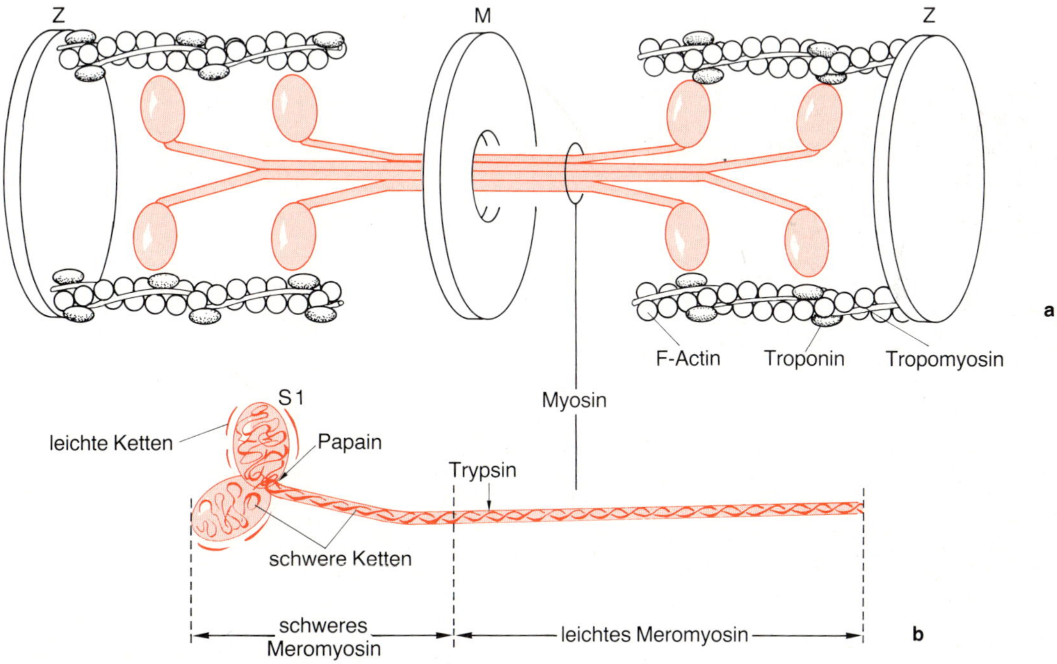

Abb. 1.80 Schematische Darstellung von Actin und Myosin
a Zwei Actinketten sind umwunden von Tropomyosin. Troponin sitzt in Abständen auf diesen Komplexen, die an den Z-Strukturen verankert sind. Die Myosinmoleküle kommen mit M-Strukturen in Berührung
b Myosin kann durch Trypsin oder Papain in die Bruchstücke leichtes und schweres Myosin und in die S1-Fragmente mit den leichten Ketten zerlegt werden

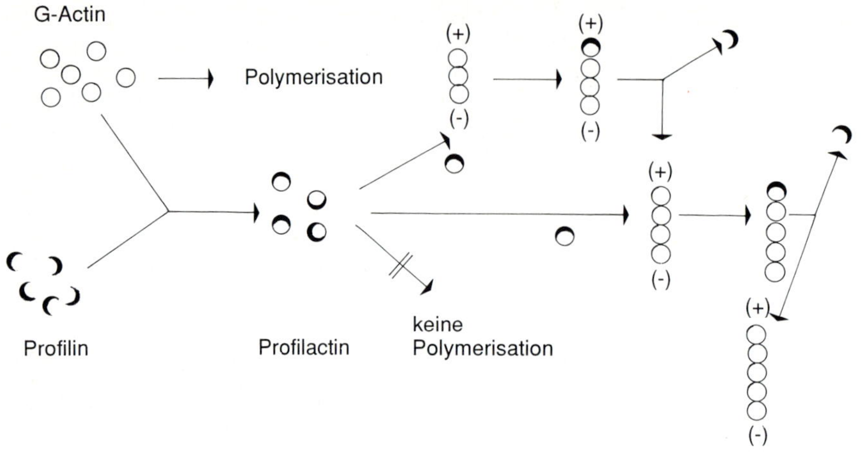

Abb. 1.80c Die Wirkung von Profilin auf die Aggregationsfähigkeit von Actin.
Actinmonomere können spontan zu F-Actin aggregieren, wobei die Verlängerung am +Pol schneller vonstatten geht als am –Pol. Die Anlagerung von Profilin an Actin ist ein Hilfsmechanismus, um zu schnelle Aggregation zu verhindern, da sich aus Profilactin keine Polymerisationskerne bilden können. Profilactin kann sich jedoch am +Pol eines wachsenden Filaments anlagern und dieses nach Abspaltung von Profilin um ein Monomer verlängern

kann im Bedarfsfall sein Phosphat mit Hilfe der *Kreatinphosphokinase* auf ADP unter Bildung von ATP übertragen (Abb. 1.**81**).

Die elementare Muskelkontraktion besteht aus Einzelschritten

Bei der Muskelkontraktion bedarf es zunächst eines **Reizes,** der durch einen Nerv an den Muskel herangetragen wird (Rep. 1.**36**). Nerv und Muskel stehen an der motorischen Endplatte über den synaptischen Spalt durch die Freisetzung von Neurotransmittern miteinander in Verbindung (s. Abschn. 1.3.12.). Die Bindung des Neurotransmitters an Rezeptoren der Muskelzellen führt zur Eröffnung von Ionenkanälen und zu einer Depolarisation der Membran (Ruhe-Membranpotential 100 mV). Diese Depolarisation setzt sich schlagartig über das T-System auf das Sarcoplasmatische Reticulum fort und führt zu ei-

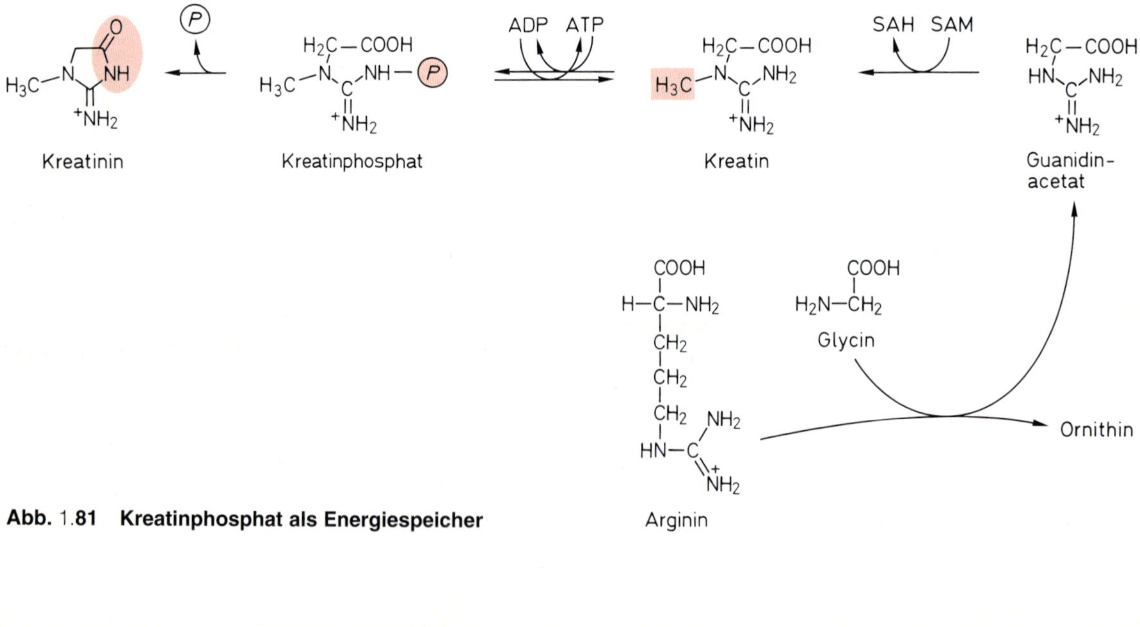

Abb. 1.81 Kreatinphosphat als Energiespeicher

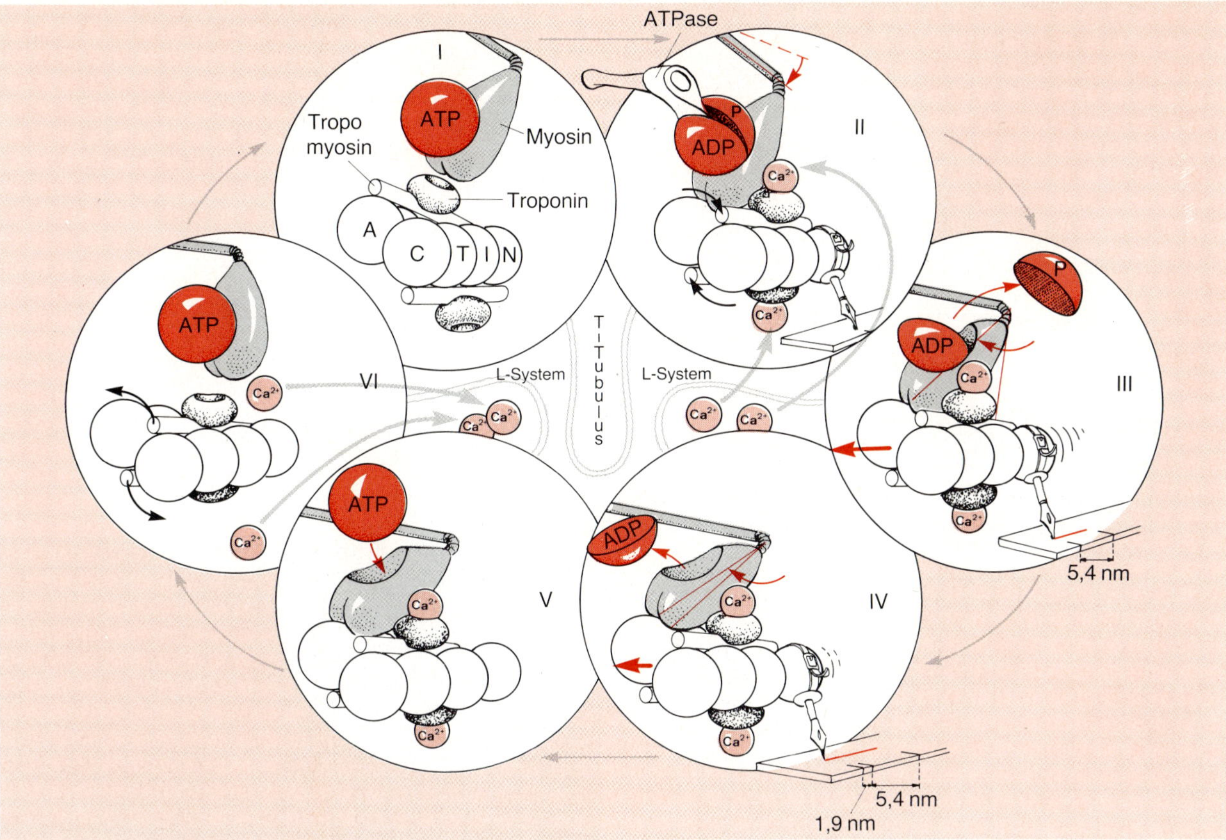

Abb. 1.82 Schematische Darstellung der Vorgänge während der Muskelkontraktion
I ATP bindet an Myosin. Der Myosinkopf ist gespannt. Troponin hält Tropomyosin in einer Position, in der es die Myosin-Bindungsstelle am Actin blockiert.
II Die *Myosin-ATPase*-Aktivität spaltet ATP. Die Erregung erfolgt durch Ca^{2+}-Ionen (Konzentration 10^{-7} bis 10^{-5} mol/l) aus dem Sarcoplasmatischen Reticulum. Die Ca^{2+}-Ionen binden an Troponin und drücken Tropomyosin in eine Rille des Actinfilaments. Die Myosinbindungsstelle wird frei
III Phosphat spaltet ab. Der Myosinkopf wird entspannt; dadurch erfolgt eine Winkeländerung! Myosin bindet an Actin; die Folge ist Kontraktion
IV ADP spaltet ab. Der Myosinkopf wird weiter entspannt ⇨ Winkeländerung! Kontraktion
V und **VI** ATP bindet an den Myosinkopf. Dieser wird gespannt und löst sich aus der Actinbindungsstelle. Weiter wie **II**. Am Ende der Kontraktion lösen sich die Ca^{2+}-Ionen vom Troponin ab und werden wieder im Sarcoplasmatischen Reticulum gespeichert

ner Permeabilitätssteigerung für Ca^{2+}-Ionen. Diese strömen aus den Zisternen durch die geöffneten Calciumkanäle in die Zelle. Die Mortalität für **Calcium** wird auf das Hundertfache angehoben und bietet einen Stimulus für die *Myosin-ATPase*.

Es geschieht dabei zweierlei (Abb. 1.**82**, Rep. 1.**36**):

- Das am Myosinkopf angelagerte **ATP** wird gespalten. ADP und P bleiben an Ort und Stelle, die freiwerdende **Energie** ist in der Lage, den Myosinkopf im Gelenk zwischen Kopf und Schaft zu heben. Der **„aufgerichtete" Kopf** bildet eine Querverbindung hin zum Actin und ist bereit, sich an die Actinbindungsstelle anzulagern.
- Calcium-Ionen bereiten das Actinmolekül auf die Bindung des Myosins vor: F-Actin wird von einem Proteinmolekül, dem **Tropomyosin,** derart umwunden, daß alle Bindungsstellen für Myosin blockiert sind. Besonders an dieser Blockade beteiligt sind Untereinheiten des Proteins, des **Troponins,** das in Abständen dem Tropomyosin aufgelagert ist (Abb. 1.**80 a**). An diese Moleküle bindet das Calcium und führt zu einer Konfigurationsänderung, so daß das Tropomyosin ins

Rep. 1.**36** Vorgang der Kontraktion am quergestreiften Muskel

1. Reizauslösung	– in der motorischen Endplatte Reizübertragung durch Acetylcholin → – Membrandepolarisation – Depolarisation überträgt sich über T-System (Transversaltubuli) auf Sarcoplasmatisches Reticulum (Ca^{2+}-Vesikel) – Ausstrom von Ca^{2+} aus den Zisternen in die Zelle
2. Wirkung am Actin	– Ca^{2+} bindet an Troponin C – Konfigurationsänderung von Tropomyosin – Freilegung der Myosin-Bindungsstellen
3. Wirkung am Myosin	– Hydrolyse des ATP am Myosinkopf zu ADP + P – freiwerdende Energie „hebt" Myosinkopf – Bindung an Actin – ADP und P fallen ab – Kopf entspannt sich und schiebt an Z-Linie fixiertes Actinfilament in Richtung M-Linie – ATP bindet an Myosinkopf und löst ihn vom Actin ab – ATP-Hydrolyse: Kopf richtet sich auf weiter wie oben

Innere des Actinfilamentes gedrängt wird und die Bindungsstellen frei zugänglich werden.

Der erhobene Myosinkopf lagert sich an die **Actin-Bindungsstelle** an. ADP und P fallen ab. Der Myosinkopf entspannt sich, der Hals wird länger und schiebt das Actinfilament in Richtung M-Linie. Da das Actin im Z-Streifen fixiert ist, wird dieser mitgezogen (s. Abb. 1.**77 a**). Ein neues ATP kommt heran, schiebt sich zwischen Actin und Myosin, lagert sich an den Myosinkopf an und löst diesen dabei vom Actin ab. ATP wird durch die aktive *ATPase* gespalten, der Myosinkopf wird aktiviert, richtet sich auf und lagert sich an das nächste Actinmonomer an. Neuerliche Entspannung führt zum Weiterschieben des Actins um eine Actineinheit. Die Myosinköpfe einer Filamentseite greifen alle in der gleichen Richtung an. Die Polarität rechts und links einer

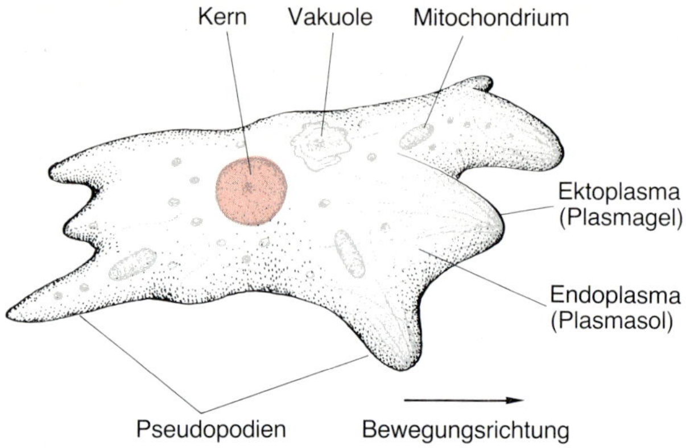

Abb. 1.**83** **Schematischer Aufbau einer Amöbe bei der Fortbewegung**

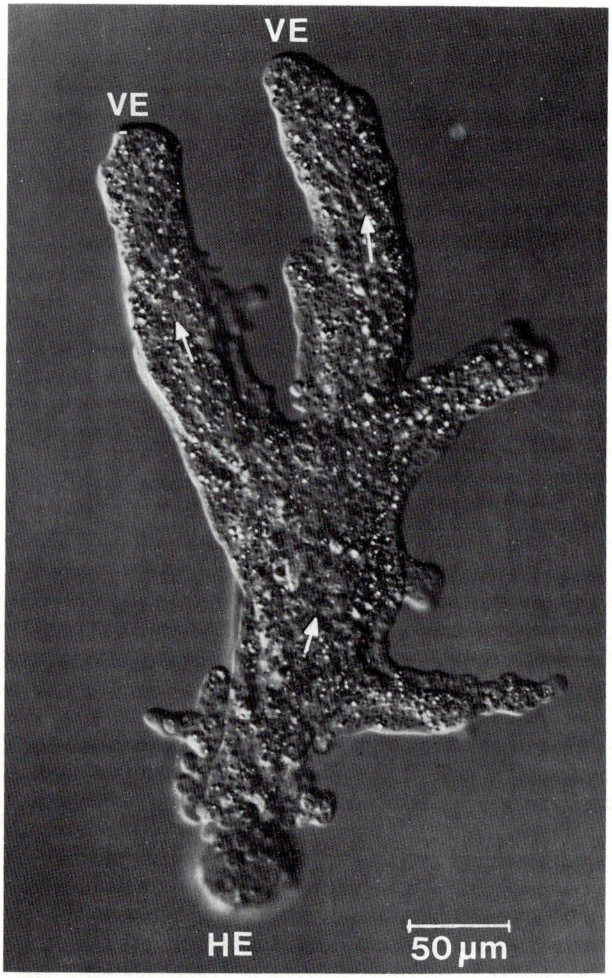

Abb. 1.**84 a** (Legende s. S. 83)

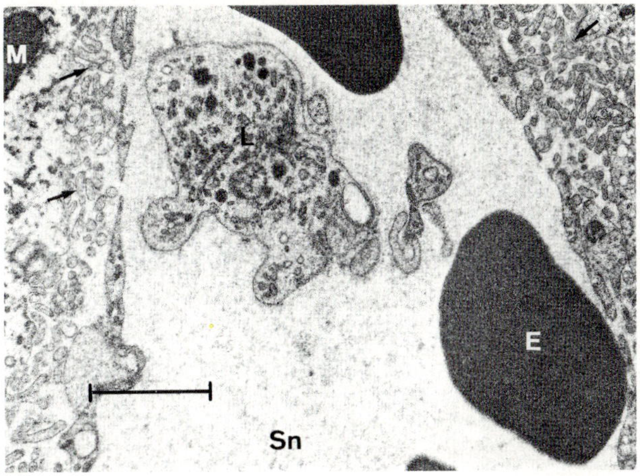

b

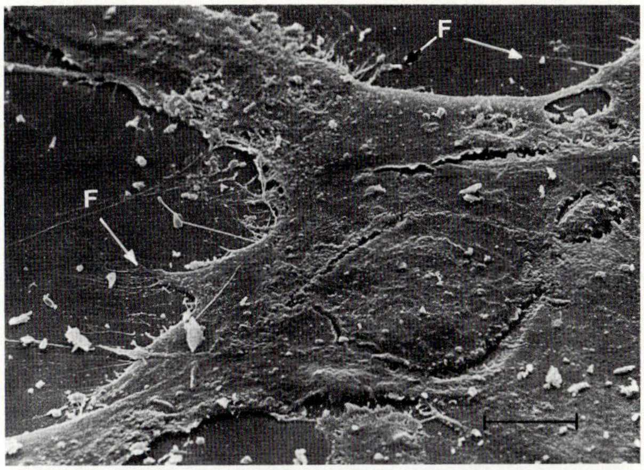

c

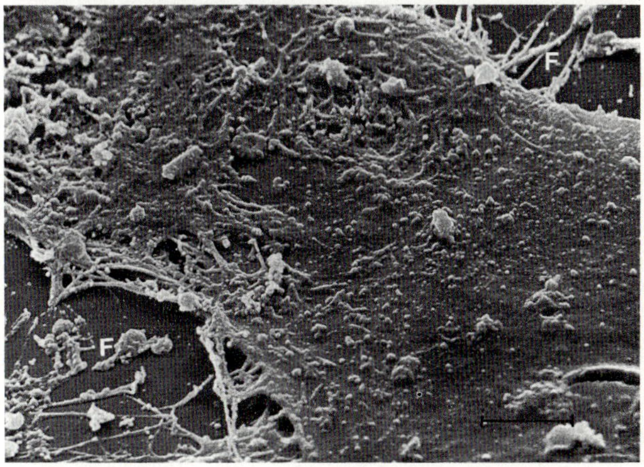

d

Abb. 1.84 Zellen, die zu amöboider Bewegung fähig sind
a Amöbe mit Pseudopodien; *A. proteus,* polytaktische Form (M: 1,75 cm ≙ 50 µm)
→ Strömungsrichtung, HE Hinterende, VE Vorderende (Aufnahme: W. Stockem, Bonn)
b Leukocyt (L) in Sinusoid (Sn) einer Rattenleber (M: 2 cm ≙ 2 µm) E Erythrocyt, M Mitochondrium, Pfeile zeigen auf Mikrovilli (Aufnahme: S. Berger, H. G. Schweiger, Heidelberg)
c Filopodien (F) eines Fibroblasten in Kultur (M: 2 cm ≙ 40 µm)
d wie c, nur stärker vergrößert (M: 2 cm ≙ 5 µm) (Rasteraufnahmen: S. Berger, H. G. Schweiger, Heidelberg)

M-Linie ist entgegengesetzt: Actinfilamente ziehen die Z-Linien hin zur Mittellinie.

Da ein dickes Myosinfilament bis zu 500 Myosinköpfe besitzen kann, deren jeder 5- bis 10mal pro Sekunde an Actin binden und abfallen kann, kommt es zur kurzen und kräftigen Kontraktion der quergestreiften Muskulatur.

Kontraktionen der **glatten Muskeln** sind langsamer, dafür dauerhafter, so wie es z. B. die Darm-Peristaltik erfordert. Die Regulation dieser Bewegung verläuft über eine Phosphorylierung der leichten Ketten des Myosins.

1.7.3. Das Cytoskelett ist an der Zellbewegung beteiligt

Actin-assoziierte Proteine beeinflussen die Cytoplasmakonsistenz

Koordiniertes Zusammenwirken der Komponenten des Cytoskeletts ermöglicht die Zellbewegung. Diese Form der Bewegung wird besonders deutlich bei Einzellern, den Amöben (Abb. 1.**83**, 1.**84a**), und ist als amöboide Bewegung bekannt. In ähnlicher Weise, wenn auch sehr viel langsamer, bewegen sich die Leukocyten (weiße Blutzellen) fort, und auch bei Fibroblasten in Zellkultur können derartige Kriechbewegungen beobachtet werden (Abb. 1.**84c** u. **d**).

Während des Bewegungsablaufs werden Fortsätze (Pseudopodien = fingerförmige-, Lamellipodien = schaufelförmige Scheinfüßchen) aus dem Cytoplasma ausgestülpt und der Zellkörper nachgezogen. Dieser Vorgang wird durch spezifische Beschaffenheit des Cytoplasmas ermöglicht.

Bei den Amöben können zwei cytoplasmatische Regionen unterschieden werden. Ein flüssiges Cytoplasma – Endoplasma oder Plasmasol – im Zellinnern wird umgeben von einem festeren, durchsichtigen Cytoplasma, dem Ektoplasma oder Plasmagel (Abb. 1.**83**). Wird die Bewegung durch Ausstülpen der Plasmafortsätze initiiert, dann strömt flüssiges Endoplasma in die Pseudopo-

Rep. 1.**37**	Mikrovilli
Aufbau	– Cytoplasma-haltige Ausstülpungen der Zellmembran **(Bürstensaum)** – beweglich – Actin-Filamentbündel im Innern gewinnen Anschluß an Cytoskelett im apicalen Zellbereich
Aufgabe	– Oberflächenvergrößerung – Resorption
Vorkommen	an resorbierenden Epithelien: – Dünndarm – Nierentubuli

dien hinein und verfestigt sich zu Plasmagel. Gleichzeitig wird Ektoplasma zu Endoplasma verflüssigt. Dieser dauernde Wechsel von solartigem und gelartigem Zustand wird durch das Zusammenspiel von Actin mit verschiedenen anderen Proteinen, unter anderem Myosin, bewirkt.

Filamin kann (ähnlich wie Villin) mit seinen beiden Enden an Actinfilamente binden und sie zu einem dreidimensionalen Geflecht vernetzen, das dem Cytoplasma eine gelartige Konsistenz verleiht. Im Gegensatz dazu ist **Gelsolin** in der Lage, Actinfilamente zu fragmentieren. Abhängig von der Ca^{2+}-Konzentration und dem pH-Wert bindet das sonst freie Gelsolin an Actin und führt zu Brüchen im Molekül und zum Übergang vom Gel- zum Solzustand (Abb. 1.**85**).

Auch unterhalb der Plasmamembran befinden sich Actinfilamente. Die sog. Streßfasern (sie verhelfen der Zelle zu Widerstandsfähigkeit gegen Belastung) enthalten auch Myosin in Minisarcomeren. Sie finden sich u. a. in Endothelzellen, die die Gefäße auskleiden, und in Fibroblasten, denen sie das Haften an Oberflächen ermöglichen.

1.7.4. Elemente des Cytoskeletts durchziehen die Mikrovilli

Actin und Actin-bindende Proteine verleihen den Mikrovilli eine rigide Struktur

Cytoplasmatische Fortsätze ganz besonderer Art finden sich an Epithelzellen der inneren Körperoberfläche. **Mikrovilli** (Rep. 1.**37**) sind Ausstülpungen der Zellmembran, die, sind sie wie im Dünndarmepithel regelmäßig angeordnet, bereits im Lichtmikroskop als **Bürstensaum** zu erkennen sind. Die Mikrovilli haben die Aufgabe der Oberflächenvergrößerung. Besonders gut sind sie an resorbierenden Epithelien ausgebildet, wie im Dünndarm oder in den Nierentubuli. Die gewisse Stabilität der senkrecht zur Zelloberfläche stehenden Mikrovilli wird durch

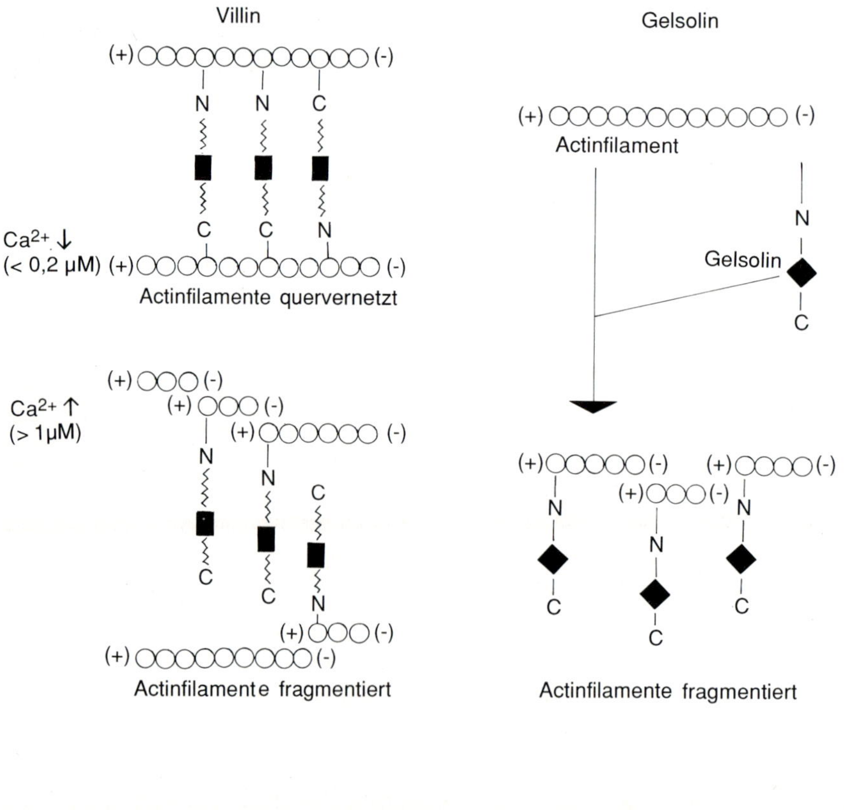

Abb. 1.**85** **Villin und Gelsolin wirken auf Actinfilamente.**
Villin ist in der Lage bei niedrigem Ca^{2+}-Gehalt in den Mikrotubuli durch Bindung seines N- und C-terminalen Endes Actinfilamente querzuvernetzen. Steigt der Ca^{2+}-Gehalt an, dann löst sich das C-terminale Ende vom Filament und das andere wird neben der Bindungsstelle des N-terminalen Endes in Richtung zum +Pol hin gespalten.
Ebenso wirkt Gelsolin, das allerdings nur mit seinem N-Terminus und nur bei hohem Ca^{2+} an F-Actin bindet. F-Actin wird dann geschnitten und dadurch im Cytoplasma der Amöben der Gel- in den Solzustand überführt.

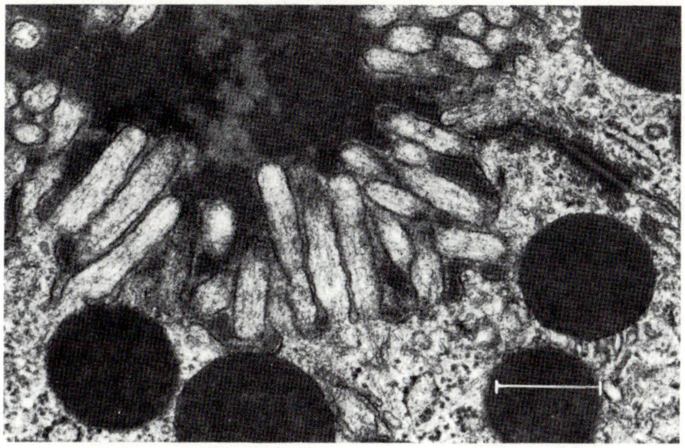

a

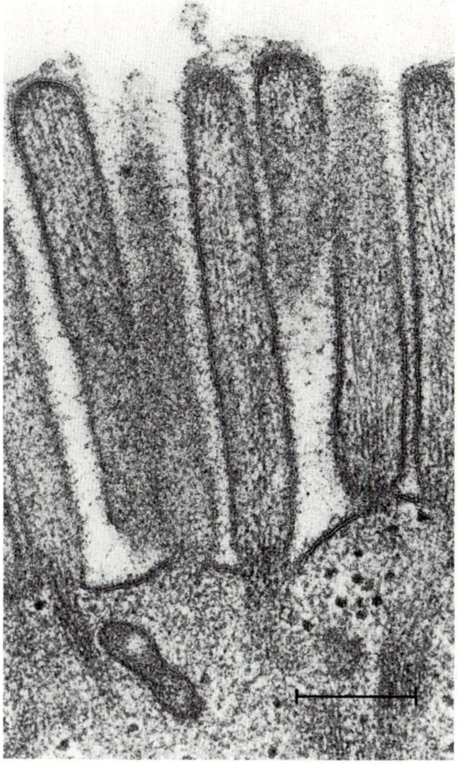

b

Abb. 1.86 Mikrovilli
a Azinuslumen, Pankreas, Mensch (M: 2 cm ≙ 0,5 μm)
b Duodenum, Ratte (M: 2,5 cm ≙ 0,25 μm) (Aufnahmen: H. F. Kern, Marburg)

Filamentbündel bewirkt, die von der Spitze der Fortsätze bis zur Basis ziehen und dort Anschluß an das Cytoskelett der Zelle zu finden.

Die Filamentbündel bestehen aus parallel angeordneten Actinfilamenten, die mit Hilfe verschiedener Proteine untereinander vernetzt und an der Zellmembran bzw. am Übergang zur Zelloberfläche fixiert werden (Abb. 1.**85**, 1.**86**).

Das wichtigste Protein, das dem Gelsolin (s. oben) gleicht, aber nur in Mikrovilli vorkommt, ist **Villin.** Dieses Protein kann, im Gegensatz zu Gelsolin, mit seinen beiden Enden an Actin binden, allerdings nur bei niedrigem Ca^{2+}-Gehalt. Bei hoher Ca^{2+}-Konzentration (μM-Bereich) verändert es seine Struktur so, daß es nur noch einseitig Actin binden kann. An der Bindungsstelle wird Actin fragmentiert, was z. B. bei bestimmten Diarrhöen zur Auflösung der Mikrovilli führen kann.

1.8. Extrazelluläre Matrix

Obwohl die Zelle autonom ist, muß sie sich im multizellulären Organismus zu Geweben und Organen zusammenfügen. Die Zellen stehen dabei durch Zellkontakte miteinander in Verbindung, und die Zellzwischenräume werden von einer **extrazellulären Matrix** ausgefüllt (Rep. 1.**38**), deren Bestandteile von den Zellen selbst sezerniert werden. Diese Substanz ist weit mehr als ein einfacher Kitt. Je nach ihrer Zusammensetzung hat sie mannigfaltige Rückwirkungen auf die Zelle: Sie beeinflußt die **Form,** die **Beweglichkeit,** die **Aktivität** einer Zelle und nimmt Einfluß auf ihre **Entwicklung.**

Je nach Art des multizellulären Komplexes variiert

Rep. 1.**38** Extrazelluläre Matrix

Aufbau	– gelartige Grundmasse aus **Proteoglycanen** – faserbildende Proteine **(Kollagen, Elastin, Fibronectin)**
Aufgabe	– Beeinflussung der Zellen im Hinblick auf Form, Beweglichkeit, Aktivität und Entwicklung
Vorkommen	– Interzellularraum, von Zellen sezerniert

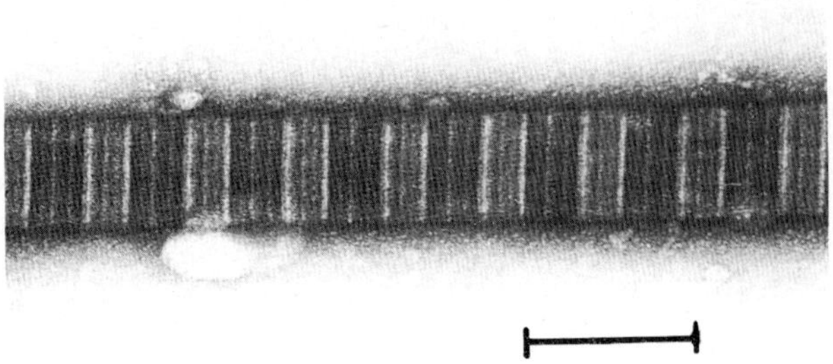

Abb. 1.87 Isolierte Kollagenfaser aus Mäuseschwanz
Das Bandenmuster ist typisch für Typ-I-Kollagen (Aufnahme: E. Robbins, D. Sabatini, New York; M: 1,7 cm ≙ 0,1 μm)

ihre Konsistenz: Bindegewebe, Bänder, Knorpel, Knochen charakterisieren die verschiedenen Gewebsarten.

In dieser Matrix durchziehen **faserbildende Proteine,** wie Kollagen, Elastin, Fibronectin, eine gelartige Grundmasse aus Proteoglycanen.

Kollagen (Abb. 1.**87**) ist eines der häufigsten Proteine. Drei Polypeptidketten von je ca. 1000 Aminosäuren mit einem auffallenden Reichtum an Prolin und Glycin sind α-helical zu einem Strang umeinandergewunden. Kollagen, es gibt mehrere Typen, wird im rauhen Endoplasmatischen Reticulum synthetisiert und nach Sekretion in den Golgi glycosyliert. Im Extrazellularraum lagern sich Kollagenmoleküle zu Fibrillen und Fasern zusammen. Je straffer das Bindegewebe sein soll, um so stärker werden sie quervernetzt. Zahlreiche genetische Krankheiten resultieren aus fehlerhafter Kollagensynthese. Zu den Kollagenosen gehört z. B. das **Marfan-Syndrom.**

In Geweben mit großer Elastizität, wie Haut oder Blutgefäße, wird ein anderes Protein, das **Elastin,** sezerniert. Ein weiteres faserbildendes Protein ist das **Fibronectin.** Es ist bei der Anheftung der Zellen an Oberflächen, z. B. *in vitro* an Kulturschalen, beteiligt und ist auffällig vermindert in Tumorzellen. Über seine Fähigkeit zur Adhäsion nimmt es offensichtlich Einfluß auf die Zellbeweglichkeit.

Die **gelartige Grundmasse** wird von einer Reihe von Molekülen gebildet, die früher unter dem Namen Mucoproteine bzw. Mucopolysaccharide, heute als **Proteoglycane** bekannt sind.

Glycane sind lange, unverzweigte Polysaccharidketten, die aus Disacchariden aufgebaut werden. Häufig finden sich Einbau von Schwefel im Molekül sowie Bindung an Proteine (Proteoglycane). Hyaluronsäure, ein Glycan, und Heparin, ein Proteoglycan, sind einige Vertreter dieser Gruppe. Pathologische Speicherung dieser Moleküle führt zu schweren genetischen Krankheiten, den **Mucopolysaccharidosen** (Tab. 1.**8**).

Die genannten Moleküle sind häufig auch Bestandteil der Glycokalix, so daß die Übergänge dieser Strukturen zur extrazellulären Matrix fließend sind.

Weiterführende Literatur

Alberts, B., D. Bray, J. Lewis, M. Raff, K. Roberts, J. D. Watson: Molecular Biology of the Cell, 2nd ed. Garland, New York 1989

Carnell, J., H. Lodish, D. Baltimore: Molecular Cell Biology, 2nd ed. Freemann, New York 1990

Karp, G.: Cell Biology, 2nd ed. Mc Graw-Hill, New York 1984

Kleinig, H., P. Sitte: Zellbiologie, 2. Aufl. Fischer, Stuttgart 1986

de Robertis, E. D. P., E. M. F. de Robertis: Cell and Molecular Biology, 7th ed. Saunders, Philadelphia 1987

Sheeler, P., D. E. Bianchi: Cell Biology: Structure, Biochemistry and Function, 3rd ed. Wiley, Chichester 1987

Ude, J., M. Koch: Die Zelle. Fischer, Stuttgart 1982

Kapitel 2

Molekulare Biologie

Ein wesentliches Merkmal alles Lebendigen ist die Fähigkeit zur Reproduktion, zur Vermehrung der eigenen Art. Form, Gestalt und Eigenschaften werden an die Nachkommen weitergegeben, sie werden vererbt. Die biochemische Analyse der Natur der Erbfaktoren, der DNA, ihrer Vermehrung, Weitergabe und Ausprägung sowie ihrer Veränderungen wird als molekulare Biologie zusammengefaßt. Im Zentrum stehen die Nucleinsäuren.

2.1. Das genetische Material ist Desoxyribonucleinsäure (DNA)

Von den Makromolekülen einer Zelle wurden lange Zeit Proteine als Träger des genetischen Materials favorisiert. Erst 1944 lieferten Avery und Mitarbeiter den klaren Beweis, daß das **Genmaterial** aus **Nucleinsäure** besteht.

2.1.1. Mit Hilfe von virulenten und avirulenten Pneumokokken bewies Avery die Transformation

Die grundlegenden Experimente dazu wurden an Bakterien gemacht. Das eigentliche Experiment reicht in das Jahr 1928 zurück. Damals arbeitete der englische Bakteriologe **Fred Griffith** mit Pneumokokken, bakteriellen Erregern der Lungenentzündung (Pneumonie). Er machte folgende Beobachtung: Pneumokokken bilden eine Polysaccharid-Kapsel, die ihren Kolonien ein glattes, glänzendes Aussehen verleiht. Er nannte sie deshalb „smooth“ (S). Nach längerer Züchtung im Labor können Mutanten auftreten, die ihre Fähigkeit zur Kapselbildung verloren haben. Sie haben eine rauhe Oberfläche und werden als „rough“ (R) bezeichnet. Spritzt man Mäusen S-Zellen, so sterben diese innerhalb kürzester Zeit an Lungenentzündung, während R-Bakterien praktisch unschädlich sind. Sie haben ihre Virulenz verloren. S-Zellen können durch Erhitzen abgetötet werden (schädigende Proteine werden denaturiert). Griffith fand, daß eine Mischung von abgetöteten S-Zellen und avirulenten R-Zellen, Mäusen gespritzt, zu deren Tod führte (Abb. 2.**1**). Aus den Mäusen konnten wieder virulente kapselbildende Zellen isoliert werden. Anhand von Typenanalyse wurde sichergestellt, daß die lebenden, aber unschädlichen R-Zellen zu virulenten Zellen vom Typ der abgetöteten S-Zellen geworden waren. Das heißt, die toten Zellen hatten ihre Eigenschaft, Kapseln zu bilden, und damit ihre Virulenz, auf die lebenden Zellen übertragen. Eine **Transformation** hatte stattgefunden (Abb. 2.**3**). Dieses Experiment wurde drei Jahre später in verfeinerter Form im Reagenzglas wiederholt. Extrakte von S-Zellen waren geeignet, R-Zellen zu transformieren. Die Erklärung für dieses Phänomen fand **O. T. Avery** 1994 (Abb. 2.**2**). Er identifizierte in Zellextrakten die DNA als transformierendes Agens. Sein Beweis: Ein DNA-zerstörendes Enzym, die *DNAase,* verhindert die Transformation, während Inaktivierung der anderen Bestandteile des Zellextraktes, wie z. B. der Proteine oder Lipide, keinen Einfluß hatten. Mit dieser Erkenntnis war der Grundstein für die molekulare Genetik gelegt.

2.1.2. Auch Phagenexperimente bewiesen die DNA als Informationsträger

Noch ein anderes Experiment soll seiner Bedeutung wegen erwähnt werden, das das Wissen um die DNA als Träger der genetischen Information bestätigte. 1952 machten **Hershey** und **Chase** Experimente mit Phagen (Abb. 2.**4**). Diese bakteriellen Viren sind auf einen Wirt, z. B. eine Bakterienzelle, angewiesen, in die sie eindringen und deren Stoffwechsel sie in schmarotzender Art und Weise zur Reproduktion ihrer eigenen Information ausnutzen. Sind genügend neue Phagen produziert, dann bricht die Wirtszelle auseinander (lysiert) und entläßt die Viren (Abb. 2.**5**). Mit solchen Viren (T-Phagen) bewiesen Hershey und Chase, daß nur DNA die genetische Information gespeichert hat (Abb. 2.**6**). Sie vermehren Viren in Bakterien, die in Medium wuchsen, das entweder radioaktives Methionin (^{35}S) oder radioaktiv markiertes Phosphat (^{32}P) enthielten. Die Phagen bauten das **markierte Methionin** in ihre **Proteinhülle** ein. Das **markierte**

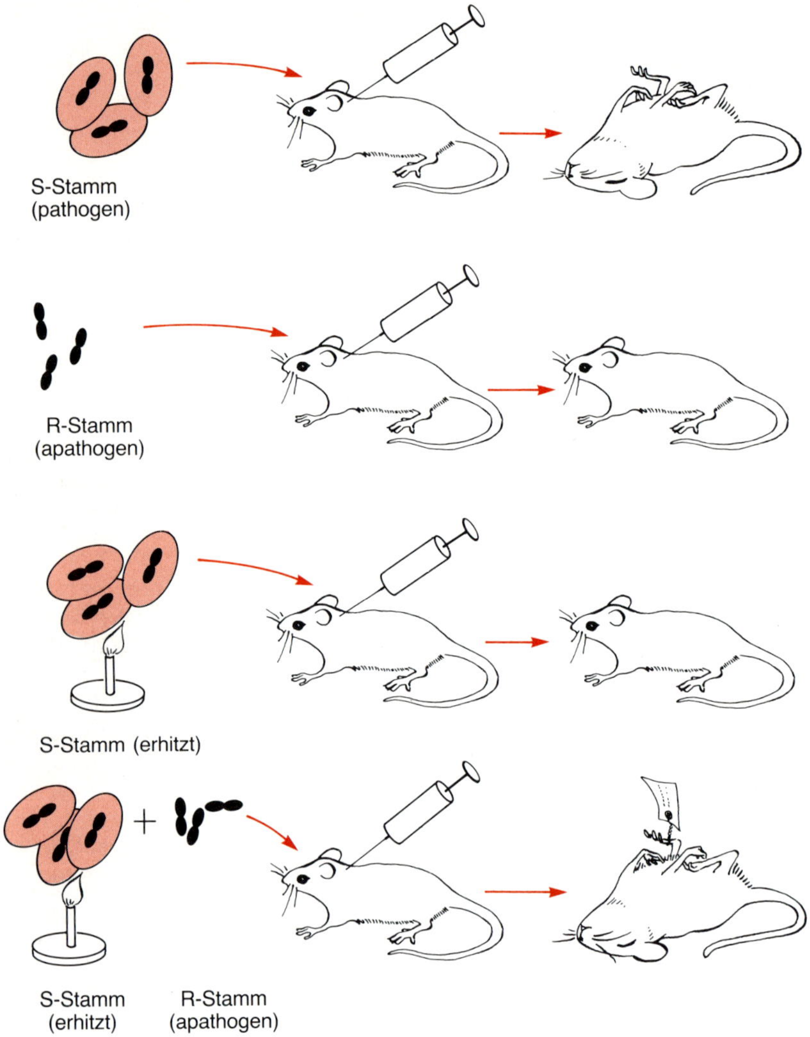

Abb. 2.1 Darstellung der Experimentserie, in der apathogene Kokken durch die Zugabe von pathogenen, durch Hitze inaktivierte Keime pathogen werden

Phosphat benutzten sie beim Aufbau ihrer **DNA.** Mit derartig ausstaffierten Viren wurden Bakterien infiziert. Die Phagen heften sich während der Adsorption mit ihrer Grundplatte an Rezeptoren der Bakterienwand (dieser Vorgang kann elektronenmikroskopisch verfolgt werden) und entlassen den Inhalt der Proteinhülle, die DNA, ins Innere der Wirtszelle (Infektion). Die Hülle selbst bleibt außen am Bakterium hängen und kann mechanisch abgetrennt werden. Verwendeten die Forscher Viren, deren DNA mit Phosphor markiert war, dann fand sich die Radioaktivität in den Bakterien und in Phagen-Nachkommen wieder. Waren die Phagen jedoch in ihrer Proteinhülle mit Schwefel markiert, dann blieb die Radioaktivität im Überstand und weder Bakterien noch Phagen-Nachkommen besaßen Markierung. Damit war gezeigt: Nur die DNA wird zur Vermehrung eines Individuums benötigt. In ihr liegt die Information zur Synthese der für den Gesamtorganismus notwendigen Bausteine gespeichert. Die DNA legt fest, ob Pneumokokken eine Polysaccharid-Kapsel bilden sollen oder nicht, und sie enthält auch das Rezept zur Bildung der Phagen-Proteinhülle.

2.1.3. Auch RNA kann Informationsträger sein

Nicht nur DNA wurde auf diese Weise als genetisches Material erkannt. Auch die Nucleinsäure **RNA** kann **Informationsträger** sein. **Schramm** und Mitarbeiter isolierten RNA aus Tabakmosaik-Viren. Rieben sie diese RNA unter Verletzung der Oberfläche in Tabakblätter ein, dann zeigten diese Pflanzen alle Zeichen einer Virusinfektion: Die RNA war voll infektiös.

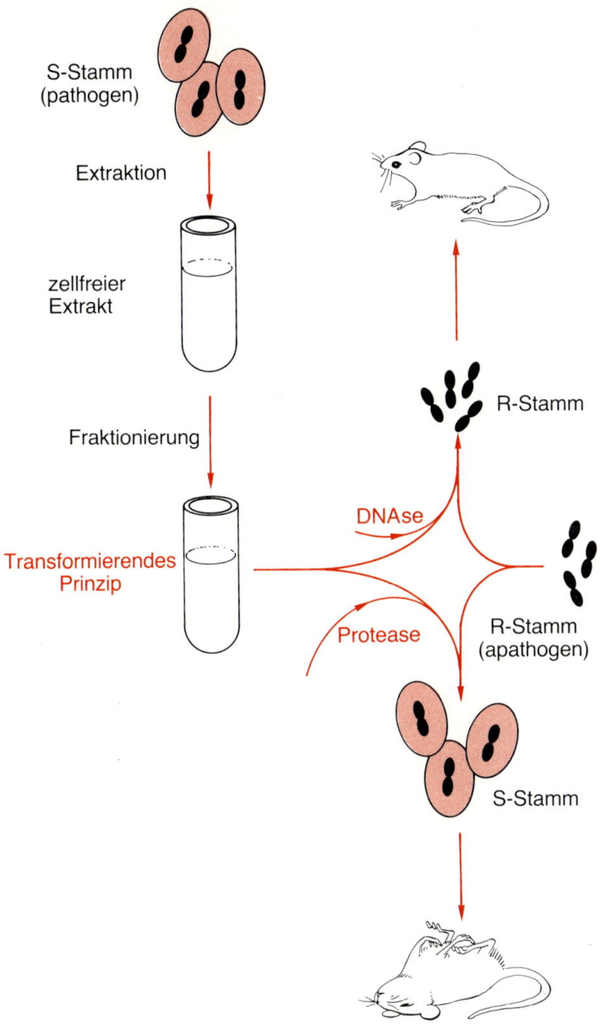

Abb. 2.2 **Das Experiment von Avery zum Nachweis der DNA als das transformierende Agens**
Zellextrakt von pathogenen Bakterien wurde mit DNA- bzw. Protein-zerstörenden Enzymen behandelt. Der *DNAase* behandelte Extrakt verlor seine Pathogenität

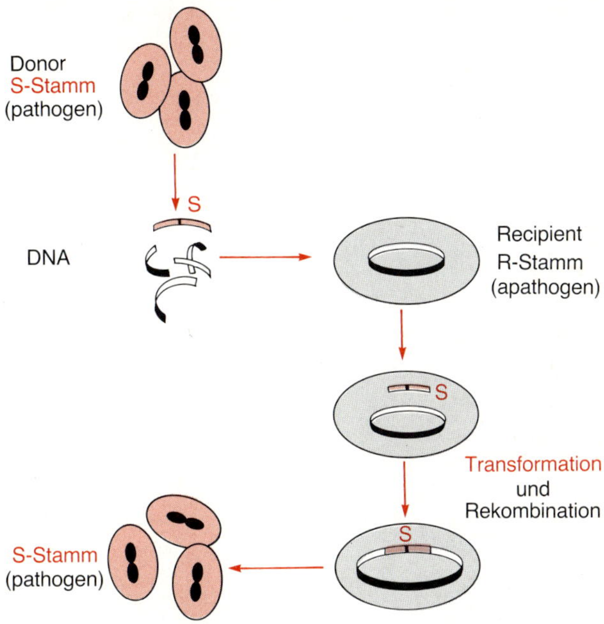

Abb. 2.3 **Transformation von apathogenen Zellen durch die DNA pathogener Zellen**
Die DNA mit dem Marker für Pathogenität wird durch die Zellmembran einer apathogenen Recipientenzelle aufgenommen und in das Genom eingebaut. Es entsteht ein pathogener Zellstamm

2.1.4. DNA-abhängige Enzymsynthese *in vitro* rundet die Beweiskette ab

Der letzte und endgültige Beweis, daß die DNA Träger der genetischen Information ist, wurde durch die **DNA-gesteuerte Enzymsynthese** *in vitro* erbracht. 1966/67 wurde als erstes ein T3-Phagenenzym, das das physiologische Methylierungssubstrat der Zelle, *S*-Adenosylmethionin (SAM) hydrolysiert, gemacht. Diese *SAMase* wurde, codiert von T3-DNA, im Reagenzglas synthetisiert.

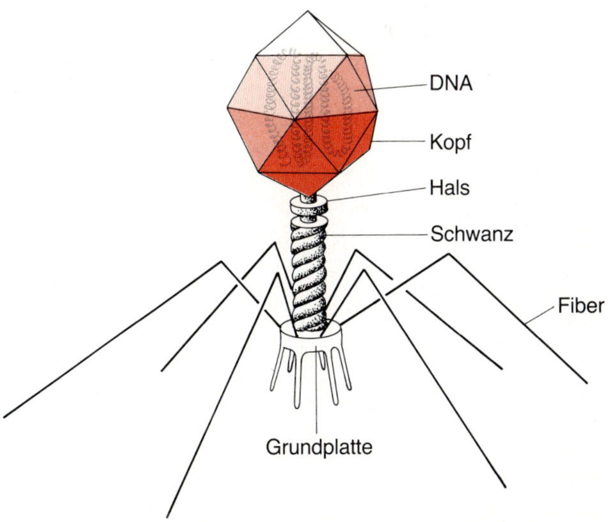

Abb. 2.4 **Aufbau eines bakteriellen Virus (Bakteriophage)**

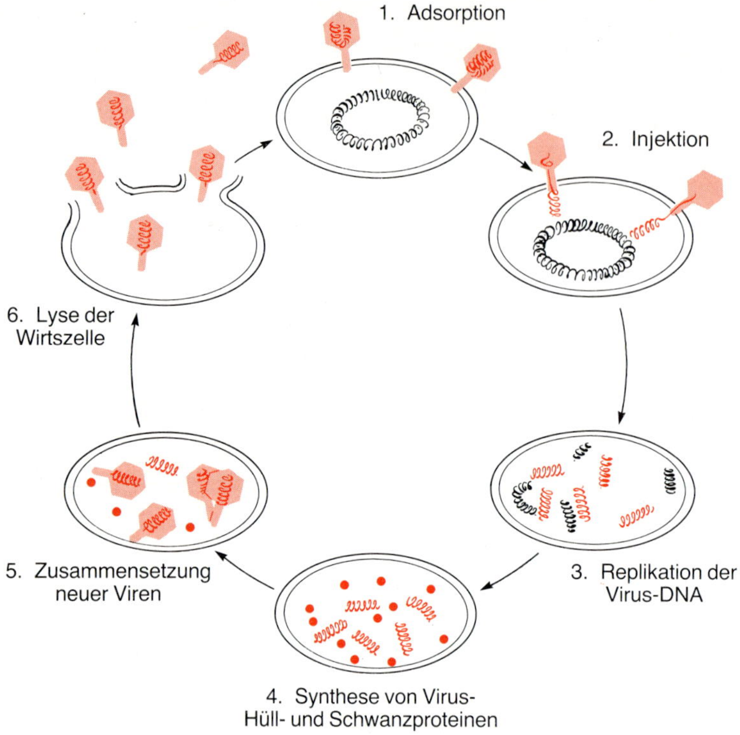

Abb. 2.5 Infektionscyclus eines bakteriellen Virus
1. Adsorption: Anheftung der Spikes an Membranrezeptoren
2. Infektion: Einschleusen der viralen DNA
3. Replikation viraler DNA
4. Synthese viraler Proteine
5. Bildung neuer Viren
6. Lyse der Wirtszelle
7. Entlassung zahlreicher infektiöser Viren

2.1.5. Nucleinsäuren sind fadenförmige Makromoleküle

1871 wurden **Nucleinsäuren** erstmals von Miescher im menschlichen Eiter entdeckt, als riesige **fadenförmige Makromoleküle** (rel. Molekülmasse mehrere Millionen) beschrieben und Nuclein genannt. Grundsätzlich müssen zwei Sorten von Nucleinsäuren unterschieden werden, einmal die **DNA** (Desoxyribonucleinsäure), von der im weiteren zunächst die Rede sein wird als dem genetischen Material der meisten Arten mit Ausnahme einiger Viren, und zum anderen die **RNA** (Ribonucleinsäure), die wir später als Zellbestandteil mit verschiedenen Aufgaben kennenlernen werden. Die Bausteine der Nucleinsäuren sind die **Nucleotide,** die ihrerseits aus drei Komponenten bestehen: einer **Pentose** (Fünfringzucker), einer **Base** und einer **Phosphorsäure.** Zucker und Base allein werden auch als **Nucleosid** bezeichnet. Die Base (Abkömmling von Purin bzw. Pyrimidin) ist *N*-glycosidisch an das C1-Atom der Pentose gebunden, während die Phosphorsäure eine Esterbindung mit der Hydroxy-Gruppe des C5-Atoms des Zuckers eingeht. Nucleotide werden zu Polymeren (Polynucleotiden) verknüpft, indem es zwischen der Hydroxygruppe des C3-Atoms der Pentose eines Nucleotids und der Hydroxygruppe der Phosphorsäure eines zweiten unter Wasserabspaltung zur Esterbindung kommt. Die Nucleotide der Desoxyribonucleinsäure besitzen als Zucker eine 2-Desoxyribose und die Basen **Adenin** (A), **Guanin** (G), **Cytosin** (C) bzw. **Thymin** (T).

Die Nucleotide der Ribonucleinsäuren enthalten, wie der Name sagt, eine Ribose und statt der Base Thymin die Base **Uracil** (U) (Abb. 2.**7**).

2.1.6. Die Struktur der DNA erklärt ihre Funktion

Avery und nach ihm Hershey und Chase hatten gezeigt, daß die Übertragung von genetischer Information an DNA gebunden ist. Es galt nun, zu erklären, wie ein Molekül, dessen Variationsmöglichkeit durch nur vier Basen gegeben ist, eine solche Fülle von verschiedenen Informationen speichern kann, wie sie zum Aufbau eines Organismus benötigt werden. Durch **Röntgenstrukturanalyse (Rosalind Franklin** und **Wilkens**) lernte man, daß der DNA-Faden aus **zwei Ketten** zusammengesetzt ist. **Chargaff** veröffentlichte 1950 chemische Analysen ver-

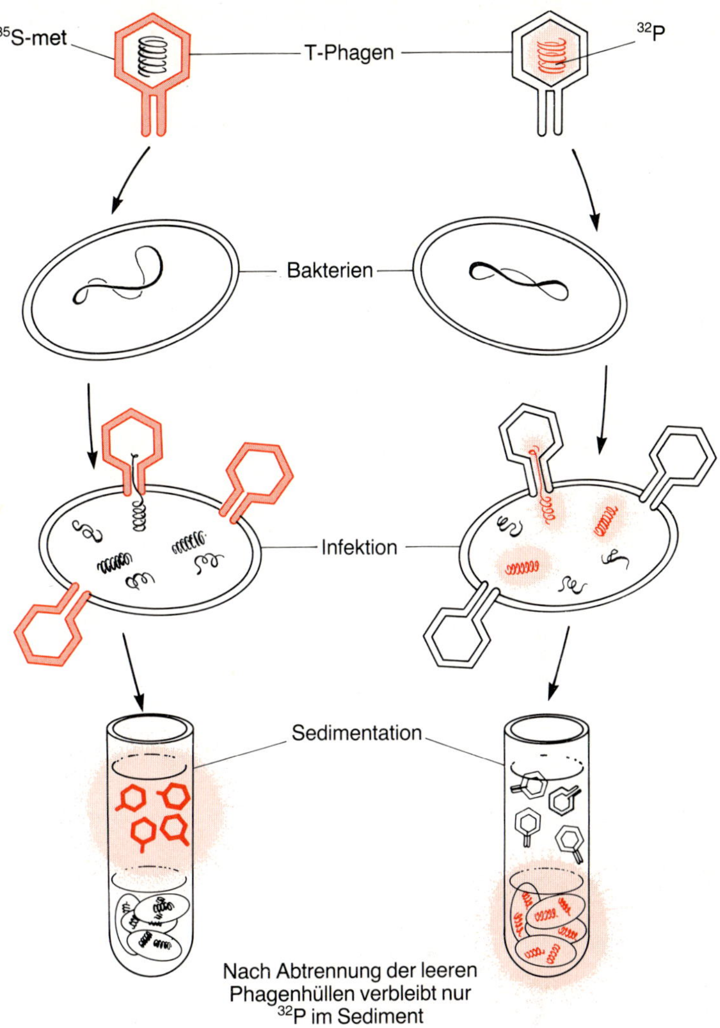

Abb. 2.6 Das Experiment von Hershey und Chase zum Nachweis der DNA als Träger der genetischen Information
Die unterschiedliche radioaktive Markierung von DNA und Protein von Viren ermöglicht es, die DNA als einzigen Informationsträger für die Virussynthese zu identifizieren

schiedenster DNAs, woraus hervorging, daß die Menge des Purins Adenin stets der des Pyrimidins Thymin entspricht und die des Purins Guanin der des Pyrimidins Cytosin (Tab. 2.**1**). Eine **spezifische Paarung** zwischen den entsprechenden Basen wurde demzufolge im doppelsträngigen Molekül angenommen. **Pauling** hatte bereits bei Proteinmolekülen eine schraubenförmige Struktur eines linearen Polypeptid-Stranges beschrieben, die sog. **α-Helix.** Alle diese Faktoren zusammen ermöglichten schließlich **Watson und Crick,** 1953 das Modell der DNA vorzustellen (Rep. 2.**1**).

Ein DNA-Molekül setzt sich aus zwei fadenförmigen Polynucleotid-Strängen mit **gegenläufiger Polarität** (Richtung) zusammen. Die Aneinanderreihung der Nu-

Tab. 2.1 Verhältnis der Basen in DNAs verschiedener Herkunft

	A	T	A/T	G	C	G/C
Mensch	30,9	29,4	1,051	19,9	19,8	1,005
Huhn	28,8	29,2	0,986	20,5	21,5	0,954
Weizen	27,3	27,1	1,007	22,7	22,6	1,004
Hefe	31,3	32,9	0,951	18,7	17,1	1,094
E. coli	24,7	23,6	1,047	26,0	25,7	1,012
Mittelwert			1,008			1,014
Fazit	**A = T**			**G = C**		

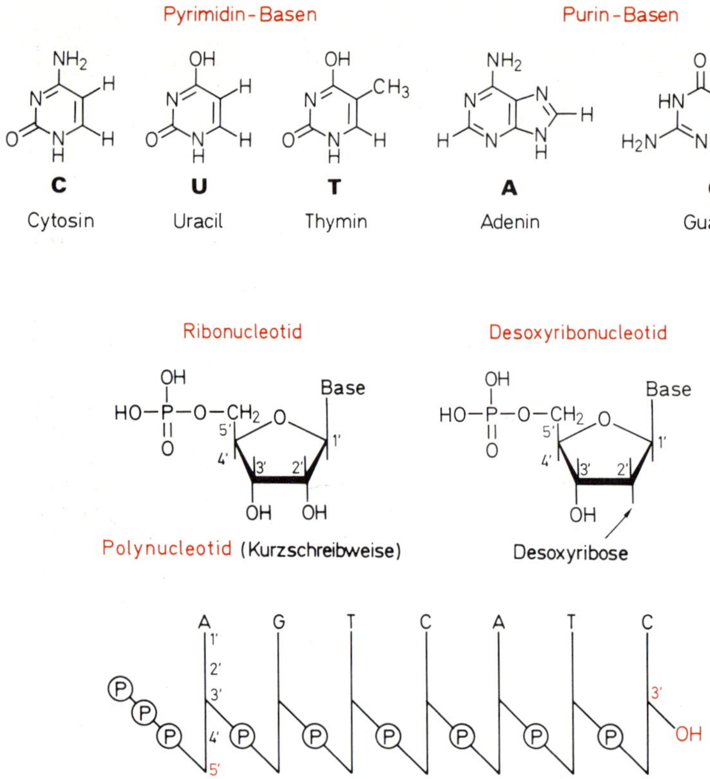

Abb. 2.**7** **Bausteine von Nucleinsäuren**

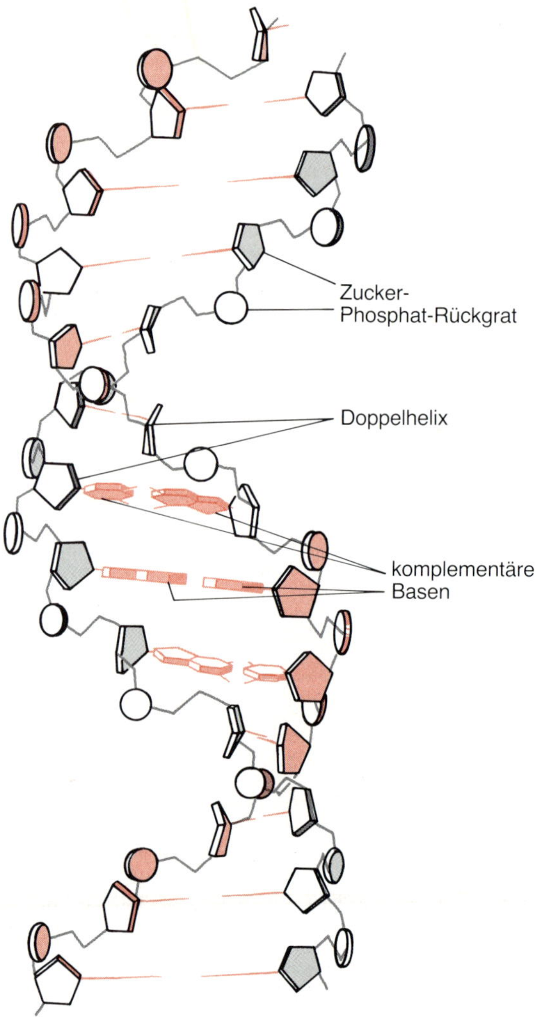

Abb. 2.**8** **Struktur der DNA**
Doppelstrang-Helix mit Basenpaarungen

Rep. 2.**1** Bauprinzipien der DNA

1. **Doppelhelix** aus zwei um eine gemeinsame Achse gewundenen Polynucleotid-Strängen
   Rückgrat: Zucker-Phosphat-Ketten
   im Innern: Basen – buchartig aufeinandergestapelt
2. Beide Stränge zueinander **komplementär**
   Gesetz der spezifischen Basenpaarung: A = T
   G ≡ C
3. Richtung der Stränge: **antiparallel**
4. Zusammenhalt: Wasserstoff-Brücken und hydrophobe Bindungen
   – Primärstruktur: Reihenfolge der Nucleotide
   – Sekundärstruktur: Doppelstranghelix (Wasserstoff-Brücken)
   – Tertiärstruktur: räumliche Struktur des ganzen Moleküls (z. B. Ringform bei Bakterien)

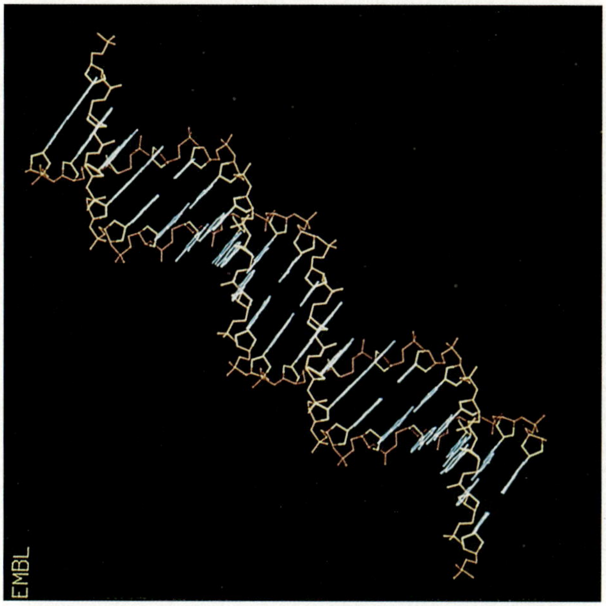

a

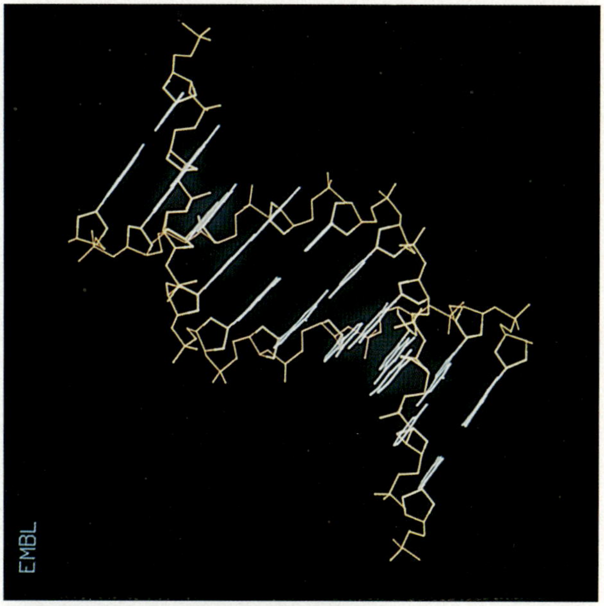

b

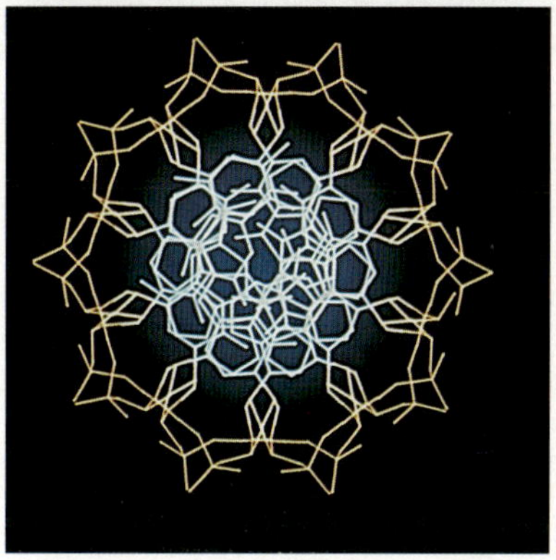
c

Abb. 2.9 **Computerdarstellung der Basenpaarung**
a B-DNA, 20 Basenpaare
b B-DNA, 10 Basenpaare
c B-DNA entlang der Helixachse
(Aufnahme: H. Bossard, Heidelberg, EMBL)

cleotide ergibt die **Primärstruktur** des Moleküls. Das Rückgrat des Moleküls, die hydrophilen Ketten aus Zukker und Phosphat, liegen außen, die hydrophoben Basen verbergen sich im Innern: Damit besitzt die DNA im wäßrigen Zellmilieu eine optimale Ausrichtung hydrophiler und hydrophober Reste (Abb. 2.**8**, 2.**9**). Die beiden Fäden mit 2 nm Durchmesser sind schraubenförmig aufgewunden (α-Helix). Dadurch bekommt das Molekül eine spezifische Geometrie **(Sekundärstruktur),** die zur Paarung gegenüberliegender Basen unter Ausbildung von **Wasserstoff-Brücken** führt. Durch die räumliche Beschränkung im Molekül werden nur Adenin und Thymin unter Ausbildung von zwei Wasserstoff-Brücken und Guanin und Cytosin unter Ausbildung von drei Wasserstoff-Brücken zur Paarung zugelassen. Diese Basen sind somit **komplementär.** Die Basen liegen mit ihren 0.34 nm dicken Ringen wie Bücher aufeinander gestapelt, wobei als Folge der schraubigen Aufwindung des DNA-Fadens jedes Basenpaar zum darunterliegenden um 36 Grad verdreht wird. Nach 10 Nucleotiden (Basenpaaren) ist eine volle Drehung erreicht. Jede Windung der DNA hat eine Höhe von 3,4 nm. Durch die Asymmetrie der Basen entstehen die großen und die kleinen **Gruben** an der Außenseite des DNA-Fadens: hier können DNA-bindende Proteine die im Inneren verborgenen Basen „erfühlen“ und sich sequenzspezifisch anlagern. Die feste Packung der Ringe (hydrophobe Wechselwirkungen), und die Ausbildung der Wasserstoff-Brücken zwischen A und T und G und C bewirken die **Stabilität** der DNA. Die geometrisch spannungslose Einpassung der Basenpaare AT

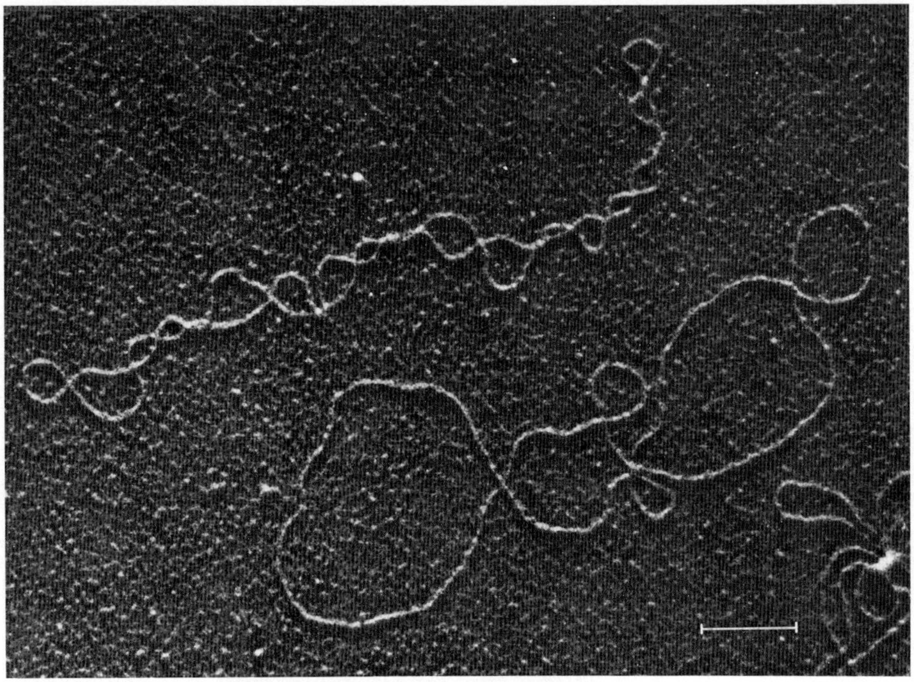

Abb. 2.10 DNA des Plasmids pBR322
Die DNA-Moleküle sind in vertwisteter und in entspannter ringförmiger Form dargestellt (Aufnahme: G. Klotz, Ulm; M: 2,45 cm ≙ 10 µm)

und GC in das DNA-Molekül erlaubt eine beliebige Reihenfolge der Basen im Verlauf des DNA-Fadens. Es treten keinerlei Verzerrungen im Molekül auf, solange die komplementäre Paarung eingehalten wird. Austausch ganzer Basenpaare sind ebenso möglich wie Positionswechsel innerhalb eines Paares von einem Strang zum anderen. So wie die Morseschrift Textinformation mit Hilfe von drei Symbolen ausdrückt, verschlüsselt die Reihenfolge der vier Basen im DNA-Molekül die genetische Information (s. Abschn. 2.5, S. 124). Bemerkenswert ist, daß ein DNA-Molekül jede Information doppelt speichert. Denn die Basensequenz eines Stranges zieht notwendigerweise durch komplementäre Paarung die des anderen nach sich. Dieses gleichzeitige Vorkommen von „Positiv" und „Negativ" garantiert eine der fundamentalen Fähigkeiten der DNA: die identische Selbstverdopplung.

2.2. DNA-Replikation

2.2.1. Die DNA-Replikation braucht einen Startpunkt

Biologische Vorgänge sind am leichtesten mit Hilfe einfacher, einzelliger Organismen zu analysieren. So wurde auch die **Replikation** (Rep. 2.**2**, Abb. 2.**11**) des genetischen Materials an Bakterien studiert, deren DNA „nackt" im Zellcytoplasma liegt. Mehrere Enzyme sind am Vorgang der Replikation beteiligt **(Multienzymsystem).** Sie sind in Form eines Replikationskomplexes zellmembrangebunden.

Bei **Bakterien** beginnt die Replikation von einem **einzigen Startpunkt** aus, dem sog. Ursprung der Replikation (Abb. 2.**12**, 2.**13**). Hier muß zunächst die Doppelhelix aufgewunden werden – Aufgabe einer *„Helicase"*, die mit 9000 Umdrehungen pro Minute die beiden Stränge umeinanderdreht. Zur Verminderung der Spannung werden vereinzelt Einzelstrangbrüche in die DNA gesetzt. Dies ist Aufgabe der *Topoisomerase.* Ein weiteres Enzym spreizt die beiden Polynucleotid-Stränge so, daß Einzelstrangregionen von ca. 2000 Basenpaaren (bp) Länge frei werden, und sich die Wasserstoff-Brücken zwischen den Basen lösen. **DNA-Bindungsproteine** stabilisieren die einzelsträngige DNA, indem sie eine neuerliche Nucleotidpaarung sterisch verhindern. Jetzt kann die eigentliche Replikation beginnen. deren zentrales Enzym eine *DNA-Polymerase* ist (rel. Molekülmasse 109 000). Die Replikationsgabel schreitet vom Ursprung der Replikation nach beiden Seiten fort. Repliziert wird dabei an beiden Strän-

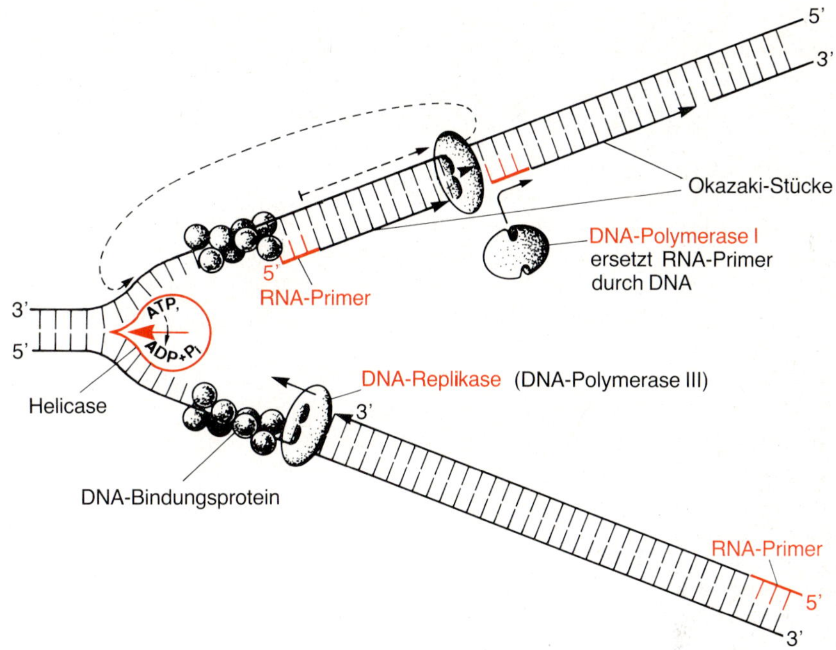

Abb. 2.11 Schema der Vorgänge bei der DNA-Replikation
Helicase und DNA-Bindungsproteine entwinden den DNA-Doppelstrang unter Energieaufwand und stabilisieren die Einzelstränge. Replikation durch *DNA-Polymerase III* in 5' → 3'-Richtung, beginnend an RNA-Primer. Ersatz der RNA-Primer mittels *DNA-Polymerase I* durch DNA. Ligierung der neuen DNA-Stücke durch die *DNA-Ligase*

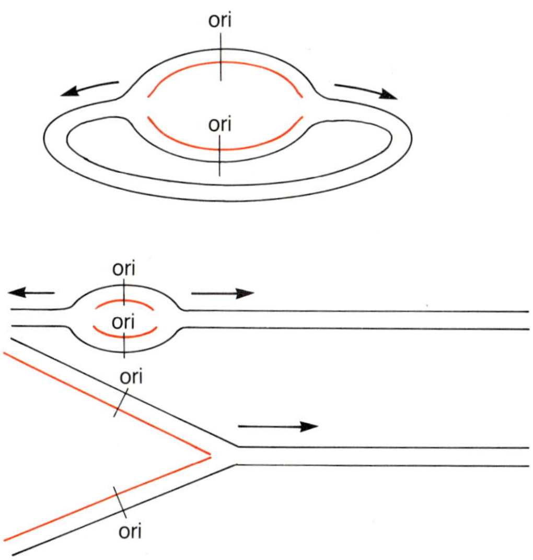

Abb. 2.12 Startpunkte (Initiation) der Replikation bei Prokaryonten
Startpunkte (ori) und Replikationsrichtung für zirkuläre *(Escherichia coli)* und lineare (Phage T7) DNA-Moleküle

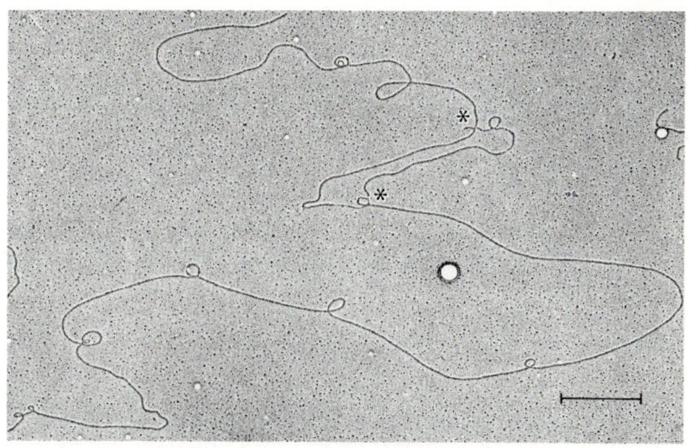

Abb. 2.13 Replikations-Loops (Sternchen) in einem PvuII-Fragment von Euglena-Chloroplasten-DNA
(Aufnahme: B. Koller, H. Delius, Heidelberg; M: 2,5 cm ≙ 1 μm)

gen gleichzeitig. Eine Replikationsrunde dauert bei *Escherichia coli* ca. 40 min. Die Replikationsgeschwindigkeit beträgt dabei 12 μm pro Minute. Schnelleres Replizieren wird nur dadurch ermöglicht, daß bereits neue Replikationsrunden gestartet werden, bevor die alte beendet ist.

Rep. 2.2 DNA-Replikation

1. **Semikonservativ**
2. **Replikation an beiden Strängen zugleich**
   Problem: 5′-3′-Replikation, daher:
   - Vorwärtsreplikation nur an einem Strang
   - am gegenläufigen Strang Replikation in kleinen Stücken (sog. Okazaki-Stücke ≈ 1000 Nucleotide lang)
   - Replikation am membrangebundenen Replikationskomplex (Multienzym)

Initiation

Wo? – am Ursprungspunkt auf der DNA (Prokaryonten; einer, Eukaryonten: viele)

Wie? – regionale Entwindung der Helix *(Helicase)*
- Bruch eines Stranges *(Topoisomerase)*
- Auseinanderweichen der Einzelstränge
- Stabilisierung der entschraubten DNA (Proteine)

Elongation

Wo? – am freien 3′-OH-Ende der wachsenden Kette

Wie? – *DNA-Polymerase III* knüpft in 5′-3′-Richtung dNTP an unter Ⓟ-Ⓟ-Abspaltung (Energiegewinnung! Anknüpfungsrate ≈ 2000 Nucleotide je Sekunde)
- sofortiges Korrekturlesen (*Exonuclease*-Aktivität des Enzyms)
- Abbau der RNA-Starter durch *DNA-Polymerase I* (Exonucleaseaktivität des Enzyms)
- Zupolymerisieren der Lücke in 5′-3′-Richtung unter Korrekturlesen (*Exonuclease*-Aktivität des Enzyms); Geschwindigkeit ≈ 60–100 Nucleotide je Sekunde

Ligieren

Wo? – Spaltstellen zwischen Replikationsfragmenten und Initiationsbruchstellen

Wie? – durch *Ligase* Vereinigung von 5′-Enden mit 3′-Enden der DNA

2.2.2. Die Eukaryonten-DNA hat mehrere Replikations-Startpunkte

Bei **Eukaryonten** gibt es **mehrere Startpunkte,** die gleichzeitig oder zeitlich versetzt zum Zeitpunkt der Synthesephase (S-Phase) gestartet werden (Abb. 2.**14**). Allerdings gibt es keine Neuaktivierung eines einmal benützten Startpunktes während einer Replikationsrunde. Die Replikationsgabel schreitet bei Eukaryonten viel langsamer fort. Möglicherweise ist dies auf eine sterische Behinderung der Replikationsenzyme durch die Organisation der DNA in Nucleosomen (s. Kap. **1**) zurückzuführen. Viele Replikations-Startpunkte sind für die Mammalia-Zelle essentiell. Bedenkt man, daß ein DNA-Stück im menschlichen Zellkern $2 \cdot 10^5$ µm (0,2 m!) lang ist, dann würde die Replikation, einen einzigen Startpunkt vorausgesetzt, 4000 Stunden (etwa 2 Wochen) dauern, statt, wie in Wirklichkeit, 8 bis 12 Stunden!

Die Abstände der Startpunkte sind von Organismus zu Organismus verschieden. Sie betragen durchschnittlich 10 bis 100 µm. Aber auch innerhalb eines Organismus können sich die Abstände verändern, so z. B. in der Furchungsphase des Eis (Blastula). Hier dauert eine Replikationsrunde nur 10 bis 15 Minuten, ohne daß die Replikationsgabel schneller wandern würde. Es werden einfach zusätzliche Startpunkte eröffnet – die Abstände werden kürzer.

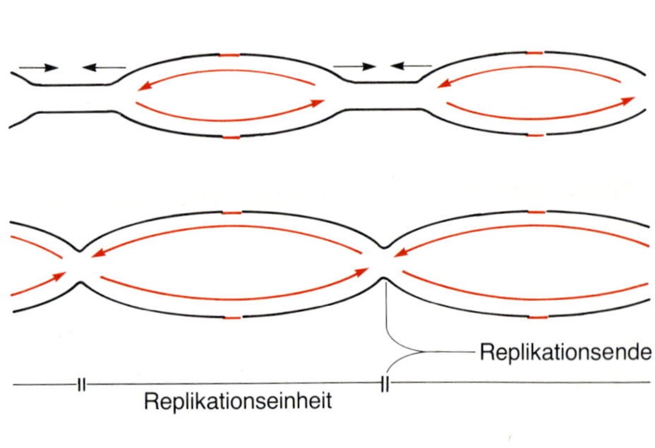

Abb. 2.14 **Startpunkte (Initiation) der Replikation bei Eukaryonten** ▶
Mehrere Startpunkte (ori) werden auf dem Chromosom gleichzeitig zur Replikationsinitation benutzt. Replikationseinheit beim Menschen ~ 30 µm, Maus ~ 50 µm

2.2.3. Die *DNA-Polymerase* ist das Replikationsenzym

Das eigentliche Replikationsenzym ist eine *DNA-Polymerase,* die die einzelnen Nucleosidtriphosphate zu einer langen Kette polymerisiert. Das Strickmuster findet sie aufgezeichnet in den Basen des auseinandergespreizten DNA-Stranges, der Matrize. Für jede Base muß das Enzym das komplementäre Nucleotid beschaffen und auf diese Weise einen Tochterstrang zusammenstellen. Es gibt **mehrere Polymerasen (I, II und III),** deren Aufgaben unterschiedlich sind (Tab. 2.**2**). In den Bakterien übernimmt die *Polymerase III* die eigentliche Replikation. Ihre Funktionsfähigkeit ist von mehreren Bedingungen abhängig:

- Sie kann nur an einzelsträngiger DNA arbeiten.
- Alle vier Nucleotide müssen in Form von Nucleosidtriphosphaten in der Zelle vorliegen. Sie werden enzymatisch bereitgestellt.
- Sie braucht ein Startermolekül.

Tab. 2.**2** DNA-Polymerasen

Aufgabe	Prokaryonten	Eukaryonten
Replikation	*Polymerase III*	*Polymerase α*
Korrektur, Reparatur	*Polymerase I*	*Polymerase β*
Replikation der Mitochondrien-DNA		*Polymerase γ*
Reparatur?	*PolymeraseII*	
Replikation, Reparatur		*Polymerase δ, ε*

2.2.4. Ein RNA-Startermolekül beginnt die Kette

Wozu dient ein **Startermolekül**? Die *DNA-Polymerase* kann nur reine Polymerisationsfunktion ausüben, aber keine neue Kette starten. An die freie 3'-OH-Gruppe der wachsenden Polynucleotid-Kette lagert sie das neue Nucleotid so an, daß sie unter Abspaltung von Pyrophosphat eine Brücke zur am 5'-C-Atom der Pentose hängenden Phosphat-Gruppe schlägt. Die Freisetzung von Pyrophosphat liefert dabei die Energie zur Ausbildung der Phosphodiester-Bindung.

Die Kette wird von einem Enzym, der *Primase,* gestartet, das eine kleine Ribonucleotid-Kette synthetisiert. Auch dieses Enzym findet sich im Replikationskomplex, hat als Polymerisationsprodukt allerdings eine **RNA.** Dieses Startermolekül (Primer), eine RNA-Stück von 20 bis 500 Nucleotiden Länge, wird, wenn die DNA-Replikation begonnen hat, durch ein Korrekturenzym *(DNA-Polymerase I)* abgebaut und durch DNA ersetzt.

2.2.5. Die Polymerisation erfolgt in 5'-3'-Richtung

Sobald am Startpunkt der Replikation der RNA-Starter synthetisiert worden ist, verlängert die *DNA-Polymerase III* die Kette fortlaufend in der **5'-3'-Richtung** des wachsenden Tochtermoleküls (Abb. 2.**15**). Sie sucht sich dazu ein Desoxyribonucleosidtriphosphat, lagert es probehal-

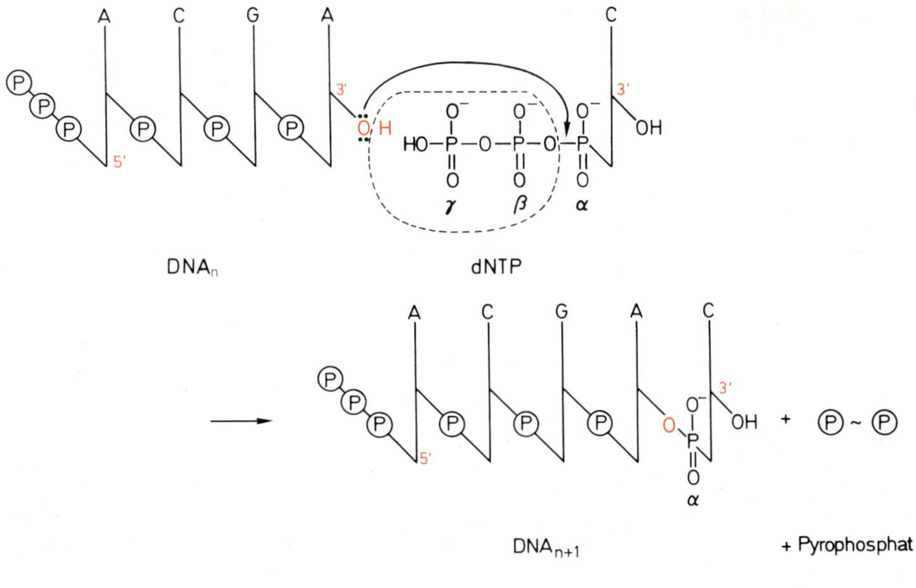

Abb. 2.**15 Die Richtung der Nucleotid-Polymerisation**
Die *DNA-Polymerase* verbindet das 3'-OH-Ende eines Polynucleotids mit dem α-Phosphat eines Nucleosidtriphosphats unter Abspaltung von Pyrophosphat

ber an die zu kopierende Base der Matrize an, verwirft es, wenn es sich als nicht komplementär erweist, und probiert so lange, bis sie das passende gefunden hat. Mit diesem verlängert sie dann die wachsende Kette (Abb. 2.**16**).

Ein Handikap ist allen Polymerasen gemeinsam: Sie können ihre einmal begonnene Kette nur in 5'-3'-Richtung verlängern. Das Enzym behält, bildlich gesprochen, während des Nähens die 5'-Phosphat-Gruppe im Rücken, das freie 3'-OH-Ende im Auge. Dieser **Richtungszwang** ist kein Problem für die Synthese des Vorwärtsstrangs, der von dem zu dieser Richtung komplementär laufenden Matrizeneinzelstrang abgelesen wird. Wir wissen aber, daß beide DNA-Stränge gleichzeitig repliziert werden. Was passiert am anderen, der Polymerisationsrichtung gleichsinnigen, Strang? Da das Enzym eine Syntheserichtung beibehalten muß, benutzt es einen Trick: Es repliziert rückwärts, d. h., es läuft ein Stückchen vom Startpunkt aus den Matrizenstrang entlang, findet dort einen kurzen RNA-Starter vor und polymerisiert in gewohnter 5'-3'-Richtung „zurück" zum Start (Rückwärtsstrang). Dann springt es wieder ein Stück vor, diesmal etwas weiter als zuvor und verlängert ein weiteres RNA-Startermolekül zu einer DNA-Kette. Auf diese Weise, vorausspringend und zurückreplizierend, werden DNA-Kettenstücke von ca. 1000 bis 2000 Nucleotiden Länge bei Bakterien, 200 Nucleotiden bei Eukaryonten synthetisiert, die nach ihrem Entdecker **Okazaki-Stücke** genannt werden.

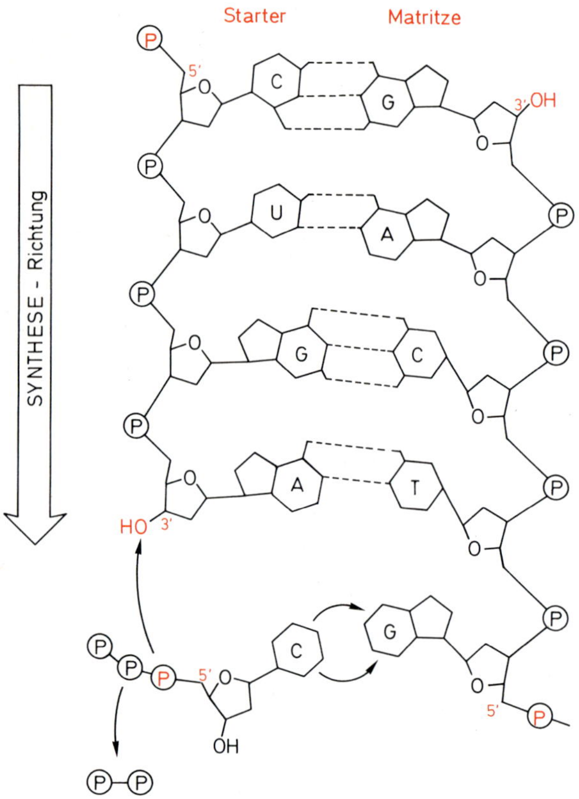

Abb. 2.16 Addition eines Nucleotids bei der DNA-Replikation
Die *DNA-Polymerase* selektioniert das Nucleosidtriphosphat, dessen Base zu der des zu kopierenden Einzelstranges komplementär ist. Dieses Nucleotid wird an den RNA-Starter unter Abspaltung von Pyrophosphat und Wasser anpolymerisiert

2.2.6. Die RNA-Starter werden durch DNA ersetzt

Um die vielen kleinen RNA-Starterfragmente wieder zu beseitigen, wird die *DNA-Polymerase I* eingesetzt. Dieses Enzym arbeitet sehr viel langsamer (100 bis 1000 Nucleotide pro Sekunde gegenüber der *Polymerase III* mit ca. 2000 bis 10 000 Nucleotiden pro Sekunde), dafür aber auch sorgfältiger, und findet seine Aufgabe hauptsächlich im **Korrekturlesen.** Das ist dadurch möglich, daß der Fähigkeit zum Polymerisieren auch eine solche zum Ausschneiden (Exonuclease-Aktivität) beigegeben ist. Die *Polymerase I* kann Fehler in der Polymerisationsrichtung 5'-3' ausräumen, d. h., sie kann nachträglich falsche Nucleotide, auch mehrere, ausschneiden und gleichzeitig durch neue, richtige, ersetzen. Auf diese Weise baut sie die RNA-Starter ab und sorgt für einwandfreie DNA-Ketten. Auch die *Polymerase III* kann ein falsch angelegtes Nucleotid ausschneiden. Diese den Polymerasen beigegebenen Korrekturfunktionen sind außerordentlich wichtig. Nur so können spontane Fehler beim Replizieren der DNA (einer pro 10^4 bis 10^5 Nucleotide!) auf Größenordnungen von einem Fehler pro 10^6 bis 10^9 Nucleotide reduziert und die Konstanterhaltung der genetischen Information gewährleistet werden.

2.2.7. Die DNA-Fragmente werden durch *DNA-Ligase* verbunden

Bleibt noch die Notwendigkeit, DNA-Fragmente zum einheitlichen Strang zu verbinden. Diese Aufgabe erfüllt die *DNA-Ligase.* Sie verknüpft freie 3'-OH-Enden mit freien 5'-Phosphat-Resten unter Wasseraustritt und sorgt für ein lückenloses Phosphodiester-Rückgrat der neu gebildeten DNA-Tochterstränge (Abb. 2.**17**). Jeder Tochterstrang bildet dann, zusammen mit seiner Matrize (einem Einzelstrang des elterlichen Doppelstranges) das neue DNA-Molekül. Diese Art der **Replikation** nennt man **semikonservativ:** Die Hälfte (semi) des elterlichen DNA-Materials wird in der Tochter-DNA konserviert.

Abb. 2.17 Die Reaktion der *DNA-Ligase*
Brüche im DNA-Strang werden mit Hilfe der *DNA-Ligase* gekittet, die ein freies 3′-OH mit der OH-Gruppe einer Phosphorsäure unter Wasserabspaltung und Energieaufwendung (ATP → AMP + PP) verbindet

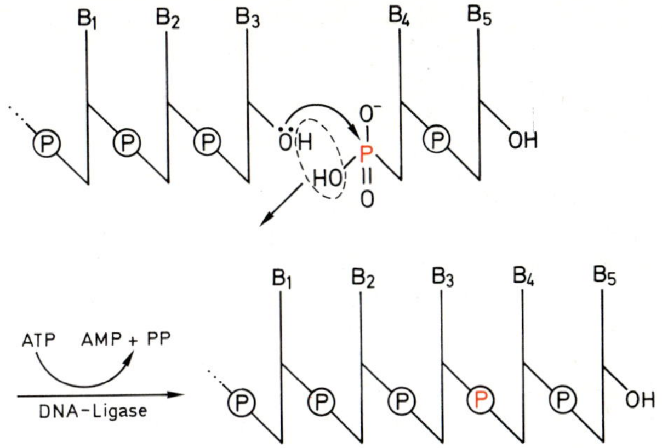

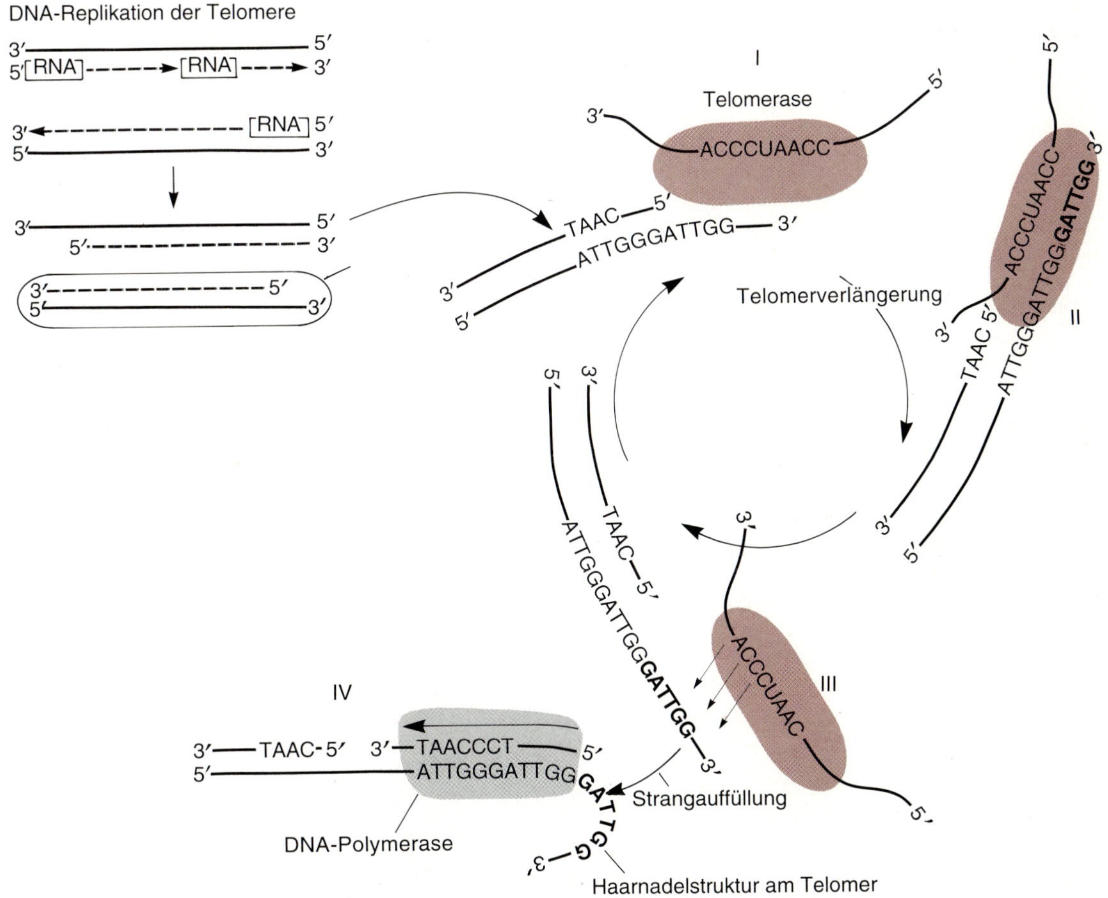

Abb. 2.18 Die Telomerase wirkt der Verkürzung der Telomere entgegen
Nach Abbau der RNA-Starter am 5′-Ende der neusynthetisierten Stränge verbleiben Lücken, die im Laufe der Zeit zur Chromosomenverkürzung führen würden. Die Telomerase enthält in ihrer RNA 1½ Sequenzmotive der repetitiven Telomerhexamere, die dem 5′-3′ parentalen Strang als Matrize dienen. Mit ca. 3 Nukleotiden bindet die Telomerase an die Endnukleotide dieses Stranges (I), so daß dieser in 5′-3′-Richtung verlängert werden kann (II). Die Telomerase löst sich ab und rückt ein Hexamer weiter (III). Ist der parentale Strang lang genug, kann ein neuer RNA-Starter binden, an dem die DNA-Polymerase in 5′-3′-Richtung den Tochterstrang auffüllt. Überstehende Einzelstrangenden klappen um, bilden komplexe Quadruplices und verschließen die Chromosomenenden.

2.2.8. Die Telomerase beugt der Verkürzung der Chromosomen vor

Der Richtungszwang der Replikation führt bei der Verdopplung eukaryontischer Chromosomen zu einem Problem am 5'-Ende der neusynthetisierten linearen DNA: Hier kann die DNA-Polymerase nach Abbau des endständigen RNA-Starters die entstehende Lücke nicht mit DNA ausfüllen, da kein freies 3'OH-Ende zum Synthesebeginn zur Verfügung steht. Als Konsequenz wäre eine Chromosomenverkürzung von Replikation zu Replikation unvermeidlich. Dieser Gefahr wird folgendermaßen vorgebeugt: 1. Die **Telomere** (distale Enden) der Chromosomen enthalten keine codierenden Sequenzen, sondern **Minisatelliten-DNA** (s. Abschn. 1.4.8., Tab. 1.**11**), die z. B. beim Menschen aus bis zu 1000 Wiederholungen eines G-reichen **Hexanucleotids (GGGTTA)** besteht. 2. Es existiert ein spezifisches Enzym, die **Telomerase,** das Telomere repliziert. Dabei wird zunächst das 3'-Ende des Elternstranges verlängert, damit anschließend mit Hilfe dieses zusätzlichen Matrizenstücks neue Nucleotide an den Tochterstrang angefügt werden können. Wie ist die Telomerase für diese Aufgabe ausgerüstet? Das Enzym enthält eine **RNA** mit einem kleinen Stückchen Telomersequenz (ca. 1½ Wiederholungen), das zum DNA-Elternstrang komplementär ist. Mit einigen dieser komplementären Basen lagert sich die Telomerase an das 3'-Ende des parentalen Stranges an (Abb. 2.**18**). Sie schient dabei den überhängenden Einzelstrang und bietet gleichzeitig die Matrize für die Verlängerung um eine Telomer-Wiederholung. Als Reverse Transkriptase fungierend fügt sie in 5'-3'-Richtung neue DNA-Nucleotide an den Elternstrang an. Ist eine Telomer-Einheit fertig, springt sie an deren Ende und beginnt von neuem. An das so verlängerte Strangende kann ein neuer RNA-Starter binden, an dem nun die DNA-Polymerase, ebenfalls in 5'-3'-Richtung, das Tochterstrang-Telomer verlängert. Nicht im Doppelstrang fixierte Enden falten zu **Haarnadelstrukturen** zurück und bilden vermutlich komplexe 4-strängige polyG-Regionen, die die Telomerenden versiegeln.

Die Telomerase ist auch in der Lage, Chromosomen, die z. B. ein Telomer durch ein Bruchereignis verloren haben, und deren nun „klebriges" Ende Gefahr läuft, mit einem anderen Chromosom zu verkleben, mit einem neuen Telomer zu versehen. Interessanterweise findet sich beim Menschen eine enzymatisch aktive Telomerase nur in den Keimzellen, nicht aber in den Körperzellen. Auf diesen Umstand führt man den Befund zurück, daß in menschlichen Zellen die Telomere immer kürzer werden, so daß man die **Telomerlängen** in direkten Zusammenhang mit dem **Alterungsprozeß** von Zellen bringt. Andererseits findet sich in Tumorzellen, die sich unbegrenzt teilen und nicht altern, aktive Telomerase.

2.3. Mutation und Rekombination

2.3.1. Spontane und induzierte Mutationen ändern die Basensequenz

Welche Möglichkeiten gibt es, **Schäden** in der DNA zu erzeugen (Rep. 2.**3**)?

Generell müssen wir zwei große Gruppen unterscheiden.

1. **Spontanmutationen.** Sie entstehen spontan in einer Häufigkeit von 1 pro $1 \cdot 10^5$ bis $1 \cdot 10^9$ Nucleotiden.
2. **Induzierte Mutationen.** Sie werden durch ein Mutagen ausgelöst und können in Häufigkeiten bis zu 1 pro $1 \cdot 10^2$ Nucleotiden auftreten.

Mutationen sind Veränderungen der DNA. Sie werden sowohl von den Replikationsenzymen als auch den Transkriptionsenzymen, die der Umschreibung der DNA in RNA dienen, also allgemein bei der Verarbeitung der Information als Fehler weitergegeben. Nur solche Veränderungen werden als Mutation beobachtet, die sichtbare Folgen haben. So werden alle **„letalen"** Mutationen erkennbar, da sie den Tod der Zelle bewirken. Auch

Rep. 2.**3** Entstehung und Einteilung von Mutationen

1. **Spontanmutationen**
   1 pro 10^5 bis 1 pro 10^9 Nucleotide/Genom/Generation
   Anstieg im Alter
2. **Induzierte Mutationen**
   bis 1 pro 10^2 Nucleotide/Genom/Generation
   verursacht durch:
   - Strahlen
   - chemische Agentien
   - Umweltschäden
   - Viren

   Mutationsarten:
   - Punktmutationen (revertierbar)
   - Substitution
   - Addition } von Basen führt zu
   - Deletion } Leseraster-Verschiebung
   - Triplett-Wiederholungen
   - Blockmutationen

grobe Abweichungen vom Normaltyp, dem sog. Wildtyp, können als Mutationsfolgen realisiert werden. Sehr viele Mutationen bleiben aber unbemerkt, da sie sich nach außen hin neutral verhalten **(stille Mutationen).** Ganz besonders gilt das auch für Organismen mit doppeltem Chromosomensatz. In ihnen können sich Mutationen häufig erst dann ausprägen, wenn sie zufällig in beiden Chromosomen, dem vom Vater und dem von der Mutter ererbten, auftreten.

Bei den Mutationsarten müssen **Punktmutationen** von **Blockmutationen** unterschieden werden. Punktmutationen betreffen nur eine einzige Base. Die Basen können dabei durch eine falsche ersetzt werden **(Substitution).** Es können Basen eliminiert **(Deletion)** oder hinzugefügt werden **(Addition).** In fast allen Fällen führen die Veränderungen in der Basensequenz der DNA zu einer Veränderung der Aminosäuresequenz im entsprechenden Protein, die unterschiedliche Auswirkungen auf die Qualität des gebildeten Produktes hat.

Bei der zweiten Mutationsart, den Blockmutationen, werden mehrere Nucleotide betroffen. Solche Mutationen können am Chromosom zu sichtbaren Strukturveränderungen führen.

Eine erst seit 1991 als Ursache wichtiger, wenn auch seltener genetischer Krankheiten erkannte Mutationsart ist die der **Triplett-Wiederholungen mit variabler Ausdehnung (Triple Repeat Expansion).** Im betroffenen Gen selbst oder in angrenzenden untranslatierten Regionen findet sich in Mikrosatelliten-DNA eine über die Norm gehäufte Anzahl von Wiederholungen eines bestimmten Tripletts. Die Zahl der Triplett-Wiederholungen verhält sich in Zellen der Keimbahn, aber auch in somatischen Zellen, instabil. So kann ein Elternteil z. B. eine sog. **Prämutation** tragen: mehr Wiederholungen als normal, aber noch nicht genug für die volle Ausprägung des Krankheitsbildes. Die Nachkommen können plötzlich eine enorme Vervielfältigung der Triplettzahl erfahren, die in weiteren Generationen noch erhöht werden kann mit Erschwerung des Krankheitsbildes oder früherem Krankheitsbeginn **(Antizipation).** Derartige Mutationen sind bisher ausschließlich beim Menschen gefunden worden und betreffen Krankheitsbilder, die alle mit **neurodegenerativen Symptomen** einhergehen. Die bekanntesten Krankheiten sind **Chorea Huntington** (s. Abschn. 4.3.2.), **Myotone Muskeldystrophie** mit spätem Beginn, verzögerter Muskelentspannung (starres Gesicht), Muskelschwäche und Linsentrübung etc. sowie **Fragiles X-Syndrom** (Martin-Bell-Syndrom) mit geistiger Retardierung beim Mann und Hodenvergrößerung (Makroorchismus). Weitere molekularbiologische Daten s. Tab. 2.**3**. Die Kenntnis dieser Mikrosatelitten-Expansion ermöglicht eine genaue Diagnostik mit Hilfe gentechnologischer Methoden (s. VNTR-Bestimmung, Kap. 12).

Mutationen sind wichtig bei der Aufklärung der genetischen Grundeinheit, des Gens, und seiner Ausprägung im **Phänotyp. Gene** und ihre Veränderungen können nur bedingt direkt beobachtet werden. Sie müssen sich durch ihre genetische Wirkung zu erkennen geben. Polysaccharid-Kapseln der Pneumokokken, Haarfarbe eines Menschen oder Form und Größe einer Frucht sind nur der Ausdruck dafür, daß durch die Aktivität von Genen der Organismus in der Lage war, sich in dieser oder jener Form auszuprägen. Der Genotyp eines Individuums, also die Gesamtheit aller Gene, wird in den Phänotyp, das äußere Erscheinungsbild, umgesetzt. Mutationen in einem Gen führen zu einem von der Norm **(Wildtyp)** abweichenden Genprodukt und ermöglichen Rückschlüsse auf die Genfunktion, seine Lage im Chromosom, seine Regulation etc.

Tab. 2.**3** Krankheiten mit expandierten Triplett-Wiederholungen

Krankheit	Häufigkeit	Erbgang	Triplett	Norm.	Prämutation	Mutation	Gen/Lokalisation
Fragiles X	500	X	CGG/5′-UTR	6–54	bis 200	bis 4000	FMR1/Xq27.3
Myotone Dystrophie	120	ad	CTG/3′-UTR	5–35	bis 100	bis > 1000	MTPK/19q13.3
Chorea Huntington	100	ad	CAG/Exon1	11–34		42–100	IT15/4p16.3
Kennedy disease	< 20	X	CAG/Exon1	11–34	keine	40–62	AR/Xq11–12
Spinocerebellare Ataxie	selten	ad	CAG/Exon1	19–36		43–81	6p22–23
Dentatorubrale pallidolysiane Atrophie	selten	ad	CAG/Exon1	7–23		50–75	12p12–13
Fragiles XE mentale Retardierung	selten	X	GCC/?	6–25	bis 150	bis > 850	Xq28
Machado-Joseph-Disease	selten	ad	CAG/ORF	13–36		68–79	14q32.1

Häufigkeit: pro 1 Million
ad: Autosomal dominant, X: X-chromosomal
UTR: Untranslatierte Region
ORF: Offener Leserahmen (open reading frame)

FMR1 Fragiles X mentale Retardierung
MTPK Myotonin Protein Kinase
IT15 Huntingtin
AR Androgenrezeptor

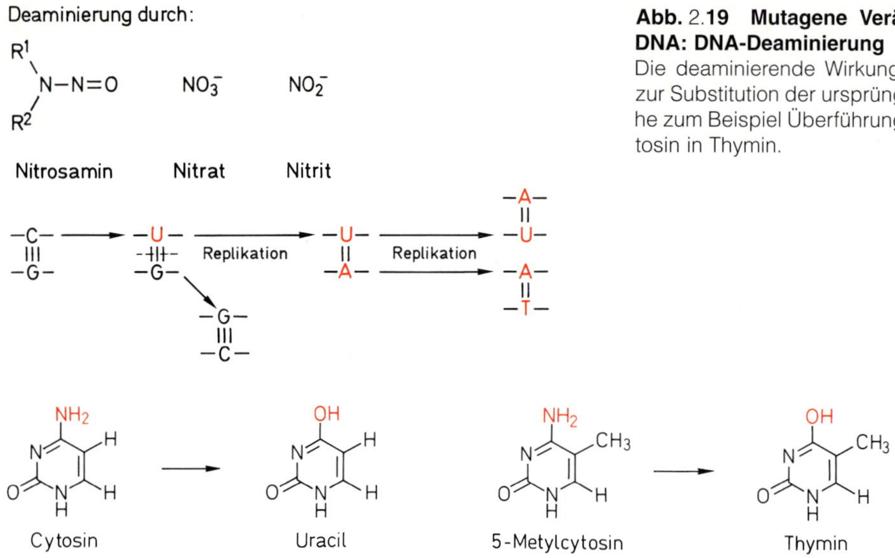

Abb. 2.19 Mutagene Veränderungen von Nucleotiden der DNA: DNA-Deaminierung
Die deaminierende Wirkung einiger chemischer Agentien führt zur Substitution der ursprünglichen Base durch eine andere. Siehe zum Beispiel Überführung von Cytosin in Uracil und Methylcytosin in Thymin.

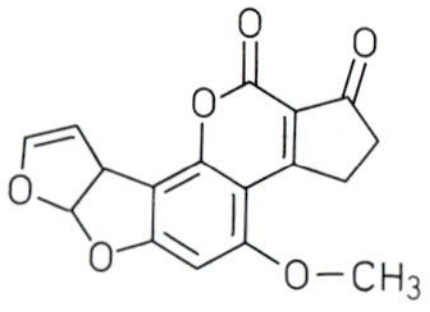

Abb. 2.20 Struktur des Aflatoxin B_1 des Schimmelpilzes *Asperigillus*

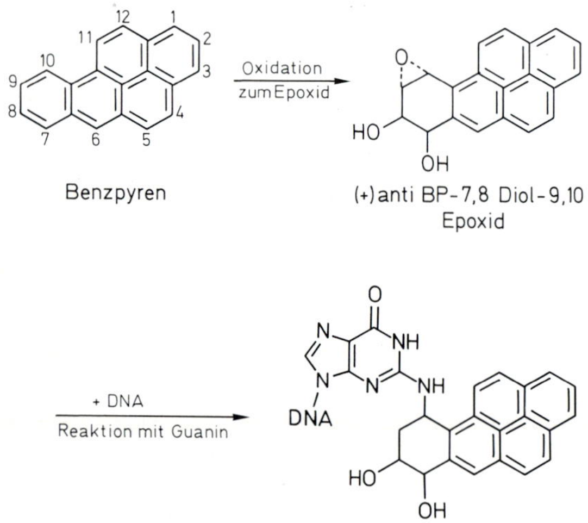

Abb. 2.21 Wirkung des Benzpyrens
Durch Oxidation wird es aktiviert. Das aktivierte Epoxid reagiert mit Guanin der DNA.

2.3.2. Chemische Substanzen können Mutationsauslöser sein

Chemische Agentien können direkt auf die Base eines Nucleotids wirken. Salpetrige Säure (HNO_2) führt zur **Deaminierung** (Abb. 2.**19**). Die Aminogruppe (-NH_2) von Cytosin, Adenin und Guanin kann verlorengehen. Cytosin wird dadurch zu Uracil. Paarte sich Cytosin mit Guanin, dann paart sich jetzt Uracil mit Adenin. Eine solche Mutationsauswirkung wird bei der Replikation zum Tragen kommen.

Nicht alle mutagenen Substanzen, die man dem Organismus zuführt, sind sofort als Mutagene wirksam. Zu ihnen zählen das **Nitrosamin** und das **Benzpyren,** beides Bestandteile im **Zigarettenrauch,** die erst durch Umsetzungen im Organismus selbst zu Mutagenen werden (s. Kap. **1**). Benzpyren gehört zur Gruppe der polycyclischen Kohlenwasserstoffe. Hierher gehört auch das Aflatoxin B, ein Produkt des Schimmelpilzes *Aspergillus* (Abb. 2.**20**). Polycyclische Kohlenwasserstoffe und andere schwer lösliche organische Verbindungen werden im Samtenen Endoplasmatischen Reticulum (SER) enzymatisch oxidiert. Dadurch werden sie aktiviert, und es entstehen gleichzeitig aggressive Sauerstoffradikale. Die aktivierten Kohlenwasserstoffe können mit der DNA reagieren und wirken dadurch kanzerogen (Abb. 2.**21**). Wegen des Aflatoxins wird vor dem Genuß verschimmelter Nahrungsmittel gewarnt.

Sogenannte **alkylierende Substanzen** sind ebenfalls chemische Mutagene (Abb. 2.**22**). Zu ihnen zählen Gruppenüberträger, z. B. für Methylgruppen (CH_3) oder Ethylgruppen (CH_2CH_3). Wird eine Base in der DNA

Alkylierung durch:

$(CH_3)_2SO_4$ — Dimethylsulfat

$(CH_3)_2N{-}N{=}O$ — Dimethylnitrosamin

Stickstoff-Lost-Derivate

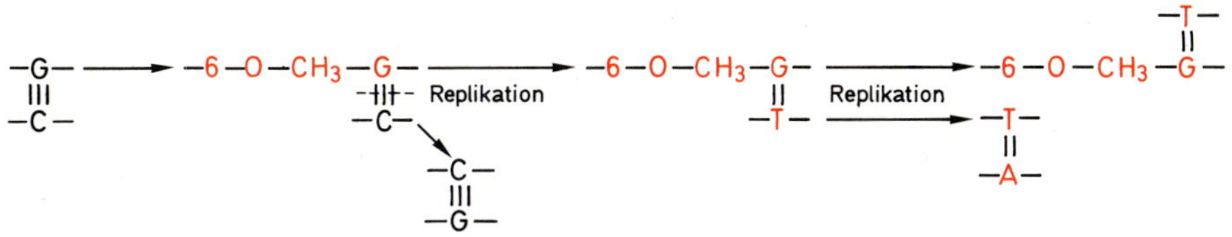

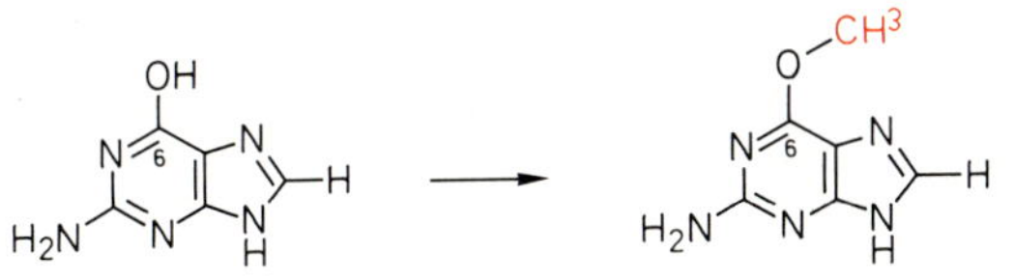

Guanin — 6-*O*-Methylguanin

Abb. 2.22 Mutagene Veränderungen von Nucleotiden der DNA: DNA-Alkylierung
Alkylierung von Basen durch einige chemische Agentien kann zu einer Veränderung der Basenpaarung führen. Siehe zum Beispiel Guanin paart mit Cytosin, 6-*O*-Methylguanin mit Thymin

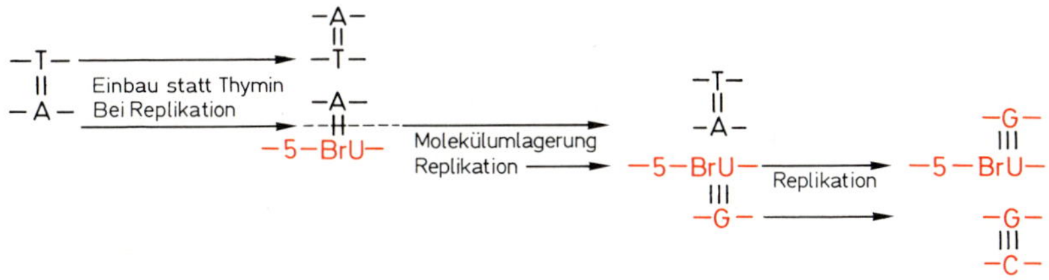

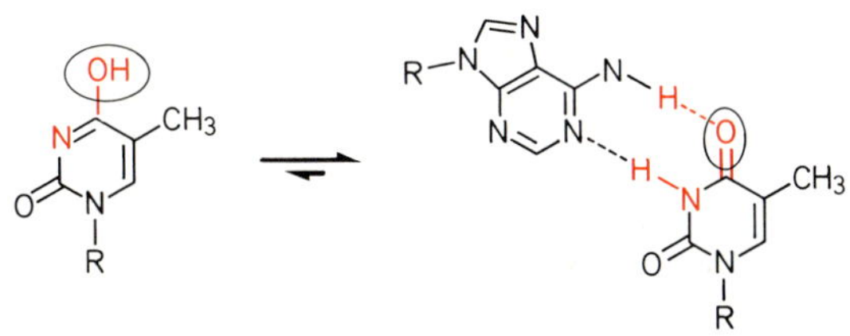

Thymin — Adenin — Thymin

Thymin paart in seiner bevorzugten Konfiguration mit Adenin

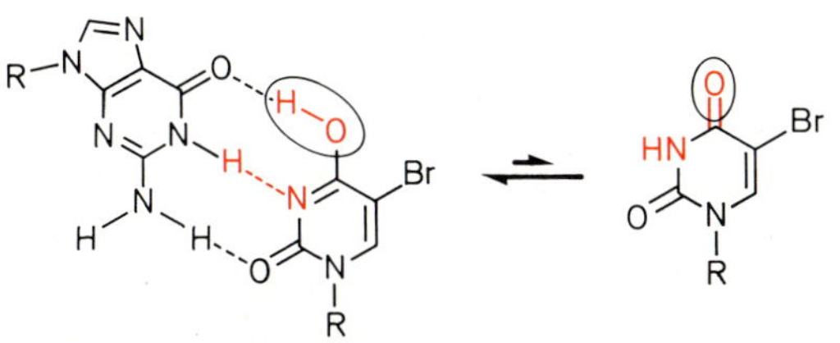

Guanin — 5-Bromuracil — 5-Bromuracil

5-Bromuracil wird statt Thymin eingebaut, paart aber mit Guanin statt mit Adenin

Abb. 2.23 Mutagene Wirkung von Basenanalogen
Basenanaloge werden statt einer üblichen Base in die DNA eingebaut. Durch Umlagerungen innerhalb des Moleküls kommt es dann zu einem veränderten Paarungsverhalten

alkyliert, so können diese Schäden im Zuge der Reparatur zu Brüchen im DNA-Strang führen. Werden diese Brüche dann mit Hilfe einer inkorrekten Base repariert, kann es zu einer bleibenden Mutation kommen.

Mutierend können auch **Basenanaloge** wirken (Abb. 2.**23**). Diese Substanzen ähneln den normalen Nucleotidbasen. Hierzu gehört das **5-Bromuracil.** Bei dieser Substanz ist die Methylgruppe des Thymins durch ein Bromatom ersetzt. Da sich sonst beide Molekülformen nicht unterscheiden, kann Bromuracil ohne Schwierigkeiten anstelle von Thymin in die Nucleinsäure eingebaut werden und würde auch zu keinen weiteren Folgen führen, wenn nicht die Bromseitengruppe der Base die Ausbildung der Enolform des Bromuracils begünstigen würde. Diese Enolform ist in der Lage, eine dritte Wasserstoffbrücke zu schlagen, und zwar statt zum Adenin zum Guanin. Auch bei dieser Substanz kommt es erst zu einer bleibenden Mutation, wenn das Bromuracil zur Paarung einer falschen Base geführt hat, d. h. also nur in replizierenden DNA-Molekülen.

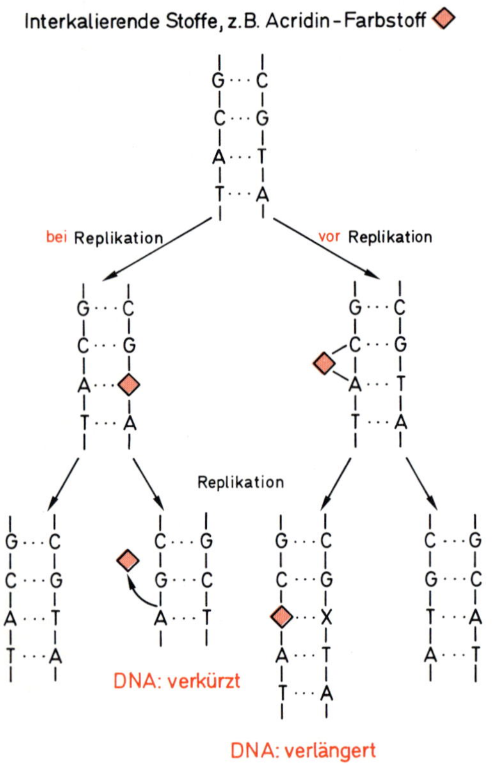

Abb. 2.**24 Mutagene Wirkung von interkalierenden Substanzen**
Entscheidend für die mutagene Wirkung der interkalierenden Substanzen auf die DNA ist, ob sie vor oder erst während der Replikation der DNA anwesend sind. Vor der Replikation schiebt sich ein derartiges Molekül zwischen zwei Basen, wird bei der Replikation als Nucleotid gewertet und daher repliziert. Das Ergebnis ist eine DNA-Verlängerung. Bei Anwesenheit während der Replikation der DNA wird die interkalierende Substanz anstelle eines Nucleotids in die DNA eingebaut. In der nächsten Replikationsrunde wird die Fehlerstelle wieder ausgelassen und es entsteht eine verkürzte DNA

Acridin-Farbstoffe führen zur Addition oder zur Deletion einer Base (Abb. 2.**24**). Diese Moleküle drängen sich zwischen zwei benachbarte Basen in der DNA und verlängern auf diese Weise das Molekül. Ihre Größe entspricht genau der einer DNA-Base. Kommt es an einer derartig verlängerten DNA zur Replikation, dann wird das Acridin-Molekül als zusätzliche Base gelesen und führt zur bleibenden Verlängerung des DNA-Strangs. Wird der Acridin-Farbstoff aber in eine replizierende Kette eingebaut, dann kann das zur Folge haben, daß im Elternmolekül eine Base bei der Replikation ausgelassen wird und es zu einer Deletion in der eigentlichen Information kommt.

Deletionen und Additionen sind Gefahren für die Zelle, denn es kommt zu sog. **Leseraster-Mutationen,** die meist für die Zelle fatal sind, da es zu keinem funktionstüchtigen Genprodukt mehr kommen kann.

Eine Substitution kann zu einer **„Nonsense“-Mutation** führen. Sie führt zu Kettenabbruch, zu einem unsinnigen Produkt, während Mutationen, die zwar zu einem veränderten, aber noch brauchbaren Produkt führen, als **„Missense“-Mutationen** bezeichnet werden (Abb. 2.**25**).

DER HUT IST ROT	Wildtyp
DER HUT ISS ROT	„stille“ Mutation – sinngemäß –
DER HUT IST TOT	Missense Mutation – Sinn fehlt – (Protein z. B. mit einer veränderten Aminosäure)
T ↗ DER HUI STR OT	Deletion – Leserasterverschiebung – (kein funktionierendes Protein)
↘ DER IHU TIS TRO T	Addition – Leserasterverschiebung – (kein funktionierendes Protein)
DER HUX	Nonsense Mutation – Kettenabbruch durch Nonsense Triplett – (kein funktionierendes Protein)

Abb. 2.**25 Verschiedene Punktmutationen in der DNA und ihre Folgen**

2.3.3. Auch Strahlen lösen Mutationen aus

Die zweite große Gruppe mutationsauslösender Faktoren sind **energiereiche und ionisierende Strahlen.** Dazu gehören elektromagnetische (UV-, Röntgen-, γ-) und korpuskulare (α-, β-, Höhen-) Strahlen (Rep. 2.**4**).

Strahlung wird in **Röntgen (R)** gemessen. 1 R ist dabei die Strahlenmenge, die in Luft einer Ionendosis von $2{,}58 \cdot 10^{-4}$ Coulomb/kg entspricht. Da hauptsächlich die **schädigende Wirkung** von Strahlen auf lebende Zellen interessiert, wurde diese früher aus rad **(radiation absorbed dose)** berechnet. (Heute benutzt man die **Einheit Gray [Gy],** die 100 rad entspricht und deren Dimension in J/kg angegeben wird.) Um der verschiedenen Qualität der einzelnen Strahlen in bezug auf ihre **schädigende Härte** gerecht zu werden, gibt es für jede Strahlungsart einen „Qualitätsfaktor" (QF), mit dem die Energiedosis rad multipliziert die eigentliche Strahlenbelastung angibt. Die **Strahlenbelastung** für den Menschen wurde durch rem **(radiation equivalent men)** charakterisiert. Neuerdings wird die **Einheit Sievert (Sv)** benutzt, wobei 100 rem 1 Sv entsprechen.

Wie schädigen Strahlen die Zelle? Ihre Wirkungsweise ist unterschiedlich. Einmal können sie sich direkt auf die DNA auswirken (UV-Strahlung wird von Nucleinsäuren absorbiert!). Es kommt dabei z. B. zur **Dimerisierung von Basen,** zur Bildung von **Pyrimidinhydraten** etc. (Abb. 2.**26**). Aber auch **Strangbrüche** werden

Rep. 2.**4** Strahlenschäden

Dosis für energiereiche = ionisierende Strahlen:

alt: 1 Röntgen (R): induziert in 1 cm^3 Luft
(NTP*: 760 mm Hg, 0 °C)
$2{,}08 \cdot 10^9$ Ionenpaare

neu: 1 C/kg Ionendosis
Umrechnung: $1\ R = 2{,}58 \cdot 10^{-4}$ C/kg
C = Ladungseinheit, Coulomb, gilt nur für Luft!

Strahlenwirkung:

alt: 1 rad (radiation absorbed dose)
= 100 erg/g = Energiedosis
gilt für jede Art Materie
$1\ erg = 10^{-7}$ J

neu: 1 Gray = 1 J/kg
Umrechnung: 100 rad = 1 Gray (Gy)

Strahlenbelastung:

alt: rem (radiation equivalent men)
gilt nur für den Menschen – Äquivalentdosis
1 rem = $QF \cdot$ rad
QF = Qualitätsfaktor, der die schädigende Wirkung der Strahlung angibt

neu: Sievert 1 Gy = 1 J/kg
1 Sv = $QF \cdot$ Gy
Umrechnung: 100 rem = 1 Sv

Qualität der Strahlen:

QF	Strahlenart
1	harte β, γ, Rö
1,7	weiche β, γ, Rö ($E < 35$ keV)
10	α
3–10	Neutronen (*QF* hängt von der Energie ab)

* NTP: Normaltemperaturdruck

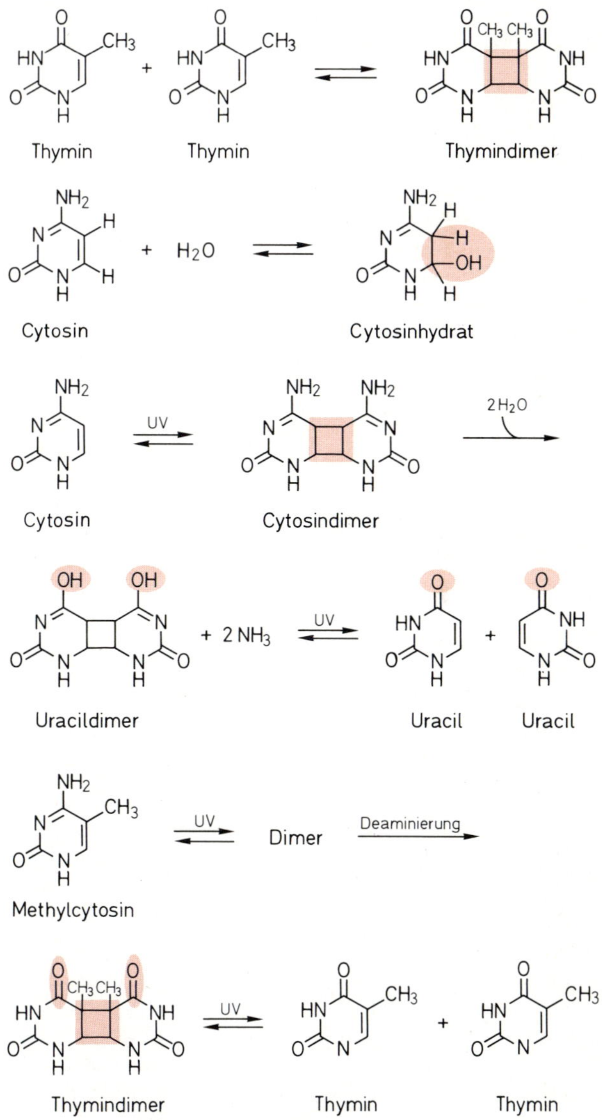

Abb. 2.**26** **UV-Schäden in der DNA**

hervorgerufen. Zum anderen haben gebildete Sauerstoff-**Radikale** ihrerseits wieder indirekt schädigende Wirkung auf das genetische Material. Eine Strahlendosis, die zu einer Verdopplung der Spontanmutationsrate in der Zelle führt, heißt **Verdoppelungsdosis.** Experimente an Zellkulturen (Chinesische Hamsterovarzellen) haben gezeigt, daß in einem derartigen System Röntgenbestrahlung von 1 Gy diese Wirkung hervorbringt.

2.3.4. Der Mensch kann nur eine gewisse Strahlendosis tolerieren

Wieviel Strahlen sind für den menschlichen Organismus tolerierbar? Bei dieser Frage ist zu berücksichtigen, daß auch kleine Strahlendosen im Laufe des Lebens addiert werden. Außerdem ist von Bedeutung, welche Zellen der Strahlung ausgesetzt werden: somatische, d. h. Körperzellen oder Gonaden, d. h. Keimzellen. Trifft eine Mutation eine Somazelle, dann wird sie sich besonders in schnellwachsenden Geweben auswirken (Haut, Haarfollikel, Knochenmark). Hier kann sie zur Entartung der Zelle führen und damit zum Ausgangspunkt für einen Tumor werden. Solche Tumoren, z. B. solide Tumoren der Haut oder Leukämie bei Befall des Knochenmarks, betreffen nur das Individuum selbst. Besondere Bedeutung haben die Schäden, die die **Keimzellen** mutieren. Werden diese Zellen an die Nachkommen weitergegeben, dann führen sie zu fehlgebildeten Individuen (s. Kap. 5).

An den schrecklichen Folgen der atomaren Verseuchung von Hiroshima, Nagasaki und Tschernobyl konnten die Folgen übermäßiger Strahlenbelastung auf das Individuum und auf die Nachfolgegenerationen studiert werden. Es ist schwer abzuschätzen, welche Röntgendosis (und das ist bei der medizinischen und therapeutischen Bedeutung der Röntgenstrahlen von eminenter Bedeutung) das Individuum tolerieren kann.

Mehrere Faktoren müssen einkalkuliert werden:

- Wie groß ist und wird in Zukunft die generelle Strahlenbelastung sein?
- Wie gut funktioniert das Reparatursystem des betreffenden Individuums?
- Welche Steigerung der Mutationsrate ist man gewillt, in den Nachkommen zu tolerieren?

Aus einer Studie über die durchschnittliche Strahlenbelastung der Gonaden eines Individuums pro Jahr geht hervor, daß es allein durch die natürliche Strahlung einer jährlichen, unvermeidbaren Strahlenbelastung von mehr als 2 mSv ausgesetzt ist. Veranschlagt man, wie es als Richtwert getan wird, eine **Toleranzdosis** von 50 mSv pro 30 Jahre, dann ist, eine mittlere Strahlenbelastung vorausgesetzt, diese Grenze bereits nach 15 Jahren erreicht.

Rep. 2.5 Strahlenbelastung in Sievert/Jahr (Zielorgan: Gonaden)

1. Natürliche Belastung durch		
– kosmische Strahlung	0,75 mSv/a	(abhängig von der Höhe über dem Meeresspiegel)
– terrestrische Strahlung (Bundesrepublik Deutschland, Österreich, Schweiz)	1,0 mSv/a	(abhängig von der geographischen Lage)
– interne Strahlung (Isotope)	0,2 mSv/a	
2. Zusätzliche Belastung durch		
– Atombombentests	0,08 mSv/a	
– Zivilisation (Leuchtziffern etc.)	< 0,02 mSv/a	
– medizinische Diagnostik (Durchschnittswerte)	< 0,3 mSv/a	
	≈ 2,35 mSv/a	
3. Tschernobyl-Folgen (1986/87)	0,65 mSv/a	

Toleranzdosis: 50 mSv/30 Jahre
→ In etwa 20 Jahren ist die Toleranzdosis bereits aufgebraucht!
Eine Urographie belastet die Gonaden mit 12 mSv!

(Rep. 2.5)! Berücksichtigt man ferner die außerordentlichen Strahlendosen, die durch eine einzige erforderlich werdende medizinische Untersuchung hinzukommen können (1 Urographie = Nierendarstellung = 12 mSv), dann muß mit allen Mitteln dafür gesorgt werden, daß eine zusätzliche Erhöhung der Strahlendosis, wie z. B. durch Atombombentests, unterbleibt!

2.3.5. Die Mutagenität von Noxen wird durch Mutagenitätstests ermittelt

Die **mutagene Wirkung** von Chemikalien und Medikamenten wird mit Hilfe verschiedener Testverfahren ermittelt:

1. Tierversuche (langwierig, aufwendig und teuer),
2. mikrobiologische Systeme (Bakterien, Pilze, Viren),
3. Zellkulturzellen (Lymphocyten, Fibroblasten).

Dabei wird der durch Mutation veränderte Phänotyp registriert oder die direkte **Auswirkung auf das Genom** (Chromosomenveränderungen) beobachtet. Einige der gängigen Methoden sollen wegen ihrer Bedeutung kurz beschrieben werden. Allgemein gilt, daß, wie bereits bei den polycyclischen Kohlenwasserstoffen dargelegt, viele Noxen erst durch Aktivierung im Samtenen Endoplasmatischen Reticulum (SER) der eukaryontischen Zelle zum Kanzerogen werden. Um dieser Tatsache Rechnung zu tragen, müssen rein bakteriellen Testsystemen sog. Mikrosomenfraktionen, z. B. gewonnen aus Lebergewebe, zugesetzt werden.

Der **spezifische Locus-Test** ist eine traditionelle Nachweismethode, die mit **speziellen Mäusestämmen** durchgeführt wird. Diese Mäuse zeichnen sich durch das Vorhandensein von 7 im Phänotyp leicht identifizierbaren, rezessiven Mutationen aus (Augenfarbe – Fellfarbe – Ohrenform etc.), die homozygot vorliegen. Derartige Mäuse werden mit für die Merkmale homozygoten Wildtypmäusen gekreuzt, die zuvor mit dem zu testenden Mutagen behandelt worden sind. Hat die Behandlung in einer Wildtypmaus zu einer Mutation in einem der 7 Genloci geführt, dann werden in der F_1-Generation neben den zahlreichen uniformen heterozygoten Wildtypmäusen auch Mäuse auftreten, die das mutierte Allel homozygot tragen und es somit im Phänotyp ausprägen (Abb. 2.**27**).

Der **Ames-Test** ist ein Schnelltest, bei dem spezielle **nichtpathogene *Salmonella*-Stämme** herangezogen werden. Diese Stämme tragen eine Mutation, die ihnen die Synthese von einer spezifischen Aminosäure unmöglich macht. D. h., diese Bakterien können auf histidinlosen Agarböden nicht wachsen. Werden diese Zellen mit einem chemischen Mutagen behandelt, dann kann es zu Rückmutationen im Histidinsynthesegen kommen, die Bakterien werden wieder autotroph und wachsen ohne Histidinzugabe. Je mehr Rückmutationen stattfinden, um so mutagener ist die getestete Noxe (Abb. 2.**28**).

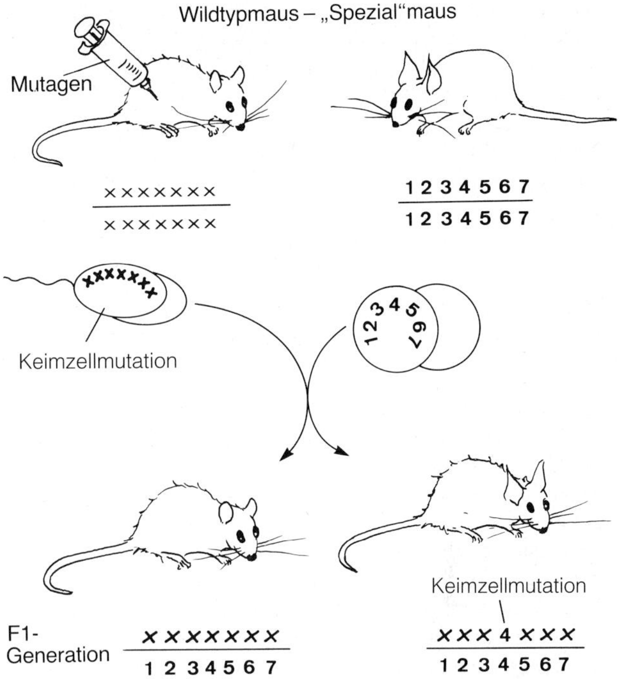

Abb. 2.27 Der spezifische Locus-Test
Eine mit einem Mutagen behandelte homozygote Wildtypmaus wird mit einer für 7 rezessive Allele homozygoten Spezialmaus gekreuzt. Im dargestellten Fall hat das Mutagen zu einer Mutation im Allel 4 der Wildtypmaus geführt.
Unter den heterozygoten F_1-Nachkommen mit Wildtyp-Phänotyp findet sich eine, die homozygot für das Allel 4 ist und dieses in Form von großen Ohren im Phänotyp ausprägt.

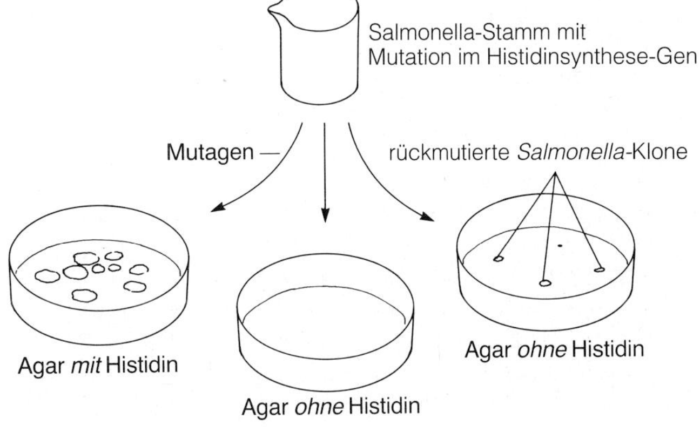

Abb. 2.28 Ames-Test
Ein für Histidin auxotropher *Salmonella*-Stamm kann auf Histidinmangelmedien nicht wachsen. Nach Behandlung mit einem Mutagen kann es zu einer Rückmutation im Histidin-Gen kommen. Die Bakterien wachsen ohne Zugabe von Histidin.

Im **Wirts-vermittelten Test** (host-mediated assay) werden die **Bakterien** in die **Leibeshöhle von Mäusen,** die dem Mutagen ausgesetzt wurden, injiziert. Nach einiger Zeit werden die Bakterien wieder gewonnen und auf Rückmutationen (wie oben beschrieben) untersucht. In der Maus werden latente Mutagene aktiviert.
Einfacher ist es, den Bakterienkulturen eine **Mikrosomenfraktion** aus Rattenleber zum Agarboden zuzusetzen. Die Mikrosomen aktivieren latente Noxen.

Chromosomenanalysen können in verschiedener Weise für Mutagenitätstests herangezogen werden: Im einfachsten Fall geschieht dies im **Mikronucleus-Test,** der häufig an Knochenmarkszellen von Nagern durchgeführt wird. Das Auftreten von **„Minikernen"** neben dem Hauptkern ist ein Zeichen für die Instabilität des genetischen Materials, die zu Translocationen und Chromosomenfragmenten führen kann. Genetisches Material wird dann in kleineren Extrakernen (Mikronuclei) abgeschnürt, die mit geeigneten Färbungen im Cytoplasma nachgewiesen werden können.

Ein weiteres Kriterium für Einwirkung von Mutagenen auf die Chromosomen ist eine induzierte Steigerung der **Schwesterchromatid-Austausche (SCE). Rekombinationsereignisse** zwischen Schwesterchromatiden eines Chromosoms, hervorgerufen z. B. durch gehäufte Bruchereignisse, können durch geeignete Färbemethoden sichtbar gemacht werden. Für diese Methoden bieten sich **Lymphocytenkulturen** an, die schnell und einfach zu handhaben sind. Schwesterchromatid-Austausche können sowohl in vitro in Zellkulturen erzeugt als auch in Zellen behandelter Individuen nachgewiesen werden.

Zur Sichtbarmachung von SCEs wird Zellen nach Schädigung Bromdesoxyuridin, das statt Thymidin in neusynthetisierte DNA eingebaut wird, im Medium angeboten. Nach Durchlaufen zweier Replikationscyclen werden die Chromosomen differentiell mit einem Fluoreszenzfarbstoff und Giemsa angefärbt. Voll durchsubstituierte Chromatide erscheinen hell, solche, die den thymidinhaltigen Elternstrang enthalten, färben sich dunkel an.

Bei Austauschen zwischen den beiden Chromatiden kommt es zu einem Muster, das als Harlekin-Chromosom bezeichnet wird. Nach Behandlung mit chemischen Mutagenen oder auch nach Strahleneinwirkungen erhöht sich die Anzahl der Austausche über die Norm hinaus (Abb. 2.**29**).

Da alle Mutagenitätstests aus naheliegenden Gründen an Modellsystemen durchgeführt werden müssen und daher keine direkte Übertragbarkeit auf den Menschen zulässig ist, wird sowohl von der Kommission der EG als auch der OECD eine **Kombination mehrerer Testsysteme** gefordert: Ames-Test, cytogenetischer Test an Zellkulturzellen und in-vivo-Test an Knochenmarkszellen behandelter Organismen erfüllen nunmehr die Forderungen des Arzneimittel- und des Chemikaliengesetzes, die die Überprüfung neuer Substanzen auf ihre erbgutschädigende bzw. krebserzeugende Wirkung hin verlangen (Rep. 2.**6**).

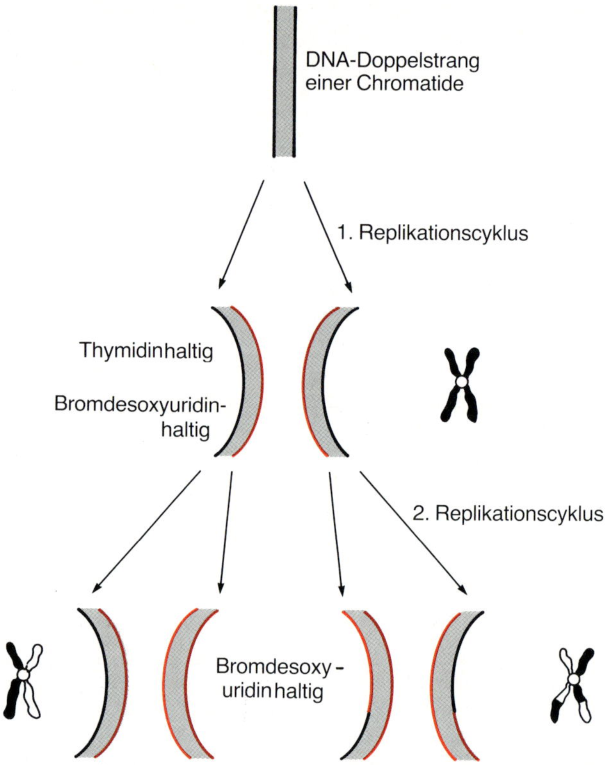

Abb. 2.29 Methode zur Darstellung von Schwesterchromatid-Austauschen (SCE)
Den Zellen wird im Verlauf der DNA-Replikation während zweier Runden Bromdesoxyuridin angeboten, das statt Thymidin in den neusynthetisierten DNA-Strang eingebaut wird. Nach der ersten Runde bestehen alle DNA-Doppelstränge aus einem Thymidin- und einem Bromdesoxyuridin-haltigen Einzelstrang. Derartige DNA färbt sich bei Spezialfärbung dunkel. D. h. alle Chromosomen der Metaphase, die aus 2 Chromatiden bestehen, erscheinen dunkel. Nach der zweiten Replikation existieren DNA-Doppelstränge, deren beide Einzelstränge substituiert sind und solche, die in einem Strang noch Thymidin enthalten. Bilden zwei derartige DNA-Doppelstränge die Schwesterchromatide eines Chromosoms, wird sich die eine dunkel, die andere hell färben. Fanden Rekombinationsereignisse zwischen den Schwesterchromatiden statt, dann ergibt sich ein Harlekinmuster.

Rep. 2.6 Mutagenitätstests

Art	Beispiel
Tierversuche	spezifischer Locus-Test
Bakterien	Ames-Test
Zellkultur	Mikronucleus-Test
	Schwesterchromatid-Austausch

2.3.6. DNA-Schäden können durch DNA-Reparatur eliminiert werden

DNA unterliegt ständig endogen bedingten Veränderungen: hydrolytischen Deaminierungen (z. B. Cytosin zu Uracil oder Methyl-Cytosin zu Thymin), hydrolytischen Spaltungen (Verlust von Nucleobasen, Öffnung von glycosidischen Bindungen, die u. a. durch Replikation hervorgerufen werden). Diese Prozesse können aber auch exogen durch UVA-C des Sonnenlichts, Strahlung (radioaktiv), Röntgenstrahlen, gentoxische Substanzen (z. B. Rauchen) u. a. ausgelöst werden.

Entsprechend den unterschiedlichen Ursachen für Schäden entsteht ein ganzes Spektrum von **DNA-Veränderungen,** die mit einem Arsenal von **Reparatur-Mechanismen** beseitigt werden (Rep. 2.7).

Rep. 2.7 Arten der DNA-Reparatur

Fotoreaktivierung:
Spaltung von Thymin-Dimeren mittels Fotolyase und Licht

Reparatur von Alkylschäden:
Selbstmord-Alkyltransferase überführt z. B. 6-0-Methylguanin in Guanin

Basen-Excisions-Reparatur (BER):
DNA-Glycolyase hinterläßt basenfreie Stelle. AP-Endonuclease beseitigt diese mittels NER

Nucleotid-Excisions-Reparatur (NER):
Herausschneiden der defekten Stelle (12 b bei Prokaryonten, 22–17 b bei Eukaryonten)

Prokaryonten:	Proteine UvrA-UvrD, DNA-Polymerase I, Ligase
Eukaryonten:	Genprodukte XpA bis XpF, ERCC1 (Excision-repair-cross-complementing), RP-A (Replikationsprotein), Transkriptionsfaktor II H, Proliferations-Zell-Nucleäres-Antigen (PCNA), DNA-Polymerase δ oder ϵ, DNA-Ligase

Fehlpaarungs-Reparaturen:
Ausschneiden von Basenfehlpaarungen am nichtmethylierten Strang unter Beteiligung von Mutatorgenen (Mut)

Die Fotolyase spaltet Thymin-Dimere

Das durch UV gebildete **Thymin-Cyclobutan-Dimer** kann im einfachsten Fall durch **Fotolyase** gespalten werden. Die Energie wird aus dem Licht bezogen **(Fotoreaktivierung).** Aber dieser Reparaturmechanismus ist nur dort von Bedeutung, wo Licht zur Verfügung steht, also bei Einzellern bzw. an der Oberfläche von Organismen. Fotolyasen besitzen offenbar alle Organismen.

Eine Selbstmord-Alkyltransferase repariert Alkylschäden

6-O-Methylguanin wird z. B. über eine **Methyltransferase** in Guanin überführt. Dabei wird die Transferase als Methylakzeptor inaktiviert. D. h. das Protein begeht Selbstmord und ist somit kein Enzym (nicht katalytisch).

Die Basen-Excisions-Reparatur schneidet nur die betroffene Nucleobase heraus

Bei Veränderungen an nur einer Base wird diese durch eine **DNA-Glycosylase** abgetrennt, die basenlose Stelle (AP = Apurin-/Apyrimidin-Stelle) durch die **AP-Endonuclease** herausgeschnitten und anschließend die Intaktheit der DNA, wie bei der Nucleotid-Excisions-Reparatur, wieder hergestellt.

Die Nucleotid-Excisions-Reparatur ist der Haupt-Reparaturmechanismus

Bei größeren Veränderungen an Basen, z. B. nach Bildung von Thymin-Dimeren, bzw. im Falle von Schäden, die für die Zelle exotisch sind, tritt die **Nucleotid-Excisions-Reparatur** in Aktion.

Ein interessanter Schadens-Ortungs-Mechanismus lokalisiert den DNA-Schaden. Die 5. Phosphodiester-Bindung in 3′-Richtung und die 24. Phosphodiester-Bindung (bzw. 8. Phosphodiester-Bindung bei Prokaryonten) in 5′-Richtung der DNA werden eingeschnitten. Es werden 27 bis 29 Nucleotide (bei Prokaryonten 12 bis 13) herausgeschnitten. Das schneidende Enzym trägt den Namen **Excinuclease.** Das fehlende Stück Einzelstrang-DNA wird durch eine **DNA-Polymerase** (δ oder ε) aufgefüllt und durch **DNA-Ligase** mit den angrenzenden Strängen versiegelt. Obwohl die Nucleotid-Excisions-Reparatur sehr einfach erscheint, ist ihr Mechanismus komplex und es werden viele Proteine gebraucht. Bei **Prokaryonten** besteht die Excinuclease aus 3 Proteinen: **UvrA, UvrB, UvrC.** UvrA ist sowohl Schadens-Erkennungsprotein, als auch ATPase und Komplexorganisator, der die beiden anderen Partner organisiert. Zusammen mit UvrB bindet UvrA an die geschädigte Region, entwindet die DNA-Stränge (die Energie kommt aus ATP-Spaltung) und verkrümmt die DNA. An den Komplex aus UvrA, UvrB und aufgezwirbelter DNA bindet UvrC und verdrängt UvrA. UvrC ist die eigentliche **Nuclease,** die den Einschnitt an der 5′-Seite macht. UvrB schneidet an der 3′-Seite. **UvrD** schließlich ist eine **Helicase,** die den ausgeschnittenen DNA-Einzelstrang und UvrC entfernt. **DNA-Polymerase I** löst UvrB von der DNA ab und polymerisiert die Lücke zu. Die **DNA-Ligase** beschließt den Reparaturvorgang.

Beim **Menschen** sind für diese Prozesse statt 4 (UvrA-D) 17 Proteine notwendig. Über den Mechanismus ist ungleich weniger bekannt als bei Bakterien. Aber durch die Klonierung der Genprodukte, die bei **Xeroderma pigmentosum (Xp),** einer Erbkrankheit mit hoher UV-Sensitivität, defekt sind, gibt es konkrete Ansatzpunkte: Xp hat 7 Komplementationsgruppen (XpA bis XpG) und zusätzlich eine Xp-Variante, die sich deutlich absetzt. XpAgp (XpA-Genprodukt) erkennt den Schaden und bindet gemeinsam mit XpFgp und 2 weiteren Proteinen (**ERCC1** und **Replikationsprotein RP-A**) an die Region. Der **Transkriptionsfaktor IIH** (TFIIH) kommt hinzu, der aus 6 Untereinheiten besteht und die Helicasen XpBgp und XpDgp beisteuert. Dann lagern sich XpGgp (3′) und XpFgp (5′) an, die die Excinuclease-Aktivität mitbringen. Der Gesamtkomplex, gemeinsam mit dem ausgeschnittenen Oligonucleotid, wird durch das **Proliferations-Zell-Nucleäre-Antigen** (PCNA) von der DNA verdrängt. Wie beim Prokaryonten wird die Einzelstrang-DNA aufgefüllt (Polymerase δ oder ε) und durch die DNA-Ligase mit dem Originalstrang verknüpft (Abb. 2.**30**).

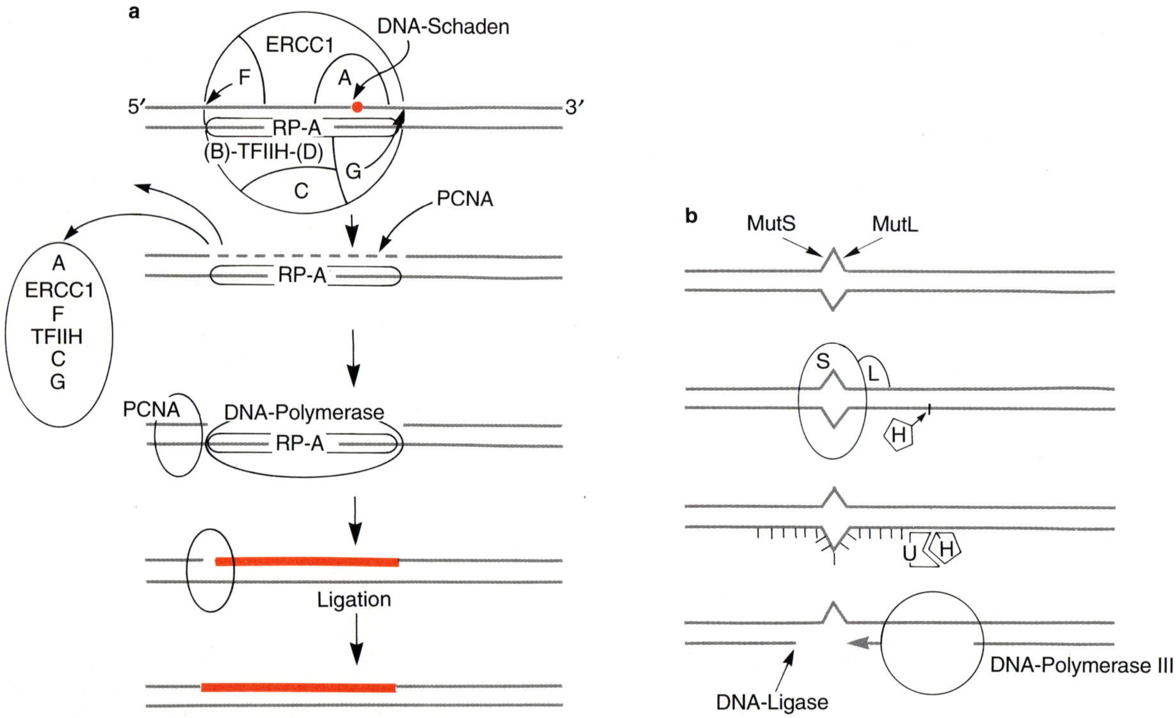

Abb. 2.30 a Nucleotid-Excisions-Reparatur beim Menschen
Protein A (XpA) erkennt den Schaden und bindet Protein F (XpF), ERCC1 (Excision repair cross complementing) sowie das DNA-Einzelstrang Bindeprotein RP-A. Der Transkriptionsfaktor TFIIH steuert seine beiden Untereinheiten B (XpB) und D (XpD) bei. An diesen Komplex assoziieren sich C (XpC) und G (XpG). Letzteres schneidet die 5. Phosphodiester-Bindung an der 3′-Seite und F (XpF) die 24. an der 5′-Seite. Nach den Einschnitten verdrängt das PCNA (Proliferations-Zell-Nucleäre-Antigen) das Oligonucleotid und die Proteine bis auf RP-A. Anschließend bindet DNA-Polymerase δ (oder ε) und ersetzt das fehlende Oligonucleotid. Durch Ligation wird der Strang geschlossen.

b Fehlpaarungs-Reparatur bei *E. coli*
MutS erkennt die Fehlpaarung, bindet und angelt sich MutL. Dieser Komplex aktiviert die GATC-Endonuclease MutH, die den hemimethylierten Strang einschneidet. MutU ist eine DNA-Helicase II mit Exonuclease-Aktivität, die ein Stück des DNA-Stranges abbaut. Auffüllung und Ligation erfolgen durch DNA-PolymeraseIII-Holoenzym, SSB (Einzelstrang-bindendes Protein) und DNA-Ligase.

Die Fehlpaarungs-Reparatur (Mismatch-Reparatur) beseitigt DNA-Replikationsfehler

Während der DNA-Replikation gesetzte Fehler verursachen **Fehlpaarungen** zwischen den DNA-Strängen, die durch ein gesondertes System korrigiert werden. An die Fehlpaarung bindet das Protein **MutS,** das **MutL** anzieht. Der Komplex aktiviert die **Endonuclease MutH,** die den DNA-Strang einschneidet. Gemeinsam mit der **DNA-Helicase II, MutU,** wird ein Oligonucleotid rund um den Schaden exonucleolytisch abgebaut.

Wie erkennt das Reparatur-System, welcher Strang bei der Fehlpaarung der „richtige" ist, der erhalten bleiben soll, und welcher der „defekte", der repariert werden muß? Die **prokaryontische DNA** ist methyliert. Methylierungssequenz ist GATC. Nach der Replikation (bei der Fehler gemacht werden) ist der neue DNA-Strang zunächst nicht methyliert (Hemimethylierung). Repariert wird daher der nicht methylierte Strang. Der entstandene Einzelstrang wird durch DNA-Polymerase III aufgefüllt und durch DNA-Ligase geschlossen. Die gleiche Fehlpaarungs-Reparatur bessert auch Fehler aus, die im Zuge der Rekombination unterlaufen.

Interessanterweise gibt es in menschlichen Zellen Homologe zu den Mutatorgenen MutS und MutL. Mutationen in diesen Genen führen zu **Krebs-Disposition.** Insbesondere ist die verbreitetste Krebs-Disposition, die Erbkrankheit **„Hereditäres Nichtpolypöses Colorectales Carcinom"** (HNPCC), mit Defekten in der Fehlpaarungs-Reparatur assoziiert. Die Disposition für HNPCC wird autosomal dominant vererbt. Die sich bildenden Tumoren sind jedoch homozygot defekt in der Fehlpaarungs-Reparatur. D. h., daß erst eine weitere Mutation in diesen Genen zur Tumorentstehung führt.

Trotz der Homologien und Parallelitäten zwischen bakterieller und menschlicher Fehlpaarungs-Reparatur gibt es gravierende Unterschiede. Beim Menschen sind wesentlich mehr Proteine beteiligt als bei Bakterien. Der Mensch kann auch größere Einzelstrang-Ösen ausbessern. Schließlich gibt es beim Menschen keine GATC-Methylierung wie bei *E. coli.*

Reparatosen sind Erbkrankheiten in Reparatursystemen

Die DNA-Reparatur ist defizient bei einer Reihe von autosomal-rezessiv vererbten Krankheiten **(Reparatosen)** (Rep. 2.**8**), die spontan oder durch Noxen induziert Chromosomeninstabilität zeigen (Chromosomenbruch-Syndrome). Davon betroffene Patienten entwickeln mit erhöhter Wahrscheinlichkeit Tumoren. Reparatosen sind gekennzeichnet durch die Trias: defiziente DNA-Reparatur, Chromosomeninstabilität und Tumorneigung.

Rep. 2.**8** Reparatosen

Leitsymptome	– Strahlensensibilität
	– Chromosomeninstabilität
	– erhöhtes Tumorrisiko
Ursache	– defekte DNA-Reparatur
Erbgang	– autosomal-rezessiv
Syndrome	– u. a. Xeroderma pigmentosum
	– Ataxia teleangiectatica
	– Bloom-Syndrom
	– Fanconi-Anämie
	– Cockayne-Syndrom

Xeroderma pigmentosum ist charakterisiert durch extreme UV-Sensitivität. Bereits sehr wenig Sonnenlicht reicht aus, um die Haut stark zu schädigen. Die Patienten scheuen deshalb das Tageslicht und sind tagsüber an das Haus gebunden. Die geschädigten Hautregionen entwickeln sehr häufig Tumoren. Durch somatische Zellgenetik wurde ermittelt, daß sieben Komplementationsgruppen das Krankheitsbild der Xeroderma pigmentosum ergeben können. Entsprechend können sieben Genprodukte defekt sein. Das bedeutet, daß Xeroderma pigmentosum auf sieben unterschiedlichen Defekten beruhen kann. Daß alle sieben Defekte ähnliche oder gleiche Symptome ergeben und daß die DNA nach Schädigung durch UV-Licht nicht geöffnet wird, weist auf eine gemeinsame Aufgabe der sieben Genprodukte bei der Einleitung der DNA-Reparatur durch DNA-Strangöffnung hin (s. Abb. 2.**30**).

Ataxia-teleangiectatica-Patienten sind besonders empfindlich gegen Röntgenstrahlen und gegen einige Alkylierungsmittel. Immundefizienz, progressive cerebellare Ataxia und Teleangiektasien sind charakteristische Symptome. Bei diesem Syndrom scheint die Erkennung des Schadens nicht möglich zu sein.

Das **Bloom-Syndrom** zeigt UV-Sensitivität der Haut und Empfindlichkeit gegen einige andere Noxen. Die Patienten entwickeln mit hoher Wahrscheinlichkeit Tumoren und akute Leukämien. Die DNA-Replikation ist in Zellen von diesen Patienten verlangsamt, während in Zellkultur noch kein Defekt der DNA-Reparatur gefunden wurde. Wegen der UV-Sensitivität der Patienten muß aber ein Defekt, der sich auch in der DNA-Reparatur auswirkt, angenommen werden.

Fanconi-Anämie-Zellen sind empfindlich gegen bifunktionelle Alkylantien und hohe UV-Dosen. Die Krankheit manifestiert sich durch Panmyelophtise, Versagen der Knochenmarksfunktion, häufig bereits im Kindesalter. Eine Reihe von teils weniger spezifischen Symptomen begleiten oft die Krankheit: Entwicklungsstörungen, Zwergwuchs, geistige Retardierung, Mikrocephalie, Hypogenitalismus und gelegentlich Taubheit und Herzmißbildungen. In etwa der Hälfte der Fälle treten charakteristische Fehlbildungen des fünften Strahls der Extremitäten (Radius-, Daumen-Aplasien) auf. Auch typische braune Pigmentflecken tragen zur Charakterisierung des Krankheitsbildes bei. Wahrscheinlich liegt der Fanconi-Anämie ein Defekt im Sauerstoff-Stoffwechsel zugrunde.

Neben den beschriebenen Reparatosen gibt es noch weitere wahrscheinliche Kandidaten für diesen Krankheitskreis. Doch nicht nur Krankheiten sind Folge eines insuffizienten Reparatursystems. Es gibt immer mehr experimentelle Hinweise darauf, daß der normale **Alterungsvorgang** durch Schäden gefördert wird, die die Reparaturgene außer Gefecht setzen und die **Reparaturkapa-**

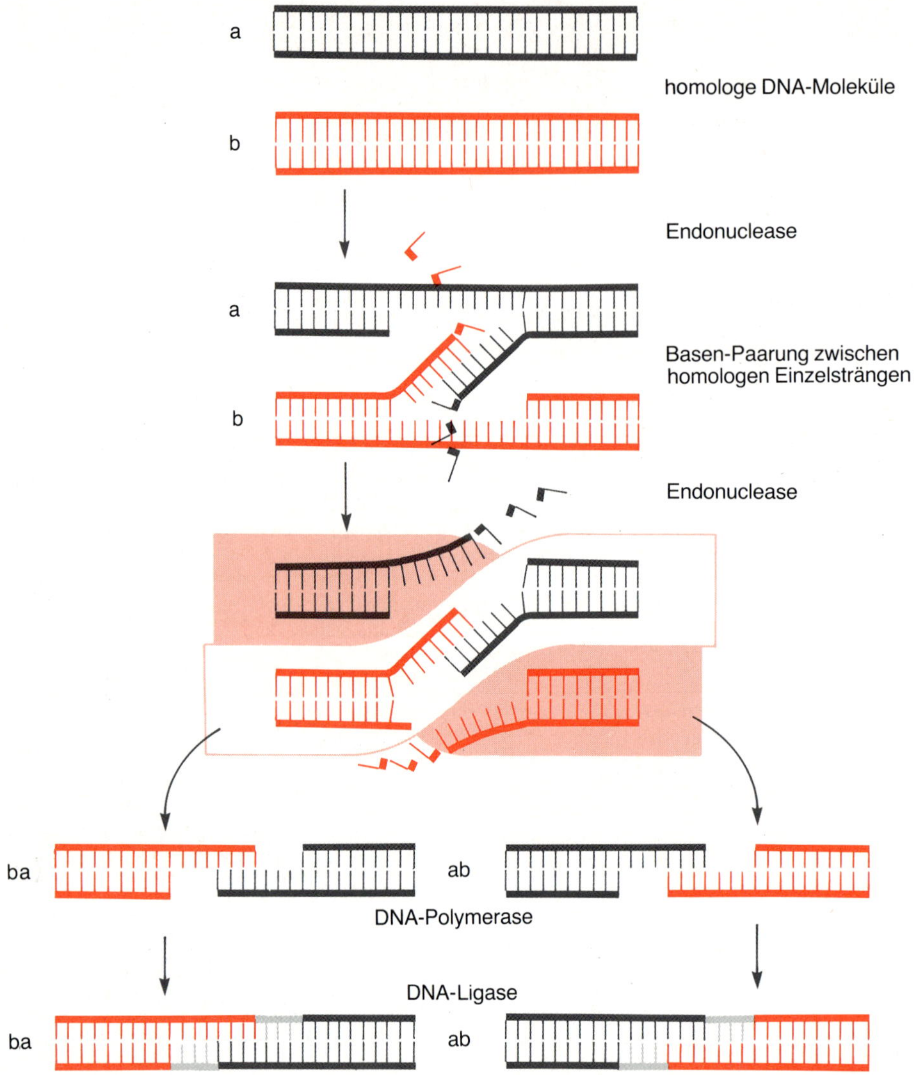

Abb. 2.31 Schematische Darstellung von Bruch- und Wiedervereinigung als möglichen Mechanismus der Rekombination
Die homologen DNA-Moleküle a und b werden durch Bruch und Wiedervereinigung an identischen Stellen des Moleküls derart miteinander verknüpft, daß zwei rekombinante Moleküle a b entstehen

zität einschränken. Ein sichtbares Zeichen ist z. B. der kontinuierliche Anstieg irreparabler Chromosomenbrüche in Körperzellen im Laufe des Alterns. Tatsächlich findet sich bei verschiedenen Spezies eine direkte Korrelation zwischen Lebensspanne und Reparaturkapazität.

2.3.7. Genetisches Material kann durch Rekombination durchmischt werden

Wir haben gesehen, daß die DNA in ihrem Informationsgehalt durch Mutationen verändert werden kann. Aber es gibt noch eine weitere Möglichkeit, die Vielfalt des genetischen Materials zu erhöhen, und zwar durch Neukombination von Genen.

Wie kommt es zu einer **Durchmischung des genetischen Materials?** Zum einen durch die zufällige Zuordnung der Chromosomen in den Keimzellen während der Meiose (s. Kap. **1**); zum anderen, und da ist die Variationsbreite noch viel größer, durch Austausch von DNA-Strangteilen zwischen zwei gleichartigen Stellen zweier homologer Chromosomen. Diesem Vorgang, der sich im Pachytän der Meiose während des Crossing-over homologer Chromosomen in den Keimzellen abspielt, liegt molekularbiologisch die Rekombination zugrunde. Die **Rekombination** war lange Zeit in ihrem Mechanismus umstritten. Heute weiß man, daß sie mit den Enzymen, die wir schon bei den Reparaturvorgängen der Zelle kennengelernt haben, abläuft. Es kommt zur Ausbildung von Brüchen und zur Wiedervereinigung von Chromosomenstücken an diesen Bruchstellen.

2.3.8. Rekombination erfolgt durch Bruch und Wiedervereinigung

Betrachten wir zwei homologe DNA-Moleküle mit zwei Genen für spezifische Merkmale (Abb. 2.**31**). Das Chromosom a trage die Allele für die Merkmale für glatte Haare, dunkle Augen und Chromosom b diejenigen für krause Haare, helle Augen. Das heißt, auf beiden Chromosomen betrachten wir verschiedene Ausprägungsformen (Allele) homologer Gene. Dabei muß gesagt werden, daß in Wirklichkeit diese Merkmale alle durch mehrere Gene (polygen) vererbt werden. Wir vernachlässigen dieses Fakt aber der Anschaulichkeit halber. Kommt es zur Rekombination zwischen a und b, dann wird zunächst eine *Endonuclease* wirksam, die im Chromosomenstück a und b jeweils einen Einzelstrangbruch in der Region zwischen diesen beiden Genen setzt. Da beide Bruchstücke aus homologen Sequenzen bestehen, kann es zur Basenpaarung zwischen diesen Einzelstrang-Bruchstükken kommen. Es bildet sich eine Brücke zwischen a und b aus. Nun kann die *Endonuclease* im komplementären Doppelstrang a und b ebenfalls Einzelstrangbrüche einführen, ohne daß das ganze Chromosomenstück auseinanderfällt. Das Allel für das Merkmal krause Haare des DNA-Moleküls b hängt jetzt an dem für dunkle Augen des DNA-Moleküls a. Das DNA-Bruchstück a mit dem Allel für das Merkmal für glatte Haare lagert sich an das Bruchstück b mit dem für das Merkmal helle Augen an. Die *DNA-Polymerase I,* die auch für Reparaturen zuständig ist, polymerisiert fehlende DNA-Stücke in Verlängerung der Einzelstrangbrüche an. Komplementäre Basen lagern sich mit Hilfe von Wasserstoff-Brücken aneinander. Das Enzym *DNA-Ligase* hat nur noch die Aufgabe, die Bruchstücke miteinander zu verbinden. Das Produkt, das durch den Vorgang der Rekombination entstanden ist, ist ein DNA-Molekül ba, das die Information für die Merkmale krause Haare, dunkle Augen trägt und ein DNA-Molekül ab, das die Informationen für glatte Haare und helle Augen vereinigt. Wenn auch der Gesamtvorgang der Rekombination in einigen Punkten noch nicht geklärt ist, so sind die Vorgänge des **Brechens** und der **Wiedervereinigung** als grundlegende Prozesse experimentell belegt.

2.4. Transkription und Reverse Transkription

Experimente mit kernlosen Zellen, die ihre primäre Information, die DNA, verloren haben, oder solche mit Bakterienextrakten, denen die DNA entzogen worden ist, zeigten, daß trotz Fehlens von DNA Proteinsynthese durchgeführt werden kann. Die Information befindet sich auf einem Zwischenträger, der Ribonucleinsäure (RNA).

2.4.1. RNA-Moleküle sind charakterisiert durch den Gehalt an Ribose, Uracil und ihre Einzelsträngigkeit

Ribonucleinsäuren sind aus Nucleotiden aufgebaut (Abb. 2.**32**). Allerdings enthalten sie, im Unterschied zur DNA, als Zucker eine **Ribose.** Außerdem tritt in den Ribonucleinsäuren **Uracil** an die Stelle von Thymin. Die RNA ist **einzelsträngig** im Gegensatz zur doppelsträngigen DNA. Allerdings gibt es ausnahmsweise auch in einzelnen Ribonucleinsäuren doppelsträngige Abschnitte. Hier faltet sich das Molekül zurück, und an Stellen komplementärer Basenabschnitte bilden sich Wasserstoffbrücken aus. Es kommt zur partiellen Doppelstrangbildung und zur Ausbildung sogenannter Haarnadelstrukturen, die ganz ausgeprägt in der Transfer-RNA vorhanden sind. Die Umschreibung der Primärinformation (DNA) in ein Transkript (RNA) nennt man **Transkription.** Es besteht in der Zelle ein **Informationsfluß** (Abb. 2.**33**): Zum einen geht die Information der DNA wieder in DNA ein; dies geschieht im Verlaufe der Replikation. Zum anderen wird die Information der DNA durch die Transkription umgeschrieben in RNA, und diese RNA dient in der Translation zur Proteinsynthese. Diese Proteine können einmal zur Bildung von Zellstrukturen herangezogen werden, zum anderen in Form von Enzymen Zellfunktionen ausüben.

2.4.2. Die *Reverse Transkriptase* schreibt RNA in DNA um

RNA-haltige Tumorviren sind in der Lage, ihre genetische Information, die in Form von RNA vorliegt, nach der Infektion von Mammaliazellen in DNA umzuschreiben (s. Kap. **11**). Sie bringen eigens zu diesem Zweck ein Protein mit in die Wirtszelle, die *„Reverse Transkriptase“*. Die entstehenden DNA-Einzelstränge werden dann von wirtseigener DNA-Polymerase zum Doppelstrang kopiert. Dieser DNA-Doppelstrang, der virale Information trägt, wird in das Wirtsgenom eingebaut.

Das RNA-Retrovirus bekommt so Zugang zum doppelsträngigen Wirtsgenom und wird als integrierter Bestandteil des Zellgenoms von der wirtseigenen DNA-Polymerase repliziert. Durch Transkription entsteht wieder

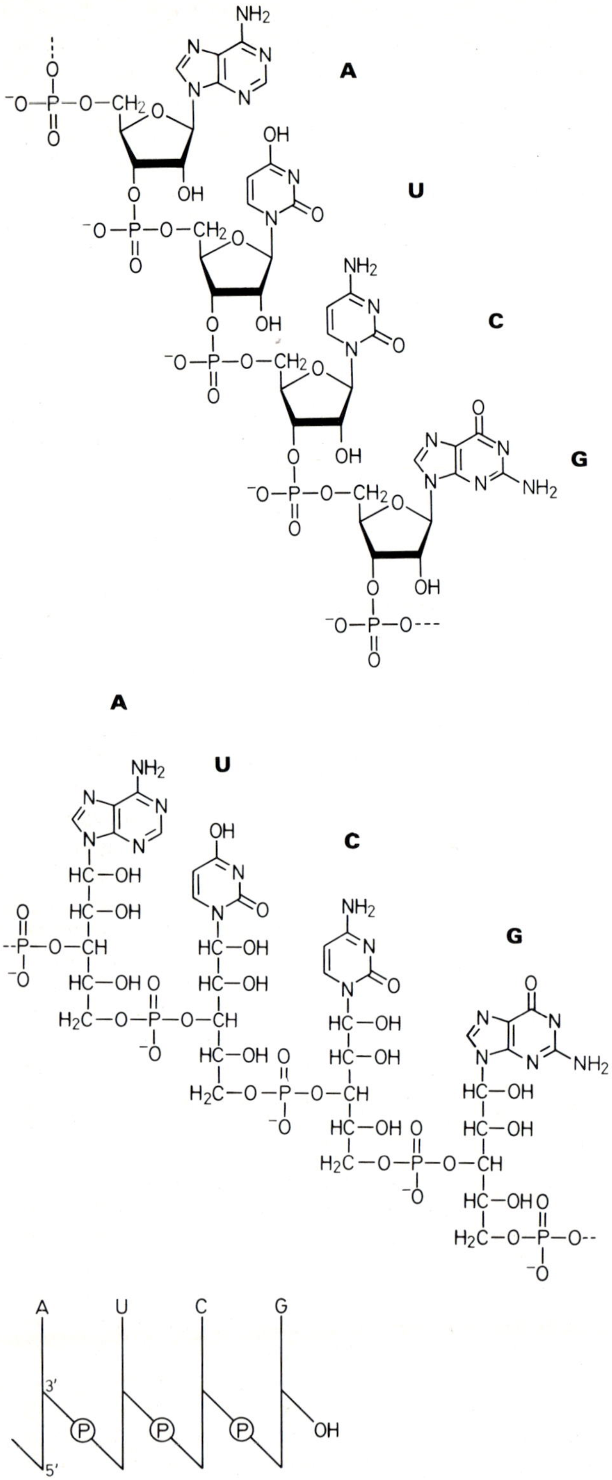

Abb. 2.**32** **Ribonucleinsäure (drei Schreibarten)**

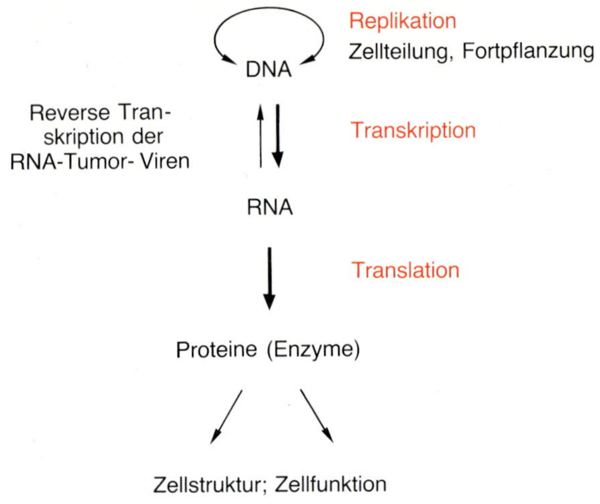

Abb. 2.**33** **Genetischer Informationsfluß**

DNA-Polymerasen (DNA-abhängig)	RNA-Polymerasen (DNA-abhängig)

Reaktion

DNA-Polymerasen	RNA-Polymerasen
$(DNA)_n$ + dNTPs	$(RNA)_n$ + rNTPs
Enzym, Mg^{2+} ↓	Enzym, Mg^{2+} ↓
$(DNA)_{n+1}$ + Ⓟ~Ⓟ	$(RNA)_{n+1}$ + Ⓟ~Ⓟ

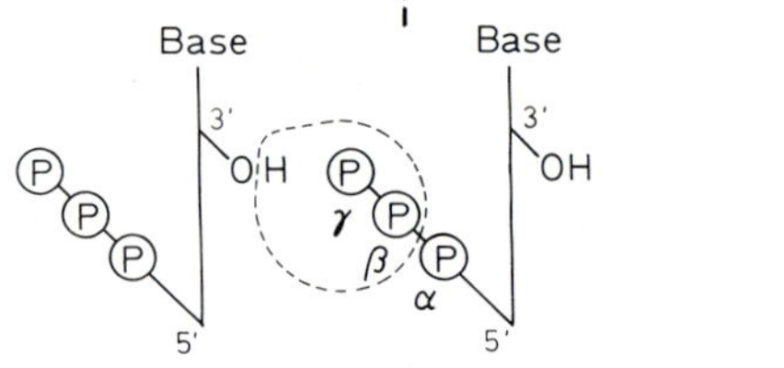

	DNA-Polymerasen	RNA-Polymerasen
Matrize:	DNA (beide Stränge)	DNA (codogener Strang)
Starter:	ja! RNA	nein
Nucleotid:	alle 4 dNTPs	alle 4 rNTPs
Korrektur:	ja	nein
Enzym:	einsträngige Polypeptide	Komplex: 5-Untereinheiten Core: $\alpha_2\beta\beta'$ Holo: $\alpha_2\beta\beta'\sigma$

Abb. 2.**34** **Eigenschaften der Nucleinsäure-Polymerasen**

Virus-RNA. Wir sehen hierbei einen der raffiniertesten Mechanismen der Viren, im Schafspelz wirtseigener DNA die virale, für die Zelle im Grunde unerwünschte Information, replizieren und transkribieren zu lassen.

2.4.3. Transkription ermöglicht Botenfunktion, Regulation und Vervielfältigung

Worin besteht der Nutzen, die DNA in RNA zu transkribieren?

Zunächst einmal wird die Information unabhängig von der DNA. Das ist besonders wichtig für Eukaryonten, denn dort befindet sich die DNA im Kern, die Proteinbiosynthese findet aber im Cytoplasma statt. Die DNA kann den Kern nicht verlassen. Sie braucht also Moleküle, die sie als **Boten** in das Cytoplasma aussenden kann. Des weiteren ist die Transkription eine gute Möglichkeit, **Regulationsmechanismen** einzubauen: nicht die ganze Information muß dauernd im Zellstoffwechsel wirksam werden, sondern entsprechend dem Bedarf werden bestimmte Abschnitte der DNA transkribiert und andere nicht. Ein weiterer Vorteil besteht darin, daß die Information mehrfach kopiert werden kann. Die DNA bleibt unberührt im Kern liegen und kann so oft umgeschrieben werden, wie es der Bedarf der Zelle erfordert (Rep. 2.**9**).

2.4.4. Die DNA-abhängige *RNA-Polymerase* ist das Enzym der Transkription

Die Transkription wird von der DNA-abhängigen *RNA-Polymerase* vollzogen (Abb. 2.**34**). Dieses Enzym ist komplexer als die *DNA-Polymerase*. Es besteht aus fünf Untereinheiten $\alpha_2\beta\beta'$, σ, wobei der *Sigma*-Faktor abgekoppelt werden kann. Das Enzym ohne *Sigma* wird Core-Enzym, das vollständige Holo-Enzym genannt. Der *Sigma*-Faktor ist bei der Auffindung der Transkriptions-Startstelle auf der DNA von Bedeutung.

Rep. 2.**9** Die Rolle der Transkripten

- Information wird unabhängig von der DNA; sie kann den Kern verlassen
- Regulation der Transkription: nicht die ganze Information muß gleichzeitig im Zellstoffwechsel wirksam werden (z. B. Regulation durch unterschiedliche Affinität der *RNA-Polymerase* zu den Promotoren)
- mehrfaches Kopieren der Information ist möglich; Vervielfältigung

Zahlreiche andere Proteine, sog. **Transkriptionsfaktoren,** für die es oft weit vom zu transkribierenden Gen entfernt liegende Bindungsstellen auf der DNA gibt, sind an der Transkription und ihrer Regulation beteiligt. **„Enhancer"** und **„silencer"** sind DNA-Sequenzen, die über Bindungsproteine einen steigernden oder abschwächenden Einfluß auf die Transkription haben können. In der Region vor einem codierenden Gen liegen häufig **CpG-reiche Inseln,** die die Nähe eines Gens ankündigen. Durch Methylierung der Cytosine kann die Transkription eines Gens unterbunden werden.

Initiation

Die **Initiation,** der **Start** der Transkription, findet an spezifischen Stellen der DNA statt, den **Promotoren** (Abb. 2.**35**). An diese Promotoren bindet die *RNA-Polymerase* mit Hilfe der *Sigma*-Untereinheit. Je höher die Affinität von *Sigma* zu einer Promotorregion ist, desto leichter wird die *RNA-Polymerase* an dieser Stelle die Transkription starten können. *Sigma* erleichtert die Transkription durch ein leichtes Aufwinden des Doppelstranges.

Anders als bei der DNA-Replikation wird bei der Transkription nur ein DNA-Strang abgelesen. Der transkribierte Strang wird als **codogen** bezeichnet. Die Auswahl des DNA-Stranges erfolgt durch die Lage des Promotors. Hat die Initiation stattgefunden, dann wird der *Sigma*-Faktor nicht mehr gebraucht, er wird abgekoppelt.

Elongation

Die **Elongation,** d.h., die Kettenverlängerung, nimmt das Core-Enzym vor. Im Verlaufe der Transkription zieht der codogene Strang durch das aktive Zentrum der *RNA-Polymerase,* während der zweite DNA-Strang auf dem Rücken des Enzyms dahingleitet. Es kommt während der Transkription zu keinem völligen Auseinanderweichen des DNA-Doppelstranges, wie bei der DNA-Replikation. Der Doppelstrang öffnet sich nur so weit, wie das Enzym Platz braucht, und schließt sich hinter dem Enzym sofort wieder zum intakten Doppelstrang.

Die Kettenverlängerung verläuft in **5'-3'-Richtung:** Mit einer Geschwindigkeit von etwa 50 Nucleotiden pro Sekunde werden Ribonucleosidtriphosphate an das freie 3'-OH-Ende der wachsenden Kette angelagert und unter Abspaltung von Pyrophosphat anpolymerisiert. Die *RNA-Polymerase* kann nicht Korrekturlesen. Ein einmal falsch eingebautes Nucleotid bleibt eingebaut. Das ist bei der RNA-Synthese nicht weiter tragisch, denn spätestens beim nächsten Transkriptionsvorgang wird dieser Fehler im neuen Molekül nicht wieder auftreten, da ja die Matrize fehlerfrei ist. Die wachsende RNA-Kette geht keine Bindungen mit den DNA-Strängen ein. Sie hängt

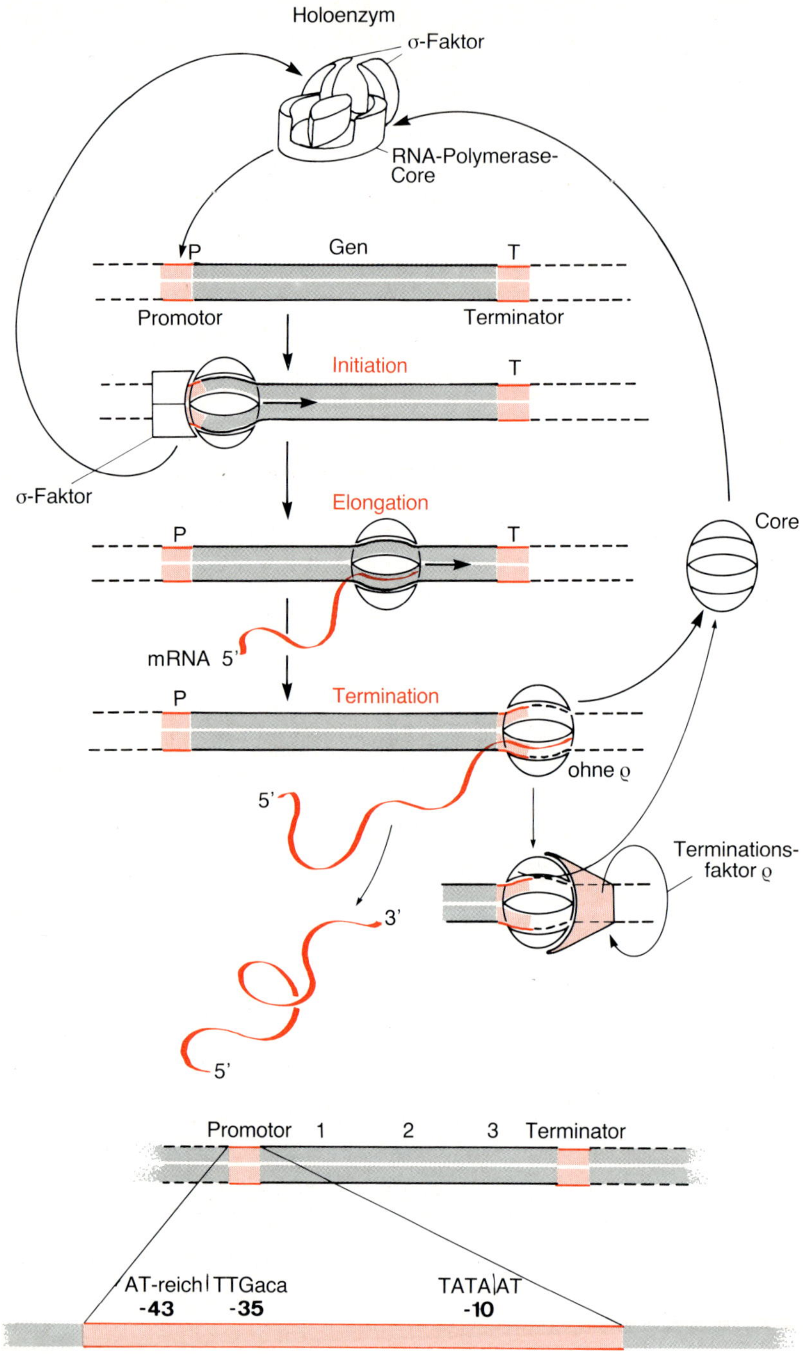

Abb. 2.35 Schema der Transkription bei Prokaryonten
Für die korrekte Initiation der Transkription am Promotor (P) auf der DNA ist die DNA-abhängige *RNA-Polymerase* als Holoenzym notwendig. Holoenzym besteht aus dem *RNA-Polymerase*-Core und dem σ-Faktor. Nach erfolgtem Start der Transkription wird σ entlassen und kann einem weiteren Core-Enzym bei der Initiation helfen. Für die RNA-Kettenverlängerung ist das Core-Enzym zuständig. An Terminatoren, spezifischen Sequenzen der DNA, verläßt das Core-Enzym die DNA und steht für eine neue Runde zur Verfügung. Mitunter hilft bei der Termination der Terminationsfaktor ϱ. Die Promotor-Region besteht aus spezifischen Nucleotidsequenzen. Bei etwa 10 Nucleotiden vor dem Start befindet sich die TATA-Box. Weiter stromaufwärts gibt es weitere spezifische DNA-Bereiche. Die Promotor-Regionen „-35" und „-10" sind Consensus-Sequenzen, d. h., sie sind gleich oder sehr ähnlich in funktionell homologen Strukturelementen. Bei der Sequenz TTGaca ist durch große Buchstaben eine sehr starke Übereinstimmung und durch kleine eine weniger starke angedeutet.

vielmehr als einzelsträngiger Schwanz aus dem polymerisierenden Enzym heraus. Die Elongation geht weiter, bis das Ende des Gens oder der Transkriptionseinheit erreicht ist.

Termination bewirkt Kettenabbruch

An Hand von spezifischen Basensequenzen erkennt die *RNA-Polymerase* das **Ende der Transkriptionseinheit.** Manchmal hilft ein **Terminationsfaktor rho** (ϱ), der sich an das Enzym anlagert und es von der Matrize ablöst. Der fertige RNA-Strang wird freigesetzt. Die DNA-Matrize ist bereit zur neuen Transkription, die *RNA-Polymerase,* zunächst als Core-Enzym, steht wieder zur freien Verfügung und wartet auf die Anlagerung des *Sigma*-Faktors, der ihr die Affinität zum richtigen Promotor verleihen soll. Auch der Terminationsfaktor rho steht zur weiteren Verwendung bereit (Rep. 2.**10**).

2.4.5. mRNA, rRNA und tRNA sind die Transkriptionsprodukte

Ein Experiment, das an Prokaryonten durchgeführt worden ist, gab Aufschluß darüber, daß nicht ein langer RNA-Faden, sondern **verschiedene Produkte** das Ergebnis der Transkription sind.

Zur RNA-Identifikation wird die **Saccharosegradienten-Zentrifugation** benutzt (Abb. 2.**36**). In Zentrifugenröhrchen wird Saccharose-Lösung derart eingefüllt, daß vom Boden zum Meniskus hin eine stetig fallende Zuckerkonzentration von 20% bis 5% entsteht. Auf diese Saccharosegradienten wird die aus Bakterienkulturen extrahierte Gesamt-RNA aufgelagert. Die Bakterienkultur war eine Stunde lang in Anwesenheit von radioaktiv markiertem Phosphat ^{32}P kultiviert worden. Die radioaktive Markierung sollte dazu dienen, schnell vergängliche und während einer Stunde neu transkribierte RNA radioaktiv zu markieren. Alle übrige, vor dieser Stunde gebildete und stabil gebliebene RNA sollte wenig radioaktive Markierung enthalten. Die RNA-Moleküle werden in den Saccharosegradienten hineinzentrifugiert. Größere RNA-Moleküle werden entsprechend ihrer Sedimentationsgeschwindigkeit, die von der Größe, Gestalt und Dichte des Moleküls abhängt und durch den **Sedimentationskoeffizienten S** (1 Svedberg = 10^{-13} s) charakterisiert wird, weiter hinunterzentrifugiert als kleinere Moleküle. Am Ende der Zentrifugation wird ein kleines Loch in den Boden des Gradientenröhrchens gebohrt und tropfenweise der Gradient gesammelt. In den „Fraktionen" wird der RNA-Gehalt mit Hilfe optischer Messung bestimmt und die Radioaktivität durch markiertes Phosphat gemessen. Das Ergebnis zeigt, daß sich erwartungsgemäß RNA-Moleküle bestimmter Größen in bestimmten Regionen des Gradienten ansammeln. Sie bilden dort definierte Banden. Die RNA kann entsprechend ihrem Sedimentationsverhalten als **23S-, 16S- bzw. 4S-RNA** charakterisiert werden. Anders verhält sich die Radioaktivität. Sie bildet keinen lokalisierbaren Gipfel, sondern zieht sich durch den gesamten Gradienten. Das ist Hinweis darauf, daß die RNA, die während der einstündigen Markierung Radioaktivität eingebaut hatte, in ihrer Größe heterogen ist. Diese schnell aufgebaute und offensichtlich labile RNA ist die Boten-RNA (**Messenger-RNA**). Die anderen Moleküle gehören zu **ribosomaler** RNA und **Transfer**-RNA, die stabil sind.

Fazit: In der Zelle werden definierte Gruppen von RNA gebildet (Tab. 2.**4**). Mengenmäßig werden sie nicht alle zu gleichen Teilen synthetisiert. Die ribosomale RNA nimmt den Löwenanteil ein mit 80% der Gesamt-RNA. Ihr folgt mit 15% die Transfer-RNA, Messenger-RNA macht nur 5–10% aus.

Rep. 2.10 Der Vorgang der RNA-Synthese heißt Transkription

Nur ein DNA-Strang wird transkribiert: codogener Strang

Enzym: *RNA-Polymerase* Core-Enzym besteht aus $\alpha_2\beta\beta'$
Holo-Enzym besteht aus $\alpha_2\beta\beta'\sigma$

Initiation
- an spezifischen DNA-Sequenzen = Promotoren (erkannt durch σ)
- leichtes Aufwinden des Doppelstranges

Elongation
- Kettenverlängerung in 5′-3′-Richtung
- Anlagerung von rNTP an das freie 3′-OH-Ende unter Abspaltung von P-P (Energie für Nucleotidbindung)
- kein Korrekturlesen

Termination
- an spezifischen Basensequenzen oder durch Protein (ϱ-Terminationsfaktor)
- Produkte:
  Messenger-RNA (mono- oder polygenisch)
  ribosomale RNA
  Transfer-RNA

2.4.6. Viele RNAs werden als Vorstufen synthetisiert und während eines Reifungsprozesses zurechtgeschnitten

Viele RNAs werden in **Vorformen** synthetisiert und dann in der Zelle einem **Reifungsprozeß,** einem **„processing",** unterworfen, bis sie ihre Funktionen übernehmen können (Abb. 2.**37**). Die einzige RNA, die unverändert benutzt wird, ist die mRNA der Prokaryonten. In den **Prokaryonten** gibt es nicht das Problem, daß die Information im Kern eingesperrt ist, die Proteinbiosynthese aber im Cytoplasma abläuft und der Informationsüberträger vom Kern in das Cytoplasma transportiert werden muß.

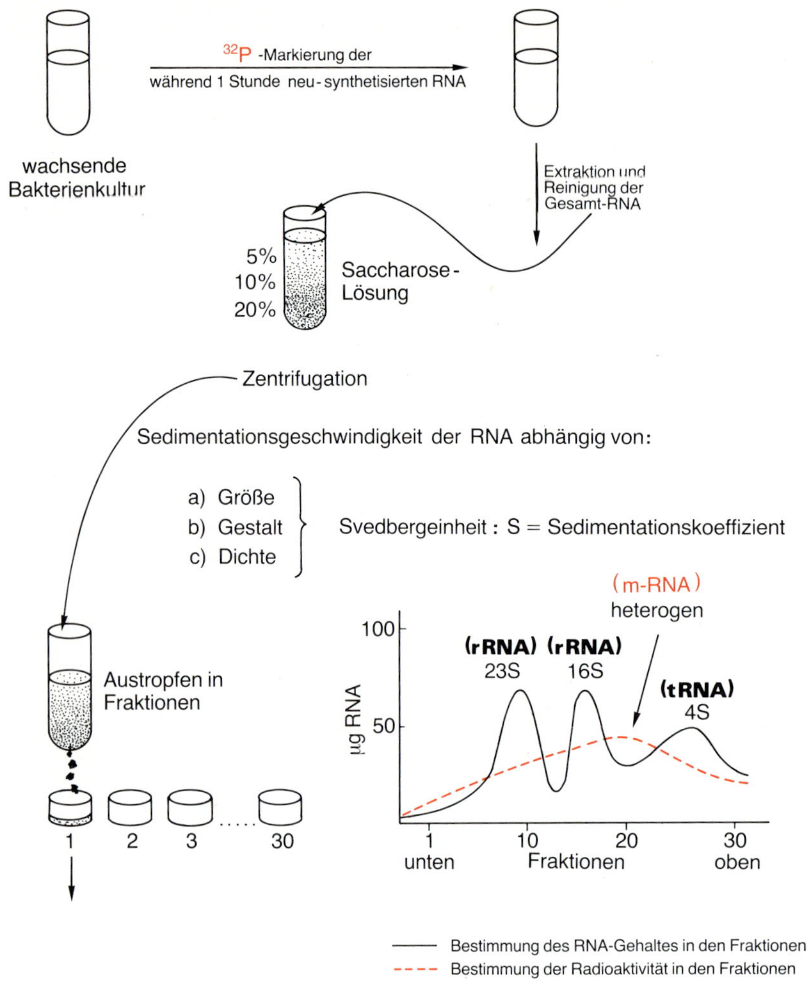

Abb. 2.36 Identifizierung der RNA-Spezies durch Saccharosegradienten-Zentrifugation

Die Proteinbiosynthese beginnt schon an der wachsenden mRNA.

Welche Eigenschaften haben die RNA-Vorstufen? In Prokaryonten sind sie größer als die endgültige RNA, d. h., sie enthalten entweder zusätzliche Sequenzen oder werden, wie im Falle der tRNA, zu mehreren in zunächst einem Molekül synthetisiert. Dieses wird dann in die tRNAs gespalten. Bei der rRNA werden aus der großen Prä-rRNA die gereiften 23S-, 16S- und 5S-RNAs (Abb. 2.**37**).

Ähnlich verhält es sich für rRNA und tRNA in **Eukaryonten** (Abb. 2.**38**–2.**40**). Hier gibt es allerdings einige Besonderheiten: Die **Gene für rRNA** finden sich in den eukaryonten Zellen an Satelliten-tragenden, akrozentrischen Chromosomen (s. Kap. **5**).

Unterhalb der Satelliten befindet sich eine sekundäre Einschnürung, eine weniger färbbare Stelle des Chromosoms. Die in dieser Einschnürung gelegenen DNA-Sequenzen tragen die Information für rRNA. Dabei sind mehrere gleiche Gene hintereinandergeschaltet (Tandem) (Abb. 2.**38**). An diesen Genen werden die Prä-RNA-Moleküle synthetisiert, die dann noch im Kern dem „processing" unterworfen werden. Die resultierenden reifen Moleküle sind größer als bei den Prokaryonten. Sie haben Sedimentationskoeffizienten von 18 S und 28 S. Diese rRNA, zusammen mit ribosomalen Proteinen, die aus dem Cytoplasma zurück in den Kern wandern, bilden den **Nucleolus** (s. Kap. **1**) bzw. auch mehrere. Deshalb werden diese chromosomalen Regionen auch **Nucleolus-Organisator-Region** (NOR) genannt. Partiell vorgefer-

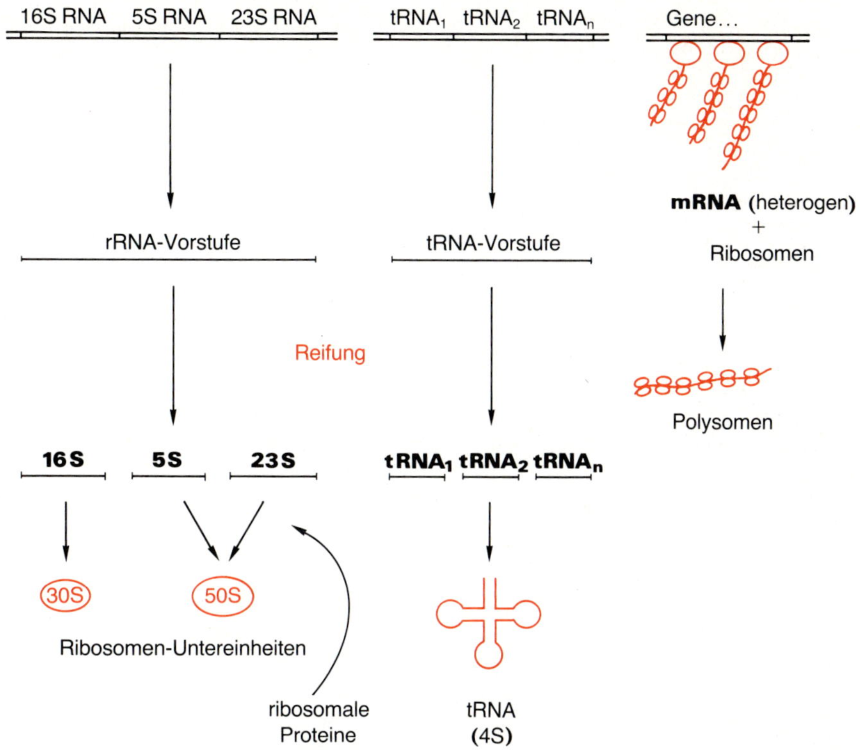

Abb. 2.**37 Die Bildung verschiedener RNAs bei Prokaryonten**
Die auf der DNA gelegenen Gene werden in Vorstufen transkribiert, die durch „Reifung" auf die endgültige Länge zugeschnitten werden. Die Größen der RNAs sind entsprechend ihrem Sedimentationsverhalten als Svedberg-Einheit (S) angegeben. Die mRNA durchläuft keinen Reifungsprozeß. Sie wird direkt von Ribosomen besetzt und zur Proteinsynthese herangezogen

Tab. 2.4 Ribonucleinsäuren bei *Escherichia coli*

Typ	mRNA (Messenger-RNA)	rRNA (ribosomale RNA)	tRNA (Transfer-RNA)
Vorstufen	nein	ja	ja
Modifizierte Basen	nein	wenige Methyl-Gruppen	ja
Gehalt	≈ 5% – 10%	≈ 80%	≈ 15%
Nucleotide	bis 10 000	3700 1700 120	75
Sedimentationskoeffizient	heterogen	23 S 16 S 5 S	4 S
Lebensdauer	kurz Halbwertzeit ≈ 20 min	lang	lang
Funktion	Informationsübertragung	Aufbau der Ribosomen	Adaptermoleküle bei der Proteinbiosynthese

RNA: Polynucleotid-Einzelstrang; ribosehaltig; uracilhaltig; Möglichkeit zur Ausbildung von Sekundärstrukturen durch Rückfaltung

tigte Ribosomen-Untereinheiten werden dann durch die Poren der Kernmembran ins Cytoplasma befördert.

Die Gene für die tRNAs liegen über die Chromosomen verstreut. Auch hier wird die größere Prä-RNA im Kern gereift und dann in das Cytoplasma entlassen als reife tRNA.

2.4.7. Die eukaryontische mRNA entsteht durch Spleißen aus hnRNA und durch Modifikation ihrer Enden

Komplizierter ist die Bildung der **mRNA** (Abb. 2.**40**). Die eukaryontischen mRNAs werden als große Prä-RNA-Moleküle synthetisiert. Sie sind entsprechend der Länge der verschiedenen Gene heterogen. Man nennt diese RNA auch **heterogene nucleäre RNA (hnRNA).** An diesem großen Molekül werden mehrere Veränderungen vorgenommen. Zunächst wird das 5'-Ende durch Ankopplung einer ganz spezifischen Nucleotidsequenz verändert (Abb. 2.**42**). Dieser Abschnitt, das **„Käppchen" (cap),** der mRNA, hilft später der mRNA bei der Fixierung an das Ribosom. Aber auch das 3'-Ende wird verändert (Abb. 2.**41**). Es werden bis zu 200 Adenylreste angehängt **(Poly-A-Schwanz).** Eine Erklärung für diese umständliche Verbarrikadierung von 5'- und 3'-Ende, die

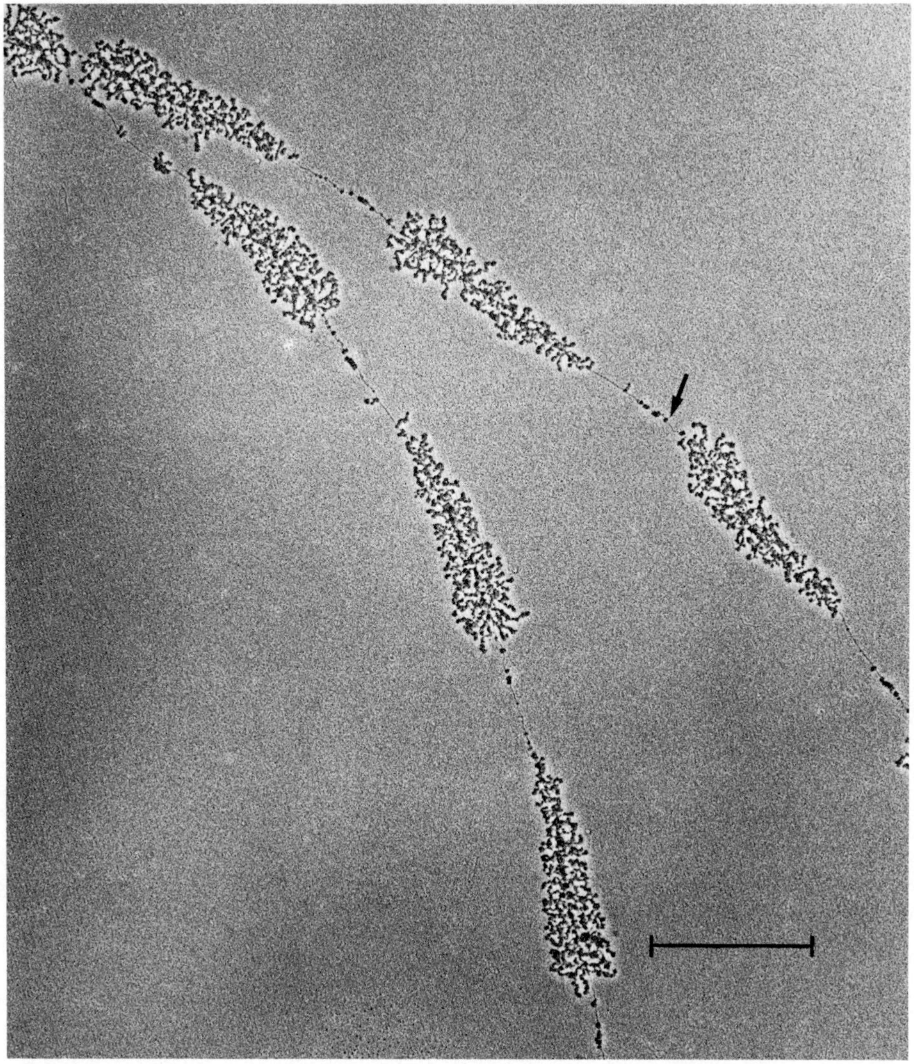

Abb. 2.38 Transkription von rRNA bei der Alge *Acetabularia mediterranea*
rRNA-Cistrons mit hintereinandergeschalteten rRNA-Genen, in Transkription begriffen. In der nichttranskribierten Zwischenregion (durch einen Pfeil sichtbar gemacht) befinden sich *rRNA-Polymerase*-Moleküle. Die Transkripte sind unterschiedlich lang, je nach Polymerisationsfortgang (Aufnahme: S. Berger, H. G. Schweiger, Heidelberg; M: 2,4 cm ≙ 1 μm)

die Prokaryonten nicht haben, bietet das Bedürfnis der Eukaryonten, die mRNA über längere Zeiträume hinweg stabil zu halten. Werden in den Prokaryonten die mRNA Moleküle ca. alle 20 Minuten umgesetzt, dann gibt es in Eukaryonten mRNA Moleküle, die bis zu Jahren (z. B. im Ei!) gespeichert werden müssen. Die RNA muß während dieser Zeit dem Zugriff der verschiedensten *Nucleasen* entzogen werden. Nach diesen Veränderungsprozessen geht das eigentliche **Zusammenschneiden** der Prä-mRNA vonstatten. Nur der kleinste Teil dieser Prä-mRNA enthält übersetzbare Information. Diese findet sich in **Exons** und nur diese werden exprimiert. Keine Information hingegen tragen die **Introns.** Diese müssen in exakter Weise ausgeschnitten werden, damit nicht versehentlich Information verlorengeht. Diesen Vorgang nennt man **Spleißen.** Die endgültig reifen mRNA-Mole-

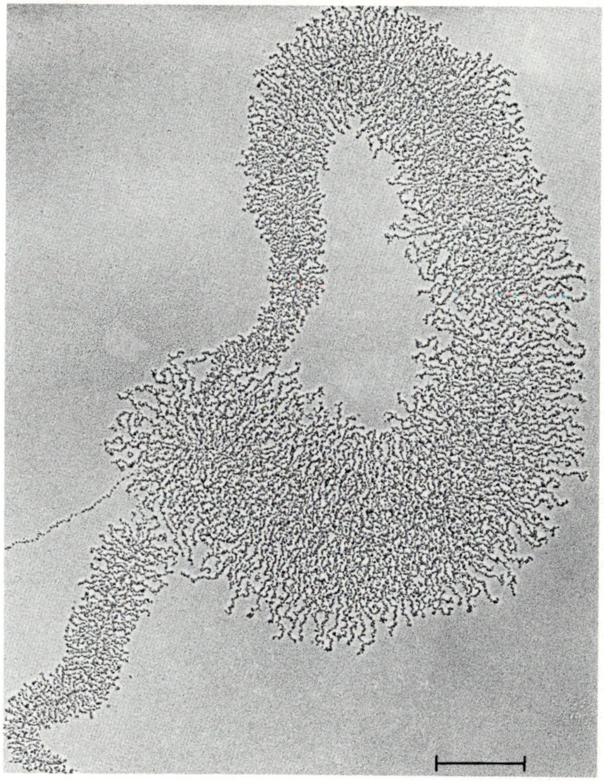

Abb. 2.39 Transkription von mRNA bei der Alge *Acetabularia mediterranea*
Zwei Gene für mRNA mit unterschiedlicher Länge werden von *RNA-Polymerasen* transkribiert. Lange und kurze Transkripte entsprechen den bereits transkribierten Gen-Abschnitten (Aufnahme: S. Berger, H. G. Schweiger, Heidelberg; M: 1,8 cm ≙ 1 μm)

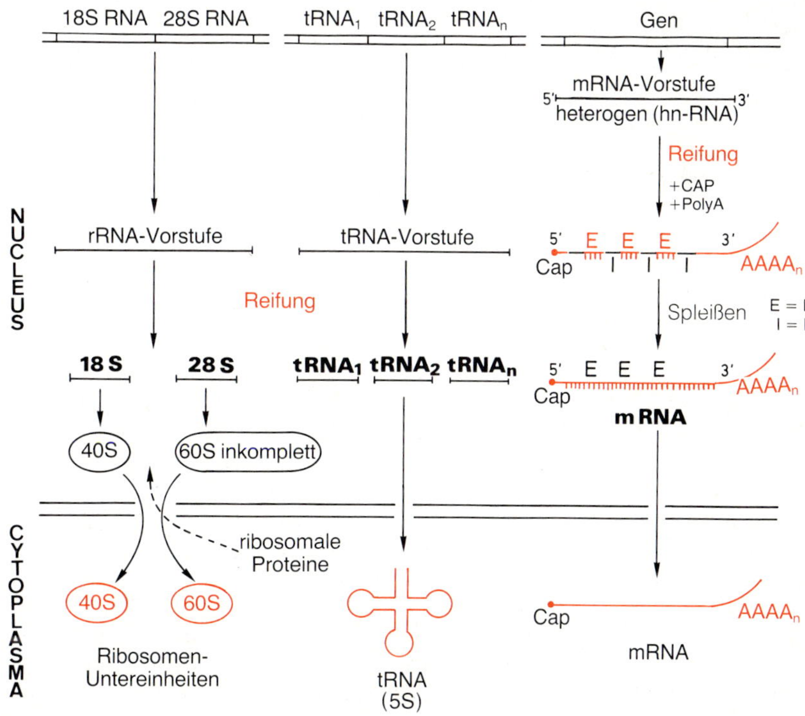

Abb. 2.40 Die Bildung der verschiedenen RNA-Arten bei Eukaryonten
Im Kern werden von dem Gen für rRNA, tRNA und mRNA große Vorstufen transkribiert. Diese werden an Ort und Stelle zur Endgröße zugeschnitten (Reifung). Aus dem Cytoplasma hineintransportierte ribosomale Proteine verbinden sich mit rRNA-Molekülen zu Vorstufen der ribosomalen Untereinheiten und werden, ebenso wie die tRNAs, durch die Kernporen ins Cytoplasma entlassen. Die mRNA durchläuft einen spezifischen Reifungsprozeß. Sie erhält ein Poly-A-Ende, ein Cap und im Prozeß des Spleißens werden die Introns herausgeschnitten. Die reife mRNA wird ebenfalls ins Cytoplasma entlassen.

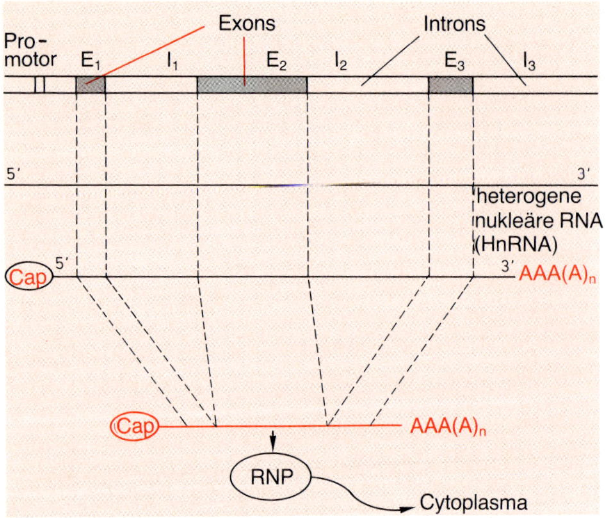

Abb. 2.41 Die Reifung der mRNA bei Eukaryonten
Die heterogene, nucleäre RNA (hnRNA) ist das primäre Transkript des DNA-Abschnittes, der die Information für ein Gen trägt. Die hnRNA ist die genaue Kopie der DNA und enthält sowohl Transkripte der Introns als auch der Exons. Introns haben im Gegensatz zu Exons keinen Informationswert und werden auf dem RNA-Niveau herausgeschnitten. Die RNA wird am 5'-Ende mit dem Cap, am 3'-Ende mit einem Poly-A-Schwanz zur typischen eukaryontischen mRNA gereift

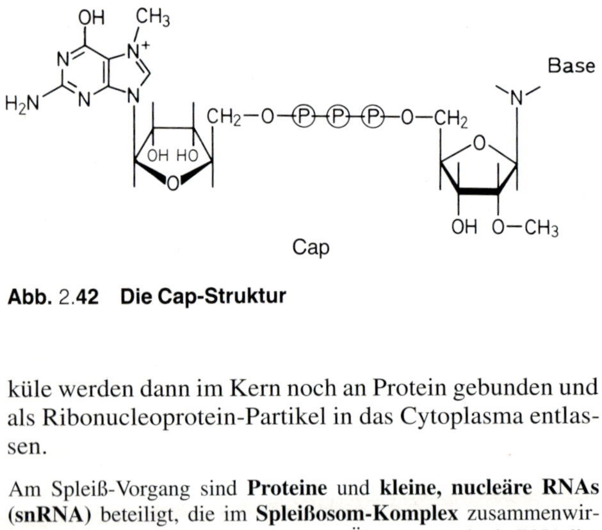

Abb. 2.42 Die Cap-Struktur

küle werden dann im Kern noch an Protein gebunden und als Ribonucleoprotein-Partikel in das Cytoplasma entlassen.

Am Spleiß-Vorgang sind **Proteine** und **kleine, nucleäre RNAs (snRNA)** beteiligt, die im **Spleißosom-Komplex** zusammenwirken (Abb. 2.**43**). An den Exon-Intron-Übergängen der hnRNA liegen Consensus-Sequenzen, mit denen die kleinen RNAs paaren können. Diese RNAs ermöglichen als Ribozyme ein Öffnen der Spleißstellen und eine Verknüpfung der Exons (Abb. 2.**44**). Manche hnRNAs enthalten **alternative Spleißsignale,** d. h. sie können das eine oder das andere benutzen und erhalten auf diese Weise unterschiedliche Produkte. So existieren z. B. 9 verschiedene Formen des Proteins α-Tropomyosin, die in den verschiedenen Geweben durch alternatives Spleißen entstehen. Mutationen, die Spleißstellen erzeugen oder verschließen, werden immer wieder als Ursachen genetischer Krankheiten entdeckt.

2.4.8. RNA-Redaktion (RNA-Editing) fügt ein, verändert oder entfernt Nucleotide von der mRNA

Primäre mRNA-Transkripte können redaktionell verändert werden (RNA-Redaktion/RNA-Editing). Einzelne **Basen** können **ausgetauscht,** ein oder mehrere Nucleotide können **eingesetzt** oder **entfernt** werden. Besonders intensive redaktionelle Veränderungen erfolgen bei mitochondrialen mRNAs, auch bei Pflanzen. Entdeckt wurde die RNA-Redaktion an Trypanosomen, bei denen mRNAs bis zu 50 Prozent durch Uridin-Nucleotide verändert werden. Bei Mammalia wird z. B. die mRNA für das Apolipoprotein B redaktionell bearbeitet. Ein Nucleotid wird ausgetauscht. Dadurch entsteht ein zusätzliches Stopcodon. Die originale Form des Apolipoproteins B hat eine molekulare Masse von etwa 100 000 (Apo B100). Nach der redaktionellen Veränderung dieser mRNA wird die Translation früher abgebrochen – Apolipoprotein B48 (Mr = 48 000) resultiert. Ein CAA-Codon (Glu) wird in das Stopcodon UAA (wahrscheinlich durch spezifische Deaminierung) umgewandelt.

Diese mRNA-Redaktion hat wahrscheinlich **regulatorische Funktion,** ebenso wie die redaktionelle Veränderung der mRNA für *RNA-Polymerase* in Chloroplasten. In diesem Fall wird ein ACG-Codon in AUG (Startcodon) durch eine C-U-Substitution überführt. Erst dann kann die mRNA translatiert werden.

Die **Information** für die mRNA-Redaktion ist in kleinen, zusätzlichen **Leit-RNAs** (Guide-RNAs) enthalten. Die Nucleotide, die eingesetzt werden, können aus diesen RNAs durch **Transesterifizierung** stammen. Leit-RNAs sind bei Trypanosomen nachgewiesen worden. Es ist zu erwarten, daß RNA-Redaktion eine gute Regulationsmethode ist.

2.4.9. Ribonucleinsäuren (RNAs) können als Enzyme wirken: „Ribozyme"

Beim Einzeller *Tetrahymena thermophila* wird ein Intron aus der großen ribosomalen RNA ohne Hilfe eines Proteins, also **autokatalytisch,** herausgeschnitten **(Selbstspleißen).** Später konnte gezeiget werden, daß die Enzym-und Substratfunktionen der RNA auch auf zwei getrennten RNAs lokalisiert sein können. Dabei kann ein enzymatisches RNA-Molekül den Umsatz mehrerer Substrat-RNAs katalysieren. Bis dahin waren solche Aktivi-

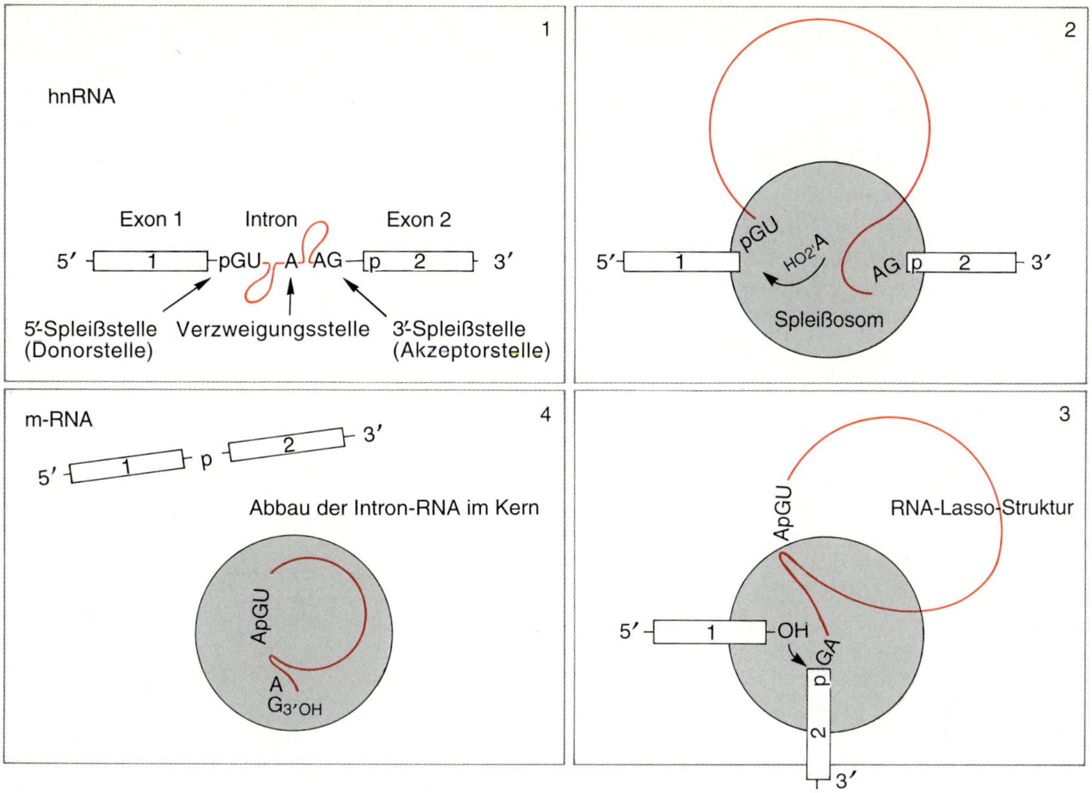

Abb. 2.**43** **Das Spleißosom ermöglicht exaktes Spleißen der hnRNA**
Die hnRNA enthält als primäres Transkript der DNA sowohl Exons als auch Introns. Letztere werden zur Bildung der reifen mRNA ausgeschnitten. Kleine nucleäre RNAs (snRNA) und assoziierte Proteine (snRNP) legen sich an die Consensus-Sequenzen der Exon-Intron-Übergänge und ein Adenosinnucleotid im Intron-Inneren an und bilden ein Spleißosom. Die Verzweigungsstelle wird an die 5′-Spleißstelle herangeführt. Das 2′-OH des Adenosins attackiert die Phosphodiesterbindung der 5′-Donorstelle, öffnet diese und schließt das 5′-Intronende zum Ring (RNA-Lasso-Struktur). Durch die enzymatische Aktivität der snRNPs wird das 3′-OH von Exon 1 an die 3′-Spleißstelle herangeführt, die kovalente Bindung zwischen dem 3′-Ende des Introns und dem 5′-Ende von Exon 2 geöffnet und Exon 1 mit Exon 2 verbunden. Das an das Spleißosom gebundene Intron (RNA-Lasso-Struktur) wird im Kern abgebaut, die gereifte mRNA ins Cytoplasma entlassen. Alle Introns werden in gleicher Weise ausgeschnitten.

Abb. 2.**44** **Bildung der RNA-Lasso-Struktur**
Ein Adenosinnucleotid ca. 30 bp stromaufwärts von der 3′-Spleißstelle entfernt bildet die Verzweigungsstelle. Das Spleißosom führt dieses Nucleotid an die 5′-Spleißstelle heran, wobei die Intron-RNA schleifenförmig ausbeult. Das 2′-OH des Adenosins attackiert den Exon-Intron-Übergang der Donorstelle. SnRNPs öffnen die 5′-Phosphatbindung des Guanosins und knüpfen eine 2′-5′-Phosphodiesterbrükke. Es entsteht eine „Lasso-Schlaufe" zwischen dem 5′-Ende des Introns und der Verzweigungsstelle. Die Nucleotide zwischen Verbindungsstelle und 3′-Akzeptorstelle des Introns bleiben linear und werden vom stromabwärts angrenzenden Exon abgeschnitten.

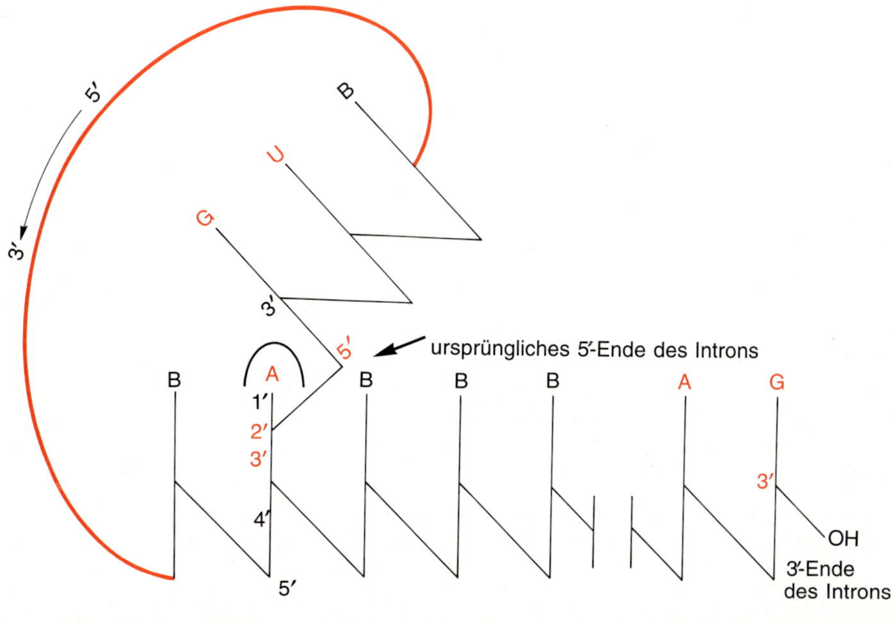

täten Charakteristika von Protein-Enzymen. (Enzyme sind Proteine, die durch Herabsetzung der Aktivierungsenergie den Umsatz spezifischer Substrate katalytisch beschleunigen.) Die Ribonucleinsäureenzyme werden **Ribozyme** genannt. Folgende in vitro-Aktivitäten von Ribozymen wurden identifiziert: **Nucleotidyl-Transferase, Phosphattransfer (Kinase), Umesterungen, Sequenzspezifische Endo-(desoxy)-Ribonuclease, Phosphomonoesterase, Phosphodiesterase, Aminoacyl-Synthetase, Aminoacylesterase, RNA-Ligase.** Auch in vivo sind RNAs katalytisch an einer Reihe von Reaktionen beteiligt. Als Beispiel sei die **Ribonuclease P** genannt, die das 5′-Ende reifer tRNAs erzeugt: Die katalytische Funktion liegt in vitro eindeutig bei der RNA-Untereinheit, obwohl Ribonuclease in vivo nur in Verbindung mit der Proteinuntereinheit, d. h. als Ribonucleoprotein funktionell ist. Auch die **Peptidyltransferase des Ribosoms** ist sehr wahrscheinlich eine Funktion der RNA. Die Tatsache, daß RNAs genetische Informationen speichern und gleichzeitig als Enzyme wirken können, hat zur Hypothese einer **„RNA-Welt"** als frühes Stadium der Evolution geführt (Rep. 2.**11**). Für die Entdeckung der Ribozyme erhielten Altman und Cech 1990 den Nobelpreis für Chemie.

Rep. 2.11 Funktionen eukaryontischer RNAs

Informationsübertragung	Messenger-RNA
Strukturbildung	ribosomale RNA
Adapterfunktion	Transfer-RNA
RNA-Redaktion	kleine Leit-RNAs
Enzymatische Aktivität	Ribozyme: Intron-Spleißen Knüpfung der Peptidbindung (Peptidyl-Transferase) Phosphat-Transfer (Kinase) Phosphat-Esterasen Nucleotidyl-Transferase RNAase P RNA-Ligase

2.4.10. Pseudogene werden nicht in Proteine übersetzt

Zu vielen Genen existieren im Genom **Pseudogene.** Diese haben Introns, Exons und DNA-Sequenzen mit hoher Ähnlichkeit zu den entsprechenden Genen, werden allerdings nicht translatiert, weil zahlreiche **Stop-Codons** dies verhindern. Wahrscheinlich sind diese Pseudogene durch Duplikation und Inaktivierung entstanden. Fehlender Selektionsdruck hat dann die Bildung von Stop-Codons und Nonsense-Codons gefördert.

Bei den **„prozessierten Pseudogenen"** fehlen Introns. Sie sind somit ähnlich der entsprechenden m-RNA aufgebaut. Am 3′-Ende befindet sich eine Poly-A-Sequenz. Direkt vor und nach der Pseudogen-Sequenz finden sich wiederholende DNA-Sequenzen. Das deutet darauf hin, daß prozessierte Pseudogene durch reverse Transkription von m-RNA entstanden sind. Auch sie enthalten keinen offenen Leseraster, d. h. es sind Stop-Codons vorhanden, die die Translation verhindern.

2.5. Proteinsynthese – Translation

2.5.1. Die Proteinsynthese findet an Ribosomen statt

Die **Ribosomen** machen in *Escherichia coli* ¼ der gesamten Zellmasse (15 000 pro Zelle) aus. Sie sind die Komplexe, an denen in dauernder Fließbandarbeit Proteine hergestellt werden. Ribosomen sind nicht membranbegrenzte Organellen im Cytoplasma und aus rRNA und Proteinen aufgebaut (Abb. 2.**45**). Die Ribosomen der Eukaryonten sind ein wenig größer als die der Prokaryonten. Die Größe der Partikel wird durch ihre Sedimentationskonstante angegeben: 70S-Ribosomen in Prokaryonten und 80S-Ribosomen in Eukaryonten. Ribosomen bestehen aus einer **großen** und einer **kleinen Untereinheit,** die jeweils wieder aus RNA und Proteinen zusammengesetzt sind. In dem Moment, in dem sie zur Proteinsynthese gebraucht werden, fügen sich die Untereinheiten zum kompletten Ribosom zusammen. Im Experiment kann dieser Vorgang des Zerfallens und des Wiederzusammenfügens durch Entzug oder Zugabe von Magnesium nachvollzogen werden. Die **rRNA** ist in den Ribosomen ein **Strukturelement.** Sie verhilft dazu, die Vielzahl der Moleküle zu einem Ganzen zusammenzuhalten. Einige rRNA-Moleküle haben weiterhin die Aufgabe, mit Hilfe komplementärer Sequenzen die mRNA in die richtige Position einzufädeln. Betrachtet man das Bild eines prokaryontischen Ribosoms, so erinnert die große Untereinheit an einen Armsessel mit Rückenlehne. Auf ihn ist die kleine Untereinheit in Form einer Hantel aufgelagert. Zwischen großer und kleiner Untereinheit entsteht ein Kanal, durch den die mRNA verläuft (Abb. 2.**46**).

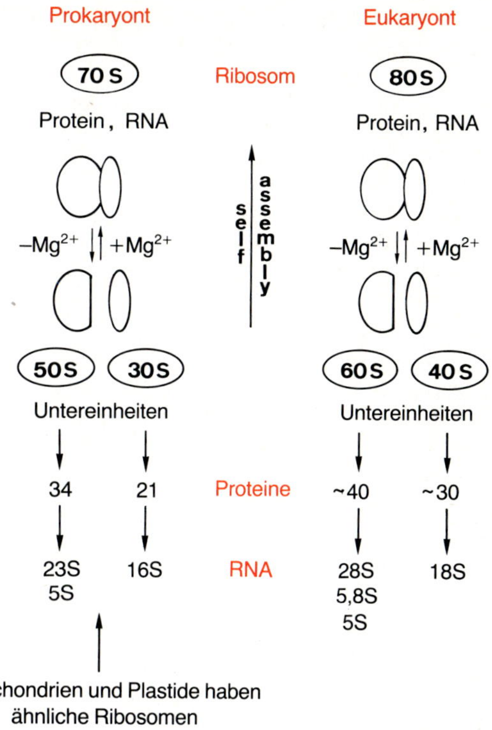

Abb. 2.45 Aufbau der Ribosomen Schematische Darstellung

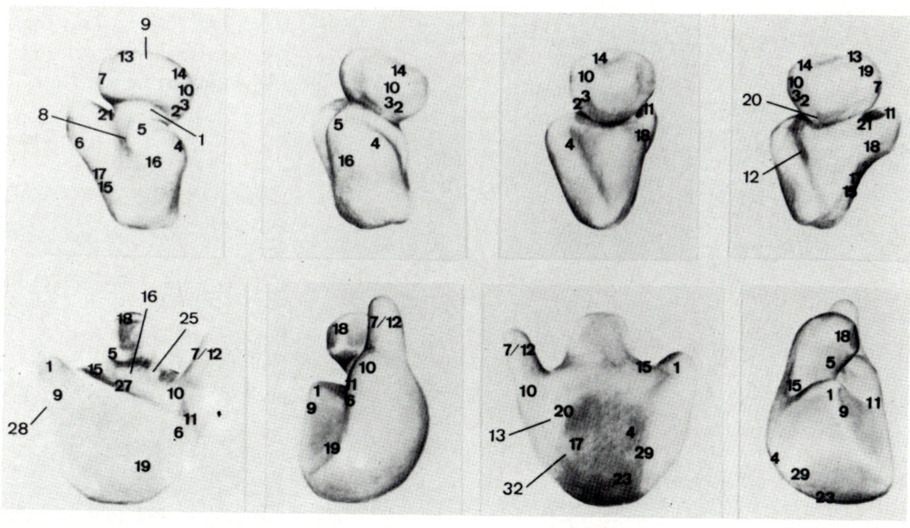

Abb. 2.46 Ribosomenmodell
Die angegebenen Zahlen entsprechen den individuellen ribosomalen Proteinen auf der Oberfläche (Aufnahme: G. Stöffler, M. Stöffler-Meilicke, Innsbruck-Berlin)

2.5.2. Die tRNA ist das Verbindungsmolekül zwischen Nucleotid-Code und Aminosäure

Während der Proteinbiosynthese wird die Information, die in Nucleinsäuren niedergelegt ist, in eine Sequenz von Aminosäuren umgesetzt (Abb. 2.**49**). Wie könnte die Sprache der Nucleotide, die Basensequenz, in die Aminosäuresequenz umgesetzt werden? Die Natur hat dazu ein einfallsreiches und doch einfaches Molekül entwikkelt, nämlich die **tRNA** (Abb. 2.**47**, 2.**48**). Sie ist ein kleines RNA-Molekül. Die Form der verschiedenen tRNAs ist ähnlich. Sie bilden durch Rückfaltung spezifische Schleifenstrukturen aus. Die Sekundärstruktur der tRNA erinnert dabei an das Bild eines **Kleeblattes:** Die Stielchen ergeben sich durch Paarung komplementärer Sequenzen zum Doppelstrang, die Blätter selbst sind einzelsträngige Schleifen. Dieses Kleeblatt ist dreiblättrig, sein mittleres Blatt trägt eine wesentliche Struktur, das **Anticodon** (Abb. 2.**47**). Dieses Anticodon ist eine Nucleotidsequenz, die komplementär zu einer entsprechenden Sequenz auf der mRNA ist. An dem diesem Anticodon gegenüberliegenden Stiel des Kleeblattes findet sich am 3'-Ende des RNA-Moleküls die sog. **Aminosäure-Erkennungsregion.** Am 3'-Ende haben alle tRNAs eine einheitliche Sequenz (CCA). An das endständige Adenin wird die für jede tRNA spezifische Aminosäure gebunden. So dient die tRNA zwei Herren zur gleichen Zeit: Mit der einen Hand greift sie nach der zu ihrem Anticodon komplementären Region der mRNA. Mit der anderen Hand führt sie die dieser Sequenz entsprechende Aminosäure heran.

Im tRNA-Molekül sind **seltene Basen** vertreten. Diese seltenen Basen werden nicht gleich bei der Transkription eingefügt, sondern sie entstehen durch nachträgliche Modifikation während des Reifungsprozesses der tRNA. Diese seltenen Basen können keinen komplementären Partner finden und garantieren dafür, daß diese Regionen einzelsträngig bleiben. Die seltene Base ψ liegt in der T-ψ-C-Schleife, die einen wichtigen strukturellen Faktor bei der Anlagerung der tRNA an das Ribosom darstellt. Die seltene Base Dihydroxyuridin ist Bestandteil der DHU-Schleife, die maßgeblich verantwortlich für die Anlagerung der tRNA an die *Synthetasen* ist.

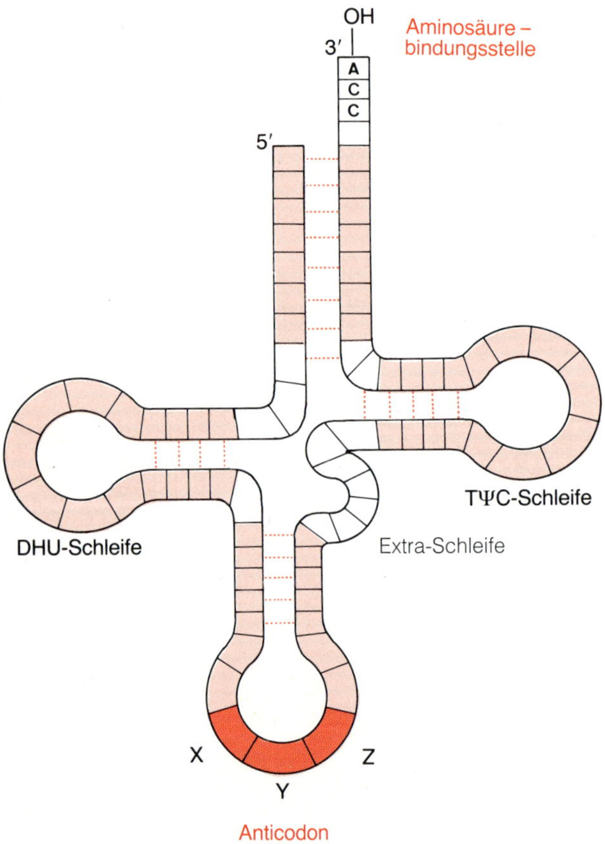

Abb. 2.47 Struktur einer tRNA
Alle tRNAs gleichen sich in einigen spezifischen Nucleotiden. Am 3'-Ende befindet sich immer die Sequenz C-C-A; am 5'-Ende steht immer ein G. Die Anticodon-Schleife interagiert mit der mRNA. Das Anticodon ist häufig von seltenen Nucleotiden eingerahmt. Die DHU-Schleife (Dihydroxy-Uridin) ist für die Erkennung durch die *Aminoacyl-tRNA-Synthetase* verantwortlich, und die T-ψ-C-Schleife zeichnet sich neben dem Pseudo-U (ψ) durch ihre Rolle bei der Wechselwirkung mit ribosomaler RNA aus. Größere Variabilität gibt es bei der Extraschleife

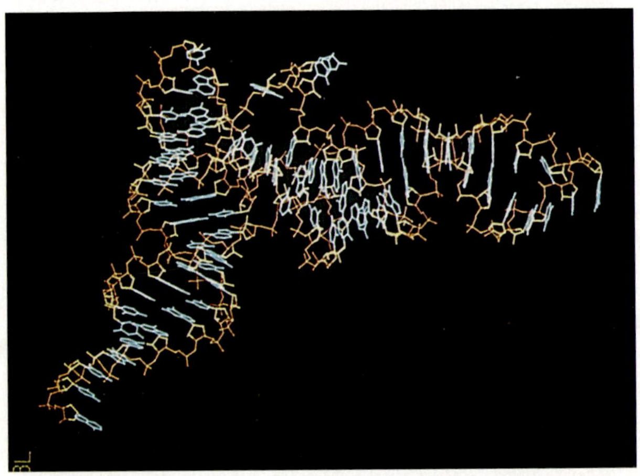

Abb. 2.48 Tertiärstruktur einer tRNA, Computerbild
(Aufnahme: H. Bossard, Heidelberg, EMBL, Koordinaten freundlicherweise von D. Moras, P. Dumas, E. Westhof)

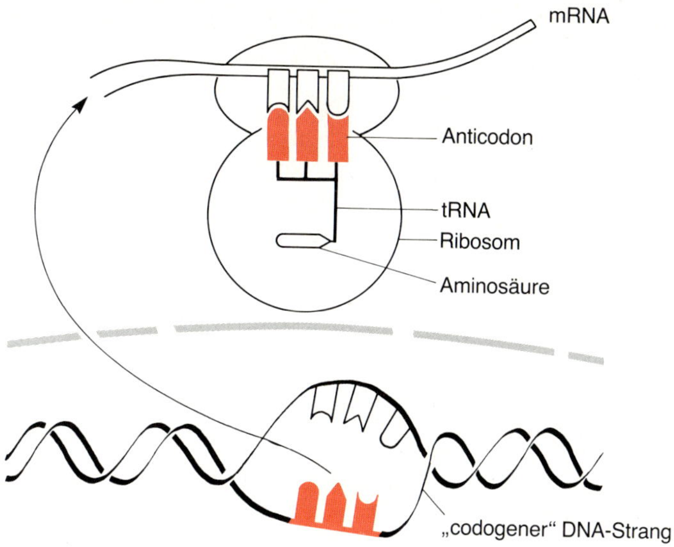

Abb. 2.49 Beziehung zwischen einem Triplett der DNA und der codierten Aminosäure

2.5.3. Die Bindung von Aminosäuren an ihre tRNA wird durch Aminoacyl-tRNA-Synthetasen katalysiert

Die tRNA hat eine Aminosäure-Bindungsregion am 3′-Ende. Zur Bindung muß die **Aminosäure aktiviert** werden. Das geschieht mit Hilfe des Energielieferanten Adenosintriphosphat (ATP) (Abb. 2.**50**). Doch das Vorhandensein von Aminosäure und ATP allein würde nicht ausreichen, wäre nicht ein Enzym vorhanden, das diesen beiden Partnern zur Reaktion verhilft. Dieses Enzym heißt *Aminoacyl-tRNA-Synthetase.* Es gibt für jede tRNA mindestens ein derartiges Enzym. An den reaktiven Zentren dieser Proteine läuft der erste Schritt, der **Aktivierungsschritt,** ab: Aminosäure und ATP lagern sich zusammen zu Aminoacyl-AMP unter Freisetzung von Pyrophosphat. In diesem **Aminoacyl-AMP-Komplex** liegt der Aminosäure-Rest aktiviert vor. Der zweite Schritt, der **Transferschritt,** kann erfolgen. Das Enzym *Aminoacyl-tRNA-Synthetase* erkennt anhand spezifischer Tertiärstrukturen die Dihydroxyuridin-Schleife der zu ihm passenden tRNA. Die tRNA wird so vom Enzym ausgerichtet, daß eine freie Hydroxygruppe der Ribose des endständigen Adenosins (CCA-Ende der tRNA) in die Nähe des Aminoacyl-AMP gedreht wird. Die Energie aus der energiereichen Bindung zwischen Aminosäure-Rest und AMP wird dazu benutzt, den Aminosäure-Rest auf die Ribose des Adenosins der tRNA zu übertragen. Das AMP wird freigesetzt. Das Enzym *Synthetase* löst sich von der beladenen tRNA. Die vorher blinde Aminosäure kann nun die Nucleinsäure-Information lesen. Allerdings liegt die Information verschlüsselt vor, und es bedarf eines Codes, um sie zu entziffern: Der Übersetzungsschlüssel zwischen Basen-Sprache und Aminosäure-Sprache ist der genetische Code.

2.5.4. Nucleotid-Tripletts bilden die Grundlage des genetischen Codes

Seit dem Beweis durch Avery, daß die DNA der Träger genetischer Information ist, stellt sich die Frage nach dem **genetischen Code** (Rep. 2.**12**). Aus vier verschiede-

Rep. 2.**12** Eigenschaften des genetischen Code

- **Degeneriert:** bei Triplett-Code und 4 zur Verfügung stehenden Basen: $4^3 = 64$ Möglichkeiten für nur 20 Aminosäuren; daher **Synonyme**
- **nicht überlappend:** das 3. Nucleotid eines Codons ist nicht zugleich das 1. Nucleotid des nächsten Codons
- **Kommafrei:** es gibt zwischen den Codons keine Pausenzeichen
- **Universell:** alle Organismen besitzen die gleichen Codewörter

Wichtige Codons:
AUG: Start (und Methionin)
UAA, UAG, UGA } Stop = Kettenabbruch

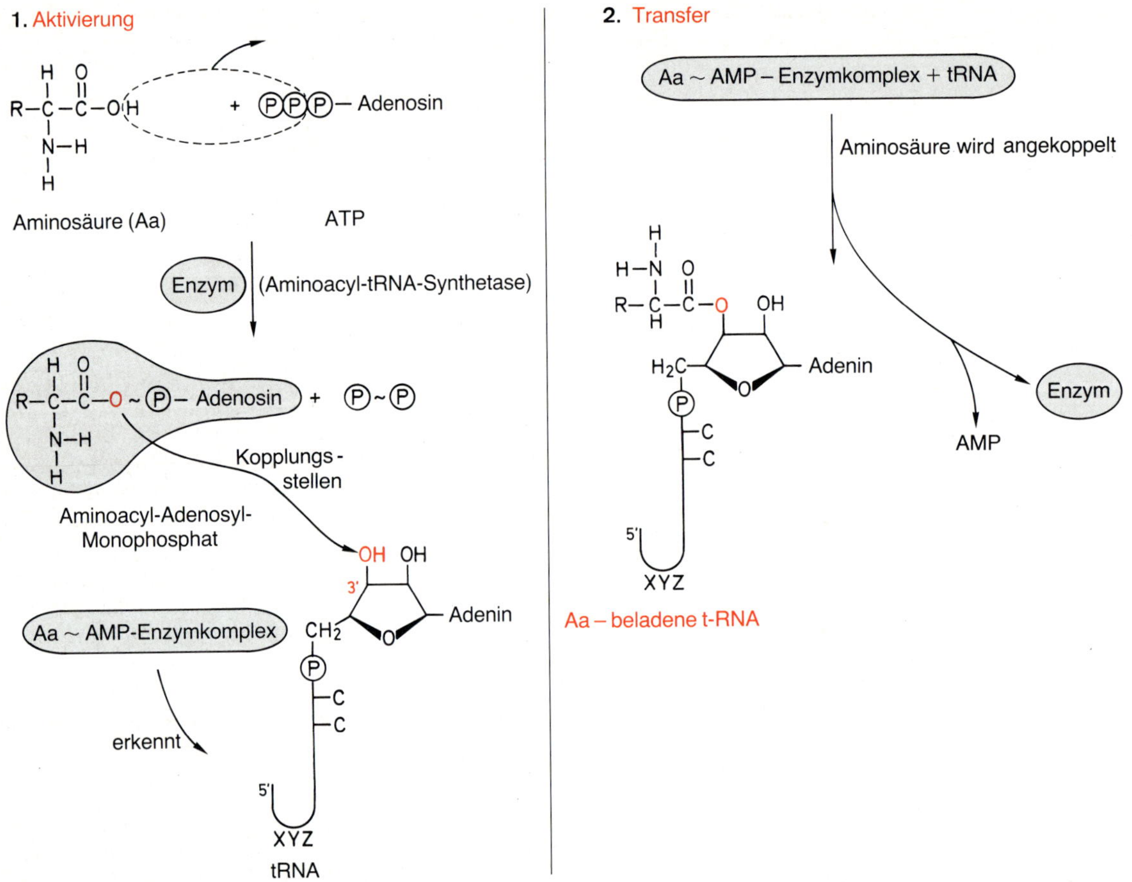

Abb. 2.**50** **Bildung von Aminoacyl-tRNA**
Die *Aminoacyl-tRNA-Synthetase* katalysiert die Aktivierung der Aminosäure durch ATP und überträgt das Aminoacyl auf die tRNA. Das Enzym wird wieder freigesetzt und beginnt die nächste Runde der Aktivierung.

a) Additionen und Deletionen beweisen: Triplett-Code!
U·C·A-C·C·A-A·G·G- → -Ser·Pro·Arg-
U·C·A-C·*X*·C-A·A·G-G- → -Ser·X·Lys-
U·C·A-C·*X*·*Y*-C·A·A-G·G- → -Ser·Y·Gln-
U·C·A-C·*X*·*Y*-Z·C·A-A·G·G- → -Ser·YZ·Arg-
Entsprechend für Deletionen

b) Punktmutationen beweisen: Code ist nicht überlappend
-U·A·C-C·A·C-A·A·C- → -Tyr-His-Asn-
-U·A·C-G·A·C-A·A·C- → -Tyr-Asp-Asn-
nicht überlappend
nur eine AS ausgetauscht

c) Deletionen beweisen: Code hat keine Interpunktion!

Abb. 2.**51** **Mutationen zeigen die Grundeigenschaften des Codes**

nen Basen werden Sequenzen gebildet, die von der Zelle verstanden und in lebensnotwendige Proteine umgesetzt werden können. Zwischen 1961 und 1967 wurde dieses Problem gelöst. 20 Aminosäure-Wörter sind gegeben, die in Form von Basenbuchstaben aufgeschrieben werden sollen. Wie viele Basen bilden ein Wort? Angenommen, zwei Basen sollten ein Wort bilden, dann gäbe es bei vier verschiedenen Basen $4^2 = 16$ Kombinationsmöglichkeiten. Zu wenig für 20 Aminosäuren. Legt man drei Basen zugrunde, ergeben sich $4^3 = 64$ mögliche Kombinationen. Experimente konnten zeigen, daß diese rechnerische Annahme die richtige war (Abb. 2.**51**). Deletionen und Additionen bewiesen: Der genetische Code ist ein **Triplett-Code** und ist **degeneriert,** d. h., er hat mehr Wörter als Aminosäuren. Mehrere Dreierkombinationen stehen für ein und dieselbe Aminosäure zur Verfügung. Bei 64

Möglichkeiten codieren mehrere Tripletts für ein und dieselbe Aminosäure. Solche Tripletts nennt man **Synonyme.** Die Richtigkeit dieser Annahme ergab sich aus der Analyse von Proteinen, die nach spezifischer Veränderung der Information gebildet wurden. Wurden ein oder zwei Basen aus der Informationssequenz entfernt oder ein oder zwei Basen hinzugefügt, dann riß die Kette der Aminosäure-Sequenz an der Stelle des Schadens ab. Wurden aber Deletionen bzw. Additionen von drei Basen vorgenommen, dann wurde eine vollständige Polypeptid-Kette synthetisiert. Allerdings zeigte sich durch Aminosäure-Analyse entweder das Fehlen oder das Hinzukommen einer Aminosäure. Der Beweis war erbracht: Drei Basen codieren für eine Aminosäure.

2.5.5. Der genetische Code ist degeneriert, nicht überlappend, interpunktionslos und universell

Der genetische Code ist **nicht überlappend.** Punktmutationen wurden zu diesem Zweck in genetisches Material eingeführt und die dann resultierenden Proteine nach ihrer Aminosäure-Zusammensetzung analysiert. Dabei stellte sich klar heraus, daß nicht das dritte Nucleotid eines Tripletts gleichzeitig auch das erste des darauf folgenden Codons ist. Wird durch Punktmutation ein Nucleotid eines Tripletts verändert, dann verändert sich dadurch nur eine Aminosäure und nicht, wie man bei einem überlappenden Code erwarten müßte, auch noch die darauffolgende.

Der genetische Code ist **kommafrei.** Auch dieses konnte mit Hilfe von Mutationen bestätigt werden. Wären in die Sequenz der Nucleotide Basen eingeschaltet, die keine Information tragen, dann sollte Deletion einer Base nur eine einzige Aminosäure verändern. Die Interpunktionsbase würde den Leserahmen sofort wieder herstellen. Daß dem nicht so ist, beweisen Deletionen von einer bzw. zwei Basen, die in jedem Fall zu einer krassen Veränderung des resultierenden Proteins führen.

Der genetische Code ist **universell.** Alle Organismen besitzen den gleichen Übersetzungsschlüssel. Eine Einschränkung: In neuerer Zeit wurden einige Codewörter in Mitochondrien gefunden, die andersartig sind. Allerdings stimmen diese dann wieder in allen Mitochondrien überein.

2.5.6. Synthetische, definierte Basensequenzen führten zur Entzifferung des Codes

Der entscheidende Durchbruch bei der Entzifferung des genetischen Codes war die Fähigkeit, mit Hilfe der *Polynucleotid-Phosphorylase,* einem Enzym, das Nucleotide aneinanderreiht, **künstliche Informationsträger** zu synthetisieren: UTP zu einem synthetischen Poly-U, ATP zu Poly-A oder CTP zu Poly-C. Es wurden Zellextrakte hergestellt, in denen DNA und mRNA mit Hilfe von spezifischen Enzymen abgebaut wurden. Statt der natürlichen DNA und RNA wurde der künstliche Messenger, z. B. Poly-U zugegeben. Außerdem bot man dem Zellextrakt alle Aminosäuren an, wobei eine Aminosäure jeweils radioaktiv markiert war, damit man sie nach erfolgter Proteinsynthese wiederfinden konnte. Nun ließ man dieses zellfreie System Protein synthetisieren. Das fertige Protein wurde mit Säure ausgefällt, auf einem Filter aufgefangen und die Radioaktivität gemessen. Da die Information, die man angeboten hatte, vollkommen monoton war, wurde auch ein **monotones Protein** erwartet, zusammengesetzt aus der Aminosäure, die das Codon UUU als das für sie spezifische Triplett erkannt hatte. Da pro Versuchsansatz immer nur eine Aminosäure radioaktiv markiert war, fand sich schließlich ein Gläschen, in dem das radioaktive Phenylalanin zum Polypeptid aneinandergereiht worden war. Das Codon UUU war damit als erstes entziffert worden. Es codiert für Phenylalanin. Auf diese Weise konnten noch die Aminosäuren für das Triplett AAA und das Triplett CCC gefunden werden (Abb. 2.**52**).

Auch aus mehreren Basen wurden künstliche Sequenzen gebildet und in ähnlicher Weise Analysen durchgeführt. Einen entscheidenden Fortschritt brachte ein geniales Experiment: Nicht mehr ganze Sequenzabschnitte wurden synthetisiert, sondern nur noch Tripletts. Diese Tripletts, zusammen mit Ribosomen, allen tRNAs, allen Aminosäuren, den dazugehörigen *Aminoacyl-tRNA-Synthetasen* und jeweils wieder einer radioaktiven Aminosäure führten zur Lösung des Problems. Das **synthetische Triplett** lagerte sich an das Ribosom an und wurde von einer mit einer spezifischen Aminosäure beladenen tRNA mit Hilfe des Anticodons erkannt. Aus dem Versuchsansatz mußten nur noch die Komplexe Ribosom mit angelagerter spezifischer tRNA ausgefällt werden. Man sammelte sie auf Filtern und suchte nach Radioaktivität. Das Triplett UUU hatte die tRNA mit dem Anticodon AAA gebunden, und diese tRNA hatte gleich die entsprechende Aminosäure mitgebracht, nämlich Phenylalanin. In dem Reagenzgläschen, in dem das Phenylalanin radioaktiv markiert war, ließ sich ein Komplex Ribosom-tRNA ausfällen. Jedes beliebige Triplett konnte in dieser Form analysiert werden, und der genetische Code war entziffert (Tab. 2.**5**).

Drei Codons gibt es, für die keine spezifische Aminosäure gefunden werden kann. Diese Codons **UAA, UAG** und **UGA** sind die **Stop-Codons.** Hier kommt die Proteinbiosynthese zum Stehen. Glücklicherweise sind nur drei Kombinationen für Stopcodons vorgesehen. Wären es mehr, dann würden häufig Mutationen zu

a) künstliche mRNAs:
Zellextrakt
↓
DNA und RNA ← zerstört!
+
z. B. ——U·U·U·U·U·U·U·U·U—— künstliches Poly U zugesetzt
+
Proteinsynthesekomponenten
+
radioaktiv markierte Aminosäure
↓
Proteine ausgefällt: Wieviel Radioaktivität?
Beispiel: ⁺Phe → Poly A –
⁺Phe → Poly C –
⁺Phe → Poly U +
Fazit: U·U·U = Codon für Phenylalanin

b) Synthetische Tripletts:
Ansatz: Triplett, Ribosomen, alle tRNAs, alle Aminosäuren (Aa), jeweils eine Aa radioaktiv markiert (⁺Aa), Aa-Synthetasen

Fällung des tRNA-Ribosomen-Komplexes

Abb. 2.52 Entzifferung des genetischen Codes
a Oligonucleotide codieren spezifische Peptide
b Synthetische Tripletts vermitteln die spezifische Bindung von Aminoacyl-tRNAs an Ribosomen

Tab. 2.5 Der genetische Code

5′-Ende 1. Position	mRNA 2. Position *U*	*C*	*A*	*G*	3′-Ende 3. Position
	Phe	Ser	Tyr	Cys	*U*
	Phe	Ser	Tyr	Cys	*C*
U	Leu	Ser	**Stop**	**Stop**	*A*
	Leu	Ser	**Stop**	Trp	*G*
	Leu	Pro	His	Arg	*U*
	Leu	Pro	His	Arg	*C*
C	Leu	Pro	Gln	Arg	*A*
	Leu	Pro	Gln	Arg	*G*
	Ile	Thr	Asn	Ser	*U*
	Ile	Thr	Asn	Ser	*C*
A	Ile	Thr	Lys	Arg	*A*
	Met	Thr	Lys	Arg	*G*
	Val	Ala	Asp	Gly	*U*
	Val	Ala	Asp	Gly	*C*
G	Val	Ala	Glu	Gly	*A*
	Val	Ala	Glu	Gly	*G*

Codewörter beziehen sich auf die Basen der mRNA, deren Richtung angedeutet ist. Im Triplett gibt es drei Positionen, die jede von einer der vier Basen eingenommen werden kann. Aufsuchen der drei Basen eines Tripletts entsprechend ihrer Position ergibt die gesuchte Aminosäure. Drei Stopsignale und zwei Startsignale sind eingezeichnet

Stopsignalen führen und die Proteinsynthese durcheinanderbringen. Ein weiteres wichtiges Codon ist **AUG.** Es codiert für die Aminosäure Methionin. Dieses Codon veranlaßt unter bestimmten Bedingungen den **Start,** den Beginn einer Polypeptid-Kette. Auch das Codon **GUG,** das sonst für Valin codiert, kann Methionin-Start bedeuten.

Die **Degeneriertheit** des genetischen Codes ist für das intakte Funktionieren jedes Organismus wichtig. Dadurch, daß eine Variation innerhalb eines Tripletts nicht unbedingt zu Unsinn führen muß, sondern unter Umständen sogar für die gleiche Aminosäure codieren kann, können manche Mutationen toleriert werden.

Ein weiterer Mechanismus verhindert, daß sich alle Mutationen auf der DNA in veränderten Proteinen niederschlagen. So ist für die Anlagerung des Anticodons einer tRNA an das entsprechende Triplett das erste Nucleotid ausschlaggegend. Änderungen im dritten Nucleotid können somit trotzdem zur Anlagerung der richtigen tRNA führen **(Wobble-Theorie)**.

Selbst der Einbau einer anderen Aminosäure als der ursprünglich geplanten muß keine Katastrophe für ein Protein bedeuten. Aber das Auftreten eines Stopsignals an falscher Stelle bedeutet in jedem Fall einen Kettenabbruch und den Ausfall eines Proteins.

2.5.7. Der Mechanismus der Translation ist komplex

Welche Komponenten sind zur Proteinbiosynthese nötig (Abb. 2.**53**)?

- Ein **DNA-Abschnitt (Gen),** der in der Sequenz seiner Basen die Information trägt, die im Verlauf der Transkription in die mRNA umgesetzt wird.

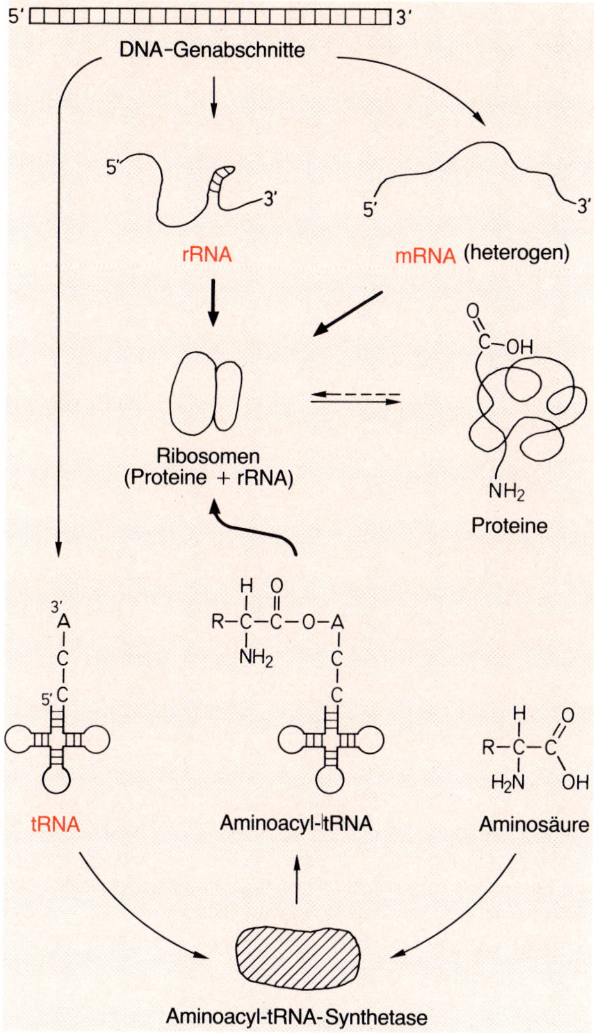

Abb. 2.53 Komponenten der Proteinsynthese

- **Ribosomen** im Cytoplasma, entweder frei oder während des Synthesevorgangs in eukaryonten Zellen ans Endoplasmatische Reticulum gebunden.
  Ribosomale Bestandteile: ribosomale RNA und ribosomale Proteine.
- Freie **Aminosäuren.**
- **Transfer-RNA-Moleküle,** die mit Hilfe des genetischen Codes die Information übersetzen.
- *Aminoacyl-tRNA-Synthetasen.*

Die **Translation** kann gegliedert werden in den Kettenanfang, die **Initiation,** die Kettenverlängerung, die **Elongation,** und den Kettenabbruch, die **Termination** (Rep. 2.**13**, 2.**14**, s. S. 134, 135).

Die Initiation der Translation erfolgt an einem Initiationskomplex

Die Information für die Synthese des Proteins liegt als Transkript der DNA in der Basensequenz der mRNA vor. Diese mRNA muß in Kontakt treten mit der Proteinsynthese-Maschinerie, den Ribosomen, die sich im Cytoplasma befinden. Die kleine Untereinheit enthält bei Prokaryonten die 16S-RNA, bei Eukaryonten die 18S-RNA. Eine Sequenz am 3'-Ende der 16S-RNA, die sog. **„Shine-Dalgarno-Sequenz",** ist bei Prokaryonten komplementär zu einer Sequenz am 5'-Ende der mRNA. Diese Sequenz der mRNA ist einem AUG-Triplett vorgelagert und bestimmt dieses zum Startcodon. Mit Hilfe der Shine-Dalgarno-Sequenz wird der Messenger in der richtigen **Startposition** am Ribosom fixiert. Bei Eukaryonten nimmt man an, daß das Käppchen, das Cap, am 5'-Ende der mRNA für die Bindung an die 18S-RNA der ribosomalen kleinen Untereinheit notwendig ist.

Es gibt an den Ribosomen zwei ausgezeichnete funktionelle Stellen, **P-Stelle** und **A-Stelle.** Diese Bezeichnungen versteht man nur im Zusammenhang mit den Vorgängen der Proteinbiosynthese. Die P-Stelle am Ribosom ist der Ort, an dem sich die wachsende Polypeptidkette befindet, während die A-Stelle derjenige Ort ist, an dem neu hinzuzufügende Aminosäuren mit ihrer tRNA angelagert werden. P-Stelle ist demnach die Abkürzung für **Peptidyl-Stelle,** A-Stelle die Abkürzung für **Aminosäure-tRNA-Akzeptor-Stelle.**

Für die **Initiation** (Abb. 2.**54**) der Proteinsynthese wird die **mRNA** an die **kleine Untereinheit** gebunden. Diese Fixierung des Messengers hat zur Folge, daß das Startcodon **AUG** in die **P-Stelle** des Ribosoms rückt. Damit ist alles bereit zur Bildung des **30 S-Initiationskomplexes.** Da der Start einer Polypeptidkette außerordentlich präzise vonstatten gehen muß, sind mehrere Proteine, die Initiationsfaktoren (IF), an diesem Vorgang beteiligt. Ihre Aufgabe ist es, die einzelnen Reaktionspartner sorgfältig in ihrer Position zu halten, damit keine unerwünschten Nebenreaktionen den wichtigen Prozeß der Initiation stören können. Außerdem bleibt die große Untereinheit des Ribosoms zunächst abgekoppelt, um unnötigen Ballast zu vermeiden. Die zur Initiation notwendige **Energie** wird nicht von ATP, sondern von **GTP** (Guanosintriphosphat) geliefert.

Das AUG ist eigentlich das Triplett für Methionin. Sobald das erste AUG-Codon in der P-Stelle des Ribosoms erscheint, führt das Enzym IF2 die tRNA heran, die mit Methionin beladen ist. Da dieses Methionin aber als Start-Aminosäure gedacht ist und in die P-Stelle eingelagert werden soll, die eigentlich nur für wachsende Peptidketten vorgesehen ist, wird dieses **Methionin** verkleidet, es wird sozusagen als Peptidkette getarnt. Zu diesem Zweck wird die Aminogruppe des Methionins mit Hilfe

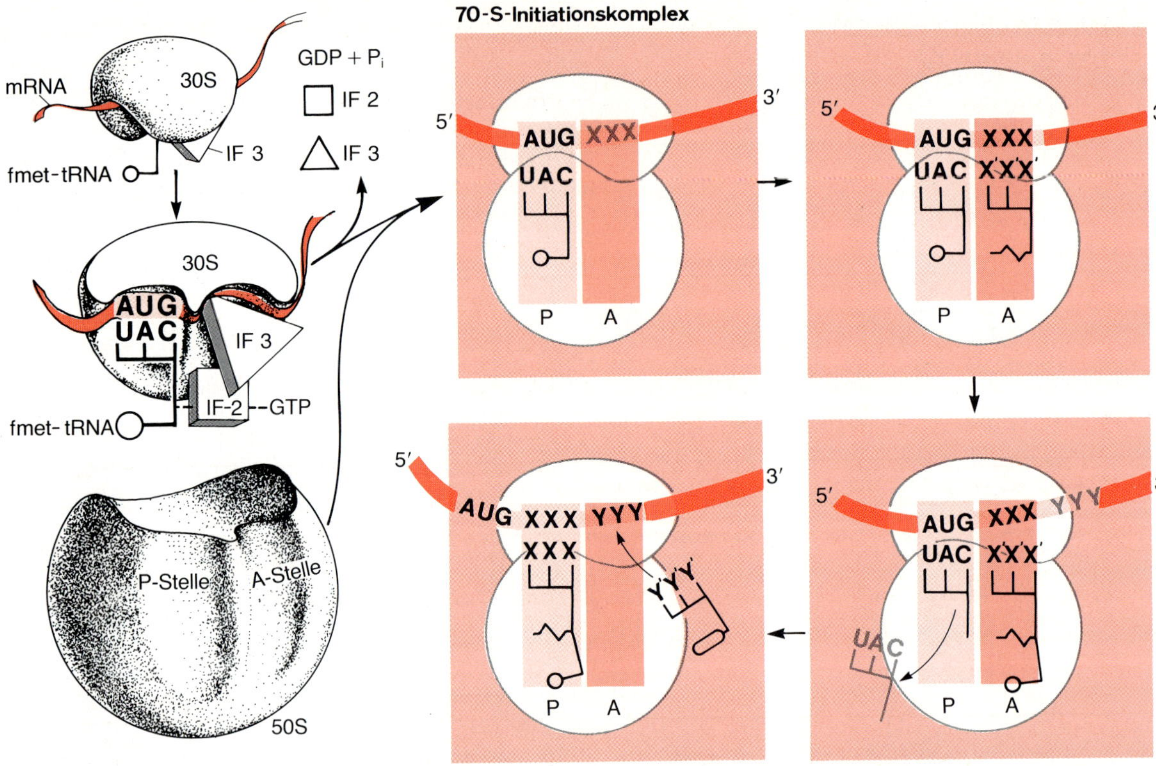

Abb. 2.**54** **Bildung des Initiationskomplexes der Translation bei Prokaryonten**

Während der Bildung des Initiationskomplexes ist die große Untereinheit des Ribosoms abgekoppelt. Initiationsfaktoren sorgen dafür, daß das Startcodon auf der Messenger-RNA in die P-Stelle der kleinen ribosomalen Untereinheit eingelagert wird und die fmet-tRNA binden kann. Die Energie für diesen Prozeß wird aus der Spaltung von GTP zu GDP gewonnen

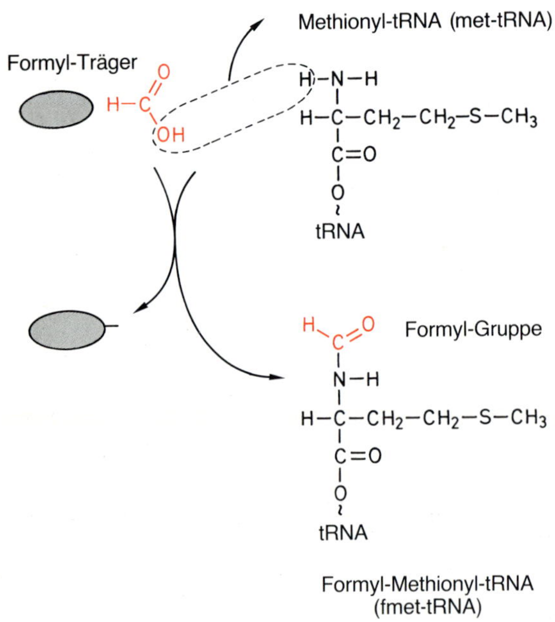

Abb. 2.**55** **Die Formyl-Gruppe markiert das Start-Methionin**
Die Formylgruppe wird vom Überträger (Methylen-Tetrahydrofolat) auf die Amino-Gruppe der Methionyl-tRNA übertragen. Formylmethionyl-tRNA (fmet-tRNA) startet die Proteinsynthese. Es bindet an das Start-Codon der mRNA in der Peptidylstelle des Ribosoms

von Methylen-Tetrahydrofolsäure **formyliert.** So ist die erste Aminosäure einer Polypeptid-Kette zumindest bei Prokaryonten immer ein **Formylmethionin** (Abb. 2.**55**). (Im Zuge der Bakterienabwehr werden Phagocyten z. B. besonders von Peptiden angezogen, die mit N-Formylmethionin beginnen!) Sobald das Anticodon der Formylmethionyl-tRNA an das AUG-Codon gebunden hat, wird die große Ribosomen-Untereinheit angekoppelt und der **70S-Initiationskomplex** gebildet. Die Anlagerung der 2. Aminoacyl-tRNA an die Akzeptor-(A-)Stelle und die Verknüpfung der beiden ersten Aminosäuren verläuft dann wie bei der Elongation.

Während der Elongation wächst die Peptidkette vom *N*-terminalen zum *C*-terminalen Ende

An die Initiation schließt sich die **Elongation** an (Abb. 2.**56**). Dabei erfolgt das Ablesen des Messengers von der **5′- zur 3′-Richtung,** und die Peptidkette wächst dabei vom N-terminalen zum C-terminalen Ende hin. Der Prozeß selbst gliedert sich in mehrere Schritte.

– **Die Codonerkennung der Aminoacyl-tRNA wird vom Elongationsfaktor TU vermittelt.** Während der Initia-

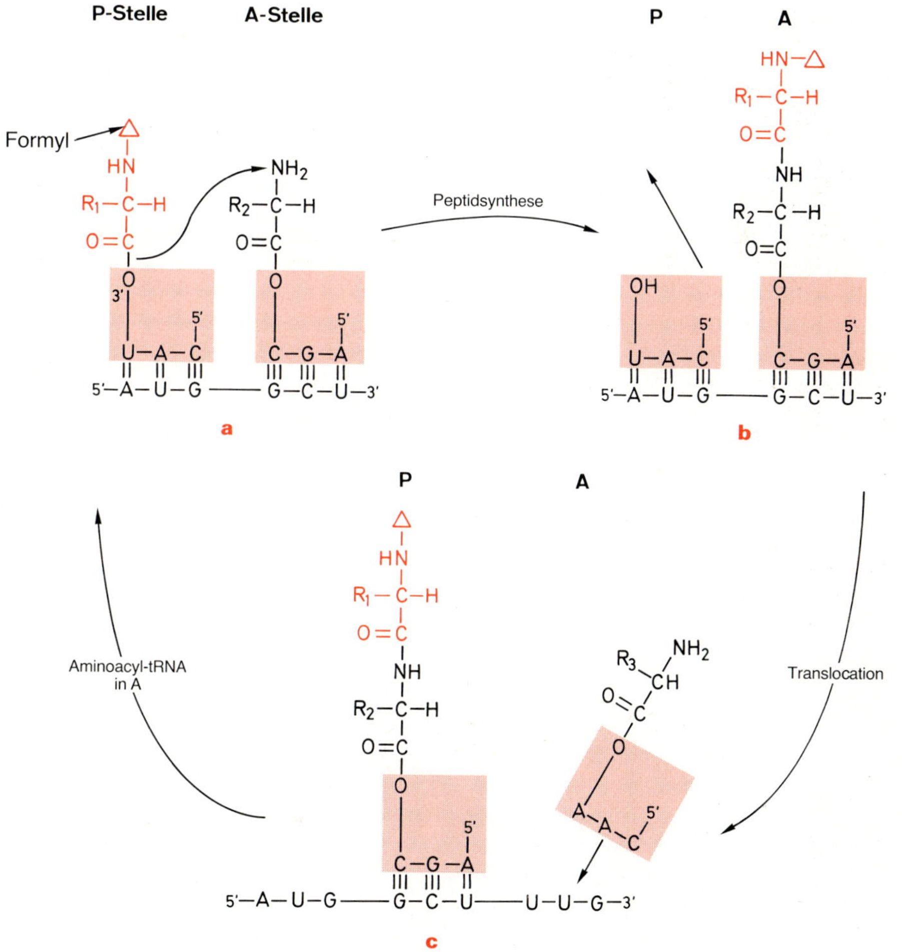

Abb. 2.56 Schema der Kettenelongation in der Proteinsynthese

Das Ribosom hat zwei Bindungsstellen für tRNA: A-Stelle = Aminoacyl-tRNA-Akzeptor-Stelle und P-Stelle = Peptidyl-Stelle. Die neu eintretende Aminoacyl-tRNA wird an der A-Stelle gebunden. Die P-Stelle ist durch die Peptidyl-tRNA besetzt. Das Peptid aus der Peptidyl-tRNA in der P-Position wird auf die Aminoacyl-tRNA in der A-Stelle übertragen. Damit sitzt die Peptidkette in A und muß durch Translocation in die P-Stelle gebracht werden. An die freiwerdende Akzeptorposition wird eine neue Aminoacyl-tRNA gebunden. Es beginnt ein neuer Synthesecyclus. Beim Start fungiert Formylmethionyl-tRNA wie Peptidyl-tRNA

Rep. 2.13 Proteinsynthese

1. Initiation

- Ribosom (30S-Untereinheit!) sucht AUG-Startsignal auf mRNA
  Prokaryonten: Sequenz vor AUG ist komplementär zur Sequenz am 3′-Ende der 16S-RNA im Ribosom
  Eukaryonten: CAP am 5′-Ende der mRNA wird vom Ribosom erkannt und das nächstgelegene AUG als Start gelesen
- fmet-tRNA lagert sich in P-Stelle an, wenn AUG dort erscheint
  Initiationsfaktoren: u. a. IF_2; IF_3; Energie aus GTP
- Anlagerung von 50S-Untereinheit
  Entstehung des 70S-Initiationskomplexes

2. Elongation

Ablesen des Messengers von 5′ → 3′
Wachstum der Peptidkette vom *N*-terminalen zum *C*-terminalen Ende

a) Codonerkennung durch:
   Aminoacyl-tRNA
   Elongationsfaktor Tu bringt Aminoacyl-tRNA in die A-Stelle

b) *Peptidyl-Transferase*-Aktion:
   Dieses Enzym (Ribozym) ist Bestandteil der 50S-Untereinheit; es
   - knüpft die Peptidbindung

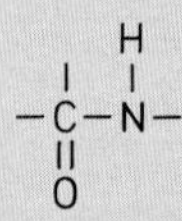

   - bringt die wachsende Kette von der P-Stelle in die A-Stelle (Elongationsfaktor G, Energie aus GTP)
   - leere tRNA löst sich aus der P-Stelle

c) Translocation
   - Peptidyl-tRNA rückt aus der A-Stelle in die P-Stelle
   - Codon rückt mit!
   - nächstes Codon erscheint in der A-Stelle

3. Termination

- Stop-Codons UAG; UGA; UAA (meistens 2 in Tandem) erscheinen in der A-Stelle
- Ablösefaktoren werden aktiviert
- Kettenabbruch

Rep. 2.14 Proteinsynthese (Mechanismus)

Die Ribosomen werden für die Translation durch den Initiationsfaktor IF_3 präpariert. IF_3 bindet an die kleine ribosomale Untereinheit (30S). Dadurch dissoziiert die große Untereinheit (50S) ab. An die vorbereitete 30S-Untereinheit kann zusammen und mit Hilfe von IF_3 mRNA binden. An den Präinitiationskomplex bindet, vermittelt durch IF_2, die Formylmethionyl-tRNA und die große ribosomale Untereinheit. Dieser Initiationskomplex akzeptiert an der A-Stelle die nächste Aminoacyl-tRNA. Diese Bindung der Aminoacyl-tRNA wird durch Tu und GTP bewerkstelligt. Ts regeneriert den Tu-GDP-Komplex. Im eigentlichen Peptidsyntheseschritt wird die Aminosäure von der tRNA in der P-Stelle auf die Aminoacyl-tRNA in der A-Stelle durch die *Peptidyl-Transferase* übertragen. Durch den Elongationsfaktor G wird die entstandene Peptidyl-tRNA aus der A- in die P-Stelle überführt und gleichzeitig die entstandene unbeladene tRNA entlassen; die nächste Aminoacyl-tRNA wird von Tu in die A-Stelle gebracht, und die nächste Runde der Elongation beginnt. Wenn auf der mRNA ein Stop-Codon erscheint, entlassen Terminationsfaktoren das synthetisierte Peptid, tRNA und mRNA verlassen das Ribosom, das in eine neue Initiation eintreten kann. Einige repräsentative Antibiotica sind mit ihrer spezifischen Wirkung eingetragen: Neomycin hemmt die Bildung des Initiationskomplexes und die Elongation durch Blockade des Transfers der Aminoacyl-tRNA. Chloramphenicol inhibiert die *Peptidyl-Transferase,* Tetracyclin blockiert den Tu-Ts-Cyclus und Streptomycin die Beladung mit neuer Aminoacyl-tRNA.

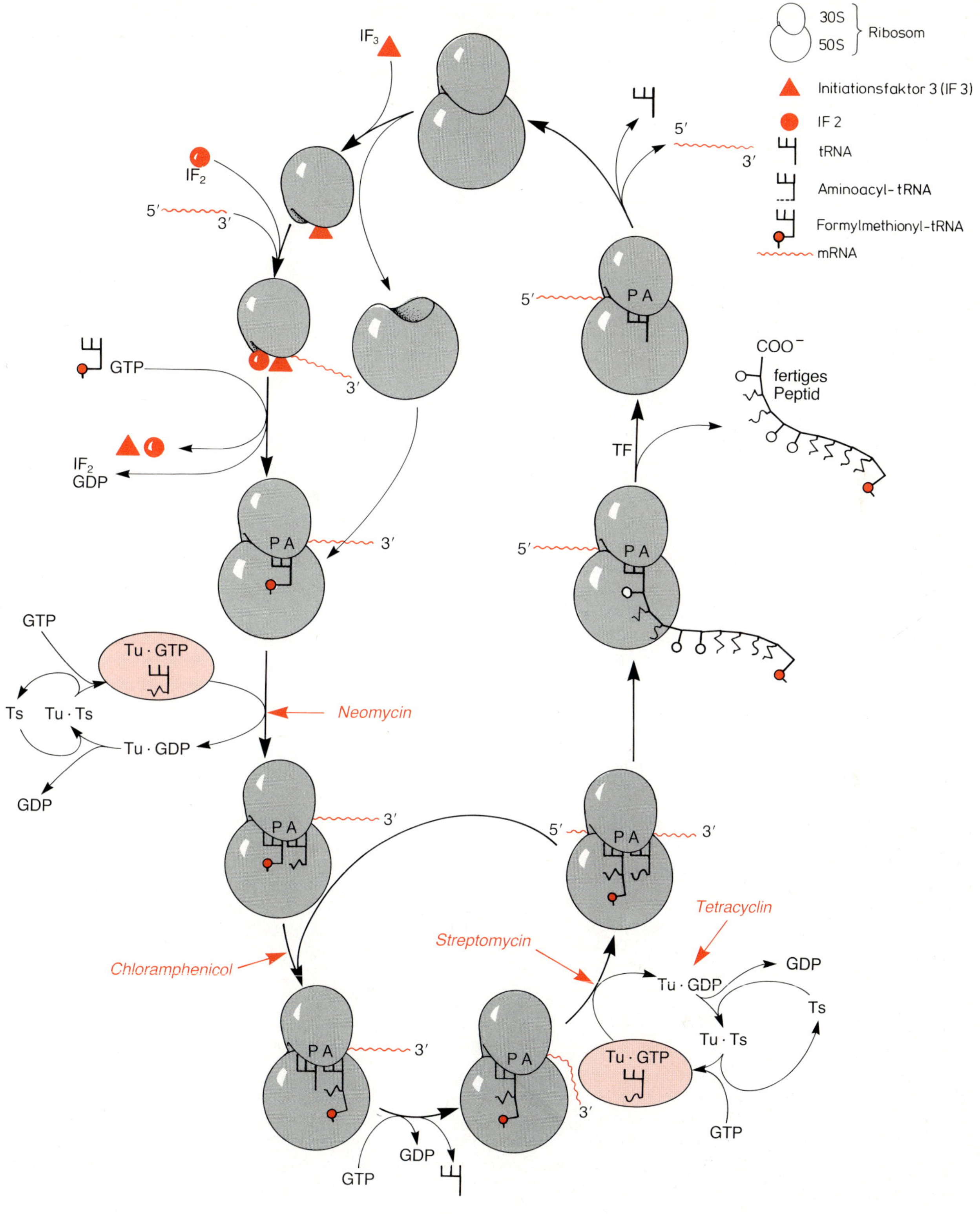
30S
50S
Ribosom
Initiationsfaktor 3 (IF 3)
IF 2
tRNA
Aminoacyl-tRNA
Formylmethionyl-tRNA
mRNA
IF₃
IF₂
5′
3′
GTP
IF₂
GDP
P A
Tu · GTP
Ts
Tu · Ts
Tu · GDP
GDP
Neomycin
Chloramphenicol
Streptomycin
Tetracyclin
TF
COO⁻
fertiges
Peptid

tion ist das Startcodon AUG in der P-Stelle des Ribosoms arretiert worden. Das nächstfolgende Triplett liegt in der A-Stelle des Ribosoms und wartet auf die passende, mit einer Aminosäure beladene tRNA. Wieder sind Proteine, sog. **Elongationsfaktoren (EF),** und Energie an diesem Vorgang beteiligt (Rep. 2.**14**). Faktor **EFTu** ist dafür zuständig, die Aminioacyl-tRNA in den Akzeptorbereich des Ribosoms zu leiten. Normalerweise liegt dieser Faktor gebunden an einen zweiten Faktor **Ts** vor. Aus diesem Komplex Tu-Ts löst sich bei Anwesenheit von GTP das Tu heraus und lagert sich an das GTP an. Für seine Funktion in der Proteinbiosynthese wird das GTP in GDP und P gespalten. Der EFTu-GDP-Komplex wird wieder regeneriert durch Ts und GTP. Bemerkenswert ist, daß Tu mit allen Aminoacyl-tRNAs reagiert, außer mit der, die das formylierte Methionin trägt. Diese tRNA ist die einzige, die während der Initiation nicht in die A-Stelle, sondern in die P-Stelle eingelagert wird, und da hat Tu nichts zu suchen. Sobald Tu die mit der zum Codon passenden Aminosäure beladene tRNA in die A-Stelle eingelagert hat, kommt es zum nächsten Schritt der Elongation.

- ***Die Peptidyl-Transferase* knüpft die Peptidbindung.** Die *Peptidyl-Transferase* ist ein integraler Bestandteil der großen Untereinheit. Ihre Aufgabe ist es, die Peptidbindung zu knüpfen. Die **Peptidbindung** entsteht als **kovalente Bindung** zwischen der Aminogruppe der Aminosäure der A-Stelle und der Carboxylgruppe der Aminosäure der P-Stelle unter Wasserabspaltung. Gleichzeitig mit dem Knüpfen dieser Bindung transferiert die *Peptidyl-Transferase* die wachsende Peptidkette aus der P-Stelle auf die Aminoacyl-tRNA, die in der A-Stelle sitzt. Auch zu diesem Prozeß wird **GTP** als Energiequelle gebraucht und der **Elongationsfaktor G** (EFG). Von der wachsenden Peptidkette befreit, löst sich die nunmehr leere tRNA aus der P-Stelle heraus.
- **Während der Translocation erscheint ein neues Triplett in der A-Stelle.** Ribosom und mRNA bewegen sich derart gegeneinander, daß die tRNA, die die wachsende Peptidkette trägt, aus der A-Stelle in die P-Stelle verlagert wird. Diese tRNA ist aber über ihr Anticodon mit dem Codon auf der mRNA verbunden. Sie zieht, bildlich gesprochen, das Codon mit in die P-Stelle hinüber. Damit verlagert sich der gesamte Messenger-Faden um ein Triplett. Ein neues Codon erscheint in der A-Stelle, bereit zur Bindung seiner spezifischen Aminoacyl-tRNA. Diese Verlagerung der Syntheseteilnehmer aus der A-Stelle auf die P-Stelle wird **Translocation** genannt. Mit Hilfe dieser Translocation wird die A-Stelle geräumt, d. h. sie ist wieder aufnahmefähig für die nächste Aminoacyl-tRNA und somit frei für den nächsten Baustein der Peptidkette. Der gesamte Prozeß beginnt wieder von vorne.

Die Wachstumsgeschwindigkeit der Peptidkette bei Bakterien beträgt 12 Aminosäuren pro Sekunde.

Die Termination wird durch Stop-Signale eingeleitet

Der dritte Abschnitt der Proteinbiosynthese ist die **Termination:** Das Ende einer Peptidkette wird auf der mRNA durch die **Stop-Signale** UAG, UGA oder UAA angezeigt. Für diese Codons gibt es keine tRNA-Moleküle, die Aminosäuren herbeischaffen könnten. Die Elongation kommt zu einem Ende. Damit dieses Ende auch wirklich eindeutig ist, befinden sich meistens zwei Stop-Signale hintereinander. Die Situation der brachliegenden A-Stelle führt zur Aktivierung von Ablösefaktoren, sog. **Terminationsfaktoren (TF),** und es kommt zum Kettenabbruch. Die Peptidkette wird von der letzten tRNA aus der P-Stelle abgelöst, die leere tRNA verläßt ebenfalls die P-Stelle. Alle Partner sind zu neuer Syntheseleistung bereit (s. Rep. 2.**14**).

Im Polysom translatieren viele Ribosomen gleichzeitig ein Messenger-Molekül

Obwohl die Wachstumsgeschwindigkeit einer Peptidkette schnell ist, ist es für die Zelle nicht sehr effizient, einen Messenger mit einem einzigen Ribosom zu besetzen und ablesen zu lassen. Die Gefahr, daß Nucleasen den lange ungenützt in der Zelle herumliegenden Messenger abbauen würden, wäre groß. So gibt es zumindest in Bakterienzellen eine enge Kopplung zwischen Messenger-Produktion und Umsetzung der Information in Protein. Sobald ein Stückchen Messenger an der DNA transkribiert worden ist, zieht das erste Ribosom zur Translation auf. Mit fortschreitender Transkription wandert das Ribosom an der Information entlang. Sobald das Startcodon AUG wieder greifbar wird, kommt ein neues Ribosom herbei und initiiert eine weitere Peptidkette. So geht es weiter, bis der Messenger mit vielen Ribosomen besetzt ist, die alle die gleiche Information in Peptide umwandeln. Je nach Arbeitsfortgang finden sich am 5'-Ende des Messengers noch sehr kurze, am 3'-Ende der mRNA fast fertige Peptidketten. Die Gesamtheit einer solchen Fließbandmannschaft nennt man **Polysom** (Abb. 2.**57**).

Proteine müssen reifen

Die **Primärsequenz** eines Polypeptids allein macht noch kein Protein aus. Wichtige **Faltungsprozesse** müssen stattfinden, damit ein funktionstüchtiges und zweckentsprechendes Protein entstehen kann. Allerdings hat die Primärstruktur daran entscheidenden Anteil, bestimmen doch die diversen Seitenketten der Aminosäuren die Sekundärstruktur des Moleküls. Doch nicht nur Faltung

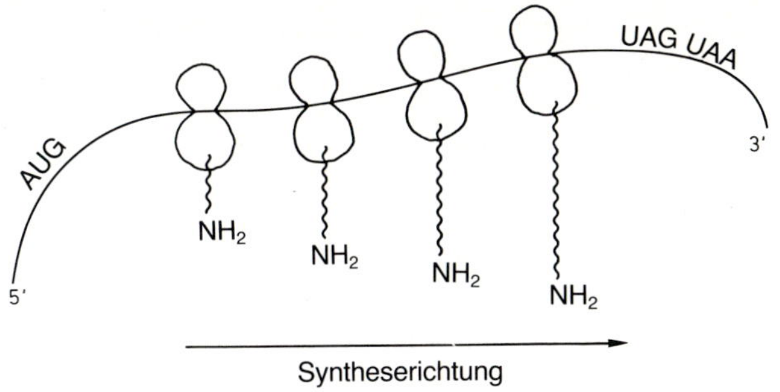

Abb. 2.57 **Ein Polysom**
An einer mRNA synthetisieren mehrere Ribosomen gleichzeitig das Protein

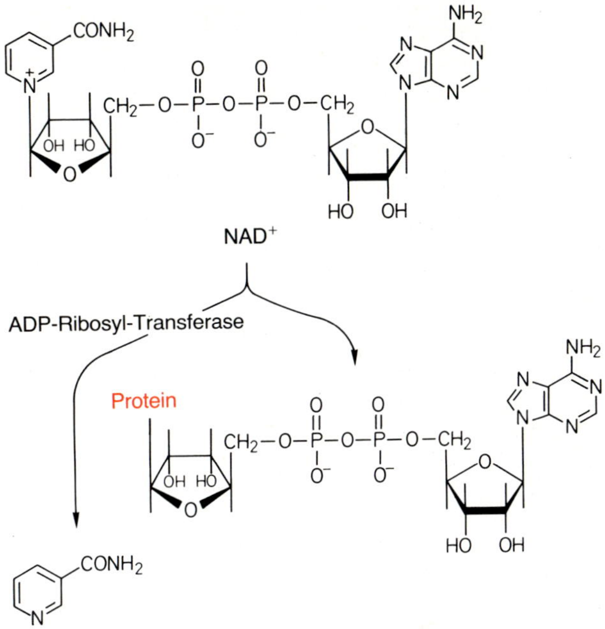

Abb. 2.58 **ADP-Ribosylierung**
Aus Nicotinamid-Adenin-Dinucleotid wird Nicotinamid abgespalten und ADP-Ribose auf Protein übertragen

läßt ein Protein reifen. Nach der Synthese gibt es vielerlei Möglichkeiten, die Polypeptidketten zu verändern und herzurichten. So wird bei den Bakterien in den meisten Fällen die erste Aminosäure, das **Formylmethionin, abgespalten.** Die Aminosäuren im Protein können durch **Modifikation** verändert werden. Zu solchen Modifikationsprozessen gehören **Phosphorylierung, Methylierung, Acetylierung** einer Aminosäure, auch die **ADP-Ribosylierung** (Abb. 2.**58**) gehört zu diesen Vorgängen. Unter ADP-Ribosylierung versteht man das Übertragen eines ADP-Ribose-Komplexes aus Nicotinamid-Adenin-Dinucleotid (NAD) mit Hilfe einer speziellen Polymerase, ein Vorgang, der bei der Aktivierung von Proteinen große Bedeutung hat.

Auch Fette und Zucker können an Peptide angehängt werden, es resultieren daraus **Lipoproteine** und **Glycoproteine.** Einen wesentlichen Beitrag zum **Reifen (processing)** der Polypeptide liefern *Exo-* und *Endopeptidasen.* Diese Enzyme, die in der Lage sind, Polypeptidketten entweder von ihrem Ende her oder auch innerhalb des Moleküls zu schneiden, überführen z. B. die Proteine aus **inaktiven Vorstufen** in **aktive Endprodukte.** Solche Vorgänge sind u. a. sehr wichtig bei den Verdauungsenzymen, die als inaktive Proenzyme gebildet werden, und das mit gutem Grund. Auf diese Weise schützt sich der Organismus davor, daß solche Enzyme an unerwünschten Stellen Verdauungsvorgänge vornehmen. Erst am Bestimmungsort und zur gewünschten Zeit führt der Einsatz von Peptidasen durch Spaltungsvorgänge zum eigentlichen aktiven Verdauungsenzym (Rep. 2.**15**).

Noch ein wichtiger Vorgang gehört zu den Reifungsprozessen der Proteine. Er betrifft hauptsächlich Proteine, die aus der Zelle sezerniert werden sollen: die **sekretorischen Proteine** (s. Kap. **1**). Es ist alles andere als selbstverständlich, daß ein Protein, das im Zellinneren gebildet worden ist, durch die Zellmembran aus der Zelle hinausgeschleust werden kann. Nicht einmal der Transport innerhalb der Zelle ist selbstverständlich, denn auch hier müssen die verschiedensten Membranbarrieren überwunden werden. Membranen aber sind von ihrer Struktur her nur für lipophile Moleküle durchgängig (s. Kap. **1**).

Wie überwinden die ihrer Natur nach eher hydrophilen, d. h. lipophoben Proteine diese Barriere (Rep. 2.**16**)? Sie besitzen am

Rep. 2.15 Reifung von Proteinen

Modifikationen
- Phosphorylierung
- Methylierung
- Acetylierung
- Acylierung
- ADP-Ribosylierung
- Glycosylierung
- Kombination mit Lipiden → Lipoproteine

Aktivierung durch Spaltung
- Zuschneiden von Präenzymen (Abschneiden der Signalsequenz)
- Aktivierung inaktiver Proenzyme durch Spaltung (z. B. *Exo- und Endopeptidasen)*

Rep. 2.16 Besonderheiten sekretorischer Proteine

- Sekretorische Proteine haben am NH_2-Ende eine Signalsequenz (15–45 Aminosäuren lang) mit lipophiler Eigenschaft, die als Adresse für das Protein fungiert
- Mit der Signalsequenz heften sich wachsende Polypeptid-Ketten unter Beteiligung verschiedener Proteine zusammen mit dem Ribosom an das RER (Rauhes Endoplasmatisches Reticulum)
- Das Protein tritt durch die Membran in den endoplasmatischen Zwischenraum
- Transport ins entsprechende Kompartiment
- Reifung des Proteins u. a. durch Abspaltung der Signalsequenz

Rep. 2.17 Wirkungsweisen einiger Antibiotika

Hemmung der **Synthese der Zellwand**
- Penicillin

Transkriptionshemmung
- Actinomycin bindet an DNA und blockiert *RNA-Polymerase*
- Rifampicin bindet an *RNA-Polymerase*

Translationshemmung
- Streptomycin bindet an Ribosomen (30S-Untereinheit)
- Chloramphenicol* hemmt die Peptidyltransferase: Elongationsstörung
- Tetracycline: Elongationshemmung
- Puromycin, Einbau am Ribosom statt Aminoacyl-tRNA
- Cycloheximid **
- Neomycin, Hemmer der Initiation und der Elongation

*spezifisch für Bakterien
**spezifisch für Eukaryonten

Anfang ihrer Polypeptid-Kette, d. h. am NH_2-Ende mehr als 15 Aminosäuren, die lipophil sind **(Signalsequenz),** mit denen das Molekül in der Lage ist, in die Lipidschicht der Membran einzudringen. Solche Proteine werden am Endoplasmatischen Reticulum der Eukaryontenzellen synthetisiert. Hier sind die Ribosomen wie mit Stecknadeln an die Außenfläche der Membran geheftet. Diese Membranen erscheinen deshalb rauh und erhielten den Namen **„Rauhes Endoplasmatisches Reticulum"** (RER). Spezifische Proteine (SRP, SRP-Rezeptor, Ribosomen-Bindungsproteine) ermöglichen es, zur Sekretion bestimmte Proteine ins Lumen des RER zu bringen (s. Kap. **1**, Abb. 1.**37**). Derartige Signalsequenzen können auch als Adressen für das Protein dienen. Über spezifische Rezeptor-Erkennungsregionen lancieren sie das richtige Protein ins richtige Zellkompartiment. Sobald Signalsequenzen ihre Aufgabe erfüllt haben, werden sie abgespalten – ein weiterer Reifungsprozeß.

Die Proteinsynthese kann durch Antibiotica gehemmt werden

Eine Unterbrechung der Proteinbiosynthese kann einerseits **experimentell,** andererseits aus **therapeutischen Gründen** wünschenswert sein. Die Substanzen, die dazu zur Verfügung stehen, sind die **Antibiotica** (s. Kap. **10**). Sie werden in reichlicher Menge von Ärzten verschrieben, und wir sollten uns grob orientieren, an welcher Stelle diese häufig von Pilzen synthetisierten Stoffe in die Proteinbiosynthese eingreifen (s. Rep. 2.**14**). Das Ziel der therapeutischen Anwendung von Antibiotica ist es, den Organismus schädigende Bakterien unschädlich zu machen, ohne den Wirt selbst zu beeinträchtigen. Antibiotica greifen an mehreren Stellen in die Proteinbiosynthese ein. Als **Transkriptionshemmer** wirkt z. B. das **Actinomycin.** Es bindet an die DNA und blockiert auf diese Weise die Funktion der *RNA-Polymerase.* Das **Rifampicin** bindet an die *RNA-Polymerase* selbst und beeinflußt sie in ihrer Aktivität.

Auf der Ebene der **Translation** wirkt das **Streptomycin.** Dieses Antibioticum bindet direkt an das Ribosom und zwar an das Protein 12 der 30 S-Untereinheit. Es stört mit dieser Bindung die Initiation. Auch das **Chloramphenicol,** das ausschließlich auf Bakterien wirkt, bindet an Ribosomen, **Tetracycline** und **Cycloheximid** (letzteres ist ein spezifischer Hemmer der Translation bei Eukaryonten!) beeinflussen ebenfalls die Translation. **Puromycin** hemmt die Translation auf ganz besondere Weise: Seine Struktur ähnelt einer Aminoacyl-tRNA. Dieses Molekül wird in die A-Stelle des Ribosoms eingebaut, hemmt aber den weiteren Fortgang der Proteinbiosynthese. Es kommt zum vorzeitigen Abbruch der Polypeptid-Kette (Rep. 2.**17**). Der Mechanismus des weitverbreiteten **Penicillins** ist ein gänzlich anderer. Es blockiert spezifisch die Bildung der Bakterienzellwand. Beim Einsatz von Antibiotica wird man neben Resistenzproblemen, auf die im Kapitel Mikrobiologie näher eingegangen wird, immer daran denken müssen, daß leider häufig nicht nur die Proteinbiosynthese des bakteriellen Eindringlings, sondern auch die der Wirtszelle beeinflußt wird.

2.6. Die Gen-Expression wird mannigfaltig reguliert

2.6.1. Die Rolle der Regulation ist eine ökonomische

In einer Zelle sind eine Fülle von Informationen in einer großen Anzahl von Genen – ein Gen enthält die Information für eine Polypeptid-Kette – gespeichert. Es wäre unökonomisch, die gesamte Information dauernd abzurufen und in Proteine umzusetzen. **Energieersparnis** muß die Hauptsorge eines komplexen Organismus sein. Ein vielzelliger Organismus wird deshalb Informationen, die er anfangs zu seiner eigenen Entwicklung brauchte, nach seiner Fertigstellung abschalten. Genauso werden bestimmte Produkte in der Zelle benötigt werden, die, sind sie einmal vorhanden, für einige Zeit ausreichen und keine neue Informationsumsetzung mehr erfordern. Bei verschiedenen Organismen gibt es Untersuchungen über die Zahl der tatsächlich vorhandenen Gene und derjenigen, deren Information zur Ausprägung kommt. Bei der kleinen Zelle *Escherichia coli* ist das Verhältnis 1:1. Es existieren ca. 3000 Gene und alle können exprimiert werden, natürlich nicht gleichzeitig, sondern jeweils nach Bedarf. Bei **Hefen** verhält es sich schon ganz anders: Nur noch ein Drittel der DNA wird transkribiert und translatiert. Bei *Drosophila,* der Taufliege, ist es dann nur noch ein Zehntel, und bei den **Säugern** schließlich nur noch ein Hundertstel der im Genom vorhandenen Information (Tab. 2.**6**). Es muß demnach Mechanismen geben, Gene, die im Verlaufe der Evolution von Organismus zu Organismus mitgeschleppt worden sind, für das Individuum aber entbehrlich erschienen, stummzuhalten. Gene andererseits, deren Information abrufbereit bleibt, müssen zeitweilig ruhiggestellt werden, damit nicht in einem Konsumrausch die gesamte Energie verbraucht wird. Es dürfen nur Proteine bereitgestellt werden, die für das Überleben der jeweiligen Zelle und ihre spezifische Funktion unumgänglich nötig sind. Die Wege für die Zelle, die Aktivität des einen Gens hoch- und die des anderen niedrigzuhalten, sind mannigfaltig (s. Kap. **1**).

Tab. 2.**6** Vergleich der Anzahl der entsprechend dem DNA-Gehalt möglichen Gene zur Zahl der tatsächlich exprimierten Gene

Organismus	Mögliche Gene	Exprimierte Gene
Escherichia coli	3 000	3 000
Hefe	15 000	3 000–5 000
Drosophila	100 000	10 000
Amphibien	$3 \cdot 10^5 - 3 \cdot 10^7$	$2 \cdot 10^4 - 5 \cdot 10^4$
Säuger	$3 \cdot 10^6$	$2 \cdot 10^4 - 5 \cdot 10^4$

Die meisten **Experimente,** die zu Erkenntnissen auf dem Gebiete der Genregulation geführt haben, sind an **Prokaryonten** durchgeführt worden.

Betrachten wir **Regulationsprozesse** näher, dann können wir davon ausgehen, daß **auf jeder Ebene** reguliert werden kann. Es gibt Regulation auf dem Niveau der DNA, auf dem der Transkription und auf dem der Translation. Es gibt für alle Vorgänge eine Regulation nach oben, d. h. eine **Regulation in Richtung Synthese** und eine Regulation nach unten, d. h. **in Richtung Nicht-Synthese** und Abbau. Außerdem können die Aktivitäten der Enzyme selbst reguliert werden. Die **interzelluläre Regulation,** die durch Hormone und Neurotransmitter vorgenommen wird, ist dem Ganzen übergeordnet (Rep. 2.**18**).

2.6.2. Die DNA kann eliminiert oder amplifiziert werden

Um auf der Ebene der DNA zu regulieren, können überflüssige und nicht mehr verwendete DNA-Stücke eliminiert werden. So baut z. B. der Wurm *Ascaris* in seinen Körperzellen nach erfolgter Ausreifung eine Großzahl von Genen ab. In den menschlichen Erythroblasten wird beim Übergang zu Erythrocyten der ganze Kern mitsamt der DNA ausgestoßen.

Eine **Gen-Amplifikation** läßt sich besonders gut in den **Oocyten von Amphibien** beobachten, in denen viele DNA-Kopien der Gene für ribosomale RNA gemacht werden.

Die an diesen Genen transkribierte ribosomale RNA wird in zahlreichen Nucleoli in der Oocyte gespeichert. Und das mit gutem Grund: nach der Befruchtung und während der Embryonalentwicklung bliebe zu wenig Zeit, um ausreichend ribosomale RNA zu synthetisieren. Die Proteinbiosynthese muß im wachsenden Individuum in vollem Umfang ablaufen. Dazu sind diese Reserven sehr willkommen.

2.6.3. Auf dem Transkriptionsniveau wird durch kontrollierte Bereitstellung von Messenger reguliert

Die RNA ist relativ kurzlebig. Wird ein Protein in größeren Mengen gebraucht, dann wird es darauf ankommen, möglichst viel neuen Messenger in kurzer Zeit nachzuliefern. Wird aber wenig von einem Protein gebraucht, dann muß die Nachlieferung von Messenger möglichst verzögert ablaufen. Grundsätzlich sind zwei verschiedene Regulationstypen zu unterscheiden: Die **negative Genregulation,** wie wir sie besonders in Prokaryonten finden,

Rep. 2.**18** Zellregulation

Intrazellulär
Interzellulär (Hormone, Neurotransmitter)

Molekulare Regulation

1. **DNA-Niveau** ⇅
   Gen-Amplifikation (Vermehrung der rRNA-Gene in Oocyten, z. B. bei *Xenopus laevis*)
   DNA-Kopien-Verminderung
   - Abbau von Genen in Somazellen (z. B. bei Ascaris)
   - Ausstoßung des Kerns (DNA! beim menschlichen Reticulocyten)
2. **Transkriptionsniveau** ⇅
   a) Negative Genregulation (Prokaryonten)
   Block der Transkription
   - Repressor (z. B. im Lactose-Operon)
   - Attenuator (z. B. im Tryptophan- und im Histidin-Operon)
   - Probegen
   - Repressor-Aktivierung durch Corepressor (z. B. bei Aminosäuren)

   b) Positive Genregulation (Prokaryonten – Eukaryonten)
   - Erleichterung der Transkription durch Aktivatorproteine (z. B. Arabinose-Operon, cAMP-bindendes Protein)
   - Veränderung der Aktivität der *RNA-Polymerase* (z. B. σ-Faktoren)
3. **Translationsiveau** ⇅
   Variation der Halbwertszeit der mRNA (z. B. Messenger in der Eizelle: Aktivierung erst nach der Befruchtung)
   Blockade des Cap durch Viren
   Manipulation der notwendigen Faktoren
   - Diphtherietoxin (blockiert EF II)
   - Interferon (wirtsspezifischer Regulator)
   - Virustranslation (unabhängig von Co-Faktor)
   - Hämoglobinsynthese in Reticulocyten (Häm-abhängig)

   Eröffnung der Translation durch Replikation (z. B. RNA-Virus)
   - Regulation durch Sekundärstruktur

   a) Protein nicht translatierbar

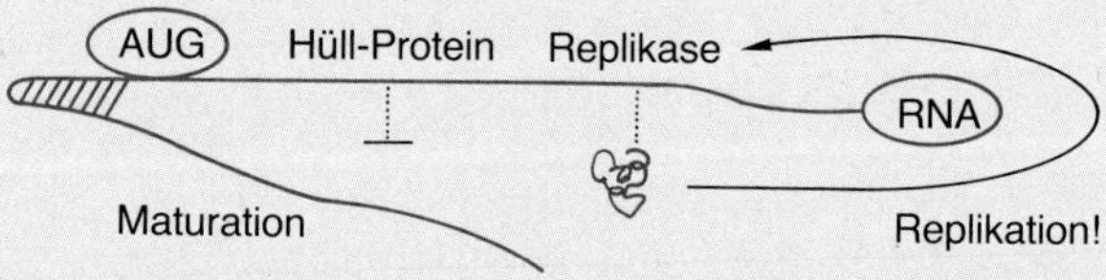

   b) Öffnung des Startcodons

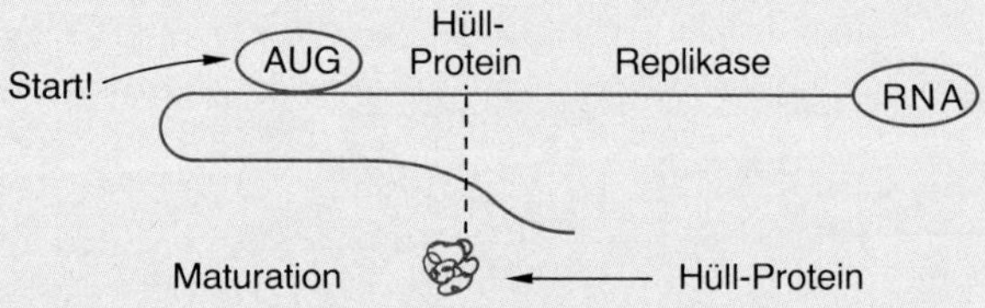

4. **Regulation der Enzymaktivität** ⇅
   Modifikation (z. B. Spaltung, Methylierung, Phosphorylierung)
   Rückkopplungsinhibition (z. B. letztes Substrat einer Synthesekette verändert eines der Enzyme derart, daß die Kette blockiert wird)

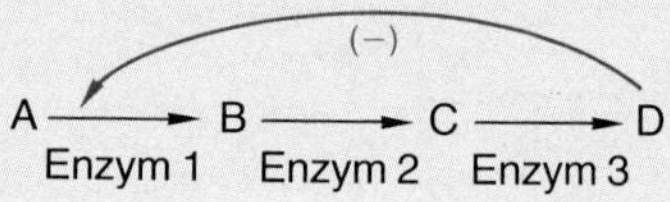

und die **positive Genregulation,** wie sie in Prokaryonten, aber auch in Eukaryonten vorkommt. Negativ wird ein Regulationsmechanismus genannt, wenn das Prinzip der Regulation in einer Inhibition besteht. Positive Genregulation ist immer dann gegeben, wenn die Transkription vermehrt wird.

Repressor-Proteine kontrollieren die Gen-Expression negativ

Betrachten wir das Beispiel einer *Escherichia-coli-***Zelle.** Wächst die Zelle in einem Medium, das als **Kohlenstoffquelle Glucose** enthält, dann werden zwischen 600 und 800 Enzyme in unterschiedlicher Quantität gemacht. Alle anderen Enzyme, d. h. die Möglichkeit, weit mehr als 2000 Polypeptid-Ketten zu synthetisieren, blockiert die Zelle aus Sparsamkeitsgründen. Zu diesen Enzymen gehören z. B. auch die des Lactose-Abbaus. Diese Gene sind in Anwesenheit von Glucose blockiert, sie sind nega-

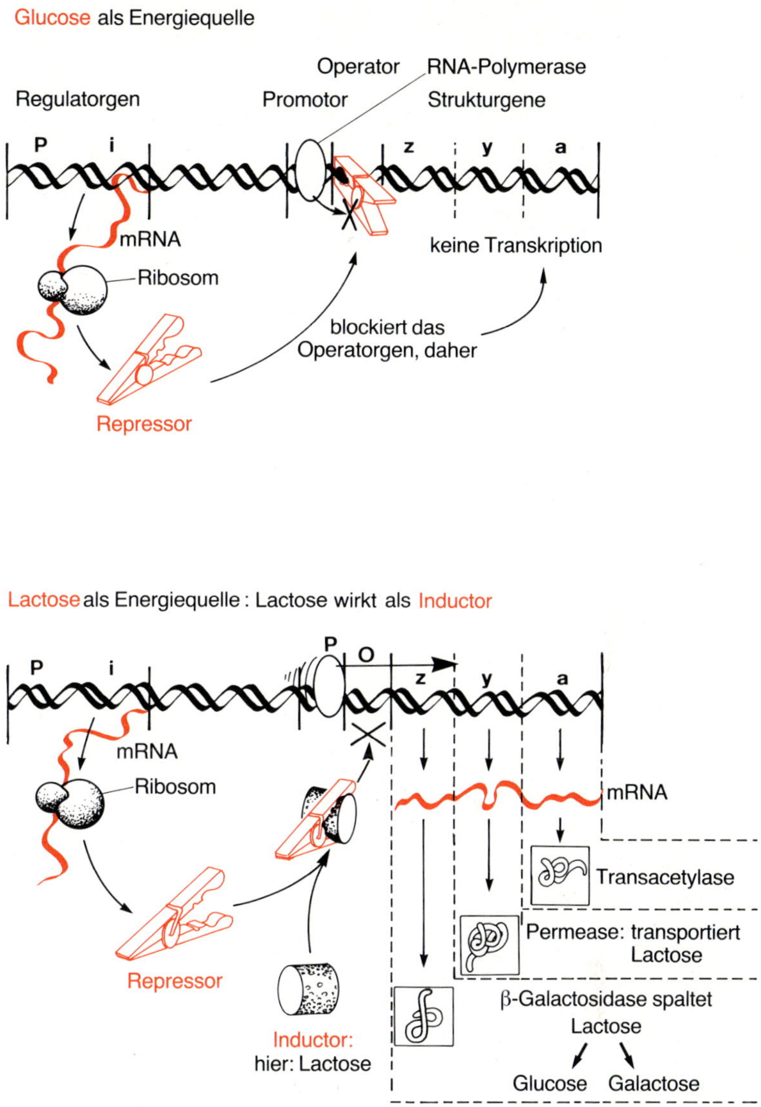

Abb. 2.59 Operon-Modell nach Jacob und Monod und negative Genregulation
Die Gene für Enzyme des Lactose-Abbaus liegen als Struktur-Gene in einem Operon im Anschluß an Operator und Promotor. Das Regulator-Gen codiert für ein Repressor-Protein, das den Operator verschließt und die Transkription der Struktur-Gene verhindert (negative Regulation). Lactose kann als Induktor diesen Repressor abziehen. Die Synthese von Lactose abbauenden Enzymen wird ermöglicht

tiv reguliert. Was versteht man darunter? Werden mehrere Enzyme für einen Stoffwechselvorgang benötigt, dann können ihre Gene, besonders in Prokaryonten, in enger Nachbarschaft zueinander auf der DNA angeordnet sein. Das trifft für die **Enzyme des Lactose-Abbaus** zu (Abb. 2.**59**). Drei Enzyme sind notwendig, um die Lactose in verwertbare Glucose und Galactose aufzuspalten: Die *β-Galactosidase,* das Spaltungsenzym, die *Permease,* ein Transportenzym, das die Lactose erst in die Zelle holt, und eine *Transacetylase.* Die Gene für diese drei funktionell zusammengehörenden Proteine liegen räumlich benachbart auf der DNA. Man nennt diese Gene, die zur Ausbildung von Enzymen vorgesehen sind, **Struktur-Gene.** Ihnen sind **Kontrollelemente** zugeordnet, unter anderem eine **Promotorregion.** Ein Promotor ist die Region auf der DNA, an die die *RNA-Polymerase* binden kann. Diesem DNA-Stück angeschlossen ist der **Operator.** Er ist den Struktur-Genen unmittelbar vorgeschaltet. Hier bindet das **Repressorprotein,** das die negative Genregulation bewirkt. Das Repressorprotein, das eine spezifische Affinität zum Operator hat, wird von einem **Regulator-Gen** auf der DNA codiert. Alle erwähnten Elemente, Repressor-Gen, Promotor, Operator und Struktur-Gene werden als Regulationseinheit oder **Operon** zusammengefaßt.

Gene können durch Inaktivierung des Repressors induziert werden

Im Falle des **Lactose-Operons** sind die Struktur-Gene durch ein Repressorprotein verschlossen, das die Transkription durch die *RNA-Polymerase* blockiert, solange das Bakterium auf Glucose wächst. Während dieser Zeit werden nur wenige (etwa 3) Moleküle β-*Galactosidase* pro Zelle synthetisiert. Wird im Nährmedium Glucose gegen **Lactose** ausgetauscht, dann werden die **Lactose-Struktur-Gene induziert.** Lactose wirkt als **Induktor.** Sie bindet an das Repressorprotein und verändert es in seiner Struktur derart, daß es nicht mehr an die Operatorregion binden kann. Die Operatorregion wird freigelegt. Dadurch kann die am Promotor schon wartende *RNA-Polymerase* mit der Synthese des polygenischen Messengers für Lactose abbauende Proteine beginnen. Unter diesen veränderten Umständen werden nun 3000 Moleküle β-*Galactosidase* pro Zelle synthetisiert, d. h., 3% des gesamten Zellproteins entfallen auf β-*Galactosidase*.

Durch negative Regulation sichert sich die Zelle vor unspezifischer Expression ihrer induzierbaren Struktur-Gene.

Allerdings können diese Kontrollmechanismen durch Mutationen außer Gefecht gesetzt werden (Abb. 2.**60**). **O-Mutanten** sind Mutanten im Operator und machen eine Anlagerung des Repressors unmöglich. Als Folge davon werden die Struktur-Gene dauernd transkribiert **(konstitutive Expression).** Bei Mutationen im Regulator-Gen **(i-Mutante)** wird kein aktiver Repressor mehr gemacht. Der Operator bleibt offen und die *Polymerase* ist in der Lage, ununterbrochen die Struktur-Gene abzulesen. Will man zwischen diesen beiden Möglichkeiten für eine konstitutive Expression unterscheiden, dann helfen **merodiploide Zellen.** Das sind Zellen, die neben ihrem eigenen Genom noch ein Stück fremdes Genom enthalten (s. Kap. **10**). Mit diesem fremden Genom kann man ein zusätzliches Lac-Operon in die Zelle einführen. Die Entscheidung fällt im **„trans-Test".** Liegt die Mutation im Operator, dann wird trotz Vorhandenseins von Repressorprotein dieses den mutierten Operator nicht blockieren können. Es wird Enzymsynthese stattfinden. Liegt die Mutation aber im Regulator-Gen, dann wird zwar von dem einen Genom, das die Mutation trägt, kein aktives Repressorprotein synthetisiert werden, dafür geht aber die Repressorsynthese am anderen Regulator-Gen ungestört weiter. Dieses Protein, das sich frei in der Zelle bewegen kann, wirkt dann trans auf beide Operator-Gene und blockiert die Enzymsynthese.

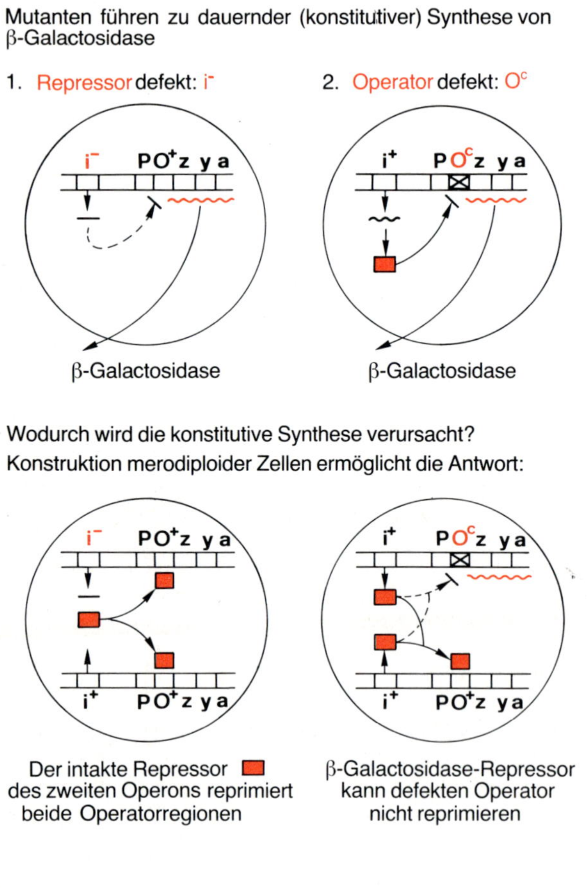

Abb. 2.**60 Analyse konstitutiver Mutanten durch merodiploide *Escherichia-coli*-Zellen**
Konstitutive Mutanten synthetisieren unkontrolliert ein Enzym, das in Wildtyp-Zellen reguliert gebildet wird

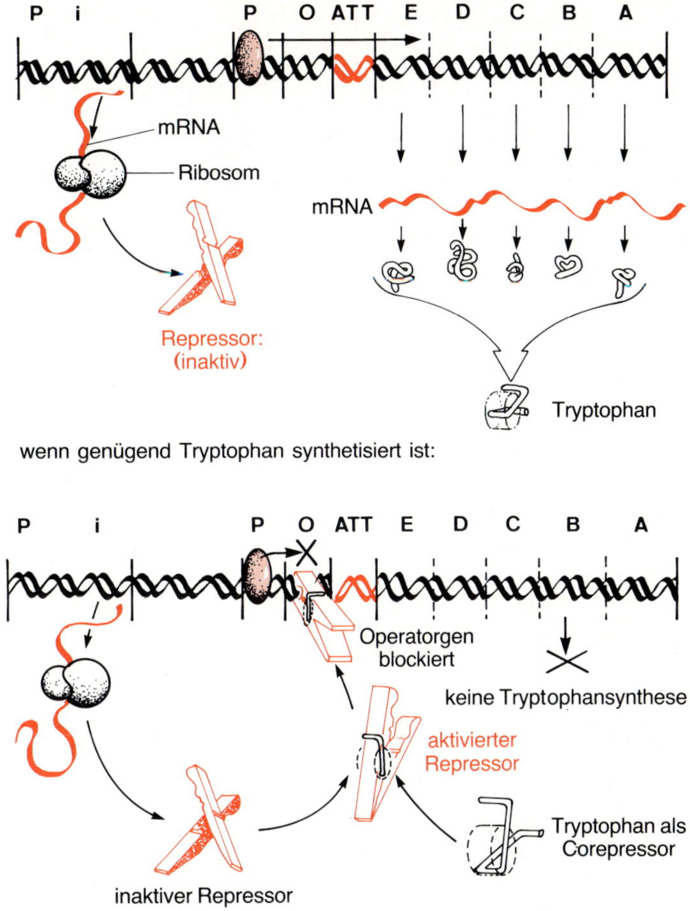

Abb. 2.61 Tryptophan-Synthese-Operon
Die Struktur-Gene für die Tryptophansynthese sind als Transkriptionseinheit mit einem Promotor (P), einem Operator (O) und einem Attenuator angeordnet. Der Repressor, das Produkt des Gens i, ist nur aktiv, wenn der Co-Repressor Tryptophan gebunden ist. Liegt kein aktiver Repressor vor, wird die Transkription gestartet. In der Region des Attenuators befindet sich ein sehr kleines Gen mit mehreren Tryptophan-Codons. Gibt es ausreichend Tryptophan, um dieses „Probepeptid" zu synthetisieren, terminiert die *RNA-Polymerase* am Attenuator. Es wird also nur dann weiter transkribiert, wenn wirklich kein Tryptophan vorhanden ist und Neusynthese notwendig wird

Gene können durch Aktivierung des Repressors reprimiert werden

Haben wir mit den Lactose-Genen induzierbare Gene kennengelernt, die durch Abziehen des Repressors vom Operator zur Synthese freigegeben werden können, so gibt es eine andere Gruppe von Genen, die **reprimierbar** ist. Zu diesen Genen gehören z. B. die Synthese-Gene für Aminosäuren wie **Tryptophan** (Abb. 2.**61**). Sie liegen ebenfalls räumlich benachbart in einem Operon. Auch hier gibt es Regulator-Gen, Promotorregion und Operator. Das Regulator-Gen synthetisiert einen zunächst inaktiven Repressor. Das heißt, der Operator bleibt offen, und die *RNA-Polymerase* liest die Gene für die Tryptophan-Synthese ab. Tryptophan wird synthetisiert und wirkt seinerseits als sogenannter **Co-Repressor.** Es verbindet sich mit dem inaktiven Repressor und aktiviert ihn, so daß er an die Operatorregion binden kann. Die Synthese weiterer Tryptophan-bildender Enzyme wird damit unterbunden, die Enzymsynthese wird reprimiert.

Bei der Tryptophan-Synthese gibt es allerdings noch eine Besonderheit. Hier ist zwischen Operator und Struktur-Gen-Region eine weitere Kontrollregion eingeschaltet, ein **„Attenuator"** (Terminator). Diese Region agiert als Sicherheitsventil. Sollte nämlich trotz ausreichend vorhandenen Tryptophans die *RNA-Polymerase* noch nicht zufriedenstellend in ihrer Aktivität gehemmt werden, so liest sie zwar die Operatorregion bis hin zum Attenuator ab, wird aber dann am Weiterlesen gehemmt. Bei Tryptophanmangel überliest die *RNA-Polymerase* diese Terminatorstelle auf der DNA, um die Struktur-Gene ungehindert transkribieren zu können.

Histidin kontrolliert seine Synthese negativ durch ein Test-Polypeptid

Eine entsprechende Genkontrolle findet sich auch beim **Histidin-Operon** (Abb. 2.**62**). Die zur Synthese von Histidin notwendigen Struktur-Gene sollen nur bei Histidin-Mangel abgelesen werden. Dafür hat die Natur wie beim

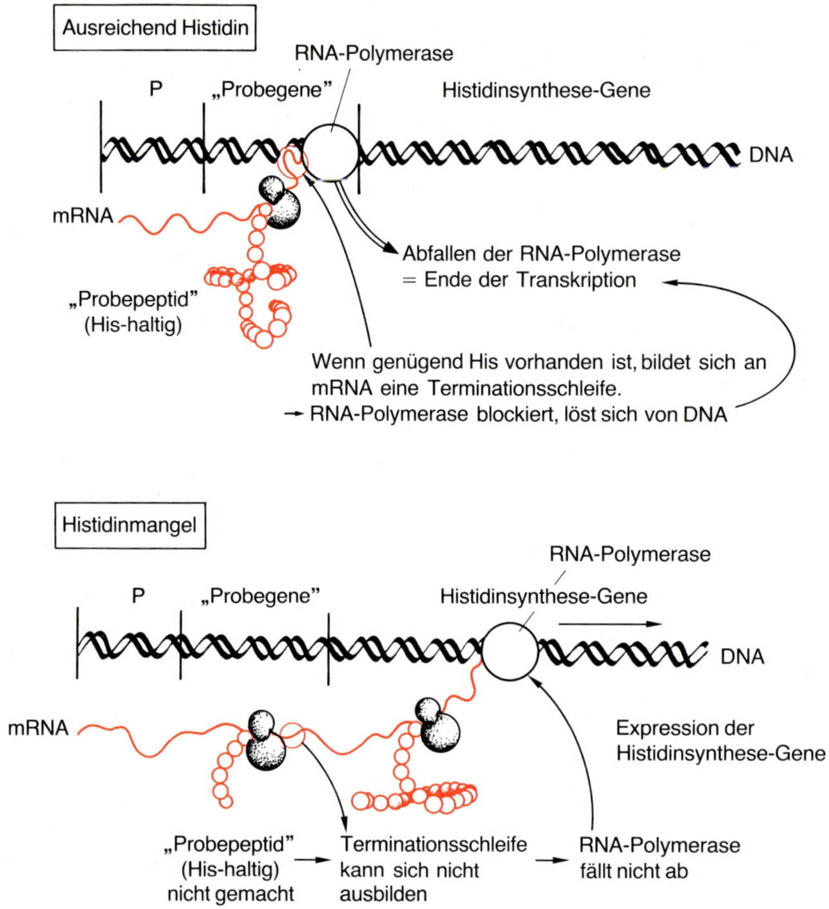

Abb. 2.62 Attenuation
Auch den Histidinsynthese-Genen ist ein Attenuator-Gen vorgeschaltet. Die *RNA-Polymerase* beginnt am Promotor die Transkription zunächst des Attenuator-Gens, das für ein histidinreiches Polypeptid codiert. Ist genügend Histidin für die Synthese dieses Polypeptids vorhanden, bildet sich an der Messenger-RNA eine Terminationsschleife. Diese Struktur blockiert das Weiterlesen der *RNA-Polymerase,* die sich von der DNA löst. Bei Histidin-Mangel bildet sich diese Tertiärstruktur der mRNA nicht aus, und die *RNA-Polymerase* transkribiert die zur Histidinsynthese notwendigen Gene

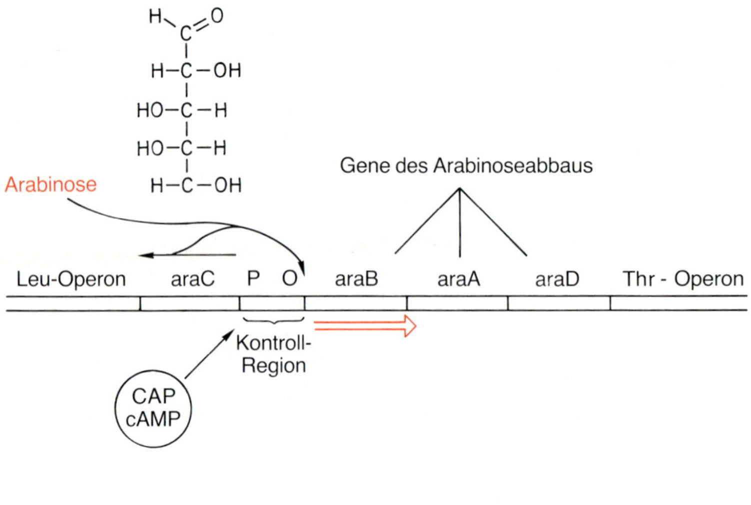

Abb. 2.63 Das Arabinose-Operon
Das Arabinose-Operon wird von den Operons für Leucin und Threonin flankiert. Die Enzyme, die Arabinose in Xylulose-5-phosphat, das seinerseits am Pentose-Phosphat-Weg beteiligt ist, überführt, sind als Transkriptionseinheit gemeinsam mit einem Promotor und einem Operator angeordnet. Von dem gleichen Promotor aus wird auch das Gen AraC transkribiert. Das Produkt des AraC-Gens kann Arabinose binden und eröffnet in dieser Form aktiv die Transkription der Struktur-Gene (positive Genregulation). Steht keine Arabinose zur Verfügung, ist diese Transkriptionseinheit blockiert. Zur Transkription der Struktur-Gene ist außerdem cAMP mit dem cAMP-bindenden Protein (CAP) notwendig

Tryptophan-Operon ein sensibles **Meß-Gen** den Histidin-Struktur-Genen vorgeschaltet. Dieses Meß-Gen mißt die Histidinkonzentration der Zelle folgendermaßen: Von einem Histidin-Promotor ausgehend wird eine DNA-Sequenz transkribiert, die die Information für ein Test-Polypeptid enthält. Dieses Polypeptid enthält eine Sequenz von sieben aufeinanderfolgenden Histidinen. Ist genügend Histidin im Medium vorhanden, dann wird dieses Polypeptid ohne Schwierigkeiten fertiggestellt werden. Das synthetisierte Polypeptid aktiviert den Attenuator (Terminator) und verhindert die weitere Transkription der Histidin-Struktur-Gene. Besteht aber Histidin-Mangel, dann wird die Proteinsynthese dieses Test-Polypeptids gestoppt. Es gibt nicht genügend Histidin-tRNA Moleküle, um das Genprodukt fertigzustellen. In diesem Fall bleiben die Histidin-Struktur-Gene zur Transkription offen und Histidin kann synthetisiert werden.

Aktivatorproteine können die Gen-Expression positiv regulieren

Spezifische und unspezifische **Aktivatorproteine** haben bei der positiven Genkontrolle eine Schlüsselfunktion. Was versteht man unter einem spezifischen Aktivatorprotein? Als Beispiel soll das **Arabinose-Operon** (Abb. 2.**63**) dienen. Arabinose ist eine Pentose, die mit Hilfe mehrerer Enzyme abgebaut wird. Die entsprechenden Enzyme werden nur gebildet, wenn Arabinose im Medium tatsächlich vorhanden ist. Vom Promotor ausgehend wird die Information für ein **Aktivatorprotein C** abgelesen. Dieses Aktivatorprotein ist aber nur dann aktionsfähig, wenn es durch die Anwesenheit von Arabinose im Komplex gebunden und dadurch aktiviert wird.
Erst dann ermöglicht dieses C-Protein die Ablesung der Gene der arabinoseabbauenden Enzyme. Verschwindet Arabinose wieder aus dem Medium, dann wird das C-Protein nicht weiter aktiviert. Es fungiert vielmehr als Repressor, und die Arabinose-Gene werden wieder verschlossen.

In ähnlicher Weise ist auch eine **Gen-Wirkketten-Aktivierung** zu verstehen. Hier ist die Synthese eines Genproduktes notwendig, um die Synthese eines weiteren Genproduktes zu ermöglichen. Durch solche Gen-Wirkketten-Aktivierungen ist eine Differenzierung innerhalb eines Organismus vorstellbar: Genprodukte, die zu einem frühen Zeitpunkt der Entwicklung notwendig sind, aktivieren ihrerseits die Synthese der zeitlich darauf folgenden Gene und stellen ihre eigene Synthese ein.

Ein Komplex zwischen cyclischem AMP und einem Aktivatorprotein vermittelt eine positive Genkontrolle

Nicht nur durch Mitwirkung spezifischer Proteine, wie beim Beispiel der Arabinose, kann die Gen-Aktivität positiv reguliert werden, sondern auch durch generelle

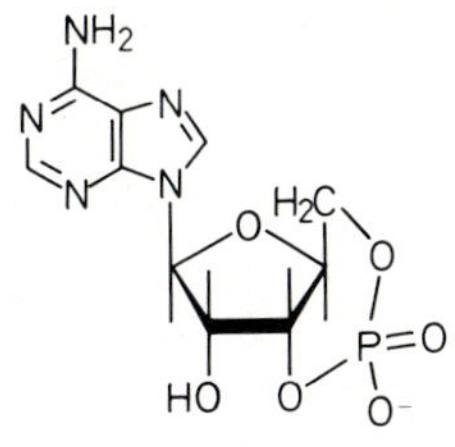

Cyclisches AMP

Abb. 2.64 Cyclisches AMP
Das cyclische AMP entsteht durch Cyclisierung des Adenosintriphosphats ATP unter P-P-Abspaltung. Seine Synthese wird durch das Enzym *Adenylatcyclase* kontrolliert

Kontroll-Proteine, wie z. B. das **„cyclische AMP-bindende Protein" (CAP).** Dieses Protein bildet mit **cyclischem AMP (cAMP)** einen Komplex, der an eine der Promotorregion unmittelbar vorgeschaltete Region auf der DNA bindet und die Promotorregion so beeinflußt, daß die *RNA Polymerase* leichter binden kann. Die Transkription wird dadurch gefördert, d. h., es handelt sich um eine positive Genregulation. Dieses Protein tritt aber nur dann in Aktion, wenn cAMP vorhanden ist.

Woher kommt cAMP und was ist es (Abb. 2.**64**)? **cAMP entsteht aus ATP.** Das Adenosintriphosphat wird dabei zu einem ringförmigen Adenosinmonophosphat umstrukturiert unter Abspaltung von Pyrophosphat. Das Enzym, das zu diesem Vorgang notwendig ist, ist die *Adenylatcyclase,* ein Protein der Zellmembran. Seine Aktivität wird durch den Energietransport kontrolliert.

Zum Verständnis dieser Regulation müssen wir zurückgehen zum Beispiel der Bakterien, die, auf Glucose gewachsen, auf Lactosemedium umgestellt werden (Abb. 2.**65**). Glucose ist ein transportierbares Molekül, d. h., solange Glucose durch die Membran ins Zellinnere gelangt, notiert die *Adenylatcyclase* Energietransport. Lactose im Gegensatz dazu kann erst transportiert werden, wenn die *Permease,* ein Enzym des Lac-Operons, synthetisiert worden ist. Das heißt, bei einer Umstellung von Glucose auf Lactose wird die *Adenylatcyclase* den Energietransport vermissen. Dieser Umstand aktiviert das Membranprotein, das, da die Energieversorgung der Zelle in Frage gestellt ist, aus ATP cyclisches AMP macht. Dieses cAMP bildet einen Komplex mit dem cAMP-bindenden Protein CAP, und beide gemeinsam sind in der Lage, die Promotorregion, in diesem Fall des Lac-Operons, positiv zu beeinflussen. Die Lactose-Struktur-Gene werden transkribiert und translatiert, unter anderem die *Permease,* die es nun der Lactose ermöglicht, in die Zelle zu gelangen. Hier wirkt die Lactose als Induktor und zieht den Repressor vom Operator. Der weiteren Transkription der Lactose-Struktur-Gene steht nichts mehr im Wege. Die *Adenylatcyclase* notiert, daß Energie transportiert wird! Die cAMP-Produktion wird reduziert.

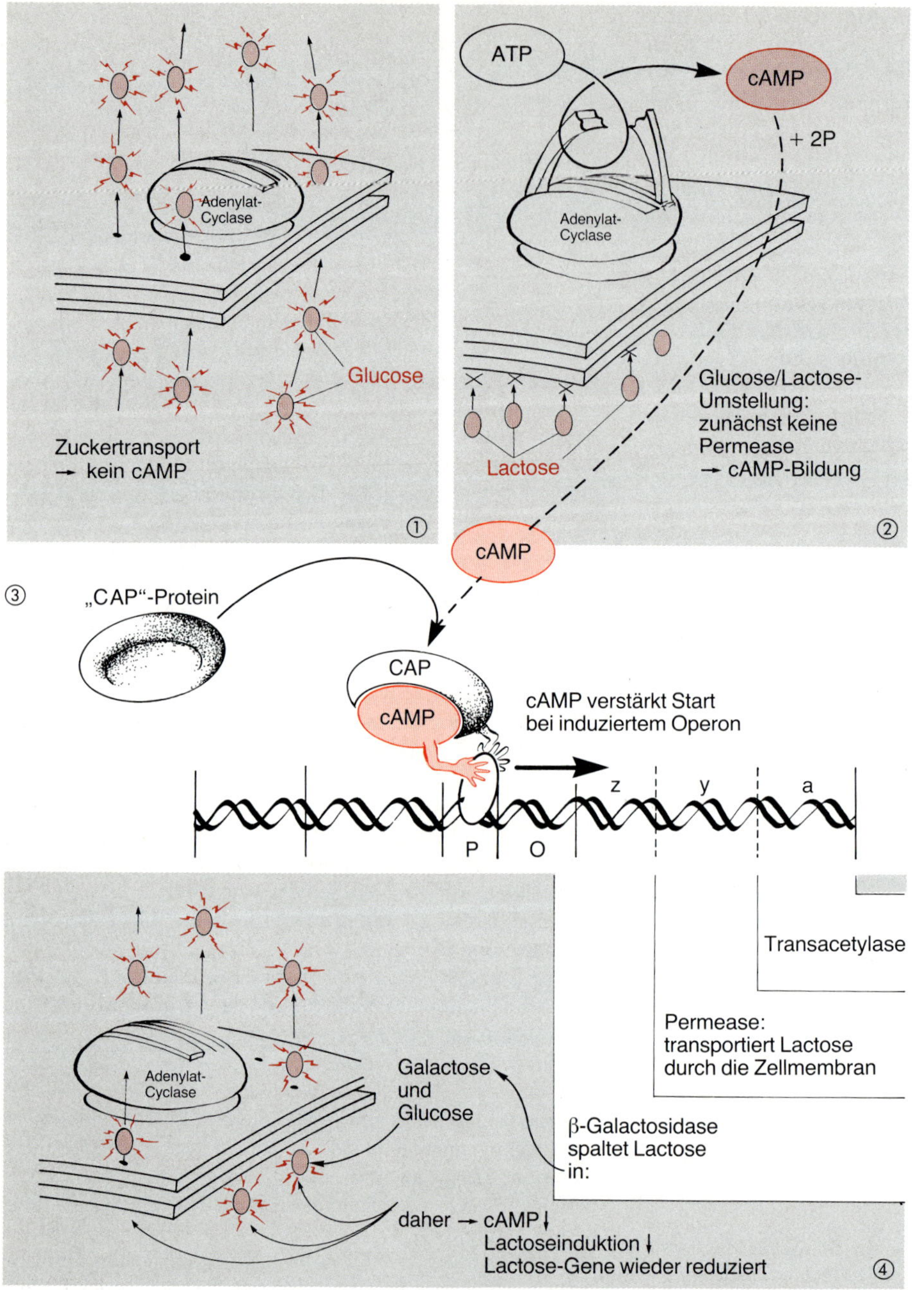

Abb. 2.**65 Die *Adenylatcyclase* und die positive Genregulation durch cAMP**
Die *Adenylatcyclase* ist ein Membranprotein, das den Transport von Energiesubstrat registriert und entsprechend cAMP als Alarmsignal synthetisiert, wenn zu wenig Energiesubstrat aufgenommen wird. Das cAMP bindet an cAMP-Rezeptorproteine (CAP). Dieser Komplex erleichtert die Transkription von Promotoren aus, die zu Operons gehören, deren Genprodukte für die Energiebeschaffung notwendig sind. Ein Beispiel hierfür ist das Lac-Operon

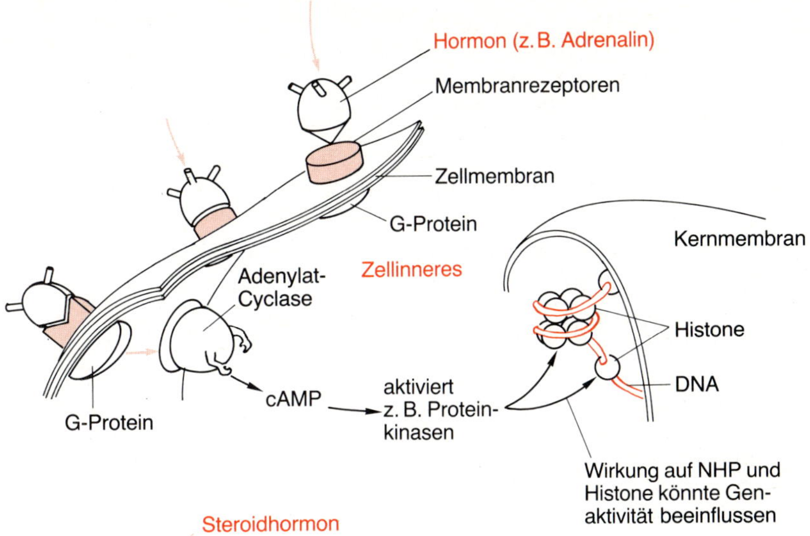

Abb. 2.66 Regulation durch Hormone: Wirkung über Membranrezeptoren. Beispiel: Adrenalin oder Wachstumsfaktoren
Hormone, die die Zellmembran nicht passieren können, verbinden sich mit spezifischen Membranrezeptoren. Dadurch gelangt ein Signal an das G-Protein, das seinerseits die *Adenylatcyclase* zur Bildung von cAMP veranlaßt. cAMP aktiviert Proteinkinasen, die Phosphat z. B. auf Histone und Nicht-Histone übertragen. Die DNA-Struktur wird verändert und damit ebenfalls die Gen-Expression

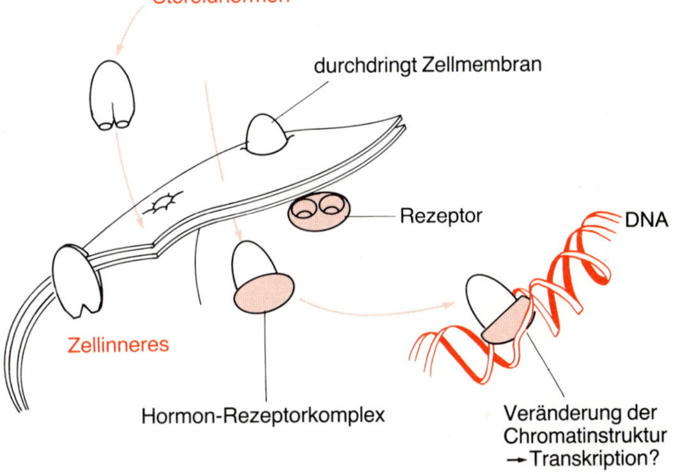

Abb. 2.67 Regulation durch Hormone: Wirkung auf die Gen-Expression. Beispiel: Steroide
Hormone, die wie z. B. Steroide in die Zelle eindringen können, binden dort unter Umständen an spezifische Rezeptoren und vermitteln Veränderungen der Gen-Expression

Die Mechanismen der eukaryonten, positiven Genregulation sind oft noch ungeklärt

Auch bei **Eukaryonten** gibt es **positive Genregulationen,** über die spezifischen Einzelheiten ist allerdings noch wenig bekannt. Auch hier spielt die *Adenylatcyclase* eine entscheidende Rolle. Sie reagiert auf Zellstimuli, die nicht in der Lage sind, selbst in die Zelle einzudringen. Solche Informationsmoleküle, die interzelluläre Botschaften vermitteln, sind u. a. **wasserlösliche Hormone,** wie z. B. Catecholamine oder Wachstumsfaktoren (s. Virologie!). Für solche Hormone gibt es auf den Zelloberflächen spezifische Rezeptoren (Abb. 2.**66**). Trifft ein Hormon auf einen Rezeptor, verbindet es sich mit ihm und gibt ein Signal an die Zellwandinnenseite, das ein dort befindliches **G-Protein** (Guanin-Nucleotid-bindendes Protein) verändert. Diese Veränderung des G-Proteins führt ihrerseits zur Aktivierung der *Adenylatcylase,* die aus ATP cAMP macht. Dieses **cAMP** aktiviert in der Mammaliazelle eine Reihe von *Proteinkinasen* (phosphatübertragende Enzyme). Diese *Proteinkinasen* können durch Phosphorylierung Einfluß nehmen z. B. auf Histone bzw. Nicht-Histonproteine des Chromatins. Möglicherweise wird die Chromatinstruktur dadurch derart verändert, daß eine vorher strukturell behinderte Information jetzt für die Transkription frei zugänglich wird.

Anders verhält sich die Regulation durch **fettlösliche Hormone.** Zu ihnen zählen die Steroide, die durch die Zellmembran ins Zellinnere gelangen können. Diese Hormone binden im Zellinneren Rezeptoren und nehmen gemeinsam mit diesen auf die Chromatin-Struktur

Einfluß. Experimente hierzu wurden am Riesenchromosom der Taufliege *Drosophila* gemacht. Man fand verstärkte mRNA-Synthese nach Ecdyson-Gabe (Ecdyson ist ein Steroidhormon) (Abb. 2.**67**).

2.6.4. Die Mechanismen zur Regulation auf dem Translationsniveau sind zahlreich

Zu den **Translationskontrollen** (s. Rep. 2.**18**) gehören die Variationsmöglichkeiten der **Halbwertszeiten der mRNA.** So findet sich z. B. ein besonders langlebiger Messenger in der Eizelle, der erst bei Befruchtung aktiviert wird.

Eine weitere Möglichkeit besteht in der **Manipulation** der für die Proteinsynthese notwendigen **Faktoren.**

Als Beispiel sei der Trick der **Diphterie-Bakterien** angeführt. Das Diphtherietoxin blockiert den Elongationsfaktor II. In aller Ruhe frißt das Bakterium die ohne funktionstüchtige Proteinsynthese lahmgelegte Zelle. Ein weiteres Beispiel: die Umschaltung zelleigener Translation auf die Translation von Virus-spezifischen Proteinen. Benötigt z. B. nach Virusinfektion ein Virus zur eigenen Proteinbiosynthese einen Co-Faktor nicht, den die Zelle zur wirtseigenen Proteinsynthese braucht, dann zerstört das Virus einfach den Co-Faktor und vermehrt seine eigenen Proteine. So beraubt das **Poliomyelitisvirus** die Wirts-Messenger ihrer Caps und macht sie funktionsunfähig. Gegen die virale Proteinsynthese wirkt das **Interferon.** Es ist ein körperspezifischer Abwehrstoff gegen Viren. Seine Wirkungsweise: Es fängt einen Faktor weg, der für die Virus-Proteinsynthese notwendig ist und verhindert somit die Vermehrung viruseigener Proteine.

Ein weiteres Beispiel einer Translationsregulation ist die Synthese des Proteins Hämoglobin in den Reticulocyten. Die Proteinbiosynthese des Hämoglobins wird nur angeschaltet, wenn der **Cofaktor Häm** zur Verfügung steht.

Ein Regulator für eine Gruppe von mRNAs ist die cytoplasmatische *Aconitase,* die im Citratcyclus Citrat über Aconitat ins Isocitrat überführt. Cofaktor für diese Reaktion ist ein 4Fe-4S-Cluster, das die Domänen 1–3 und 4 des Enzyms zusammenhält. Bei Eisenmangel kann das Enzym nicht mit dem 4Fe-4S-Cluster befriedigt werden und die Domänen klaffen auseinander. Die Aconitase verliert dadurch ihre Aktivität und wird zum Eisen-Regulationsfaktor IRF, der an IREs (iron response elements), haarnadelförmige Strukturen mit Schleifen in mRNAs, bindet (Abb. 2.**68**). Bei den mRNAs für Ferritin, *δ-Aminolävulinsäure-Synthase* und mitochondriale *Aconitase* befinden sich die IREs im untranslatierten 5′-Teil. Dadurch wird die Translation blockiert. Bei Eisenmangel wird das Eisen-Speicherprotein Ferritin nicht zusätzlich gebraucht. Statt dessen ist eine verstärkte Eisenaufnahme erforderlich, also wird mehr Transferrin-Rezeptor synthetisiert. Dafür wird die entsprechende mRNA durch IREs und IRF-Bindung im 3′-untranslatierten Teil der RNA stabilisiert. Dies schützt sie vor einem Abbau durch Nucleasen. In diesem raffinierten Kontrollsystem ist das Enzym des Citratcyclus, *Aconitase,* gleichzeitig über sein 4Fe-4S-Cluster Sensor für den Eisenbedarf und Regulator der Synthese von Proteinen des Eisenstoffwechsels.

Eine andere Möglichkeit, die Translation zu kontrollieren, finden wir in **RNA-Viren** (s. Rep. 2.**18**). Die RNA des Virus M 12 codiert im wesentlichen für drei Proteine: Maturationsprotein (Reifungsprotein), Hüllprotein und *Replikase.* Die **Sekundärstruktur der RNA** ist so angelegt, daß eine Rückfaltung der RNA Wasserstoff-Brückenbindungen zwischen einem Stück des Maturations-Gens und dem Startcodon des Hüllproteins erlaubt. Das heißt, hier findet sich eine RNA-Doppelstruktur. Durch diese Sekundärstruktur ist das Startcodon für die Translation des Hüllproteins verschlossen. Sobald das dritte Protein, die *Replikase,* gemacht ist, wird der RNA-Strang repliziert. Im Verlauf der Replikation wird die RNA-Doppelstruktur geöffnet. Die notwendige Änderung der Sekundärstruktur beeinflußt die RNA-Faltung so, daß das Startco-

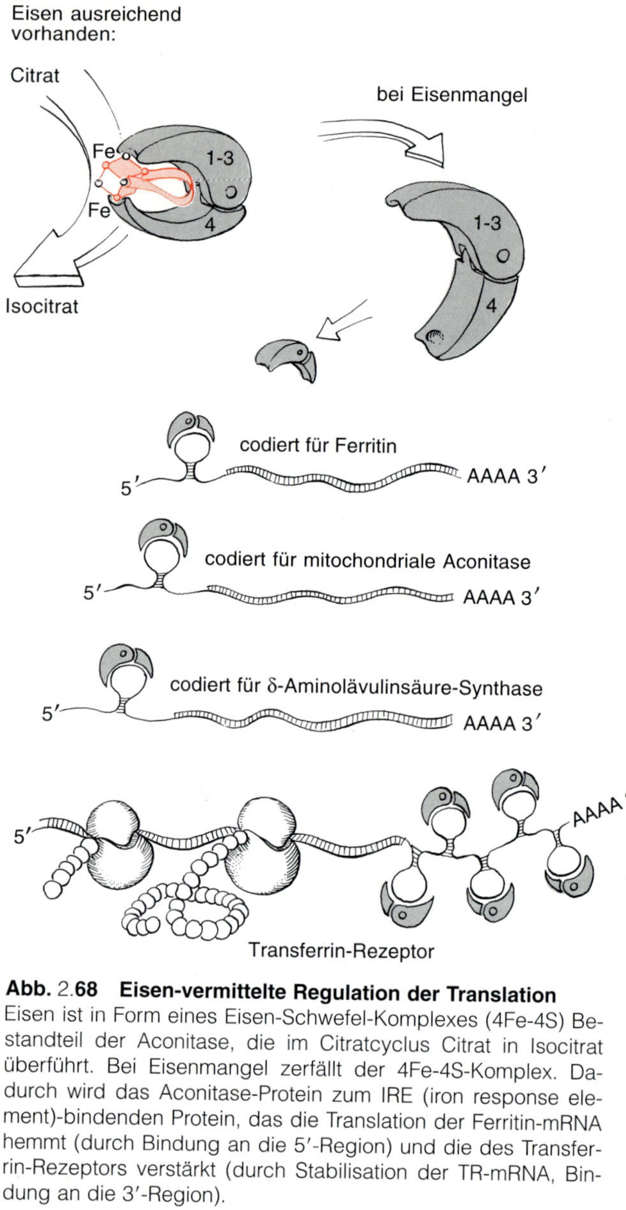

Abb. 2.**68** **Eisen-vermittelte Regulation der Translation**
Eisen ist in Form eines Eisen-Schwefel-Komplexes (4Fe-4S) Bestandteil der Aconitase, die im Citratcyclus Citrat in Isocitrat überführt. Bei Eisenmangel zerfällt der 4Fe-4S-Komplex. Dadurch wird das Aconitase-Protein zum IRE (iron response element)-bindenden Protein, das die Translation der Ferritin-mRNA hemmt (durch Bindung an die 5′-Region) und die des Transferrin-Rezeptors verstärkt (durch Stabilisation der TR-mRNA, Bindung an die 3′-Region).

don des Hüllproteins freigelegt wird und nun zur Translation benutzt werden kann.

Wir lernen: auch Sekundärstrukturen können regulatorisch wirken.

2.6.5. Auch während der Proteinreifung kann reguliert werden

Auch im Anschluß an die Translation können noch aktivitätsregulierende Mechanismen eingreifen. Während des gesamten Reifungsprozesses der Proteine kann die Aktivität eines Proteins reguliert werden. Manche Enzyme werden erst aktiv, nachdem ihre Vorstufen gespalten worden sind. Sehr wichtig sind solche Prozesse bei den Verdauungsenzymen, die, wie wir schon gesehen haben, als inaktive Vorstufen (Proenzyme) gebildet werden und erst durch Spaltung am Ort ihrer Wirkung ihre eigentliche Aktivität gewinnen. Auch Veränderungen an den Proteinen selbst in Form von Methylierung oder Phosphorylierung kann die Aktivität eines Enzyms modifizieren. Ein wichtiges Regulationsmoment ist außerdem die Rückkopplungs-Inhibition (s. Rep. 2.**18**). Solche Vorgänge finden sich bei Syntheseketten. Hierbei entsteht über mehrere Zwischenstufen durch die Mitwirkung verschiedener Enzyme ein Endprodukt. Wird das Endprodukt in ausreichender Menge hergestellt, dann kann es selbst durch Hemmung eines der Enzyme der Synthesekette (meistens ist es das erste Enzym) die weitere Bereitstellung des Endprodukts inhibieren.

Die Reihe der Regulationsmechanismen ließe sich noch weiter fortsetzen. Hier sollten nur Prototypen für die einzelnen Möglichkeiten angeführt werden. Das Zusammenspiel der Regulationsmechanismen, wobei gröbere Regulationen neben feinen Regulationsmechanismen stehen, ermöglicht es den Organismen, sich an Situationen der Umwelt anzupassen und in bestmöglicher Weise zu überleben.

Weiterführende Literatur

Alberts, B., D. Bray, J. Lewis, M. Raff, K. Roberts, J. D. Watson: Molecular Biology of the Cell. 3rd ed. Garland, New York 1994

Blackburn, G. M., M. J. Gait: Nucleic Acids in Chemistry and Biology. IRL Press, Oxford 1990

Buddecke, E.: Grundriß der Biochemie, 8. Aufl. De Gruyter, Berlin 1989

Darnell, J., H. Lodish, D. Baltimore: Molecular Cell Biology, 2nd ed. Freemann, New York 1990

Friedberg, E. C.: DNA Repair. Freeman, New York 1985

Hendrix, R. W., J. W. Roberts, F. W. Stahl, R. A. Weisberg: Lambda II. Cold Spring Habor Laboratory 1983

Knippers, R., P. Philippsen, K. P. Schäfer, E. Fannig: Molekulare Genetik, 5. Aufl. Thieme, Stuttgart 1990

Lewin, B.: Genes, 4th ed. Oxford University Press, Oxford 1990

de Robertis, E. D. P., E. M. F. de Robertis: Cell and Molecular Biology, 7th ed. Saunders, Philadelphia 1980

Pschyrembel, Klinisches Wörterbuch, 257. Auflage, Walter de Gruyter, Berlin 1994

Watson, J. D., N. H. Hopkins, J. W. Roberts, J. A. Steitz, A. M. Weiner: Molecular Biology of the Gene, 4th ed. Benjamin/Cummings, Menlo Park, California 1988

Willems, P. J.: Nature Genetics 8 (1994) 213–215

Winnacker, E. L.: Gene und Klone, eine Einführung in die Gentechnologie. Verlag Chemie, Weinheim 1984

Kapitel 3

Genetik

3.1. Weismann und Mendel sind die Begründer der Genetik

Genetik ist die Wissenschaft von der Vererbung, der Stabilität, aber auch der Variabilität der Erbfaktoren. Das Wissen um die Existenz biologischer Vererbung ist uralt. Sie manifestiert sich auffällig in der Ähnlichkeit zwischen Eltern und ihren Kindern. Tiere und Pflanzen haben stets artgleiche Nachkommen. **Aristoteles** (384 bis 322 v. Chr.) machte als erster den Versuch, Sexualität als Voraussetzung und Grundlage für Vererbung zu erklären und stellte die Theorie der **Pangenese** auf. In ihr postulierte er den Samen als Träger der Vererbung. Dieser Samen wird überall im Körper gebildet, um dann von Blutgefäßen in die Testes transportiert zu werden, d. h., jede Körperregion bildet ihren eigenen für sie typischen Samen. Noch heute sind Ausdrücke wie „von gleichem Blut" oder „von königlichem Blut" Reminiszenzen an diese irrige Vorstellung. Diese Theorie hielt sich bis in das 19. Jahrhundert. Selbst die Begründer der modernen Biologie Baptist de Lamarck (1744–1829) und Charles Darwin (1809–1882) waren noch in diesem Glauben befangen.

Erst **August Weismann** (1834–1914) ging dagegen an. Er begründete die **Keimplasmatheorie.** In dieser Theorie wird klar unterschieden zwischen dem **Keimplasma,** aus dem sich die Geschlechtszellen entwickeln, und dem **Somatoplasma,** aus dem alle anderen Zellen hervorgehen. Das Keimplasma wird von Generation zu Generation weitergegeben. Das Somatoplasma leistet dabei nur Hilfestellung, ist aber nicht selbst die Quelle der Samenentwicklung. Als Beweis führte Weismann ein aufsehenerregendes Experiment durch: Er schnitt Mäusen die Schwänze ab und verfolgte die Nachkommen dieser Mäuse über Generationen hinweg. Da alle Nachkommen wieder Schwänze entwickelten, schloß er daraus, daß der Samen für Schwanzbildung nicht im Schwanz selbst seinen Ursprung genommen haben konnte, sondern in jenem Keimplasma, das er postulierte. Dieses Keimplasma wurde durch die Schwanzamputation nicht in Mitleidenschaft gezogen.

Es galt, nähere Aufschlüsse über die Zusammensetzung und die Gesetzmäßigkeiten der Weitergabe des Keimplasmas zu erhalten. Schon der Botaniker **Koelreuter** hatte versucht, durch Kreuzung von verschiedenen Tabaksorten dem Geheimnis der Vererbung näherzukommen. Er stellte Vergleiche zwischen den Nachkommen an, sah, daß er Mischungen bekommen hatte und folgerte, daß Vater und Mutter zur Vererbung beitragen. Er kam aber zu keinem weiterführenden Resultat, da er nicht einzelne Merkmale, sondern Gesamtpflanzen analysierte. Den Durchbruch brachten Experimente von **Gregor Mendel** (1822–1884) (Abb. 3.**1**). Er experimen-

Abb. 3.**1** **Gregor Mendel** (1822–1884)
(Zur Verfügung gestellt von: G. Czihak, Salzburg)

tierte im damals österreichischen Brünn im Klostergarten mit Gartenerbsen. Dieses Untersuchungsobjekt gab ihm die Voraussetzung für erfolgversprechende Untersuchungen:

- Die Gartenerbse ist ein schnellwachsender und beliebig zu vermehrender Organismus.
- Sie prägt einfache und leicht zu verfolgende Merkmale aus (Farbe, Samenform, Stiellänge etc.).
- Durch die große Zahl ihrer Nachkommen war eine statistische Auswertung über das Auftreten bestimmter Merkmale möglich.
- Die Durchführung von Rückkreuzungen eröffnete Mendel die Möglichkeit zu Kontrollexperimenten, mit denen er die Richtigkeit seiner Theorien überprüfte.

1866 publizierte Mendel seine Ergebnisse in den Verhandlungen des Naturforschenden Vereins Brünn und fand kein Gehör! Erst 1900, nachdem die Vorgänge von Mitose und Meiose entdeckt waren, erinnerten unabhängig voneinander der Deutsche **Karl Correns,** der Holländer **Hugo de Vries** und der Österreicher **Hugo von Tschermak** an die Ergebnisse jenes Mönchs. 1902 entwikkelten der Amerikaner **Walter S. Sutton** und der Deutsche **Theodor Boveri** die **Chromosomentheorie** der Vererbung, in der sie die Befunde Mendels mit den Gesetzmäßigkeiten der Chromosomenverteilung während Mitose und Meiose in Verbindung brachten. Die Gesetzmäßigkeiten der Vererbung seiner Zeit voraus erkannt zu haben, dokumentiert das Genie Mendels und rechtfertigt es, seine Experimente gedanklich nachzuvollziehen.

3.2. Experimente an Erbsen zeigten die Grundgesetze der Genetik auf

Die **Gartenerbse** besitzt im diploiden Satz 14 Chromosomen. Die reife Pflanze ist ein **Zwitter,** d. h. sie hat männliche (Staubblätter) und weibliche (Fruchtknoten) Geschlechtsorgane und ist damit zur Selbstbefruchtung in der Lage (Abb. 3.**2**). Um den Vererbungsmodus von Merkmalen verfolgen zu können, mußte Mendel zunächst für in einem bestimmten Merkmal **reinerbige Pflanzen** sorgen. Mehr als zwei Jahre hindurch kultivierte er deshalb Inzuchtpflanzen, indem er immer wieder diejenigen eliminierte, die das gewünschte Merkmal nicht eindeutig ausprägten. Auf diese Weise erhielt er verschiedene für ein Merkmal reinrassige Pflanzen, die er miteinander kreuzte **(Monohybride).** Selbstbefruchtung machte er durch Entfernung entweder der Pollenschläuche oder der Fruchtknoten unmöglich. Die Nachkommen aus solchen Kreuzungen analysierte er im Hinblick auf die vorgegebenen Merkmale und wertete die Ergebnisse statistisch aus (Tab. 3.**1**). Es ergab sich folgende Gesetzmäßigkeit: Die erste Nachkommengeneration (F_1 = 1. Filialgeneration) war uniform **(Uniformitätsgesetz).** Nur das Merkmal eines Elternteils (P = Parentalgeneration) war zur Ausprägung gekommen. Mendel nannte das ausgeprägte Merkmal **dominant** und das unterdrückte Merkmal **rezessiv.** Dabei spielte es keine Rolle, ob die väterliche oder mütterliche Pflanze das dominante Merkmal trug. Es wurde in jedem Fall ausgeprägt **(Reziprozität)** (Abb. 3.**3**).

Über das Schicksal des rezessiven Merkmals gaben Kreuzungen der F_1-Generation untereinander Aufschluß: 75% der Nachkommen (F_2-Generation) zeigten das dominante, 25% das rezessive Merkmal – Aufspaltung 3:1. Daraus ging eindeutig hervor: das rezessive Merkmal war in der F_1-Generation in unausgeprägter Form

Tab. 3.**1** Zahlen aus Mendels Protokoll: Kreuzung von Erbsen, die sich jeweils in einem Merkmal unterscheiden. Durchschnitt der F_2-Phänotypen dominant zu rezessiv ≙ 3 : 1

Merkmal	F_1 uniform	F_2 dominant	F_2 rezessiv	Verhältnis
Samen				
rund	rund	5474		74,7% : 25,3%
runzlig			1850	2,96 : 1
Samen				
gelb	gelb	6022		75,1% : 24,9%
grün			2001	3,01 : 1
Blüte				
rot	rot	705		75,9% : 24,1%
weiß			224	3,15 : 1
Schote				
grün	grün	428		73,8% : 26,2%
gelb			152	2,82 : 1
Stamm				
hoch	hoch	787		74,0% : 26,0%
kurz			277	2,84 : 1

* dominantes Allel fett gedruckt

konserviert worden, um in der F_2-Generation wieder herauszusegregieren **(Segregationsgesetz)** (Abb. 3.**3**). In Unkenntnis von Chromosomen und meiotischen Prozessen interpretierte Mendel seine Ergebnisse folgendermaßen:

- Faktoren werden von Vater und Mutter mittels Keimzellen an die Nachkommen vererbt.

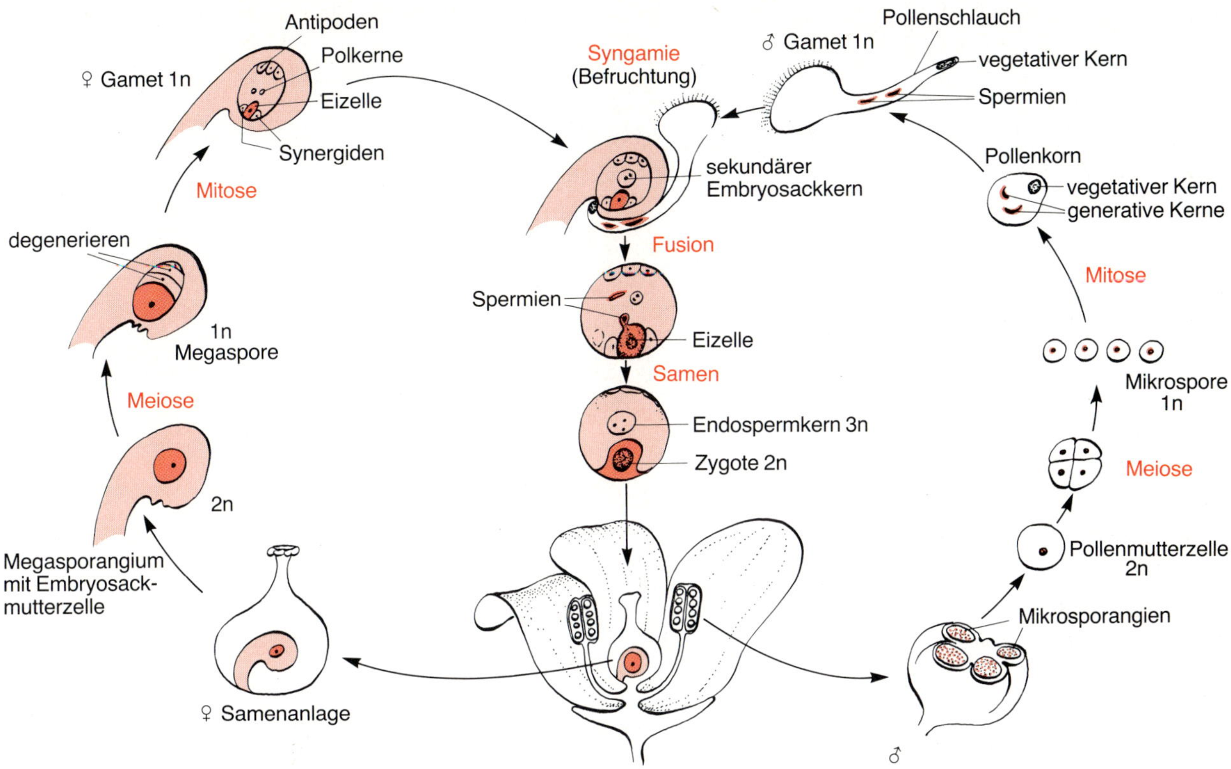

Abb. 3.2 Entwicklungskreislauf einer Blütenpflanze
Männliche und weibliche Geschlechtszellen werden in der Pflanze in getrennten Anlagen produziert: für das weibliche Geschlecht im Fruchtknoten, für das männliche in Staubblättern.
Entwicklung der Eizelle: In einem undifferenzierten Gewebe (Megasporangium) grenzt sich eine plasmareiche diploide Embryosack-Mutterzelle ab. Durch meiotische Teilung entstehen 4 haploide Zellen, von denen 3 degenerieren. Die vierte (Megaspore) wächst heran. Drei aufeinanderfolgende Endomitosen lassen einen achtkernigen Embryosack entstehen. Die Kerne ordnen sich in charakteristischer Weise an: An einem Pol liegt die eigentliche Eizelle, flankiert von 2 Synergiden, am gegenüberliegenden Pol 3 Zellen, die Antipoden. 2 Kerne (Polkerne) bleiben in der Mitte des Embryosackes liegen und fusionieren bei Befruchtung zum sekundären Embryosackkern.
Entwicklung der Spermazellen: In den Pollensäcken (Mikrosporangien) liegen die diploiden Pollen-Mutterzellen. Durch Meiose entstehen haploide Mikrosporen. Nach mitotischer Teilung während der Reifung des Pollenkerns entstehen vegetative und generative Zellen. Letztere bilden sich zu den eigentlichen Spermazellen aus.
Befruchtung: Nach Auftreffen des Pollens auf die Narbe des Fruchtknotens wächst der Pollenschlauch hin zum Embryosack. Eine Synergide wird aufgelöst, ebenso die vegetative Zelle des Pollenschlauches. Eine Spermazelle fusioniert mit der Eizelle zur diploiden Zygote, die andere fusioniert mit dem sekundären Embryosackkern zum triploiden Endospermkern. Das Endosperm dient als Nährgewebe für den aus der Zygote entstehenden Embryo

- Solche Faktoren können in alternativen Formen vorliegen (z. B. Normalform und Varianten).
- In den Nachkommen werden die Faktoren konserviert, aber nicht vermischt. Sie können in der nächsten Generation (F_2) wieder segregieren.
- Das Heraussegregieren eines „überdeckten“ Merkmals in der F_2-Generation deutet auf paarweises Vorliegen der Erbfaktoren hin. Die uniforme F_1-Generation muß die Faktoren sowohl für das dominante als auch für das rezessive Merkmal enthalten.
- Liegen die Faktoren im einzelnen Individuum paarweise vor, dann muß gefordert werden, daß sie in den Keimzellen einfach enthalten sind. Entsteht ein Individuum aus zwei Keimzellen mit für ein gegebenes Merkmal gleichen Keimfaktoren, dann ist es reinerbig oder **homozygot** für diese Anlage. Bildet es sich aus

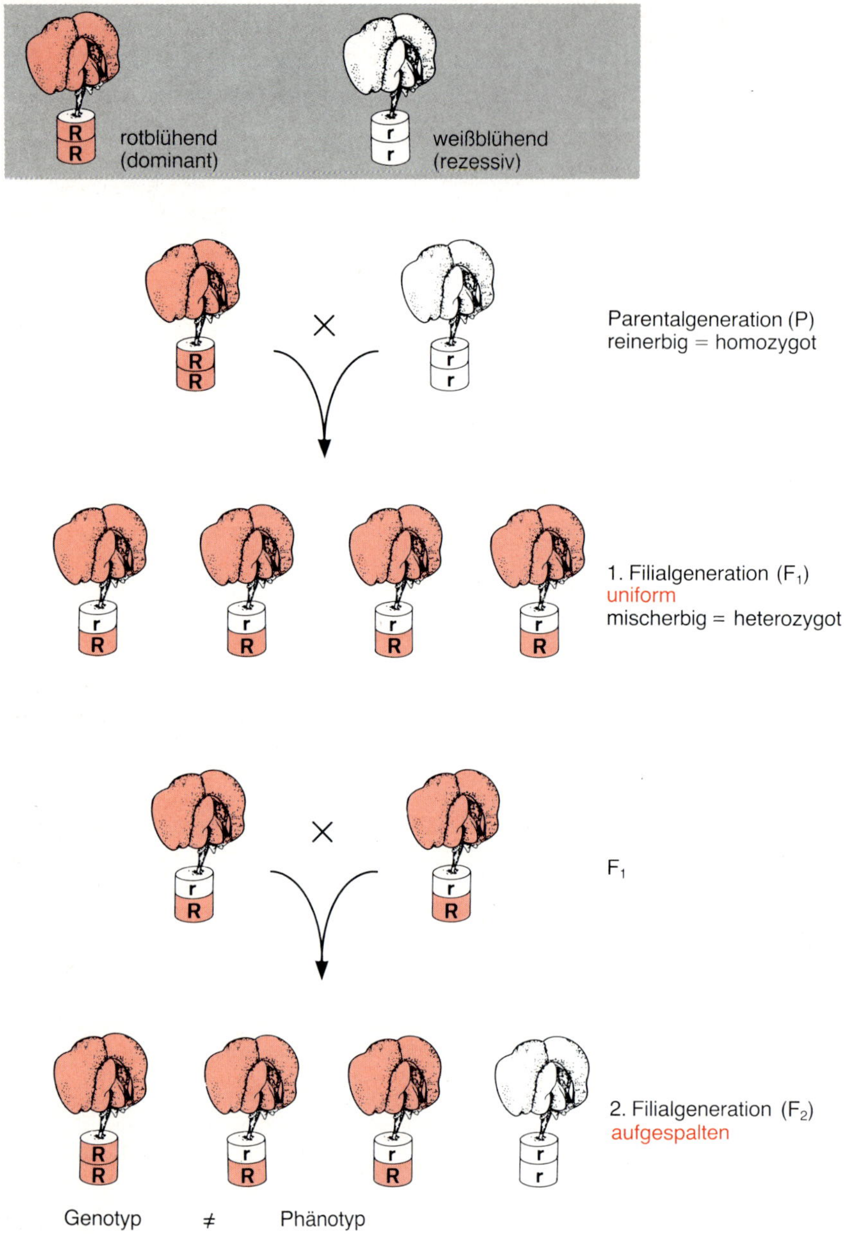

Abb. 3.3 Kreuzungsexperimente von Mendel
Reinerbige Elternrassen (P), die sich in nur einem Merkmal unterscheiden, werden gekreuzt. Die F_1-Generation ist uniform, sie prägt im Phänotyp das dominante Merkmal aus, ist im Genotyp heterozygot. Kreuzung von F_1-Nachkommen untereinander führt in der F_2-Generation zur Segregation (Aufspaltung) der Merkmale. Es resultieren reinerbige und heterozygote Nachkommen

Keimzellen mit zwei verschiedenen Erbfaktoren, dann ist es mischerbig oder **heterozygot.**

- Das äußere Erscheinungsbild **(Phänotyp)** eines Individuums offenbart nicht unbedingt alle seine Erbanlagen **(Genotyp).** Dominante Faktoren können rezessive überdecken (Rep. 3.**1**).

Rep. 3.1 Mendel erkannte die Grundprinzipien der Genetik

- **Dominantes** bzw. **rezessives** Verhalten der Erbmerkmale
- Individuen können für ein Erbmerkmal reinerbig sein = **homozygot**
- Individuen können für ein Erbmerkmal mischerbig sein = **heterozygot**
- Erbfaktoren liegen in den Keimzellen einfach (haploid) vor (nicht doppelt, diploid, wie in Körperzellen)
- **Uniformität** der F_1-Generation
- **Segregation** der Erbmerkmale in der F_2-Generation
- Erbmerkmale können **unabhängig** voneinander vererbt werden
- Der **Phänotyp** eines Individuums entspricht nicht unbedingt seinem **Genotyp**

3.3. Homozygotie und Heterozygotie für ein dominantes Merkmal werden im Testkreuz erkannt

Um zu testen, ob ein Individuum für ein, seinen Phänotyp prägendes, dominantes Merkmal genotypisch homozygot oder heterozygot ist, entwickelte Mendel das **Testkreuz.** In ihm wird das fragliche Individuum mit einem Angehörigen der Elternrasse gekreuzt, die das rezessive Allel homozygot trägt (Rückkreuzung) (Abb. 3.**4** s. S. 148). Da sich rezessive Allele im Phänotyp der Nachkommen nicht ausprägen, offenbaren diese mit ihrem Phänotyp direkt den gesuchten Genotyp. Handelte es sich bei dem fraglichen Individuum um einen homozygoten Träger des dominanten Allels, dann werden die F_1-Nachkommen der Testkreuzung uniform das dominante Merkmal exprimieren. Trug es jedoch das dominante Allel nur heterozygot, dann werden 50% der Nachkommen das dominante und 50% das rezessive Allel (Verhältnis 1 : 1) ausprägen. Durch derartige Rückkreuzungen stellte sich heraus, daß unter den 75% dominanten Merkmalsträgern der F_2-Generation nur 25% homozygot, 50% jedoch heterozygot waren. Die Genotypen der F_2-Generation spalten demnach im Verhältnis 1 : 2 : 1 auf.

3.4. Erbmerkmale werden unabhängig voneinander vererbt

Was geschieht, wenn die Kreuzungspartner sich in mehr als einem Merkmal unterscheiden **(Dihybride, Mehrfaktorkreuzung)** (Abb. 3.**5** s. S. 157)? Auch in diesem Fall gilt für die F_1-Generation das Uniformitätsgesetz mit Ausprägung der dominanten Allele im Phänotyp. Bei der Bildung der Gameten trennen sich die Anlagen voneinander und werden in der F_2-Generation neu kombiniert **(Unabhängigkeitsregel).** Dabei gilt für jede einzelne Anlage das Segregationsgesetz. Bei Dominanz eines Merkmals spaltet die F_2-Generation 3 : 1 auf, es resultieren zwei verschiedene Phänotypen. Für zwei Merkmale (Dihybrid) gilt dann: $(3:1) \cdot (3:1) = 9:3:3:1$, d. h. vier verschiedene Phänotypen sind zu erwarten etc. Für die Anzahl der Genotypen gilt entsprechend: $(1:2:1) \cdot (1:2:1) = 1:2:1:2:4:2:1:2:1$, d. h. neun verschiedene Genotypen sind möglich. Diese Unabhängigkeitsregel gilt allerdings nicht uneingeschränkt. Sie gilt nicht für Merkmale, die an ein gemeinsames Chromosom gebunden vererbt werden (s. Abschn. 3.7.). Das Wissen um das Vorhandensein von Chromosomen und die Aufklärung mitotischer und meiotischer Prozesse öffnet die Augen für die Ergebnisse Mendels.

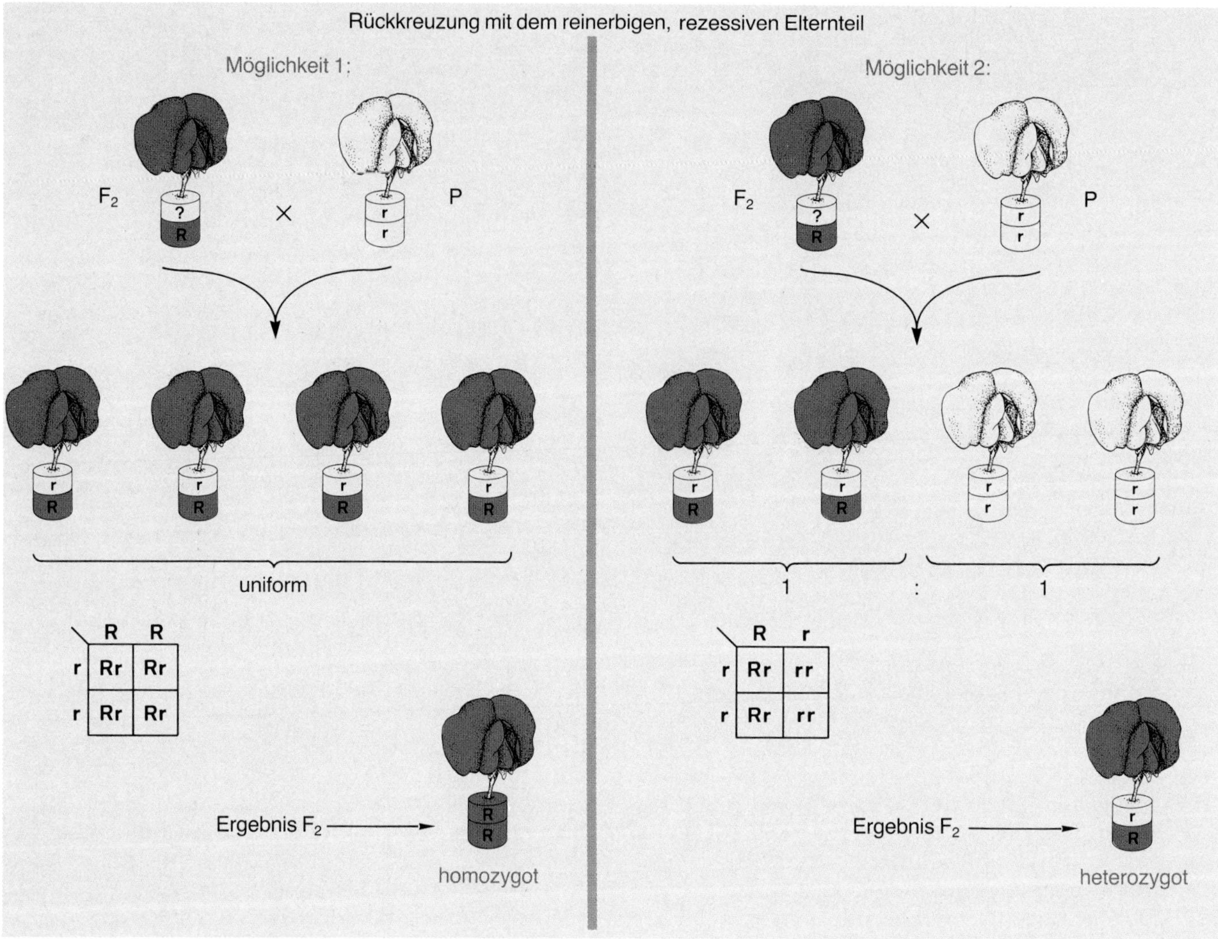

Abb. 3.4 Mendels Testkreuz: ein Weg zur Ermittlung des Genotyps
Phänotypisch gleiche Individuen können durch Rückkreuzung mit dem für das rezessive Merkmal reinerbigen Elternteil auf ihren Genotyp hin analysiert werden

3.5. Allele sind die Zustandsformen eines Gens

Die **Erbfaktoren, Gene,** sind jene Abschnitte auf der chromosomalen DNA, deren Nucleotidsequenzen die Information zur Ausprägung bestimmter Merkmale tragen (Rep. 3.**2**). Jedes Gen liegt bei einem diploiden (doppelten) Chromosomensatz paarweise in sog. **Allelen** (Allel = das Andere, die alternative Möglichkeit) vor. Ein Allel ist die Zustandsform eines Gens, gegeben durch seine Nucleotidsequenz. Das Allel eines Gens, dessen Sequenz für das als „normal" klassifizierte Merkmal codiert, ist das **Wildtyp-Allel.** Basenveränderungen innerhalb einer solchen Sequenz führen zu **varianten Allelen,** von denen es theoretisch sehr viele geben kann. Solche Allele müssen keinen Krankheitswert haben, sie führen vielmehr zu Normvarianten **(multiple Allelie)** in einer Population. Trotz der Vielfalt der möglichen Allele eines Gens kann ein diploider Organismus maximal zwei Allele eines Gens enthalten: eines auf dem väterlichen **(paternalen),** eines auf dem mütterlichen **(maternalen)** Chromosom. Gleiche Gene liegen in allen Individuen einer Spezies auf **homologen** (gleichen) **Chromosomen** am gleichen Ort **(Genlocus).**

Besitzt ein Individuum für ein Gen zwei identische

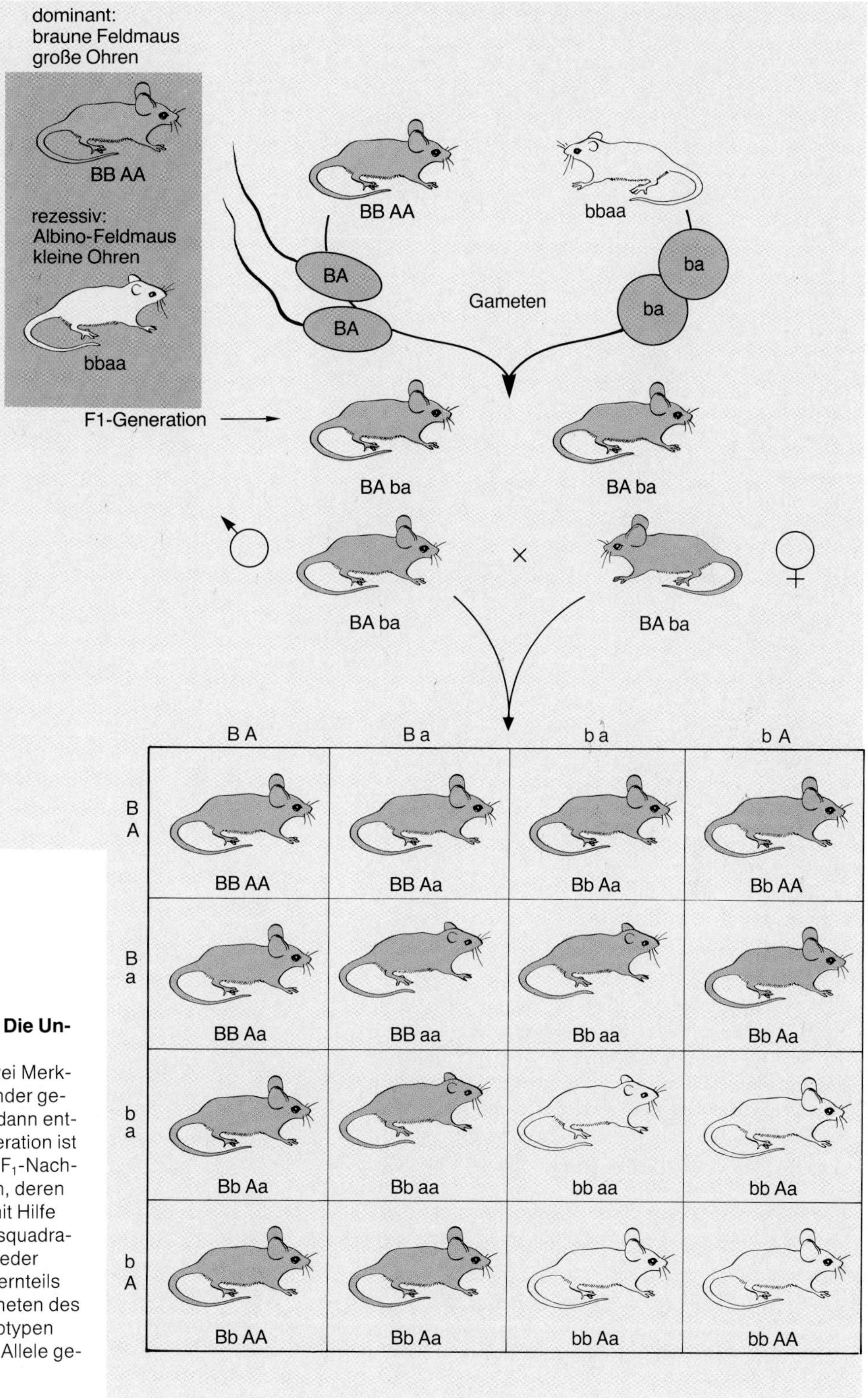

Abb. 3.5 **Mendels Genetik: Die Unabhängigkeitsregel**
Werden Rassen, die sich in zwei Merkmalen unterscheiden, miteinander gekreuzt (Mehrfaktorkreuzung), dann entstehen Dihybride. Die F_1-Generation ist wieder uniform. Kreuzung der F_1-Nachkommen führt zu F_2-Individuen, deren Genotypen und Phänotypen mit Hilfe des genetischen Kombinationsquadrates ermittelt werden können. Jeder mögliche Gamet des einen Elternteils wird mit jedem möglichen Gameten des anderen kombiniert. Die Phänotypen werden durch die dominanten Allele geprägt

Rep. 3.2 Einige Grundbegriffe der Genetik

Gen	Für ein Protein (bzw. eine spezifische RNA wie rRNA oder tRNA) codierende DNA-Sequenz mit den dazugehörigen Signalen: Start für Transkription (Promotor) und Translation, Ribosomenbindung der mRNA, Termination der Transkription und Translation, gegebenenfalls Cap- und Poly-A-Stelle und Introns. Bei Prokaryonten sind Gene häufig Teil einer Transkriptionseinheit (Operon). Dann gehören die Transkriptionssignale nicht direkt zum Gen
Allel	„Das Andere"; Zustandsform eines Gens, die durch eine bestimmte Nucleotidsequenz gegeben ist. Durch Mutation eines (oder mehrerer) Nucleotide geht ein Allel in ein anderes über
Multiple Allelie	Ein Gen kann in sehr vielen allelen Formen vorliegen. Im diploiden Organismus kann ein Gen in zwei Allelen vorliegen (heterozygot)
Homozygot	Ein Gen liegt in zwei identischen Allelen im diploiden Organismus vor
Heterozygot	Ein Gen liegt in zwei verschiedenen Allelen im diploiden Organismus vor

Allele, dann spricht man von Reinerbigkeit oder **Homozygotie.** Liegen zwei verschiedene Allele am homologen Genlocus, dann spricht man von Mischerbigkeit oder **Heterozygotie.** Die phänotypische Ausprägung zweier verschiedener Allele eines Gens kann auf verschiedene Weise erfolgen (Rep. 3.**3**):

- Das Genprodukt des einen Allels unterdrückt das des anderen **(Dominanz – Rezessivität).** Dominante Merkmale * werden mit großen, rezessive mit kleinen Buchstaben bezeichnet. Die dominante Form gilt häufig auch als Wildtyp und wird mit einem „+" versehen, gegenüber der rezessiven „–" Variante. Als Beispiel sollen die Blutgruppen 0 und A bzw. B dienen. A und B sind dominant über 0, d. h. ein Individuum hat nur dann die Blutgruppe 0, wenn das Blutgruppen-Gen J homozygot (J^0 in beiden Allelen) vorliegt. Liegt eines der Gene als J^A- oder J^B-Allel vor, dann prägen diese sich dominant über J^0 als Blutgruppe A bzw. als Blutgruppe B aus.
- Genprodukte beider Allele werden gleichberechtigt ausgeprägt **(Codominanz).** Auch hierzu bietet die Blutgruppenvererbung ein Beispiel. Kombinieren sich in einem Individuum die Allele J^A und J^B des Blutgruppen-Gens J, dann resultiert die Blutgruppe AB. Beide Eigenschaften werden ausgeprägt und führen zu einem neuen Phänotypen.
- Die Genprodukte beider Allele eines Gens werden gleichzeitig ausgeprägt und vereinigen sich zu einem Zwischenprodukt (**intermediär, semidominant** bzw. unvollständig dominant). Den Prototypen intermediärer Vererbung hat schon Mendel erkannt und beschrieben (Abb. 3.**6**). Kreuzte er weiße und rotblühende Wunderblumen miteinander, dann erhielt er in der F_1-Generation uniform rosablühende Blüten. Diese waren heterozygot für das Farben-Gen, das bei fehlender Dominanz eines seiner Allele zu einer **Mischung** beider Genprodukte führte. Auch die F_2-Generation spaltete nicht wie erwartet in zwei, sondern in drei Phänotypen auf: weiße, rote und rosablühende Formen. Diese Form der intermediären Vererbung kann in den meisten Fällen nur an Enzymaktivitäten nachgewiesen werden. Der Enzymspiegel zeigt dabei eine Zwischenstellung zwischen beiden reinerbigen Ausgangsformen (Abb. 3.**7**).

* Obwohl der Ausdruck „dominantes bzw. rezessives Merkmal" nicht ganz korrekt ist – es handelt sich um Allele für dominant bzw. rezessiv ausgeprägte Merkmale –, wird dieser in der Genetik beibehalten.

Rep. 3.3 Phänotypische Ausprägungsmöglichkeiten von Merkmalen in Heterozygoten

AA × BB → AB

1. Ausprägung der Eigenschaften von A **oder** B
   › **Dominanz**
   Beispiel:
   Blutgruppen $J^0J^0 \times J^AJ^A \rightarrow J^0J^A$ Blutgruppe A
   „A" dominant über „0"
2. Ausprägung der Eigenschaften A **und** B
   → **Codominanz**
   Beispiel:
   Blutgruppen $J^AJ^A \times J^BJ^B \rightarrow J^AJ^B$ Blutgruppe AB
   „A" und „B" codominant
3. Ausprägung der Eigenschaften intermediär **zwischen** A und B
   → intermediär, **Semidominanz**
   Beispiel:
   Katalaseaktivität A = keine Aktivität
   B = 100% Aktivität
   AB = 50% Aktivität
   „A" und „B" semidominant

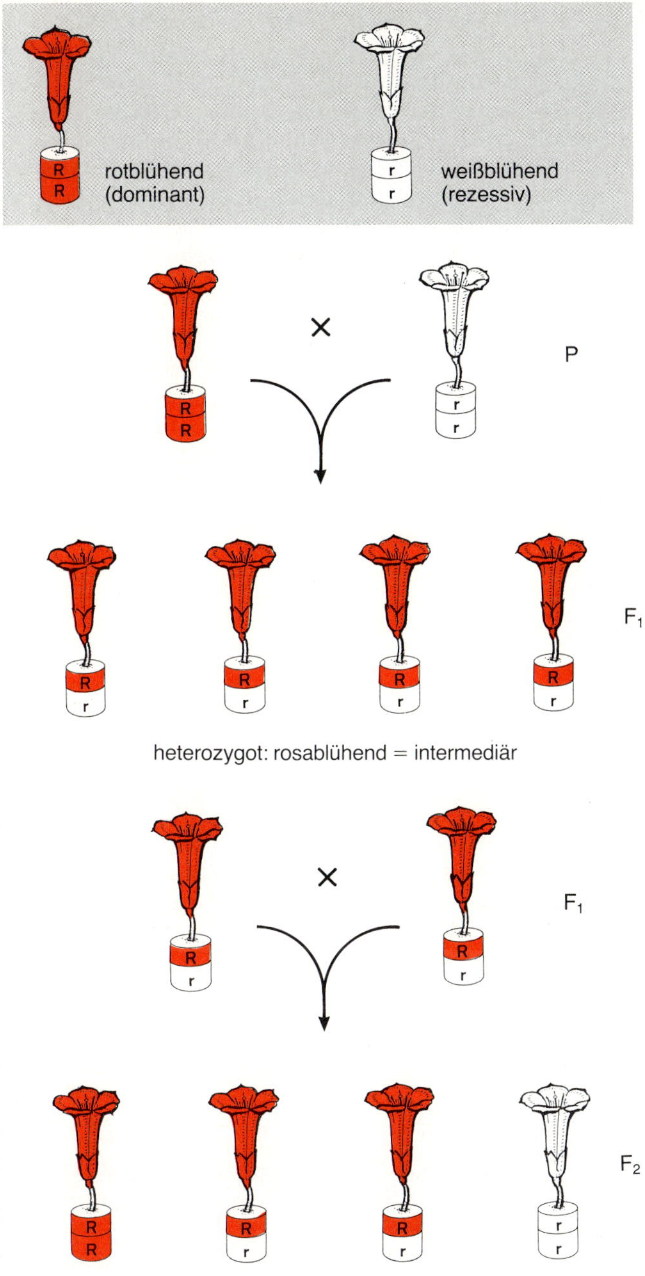

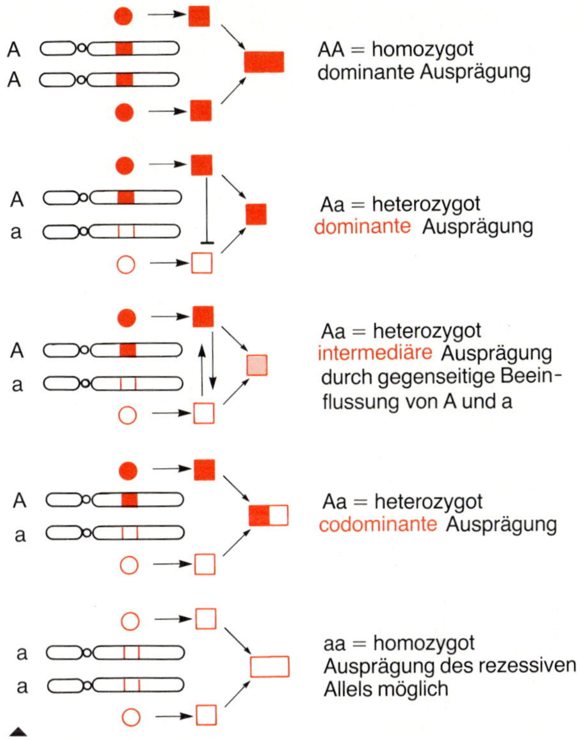

▲ **Abb. 3.7 Dominante, rezessive, codominante und intermediäre (semidominante) Ausprägung der Allele eines Gens**
Symbolische Darstellung eines Gens im diploiden Zustand, dessen Genprodukt (Enzym) entsprechend den jeweiligen Zustandsformen des Gens (Allels) gebildet wird. Das vorliegende Enzym führt seinerseits zur Ausbildung eines Merkmals, das den Phänotyp prägt
● Allel eines Gens
○ Enzym
□ Merkmal

◀ **Abb. 3.6 Intermediärer Erbgang bei der Wunderblume *(Mirabilis jalapas)***
Kreuzung rot- und weißblühender Pflanzen führt zu einer intermediären Farbe (rosa) in der F_1-Generation. In der F_2-Generation entspricht in diesem Falle die Zahl der Phänotypen der der Genotypen, da keines der Farballele dominant ist und somit sich die Heterozygoten von den Homozygoten phänotypisch unterscheiden. Beide Farballele tragen zum Phänotyp bei, es herrscht Semidominanz

3.6. Das genetische Kombinationsquadrat zeigt die Genotypen und Phänotypen der nächsten Generation

Das Vorliegen eines Gens in allelen Formen auf homologen Chromosomen eines diploiden Individuums und das Wissen um die Vorgänge während der Reifung der Keimzellen (Meiose) erhellen die Vererbungsgesetze Mendels: Im Verlauf der Keimzellentwicklung werden die homologen Chromosomen und damit die Allele eines Gens getrennt. Jede **haploide Keimzelle** (einfacher Chromosomensatz) enthält nunmehr je eines der Allele eines Gens (Segregation der Erbfaktoren). Es ist dem Zufall überlassen, welche der Keimzellen (mit welcher genetischen Ausstattung) sich mit welcher Keimzelle eines zweiten Individuums zur **diploiden Zygote** vereinigt. Welche Genotypen in der nächsten Generation erwartet werden können (und bei bekanntem Ausprägungsmodus der Allele welche Phänotypen), läßt sich am leichtesten aus dem genetischen Kombinationsquadrat (s. Abb. 3.**5**) ableiten. In diesem Quadrat werden senkrecht alle möglichen Allele der Keimzellen des einen Elternteils, waagerecht alle die des anderen aufgetragen. Nun wird jede Keimzelle mit jeder anderen kombiniert: Es ergeben sich alle denkbaren Genotypen der nächsten Generation. Dekliniert man im genetischen Quadrat die Möglichkeiten der F_1-Generation für reinerbige Eltern durch, dann ergibt sich eine uniforme Nachkommenschaft. Werden F_1-Nachkommen untereinander gekreuzt, dann zeigt das Quadrat die erwartete Segregation im Verhältnis 1 : 2 : 1 bei Monohybriden etc. Auch die Analyse zur Klärung der Frage nach Reinerbigkeit bzw. Mischerbigkeit eines Individuums wird durch das Testkreuz ermöglicht.

3.7. Gene des gleichen Chromosoms werden gekoppelt vererbt

Genetische Merkmale segregieren nur dann unabhängig voneinander (Unabhängigkeitsregel), wenn sie auf verschiedenen Chromosomen lokalisiert sind. Oder umgekehrt ausgedrückt: Gene, die auf einem Chromosom liegen, können gemeinsam vererbt werden **(Kopplungsgruppen)** (Abb. 3.**8**).

Diese Kopplung hat ihre Einschränkung. Das zeigt sich, wenn z. B. Erbsen gekreuzt werden, die sich in zwei Merkmalen unterscheiden (Dihybrid). Sind diese Merkmale gekoppelt, vererben sie sich gemeinsam und spalten in der F_2-Generation bei vorliegender Dominanz im Phänotyp 3 : 1 auf. Sind die Merkmale ungekoppelt, segregieren sie unabhängig und ergeben F_2-Nachkommen von $(3:1) \cdot (3:1) = 9:3:3:1$. Tatsächlich sind die meisten Merkmalspaare dem ersten oder zweiten Erbgang zuzuordnen. Einige Fälle gekoppelter Merkmale verhalten sich allerdings nicht eindeutig. Hier scheint die Kopplung eingeschränkt zu sein.

3.8. Rekombination schränkt die Kopplung ein

Eingeschränkte Kopplung gibt es nicht nur bei Erbsen und bei *Drosophila melanogaster* (Taufliege), den Organismen, bei denen dieses Phänomen zuerst beobachtet wurde, sondern generell bei allen Lebewesen. Die Erklärung für die „teilweise Kopplung" kam aus der mikroskopischen Beobachtung des morphologischen Substrats des **Crossing-over** der Ausbildung von **Chiasmata.** Die Ausbildung der Chiasmata findet durch Überkreuzungen von **Nicht-Schwesterchromatiden** statt. An den Stellen des Crossing-over findet durch Bruch und Wiedervereinigung Austausch homologer Chromosomenabschnitte zwischen Chromosomen statt. **Dabei werden ursprünglich gekoppelte Gene getrennt.** Dieser Vorgang, der **Rekombination** genannt wird, findet zwischen zwei Genen mit um so größerer Wahrscheinlichkeit statt, je weiter diese auf dem Chromosom voneinander entfernt sind.

Die durch Rekombination getrennten Gene werden dann bei der Keimzellbildung im Zuge der Trennung homologer Chromosomen unabhängig voneinander in verschiedene Keimzellen (Gameten) befördert. Dadurch segregieren diese Gene, obwohl sie ursprünglich gekoppelt auf einem Chromosom lagen. Da nur ein kleiner Teil der gekoppelten Gene durch Rekombination unabhängig gemacht wird, wird ein gewisser Prozentsatz Gameten die Gene nach wie vor gekoppelt auf einem Chromosom und nur ein geringerer Prozentsatz sie entkopppelt als

Abb. 3.8 Die Vererbung zweier unterschiedlicher Gene entsprechend ihrer Lage auf den Chromosomen
a Liegen nicht-allele Gene auf verschiedenen Chromosomen, dann werden sie mit diesen unabhängig voneinander auf die Gameten verteilt. Vier verschieden ausgestattete Gameten sind möglich, deren Verhältnis zueinander gleich ist
b 100%ige Kopplung: Die Gene werden gekoppelt, vererbt; zwei Gametenarten sind möglich
c Eingeschränkte Kopplung: Durch selten eintretende Rekombinationsereignisse (Häufigkeit entspricht der Entfernung der Gene voneinander) werden die Gene voneinander getrennt. Es gibt vier verschiedene Gameten, wobei zwei häufig sind und die Gene gekoppelt enthalten. Zwei weitere sind selten und enthalten die Gene durch Rekombination ausgetauscht

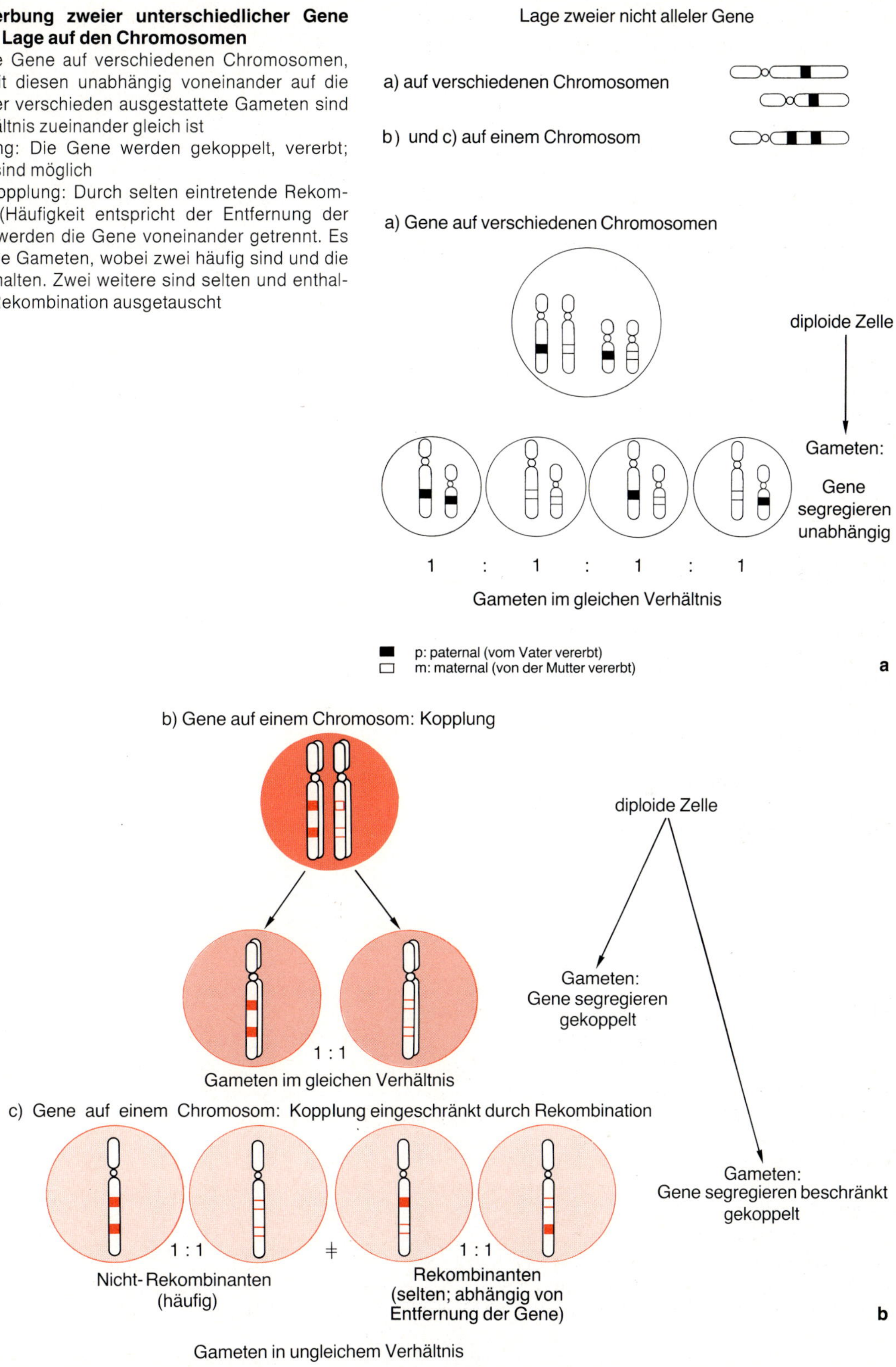

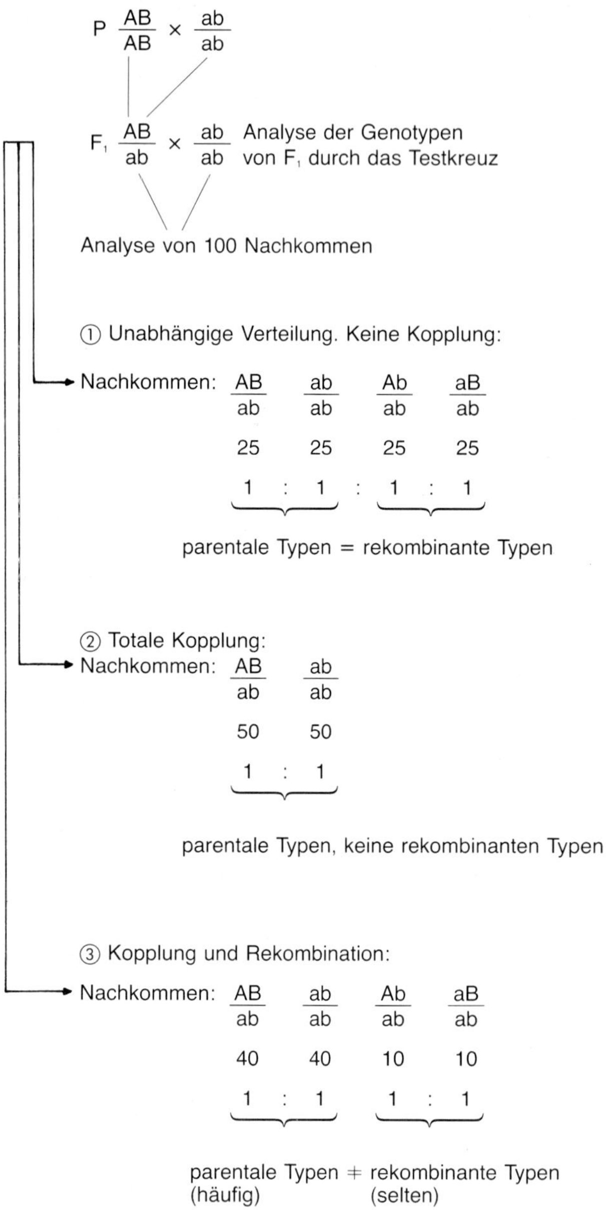

Abb. 3.9 Analyse, ob Allele gekoppelt oder ungekoppelt vererbt wurden
Für die Merkmale A/a und B/b heterozygote F_1-Nachkommen werden mit einem Individuum der Parentalgeneration rückgekreuzt, das die rezessiven Gene a/b trägt. Die zahlenmäßige Verteilung der Merkmalsträger gibt an, ob die Gene 1. unabhängig verteilt, 2. streng gekoppelt oder 3. durch Rekombination eingeschränkt gekoppelt vererbt wurden

Rekombinationsprodukte enthalten. Der **Verdacht auf Rekombination** zwischen relativ eng gekoppelten Genen ergibt sich bei der Analyse und statistischen Auszählung der Nachkommen zweier Eltern, die sich in zwei nichtallelen Genen unterscheiden, immer dann, wenn

- die Zahl der Phänotypen für nicht gänzlich unabhängige Verteilung $(3:1)^2$ spricht (s. Abb. 3.**8 a**) und
- auch keine absolute Kopplung vorliegt mit Phänotypen im Verhältnis 3 : 1 (s. Abb. 3.**8 b**),
- vielmehr neben den zahlreichen Nichtrekombinanten einige Rekombinanten auftreten (s. Abb. 3.**8 c**).

Experimentell kann die Frage ob Rekombination erfolgt ist oder nicht in diploiden Organismen mit Hilfe des Testkreuzes abgeklärt werden:

Im Testkreuz (s. Abschn. 3.3., S. 155) wird die F_1-Generation mit einem für jedes der zu betrachtenden Gene rezessiven Partner gekreuzt. Es offenbaren sich im Phänotyp der Nachkommen alle Allelkombinationen so, wie sie in den Gameten des F_1-Individuums verteilt vorlagen. Die Analyse der in den Testkreuz-Nachkommen ausgeprägten Gene gibt das Verhältnis Rekombination zu Nichtrekombination an (Abb. 3.**9**).

3.9. Tetradenanalyse bei *Neurospora* beweist: Rekombination durch Chromatidenüberkreuzung (Crossing-over)

Der Vorgang der Chromosomenüberkreuzung, der während des Pachytäns der Prophase in der Meiose zwischen Chromatiden der gepaarten homologen Chromosomen stattfindet (s. Kap. **1**), ist sichtbarer Ausdruck der Rekombination. In diesem **Tetradenstadium** kommt es zu Überlagerungen der Chromatiden, wobei prinzipiell jede Nicht-Schwesterchromatide mit jeder anderen homologen durch Chromosomenüberkreuzung zur Entkopplung von Genen führen kann (Abb. 3.**10**). Dieser Austausch ist ein wichtiger Mechanismus zur **Durchmischung** des genetischen Materials. Er trägt neben der zufälligen Zuordnung mütterlicher und väterlicher Chromosomen zu den Tochterzellen wesentlich zur **Varianz** der Nachkommen bei. Ist $n = 23$ die Zahl der Chromosomen in jeder elterlichen Gamete, ergeben sich durch zufällige Zuordnung für die diploiden Nachkommen theoretisch $2^{23} \cdot 2^{23}$ Kombinationsmöglichkeiten (Abb. 3.**11**). Diese Zahl der Möglichkeiten wird noch wesentlich durch Rekombination erhöht.

Normalerweise hat man keine Möglichkeit, die Tetraden direkt zu analysieren, da man keinen Einblick in die Gameten erhält. Einzig und allein Rückschlüsse, gezogen aus der Analyse der rekombinanten Nachkommen geben Auskunft über das chromosomale Muster der Gameten.

Anders ist es bei *Neurospora crassa,* einem Schimmelpilz. Dieser Pilz kann sich sowohl ungeschlechtlich als auch geschlechtlich vermehren (Abb. 3.**12**). Bei der geschlechtlichen Vermehrung kommt es zur Fusion zweier Zellen, zur Bildung einer diploiden Zygote, in der zur Ausbildung haploider Keimzellen (Sporen) eine Meiose induziert wird. Im Verlauf der Meiose wird das Tetradenstadium durchlaufen, es kommt durch Trennung homologer Chromosomen zur Entwicklung haploider Kerne, die sich durch Trennung der Schwesterchromatiden in der Meiose II nochmals teilen. Die haploiden Kerne durchlaufen anschließend noch eine Mitose. Um jeden Kern herum bildet sich eine Spore, die in ihrem Aussehen (z. B. Pigmentierung) die in ihr ruhende genetische Information widerspiegelt. Die Sporen bleiben, von einer gemeinsamen Hülle (Ascosporus) umgeben, in strenger

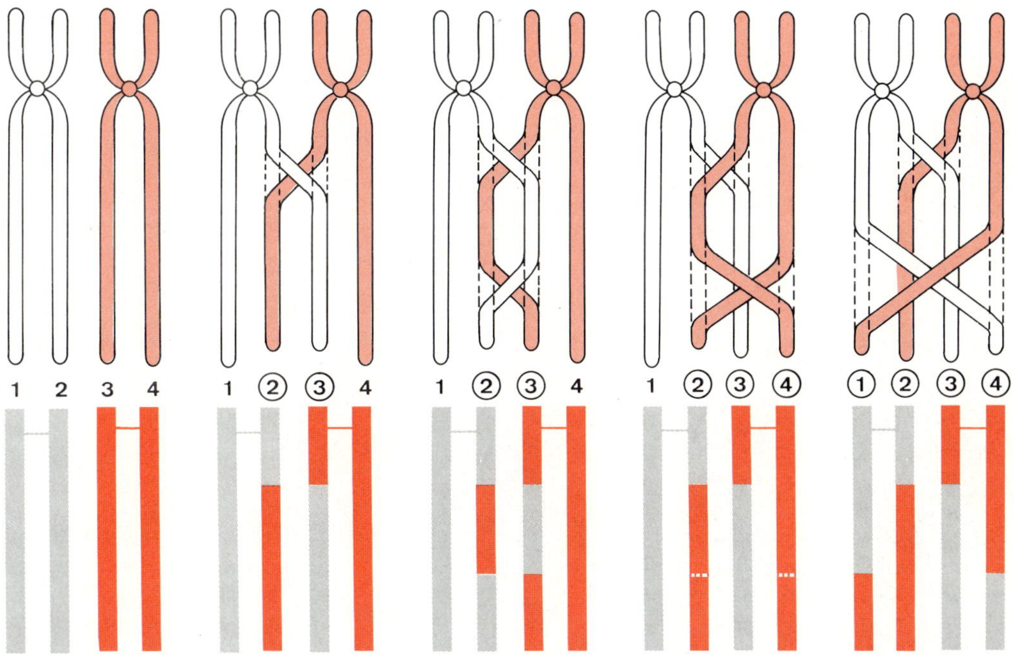

Abb. 3.10 Beitrag zur genetischen Varianz: Crossing-over (Überkreuzung) zwischen Chromatiden homologer Chromosomen
Crossing-over findet im Tetradenstadium statt und führt, erfolgt es zwischen beliebigen Nicht-Schwesterchromatiden, zur Rekombination genetischen Materials

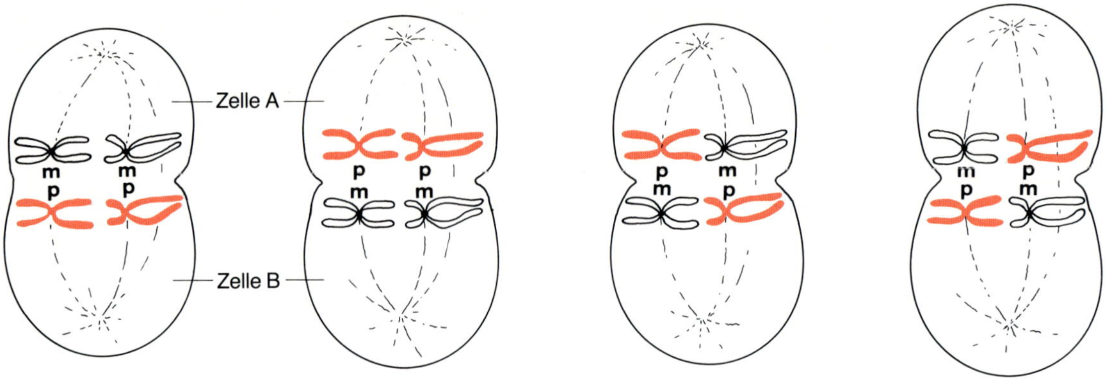

Abb. 3.**11** **Beitrag zur genetischen Varianz: Zufallsverteilung**
Stellvertretend für einen diploiden Chromosomensatz sind 2 Paar homologe Chromosomen aufgezeichnet, deren Herkunft mit m = maternal und p = paternal gekennzeichnet ist. Dem Zufall folgend kann bei der Teilung jedes maternale Chromosom mit jedem beliebigen paternalen in eine Tochterzelle (A oder B) geraten. Es gibt bei 2n = 46 2^{46} Möglichkeiten

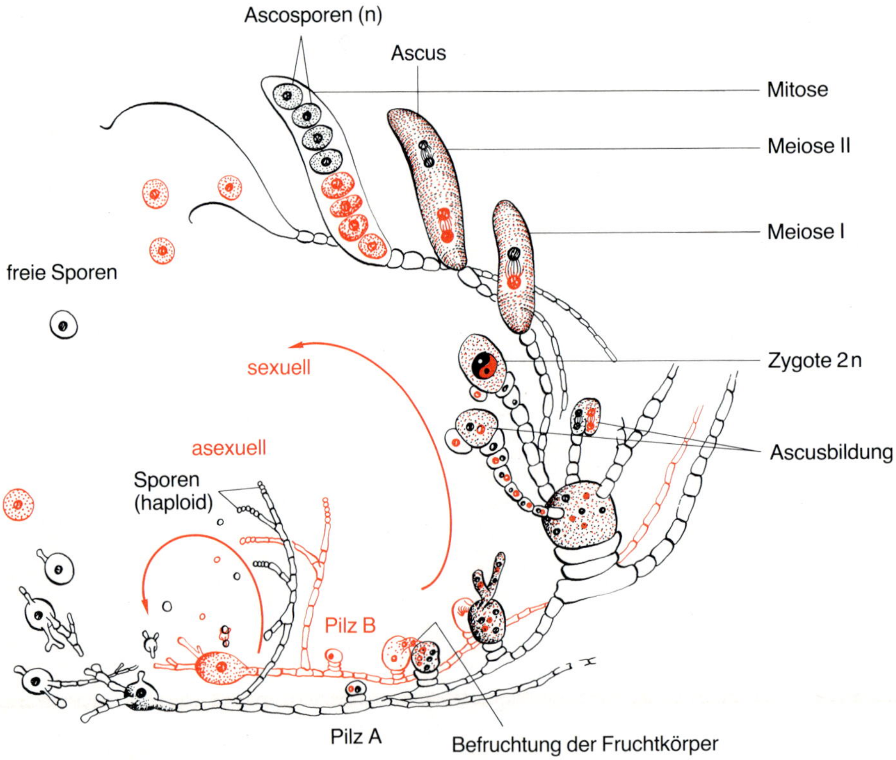

Abb. 3.**12** **Entwicklung des Schimmelpilzes *Neurospora crassa***
Asexuell aus Sporen entstandene Mycelien bilden einerseits haploide Sporen, andererseits Fruchtkörper aus. Sporen eines Mycels können auf Fruchtkörper eines anderen auftreffen. Es kommt zur Befruchtung und Verschmelzung der Kerne in der diploiden Zygote. Erste und zweite meiotische Teilung führen zu haploiden Kernen, die nach einer Mitose als Ascosporen im Ascus liegenbleiben, bis dieser platzt und haploide Sporen entläßt.

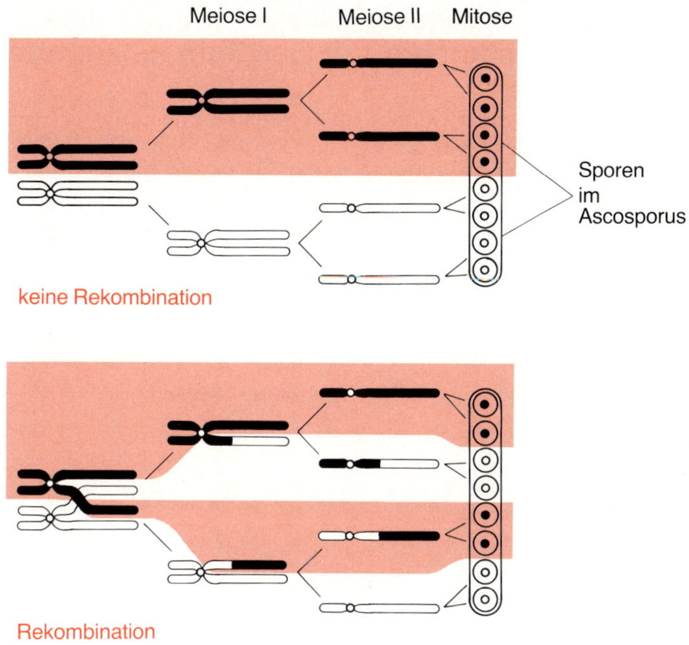

Abb. 3.13 Tetradenanalyse bei *Neurospora crassa*
Schematische Darstellung der Trennung homologer Chromosomen in der Meiose bzw. Chromatiden in der Mitose. Aus der Anordnung der Sporen im Ascosporus wird deutlich, daß keine Rekombination bzw. Rekombination stattgefunden hat

Reihenfolge liegen. Hatte man zwei Pilze, die sich in einem Merkmal unterscheiden (z. B. pigmentierte und unpigmentierte Sporen), zur Zygotenbildung veranlaßt, dann erhält man bei Analyse der Sporenanordnung im Ascosporus direkten Einblick in die Rekombinationsvorgänge während des Tetradenstadiums **(Tetradenanalyse)** (Abb. 3.**13**). Derartige Experimente haben bewiesen: Die Rekombination kommt durch Chromosomenüberkreuzung der Nicht-Schwesterchromatiden homologer Chromosomen zustande. Molekularbiologisch gesehen liegen der Rekombination Bruchbildung im DNA-Strang und Wiedervereinigung (s. Kap. **2**) zugrunde.

3.10. Die Häufigkeit der Rekombination zwischen zwei Genen gibt ihre Entfernung an

Rekombination zwischen zwei Genen tritt um so häufiger auf, je weiter die Gene auf dem Chromosom auseinanderliegen. Sind zwei Gene weit voneinander entfernt, dann kann es auch zu mehrfachen Chromosomenüberkreuzungen kommen. Liegen zwei Gene an sehr entfernten Stellen des Chromosoms, so werden sie regelmäßig durch Rekombination getrennt und erscheinen in ihrem Vererbungsmodus wie ungekoppelt. Als Faustregel kann gelten, daß Gene, deren Entfernung mehr als ein Drittel des Chromosoms beträgt, nicht mehr als gekoppelt erkannt werden können. Somit kann das Auftreten von Rekombinanten die Kopplung von Genen beweisen, ihr Fehlen spricht aber nicht unbedingt dagegen. Da die Häufigkeit der Rekombinationen zwischen zwei Genen unter gleichen Bedingungen immer gleich ist, ist sie als **Maß für die Entfernung** zweier gekoppelter Gene auf einem Chromosom zu benutzen. Bei dicht benachbarten Genen wird die Rekombinationshäufigkeit klein, bei weit entfernten entsprechend groß sein. Damit ist die Häufigkeit von Rekombinanten ein Maß für die Entfernung zweier Gene. Da bei nicht reinerbigen Eltern die in den Gameten stattgefundenen Rekombinationsvorgänge in den Phänotypen der Nachkommen häufig durch Überdeckung der rezessiven durch dominante Allele nicht in Erscheinung treten, wird die Rekombination zwischen Genen experimentell durch Rückkreuzungsanalysen belegt (s. Abschn. 3.3., S. 155).

3.11. Der Prozentsatz der Rekombination entspricht dem Verhältnis von Rekombinanten zu Gesamtnachkommen

Der Prozentsatz der Rekombination zweier Gene ergibt sich aus dem Verhältnis der Summe der rekombinanten Nachkommen und der Summe aller Nachkommen multipliziert mit 100.

Die **Maßeinheit** für die genetische Entfernung ist das **Morgan** (Rep. 3.**4**) (Morgan hatte diese Zusammenhänge erstmals mathematisch festgelegt; 0,01 Morgan = 1 Centimorgan = 1 Kartierungseinheit = 1% Rekombination). 50% Rekombination ist der Grenzwert, an dem Rekombination als solche noch wahrnehmbar ist. Liegen Gene weiter voneinander entfernt, dann ist die Zahl der Rekombinanten gleich der der Nichtrekombinanten. Es liegen scheinbar ungekoppelte Gene vor (Abb. 3.**14**). Ist es nun unmöglich, Gene, die weiter als 50 Centimorgan

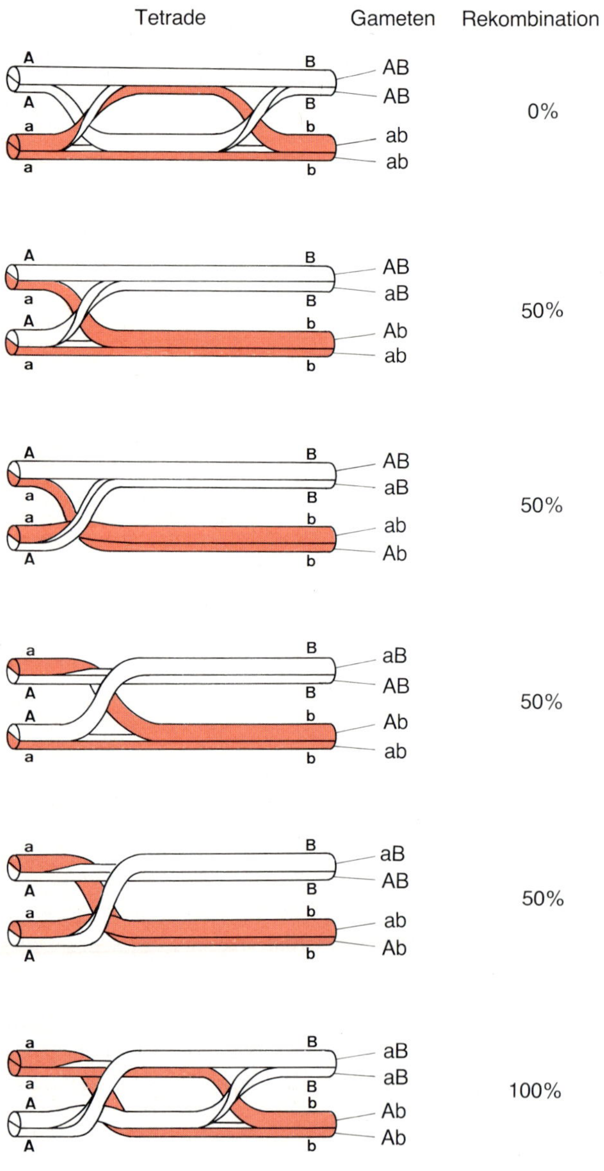

Rep. 3.4 Rekombinationshäufigkeiten als Maß für die Entfernung zweier Gen-Orte

% Rekombination =

$$\frac{\text{Zahl der rekombinanten Nachkommen}}{\text{Gesamtnachkommen}} \cdot 100$$

Einheit der genetischen Rekombination:
1 % Rekombination = 1 **Kartierungseinheit** = 1 Centimorgan (0,01 Morgan)
≙ 10^6 Basenpaare (Mensch)

Interferenz: Beeinflussung eines Kreuzungsereignisses durch ein anderes

◀ **Abb.** 3.**14** **Grenze der Nachweismöglichkeit von Rekombinationen zwischen entfernt liegenden Genen eines Chromosoms**
Die Allele A/a und B/b liegen auf homologen Chromosomen. Die Tatsache von Rekombinationsvorgängen könnten eine Kopplung beweisen (s. Abb. 3.**9**). Das Verhältnis der Gameten müßte in diesem Falle ungleich sein. Die Darstellung der Crossing-over-Ereignisse in der Tetrade und die resultierenden Gameten zeigen, daß bei weit entfernten Genen eine Kopplung durch das Auftreten von Rekombination nicht mehr nachgewiesen werden kann.
- Tetrade 1: Doppel-Crossing-over führen zu keiner Neukombination der Marker. 0% Rekombination; Gametenverhältnis 1 : 1
- Tetrade 2–5: 50% Rekombination und 50% Nichtrekombinanten spiegeln eine Segregation ohne Rekombination vor; Gametenverhältnis 1 : 1
- Tetrade 6: 100% Rekombinanten, da alle Chromatiden an Crossing-over-Ereignissen beteiligt sind; Gametenverhältnis wieder 1 : 1

voneinander entfernt sind, als gekoppelt zu erkennen? Keineswegs – es bedarf dazu eines Gens, das zwischen den beiden fraglichen Genen liegt, und das die Durchführung einer **Dreifaktorkreuzung** ermöglicht, denn: ist A gekoppelt mit B und B gekoppelt mit C, dann muß auch A mit C gekoppelt sein! Die Entfernungsmessungen zwischen konsekutiven Genen haben ergeben, daß die Gene linear angeordnet sind und daß sich, einige durch Interferenzen bedingte Abweichungen unberücksichtigt, die Entfernungen addieren.

Die durch Rekombinationshäufigkeiten gegebenen Kopplungsinformationen werden mit statistischen Methoden ausgewertet und als **Lod-Werte** (logarithm of the odds; odds = Ungleichheit) angegeben. Die Lod-Werte geben den Logarithmus des Quotienten aus der Wahrscheinlichkeit der Kopplung der betrachteten Genloci und der Wahrscheinlichkeit ihrer Zufallsverteilung an. Wenn z. B. aus den erhobenen Daten hervorgeht, daß die Wahrscheinlichkeit der Kopplung zweier Genloci 1000fach höher ist als die Wahrscheinlichkeit, daß sie nicht gekoppelt sind, ist der Lod-Wert 3 (lg 1000). Bei Lod-Werten von 3 und größer geht man von einer Kopplung aus. Je größer der Lod-Wert, desto näher liegen die Gene auf einem Chromosom beieinander.

Unter **Interferenz** versteht man die Tatsache, daß die Häufigkeit, mit der zwischen zwei entfernten Gen-Arten Doppel-Überkreuzungsereignisse auftreten, nicht der zu erwartenden entspricht. Diese würde sich aus dem Produkt der Einzel-Überkreuzungsereignisse ergeben. In der Tat werden nur ca. zwei Drittel der errechneten Doppel-Crossing-over beobachtet. Je näher zwei Gen-Orte benachbart sind, umso größer ist die Interferenz.

Die Kartierung von Genen mit Hilfe genetischer Rekombination zeigt, daß Gene linear angeordnet sind. Entfernungsmessungen auf der genetischen und der tatsächlichen (physikalischen) Genkarte stimmen jedoch nicht völlig überein.

Nicht nur die Entfernungen von Genen können durch Rekombinationsanalyse bestimmt werden, auch die **Lage von Genen zueinander** ergibt sich aus derartigen Kreuzungsversuchen. Allerdings bedarf es dazu **Dreifaktorkreuzungen.** Dabei gibt sich das in der Mitte gelegene Gen dadurch zu erkennen, daß zu seiner Entkopplung zweifache Chromosomenüberkreuzung notwendig ist. Da sich ein derartiger Rekombinationsprozeß seltener als ein einfacher ereignet, können aus der Zahl der Rekombinanten Rückschlüsse auf die Reihenfolge der Gene gezogen werden. Die **Maispflanze** (n = 10) eignet sich ganz besonders zur Durchführung derartiger Analysen. Jedes Maiskorn (und deren gibt es Hunderte an einem Kolben) ist das Produkt der Vereinigung einer weiblichen mit einer männlichen Keimzelle. Man wählt durch Züchtung eine Maispflanze, die reinerbig für die Merkmalsausprägung dreier dominanter Allele ist, und kreuzt sie mit einer solchen, die reinerbig die entsprechenden drei rezessiven Allele trägt. Die resultierende F_1-Maispflanze ist uniform heterozygot. Kreuzt man diese wieder mit einer Pflanze, die reinerbig für die rezessiven Allele ist (Testkreuzung), dann geben die Maiskörner der Tochtergeneration in ihrer phänotypischen Ausprägung direkt Auskunft über die Rekombinationsprozesse, die zwischen den Genen der F_1-Gameten stattgefunden haben. Aussagen darüber, welche Merkmale mit welchen gemeinsam auftreten, die Zahl der Nichtrekombinanten zu der der Rekombinanten, läßt sowohl Entfernung als auch Reihenfolge der Gene auf dem Chromosom feststellen. Auf solche Weise können ganze Genkarten aufgestellt werden.

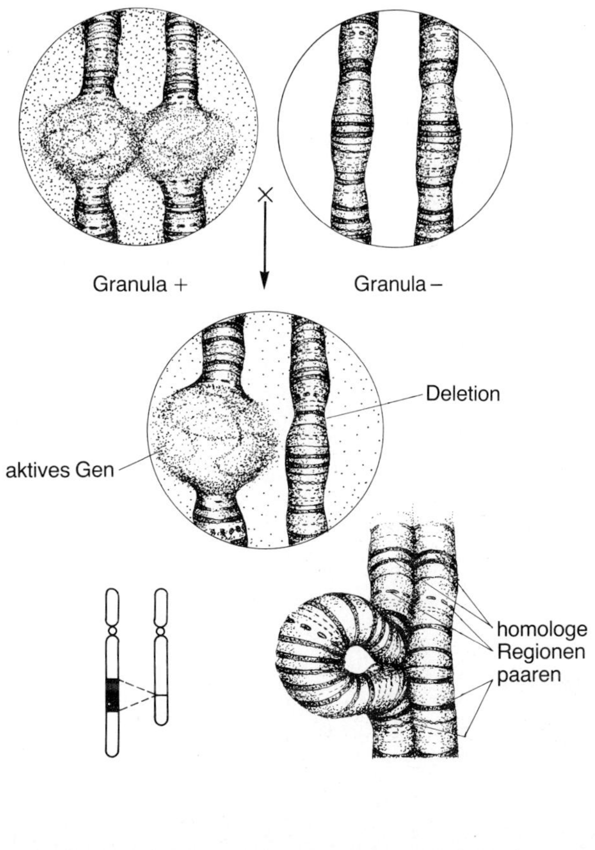

Abb. 3.**15 Drosophila-Chromosomen mendeln sichtbar** ▸
Banden entsprechen Genen, die bei Aktivität als Puff imponieren. In Granulamutanten (Deletion) fehlt die Bande und der entsprechende Puff. Längenmessungen derartiger Deletionsmutanten können direkt im Elektronenmikroskop vorgenommen werden. Bei Paarung homologer Chromosomen bildet das intakte Chromosom am Orte der Deletion eine Schleife, deren Länge der Deletion entspricht. Derartige Längen auf dem Chromosom können zur genetischen Distanz korreliert werden

3.12. Die physikalische Chromosomenkarte korreliert gut mit der genetischen

Die Übereinstimmung zwischen physikalischer und genetischer Chromosomenkarte zeigt sich klar an den Riesenchromosomen der Speicheldrüsen der Taufliege *Drosophila melanogaster.* Gene **polytäner Chromosomen** werden durch den Wechsel heterochromatischer **(Chromomere)** und euchromatischer Anteile als Banden sichtbar (Abb. 3.**15**).

Die genetische Aktivität von Genen dokumentiert sich in Form der **Puffs** (s. Kap. **1**). Fehlt ein Gen, und solche Defizienzen sind mikroskopisch als Fehlen einer Bande erkennbar, dann fehlt auch das auszuprägende Merkmal bzw. der während der Genaktivität sichtbare Puff. Ein solches Merkmal ist z. B. die Fähigkeit zur Eiweißkörnchensynthese (Granulabildung), die durch deutliche Puffbildung am Chromosom 4 erkennbar wird. Anhand einer Defizienz dieses Gens können Längenmessungen der Gen-Entfernung in Elektronenmikroskopbildern mit genetischen Analysen verglichen werden (Abb. 3.**15**).

3.13. Die Chromosomenzuordnung von Genen erfolgt über Aberrationen, über den Erbgang (X-Chromosom) oder über somatische Zellgenetik

Ist die **Kartierung** von Genen eines Chromosoms auch bei diploiden Organismen möglich, so ist die **Zuordnung** bestimmter Gene zu bestimmten Chromosomen recht problematisch. Ganz besonders gilt dies für den Menschen mit seiner zahlenmäßig beschränkten Nachkommenschaft, schwer zu identifizierenden Merkmalen, seinem Chromosomenreichtum und der Unmöglichkeit, Rückkreuzungsexperimente durchzuführen (Tab. 3.**2**). Mehrere Wege wurden zur Lösung dieses Problems eingeschlagen (Rep. 3.**5**).

Tab. 3.2 Zuordnung einiger Gene zu menschlichen Chromosomen

Chromosom 1	Rhesusfaktor Amylase (stärkeabbauendes Enzym) Gen der 5S-RNA der Ribosomen
Chromosom 2	*Saure Phosphatase 1* Interferon
Chromosom 3	Anfälligkeit für Herpesviren
Chromosom 6	HLA: Histokompatibilitätsantigene (**H**uman-**L**ymphocyte-**A**ntigen-System)
Chromosom 9	AB0-Blutgruppensystem
Chromosom 11	*Lactatdehydrogenase A* β-Globin-Komplex
Chromosom 12	*Lactatdehydrogenase B*
Chromosom 13–15 21, 22 (akrozentrisch)	Gene für ribosomale RNA
Chromosom 16	α-Globin-Komplex
Chromosom 19	Anfälligkeit für Polioviren
Chromosom Y	SRY TDF (Testis determinierender Faktor)
Chromosom X	*Glucose-6-phosphat-Dehydrogenase* Rot-Grün-Blindheit Hämophilie A, B Muskeldystrophie Typ Duchenne *HGPRT-Lesch-Nyhan*

Chromosomenstruktur-Veränderungen, partielle Monosomien oder Trisomien (s. Kap. **5**) lassen durch den Gen-Dosis-Effekt auf die Funktion des betreffenden Chromosomenstücks rückschließen. Sinkt z. B. infolge Deletion der Spiegel eines bestimmten Enzyms, dann ist anzunehmen, daß das Gen für das entsprechende Protein in der Region der Deletion liegt. Durch Deletion können auch vorher überdeckte, rezessive Allele auf dem verbliebenen intakten Chromosom zur Ausprägung kommen.

Eine günstige Sonderstellung nehmen Chromosomen ein, die im diploiden Satz nur einmal vorkommen. Dazu zählen beim Menschen die **Gonosomen des Mannes.** Das Y-Chromosom ist informationsarm, im Gegensatz zum X-Chromosom. Defekte in Genen auf diesem

Rep. 3.5 Zuordnung von Genen zu bestimmten Chromosomen

- Strukturelle Chromosomenaberrationen: Deletionen oder Additionen (exakte Chromosomenbandierungen)
- Analyse X-chromosomal gebundener Gene: Ausprägung im Hemizygoten (Stammbaumanalyse)
- Somatische Zellgenetik (Zellhybride, Enzym-Marker)
- In-situ-Hybridisierung: radioaktiv markierte RNAs (DNAs) an spezifischen Chromosomenregionen (Chromosomenorte, Autoradiographie)

Chromosom prägen sich im männlichen Individuum (46, XY) direkt im Phänotyp aus, und zwar auch solche mit sonst rezessivem Charakter. Die bevorzugte Manifestation z. B. eines Enzymausfalles in männlichen Individuen macht die Lage des zugehörigen Gens auf dem X-Chromosom wahrscheinlich (Abb. 3.**16**).

Einen weiteren experimentellen Ansatz bietet die **somatische Zellgenetik.** Die Grundlage dieser Technik ist die folgende: Menschliche Körperzellen (Somazellen: $2n = 46$) werden u. a. mit Hilfe eines inaktivierten Virus (Sendai) oder mit Polyethylenglykol mit Tumorzellen der Maus verschmolzen (fusioniert). Dabei verschmelzen die Kerne beider Zellen und bilden eine **Hybridzelle** mit einer Mischung aus Mensch-Maus-Chromosom. Die Mäusechromosomen unterscheiden sich von den menschlichen durch Bandierung und ihre charakteristische akrozentrische Form und sind als solche erkennbar. Um die Hybridzellen von den elterlichen Ausgangszellen abzutrennen, bedient man sich der Zellen mit einer bestimmten Mutation und selektioniert mittels eines besonderen Mediums.

So wählt man z. B. menschliche Zellen, denen das Enzym *Thymidinkinase* (TK), und Mäusezellen, denen *Hypoxanthin-Phosphoribosyl-Transferase* (HPRT) fehlt. Beide Enzyme sind unter bestimmten Bedingungen wichtig für die Nucleotidsynthese (Abb. 3.**17**). Fehlen sie, dann wachsen die Zellen nur auf spezifisch substituierten Medien. Man veranlaßt die Hybridbildung in einem Mangelmedium (HAT-Medium), in dem sich weder TK⁻- noch

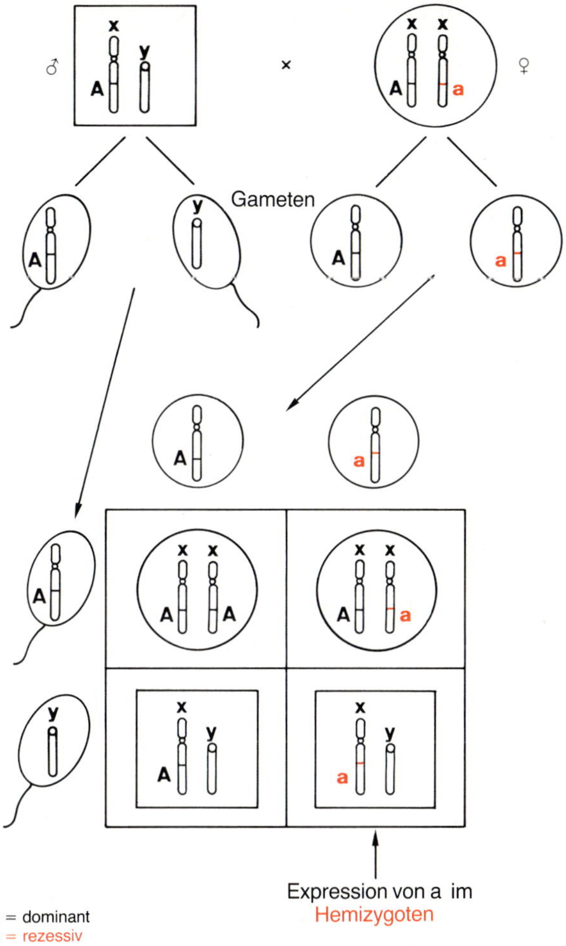

Abb. 3.16 Entstehung hemizygoter Individuen, in denen ▸ rezessive Gene exprimiert werden (Schema)

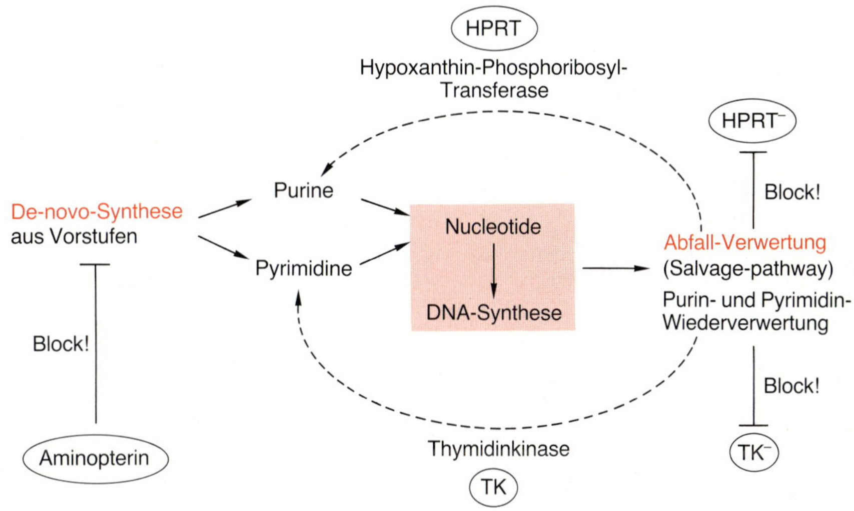

Abb. 3.17 DNA-Synthesewege in der Zelle
Die Synthesewege zur Wiederverwertung von Purinen und Pyrimidinen werden in Zellen mit spezifischen Enzymdefekten blockiert (TK = *Thymidinkinase,* HPRT = *Hypoxanthin-Phosphoribosyl-Transferase*). Die *De-novo*-Synthese kann durch die Droge Aminopterin blokkiert werden. HAT-Medium enthält Hypoxanthin, Aminopterin und Thymidin. Aminopterin blockiert die Nucleotid-De-novo-Synthese. Zur Verwertung von Hypoxanthin ist HPRT und von Thymidin TK erforderlich

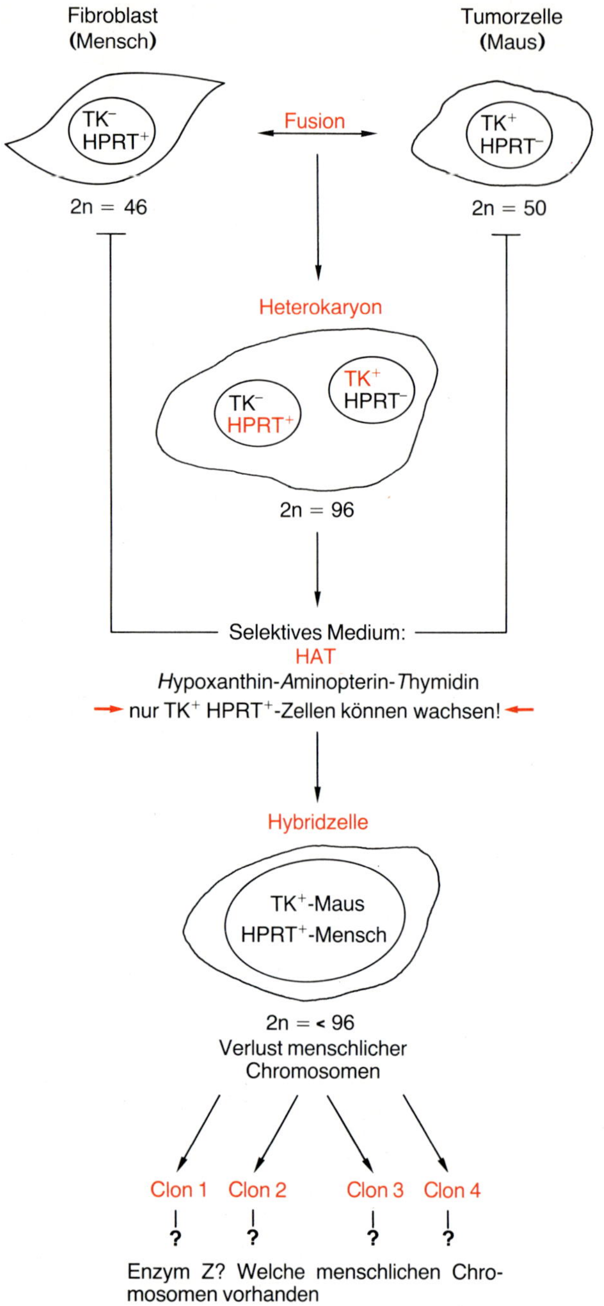

Abb. 3.**18 Zuordnung von Genen zu bestimmten Chromosomen mit Hilfe der Zellhybridisierung**
Maus- und Menschzelle werden fusioniert. Im Selektionsmedium wachsen nur die Hybridzellen. Diese verlieren sukzessive menschliche Chromosomen. Die verbleibenden Chromosomen und die Synthese des gesuchten Enzyms Z erlauben die Zuordnung des Genorts zu einem bestimmten Chromosom

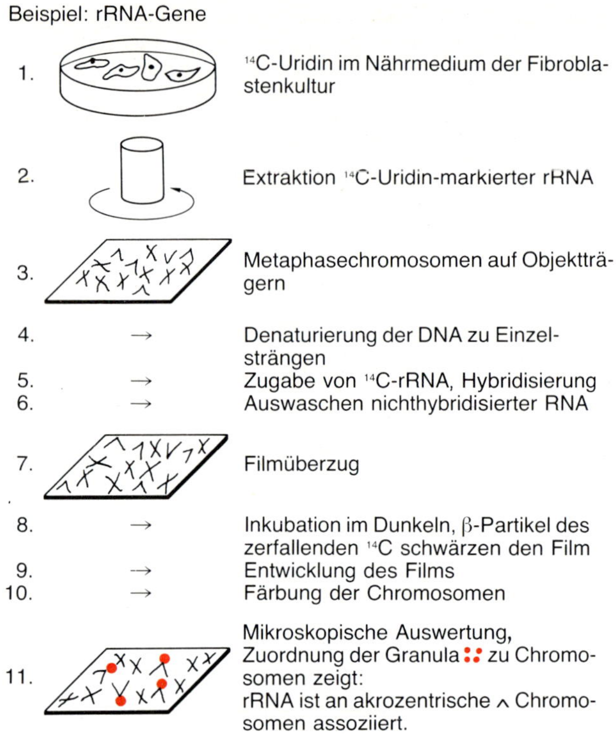

Abb. 3.**19** ***In situ*-Hybridisierung zur Kartierung von Genen**

HPRT⁻-Zellen vermehren können. Hybridzellen allerdings sind sehr wohl zum Wachstum befähigt, und zwar verhalten sie sich durch die Kombination der Chromosomensätze wie Wildtypen. Auf diese Weise können sich ausschließlich Hybridzellen mitotisch teilen und Zellklone bilden.

Solche Hybridzellen verlieren bei fortgesetzter Kultivierung nach und nach Chromosomen, und zwar vorwiegend menschliche. Man ist dadurch in der Lage, Klone zu ernten, denen die verschiedensten menschlichen Chromosomen fehlen. Lautet die Frage: „Wo liegt das Gen für das Enzym Z?“, dann werden alle Klone auf die Enzymaktivität Z hin getestet (menschliche Enzyme unterscheiden sich dabei häufig von Mausenzymen durch verschiedene Wanderungsgeschwindigkeiten in der Gel-Elektrophorese). Auch können Enzyme mit Hilfe spezifischer Antikörper ausgefällt und dadurch nachgewiesen werden. Vergleiche zwischen fehlenden Chromosomen und fehlender Enzymaktivität führen schließlich zur Zuordnung des Enzyms zu einem bestimmten Chromosom (Abb. 3.**18**). Mit Hilfe dieser Methoden werden immer mehr Gene ihren Chromosomen zugeordnet und ihre Lage und Entfernung zueinander kartiert.

Die *in situ*-**Hybridisierung** hat durch die Methoden der Gentechnologie (s. Kap. **12**) sehr an Bedeutung bei

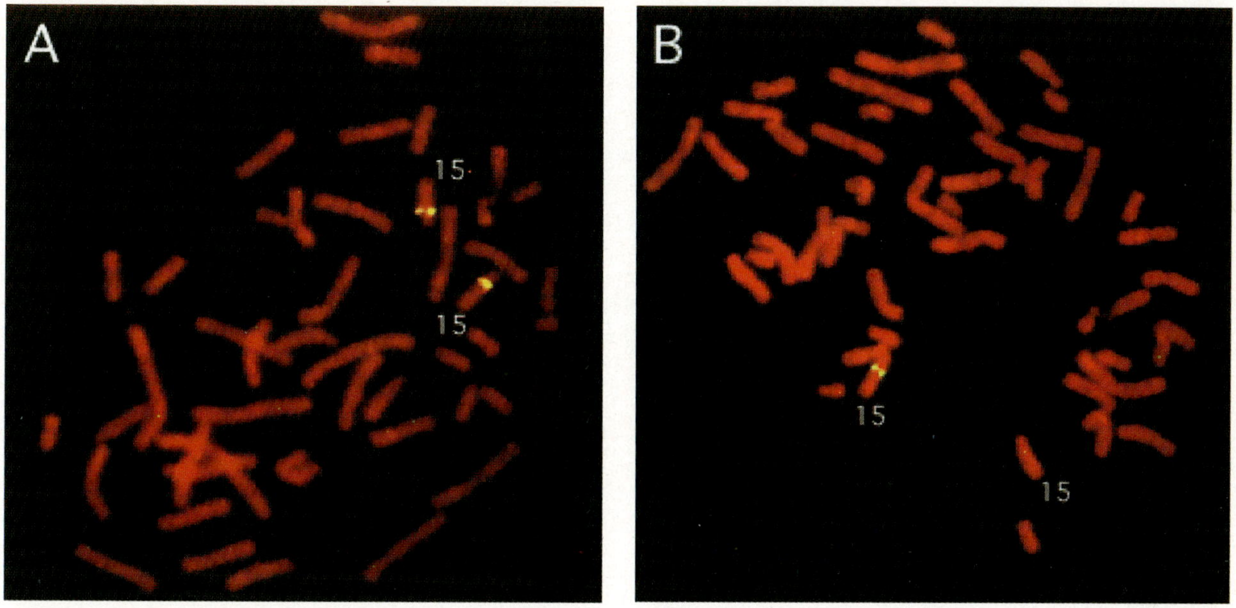

Abb. 3.20 ***In situ*-Hybridisierung zum Nachweis einer Mikrodeletion**
Eine mit klassischen Bandierungsmethoden schwer darzustellende Mikrodeletion kann mittels Fluoreszenz-*in situ*-Hybridisierung (FISH) nachgewiesen werden, wie hier am Beispiel eines Patienten mit Prader-Willi-Syndrom gezeigt (Mikrodeletionssyndrom). Hybridisiert wurde mit einer biotinmarkierten Sonde, die in den kritischen Bereich für Prader-Willi- und Angelmann-Syndrom auf Chromosom 15 (q11-13) kartiert, und die durch Fluoreszenz-gekoppelte Antikörper gegen Biotin sichtbar gemacht wurde (gelbe Signale). Bei gesunden Individuen (A) findet man auf beiden homologen Chromosomen 15 ein fluoreszierendes Signal im langen Arm kurz unterhalb des Zentromers. Bei dem Patienten (B) erscheint ein fluoreszierendes Signal nur auf einem der beiden Chromosomen 15, da die Zielsequenz der Sonde auf dem anderen infolge einer Mikrodeletion fehlt. (Aufnahme: M. Erdel, G. Utermann, Innsbruck)

der Zuordnung von Genen zu Chromosomen gewonnen. Teile der Nucleotidsequenzen einzelner Gene werden dabei im Reagenzglas unter Anwesenheit eines radioaktiv markierten Nucleotids synthetisiert. Derartige RNA- bzw. DNA-Stücke (Sonden) werden direkt an Metaphasechromosomen (s. Kap. **5**) angelagert (hybridisiert), mit Röntgenfilm überzogen, inkubiert und entwickelt **(Autoradiographie).** Die Hybridisierung erfolgt über komplementäre Basenpaarung und ist deshalb für längere Oligonucleotide so spezifisch, daß Stellen, die radioaktive Markierung zeigen, dem gesuchten Gen entsprechen (Abb. 3.**19**, 3.**20**).

Neuerdings werden nicht-radioaktive Markierungen wie Digoxigenin oder Biotin für die Oligonucleotide vorgezogen, die dann mit Hilfe von Fluoreszenz-markierten Antikörpern sichtbar gemacht werden können. Das „Anmalen von Chromosomen" (chromosomal painting) ist eine faszinierende Möglichkeit, ganze Chromosomen oder große Regionen durch spezifische, sequenzkomplementäre Sonden mit unterschiedlichen Fluorochromen anzufärben. Die Sonden stammen von DNA sortierter Einzelchromosomen, aus der die unspezifischen repetitiven Sequenzen entfernt worden sind.

Weiterführende Literatur

Ayala, F. J., J. A. Kiger: Modern Genetics, 2nd ed. Benjamin/Cummings, Menlo Park, California 1984
Birge, E. A.: Bakterien- und Phagengenetik, eine Einführung. Springer, Berlin 1984
Fristom, J. W., P. T. Spieth: Principles of Genetics, 2nd ed. Chiron Press, New York 1989
Kühn, A., O. Hess: Grundriß der Vererbungslehre, 9. Aufl. Quelle & Meyer, Heidelberg 1986
Kull, U., H. Knodel: Genetik und Molekularbiologie, 2. Aufl. Metzler, Stuttgart 1980
Schilcher, F.: Vererbung des Verhaltens. Thieme, Stuttgart 1988
Suzuki, D. T., A. J. F. Griffiths, J. H. Miller, R. C. Lewontin: An Introduction to Genetic Analysis, 4th ed. Freeman, New York 1989
Vogel, G., M. Angermann: Taschenatlas der Biologie, Bd. III: Genetik und Evolution, Systematik, 4. Aufl. Thieme, Stuttgart 1990
Wagner, R. P., B. H. Judd, B. G. Sanders, R. H. Richardson: Introduction to Modern Genetics. Wiley, Chichester 1980

Kapitel 4

Humangenetik

4.1. Schwierigkeiten der Humangenetik sind bedingt durch die Art der Vermehrung und die Komplexität des Genoms

Die Anwendung der Erkenntnisse Mendels und der Analysen der Genetik auf den Menschen heißt Humangenetik. Dieser Wissenschaftszweig befaßt sich u. a. mit dem Vererbungsmodus normaler und varianter Merkmale (s. auch Erbkrankheiten) sowie mit den menschlichen Chromosomen und ihren pathologischen Veränderungen. Die geringe Zahl der Nachkommen, die lange Entwicklungszeit und die Komplexität des Genoms (Diploidie, 46 Chromosomen) bereiten besondere Schwierigkeiten. Sehr problematisch gestaltet sich auch die Definition eines reinen Merkmals (Phän). Viele Merkmale, wie z. B. Farbe der Augen, der Haare oder der Haut, werden durch das Zusammenspiel mehrerer Gene bedingt (Polygenie).

4.2. Die Stammbaumanalyse ergibt den Genotyp und den Typ des Erbgangs

Voraussetzung zur Erkennung von Gesetzmäßigkeiten ist das Auffinden von Merkmalen, die durch ein einziges Gen codiert werden (monogen). Einem autosomal-dominanten Erbgang folgt z. B. die Fähigkeit, die Zunge seitlich aufzurollen, einem autosomal-rezessiven Erbgang das Vermögen, Phenylthioharnstoff (PTH) als bitter zu schmecken. Ein gutes Mittel, Erbgänge zu verfolgen, sind **monogene Erbkrankheiten,** deren bereits mehr als 3000 beschrieben sind und deren Zahl dauernd steigt.

Allerdings erschwert auch hier die geringe Nachkommenzahl die Erbgangsanalyse und macht die Untersuchungen ganzer Sippen und die Erstellung von **Stammbäumen** notwendig (Abb. 4.**1**). Den Ausgangspunkt einer solchen Untersuchung bildet eine erkennbare Eigenschaft (Phän) bzw. deren Mutation (Krankheitssymptom) in einem Individuum **(Proband).** Mittels der Stammbaumanalyse wird es u. U. möglich, den Genotyp zu bestimmen und zu klären, ob zur Ausprägung im Phänotyp das Gen homozygot, heterozygot, dominant oder rezessiv vorliegen muß. Des weiteren wird auf diese Weise offensichtlich, ob das zugehörige Gen auf den Geschlechtschromosomen **(Gonosomen** X bzw. Y) oder einem der übrigen Chromosomen **(Autosomen)** liegt. Das Wissen um die Faktoren ist Voraussetzung für jede vom Arzt geforderte genetische Familienberatung. Aus dem Gesagten folgt, daß die Vererbung eines Merkmals auf verschiedene Weise erfolgen kann:

- autosomal-dominanter Erbgang,
- autosomal-rezessiver Erbgang,
- X-chromosomal-dominanter Erbgang,
- X-chromosomal-rezessiver Erbgang.

4.2.1. Bei der Codominanz werden beide Allele ausgeprägt

Bevor wir Beispiele für die dominanten und rezessiven Erbgänge kennenlernen, zunächst eine Sonderform der Vererbung, die uns auch in der formalen Genetik bereits begegnet ist: **codominante Vererbung.** Von Codominanz spricht man immer dann, wenn ein Gen, das in zwei allelen Formen (heterozygot) vorliegt, beide Allele zur phänotypischen Ausprägung bringt.

Codominanz: Blutgruppen A, B, 0

Das bekannteste Beispiel ist das **Blutgruppensystem AB0** (Tab. 4.**1**). Das Gen (J) zur Ausprägung der Blutgruppen liegt auf dem Chromosom 9. Dieses Gen kann in verschiedenen Allelen auftreten. Für uns sollen hier nur A, B und 0 von Bedeutung sein. (A unterteilt sich noch einmal in A_1 und A_2, wobei A_1 über A_2 dominant ist.) Die Allele A und B sind in der Lage, für ein Protein (Enzym) zu codieren, das Zuckergruppen an Proteine der

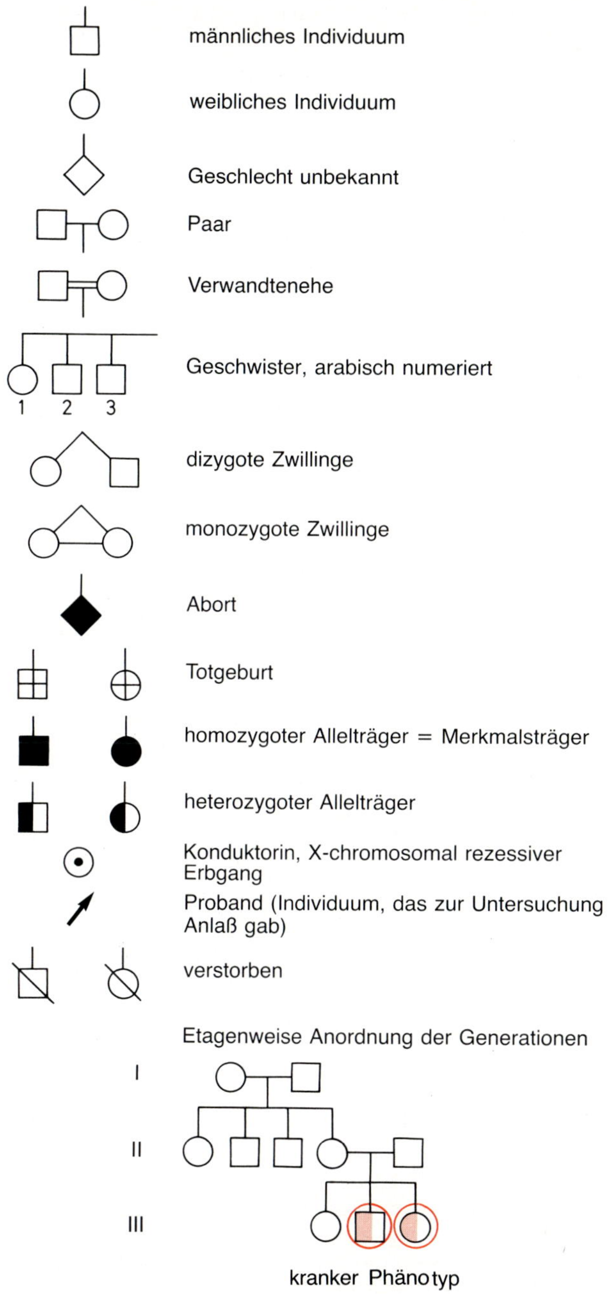

Abb. 4.1 Stammbaumsymbole und Schema der Generationsfolge

Tab. 4.1 Das AB0-Blutgruppensystem. Die Allele A und B des Genlocus J sind dominant über das Allel 0 (A_1 ist seinerseits dominant über A_2 – dies ist aber hier nicht berücksichtigt). Treffen A und B heterozygot zusammen, dann verhalten sie sich codominant. A und B führen im Phänotyp zur Ausbildung spezieller Glycoproteine auf der Erythrocytenmembran (Spalte 3); diese haben antigene Wirkung. Sie rufen Antikörperproduktion in einem Individuum mit anderer Blutgruppe hervor. Das obligatorische Vorhandensein von Antikörpern im Serum gegen die nichteigene Blutgruppe (Spalte 4) erklärt sich als Antikörperproduktion gegen antigene Determinanten von Darmbakterien, die denen von A und B ähneln

Genlocus J auf Chromosom 9 Allele: A(A_1;A_2); B; 0			
Genotypen	Phänotyp (Blutgruppe)	Antigen (Erythrozytenmembran)	Antikörper (Serum)
J^AJ^A	A	A	Anti-B
J^AJ^0	A	A	Anti-B
J^BJ^B	B	B	Anti-A
J^BJ^0	B	B	Anti-A
J^AJ^B	AB	AB	–
J^0J^0	0	weder A noch B	Anti-A und Anti-B
A dominant über 0 (A_1 dominant über A_2) B dominant über 0 A und B codominant			

Erythrocytenmembran (Membran der roten Blutkörperchen) heftet. Dieser Vorgang heißt **Glycosylierung,** und die Zuckergruppen sind für die **antigenen Eigenschaften** der so ausgerüsteten Erythrocyten verantwortlich. Erythrocyten mit Blutgruppenantigenen werden daher von einem Individuum, das diese Antigene nicht besitzt, als körperfremd empfunden, und es werden Antikörper dagegen produziert. Das Blutgruppen-Allel A bewirkt die Ausbildung des Antigens A (man sagt: das Individuum hat die Blutgruppe A), das Allel B die des Antigens B. Allel 0 ist nicht in der Lage, Erythrocytenproteine in dieser spezifischen Weise zu glycosylieren. Treffen die Allele A und 0 oder B und 0 heterozygot zusammen, dann entstehen die Blutgruppen A bzw. B. Antigenfreie Erythrocyten haben nur Individuen, die homozygot für das Allel 0 sind. Diese Vorgänge ergeben sich aus der Dominanz der Allele A bzw. B über 0. Treffen aber die Allele A und B heterozygot zusammen, dann führen beide zur Ausprägung ihrer spezifischen Erythrocytenantigene. Der Träger solcher Erythrocyten hat die Blutgruppe AB. Hier führt **Codominanz** zur phänotypischen Manifestation beider Merkmale. Das Wissen um den Vererbungsmodus der Blutgruppen ist wichtig für den **Vaterschaftsausschluß** (Tab. 4.**2**). Sind die Blutgruppen des Kindes und der Mutter bekannt, dann kann in vielen Fällen, besonders unter Berücksichtigung der zahlreichen Untergruppen, ein Vaterschaftsverhältnis geklärt

Tab. 4.2 Vaterschaftsnachweis (Ausschluß) aufgrund der AB0-Blutgruppen

Mutter	Kind	Mögliche Väter
A/0	0/0	A/0, B/0, 0/0
B/B	A/B	A/0, A/A, A/B
A/B	B/0	B/0, A/0, 0/0
0/0	0/0	A/0, B/0, 0/0

Bei Kenntnis der Genetik der Blutgruppensysteme können, z. B. bei Vaterschaftsklagen, vermeintliche Väter anhand ihrer Blutgruppenkonstellation ausgeschlossen werden

werden: z. B. Mutter A/0, Kind 0/0, Vater AB. Dieser Vater kann mit Sicherheit ausgeschlossen werden. Wegen der Bedeutung der Blutgruppen für den Arzt seien noch einige weiterführende Erläuterungen hinzugefügt. Antigene auf den Erythrocyten setzen, falls sie in ein Individuum gelangen, das diese Antigene nicht trägt, die Antikörperproduktion in Gang. Antikörper lagern sich an die Antigene an, und da es sich um bivalente Antikörper handelt, gleichzeitig an zwei Erythrocyten und bringen dadurch die roten Blutzellen zur Verklumpung **(Agglutination).** Auflösung und Untergang der Erythrocyten ist die Folge. Erstaunlich allerdings ist die Tatsache, daß Individuen, die noch nie in Kontakt mit fremden Erythrocyten gekommen sind, bereits Antikörper in ihrem Serum haben, die gegen das fremde Erythrocytenantigen gerichtet sind. Das ist durch die Tatsache zu erklären, daß bestimmte Darmbakterien den Blutgruppenantigenen gleiche Strukturen auf ihrer Oberfläche tragen und dadurch ihren Wirt zur Antikörperproduktion veranlaßt haben. D. h., Träger der Blutgruppe A haben in ihrem Serum Antikörper gegen B, solche der Blutgruppe 0 haben Anti-A und Anti-B, während jene der Blutgruppe AB keine Antikörper im Serum aufweisen (Abb. 4.**2**).

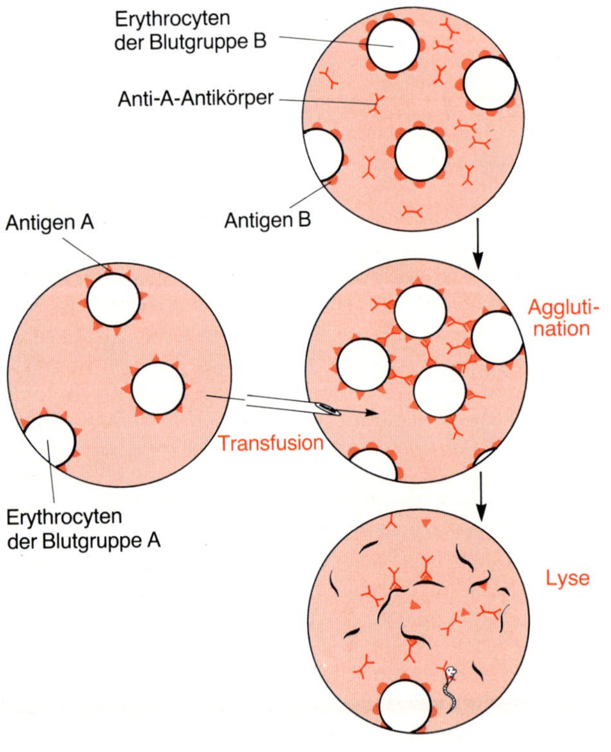

Abb. 4.2 Antigen-Antikörper-Reaktion bei Blutgruppenunverträglichkeit
Wird einem Träger der Blutgruppe B Blut der Blutgruppe A übertragen, dann agglutinieren die Anti-A-Antikörper die zugeführten Erythrocyten. Es kommt zur Hämolyse und gegebenenfalls zum tödlichen Schock

Die Kenntnis dieses Umstands ist bei **Bluttransfusionen** von eminenter Wichtigkeit. Nur Blut der gleichen Blutgruppe darf vom Spender auf den Empfänger übertragen werden. Wird z. B. Blut der Blutgruppe B auf einen Empfänger der Blutgruppe A übertragen, dann agglutinieren die Anti-B-Antikörper des Empfängers die transfundierten Erythrocyten. (Daß auch Anti-A-Antikörper des Spenderblutes Empfängererythrocyten agglutinieren könnten, fällt nicht so ins Gewicht. Die meisten Antikörper des transfundierten Serums werden von Gewebszellen des Empfängers absorbiert und damit aus dem Verkehr gezogen, außerdem werden sie im größeren Blutvolumen des Empfängers stark verdünnt.) Da die Agglutination artfremder gespendeter Erythrocyten zu schwersten Komplikationen bis hin zum tödlichen Schock führen kann, darf kein Blut ohne vorangegangene Kreuzprobe **(Agglutinationstest)** transfundiert werden. Früher bezeichnete man den Träger der Blutgruppe 0 als Universalspender – keine agglutinierbaren Antigene –, den Träger der Blutgruppe AB als Universalempfänger – keine agglutinierenden Antikörper. Heute dürfen aber auch diese Blute nicht ohne Test übertragen werden.

Weitere Blutgruppensysteme sind mittlerweile bekannt geworden und haben unter anderem große Bedeutung in der Gerichtsmedizin bei Vaterschaftsprozessen oder Aufklärung von Verbrechen gefunden: MN, Duffy, P, Ss und Rh-Systeme. Das **Rhesussystem** soll wegen seiner klinischen Bedeutung kurz besprochen werden, obwohl der Vererbungsmodus nicht codominant, sondern autosomal-dominant ist. 1940 spritzte **Landsteiner** Blut von Rhesusaffen in Kaninchen und Meerschweinchen. Gab er deren Serum in die Rhesusaffen zurück, dann wurden die Affen-Erythrocyten agglutiniert: Kaninchen und Meerschweinchen hatten Antikörper gegen Affen-Erythrocyten gebildet. Aber nicht nur in Rhesusaffen führten diese Antikörper zur Agglutination, auch die

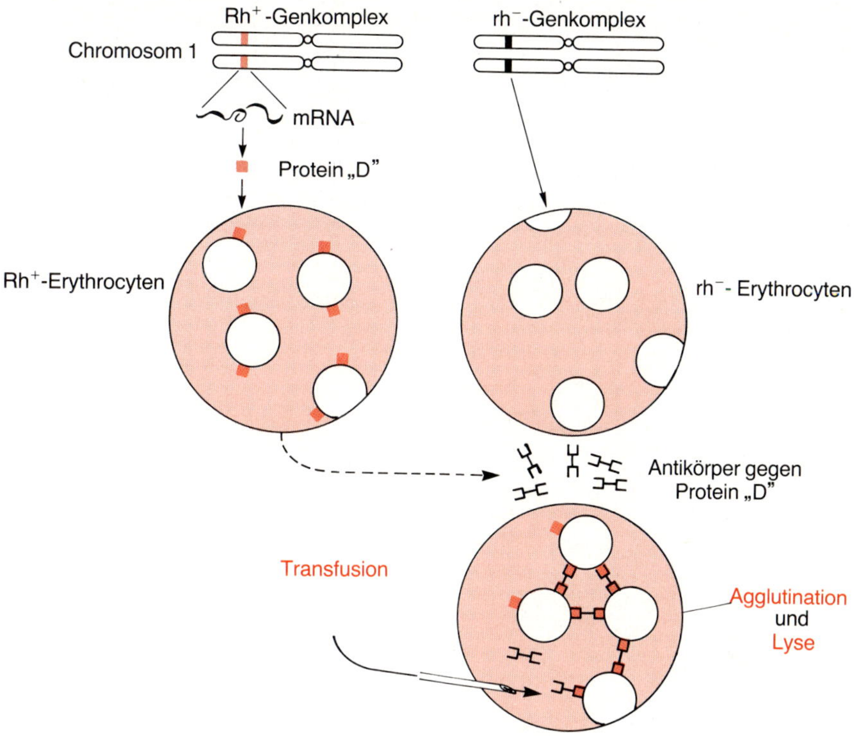

Abb. 4.**3** **Rhesusfaktor und Rhesus-Inkompatibilität**
Allele des (Rh +)-Genkomplexes führen zur Synthese eines Produkts, das als Antigen auf der Erythrocytenmembran erscheint. Gegen dieses Antigen bilden Menschen, die dieses Genprodukt wegen ihrer (rh−)-Allelkonstellation nicht besitzen, Antikörper, die zur Agglutination und Lyse von (Rh +)-Erythrocyten führen

roten Blutkörperchen von 85% der Einwohner New Yorks reagierten mit Verklumpung, d. h. diese Personen trugen das gleiche Antigen wie die Rhesusaffen (Rh +). Dieses Antigen ist ein Eiweiß, das als **Protein „D" (Rhesusfaktor)** bezeichnet wird. Individuen, die dieses Antigen nicht haben, sind Rhesusfaktor-negativ (rh–). Die Fähigkeit, Protein „D" zu bilden, wird dominant vererbt, d. h. es wird auch im Heterozygoten ausgeprägt. Mittlerweile kennt man verschiedene Untergruppen (Allele) des Protein-„D"-Gens, das auf dem Chromosom 1 lokalisiert ist (Abb. 4.**3**).

Wo liegt die Bedeutung dieses Rh-Systems? Einmal muß es bei Bluttransfusionen berücksichtigt werden. Der Rh-negative Empfänger bildet Antikörper und agglutiniert Rh-positive Erythrocyten. Die größte Bedeutung kommt aber der Gefährdung der Nachkommen von (rh–)-Müttern und (Rh +)-Vätern zu **(Rh-Inkompatibilität)** (Abb. 4.**4**). Jede 200. Schwangerschaft ist davon betroffen. Durch die Dominanz des Rhesusfaktors beträgt die Wahrscheinlichkeit, daß der Fötus (Rh +) ist, bei für das Protein-„D"-Gen homozygoten Vätern 100%, bei heterozygoten 50%. Der (Rh +)-Fötus produziert Protein „D", das im Verlauf der ersten Geburt in den mütterlichen Kreislauf gelangt und dort die Antikörperproduktion anregt. Diese Antikörper dringen bei einer zweiten Schwangerschaft diaplacentar in den kindlichen Kreislauf ein und agglutinieren die Erythrocyten. Der massive Abbau von austretendem roten Blutfarbstoff (Hämoglobin) in der Leber zu Bilirubin führt zu einer starken Gelbsucht, die kindliche Gehirnzentren schädigt **(Kernikterus).** Weiß der Arzt um die Rh-Konstellation der Ehepartner, dann kann Vorsorge getroffen werden. So kann z. B. spätestens beim Neugeborenen das Blut ausgetauscht werden (Austauschtransfusion). Oder es können der Mutter nach der Geburt des ersten (Rh +)-Kindes von außen Antikörper zugeführt werden, die das kindliche Protein „D" neutralisieren – sie lagern sich an Erythrocyten an und werden zusammen mit diesen abgebaut –, noch bevor der mütterliche Organismus Zeit zur Produktion der das nächste Kind gefährdenden Antikörper hat.

Codominanz: Sichelzellanämie

Ein weiteres Beispiel für codominante Vererbung aus der Sicht der Genprodukte ist die **Sichelzellanämie.** (Da nur homozygote Genträger das volle Krankheitsbild ausprägen, liegt aus der Sicht des Genotyps ein autosomal-rezessiver Erbgang vor.) Diese Krankheit bietet einige interessante Aspekte (Abb. 4.**5**).

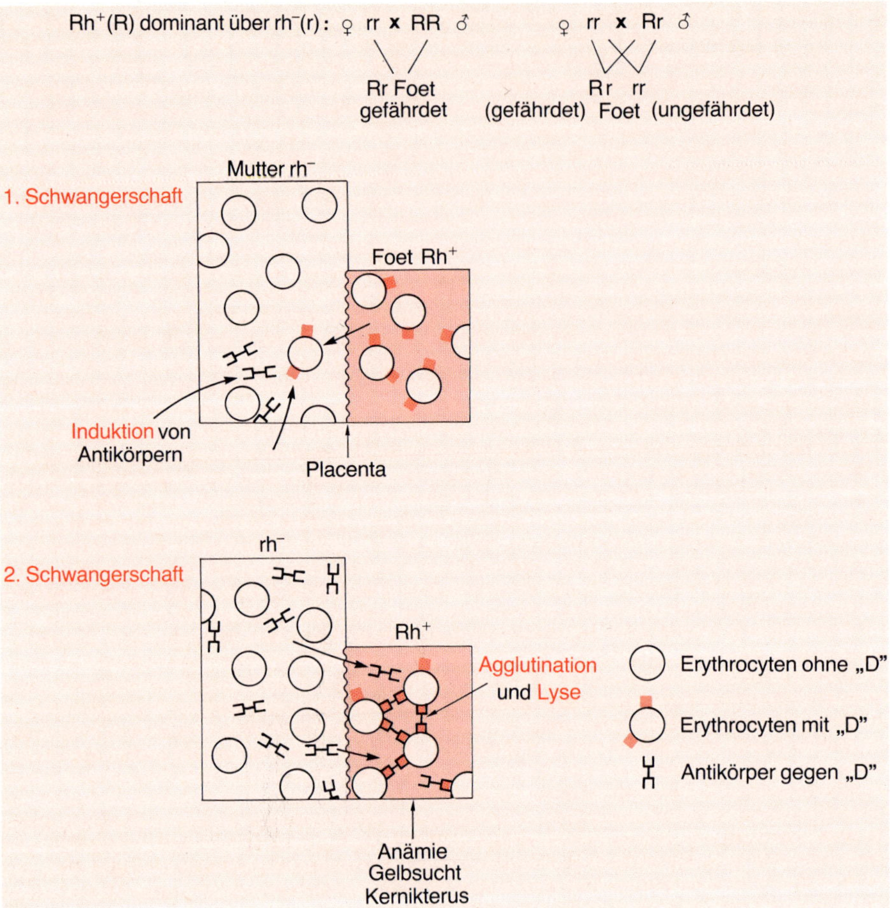

Abb. 4.4 Die Rhesus-Inkompatibilität in der Schwangerschaft Gefährdet sind (Rh+)-Kinder rh-negativer Mütter. Während der ersten Schwangerschaft wird die Antikörperproduktion gegen eingeschleustes D-Protein in der Mutter induziert. Während der zweiten Schwangerschaft können Antikörper in den kindlichen Kreislauf eindringen und die Erythrocyten zur Agglutination und Lyse bringen

Die Erythrocyten sind zu einem großen Prozentsatz ihres Volumens angefüllt mit **Hämoglobin.** Hämoglobin ist ein globuläres Protein, das eine Quartärstruktur aufweist, bestehend aus vier Polypeptidketten (2α-, 2β-Ketten) und einer Nichtproteingruppe, dem Häm (Farbstoffkomponente). Diese Ketten werden von zwei Genen codiert. Die α-Kette besteht aus 141, die β-Kette aus 146 Aminosäuren.

Im Erwachsenen liegt das Hämoglobin als **HbA** vor und hat die Aufgabe, Sauerstoff in der Lunge zu binden, in die Peripherie zu transportieren und dort abzugeben. Enthalten die Erythrocyten HbA, dann sind sie kreisrunde Scheibchen, die in der Mitte eingedellt (wie zwischen Daumen und Zeigefinger zusammengedrückt) erscheinen. In Sichelzellanämiepatienten liegt das Hämoglobin mutiert als **HbS** vor. In der Elektrophorese gibt sich das HbS durch veränderte Mobilität zu erkennen. Dieses Hämoglobin bindet weniger Sauerstoff als das normale und hat außerdem die Tendenz, bei niedrigem Sauerstoffpartialdruck (also bei „dünner Luft") auszukristallisieren. Dieses auskristallisierte Hämoglobin verändert die Erythrocytenform: Sie nehmen Sichelgestalt an. Diese Sichelzellen bestätigen die Diagnose Sichelzellanämie. Für den Homozygoten bedeutet das schwerste Anämie mit zahllosen Sekundärerscheinungen, die u. a. durch Verstopfung der Blutgefäßkapillaren bzw. der Nierentubuli durch verklumpte Erythrocyten zustande kommen (Abb. 4.**6**).

Im Heterozygoten kommt die codominante Vererbung zum Tragen. HbA wird neben HbS ausgeprägt. Diese Individuen sind so lange völlig gesund, wie das Sauerstoffangebot der Luft ausreicht. Sinkt aber der Sauerstoffpartialdruck ab (z. B. in größeren Höhen), dann kristallisiert das HbS aus, und Sichelzellen erscheinen im Blut mit allen daraus folgenden Konsequenzen.

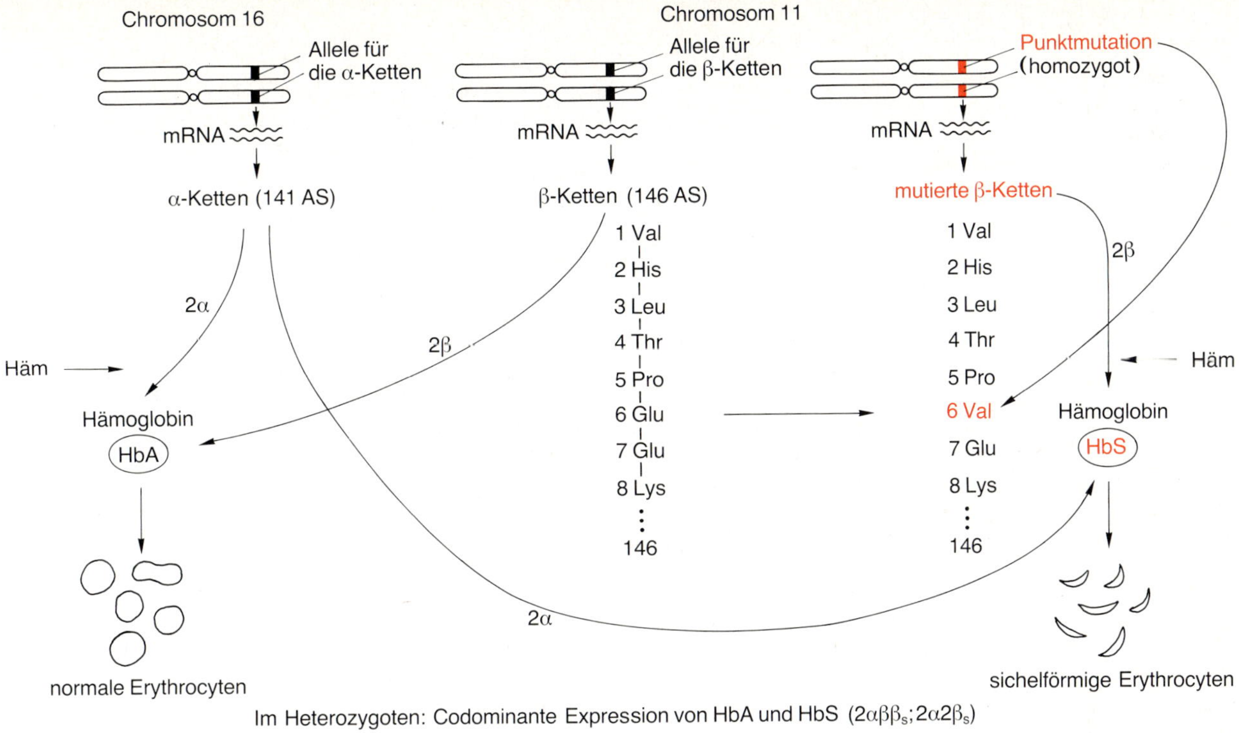

Abb. 4.5 Die molekulare Grundlage der Sichelzellanämie
Das HbA besteht aus zwei α- und zwei β-Ketten sowie dem Häm. Eine Punktmutation im Gen der β-Kette führt zu einem veränderten Hämoglobin, dem HbS, das ein Absicheln der Erythrocyten zur Folge hat

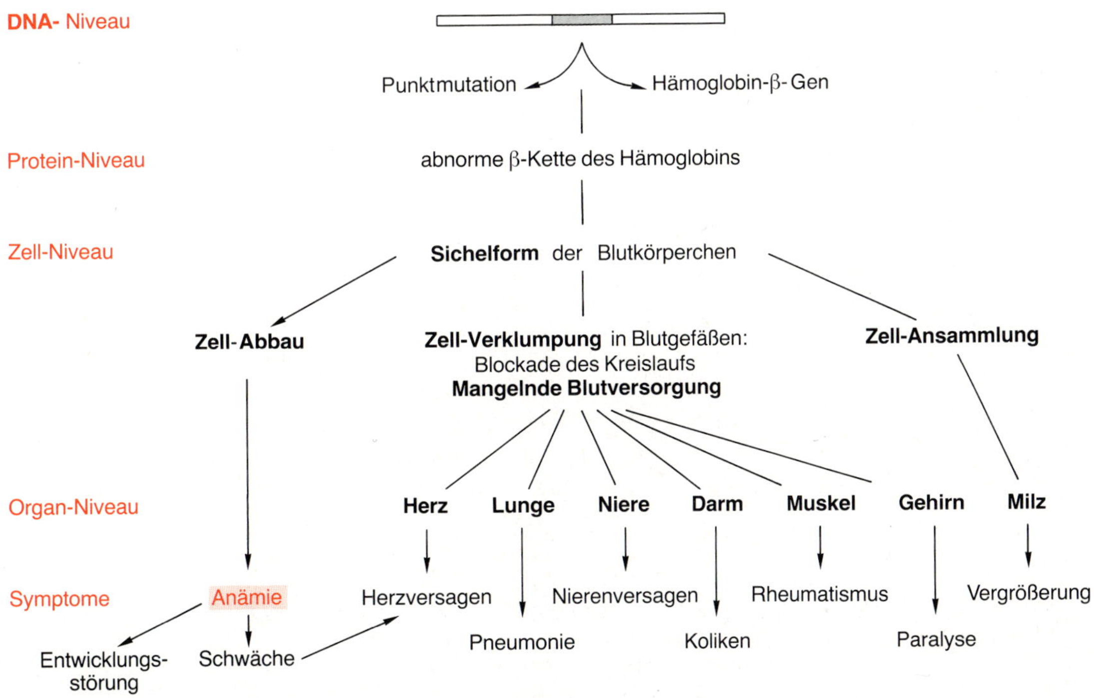

Abb. 4.6 Das Sichelzellsyndrom: eine Punktmutation mit pleiotroper Wirkung
Eine Punktmutation im Gen für die β-Kette des Hämoglobins führt zu einem veränderten Protein. Die resultierende Sichelform der Erythrocyten führt in fast allen Organen zu Schädigungen. Zahlreiche Krankheitssymptome bilden das Sichelzellsyndrom

Die Sichelzellanämie wurde anhand der Verfrachtung eines mit Soldaten dunkler Hautfarbe besetzten Flugzeuges über die Rocky Mountains entdeckt. Ein Großteil der Passagiere klagte über heftige Bauchschmerzen. Die Erkrankten wurden sofort nach der Landung untersucht, im Blut fanden sich sichelförmige Erythrocyten. Durch den fallenden Sauerstoffpartialdruck in der Kabine hatten sich die Heterozygoten für Sichelzellanämie manifestiert.

Mittlerweile kennt man den genetischen Defekt, der zur Bildung des HbS führt. In der β-Kette des Hämoglobins ist in der Position 6 die Aminosäure Glutaminsäure gegen Valin ausgetauscht. Somit liegt eine **Punktmutation** in der genetischen Information zur Bildung der β-Kette vor. Wie kann ein einziger Aminosäureaustausch derart verheerende Folgen haben? Die Aminosäure in Position 6 befindet sich an einer strategisch wichtigen Stelle des Proteins. Deshalb führt der Austausch einer polaren Aminosäure (hydrophil) gegen eine apolare (hydrophob) zur funktionellen Katastrophe.

Ein Aminosäureaustausch der Glutaminsäure zu Lysin führt ebenfalls zu einem veränderten Hämoglobin: **HbC.** Da Lysin aber, so wie Glutaminsäure, polare Eigenschaften besitzt, ist die Funktionsänderung weniger kraß, die resultierende Anämie im Homozygoten weniger schwer. Auch Mutationen im Gen der α-Kette des Hämoglobins können zu Anämie führen. Das Merkmal „Anämie“ kann daher durch Veränderung in verschiedenen Genen zustandekommen **(Heterogenie).** Über 150 Hämoglobinvarianten sind mittlerweile beschrieben, wobei immer dann pathologische Erscheinungen auftreten, wenn reaktive Zentren eines Enzyms betroffen werden. Die Anämie ist nur eines der durch ein verändertes Hämoglobin resultierenden Symptome. Andere Symptome treten parallel oder als Folge der Anämie auf. Man spricht klinisch dann von einem **Syndrom** (s. Abb. 4.**6**). Sichelzellanämie ist ein Beispiel für **Pleiotropie** oder **Polyphänie:** Ein Gen führt zur Realisierung vieler Phäne. Derartige Merkmale, die überdurchschnittlich häufig z. B. in Form eines Syndroms gemeinsam auftreten, sind korreliert. Man spricht von **Korrelation** der Merkmale. Da dieses Zusammentreffen von Merkmalen durch die Polyphänie eines Gens zustande kommt, muß es streng von der ebenfalls gleichzeitig auftretenden Merkmalsausprägung gekoppelter Gene getrennt werden.

Noch ein anderer Aspekt macht die Sichelzellanämie besonders bemerkenswert: Sie tritt gehäuft in Gegenden auf, in denen **Malaria** herrscht. Der Malaria-Erreger *Plasmodium falciparum* entwickelt sich in Erythrocyten unter Sauerstoffverbrauch. Träger des HbS reagieren auf Absinken des Sauerstoffgehalts mit Sicheln der Erythrocyten. Das wiederum verhindert die Reifung der Plasmodien und ihre Ausschüttung ins Blut und verhütet dadurch den Befall neuer Erythrocyten. Malaria wird sozusagen im Keim erstickt. Ein heterozygoter Träger der Sichelzellanämie hat in Malariagebieten einen Selektionsvorteil. Einerseits ist er weniger malariagefährdet – selbst wenn seine gesunden Erythrocyten befallen sein sollten, wird es nicht zu jener explosionsartigen Zunahme der Parasiten führen, und der Organismus hat mehr Möglichkeit dem Erreger entgegenzuwirken –, andererseits ist seine Sichelzellanämie nicht lebensbedrohend **(Heterozygotenvorteil).**

4.2.2. Beim autosomal-dominanten Erbgang wird der Phänotyp vom dominanten Allel bestimmt

Autosomal-dominant werden Merkmale vererbt, deren genetische Information auf einem der Autosomen liegt, und die auch bei Codierung durch nur ein Allel (heterozygot) zur Ausprägung kommen. Um diesen Erbgang zu studieren, ist es vorteilhaft, sich auf monogene Merkmale zu beschränken. In diesen Fällen gibt es eine klare Ja-Nein-Antwort: Entweder das Individuum prägt das Merkmal aus oder nicht. Bei polygen vererbten Merkmalen ist die Varianz in der Expression derartig groß, daß klare Aussagen schwierig sind.

Autosomal-dominante Erbgänge betreffen meist Veränderungen an **Strukturproteinen** (Tab. 4.**3**). Offen-

Tab. 4.3 Einige **autosomal-dominant** vererbte Merkmale und Krankheiten

Krankheit bzw. Merkmal	Symptom	Häufigkeit pro 1 Mill.
Brachydaktylie	Kurzfingrigkeit	häufig
Polydaktylie	Vielfingrigkeit (auch Zehen!)	≙ 400 in Europa
Spalthand Spaltfuß	Verwachsungen von Fingern oder Zehen	≙ 10
Familiäre Hypercholesterinämie		2000
Marfan-Syndrom	Kollagensynthesestörung	40
Achondroplasie	Zwergwuchs durch zu kurze Extremitäten	20 (in manchen Ländern bis 100)
Chorea Huntington	Nervenerkrankung	≙ 500
Neurofibromatose	Neurofibrome der Haut	≙ 400
Akute intermittierende Porphyrie	Defekt der *Uroporphyrinogen-I-Synthase*	1000 bei Lappländern
„Habsburglippe“	Fähigkeit, Zunge seitlich aufzurollen	

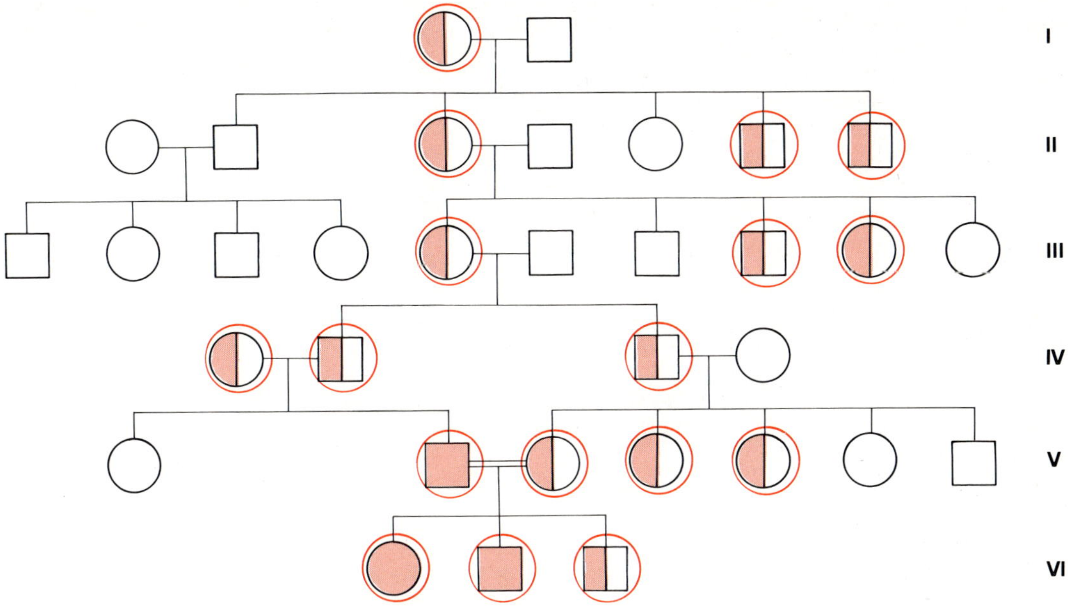

Abb. 4.7 Stammbaum eines autosomal-dominanten Erbmerkmals
Die Merkmalsträger sind durch Kreise gekennzeichnet. Sowohl heterozygote als auch homozygote Allelträger beiderlei Geschlechts sind betroffen

sichtlich braucht der Organismus zur ordnungsgemäßen Synthese dieser Proteine eine doppelte Gendosis: Auch schon das heterozygote Vorliegen eines defekten Produktes führt zur phänotypischen Ausprägung desselben. Die Heterozygoten sind krank – die Homozygoten in der Regel noch kränker. Allerdings haben nicht alle autosomal-dominant vererbten Merkmale Krankheitswert. Erinnert sei an die Habsburglippe, die bis ins 14. Jahrhundert zurückverfolgt werden kann und von der auch Maria Theresia betroffen war.

Falls es sich nicht um eine der relativ häufigen Neumutationen handelt, fallen autosomal-dominante Erbkrankheiten dadurch auf, daß sie sich über viele Generationen zurückverfolgen lassen. **Geschlechtsunabhängig** erkrankt jedes Individuum, das das defekte Gen trägt, d. h. auch die Heterozygoten (Abb. 4.**7**). Die Zahl der erkrankten Nachkommen ist natürlich abhängig vom Genotyp der Eltern (Abb. 4.**8**). Setzt man nur einen Elternteil als heterozygot voraus, dann erkrankt die Hälfte der Kinder. Homozygot Kranke sind nur bei der

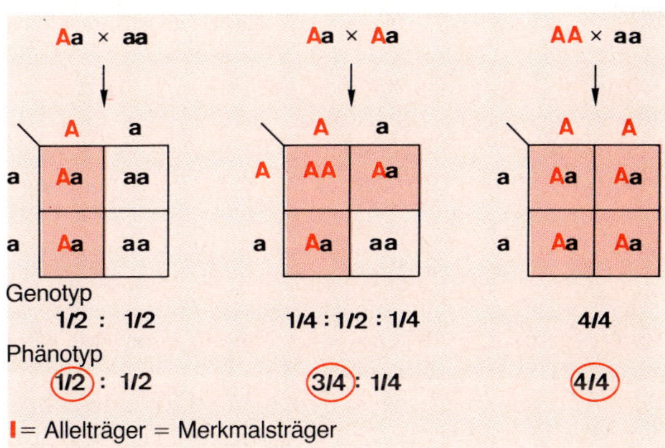

Abb. 4.8 Autosomal-dominanter Erbgang: Genotypen und Phänotypen
A = dominant vererbtes Merkmal
a = rezessiv vererbtes Merkmal
AA, aa = homozygot, Aa = heterozygot

Rep. 4.1 Charakteristika des **autosomal-dominanten** Erbgangs

- Häufig Anomalien von Strukturelementen
- Geschlechtsunabhängig
- Merkmalsausprägung: Homozygote und Heterozygote
- Stammbaum: gehäuft in allen Generationen
- Nachkommen merkmalsfreier Personen sind merkmalsfrei
- Familie eines Merkmalsträgers:

Eltern:	mindestens ein Elternteil betroffen
Geschwister:	häufig betroffen
Kinder:	statistisch zwischen 50% und 100% betroffen
Verwandtenehen:	kein erhöhtes Risiko

- Allelhäufigkeit $< \frac{1}{10000}$

Vereinigung zweier heterozygot kranker Elternteile zu erwarten. Bei schwerwiegenden Defekten ist dies ein seltenes Ereignis, wenn auch, wie z. B. beim Zwergwuchs, gehäuft (Rep. 4.**1**).

4.2.3. Beim autosomal-rezessiven Erbgang wird der defekte Phänotyp nur bei Homozygoten ausgeprägt

Autosomal-rezessiv werden Merkmale vererbt, deren genetische Information wie bei den dominant erblichen auf den Autosomen liegt. Allerdings werden sie nur bei homozygotem Auftreten phänotypisch ausgeprägt (Abb. 4.**9**). Da nur das Zusammentreffen von zwei Allelträgern einen homozygoten produziert, kann dieser nur dann relativ oft erwartet werden, wenn das Gen in der Population häufig auftritt, so z. B. die Blutgruppe 0 oder die Schmeckfähigkeit für Phenylthioharnstoff. Bei selteneren Allelen werden die rezessiven Allele zwar auch von Generation zu Generation durch die heterozygoten Genträger weitergegeben, bleiben aber stumm. Das hat zur Folge, daß das Merkmal über Generationen untertauchen kann und ein scheinbar unbelasteter Stammbaum vorliegt (Abb. 4.**10**). Sehr seltene Allele haben überhaupt nur die Chance, phänotypisch manifest zu werden, wenn es zu Verwandtenehen kommt. Auch Neumutationen, die in einem Gameten auftreten können, führen bei der Vereinigung mit einem gesunden Gameten nur zu heterozygoten Genträgern und bleiben somit oft über mehrere Generationen unbemerkt.

Autosomal-rezessiv werden häufig **Enzymdefekte** in Form von Stoffwechselstörungen vererbt (Tab. 4.**4**). Bei

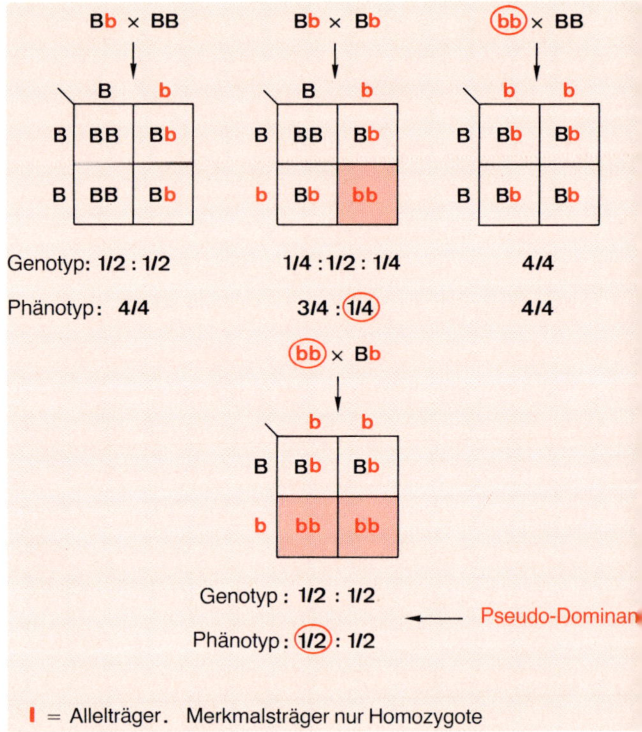

Abb. 4.9 **Autosomal-rezessiver Erbgang: Genotypen und Phänotypen**
B = dominant vererbtes Merkmal
b = rezessiv vererbtes Merkmal
BB, bb = homozygot, Bb = heterozygot

dieser Art der Proteine reicht offensichtlich die im Heterozygoten synthetisierte Dosis des normalen Enzyms meistens noch für ein intaktes Funktionieren des Organismus aus, und erst das Fehlen des entsprechenden Enzyms im Homozygoten führt zur Krankheitsausprägung. Das Charakteristische dieses Erbganges ist die **geschlechtsunabhängige** Weitergabe eines Allels und phänotypische Ausprägung nur im Homozygoten (Rep. 4.**2**). Die Heterozygoten sind scheinbar gesund, und es ist ein wichtiges Problem, sie trotzdem zu erkennen, um möglichen Heterozygotenkombinationen vorzubeugen. Solche Erkennungsmöglichkeiten gibt es leider nur für einige dieser Erbkrankheiten: **Heterozygotentests.** Im einfachsten Fall wird die Aktivität des entsprechenden Enzyms gemessen und mit gesunden Kontrollpersonen verglichen. Heterozygote liegen dabei deutlich niedriger. Eine andere Möglichkeit bietet ein Belastungstest. Dem Organismus wird von außen vermehrt die Substanz angeboten, die das zu testende Enzym umzusetzen in der Lage sein sollte. Ein Heterozygoter wird dabei eher dekompensieren als ein Gesunder.

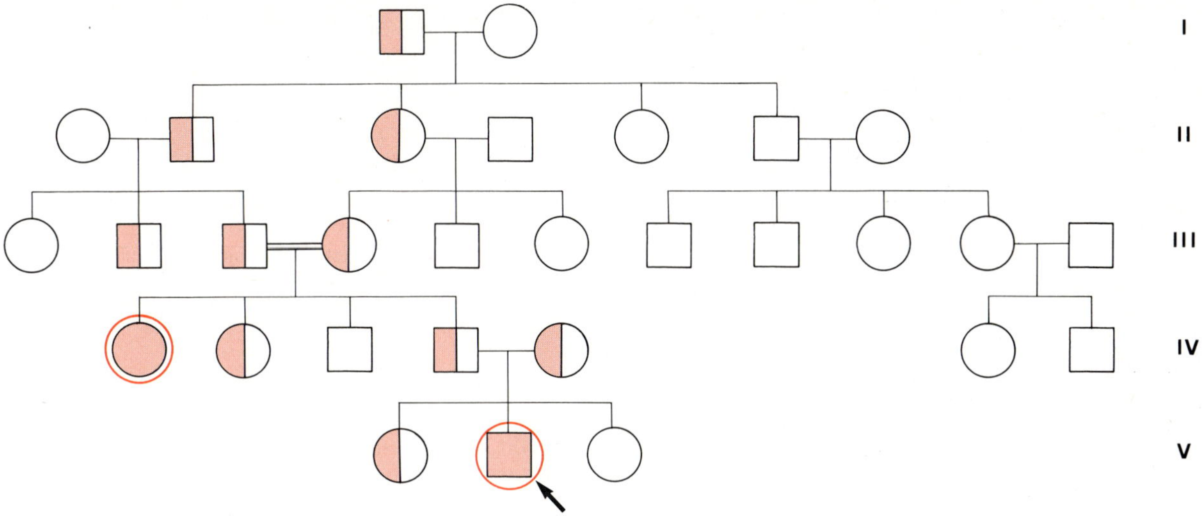

Abb. 4.10 Stammbaum eines autosomal-rezessiven Merkmals
Die Merkmalsträger sind durch Kreise gekennzeichnet. Nur homozygote Allelträger beiderlei Geschlechts sind betroffen. Der Pfeil verweist auf den Probanden, jenes Individuum, das durch seine Merkmalsausprägung die Stammbaumanalyse ausgelöst hat

Tab. 4.4 Einige **autosomal-rezessiv** vererbte Krankheiten und Merkmale

Krankheit bzw. Merkmal	Symptom	Häufigkeit pro 1 Mill.
Albinismus	Fehlen von Melanin	67 bei Negern, selten bei Europäern
Alkaptonurie	Homogentisinsäure schwärzt Urin	5 bis 1
Phenylketonurie	Schwachsinn	≈ 100
Reparatosen	DNA-Reparatur-Defizienzen	≈ 100
Cystische Fibrose (Mucoviszidose)	zähes Sekret der sekretorischen Drüsen	≈ 500
Taubstummheit	fehlendes Hörvermögen	200
Schwere geistige Retardierung		500
Glycogenspeicher-krankheiten		20
Blutgruppe 0		380 000
Schmeckfähigkeit für Phenylthioharnstoff		700 000

Rep. 4.2 Charakteristika des **autosomal-rezessiven** Erbgangs

- Häufig Vererbungsmodus von Stoffwechselstörungen
- Geschlechtsunabhängig
- Merkmalsausprägung: nur bei Homozygoten Heterozygote = Allelträger
- Stammbaum: nur die wenigen Homozygoten sind krank
- Nachkommen merkmalsfreier Personen können Merkmalsträger sein

- Familie eines Homozygoten:
  - Eltern: phänotypisch unauffällig → beide Allelträger
  - Geschwister: meist phänotypisch unauffällig
  - Kinder: (bei gesundem Partner) immer phänotypisch gesund → alle Allelträger
  - Verwandtenehen: bei seltenen Genen Förderung homozygoter Manifestation → erhöhtes Risiko
- Allelhäufigkeit: Heterozygote: $\frac{1}{100}$ bis $\frac{1}{1000}$

  Homozygote: $\frac{1}{10000}$ bis $\frac{1}{100000}$

Schon 1904 erkannte der englische Arzt Garrod (1858–1936) in der Mutation eines Enzyms die Ursache für einen Stoffwechseldefekt. Die ersten beschriebenen Krankheiten waren **Albinismus** und **Alkaptonurie.** In seinem berühmt gewordenen Vortrag führte Garrod die Gesetzmäßigkeiten der „Inborn Errors of Metabolism" an und begründete damit die **biochemische Humangenetik** (Rep. 4.**3**). Die Enzyme von Stoffwechselwegen werden von **Gen-Wirkketten** codiert (Abb. 4.**11**). Die Mutation in einem der Gene, die zu verminderter Produktion bzw. Stabilitätsverlust oder Aktivitätsverminderung eines der beteiligten Proteine führt, hat schwerwiegende Folgen für die ganze Kette. Stoffwechselprodukte werden vor dem Block angehäuft, werden in Seitenwege gedrängt, bzw. fehlen hinter dem Block. Das Paradebeispiel für eine **Enzymopathie** (erblicher Enzymdefekt) ist die **Phenylketonurie** (Häufigkeit 100 pro 1 Mill). In dieser Krankheit, die wegen ihres autosomal-rezessiven Erbgangs nur im homozygoten Allelträger zur Ausprägung kommt, fehlt das Enzym *Phenylalanin-Hydroxilase* (Abb. 4.**12**). Dieses Enzym überführt die essentielle Aminosäure Phenylalanin in Tyrosin. Tyrosin steht am Anfang der verschiedensten Stoffwechselwege: Es ist Ausgangsstoff für Thyroxin, aber auch für Melanin (Hautpigment) oder für Homogentisinsäure, die ihrerseits in den Citronensäurecyclus einmündet. Fehlen der *Phenylalanin-Hydroxilase* führt zum Aufstau des Phenylalanins, das dann zu Phenylbrenztraubensäure (Ausscheidung durch den Urin: Phenylketonurie) abgebaut wird. Liegt dieser Defekt bei Geburt vor, dann kommt es zur irreversiblen Schädigung des Gehirns und zu Schwachsinn (außerdem haben diese Patienten immer blonde Haare, denn durch Fehlen des Tyrosins kommt es auch zu einer verringerten Melaninsynthese!).

Rep. 4.**3** Inborn Errors of Metabolism (Garrod 1908)

Gesetzmäßigkeiten angeborener Stoffwechselfehler bilden die Grundlage der biochemischen Humangenetik

Solche Gesetzmäßigkeiten sind:
- angeboren, unveränderbar
- meistens als rezessives Merkmal vererbt
- verursacht durch Blockierung eines normalen Stoffwechselweges
- blockspezifisch für jede Erkrankung

Wie kann man die Gehirnschädigung erklären? Eine wahrscheinliche Erklärung wäre diese: Das Babygehirn kann nur über Ketonkörper (Aceton, Acetessigsäure, β-Hydroxybuttersäure), nicht aber über Glucose ernährt werden. Die Phenylbrenztraubensäure blockiert offenbar die Blut-Hirn-Schranke – über die das Gehirn Nahrung aufnimmt – für diese lebenswichtigen Ketonkörper. Das kindliche Gehirn verhungert. Erst nach dem 10. Lebensjahr kann das Gehirn Glucose verstoffwechseln.

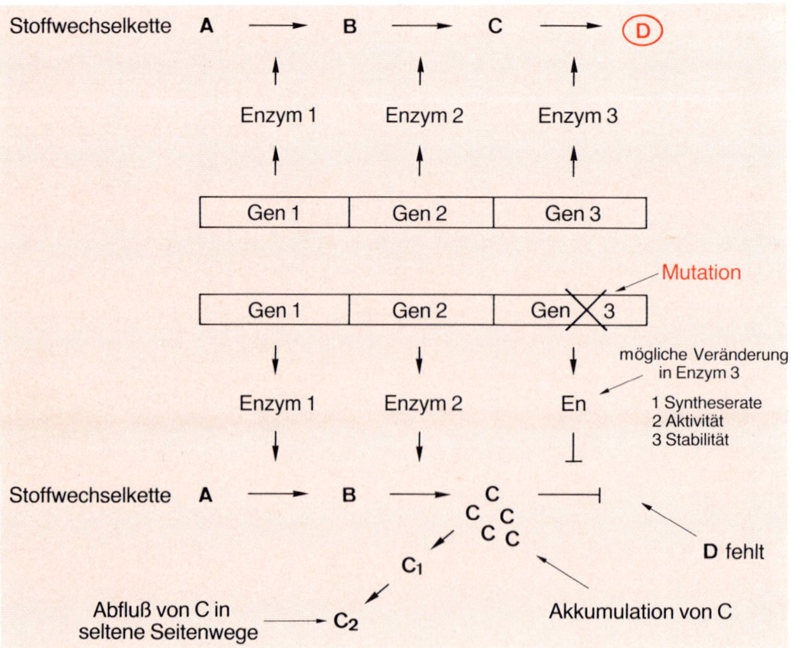

Abb. 4.**11 Folgen der Blockierung von Gen-Wirkketten durch Enzymmutationen**
Um ein Produkt D zu erhalten, muß die Ausgangssubstanz A mit Hilfe von Enzymen über B und C schließlich zu D umgewandelt werden. Eine Mutation im Gen eines der Enzyme führt zu einer Blockierung des Stoffwechselweges

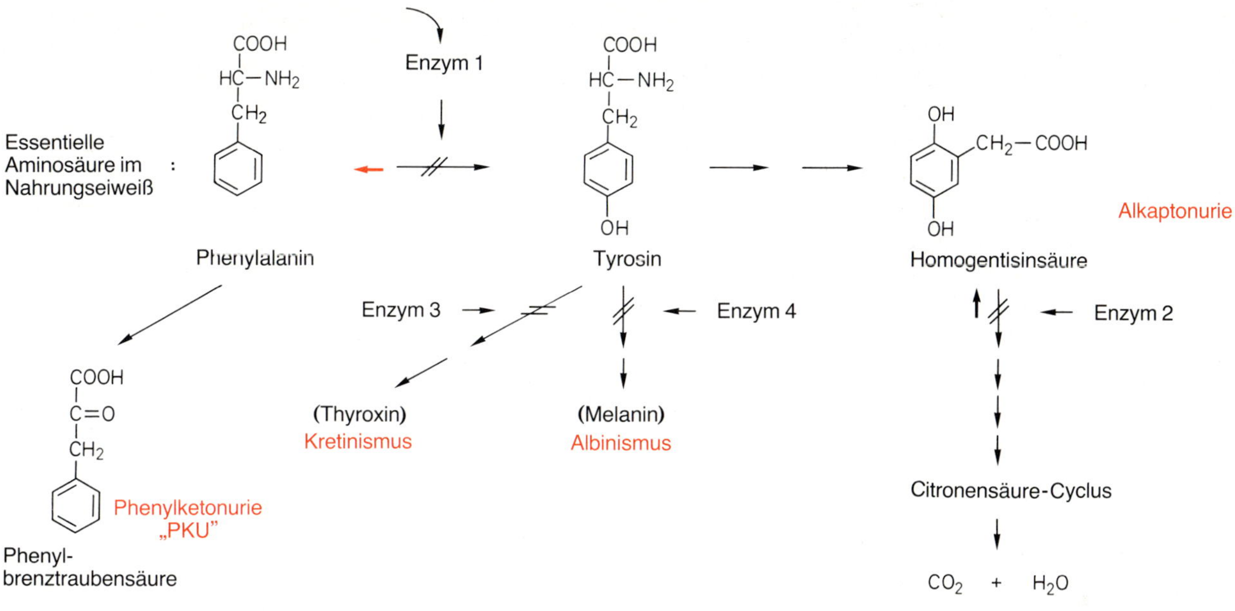

Abb. 4.12 Genetische Defekte des Phenylalaninabbaus
Enzym 1: *Phenylalanin-Hydroxilase.* Die Blockierung dieses Enzyms führt zur Phenylketonurie; Ausfall des Enzym 2 führt zur Alkaptonurie; Defekt des Enzym 3 bewirkt Kretinismus und das Enzym 4 Albinismus

Seit man die Ursache dieser Stoffwechselkrankheit erkannt hat, werden die Neugeborenen routinemäßig mit einem Schnelltest untersucht. Diesen Test entwickelte der Kinderarzt **Robert Guthrie,** der selbst ein Phenylketonurie-krankes Kind hatte. Das Prinzip dieses Tests beruht darauf, daß das Bakterium *Bacillus subtilis* auf einen spezifisch präparierten Nährboden aufgetragen wird. Dem Nährboden ist ein Alaninderivat (2-Thienylalanin) beigemischt, das das Phenylalanin-abhängige Bakterienwachstum hemmt. Wird auf diesen Nährboden Blut eines Babys mit Phenylketonurie aufgetragen, dann hebt das vermehrt vorhandene Phenylalanin die Hemmwirkung auf. Das Bakterium wächst und bildet einen trüben Hof um die Blutprobe (Abb. 4.**13**). Die Diagnose Phenylketonurie muß in den ersten Lebenstagen gestellt werden. Nur dann ist **Therapie** möglich, die in einer Phenylalanin-armen Diät unter Substitution mit Tyrosin besteht. Diese Diät muß durchgehalten werden, bis das Gehirn ausgewachsen ist (ungefähr bis zum 14. Lebensjahr), und selbst später ist größte Vorsicht geboten. So schädigt z. B. der hohe Phenylbrenztraubensäure-Gehalt einer schwangeren an Phenylketonurie leidenden Frau das Gehirn des Föten, ohne daß dieser selbst erkrankt ist.

Für die Phenylketonurie existiert auch ein Heterozygotentest. Durch Zufuhr von Phenylalanin wird die

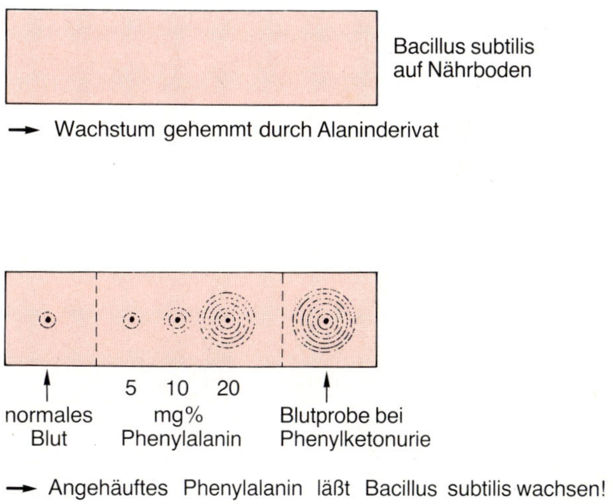

Abb. 4.13 Guthrie-Test zur Früherkennung der Phenylketonurie
Ein Teststreifen wird mit einer *Bacillus-subtilis*-Nährlösung getränkt, in der das Bakterienwachstum durch 2-Thienylalanin gehemmt ist. Steigende Konzentrationen von Phenylalanin heben diese Hemmung auf. Sind entsprechende Phenylalaninkonzentrationen im Blut des Neugeborenen enthalten, wächst der Bacillus aus

Kapazität des Enzyms getestet. Heterozygote überführen dabei Phenylalanin in Tyrosin deutlich schlechter als homozygot Gesunde, aber besser als homozygot Erkrankte.

Anmerkung: Eine atypische Phenylketonurie ist bekannt, bei der nicht das Enzym, sondern der Cofaktor desselben, das Tetrahydrobiopterin, fehlt. Da dieser Cofaktor noch andere Syntheseleistungen fördert, reicht eine Phenylalanin-arme Kost in diesen Fällen nicht aus. Die Patienten erscheinen therapieresistent.

Viele andere Enzymopathien sind bekannt. Nur wenige können erfolgreich behandelt werden. Viele führen früher oder später zum Tode, z. B. cystische Fibrose, DNA-Reparatosen etc.

Die **cystische Fibrose** soll noch kurz erläutert werden. Diese Krankheit, früher als Mucoviszidose bekannt, ist leider häufig und außerordentlich schwerwiegend. Die Aufklärung des Primärdefektes ist inzwischen weit fortgeschritten. Das Gen konnte kloniert und auf dem langen Arm von Chromosom 7 lokalisiert werden. Dadurch wurden Pränataldiagnose und Heterozygotentest möglich, teils durch indirekte (RFLPs s. Kap. 12), teils durch direkte DNA-Diagnostik. Das CF-Gen ist ein großes Gen mit 24 Exons, die für ein Genprodukt codieren, das „Cystische-Fibrose Transmembran-Regulator-Protein“ (CFTR) genannt wird. Dieses Protein ist ein Transmembranprotein, das mit je 6 Schleifen zweimal die Membran durchquert und an seiner cytoplasmatischen Seite zwei ATP-Bindungsdomänen und eine phosphorylierbare, regulatorische Domäne enthält. Dieser Aufbau ähnelt anderen ATP-getriebenen Transportproteinen. Tatsächlich nimmt man an, daß CFTR einen Chloridkanal bildet, der im apikalen Teil von Endothelzellen liegt und durch cyclisches AMP oder durch Phosphorylierung aktiviert werden kann. Bei 70% der Kaukasier liegt eine Deletion von 3 Basen (ΔF508) in einer ATP-Bindungsstelle vor. Da es noch zahlreiche andere Mutationen gibt, können diagnostisch nach wie vor nicht alle Mutationsträger erfaßt werden. Allerdings wäre bei der Häufigkeit des Gens ein Heterozygoten-Screening für die Familienplanung wünschenswert. Die Häufigkeit der erkrankten Homozygoten beträgt bei Nordeuropäern 500 pro 1 Mill. Das Krankheitsbild führt durchschnittlich bis zum 25. Lebensjahr zum Tode. Die Ausführungsgänge der sekretorischen Drüsen sind befallen. Es wird ein schleimiges Sekret produziert, das unter anderem Bronchien und Pankreasgänge verstopft, mit allen daraus resultierenden Folgen: rezidivierende Bronchitiden, Bronchiektasen, cystische Erweiterung und fibröse Veränderung des Pankreasgewebes, Verdauungsinsuffizienz etc.

Einem autosomal-rezessivem Erbgang folgen auch einige Formen der Taubstummheit, d. h. die Befallenen sind homozygot für das defekte Gen. Es ist verständlich, daß Taubstumme häufig wieder Taubstumme heiraten. Natürlich sollte man aus solchen Verbindungen taubstumme Nachkommen erwarten, da alle homozygot für Taubstummheit sind. Deshalb war die Verwunderung groß, als eine Familie hörende Kinder zeugte (Abb. 4.**14**). In diesem Fall handelt es sich um ein genetisches Grundphänomen, die **Heterogenie.** Verschiedene Gene codieren den gleichen Phänotyp, in diesem Fall Taubstummheit. Sind für die Gene T bzw. S tt bzw. ss Konstellationen für Taubstummheit, dann können sich die Allele des „normalen“ Gens beider Eltern (vorausgesetzt, sie wurden durch Mutation in unterschiedlichen Genen taubstumm) zu gesunden heterozygoten Individuen kombinieren **(Komplementation).**

taubstumm ttSS x TTss taubstumm

tTSs hörend

Taubstummheit muß aber keineswegs immer erblich sein: z. B. kann eine Maserninfektion der Mutter zur Schädigung des Föten und zu angeborener Taubstummheit führen. Solche Ereignisse imitieren ein Erbgeschehen. Sie kopieren den Phänotyp einer Erbkrankheit ohne genetische Grundlage **(Phänokopie).**

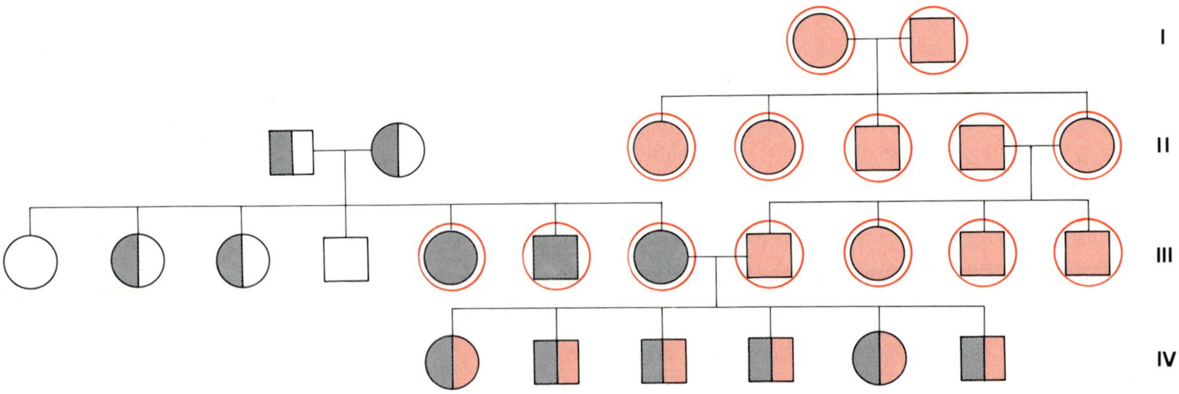

Abb. 4.14 Stammbaum zur Vererbung von Taubstummheit – ein Beispiel für Heterogenie
T und S seien Gene, in denen die Konstellation tt bzw. ss Taubstummheit zur Folge hat. Die Familie A besitzt das Allel s, die Familie B das Allel t. Die Homozygoten für tt bzw. ss sind taubstumm und durch Kreise gekennzeichnet. Durch Komplementation zwischen den Genen T und S können Nachkommen von Taubstummen hören. Die Gene komplementieren einander

Rep. 4.4 Charakteristika des **X-chromosomal-dominanten** Erbganges

- Seltener Vererbungsmodus
- Geschlechtsgebunden
- Merkmalsausprägung: bei Männern und Frauen (Männer oft schwerer erkrankt)
- Stammbaum: ähnlich wie beim autosomal-dominanten Erbgang, jedoch sind die Söhne kranker Väter gesund!
  Vater krank: alle Töchter krank, alle Söhne gesund
  Mutter krank: 50% der Kinder krank
- Verwandtenehen: kein erhöhtes Risiko
- Allelhäufigkeit: sehr selten

Für Phänokopien gibt es zahlreiche Beispiele. In den Hochtälern der Alpen tritt ein Krankheitsbild auf, dessen Symptome stark an eine autosomal-rezessive Erbkrankheit, nämlich den **sporadischen Kretinismus** (angeborene Hypothyreose mit Symptomen wie Zwergwuchs, Schwachsinn, Schwerhörigkeit und eventuell Kropfausbildung) erinnert. Hierbei handelt es sich um eine Phänokopie dieser Erbkrankheit, die exogen durch Jodmangel (jodarmes Wasser der Gebirgsbäche) hervorgerufen wird. Auch die **Thalidomidkatastrophe** in den sechziger Jahren (ein in der Schwangerschaft beliebtes Schlafmittel führte zu Mißbildungen der Extremitäten der Neugeborenen) war eine Phänokopie: Die Skelettmißbildungen imitierten Phänotypen, die einem Erbdefekt glichen. Eingehende Stammbaumanalysen sind deshalb nötig, um die Erblichkeit eines Defekts zu verifizieren.

4.2.4. Bei der X-chromosomal-dominanten Vererbung sind auch die weiblichen Individuen betroffen

Y-chromosomale Erbgänge spielen wegen der Genarmut des Y-Chromosoms kaum eine Rolle. Wir beschränken uns deshalb auf X-gebundene Gene. Auf dem X-Chromosom liegen zahlreiche Gene, die meisten von ihnen codieren für Enzyme. Wichtig bei diesem Erbgang ist die Tatsache, daß Männer ihr X-Chromosom von der Mutter erben und es nie an ihre Söhne weitergeben (Abb. 4.**15**). Während sich bei Frauen das X-Chromosom wie ein Autosom verhält (zwei homologe Chromosomen vorhanden), eine Frau für ein X-chromosomales Allel also homozygot oder heterozygot sein kann, hat der Mann (Gonosomenkonstellation XY) immer nur ein Allel aller Gene dieses Chromosoms. Er ist **hemizygot,** wobei sich beim Mann alle Allele des X-Chromosoms auch in seinem Phänotyp ausprägen. Es gibt in diesen Fällen keine Dominanz bzw. Rezessivität.

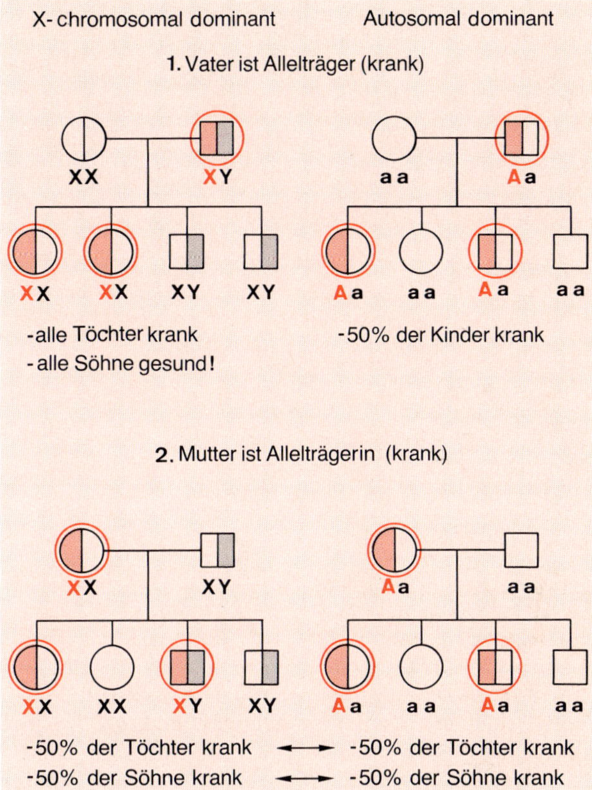

Abb. 4.15 **X-chromosomal-dominanter Erbgang**
Genotypen (Buchstaben) und Phänotypen (Stammbaumsymbole) im Vergleich zum autosomal-dominanten Erbgang.
X gefärbt = X-chromosomal-dominant vererbtes Allel
A = autosomal-dominant vererbtes Allel
a = autosomal-rezessiv vererbtes Allel

Es gibt nur wenige **X-chromosomal-dominante Erbkrankheiten** (Tab. 4.**5**). Erwähnt sei die Vitamin-**D-resistente Rachitis.** Sie ist gekennzeichnet durch einen niedrigen Serumspiegel an organischem Phosphat (Hypophosphatämie). Auch eine Unterentwicklung des Zahnschmelzes und eine Anomalie der Haarfollikel folgen diesem Erbgang. Bei diesem Vererbungsmodus sind sowohl Frauen als auch Männer erkrankt (Abb. 4.**16**), Männer häufig schwerer als heterozygote Frauen. Die Väter vererben dabei die Krankheit nur auf ihre Töchter, nie auf ihre Söhne (Rep. 4.**4**).

Tab. 4.5 Einige **X-chromosomal-dominant** vererbte Krankheiten (selten)

- Hypophosphatämie mit Vitamin-D-resistenter Rachitis
- Erbliche Zahnschmelzdefekte (Amelogenesis imperfecta)
- Anomalie der Haarfollikel
- Incontinentia pigmenti mit rezessivem Letalfaktor

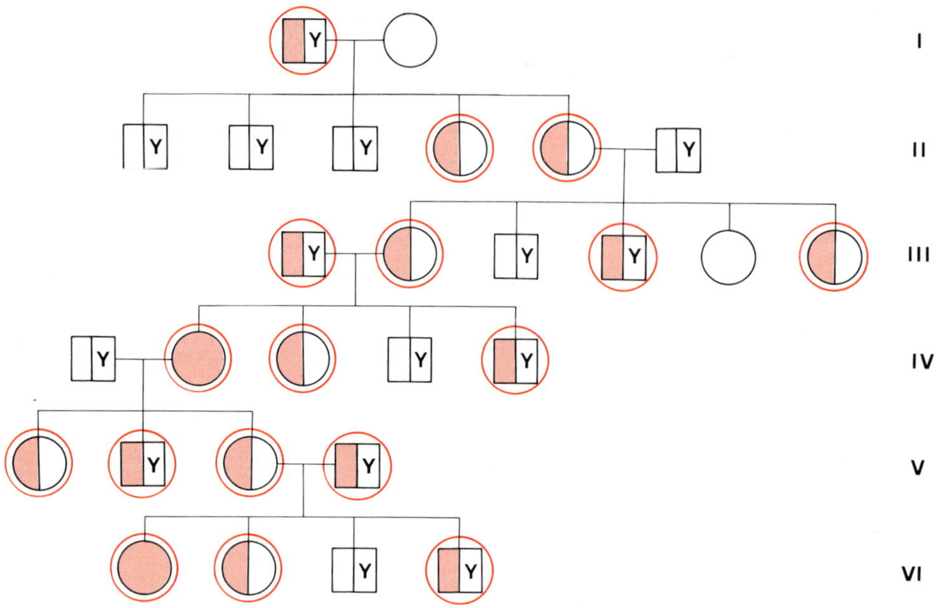

Abb. 4.16 Stammbaum eines X-chromosomal-dominant vererbten Merkmals Die Merkmalsträger sind durch Kreise gekennzeichnet. Sowohl Männer als auch Frauen sind befallen, Homo- und Hemizygote sind stärker befallen als Heterozygote

Eine Besonderheit bei einem X-chromosomal-dominanten Erbleiden zeigt die **Incontinentia pigmenti.** Dieses Allel beinhaltet einen rezessiven **Letalfaktor,** der bei männlichen Föten (hemizygot) zum Frühabort führt. Frauen mit Incontinentia pigmenti haben gehäuft Aborte, weil die 50% der männlichen Zygoten, die das krankheitsverursachende Allel enthalten, nicht lebensfähig sind. Incontinentia pigmenti tritt deshalb, bis auf wenige Ausnahmen, die einer Spezialerklärung bedürfen, nie bei Männern auf.

Ein Y-chromosomaler Erbgang scheint zu vernachlässigen zu sein, da das Y-Chromosom informationsarm ist. Auf dem kurzen Arm liegt das Sex-Determinationsgen SRY (s. Kap. 8.2.1). Auch das Merkmal für die Ausbildung spezifischer Haarbüschel am Ohrmuschelrand (gehäuft bei Indern) wird, wenn auch unter Vorbehalten, als Y-Chromosom-codiert angenommen.

4.2.5. Bei der X-chromosomal-rezessiven Vererbung sind vor allem die Männer betroffen, die Frauen meist Konduktorinnen

Charakteristisch für diesen Erbgang ist (Rep. 4.**5**), daß alle Männer, die das „defekte“ Allel auf ihrem X-Chromosom tragen, krank sind, es aber nie auf ihre Söhne übertragen (Abb. 4.**17**). Die Frauen hingegen erkranken nur, wenn sie homozygote Genträger sind. Im heterozygoten Zustand übertragen sie, die phänotypisch Gesunden, das krankheitsverursachende Allel auf ihre Nachkommen **(Konduktorin)** (Abb. 4.**18**). Das wohl bekannteste Beispiel (neben der **Rot-Grün-Blindheit**) für eine solche Erbkrankheit ist die **Hämophilie.**

Sie wurde die „Krankheit der Könige“ genannt. Ausgehend von der Königin Victoria von England (Konduktorin) suchte sie die Herrscherhäuser Europas heim (Abb. 4.**19**). Von dieser Krankheit und ihrem Erbgang weiß auch schon der Thalmud zu berichten. So wurde die rituelle Beschneidung der männlichen Babys solcher Frauen verboten, die schon zwei Söhne bei dieser Prozedur durch Verbluten verloren hatten. Gleichzeitig wurden auch die Söhne ihrer Schwestern von der Pflicht der Circumcision befreit. Söhne des Vaters aus anderen Ehen wurden jedoch nicht ausgenommen. Man war sich schon damals über den Erbgang im klaren: Männliche Individuen, die das kranke X-Chromosom tragen, erkranken an Hämophilie.

Homozygote Frauen sind sehr selten. Sie können mit speziellen Ausnahmen nur aus der Ehe einer Konduktorin mit einem Hämophilen hervorgehen. Tatsächlich sind einige beschrieben, die sowohl Menstruation als auch in einem Fall eine Geburt überstanden, ohne dabei zu verbluten. Erklärlich ist das dadurch, daß diese spezielle Blutstillung vorwiegend durch Uterus-Kontraktion und nicht durch Gerinnungsfaktoren hervorgerufen wird.

Gerinnungsfaktoren sind es, die bei der Hämophilie durch Mutation verändert sind. Es sind dies im wesentlichen zwei Faktoren:

- Faktor VIII = antihämophiles Globulin,
- Faktor IX = Christmas-Faktor.

Fehlen des Faktors VIII führt zur **Hämophilie A,** mit 80% die häufigste Form.

Fehlen des Faktors IX führt zur **Hämophilie B,** mit 15% die seltenere Form.

Rep. 4.5 Charakteristika des **X-chromosomal-rezessiven** Erbgangs

- Vererbungsmodus z. B. einiger Stoffwechseldefekte
- Geschlechtsgebunden
- Merkmalsausprägung: fast nur Männer erkrankt
- Stammbaum: Männer erkrankt
  Vater krank: alle Söhne gesund, alle Töchter Konduktorinnen
  Mutter Konduktorin: 50% der Söhne krank, 50% der Töchter Konduktorinnen
- Verwandtenehe: Gefahr der Kombination phänotypisch Kranker mit Konduktorin
- Allelhäufigkeit: $\frac{1}{10000}$ bis $\frac{1}{100000}$

Die Konsequenzen einer Gerinnungsstörung sind fatal. Jeder Unfall, jede Zahnextraktion wird zur bedrohlichen Affäre. Blutungen in die Gelenke führen zu Schmerzen und Immobilisation. Als Therapie wird heute die Zufuhr von Gerinnungsfaktoren angeboten, die aus dem Serum Gesunder gewonnen bzw. mittels gentechnologischer Methoden hergestellt werden. Aber auch das ist kein Allheilmittel. Die Fremdproteingaben führen häufig zu Antikörperbildung, die ihrerseits (IgE! s. Kap. **9**) zur Allergie führen. Obwohl ein Drittel aller Hämophiliefälle auf Neumutationen beruhen, ist es wichtig, die Konduktorinnen zu erkennen. Im **Heterozygotentest** zeigt sich bei ihnen ein verzögertes Gerinnungsverhalten. Aller-

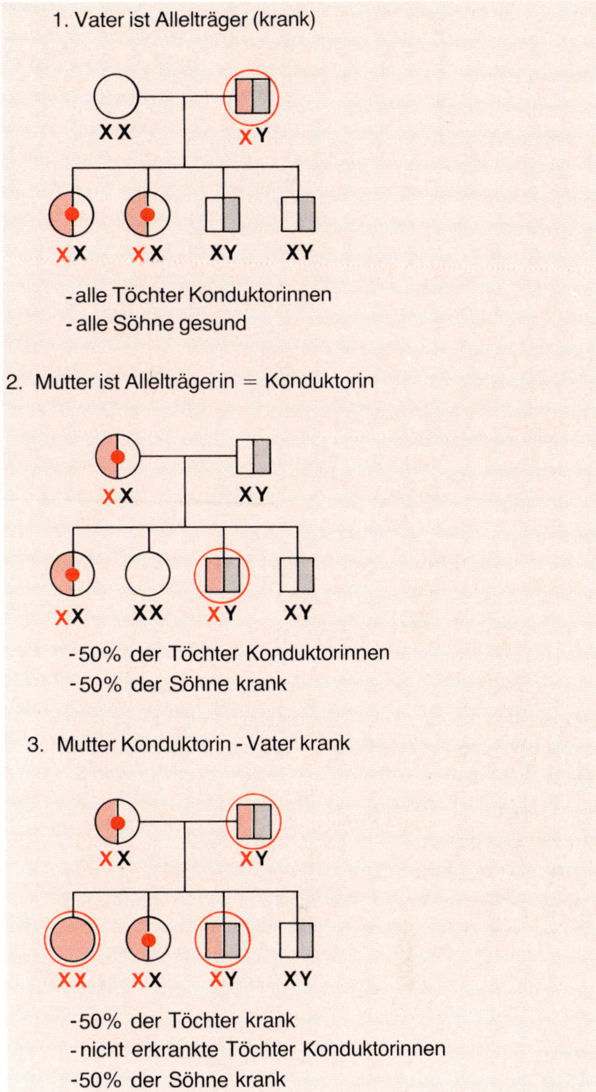

Abb. 4.**17 X-chromosomal-rezessiver Erbgang** ▶
Genotypen der Gonosomen sind unter den Stammbaumsymbolen angegeben, die ihrerseits die Phänotypen symbolisieren; X farbig = X-Chromosomen mit dem rezessiv erblichen Allel

Abb. 4.**18 Stammbaum eines X-chromosomal-rezessiv vererbten Merkmals**
Die Merkmalsträger sind durch Kreise gekennzeichnet
▼

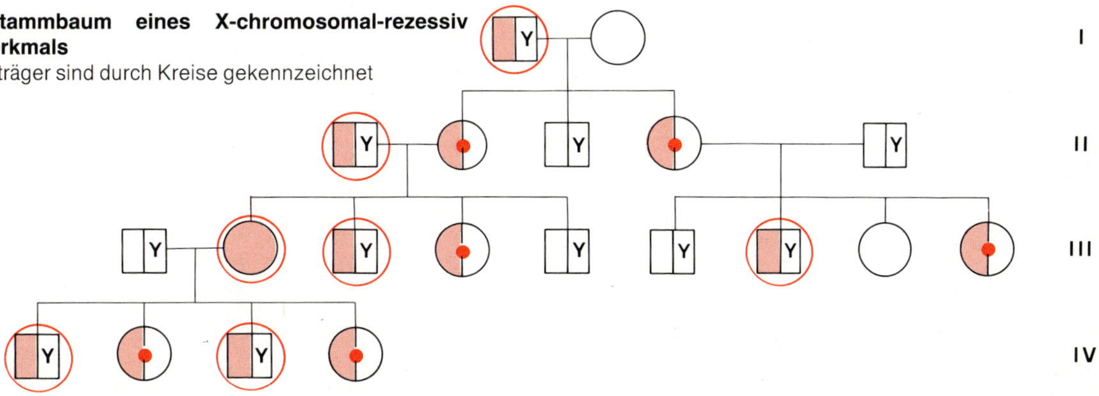

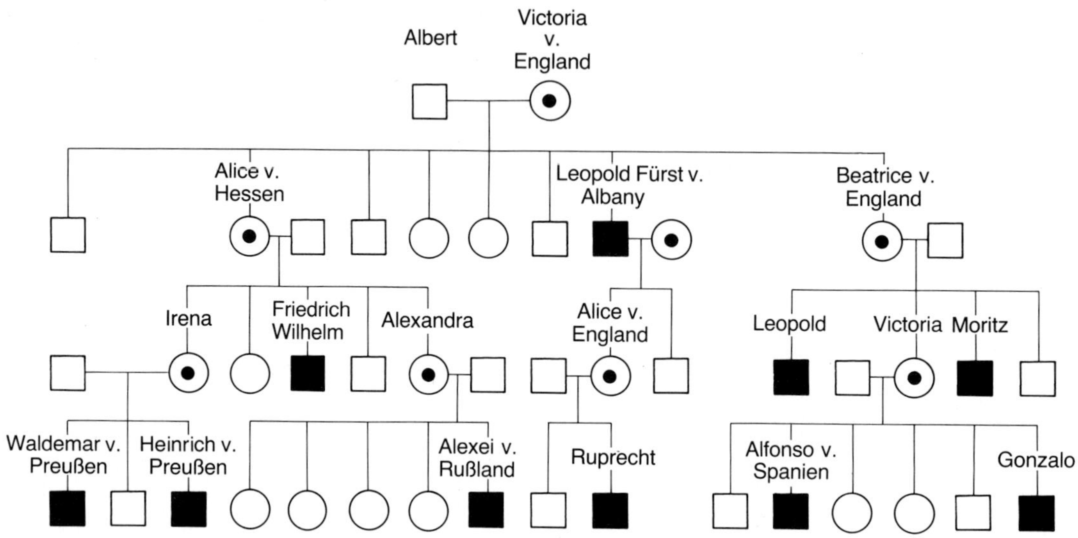

Abb. 4.19 Auszug aus einem Stammbaum der Königin Viktoria Vererbung der Hämophilie

dings wird man erst Verdacht schöpfen, wenn bereits ein hämophiler Sohn in der Familie geboren worden ist.

Viele andere schwere Erkrankungen werden X-chromosomal-rezessiv vererbt (Tab. 4.**6**). So z. B. das **Lesch-Nyhan-Syndrom,** eine Krankheit, die durch Ausfall des Enzyms HGPRT (wichtig beim Purinstoffwechsel) zu derartig psychischen Veränderungen führt, daß man die Patienten vor Selbstverstümmelung (Mutilation), d. h. Abkauen der eigenen Lippen und Finger schützen muß. Daß diese Krankheit schon vor langer Zeit bekannt war, zeigt das Bild eines Inkakönigs mit deutlichen Lesch-Nyhan-Symptomen.

Eine weitere schwere und leider recht häufige Erkrankung (1 : 3000) ist die X-chromosomal gebundene **Muskeldystrophie** vom Typ Duchenne. Es ist mittlerweile gelungen, das Gen – mit 2400 kbp das größte bisher beim Menschen bekannte – genau zu lokalisieren (Xp21). Die cDNA (s. Kap. 12) des gesamten Gens liegt vor und codiert für ein muskelspezifisches Protein, das **Dystrophin,** das bei Duchenne-Patienten fehlt. In 60% der Fälle sind Deletionen der 5′-Region, in 5% der Fälle Duplikationen und ansonsten Punktmutationen die Ursache für ein defektes oder fehlendes Protein. Dystrophin ist in der Muskelzellmembran ein **Bestandteil des Cytoskeletts** und gehört zur Spectrin-Familie. Es bindet mit seinem N-Terminus an F-Actin, mit seinem C-terminalen Ende ist es mit einem Glycoprotein-Komplex des Sarkolemms assoziiert, den es stabilisiert. Eines dieser Proteine, Dystroglycan, bindet seinerseits im Extrazellularraum an Laminin, ein bedeutendes Muskelprotein, so daß Dystrophin ein Verbindungsglied zwischen Actinfilamenten und extrazellulärer Matrix darstellt. Es scheint an der Ca^{2+}-Durchlässigkeit des Sarkolemms und an der durch Acetylcholin vermittelten Signaltransduktion des Nervenimpulses beteiligt zu sein. Die Kenntnis des Gens ermöglicht eine gezielte pränatale Diagnostik und Testmöglichkeit für Heterozygote besonders für die Patienten, die eine Deletion im Gen aufweisen. ⅓ aller Fälle beruht auf Neumutationen. Die Krankheit wird in den befallenen Knaben erst um das dritte Lebensjahr bemerkt, wenn sie Schwierigkeiten beim Treppensteigen entwickeln. Im Verlauf der Zeit wird die gesamte Muskulatur in Bindegewebe umgewandelt, die Kinder werden an den Rollstuhl und schließlich ans Bett gefesselt, wo sie bei meist ausgeprägter Intelligenz dahinsiechen, bis Schwund der Atem- und Herzmuskulatur zu einem frühen Tod, meist Anfang des zweiten Lebensjahrzehnts, führen. Dies bedeutet ein furchtbares Schicksal für die ganze Familie und ist aller nur erdenklichen wissenschaftlichen Anstrengungen wert!

Tab. 4.6 Einige **X-chromosomal-rezessiv** vererbte Merkmale und Krankheiten

Krankheit bzw. Merkmal	Erkrankungen je männlicher Lebendgeburt
Muskeldystrophie Typ Duchenne	3 : 10 000
Hämophilie A und B	1 : 10 000
HGPRT-Defizienz (Lesch-Nyhan-Syndrom)	selten
Rot-Grün-Blindheit	8 : 100 in Europa
Glucose-6-phosphat-Dehydrogenase-Mangel	1 : 2 kurdische Juden 1 : 7 Sarden 1 : 8 US-Neger 1 : 250 Italiener

Der *Glucose-6-phosphat-Dehydrogenase*-**Mangel,** von dem 100 Millionen Menschen betroffen sind, kann nach Einnahme bestimmter Arzneimittel, unter anderem Malariamittel, Sulfonamide, zu hämolytischen Krisen führen. Auch andere genetisch bedingte Fehlreaktionen nach Medikamentengaben sind bekannt – oft multifaktoriell bedingte. Die **Pharmakogenetik** beschäftigt sich mit diesen für den Arzt außerordentlich wichtigen Varianten.

4.2.6. Die Lyon-Hypothese: Nur ein X-Chromosom bleibt aktiv, alle anderen werden inaktiviert

Finden sich viele wichtige Gene auf dem X-Chromosom, dann erhebt sich die Frage, wie der männliche Organismus den halben Gensatz bzw. der weibliche eine gegenüber dem Mann doppelte Gendosis kompensiert. **Mary Lyon** postulierte eine Hypothese, die inzwischen als **Lyon-Hypothese** allgemeine Anerkennung genießt. Da die Gendosis nur eines einzigen X-Chromosoms (s. männliche Individuen) das normale Funktionieren eines Organismus garantiert, wird im weiblichen Organismus jeweils ein **X-Chromosom inaktiviert.** Seine genetische Information wird dabei für die Dauer des Lebens lahmgelegt, indem das Euchromatin durch Kondensierung in fakultatives Heterochromatin (s. Kap. **1**) umgewandelt wird. Dieser Prozeß findet im frühen Embryonalstadium statt (12.–18. Tag nach Befruchtung, ungefähr 10000 Zellen) und zwar in den somatischen Zellen. In den Gametogonien werden die X-Chromosomen nach neuesten Erkenntnissen ebenfalls zunächst inaktiviert, dann aber kurz vor der Meiose wieder aktiviert. In den reifen Keimzellen muß dagegen jedes X-Chromosom aktiv bleiben, weil die Gameten im haploiden Satz jeweils nur ein X-Chromosom enthalten!

Die Inaktivierung trifft in jeder Zelle, dem Zufall folgend, einmal das vom Vater, einmal das von der Mutter ererbte X-Chromosom. Die erfolgte Inaktivierung ist irreversibel. Alle Nachkommenzellen einer Zelle, d. h. der gesamte Zellklon, behalten das Inaktivierungsmuster. Testet man die Gewebe eines Individuums auf Aktivität eines X-gebundenen Enzyms hin, das in zwei alternativen Formen vom Vater bzw. der Mutter vererbt wurde, dann finden sich Zellareale eindeutig mütterlichen und solche eindeutig väterlichen Ursprungs, je nachdem welches X-Chromosom inaktiviert wurde. Wir sprechen von einem **Mosaik** (Abb. 4.**20**). Das kondensierte X-Chromosom wird im Zellcyclus sehr spät repliziert, so daß auch während der zur Replikation notwendigen Entspiralisierung keine Transkription mehr erfolgen kann. Das während des gesamten Zellcyclus kondensierte inaktive X-Chromosom ist in gefärbten Zellen unterhalb der Kernmembran als rundes Körperchen (Barr-Körper) sichtbar. Der Nachweis dieses Barr-Körperchens dient zur cytogenetischen Geschlechtsbestimmung. Es ist nur in solchen Kernen vorhanden, die mehr als ein X-Chromosom enthalten.

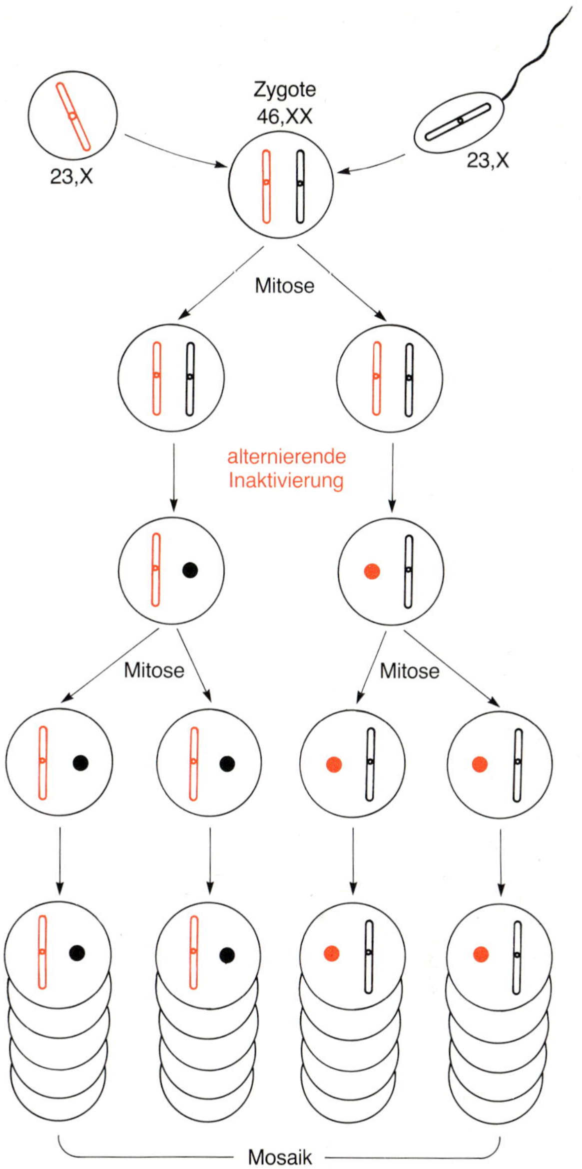

Abb. 4.20 Gendosiskompensation in weiblichen Individuen: Lyon-Hypothese
Symbolische Darstellung der X-Chromosomen in Ei, Spermium und Zygote als Striche, inaktivierte X-Chromosomen als Punkte

Untersuchungen haben ergeben, daß ein kleiner Teil am distalen Ende des kurzen Arms des X-Chromosoms, die pseudoautosomale Region, der Inaktivierung entgeht. Diese Tatsache erklärt unter anderem, daß bei einem Krankheitsbild, dem **Turner-Syndrom,** bei einer Chromosomenkonstellation 45,X, kein völlig unauffälliger weiblicher Phänotyp auftritt. Die Ausbildung von Stranggonaden ist z. B. eine Folge des Fehlens eines zweiten aktiven X-Chromosoms während der frühen Embryonalphase.

4.3. Die Ausprägung des Phänotyps unterliegt Variationen

Erinnern wir uns an die Experimente Mendels zum Nachweis der Gesetzmäßigkeiten bei der Vererbung von Erbfaktoren, dann werden diese an klar umrissenen Merkmalen demonstriert. Von einem bestimmten Genotyp konnte auf einen zu erwartenden Phänotyp geschlossen werden und vice versa. Zwar mußte Dominanz und Rezessivität eines Erbfaktors berücksichtigt werden. Aber alles in allem galt: ein Gen führt zur Ausprägung eines bestimmten Merkmals. Mendelsche Merkmale führen zu einer **diskontinuierlichen Varianz:** entweder ein Individuum hat das Merkmal oder es hat es nicht. Allerdings führen nicht alle Merkmale zu klar abgrenzbaren Klassen von Phänotypen, wie es z. B. bei den Blutgruppen der Fall ist. Die Menschen kommen nicht nur in zwei uniformen Phänotypen vor: groß oder klein, dick oder dünn, es findet sich vielmehr eine **Variabilität.** Diese Variabilität der Phänotypen kommt normalerweise nicht durch Instabilität (Mutation) im genetischen Material zustande. Vielmehr trägt ein Netzwerk der verschiedensten Einflüsse dazu bei, daß sich ein Genotyp zum jeweiligen Phänotyp entwickelt. Dabei ist keineswegs gesagt, daß vergleichbare Genotypen auch zu vergleichbaren Phänotypen führen müssen (Rep. 4.**6**).

Rep. 4.**6.** Beteiligung von Erb- und Umweltfaktoren an der Ausprägung des Phänotyps

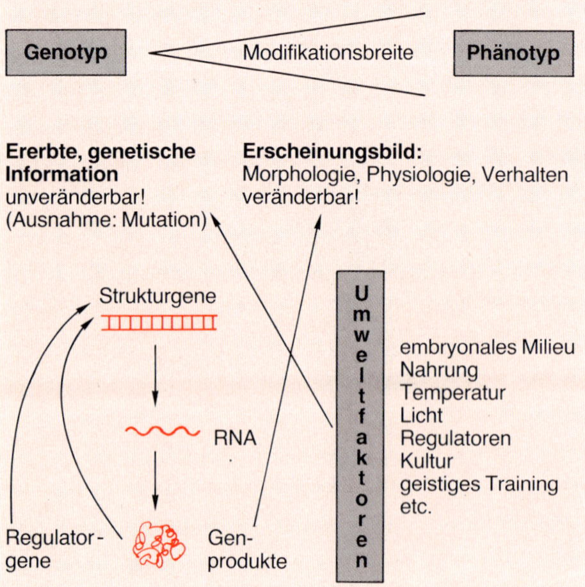

4.3.1. Genetische Konstitution und Umwelt beeinflussen die Ausprägung des Phänotyps

Welche Ursachen sind für diese **Variabilität** verantwortlich?

- **Genetische** Ursachen, d. h. Wechselwirkung zwischen Genen. Dazu gehören der Einfluß anderer Struktur-Gene und die Wirkung von Regulator-Genen auf das betreffende Gen (Rep. 4.**7**).
- **Modifikatorische** Ursachen, d. h. Wechselwirkungen zwischen Genen und Umweltfaktoren (Rep. 4.**8**).

Umweltfaktoren können zum einen **determinierend** auf ein Gen wirken, d. h. sie legen ein für allemal für die gesamte Lebensdauer des Individuums fest, in welcher Form das Gen im Phänotyp ausgeprägt werden soll.

Sie können zum anderen **modulierend** auf ein Gen wirken,d. h. sie legen für die Zeit ihrer Einwirkung fest,

Rep. 4.**7** Genetisch bedingte Faktoren, deren Wechselwirkungen zur Variabilität eines phänotypischen Merkmals beitragen

- Wechselwirkungen am gleichen Genlocus: Dominanz, Rezessivität, Codominanz
- Penetranz: Manifestationshäufigkeit eines Allels
- Expressivität: Manifestationsstärke eines Allels
- Pleiotropie: ein Gen bewirkt die Ausprägung mehrerer Merkmale
- Polygenie: mehrere Gene bewirken gemeinsam die quantitative Ausprägung eines Merkmals
- Struktur-Gene: Produkte einer Gen-Wirkkette können sich gegenseitig beeinflussen
- Regulator-Gene: Genprodukte regulieren die Genaktivität von Struktur-Genen
- Modifizierende Gene: Genprodukte wirken auf die phänotypische Expression eines an einem anderen Genlocus liegenden Gens
- Epistatische Gene: Genprodukte unterdrücken die phänotypische Expression eines an einem anderen Genlocus liegenden Gens

Rep. 4.8 Umweltbedingte Faktoren, deren Wechselwirkungen zur Variabilität eines phänotypischen Merkmals beitragen

- Modifikation (Determination, Modulation): Variabilität, die auf Umwelteinflüsse zurückzuführen ist
- Faktoren:
  cytoplasmatische
  embryonale
  klimatische
  Nahrung
  Krankheitserreger
  Hormone
  kulturelle
  intellektuelle

Durch Umwelt erworbene Veränderungen des Phänotyps während der Individualentwicklung sind nicht erblich!

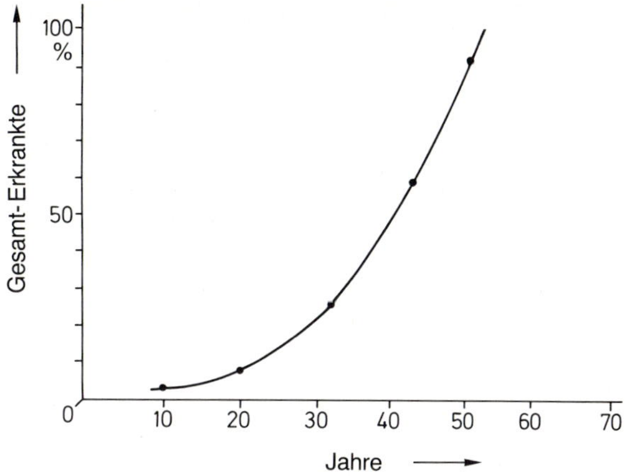

Abb. 4.21 Manifestationsalter für Chorea Huntington
Im Alter von 40 Jahren zeigen erst ca. 50% der Allelträger für Huntingtonsche Chorea Krankheitssymptome. Die Penetranz dieses dominant erblichen Merkmals ist unvollständig

in welcher Form das Gen im Phänotyp ausgeprägt werden soll.

Es gibt zahlreiche Umweltfaktoren: Nahrung, Licht, Temperatur, Hormone, Krankheiten etc.

Die Erbinformation steckt nur die Grenzen ab, innerhalb derer Merkmale, stark beeinflußt von der Umwelt, realisiert werden können. Dabei gibt es umweltlabile Merkmale wie z. B. das Gewicht, oder umweltstabile Merkmale wie z. B. die Körpergröße.

Betrachten wir zunächst Faktoren, die zur **genetischen Variabilität** führen.

4.3.2. Penetranz und Expressivität bestimmen die Ausprägung des Genotyps.

Das einfache Vorhandensein eines Gens genügt noch nicht zu seiner Ausprägung. Seine Penetranz und seine Expressivität müssen berücksichtigt werden.

Unter **Penetranz** eines Allels versteht man seine **Manifestationshäufigkeit,** d. h. wieviele Individuen prägen den erwarteten Phänotyp aus.

- 100% Penetranz bedeutet, daß alle Genträger das Merkmal ausprägen,
- 50% Penetranz,daß 50% der Genträger das Merkmal ausprägen.

Nicht alle dominanten Allele müssen 100%ig penetrant sein. Einwirkung anderer Gene des Individuums oder Umweltfaktoren können unvollständige Penetranz eines Gens zur Folge haben.

Unter **Expressivität** eines Gens versteht man die **Manifestationsstärke** eines penetranten Allels. Häufig haben Allele mit 100%iger Penetranz auch 100%ige Expressivität, z. B. die Blutgruppen-Gene und andere Gene für monogene Erbkrankheiten.

Ein Beispiel für **unvollständige Penetranz** ist die **Chorea Huntington** (im Volksmund Veitstanz). Dieses Leiden (eine progressive degenerative Veränderung des Nervensystems, die bis zum Tode führen kann) folgt einem autosomal-dominanten Erbgang. Allerdings sind Penetranz und Expressivität sehr variabel. Diese Krankheit kann in so späten Jahren (Durchschnittsalter 40–45 Jahre) zum Ausbruch kommen, daß manche Genträger scheinbar gesund sterben (Abb. 4.**21**). Dadurch kann eine Generation übersprungen werden und eine scheinbar vom autosomal-dominanten Erbgang abweichende Vererbung im Stammbaum auftreten.

Das Gen für Chorea Huntington konnte inzwischen auf dem kurzen Arm des Chromosoms 4 lokalisiert werden. Damit ergibt sich eine Möglichkeit für pränatale Diagnostik bzw. Beratung von Genträgern.

Penetranz und Expressivität eines Gens werden einmal gegeben durch Interaktion des Gens mit anderen Genen des Individuums (z. B. modifizierende Gene), aber auch durch Interaktion des Gens mit nicht genetischen Umweltfaktoren. So treten manche Verhaltensmerkmale erst nach einem erfolgten exogenen Stimulus zutage (z. B. Drogen).

4.3.3. Viele Merkmale werden polygen vererbt

Neben variabler Penetranz und Expressivität eines Allels kommt es zum quantitativen Vererbungsmuster eines Merkmals, wenn mehrere Gene an der Ausbildung eines

Merkmals beteiligt sind. In solchen Fällen spricht man von **Polygenie** oder **multifaktorieller Vererbung.**

Merkmale, die polygen angelegt sind, sind z. B. Körpergröße, Hautfarbe, Fruchtbarkeit, Gewicht, etc. Diese Gene wirken additiv. Jedes Gen steuert einen kleinen Effekt zum Merkmal bei. Der Vererbungsmodus jedes einzelnen dieser Gene richtet sich dabei streng nach Mendel (Abb. 4.**22**).

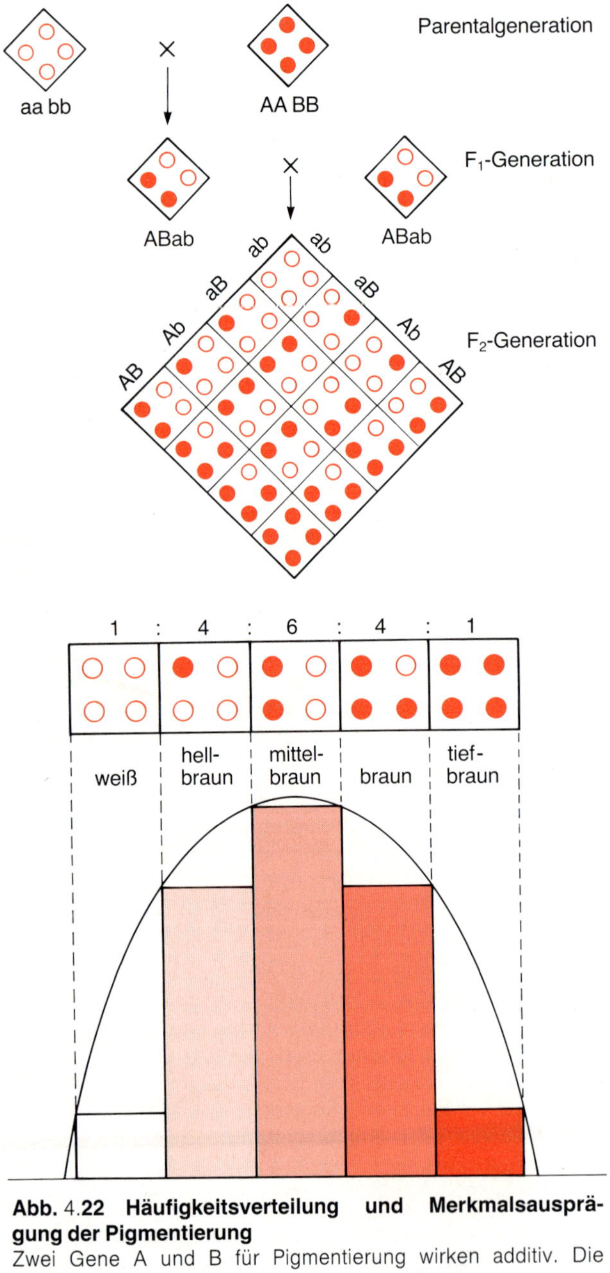

Abb. 4.22 Häufigkeitsverteilung und Merkmalsausprägung der Pigmentierung
Zwei Gene A und B für Pigmentierung wirken additiv. Die Kombination der Punkte gibt die Farbintensität an.
AABB = pigmentierte Granula
aabb = pigmentlose Granula

Schon Mendel hatte Variabilität der Merkmalsausprägung bei einer Kreuzung von weißen mit rotvioletten Pflanzen gesehen: Die F_1-Generation war wie erwartet uniform. In der F_2-Generation gab es viele Farbschattierungen. Mendel führte dieses Phänomen auf das Vorhandensein mehrerer Gene zurück. 1909 formulierte Nilsson-Ehle die These, daß für eine kontinuierliche Variation eines Merkmals mehrere Gene zusammenwirken müssen, wobei jedes einzelne für sich den Mendelschen Gesetzen folgt.

4.3.4. Das Zusammenspiel von Polygenie und Umweltfaktoren führt zur kontinuierlichen Varianz des Phänotyps

Betrachtet man eine Population im Hinblick auf ein **quantitatives Merkmal,** dann findet sich eine kontinuierliche Variation der Phänotypen innerhalb eines bestimmten Rahmens. Für das Merkmal **Körpergröße** sind z. B. von 1,45 m bis 1,85 m alle Zwischengrößen vertreten. Der Hauptteil der Population wird eine mittlere Größe ausprägen. Hier halten sich fördernde und hemmende Einflüsse die Waage. Je mehr Gene beteiligt sind, um so kontinuierlicher wird die Kurve. Es gibt wenige extreme Klassen. Das Kennzeichen einer kontinuierlichen Variabilität ist ein Verteilungsmuster, das einer eingipfeligen **Gauß-Kurve** entspricht (Abb. 4.**23**). Solche Gauß-Vertei-

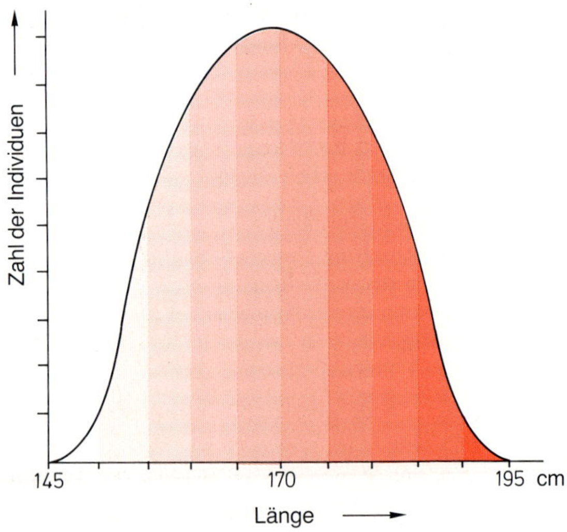

Abb. 4.23 Kontinuierliche Variation der Phänotypen bei einem multifaktoriell bedingten Merkmal (Körpergröße)
Genetisch bedingte Variabilität zwischen den einzelnen Individuen und umweltbedingte Variabilität bewirken eine Verteilung der Phänotypen nach Gauß

lungen finden sich sowohl bei polygen bedingter Merkmalsausprägung als auch bei Merkmalen, die ausschließlich durch Umwelteinflüsse modifiziert werden.

Welche Beispiele kann man anführen und wie kann man zwischen genetischer und modifikatorischer Bedingtheit unterscheiden?

Will man den **Einfluß von Umweltfaktoren** untersuchen, dann muß man von genetisch einheitlichen Individuen ausgehen, so z. B. von einer Population von *Paramaecien* (Pantoffeltierchen), die alle von einem Tier durch Teilung abstammen. Alle haben den gleichen Genotyp, sie bilden einen **Klon** oder eine **„reine Linie"** und sind **isogen.** Vermißt man diese Tierchen nach ihrer Länge, dann variiert diese von 138 µm bis 200 µm und verteilt sich idealerweise unter einer Gauß-Kurve.

In diesem Fall hatte jedes Tier die gleiche Erbinformation zur Größenausbildung (polygenes Merkmal). Umweltfaktoren bestimmten für jedes Individuum die endgültige Größe im Rahmen zwischen 138 und 200 µm (Abb. 4.**24**).

Eine vergleichbare Analyse kann an **Bohnen** ausgeführt werden: Inwieweit sind genetische Faktoren und inwieweit Umweltfaktoren bei der Gewichtsentwicklung von Bohnen beteiligt?

Aus einer käuflichen Bohnenpopulation wurden Bohnen verschiedenen Gewichts herausgesucht, einzeln gezüchtet und nach ausgiebig langer Inzucht einzelner Pflanzen reine Linien erhalten. Wurde das Gewicht der Bohnen, die einer solchen reinen Linie entstammten, bestimmt, dann verteilten sie sich wieder nach Gauß. Genetisch waren diese Bohnen alle reinerbig

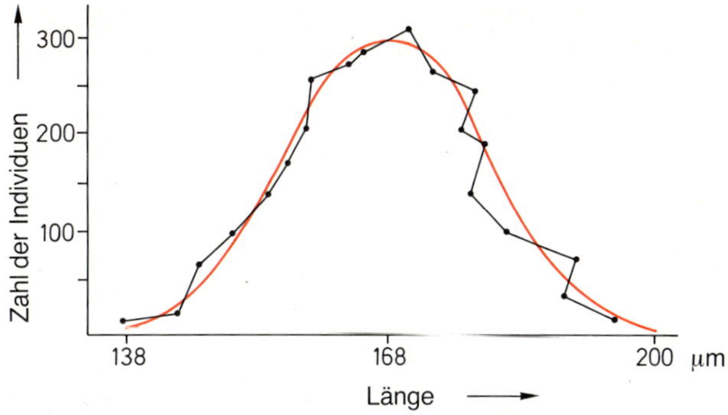

Abb. 4.24 Modifikationskurve: umweltbedingte Variabilität
Die Modifikationskurve zeigt eine Gauß-Verteilung für ausschließlich umweltbedingte Variation der Zellgröße bei genetisch identischen Pantoffeltierchen. (Ein Paramecienklon besteht aus isogenen Individuen!)

identisch. Die Variation beruhte ausschließlich auf Umweltfaktoren (Abb. 4.**25**).

Im zweiten Versuch wurden Bohnen ausgewogen, die von drei verschiedenen reinen Linien abstammten. Diesmal ergaben sich drei Gaußkurven, deren Mittelwerte divergierten. Die eine Linie brachte im Mittel schwerere Bohnen hervor als die andere. Dieser Unterschied war in der genetischen Information der beiden Linien zu suchen. Der genetische Rahmen, in dem das Gewicht der Bohnenkerne, bedingt durch Umwelteinflüsse, variieren konnte, war in beiden Linien verschieden gesteckt (Abb. 4.**26**).

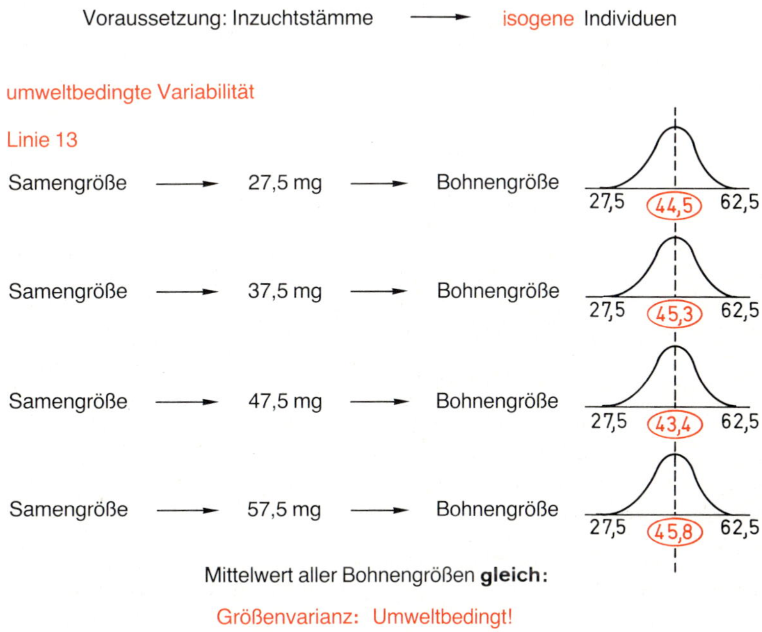

Abb. 4.25 Multifaktorielle Variabilität
Experimentelle Unterscheidungsmöglichkeit zwischen Umweltkomponente und genetischer Komponente; die Analyse erfolgt anhand von Bohnengrößen nach Johannsen
Umweltbedingte Variabilität
Bei genetischer Identität (Linie 13) ist die kontinuierliche Variation des Bohnengewichts ausschließlich umweltbedingt. Alle Bohnensamen entwickeln Bohnen von gleicher mittlerer Größe

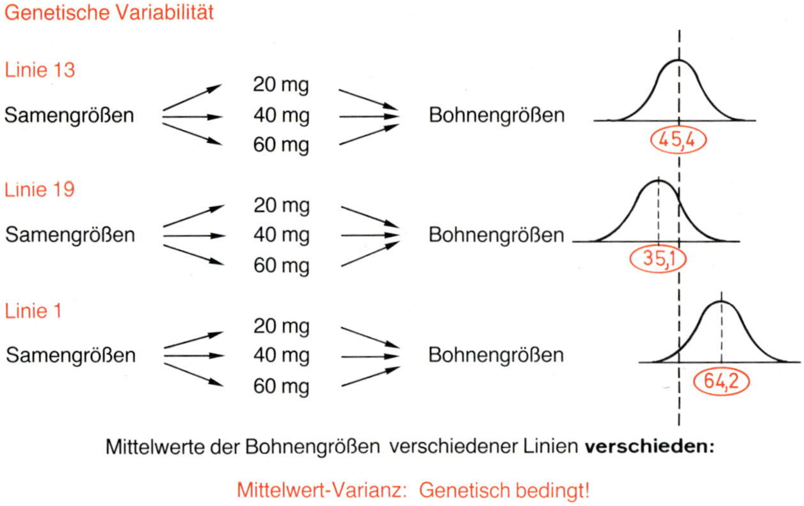

Abb. 4.26 Multifaktorielle Variabilität – genetische Variabilität
Bei genetisch nicht identischen Linien (1, 13, 19) ist die Variabilität des mittleren Bohnengewichts genetisch bedingt

4.3.5. Die genetisch bedingte Variabilität wird durch die Heritabilität ausgedrückt

Der erbliche Anteil an der Variabilität wird durch die phänotypische Heritabilität angegeben (Abb. 4.**27**). **Heritabilität** ist somit das Verhältnis genetisch bedingter Variabilität zu phänotypischer Variabilität.

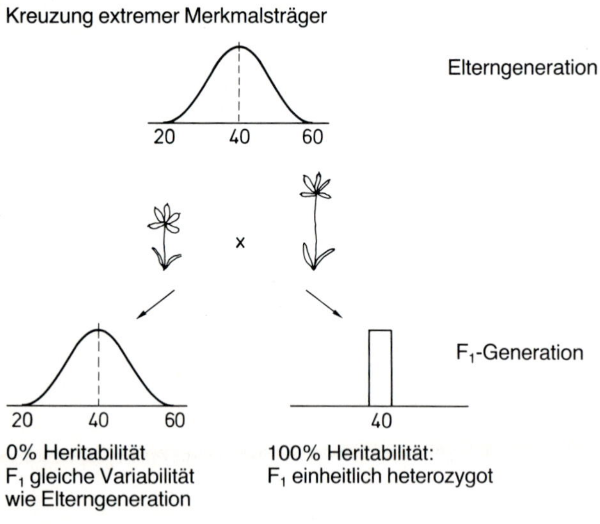

Abb. 4.27 Ermittlung der Heritabilität eines Merkmals
Um das Merkmal „Pflanzenhöhe" auf seine Heritabilität zu testen, werden extreme Merkmalsträger gekreuzt. Die theoretischen Ergebnisse bei 0 bzw. 100% Heritabilität sind aufgezeichnet

Um ein Merkmal auf Heritabilität zu testen, kreuzt man Individuen, die das Merkmal extrem ausprägen. Zeigen ihre Nachkommen Normalverteilung, dann war die Heritabilität gleich 0%. Zeigen sie einen Mittelwert zwischen den Elternindividuen, d. h. sind sie echte Heterozygoten, dann war die Heritabilität gleich 100%.

4.3.6. Monozygote Zwillinge sind isogene Menschen

Beim Menschen gibt es isogene Individuen nur in Form der **monozygoten** (eineiigen) **Zwillinge.** Solche Zwillinge entstehen durch frühembryonale, totale Spaltung des Keims im Gegensatz zu zweieiigen Zwillingen **(dizygot),** die durch gleichzeitige Befruchtung zweier Eier mit zwei Spermien zustande kommen. Die Häufigkeit von Zwillingsgeburten in Mitteleuropa beträgt 1 : 85, davon sind ⅔ dizygot, ⅓ monozygot. Die Zwillingsforschung ist ein wichtiges Mittel, beim Menschen Erblichkeit eines Merkmals von der reinen Varianz durch Umwelteinflüsse abzugrenzen (Rep. 4.**9**). Stimmen Zwillinge in einem Merkmal vollkommen überein, dann besteht **Konkordanz.** Eineiige Zwillinge besitzen einen identischen Genotyp: Sie sollten in allen Merkmalen konkordant sein. **Diskordanz** in einem Merkmal sollte bei ihnen rein umweltbedingt sein. Unterschiede zwischen zweieiigen Zwillingen, die unter gleichen Umweltbedingungen aufwachsen, sind hingegen auf genetische Ursachen zurückzuführen. Um einem Merkmal eine erbliche Komponente zuzuschreiben, muß die Konkordanz bei eineiigen, die Diskordanz bei zweieiigen Zwillingen groß sein. Besteht für ein Merkmal kein Konkordanz-Diskordanz-Unter-

Rep. 4.9 Ermittlung der Heritabilität eines Merkmals mit Hilfe der Zwillingsforschung

Eineiige Zwillinge:	gleicher Genotyp Unterschiede im Phänotyp sind umweltbedingt
Zweieiige Zwillinge:	verschiedener Genotyp Unterschiede im Phänotyp sind umwelt- und anlagebedingt
Konkordanz:	Übereinstimmung in einem Merkmal
Diskordanz:	Nicht-Übereinstimmung in einem Merkmal

Analyse der Merkmalsausprägung

Eineiige Zwillinge → gleiche Umwelt / verschiedene Umwelt → Konkordanz → Hinweis auf → Erblichkeit

Zweieiige Zwillinge → gleiche Umwelt → Diskordanz → Hinweis auf → Erblichkeit

Eineiige Zwillinge → verschiedene Umwelt → Diskordanz → Hinweis auf Umweltbedingtheit

Zweieiige Zwillinge → verschiedene Umwelt → Diskordanz → kein Hinweis!

schied zwischen eineiigen und zweieiigen Zwillingen, dann ist die Variation umweltbedingt.

4.3.7. Abweichung vom Normdurchschnitt offenbart multifaktorielle Erbleiden

Der Phänotyp für quantitative Merkmale setzt sich bei nicht isogenen Individuen aus genetischen und Umweltfaktoren unterschiedlichen Ausmaßes zusammen. Eine Ausnahme sind die Hautleisten der Fingerbeeren, die charakteristische Fingerabdrücke verursachen. Sie sind bedingt durch rein genetische Variabilität! Zu polygenen Merkmalen gehören Körpergröße, Gewicht, Haarfarbe, Hautfarbe, arterieller Blutdruck und Intelligenz (Tab. 4.**7**). Vergleicht man die Ausprägung derartiger quantitativer Merkmale zwischen Verwandten und Individuen einer beliebigen Population, so zeigt sich bei ersteren eine gewisse Korrelation, die mit Hilfe eines **Korrelationskoeffizienten** angegeben wird. Diese Korrelation wird um so stärker, je mehr gemeinsame Gene vorhanden sind, vorausgesetzt die Allele werden intermediär, d. h. ohne Dominanz oder Rezessivität ausgeprägt. Die Gauß-Verteilungskurven bei polygenem Erbgang können dazu benutzt werden, individuelle, krankhafte Abweichungen vom normalen Mittelwert zu erkennen. So gibt es z. B. in der Kinderheilkunde **Somatogramme,** mit deren Hilfe man für jedes Alter den altersentsprechenden Durchschnittswert z. B. für Körpergröße oder Gewicht ablesen kann.

Polygener Vererbung folgen auch einige Krankheiten, die wegen ihrer Häufigkeit für den Arzt oft bedeutsamer sind als monogene Erbleiden (Tab. 4.**8**). Dazu gehören z. B. der **Diabetes mellitus,** die **Hypertonie** und verschiedene **Formen des Schwachsinns.** Auch für **Schizophrenie, psychische Labilität** (z. B. Alkoholismus, Drogenabhängigkeit) konnten erbliche Komponenten nachgewiesen werden. Da mehrere Gene bei der Ausbildung eines polygen bedingten Krankheitsbildes zusammenwirken müssen, ist die Wahrscheinlichkeit, eine derartige Krankheit auszuprägen, unter Angehörigen einer Familie häufiger als innerhalb einer nicht verwandten Population. Das Erkrankungsrisiko jedes einzelnen Familienmitglieds wächst mit der Zahl der bereits erkrankten Angehörigen.

Tab. 4.7 **Multifaktoriell** vererbte Merkmale

Augenfarbe	Hautleistenzahl
Hautfarbe	(keine Beteiligung der Umwelt)
Haarfarbe	
Körpergröße	
Körpergewicht	Psychische Merkmale:
Arterieller Blutdruck	Intelligenz
	psychische Labilität

Tab. 4.8 **Multifaktoriell** vererbte Krankheiten

Hypertonie
Diabetes mellitus
Spezielle Formen des Schwachsinns
Schizophrenie
Psychosen
Epilepsie

Bei einigen polygenen Merkmalen gibt es eine Abweichung von der kontinuierlichen Normalverteilung. Das trifft immer dann zu, wenn zur Manifestation des Merkmals ein **Schwellenwert** erreicht werden muß. Die Gene zur Merkmalsausprägung sind vorhanden, kommen aber erst zur Manifestation, wenn eine Mindestmenge in einer Richtung additiv wirkender Gene ausgeprägt wird (Abb. 4.**28**).

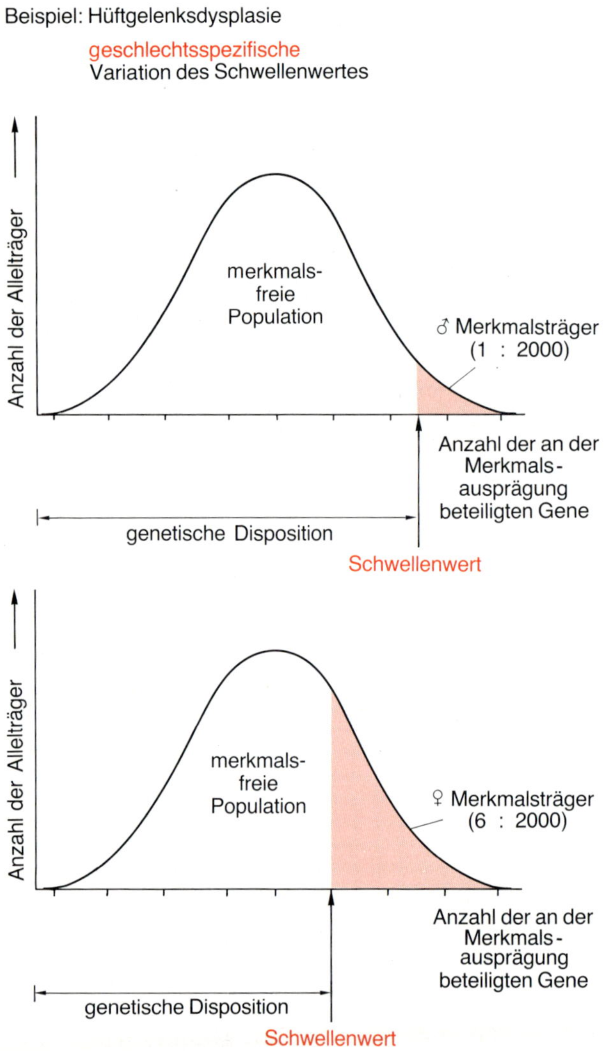

Abb. 4.28 Polygene Vererbung mit Schwellenwert
Das polygene Erbleiden Hüftgelenksdysplasie kommt nur in einem kleinen Teil der Population zum Ausbruch. Dieser Teil ist in der weiblichen Population größer, die Schwelle ist hier niedriger, als in der männlichen. Der übrige Teil der Population ist merkmalsfrei, hat aber die genetische Disposition entsprechend der Zahl der zusammenwirkenden Gene

Die Krankheitsneigung **(Disposition)** zeigt kontinuierliche Varianz, bis, nach Erreichen des Schwellenwertes, die Krankheit zum Ausbruch kommt. Zu solchen multifaktoriell vererbten Krankheiten mit Schwellenwert zählen: Lippen-Kiefer-Gaumen-Spalte, angeborene Hüftgelenkluxation, Pylorusstenose, Spina bifida und Klumpfuß. Ein Schwellenwert kann für ein und dasselbe Merkmal innerhalb der Population unterschiedlich hoch liegen, z. B. durch Geschlechtsabhängigkeit. Der Schwellenwert für die Ausprägung von Pylorusstenose liegt z. B. bei Mädchen sechsmal höher als bei Jungen (Tab. 4.**9**), d. h., Jungen sind häufiger betroffen.

Tab. 4.**9** Polygene Erbleiden mit Schwellenwert

	Häufigkeiten (%)
Lippen-Kiefer-Gaumen-Spalte	0,1–0,18
Spina bifida	0,29
Klumpfuß	0,1
Pylorusstenose	♀ 0,1; ♂ 0,6
Hüftgelenksdysplasie	♀ 0,3; ♂ 0,05

4.3.8. Elterliche Prägung von Genen (Imprinting of Genes) kann zur Variabilität der Ausprägung führen

Aus den Mendelschen Regeln ist bekannt, daß Merkmale der Individuen über Gene vererbt werden. Dabei sollte es gleich sein, ob ein bestimmtes Allel von dem einen oder dem anderen Elternteil stammt. Das ist aber nur mit Einschränkungen richtig. Das gleiche **Allel** kann ganz **unterschiedlich ausgeprägt** werden, je nachdem, ob es auf einem **paternalen oder maternalen Chromosom** liegt. Für das Überwiegen eines vom Vater oder von der Mutter ererbten Chromosoms gibt es drei Möglichkeiten: Das Merkmal wird gonosomal (s. gonosomale Vererbung) oder extrachromosomal vererbt (s. Kap. **1**). Bei extrachromosomaler Vererbung ist die genetische Information in den Mitochondrien (bzw. den Chloroplasten) enthalten. Diese Organellen werden bei der Zygotenbildung von der Eizelle eingebracht, so daß Merkmale, die **mitochondrial** festgelegt sind, **maternal** vererbt werden. So wird z. B. die „genetische Krankheit" **mitochondriale Enzephalomyopathie** über rein mütterlichen Erbgang vererbt (s. Tab. 1.**9**). Als dritte Möglichkeit für sexabhängige Ausprägung eines Allels existiert die **elterliche Genprägung,** die durch Experimente an Mäusen entdeckt wurde. Zygoten, die zwei gleiche maternale Chromosomensätze haben, entwickeln kümmerliche Placenten und Dottersäcke. Die Embryos sind dabei relativ normal. Zygoten mit zwei paternalen Chromosomensätzen entwickeln normale Placenten und Dottersäcke, aber die Embryos sind in der Entwicklung stark zurückgeblieben. Die Erklärung besteht darin, daß in dem paternalen Chromosomensatz Gene für die Embryonalentwicklung inhibiert sind, während im maternalen Chromosomensatz Gene für die Bildung von Placenta und Dottersack gehemmt sind.

Diese Experimente wurden mittels Kerntransfers durchgeführt. Nach der Befruchtung liegen die beiden Kerne (der mütterliche und der väterliche) für eine gewisse Zeit als Vorkerne vor. Diese Kerne lassen sich durch Mikrooperation entfernen und austauschen. Ein väterlicher Vorkern kann z. B. entfernt und durch einen mütterlichen ersetzt werden etc. Wenn die Keimzellen von Inzuchtstämmen stammen, sind die weiblichen Chromosomensätze gleich und die männlichen ebenso. Die meisten Zygoten mit zwei maternalen bzw. zwei paternalen Chromosomensätzen sterben nach einigen Zellteilungen ab. Die Entwicklung von Embryos ist dann ein sehr seltenes Ereignis.

Ein anderer Experimenttyp, der zur Entdeckung der Genprägung beigetragen hat, benutzt die Fusion von einzelnen Chromosomen, so daß Embryos mit zwei von der Mutter bzw. vom Vater stammenden Chromosomen (Disomie) entstehen können. Dieses Experiment beobachtet die Prägung einzelner Chromosomen. Mauszygoten, bei denen nur ein Chromosom jeweils doppelt von einem der beiden Elternteile stammt, haben eine höhere Chance, Embryos oder gar Mäuse zu bilden, als die im ersten Experiment erwähnten. Z. B. sind Mäuse mit zwei Chromosomen 11 der Mutter sehr klein, während die mit zwei paternalen Chromosomen 11 gigantisch groß sind. Ausstattung mit gemischten Chromosomen 11 führt zur normalen Entwicklung.

Auf 11p15.5 liegt das Gen für den **Insulin-ähnlichen Wachstumsfaktor 2** (IGF2), das durch elterliche Prägung maternal inaktiv aber paternal aktiv ist. Deshalb wachsen Mäuse mit maternaler Disomie 11 schlecht, und Mäuse mit paternaler Disomie 11 (doppelte Dosis IGF2-Gen) werden riesig.

Interessanterweise sind die **Nachkommen** der Minimäuse mit zwei maternalen Chromosomen 11 bzw. der Giganten mit zwei paternalen normal entwickelt. Das zeigt, daß die **Genprägung nur eine Generation** wirkt und dann wieder gelöscht wird und neu geprägt werden muß.

Eine interessante Genprägungssituation ist beim **Prader-Willi-Syndrom** (mentale Retardierung, Fettsucht, Wachstumsstörung, disproportionierte kleine Hände und Füße, Hypotonie, Hypogonadismus und Hypopigmentierung) und beim Angelman-Syndrom (motorische und mentale Retardierung, puppenartige Bewegung, exzessives Lachen, Hyperkinesen, auffälliges EEG, Hypopigmentierung) gegeben (Abb. 4.**29**). Die Allele für Prader-Willi-Syndrom und Angelman-Syndrom liegen eng beieinander auf 15q11–13. Das Allel der Prader-Willi Region ist paternal aktiv, maternal inaktiv (geprägt). Beim Angelman Allel liegen die Verhältnisse genau um-

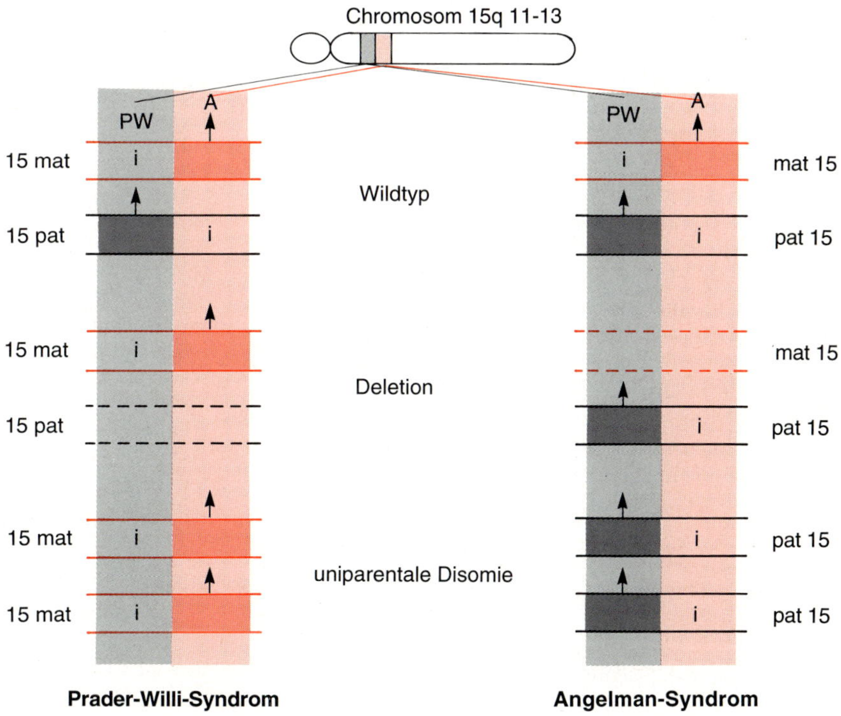

Abb. 4.29 Elterliche Prägung führt zu unterschiedlichen Syndromen beim Ausfall einer chromosomalen Region
Zwei eng benachbarte Genloci auf Chromosom 15 werden unterschiedlich geprägt, je nachdem, ob sie auf dem mütterlichen (mat) oder väterlichen (pat) Chromosom liegen. Diese Prägung führt zur Unterdrückung der Information dieser Region. Treffen zwei gleichartige Chromosomen (uniparentale Disomie) zusammen, oder fällt das aktive Gen durch Deletion aus, kommt es zum Prader-Willi(PW-Expression fehlt)- bzw. Angelman-Syndrom (A-Expression fehlt). Aktive Gene sind durch Pfeile, geprägte durch i (imprinted) markiert.

gekehrt. Fehlt das eine oder andere aktive Allel (z. B. Deletion), dann kommt es zur Ausbildung eines Syndroms, da das entsprechende andere Allel durch Prägung inaktiviert ist. Stammen beide Chromosomen 15 von ein und demselben Elternteil (uniparentale Disomie), z. B. als Folge einer Non-disjunction (s. Kap. 5), ist dies der Deletion eines Chromosoms gleichzusetzen (Tab. 4.**10**).

Auch bei der Entstehung des **embryonalen Rhabdosarkoms** dürfte Genprägung eine entscheidende Rolle spielen. Grundlage ist die Inaktivierung des auf dem Chromosom 11 befindlichen Rd-Gens. Das eine Allel wird durch paternale Prägung und das andere durch Mutation, z. B. Deletion, inaktiviert.

Weitere Beispiele für elterliche Genprägung sind der **Wilms-Tumor** und das **Osteosarkom.** Beim Wilms-Tumor (Wilms-Nieren-Tumoren machen 8% aller kindlichen malignen Tumoren aus) sind 2 genetische Marker beteiligt, die sehr eng benachbart auf 11p15.5 liegen: **Insulin-ähnlicher Wachstumsfaktor 2** (IGF2), der maternal inaktiv ist und ein **Tumorsuppressorgen** (H19), das paternal inaktiv ist. Tumorbildung erfolgt bei paternaler Disomie (2 aktive IGF2, 2 inaktive Tumorsuppressoren H19) oder bei maternaler Deletion (1 aktives IGF2 aber kein aktives H19). In besonderen Fällen kann auch unprogrammäßige Aktivierung des maternalen IGF2 zum Tumor führen. Die Region 11p15.5 ist auch assoziiert mit dem **Beckwith-Wiedemann-Syndrom,** das ebenfalls durch elterliche Genprägung verursacht wird (BWS: Nabelhernien, Riesenwuchs, Riesenzunge, Krebsdisposition, mitunter verbunden mit Wilms-Tumor).

Ebenfalls ein Beispiel für Genprägung scheint die dominant vererbte **Chorea Huntington** zu sein (neurologische Erbkrankheit, s. S. 183). Die Krankheit wird im mittleren Lebensalter diagnostiziert (durchschnittlich im 38. Lebensjahr). 10% aller Fälle beginnen aber bereits in den ersten Lebensjahren. In fast allen Fällen der kindlichen Form wird das kranke Gen (HD-Gen) vom Vater vererbt. Das entsprechende maternale Gen dürfte durch Prägung inaktiviert sein.

Die Genprägung ist eine Veränderung der genetischen Information, die wieder beseitigt werden kann. Für einen derartigen Vorgang bietet sich die DNA-Methylierung an. Es gibt experimentelle Hinweise dafür, aber noch keine endgültigen Beweise. Methylierung von DNA wird allgemein als Modifikation hin zum inaktiveren Zustand angesehen (X-Inaktivierung, Alterung). Bei Eukaryonten werden nur Cytosine methyliert, so z. B. in CG-reichen Regionen am 5′-Ende exprimierter Gene. Sind diese CpG-Inseln methyliert, sinkt die Genaktivität. Methylierung von Promotorsequenzen kann die Tertiärstruktur der DNA zu inaktivem Chromatin hin verändern. Mit der Genprägung bahnt sich eine interessante Erweiterung unserer genetischen Anschauungen an.

Tab. 4.10 Erbkrankheiten als Folge möglicher Genprägung

Prader-Willi-Syndrom	beide Chromosomen 15 maternalen Ursprungs
Angelman-Syndrom	Deletion einiger Sequenzen auf dem maternalen Chromosom 15
Rhabdosarkom, Osteosarkom, Wilms-Tumor	Inaktivierung von Genen durch Prägung des einen und Mutation des anderen Allels
Beckwith-Wiedemann-Syndrom	
Chorea Huntington (frühe Form)	Inaktivierung des nichtbetroffenen mütterlichen Allels durch Genprägung führt zu frühzeitiger Expression des defekten väterlichen Allels

Weiterführende Literatur

Buselmaier, W., G. Tariverdian: Humangenetik. Springer, Berlin 1991

Cavalli-Sforza, L. L.: Elements of Human Genetics. Benjamin, Menlo Park, California 1977

Emery, A. E. M., D. L. Rimoin: Principles and Practice of Medical Genetics, 2nd ed. Churchill-Livingtone, Edinburgh 1991

Fernandes, J., J. M. Saudubray, K. Tada: Inborn Metabolic Deseases. Springer, Berlin 1990

Levitan, M.: Textbook of Human Genetics, 3rd ed. Oxford University Press, Oxford 1988

Marinetti, G. V.: Disorders of Lipid Metabolism. Plenum Press, New York 1990

Stern, C.: Principles of Human Genetics, 3rd ed. Freeman, New York 1973

Sutton, H. E.: An Introduction to Human Genetics, 3rd ed. Saunders Philadelphia 1980

Wiedemann, H. R., F. R. Grosse, H. Dibbern: Atlas der klinischen Syndrome, 3. Aufl. Schattauer, Stuttgart 1989

Witkowski, R., F. H. Herrmann: Einführung in die klinische Genetik. Vieweg, Braunschweig 1976

Witkowski, R., O. Prokop: Genetik erblicher Syndrome und Mißbildungen, 3. Aufl. Fischer, Stuttgart 1983

Kapitel 5

Cytogenetik

Die Cytogenetik umfaßt die Beschreibung der Chromosomen nach Struktur und Zahl, so wie sie sich in spezifischen Darstellungsmethoden im Mikroskop präsentieren. Techniken der Cytogenetik ermöglichen es, an Chromosomen Abweichungen von der Norm festzustellen.

5.1. Chromosomen können spezifisch angefärbt werden

1956 publizierte der schwedische Cytologieprofessor John Albert Levan zusammen mit dem Amerikaner Joe Hin Tjio eine Arbeit, in der sie die **Zahl der menschlichen Chromosomen** erstmals richtig und reproduzierbar mit **2*n* = 46** angaben. Eine neue Technik, die Oxychinolin-Quetschtechnik, hatte das Zählen der Chromosomen im menschlichen Gewebe ermöglicht. Die Chromosomen wurden dadurch kontrahiert, die störende Spindel zerstört und viele Zellen in der Metaphase arretiert. Einzelne Chromosomen in ihrer Struktur können erst seit 1968 charakterisiert werden. Caspersson, ein schwedischer Zellbiologe, färbte Chromosomen mit Quinacrin-Mustard (Abb. 5.**1**). Im Fluoreszenzmikroskop wurden helle und dunkle Banden sichtbar, die sich in einem für

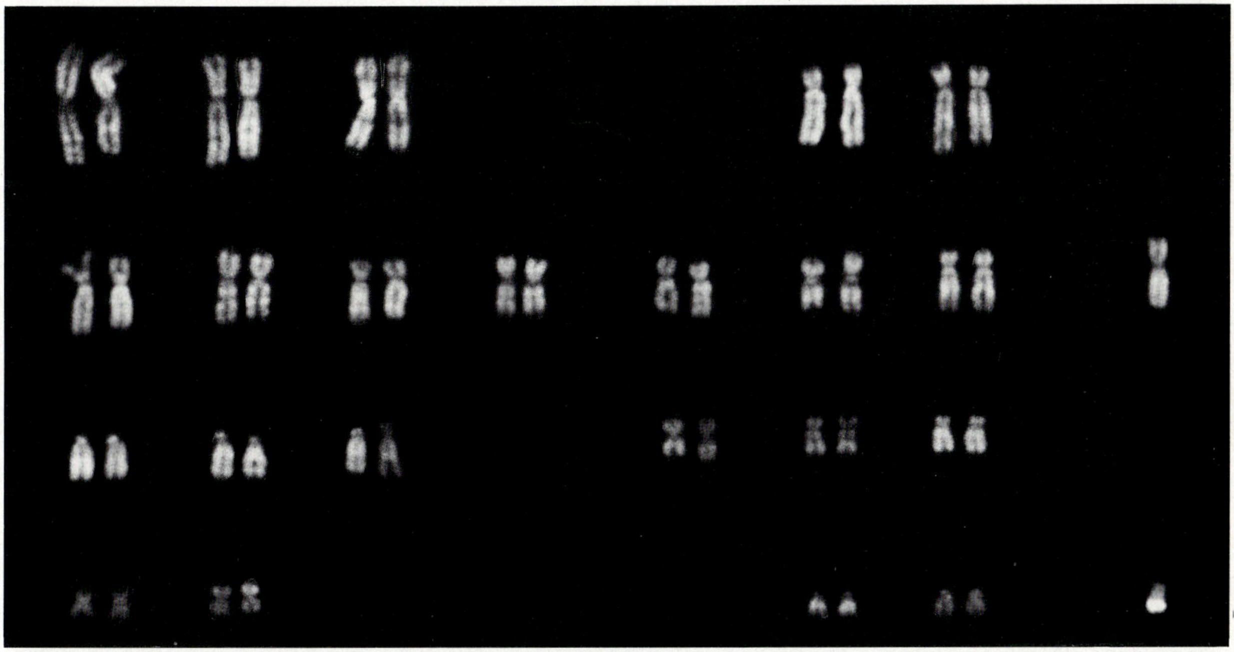

Abb. 5.1 **Normales männliches Karyogramm in Quinacrinfärbung**
Die Chromosomen sind ihrer Größe und dem Bandenmuster nach sortiert. Deutlich sichtbar der stark fluoreszierende lange Arm des Y-Chromosoms (Aufnahme: H. Schwaiger, M. Hirsch-Kauffmann, Innsbruck)

jedes Chromosomenpaar charakteristischen Muster abwechseln. Diese Banden werden **Q-Banden** genannt. 1970 wurde eine Technik entwickelt, Banden ohne Fluoreszenz darzustellen. Hierbei werden Chromosomen mit Trypsin vorbehandelt und mit Giemsa gefärbt. Die sog. **G-Banden** sind den Q-Banden sehr ähnlich. Diverse andere Bandierungstechniken sind entwickelt worden, so z. B. **C-Banden,** eine spezifische Färbung des konstitutiven Heterochromatins der Zentromerregion (Abb. 5.**2**). Grundsätzlich können Chromosomen in allen kernhaltigen Geweben dargestellt werden, die zur Teilung befähigt sind. In der Routine verwendet man Lymphocyten aus heparinisiertem Blut, aber auch Knochenmarkszellen, Hautfibroblasten oder Amnionzellen werden zur Analyse herangezogen. Die Aufarbeitung einer Blutprobe umfaßt die folgenden prinzipiellen Schritte.

Rep. 5.**1** Gang einer Chromosomenanalyse

Anreicherung von Zellen in der Mitose. Die Chromosomen sind nur in der Metaphase maximal kondensiert und im Lichtmikroskop sichtbar.

Teilungsfähige Zellen (steril!) ↓		(Lymphocyten, Knochenmark, Fibroblasten, Fruchtwasserzellen)
37 °C ↓		Mitosestimulierung durch Phytohämagglutinin (Pflanzenlectin) Arretierung der Mitosezellen durch Colchicin = Spindelgift, verhindert Tubulinaggregation
Hypotone Behandlung		Zellen schwellen, Chromosomen sind frei beweglich
Fixierung		Ausbreiten auf Objektträger
Färbung		z. B. Bandierung
Zählen	←	**numerische Aberration?**
Fotografieren	←	**strukturelle Aberration**?
Vergrößern		
Ordnen	←	**Karyogramm**

5.1.1. Zur Darstellung werden die Chromosomen in der Metaphase fixiert

Zur Darstellung der Chromosomen werden einige Tropfen sterilen Blutes in Kulturmedium gegeben (Rep. 5.**1**). Nichtproliferierende Lymphocyten werden durch **Phytohämagglutinin,** ein Pflanzenlectin, bei 37 °C zur Mitose

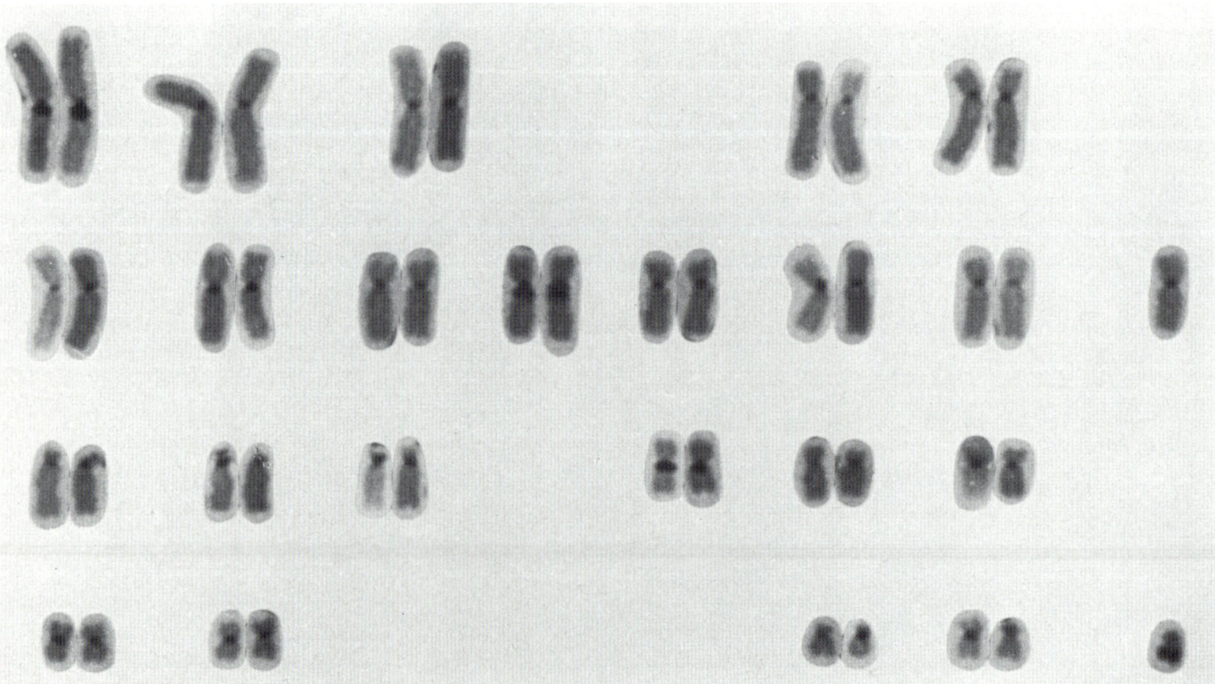

Abb. 5.**2 Karyogramm in C-Bandierung**
Darstellung des konstitutiven Heterochromatins der Zentromerregionen (Aufnahme: H. Schwaiger, M. Hirsch-Kauffmann, Innsbruck)

angeregt. Nach ca. 70stündiger Kulturdauer zerstört der Zusatz von **Colchicin,** ein Spindelgift, die Tubulinorganisation und arretiert dadurch die Chromosomen in der Metaphase. Die Zellen werden abzentrifugiert und in **hypotoner Salzlösung** aufgenommen. Das durch die semipermeable Zellmembran einströmende Wasser läßt Zellen und Chromatin schwellen. **Fixation** in diesem Zustand mit einem Eisessig-Methanol-Gemisch und Auftropfen der Zellen auf einen Objektträger führt zur Ausbreitung der Chromosomen jener Zellen, die sich in der Metaphase befunden hatten. Dazwischen verteilen sich die in der Interphase befindlichen Lymphocytenkerne, die keine Chromosomen erkennen lassen (Abb. 5.**3**). Die Präparate werden zur Zählung oder zur Darstellung von Banden gefärbt und bei 1000facher Vergrößerung im Mikroskop fotografiert. Vergrößerung geeigneter Metaphasen ermöglicht das Ausschneiden der einzelnen Chromosomen und die Zuordnung homologer Partner zur Anfertigung eines Karyogramms (Abb. 5.**4**, Rep. 5.**1**). In menschlichen Chromosomen zeigen sich, je nach Qualität der Präparation, 300 bis 2000 Banden. Eine Bande beinhaltet bis zu 1 Mbp DNA und ca. 150 Gene. DNA der G-Banden repliziert spät, die der Zwischenbanden früh. In den Zwischenbanden liegen auch die Haushaltsgene.

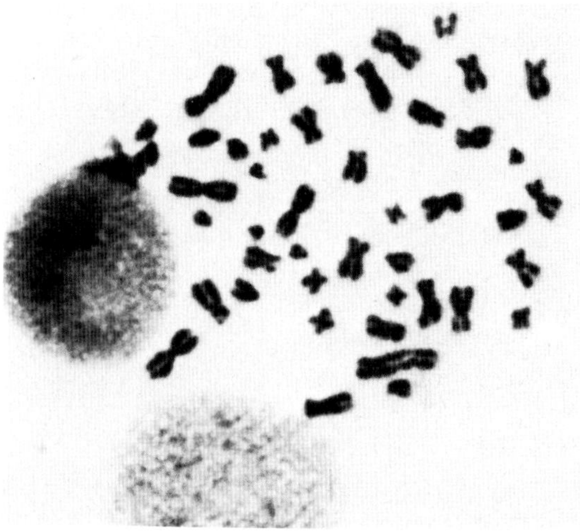

Abb. 5.**3** **Ausgebreitete Metaphasechromosomen nach Giemsafärbung** ▸
Kerne sich nicht in Mitose befindlicher Zellen und Cytoplasmareste umgeben die Chromosomen

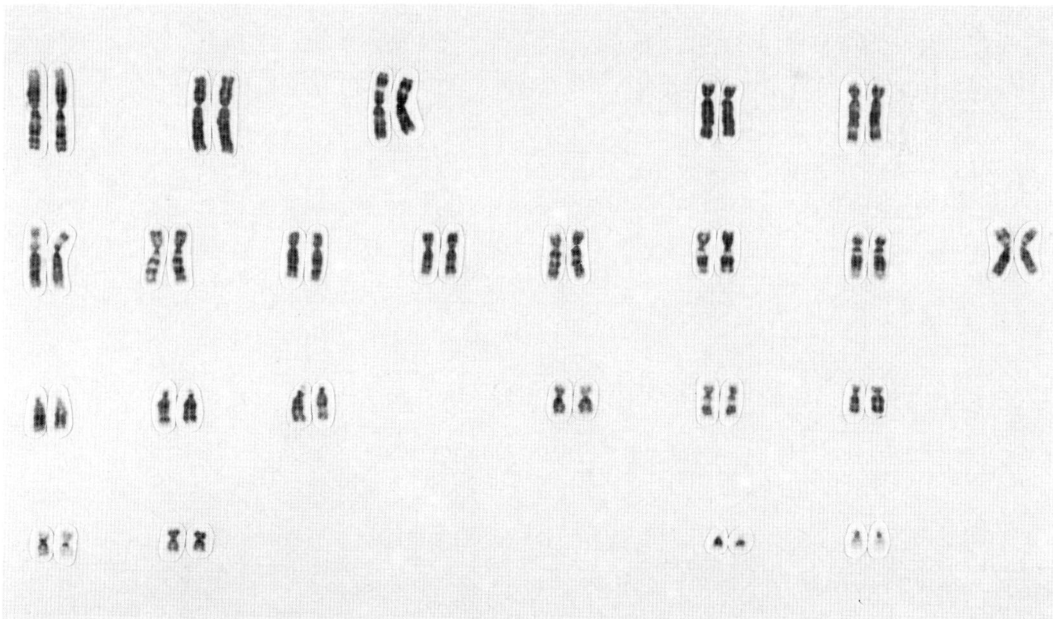

Abb. 5.**4** **Normales, weibliches Karyogramm (Giemsa-Trypsin-Bandierung)** (Aufnahme: H. Schwaiger, M. Hirsch-Kauffmann, Innsbruck)

5.1.2. Ein Chromosom besteht aus zwei Schwesterchromatiden, die im Zentromer zusammengehalten werden

Der weibliche Chromosomensatz setzt sich zusammen aus 44 Autosomen bzw. aus 22 homologen Paaren und zwei **Gonosomen,** den X-Chromosomen, die ebenfalls homolog sind. Der männliche Chromosomensatz besteht ebenfalls aus 22 homologen Autosomenpaaren und zwei Gonosomen, in diesem Fall **Heterosomen,** dem X- und dem Y-Chromosom (Abb. 5.**5**).

Zum Metaphasechromosom lagern sich in Längsrichtung zwei **Schwesterchromatiden** aneinander, die im Zentromer zusammengehalten werden. Die Schwesterchromatiden sind die cytogenetische Dokumentation für die während der S-Phase abgelaufene Verdopplung des genetischen Materials. Das **Zentromer,** das sich im Metaphasechromosom als Konstriktion darstellt, bezeichnet man auch als **primäre Konstriktion.** Hier ist der Ansatzort der Spindelfasern, das **Kinetochor.** Das DNA-Material dieser Region ist heterochromatisch und enthält α-Satelliten-DNA mit 171 bp langen Sequenzen als Tandem-Wiederholungen, die genetisch weitgehend inaktiv sind. Die Lage des Zentromers ist das auffälligste Kriterium, nach dem die Struktur eines Chromosoms beschrieben werden kann. Das Zentromer teilt das Chromosom in zwei Arme: den kurzen **p-Arm** (petit) und den langen **q-Arm.** Je nach Lage des Zentromers unterscheidet man **metazentrische, submetazentrische** und **akrozentrische** Chromosomen (Abb. 5.**6**).

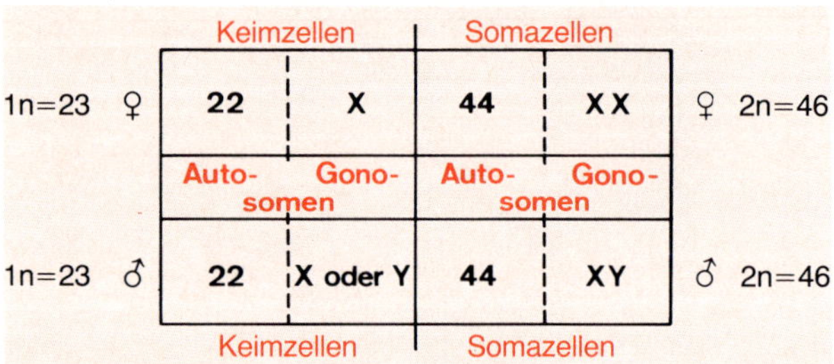

Abb. 5.5 Normale menschliche (weibliche ♀ und männliche ♂) Chromosomensätze in Keimzellen (n = 23) und Somazellen ($2n$ = 46)
Die Gonosomen sind gesondert angegeben
♀ 46,XX; ♂ 46,XY

5.1.3. Die Nucleolus-Organisator-Region liegt an Satelliten

Die akrozentrischen Chromosomen können mit Ausnahme des Y-Chromosoms als Besonderheit **Satelliten** tragen (nicht zu verwechseln mit Satelliten-DNA). Diese Satelliten (sind zwei hintereinandergeschaltet, so spricht man von Tandemsatelliten) können sehr stark in ihrer Größe variieren.

Sie bestehen aus heterochromatischem, besonders in der Fluoreszenzfärbung hervorstechendem, und somit genetisch weitestgehend inaktivem Material. (Nur im

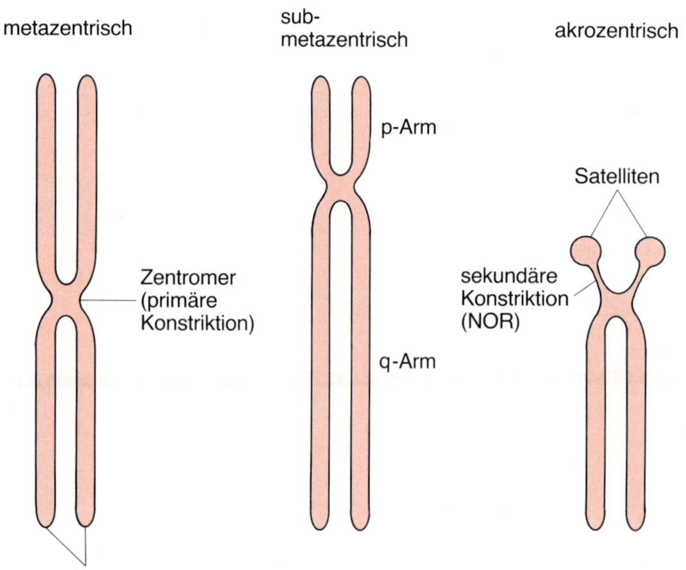

Abb. 5.6 Schematisierte Metaphase-Chromosomen

Mais wurde ein Gen für das Merkmal po (polymitotisch) im Satelliten des Chromosoms 6 lokalisiert). Die Satelliten imponieren häufig als Chromosomenfragmente. Ihre Verbindung zum übrigen Chromosom ist dermaßen negativ heteropygnotisch (gering spiralisiert), daß sie kaum sichtbar angefärbt ist. Diese heteropygnotische Region, auch als **sekundäre Konstriktion** bezeichnet, ist die sog. **Nucleolus-Organisator-Region (NOR).** An dieser Region bildet sich in der Telophase der Nucleolus und bleibt mit dieser während der gesamten Interphase und Prophase der Mitose assoziiert. Auf der DNA im Gebiet der sekundären Konstriktion liegen die Gene für die **rRNA.** Jede Spezies besitzt mindestens ein homologes Chromosomenpaar mit einer NOR-Region.

5.1.4. Die Chromosomen werden nach Größe, Form und Banden klassifiziert

Entsprechend der Denver-Konvention von 1960 und dem Pariser Übereinkommen von 1971 werden die Chromosomen einander nach Form, Größe, Lage des Zentromers und Bandenmuster zugeordnet (Abb. 5.7). Dazu werden die Chromosomen mit ihrem p-Arm nach oben orientiert, von 1 bis 22 durchnumeriert und in Gruppen A bis G zusammengefaßt. Die Gonosomen werden getrennt behandelt, wobei die X-Chromosomen der C-Gruppe, das Y-Chromosom der G-Gruppe zugeordnet werden können. Ein geordnetes Chromosomenbild eines Metaphasekerns zeigt den **Karyotyp** des Individuums an. Dieser wird nach internationaler Vereinbarung durch die Gesamtzahl der Chromosomen und die durch Komma abgetrennten Gonosomen beschrieben. Also z. B. 46,XX für normal weiblich und 46,XY für normal männlich. Abweichungen von der normalen Zahl oder der Struktur einzelner Chromosomen werden wie folgt angeführt:

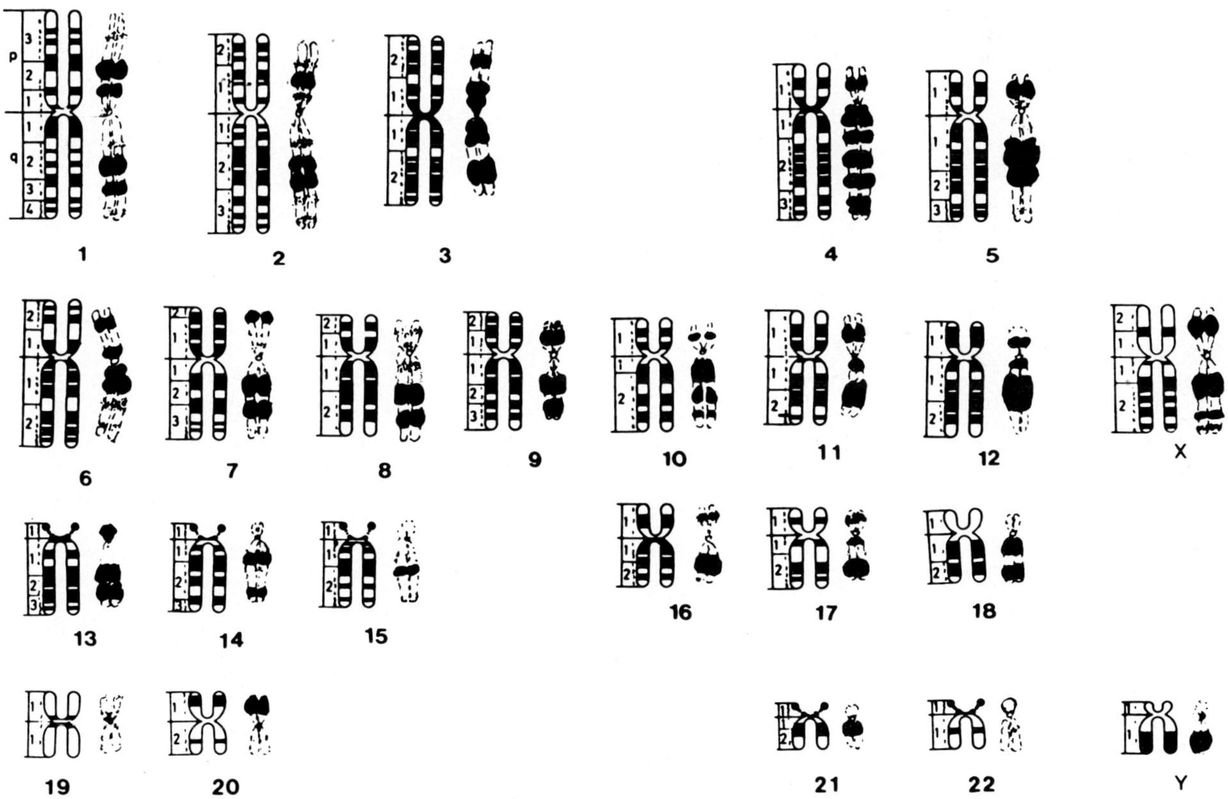

Abb. 5.7 Schema des Bandenmusters menschlicher Chromosomen entsprechend der Pariser Nomenklatur
Die Regionen des p bzw. q-Armes sind in Banden unterteilt. Das homologe Chromosom zeigt die prominentesten in der G-Bandierung hervortretenden Banden

Gruppe A: 1–3 Gruppe C: 6–12 Gruppe E: 16–18 Gruppe G: 21, 22
Gruppe B: 4,5 Gruppe D: 13–15 Gruppe F: 19,20

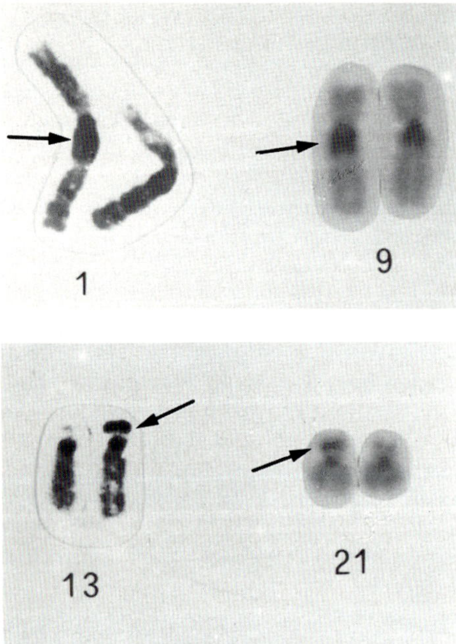

a

b

Abb. 5.8 Chromosomaler Polymorphismus
Chromosom 1 qh⁺; Chromosom 13 s⁺; Chromosom 9 ph⁺; Chromosom 21 s⁺ (qh⁺ = Heterochromatin am langen Arm, s⁺ = Satellit) (Aufnahme: H. Schwaiger, M. Hirsch-Kauffmann, Innsbruck)

47,XX + 21 (weiblicher Karyotyp mit Trisomie des Chromosoms 21) oder 46,XY,del(13)(q34) (männlicher Karyotyp mit Deletion der Bande 4 der Region 3 des langen Arms von Chromosom 13).

5.1.5. Chromosomale Polymorphismen sind charakteristische Merkmale

Im Karyogramm werden auch die sog. **chromosomalen Polymorphismen** angegeben. Das sind erbliche Strukturvarianten, die vermutlich keinen Krankheitswert besitzen, da sie meistens heterochromatisches Material, d. h. genetisch inaktive DNA-Abschnitte betreffen. 5 bis 7% der Bevölkerung tragen zumindest für ein Autosom heterozygot einen Polymorphismus. Homozygotie für einen Polymorphismus wird selten beobachtet. Derartige Polymorphismen entstehen durch Duplikationen, Deletionen oder perizentrische Inversionen (s. S. 213) und sind besonders häufig an den Chromosomen 1, 9, 16, außerdem am Y und den akrozentrischen Chromosomen im Bereich der Satelliten (s^+) zu finden (Abb. 5.**8**). Sie sind im Lichtmikroskop erkennbar. Solche Merkmale oder „Marker" werden häufig bei Vaterschaftsgutachten verwendet, da sie den Mendelschen Erbgängen folgen. Ob sie gänzlich ohne klinische Bedeutung sind, kann noch nicht eindeutig gesagt werden, da die Funktion der heterochromatischen DNA als Regulator oder ähnliches für das Euchromatin noch nicht aufgeklärt ist.

5.2. Chromosomen können Abnormitäten, Aberrationen zeigen

Aberrationen sind Mutationen, die größere Abschnitte oder ganze Chromosomen betreffen. Sie werden auch **Genom-Mutationen** genannt. Zwei große Gruppen werden unterschieden:

- numerische Aberrationen,
- strukturelle Aberrationen (Rep. 5.**2**).

5.2.1. Bei numerischer Aberration ist die Zahl der Chromosomen verändert

Der Chromosomensatz kann vervielfacht sein: Polyploidie

Bei der **Polyploidie** ist der gesamte Chromosomensatz vervielfacht, und zwar um das drei- und mehrfache des haploiden Chromosomensatzes.

Beispiele: $3n$ = **Triploidie,** $4n$ = **Tetraploidie** etc. Denkbare Entstehungsmöglichkeiten für Triploidien sind:

- Fehler in der Meiose (fehlende Reduktion) können z. B. zur Befruchtung eines unreduzierten Eies oder eines Eies durch ein unreduziertes Spermium führen.
- Eine Eizelle kann von zwei Spermien befruchtet werden.
- Reunion einer Eizelle mit einem Polkörperchen kann zu einer diploiden Eizelle, die von einem Spermium befruchtet wird, führen.

Triploidien sind über längere Zeit mit dem menschlichen Leben nicht vereinbar. Mehr als einige Tage überleben meistens nur **triploid-diploide Mosaike,** deren Entstehung auf einen Fehler in der frühen Entwicklung der Zygote zurückzuführen ist. Bei Mosaiken bestehen verschiedene Arten von Zellen nebeneinander – in diesem Fall triploide und diploide. 17% aller Spontanaborte sind Polyploidien, gehäuft Triploidien, aber auch Tetraploidien (Abb. 5.**9**). Deren Entstehungsmechanismus ist unter anderem auf eine **Endoreduplikation** (Endomitose) zurückzuführen. Hierbei verdoppelt sich zwar der Chro-

Rep. 5.2 Genom-Mutationen = Aberrationen

Polyploidie (Vielfaches von *n*)
(euploid)

numerische

Hypoploidie ($2n$–1 = Monosomie)
($2n$–2 homologe Chromosomen = Nullisomie

Aneuploidie

Hyperploidie
(z. B. $2n + 1$ = Trisomie)

gonosomale autosomale

Hauptursache: Polyploidie: fehlerhafte Meiose bzw. Mitose
Aneuploidie: „non-disjunction" in Meiose bzw. Mitose bei Mosaiken

strukturelle
1. vererbte
2. Neumutation

balancierte (Chromosomenumbau ohne Materialverlust oder -gewinn)

unbalancierte (partielle Mono- oder Trisomien durch Verlust oder Gewinn chromosomalen Materials)

Hauptursache: Bruchereignisse
Sonderform: Mosaike – postzygotische Aberration

mosomensatz, aber bei der Zellteilung trennen sich die Chromatiden nicht, d. h., es findet eine Zellteilung ohne Kernteilung statt. Auch diese Aberration ist mit dem Leben nicht vereinbar. Tetraploide Zellen werden zuweilen in Gewebe mit besonders hoher genetischer Aktivität gefunden, so z. B. in Placentazellen, in Tumorzellen, in Megakaryocyten (den Vorstufen der Thrombocyten), in Osteoklasten und in Rattenleberzellen.

Sind Polyploidien selten bei Tier und Mensch, so sind sie häufig im Pflanzenreich. Hier können sie sogar zu größeren und ertragsfähigeren Pflanzen führen. So haben in Japan entwickelte triploide Wassermelonen besonders kleine Kerne und sind deshalb beim Verbraucher sehr beliebt. Triploide Pflanzen sind in der Regel unfruchtbar, da es zu Komplikation während der Reduktionsteilung kommt.

Polyploidien dienen auch in der Züchtung zur Arterhaltung von Bastarden zweier chromosomal verschiedener Arten. Die Verschmelzung zweier unterschiedlicher Chromosomensätze und deren anschließende Verdoppelung führt zu einem großen neuen Satz, der in der Meiose reduzierbar ist, da homologe Partner vorhanden sind. Trotzdem ist in diesen Fällen eine erfolgreiche Weiterzucht nur sehr selten gelungen.

Abweichungen von der normalen Chromosomenzahl: Aneuploidie

Unter **Euploidie** versteht man den normalen, basalen Chromosomensatz oder ein Multiples davon. Abweichungen vom euploiden Chromosomensatz bezeichnet man als **Aneuploidien.** Hierbei werden einzelne Chromosomen addiert oder fehlen, wobei man je nach betroffenem Chromosom zwischen **gonosomaler oder autosomaler Aneuploidie** unterscheidet. Diesen Zustand toleriert

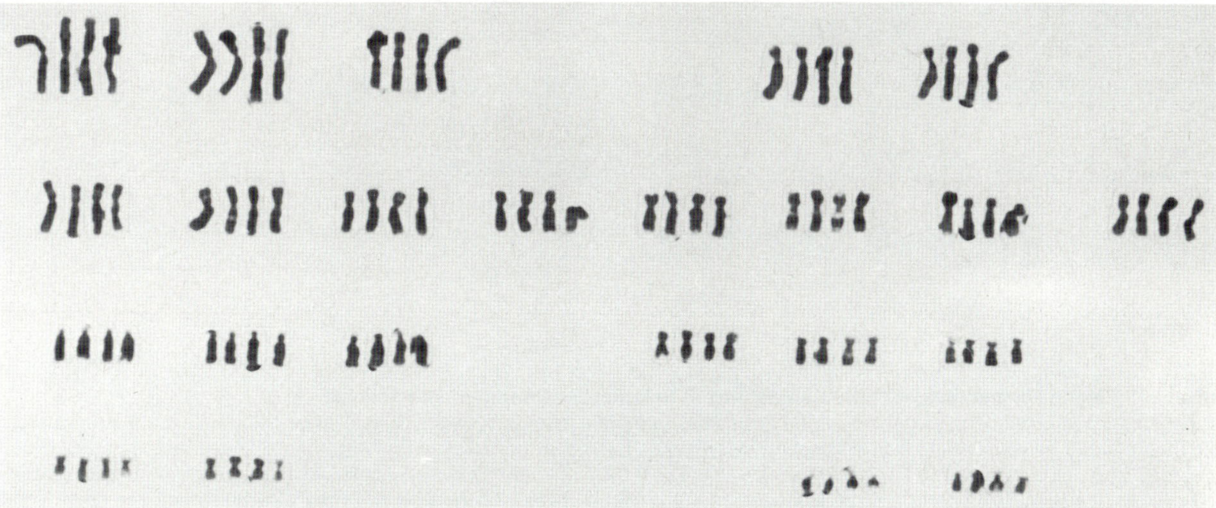

Abb. 5.9 **Menschlicher tetraploider Chromosomensatz, frühembryonal**
Giemsa-Trypsin-Bandierung (Aufnahme: H. Schwaiger, M. Hirsch-Kauffmann, Innsbruck)

die Natur, besonders wenn Autosomen betroffen werden, schlechter als eine Addition eines ganzen Genomsatzes. Der Phänotyp ist weitaus auffälliger verändert. Offensichtlich spielt die Verschiebung im Gendosisgleichgewicht bei einer Aneuploidie eine entscheidende Rolle. Bei den Aneuploidien wird das Fehlen eines Chromosoms als **Monosomie,** das Hinzutreten eines Chromosoms als **Trisomie** bezeichnet. Entsprechend ist ein Chromosomensatz von $2n$-1 **hypoploid,** während ein solcher mit $2n + 1$ **hyperploid** ist. Die Ursachen für die Abweichung von der Euploidie sind meist in Neumutationen zu suchen, und zwar durch Fehler während der Meiose.

– Der Verlust eines Chromosoms kann durch die verzögerte Bewegung eines Chromosoms in der Anaphase eintreten **(Anaphase-Lag).** Ein Chromosom, das nicht rechtzeitig aus der Äquatorialebene entfernt wird, geht beim Zellteilungsprozeß verloren.

Die weitaus häufigste Ursache ist das „Nicht-Auseinanderweichen" **(non-disjunction)** zweier homologer Chromosomen bzw. der Chromatiden eines Chromosoms während der Meiose (Abb. 5.**10**) oder der Mitose. Dies führt nach erfolgter Zellteilung zu einer hypo- und einer hyperploiden Zelle. Die hypoploide Zelle geht meistens zugrunde. Höchstwahrscheinlich liegt

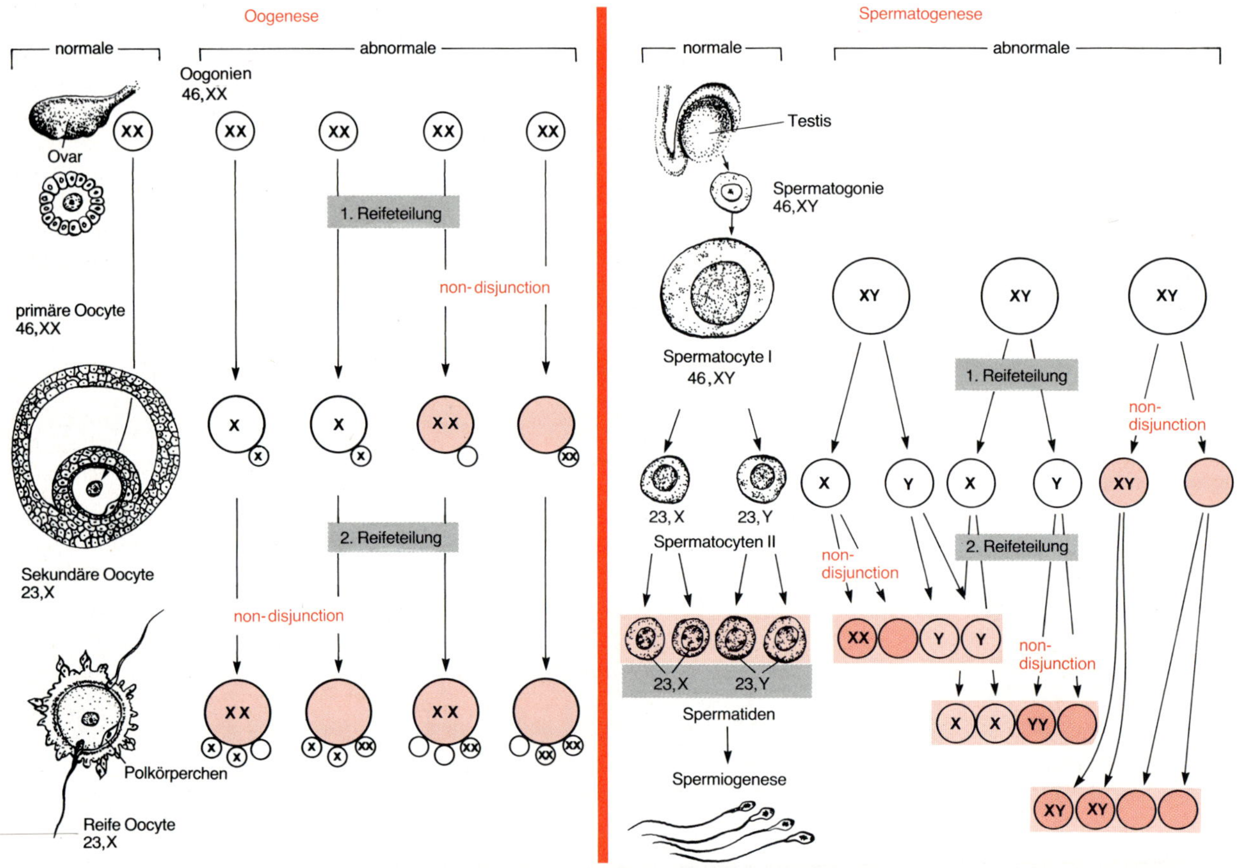

Abb. 5.**10** **Folgen von meiotischer Non-disjunction am Beispiel der Gonosomenverteilung**
Bei der Oogenese entstehen aus der diploiden Urkeimzelle durch die erste und zweite Reifeteilung haploide Zellen. Es resultieren eine Eizelle und 3 Polkörperchen. Non-disjunction kann in der ersten oder der zweiten Reifeteilung stattfinden. In jedem Fall bildet sich eine Eizelle mit entweder 2 ($n = 24$) oder keinem ($n = 22$) X-Chromosomen (n berücksichtigt auch die Autosomen in der Eizelle, in den schematischen Zellen sind nur die Gonosomen eingezeichnet). Bei der Bildung der Spermien entstehen bei einer Non-disjunction in der zweiten Reifeteilung Spermien ohne Gonosomen ($n = 22$), mit 2 X-Chromosomen ($n = 24$) oder 2 Y-Chromosomen ($n = 24$), bei Non-disjunction in der ersten Reifeteilung solche ohne ($n = 22$) bzw. solche mit einem X- und einem Y-Chromosom ($n = 24$) (Abgeändert nach Moore und Lütjen-Drecole)

diesem Vorgang ein Fehler im Spindelmechanismus zugrunde.

1 bis 2% aller Zygoten sind aneuploid (Tab. 5.**1**). Meistens werden Föten mit Chromosomenaberrationen als Spontanaborte abgestoßen, und zwar ungefähr in 50% der Fälle. Der größte Teil davon ist heteroploid, der kleinste Teil davon hat strukturelle Aberrationen. Etwa 0,5% aller Lebendgeborenen tragen chromosomale Abnormitäten. Die Überlebenschance ist eine direkte Folge der Gendosisverschiebung. Die Schwere des Defekts ist abhängig von der Größe des Chromosoms und der Zahl sowie Wichtigkeit der betroffenen Gene. Meist wird ein Zuviel an Information besser toleriert als ein Zuwenig. Die Auswirkungen einer Monosomie sind offenbar so katastrophal, daß sie selbst in Aborten kaum zu finden sind. Die einzige lebensfähige Monosomie ist die Konstellation X0 (**Ullrich-Turner-Syndrom**) (Abb. 5.**11**, 5.**12**), wobei in diesem Fall das verbliebene X-Chromosom nicht inaktiviert wird. Das Turner-Syndrom tritt in 0,03% aller weiblichen Geburten auf, 97% aller Turner-Zygoten sind nicht lebensfähig. Andere Monosomien existieren höchstens als Mosaike neben Zellen mit normalem Chromosomensatz.

Hyperploidien entstehen ebenfalls durch „Nicht-Auseinanderweichen“ in der ersten oder zweiten Reifeteilung. Hierbei haben ebenfalls diejenigen, die die Gonosomen betreffen, eine bessere Überlebenschance. Ursache ist die weitgehende Inaktivierung aller überzähligen X-Chromosomen – nur ein X-Chromosom bleibt aktiv –, ganz gleich, wieviele es sind, und die Gen-Armut des hauptsächlich heterochromatischen Y-Chromosoms.

Tab. 5.**1** Häufigkeiten chromosomaler Aberrationen

– In Spontangeburten	≈ 50%
– In Totgeburten und bei perinatalem Tod	5–7%
– In Lebendgeburten	0,5%
Gonosomale Aberrationen	≈ 250/Mill.
Autosomale Aberrationen	≈ 2500/Mill.
– Down-Syndrom (Trisomie 21)	1700 bis 33000/Mill. (altersabhängig)
– Edwards-Syndrom (Trisomoe 18)	≈ 170/Mill.
– Pätau-Syndrom (Trisomie 13)	≈ 100/Mill.
Strukturelle Aberrationen	
– Balancierte Translocationen	2000/Mill.
– Unbalancierte Translocationen	400/Mill.

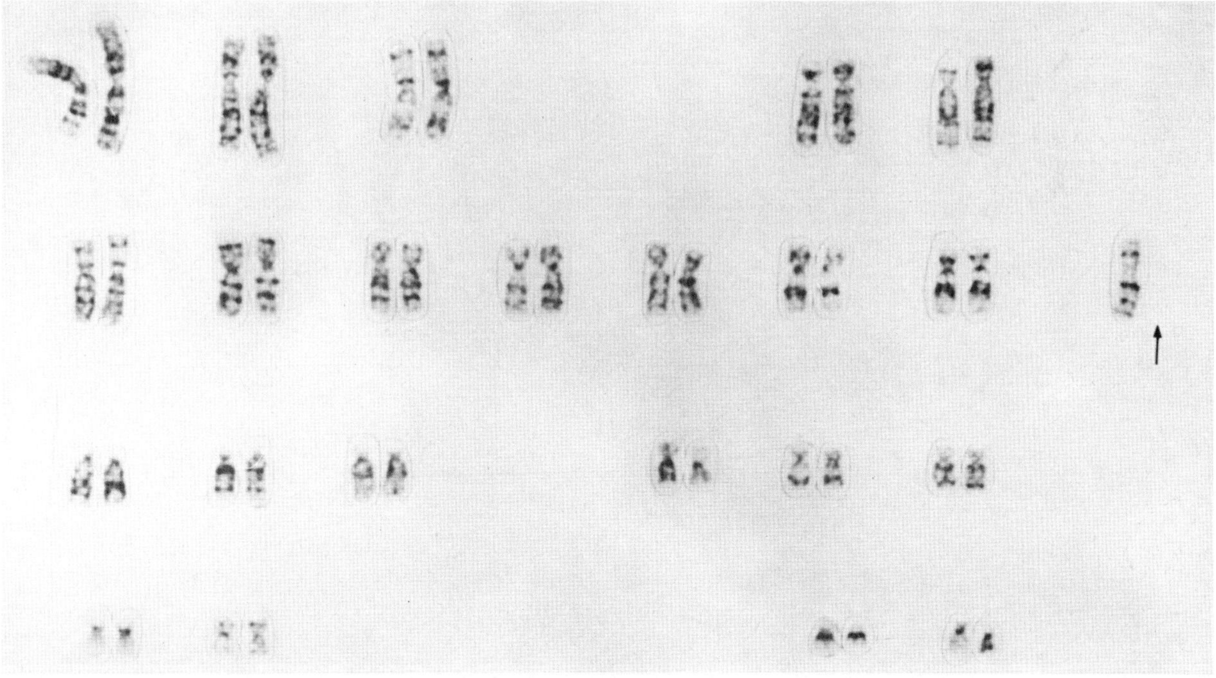

Abb. 5.**11 Karyogramm in Giemsa-Trypsin-Bandierung bei Ullrich-Turner-Syndrom; Karyotyp 45,X0**
(Aufnahme: H. Schwaiger, M. Hirsch-Kauffmann, Innsbruck)

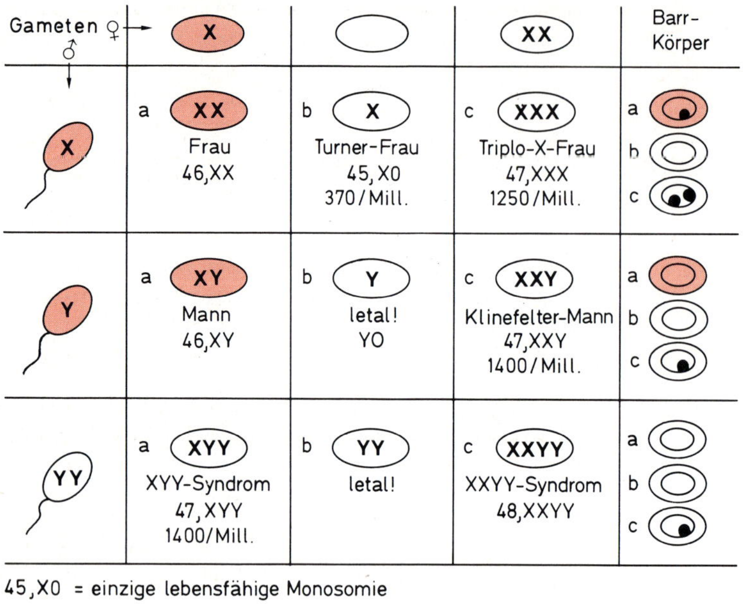

Abb. 5.12 Gonosomale Aneuploiden. Ursache: meiotische Non-disjunction
Schematische Darstellung der aus der Vereinigung weiblicher und männlicher Keimzellen hervorgehenden Zellen. Die Keimzellen sind entweder in bezug auf ihren Gonosomenbestand normal oder aberrant. Die resultierenden Genotypen und Phänotypen sind angegeben, ebenso die Barr-Körperchen, die sich aus der Anzahl der inaktivierten X-Chromosomen ergeben.

Zu den bekanntesten Hyperploidie-Syndromen zählt das **Klinefelter-Syndrom** (47,XXY; Abb. 5.**13**) mit einer Häufigkeit von 1400/Mill., das **Triplo-X-Frau-Syndrom** (47,XXX; Abb. 5.**14**) mit einer Häufigkeit von 1250/Mill. und das XYY-Syndrom (47,XYY; Abb. 5.**15**), ebenfalls mit einer Häufigkeit von 1400/Mill. (Tab. 5.**2**). Auffällig

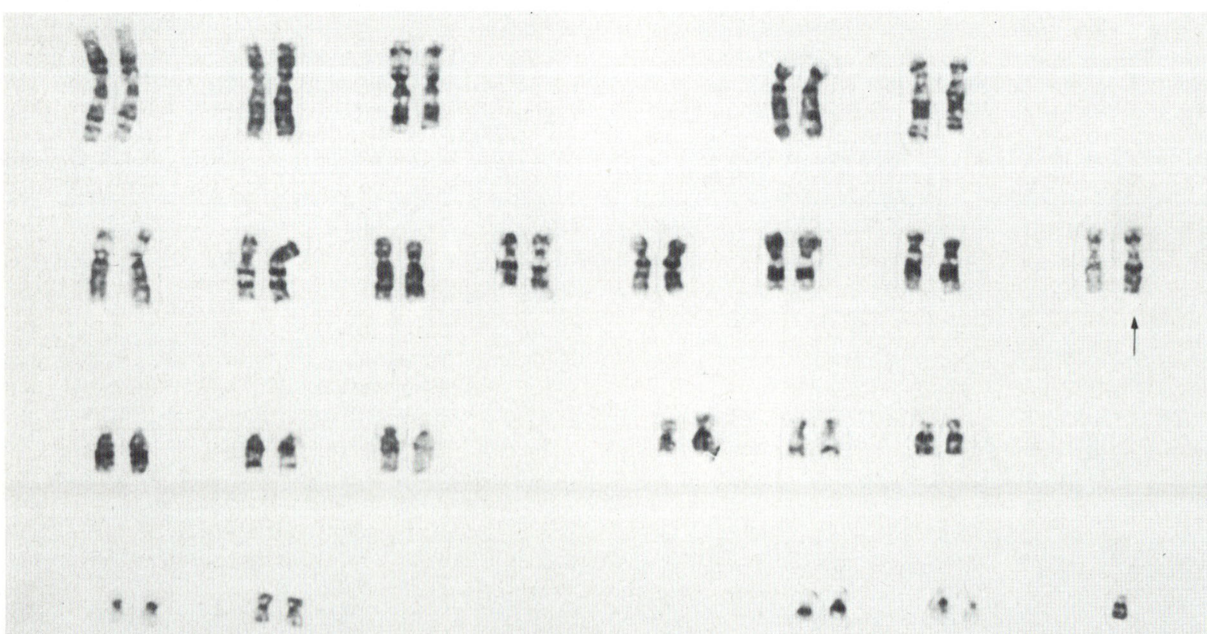

Abb. 5.13 Karyogramm eines Klinefelter-Syndroms; Karyotyp: 47,XXY
(Giemsafärbung, Aufnahme: H. Schwaiger, M. Hirsch-Kauffmann, Innsbruck)

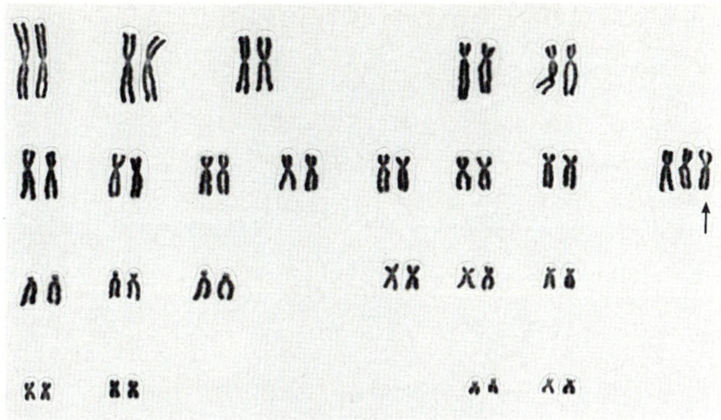

Abb. 5.14 Karyogramm einer Triplo-X-Frau. 47,XXX
(Giemsafärbung, Aufnahme: H. Schwaiger, M. Hirsch-Kauffmann, Innsbruck)

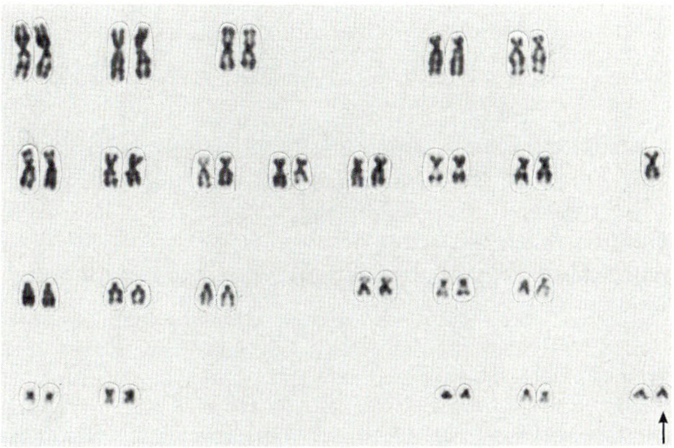

Abb. 5.15 Karyogramm eines XYY-Syndroms; Karyotyp: 47,XYY
(Giemsafärbung, Aufnahme: H. Schwaiger, M. Hirsch-Kauffmann, Innsbruck)

ist ein mit der Zahl der X-Chromosomen zunehmender Schwachsinn, der wahrscheinlich dadurch zustande kommt, daß der distalste Teil des X-Chromosoms der Lyon-Inaktivierung entgeht und es somit doch zu einem Gendosiseffekt kommt.

Die gonosomalen, numerischen Aberrationen können durch den Nachweis von **Heterochromatin** auch im **Interphasekern,** d. h. in sich nicht teilenden Zellen wahrscheinlich gemacht werden.

Die Inaktivierung aller bis auf ein X-Chromosom in somatischen Zellen (s. Kap. **1**) ermöglicht die Darstellung von **Barr-Körperchen** z. B. in gefärbten Zellen der **Mundschleimhaut** oder der **Haarfollikel.** Dieses **Sexchromatin (Geschlechtschromatin)** ist auch für die sog. **Drumsticks** verantwortlich, trommelschlegelförmige Anhangsgebilde am Kern der segmentkernigen Leukocyten.

Tab. 5.2 Gonosomale numerische Aberrationen mit Leitsymptomen

Karyotyp	Syndrom	Merkmal
45, X (Isochromosom, Deletion, Ring, Mosaike)	Ullrich-Turner-Syndrom (370/Mill.; häufigste Aberration in Spontanaborten)	♀; Minderwuchs, prim. Amenorrhoe → Sterilität, Pterygium coli
47, XXY (als Mosaike 5–15%)	Klinefelter-Syndrom (1400/Mill.)	♂; ≈ 10 cm größer als Durchschnitt; Hodenatrophie, Gynäkomastie, Azoospermie
47, XYY (auch als Mosaike)	XYY-Syndrom (1400/Mill.; 5% bei ♂ > 2 m)	♂; Körpergröße: 180–186 cm evtl. IQ erniedrigt; Haltlosigkeit, Passivität, Labilität, Kontaktschwäche
47, XXX (auch als Mosaike)	Triplo-X Syndrom (1250/Mill.)	♀; evtl. IQ erniedrigt; sekundäre Amenorrhoe

Die Darstellung dieser Drumsticks gelingt allerdings nur in ca. 3% der Leukocyten eines weiblichen Individuums und ist deshalb für eine **Diagnose** des chromosomalen Geschlechts zu unsicher. Auch der lange heterochromatische Arm des Y-Chromosoms zählt zum Sexchromatin und läßt sich durch Quinacrin im Interphasekern als **F-Body** färben. Geschlechtsbestimmungen anhand des Sexchromatins bedürfen, weicht die Diagnose vom phänotypischen Geschlecht ab oder macht sie eine numerische, gonosomale Aberration wahrscheinlich, immer der Abklärung durch ein Karyogramm (Abb. 5.**16**).

Als erste menschliche Trisomie eines Autosoms wurde das **Down-Syndrom** (Mongolismus) bereits 1866 von Down beschrieben und 1959 von Lejeune erstmals als Trisomie des Chromosoms 21 erkannt. Mit einer Inzidenz von 1700–33 000/Mill. ist es die **häufigste autosomale Aberration** (Tab. 15.**3**). Die Frequenz bei der Konzeption wird noch viel höher geschätzt, d. h. die meisten Trisomie-21-Föten führen zu Spontanaborten. Die Ursache für eine derartige „freie" Trisomie 21 wird ebenfalls in „Non-disjunction"-Vorgängen gesehen (Abb. 5.**17**, 5.**18**). Für derartige Schwierigkeiten der regulären Verteilung scheinen kleine Chromosomen anfälliger zu sein als große. Besonders bemerkenswert ist die Zunahme der Trisomie 21 mit dem **Alter der Eltern** (Abb. 5.**19**): „Nicht-Auseinanderweichen" nimmt offensichtlich altersabhängig an Häufigkeit zu.

Es wird vermutet, daß die „Klebrigkeit" der Chromosomen während des langen Diktyotäns (Ruhestadium der embryonal angelegten Eier) zunimmt. Eine andere Theorie besagt, daß die Zahl der Chiasmata im Laufe der Jahre abnimmt, die gepaarten

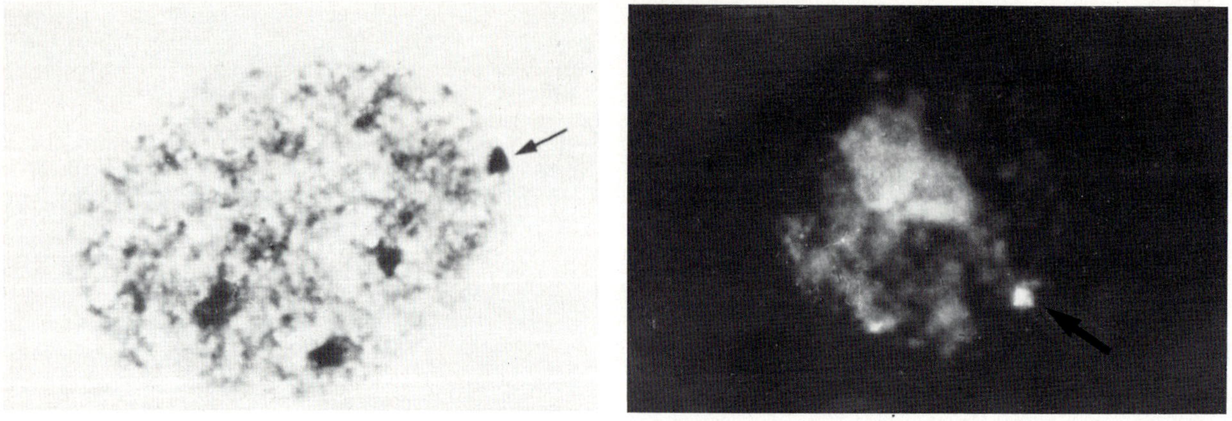

Abb. 5.16 **Sexchromatin**

a Barr-Körperchen in Zellen der Mundschleimhaut. Der Pfeil verweist auf das kernmembranständige Heterochromatin

b F-body in Zellen der Mundschleimhaut. Das stark fluoreszierende heterochromatische Material des langen Arms des Y-Chromosoms erscheint in der Quinacrinfärbung und ist mit einem Pfeil gekennzeichnet (Aufnahme: H. Schwaiger, M. Hirsch-Kauffmann, Innsbruck)

Chromosomen dadurch zuviel Spielraum bekommen und deshalb Fehlverteilungen wahrscheinlicher werden. Auch eine erbliche Disposition zu „Non-disjunction“ wird diskutiert.

Tab. 5.3 Autosomale numerische Aberrationen mit Leitsymptomen

Aneuploidie	Syndrom	Merkmal
Trisomie 21 95% „freie“ Trisomie (3–4% Translocationen, 1–2% Mosaike)	Down-Syndrom 1700–33 000/Mill.	kraniofaciale Dysmorphie: rundes Gesicht mit flachem Profil, mongoloide Lidachsen, weiter Augenabstand, flache Nasenwurzel, große Zunge, Vierfingerfurche, Klinodaktylie, Hautleistenveränderung, 40% Herzfehler, Duodenalstenose, IQ erniedrigt
Trisomie 18 80% „freie“ (10% Translocationen, 10% Mosaike)	Edwards-Syndrom 170/Mill. ♀ 4 : ♂ 1	Mikrognathie, tiefsitzende dysplastische Ohren, Beugekontraktur, Untergewicht, innere Fehlbildungen, Encephalopathie; Tod innerhalb des 1. Lebensjahrs
Trisomie 13 (15% Translocationen, 5% Mosaike)	Pätau-Syndrom (≈ 100/Mill.)	Lippen-Kiefer-Gaumen-Spalte, Mikrocephalie, Mikrophthalmie, Hexadaktylie, innere Mißbildungen, Tod nach ~ 4 Monaten

Fest steht, daß jenseits des 35. Lebensjahrs das Risiko für eine Frau, ein Kind mit Morbus Down zu gebären, drastisch ansteigt. Bei 40jährigen ist es bereits jede 100. Geburt. Auch das Alter des Vaters spielt eine ähnliche Rolle. Hier steigt allerdings das Risiko erst ab 41 Jahren.

Trisomien sind theoretisch für alle Chromosomen denkbar. Einige, besonders die der großen Chromosomen, führen aber wahrscheinlich derartig früh zum Abort, daß sie nie gefunden worden sind. Mit einer Häufigkeit von 170/Mill. ist die **Trisomie 18 (Edwards-Syndrom)** (Abb. 5.**20**) die zweithäufigste autosomale Trisomie, gefolgt von der **Trisomie 13 (Pätau-Syndrom)** mit einer Häufigkeit von 100/Mill. Bei beiden Syndromen sterben die Kinder bereits im Säuglingsalter. Bekannt sind weiterhin Trisomien, besonders partielle (nur ein Teil des Chromosoms ist

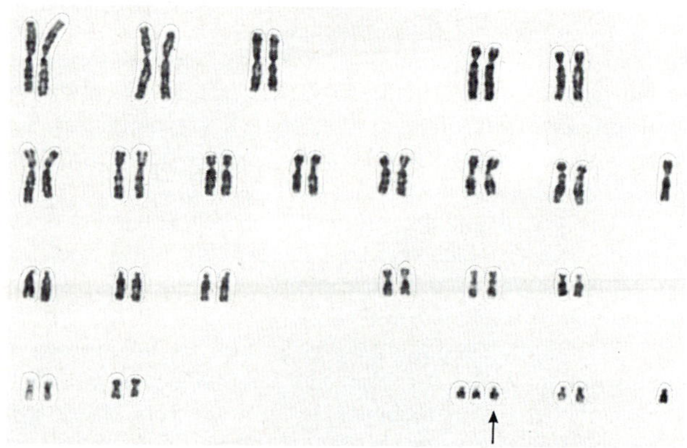

Abb. 5.17 **Karyogramm einer Trisomie 21; Karyotyp: 47,XY, +21**
(Aufnahme: H. Schwaiger, M. Hirsch-Kauffmann, Innsbruck)

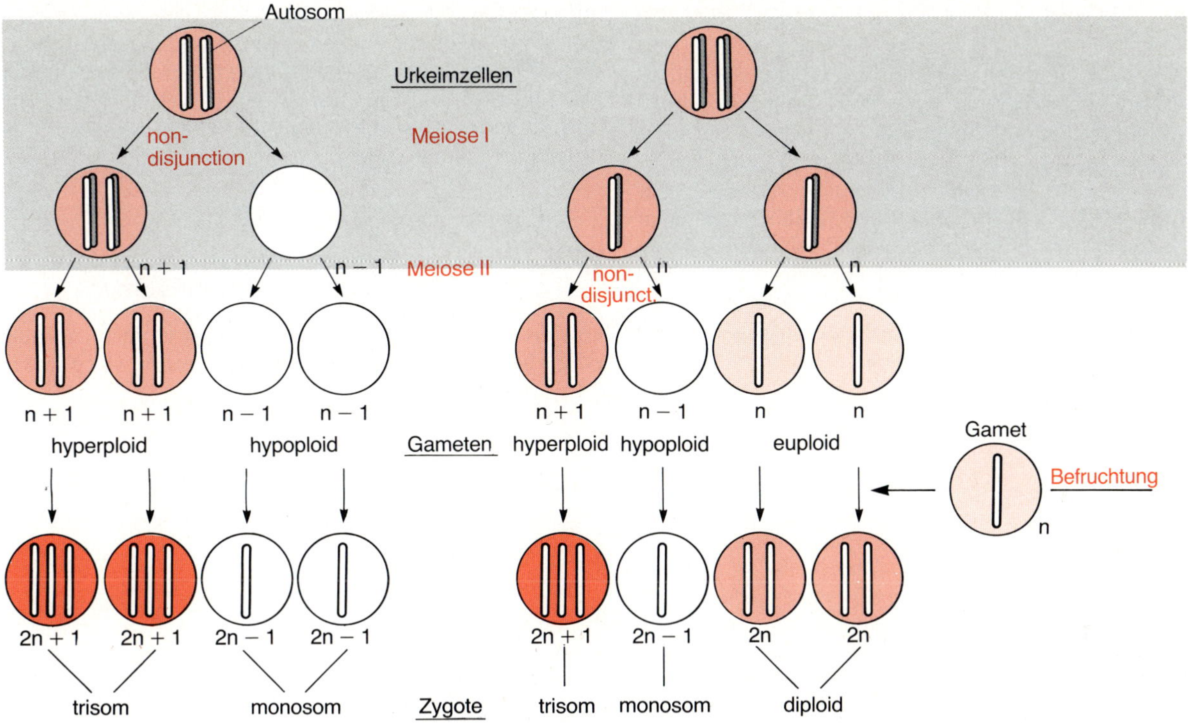

Abb. 5.18 Entstehung einer Trisomie-21-Zygote durch Non-disjunction in der Meiose
Eine Urkeimzelle mit diploidem Chromosomensatz (hier sind nur zwei der 46 Chromosomen eingezeichnet) tritt in die Meiose ein. In der ersten Teilung kommt es zur Non-disjunction. Die homologen Chromosomen 21 werden nicht getrennt. Es entsteht eine Zelle mit $n + 1$ (24 Chromosomen) und eine mit $n - 1$ (22 Chromosomen). Daraus resultieren 2 hyper- und 2 hypoploide Gameten. Werden diese mit einem normalen Gameten befruchtet, entsteht entweder eine für das Chromosom 21 trisome oder monosome Zygote

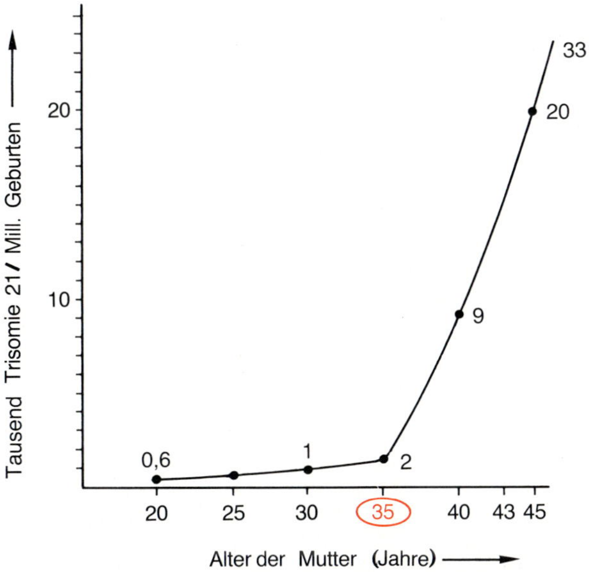

Abb. 5.19 Trisomie-21-Geburten in Abhängigkeit vom Alter der Mutter

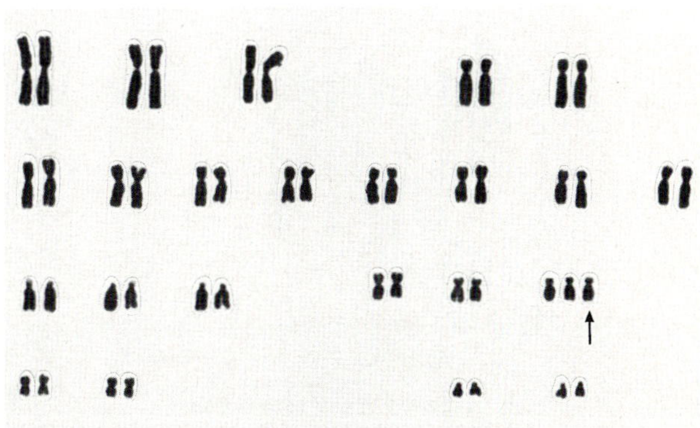

Abb. 5.20 Karyogramm einer Trisomie 18; Karyotyp: 47, XX + 18
(Aufnahme: H. Schwaiger, M. Hirsch-Kauffmann, Innsbruck)

trisom, s. strukturelle Aberrationen, Rep. 5.**3**), von Chromosom 8 und 9.

Findet das „Non-disjunction“ in einer Zelle der frühen Teilungsstadien des Föten statt (postzygotisches mitotisches Non-disjunction), dann kann eine derart aberrant gewordene Zelle zu einem eigenen Klon auswachsen. Es finden sich dann in einem Individuum Zellklone mit unterschiedlichen Chromosomensätzen. Neben normalen Zellen gibt es hypo- und hyperploide. Da die monosomen Zellen nicht überleben, bleibt eine Mischung von normalen und hyperploiden Zellen übrig. Einen solchen Karyotyp bezeichnet man als **chromosomales Mosaik** (Abb. 5.**21**). Wie schwer sich das Vorhandensein eines Mosaiks auf den Phänotyp auswirkt, hängt zum einen davon ab, zu welchem Zeitpunkt das mitotische Nondisjunction stattgefunden hat, d. h. wieviele der Zellen des Individuums aberrant sind, zum anderen davon, zu welchen Geweben und Organen die aberranten Zellklone während der Organentwicklung Zellen beigesteuert haben.

5.2.2. Strukturelle Aberrationen sind sichtbare Veränderungen der Chromosomen

Um die Struktur eines Chromosoms zu verändern, muß eine **Mutation** ein ganzes Segment betreffen (Rep. 5.**3**).

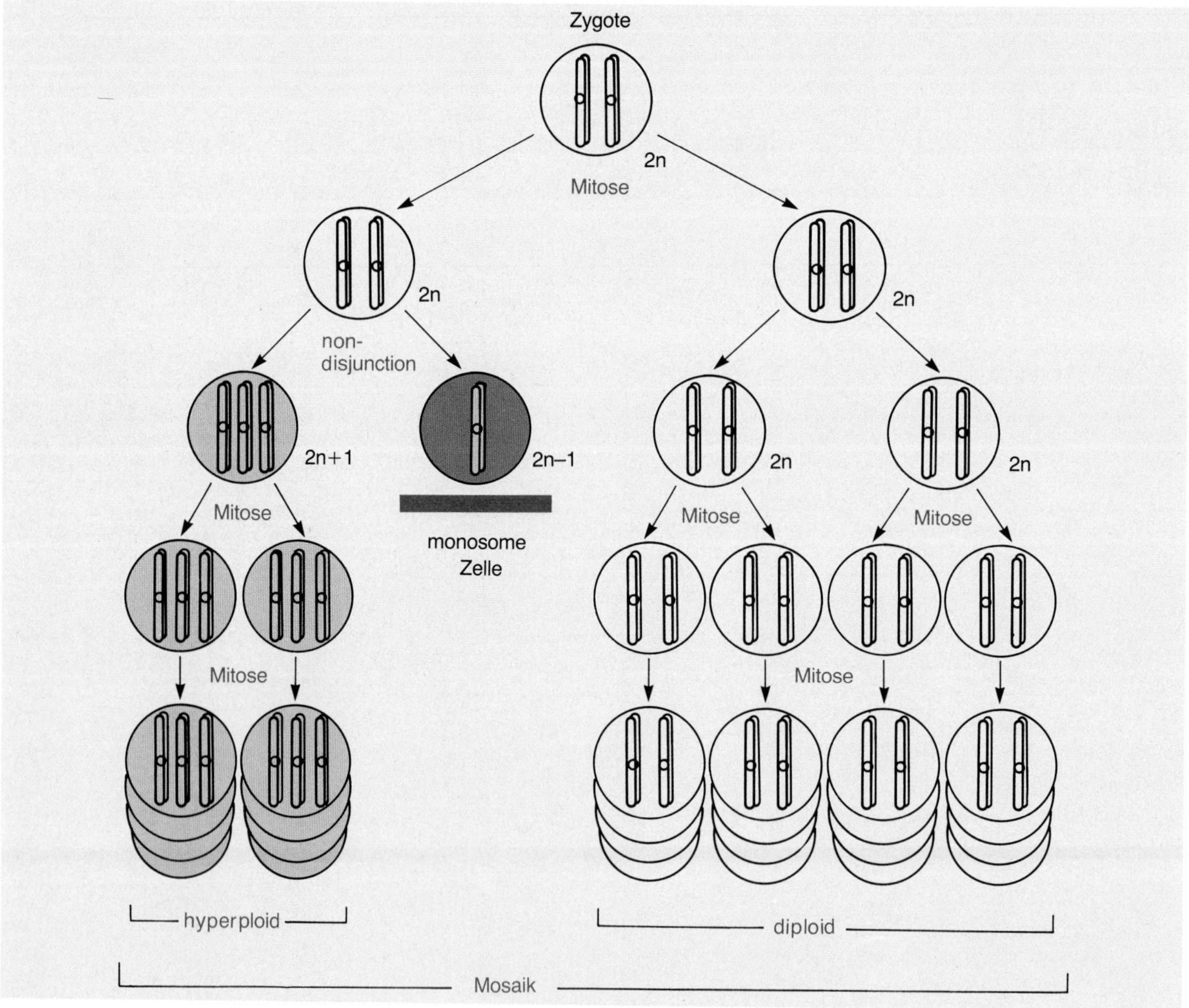

Abb. 5.**21** **Bildung eines chromosomalen Mosaiks durch Non-disjunction in der Mitose**
Eine normale diploide Zygote (2 Chromosomenpaare stehen stellvertretend für 23) teilt sich. Eine der Zellen erleidet bei einer derartigen mitotischen Teilung eine Non-disjunction eines Chromosomenpaares. Es entstehen eine trisome und eine monosome Zelle. Die monosome kann nicht überleben. Die trisome vermehrt sich weiter und bildet einen Klon

Rep. 5.3 Strukturelle Chromosomenaberrationen

Ursache: Bruchereignisse im G_1- oder G_2-Phase-Chromosom

1. Deletion = Defizienz = Verlust von Bruchstücken

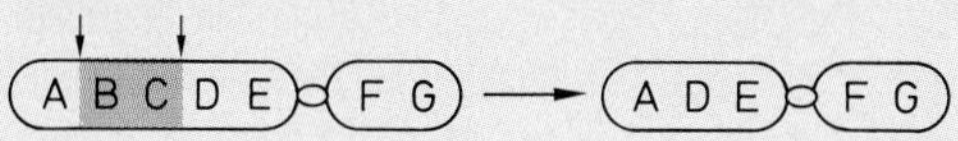

oder

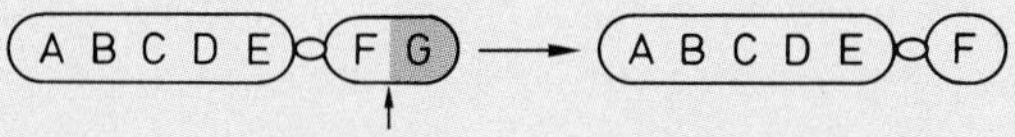

2. Inversion: Umbau = Bruchstück wird um 180° gedreht und wieder eingesetzt, Umbau innerhalb des Chromosoms

a) parazentrisch = Brüche in einem Arm:

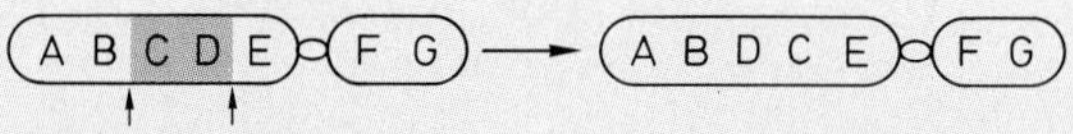

b) perizentrisch = Brüche in beiden Armen:

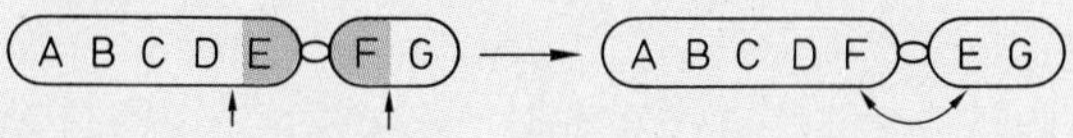

3. Ringchromosomen: Abbrüche an beiden Enden:

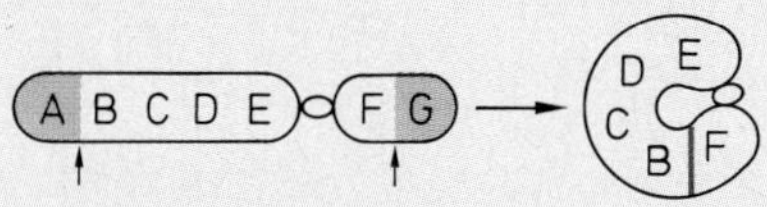

4. Duplikation: Umbau = Insertion des Bruchstücks im homologen Partnerchromosom

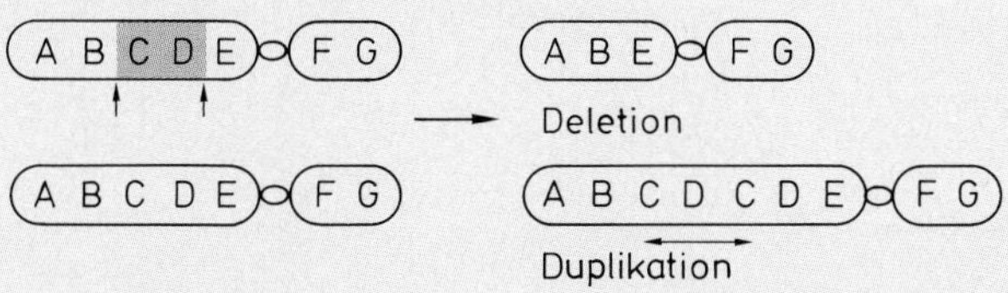

Ursache: Ungleiches Crossing-over homologer Chromosomen

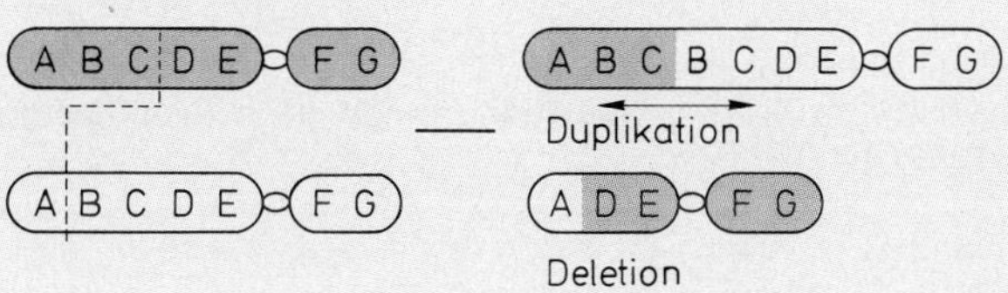

5. Translocationen: Umbau = Bruchstücke werden zwischen Chromosomen ausgetauscht

a) einfache (wahrscheinlich auch reziprok!)

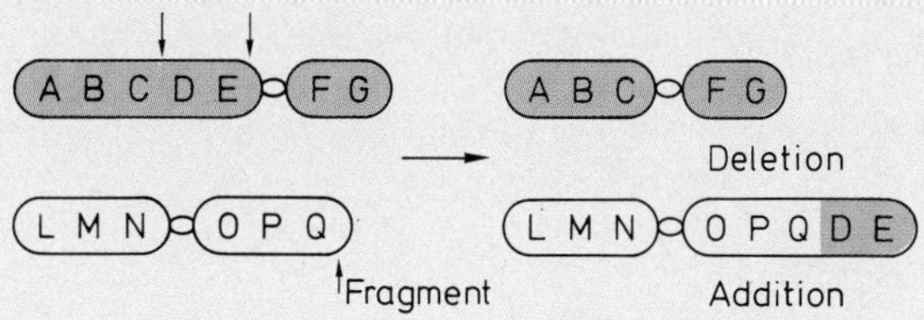

→ kein Materialverlust

b) reziproke

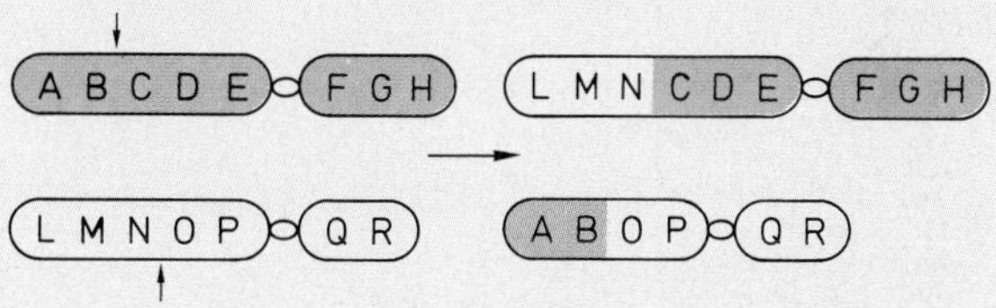

6. Sonderform: Zentrische Fusion; Robertsonsche Translocation (betrifft akrozentrische Chromosomen)

a) Umbau zwischen homologen Chromosomen

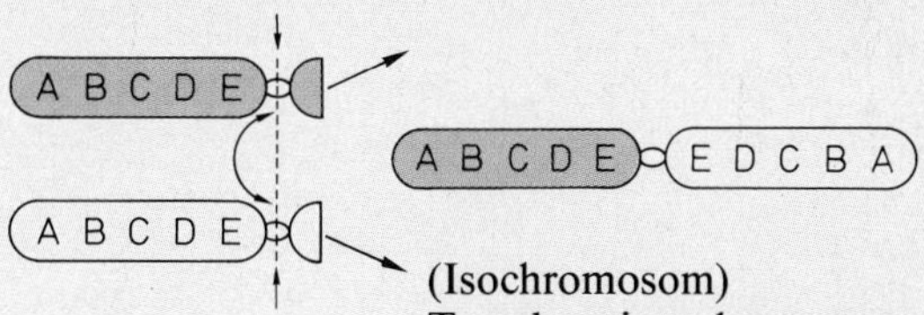

(Isochromosom) Translocationschromosom, metazentrisch, zwei gleiche Arme

b) Umbau zwischen heterologen Chromosomen

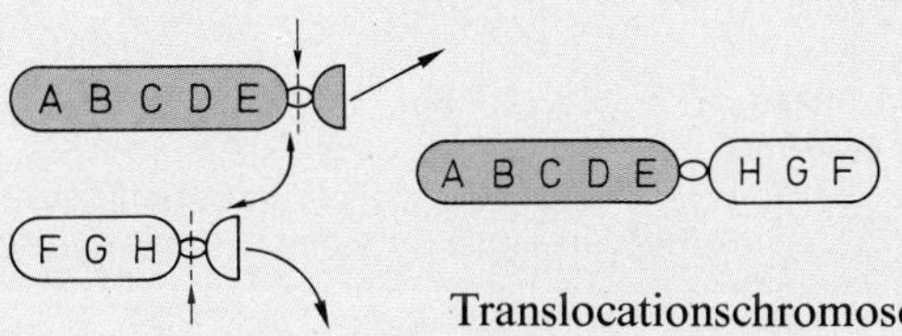

Translocationschromosom submetazentrisch

Derartige Mutationen unterscheiden sich von Punktmutationen dadurch, daß eine Rückmutation meist nicht mehr möglich ist. **Ursachen** für derartige Mutationen sind z. B. ionisierende Strahlen, chemische Mutagene, Mykoplasmen, Drogen (LSD, Marihuana) oder Viren, die im Chromosom zu Bruchereignissen führen können. **Brüche** sind die Voraussetzung für strukturelle Umbauten jeder Art. Diese Brüche finden sich häufig in Regionen des Chromosoms, in denen die DNA **repetitive Sequenzen** enthält und die sich cytogenetisch als heterochromatisch darstellen. 70% aller entstehenden Brüche heilen unbemerkt. Wahrscheinlich fördern die repetitiven Basensequenzen das Zusammenfinden komplementärer DNA-Stücke und erleichtern somit der Ligase ihre Wiederherstellungsfunktion.

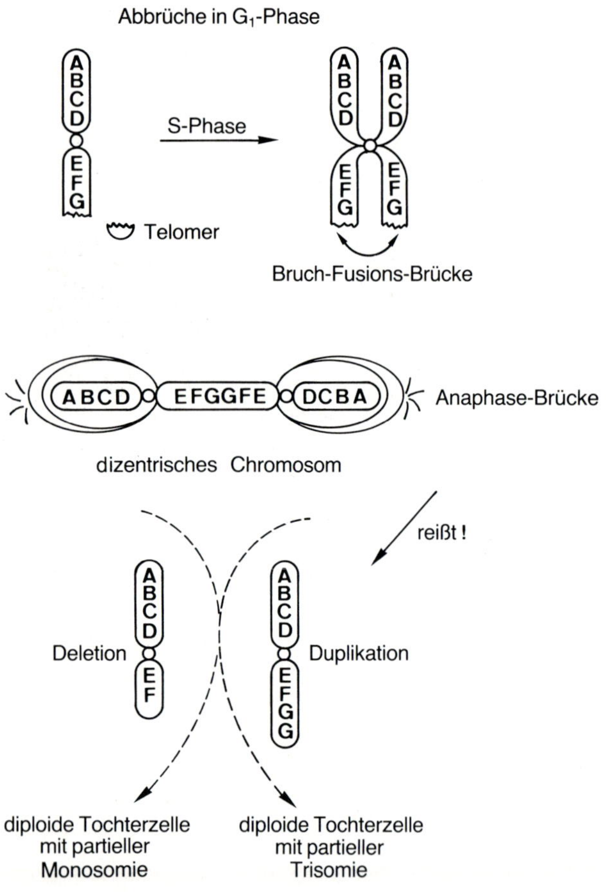

Abb. 5.22 Strukturelle Aberrationen nach Bruchereignissen in der G_1-Phase
Bruchereignisse in der G_1-Phase können zur Entstehung dizentrischer Chromosomen und nach der Zellteilung zu strukturellen Chromosomenaberrationen in den Tochterzellen führen. Bei diploidem Chromosomensatz betrifft das natürlich immer nur eines der Chromosomen. Das homologe bleibt weiterhin intakt.

Es ist von großer Bedeutung, zu welchem **Zeitpunkt im Zellcyclus** das Bruchereignis stattfindet:

Trifft das schädigende Agens ein Chromosom in der **G_1-Phase** und induziert ein Bruchereignis, dann wird dieses, nach Replikation des Chromosoms in der S-Phase, in der Metaphase der folgenden Mitose als Chromosomenbruch vorliegen. Es sind beide Chromatiden betroffen. In einem solchen Fall wird eine Brückenbildung zwischen beiden Chromosomenbruchstellen diskutiert **(Bruchfusionsbrücke).** Es kommt zur Bildung eines **dizentrischen Chromosoms,** das im Verlauf der Anaphase durch Ansatz von Spindelfasern an beiden Zentromeren **(Anaphasebrücke)** auseinandergerissen werden kann. Dieses neuerliche Bruchereignis unterteilt das dizentrische Chromosom in zwei ungleich große defekte Chromosomen. Beide Tochterzellen erhalten abnorme Chromosomen (Abb. 5.**22**).

Die zweite Möglichkeit: Das Bruchereignis findet erst in der **G_2-Phase** statt. Dieser Bruch führt dann zu einem Chromatidbruch, da nur eine Chromatide eines bereits replizierten Chromosoms betroffen wird. Nach der Verteilung der Chromosomen auf die Tochterzellen wird nur eine Zelle ein Chromosom mit Deletion enthalten (Abb. 5.**23**).

Unterschiedlich viele Bruchereignisse können an strukturellen Chromosomenaberrationen beteiligt sein.

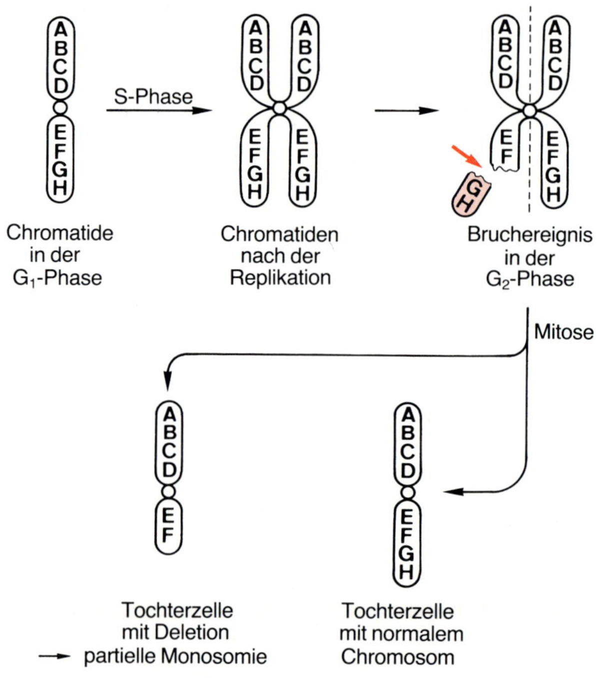

Abb. 5.23 Strukturelle Aberrationen nach Bruchereignissen in der G_2-Phase
Bruchereignisse an der Chromatide eines Chromosoms in der G_2-Phase können nach der Teilung zu einer strukturellen Aberration in einer der Tochterzellen führen

Grundsätzlich unterscheidet man balancierte und unbalancierte Strukturveränderungen (Abb. 5.**24**):

- **Balancierte Strukturveränderungen.** Sie führen weder zu Verlust noch zu Gewinn von chromosomalem Material, sie zeichnen sich nur durch einen **Umbau** der Chromosomen aus, und zwar als Folge von falscher Wiedervereinigung der Bruchstücke. Solche balancierten Strukturveränderungen können über Generationen vererbt werden und führen im Träger zu keiner Beeinträchtigung des Phänotyps.
- **Unbalancierte Strukturveränderungen.** Darunter versteht man **Verlust oder Gewinn** von chromosomalem Material. In diesen Fällen können ganze Chromosomenarme oder auch Chromosomensegmente beteiligt sein. Man unterscheidet bei solchen Umbauten zwischen intrachromosomalen (sie finden innerhalb eines Chromosoms statt) und interchromosomalen Umbauten (diese finden zwischen verschiedenen Chromosomen statt). Solche unbalancierten Strukturveränderungen können entweder **vererbt** sein – ein Elternteil ist Träger einer balancierten strukturellen Aberration – oder durch externe Einflüsse auf einen Gameten **neu** entstehen.

Der Verlust eines Chromosomenstücks, die „Deletion“, führt zur **partiellen Monosomie.** Der Gewinn von chromosomalem Material, z. B. bei Duplikationen oder Translocationen, führt zur **partiellen Trisomie.** Derartige Veränderungen sind von allen Chromosomen bekannt. Monosomien werden auch hier schwerer toleriert als Trisomien. Jedes Chromosomensegment führt, liegt es aberrant vor, zu einem **charakteristischen Phänotyp.** Kinder mit gleichen Defekten ähneln sich dabei mehr als Geschwister (**Dysmorphiesyndrome** helfen bei der Diagnose) (Rep. 5.**4**). Umbauvorgänge führen auch zu Ringchromosomen, Isochromosomen und Inversionen. Jeder Nachweis einer strukturellen Aberration bei einem Individuum muß unbedingt eine **Familienuntersuchung** nach sich ziehen, um abzuklären, ob diese unbalancierte Form aus einer balancierten durch Vererbung hervorgegangen ist. Diese Abklärung ist nötig, um Familienberatungen durchführen zu können.

Rep. 5.4 Häufige Symptome bei chromosomalen Aberrationen

- Körperliche und geistige Entwicklungsstörung
- Dysmorphiezeichen an Kopf, Händen und Füßen
- Fehlbildungen innerer Organe
- Hautleistenbefunde

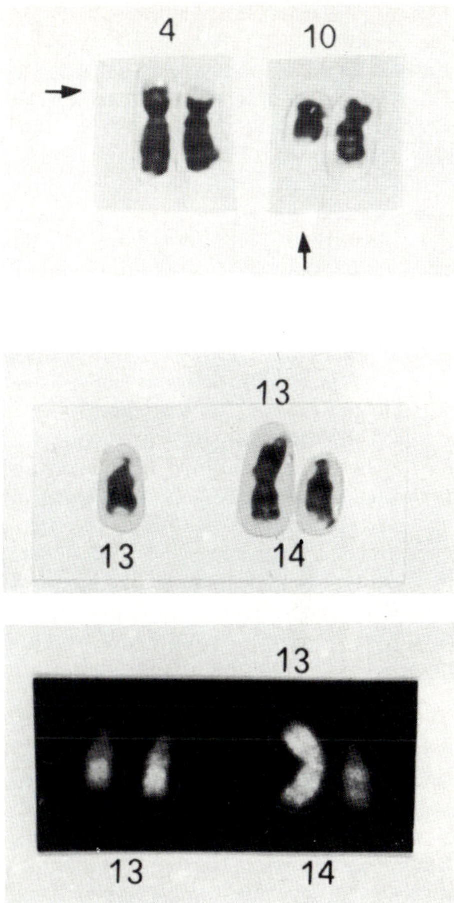

Abb. 5.**24** **Translocationen**
a Balancierte Translocation. Es sind die Chromosomen 4 und 10 in der Giemsa-Trypsin-Bandierung dargestellt. Der untere Teil des langen Arms von Chromosom 10 ist auf den kurzen Arm von Chromosom 4 translociert, ohne daß genetisches Material verlorengegangen ist. Der Phänotyp ist unauffällig.
b Balancierte und unbalancierte Translocation. Dargestellt sind die Chromosomen 13 und 14 in der Giemsa-Trypsin- bzw. in der Quinacrin-Bandierung. Im balancierten Zustand (Giemsa-Färbung) ist das Chromosom 13 zentrisch mit dem Chromosom 14 fusioniert. Unauffälliger Phänotyp. Bei der Weitergabe eines solchen Translocationschromosoms auf die Nachkommen kann dieses beim Vorhandensein von zwei normalen Chromosomen 13 zu einer Trisomie 13 führen. Unbalancierter Zustand; stark beeinträchtigter Phänotyp (Aufnahme: H. Schwaiger, M. Hirsch-Kauffmann, Innsbruck)

Deletionen sind häufige strukturelle Aberrationen

Endständige Deletionen (Defizienzen) werden durch ein einzelnes Bruchereignis hervorgerufen. Ein endständiges Chromosomenstück **(Telomer)** bricht ab (Abb. 5.**26a**). Das zentromerlose Fragment geht während der nächsten Mitose verloren, da Spindelfasern nirgends ansetzen können.

Interstitielle Deletionen (zwei Bruchereignisse) brechen ein Chromosomenstück aus einem Chromosom heraus. Die Bruchstellen verschmelzen miteinander. Eine derartige Deletion kann in der Meiose sichtbar werden. Da das Deletionschromosom nur heterozygot vorliegt, bildet das intakte Chromosom während der Synapse eine Schleife an der Stelle der Deletion.

Die **Beeinträchtigung des Phänotyps** hängt von der Größe des Defekts und der genetischen Aktivität des verlorengegangenen Materials ab. Man muß davon ausgehen, daß bei einer sichtbaren Deletion mehrere hundert Gene verlorengegangen sind. Doch nicht nur der Verlust der Gene hat nachteilige Konsequenzen für den Organismus, vielmehr können sich Gene, die im diploiden Zustand rezessiv unterdrückt waren, durch die nunmehr für das bestimmte Chromosom entstandene partielle Monosomie u. U. ausprägen.

Mehrere **Deletionssyndrome** sind beim Menschen bekannt (Tab. 5.**4**). Die **5p-Deletion** oder das **Katzenschreisyndrom** (Cri-du-chat) ist eine Fehlbildung des Larynx und bringt es mit sich, daß Babies mit dieser Veränderung wie junge Katzen schreien. Eine geistige Retardiertheit, antimongoloide Lidachsenstellung, tiefsitzende Ohren und Mondgesicht sind weitere Kennzeichen. Als Entstehungsmechanismus kommt entweder eine Spontanmutation in Frage oder die Vererbung durch einen Elternteil (Abb. 5.**25**), der eine balancierte Translocation trug, in der der kurze Arm des Chromosoms 5 auf ein anderes Chromosom übertragen war.

Der Träger beider Chromosomenaberrationen (Deletion und Addition) zeigt phänotypisch keine Veränderung. In seinem Karyotyp ging kein Chromosomenmaterial verloren, er ist balanciert. Probleme entstehen erst bei der Verteilung seiner Chromosomen auf die Gameten und der Reduktion zum haploiden Chromosomensatz. Hierbei kommt es dazu, daß ein Gamet entweder das intakte oder das deletierte Chromosom 5 erhält. Das gleiche gilt für das Chromosom, das den kurzen Arm des Chromosoms 5 als Addition trägt. Kombiniert sich der ein aberrantes Chromosom tragende Gamet mit dem intakten Gameten des Partners, dann wird die resultierende Zygote entweder partiell monosom oder partiell trisom für das entsprechende Chromosomenbruchstück sein. Ein Syndromträger entsteht.

Neben dem Katzenschrei-Syndrom werden für fast alle Chromosomengruppen Deletionssyndrome beschrieben.

Tab. 5.4 Häufigkeiten und klinische Symptome struktureller Chromosomenaberrationen (partielle Monosomien)

Chromosomenaberration	Syndrom	Merkmal
4 p⁻	Wolf-Hirschhorn-Syndrom (> 100)*	Mikrocephalie, diverse Gesichtsdysmorphien, Debilität
5 p⁻	Katzenschreisyndrom (≈ 20/Mill.)	hoher Schrei des Säuglings (Larynxmißbildung), IQ sehr niedrig, Mikrocephalie, Mondgesicht, tiefsitzende Ohren
9 p⁻	9-Deletionssyndrom (> 24)*	Schädelmißbildung (Trigonocephalie), IQ erniedrigt, Herzmißbildung
13 q⁻	13-Deletionssyndrom (> 100)*	Mikrocephalie, Gesichtsasymmetrie, Augen-, Ohren-, Nasenanomalien, Retinoblastom, fehlende Daumen, IQ erniedrigt
18 p⁻	de Grouchy-Syndrom (≈ 10/Mill.)	Kleinwuchs, Mikrocephalie, IQ erniedrigt, abnorme Ohrmuscheln, gute Überlebenschancen
18q⁻	18-Deletionssyndrom (> 100)*	Hypotonie, Mikrocephalie, IQ niedrig, Ohrenfehlbildungen, gute Überlebenschancen, Infektanfälligkeit
22 q⁻	im Knochenmark von Patienten mit chronisch-myeloischer Leukämie (CML)	

* Beschriebene Fälle

Ringchromosomen entstehen durch Deletion beider Telomere eines Chromosoms

Deletieren beide Telomere eines Chromosoms, so kann dies zur **Ringchromosomen-Bildung** führen (s. Rep. 5.**3**). Die Telomere schützen normalerweise das Chromosom vor Ringbildung. Gehen sie verloren, dann entstehen „sticky ends" (s. obige Diskussion über repetitive Sequenzen). Es kommt zur End-zu-End-Verklebung. So gut wie alle Chromosomen können Ringe bilden (Abb. 5.**26b**). Die Ringe sind mitotisch stabil, meiotisch gehen sie meist verloren und werden deshalb selten vererbt. Nach der Menge des genetischen Materials, das durch die Telomerabbrüche verlorengegangen ist, richtet sich das phänotypische Erscheinungsbild der Ringchromosomen-Träger. Häufig findet man Entwicklungsrückstände und geistige Retardiertheit.

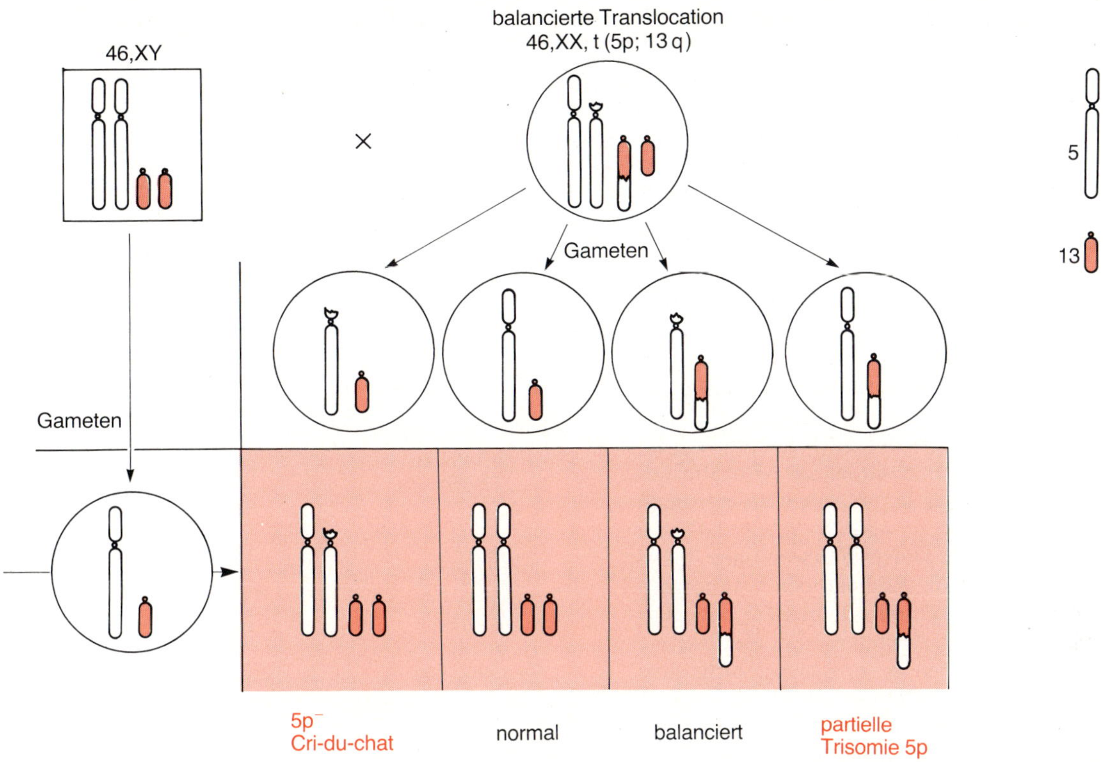

Abb. 5.25 Entstehung des Cri-du-chat-Syndroms aus einer balancierten Translokation
In Form eines genetischen Kombinationsquadrates sind die möglichen Keimzellen aufgezeichnet, die bei einem normalen Mann und bei einer eine balancierte Translocation zwischen Chromosom 5 und Chromosom 13 tragenden Frau entstehen können. Es sind der Übersichtlichkeit halber nur die Chromosomenpaare 5 und 13 eingezeichnet. Die Kreuzung der Gameten führt zu den theoretisch möglichen Genotypen.

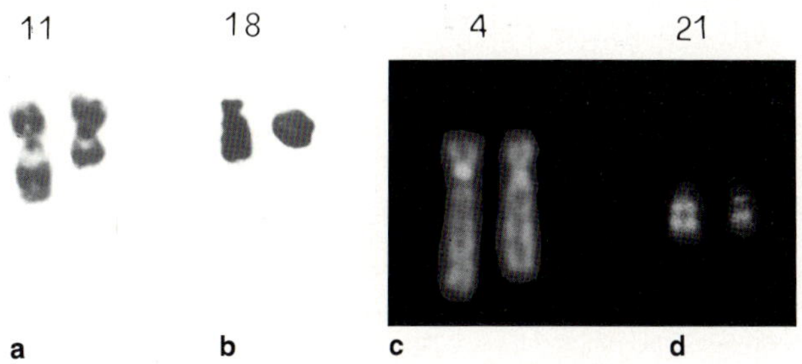

Abb. 5.26 Strukturelle Chromosomenaberrationen
a Deletion am langen Arm von Chromosom 11
b Ringchromosom 18
c Perizentrische Inversion am Chromosom 4
d Duplikation am langen Arm von Chromosom 21
(Aufnahme: H. Schwaiger, M. Hirsch-Kauffmann, Innsbruck)

Inversionen entstehen durch Doppelbrüche

Wird das herausgebrochene Chromosomenstück um 180 Grad gedreht und an derselben Stelle wieder eingebaut, dann entstehen **Inversionen** (s. Rep. 5.**3**). Liegen die Bruchstellen in beiden Armen einer Chromatide, dann ist die Folge eine **perizentrische** Inversion (Abb. 5.**26 c**). Liegen sie nur in einem Arm einer Chromatide, dann kommt es zu einer **parazentrischen** Inversion. Obwohl bei dieser Art der Chromosomenaberration kein genetisches Material verlorengeht, kann es doch phänotypisch Folgen haben: Der Verlust des Nachbarschaftseinflusses macht häufig Gene unwirksam. Der sog. **Positionseffekt** beeinflußt die geordnete Expression der genetischen Information.

So ist z. B. eine perizentrische Inversion Ursache des Koloboms, einer Augenmißbildung beim Menschen. Da Inversionen meist nur eines der homologen Chromosomen betreffen, werden sie ebenso wie die Deletionen in der Meiose sichtbar. Es kommt in der Synapse der homologen Chromosomen zu Schleifenbildungen.

Duplikationen sind Folge von drei Bruchereignissen

Werden Bruchstücke eines Chromosoms auf das homologe Chromosom, in dem ebenfalls ein Bruchereignis stattfand, übertragen, dann kann daraus für ein Chromosom eine Deletion, für das andere eine **Duplikation** des betreffenden Bruchstücks folgen (s. Rep. 5.**3**, Abb. 5.**26d**). Duplikationen sind wesentliche Faktoren im Verlauf der **Evolution** und können durch den Mechanismus des **ungleichen Crossing-over** homologer Chromosomen entstehen. Dies kann, wie gesagt, im einen Fall zur Duplikation, im anderen zur Deletion führen (eine derartige Deletion soll z. B. zur Bildung eines abnormen Hämoglobins, Hb-Lepore, geführt haben). Ungleiches Crossing-over kann dadurch entstehen, daß die Paarung der homologen Chromosomen in der Synapse nicht ganz exakt erfolgt. So etwas geschieht vor allem in Regionen mit relativ hohem Heterochromatin-Gehalt. Nach der Trennung der Chromatiden resultieren vier Chromosomen: zwei normale, eines mit einer Duplikation, eines mit einer Deletion. Die Folge von Duplikationen können veränderte Phänotypen sein. Auch hier spielt der Positionseffekt eine Rolle. Duplikationen beim Menschen wurden als Duplikations-Deletions-Syndrom am Chromosom 3 gefunden (angeborene Mißbildungen). Duplikationen der Satelliten haben keine Auswirkung auf den Phänotyp.

Häufige Folge einer Duplikation am X-Chromosom ist die Bildung eines **Isochromosoms.** Unter Isochromosom versteht man metazentrische Chromosomen mit zwei homologen Armen. Diese Arme können entweder die p-Arme oder die q-Arme sein. Der **Entstehungsmechanismus** für ein derartiges Isochromosom ist der folgende (Abb. 5.**27**): Teilt sich ein Zentromer in der Quer- statt in der Längsrichtung, dann entstehen zwei telozentrische Chromosomen, die, wenn sie nicht verlorengehen, an entgegengesetzte Pole gezogen werden. Wird ein derartiges Chromosom in der S-Phase repliziert, dann kann ein stabiles metazentrisches Chromosom mit identischen Armen entstehen.

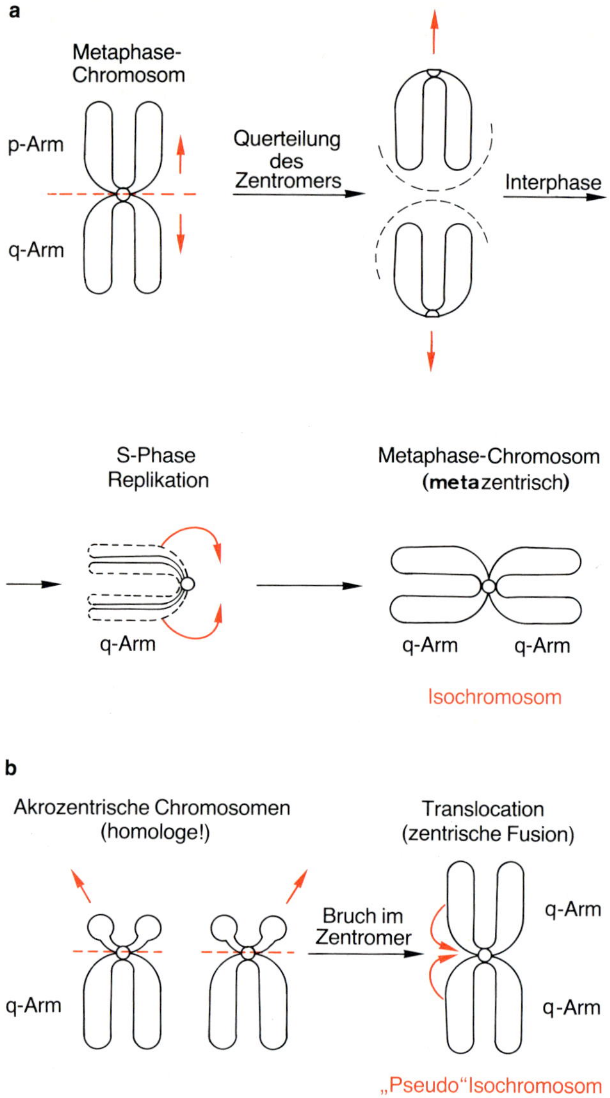

Abb. 5.27 Möglichkeiten zur Entstehung von Isochromosomen
a Querteilung statt Längsteilung im Zentromer. Eine Replikation der telozentrischen Chromosomen ohne anschließende Trennung der Chromatiden führt zu Isochromosomen
b Der Spezialfall einer zentrischen Fusion unter Beteiligung homologer, akrozentrischer Chromosomen führt zu „Pseudoisochromosomen"

Liegt ein X-Chromosom als Isochromosom vor (i(Xq)), dann hat das betreffende Individuum eine partielle Trisomie für den langen Arm des X-Chromosoms und eine partielle Monosomie für den kurzen Arm. Der Phänotyp entspricht in diesem Falle einem Turner-Syndrom. Das Isochromosom ist meistens inaktiviert und imponiert in der Interphase als großer Barr-Körper. Im allgemeinen gilt, daß X-Chromosomen, die eine Translocation tragen, inaktiviert werden und das unveränderte, zweite X-Chromosom entgegen der Regel der Zufallsinaktivierung in allen Zellen aktiv bleibt. (Wird X-chro-

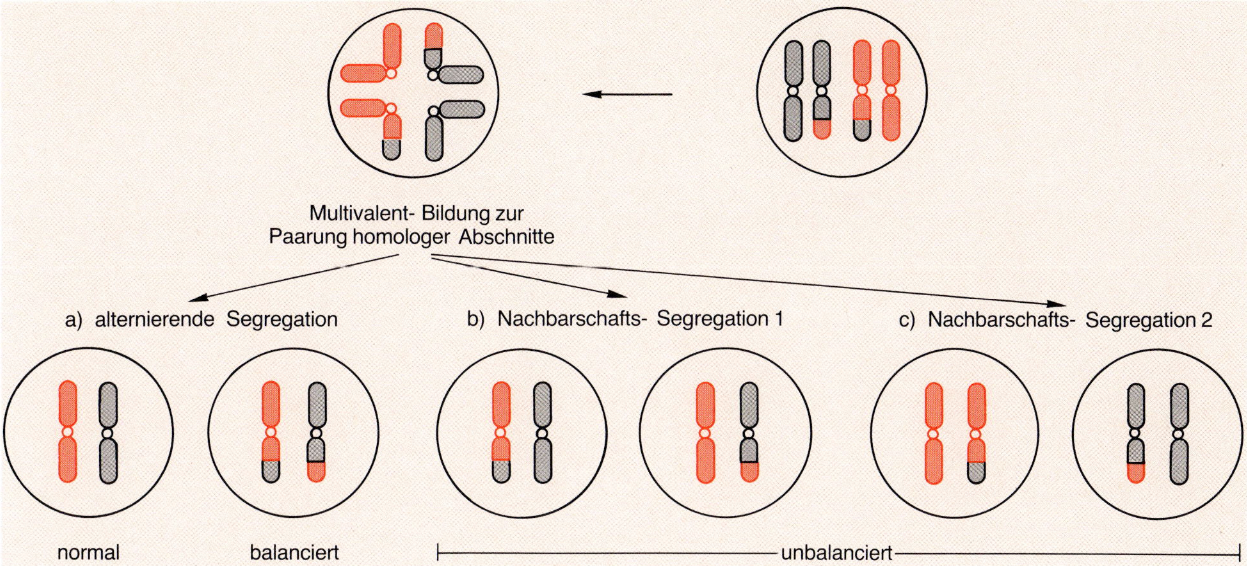

Abb. 5.28 Verhalten von Chromosomen mit reziproker Translocation in der Meiose
Durch Aneinanderlagerung homologer Chromosomenabschnitte in der Meiose entstehen Multivalente. Für die vier beteiligten Zentromere können die Chromosomen in wechselnder Kombination an die Pole gezogen werden.
a Alternierend: schräg gegenüberliegende Chromosomen wandern an einen Pol
b Nachbarschaftssegregation 1: horizontal benachbarte Chromosomen wandern zusammen
c Nachbarschaftssegregation 2: vertikal benachbarte Chromosomen wandern zusammen
Die jeweils entstehenden Gameten führen bei Befruchtung mit einem normalen Gameten zu normalen, balancierten bzw. unbalancierten Individuen

mosomales Material auf ein Autosom translociert, dann bleibt dieses Chromosom aktiv und das zweite X-Chromosom wird inaktiviert – möglicherweise als Schutzmechanismus, damit kein Autosom unter der Regie eines X-Chromosoms inaktiviert wird.)

Pseudoisochromosomen können als Folge einer zentrischen Fusion entstehen: Zwei homologe, akrozentrische Chromosomen werden nach Bruchereignissen in der Zentromerregion und Verlust der kurzen Arme aufeinander translociert und ergeben ein metazentrisches Chromosom mit identischen Armen. Derartige Isochromosomen spielen eine große Rolle in der genetischen Beratung, da sie in der Vererbung zu strukturellen Trisomien führen können (s. auch Robertsonsche Translocation, S. 220).

Translocationen sind Fragment-Übertragungen auf andere Chromosomen

Translocation ist die Übertragung eines Bruchstückes auf ein nicht-homologes (= heterologes) Chromosom. Bei der einfachen Translocation (ein Bruchereignis) bricht ein Endstück eines Chromosoms ab und wird auf ein nicht homologes Chromosom übertragen. Da die Telomere die Chromosomenenden versiegeln, liegen auch hier in Wirklichkeit zwei Brüche und deshalb eine reziproke Translocation vor. **Reziproke Translocation** ist der wechselseitige Austausch von Abbruchfragmenten zwischen nicht homologen Chromosomen (zwei Bruchereignisse). Die Ursachen für solche Translocationen konnten z. B. an Pflanzen untersucht werden. So kann die Klebrigkeit der Chromosomenenden in der Meiose zum Aneinanderkleben von Chromosomen führen, die anschließend in der Anaphase I auseinandergerissen werden.

Reziproke Translocationen haben für den Träger häufig keine nachteiligen Folgen. Allerdings treten **Schwierigkeiten während der Meiose** auf (Abb. 5.**28**). Statt zur Bildung von Chromosomen-Paaren, von Bivalenten, kommt es zur Bildung von **Multivalenten.** Vier Zentromere sind in dem Fall an der Verteilung der Chromosomen beteiligt, und es kommt zur Komplikation beim Auseinanderweichen in der Metaphase I.

Es kann zu folgenden Arten der Segregation kommen (Abb. 5.**28**):

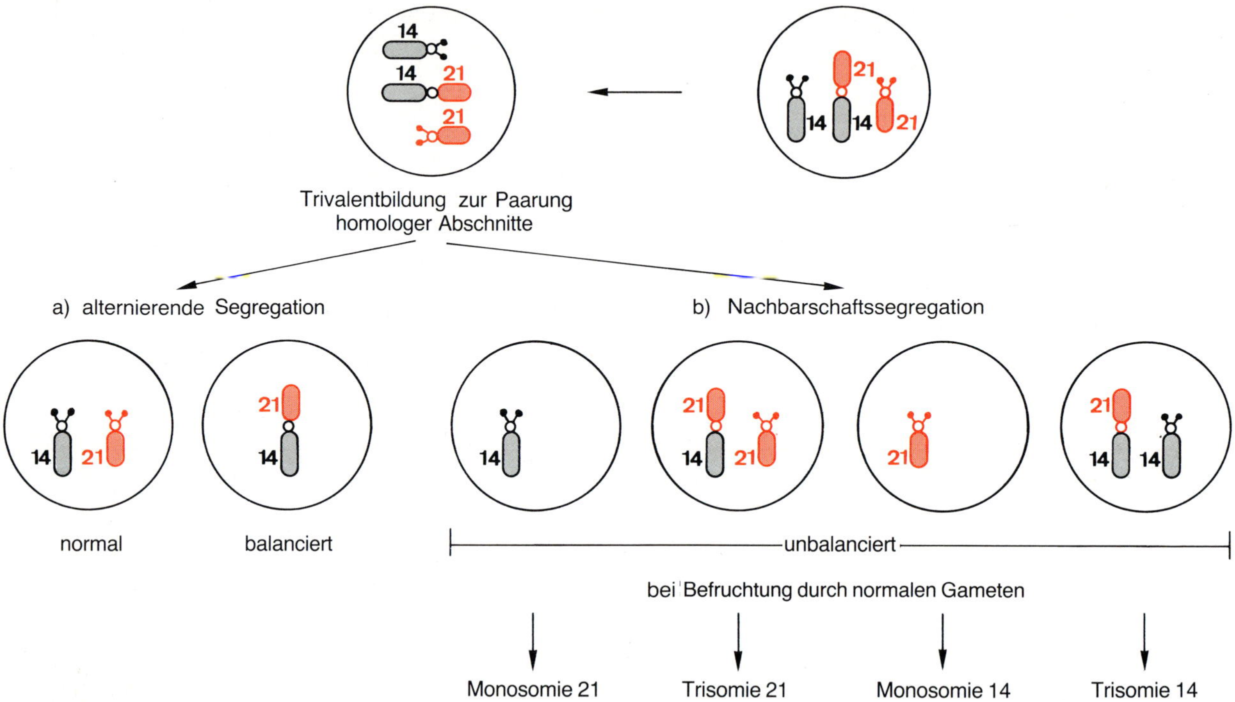

Abb. 5.29 Verhalten von Chromosomen mit reziproken Translocationen in der Meiose; Spezialfall Robertsonsche Translocation
Akrozentrische Chromosomen, die zentrisch fusioniert sind, führen in der Meiose mit ihren homologen Partnern zu Trivalenten. Die Chromosomen werden entweder bei der meiotischen Teilung alternierend oder entsprechend ihrer Nachbarschaft auf die Gameten verteilt. Normale, balancierte und unbalancierte Gameten entstehen. Letztere führen bei Befruchtung mit einem normalen Gameten zu trisomen Zygoten

- **Alternierende Segregation.** Schräg gegenüberliegende Chromosomen werden auseinandergezogen (die normalen unveränderten Chromosomen wandern in einen Gameten, bzw. beide Translocationschromosomen wandern in einen Gameten. Bei Kombination mit einem normalen Partnergameten entsteht eine normale bzw. eine balancierte Zygote).
- **Nachbarschafts-Segregation.** Direkt nebeneinanderliegende Chromosomen werden auseinandergezogen. Dabei gelangt jeweils ein normales Chromosom zusammen mit einem translocierten in einen Gameten. Solche Gameten führen bei Befruchtung durch einen normalen Gameten entweder zum Monosomie- oder Trisomie-Syndrom.

Reziproke Translocationen zählen beim Menschen zu den häufigsten strukturellen Aberrationen. Eine Sonderform der reziproken Translocationen bildet die sog. Robertsonsche Translocation. Sie tritt am häufigsten von allen reziproken Translocationen auf. Eine **Robertsonsche Translocation** ist eine **zentrische Fusion** zwischen zwei akrozentrischen Chromosomen. Eine solche zentrische Fusion wurde bereits als Ursache für die Bildung von Isochromosomen vorgestellt. Zentrische Fusionen kommen aber auch zwischen heterologen Chromosomen vor. Auch hierbei ist die Folge eine Reduktion der Chromosomenzahl um ein Chromosom, d. h. $2n = 45$. Der Bruch im Zentromer führt zum Verlust der kurzen Arme, der vom Organismus wegen des vorwiegend heterochromatischen Materials als bedeutungslos toleriert wird. Nach zentrischer Fusion im Zentromer bilden die langen Arme ein submetazentrisches Chromosom (bei heterologen Chromosomen) bzw. ein metazentrisches Chromosom (bei homologen Chromosomen). Am häufigsten sind Chromosomen der D- und G-Gruppen von dieser Form der Translocation betroffen. Ursache dafür ist ihre enge Assoziation in der Zelle, da sie Nucleolus-Organisatoren tragen. Am häufigsten findet sich die D/G-Translocation 14/21. Auch die Robertsonschen Translocationen führen zu **Komplikationen in der Meiose** (Abb. 5.**29**). In diesem Falle werden statt Bivalenten **Trivalente** gebildet, und

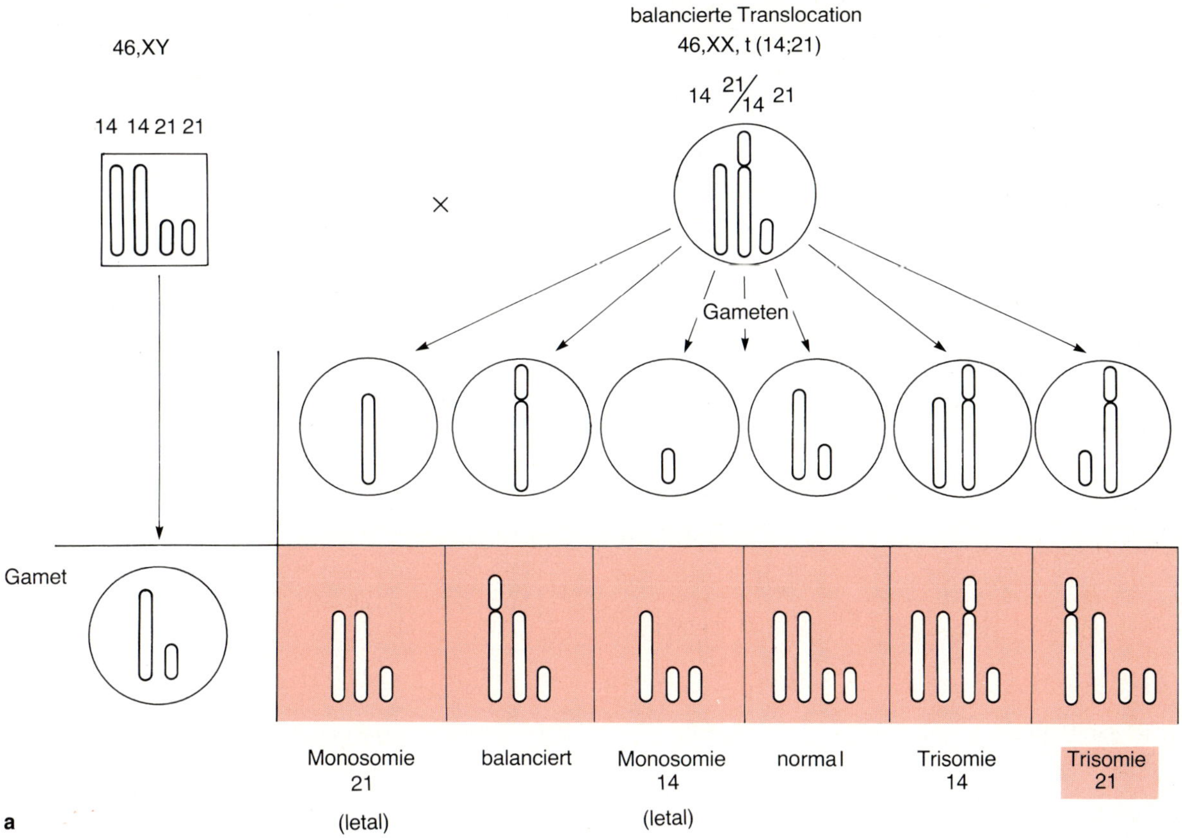

Abb. 5.**30a–c Translocationsmongolismus**

a Translocationsmongolismus als Folge einer Robertsonschen Translocation zwischen heterologen Chromosomen. Die möglichen Gameten eines chromosomal unauffälligen Mannes und die einer Frau mit einer 14/21-Translocation sind ins genetische Kombinationsquadrat eingetragen. Die möglichen resultierenden Zygoten sind angegeben, wobei nur die betroffenen Chromosomen 14 und 21 symbolisch dargestellt sind.

b Translocationsmongolismus als Folge einer zentrischen Fusion homologer Chromosomen. Eingetragen sind die möglichen Gameten eines chromosomal unauffälligen Mannes und einer Frau, die Trägerin eines Translocationschromosoms 21/21 ist. Durch die Fixierung beider Chromosomen 21 im Translocationschromosom ist die Entstehung normaler oder balancierter Nachkommen ausgeschlossen.

c Translocationstrisomie 21 im Karyogramm. Zentrische Fusion zwischen Chromosom 21 und 21 Karyotyp: 46, XY, t (21; 21) (Giemsa-Trypsin Bandierung)

auch hier gibt es entweder eine alternierende oder eine Nachbarschafts-Segregation. Ist bei der Robertsonschen Translocation das Chromosom 21 beteiligt, dann kann es bei einer Nachbarschafts-Segregation zu einer Kombination des Translocationschromosoms mit dem normalen Chromosom 21 kommen. Die Befruchtung mit einem normalen Gameten führt zum Vorhandensein von drei 21-Chromosomen in der Zygote und damit zum Down-Syndrom, in diesem Fall zu einem Translocations-Mongolismus (Abb. 5.**30**).

Exogene Noxen können Chromosomenbrüche hervorrufen. Führen diese zu strukturellen Umbauvorgängen, dann ergeben sich folgende Konsequenzen für das Individuum (Rep. 5.**5**).

1. Strukturelle Veränderungen in Chromosomen der Somazellen:
   - balancierte Veränderung → keine Ausprägung im Phänotyp;
   - unbalancierte Veränderung → eventuell Tumorentwicklung.

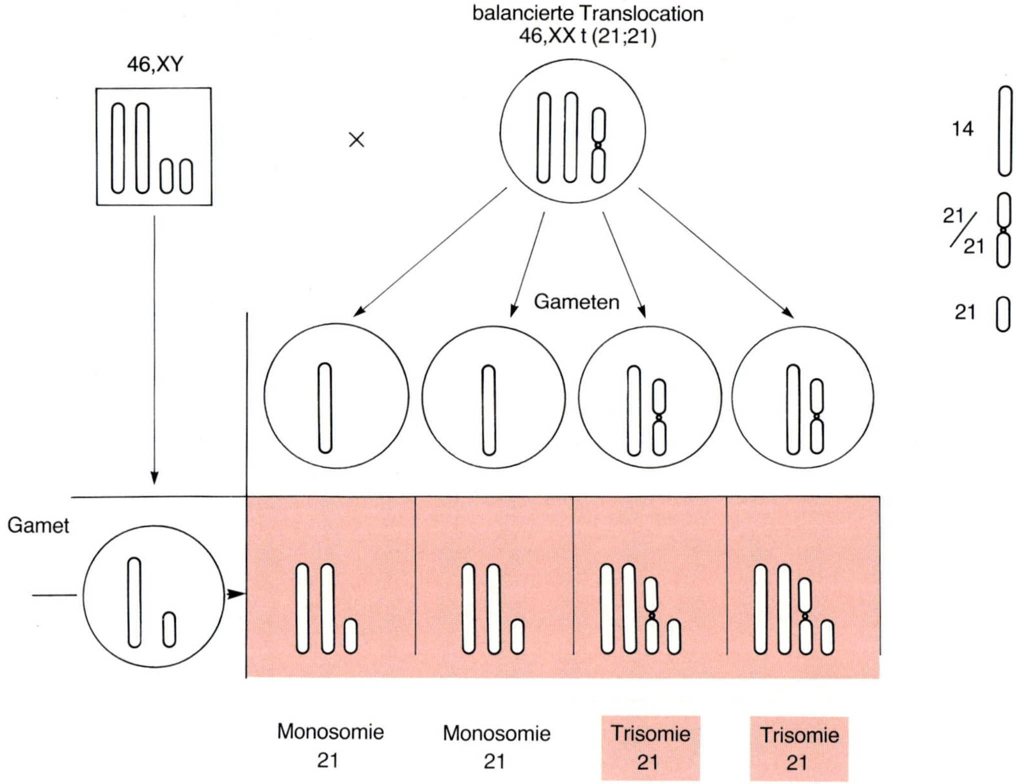

Abb. 5.**30 b**

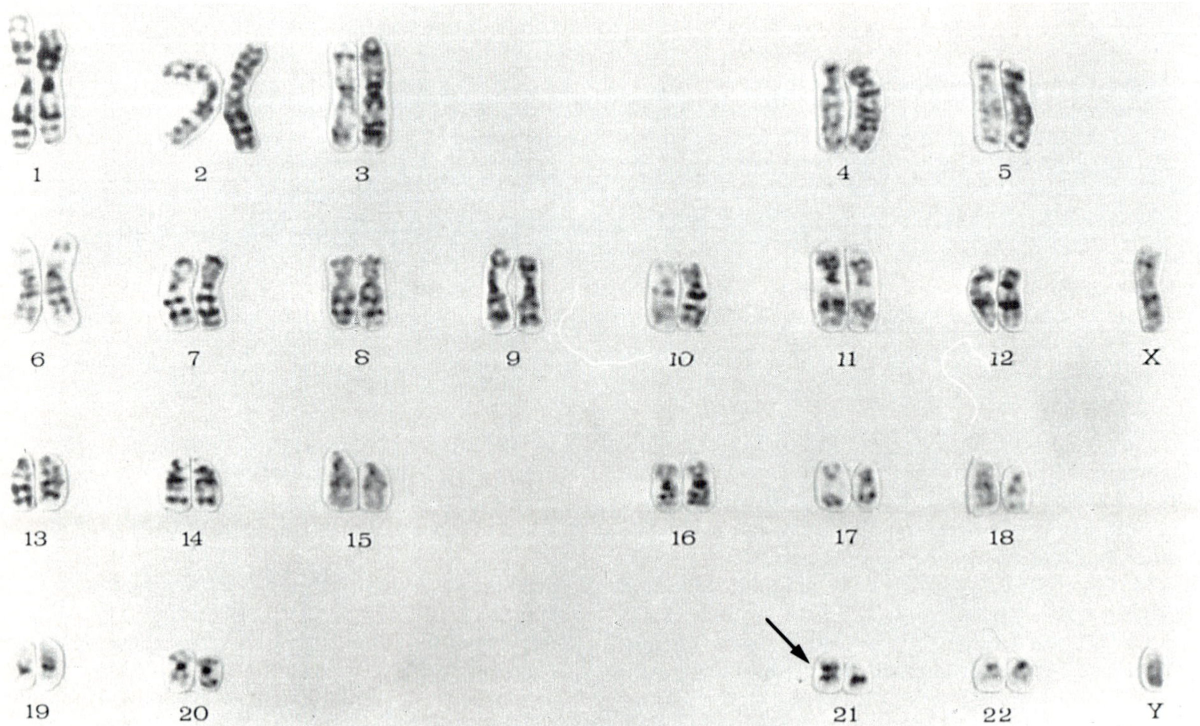

Abb. 5.**30 c**

2. Strukturelle Veränderung in Chromosomen der Gonaden, bewirkt durch den Transfer der Aberration in Keimzellen (Gameten) und anschließende Befruchtung mit einem normalen Gameten:
   - Möglichkeit der Entstehung einer Zygote mit balancierter struktureller Veränderung → normaler Phänotyp;
   - Möglichkeit der Entstehung einer Zygote mit unbalancierter struktureller Veränderung → Syndromausbildung.

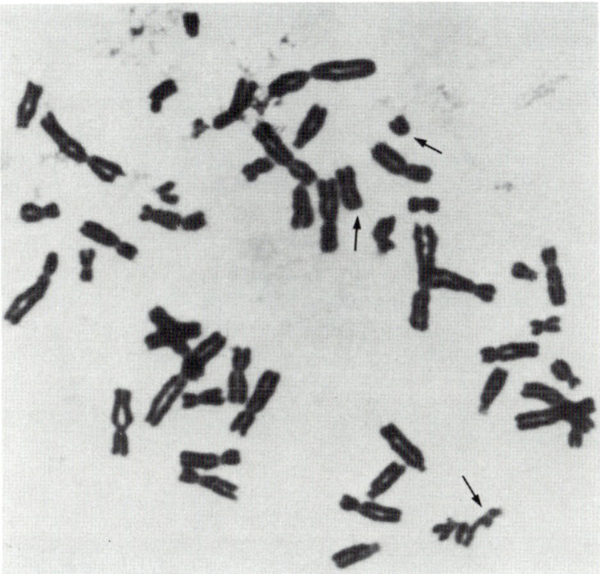

a

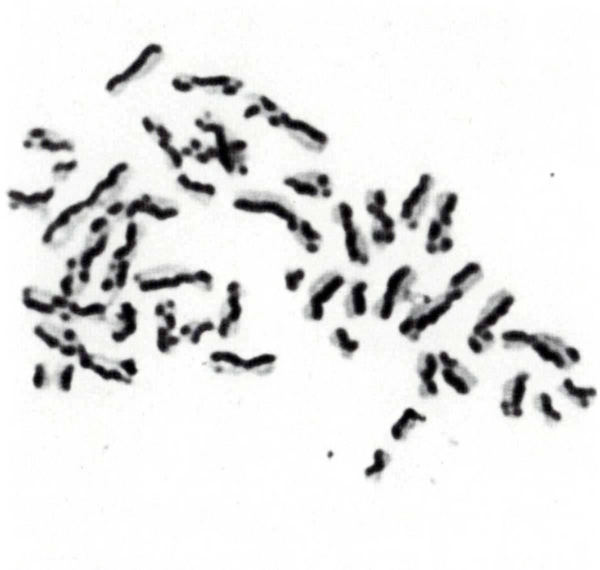

b

Abb. 5.31 Instabile Chromosomen
a Brüche
b „Harlekinmuster" des Schwesterchromatid-Austausches wie er beim Bloom-Syndrom gefunden wird (Aufnahme: H. Schwaiger, M. Hirsch-Kauffmann, Innsbruck)

Reparatosen sind mit Chromosomen-Instabilität assoziiert

Einige autosomal-rezessive Erbkrankheiten sind dadurch charakterisiert, daß sie einen Defekt im DNA-Reparaturmechanismus haben. Diesen Krankheiten ist meistens neben der gesteigerten Strahlensensibilität ein erhöhtes Tumorrisiko und eine **Chromosomeninstabilität** gemeinsam (s. Kap. **2**). Diese Chromosomeninstabilität kann sich in einem gehäuften Auftreten von Chromosomen- und Chromatidbrüchen (Abb. 5.**31a**) in den Fibroblasten und Lymphocyten der Patienten äußern. Die Neigung zu Brüchen führt häufig zur Ausbildung von Chromosomenumbau-Figuren. Zu diesen Krankheiten zählen Fanconi-Anämie, Ataxia teleangiectatica, Xeroderma pigmentosum und das Bloom-Syndrom. Leitbefund des letzteren ist eine extreme Steigerung des Schwesterchromatid-Austausches (SCE) in Lymphocyten und Fibroblasten. Der SCE wird durch eine Spezialfärbung sichtbar gemacht und zeigt, daß auch in normalen Individuen ein Austausch chromosomalen Materials zwischen den Chromatiden ein und desselben Chromosoms vorkommt. Dieser Austausch ist gesteigert, wenn die Zellen zur Reparatur (z. B. nach Mutageneinwirkung) gezwungen sind (s. Kap. 2). Die normale SCE-Rate pro Mitose beträgt ca. 4 bis 5, in Patienten mit Bloom-Syndrom ist die Rate bis zu 90 SCE pro Mitose erhöht. Nach Spezialfärbung erscheinen die Chromosomen im „Harlekinmuster" (Abb. 5.**31b**).

Bei **chronischer myeloischer Leukämie** findet man das sog. **Philadelphia-Chromosom** (Abb. 5.**32**). Besonders in Knochenmarkzellen dieser Patienten ist eine Deletion am

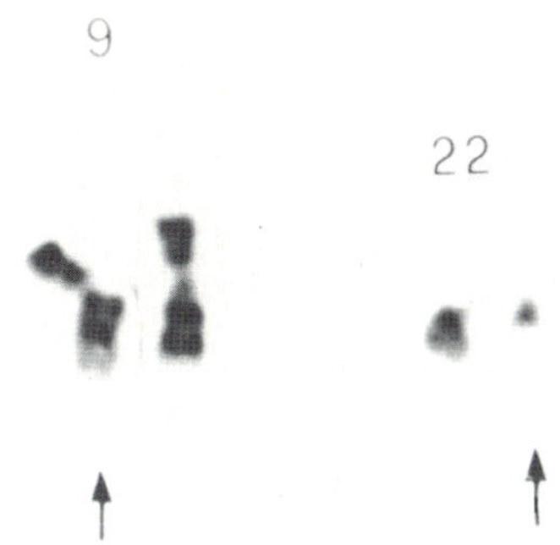

Abb. 5.32 Philadelphia-Chromosom
Deletion am langen Arm von Chromosom 22. Dieses Stück ist bei der myeloischen Leukämie typischerweise auf den langen Arm des Chromosoms 9 translociert (Giemsa-Trypsin-Bandierung, Aufnahme: H. Schwaiger, M. Hirsch-Kauffmann, Innsbruck)

langen Arm des Chromosoms 22 häufig. Dieses deletierte Stück kann auf den langen Arm des Chromosoms 9 translociert sein. Somit liegt eine reziproke Translocation vor. Auch einige andere Neubildungen haben charakteristische Chromosomenveränderungen. So findet sich beim **erblichen Retinoblastom,** einer bösartigen Geschwulst der Retina, in einigen Fällen eine Deletion am langen Arm des Chromosoms 13 (s. Tab. 5.**4**).

5.3. In der pränatalen Diagnose können Chromosomenaberrationen und Stoffwechseldefekte festgestellt werden

Numerische und strukturelle Chromosomenaberrationen können vorgeburtlich mit Hilfe der **Amniocentese** festgestellt werden. Dazu wird im 4. Schwangerschaftsmonat nach vorheriger Ultraschalluntersuchung des Föten eine transabdominale Punktion des Amnions durchgeführt und Fruchtwasser gewonnen. Aus diesem **Fruchtwasser** lassen sich in Zellkultur fötale Zellen anzüchten (Abb. 5.**33**). Diese Zellen gelangen von den fötalen Schleimhäuten ins Fruchtwasser und bleiben zu einem kleinen Teil vital.

Die Kultivierung der Amnionzellen dauert maximal zwei Wochen. Im Anschluß daran kann der Karyotyp des Föten an Hand dieser Zellen festgestellt werden. Auch Enzymbestimmungen können durchgeführt werden (Rep. 5.**6**). Die Indikationen für eine Amniocentese (Rep. 5.**7**) sind unter anderem erhöhtes Alter der Mutter, aber auch des Vaters, bekannte Chromosomenaberrationen bzw. bekannte erbliche Stoffwechseldefekte in der Familie. Da nur in 3% der untersuchten Fälle mit einer Aberration gerechnet werden muß, können 97% der Mütter, die eine **Risikoschwangerschaft** haben, mit größerer Ruhe der Geburt entgegensehen.

Eine moderne Technik der Pränatal-Diagnostik bestimmt den kindlichen Karyotyp aus **Chorionzotten,** die bereits in der 8. Schwangerschaftswoche vaginal gewonnen und ohne Kultivierung direkt analysiert werden können.

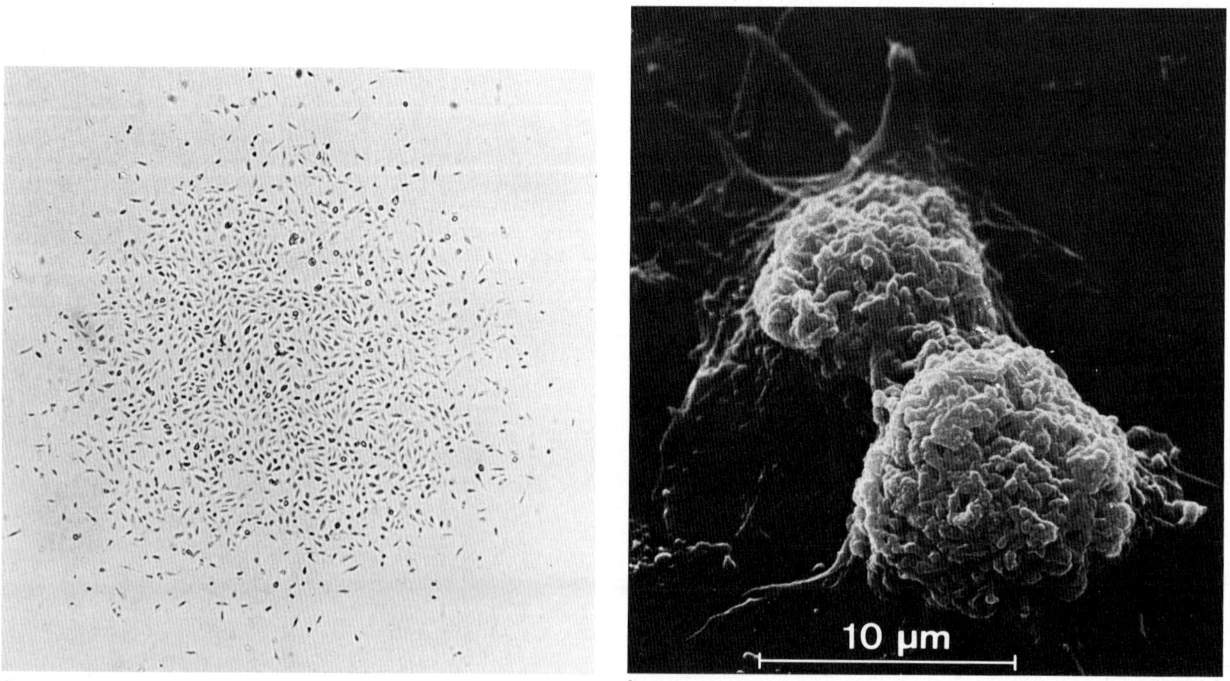

a b

Abb. 5.**33 Amnionzellen**
a Amnionzellen in Zellkultur (Aufnahme: H. Schwaiger, Innsbruck)
b Amnionzellen im Rasterelektronenmikroskop (Aufnahme: S. Berger, H. G. Schweiger, Heidelberg)

Rep. 5.5 Strukturelle Chromosomenaberrationen und ihre Folgen

Mutagen
↓
Chromosomenbrüche
↓
Struktureller Umbau

a) Somazelle (Körperzelle)
↓
evtl. lokale Tumorentwicklung oder letal

b) Gonadenzelle
↓
Keimzelle mit Aberration
↓
bei Befruchtung mit normaler Keimzelle

Zygote mit balancierter struktureller Veränderung
↓
normaler Phänotyp

Zygote mit unbalancierter struktureller Veränderung
↓
Syndromausbildung

Rep. 5.6 Die Amniocentese, eine Methode zur vorgeburtlichen Erkennung genetischer Defekte

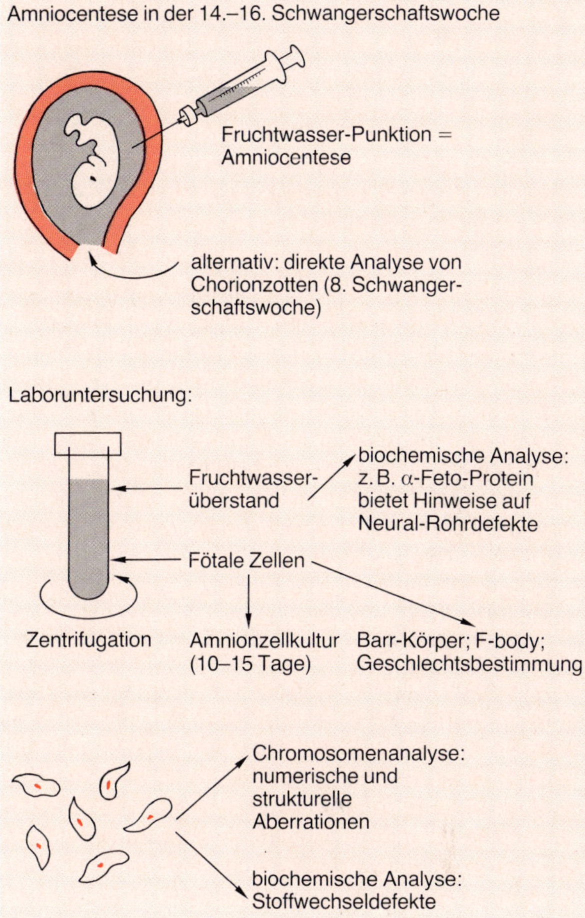

Rep. 5.7 Die wichtigsten Indikationen für Pränataldiagnostik

- Erhöhtes mütterliches Alter (> 35 Jahre)
- Erhöhtes väterliches Alter (> 40 Jahre)
- Chromosomenaberrationen in der Familie
- Bekannter familiärer Enzymdefekt

Weiterführende Literatur

Schulz-Schaeffer, J.: Cytogenetics, Plants, Animals, Humans. Springer, Berlin 1980

Sparkes, R. S., D. E. Comings, C. F. Fox: Molecular Human Genetics. Academic Press, New York 1977

Kapitel 6

Populationsgenetik

6.1. Die Populationsgenetik untersucht das Schicksal von Allelen in Populationen

Betrachtet man die Erbgänge und lernt, daß rezessive Erbmerkmale nur sehr selten phänotypisch in Erscheinung treten – bei Paarung zweier Heterozygoter nur in 25% der Nachkommen –, dann könnte die Vermutung naheliegen, daß die dominanten Merkmale auf Kosten der rezessiven mit der Zeit zunehmen werden.

Betrachtet man aber eine genügend große Population unter Berücksichtigung aller sich ergebender Paarungstypen, dann erkennt man, daß diese Vermutung nicht berechtigt ist. Dominante und rezessive Merkmale befinden sich vielmehr im Gleichgewicht. Zu dieser Erkenntnis kamen, und das mit unabhängigen Methoden, der britische Mathematiker **G. H. Hardy** und der Deutsche **W. Weinberg** (1908). Anhand von statistischen Berechnungen fanden sie, daß die **Allelhäufigkeiten** und daraus resultierend auch die **Genotypenhäufigkeiten** unter bestimmten gleichen äußeren Bedingungen von Generation zu Generation gleich sind. Dabei bildet **Panmixie** die äußeren Voraussetzungen, d. h., die Forderung nach zufälliger und uneingeschränkter Paarung der Partner in einer Population muß erfüllt sein. Die dann resultierenden Nachkommen müssen wiederum gleiche Überlebenschancen, gleiche Fruchtbarkeit und gleiche Paarungschancen haben. Diese Zusammenhänge aufzuklären, ist Aufgabe der Populationsgenetik.

Die Populationsgenetik untersucht die Vererbung von Allelen innerhalb einer Gruppe von Individuen einer Art. Unter Art oder Spezies versteht man eine unabhängige Evolutionseinheit. Alle Individuen einer Art können theoretisch gepaart werden. Angehörige verschiedener Arten lassen sich unter natürlichen Bedingungen nicht kreuzen. Experimentell erzeugte Hybride sind oft nicht fortpflanzungsfähig (s. Kap. **7**). Da eine Art sich meistens durch ihre weite lokale Verbreitung schwer untersuchen läßt, analysiert man artgleiche Individuen eines umgrenzten Gebietes **(Population),** die fruchtbare Nachkommen hervorbringen **(Mendel-Population).** In einer derartigen Population wird Panmixie vorausgesetzt. Allerdings ist das eine Idealisierung der Verhältnisse, denn jede Partnerwahl wird mehr oder weniger gerichtet vor sich gehen. Berücksichtigt wird die Gesamtheit aller Gene in der Population **(Gen-Pool).** Dabei bezeichnet man die Häufigkeit, mit der ein Allel in der Population auftritt, als Allelfrequenz, auch Genfrequenz. Der Gen-Pool einer Population kann durch Zufuhr neuen Genmaterials (durch Einwanderer, Besatzungsmächte, Fernreisende) verändert werden **(Gen-Fluß)** (Rep. 6.**1**).

Rep. 6.**1** Populationsgenetische Begriffe

Hardy-Weinberg-Gleichgewicht	Zustand einer Population, bei der, Panmixie vorausgesetzt und Selektion ausgeschlossen, Allel-und Genotypenhäufigkeiten in der Generationenfolge konstant sind
Panmixie	zufällige, uneingeschränkte Paarung der Partner
Art = Spezies	unabhängige Evolutionseinheit: bei Paarung können alle Individuen einer Art fruchtbare Nachkommen zeugen
Population	abgesondertes, artgleiches Kollektiv
Gen-Pool	Gesamtheit aller Allele in einer Population
Gen-Fluß	Veränderung des Genbestandes einer Population durch Zufuhr neuen Genmaterials, z. B. durch Migration
Gen-Frequenz (Allel-Frequenz)	Häufigkeit, mit der ein Gen (ein Allel) in der Population existiert

6.2. Die Allelfrequenzen charakterisieren den Gen-Pool

Soll der Gen-Pool einer Population über Zeiträume hinweg verfolgt werden, dann muß der Gen-Pool der Elterngeneration mit dem der Nachkommen verglichen werden. Aus der Frequenz eines Allels in der Elterngeneration können Rückschlüsse auf die Frequenz der resultierenden Genotypen der Nachkommen gezogen werden (Rep. 6.**2**). Betrachtet wird ein autosomaler, also geschlechtsunabhängiger Genlocus mit den beiden Allelen A und a (dominantes und rezessives Allel). Für einen aus der Kreuzung Aa × Aa resultierenden diploiden Organismus gibt es für den Genotyp drei Möglichkeiten: AA, Aa und aa. Die Frequenz des A-Allels in der Bevölkerung sei p, die Frequenz des a-Allels sei q. Dann muß die Summe aus $p + q$ die Gesamthäufigkeit der Allele an diesem Genlocus angeben. Daraus resultiert:

$p + q = 100\%$. Genhäufigkeiten werden seltener in Prozent als in Bruchteilen von 1 angegeben: $p + q = 1$. Die Häufigkeit der einzelnen Allele kann innerhalb der Population verschieden sein.

z.B. für A sei $p = 0{,}6$ (60%)
für a sei $q = 0{,}4$ (40%)
für A + a gilt $p + q = 0{,}6 + 0{,}4 = 1$ (100%)

Voraussetzung bei diesen Überlegungen ist, daß nur die **Autosomen** betrachtet werden, denn nur dann ist die Allelhäufigkeit in männlichen und weiblichen Individuen gleich.

Die resultierenden Genotypen in den Zygoten (AA, Aa, aa) haben in Abhängigkeit von der Frequenz der einzelnen Allele ebenfalls verschiedene Häufigkeiten. Das ist einleuchtend, bedenkt man, daß die Proportionen der Keimzellen, die bestimmte Allele enthalten, die Proportionen jener Allele widerspiegeln.

Beispiel: Bei $p(\mathrm{A}) = 0{,}6$ und $q(\mathrm{a}) = 0{,}4$ werden gebildet:

Eizellen mit A: $\mathrm{A_E} = 0{,}6$
Eizellen mit a: $\mathrm{a_E} = 0{,}4$
Spermien mit A: $\mathrm{A_S} = 0{,}6$
Spermien mit a: $\mathrm{a_S} = 0{,}4$

Es kommt zur Zygotenbildung durch Vereinigung von Ei und Spermium, wobei, eine genügend große Population vorausgesetzt, es dem Zufall überlassen bleibt, welcher Gamet auf welchen trifft, natürlich unter Berücksichtigung des Verhältnisses ihrer Häufigkeiten (Abb. 6.**1**).

Es gilt: Die **Wahrscheinlichkeit,** daß zwei unabhängig voneinander ablaufende Ereignisse gleichzeitig eintreten, ist gleich dem Produkt der Wahrscheinlichkeit der Einzelereignisse (Rep. 6.**3**).

Beispiel: Häufigkeit der Entstehung einer Zygote AA.

$p = 0{,}6$, d.h.
$p(\mathrm{A_E}) = 0{,}6; p(\mathrm{A_S}) = 0{,}6$
$p(\mathrm{A_E}) \cdot p(\mathrm{A_S}) = 0{,}6 \cdot 0{,}6 = 0{,}36$
p^2 = Frequenz der Bildung von AA-Zygoten

Entsprechend lassen sich die Häufigkeiten der Zygoten Aa und aa errechnen, wobei man die Frequenzen der das entsprechende Allel tragenden Keimzellen ins genetische Kombinationsquadrat eintragen kann.

Proportionen der Keimzellen entsprechen den Proportionen der in ihnen enthaltenen Allele:
Beispiel: p (A) = 0,6
q (a) = 0,4

$\mathrm{A_E}$ = Eizellen mit Allel A = 0,6
$\mathrm{A_S}$ = Spermien mit Allel A = 0,6
$\mathrm{a_E}$ = Eizellen mit Allel a = 0,4
$\mathrm{a_S}$ = Spermien mit Allel a = 0,4

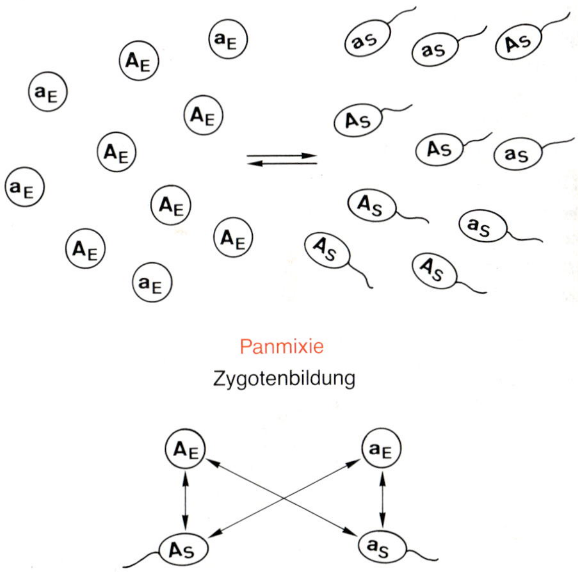

Häufigkeiten der gebildeten Zygoten:
AA-Zygoten: $p \times p = p^2 = 0{,}6 \times 0{,}6 = \mathbf{0{,}36}$
Aa-Zygoten: $2(p \times q) = 2pq = 2\,(0{,}6 \times 0{,}4) = \mathbf{0{,}48}$
aa-Zygoten: $q \times q = q^2 = 0{,}4 \times 0{,}4 = \mathbf{0{,}16}$
Ist die Population im Hardy-Weinberg-Gleichgewicht, dann folgt:
$p^2 + 2pq + q^2 = 1$

Abb. 6.1 Die Frequenz der Genotypen nach dem Gesetz von Hardy-Weinberg
Erklärung s. Text

Rep. 6.**2** Allelfrequenzen und Genotypenhäufigkeiten bei bestehendem Hardy-Weinberg-Gleichgewicht

A und a seien Allele eines Genlocus auf einem Autosom

Häufigkeiten der Allele in der Population z. B.:
A-Allele mit der Häufigkeit $p(p(A) = 0{,}6 = 60\%)$
a-Allele mit der Häufigkeit $q(q(a) = 0{,}4 = 40\%)$

Gesamthäufigkeit der Allele dieses Genlocus:
$p + q = 1\ (100\%)$

Bei Panmixie der Elterngeneration, in der männliche und weibliche Individuen Gameten mit A bzw. a bilden, sind Zygoten folgender Genotypen zu erwarten:
AA; Aa; aa

Die Häufigkeiten der Genotypen sind durch die Allelhäufigkeiten vorgegeben
$p^2(AA) + 2p(A)\,q(a) + q^2(aa) = 1$

Rep. 6.**3** Ein Grundgesetz der Wahrscheinlichkeitsrechnung

Die Wahrscheinlichkeit, daß zwei unabhängig voneinander ablaufende Ereignisse gleichzeitig auftreten, ist gleich dem Produkt der Wahrscheinlichkeit der Einzelereignisse.

Sind die Frequenzen der Allele A und a p und q, dann werden die Frequenzen der aus zufälliger Paarung der A bzw. a tragenden Gameten hervorgehenden Genotypen dem Produkt der Allelfrequenzen entsprechen.

$(p + q)^2 = p^2 + 2pq + q^2 = 1$

(**Hardy-Weinberg-Gleichgewicht** der Genotypen)

Für drei Allele gilt dann entsprechend:

$(p + q + r)^2 = 1$

p^2 Häufigkeit des für das dominante Allel homozygoten Genotyps
$2pq$ Häufigkeit des heterozygoten Genotyps
q^2 Häufigkeit des für das rezessive Allel homozygoten Genotyps (s. Abb. 6.**1**)

Umgekehrt wird daraus bei bekannter Häufigkeit der Genotypen die Berechnung der Allelfrequenzen möglich: Die Frequenz für das Allel A, enthalten in AA und Aa, des Nachwuchses der Paarung Aa × Aa ist dann:

$p^2 + pq = p(p + q) = p; (p + q = 1)$

entsprechend ist die Frequenz für das Allel a, enthalten in Aa und aa:

$q^2 + pq = q(q + p) = q; (q + p = 1)$

Bei rein statistischer Weitergabe der Gene in einer Population bleiben die Allelfrequenzen von Generation zu Generation gleich.

Wo liegt die praktische Anwendung; warum interessiert die Populationsgenetik den Mediziner?

Beispiel:
In einer Population sei die Häufigkeit der für das rezessive Allel a Homozygoten
16 % → q^2 (aa) = 0,16
Daraus ergibt sich für q(a) = $\sqrt{0{,}16}$ = 0,4
Da p+q = 1 ist, ergibt sich für p(A) = 0,6
Damit sind die Allelfrequenzen bekannt.
Aus dem genetischen Kombinationsquadrat ergibt sich:

♂ \ ♀	p(A)0,6	q(a)0,4
p(A)0,6	p^2(AA)0,36	pq(Aa)0,24
q(a)0,4	pq(Aa)0,24	q^2(aa)0,16

Häufigkeit der für das dominante Allel A Homozygoten:
p^2(AA) = 0,36 → 36 %
Häufigkeit der für die Allele A und a Heterozygoten:
2pq(Aa) = 0,48 → 48 %
Damit sind die Häufigkeiten aller möglichen Genotypen bekannt.

Abb. 6.**2 Ermittlung der Frequenz eines Allels bei bekannter Genotypenfrequenz**
Davon ausgehend Berechnung der Frequenz der übrigen möglichen Genotypen in einer Population nach Hardy-Weinberg

6.3. Die Heterozygotenhäufigkeit kann aus der Anzahl der Homozygoten ermittelt werden

In einer Population soll die Häufigkeit, mit der ein autosomal-rezessiv vererbtes Gen auftritt, anhand der erfaßbaren Homozygoten ermittelt werden. So gibt es z. B. unter 10000 Gesunden ein Individuum, das an Phenylketonurie (s. Kap. **4**) erkrankt ist (1 : 10000). Wir sind nun in der Lage, die Zahl der Heterozygoten 2pq(Aa), jene Dunkelziffer der phänotypisch gesunden Allelträger, mit Hilfe des Hardy-Weinberg-Gesetzes zu bestimmen. Dazu benötigen wir die Frequenzen sowohl des rezessiven Allels q(a) als auch die des dominanten Allels p(A).

Die Häufigkeit des homozygot Erkrankten ist

$$q^2(aa) = \frac{1}{10000}$$

Also ist die Frequenz des rezessiven Allels

$$q(a) = \sqrt{\frac{1}{10000}} = \frac{1}{100}$$

Da $p + q = 1$ und daraus $p = 1 - q$ ist,
ergibt sich für die Frequenz des dominanten Allels

$$p(A) = 1 - \frac{1}{100} = \frac{99}{100} \cong 1$$

Gesucht ist die Heterozygotenhäufigkeit 2pq(Aa). Nach Einsetzen der Werte für p und q gilt:

$$2\,pq = 2 \cdot 1 \cdot \frac{1}{100} = \frac{2}{100} = \frac{1}{50},$$

d. h. jedes 50. Individuum einer Population ist heterozygot für Phenylketonurie! Ein Beispiel für eine derartige Berechnung findet sich in Abb. 6.**2**.

Seltene rezessive Gene existieren in der Population vor allem heterozygot: Das Verhältnis von heterozygot ($2pq$) zu homozygot (q^2) ist dann

$$\frac{\text{heterozygot}}{\text{homozygot}} = \frac{2pq}{q^2} = \frac{2p}{q}$$

d. h., das Verhältnis der Heterozygoten zu Homozygoten wird um so größer, je kleiner q wird.

Die Vorstellung, eine Population von einer autosomal-rezessiven Erbkrankheit durch Ausmerzen der Homozygoten heilen zu können, ist völlig falsch! Das Allel wird unausrottbar in den Heterozygoten erhalten bleiben. Dies demonstriert die totale Unsinnigkeit der unmenschlichen Nazi-Eugenik!

6.4. Aus der Allelfrequenz kann die Zahl der Heterozygoten und der Homozygoten ermittelt werden

Eine weitere Möglichkeit zur Anwendung des Hardy-Weinberg-Gesetzes z. B. in der genetischen Familienberatung ist folgende: Die Frequenz eines seltenen Allels sei bekannt. Gefragt wird nach der Zahl der zu erwartenden Heterozygoten und Homozygoten.

Wenn $q = 0{,}1\%$, (Angabe der Häufigkeit als Teil von $1: q = 0{,}001$) und $p + q = 1$ ist, dann ist $p = 1 - q$ oder $p = 1 - 0{,}001$ bzw. $p = 0{,}999$. Mit diesen Werten gehen wir ins genetische Kombinationsquadrat:

	p (0,999)	q (0,001)
p (0,999)	0,998001	0,000999
q (0,001)	0,000999	0,000001

Daraus folgt:
$2pq = 0{,}001998$
$q^2 = 0{,}000001$

oder anders ausgedrückt: Die Homozygotenhäufigkeit q^2 ergibt sich als 1 : 1 000 000, die Heterozygotenhäufigkeit $2pq$ als 0,002 oder 2 : 1000 bzw. 1 : 500.

6.5. Kleine Populationen unterliegen leicht Veränderungen

Faktoren, die zu einer Veränderung des Gen-Pools einer Population führen, verändern natürlich die Allelfrequenz und können das Hardy-Weinberg-Gleichgewicht beeinflussen (Rep. 6.**4**).

So wird die Frequenz eines Allels innerhalb einer Population von Generation zu Generation kleinen **Abweichungen** unterliegen; d. h., die Frequenz *p* für das Allel A wird sich zu p' und die Frequenz *q* für das Allel a zu q' hin verändern. Würde man genügend lange Zeiträume abwarten, dann würden sich diese Abweichungen auch in einer großen Population so addieren, daß schließlich das eine Allel zugunsten des anderen verschwindet **(zufällige genetische Drift).**

Anders ist das in kleinen Populationen. Hier kann die Frequenz eines Allels plötzlich stark ansteigen oder es kann ganz verschwinden (genetische Drift). In kleinen Populationen kommen statistische Abweichungen vom Hardy-Weinberg-Gleichgewicht deutlich zum Tragen.

Beispiel: Ein Allel hat die Frequenz 1:1000, d. h. in einer Stadt mit 100 000 Einwohnern gibt es 100 Allelträger, in einem Dorf mit 1000 Einwohnern jedoch nur einen Allelträger. Der Tod dieses einen kann das Allel schlagartig zum Aussterben bringen. Es verschwindet aus dem Gen-Pool. Andererseits kann die Allelfrequenz dieses Allels in der Population stark ansteigen, wenn dieser eine viele Kinder hat. In einer großen Population werden diese statistischen Schwankungen ausgeglichen. Durch genetischen Drift ist auch der **Gründereffekt** in seiner Wirkung auf den Gen-Pool zu verstehen. Einige Einwandererfamilien brachten z. B. das Allel für die Tay-Sachssche Krankheit (Lipidspeicherkrankheit; s. Kap. **1**) nach Pennsylvania/USA. In ihrer kleinen Population war dieses Gen besonders häufig. Herausgenommen aus der Gesamtpopulation, weitestgehend isoliert von der Umgebung **(Isolat)**, vermehrten sich diese Familien durch Inzucht und trugen zu einer außergewöhnlichen Steigerung der Genfrequenz bei. Ähnliche Vorgänge erklären auch die unterschiedliche Allelfrequenz des AB0-Blutgruppen-Systems in Europa und Asien. So findet sich die Blutgruppe B in Asien bei 25% der Bewohner, während es in Europa weniger als 10% sind.

Die Genfrequenz beeinträchtigen können weiterhin z. B. nicht reparierte **Spontanmutationen,** deren Häufigkeit im Durchschnitt im menschlichen Genom 100 Basenveränderungen pro Generation beträgt. Nicht alle Mutationen verändern allerdings den Gen-Pool. Stumme Mutationen, die keine Veränderung des Genproduktes bewirken, bleiben unbemerkt.

Die anderen Mutationen unterliegen den **Selektionskräften** (Rep. 6.**5**). Mutationen, die die Lebensfähigkeit,

Rep. 6.**4** Faktoren, die das Populationsgleichgewicht beeinflussen

Genetische Drift	Zufällige Änderung der Genfrequenz besonders deutlich in kleinen Populationen
Gründer-Effekt	Extreme Auswirkung der genetischen Drift durch Abspaltung einer kleinen Population von einer größeren, die dadurch für ein Allel eine abweichende Frequenz etabliert
Inzucht	Besonders in kleinen Populationen; fördert seltene Gene; bedeutsam beim Gründereffekt
Fitness	Fähigkeit eines Individuums, Nachkommen möglichst früh und möglichst zahlreich zu produzieren (Darwinsche Tauglichkeit)
Spontanmutation	im menschlichen Genom Austausch von $\approx$ 100 bp/3 · 10^9/Generation
Selektion	Auswahl nach Fitness (→ langsame Veränderung des Gen-Pools)

Rep. 6.**5** Selektion von Allelen und Gentypen

Selektion von Allelen

- gegen dominante Allele: sehr schnell und effektiv, betrifft auch Heterozygote, Letal-Gene: negative Fitness, Genotyp kommt nicht zur Geschlechtsreife
- gegen rezessive Allele: langsam, nur Homozygote werden ausselektioniert, Letal-Gene

Tendenz: Elimination des Allels!
Gegenwirkung: Neumutation!

Selektion von Genotypen

- frequenzabhängig: seltene Genotypen haben gesteigerte Fitness, sie finden mit hoher Wahrscheinlichkeit einen Partner
- phänotypabhängig: ausgewählte Paarung
- Heterosis: Vorteil der Heterozygoten, ihre Fitness wird durch die Umwelt begünstigt
  Beispiel: Sichelzellanämie im Malariagebiet
  homozygot Gesunde: Nachteil durch Malaria
  homozygot Kranke: Nachteil durch Anämie
  Heterozygote: positiv selektioniert, da weniger anfällig für Malaria

Lebensdauer oder Fruchtbarkeit der Keimzellen beeinträchtigen, führen zu einer ungleichen Reproduktivität **(fitness)** und beeinträchtigen die Panmixie. Mutationen, die für den Organismus von Vorteil sind, führen zu natürlichem **Selektionsvorteil.** Bringen sie dem Individuum in der gegebenen Umwelt Nachteile, dann wird gegen sie selektioniert. Sind solche Allele dominant, dann werden sie sehr schnell dadurch eliminiert, daß sowohl die Heterozygoten als auch die Homozygoten zugrunde gehen. Sind derartige Allele rezessiv, dann richtet sich der Selektionsdruck nur gegen die Homozygoten oder, wie bei der Incontinentia pigmentosa gegen Hemizygoten (s. Kap. **4**). Solche Mutationen nennt man **Letalfaktoren.** Dabei bezieht sich „letal" auf die Überlebenschance (fitness) des betroffenen Individuums: Es stirbt vor Erreichen der Pubertät oder ist nicht zeugungsfähig. Der Effekt solcher Prozesse ist die Eliminierung des unvorteilhaften Allels. Allerdings sorgen Neumutationen dafür, daß derartige Allele nicht aussterben. Auch für und gegen Genotypen kann selektioniert werden. Die Tatsache, des **„Selten-Paarungs-Vorteil"** („rare mating"-Vorteils) besagt, daß seltene Genotypen dadurch, daß sie innerhalb der Population relativ häufig einen Partner finden, zu ihrer eigenen Ausdehnung beitragen. Zu einer Verschiebung des Genotypengleichgewichts kann es auch durch sog. **ausgewählte Paarung** (assortative mating) kommen. Hierzu bevorzugen sich Partner gleichen Phänotyps (Körpergröße, Intelligenz) und beeinträchtigen damit die Forderung nach Panmixie.

Ein anderes Phänomen ist das der **Heterosis.** Hybridisierung verschiedener Inzuchtstämme kann oft zu besonders umwelttüchtigen Individuen führen. Derartige Individuen vereinigen in sich die vorteilhaften Gene beider Eltern, wohingegen die Gefahr homozygot auftretender rezessiver Letalfaktoren verringert wird. Ein Beispiel für einen derartigen Heterosiseffekt bietet die Sichelzellanämie in Malariagegenden.

6.6. Separationsmechanismen von Populationen führen zur Entstehung neuer Arten

Auch Faktoren, die die Panmixie beeinträchtigen, sind zu erwähnen. Dazu gehören alle **Separationsmechanismen,** die eine uneingeschränkte Paarung verhindern (Rep. 6.**6**). Solche Isolate, ganz gleich welcher Ursache, sind in Populationen die Regel (s. Kap. **7**, S. 230).

Folgende Separationen können unterschieden werden:

1. **Geographische Separation.** Dazu kommt es z. B. beim Auswandern eines Teils einer Population auf eine einsame Insel.
   Mutationen im Gen-Pool können dabei gegebenenfalls zu einer **genetischen Separation** führen, d. h., es bildet sich eine neue Art heraus, die bei Kreuzung mit der Stammpopulation nur noch sterile Hybride bildet. Das leitet über zu
2. **Fortpflanzungsseparation** (reproduktive Separation). Diese kann man einteilen in
   - **präzygotische Fortpflanzungsseparation.** Hierzu gehören alle Hemmnisse der Paarung. Dazu zählen mechanische Hindernisse, Tabus, spezifische Fortpflanzungsriten, aber auch Signale, von denen die Fortpflanzung spezifisch abhängt, wie z. B. Sexuallockstoffe, Töne oder Farben, die eine Kopulation von vornherein verhindern;
   - **zygotische Fortpflanzungs-Separation.** Hier sind es Strukturunterschiede zwischen den Chromosomen oder abweichende Chromosomensätze, die in Hybridzellen die Paarung homologer Chromosomen behindern und damit die Meiose und Keimzellbildung verhindern;
   - **postzygotische Fortpflanzungsseparation.** Der Tod tritt vor der Geschlechtsreife ein, das kann z. B. durch Letalfaktoren geschehen.

Rep. 6.**6** Separationsmechanismen

1. Geographische
2. Reproduktive
   - präzygotische
   - zygotische
   - postzygotische

(s. auch Rep. 7.**1**)

6.7. Inzucht beeinflußt nicht direkt die Allelfrequenz

Verwandtenehen beeinflussen zwar nicht die Genfrequenz in einer Population, verschieben aber die Genotypenhäufigkeiten hin zu den Homozygoten speziell für seltene Allele. Diese Verschiebung ist allerdings keine permanente, da die Homozygoten häufig durch Tod eliminiert werden. Dann verschiebt sich die Genotypenhäufigkeit wieder zu den Heterozygoten, die ihrerseits wieder gehäuft Homozygote hervorbringen etc.

Obwohl Inzucht bei Pflanzen und Tieren verbreitet ist, werden Verwandtenehen in der zivilisierten Welt vermieden. Die Sorge bei solchen Verbindungen ist die, daß **abstammungsgleiche Allele,** d. h. Gene, die auf einen gemeinsamen Vorfahren zurückzuführen sind, zusammentreffen und in ihrer homozygoten Manifestation von Nachteil sein könnten. Um die Relevanz dieser Meinung zu prüfen, müssen wir fragen, bei welchem Verwandtschaftsgrad die Chance für das homozygote Auftreten abstammungsgleicher Gene in einem Individuum wie groß ist (Tab. 6.**1**).

Kinder erben von jedem Elternteil einen halben Genbestand. Enkel haben mit jedem Großelternteil nur noch ein Viertel des Genbestandes gemeinsam. Über den Verwandtschaftsgrad zwischen zwei Individuen (Partner) gibt der **Verwandtschaftskoeffizient** Auskunft. Dieser gibt die Wahrscheinlichkeit an, mit der zwei Partner für einen Genlocus auf einem Autosom identische Allele tragen. **Identische Allele** sind solche, deren DNA-Sequenz identisch ist, da sie von einem gemeinsamen Vorfahren ererbt wurden. Beispiel für den Verwandtschaftskoeffizienten zwischen Geschwistern: Jedes Kind erbt mit der Wahrscheinlichkeit von $^1/_2$ das entsprechende Allel von seinen Eltern. Daß Geschwister das identische Allel bekommen, ist gleich dem Produkt der Wahrscheinlichkeit, also $^1/_4$.

Der **Inzuchtkoeffizient** (Abb. 6.**3**) besagt, mit welcher Wahrscheinlichkeit ein Individuum von seinen Eltern eines der vier für einen Genlocus möglichen Allele abstammungsgleich geerbt und für dieses homozygot ist. Der Inzuchtkoeffizient entspricht dem Verwandtschaftskoeffizient der Eltern. (Die Verwandtschafts- und Inzuchtkoeffizienten nichtverwandter Individuen sind Null.)

Der Verwandtschaftskoeffizient kann bei Kenntnis des Stammbaumes berechnet werden. Anhand dieser Voraussetzungen kann z. B. vorausgesagt werden, daß Vetter und Cousine mit $^1/_8$-Wahrscheinlichkeit ein abstammungsgleiches Allel für eine rezessive Erbkrankheit tragen. (Die Wahrscheinlichkeit, daß sie beide ein abstammungsgleiches Allel tragen, ist für jedes Allel 1/16. Ist speziell nach dem rezessiven Allel gefragt, also nur nach einem von zweien, dann ist diese Wahrscheinlichkeit $2 \cdot (^1/_2)^4 = {}^1/_8$.

Tab. 6.**1** Inzuchtkoeffizienten für die Nachkommen aus Verwandtenehen

Verwandtschaftsgrad	Koeffizient
Eltern – Kind	1/2
Geschwister	1/4
Onkel – Nichte, Tante – Neffe	1/8
Vetter – Base 1. Grades	1/16
Vetter – Base 2. Grades	1/64
Vetter – Base 3. Grades	1/256

Bruder – Schwester – Nachkommen:

a_1 a_2 a_3 a_4 seien Allele eines beliebigen autosomalen Gens. Jedes Individuum der Nachkommengeneration erbt den halben Genbestand jedes Elternteils.

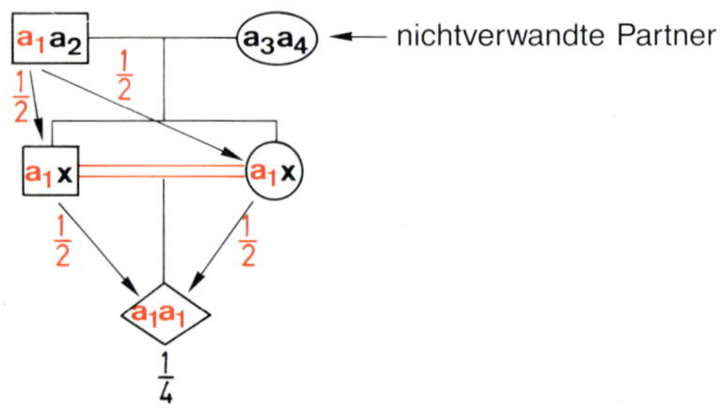

Für jedes Allel besteht eine Wahrscheinlichkeit von $(^1/_2)^4 = {}^1/_{16}$ im Nachkommen identisch homozygot aufzutreten. Bei 4 möglichen Allelen ist die Wahrscheinlichkeit, daß eines dieser Allele homozygot auftritt $4(^1/_2)^4 = {}^1/_4$.

Vetter – Base – Nachkommen

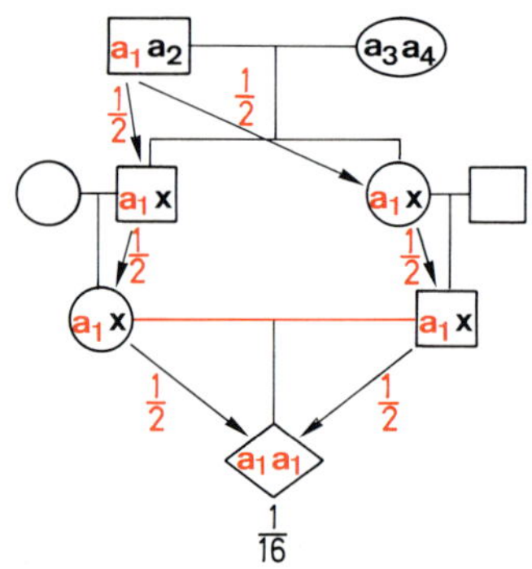

In diesem Fall gilt:
Für jedes Allel besteht eine Wahrscheinlichkeit von $(^1/_2)^6 = {}^1/_{64}$ im fraglichen Nachkommen abstammungsgleich aufzutreten. Die Wahrscheinlichkeit, daß eines der 4 Allele homozygot auftritt, beträgt dann $4(^1/_2)^6 = {}^1/_{16}$.

Abb. 6.**3 Risiken bei Blutsverwandtschaft**
Die Wahrscheinlichkeit für das Zusammentreffen abstammungsgleicher Allele in einer Zygote bei Blutsverwandten ergibt sich aus dem Produkt der Wahrscheinlichkeiten der Weitergabe dieses Allels bei diploidem Chromosomensatz

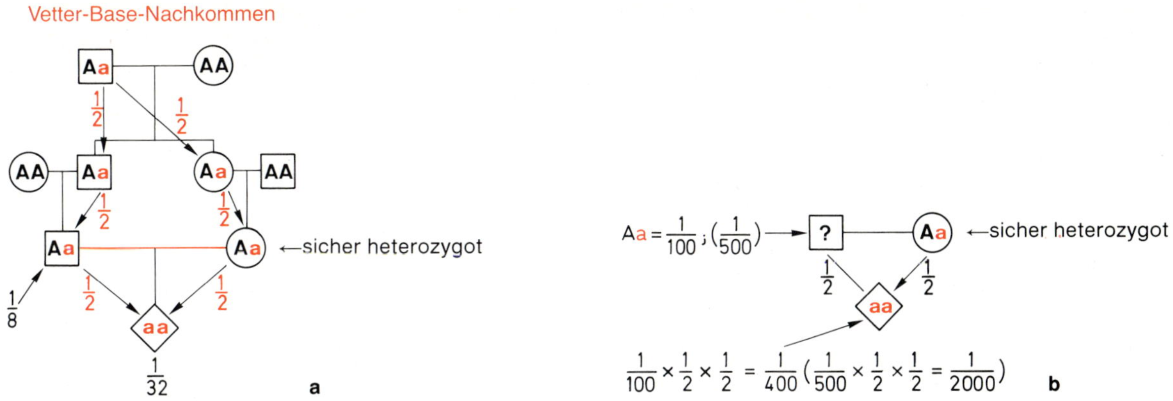

Abb. 6.4 Wahrscheinlichkeit für das homozygote Auftreten des rezessiven Allels a bei Nachkommen aus der Verbindung
a Vetter – Base, wobei ein Partner sicher heterozygot ist
b Freie Partnerwahl eines sicher Heterozygoten bei seltenen und sehr seltenen Allelfrequenzen ($q = \frac{1}{200}$ bzw $q = \frac{1}{1000}$)
Der Zahlenvergleich – $\frac{1}{32}$ zu $\frac{1}{400}$ bzw. $\frac{1}{32}$ zu $\frac{1}{2000}$ – erleuchtet das Risiko bei Blutsverwandtschaft, das sich um so mehr erhöht, je seltener die Frequenz des betrachteten Allels ist.

Ist bei einer Vetter-Cousinen-Ehe ein Individuum *sicher* heterozygot für ein seltenes Allel, so ist der Verwandte es mit 1/8 Wahrscheinlichkeit ebenso. Ist das häufiger, als wenn der Heterozygote einen nichtverwandten Ehepartner geheiratet hätte? Daß diese Frage mit ja zu beantworten ist, zeigt folgende Rechnung: Die Häufigkeit für das seltene Allel in der Population sei

$$q = \frac{1}{200}.$$

Dann ist die Wahrscheinlichkeit, daß ein beliebiges Individuum dieses Gen heterozygot trägt

$$2pq = \frac{2 \cdot 1 \cdot 1}{200} = \frac{1}{100}.$$

Damit ist es ca. zwölfmal weniger wahrscheinlich, daß beide Partner das entsprechende Allel tragen als bei Blutsverwandtschaft.

Fragt man nach der Wahrscheinlichkeit, mit der ein Nachkomme aus einer derartigen Vetter-Cousinen-Verbindung homozygot wird für dieses seltene Allel, dann ist diese Wahrscheinlichkeit

$$\frac{1}{4} \cdot \frac{1}{8} = \frac{1}{32} \text{ (Abb. 6.4a)}$$

Hätte der sicher Heterozygote einen Nichtverwandten gewählt, dann wäre diese Wahrscheinlichkeit nur

$$\frac{1}{4} \cdot 2pq, \text{ d.h. } \frac{1}{4} \cdot \frac{1}{100} = \frac{1}{400}$$

gewesen. Je seltener ein Allel in der Bevölkerung ist, um so mehr wirkt sich Blutsverwandtschaft negativ aus (Abb. 6.4**b**).

6.8. Genetische Risikoabschätzung erfolgt über das Bayessche Theorem

Einer pränatalen Diagnostik muß in jedem Falle eine genetische Beratung vorausgehen. Dabei können eventuelle Wiederholungsrisiken bei bestehender genetischer Belastung abgeschätzt werden. Wichtig ist dies besonders bei multifaktoriellen Erbkrankheiten. Aber auch bei dominant vererbten Krankheiten mit unvollständiger Penetranz oder bei X-chromosomal rezessiven Erbkrankheiten ist die Abschätzung des Erkrankungsrisikos unter Berücksichtigung verschiedener Faktoren wichtig. Mit Hilfe des „Bayesschen Theorems" werden sog. A-priori-Risikofaktoren (Mutationsrate, Genfrequenz, Stammbaum) mit individuellen Gegebenheiten, den konditionalen Faktoren (z. B. biochemische und klinische Befunde, Stammbaumableitungen für die nächste Generation) zu einer A-posteriori-Wahrscheinlichkeit zusammengebracht.

Beispiel: Eine gesunde Frau aus einer Familie mit einer X-chromosomalen Erbkrankheit möchte wissen, ob sie Konduktorin ist und welches Risiko für einen eventuell männlichen Nachkommen besteht, diesen genetischen Defekt auszuprägen. Ein eindeutiger Heterozygotentest existiert nicht.

a priori

Der Stammbaum der Frau zeigt, daß Mutter und Großmutter Konduktorinnen waren. Sie hat einen kranken Bruder und einen kranken Onkel:

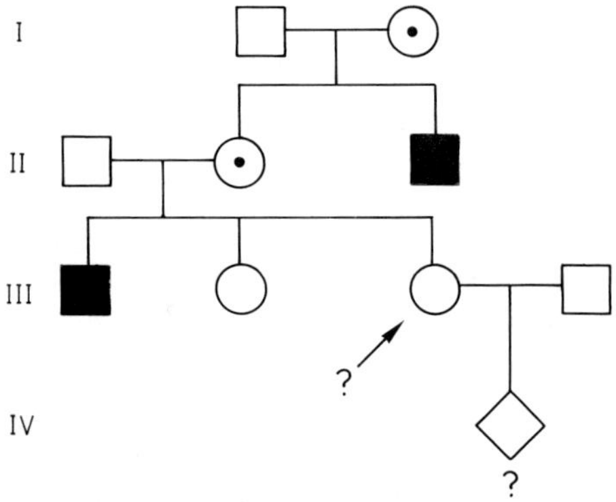

Unter Berücksichtigung des Stammbaumes besteht für die Ratsuchende ein 50%iges Risiko, das kranke X von ihrer Mutter geerbt zu haben:

A	**B**
Konduktorin	keine Konduktorin
XX	XX
1/2	1/2

konditional

Der Stammbaum der nächsten Generation zeigt die Wahrscheinlichkeit, mit der die Ratsuchende unter den Voraussetzungen **A**: Konduktorin, **B**: keine Konduktorin einen gesunden Sohn bekommen kann:

Wenn **A**:

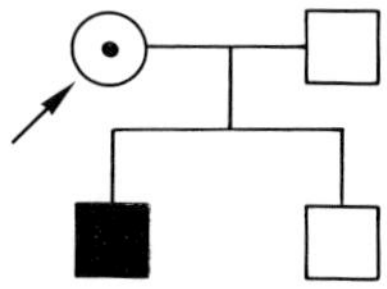

$^1/_2$

Wenn **B**:

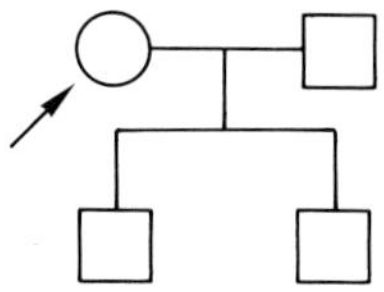

1

Biochemische Gegebenheiten, wie z. B. eine Enzymaktivität im Normbereich, finden sich nur bei einem bestimmten Prozentsatz der Konduktorinnen (z. B. 33%), jedoch bei 100% der Nichtkonduktorinnen:

Wenn **A**	Wenn **B**
1/3	1

Assoziierte Wahrscheinlichkeit (joint probability, j.p.)

Ergibt sich als Produkt aller A-priori- und aller konditionalen Wahrscheinlichkeiten

für **A**

$$\frac{1}{2}\cdot\frac{1}{2}\cdot\frac{1}{3}=\frac{1}{12}$$

für **B**

$$\frac{1}{2}\cdot 1\cdot 1=\frac{1}{2}=\frac{6}{12}$$

a posteriori

$$\frac{\text{j.p.}\mathbf{A}}{\text{j.p.}\mathbf{A}+\text{j.p.}\mathbf{B}}=\text{a posteriori}$$

Wahrscheinlichkeit für die Ratsuchende, Konduktorin für das X' zu sein

$$\frac{\frac{1}{12}}{\frac{1}{12}+\frac{6}{12}}=\frac{\frac{1}{12}}{\frac{7}{12}}=\frac{1.12}{12.7}=\frac{1}{7}=14\%$$

Nach dieser Wahrscheinlichkeitsberechnung beträgt das Risiko für einen zu erwartenden Sohn, krank zu sein, 7%. Wird allerdings wirklich ein kranker Sohn geboren, dann weist dieses Ereignis die Mutter als sichere Konduktorin aus, und das Risiko für weitere kranke Söhne erhöht sich auf 50%.

Weiterführende Literatur

Hartl, D. L., A. G. Clark: Principles of Population Genetics, 2nd ed. Sinauer Ass., Sunderland, Mass. 1989

Smith, J. M.: Evolutionary Genetics. Oxford University Press, Oxford 1989

Sperlich, D.: Populationsgenetik, 2nd ed. Fischer, Stuttgart 1988

Vogel, G., M. Angermann: Taschenatlas der Biologie, Bd. III: Genetik und Evolution, Systematik. 4. Aufl. Thieme, Stuttgart 1990

Kapitel 7

Evolution

Die existierenden Organismenspezies sind keine statisch konstanten Formen, sondern sind dynamischen Veränderungen unterworfen. Zwei Beispiele zeigen dies deutlich:

- Entwicklung Antibiotica-resistenter Bakterienstämme,
- Züchtung artifizieller Tierrassen.

7.1. Mutationen sind die Grundlage ständiger Veränderungen der Arten

Entwicklung Antibiotica-resistenter Bakterienstämme. Wird zu einer Bakterienkultur ein Antibioticum, z. B. Penicillin, gegeben, werden die Bakterien abgetötet, vorausgesetzt, der Stamm ist gegen das Antibioticum empfindlich. Es besteht aber die Chance, daß nach einer längeren Zeit in dieser Kultur wieder Bakterien wachsen. Diese sind **resistent** gegen das **Antibioticum.** Die Wahrscheinlichkeit, daß ein resistenter Stamm aufwächst, ist um so größer, je zahlreicher das Ausgangskollektiv war. Bei einer Population von 100 000 ist die Wahrscheinlichkeit gering, bei 1 000 000 aber schon deutlich höher und bei 10 Millionen noch zehnmal größer. Das Kollektiv von 1 Million Bakterien könnte man verdünnen und in gleichmäßige Fraktionen teilen, so daß sich im Mittel in jeder Fraktion theoretisch nur ein Bakterium befindet. In Gegenwart von Penicillin werden nur in einer oder in wenigen Fraktionen resistente Stämme aufwachsen. Experimentell sind 1 000 000 Kulturen nicht zu handhaben. Deshalb kann ein Kompromiß geschlossen werden. Die Million Bakterien kann aufgespalten werden in tausend Kollektive à 1000. Auch jetzt werden nur in einer kleinen Anzahl der Kollektive resistente Bakterien aufwachsen (Abb. 7.**1**). Das gleiche Experiment kann wiederholt werden, nachdem die Ausgangskultur mutagenisiert worden ist, d. h. mit einem **Mutagen** behandelt wurde. Diesmal wachsen in wesentlich mehr der 1000 Kollektive resistente Zellen auf. Parallel zu diesen Resistenten kann die Anzahl der Mutanten in einem bekannten Gen bestimmt werden, wie z. B. im Gen der β-*Galactosidase* (Enzym zur Spaltung von Lactose). Diese Mutanten können leicht auf Indikator-Farbagarplatten entdeckt werden. Im unbehandelten Kollektiv findet sich eine Mutante pro 1 000 000, die nicht Lactose abbauen kann. Nach Mutagenisierung steigt die Häufigkeit stark an – bis zu 1 in 1000. Die Wahrscheinlichkeit für resistente Bakterien geht parallel der Rate dieser Mutanten. Bei genauer Betrachtung dieses einfachen Experiments können eine Reihe interessanter **Schlüsse** gezogen werden: Die Ausgangskultur war empfindlich gegen das Antibioticum, die in Gegenwart des Antibioticums gewachsene Kultur ist resistent. – Auch wenn das Antibioticum entfernt wird, bleiben die Bakterien resistent. Die Resistenz ist genetisch stabil, d. h., aus dem sensiblen Stamm ist ein resistenter Stamm geworden. In relativ kurzer Zeit hat sich ein neuer Stamm entwickelt. Die existierenden Stämme sind also keineswegs in ihren Eigenschaften konstant, sondern Änderungen unterworfen. Die Grundlage für diese Veränderung sind **Mutationen,** die spontan mit einer Frequenz von 1 pro 10^9 Nucleotidpaaren (das bedeutet für *Escherichia coli:* 1 Mutation pro Gen pro 10^6 Zellen je Generation) auftreten. Diese Frequenz kann durch Mutagene erhöht werden. Die Herausbildung der Antibiotica-Resistenz ist nicht etwa eine Anpassung, ein Lernprozeß der einzelnen Individuen des Kollektivs, sondern kommt durch die **Selektion** der resistenten Mutanten zustande. Nur die resistenten Mutanten sind fähig (engl. **fit**), in Gegenwart des Antibioticums zu überleben. Damit sind bereits wesentliche Grundprinzipien der Evolution herausgearbeitet: Die Arten sind ständigen dynamischen Veränderungen unterworfen. Betrachtet wird immer ein relativ großes Kollektiv, das von anderen isoliert ist. Mutationen sind die Grundlage der Veränderungen. Selektion der Geeignetsten führt zur Entwicklung eines Kollektivs mit mehr Geeigneten (higher fitness).

Züchtung artifizieller Tierrassen bzw. Unterarten. Ähnlich wie am Beispiel der Antibiotica-Resistenz könnten über die **Tierzucht** wesentliche Prinzipien der Evolution diskutiert werden. Die Anzahl der Mitglieder des Zuchtkollektivs ist zumeist klein. Dafür ist die Selektion

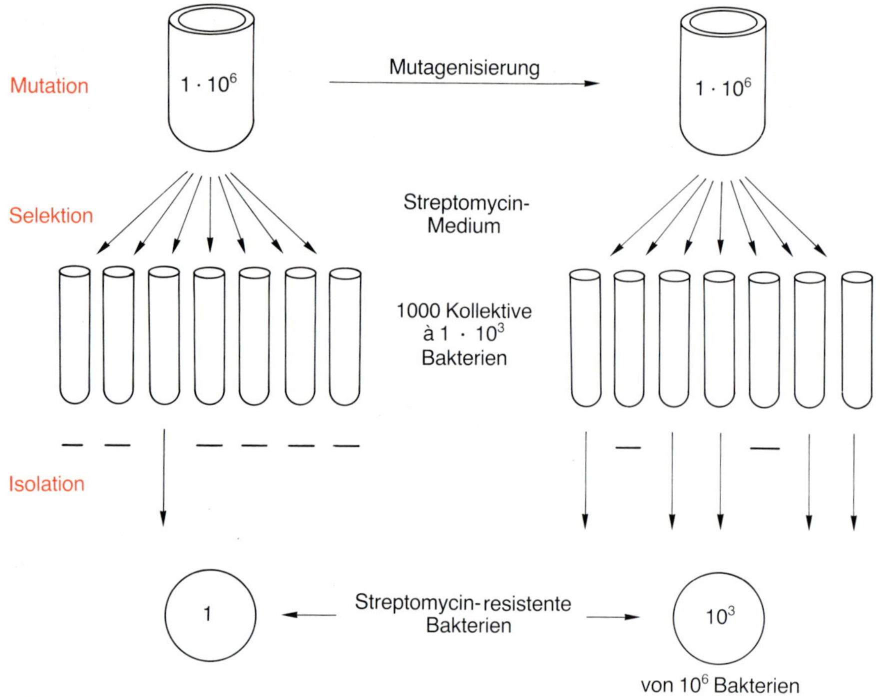

Abb. 7.1 Entwicklung Antibiotica-resistenter Bakterienstämme; Beispiel: Streptomycin-Resistenz
Die Mutation führt zur Vermehrung der resistenten Mutanten. Durch das Streptomycin-Medium wird für Streptomycin-resistente Bakterien selektioniert (starker Selektionsdruck)

um so rabiater. Die natürlichen Kriterien der Eignung sind ersetzt durch künstliche Maßstäbe, die häufig ganz unsinnig und widernatürlich sind, wie sich an der Hundezucht verdeutlichen läßt. Ein Pekinese ist höchstens aus der Sicht des Züchters tauglich, aber keinesfalls für das Leben – schon gar nicht für ein natürliches.

7.2. Die Einführung der Abstammungslehre war eine geistige Revolution

Die **kontinuierliche Evolution** der pflanzlichen und tierischen Arten seit der Entstehung des Lebens ist heute wohlbewiesene **Grundlage unseres Weltbildes.** Aber im vorigen Jahrhundert, als die Lehre von der **Konstanz der Arten** unhaltbar wurde, erschien die Einführung des Wissens um Evolution als geistige Revolution, deren Nachwehen bis in das 20. Jahrhundert hineinreichten. Selbst heute noch gibt es vereinzelte exotische Sonderlinge, die aus ideologischen Gründen, fernab naturwissenschaftlicher Erkenntnisse, gegen die Fakten der Evolution auftreten.

Über welche Etappen setzte sich die Erkenntnis der Evolution durch (Tab. 7.**1**)? In der letzten Hälfte des 18. Jahrhunderts ordnete **Carl Linné** (1707–1778) die damals bekannten Pflanzen und Tiere in zusammenhängende Ordnungssysteme. Grundlage waren Verwandtschaftsverhältnisse zwischen Arten, sowie übergeordnete Beziehungen von Gattung, Familie, Ordnung und Klasse. Zwar dachte Linné noch in den althergebrachten Normen der „Konstanz der Arten" – aber die von ihm aufgestellten Verwandtschaften in Form einer Systematik waren der Wegweiser für die Evolution. Die „Konstanz der Arten" wurde erstmalig von **Jean de Lamarck** (1774–1829) nachhaltig in Frage gestellt. Er postulierte die Entwicklung der Arten aus Urformen, die ihrerseits ausgestorben sind. Damit war die **Stammesentwicklung***

* Anm.: Stammesentwicklung, Phylogenese und Evolution werden synonym verwendet

Tab. 7.1 Etappen auf dem Weg zur Evolutionstheorie

Carl Linné (1707–1778)	Aufstellung einer Pflanzen- und Tiersystematik (Verwandtschaftsbeziehungen)
Jean de Lamarck (1774–1829)	Infragestellung der „Konstanz der Arten"; Postulat: Entwicklung der Arten aus Urformen
A. R. Wallace (1823–1913) Charles Darwin (1809–1882)	Begründer der Abstammungslehre (1859)
Karl-Ernst v. Baer (1792–1865)	Gesetz der Embryonenähnlichkeit (1828); Entdeckung des Säugereies
Ernst Haeckel (1834–1919)	Einbeziehung des Menschen in die Evolution; Postulat: biogenetische Grundregel

(Phylogenese) eingeführt. Die große Bedeutung dieser Theorie wurde und wird häufig verkannt, weil Lamarck selbst nicht die Ursache für die Stammesentwicklung erkannte. Vielmehr glaubte Lamarck an Anpassung an die Umwelt und **Vererbung** derartig erworbener Eigenschaften. Die Giraffe frißt Blätter von den Bäumen – deshalb ist der Hals gewachsen. Die bleibende Pionierleistung von Lamarck ist die Erkenntnis der Existenz der Stammesentwicklung. Die eigentlichen Ursachen für die Entwicklung der Arten wurden unabhängig voneinander von **Charles Darwin** (1809–1882) und **A. R. Wallace** (1823–1913) erkannt. Das Werk von Charles Darwin „On the origin of species by means of natural selection or the preservation of favoured races in the struggle for life" formulierte die **Abstammungslehre.** Als am 24. November 1859 die erste Auflage mit 1250 Exemplaren erschien, war noch am gleichen Tag am Erscheinungsort kein einziges Buch mehr zu erhalten. Bereits wenige Wochen später, 1860 erschien eine deutsche Übersetzung des Zoologen Heinrich Bronn. Darwin und Wallace präsentierten am 1. Juli 1858 erstmalig ihre Abstammungslehre gemeinsam der Linné-Gesellschaft in London, und noch im gleichen Jahr wurde sie in der Zeitschrift der Gesellschaft publiziert. Aber dieses gemeinsame Werk fand wenig Anklang, da es zu knapp gehalten war. Erst die ausführliche Darstellung mit Kausalzusammenhängen brachte 1859 den Durchbruch für die Abstammungslehre. **Ernst Haeckel** (1834–1919) bezog auch den Menschen in sie ein. Er stellte die **biogenetische Grundregel** auf und eröffnete damit weitere wichtige Beweise für die Abstammungslehre. Haeckel vertiefte diese Lehre an Hand des phylogenetischen Stammbaums.

Im 20. Jahrhundert schließlich wurde die Abstammungslehre durch die Entwicklung der Genetik, der Zellbiologie und der Molekularbiologie vielfach bestätigt und damit zur Grundlage des modernen Weltbildes, das in erster Linie durch die Biologie geprägt wurde.

7.3. Die Abstammungslehre oder Evolution formuliert die Regeln und Gesetzmäßigkeiten der Entwicklung der Arten

7.3.1. Eine Art ist ein Kollektiv, das gegen die anderen Arten abgegrenzt ist und dessen Mitglieder miteinander unter natürlichen Bedingungen fertile Nachkommen zeugen können

Die heute existierenden Tier- und Pflanzenarten haben sich aus vorangehenden Arten entwickelt und diese wieder aus Vorläufer-Arten, so daß ein **Stammbaum der Evolution** aufgestellt werden kann. Grundlage dieser Entwicklung sind **spontane Mutationen** und **Selektion nach Eignung** (Rep. 7.**1**). Voraussetzung ist die freie Kombinierbarkeit der Gene eines Kollektivs – aber dieses Kollektiv muß gegenüber den anderen pflanzlichen und tierischen Kollektiven abgegrenzt sein. Ein derart **abgegrenztes Kollektiv** ist die **Art.** Die Gesamtheit aller Allele der Art bildet den **Allel-Pool.** Die Mitglieder einer Art

Rep. 7.1 Entwicklung einer neuen Art

Voraussetzungen	Mutation – Selektion nach Eignung. Separation gegenüber dem Hauptkollektiv
Separationsmechanismen, – Fortpflanzungsisolation	räumlich (Insel, Teich, Oase, o. ä.) zeitlich (tageszeitlich, verschobene Aktivitätsphasen) – optisch (z. B. spezifische Farben) – akustisch (z. B. spezifische Geräusche) – mechanisch (z. B. Kopulationsschwierigkeiten) – verhaltensbedingt (Balz- und Sexualverhalten) – religiös (Tabus)

können miteinander Nachkommen zeugen, aber unter natürlichen Bedingungen nicht mit Individuen anderer Arten. Für die Entwicklung einer neuen Art ist neben Mutationen und Selektion Isolierung notwendig. Wird ein Teilkollektiv der Art isoliert, kann es zur Aufspaltung der Art kommen.

Die Isolierung der Art kann lokal, temporär, optisch, akustisch, verhaltensbedingt oder paarungstechnisch sein

Die **Separation** kann **lokal** dadurch erfolgen, daß eine Gruppe der Art auf einen abgegrenzten Raum beschränkt wird, wie z. B. eine Insel, einen Teich oder eine Oase. Separation eines Kollektivs kann auch durch **zeitliche Schranken** erfolgen. So leben z. B. verschiedene Rassen des **Seidenspinners** *Bombyx mori* im selben Gebiet. Die Paarung zwischen den Rassen wird durch zeitliche Barrieren verhindert. Für das Auffinden des Weibchens braucht das Männchen ein spezifisches Duftsignal, den Sexuallockstoff Bombycol des Weibchens. Alle Rassen des *Bombyx mori* sprechen auf diesen Lockstoff an. Aber die Männchen sind im Tagesrhythmus unterschiedlich empfänglich für Bombycol. Während bei der einen Rasse die Hauptempfänglichkeit am Morgen liegt – und die Weibchen auch zu dieser Zeit ihr Bombycol absondern –, ist eine andere Rasse erst mittags aktiv und eine weitere abends. Dadurch sind die Rassen voneinander separiert, obwohl sie dasselbe Territorium bevölkern. Eine andere Möglichkeit der Isolierung ist eine **optische** oder **akustische.** Optische Unterschiede in der Färbung der Individuen oder akustische Signale können zur Separation führen. Für optische Isolierung sind Fische im Korallenriff ein interessantes Beispiel. Häufig leben mehrere Rassen (Unterarten) einer Art auf engem Raum zusammen, ohne sich zu vermischen. Die Schranke wird durch besonders intensive Farben errichtet. Akustische Signale spielen für die Rassenisolierung besonders bei Vögeln in Form des Gesanges eine Rolle. Neben **verhaltensbedingten Schranken,** die sich aus spezifischen Balz- oder Sozialverhalten ergeben, spielen häufig auch technische Gegebenheiten eine Rolle. So wird die Fortpflanzungsisolierung bei Hunderassen wie z. B. Pekinesen und Bernhardinern durch die unterschiedlichen Größen bewirkt.

Rassen (Unterarten) sind Unterkollektive von Arten mit separierter Fortpflanzung

Rassen (Unterarten) entwickeln sich, wenn sie sich nicht teilweise oder ganz wieder vermischen, immer weiter auseinander, bis die Fortpflanzungsfähigkeit zwischen den Gruppen verlorengeht und sie damit in Arten übergehen. Ein Beispiel für einen derartigen Übergang sind Tiger und Löwe, die sich unter natürlichen Bedingungen nicht paaren, obwohl die Voraussetzungen für die Zeugung von Nachkommen vorhanden sind **(Separationsmechanismen).** Gleiches gilt für Ziege und Steinbock. Pferd und Esel sind nur unter unnatürlichen Bedingungen zur Zeugung von Nachkommen paarbar. Die Nachkommen von Pferd und Esel sind steril, da die beiden Elternteile Unterschiede in den Chromosomensätzen aufweisen. Bei der Paarung homologer Chromosomen in der Meiose treten Störungen auf. Es werden keine reifen Keimzellen gebildet. Die Folge ist Sterilität.

Bei **kleinen Kollektiven** kann durch einschneidende Ereignisse, die zur Ausrottung eines Teils des Kollektivs führen, ein Teil des Gen-Pools eliminiert werden. Dieser verlorene Teil des Gen-Pools kann statistisch unrepräsentativ sein, d. h., einige Gene können besonders betroffen sein. Die Folge ist eine sprunghafte Veränderung des Gen-Pools, eine **Gen-Drift.**

Verwandte Arten werden zu Gattungen, Familien, Ordnungen, Klassen zusammengefaßt

Die Klassifizierungen in Rassen und Arten können durch Einteilung in übergeordnete Gattungen, Familien, Ordnungen und Klassen fortgesetzt werden.

Da sich diese Gruppen innerhalb eines gemeinsamen Stammbaums entwickelt haben, sind alle Organismen untereinander verwandt. Der Grad der **Verwandtschaft** wird durch ihre Stellung zueinander im Stammbaum der Evolution gegeben.

Für die Evolution der Arten, Gattungen, Familien, Ordnungen und Klassen muß es Übergangsgruppen bzw. Zwischengruppen gegeben haben bzw. geben.

Die Evolution verlief progressiv von einer einfachen Urform über immer komplexere Organismen bis hin zu den heute lebenden Arten. Evolution findet auch gegenwärtig ständig statt.

Verwandtschaft aller Organismen, Übergangsformen, zeitliches, geordnetes Auftreten einzelner Entwicklungsstufen und ständig stattfindende Evolution sind gut belegt.

7.4. Alle Organismen sind untereinander mehr oder weniger verwandt

7.4.1. Enge Verwandtschaften können aus morphologischen und physiologischen Kriterien abgelesen werden

Ursprünglich wurden die Beziehungen verwandter Arten an Hand **morphologischer Gemeinsamkeiten** bzw. Ähnlichkeiten aufgestellt (Rep. 7.**2**). Diese Kriterien haben aber nur den gleichen Stellenwert wie ein Vaterschaftsgutachten nach vererbten äußeren Merkmalen. Es ist hinweisend, aber nicht beweisend. Später wurden Kriterien aus **Physiologie** und **Verhalten** hinzugezogen. Mit der Gesamtheit dieser Kriterien wurden mit gewisser Sicherheit Verwandtschaften belegt. Das Problem blieb, daß jeweils nur Beziehungen zwischen benachbarten Evolutionsgruppen aufgedeckt werden konnten. Verwandtschaften zwischen Menschen und Kriechtieren z. B. waren nur sehr indirekt zu konstruieren (wenn sie auch manchmal allzu offensichtlich sind!).

7.4.2. Die DNA/RNA beweist die Verwandtschaftsgrade

Einen direkten Beweis für die Verwandtschaftsverhältnisse der Organismen kann man wie für Vaterschaftsbeziehungen mit den modernen Methoden der Molekularbiologie führen.

Die erblichen Eigenschaften eines Individuums sind in seiner DNA festgelegt. Da Mutationen die Grundlage der Veränderungen dieser Eigenschaften sind, sind die **Basensequenzen** die untrüglichsten Indikatoren für Verwandtschaftsbeziehungen. Natürlich kann nicht die Gesamt-DNA analysiert und dann mit der DNA eines anderen Individuums verglichen werden. Es können jedoch homologe Abschnitte der DNAs benutzt werden. Durch **RNA/DNA-Hybridisierung** können z. B. die DNA-Regionen, die für ribosomale RNAs codieren, verglichen werden. Je mehr Mutationen in dieser DNA-Region eingeführt werden, desto weniger Kreuzhybridisation gibt es. Durch Sequenzanalyse dieser DNA-Regionen lassen sich sehr sorgfältig Verwandtschaftsbeziehungen konstruieren. Diese Methode ist allerdings zeitaufwendig und deshalb nicht optimal für die Untersuchung vieler Organismen geeignet. Bewährt hat sich jedoch der Sequenzvergleich von RNA. Relativ konservativ sind **ribosomale RNAs:** Während der Evolution ist die Mutationsfrequenz klein, d. h., die Anzahl der Mutationen pro Zeiteinheit ist gering. Dadurch eignen sich ribosomale RNAs besonders zur Aufdeckung entfernter Beziehungen. Praktisch kann jeder zelluläre Organismus seinem Platz im Evolutions-Stammbaum zugeordnet werden, da jeder zelluläre Organismus Ribosomen besitzt. Analysiert wird jeweils die ribosomale RNA der kleinen Untereinheit (16 S bei Prokaryonten, Mitochondrien und Chloroplasten sowie 18 S cytoplasmatischer Ribosomen bei Eukaryonten). Der Vorteil ist, daß jede Zelle viele Ribosomen und damit viel ribosomale RNA besitzt (Abb. 7.**2**).

Die Ribosomen des Organismus werden durch differentielle Zentrifugation isoliert, die Ribosomen durch Magnesium-Entzug dissoziiert und anschließend werden die Untereinheiten durch Zonensedimentation getrennt. Durch mehrfaches Ausschütteln der kleinen Untereinheit mit Phenol werden die Proteine entfernt und die verbleibende RNA kann analysiert werden. – Die einzelnen Schritte wurden erwähnt, um zu zeigen, daß diese Technik tatsächlich sehr einfach handhabbar ist und wenig mögliche Fehlerquellen hat. – Die RNA wird anschließend enzymatisch durch *Ribonuclease Tl,* die neben jedem Guanin spaltet, in Bruchstücke zerlegt. Die entstandenen Bruchstücke werden durch zweidimensionale Papier-Elektrophorese voneinander getrennt. Die größeren Fragmente (sechs Nucleotide und mehr) werden mit Standardmethoden sequenziert und die Sequenzen von jeweils zwei Organismen verglichen. Ein Verwandtschaftsfaktor „SAB" wird als das Doppelte der gemeinsamen Sequenzen ermittelt und durch die verglichenen Gesamtsequenzen, die betrachtet wurden, dividiert. Wenn alle Sequenzen in beiden Katalogen gleich sind, ist SAB gleich 1. Je weiter entfernt die Verwandtschaft zweier Organismen ist, desto

Rep. 7.2 Methoden zur Bestimmung von Verwandtschaftsverhältnissen zwischen Organismen

Klassische Methoden aus der
- Paläontologie (Fossilien, Somatolithen)
- Anatomie (Übergangsformen, Organentwicklungen)
- Physiologie
- Verhaltensforschung
- botanischen und zoologischen Systematik
- Biochemie
- Radiochemie (Radiocarbon-Methode, Kalium-Argon-Methode)
- Biogeographie (Einnischungsanalysen)

Moderne Methoden aus der Molekularbiologie
- Sequenzvergleiche homologer DNA-Regionen (Beispiel: Gene für ribosomale RNA)
- Sequenzvergleiche homologer RNAs (Beispiel: ribosomale RNA der kleinen Untereinheit)
- Sequenzvergleiche homologer Proteine (Beispiel: konservative Proteine: DNA-Organisationsproteine, Hämoglobine, Cytochrom C)

Homogenisierung von Zellen

↓

Ribosomenisolierung

↓

Dissoziation der Untereinheiten

↓

Isolierung der RNA

↓

Enzymatischer Verdau zu Bruchstücken

↓

Zweidimensionale Papier-Elektrophorese

↓

Sequenzierung von Fragmenten → 6er-Nucleotide

↓

Vergleich und Bestimmung des Verwandtschaftsfaktors SAB

$$SAB = \frac{\text{Zahl der gemeinsamen Sequenzen} \cdot 2}{\text{verglichene Gesamtsequenzen}}$$

Abb. 7.2 Sequenzvergleich ribosomaler RNA zur Analyse des Verwandtschaftsgrades von Organismen

kleiner wird SAB. Bei sehr entfernten Beziehungen wird SAB klein, aber nicht 0, da durch Zufallsverteilung einzelne Basenpaare in beiden Katalogen übereinstimmen. Der Minimalwert für Zufallsverteilungen ist 0,03. Aber bereits ab 0,1 wird die genaue Beziehung unscharf. Die SAB-Werte aller untersuchten Organismenpaare werden in zweidimensionalen Tabellen gegeneinander eingetragen und geordnet. Daraus kann ein Stammbaum ermittelt werden.

Mit dieser Technik konnten viele weiße Flecken des evolutionären Stammbaums beseitigt und auf anderen Wegen wahrscheinlich gemachte Verwandtschaftsverhältnisse bewiesen werden. Besonders interessant ist die Einordnung von **Mitochondrien** und **Chloroplasten** in den Stammbaum. Mitochondrien stehen verwandtschaftlich roten Photosynthese-Bakterien relativ nahe. Damit wurde die ursprüngliche Endosymbionten-Hypothese bewiesen. Bei der Entwicklung der Eukaryonten sind in einer frühen Phase Bakterien von Zellen aufgenommen worden und haben für die Zellen die Arbeit der Energiegewinnung durch oxidative Phosphorylierung übernommen. Im Laufe der Zeit wurden Bakterien und Zellen zu absolut obligaten Symbionten.

Entsprechend läßt sich nachweisen, daß sich die Pflanzen durch Aufnahme von Organismen, die den Cyanobakterien sehr nahe standen, entwickelten. Diese aufgenommenen Bakterien haben sich dann zu Chloroplasten gewandelt.

7.4.3. Über die Verwandtschaft chromosomaler Proteine können auch Viren in den Stammbaum eingeordnet werden

In dem Maße, in dem wir lernen, das genetische Material zu lesen, verstehen wir immer genauer die Zusammenhänge der Evolution. Die Grenzen der oben erwähnten ribosomalen RNA-Technik liegen bei Strukturen, die keine Ribosomen besitzen, wie z. B. den Viren. Weder über die DNA-Sequenzen noch über die rRNA-Technik war bislang Aufschluß über die Stellung der Viren im Evolutions-Stammbaum zu erhalten. Es erhob sich deshalb die Grundfrage, ob Viren überhaupt mit den lebenden Organismen in einer verwandtschaftlichen Beziehung stehen. Die Frage wurde vor kurzem klar mit Ja, zumindest für einige Viren, beantwortet. Dafür wurde ein weiteres molekularbiologisches Kriterium herangezogen: die Verwandtschaft zwischen **Proteinen der DNA-Organisation.**

Eukaryonten besitzen für die Organisation ihrer DNA chromosomale Proteine wie Histone HMG 14 und HMG 16 (high mobility group). Die Gruppe der chromosomalen Proteine hat charakteristische Eigenschaften: Sie sind hitzestabil, d. h., sie bleiben auch beim Kochen säurelöslich, sie haben auch bei hohem Salzgehalt eine geringe Affinität zu Hydroxylapatit, es sind zumeist kleine Proteine, und sie kommen in der Zelle in relativ großen Mengen vor. Diese Eigenschaften besitzen auch einige Proteine von Viren. Auch diese Proteine organisieren DNA. Chromosomale Proteine sind sehr konservativ, d. h., ihre Aminosäure-Sequenzen verändern sich im Laufe der Evolution nur sehr langsam. Dadurch können Verwandtschaftsverhältnisse direkt durch Vergleichen der Aminosäure-Sequenzen homologer chromosomaler Proteine abgelesen werden. Dieses System läßt sich auch auf virale Proteine ausdehnen. Ein Hauptprotein des Kopfes vom bakteriellen Virus Lambda ist signifikant verwandt mit HMG-14-Proteinen von Eukaryonten. Diese Verwandtschaft läßt sich mühelos über den ganzen Stammbaum bis hin zum Menschen verfolgen. Dasselbe Virus bildet während seiner Vermehrungsphase ein weiteres chromosomales Protein, das besonders deutlich mit einem Protein seines Wirts, *Escherichia coli,* in Beziehung steht. Auch das Papovavirus SV40 des Affen hat ein Protein, das einem Histon von Eukaryonten nahesteht. Bei weiteren Analysen werden auch andere Viren entsprechende Verwandtschaftsverhältnisse aufweisen. Die diskutierten Befunde zeigen klar, daß sich auch die Viren in der Evolution entwickelt haben. Sie sind ihrem parasitären Lebenscyclus optimal angepaßt und haben auf diesem Entwicklungsweg alle nicht essentiellen Strukturen und Funktionen verloren und ihren Parasitismus optimiert. Das Resultat sind Viren, die z. B. wie T1 in 15 bis 20 Minuten bis zu 300 Nachkommen zeugen können. Das entspricht u. a. einem Vielfachen der DNA-Menge des Wirtes. Darüber hinaus muß Virus-Protein in großen Mengen gebildet werden. Jedes nicht unbedingt notwendige Protein würde die Zahl der Nachkommen verringern und damit die evolutionäre Eignung. Die Viren unterliegen einem großen Selektionsdruck, die Nachkommenproduktion zu optimieren – und damit liefern die Viren einen besonders interessanten Aspekt der Evolution.

7.4.4. Sequenz-Übereinstimmungen homologer Proteine sind ebenfalls geeignet, Verwandtschaften zu beweisen

Proteine lassen sich ganz allgemein für den Nachweis von Verwandtschafts-Beziehungen heranziehen, so wie es bereits für die chromosomalen Proteine beschrieben wurde. Es eignen sich für diesen Zweck besonders die Proteine, die sich relativ konservativ in der Evolution verhalten, und die außerdem weit verbreitet sind. Besonders populär sind **Hämoglobin** und **Cytochrom C.**

Interessanterweise besitzt der Mensch verschiedene, untereinander verwandte, hämoglobinartige Moleküle: Im Muskel ist Myoglobin Überträger von Sauerstoff. Myoglobin ist monomer, während die Hämoglobine des Menschen jeweils aus zwei Paaren von Untereinheiten bestehen, 2α- und 2β-Ketten ($\alpha_2\beta_2$) (Abb. 7.**3**). In der frühembryonalen Entwicklung wird statt β ε gebildet ($\alpha_2\varepsilon_2$ bzw. auch ε_4). Nach wenigen Wochen wird die Synthese von ε abgeschaltet und es werden γ-Ketten gebildet ($\alpha_2\gamma_2$). Noch vor der Geburt geht die Produktion von γ zurück und β wird gebildet ($\alpha_2\beta_2$). Neben dem adulten Hämoglobin ($\alpha_2\beta_2$) wird eine Minorität von δ ($\alpha_2\delta_2$) hergestellt.

Myoglobin und die Hämoglobine sind evolutionär verwandt. Aus den Aminosäure-Sequenzen lassen sich diese Beziehungen ermitteln. Außerdem sind homologe Proteine bei einzelnen Arten, Familien etc. verwandt. Über die Aminosäure-Sequenzen der Hämoglobine können sehr genau verwandtschaftliche Beziehungen ermittelt werden.

Myoglobin und α-Hämoglobin haben etwa 30% identische Aminosäure-Sequenzen. Die Aufspaltung der Entwicklungen dieser Proteine fand vor etwa 700 Millionen Jahren statt (Abb. 7.**4**). Das war die Zeit, zu der sehr viele Algenarten existierten, und zu der sich primitive Tiere und Pflanzen entwickelten. Da ein und derselbe Organismus sowohl Myoglobin als auch α-Hämoglobin besitzt, war für diese parallele Entwicklung der Moleküle eine **Duplikation des Ur-Globin-Gens** Voraussetzung. Entsprechende Duplikationen ereigneten sich vor etwa 400 Millionen Jahren und separierten die α-Ketten-Entwicklung von der β-, γ- und δ-Kette. Vor etwa 120 Millionen Jahren spalteten sich die Wege der γ-Kette von β und δ. Die jüngste Duplikation fand vor etwa 45 Millionen Jahren statt. Entsprechend dem Zeitpunkt der Wegtrennung sind β und δ sehr eng miteinander, aber beide nur entfernt mit Myoglobin verwandt. Hämoglobine und hämoglobinverwandte Proteine finden sich in allen Vertebraten (Wirbeltieren), aber auch in evolutiv entfernten Organismen wie in dem Insekt *Chironomus* und in Pflanzen. Homologe Hämoglobine der Vertebraten unterscheiden sich relativ wenig voneinander. Hier liefert schon allein die Anzahl der nicht identischen Aminosäuren ein gutes Maß für den Grad der Verwandtschaft. Je weiter aber Organismen im Evolutionsstammbaum voneinander entfernt sind, um so größer wird die Zahl der nicht identischen Aminosäure-Sequenzen.

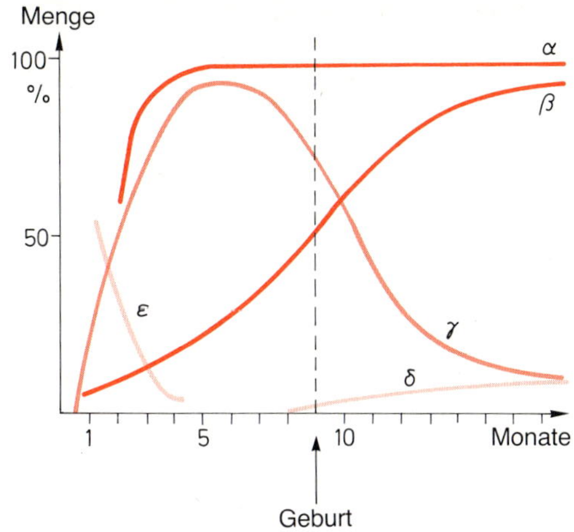

Abb. 7.3 Synthese der Globin-Ketten des Hämoglobins während der pränatalen und postnatalen Entwicklung
Während der pränatalen Entwicklung wird die Sauerstoff-Versorgung durch embryonales bzw. fötales Hämoglobin übernommen, die der niedrigen Sauerstoff-Konzentration in der Placenta angepaßt sind. Erst einige Monate nach der Geburt erfolgt die Umstellung zum Erwachsenen-Hämoglobin. Die einzelnen Globine sind untereinander verwandt

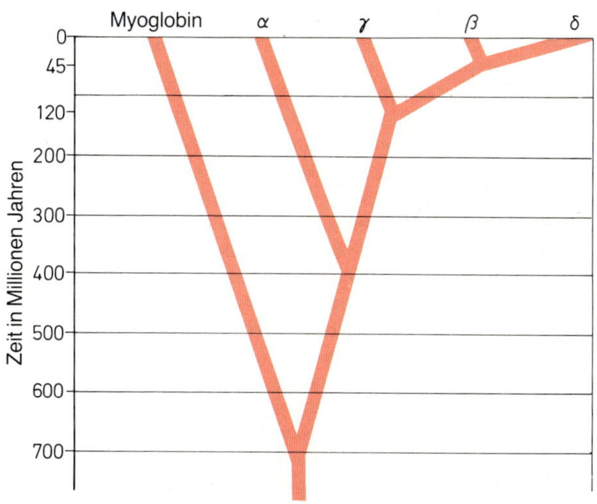

Abb. 7.4 Phylogenie der Globin-Gene

Als Beispiel soll das Paar α-Hämoglobin des Menschen und Leghämoglobin der Sojabohne angeführt werden:

Der Sequenzvergleich beider Proteine ergibt praktisch keine Übereinstimmungen. Erst wenn drei Deletionen (eine in der Sequenz des Leghämoglobins und zwei im α-Hämoglobin) einge-

Tab. 7.**2** Ein Sequenzvergleich gibt Aufschluß über Verwandtschaftsgrade

	Cytochrom C des Menschen	Verwandtschaftsgrad
Hämoglobin (Mensch)	0,77	keine Verwandtschaft
Cytochrom C (Archaebakterien)	0,29	sehr entfernt verwandt
Cytochrom C (Pseudomonas aeruginosa)	0,03	entfernt verwandt
Cytochrom C (Blau-grünalge)	0,003	verwandt
Cytochrom C (Hefe)	0,0001	eng verwandt

Die Verwandtschaftsbeziehungen aus Sequenzvergleichen werden hier als Wahrscheinlichkeitsfaktor α angegeben, der besagt, daß die Gleichheit der Sequenzen rein zufällig ist; d.h., wenn α groß ist, ist die Zufallswahrscheinlichkeit groß. $\alpha = 1$ bedeutet totale Zufallsgleichheit. Bei einer Zufallswahrscheinlichkeit, die kleiner als 0,01 ist, kann eine Verwandtschaft angenommen werden. 0,0001 bedeutet stark signifikant abgesicherte Verwandtschaft (Diplomarbeit, R. Schneider, Innsbruck 1984)

führt werden, ergeben sich identische Aminosäuren an 20 Positionen. Die Stellen, an denen „Deletionen" eingeführt werden müssen, lassen sich nur mit Hilfe von Computern berechnen. Aber selbst dann ist die verwandtschaftliche Beziehung noch nicht auf den ersten Blick ersichtlich. Deshalb werden die Ähnlichkeiten ebenfalls von Computern angegeben. Quantitative Angaben über Ähnlichkeiten werden ermittelt durch Vergleich der betreffenden Proteine mit anderen zufälligen Aminosäure-Sequenzen. Dazu werden Sequenzen gleicher Länge und ähnlicher Bruttozusammensetzung ausgewählt. Berechnet wird die Wahrscheinlichkeit, daß die beobachteten Ähnlichkeiten der verglichenen Sequenzen durch Zufälligkeit zustande kamen. Dafür wird der Wahrscheinlichkeitsfaktor α ermittelt. Je mehr identische Einheiten vorhanden sind, desto geringer ist die Wahrscheinlichkeit der Zufälligkeit. α gibt die Wahrscheinlichkeit für Ähnlichkeiten zwischen zwei willkürlichen Aminosäure-Sequenzen an, größer oder gleich groß zu sein wie die zwischen den ursprünglich verglichenen Sequenzen. Das sei am Beispiel des Cytochrom C demonstriert (Tab. 7.**2**). Der Vergleich der beiden Proteine Cytochrom C und Hämoglobin, die nicht verwandt sind und als Kontrolle dienen, ergibt ein α von 0,77. Das bedeutet, daß von 100 willkürlich betrachteten Sequenzen 77 gleiche Ähnlichkeit (oder größere) wie die beiden Proteine Cytochrom C und Hämoglobin haben. Bezieht man verschiedene Cytochrome jeweils auf menschliches Cytochrom C, so ist α schon geringer für das Archaebakterium (0,29) und noch geringer für das Bakterium *Pseudomonas aeruginosa* (0,03). Das deutet auf eine sehr entfernte Verwandtschaft des Cytochrom C des Archaebakteriums und eine entfernte Verwandtschaft desjenigen von *Pseudomonas* mit dem menschlichen Cytochrom C hin. Die Blaugrünalge, *Anacystis nidulans* ($\alpha = 0{,}003$) ist verwandt, und Hefe ist in bezug auf ihr Cytochrom C eng verwandt ($\alpha = 0{,}0001$) mit menschlichem Cytochrom C. $\alpha = 0{,}0001$ sagt, daß unten 10 000 willkürlich ausgewählten Aminosäure-Sequenzen keine gleich große Ähnlichkeit wie zwischen denen des Cytochroms C von Mensch und Hefe besteht. Entsprechend ist das Hämoglobin des Menschen mit dem Leghämoglobin der Sojabohne verwandt ($\alpha = 0{,}0013$).

Mit dieser statistischen Methode ist es möglich, noch Proteine verwandtschaflich zuzuordnen, die in mehr als 80% ihrer Aminosäuren unterschiedlich sind. (Mit Hilfe dieser Methode kann ein **Urpeptid** bestehend aus 11 Aminosäuren wahrscheinlich gemacht werden.)

7.4.5. Die Verwandtschaftsbeziehungen aus molekularbiologischen und klassischen Methoden stimmen überein

Die beschriebenen Möglichkeiten aus der Molekularbiologie haben es über die DNA-, RNA- oder Proteinsequenzen ermöglicht, nicht nur Verwandtschaften zwischen Arten, Gattungen, Familien und Ordnungen zu beweisen, sondern auch quantitativ anzugeben. Damit kann der Stammbaum der Evolution sehr präzise aufgestellt werden. Dabei zeigte sich eine wunderbare Übereinstimmung mit den Verwandtschaftsbeziehungen, wie sie bereits mit den klassischen Mitteln der Paläontologie, botanischer und zoologischer Systematik, Anatomie, Physiologie und Biochemie aufgestellt wurden. Die Evolution betrifft alle genetisch fixierten Organisationsmerkmale wie biochemische Zusammensetzung von Proteinen, Nucleinsäuren etc., die Anatomie, Physiologie und das Verhalten.

Aus der Kombination der auf den verschiedenen Wegen gewonnenen Erkenntnisse kann auch die zeitliche Abfolge der Evolution aufgezeigt werden. Über den Zeitpunkt der Aufspaltung von Entwicklungen gibt es klare Vorstellungen. Der Zeitpunkt der Auseinanderentwicklung von z. B. der Linie, die einerseits zum Pferd, andererseits zum Menschen führte, kann auf verschiedenen Wegen ermittelt werden. Voraussetzung dazu war die Möglichkeit, Zeit in den langen Perioden der Evolution zu messen.

7.5. Der radioaktive Zerfall von ^{14}C bzw. ^{40}K ermöglicht die rückwirkende Zeitmessung in der Evolution

Lange Zeiträume lassen sich über die **Zerfallszeit** radioaktiver Isotope messen (Abb. 7.**5**, 7.**6**). Zuerst wurde die **Radiocarbon-Methode** entwickelt. Sie basiert auf dem Zerfall des Kohlenstoff-Isotops ^{14}C. Durch kosmische Strahlung entstehen in den oberen Schichten der Atmosphäre energiereiche Neutronen, die Stickstoff in das Kohlenstoff-Isotop ^{14}C überführen. Der radioaktive Kohlenstoff wird zu $^{14}CO_2$ umgesetzt. Mit einer Halbwertzeit von 5730 Jahren zerfällt das Isotop. Durch Neubildung und Zerfall ist die $^{14}CO_2$-Konzentration im Gleichgewicht. Das $^{12}CO_2$, zusammen mit $^{14}CO_2$, wird in der Photosynthese von den Pflanzen zu Kohlenhydrat aufgebaut und in alle möglichen Kohlenstoffverbindungen umgebaut. Tiere fressen die Pflanzen und andere Tiere erlegen wiederum jene Tiere etc. Zum Zeitpunkt der Assimilation war das Verhältnis von ^{14}C zu dem nicht

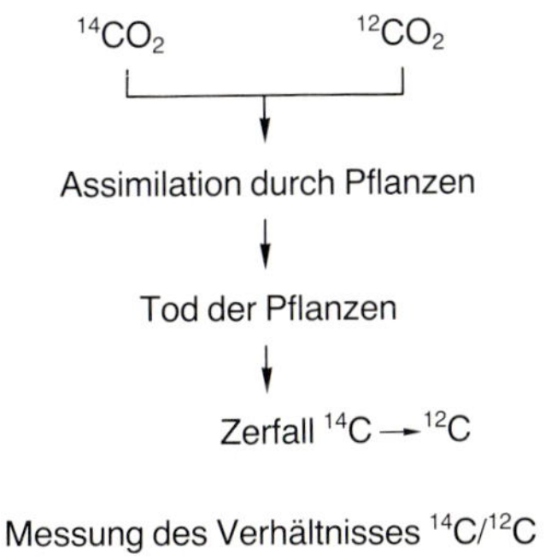

Abb. 7.5 **Zeitmessungsmethoden in der Evolution**
Altersbestimmungen von Untersuchungsmaterial mit Hilfe der Radiocarbon-Methode

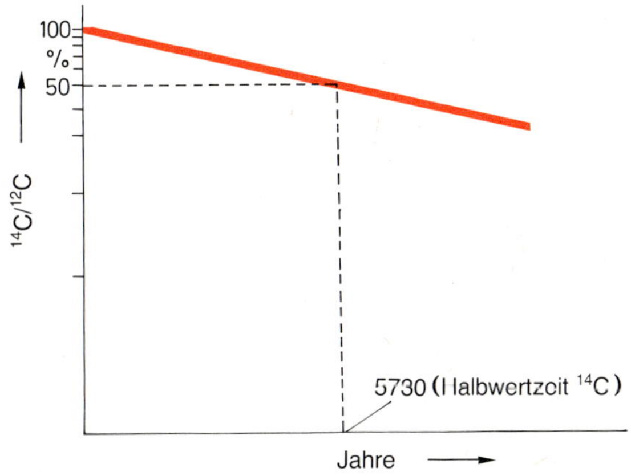

Abb. 7.6 **Radiocarbon-Methode**
Altersbestimmung von biologischem Material aus dem Verhältnis ^{14}C zu ^{12}C anhand der Halbwertzeit von ^{14}C

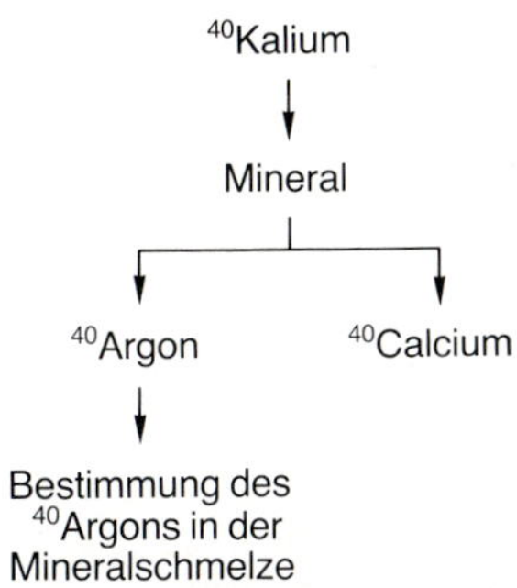

Abb. 7.7 **Zeitmessungsmethoden in der Evolution**
Altersbestimmung von Mineralien durch die Kalium-Argon-Methode. Das Kalium-40-Isotop im Mineral geht in das Calcium-40-Isotop und das Argon-40-Isotop über. Durch Bestimmung dieser Isotope im Mineral kann dessen Alter festgelegt werden.

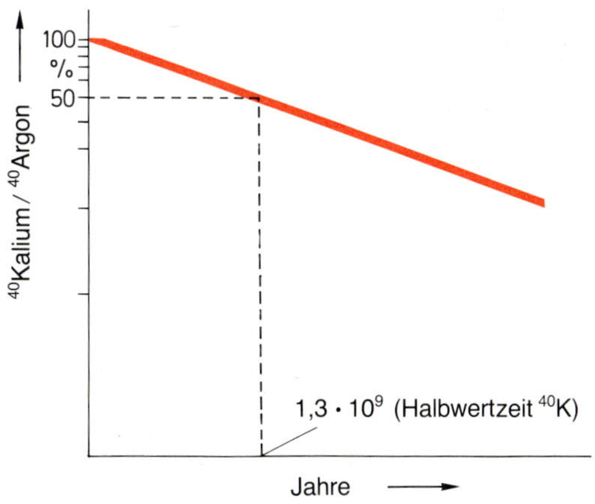

Abb. 7.8 **Kalium-Argon-Methode**
Altersbestimmung von Mineralien aus dem Verhältnis von ^{40}Ar zu ^{40}K anhand der Halbwertzeit von ^{40}K

radioaktiven ^{12}C in der Pflanze das gleiche wie in der Atmosphäre. In der Pflanze bleibt zunächst das Verhältnis gleich, weil ständig neu CO_2 assimiliert wird und wieder Kohlenstoff zu CO_2 veratmet wird. Wenn aber die Assimilation und die Atmung aufhören, d. h. wenn der Organismus stirbt, wird das Gleichgewicht nicht mehr neu eingestellt. Das ^{14}C zerfällt, und mit zunehmender Zeit wird das Verhältnis von ^{14}C zu ^{12}C immer mehr zum ^{12}C hin verschoben. Nach 5730 Jahren ist, bezogen auf ^{12}C, nur noch halb so viel ^{14}C vorhanden. Damit ist das Verhältnis von ^{14}C zu ^{12}C in einem alten Stück Holz oder einem anderen konservierten Organismus ein gutes Maß für dessen Alter. Die Zeit bis vor 70000 Jahren kann so relativ genau gemessen werden. Vor 70000 Jahren lebte der **Neandertaler,** so daß mit dieser Technik z. B. auch die Entwicklung des Menschen zeitlich gut verfolgt werden kann. 70000 Jahre sind aber für die Gesamtevolution eine sehr kurze Zeitspanne. Längere Zeitperioden können durch den radioaktiven Übergang des **Kalium-Isotops** ^{40}K in ^{40}Ar und ^{40}Ca, die in einem definierten Verhältnis entstehen, gemessen werden (Abb. 7.**7**, 7.**8**). Mit dieser Methode kann das Alter von Mineralien bestimmt werden. Das entstandene **Argon** ist im Mineral eingeschlossen. Beim Schmelzen im Hochvakuum wird Argon freigesetzt und kann quantitativ bestimmt werden. Aus dem ^{40}K und dem ^{40}Ar sowie der Halbwertszeit der Umwandlung, die 1,3 Milliarden Jahre beträgt, wird das Alter des Minerals ermittelt.

Für die Zeitbestimmungen stehen eine ganze Reihe von Methoden zur Verfügung, so daß bereits eine genaue Kenntnis über den zeitlichen Verlauf der Entwicklung seit der Entstehung der Erde über die Bildung der ersten zellulären Organismen bis hin zu der Entwicklung der Ordnungen und Familien besteht.

7.6. Ein Netzwerk von Beweisen belegt die Abstammungslehre

7.6.1. Die Phylogenie (Stammesentwicklung) ist durch die Paläontologie dokumentiert

Versteinerungen **(Fossilien)** liefern eine weitere eindrucksvolle Dokumentation der Evolution. Tiere oder Pflanzen, die von Geröll, Sand oder Schlamm verschüttet wurden, haben ihre Abdrücke hinterlassen, die versteinert wurden. Das Alter der Abdrücke kann bestimmt und so die allmähliche Entwicklung der Organismen verfolgt werden. Eine Reihe von grundsätzlichen Schlüssen ergeben sich: Die Entwicklung ist progressiv und führt zu höherer Differenzierung. Zwischen Arten gibt es Übergangsformen, die sowohl charakteristische Qualitäten der einen als auch der anderen Art besitzen. Die Übergänge sind fließend, nicht sprunghaft. Alles Leben war zu Beginn auf das Wasser beschränkt. Zunächst existierten nur Prokaryonten. Später traten die ersten Eukaryonten auf, und es entwickelten sich chronologisch die heutigen Ordnungen und Familien. Die weitaus meisten Arten sind ausgestorben.

Die **ältesten Fossilien** mit gesichertem biologischen Ursprung sind 3 Milliarden Jahre alt und wurden in Zimbabwe in der Bulawayo-Formation gefunden: photosynthetische Prokaryonten, die den Cyanobakterien nahestehen. In diesen Fossilien sind Zellstrukturen erhalten geblieben.

Bei noch älteren Funden (3,75 Milliarden Jahre) gibt es Strukturen, die den ältesten „Organismen", den **Protobionten,** zugeordnet werden konnten. Diese stellen eine Übergangsform zu den eigentlichen Lebewesen dar. Derartig alte Organismen sind zum Teil in ihren Strukturen sehr gut erhalten geblieben, da in sie mitunter Kieselsäure eingelagert wurde – sog. **Stromatolithen.**

Aus der Zeit vor 2 Milliarden Jahren wurde auf diese Weise ein relativ genaues Bild der damals existierenden Organismen überliefert. Mindestens ein Dutzend verschiedener Blaualgen sind als Stromatolithen erhalten geblieben. Mit diesen frühen Fossilien läßt sich die Urzeit der Evolution rekonstruieren. Aber auch für den Ablauf der Ausbildung höherer Tierarten sind Fossilien hervorragende Indizien. Als Beispiel sei der Urvogel *Archaeopteryx* angeführt (Abb. 7.**9**). An *Archaeopteryx* wird die Entwicklung der Vögel aus den Reptilien deutlich. Er hat Federn, ein für Vögel spezifisches Skelett mit entsprechender Oppositionsstellung der ersten Zehe. Beinskelett und Becken sowie Flügel und Schädel sind ebenfalls die eines Vogels. Statt des Vogelschnabels hat der *Archaeopteryx* Kegelzähne, eine lange Schwanz-Wirbelsäule und Finger mit Krallen an den Flügeln, alles Charakteristika der Reptilien.

Die Liste der Evolutionsindizien an Hand von Fossilien ist lang (Tab. 7.**3**) und wird durch noch lebende Übergangsformen bekräftigt.

7.6.2. Lebende Fossilien vermitteln Vorstellungen zu Übergängen der Evolution

Die Entwicklung der Amphibien aus den Fischen, d. h. die Eroberung des Landes durch die Tiere, ist durch den fossilen Fund des **Quastenflossers** *Eusthenopteron* belegt.

Abb. 7.9 *Archaeopteryx,* ein Fossil, das die Evolution der Vögel von den Reptilien belegt
Im Vergleich zu einem rezenten Vogel ist ersichtlich, daß entscheidende Skelettcharakteristika der Vögel noch nicht voll ausgebildet sind und noch deutlich Merkmale von Reptilien zeigen (bezahnte Kiefer, langer Schwanz, flaches Sternum, Bauchrippen, 3 Finger mit Krallen – besonders auffällig an den vorderen Extremitäten). Im Gegensatz zu den Reptilien hat der *Archaeopteryx* jedoch Federn, opponierbare Daumen und mit dem Gabelbein verwachsene Schlüsselbeine

Tab. 7.3 Fossile und lebende Fossile vermitteln Vorstellungen über die Evolution

Organismus	Charakteristika von Übergangsformen zwischen	
	Vögel	**Reptilien**
Archaeopteryx Urvogel (Fossil)	Federn, Oppositionsstellung der 1. Zehe, Vogelskelett	Kegelzähne, Finger, Krallen, Schwanz
	Fische	**Amphibien**
Eusthenopteron Quastenflosser (Fossil) bzw. *Latimeria* Quastenflosser (lebendes Fossil)	Kiemen, Schuppen, Kaltblütler-Kreislauf	primitive Lunge, Laufflossen
	Reptilien	**Mammalia**
Schnabeltier Kloakentier (lebendes Fossil) bzw. Ameisenigel Kloakentier (lebendes Fossil)	Kloake, Eiablage, Wechselblütler, Schultergürtel wie Reptilien	Mammae, Haare
	Evertebraten	**Vertebraten**
Branchiostoma Lanzettfisch (lebendes Fossil)	Kiemenherzen	geschlossener Kreislauf

Dieser Fisch hatte eine primitive Lunge und Laufflossen und konnte dadurch zeitweise auf dem Land leben. Ansonsten war er ein Fisch mit Kiemen, Schuppen und Kaltblütler-Kreislauf. 1938 wurde ein lebender Quastenflosser *(Latimeria)* gefunden. Dieses Tier hatte Flossenbeine. Der Quastenflosser ist somit ein lebendes Fossil. Es gibt eine ganze Reihe von interessanten Zwischenformen, die noch leben und das Bild der Evolution vervollständigen. Die Evolution vom Wasser- zum Landleben hat sich vor langer Zeit abgespielt. Der Quastenflosser zeigt uns zwar deutlich, wie diese Entwicklung stattgefunden hat, ist aber nur ein Nachkomme der Individuen, die den Übergang vollzogen haben. Ähnliches gilt natürlich für alle lebenden Fossilien. Die **Kloakentiere** zeigen den Übergang von den Reptilien zu den Mammalia (Säugetieren). Das **Schnabeltier** aus dieser Gruppe hat Mammae und Haare, also Merkmale der Mammalia, aber auch eine Kloake, vermehrt sich durch Eiablage und ist ein Wechselblütler – alles Merkmale der Reptilien.

Ein weiteres Beispiel für einen Übergang ist das populäre **Lanzettfischchen** *(Branchiostoma),* das ein Modell für die Vertebraten-Evolution ist.

7.6.3. Die geographische Verbreitung der Arten belegt die Evolution (Biogeographie)

Die Entwicklung von neuen Arten kann auch aus der geographischen Verbreitung und durch Einnischung abgeleitet werden.

Im Zuge **geographischer Separierung** hat es verschiedene Spezialentwicklungen gegeben. Innerhalb kurzer Zeiträume kann es dabei zur Anpassung bzw. **Einnischung** von Individuen-Gruppen kommen **(adaptive Radiation),** die dann die Herausbildung neuer Arten zur Folge hat. So haben sich in Australien besonders **Beuteltiere,** z. B. Känguruh, Koala, Beutel-Flughörnchen und Beutelspringmaus, ausgiebig entwickelt, da keine Konkurrenz von Placenta-Tieren vorhanden war. Ein anderes Beispiel ist die Entwicklung der **Galapagos-Finken.** Nach Entstehung dieser Inselgruppe im Stillen Ozean wurde sie von Südamerika aus mit einigen Finken bevölkert.

Diese Finken haben keine Konkurrenz vorgefunden und sich stark vermehrt. Der daraus resultierende Intraspezies-Konkurrenzkampf hat zur **Einnischung** und **Isolierung** geführt. Es haben sich 14 Finkenarten entwickelt, von denen sieben Insektenfresser und sieben Pflanzenfresser sind. Entsprechend der **ökologischen Nische** haben sich auch anatomische Besonderheiten herausentwickelt. Der Spechtfink z. B. holt sich Insektenlarven aus Baumstämmen wie die europäischen Spechte. Zu diesem Zweck hat er einen Spechtschnabel entwickelt. Allerdings fehlt dem Spechtfink die lange Zunge der Spechte. Er bedient sich deshalb eines Kaktusstachels als Hilfsmittel.

Pinguine z. B. haben sich nur in der Nähe der Antarktis entwickelt. In der Arktis befinden sich im entsprechenden Lebensraum **Alkenvögel.**

Die bemerkenswerte Verteilung von Arten in bestimmten Gebieten kann nur über den Ablauf der Evolution erklärt werden.

7.6.4. Weitere Indizien für die Evolution können aus der Individual-Entwicklung abgeleitet werden

Haeckels biogenetische Grundregel postuliert: „Die Ontogenese eines Organismus ist eine Rekapitulation der Phylogenese".

Die Stammesentwicklung spiegelt sich in der individuellen Keimesentwicklung wider. Diese biogenetische Grundregel wurde 1866 aufgestellt, nachdem v. Baer 1828 das Gesetz der Embryonenähnlichkeit formuliert hatte. Da die Evolution ein fortschreitender Prozeß ist, muß die **Embryonalentwicklung** zunächst zur evolutionären Ausgangsstufe (Einzell-Stadium) und dann bis zum reifen Individuum der entsprechenden Art erfolgen. Deshalb lassen sich phylogenetische Gemeinsamkeiten aus der Ontogenese ableiten (Rep. 7.**3**). So besitzen Wirbeltiere (inklusive des Menschen) in der Embryonalentwicklung Kiemenfurchen und Kiemenbögen (Abb. 7.**10**).

Die Kiemenbogen-Arterien bleiben im erwachsenen Tier teilweise erhalten. **Kiemenbögen** entwickeln sich zu Zungenbein, Kehlkopf und Trachea. Aus dem primären Kiefergelenk der Reptilien entwickelt sich das Hammer-Amboß-Gelenk der Mammalia. Zahnlose Bartenwale haben in der Ontogenese Zahnanlagen, die nie zu Zähnen werden, sondern resorbiert werden. Auch das dichte Haarkleid des embryonalen Menschen spiegelt die Phylogenese wider.

Die biogenetische Grundregel kann auch auf biochemische Entwicklungen und auf das Verhalten ausgeweitet werden. Bei der Stickstoff-Ausscheidung ähnelt der frühe embryonale Vogel niederen Tieren und scheidet Ammoniak aus. In der nächsten Embryonal-Stufe wird Harnstoff wie bei Fischen und Amphibien ausgeschieden, und

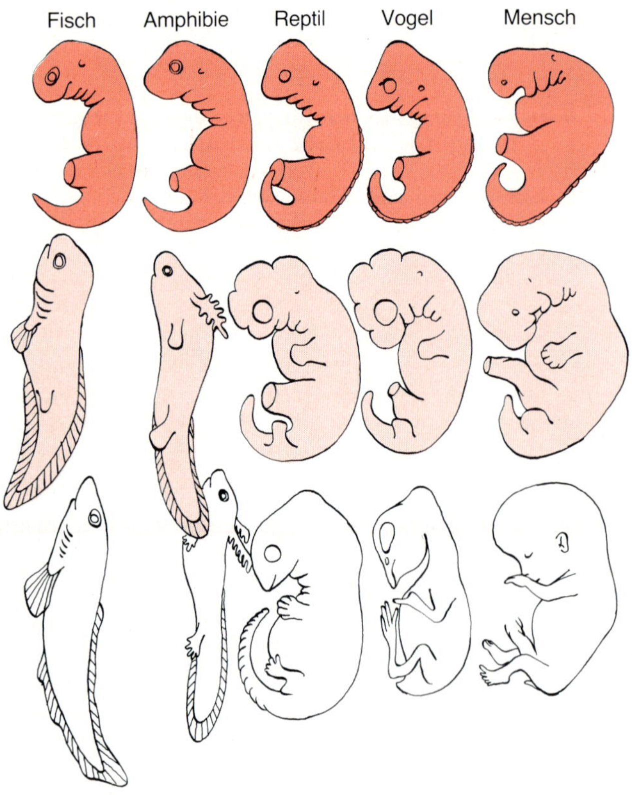

Abb. 7.10 Ähnlichkeiten in den frühen Embryonalstadien von Vertebraten verdeutlichen Haeckels biogenetische Grundregeln
Frühe Entwicklungsstadien der Mammalia lassen deutlich Kiemenanlagen erkennen

Rep. 7.3 Die Organe des Menschen rekapitulieren während der Embryonalentwicklung Stadien der Stammesentwicklung

Organ Vorstufe	Standort in der Phylogenese	Charakteristika
Niere		
Vorniere	Fische, Amphibien (embryonal)	segmentale Flimmertrichter primärer Harnleiter (Wolffscher Gang) endet im Darm
Urniere	Fische, Amphibien (adult)	primitive Glomeruli mit Bowmanscher Kapsel
Nachniere	Reptilien, Vögel, Mammalia	nicht mehr segmentiert sekundärer Harnleiter Glomeruli
Genitale (männlich)		
Epithel der Leibeshöhle	Fische, Amphibien	Urnierengang wird Harn-Samen-Gang
→ Hoden	Mammalia	Scrotum
Urnierenkanälchen → Nebenhoden	Reptilien, Vögel	Samengang
Genitale (weiblich)		
Vornierengang (Müllerscher Gang) →	Fische, Amphibien	Eitransport
Oviduct Uterus Vagina	Reptilien, Vögel	Eischalenanlage im Uterus Kloake
	Beuteltiere	getrennte Oviducte, Uteri, Vaginae
	Nagetiere	verschmolzene Vaginae
	Insektivoren	verschmolzene Vaginae und Uterus bicornis
	Primaten	Uterus simplex

Organ Vorstufe	Standort in der Phylogenese	Charakteristika
Kreislauf Herz		
Offener Kreislauf	die meisten Invertebraten	Blut in Körperhöhlen wird durch Venen angesaugt
Geschloss. Kreislauf Kiemenarterien	Chordata (Lanzettfisch)	Kiemenherzen Sinus venosus
Primitivstes Herz	Knorpelfische	Vorhof-Kammer
Septum im Atrium	Amphibien (Larve)	Trennung von Vena cava und Vena cardinalis
	Amphibien (adult)	Trennung: sauerstoffarmes/sauerstoffreiches Blut
Partielles Ventrikelseptum	Reptilien	
Rückentwicklung d. Kiemenbogengefäße		
Komplette Trennung der Vorhöfe u. Kammern	Mammalia	Ductus Botalli pränatal (6. Kiemenbogengefäß)
Atmungsorgan, Lunge		
Kiemen	Fische, Amphibienlarven	
Schwimmblase (Lunge)	Knochenfische	paariger Sack unpaarige Trachea
Lunge mit Falten	Frosch	Vergrößerung der Resorptionsfläche
Lunge mit Septen u. Alveolen	Reptilien	Vergrößerung der Resorptionsfläche
Lunge mit Kammern, Krpyten, Alveolen	Mammalia	Zwerchfell trennt Brust- von Bauchhöhle

erst in der letzten Entwicklungsstufe wird bei den reifen Vögeln Harnsäure abgesondert.

Die biogenetische Grundregel hat gewisse Einschränkungen, da die Eigenanpassungen des Embryos, die sog. Störungsentwicklungen (Caenogenesen), gewisse Prozesse überlagern. Trotzdem ist die biogenetische Grundregel außerordentlich bedeutsam für die Abstammungslehre und für das Auffinden von Verwandtschaftsbeziehungen, speziell wenn die erwachsenen Individuen infolge extremer parasitärer Anpassung keine offensichtlichen anatomischen oder physiologischen Ähnlichkeiten mehr mit verwandten Arten zeigen. Aus der biogenetischen Grundregel erklären sich auch viele Besonderheiten der **Embryonalentwicklung,** die besonders dann Bedeutung erlangen, wenn die Entwicklung nicht normal beendet wird. Zum Beispiel kann beim Menschen der **Ductus arteriosus Botalli** offen bleiben. Das ist eine Verbindung zwischen Aorta und Arteria pulmonalis. Der Ductus Botalli entwickelt sich aus einem Kiemenbogengefäß und sorgt beim menschlichen Embryo für eine Umgehung der unreifen, nicht entfalteten Lunge. Normalerweise kollabiert der Ductus Botalli, sobald die Lunge bei der Geburt zur Atmung entfaltet wird. 10% aller angeborenen Herz-Kreislauf-Defekte resultieren aus einem Nichtverschließen des Ductus Botalli. Aber auch Vorhof- bzw. Kammer-Septum-Defekte erklären sich über die Stammesentwicklung.

Die spezifische Embryonalentwicklung einiger menschlicher Organe kann die evolutionäre Verwandtschaft des Menschen in geeigneter Weise belegen

➡ **Entwicklung des Urogenitalsystems.** Im Verlauf der Phylogenese treten bei den Vertebraten drei Entwicklungsstufen der Nieren auf (Abb. 7.**11**). Die **Vorniere** ist die primitivste Form. Sie findet sich bei den Anamnia (Amnionlose): den Fischen und Amphibien während der

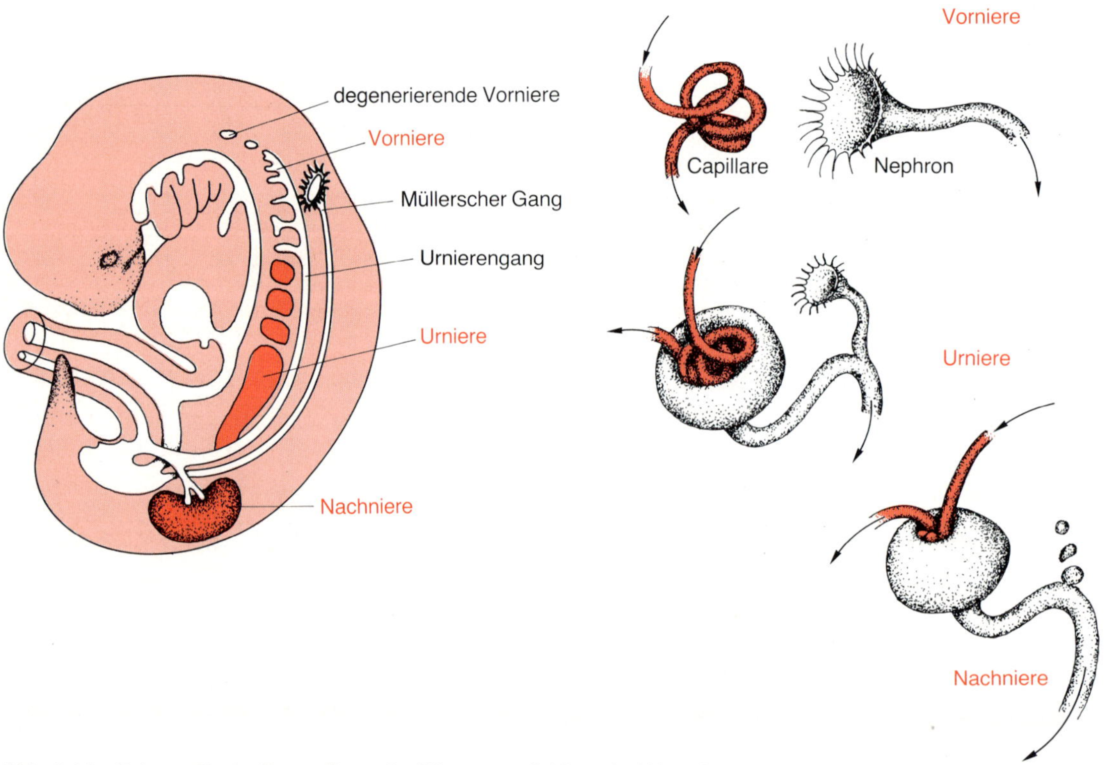

Abb. 7.11 Schematische Darstellung der Nierenentwicklung bei Vertebraten
Die einzelnen Entwicklungsstadien sind aus dem Übersichtsbild vergrößert herausgezeichnet. Die primitivste Form der Niere sind segmentale Flimmertrichter, die aus der Leibeshöhle aufgenommene Partikel ausscheiden. Ein derartiger Flimmertrichter bleibt als Müllerscher Gang in der Evolution erhalten. In der nächsten Entwicklungsstufe, der Vorniere werden spezielle Kapillarsysteme, primitive Glomeruli, in der Nähe der Flimmertrichter gebildet. Mit fortschreitender Entwicklung treten die Glomeruli zunehmend in stärkeren Kontakt mit den Ausführungsgängen der Flimmertrichter (Urniere). Die Flimmertrichter bilden sich zurück, die Urniere ist aber noch segmental. Die höchste Entwicklungsstufe erreicht die Niere in der Nachniere

Embryonalentwicklung. Die Vorniere besteht aus segmental organisierten Flimmertrichtern in der Leibeshöhle, die über den primären Harnleiter (Wolffscher Gang) in den Darm einmünden. Eine paarige Vornierenanlage spezialisiert sich separat zum **Müllerschen Gang,** dem späteren Eileiter.

Bei den erwachsenen Anamnia ist das Ausscheidungsorgan die **Urniere.** Wie bei der Vorniere münden

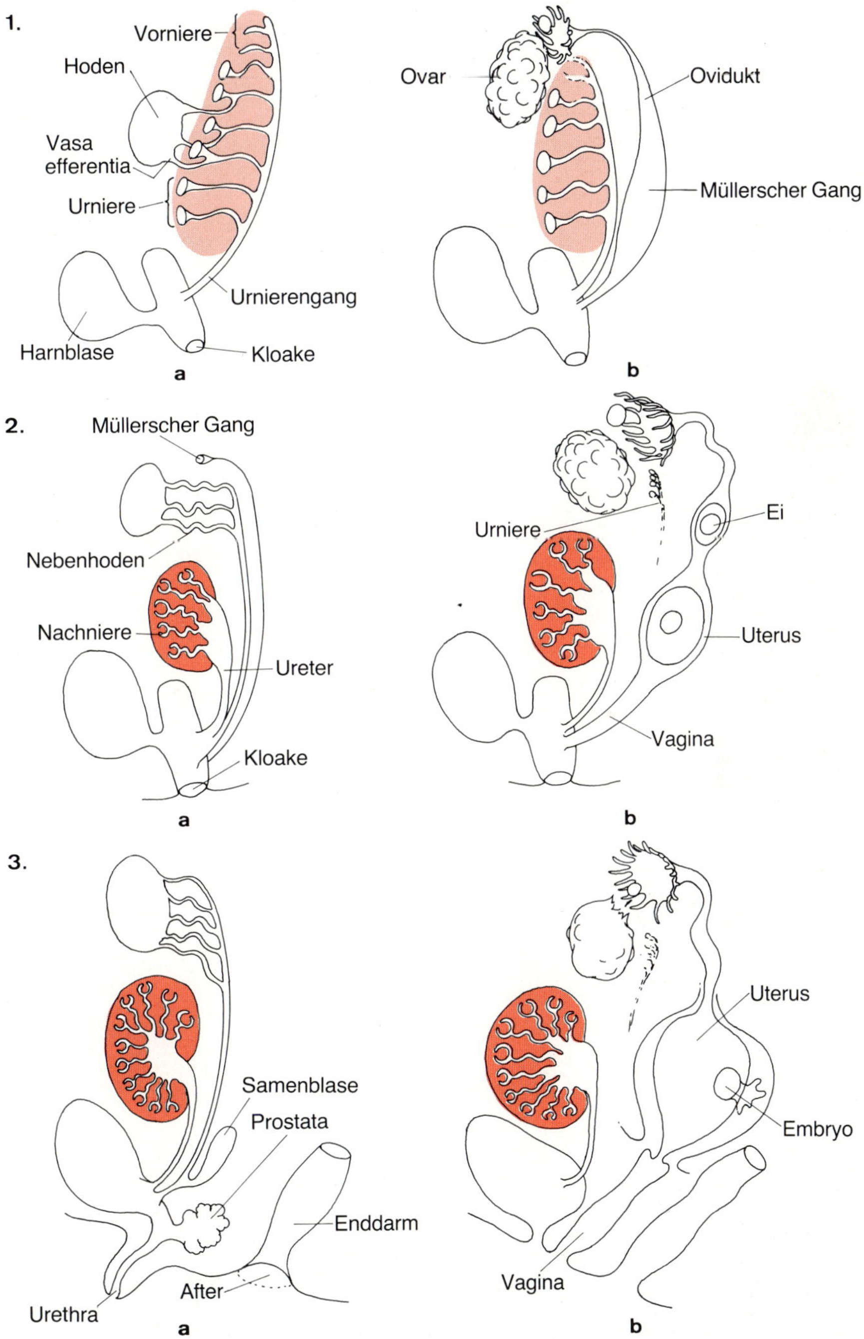

Abb. 7.12 Phylogenie der Urogenitalsysteme bei Vertebraten
Männliches und weibliches Urogenitalsystem ist jeweils als **a** und **b** gegenübergestellt 1 Amphibien, 2 Reptilien, 3 Mammalia

bei der Urniere segmental angeordnete Flimmertrichter in den **Wolffschen Gang.** Die Flimmertrichter und Kanälchen der Urniere treten mit segmentalen Blutgefäßen zusammen und diese bilden ein Kapillarnetz, die primitiven Glomeruli. Zu Beginn der Nierenevolution werden die Gefäß-Glomeruli in der Nähe der Flimmertrichter angelegt. Während der Entwicklung der Urniere werden sie in das Nierengewebe einbezogen und jeweils von Ausstülpungen der Nierenkanälchen umschlossen (Bowmansche Kapsel). Mit zunehmender Organisation der Glomeruli verlieren die Flimmertrichter ihre Funktion und werden rudimentär (s. Abb. 7.**11**). Beim erwachsenen Anamnia ist die Vorniere als Ausscheidungsorgan voll zurückgebildet. Nur das eine segmentale Paar Flimmertrichter mit seinen Ausführungsgängen, das sich auf den Transport der Eier aus der Leibeshöhle spezialisiert hat, bleibt als Eileiter (Müllerscher Gang) erhalten.

Bei den Amniota (Reptilien, Vögel, Mammalia) entwickelt sich die **Nachniere,** die nicht mehr segmental gegliedert ist, und die die Kanälchen zum sekundären Harnleiter bündelt. Die Flimmertrichter sind vollständig zurückgebildet, und die Glomeruli haben die Ausscheidungsfunktion übernommen.

Eng verbunden mit der Nierenentwicklung ist die Evolution des **Genitalsystems** (Abb. 7.**12**). Ursprünglich werden die Gameten im Epithel der Leibeshöhle gebildet und über die Vorniere nach außen ausgeschieden. Dieser Weg bleibt bei den weiblichen Individuen als **Eileiter** (Müllerscher Gang) erhalten. Bei den männlichen Individuen erhält das Epithel der Leibeshöhle als Ort der Spermienbildung (Hoden) Kontakt zu den Urnierenkanälchen, aus denen bei den Amnioten der **Nebenhoden** wird. Die Spermien gelangen aus dem Hoden über die Urnierenkanälchen in den Urnierengang, der in die Kloake mündet.

Bei den Amnioten, die die Nachniere entwickelt haben, bleiben Teile der Urniere als Nebenhoden erhalten, der Urnierengang wird zum Samengang, Vas deferens. In der höchsten Entwicklungsstufe, bei den Mammalia, wandert der Hoden in das Scrotum (Hodensack), um eine niedrigere Temperatur für die Spermien zu gewährleisten (Verringerung von DNA-Hydrolyse).

Bei den weiblichen Individuen entwickelt sich der Vornierengang (Müllerscher Gang) zum **Oviduct, Uterus** und zur **Vagina.** Bei Reptilien und Vögeln wird im Oviduct die Eizelle und das Ei gereift. Im Uterus wird die Eischale angelegt.

Im Verlauf der Evolution der Mammalia legen die Übergangsarten noch Eier. Die Kloakentiere, die noch eine Kloake wie die Reptilien haben, legen weichhäutige Eier wie die Reptilien. (Sie haben noch einen für Reptilien charakteristischen Schultergürtel mit Coracoid.) Die geschlüpften Jungen werden gesäugt, und Haare sind entwickelt. In diese Gruppe gehören der Ameisenigel *(Tachyglossus),* der ein Ei legt, das in einem Bauchbeutel ausgebrütet wird, und das Schnabeltier, das jeweils zwei

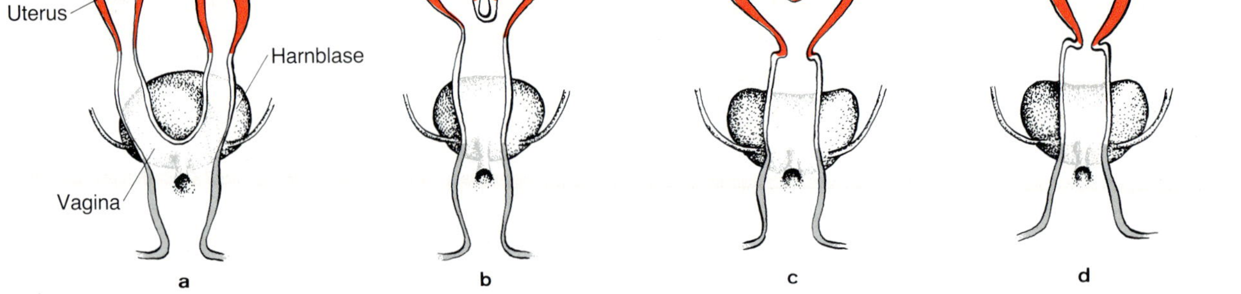

Abb. 7.13 Phylogenie des weiblichen Genitale bei Mammalia
a Verdopplung von Vagina und Uterus bei Beuteltieren
b Uterus duplex bei Nagetieren
c Uterus bicornis (z. B. bei Halbaffen)
d Uterus simplex bei Primaten

Eier in ein Erdnest zum Ausbrüten legt. Die nächsten Verwandten in der Evolution sind die Beuteltiere, die unreife Jungen gebären, die in einem Beutel am Bauch weiterentwickelt und gesäugt werden. Zu den Beuteltieren gehören Känguruhs, Wombat, Beutelwolf, Beutelratte, amerikanisches Opossum und Beuteldachs.

Bei den Beuteltieren sind die paarig angelegten Oviducte, Uteri und Vaginae noch getrennt (Abb. 7.**13**). Im Gegensatz zu den Kloakentieren münden aber die Sexualkanäle nicht mehr in den Darm (Kloake), sondern haben einen eigenen Ausgang. In der weiteren Entwicklung verschmelzen erst die Vaginae, wobei die Uteri zunächst noch paarig bleiben (z. B. bei Nagetieren). Dann beginnen auch die Uteri zu verschmelzen (z. B. bei Insectivoren wie Igel, Spitzmaus und Maulwurf). Schließlich bleiben – bei den Primaten – nur noch die Oviducte paarig.

Kreislauf- und Herzentwicklung bei den Vertebraten. Bei der primitiven Form der Chordata, den **Schädellosen** *(Acrania),* hat sich ein **geschlossenes Kreislaufsystem** entwickelt. Das Blut fließt in Gefäßen und wird zur Versorgung der Gewebe durch Kapillaren gepumpt. Beim einfacheren offenen Kreislauf evolutionär älterer Tierstämme wird das Blut in die Körperhöhle entlassen und aus dieser wieder in die Venen gesaugt. Der Vertreter der Acrania ist das **Lanzettfischchen** *Branchiostoma (Amphioxus)* (Abb. 7.**14**). Der Kreislauf des *Branchiostoma* hat noch kein zentrales Herz, vielmehr wird das Blut durch **Kiemenherzen** (Bulbilli) in jeder Kiemenarterie in Bewegung gehalten. Aus den **Kiemengefäßen** sammelt sich das Blut in zwei Aortenästen, die sich zur Aorta vereinigen. Aus der Aorta werden die Gewebe versorgt, unter anderem auch der Darm. Das Blut aus den Geweben wird von den Venen, inclusive der Vena hepatica, im Sinus venosus, einer Gefäßerweiterung, gesammelt.

Beim Übergang zu den Vertebraten (Wirbeltieren) bildet sich bei den **Knorpelfischen** das erste zentrale, wenn auch äußerst primitive **Herz** dieser Klasse (Abb. 7.**15**). Zunächst entwickelt sich im Anschluß an den Sinus venosus eine doppelte Verstärkung der Gefäßwand, ein Vorhof (Atrium) und eine Kammer (Ventrikel). Dafür werden die Kiemenherzen zurückgebildet.

Es bleiben **vier oder fünf Kiemenbögen und Kiemengefäße** erhalten (Abb. 7.**16**). Diese sind auch bei der Amphibienlarve, der **Kaulquappe,** voll ausgebildet und

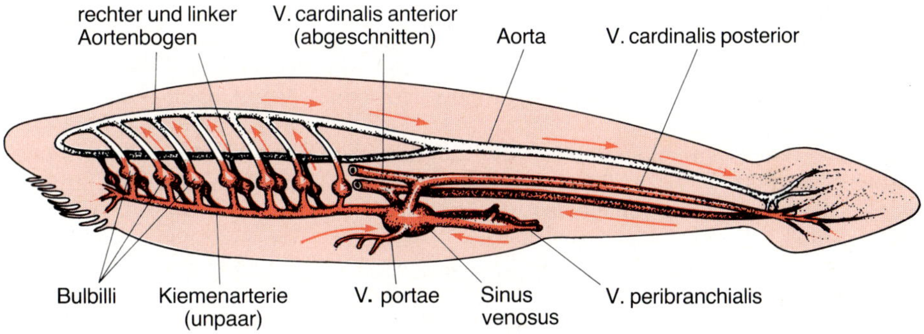

Abb. 7.14 Kreislauf von Branchiostoma zur Verdeutlichung der Phylogenese des Gefäßsystems der Vertebraten

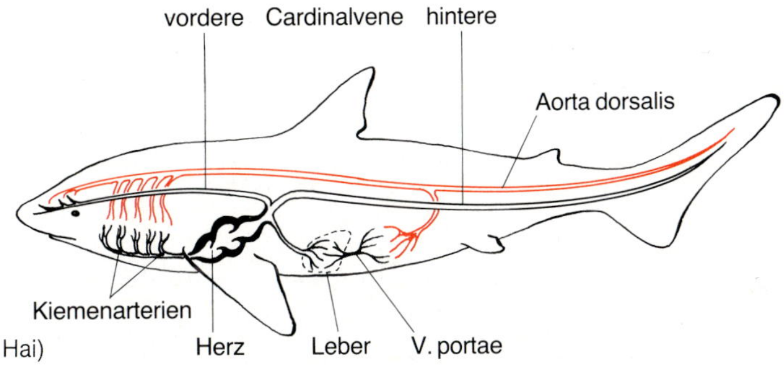

Abb. 7.15 Kreislauf bei Selachiern (Knorpelfisch, z. B. Hai)

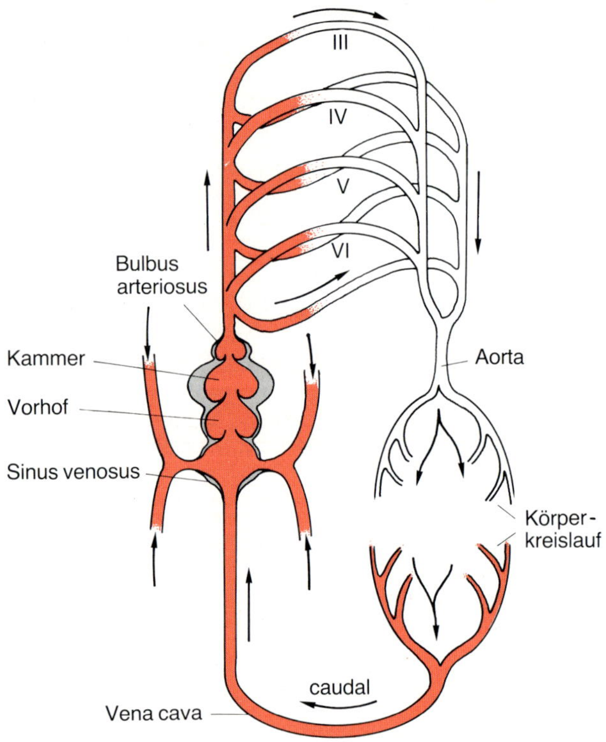

Abb. 7.16 **Schematische Darstellung des Blutkreislaufs bei Vertebraten: Fisch**

aktiv. Im Atrium des Herzens entwickelt sich eine Scheidewand, ein Septum, so daß das Mündungsgebiet der **Vena cava,** der großen Körpervene, getrennt wird von dem der **Vena cardinalis.**

Beim **reifen Amphibium** wird das Septum des Atriums verstärkt, und die Vena cardinalis bringt das Blut aus der Lunge **(Vena pulmonalis)** zum Herzen (Abb. 7.**17**). Durch das Septum wird bewirkt, daß das sauerstoffreiche Blut aus der Vena pulmonalis zum großen Teil in die Aorta gelangt und damit der Gewebsversorgung zugeführt werden kann. Das venöse Blut aus der Vena cava wird vorwiegend in das letzte Kiemenbogengefäß gepumpt, das das Blut in die **Arteria pulmonalis** leitet. Das sechste Kiemenbogengefäß erhält einen gesonderten Anschluß. Die Verbindungen zur **Aorta dorsalis** bleiben bei Amphibien noch bestehen (Abb. 7.**19**).

Im weiteren Verlauf beginnt das fünfte Kiemenbogengefäßpaar zu degenerieren. Das dritte Paar übernimmt voll die Funktion der Kopfarterien, **Carotiden,** und verliert die Verbindung zur Aorta dorsalis. Das vierte Kiemenbogen-Gefäßpaar bildet die paarigen Aortaäste, die sich zur Aorta dorsalis vereinigen.

Bei den **Reptilien** bildet sich ein partielles Septum im Herzventrikel aus; das fünfte Kiemenbogen-Gefäßpaar ist nicht mehr vorhanden (Abb. 7.**19**).

Bei den **Mammalia** wird das Septum im Herzen vollständig und trennt das rechte vom linken Herzen (Abb. 7.**18**). Die zuleitenden Gefäße haben separierte Mündungen: Vena cava im rechten, Vena pulmonalis im linken Atrium. Die wegführenden Gefäße haben separate Quellen: Arteria pulmonalis im rechten, Aorta im linken Ventrikel. Der rechte Aortenbogen ist vollständig zurückentwickelt worden. Bis zur Geburt besteht noch die Verbindung des sechsten Kiemenbogen-Gefäßes von der Arteria pulmonalis zur Aorta **(Ductus Botalli).** Vor der Geburt ist die Lunge noch nicht entfaltet, und das Blut fließt an der Lunge vorbei von der Arteria pulmonalis zur Aorta. Bei der Geburt entfaltet sich die Lunge, das Blut wird jetzt durch die Lunge geleitet, und der Ductus Botalli kollabiert und degeneriert. Diese Entwicklungsstufen bleiben postembryonal besonders deutlich sichtbar bei einer Entwicklungsstörung, dem **Fallot-Syndrom.** Hierbei degeneriert der Ductus Botalli nicht, und das Septum im Atrium wird nicht vollständig geschlossen. In besonders schweren Fällen von Entwicklungsstörungen kann der Status der Entwicklung reptilienähnlich oder sogar fischähnlich, also ohne Septum, bleiben. Ebenso kann auch beim Menschen die paarige ventrale Aorta erhalten bleiben. Derartige schwere Fälle von Entwicklungsstörungen sind in der Regel nicht lebensfähig.

Die einzelnen Stadien der Stammesentwicklung des Kreislaufs treten nacheinander bei der menschlichen

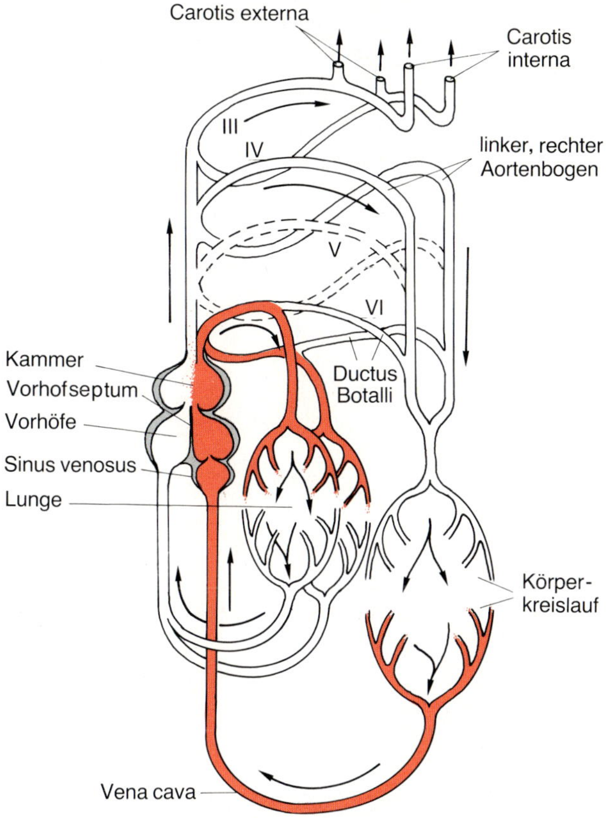

Abb. 7.17 Schematische Darstellung des Blutkreislaufs bei Vertebraten: Amphibien

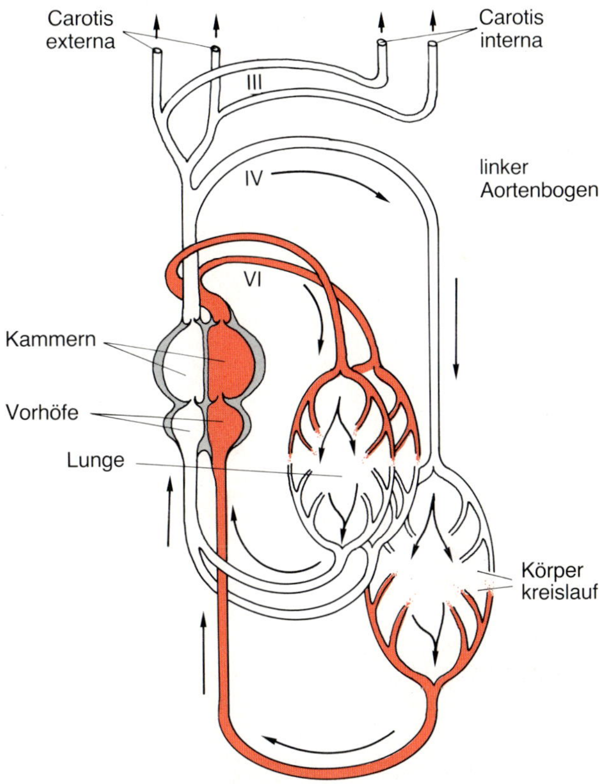

Abb. 7.18 Schematische Darstellung des Blutkreislaufs bei Vertebraten: Mammalia

Embryonal-Entwicklung auf und sind ein besonders deutliches Indiz für die Richtigkeit der biogenetischen Grundregel.

➡ **Lunge.** Beim Übergang von den Fischen zu den Landbewohnern entwickelte sich die Lunge (Abb. 7.**20**). Bei den Amphibien sind die Larven **(Kaulquappen)** mit **Kiemen** und die **reifen Tiere** mit **Lungen** ausgestattet. Bei den **Knochenfischen** *(Teleosteer)* entwickelt sich aus dem Darm im Bereich der siebten Kiementasche die **Schwimmblase,** die zu den Lungen homolog ist.

Auf der primitivsten Entwicklungsstufe ist die **Lunge** ein einfacher, paariger Sack, der über die unpaarige Trachea in die Mundhöhle mündet (Olme). Um die Resorptionsfläche zu vergrößern, wird die innere Wand in leichte Falten gelegt (Frosch). Bei den **Reptilien** treten **Septen und Alveolen** auf. Bei den **Mammalia** entwickeln sich die **Kammern, Nischen, Krypten** und **Alveolen.** Die innere Oberfläche der Lunge wird zu einem Vielfachen der Körperoberfläche vergrößert. Beim Frosch entspricht sie zwei Drittel, beim Menschen dem Fünfzigfachen. Zur Bauchhöhle hin wird die Herz und Lunge enthaltende Brusthöhle durch das Zwerchfell abgegrenzt. Auch diese Stadien der Phylogenie der Lunge wiederholen sich in der Embryonal-Entwicklung der menschlichen Lunge. Die Phylogenese der Organe zeigt Beispiele auf, an denen die Grundprinzipien der Evolution gut abzulesen sind. Sie könnten durch Beispiele der Entwicklung anderer Strukturen ergänzt werden (Rep. 7.**4**).

Rep. 7.4 Beweise für die Abstammungslehre

- Fossilienfunde
- Übergangsformen
- Adaptive Radiation und Entwicklung neuer Arten
- Individualentwicklung
- Verwandtschaftsbeweise

Fazit: Die Entwicklung verläuft progressiv, hin zu höherer Differenzierung. Zwischen den Arten gibt es Übergangsformen; die Übergänge sind fließend.

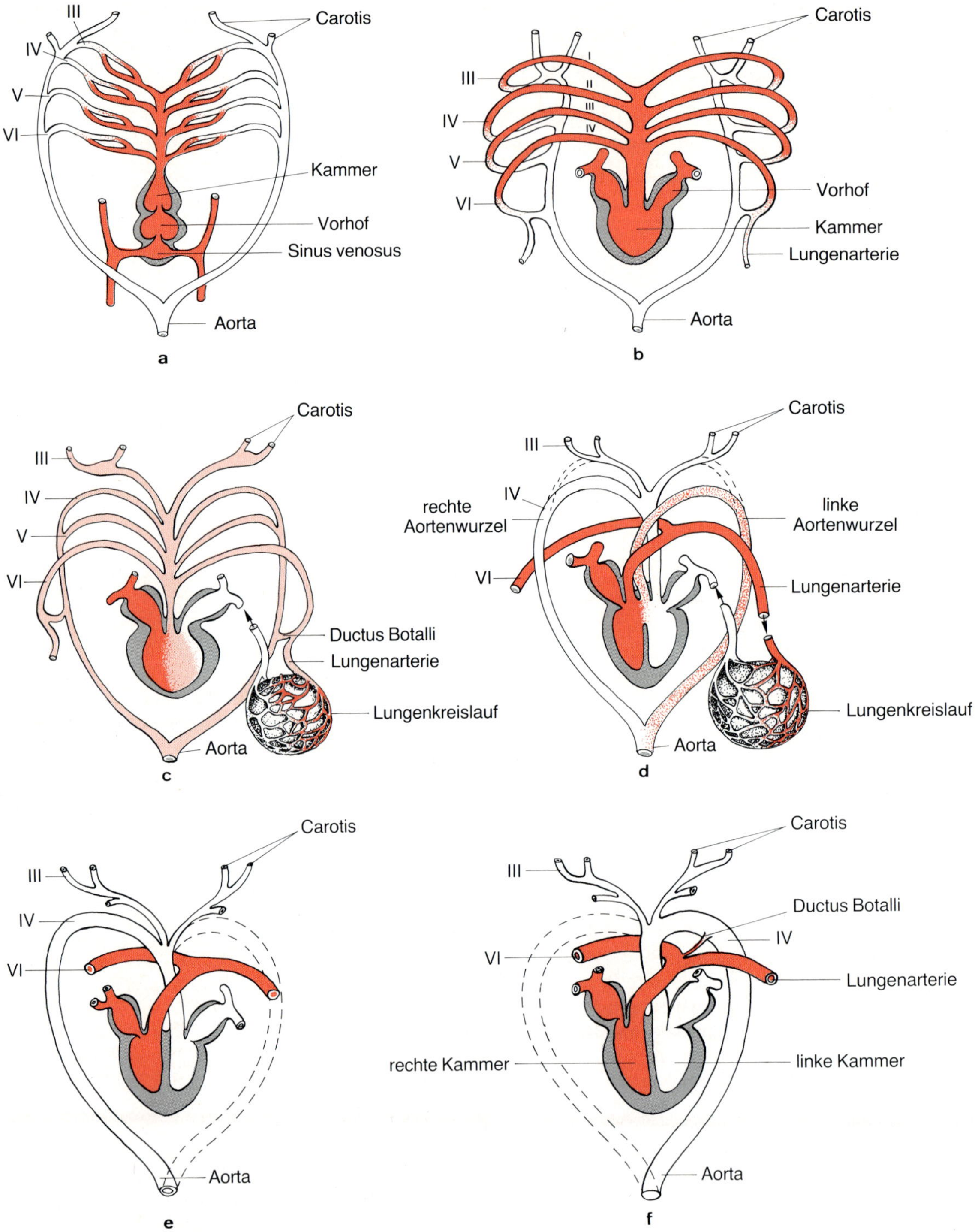

Abb. 7.19 Phylogenese des Herzens und der Arterienbögen bei Vertebraten (nach Kühn 1967)
a Fisch
b Kaulquappe
c Erwachsene Amphibien
d Reptilien
e Vögel
f Mammalia

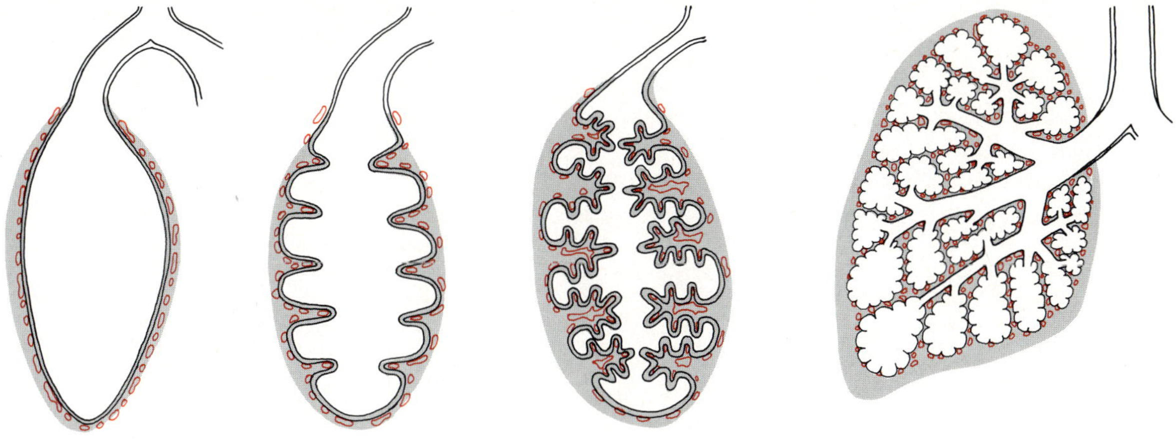

Abb. 7.20 Phylogenese der Lunge bei Vertebraten **a** und **b** Amphibien, **c** Reptilien, **d** Mammalia

7.7. Alle Fakten zusammen liefern den Entwicklungsstammbaum der Organismen

Wenn alle Indizien, DNA-, RNA- und Proteinsequenz-Analysen, Fossilien und Organentwicklungen zusammengefügt werden, kann die Entwicklung von den primitivsten Urformen bis hin zum Menschen in einem Stammbaum dargestellt werden. Bei der Formulierung des phylogenetischen Stammbaums ergibt sich die Frage nach der Entstehung des Lebens.

7.7.1. Am Anfang entstand die Erde

Unser Sonnensystem ist vor etwa 4,7 Milliarden Jahren entstanden. Als zentrale Masse verdichtete sich die **Sonne,** und infolge schneller Rotationen wurden durch die Zentrifugalkraft Teilmassen herausgeschleudert, die dann als **Planeten** in Umlaufbahnen um die **Sonne** gerieten. Durch die Gravitation der Erdmasse wurden im Umfeld befindliche Massen angezogen und einverleibt. In der zunächst flüssigen Erde haben sich Stoffe mit besonders hoher spezifischer Dichte im inneren Kern angereichert. Dieser Kern wurde durch die Gravitation, die auf die äußeren Schichten einwirkte, unter hohen Druck gesetzt. Der innere flüssige Eisen-Nickel-Kern hat einen Radius von 3500 km. Darüber liegt ein 2900 km dickflüssiger Erdmantel aus Silicatgestein, und nur die äußerste Kruste von 30 km Dicke (im Ozean nur bis 5 km) ist fest, d. h. nur die äußersten 0,5% des Erdballs sind feste Erdkruste. Während der ersten Abkühlungsphase entwichen Gase (Wasserdampf, Stickstoff, Ammoniak, Methan und Edelgase) und wurden vom Schwerefeld der Erde als **Uratmosphäre** festgehalten. Diese Uratmosphäre enthielt als Hauptbestandteil noch keinen freien Sauerstoff, da dieser sich erst mit dem Auftreten photosynthetischer Organismen bildete. Im Zuge der Abkühlung der Erdoberfläche kondensierte der Wasserdampf. Es bildete sich der **Urozean.**

7.7.2. Das Leben entstand in einer langen Periode schrittweise

Aus der Uratmosphäre und der Sonnenenergie entstanden die ersten organischen Verbindungen

Aus den Bestandteilen der Uratmosphäre entstanden die einfachsten organischen Verbindungen. Die Energie für diese Synthesen stammte aus der Sonnenenergie, aus radioaktiver Strahlung, vulkanischer Hitze und kosmischer Strahlung. Besonders die Sonneneinstrahlung war stark, da noch keine Ozonschicht die energiereiche Ultraviolett-Strahlung absorbierte. Die Synthese von organischen Verbindungen unter Bedingungen der Uratmosphäre kann im Laborexperiment nachvollzogen werden (Abb. 7.**21**). An Aminosäuren bilden sich Glycin, Alanin, β-Alanin, α-Aminobuttersäure (α-Aminoisobuttersäure), Glutaminsäure und Asparaginsäure. Daneben

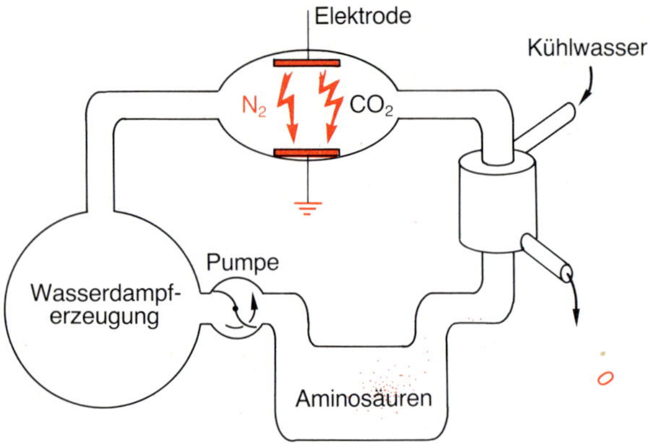

Abb. 7.21 Millers Gerät zum Nachweis der Synthese organischer Verbindungen unter Bedingungen der Ursuppe

bildet sich eine Anzahl anderer Verbindungen: Ameisensäure, Milchsäure, Bernsteinsäure, Essigsäure, Propionsäure, Harnstoff etc. Bis zu diesem Punkt reicht eine solide Beweiskette. Ein 1969 in Australien niedergegangener Meteor brachte aus dem Weltraum die Aminosäuren Alanin, Glycin, Glutaminsäure, Prolin, auch Valin und andere organische Verbindungen, wie Pyrimidine und Kohlenwasserstoffe, mit. Damit war bewiesen, daß Vorgänge, wie sie in der Uratmosphäre stattfanden, auch auf anderen Gestirnen erfolgen. Diese Synthesen liefen während sehr langer Zeiträume (viele Millionen Jahre) ab. Die organischen Bestandteile lösten sich im **Urozean** und führten in diesem zur Anreicherung dieser Verbindungen.

Entscheidend war die Entwicklung von Polynucleotiden aus Polyphosphaten

Eine weitere Verbindung dürfte für die Entstehung des Lebens Bedeutung gehabt haben: **Polyphosphat.** Die Phosphatanhydrid-Bindung ist energiereich und kann für die Knüpfung anderer Bindungen herangezogen werden. Tatsächlich wurde nachgewiesen, daß im Urozean relativ hohe Konzentrationen von Polyphosphaten vorlagen. In einem faszinierenden Entwicklungsprozeß begann in kleinsten Schritten die Bildung der ersten Polypeptide und parallel dazu der ersten Polyphosphat-Abkömmlinge, der **Urnucleotide.** Von der Bildung der ersten organischen Verbindungen an sind die Grundregeln der Evolution anwendbar. Die erste Assoziation eines Polypeptids mit einem Oligonucleotid, die zu einer **Duplikation** dieses Komplexes führte, hatte einen großen Entwicklungsvorteil: Dieser Komplex vermehrte sich immer weiter. Bei der Duplikation traten Fehler auf, die negative bzw. positive Folgen haben konnten. Unter vielen neuen **Polypeptid-Nucleotid-Komplexen** waren auch vereinzelte Exemplare, die günstiger zueinander paßten und damit eine größere Chance hatten, sich zu duplizieren. Diese sich selbst duplizierenden Komplexe waren noch frei (nicht zellgebunden) im Urozean und vermehrten sich bevorzugt.

Als nächstes entstanden die Membranen

Jene Polypeptid-Nucleotid-Komplexe, die in ihrem Peptid lipophile Sequenzen hatten, aquirierten Fettsäuren aus dem Urozean und bildeten die ersten primitivsten **Lipid-Mäntel.** Dadurch war ein gewisser Schutz gegen die Umwelt erreicht. Die Komplexe waren so konstruiert, daß die lipophilen Teile des Peptids in der Lipid-Membran saßen und zunehmend Lipide aufnahmen, bis schließlich der Komplex vollständig von einer Membran umgeben war. In diesem Membran-Vesikel duplizierten sich die Oligonucleotid-Polypeptid-Komplexe, so daß viele Nachkommen-Komplexe in einem Vesikel vorhanden waren. Diese **Urpeptide** bestanden wahrscheinlich aus sechs Aminosäuren. Die Sequenz ist über Computeranalyse bekannt. Durch fehlerhafte Duplikation wurden die Komplexe variiert. Ein oder einige der Komplexe im Vesikel mußten die Membranfunktion beibehalten und konnten ihre lipophile Struktur nicht ohne Schaden aufgeben. Andere Komplexe im gleichen Vesikel waren hingegen nicht auf eine bestimmte Konformation fixiert und deshalb variabler.

Membranbedingte Transporte

Mit zunehmender Vermehrung der Vesikel wurden die basalen organischen Bestandteile im Urozean knapper. Der nächste entscheidende Schritt der Entwicklung war der, daß Membranpeptide Bindungsstellen für spezifische Substrate aus der Umgebung entwickelten und damit Substrate auch noch bei sehr niedrigen Konzentrationen derselben „angeln“ konnten. Im Inneren wurden die Substratkonzentrationen durch sofortige Syntheseprozesse sehr niedrig gehalten, so daß, wann immer Substrat vom Membranprotein gebunden war, es nach innen entlassen werden konnte. So entstanden die **Membrantransporte.** Eine nächste Schwierigkeit ergab sich durch ein noch weiteres Absinken der Substrate im Urozean bzw. der energiereichen Polyphosphate.

7.7.3. Als nächste entscheidende Entwicklungsstufe wurde die Energiegewinnung aus dem Sonnenlicht entwickelt

Ein Membranprotein entwickelte die Möglichkeit, **Protonen** aus dem Vesikelinneren **nach außen zu bewegen.** Die Energie für die Konformationsänderung, die das Proton an die Außenseite bewegte, stammte aus einem Photon. Dieser Typ der Energiegewinnung ist bis heute bei den Archaebakterien erhalten geblieben. Durch den **Protonenexport** wurde (und wird) ein Konzentrationsunterschied (innen/außen), ein **Protonengradient,** erreicht. Der Energiegehalt dies H^+-Gradienten besteht aus zwei Formen, dem ΔpH und einem elektrischen Potential $\Delta\psi$, da durch den Export von positiven Ladungen innen negative und außen positive Ladungen überwiegen. Durch diesen elektrochemischen Protonengradienten konnten geladene Moleküle auch gegen den Konzentrationsgradienten transportiert werden. Die negative Ladung innen zieht z. B. Na^+ in das Innere, auch wenn die Konzentration des Na^+ innen höher ist als außen. Die Energie für den Bergauf-Transport kommt aus dem Protonengradienten. Ungeladene Moleküle und Anionen werden parallel zu den Protonen transportiert. Auch diese Transportform ist erhalten geblieben.

7.7.4. Ein weiterer Schritt der Entwicklung war die Übertragung der Energie des Protonengradienten auf ein Diphosphat zur Bildung einer neuen Phosphat-Anhydrid-Bindung

Die ersten Vesikel, die diese Stufe der **Energiekonversation** erreicht hatten, waren außerordentlich „geeignet", hatten einen großen Selektionsvorteil und vermehrten sich entsprechend viel schneller als andere. Diese Vesikel duplizierten ihre Nucleotid-Polypeptid-Komplexe und konnten ihren Energiebedarf bereits aus dem Sonnenlicht decken.

7.7.5. Die Einführung eines Redox-Nucleotids war ein kleiner, aber wichtiger Schritt

In dem Maß, wie die Fettsäuren für die Membranen im Urozean verknappten, stieg der Bedarf für eigene Synthese. Entscheidend war die Möglichkeit, CO_2 der Atmosphäre zur Stufe der Alkane zu reduzieren. Energie stand mittlerweile ausreichend zur Verfügung. Es wurde das Redox-Nucleotid entwickelt. Damit wurde die Synthese von Fettsäuren möglich. Von hier bis zur Synthese eigener α-Oxosäuren war nur ein relativ kleiner Schritt notwendig. Diese α-Oxosäuren reagieren spontan mit Ammoniak zu Aminosäuren. Damit hatten derartige Vesikel drei Qualitäten:

- Duplikation des eigenen Oligonucleotid-Polypeptid-Komplexes,
- Energiekonversation,
- Synthese der Grundbausteine.

Somit verkörperte dieser Vesikel die primitive Form eines lebenden Organismus, den **Probionten.**

Bei den Probionten wurden die Oligonucleotide zu langen Ketten aneinandergehängt, und es entstand der Triplettcode

Bisher war die Vermehrung äußerst einfach über mechanische, zufällige Teilung erfolgt. Die Oligonucleotid-Polypeptid-Komplexe wurden willkürlich auf die Nachkommen verteilt. Dieser Zufallsverteilungsmechanismus war ausreichend, solange die Komplexe in einem Vesikel sehr ähnlich waren. Mit zunehmender Spezialisierung wurde diese Art der Vermehrung immer unvorteilhafter. Ein Fortschritt war die Kombination der Komplexe zu relativ großen Ketten, je eine jeder Sorte. Segmentierte Genome sind noch in einigen Viren enthalten (z. B. Influenza- und Rheovirus). Mit der Verlängerung des Genoms wurde der **Replikationsapparat** entwickelt. Aus der Urform, dem Oligonucleotid-Polypeptid-Komplex, ist die Aminoacyl-tRNA geworden. Es hat sich der **Triplettcode** als günstigste Paßform entwickelt. Die Entwicklung erfolgte dabei von dem ersten, direkten Code, bei dem jede Base des Oligonucleotids für eine Aminosäure codierte, über den Duplettcode, bei dem zwei Nucleotide für eine Aminosäure codierten zum heutigen, universellen Triplettcode. Die „Rangordnung" der individuellen Positionen im Codon des Triplettcode weisen darauf hin und auch die Art des Codes.

Über die Spätphase der Entstehung des Lebens gibt es konkrete Vorstellungen. Schließlich kam es zur Zweiteilung. Damit hatte die Entwicklung die Stufe der einfachsten **Prokaryonten** erreicht.

7.7.6. In 750 Millionen Jahren entwickelten sich aus den Probionten die Prokaryonten mit komplettem Intermediärstoffwechsel, Phospholipiden und Murein

Die ältesten, primitivsten, nachweisbaren Organismen, die wahrscheinlich einen Organisationsgrad zwischen den Probionten und den ersten Bakterien einnahmen, finden sich in fossilen Funden in Westgrönland (Issua-Schichten), wo sie vor 3,75 Milliarden Jahren versteinert wurden. Das heißt, die Entwicklung, die hier im Eiltempo von der Entstehung der Erde an skizziert wurde, erfolgte in einer Milliarde Jahren. Die ältesten Nachweise von echten Prokaryonten sind 3 Milliarden Jahre alt. Damit waren für den Entwicklungsweg von den Probionten bis zu den Prokaryonten 750 Millionen Jahre notwendig. In dieser langen Zeitspanne entwickelten sich die Enzymsysteme für Replikation, Rekombination und DNA-Reparatur und der Intermediärstoffwechsel. Als neue Schutzfunktion bildete sich die bakterielle Membran, die jetzt nicht mehr aus einfachen Fettsäuren bestand. Die Fettsäuren wurden vielmehr an Glycerol gebunden, und gleichzeitig wurde ein Phosphat an eine Alkohol-Gruppe des Glycerols angefügt. An das Phosphat wurde dann eine hydrophile Gruppe wie Serin, Cholin oder Ethanolamin addiert. Diese **Phospholipide** waren den einfachen Fettsäure-Membranen überlegen. Die lipophilen Teile der Phospholipide traten miteinander und einer weiteren Schicht von Phospholipiden in Wechselwirkung. Diese **Doppelschichtmembran** ist statisch stabiler und die hydrophilen „Köpfe" (Glycerol, Phosphat und Cholin, Ethanolamin oder Serin) ermöglichen eine vielseitige Wechselwirkung mit der wäßrigen Umgebung. Als weitere Schutzhülle wurde das Murein entwickelt.

7.7.7. Durch die Photosynthese entstand die Sauerstoff-Atmosphäre

Schließlich wurde als wesentliche Verbesserung die Photosynthese mit den Chlorophyllen eingeführt. Dadurch wurde **Sauerstoff** gebildet, und die Atmosphäre verlor vor 3 Milliarden Jahren ihren reduzierenden Charakter. Die Atmungskette wurde möglich. Das Grundprinzip war das gleiche archaische System wie das ursprünglich für die Konversation der Lichtenergie entwickelte. Sowohl bei der Photosynthese als auch bei der Atmungskette wird ein **Protonengradient** aufgebaut, dessen Energie entweder zur Reduktion des fixierten CO_2 oder für die ATP-Bildung ausgenutzt wird. Der Energiegehalt des Protonengradienten hängt von den Protonen-Konzentrationen innen zu außen ab.

Zur Erinnerung: Konzentration ist Menge (z. B. Mole) pro Volumen. Wenn man ein kleines Volumen betrachtet, sind weniger Moleküle für eine bestimmte Konzentration notwendig als bei größeren Volumina. Darum müssen bei einer kleinen Zelle weniger Protonen als bei einer großen Zelle translociert werden, um einen steilen Gradienten zu erhalten. Da in der Atmungskette pro Translocationsstufe ein Paar Protonen exportiert wird, ist der Energiegewinn abhängig von der Größe der Zelle.

Das heißt, die Effizienz fällt mit steigender Zellgröße (bei Prokaryonten). Die obere Grenze ist ein Zelldurchmesser von 5 µm. Diese geringe Zellgröße war aber ein starkes Hindernis für die Differenzierung, da größere Leistungen erforderlich waren (Rep. 7.**5**).

7.7.8. Prokaryonten übernahmen in Symbiose mit großen kernhaltigen Zellen die Atmung und entwickelten sich zu Mitochondrien

Die Zelle konnte größer werden, als Bakterien in Zellen aufgenommen wurden, die intrazellulär in Symbiose mit den Zellen lebten. Die Aufgabe der **symbiontischen Bakterien** ist die Atmung. Die Wirtszelle liefert die Substrate. Mit der Zeit wurden die meisten Funktionen der

Rep. 7.5 Evolution der Zelle

Bestandteil der Uratmosphäre
↓ energiereiche Strahlung
organische Verbindungen
↓
Lösung im Urozean
↓
Synthese von:
- energiereichen Polyphosphaten
- Polypeptiden
- Urnucleotiden

↓
Bildung eines **Polypeptid-Nucleotid-Komplexes**
↓
Selektion ← Mutation ← Duplikation
↓
Assoziation von Fettsäuren
↓
Membranvesikel
↓
Transporte
↓
Elektrochemischer Protonengradient
↓
Redox-Systeme
↓
Probionten
↓
Genombildung
↓
Prokaryont ←
↓ Proteinsyntheseapparat ↓ Replikationsapparat

Proteinsyntheseapparat
↓
Zweiteilung
↓
bakterielle Membranen
↓
Photosynthese

intrazellulären Bakterien aufgegeben. Es entstanden zu Stoffwechselmaschinen reduzierte Organellen, die **Mitochondrien.**

Purpurbakterien wurden von den Ur-Eukaryonten in die Zellen aufgenommen und lebten im Cytoplasma zunächst als Symbionten. Ein großer Fortschritt war erzielt. Eine Zelle konnte mehrere Urmitochondrien bzw. Bakterien beherbergen und damit den Energiestoffwechsel für ein großes Cytoplasma bereitstellen. Damit war die Zelle nicht mehr an geringe Volumina gebunden und konnte sich nun spezialisieren.

Zu späteren Zeiten wurden zusätzlich photosynthetische Bakterien (Cyanobacteria) aufgenommen, aus denen sich die **Chloroplasten** entwickelten. Es entstanden die eukaryontischen Pflanzen, die in der Regel sowohl Mitochondrien für die Atmung als auch Chloroplasten für die Photosynthese besitzen.

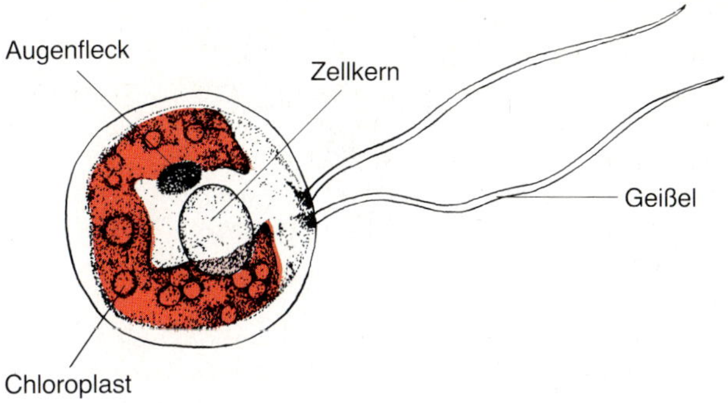

Abb. 7.22 Die einzellige Grünalge *Chlamydomonas*

7.7.9. Zellen vereinigten sich zu Kolonien, einzelne Zellen spezialisierten sich – es entwickelten sich Vielzeller

Die Entwicklung von Mitochondrien und die damit erzielte Vergrößerung der Zellvolumina ermöglichte die Spezialisierung von Zellen und die Bildung von **Vielzellern.**

Bei Grünalgen lassen sich die Übergangsformen besonders gut nachvollziehen. *Chlamydomonas* hat eine charakteristische Gestalt mit zwei Geißeln, einem großen Chromatophor und einem Augenfleck (Abb. 7.**22**). Die verwandte Art *Gonium pectorale* kann je nach den Lebensbedingungen entweder als Einzelzelle wie *Chlamydomonas* mit zwei Geißeln leben oder aber, werden die Lebensbedingungen schlecht, sich zu viert zusammenlagern (Abb. 7.**23**). Diese assoziierten Vierzeller haben auch noch je zwei Geißeln. Wenn die Lebensbedingungen noch schlechter werden, bildet diese Alge eine Kolonie, die aus 16 Zellen besteht. Die Zellen sind in einer Platte angeordnet, die durch eine ausgeschiedene Gallerte zusammengehalten werden. Nur die äußeren Zellen behalten die Geißeln. Wenn die Nährstoffe wieder reichlicher werden, vermehren sich die Zellen und bilden 4-Zell-Assoziate bzw. Einzelzellen. Bei *Gonium pectorale* existiert eine Übergangsform zum Vielzeller mit den ersten Ansätzen von Zellspezialisierung. Jede der Zellen der Kolonie hat noch die Fähigkeit, sich zu vermehren. Die verwandte Art *Pleodorina californica* ist bereits einen Schritt weiterentwickelt (Abb. 7.**24**). Sie besteht aus 128 oder 64 Zellen und nur sehr selten aus 32 Zellen. Ein Teil der Zellen verliert die Fähigkeit, durch Teilung neue Kolonien zu bilden. Neben diesen somatischen Zellen sind andere, die generativen Zellen, für die Vermehrung zuständig. Das Verhältnis von somatischen zu generativen Zellen ist 3 : 5, d. h. 48 : 80 bei 128-, 24 : 40 bei 64- und 12 : 20 bei 32 Zellkolonien.

Die Evolution in Richtung Spezialisierung bzw. Differenzierung kann in kleinsten Schritten weiterverfolgt

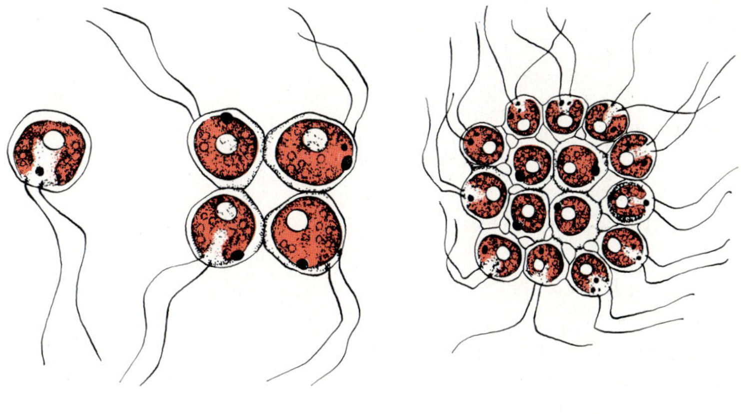

Abb. 7.23 Koloniebildung von *Gonium pectorale* bei verschiedenen Ernährungszuständen

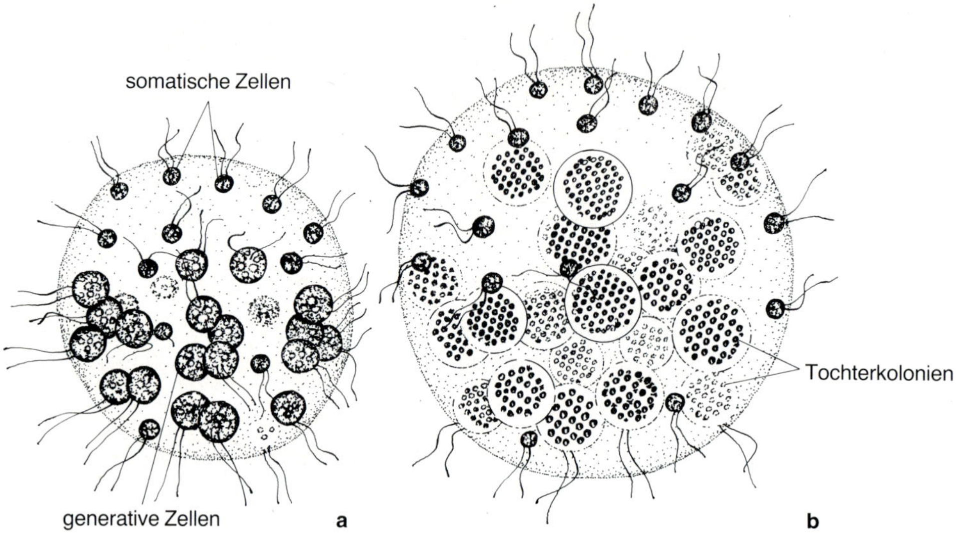

Abb. 7.24 Kolonie mit Differenzierung bei *Pleodorina california.*
a Normale Kolonie; es sind somatische und generative Zelltypen zu unterscheiden
b Kolonie in der Vermehrungsphase; die generativen Zellen haben Tochterkolonien gebildet

werden. Interessant ist die Differenzierung der Schleimpilze *Acrasiales.*

Besonders die Arten *Acrasis, Dictyostelium discoideum* und *Polyspondylum* werden als Differenzierungsmodelle viel studiert. Bei *Dictyostelium* leben einzellige Plasmodien individuell, solange genügend Nährstoffe vorhanden sind. Wenn alles aufgebraucht ist, senden die Plasmodien ein Signal aus (cAMP), das die Zellen der Umgebung veranlaßt, aufeinander zuzukriechen und sich zu dem Pseudoplasmodium zu vereinigen. Ein Teil der Zellen bildet ein Sporangium, andere Sporen. Diese Sporen sind Ruheformen. Bei günstigen Bedingungen bilden sich aus den Sporen neue Amöben, die Bakterien fressen und sich vegetativ vermehren.

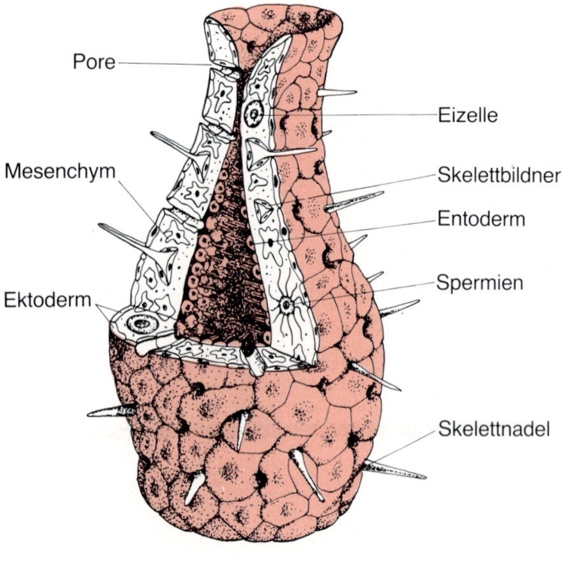

Abb. 7.25 Schematische Darstellung eines primitiven Schwammes
Längs- und Querschnitt

Die einfachste Form der Mehrzeller (Metazoa) sind die **Schwämme** (Porifera) (Abb. 7.**25**). Sie haben noch keine differenzierten Nerven oder Muskelgewebe, sondern sind schlauchförmige, festsitzende Organismen, die im wesentlichen aus einer äußeren Zellschicht, dem **Ektoderm,** und dem innen gelegenen **Entoderm** bestehen. Zwischen beiden ist das bindegewebige **Mesenchym,** das aus Wanderzellen besteht, die die Nahrungsstoffe transportieren und für ein Stützsystem sorgen. Die Schwämme bestehen demnach aus den drei Zelltypen: Ektoderm, Entoderm und Mesenchym. Die Zellen sind totipotent, d. h., jede Zelle kann noch in jeden anderen Zelltyp übergehen. Die Vermehrung der Schwämme erfolgt sexuell oder über Knospung. Ein Teil schnürt sich ab und ergänzt sich wieder zu einem vollständigen neuen Organismus. Ähnlich aufgebaut, aber bereits mit wesentlicher Differenzierung spezialisierter Zelltypen, sind die **Hohltiere** (Cnidaria und Acnidaria) (Abb. 7.**26**). Sie besitzen **Nervenzellen, Sinneszellen, Muskeln (myofibrillenhaltige Zellen), Nesselzellen** zur Verteidigung und **Drüsenzellen.** In diese Gruppe gehören z. B. die Korallenpolypen (Anthozoa), die wesentlichen Anteil an der Atollbildung haben. Auch die Kalkalpen sind ein Produkt

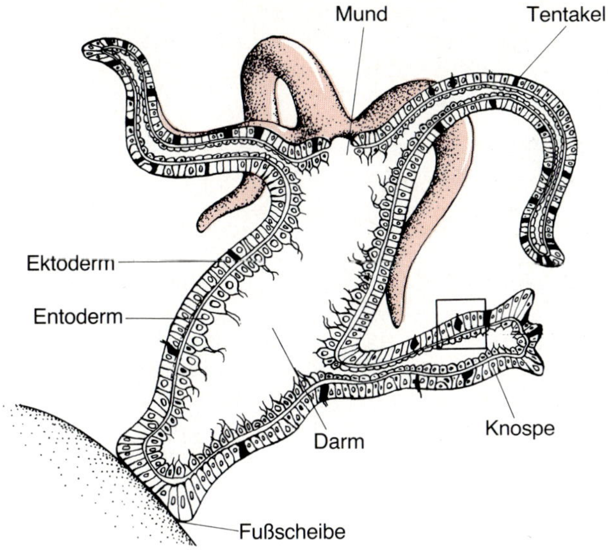

Abb. 7.**26** **Schematische Darstellung von** *Hydra*

Rep. 7.**6** Evolution mehrzelliger Organismen

Entwicklungsstufe	Beispiel	Charakteristika
„Vielzeller"	*Gonium pectorale*	alle Zellen zur Vermehrung befähigt und gleichwertig
	Pleodorina californica	somatische und generative Zellen
Mehrzeller (Metazoa)	Porifera (Schwämme)	Totipotenz der Zellen
	Cnidaria, Acnidaria	spezialisierte Zellen: Nerven-, Sinnes-, Nessel-, Drüsenzellen, Muskelzellen
Chordata	Acrania z. B. *Branchiostoma lanceolatum*	Rückgrat (Chorda)
	Crania	Wirbelsäule, Schädel

von Korallen. Während der Evolution vom Prokaryonten zum Vertebraten nimmt die Größe des Genoms durch Duplikationen und Fusionen zu. Es werden repetitive DNA und redundante Gene, z. B. für ribosomale RNA und transfer-RNA, angelegt (Rep. 7.**6**).

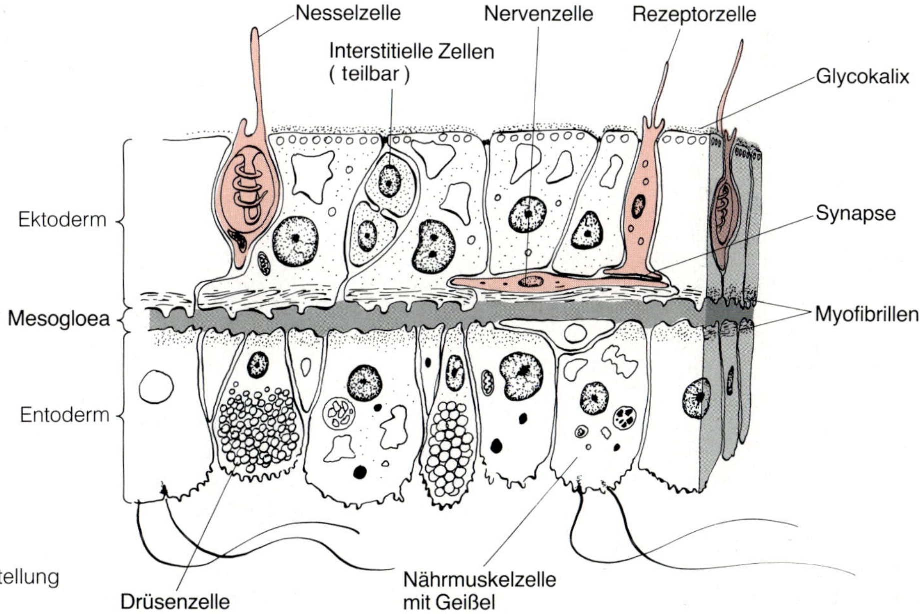

Zu **Abb.** 7.**26** Vergrößerte Darstellung des viereckigen Areals

7.7.10. Die Chorda ist charakteristisch für die Chordaten

Charakteristisch für höhere Tiere ist ein relativ festes Rückgrat (bei Menschen häufig rudimentär!). Zunächst entwickelte sich über den Darm ein elastischer Stab, die Chorda dorsalis, die das **Neuralrohr** induziert. Eine einfache Form der Chordaten ist der Acranier (Schädelloser) *Branchiostoma lanceolatum* mit einem sehr einfachen, geschlossenen Blutkreislauf mit Kiemenherzen.

Um die Chorda entwickeln sich aus dem Mesenchym die Wirbel, die zwischen den Muskelsegmenten liegen. Von den Wirbelkörpern gehen Neuralbögen aus, die das Neuralrohr (Rückenmark) umgeben. Am Kopfende bildet sich der Schädel aus. Bei Knorpelfischen, z. B. dem Hai, ist bereits eine Wirbelsäule entwickelt.

Von den Fischen haben sich über Amphibien und Reptilien die Mammalia (Säugetiere) entwickelt. Die Vögel gehen ebenfalls in ihrer Entwicklung von den Reptilien aus (Abb. 7.**27**).

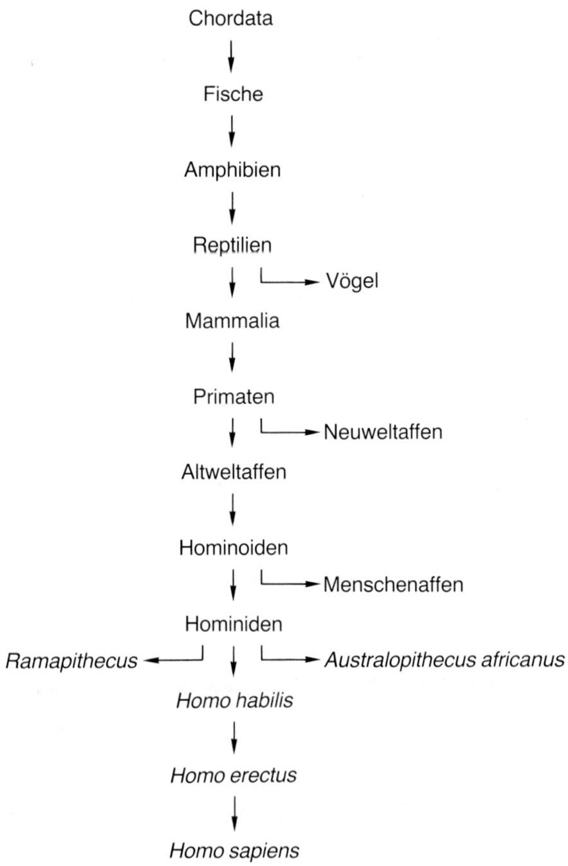

Abb. 7.27 Evolution der Primaten

7.7.11. Die Entwicklung der Primaten wurde bedingt durch die fünffingrige Greifhand und räumliches Sehvermögen

Die **Primaten,** zu denen die Halbaffen, Affen, Menschenaffen und Menschen gehören, haben sich vor etwa 60 Millionen Jahren entwickelt (Abb. 7.**27**). Die ursprünglichen Arten lebten auf Bäumen und waren den heutigen Lemuren ähnlich. Eine bedeutende Entwicklung waren die **fünfgliedrige Greifhand** und gute Sehfähigkeit, die für **räumliches Sehen** besonders ausgelegt war.

Primaten sind Säugetiere mit steigender Entwicklung des Telencephalon, mit ausgeprägter Fähigkeit des räumlichen Sehens und der Möglichkeit, den ersten Zehenstrahl in Oppositionsstellung zu bringen. Der Geruchssinn ist bei Primaten meistens wenig ausgeprägt. Sie bilden Plattnägel aus. Auch das Gebiß zeigt charakteristische Besonderheiten (Abb. 7.**28**).

Vor mehr als 30 Millionen Jahren erfolgte auf Grund geographischer Trennung die evolutionäre Isolation, die zur Entwicklung der **Altweltaffen** und **Neuweltaffen** führte. Später spalteten sich die **Hominoiden** (Linie der Menschenaffen) und **Hominiden** (Linie der Mensch-Entwicklung) von den Altweltaffen ab (Abb. 7.**29**).

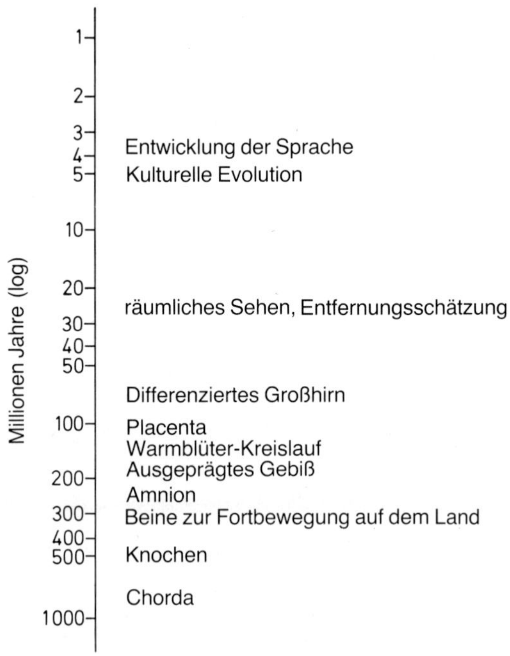

Abb. 7.28 Evolution spezifischer Merkmale bei Vertebraten (ungefähres erstes Erscheinen)

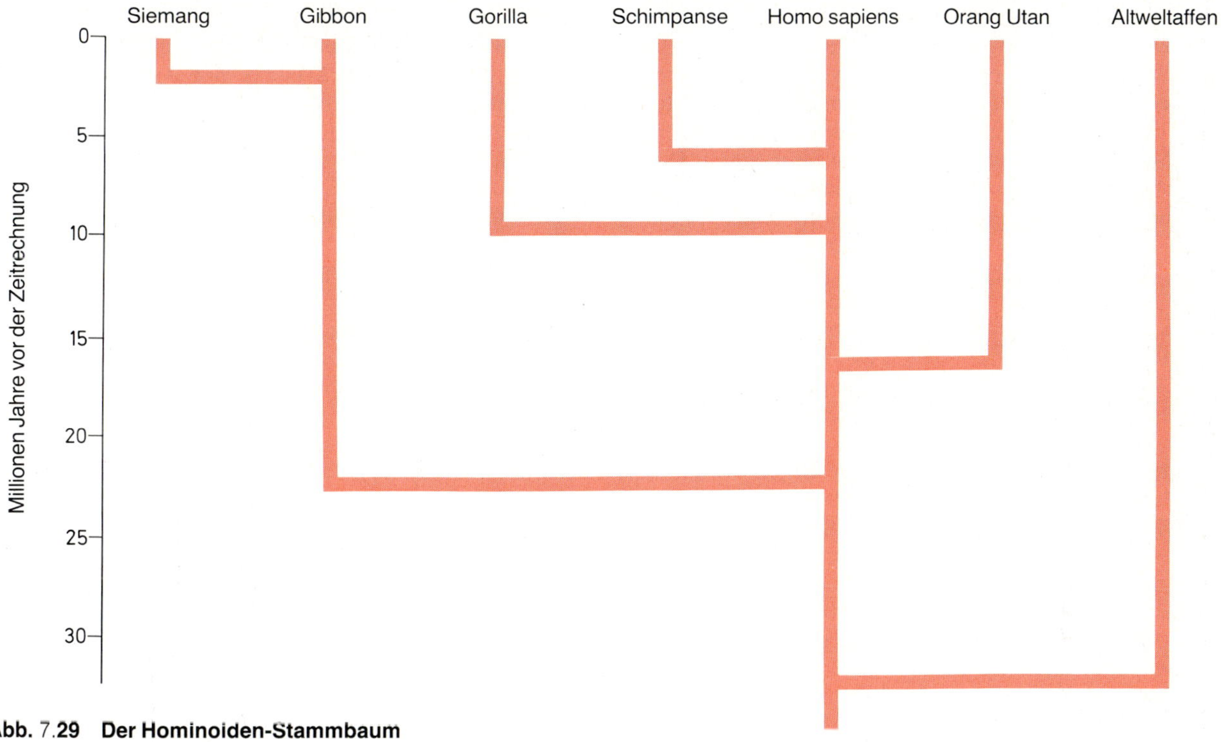

Abb. 7.29 Der Hominoiden-Stammbaum

7.7.12. Bei den Hominoidea entwickelten sich die Hominiden: *Ramapithecus, Australopithecus, Homo erectus und Homo sapiens*

Die Altweltaffen und Vorfahren der Menschenaffen sowie die Hominiden (Menschen und ihre direkten Vorfahren) waren in Eurasien und Afrika verbreitet, die Neuweltaffen in den tropischen Gebieten Amerikas. Die Menschenaffen verloren in der Entwicklung den Schwanz und hatten lange, gut ausgebildete Arme. Vor mehr als 6 Millionen Jahren begann die Entwicklung der **Hominiden.** Sie lebten nicht mehr auf Bäumen, während die Menschenaffen weiter auch auf den Bäumen lebten.

Der älteste der Hominiden war ***Ramapithecus.*** Fossile Spuren dieser Gattung wurden in Deutschland, Pakistan, Indien und China gefunden. Wahrscheinlich entwickelte sich *Ramapithecus* in Ost-Afrika und verbreitete sich in diese Gebiete.

Im Äußeren wird dieser Hominide heutigen Schimpansen ähnlich gesehen haben. Er war 1 bis 1,1 m groß und hatte ein kräftiges Gebiß, das auf harte Nahrung wie Gras, Wurzeln und rohes Fleisch schließen läßt. Das Gebiß war mit großen, breiten Backenzähnen, die sehr eng standen, versehen, wie sie für mahlendes Kauen pflanzlicher Nahrung notwendig sind. Auf dem Erdboden bewegte sich *Ramapithecus* wahrscheinlich hauptsächlich auf 4 Beinen fort, konnte aber auch schon, wenn die Situation es verlangte, aufrecht, zweibeinig laufen. Das Aufrichten war vermutlich notwendig, um im natürlichen Lebensraum, der Savanne, Feinde zu sehen. Aus indirekten Hinweisen wird vermutet, daß die ältesten Hominiden bereits Werkzeuge benutzten, aber gemeinsam mit fossilen Funden von *Ramapithecus* wurden bisher nie dergleichen gefunden.

Vor knapp 4 Millionen Jahren entwickelte sich die Hominidenart ***Australopithecus*** mit den Rassen *robustus, afarensis* und *africanus.* Alle Rassen benutzten Handwerkszeug. *Australopithecus africanus* war wahrscheinlich intelligenter und früher zur intensiven Nutzung von Hilfsmitteln übergegangen als die anderen.

Die Australopithecinen könnten eine eigene adaptive Radiationsgruppe in Afrika und Asien gewesen sein, die vor etwa 5 bis 1,5 Millionen Jahren vor unserer Zeit sympatrisch (d. h. parallel) zur Gattung Homo existiert haben. Das würde bedeuten, daß die Australopithecinen nicht direkte Vorfahren des heutigen Menschen waren.

Aber Australopithecinen und *Homo* haben gemeinsame Wurzeln. Neueste Forschungsergebnisse auf der Basis molekularbiologischer Analysen (z. B. DNA-Hybridisationen) haben gezeigt, daß die Hominidenentwicklung, also die Entwicklung des Homo seit der Trennung von den Schimpansen, „nur" 6 Millionen Jahre alt ist. Damit schrumpft die Fossilienlücke, und die Evolution von *Ramapithecus, Australopithecus* und Homo hat sich in kürzerer Zeit abgespielt als früher angenommen. *Homo habilis,* der als erster Homo, also als frühestes Glied der Gattung Mensch angesehen wird, existierte vor 2,5 bis 2 Millionen Jahren. Für ihn sind Steinwerkzeuge nachweisbar.

Die Hauptentwicklung war eine wechselseitige Evolution der Arbeit und der Intelligenz, wobei die höher entwickelte Form der Arbeitsmittel, die einer höheren Form der Intelligenz entsprach, einen Selektionsvorteil bot. Die Intelligenz spiegelt sich im Verlauf der Stammesgeschichte in der Entwicklung des Großhirns bzw. im **Schädelvolumen** wider. Das Schädelvolumen der Australopithecinen war 450 bis 540 cm^3, also bereits entscheidend größer als beim *Ramapithecus* (bis 400 cm^3) (Abb. 7.**30**). Die nächste Entwicklungsstufe der Hominiden, der ***Homo erectus,*** hatte bereits ein Schädelvolumen von 1000 cm^3. *Homo erectus* entwickelte sich wahrscheinlich vor 2 bis 1 Millionen Jahren und kann bis in die Zeit vor 300 000 Jahren an Hand von Funden verfolgt werden. Die bekanntesten Fundstätten waren Heidelberg (Heidelberg-Mensch), Peking und Java. *Homo erectus* war aufrecht gehend und, ähnlich den heutigen Menschen, etwa 1,5 bis 1,7 m groß. Diese Frühmenschen lebten in Gruppen in Höhlen und primitiven Hütten. In solchen Hütten wurden in Südfrankreich Herde mit Asche, Holzkohle und Steine mit Ruß gefunden. Offenbar wurden die Herde zum Wärmen und zum Kochen von Speisen benutzt. *Homo erectus* benutzte bereits verschiedene Werkzeuge für die Jagd, für das Enthäuten des erlegten Wildes und zum Schneiden des Fleisches. Die Präparation von Werkzeugen und Wohnstätten zeigen, daß *Homo erectus* gearbeitet hat. Die Arbeit als gezielter Einsatz von Werkzeug entwickelte sich gekoppelt an die Intelligenz. Beide sind gekoppelt und beschleunigten die gegenseitige Entwicklung und damit die des Menschen. Ab *Homo habilis* sind die morphologischen Entwicklungen so fließend, daß es fast unmöglich ist, genaue Abgrenzungen zu ziehen. Es handelt sich um Chronospezies der gleichen Gattung *Homo.* Sicherster Gradmesser der Entwicklung ist das Niveau der Komplexität der Produktionsmittel.

Vor 400 000 bis 250 000 Jahren entwickelte sich aus dem *Homo erectus* der ***Homo sapiens.*** Geographisch ist nicht klar, in welcher Region diese Entwicklung stattfand. Frühe Funde von *Homo sapiens* wurden in Steinheim (bei Stuttgart), England (Swanscombe), Afrika (Zimbabwe) und Java entdeckt. *Homo erectus* und *Homo sapiens* sind offenbar sehr mobil gewesen. Besonders interessant sind die europäischen Funde, die etwa 250 000 Jahre alt sind. Die **Schädelvolumina** waren 1200 und 1300 cm^3. Dies deutet auf eine weitere Zunahme der Intelligenz hin (Abb. 7.**30**).

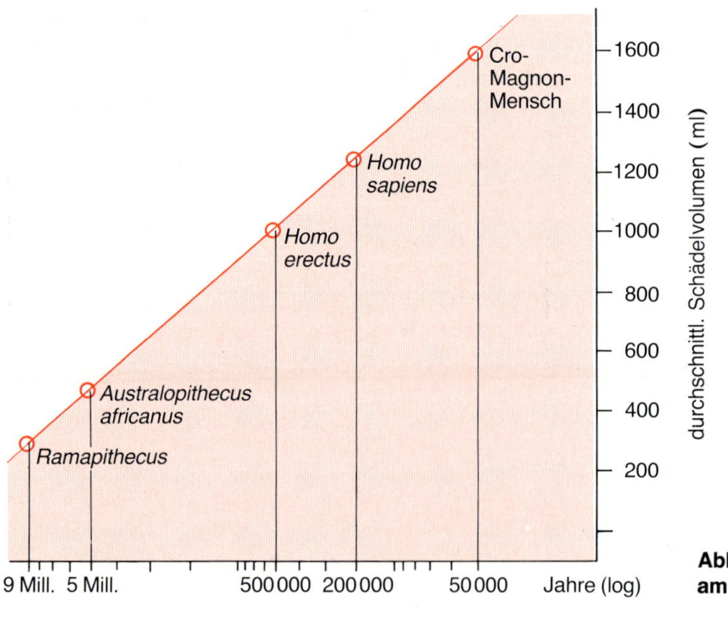

Abb. 7.30 **Die Evolution der Hominoiden läßt sich am Schädelvolumen ablesen**

Rep. 7.7 Evolutionäre Zeiträume

Entwicklung des Sonnensystems	vor 4,7	Milliarden Jahren
Erste Probionten (Stromatolithen in Finnland)	vor 3,75	Milliarden Jahren
Erste Prokaryonten (fossile Abdrücke in Zimbabwe)	vor 3,0	Milliarden Jahren
Erste Primaten	vor 60	Millionen Jahren
Altwelt-/Neuweltaffen	vor 30	Millionen Jahren
Abspaltung der Hominoiden	vor 20	Millionen Jahren
Abspaltung der Hominiden von den Menschenaffen	vor 6	Millionen Jahren
Australopithecus afarensis *Australopithecus robustus* *Australopithecus africanus*	vor 4	Millionen Jahren
Homo habilis	vor 2	Millionen Jahren
Homo erectus	vor 1,5	Millionen Jahren
Homo sapiens	vor 500	Tausend Jahren
(Homo sapiens neanderthalensis)	vor 70	Tausend Jahren
Homo sapiens sapiens	vor 40	Tausend Jahren

Zahlreiche Funde stammen aus der Periode vor 100000 bis 30000 Jahren. Nach dem ersten Fundort **(Neandertal)** wird dieser Menschtyp Neandertaler genannt. Er war klein und gedrungen und an die rauhen Klimabedingungen der Eiszeit angepaßt. Zwar gibt es anatomische Unterschiede zu *Homo erectus,* aber bemerkenswert sind die wesentlich weiterentwickelten **Arbeitsgeräte und Waffen** der Neandertaler. Sie waren jagende Nomaden, die in Höhlen wohnten und Hütten bauten. Diese Menschen hatten Rituale und Religion entwickelt. Aus Grabbeigaben wird geschlossen, daß sie an ein Leben im Jenseits glaubten. Im Diesseits waren die Neandertaler bereit, sich zu verspeisen **(Kannibalismus).**

Von vor 30000 Jahren stammen Funde bei Cro-Magnon von 5 Skeletten und Siedlungsresten. Der „Cro-Magnon"-Mensch ist ein früher Homo sapiens der Altsteinzeit, der seßhaft war.

Entscheidend für die Evolution des Menschen war die Entwicklung der Arbeit.

Während der Evolution hat der Mensch eine **Sonderstellung** erreicht, die sich manifestiert in:

- Bipedie und damit der völligen Befreiung der Hände von der Fortbewegung. Dadurch konnten sich die Hände zu präzis funktionierenden Manipulationsorganen entwickeln;
- starker Entwicklung der Großhirnrinde,
- Entwicklung der Sprache,
- Einsatz komplexer Produktionsmittel,
- extremer Verlängerung der Juvenilphase (soziales Lernen).

Sprache, Lernfähigkeit und Möglichkeit des Einsatzes komplexer Produktionsmittel sind die Gründe für die bemerkenswerte **„kulturelle Evolution".**

Mit der Evolution der Arbeit als gezielter Tätigkeit unter Zuhilfenahme von Werkzeug zur Produktion von Gütern, erhielt der Mensch die Möglichkeit, einen Teil seiner Zeit zur Verbesserung der Lebensumstände aufzuwenden. Gleichzeitig entstand aber auch die Möglichkeit, andere für sich arbeiten zu lassen, und es entwickelten sich die sozialen Verhältnisse **(soziale Evolution),** die immer wieder zu Auseinandersetzungen und Kriegen führten. Es ist zu hoffen, daß der *Homo sapiens* im Verlauf seiner Evolution eine Stufe erreichen wird, auf der er diese Konflikte zu beherrschen versteht (Rep. 7.7).

Weiterführende Literatur

Kull, U.: Evolution des Menschen. Metzler, Stuttgart 1979

Vogel, G., M. Angermann: Taschenatlas der Biologie, Bd. III: Genetik und Evolution, Systematik, 4. Aufl. Thieme, Stuttgart 1990

Kapitel 8

Fortpflanzung und Ontogenese des Menschen

8.1. Bei Pflanzen und Tieren kann die Fortpflanzung vegetativ oder sexuell erfolgen

Vermehrung und Fortpflanzung der eigenen Art ist das Hauptziel im Leben von Pflanzen und Tieren und wird entweder durch ungeschlechtliche **(vegetative)** oder **geschlechtliche** Fortpflanzung erreicht. Bei manchen Organismen, z. B. Farnen, wechselt der eine mit dem anderen Mechanismus ab **(Generationswechsel).**

8.1.1. Vegetative Fortpflanzung erfolgt durch Sprossung, Teilung oder Sporulation

Von ungeschlechtlicher Vermehrung spricht man immer dann, wenn durch **Teilung** oder Knospung einer Mutterzelle neue Individuen entstehen.

Bei Einzellern, wie z. B. Bakterien, findet Zweiteilung statt. Die Ausgangszelle wächst und wird zu zwei Zellen durchgeschnürt. Einige Polypen lassen durch **Knospung** neue Individuen aus einer Zelle des Mutterpolypen entstehen. Diese Zellgruppen (Nachkommen) werden schließlich abgestoßen. Korallen vermehren sich ebenfalls durch Knospung, die Nachkommen bleiben aber am Korallenstock fixiert.

Die Hyphen von Hefen und Pilzen können sprossen. Sie können aber auch **Sporen** bilden. Das sind dauerhafte Zellformen, die das genetische Material und einige Nährstoffe enthalten und im geeigneten Milieu zu einem neuen Individuum auskeimen.

Alle Individuen, die aus ungeschlechtlicher Vermehrung hervorgehen, sind genetisch gleich und gehören einem **Zellklon** an.

8.1.2. Die sexuelle Fortpflanzung beginnt mit der Bildung von Gameten und deren Kopulation

Das Charakteristikum der geschlechtlichen Vermehrung ist das Vorhandensein zweier unterschiedlicher Geschlechtszellen **(Gameten).** Sind diese Gameten gleich groß, spricht man von **Isogamie,** sind sie verschieden groß, von **Anisogamie.**

Im Befruchtungsvorgang **(Syngamie)** vereinigen sich die Gameten zu einer neuen Zelle **(Zygote).** Damit aus dieser Vereinigung ein Individuum mit artspezifischem Chromosomensatz hervorgehen kann, muß dieser in den Keimzellen zunächst im Vorgang der Meiose reduziert worden sein.

Bei Pflanzen und Tieren können männliche und weibliche Geschlechtsorgane in einem Individuum gleichzeitig vorkommen. Einige dieser **Zwitter** können sich selbst befruchten, z. B. Bandwürmer, einhäusige Pflanzen, andere nicht (Hermaphroditen).

Bei Pflanzen gehen die männlichen Gameten aus den Pollen hervor, die weiblichen, die Eizellen sind im Fruchtknoten. Bei Tieren und Menschen finden wir **Spermien** und **Eizellen.** Bewegt sich das Spermium bei der Befruchtung aktiv zur Eizelle hin, dann spricht man von **Oogamie.** Entwickeln sich Eizellen, ohne befruchtet worden zu sein, dann liegt **Parthenogenese** vor. Bei Individuen, die aus unbefruchteten Eiern hervorgehen, z. B. den Drohnen im Bienenstaat, sind die Keimzellen haploid. Es gibt auch haploide Parthenogenese, z. B. bei Blattläusen und Wasserflöhen.

8.2. Beim Menschen werden die Keimzellen bereits im frühen Embryo angelegt

Schon im Embryo werden Zellen zur Keimzellbildung prädestiniert, die Urkeimzellen (primordiale Keimzellen), die ab der vierten Embryonalwoche in undifferenzierte Drüsenanlagen (primordiale Gonaden) wandern und sich als **Oogonien** bzw. **Spermatogonien** mitotisch vermehren (Abb. 8.**5**, 8.**6**). In der achten Embryonalwoche wird die Entwicklung zum männlichen und weiblichen Geschlecht eingeleitet.

8.2.1 Die Sex-Determination erfolgt in der Embryonalentwicklung durch das SRY-Genprodukt (sex reversal on Y)

Bei den Säugetieren entscheidet die Gegenwart des Gens **SRY** (bei der Maus das homologe Gen Sry) über die **männliche Entwicklung** des Embryos. Das SRY-Genprodukt (SRYgp) ist ein **Transkriptionsfaktor,** denn es hat, wie andere Transkriptionsfaktoren, eine HMG-Domäne (spezielle Aminosäuresequenz). Es bindet fest an DNA. Mutanten in der HMG-Domäne binden nicht. Das SRY-Gen codiert ein Protein von 204 Aminosäuren. Am 5'-Ende des Gens befindet sich eine lange, nicht translatierte Sequenz, die wahrscheinlich für die Kontrolle der Expression notwendig ist. Das SRY-Gen liegt auf dem kurzen Arm des Y-Chromosoms nahe der distal gelegenen pseudoautosomalen Region (Abb. 8.**1**). Für die Gene dieser Region gibt es homologe Sequenzen auf dem kurzen Arm des X-Chromosoms. In diesem Bereich kommt es während der Meiose zur Paarung und zu Crossing-over. Das SRY-Genprodukt bestimmt die **Wanderung der primordialen Keimzelle** in die zunächst undifferenzierte Gonadenanlage, die aus einer zentral gelegenen Medulla und dem peripheren Cortex besteht und direkt der Nierenanlage benachbart ist (Abb. 8.**2**). Beim Fehlen des Y-Chromosoms (XX, XXX oder XO) wandert die Keimzelle bis in den Cortex. Bei vorhandenem Y-Chromosom (XY, XXY) verbleibt die Keimzelle in der Medulla. Unter dem Einfluß des SRYgp bilden sich **Testes,** in deren Leydigschen Zellen Testosteron und in deren Sertoli-Zellen MIS (Müllersche-Inhibitor-Substanz) synthetisiert werden. MIS blockiert die Entwicklung der Müllerschen Gänge. Das Testosteron aktiviert spezifische Rezeptoren im Cytoplasma von Zielzellen, die daraufhin gemeinsam mit dem Steroid in den Kern wandern und an spezifische DNA-Sequenzen (TRE, testosteron responsive element) binden und die entsprechenden Promotoren eröffnen. Die männliche Entwicklung wird eingeleitet (Rep. 8.**1**).

Eine Keimzelle, die kein Y-Chromosom hat (Fehlen von SRY), entwickelt im Cortex ein Ovar, und die Müllerschen Gänge bilden sich zu Tuben, Uterus und Vagina um.

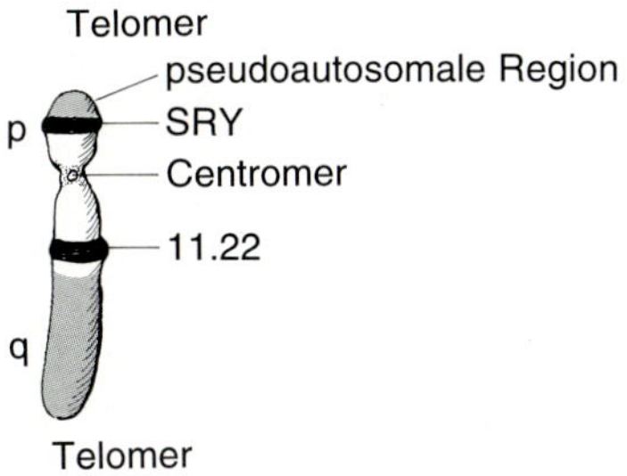

Abb. 8.**1** **Y-Chromosomale Lokalisation von SRY** Das Sex-Determinations-Gen SRY liegt in der distalen Region des kurzen Armes des Y-Chromosoms proximal benachbart zur pseudoautosomalen Region.

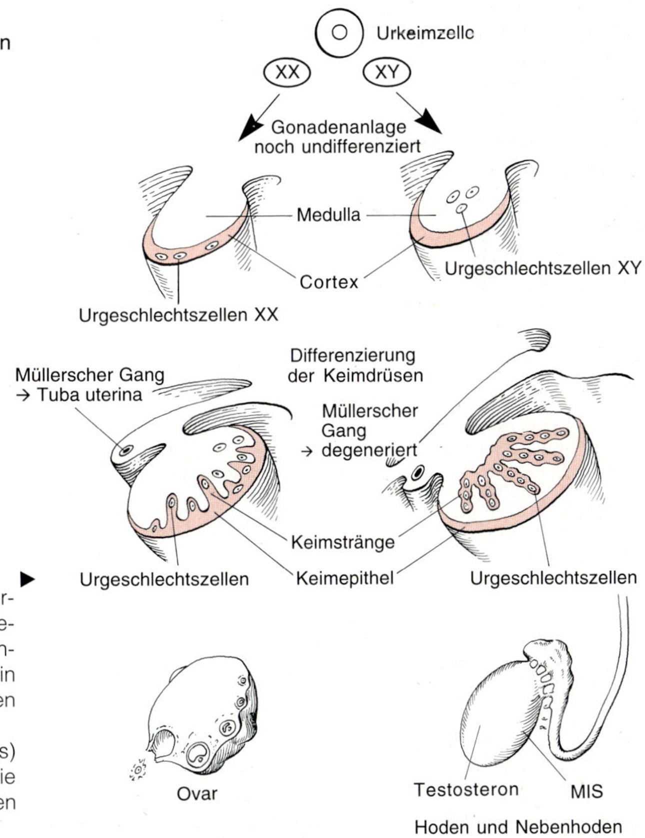

Abb. 8.**2** **Sex-Determination** ▶
Die primordiale Keimzelle wandert in die zunächst undifferenzierte Gonadenanlage, die aus einer zentralen Medulla und dem peripheren Cortex besteht. Das SRY-Genprodukt beendet die Wanderung der Keimzelle in der Medulla. Es bilden sich Testes, in deren Leydigschen Zellen Testosteron und in deren Sertoli-Zellen MIS gebildet wird.
Beim Fehlen von SRY-Genprodukt (bzw. eines Y-Chromosoms) wandert die Keimzelle bis in den Cortex und induziert dort die Entwicklung eines Ovars und die Umbildung von Müllerschen Gängen zu Tuben, Uterus und Vagina.

Rep. 8.1 Sex-Determination

Y-Chromosom:	SRY-Gen codiert für Transkriptionsfaktor
SRYgp (TDF):	Wanderung der primordialen Keimzellen in die Medulla der Gonadenanlage (Testes-Determinations-Faktor)
Leydigsche Zellen:	Testosteronsynthese
Sertolizellen:	Synthese von MIS
Testosteron:	Steroidhormon bindet an cytoplasmatische Rezeptoren → Kern → TRE in Promotoren spezifischer Gene → männlicher Phänotyp
MIS:	hemmt Weiterentwicklung Müller'scher Gänge zu Ovar, Uterus und Vagina

Rep. 8.2 Sexuelle Fehlentwicklung

XO (Turner):	weiblicher Phänotyp, Fehlen von Y, Fehlen von SRY
XX-Mann:	SRY-Translokation, männlicher Phänotyp obwohl Y fehlt
XY-Frau:	SRY-Inaktivierung durch Mutation
Testikuläre Feminisierung:	defekter Testosteronrezeptor

Individuen mit **Turner-Syndrom** (XO) sind weiblich (Fehlen von SRY), solche mit **Klinefelter-Syndrom** (XXY) sind männlich. Auch die chromosomale Konstellation XXXY und XXXXY führt zu männlichem Phänotyp.

Beim **XX-Mann** liegt eine Translokation der SRY-Region auf ein anderes Chromosom vor. Bei einer **XY-Frau** gibt es kein intaktes SRY-Gen (Mutation). Bei Defekten des Testosteronrezeptors hat das Individuum trotz männlicher Chromosomen-Konstellation (XY) einen weiblichen Phänotyp **(testiculäres Feminisierungs-Syndrom).** Auch MIS kann defekt sein. Dann entsteht ein Individuum mit männlichem Phänotyp unter Ausbildung weiblicher Geschlechtsorgane (Rep. 8.**2**).

Die Sex-Determination erfolgt über eine **Kaskade** mit mehreren Stufen. Eine wesentliche Komponente ist das Produkt des Gens **SOX9,** das sowohl für die „autosomale Sex-Umkehr" als auch für die Campomelische Dysplasie, eine schwere Knochenstörung, verantwortlich ist. Wie SRY ist auch SOX9 ein regulierender **Transkriptionsfaktor** mit HMG-Domäne.

Die unterschiedlichen Gendosen für weibliche und männliche Chromosomen-Konstellation (XX-XY) werden durch die **X-Inaktivierung** ausgeglichen. In der weiblichen Zelle wird eines der beiden X-Chromosomen inaktiviert (s. Absch. 4.2.6.). Dadurch ist in jeder Zelle jeweils nur ein X-Chromosom aktiv. Inaktivierte X-Chromosomen erscheinen in der Zelle als Barr-Körperchen. Auch beim Klinefelter-Syndrom (XXY) ist ein X zum Barr-Körperchen inaktiviert. Für die Inaktivierung ist das **Gen XISG (X-Inaktivierungs-spezifisches Gen)** zuständig. Es unterliegt einer komplexen Kontrolle; es ist inaktiv auf dem aktiven und aktiv auf dem inaktiven X-Chromosom. Auf letzterem bleiben auch die pseudoautosomale Region und einige andere, kleinere Abschnitte aktiv.

Beim fehlendem Y-Chromosom wird ab der zwölften Schwangerschaftswoche weibliches Sexualhormon, **Östrogen,** produziert. Ab der sechzehnten Schwangerschaftswoche differenzieren Zellen im Hypothalamus und der Hypophyse unter Hormoneinfluß zu sexuellen Regulationszentren aus. Die Ausprägung sekundärer Geschlechtsmerkmale findet erst in der Pubertät unter hormoneller Steuerung statt (♀ 10–13 Jahre, ♂ 12–14 Jahre).

Die Entwicklung von männlichen und weiblichen Keimzellen weist einige wesentliche Unterschiede auf. Die Entwicklung der Keimzellen **(Gametogenese)** unterscheidet sich im männlichen und weiblichen Individuum grundsätzlich dadurch, daß der männliche Organismus während seines gesamten geschlechtsreifen Individuallebens zur Bildung neuer Keimzellen imstande ist, während beim weiblichen Organismus die Keimzellen bereits im Embryonalstadium vorgefertigt und bei Bedarf abgerufen werden. Ein weiterer Unterschied ist bemerkenswert: Aus einer männlichen Spermatocyte gehen vier gleichberechtigte reife Keimzellen (Spermien) hervor, aus der weiblichen Oocyte nur eine funktionstüchtige Keimzelle (Ei, Ovum) und drei Polkörper.

8.2.2. Spermien werden während der gesamten Zeit der sexuellen Reife gebildet

Der Bildungsort der reifen männlichen Keimzellen (Bildung der Spermien im Verlauf der Spermatogenese) sind die **Testes,** die von Kanälen durchzogen werden, in denen sich Millionen Spermien entwickeln (Abb. 8.**3**). Die Wand dieser Kanäle besteht aus undifferenzierten Keimzellen, den sogenannten **Spermatogonien.** Diese vermehren sich im Embryo und auch während der Kindheit durch

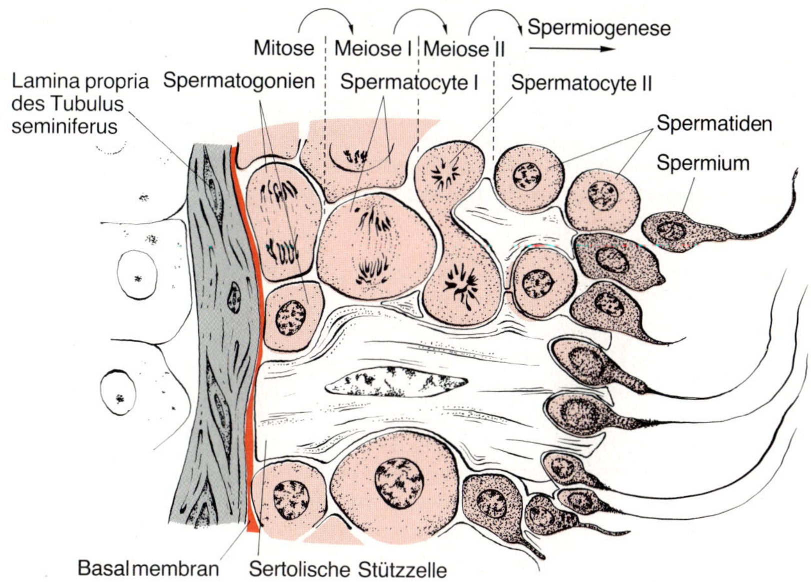

Abb. 8.3 **Spermatogenese (Übersicht)**

mitotische Teilung. Ab der Pubertät treten einige dieser Spermatogonien in die eigentliche Spermatogenese ein. Anders als bei manchen Tieren, bei denen dieser Vorgang nur zu bestimmten Jahreszeiten während der Brunst stattfindet, reifen beim Menschen die Keimzellen dauernd heran. Von den undifferenzierten Spermatogonien beginnen einige Spermatocyten I **(Spermatocyten 1. Ordnung)** die Meiose. Sie werden nach der ersten Reifeteilung zu **Spermatocyten 2. Ordnung** und nach der zweiten Reifeteilung zu vier **Spermatiden,** die durch Plasmabrücken verbunden bleiben. Aus diesen Spermatiden gehen mit Hilfe eines Differenzierungsprozesses **(Spermiogenese)** die reifen **Spermien** hervor (Abb. 8.**4**, 8.**5**). Charakteristisch für diese Entwicklung ist eine zunehmende Zellstreckung, wobei zunächst ein mit Hyaluronidase gefüllter Vesikel des Golgi-Apparates mit dem Zellkern in engen Kontakt tritt. Diese Hyaluronidase daut die Eizellhülle beim Durchtritt des Spermiums an. Der Zellkern, der zum Kopf des reifen Spermiums wird, erhält eine ovale Form, das Cytoplasma wird nach hinten verdrängt, während das Akrosom sich abplattet und die Vorderseite des Kerns wie eine Kappe überzieht. Die beiden Zentriolen beginnen zu differenzieren: Das vordere wird zu 2 Halsknötchen, das hintere organisiert den sog. Axialfaden, das Zentrum einer Geißel, die zur Fortbewegung des Spermiums dient. Zahlreiche Mitochondrien finden sich im Mittelstück. Sie sind die Energielieferanten für die Schwanzbewegung. Der Großteil des Cytoplasmas der Spermatide wird als Residualkörper vernichtet. Solche Residualkörper werden durch die Sertolischen Zellen (Stützgewebszellen in den Testes) phagocy-

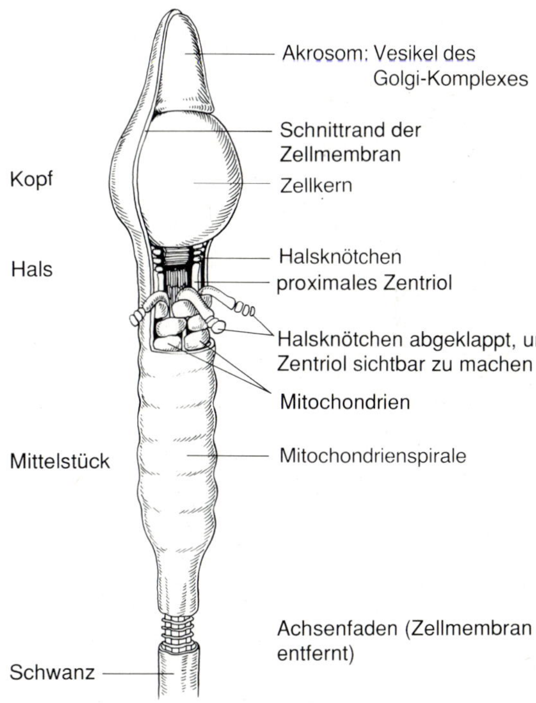

Abb. 8.4 **Menschliches Spermium**

tiert. Es gibt große Unterschiede im äußeren Erscheinungsbild der Spermien zwischen den einzelnen Spezies. Allen gemeinsam ist die Tatsache, daß der Vorrat der

Spermatogonien durch die Reifungsteilung einzelner nie kleiner wird, denn die Spermatogonien vermehren sich weiter durch Mitose **(Spermatogonienbahn).**

8.2.3 Die weiblichen Keimzellen werden im Embryo vorgefertigt und dann später abgerufen

Anders ist die Situation bei den undifferenzierten Eizellen der weiblichen Individuen **(Oogenese)** (Abb. 8.**6**). Die Urkeimzellen vermehren sich im Embryo durch Mitose und heißen **Oogonien.** Sie sind bei den Vertebraten von einer Epithelzellschicht umkleidet. Vom dritten Fötalmonat an treten beim Menschen Oogonien (ca. $7 \cdot 10^6$) in die Reduktionsteilung, die Meiose, ein und heißen von nun an primäre Oocyten **(Oocyten I, Oocyten 1. Ordnung).** Die meisten degenerieren. Bis zur Geburt liegen ca. $2 \cdot 10^6$ solcher primärer Oocyten vor. Sie befinden sich in einem Spezialstadium, in der Prophase der ersten Reifungsteilung, im sog. **Diktyotän.** Dieses Stadium ist ein Wartestadium vor dem letzten Prophase-I-Stadium, der Diakinese (s. Zellteilung, Kap. **1**). Das Crossing-over der homologen Chromosomen hat stattgefunden, die Chiasmata sind terminalisiert. In diesem Stadium despiralisieren die Chromosomen und verharren bis zur Geschlechtsreife. Diese Oocyten, die von einer Schicht Follikelzellen umgeben sind, heißen auch **Primärfollikel.** In manchen Oocyten findet an dekondensierten Schleifen dieser Chromosomen intensive RNA-Synthese statt. Während der Warteperiode wächst die Oocyte heran. Sie bekommt ihre äußere Glycoprotein-Hülle, ihre Granula, sie häuft mRNA, Ribosomen, Glycogen und Lipide an, um gegebenenfalls für die weitere Entwicklung zum Embryo gerüstet zu sein. Zellen des Ovars, die Follikelzellen, können ihr dabei helfen: Niedermolekulare Stoffe werden durch Kommunikationskontakte in die Oocyte transferiert. 99% der Zellen degenerieren. Ungefähr 400 000 sind bei der Pubertät noch erhalten. Vom Rest treten während der Geschlechtsreife im Verlauf des weiblichen Monatscyclus, durch Hormone induziert, jeweils einige primäre Oocyten in die nächsten Phasen der meiotischen Teilung ein (ungefähr 50 gleichzeitig beginnen die Eireifung). Allerdings schafft meist nur jeweils eine Oocyte den Weg bis hin zum fertigen Ei. Die anderen degenerieren.

Aus der Oocyte 1. Ordnung wird nach vollendeter erster Reifeteilung die **Oocyte 2. Ordnung,** die in die zweite Reifeteilung eintritt. Es ist bemerkenswert, daß bei Abschluß der ersten Reifeteilung das Cytoplasma ungleich verteilt wird. Es entstehen zwei Zellen, von denen nur die eigentliche Eizelle das gesamte Cytoplasma erhält, die andere bildet den **Polkörper,** der außer dem haploiden Chromosomensatz wenig Material enthält. Dieser Polkörper teilt sich in der zweiten Reifeteilung wieder in zwei Polkörper, während sich die potentielle Eizelle wiederum in eine Cytoplasma-haltige Zelle und einen weiteren Polkörper teilt. Die zweite meiotische Teilung verläuft bis zur **Metaphase II.** Während dieser Phase verläßt das Ei das Ovar **(Ovulation).** Die eigentliche Vollendung zum fertigen Ei geschieht erst nach Befruchtung durch ein Spermium (Abb. 8.**6**, Rep. 8.**3**).

Abb. 8.**5** **Spermatogenese**
Die Spermatogenese beginnt in der frühembryonalen Entwicklung und durchläuft drei Phasen: Vermehrung durch Mitosen während der Embryonal-Entwicklung, weitere Vermehrung bis zur Pubertät, dann neben der Vermehrung Eintreten der Spermatogonien in den Reifungsprozeß, der über Meiose I + II zu den Spermatiden und von dort zu den reifen Spermien führt. Wachstum und Reifung sind Prozesse, die beim Mann bis zu dessen Tod erfolgen. Die Urkeimzelle ist diploid (2n) mit einem entsprechenden Chromatingehalt, auch C-Wert genannt (2C). Während der Interphase, die der Meiose vorausgeht, wird die DNA repliziert. Die Spermatocyten erster Ordnung erhalten dadurch einen doppelten Chromatingehalt (2n, 4C). Während der Meiose (I + II) entstehen haploide Spermatide (1n, 1C) die im Verlauf der Spermiogenese einen Reifungsprozeß zu reifen Spermien durchmachen

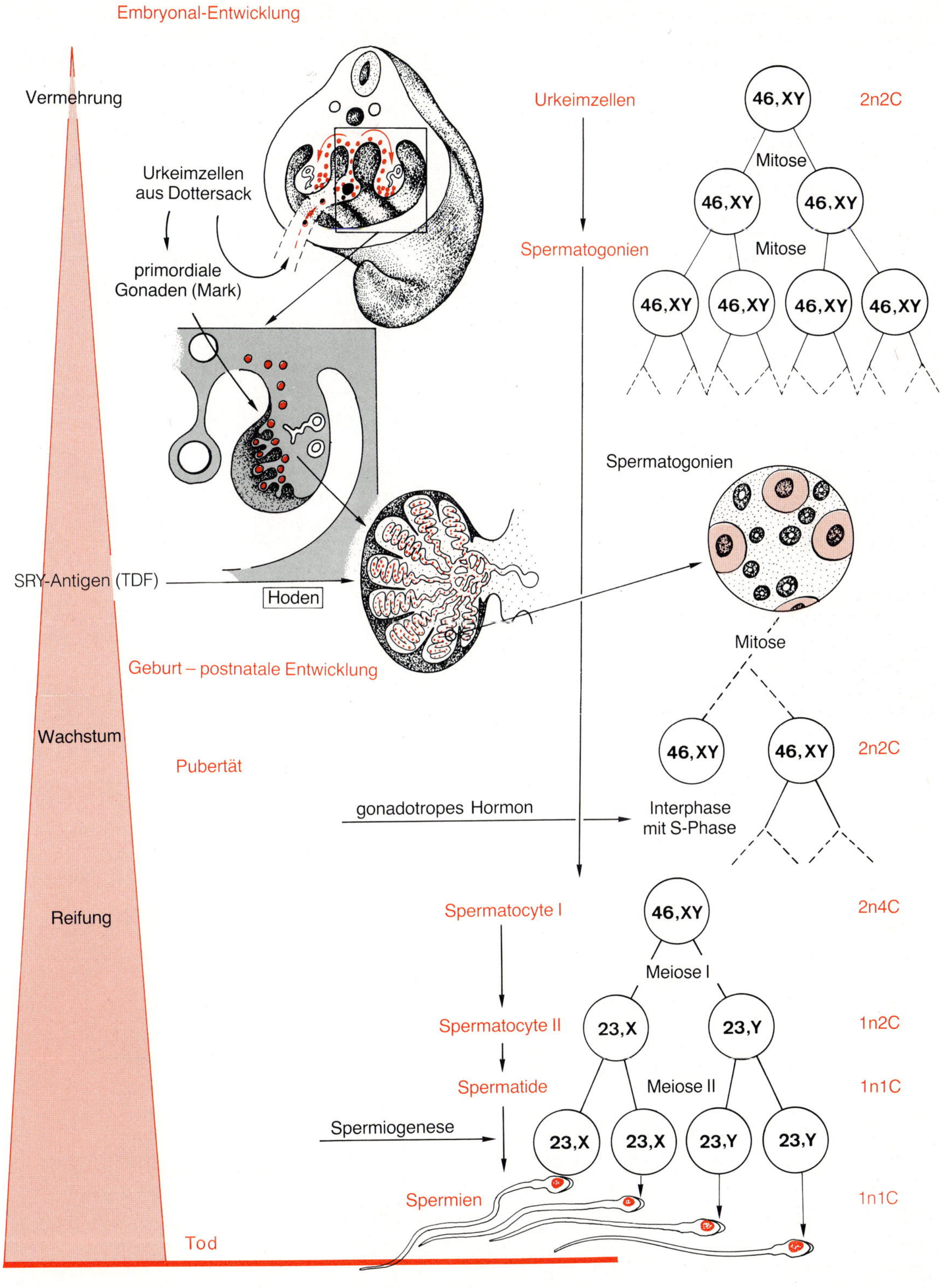
Embryonal-Entwicklung
Vermehrung
Urkeimzellen aus Dottersack
primordiale Gonaden (Mark)
Urkeimzellen
46,XY
2n2C
Mitose
46,XY
46,XY
Spermatogonien
Mitose
46,XY
46,XY
46,XY
46,XY
Spermatogonien
SRY-Antigen (TDF)
Hoden
Mitose
Geburt – postnatale Entwicklung
Wachstum
46,XY
46,XY
2n2C
Pubertät
gonadotropes Hormon
Interphase mit S-Phase
Reifung
Spermatocyte I
46,XY
2n4C
Meiose I
Spermatocyte II
23,X
23,Y
1n2C
Spermatide
Meiose II
1n1C
Spermiogenese
23,X
23,X
23,Y
23,Y
Spermien
1n1C
Tod

Abb. 8.**5**

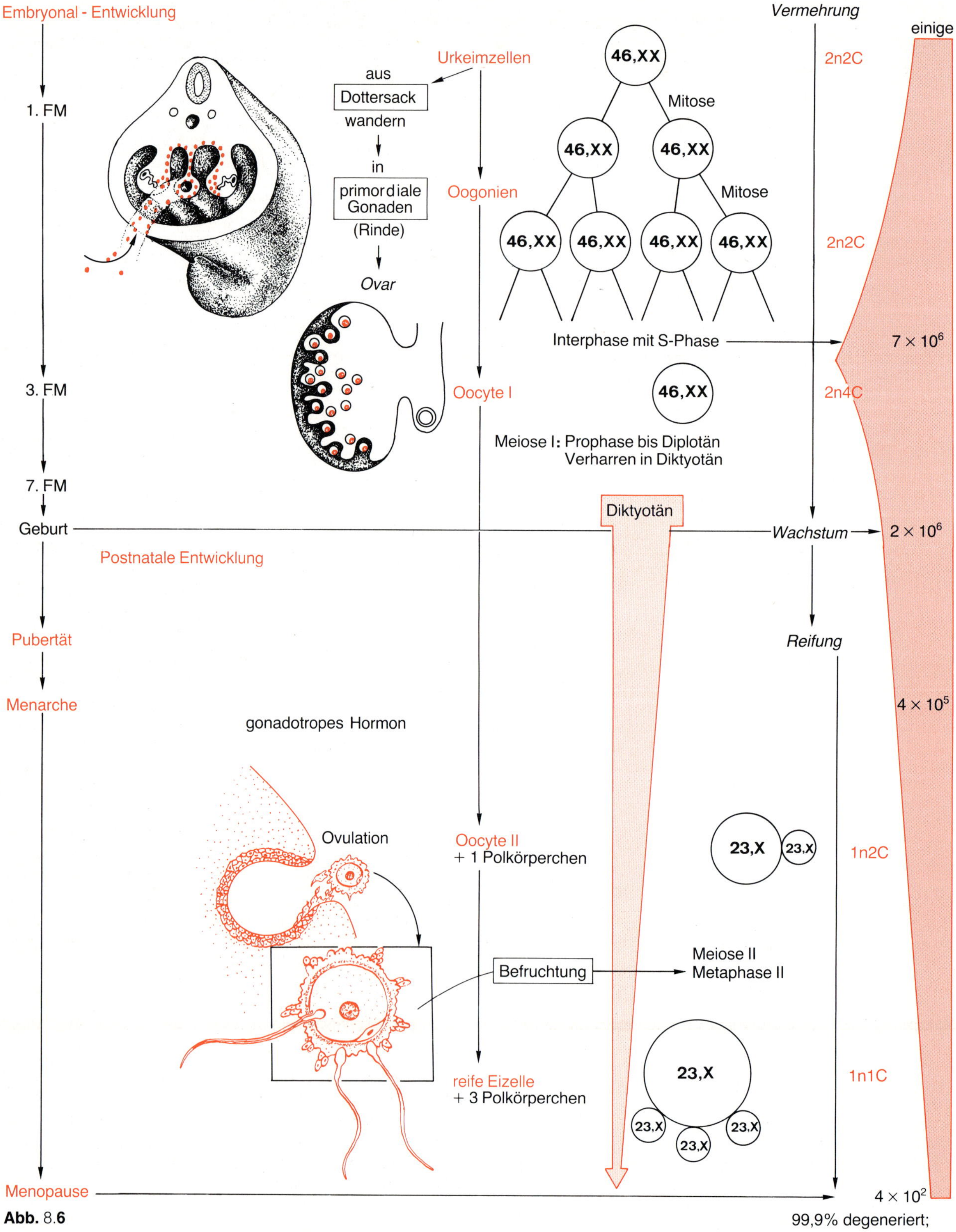
Embryonal - Entwicklung
1. FM
3. FM
7. FM
Geburt
Postnatale Entwicklung
Pubertät
Menarche
Menopause
Urkeimzellen
aus
Dottersack
wandern
in
primordiale Gonaden
(Rinde)
Ovar
Oogonien
Oocyte I
Oocyte II
+ 1 Polkörperchen
reife Eizelle
+ 3 Polkörperchen
46,XX
Mitose
Interphase mit S-Phase
Meiose I: Prophase bis Diplotän
Verharren in Diktyotän
Diktyotän
gonadotropes Hormon
Ovulation
Befruchtung
Meiose II
Metaphase II
23,X
Vermehrung
Wachstum
Reifung
2n2C
2n4C
1n2C
1n1C
einige
7 × 10^6
2 × 10^6
4 × 10^5
4 × 10^2
99,9% degeneriert;

Abb. 8.**6**

Rep. 8.3 Vergleich der Stadien der Gametogenesen

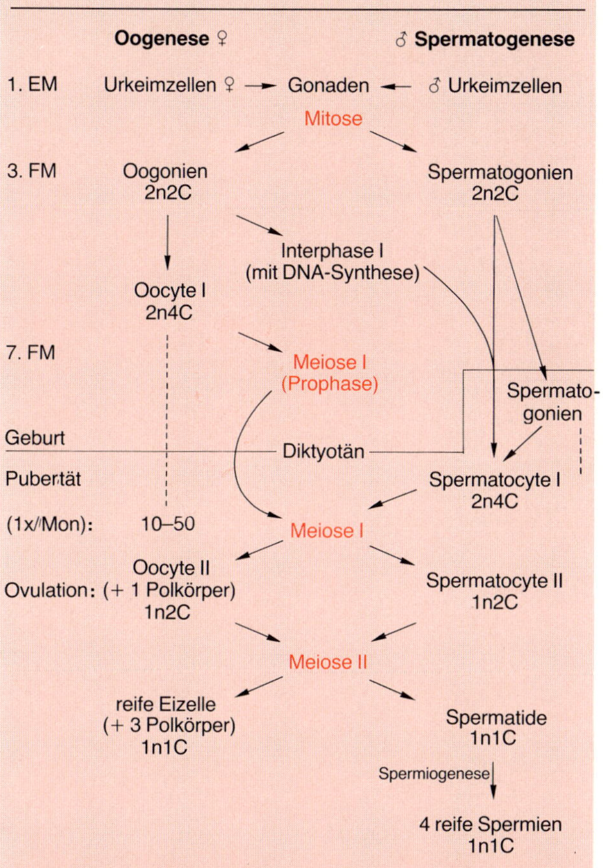

EM = Embryonalmonat
FM = Fötalmonat
n = Chromosomensatz
C = Chromatingehalt

◀ **Abb. 8.6 Oogenese**
In der frühen Embryonalentwicklung vermehren sich die Oogonien durch mitotische Teilung. Im dritten Fötalmonat treten die Oocyten 1. Ordnung in die Meiose ein. Die Oocyten 1. Ordnung sind diploide Zellen mit einem verdoppelten Chromatingehalt. Im Diplotän der Prophase I gehen diese Zellen in ein Wartestadium, das Diktyotän, über. Etwa $2 \cdot 10^6$ Oocyten verharren in diesem Ruhestadium bis zur Pubertät, von der an in jedem Menstruationscyclus jeweils 10 bis 50 Oocyten den Reifungsprozeß (Meiose) fortsetzen. Die zur Befruchtung reife Oocyte II (1n, 2C) befindet sich in der Metaphase II der Meiose II. Anaphase II und Telophase II werden erst nach erfolgter Befruchtung durchlaufen. Es entstehen infolge von ungleichmäßiger Cytoplasmaverteilung aus einer Urkeimzelle eine Eizelle mit drei Polkörpern

8.2.4. Im Monatscyclus erfolgt die Bereitstellung der befruchtungsfähigen Eizelle (Menstruationscyclus)

Nach der zweiten Reduktionsteilung enthalten die Eizellen ebenso wie die reifen Spermien den haploiden Chromosomensatz (23 Chromosomen). Vor der letzten Reifung befinden sich die Eizellen im Ovar und sind jeweils von Follikelepithel umgeben **(Primärfollikel).** Während der Geschlechtsreife beginnt sich in periodischen Abständen jeweils eine Gruppe von Primärfollikeln (bis zu 50; Gesamtanzahl zu Beginn der Geschlechtsreife etwa 400 000) zu entwickeln. Die Eizelle vergrößert sich, und das Follikelepithel wird mehrschichtig. Es kommt zu einem regelrechten Entwicklungs-Wettlauf. Der am weitesten entwickelte Follikel hemmt über hormonelle Steuerung die konkurrierenden Follikel und wird selber zunächst zum **Sekundärfollikel** und dann zum Tertiärfollikel, dem **Graafschen Follikel** (Abb. 8.**7**), der im Inneren einen mit Flüssigkeit gefüllten Hohlraum enthält. Der Graafsche Follikel gelangt bei seiner Reifung an die Oberfläche des Ovars.

Das Ovar bildet mit ihm eine Bindegewebsschicht, die **Theca folliculi** mit den beiden Schichten Theca interna und externa. Ausgelöst durch den Druck, den das stark mit Blut gefüllte Ovarmark ausübt, platzt schließlich der reife 1 bis 2 cm große Graafsche Follikel. Die Eizelle wird befreit, umgeben von Follikel-Epithelzellen, der **Corona radiata.** Häufig wird dieses Ereignis, die **Ovulation,** als Mittelschmerz empfunden. Die Ovulation erfolgt in der Mitte zwischen zwei Menstruationen. Die Eizelle wird vom Fimbrientrichter des **Eileiters (Oviducts)** eingesammelt. Eine Befruchtung der Eizelle im Ovar bzw. in der Bauchhöhle führt zur Extrauterinschwangerschaft. Normalerweise erfolgt die Befruchtung in der Ampulle des Oviducts. Im Laufe der nächsten 6 bis 7 Tage wandert das befruchtete Ei in den Uterus. Auf dieser Wanderung beginnt die Embryonal-Entwicklung.

Der im Ovar verbleibende Rest des geplatzten Follikels wird zum **Gelbkörper** (Corpus luteum), der Hormone – besonders Progesteron – produziert und damit alle weiteren Follikel in ihrer Reifung behindert, aber gleichzeitig die Uterus-Schleimhaut vorbereitet für eine gegebenenfalls erfolgende Einnistung eines befruchteten Eies (Abb. 8.**8**). Nach erfolgter Befruchtung proliferiert das Corpus luteum und wird bis zu 3 cm groß (Abb. 8.**9**).

Ab der Mitte der Schwangerschaft (Gravidität) bildet sich das Corpus luteum langsam wieder zurück. Hat keine Befruchtung des Eies stattgefunden, dann wächst der Gelbkörper für weitere 10 bis 12 Tage, beginnt zu degenerieren, und seine Hormonproduktion bricht nach 14 Tagen zusammen. Durch das Fehlen der Corpus-luteum-Hormone kann die stark entwickelte Uterus-Schleimhaut nicht weiter bestehen bleiben. Sie löst sich

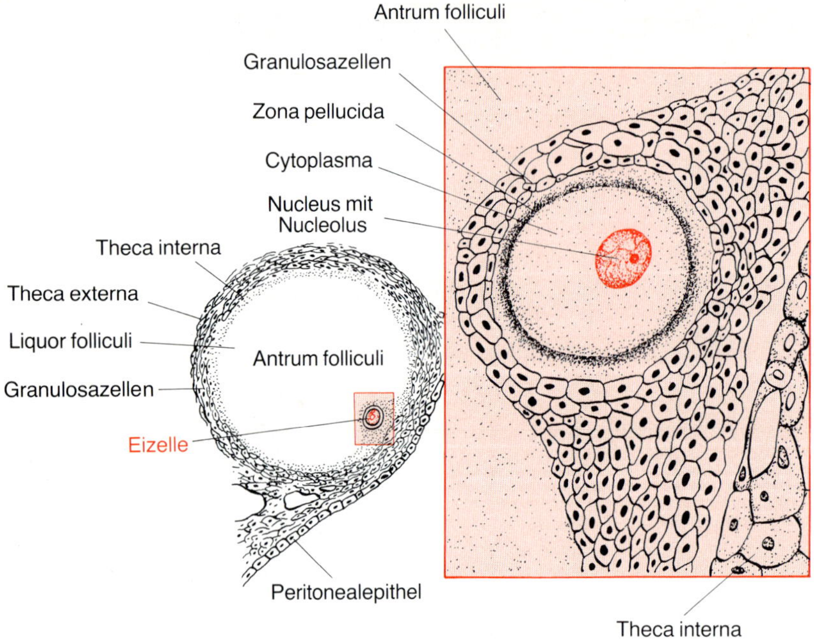

Abb. 8.7 Graatscher Follikel

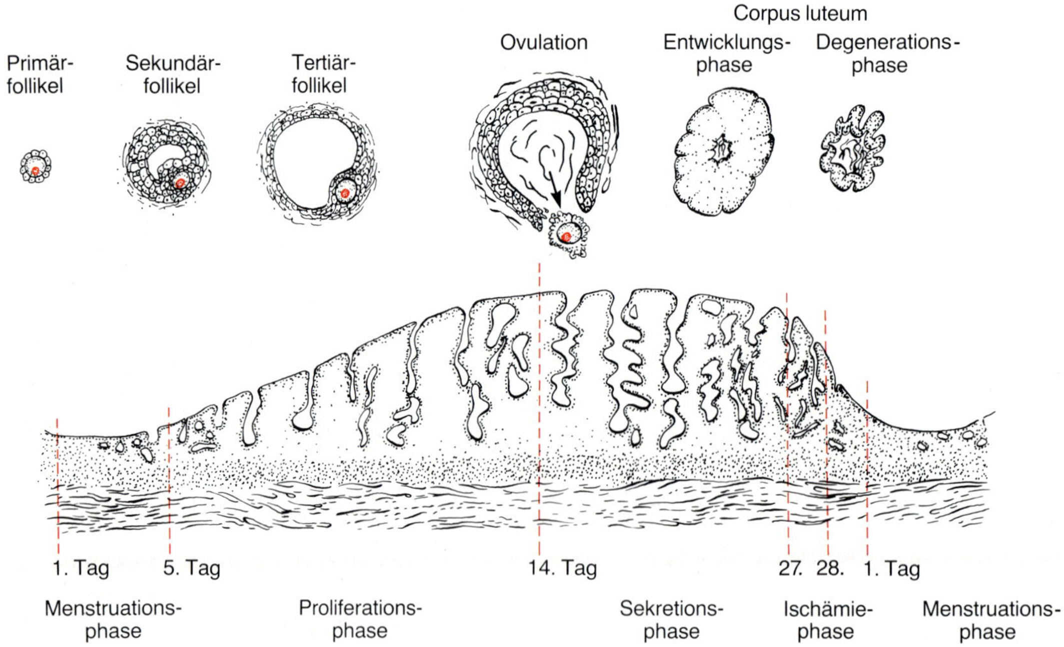

Abb. 8.8 Menstruationscyclus

Mit dem ersten Tag der Menstruation (Beginn der Menstruationsblutung) beginnt ein neuer Cyclus. Die Eizelle reift heran, und in der Mitte des Cyclus kommt es zum Platzen des reifen Follikels (Ovulation). Die Eizelle wird befreit und ist reif zur Kopulation. Der Follikel entwickelt sich zum Hormon-produzierenden Corpus luteum (Gelbkörper). Kommt es zu keiner Befruchtung, dann degeneriert das Corpus luteum. Die während des Menstruationscyclus aufgebaute Uterusschleimhaut wird abgestoßen

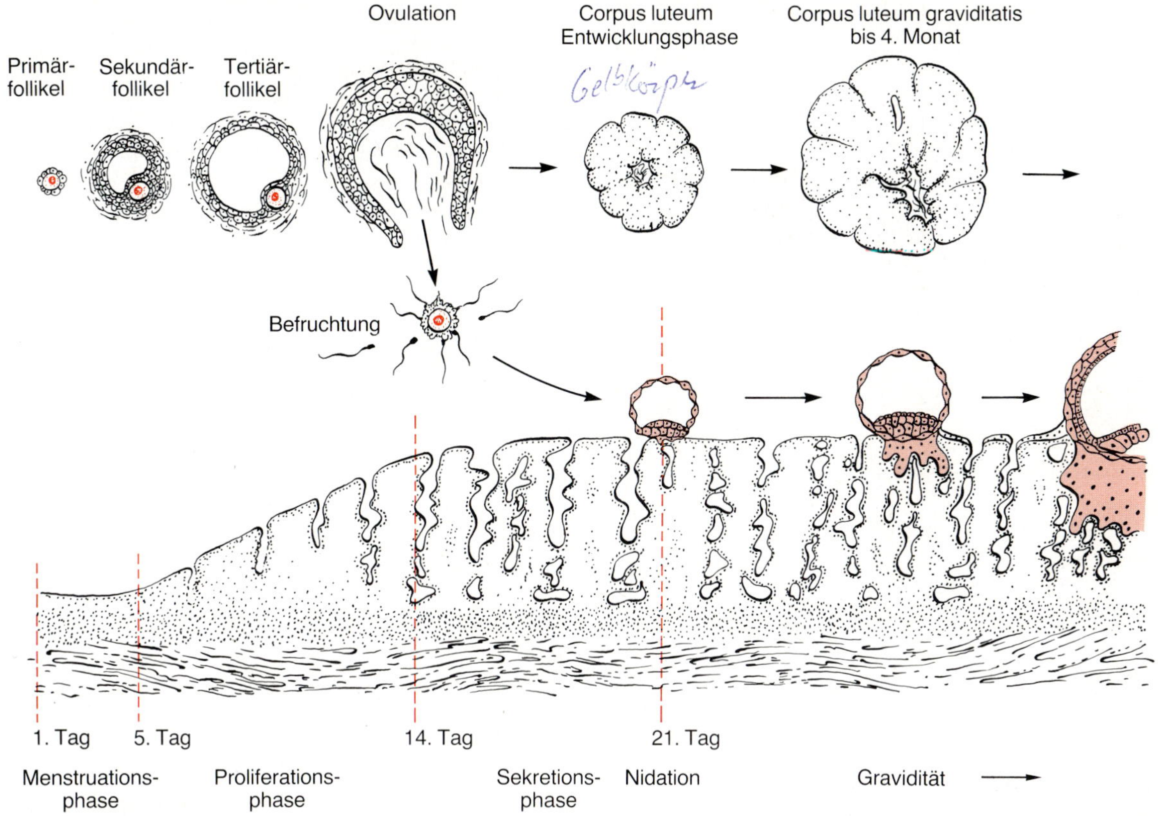

Abb. 8.9 Uterusschleimhaut und Corpus luteum in der Schwangerschaft
Nach der Befruchtung der Eizelle hypertrophieren das Corpus luteum und die Uterusschleimhaut

ab. Es kommt zur **Menstruation.** Bindegewebe wuchert in die Reste des degenerierten Gelbkörpers, und bald ist jede Spur von ihm verschwunden. Da mit der Degeneration des Corpus luteum auch die Progesteron-Synthese zusammenbricht, können neue Primärfollikel heranreifen. Der führende unterdrückt dann wieder die Konkurrenten und reift zum nächsten Graafschen Follikel, der wieder springt, das Ei wird befreit, und der Gelbkörper bildet Progesteron bis, bei Nichtbefruchtung, 14 Tage nach der Ovulation der Gelbkörper zusammenbricht und die nächste Menstruation erfolgt. Die Reifung weiterer Follikel wird natürlicherweise von den Östrogenen, die der in der Reifung führende Follikel bildet, bzw. nach dem Eisprung durch das Progesteron des Corpus luteum unterdrückt. Die Hemmung der Follikelreife durch diese beiden Hormone ist das Prinzip der Empfängnisverhütung durch die Pille, bei der physiologische Mengen dieser Hormone zugeführt werden. Damit ist Empfängnisverhütung durch die Pille eine natürliche Methode und Polemik gegen die Pille offenbart biologische Ignoranz.

8.2.5. Die Befruchtung ist ein sehr komplexer biochemischer Prozeß, der in der Ampulle des Oviducts stattfindet

Die **Kopulation** der beiden Gameten erfolgt in der Ampulle des Oviducts. Die Spermien gelangen aus der Vagina durch den Uterus nach einer Odyssee in das Oviduct. Diese Wanderung an sich ist bereits ein Wunder, das noch nicht völlig verstanden wird. Angelockt werden die Spermien durch Sexuallockstoffe, die von der Eizelle abgeschieden werden. Während der Ejakulation werden die Spermien in ihrer Bewegung durch das alkalische Milieu der Samenflüssigkeit aus der Prostata aktiviert. Sie bewegen sich mit Hilfe der Geißeln. Die Energie dazu wird von den Mitochondrien erzeugt. Hauptsächlich werden die Spermien durch peristaltische Kontraktionen des weiblichen Genitaltraktes bewegt. Spermien, die innerhalb von vier Tagen keine Eizelle zur Befruchtung gefunden haben, sterben im weiblichen Genitaltrakt ab. Ein Ejakulat enthält beim Menschen etwa 10^8 Spermien.

Besonders eingehend wurde der Mechanismus der **Befruchtung** an Seeigeleiern studiert. Er wurde aber auch bei menschlicher in vitro Fertilisation untersucht. Die Spermien schwimmen über relativ große Distanzen auf das Ei zu. An der Stelle des Eies, die dem Spermium am nächsten liegt, bildet sich eine Ausbeulung – der **„Empfängnishügel“**. Hier dringt das Spermium ein. Dazu benützt es einen enzymatischen Apparat, das Akrosom, das unter anderem *Hyaluronidase* enthält und lokal in der Eihülle einen Einschlupf für das Spermium ermöglicht (Kapazitation) (Abb. 8.**10**). Sobald das Spermium durch die Eimembran hindurchgetreten ist, wird schlagartig die **Befruchtungsmembran** ausgebildet, die das Eindringen weiterer Spermien verhindert. Im Eiinnern wird der Spermienschwanz abgelöst. Aus dem Mittelstück bilden sich zwei Zentriolen, die mit dem männlichen Kern zur Eimitte wandern. Gleichzeitig bewegt sich der Kern des Eies zur Mitte hin. Beide Kerne verschmelzen zu einem gemeinsamen Kern.

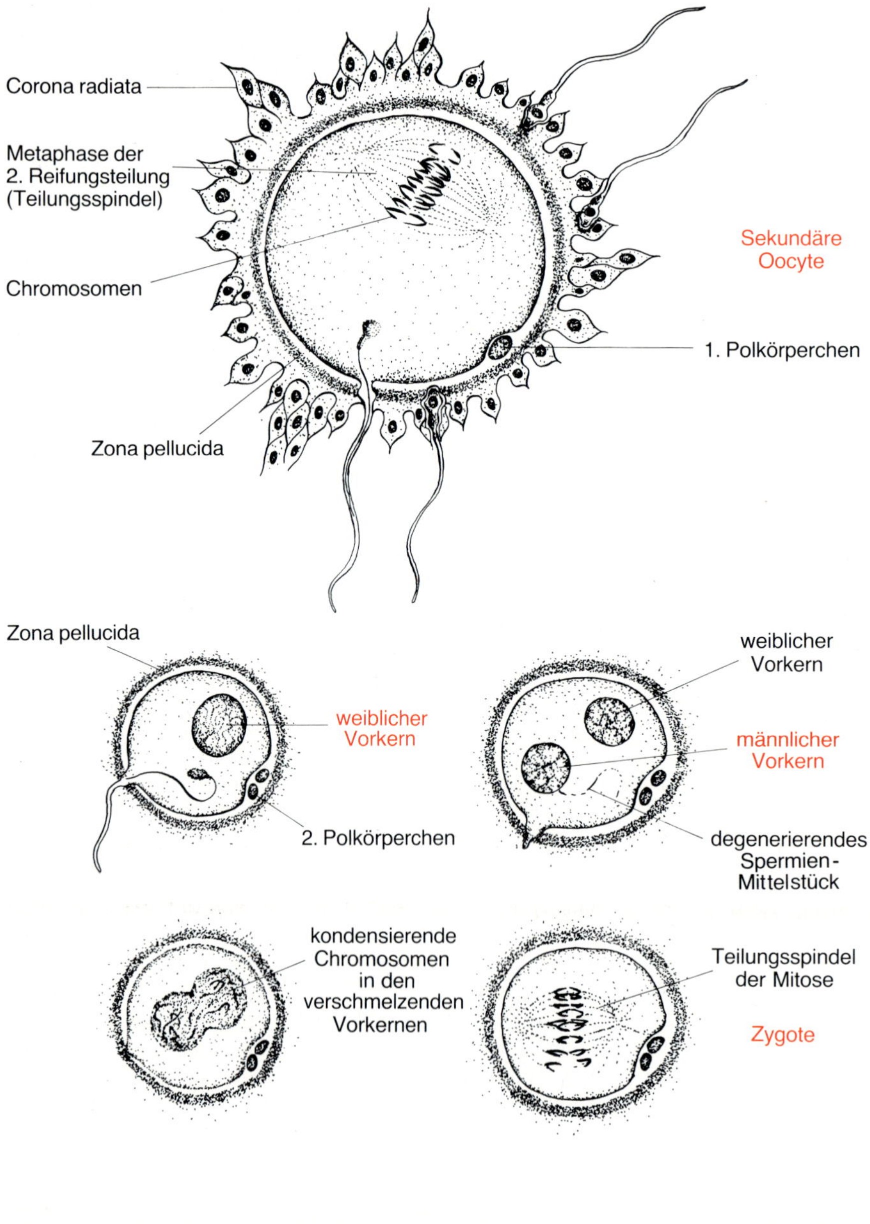

Abb. 8.**10 Befruchtungsvorgang (Seeigelei)**
Die Spermien gelangen im Eileiter auf die Corona-radiata-Zellen der befruchtungsfähigen Eizelle. Der Inhalt des Akrosoms löst die Desmosomen zwischen den Zellen auf und läßt das Spermium bis zur Zona pellucida vordringen. Auch diese Zona wird aufgelöst und das erste im Perivitelinraum angekommene Spermium veranlaßt die Eizelle zur Ausbildung einer Befruchtungsmembran, die das Eindringen weiterer Spermien verhindert. Das Plasmalemma des erfolgreichen Spermiums vereinigt sich mit dem Plasmalemma der Oocyte und Kern- und Mittelstück des Spermiums dringen in die Oocyte ein. Hier wird das Chromatin des Spermiumkopfes zum männlichen Vorkern umgewandelt. Die männlichen Mitochondrien werden abgebaut. Nach Replikation des DNA-Materials des weiblichen und des männlichen Vorkerns vermischen sich die Chromosomen und es bildet sich eine Teilungsspindel aus. Die erste Furchungsteilung der Zygote kann stattfinden

Auch aus biochemischer Sicht ist die Befruchtung außerordentlich interessant. Die reife Eizelle läuft mit ihrem Stoffwechsel auf Sparflamme. Viele vorhandene Messenger-RNAs werden nicht in Protein übersetzt, sondern warten als „schweigende mRNA" auf den großen Auftritt, die Befruchtung. Die Mechanismen zur Aktivierung dieser RNAs sind noch nicht bekannt. Wenige Sekunden nach dem ersten Kontakt mit dem Spermium wird die Eimembran depolarisiert. Na^+-Ionen fließen ein und K^+-Ionen aus. Auch Ca^{2+} gelangt in die Eizelle. Die Aufnahme von Energiesubstrat wie Glucose bzw. Abbauprodukten der Eihülle wird gesteigert. Die oxidative Phosphorylierung bzw. die Atmung wird verstärkt. Das ATP steigt an, und die maternalen RNAs werden aktiviert. Als Folge davon kommt es zur Steigerung der Proteinsynthese, dann zur weiteren RNA-Produktion, schließlich zur DNA-Replikation und zur Einleitung der ersten Mitose (Rep. 8.**4**).

Rep. 8.**4** Befruchtungsvorgang

Ejakulat
(ca. 10^8 Spermien in alkalischem Milieu)
↓
Vagina
↓
Uterus
↓
Oviduct
↓
Schnellstes Spermium führt im Ei zur Ausbildung eines Empfängnishügel
(akrosomale Enzyme ermöglichen das Eindringen des Spermiums)
↓
Membrandepolarisation: Na^+ und Ca^{2+} fließen ein, K^+ fließt aus
↓
Befruchtungsmembran verhindert das Eindringen weiterer Spermien
Aktivierung maternaler RNAs
↓
Verlust des Spermienschwanzes
↓
Pronucleus
(männlicher und weiblicher Vorkern)
↓
Proteinsynthese
↓
Kopulation
(Plasmagamie; Karyogamie)
↓
DNA-Replikation
↓
Zygote

Dieses Programm kann bei Seeigeleiern künstlich ausgelöst werden durch Depolarisation der Eimembran z. B. durch einen spitzen Nadelstich oder durch hypoosmotischen Schock. Wahrscheinlich hängen die dargestellten biochemischen Stufen kausal miteinander zusammen. Die depolarisierte Membran stimuliert aktive Transporte für Energiesubstrate, wie an anderen Systemen nachgewiesen wurde. Größeres Angebot an Energiesubstrat führt zur Steigerung der ATP-Konzentration, und eine erhöhte Konzentration von Triphosphaten stimuliert ihrerseits die Translation der „schweigenden mRNAs".

Die Befruchtung ist der Auslöser für das Entwicklungsprogramm der Eizelle. Sie führt aber auch zur Neukombination des genetischen Materials zweier Individuen der gleichen Art und ist Voraussetzung für die Erhaltung der Art – für die Vererbung.

Zum Zeitpunkt der Befruchtung wird bereits das Geschlecht des sich entwickelnden Individuums festgelegt. Enthielt das befruchtende Spermium ein X-Chromosom, dann wird das neue Individuum zu einem Weibchen, enthielt es ein Y-Chromosom, dann wird es zu einem Männchen entwickelt.

8.2.6. Während der Wanderung der befruchteten Eizelle vom Oviduct in den Uterus finden die ersten Teilungen statt

Die befruchtete Eizelle, die Zygote, leitet noch im Oviduct die Zellteilung ein, anschließend muß der sich entwickelnde Keim in den Uterus wandern. Ist diese Wanderung behindert, z. B. durch Stenose des Oviducts, kommt es zur Tubenschwangerschaft.

Für die ungehinderte Reise benötigt die Zygote 6 bis 7 Tage. Wenn der Keim am Bestimmungsort im Uterus angelangt ist, sind schon viele Zellteilungen erfolgt. Es liegt ein Zellhaufen, die **Morula,** vor (Abb. 8.**11**). Der Keim wird durch das Flimmerepithel des Oviducts weiterbewegt (s. Kap. **1**). Auf dem Wege zum Uterus reift der Keim für die Implantation heran. Durch aktive, amöboide Bewegung wandert dann die **Blastocyste** durch das Uterusepithel (Dezidua) bis in die Schleimhaut hinein und nistet sich zwischen Drüsen ein **(intradeziduale Implantation).** Das entstandene Loch in der Dezidua wird

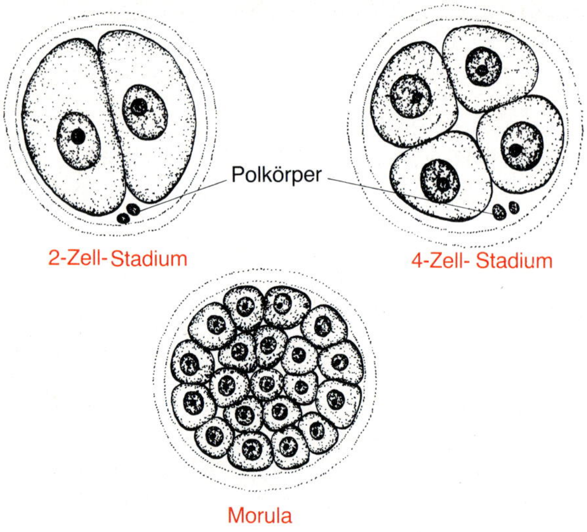

Abb. 8.11 Furchung der befruchteten Eizelle bis zur Morula

durch ein Blutgerinnsel verschlossen (Schlußkoagulum) (Rep. 8.**5**). Bei Nagern und niederen Affen entwickelt sich der Embryo im Uteruslumen (zentrale Implantation) oder bei Mammalia mit besonders kurzer Entwicklungszeit, wie z. B. der Maus oder Ratte, in einer Schleimhautfalte des Uterus.

Rep. 8.**5** Frühe Entwicklungsstufen eines menschlichen Keims

	Zygote ↓
Sofort	totale, gleichartige äquale Teilung (Teilungsbeginn im Oviduct während der Wanderung) ↓
	Morula: Embryoblast (innerer Zellhaufen) Trophoblast (äußere Zellschicht) ↓
	Blastocyste: Blastocoel (Hohlraumbildung) Embryoblast (an Implantationsstelle) ↓
Nach 3–4 Tagen	Ankunft des Keims im Uteruslumen ↓
Nach 6–7 Tagen	intradeziduale Implantation (Verdauung der Zona pellucida Bildung eines Schlußkoagulums) ↓
Nach 10 Tagen	Blutlakunen im verdickten Trophoblasten Spaltbildung – Amnion, primärer Dottersack Ektoderm, Entoderm als Zellschichten ↓
Nach 15 Tagen	Amnionhöhle sekundärer Dottersack Ektoderm, Entoderm, Haftstiel bildet die Verbindung zum Trophoblasten

8.3. In der frühen Phase der Embryonalentwicklung der Vertebraten werden die Stadien Morula, Blastula und Gastrula durchlaufen

Mammalia-Eier sind dotterarm **(oligolezithal),** da der Nährstoffbedarf für die Placenta von der Mutter aus gedeckt wird. Die **Teilungen** der Eizellen sind **vollständig** und **gleichmäßig.** Es entstehen etwa gleich große Tochterzellen. Die Eier von Reptilien und Vögeln hingegen sind groß und dotterreich (polylezithal). Die gesamten Nährstoffe für die Keimesentwicklung müssen vom Ei selbst geliefert werden. Die Furchungen sind in diesen Fällen nur partiell. An einer Stelle der Eioberfläche beginnt scheibenförmig (diskoidal) oder oberflächlich (superfiziell) die Keimesentwicklung. Bei der totalen Furchung erfolgen eine Reihe von Teilungen und es entsteht ein Maulbeer-ähnlicher Zellhaufen, die Morula. Bei der weiteren Teilung bildet sich im Innern ein Hohlraum (Blastocoel). Die Blastula flacht sich ab und wölbt sich ein (Gastrulation).

8.3.1. In der Gastrula entstehen die Keimblätter: Ektoderm, Entoderm und Mesoderm

Es entstehen in der Magenlarve **(Gastrula)** zunächst zwei Keimschichten (Keimblätter). Innen ist das **Entoderm** und außen das **Ektoderm** (Abb. 8.**12**, 8.**13**). Aus der Randzone zwischen beiden entwickelt sich später das dritte Keimblatt, das Mesoderm. Der entstandene Hohlraum, das **Gastrocoel,** bildet den **Urdarm** mit dem Urmund.

Die **Blastula** gleicht den primitivsten Vielzellern wie z. B. *Volvox.* Die **Gastrula** entspricht phylogenetisch den Schwämmen und Hohltieren. Bei den primitiven Vertebraten wie z. B. **Amphioxus lanceolatus** verläßt die Gastrula das oligolezithäre Ei und versorgt sich selber. Mit Hilfe von Cilien bewegt diese Larve Wasser durch den Urmund in den Urdarm hinein und filtriert Nahrung aus dem Wasser.

Die Amphioxus-Larve wächst in die Länge, wodurch sich der Urmund relativ verkleinert (Urmundschluß). In einem späteren Stadium bilden die höheren Vertebraten an dem dem Urmund entgegengesetzten Ende eine sekundäre Mundöffnung. Der Urmund wird zum After (*Deuterostomia* – im Gegensatz zu niederen Tieren, bei denen der Urmund Mund bleibt – *Protostomia:* Arthropoden, Würmer etc.). Die Gastrula flacht sich ab. Das Ektoderm der flachen Dorsalseite wird hochzylindrisch und wird zur **Neuralplatte** (Abb. 8.**14**). Aus einer darunterliegenden Zellschicht bildet sich die **Chorda dorsalis.**

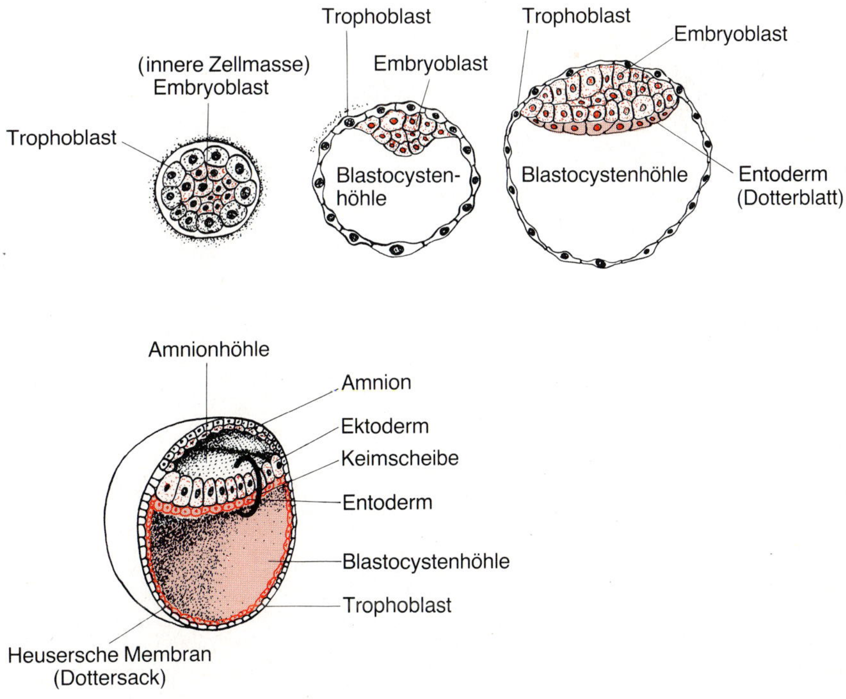

Abb. 8.**12 Blastocyste und Entwicklung der Keimscheibe**

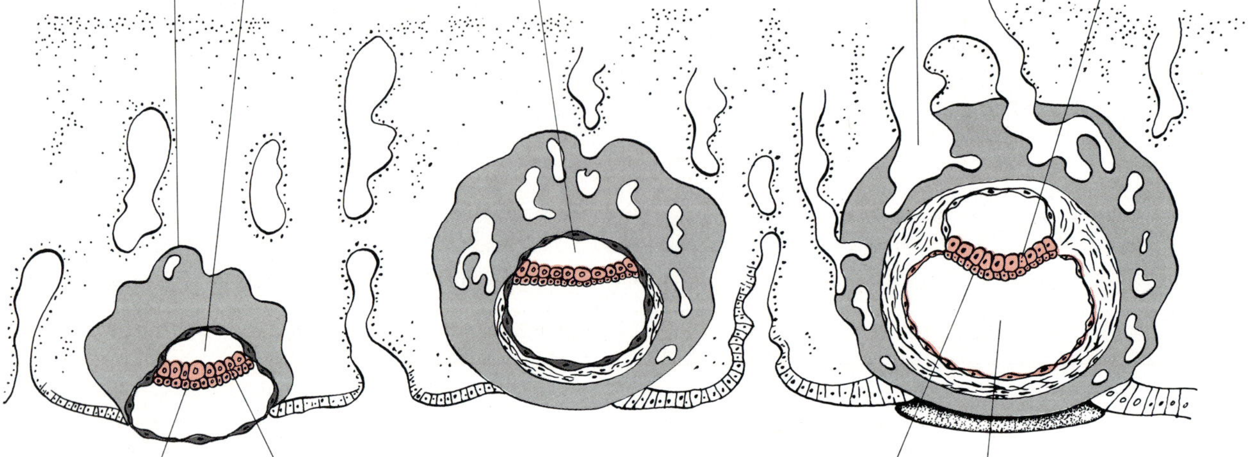

Abb. 8.**13** **Entwicklung der Blastocyste**
a 7 Tage **b** 9 Tage **c** 12 Tage nach der Implantation

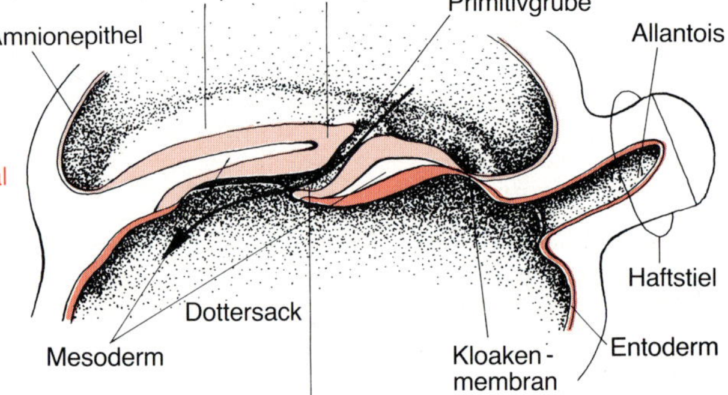

Abb. 8.**14** **Menschlicher Embryo von 0,8 mm Länge; schematischer Schnitt**

Dorsal von der zentral gelegenen Chorda dorsalis bildet sich aus der Neuralplatte das **Neuralrohr** (Abb. 8.**15**). Der Schluß zum Neuralrohr wird bewirkt durch spezifische Zellkontakte, die gürtelförmigen Desmosomen, die die lumenwärts gelegenen Zellabschnitte gummibandartig zusammenziehen (s. Kap. **1**). Aus den Zellen zu beiden Seiten der Chorda-Anlage entwickelt sich das dritte Keimblatt, das Mesoderm. Das Entoderm kleidet den Urdarm aus. Damit sind alle wesentlichen Urgewebe angelegt.

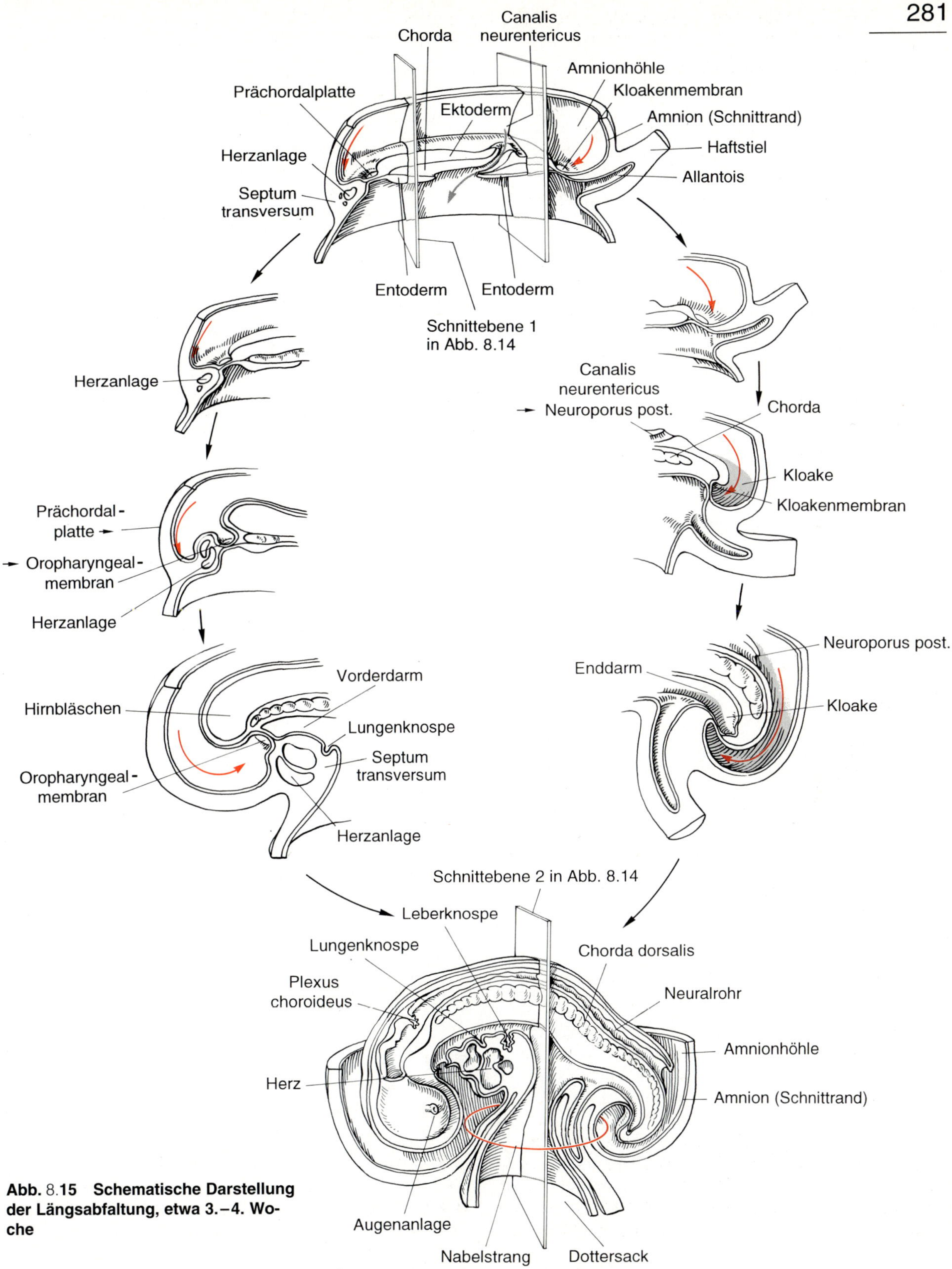

Abb. 8.**15 Schematische Darstellung der Längsabfaltung, etwa 3.–4. Woche**

8.3.2. Die Gewebe entstehen durch Zelldifferenzierung und Zellkontakte

Voraussetzung für die Bildung der Keimblätter und die Entwicklung der Organe bzw. Gewebe ist **Zelldifferenzierung.** Gezielt wird ein Teil des Genoms der Zelle langfristig inaktiviert und andere Gene werden aktiviert. Das Gesamtmuster der Gen-Aktivitäten ergibt dann den Funktionszustand (Phänotyp) der Zelle. Zellen mit gleichartigen Gen-Aktivitätsmustern schließen sich zu einem **Zellverband** zusammen, einem **Gewebe** wie Lebergewebe oder Epithel. Die Zellen können zu einem Syncytium verschmelzen wie z. B. im Muskel. Der Zellkontakt wird durch Zellbewegung hergestellt. Durch Mitosen vermehren sich die Zellen und werden durch die Zellkontakte zusammengehalten (Verschluß- und Kommunikationskontakte und Desmosomen; s. Kap. **1**). Ernährt werden die Zellen des Gewebsverbandes über den Interzellular-Raum, über den auch die notwendigen Ionen und Hormone an jede Zelle herangebracht werden. Der Interzellular-Raum steht mit den Kapillaren des Gefäßsystems in engem Kontakt (Homöostase). Auch im ausdifferenzierten Organismus können einige Gewebsteile nachgebildet werden **(Regeneration).** Die Regeneration erfolgt von Stammzellen ausgehend. Diese vermehren sich selbst durch Teilung. Durch Zusammenschluß von Stammzellen entsteht ein **Blastem.** Generell bekannt ist die Regeneration bei niederen Tieren wie Schwamm, Hydra oder Regenwurm. Reptilien und Amphibien können Körperteile wie Schwänze regenerieren. Aber auch für den Menschen ist Regeneration sehr wichtig. Das Blut wird ständig regeneriert. Die **Erythrocyten** haben normalerweise eine mittlere Lebensdauer von 100 Tagen. Alle 100 Tage sind alle Erythrocyten regeneriert. Entsprechendes gilt für die anderen Blutzellen. Auch die Epithelien unter anderem der Haut und des Darms werden ständig regeneriert, ebenso die Leber. Besonders deutlich wird die Leberregeneration, wenn ein Teil der Leber durch physikalische (operative Entfernung) oder chemische (Intoxikationen) Einwirkungen zerstört wurde. Bisher nicht verstandene Regelmechanismen sorgen bei der regenerierenden Rattenleber dafür, daß die Regeneration beendet wird, wenn das ursprüngliche Gewicht erreicht ist.

Die Regeneration erfolgt primär durch Zellvermehrung **(Hyperplasie).** Bei verstärkter Funktionsbelastung kann es zur Vergrößerung der Zellen selbst kommen: Training eines Muskels **(Hypertrophie).** Entsprechend nimmt die Zellmasse des Muskels bei eingeschränkter Funktion ab **(Hypotrophie).** Die Reduktion durch Abnahme der Zellzahl erfolgt besonders durch schädigende Einwirkungen (**Atrophie,** z. B. Leber- oder Knochenmark-Atrophie). Bei der **Metaplasie** wird ein Gewebe umgebildet: Umbau des gesunden Zylinderepithels in geschädigtes Plattenepithel z. B. in den Bronchien von Rauchern (Rep. 8.**6**).

Rep. 8.**6** Prozesse der Gewebsbildung

1. **Gewebsneubildung**

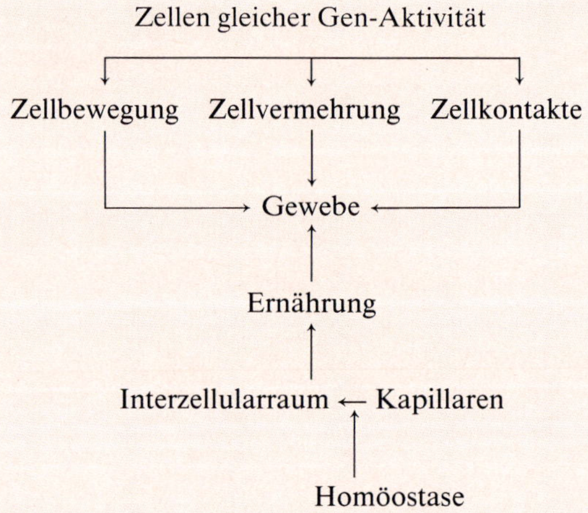

2. **Regeneration**

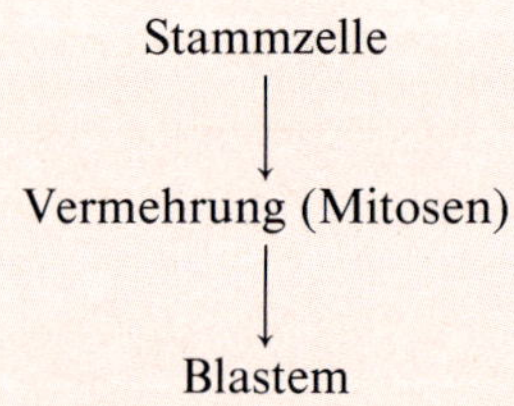

3. **Gewebsveränderungen**

Atrophie ← -Verminderung	Zell- zahl-	**Hyperplasie** → -Vermehrung
Hypotrophie ← -Verkleinerung	Zell- volumen-	**Hypertrophie** → -Vergrößerung
Metaplasie ←	Gewebs- umbau	

8.3.3. Ein Teil des Mammalia-Embryos spezialisiert sich auf die Nahrungsaufnahme

Bei allen Mammalia verläuft die Entwicklung bis zur Morula bzw. der Blastula gleich. Ein Teil des Keims spezialisiert sich dann auf die **Nahrungsaufnahme** von der Mutter. Dieser Teil, der der äußeren Zellhülle der Morula entspricht, heißt **Trophoblast.** Der innere Zellverband, der zum eigentlichen Fötus wird, heißt **Embryoblast.**

Aus ihm entwickeln sich neben dem Fötus die Eihäute, das Amnion, der Dottersack, die Allantois und das Chorion-Bindegewebe. Der Trophoblast bildet das Chorionepithel, das die Ernährung des Keims sicherstellt. Im Blastula-Stadium ist der Embryoblast einseitig in Richtung Uteruswand orientiert. Zur Höhle, dem Blastocoel hin, ist der Embryoblast durch das Dotterblatt, das Entoderm, abgegrenzt (Abb. 8.**12**). Dieses wächst über die gesamte Blastocoel-Fläche auf dem Trophoblasten entlang. Der ektodermale Teil des Embryoblasten spaltet sich und bildet die **Amnionhöhle.** Dabei bildet das Dach das Amnion, der Boden den Embryonalschild. Der zum Dotterblatt hin orientierte Teil des Ektoderms bildet die Neuralplatte, die, wie bei *Branchiostoma* diskutiert, zum Neuralrohr wird. Darunter entwickelt sich die Chorda dorsalis. Zwischen dem Entoderm und dem Ektoderm entwickelt sich das **Mesoderm,** das sich weiter zwischen Ektoderm bzw. Entoderm schiebt und die sekundäre Leibeshöhle, das Coelom, bildet. Das Blatt des Mesoderms, das außen dem Trophoblasten aufliegt, ist das parietale, dasjenige, das innen dem Entoderm aufliegt, das viscerale Mesoderm.

Aus den Keimblättern, Mesoderm, Entoderm und Ektoderm, entwickelt sich das gesamte Individuum.

8.3.4. Die drei Keimblätter entwickeln sich zu Organgruppen

Das **Mesoderm** bildet das Stützsystem, Knochen und Knorpel, das Blutgefäßsystem mit dem Herzen, das Blut, das Lymphsystem mit der Milz, die Muskulatur, die Niere, die Harnleiter und die inneren Sexualorgane wie Oviduct, Uterus und Vagina.

Das **Ektoderm** wird zum zentralen und peripheren Nervensystem inclusive Sympathicus und Parasympathicus, den Sinnesorganen, der Epidermis mit den abgeleiteten Organen, Talg- und Schweißdrüsen, Haaren und Nägeln, zum Nebennierenmark, der Adenohypophyse, dem Chorion- und Amnionepithel.

Das **Entoderm** bildet die inneren Organe, Magen, Darm, Leber, Pankreas, Lunge, Luftröhre, Kehlkopf, Harnblase, Harnröhre und das Epithel von Dottersack und Allantois (Rep. 8.7).

8.3.5. Die Doppelschicht Ektoderm/Entoderm zwischen Amnion und sekundärem Dottersack bildet den Embryonalschild

Das Ektoderm wuchert und strukturiert sich zum Primitivstreifen mit der Primitivgrube und dem cranialen Primitivknoten mit dem Chorda-Mesoderm-Fortsatz (**Kopffortsatz).** Der Urmund (Primitivgrube) wird durch Invagination zum Primitivkanal. Die Ränder des Kanals bilden die Urmundlippen. Oberhalb des Urdarmdaches entsteht, wie bei *Branchiostoma* diskutiert, die Anlage für die Chorda dorsalis und das Mesoderm. Der Boden des Primitivstreifen, verschmolzen mit dem Entoderm, wird teilweise eröffnet. Damit entsteht eine Verbindung zwischen Dottersack und Primitivrinne – Canalis neurentericus (Abb. 8.**14**).

Aus der cranial gelegenen Neuralplatte entwickelt sich das Neuralrohr. Das Neuralrohr dehnt sich caudalwärts aus und verschiebt den Canalis neurentericus und verkürzt den Primitivstreifen immer mehr, bis beide ganz verschwunden sind.

Das vom Primitivstreifen gebildete Mesoderm gliedert sich auf beiden Seiten der Chorda dorsalis in **Ursegmente (Somite),** die dann die mesodermalen Organe bilden (Abb. 8.**15**, 8.**16**). Aus einem Teil der Somiten (**Myotome**) entwickelt sich die Muskulatur, die z. B. bei den Fischen noch deutlich segmentale Gliederung (Myomere) zeigt.

Diese **Metamerie der Muskulatur** ist beim Menschen noch bei den Intercostal-Muskeln, der Muskulatur der Wirbelsäule, der rudimentären Segmentierung des Musculus rectus abdominis sowie der segmentalen Innervation der Muskulatur erhalten geblieben. Aus den medioventralen Anteilen der Somiten bilden sich **Sklerotome,** die zu zunächst knorpeligen und dann später knöchernen Wirbeln werden. Die Wirbel werden an den Grenzen der Somiten gebildet, so daß Anteile von beiden benachbarten Somiten zu einem Wirbel verschmelzen.

Rep. 8.7 Organentwicklung aus den drei Keimblättern

Mesoderm	– Knochen, Knorpel, Muskulatur – Herz, Blut, Blutgefäßsystem – Milz, Lymphsystem – Harnleiter, Niere – innere Sexualorgane
Ektoderm	– Chorion- und Amnionepithel – Epidermis mit Anhangsorganen Haare, Nägel – zentrales und peripheres Nervensystem – Sinnesorgane – Nebennierenmark – Adenohypophyse
Entoderm	– Dottersack- und Allantoisepithel – Kehlkopf, Luftröhre, Lunge – Harnröhre, Harnblase – Magen, Darm, Leber, Pankreas

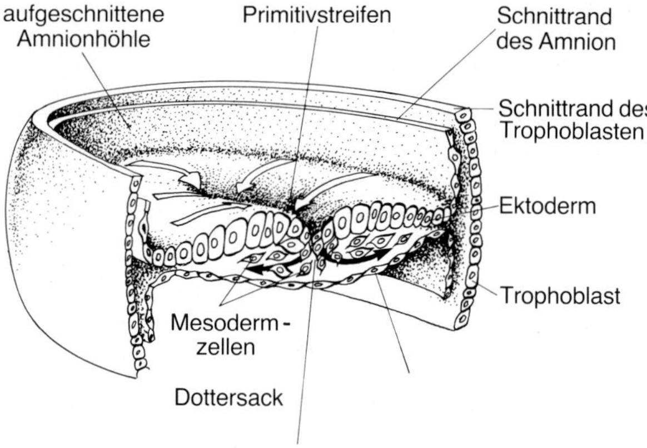

a

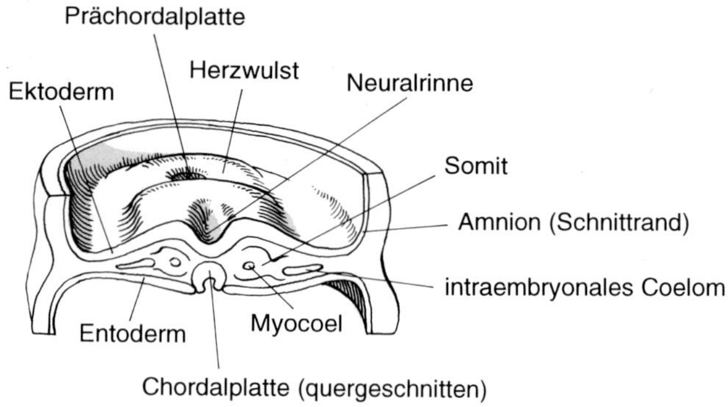

b Schnittebene 1 in Abb. 8.13

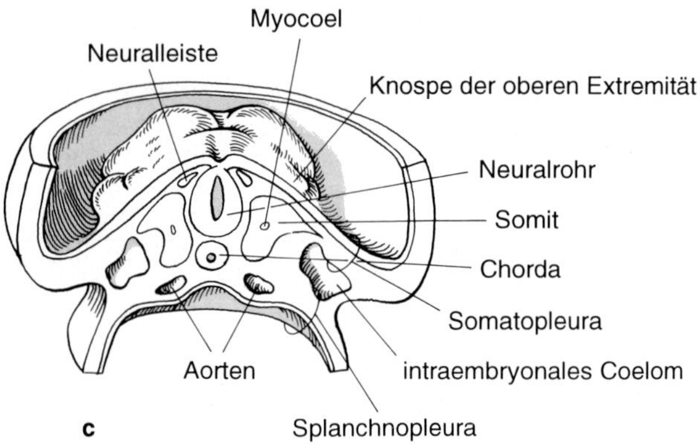

c

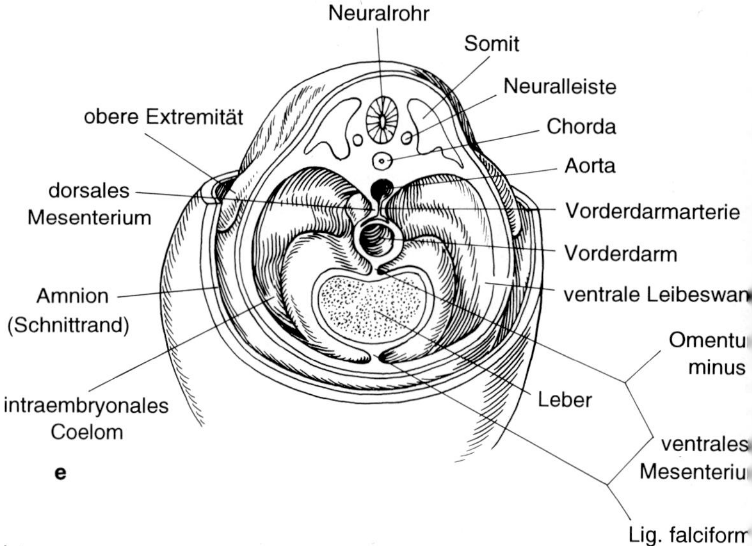

e

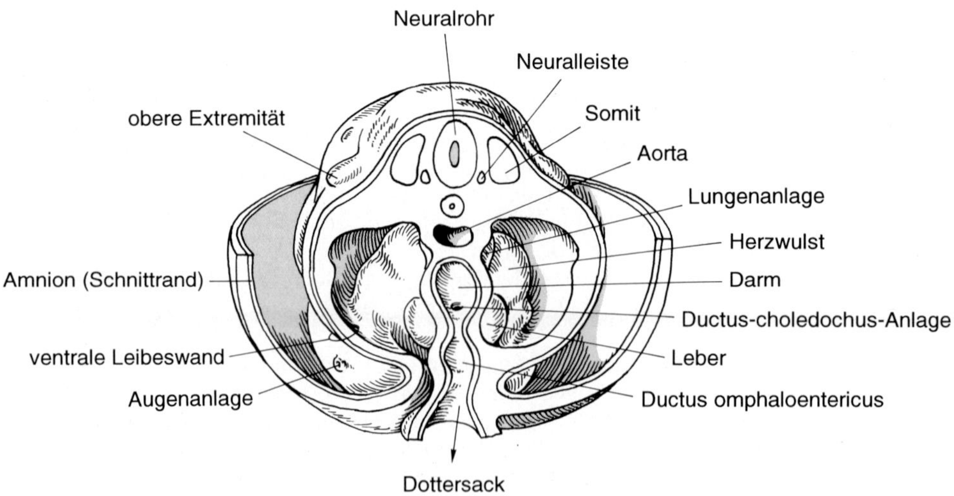

d Schnittebene 2 in Abb. 8.**15**

Abb. 8.**16 Schematischer Transversalschnitt durch einen Embryo in frühen Entwicklungsstadien**
a Invagination der Mesodermzellen.
b Entstehen der Somiten.
c Bildung des Neuralrohrs.
d und **e** Weitere Differenzierung des Mesoderms zu Organen.

Damit sind die Wirbel intersegmental, während die zugehörige Muskulatur segmental ist. Die Rippen, die an den Wirbeln ansetzen, entwickeln sich aus dem parietalen Mesoderm gemeinsam mit dem Bindegewebe und der Muskulatur der Leibeswand. Sie sind segmentale Versteifungen der Leibeswand.

Die segmentale Anordnung der Muskulatur, ihre segmentale Innervation und die intersegmentalen Wirbel ermöglichten den primitiven Vertebraten die Fortbewegung durch Schlängeln. Diese Fortbewegungsart ist bei den Fischen und Amphibienlarven erhalten geblieben.

Beim Übergang zum Landleben (aber noch im Wasser, wie zu sehen bei *Latimeria*) haben sich in der Phylogenese aus der ventrolateralen Körperwand durch Verlagerung von ursprünglich metameren Muskeln die Gliedmaßen entwickelt. In der Embryonalentwicklung des Menschen spiegelt sich dies wider.

Durch laterale und caudale Abfaltung aus der Keimscheibe entsteht die Körpergrundgestalt des Keimes, in der die 3 Keimblätter alle übrigen Organanlagen bilden (Organogenesephase) (Rep. 8.**7**, 8.**8**). Damit ist die fortgeschrittene Embryonalentwicklung eingeleitet, die am Beispiel einiger Organsysteme besprochen wird (s. nächster Abschnitt).

Rep. 8.**8** Entwicklung des Embryonalschildes und der drei Keimblätter

- Wucherung zum Primitivstreifen mit Primitivgrube cranialer Primitivknoten in Ektodermschicht
- Ausbildung des Primitivkanals, ausgehend vom Urmund mit dorsaler (cranialer) und ventraler (caudaler) Urmundlippe
- Chorda-Mesoderm-Fortsatz vom Primitivknoten cranialwärts
- Verschmelzung des Bodens des Primitivkanals mit dem Entoderm
- Eröffnung des Primitivkanals zum Canalis neurentericus (=Verbindung: Neuralrinne – Dottersack)
- Ausbildung der Neuralplatte → Neuralrinne mit Neuralrohrwülsten → Neuralrohr
- Zwischen Ektoderm und Entoderm Ausbildung der Chorda dorsalis und des Mesoderms
- Ursegmentbildung für mesodermale Organe (Somit)
- Myotom → Muskel Sklerotom → Wirbel
- Bildung der Rumpfschwanzknospe am caudalen Embryo (Ausgangspunkt für Hals-Rumpf-Partie)

8.4. Placenta, Allantois und Dottersack sind für die Entwicklung notwendig

Aus der engen Verwachsung von embryonalem Chorion und Uterus bildet sich die Placenta

Am 6. bis 7. Tag nistet sich der menschliche Keim in der Uterus-Schleimhaut ein. Zunächst befindet er sich im Bindegewebe. Der Trophoblast wuchert in Richtung Endometriumtiefe und löst immer mehr Bestandteile der Uterusschleimhaut auf, tritt in immer engeren Kontakt mit der Uteruswand. Der **Trophoblast** bildet das **Chorion-Epithel,** das während der gesamten Schwangerschaft erhalten bleibt und die Ernährung des Keimes sicherstellt. Amnionhöhle und sekundärer Dottersack sind über Haftstiele, die sich vom Morulamesoderm aus entwickeln, an den Trophoblasten fixiert (s. Rep. 8.**5**). Das Chorionepithel wuchert, bildet baumartige Verzweigungen und Anastomosen und wird zu einem schwammartigen Gewebe. In das Epithel wächst **Chorion-Bindegewebe** hinein. Die mütterlichen Gefäße werden durch Verdauung des Endothels eröffnet, und das Blut fließt in die **Chorion-Kaverne.** Beim Menschen ist die Kontaktaufnahme zwischen Uterus-Schleimhaut und Chorion am engsten. Alle Schranken zwischen dem Chorionepithel und dem mütterlichen Blutkreislauf sind beseitigt (Placenta haemochorialis) (Abb. 8.**17**). In der Phylogenie gibt es alle möglichen Stufen der Placentation. Bei der nächstniedrigen Stufe bleibt das mütterliche Endothel erhalten (Placenta endotheliochorialis).

Bei Wiederkäuern bleibt sogar noch das Bindegewebe der Uterusschleimhaut erhalten (Placenta syndesmochorialis). Im einfachsten Fall wird auch das Uterusepithel unangetastet gelassen (Placenta epitheliochorialis). Das Chorion legt sich nur an die Uterusschleimhaut an. Bei dieser Form entsteht bei der Geburt keine offene Wunde. Diesen Placentatyp besitzen lebendgebärende Reptilien, Beuteltiere und die meisten Halbaffen.

Bei den Landvertebraten findet in der Ontogenese der phylogenetische Abschnitt, der dem Leben im Wasser entspricht, im Amnion statt

Die landlebenden Vertebraten (Reptilien, Vögel, Mammalia) benutzen für den im Wasser ablaufenden Abschnitt der Embryonalentwicklung das Amnion (Amniota). Das **Amnion** wird durch Wucherung des Ektoderms und des parietalen Mesoderms gebildet, nachdem die Amnionhöhle durch Spaltung des Ektoderms

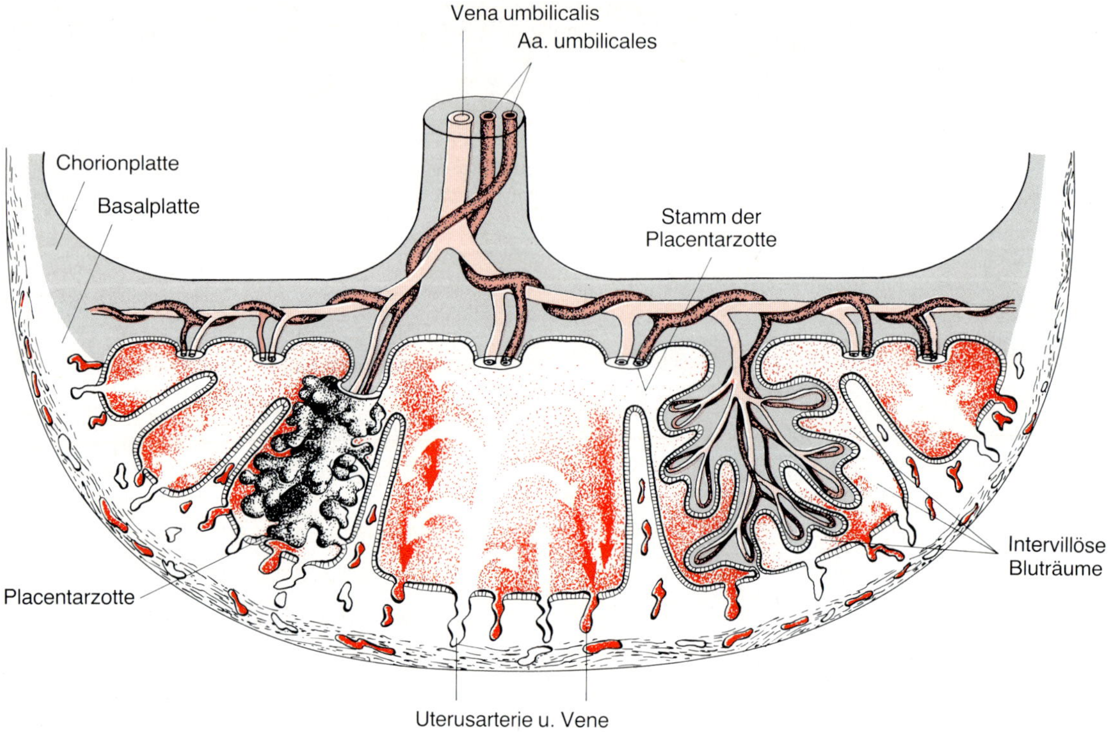

Abb. 8.**17** **Placenta**
In der einen Hälfte Chorionepithel, das die interstitiellen Kavernen auskleidet, in der anderen Hälfte nackte Placentarzotten (nach Ramsay)

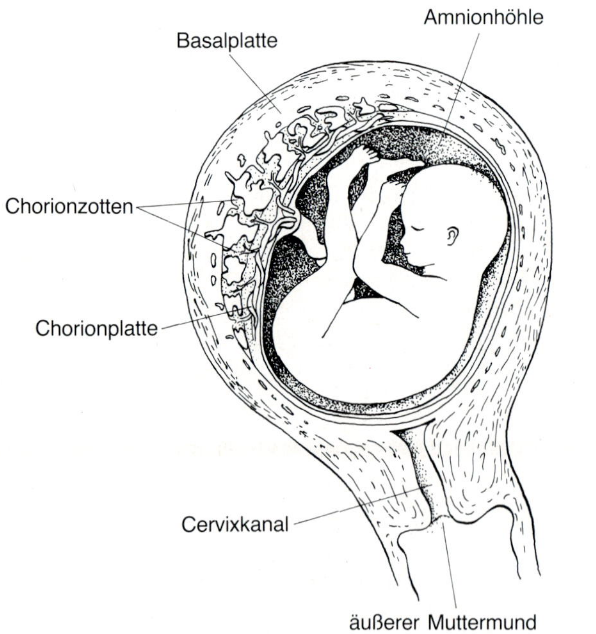

Abb. 8.**18** **Uterus mit Embryo, 16. Schwangerschaftswoche**

entstanden ist. In der **Amnionhöhle** befindet sich die Amnionflüssigkeit **(Fruchtwasser),** in der die Frucht schwimmt. Damit durchläuft der Embryo, wie in der Phylogenie, eine Lebensphase im Wasser (Abb. 8.**18**).

Der Dottersack ist für die Ernährung des frühen Embryos notwendig

Durch Faltung buchtet sich aus dem Urdarm der **Dottersack** aus, der vom Entoderm und visceralen Mesoderm begrenzt wird. Vom Dotter im Dottersack bezieht der Embryo in seiner frühesten Entwicklung über den Dottergang (Ductus omphaloentericus) seine Nahrung. Der Dottersack selbst wird über die Arteria und Vena omphalomesentericae versorgt. Diese Gefäße verlaufen im Nabelstrang.

Die Allantois wird Teil der Placenta

Aus dem caudalen Darmabschnitt stülpt sich die Allantois aus. Diese Blase ist zunächst Harnbehälter. Dann legt sich aber die Allantois an das Chorion an und kann sogar mit ihm verwachsen. Bei niederen Säugern hat die Allantois auch Atemfunktion. Die Gefäße der Allantois,

Aa. und V. umbilicales, versorgen auch das Chorion. **Allantois und Chorion bilden die Placenta,** die für die Übernahme von Nährstoffen von der Mutter (inclusive Sauerstoff) und für die Ausscheidungen des Embryos (inclusive CO_2) sorgt. Die Verbindung von Embryo zur Placenta bildet der Allantois-Stiel mit den paarigen Arteriae umbilicales und der Vena umbilicalis, dem Dottergang mit Arteria und Vena omphalomesentericae. Dieser Stiel entspricht dem **Nabelstrang,** der aus einer geleeartigen Masse besteht, die sich zwischen den Gefäßen befindet (Rep. 8.**9**).

Rep. 8.**9** Die Ernährungsvorgänge des menschlichen Embryos

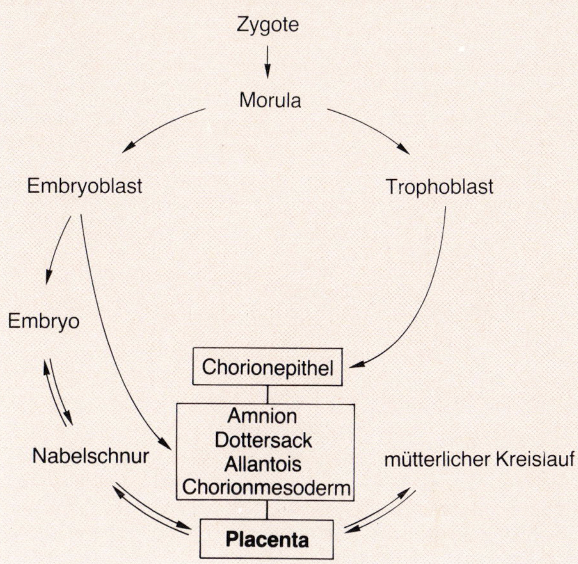

Die Placenta hat neben ihrer Funktion des Stoffaustausches eine wichtige Funktion als Hormonproduzent

Durch **Östrogene** und **Progesteron,** die in großen Mengen von der Placenta synthetisiert werden, wird jede weitere Follikelreifung inhibiert. Gleichzeitig wird die Uterusversorgung stimuliert und die Uterusmuskulatur zur Proliferation angeregt. Entscheidend für die Aufrechterhaltung der Schwangerschaft ist das Hormon **Choriongonadotropin,** das die Bildung der Steroidhormone fördert.

Die Placenta wird als **Nachgeburt** ausgestoßen, zusammen mit Nabelstrangresten, dem Chorion, Resten der Decidua parietalis und dem Amnion. Die Placenta muß vollständig aus dem Uterus entfernt werden, da verbleibende Chorionzotten zu Wucherungen führen, die maligne entarten können. Die Kontrolle der Vollständigkeit darf unter keinen Umständen versäumt werden!

8.5. Die fortgeschrittene Embryonalentwicklung des Menschen offenbart die phylogenetische Abstammung

Während des ersten Monats (Monat = 4 Wochen) hat der menschliche Embryo die frühe Embryonalentwicklung beendet und hat eine charakteristische Form, die praktisch für alle Vertebraten dieses Stadiums gleich ist. Das heißt, die Embryonen vom Fisch, vom Reptil, vom Vogel oder Mammalia ähneln einander außerordentlich (s. Abb. 7.**10**).

8.5.1. Die Entwicklung von Kiemen belegt die phylogenetische Verwandtschaft mit den Fischen

Bei einem **Embryo der vierten Woche** (Länge etwa 8 mm) sind deutlich die Kiemenbögen und Furchen zu erkennen, die die phylogenetische Abstammung von den Fischen zeigen (s. Abb. 7.**10**, 8.**19**). Es sind die Ursegmente, der ausgeprägte Schwanz und die Anlagen für Leber, Herz, Extremitäten, Augen und Nase zu erkennen.

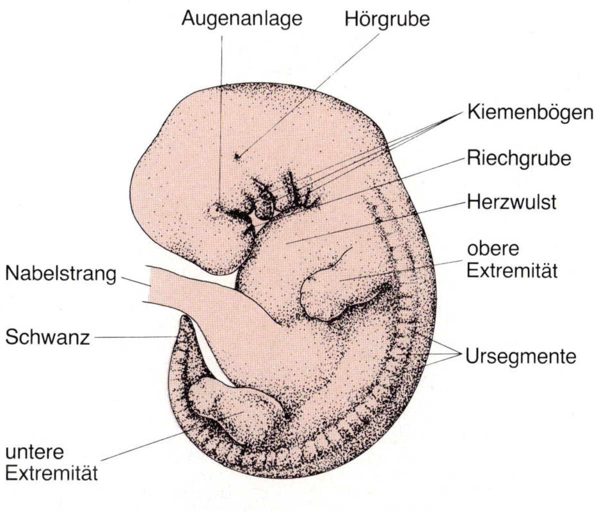

Abb. 8.**19** **Menschlicher Embryo von 8 mm Länge**

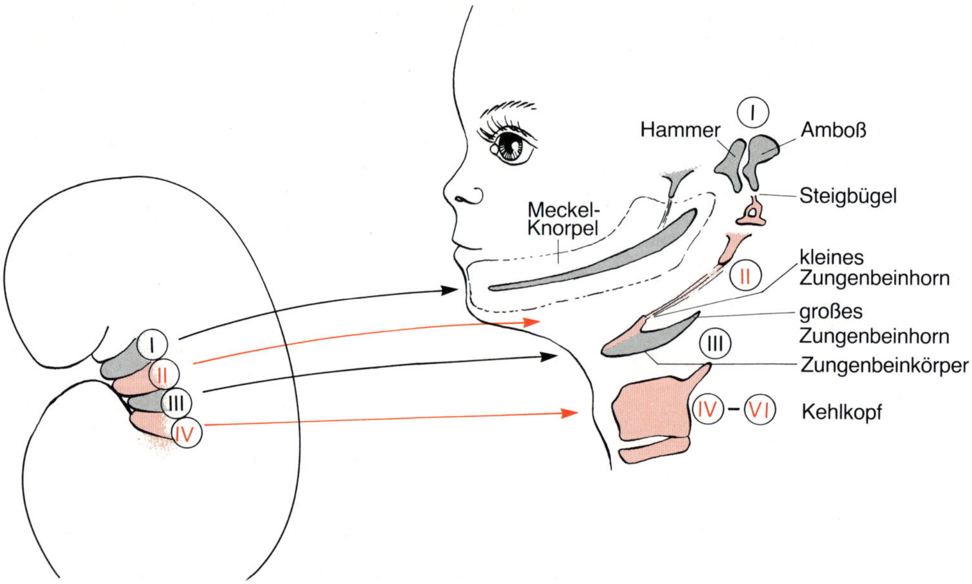

Abb. 8.**20** **Die Kiemenbögen aus der menschlichen Ontogenese entwickeln sich zu verschiedenen Gebilden, die auch noch beim Erwachsenen vorhanden sind**

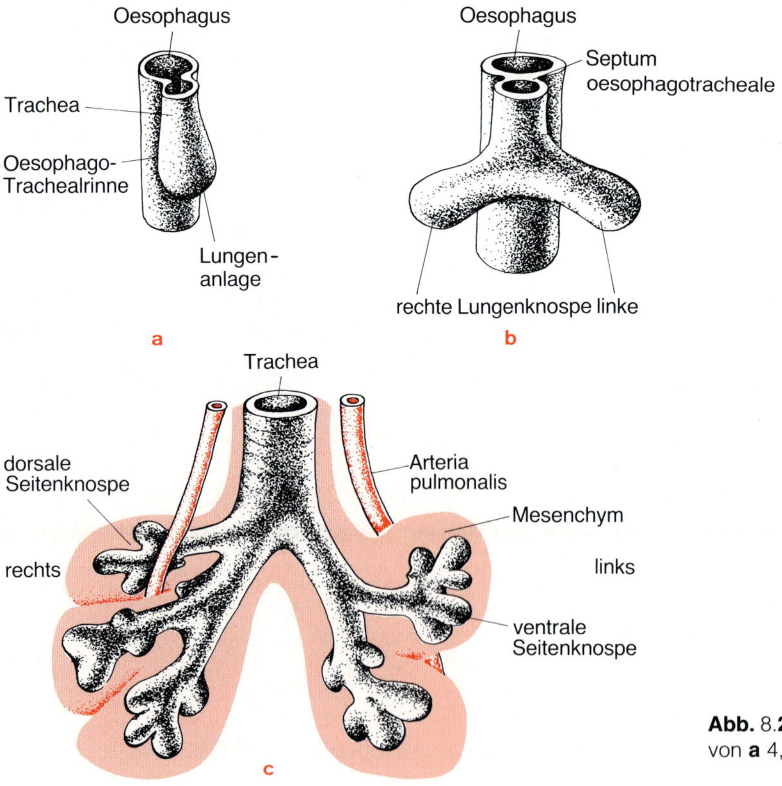

Abb. 8.**21** **Entwicklung der Lunge beim Embryonen** von **a** 4,5 mm Länge; **b** 5 mm Länge; **c** 12,5 mm Länge

In der vierten Woche entwickeln sich der **Darm** und seine Anhangsorgane. Am cranialen Ende des Embryos bildet sich die Hypophysentasche aus. Im Bereich der **Kiemenanlagen** finden sich fünf Schlundtaschen, denen von außen fünf Kiemenfurchen mit den sechs Kiemenbögen entsprechen. Die fünfte Schlundtasche ist stark rudimentär und entsprechend auch der sechste der Kiemenbögen. Praktisch sind nur vier Bögen gleichzeitig vorhanden. Zu jedem Kiemenbogen gehören ein Gefäß, ein Nerv (branchialer Gehirnnerv), ein Knorpel sowie Muskulatur und Bindegewebe. Aus dem ersten, dem Mandibularbogen, werden bei niederen Vertebraten Ober- und Unterkiefer, bei Säugern Hammer und Amboß im Ohr (Abb. 8.**20**). Aus dem zweiten werden das Zungenbein und die Schenkel des Steigbügels. Vierter und fünfter Bogen bilden den Schildknorpel und der sechste die Epiglottis. Nur die erste Kiemenfurche bleibt erhalten. Sie wird zum äußeren Gehörgang. Bei Entwicklungsstörungen persistieren mitunter Zysten und Fisteln. Die Kiemennerven bilden die **Hirnnerven:** Trigeminus, Facialis, Glossopharyngeus und Vagus.

8.5.2. Die Lunge entwickelt sich aus einer Darmknospung

Am mittleren Darm differenziert sich die **Leber.** Die Pankreasanlage entsteht später in diesem Darmabschnitt. Noch mündet der Darm blind im Schwanzdarm.

Bereits in den ersten Wochen wird als Darmknospung die Anlage für **Trachea und Lunge** gebildet (Abb. 8.**21**).

Nach drei Wochen existiert bereits die Anlage für rechte und linke Lunge und nach etwa vier bis fünf Wochen differenziert sich der Alveolarsack. Die Embryogenese der Lunge ist ein weiteres schönes Beispiel für Haeckels biogenetische Regel. Die Stadien der Embryogenese sind den phylogenetischen Entwicklungsstufen der Lunge mitsamt ihren Anhangsorganen sehr ähnlich.

8.5.3. Aus dem Ektoderm bildet sich die Neuralplatte, aus der das Nervensystem hervorgeht

Die Ausbildung der **Neuralplatte** erfolgt im frühesten Stadium der Embryonalentwicklung aus dem Ektoderm. Der breitere craniale Teil ist der Sitz der **Gehirnanlage,** der sich die Anlage für das Rückenmark anschließt (Abb. 8.**22**).

Nach Verschluß des Neuralrohrs bleibt cranial und caudal je ein Porus offen, der erst später geschlossen wird. Beim Verschließen des Neuralrohrs bilden sich cranial die **drei Gehirnbläschen:** Vorder-, Mittel- und Rautenhirnbläschen (Pros-, Mes- und Rhombencephalon) (Abb. 8.**23**). Aus dem Vorderhirnbläschen entstehen das **Endhirn** (Telencephalon; Abb. 8.**25**) und das **Zwischenhirn** (Diencephalon) aus dem Mittelhirnbläschen das Mesencephalon, aus dem Rautenhirnbläschen das **Hinterhirn** (Metencephalon) mit dem Tectum cerebelli und das **Nachhirn** (Myelencephalon) (Abb. 8.**24**). Das Hinterhirn entspricht Pons und Cerebellum und das Nachhirn der Medulla oblongata. Das Lumen des Neuralrohrs erweitert sich im Rhombencephalon zum 4. Ventrikel mit der Rautengrube als Boden, der Pons, dem Cerebellum bzw. dem cranialen Teil der Medulla oblongata als Wände (Abb. 8.**25**). Ein weiterer Ventrikel, der 3., entsteht durch Erweiterung des Neuralrohrs im Bereich des Zwischenhirns. Vom Boden dieses Ventrikels wächst das Infundibulum, die Anlage der **Neurohypophyse,** aus. Aus dem Dach des 3. Ventrikels wächst die **Epiphyse** aus, die sich phylogenetisch gesehen aus dem Reptilien-Parietalauge ableitet. Die Epiphyse besitzt

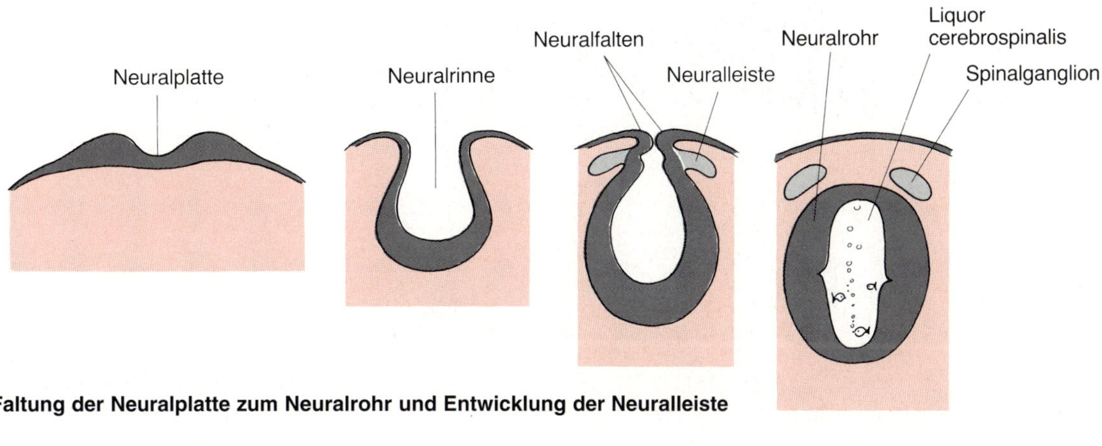

Abb. 8.22 Faltung der Neuralplatte zum Neuralrohr und Entwicklung der Neuralleiste

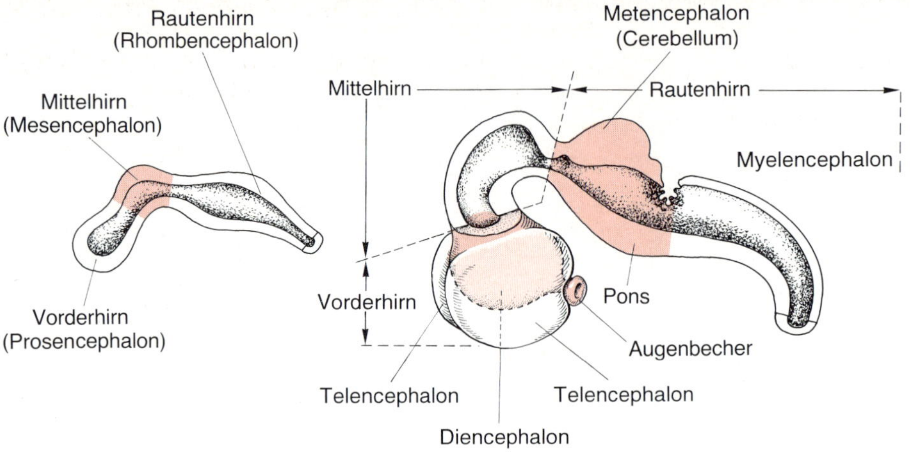

Abb. 8.**23 Entwicklung des Zentralnervensystems**
Bildung der drei Hirnbläschen

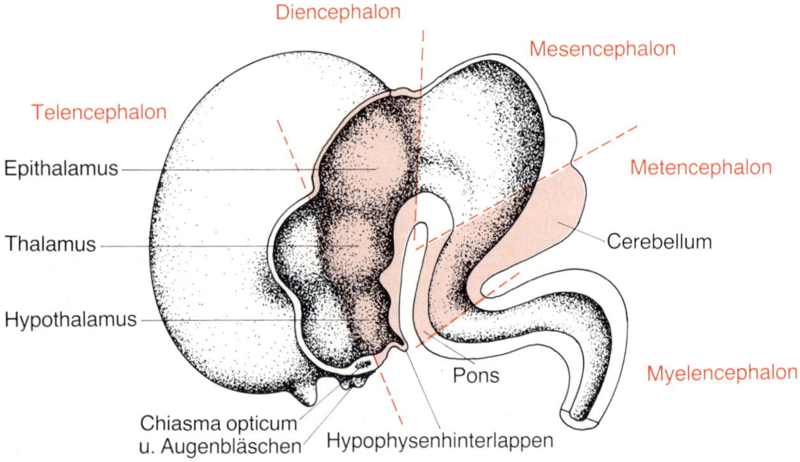

Abb. 8.**24 Entwicklung des Zentralnervensystems**
Entwicklung der sekundären Hirnabschnitte

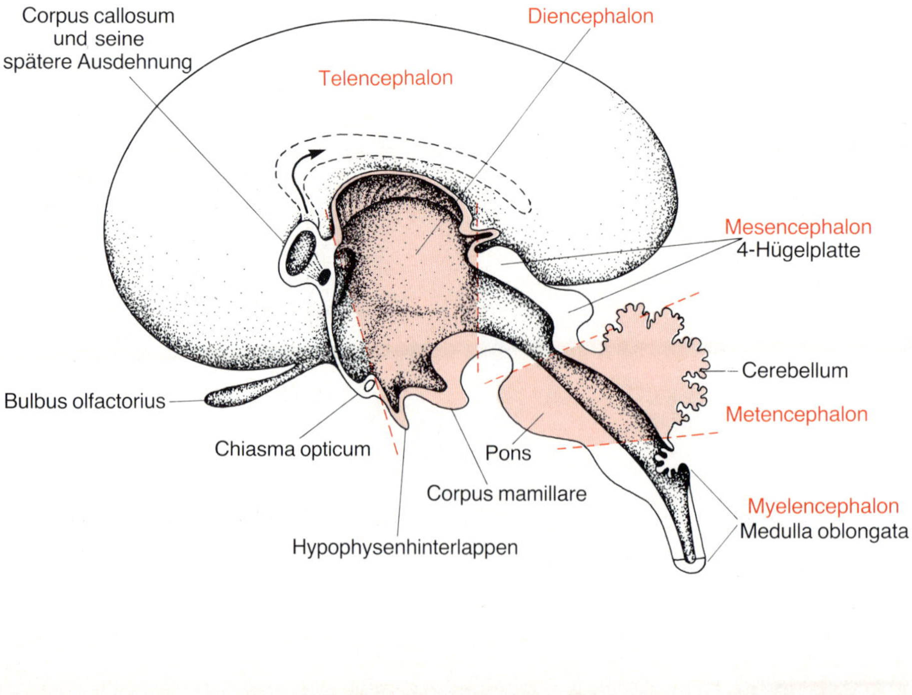

Abb. 8.**25 Entwicklung der sekundären Hirnabschnitte aus dem Hirnstamm des Menschen**

sogar noch beim Erwachsenen Rhodopsin, mit dem, wie beim Sehvorgang im Auge, Licht registriert werden kann. Über Ausscheidung von Melatonin als Antwort auf Lichtreize wird die Hypothalamus-Hypophysen-Gonaden-Achse kontrolliert. Diese Erkenntnisse sind erst in letzter Zeit auf der Basis der Phylogenie-Ontogenie-Beziehung entdeckt worden.

Am stärksten entwickelt sich das Endhirn. Das Lumen des Neuralrohrs wird zu den beiden Seitenventrikeln, die mit dem 3. Ventrikel zusammenhängen. Das Endhirn wächst intensiv und entwickelt seine charakteristische Strukturierung.

8.5.4. Die Augen sind eine Spezialentwicklung des Zentral-Nerven-Systems

Aus dem Zwischenhirn wachsen beidseitig die **Augenbecher** aus, die auf das äußere Epithel der Linsenplatte stoßen (Abb. 8.**26**). Die Augenblase bzw. ihr Lumen, der Sehventrikel (Ventriculus opticus), entsteht aus dem Lumen des Neuralrohrs. Die **Augenblase** bildet die Retina, den Glaskörper und den Fasciculus opticus. Die Linse entwickelt sich aus dem Ektoderm, das sich einbuchtet und das Linsenbläschen bildet (Abb. 8.**27**).

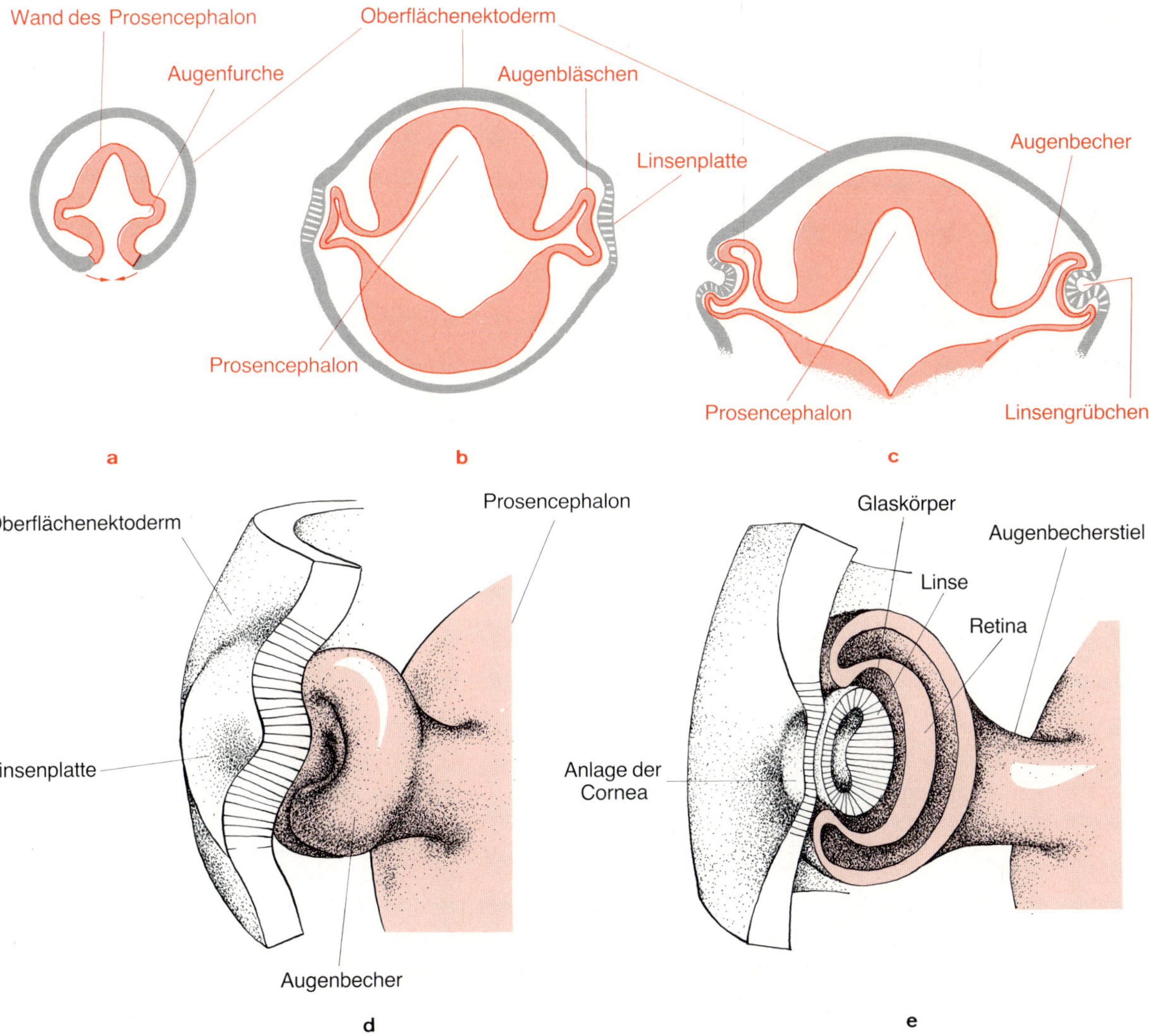

Abb. 8.**26** **Augenentwicklung**
Größe der Embryonen: **a** 4 mm; **b** 4,5 mm; **c** 5 mm; **d** und **e** sind plastische Darstellungen, **d** etwa im Stadium von **c** und **e** weiter fortgeschritten

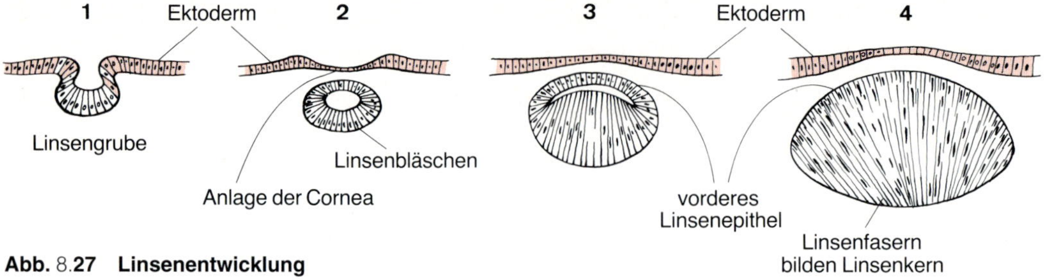

Abb. 8.27 Linsenentwicklung

8.5.5. An Hand der Embryogenese des Kreislaufs läßt sich besonders gut die phylogenetische Herkunft des Menschen dokumentieren

Aus einem primitiven Kiemenherzen entwickelt sich durch Septenbildung, Drehung, Krümmung und lokale Wandverstärkungen das Herz

Beim nur einige Tage alten Embryo entwickeln sich im mesodermalen Teil des Dottersacks Blutinseln, die sowohl Blutzellen als auch durch Zusammenschluß Endothelschläuche bilden. Auch im Mesoderm des Embryos entwickeln sich Blutgefäße, die sich mit denen des Dottersacks zum Dottersack-Placenta-Kreislauf vereinigen. In der ersten primitivsten Phase wird das Blut über **Kiemenherzen** bewegt. Sehr bald (beim 1,5 mm langen Embryo) entwickelt sich ein sehr einfaches **schlauchförmiges Herz,** das das Blut durch die Kiemenbogen-Arterien und die Aorta descendens primitiva in die Arteria umbilicalis drückt (Abb. 8.**28**). Aus der Placenta wird das Blut über die Vena umbilicalis in den Sinus venosus transportiert und dann vom Herzen weitergepumpt. Das Blut in den Arteriae umbilicales kommt vom Herzen, ist jedoch venös. Das frisch beladene arterielle Blut aus der Placenta fließt durch die Vena umbilicalis zum Herzen.

Das primitive Schlauchherz entwickelt sich über mehrere Stufen (Abb. 8.**29**), die jede ein Pendant in der Phylogenie hat, durch Ausbildung von Septen, Drehung und Krümmung, Klappenanlagen und Wandverstärkungen zum Herzen des Erwachsenen.

Zunächst faltet sich der Herzschlauch so, daß das Atrium neben den Bulbus zu liegen kommt. Durch das Atriumseptum, das zunächst als Septum primum entsteht, werden das **Atrium dextrum,** in das die großen Körpervenen münden, und das **Atrium sinistrum,** in das die Vena pulmonalis mündet, gebildet. Durch ein Loch (Foramen) im **Septum primum** bleiben die beiden Vorhöfe noch in Verbindung. Das **Septum secundum,** das ebenfalls ein Foramen hat, schließt zusammen mit dem Septum primum nach der Geburt die Atriumverbindung. Beide Foramina liegen an verschiedenen Stellen. Durch Eröffnung des Lungenkreislaufs verändern sich die Druckverhältnisse in den beiden Vorhöfen, da jetzt vermehrt Blut durch die Vena pulmonalis in das Atrium sinistrum gelangt. Die beiden Atriumsepten werden aneinandergepreßt und verschließen die Vorhofverbindung. In der Regel ist dieser Verschluß zwei bis drei Wochen nach der Geburt vollzogen. Bei etwa 25% aller Menschen bleibt dieser Verschluß mehr oder weniger unvollständig, ohne besonders störend zu wirken. Es ist ein Souvenir der Phylogenie bzw. Ontogenie.

Im **Ventrikel** bildet sich ebenfalls ein **Septum,** das von der Herzspitze heraufwächst und am **Ostium atrioventriculare** ein Foramen läßt, das später verschlossen wird. Dem Ventrikelseptum wächst ein Bulbusseptum aus dem Truncus entgegen. Es werden **linke und rechte Herzkammer** gebildet. Die Arteria pulmonalis entspringt dem rechten und die Aorta dem linken Ventrikel. Auch die Entwicklung des Ventrikelseptums kann zu unterschiedlichem Grad gestört sein. Bei völligem Fehlen existiert ein gemeinsamer Ventrikel. Auch beide Septen, sowohl das des Atriums als das des Ventrikels, können fehlen. Aorta und Arteria pulmonalis können translociert sein, wenn die Anlage des Bulbusseptum defekt war.

Die Embryonalentwicklung der großen Gefäße folgt ebenfalls der phylogenetischen Entwicklung

Aus den **Kiemengefäßen** entwickeln sich die **Hauptgefäße.** A. carotis externa und interna entstehen aus den Aortae ventrales und dorsales. Die beiden ersten Kiemenbogenarterien werden zu Ästen der A. carotis interna (Abb. 8.**30**). Die dritte Arterie wird zur Verbindung zwischen A. carotis externa und A. carotis interna. Der vierte Bogen bleibt links als Aortenbogen mit Anschluß der A. subclavia sinistra erhalten, und rechts wird er zur A. subclavia dextra. Die fünfte Kiemenbogen-Arterie wird zurückgebildet, und die sechste Arterie wird zur A. pulmonalis und zum rudimentären Ductus Botalli, der ursprünglichen Verbindung von der Arteria pulmona-

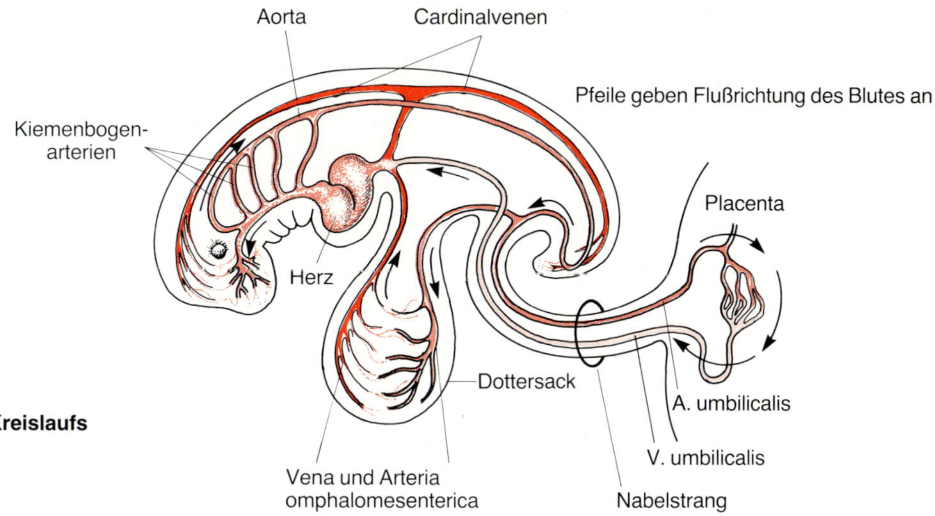

Abb. 8.**28** **Ontogenese des Kreislaufs**
Schematische Darstellung bei einem frühen menschlichen Embryo

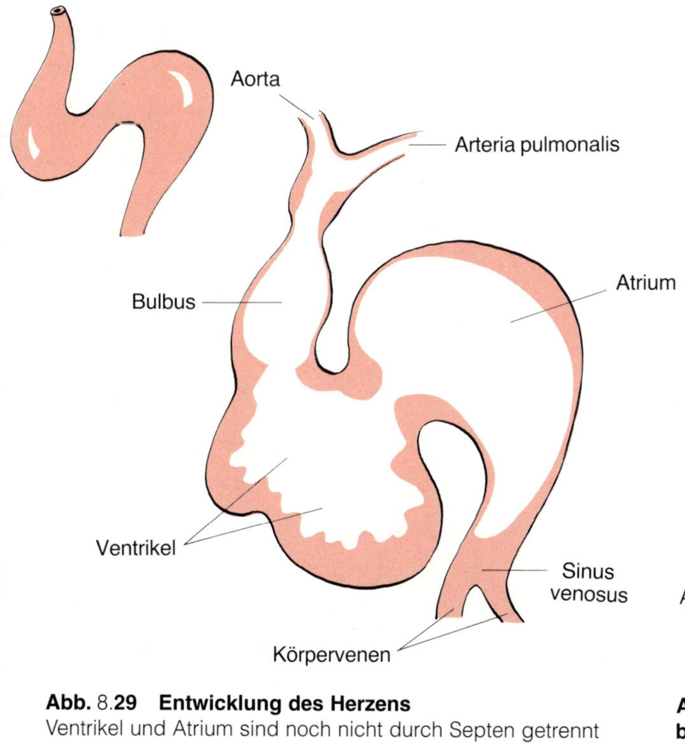

Abb. 8.**29** **Entwicklung des Herzens**
Ventrikel und Atrium sind noch nicht durch Septen getrennt

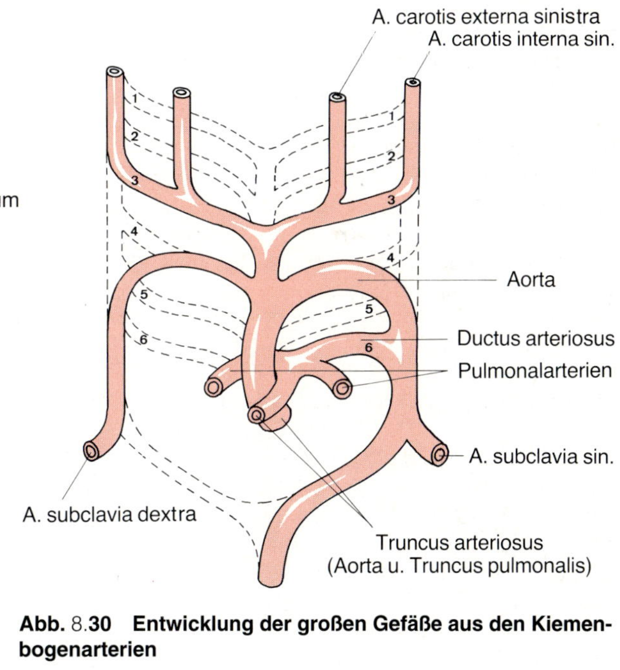

Abb. 8.**30** **Entwicklung der großen Gefäße aus den Kiemenbogenarterien**

lis zur Aorta, wodurch die Lunge vor der Geburt umgangen wird.

Auch hierbei sind eine Reihe von Entwicklungsstörungen bekannt. So können wie bei den Vögeln nur der rechte vierte Arterienbogen, oder wie bei den Reptilien die Aorten beidseitig entwickelt werden.

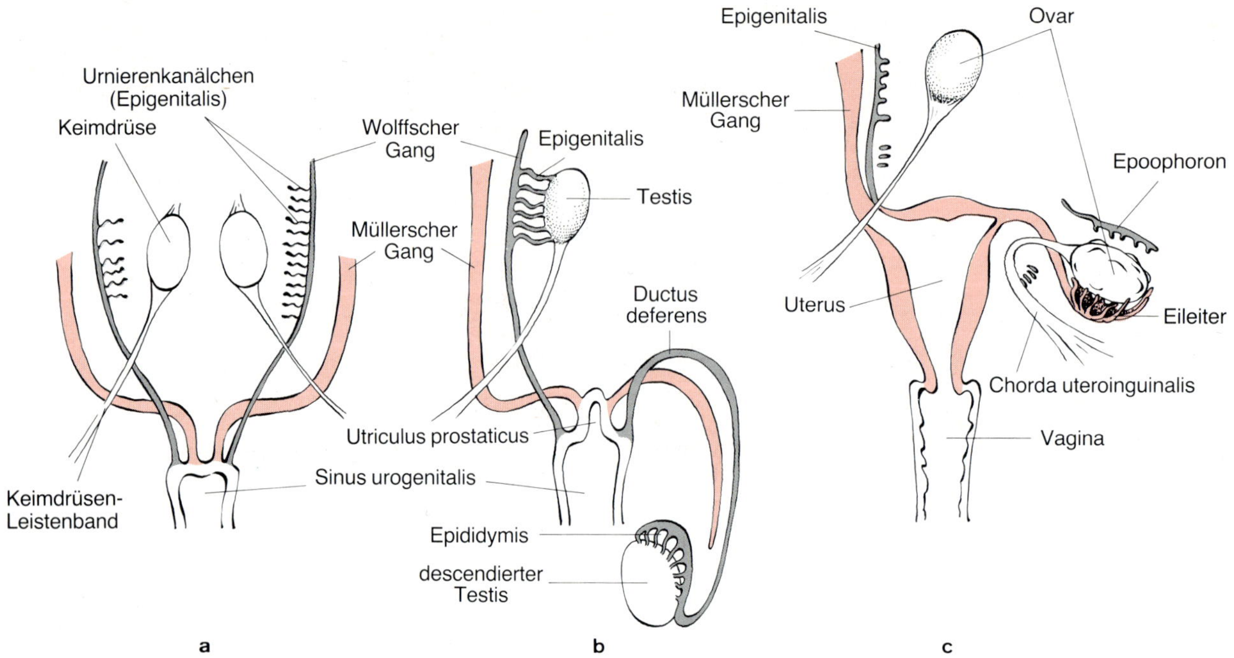

Abb. 8.**31 Entwicklung des Genitalsystems**
a Indifferentes Stadium des frühen Embryos mit Urniere, Wolffschem und Müllerschem Gang
b Entwicklung des männlichen Geschlechts
c Entwicklung des weiblichen Geschlechts

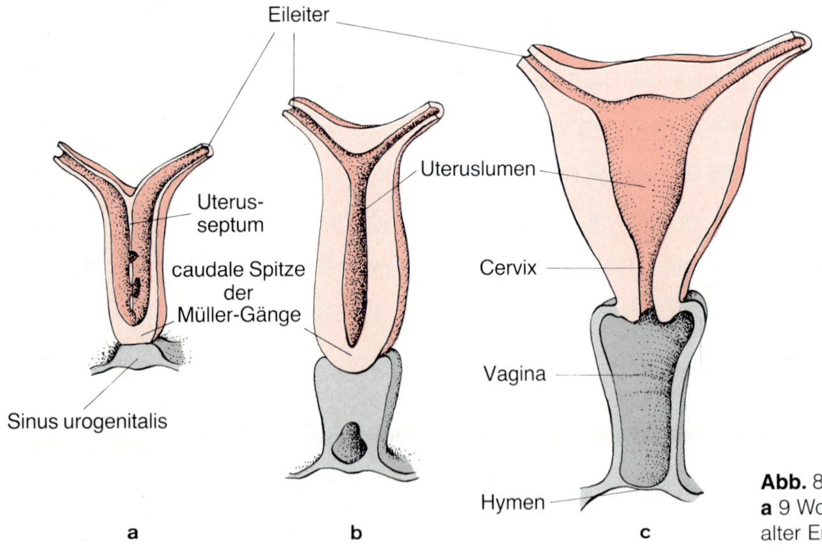

Abb. 8.**32 Entwicklung von Uterus und Vagina**
a 9 Wochen alter Embryo; **b** 12 Wochen alter Embryo; **c** Neugeborenes

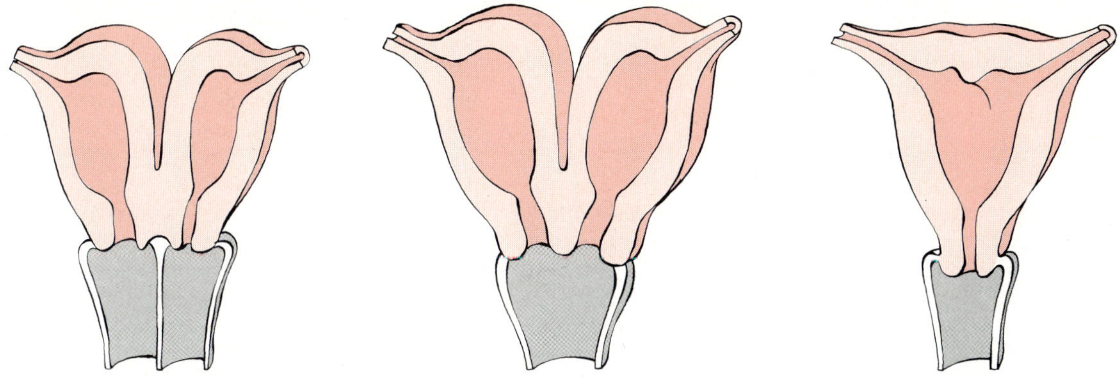

Abb. 8.33 Entwicklungsstörungen von Uterus und Vagina dokumentieren ihre Ontogenese

Die Entwicklung der Blutzellen beginnt parallel zur Gefäßbildung in der frühesten Embryonalentwicklung

Die zentralen Zellen der Blutinseln bilden die ersten primären Blutzellen, die zunächst kein Hämoglobin besitzen. Diese bilden die primären Erythroblasten, die Hämoglobin bilden, und die Hämocytoblasten, die die Stammzellen für die endgültigen Erythroblasten und die Leukoblasten liefern. Bis zum zweiten Embryonalmonat wird das Blut in der Dottersackwand, bis zum siebten Monat vorwiegend in der Leber gebildet. Anschließend verlagert sich die Blutbildung in das rote Knochenmark. Die Lymphocyten entstammen den Lymphknoten, der Milz und dem Thymus.

8.5.6. Beim menschlichen Embryo werden wie in der Phylogenie Vor-, Ur- und Nachniere angelegt

Von der Vorniere bleibt der Müllersche Gang erhalten, der zum Oviduct, Uterus und einem Teil der Vagina wird (Abb. 8.**31**–8.**33**). Beim Mann persistiert nur ein rudimentäres Stück als Appendix epididymidis und ein Endteil (als Utriculus prostaticus). Die Urniere bzw. der Wolffsche Gang bildet den Nebenhoden (Ductus epididymis), den Samenleiter (Ductus deferens) und die Bläschendrüse (Glandula vesiculosa). Die Nachniere wird zur funktionierenden Niere.

Die Embryogenese von Niere und Sexualorganen beim Menschen bietet wieder ein besonders deutliches Beispiel für die biogenetische Grundregel. Die phylogenetischen Entwicklungen dokumentieren sich in der Ontogenese.

8.5.7 Die Embryonalentwicklung unterliegt bei Metazoen vergleichbaren Mechanismen

Die Einschränkung der Totipotenz der Eizelle erfolgt bei verschiedenen Organismen in unterschiedlichen Entwicklungsstadien.

Beim **Menschen** ist Totipotenz der Zygote nur während der ersten drei Zellteilungen gegeben. Aus diesen Stadien können identische Zwillinge, Vierlinge oder Achtlinge hervorgehen. D. h., aus jeder der 8 Zellen der 3. Teilung können vollständige Individuen entstehen.

Beim **Laubfrosch** (Rana) sind alle Zellen der **Blastula** totipotent, denn ein Kern aus einer Zelle der Blastula kann in einer enucleierten Eizelle die Entwicklung zu einem intakten Frosch dirigieren. Diese Totipotenz ist in der Gastrula nicht mehr vorhanden. Interessanterweise ist die Situation beim **afrikanischen Krallenfrosch** *(Xenopus laevis)* gänzlich anders. Kerne somatischer Zellen, z. B. der Darmmucosa von Kaulquappen, können in Eizellen, deren Kerne durch UV inaktiviert wurden, die Entwicklung intakter Frösche einleiten. D. h. in diesem Fall ist die Totipotenz bis zur Kaulquappe vorhanden geblieben.

Bei den **Pflanzen** bleibt die Totipotenz meistens erhalten. Z. B. können Einzelzellen der Karotte ganze Karottenpflanzen bilden. Damit lassen sich genetisch identische Organismen züchten (Klone). Die Technik der Pflanzenklonierung wird in größtem Maßstab wirtschaftlich genutzt. So werden auf dem Markt Orchideenklone angeboten. Generell sind Pflanzenklone wirtschaftlich von großer Bedeutung. Auch wissenschaftlich ist die Pflanzenklonierung wichtig. Pflanzliche Einzelzellen lassen sich in Zellkultur züchten und handhaben. Mutationen können eingeführt, zusätzliche Gene eingebracht und die Zellen vermehrt werden. Aus den Einzelzellen können dann vollständige Pflanzen auswachsen.

Die Mechanismen der embryonalen Ausbildung des Körperbaus von Organismen werden z. B. an Drosophila melanogaster analysiert

Während der Eireife kommt es zur ersten Herausbildung von **Polarität** in Form von **posteriorem** (hinterem) und **anteriorem** (vorderem) **Eipol.** Dazu werden im Ovar 10 bis 15 Ovariolen angelegt, jeweils Ketten, in denen die Eireifung erfolgt (Abb. 8.**34**). Die jüngsten Follikel bilden das eine Ende, die reifsten das andere Ende der Kette; letztere sitzen nahe am Oviduct. Der reife **Oocyt** wird durch den Oviduct transportiert und dabei aus einer **Spermien-Vorratstasche** befruchtet. Der unreife Follikel besteht aus einem Zellhaufen von 16 Zellen, den 15 **Ammenzellen** und dem Oocyten, sowie den ihn umhüllenden Follikelzellen. Aus den Follikelzellen bildet sich die **Eihülle.** Ammenzellen und Oocyt sind zunächst gleich groß. Die Ammenzellen synthetisieren eifrig RNA und Protein und ernähren den Oocyten, der immer größer wird, während sich die Ammenzellen auflösen. Die Follikelzellen haben inzwischen die zweischichtige Eischale gebildet (Vitellin-Hülle und Chorion).

Der gereifte Oocyt besitzt bereits Polarität. Am posterioren Pol befinden sich die **Polgranulae,** welche die Keimzellen bilden werden. Mit den Polgranulae assoziiert ist das Produkt des **nos-Gens,** die **posteriore Determinante.** Die **nos-mRNA** wird in den Ammenzellen synthetisiert und in den Oocyten geschickt, wo sie am posterioren Pol gelagert wird und zur Proteinsynthese dient. Dadurch entsteht ein **Konzentrationsgradient** mit abnehmender Konzentration vom posterioren Pol zur Eimitte hin. Die Orientierung der nos-RNA erfolgt durch die Polgranulae. Am anterioren Pol wird das Produkt des **bcd-(bicoid-)Gens** synthetisiert. Die **bcd-mRNA** wird ebenfalls in den Ammenzellen gebildet und dann in den Oocyten geschickt. Die Wanderung zum anterioren Pol wird durch das Cytoskelett geleitet. Durch die Synthese

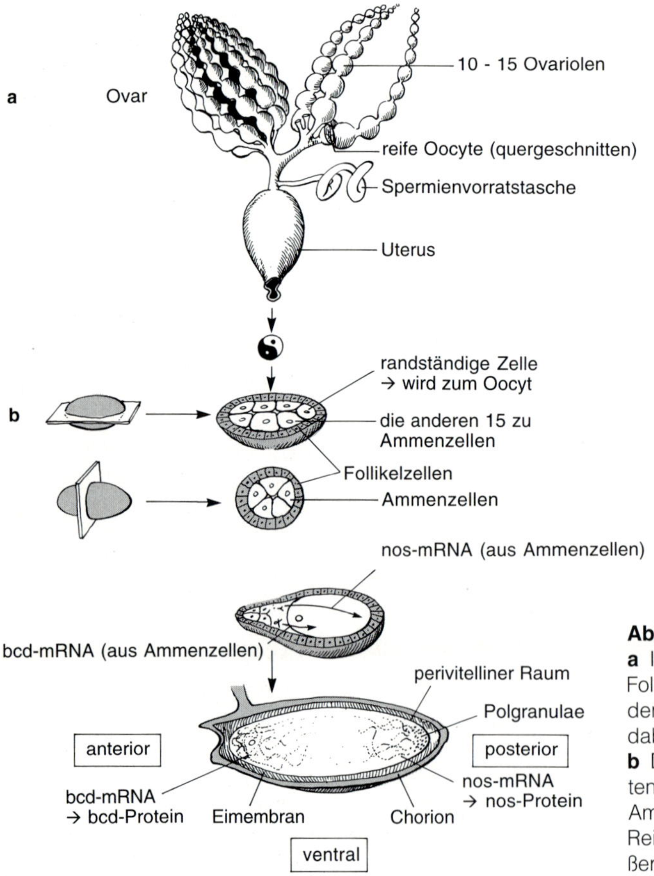

Abb. 8.**34** **Eireifung bei Drosophila**
a Im Ovar werden 10–15 Ovariolen angelegt, Ketten reifender Follikel, wobei die jüngsten Follikel am Ende sitzen und während der Reifung an das Oviduct gelangen, wo sie abtransportiert und dabei aus einer Spermien-Vorratstasche befruchtet werden.
b Der unreife Follikel besteht aus 15 Ammenzellen, einem Oocyten und den äußeren Follikelzellen, die später die Eihülle bilden. Ammenzellen und Oocyt sind zunächst gleich groß. Während der Reifung wird der Oocyt auf Kosten der Ammenzellen immer größer, bis letztere sich vollständig aufgelöst haben.

des bcd-Proteins wird ebenfalls ein Konzentrationsgradient aufgebaut **(anteriore Determinante).**

Die **dorsal-ventral-Determination** wird durch das Genprodukt (gp) des **dl-(dorsal-)Gens** erreicht. Auch seine RNA wird in den Ammenzellen gebildet und in den Oocyten geschickt. Beim dlgp wird kein Konzentrationsgradient aufgebaut, sondern die **zelluläre Verteilung** unterliegt Veränderungen. **Ventral** befindet sich das dlgp im **Zellkern, dorsal** im **Cytoplasma.** Dazwischen liegt ein Verteilungsgradient. Der Wirkort des dl-Proteins ist der Zellkern.

Der **Nucleus des Oocyten** teilt sich neunmal, ohne daß es zur Teilung des Cytoplasmas kommt. Es bildet sich ein **Syncytium.** Schließlich wandern die Kerne an die Membran, elongieren, und die Membran bildet Teilungsfurchen und schließlich Blastulazellen (Abb. 8.**35**). Diese Zellbildung wird am posterioren Pol initiiert. Die Zellen enthalten die Pol-Granulae und bilden die Keimbahn. Die anderen Kerne teilen sich noch viermal und bilden dann eine einschichtige Blastula. Das Innere wird zum Eidotter.

Ektoderm, Entoderm und Mesoderm, aus letzterem entwickelt sich u. a. die Muskulatur, bilden sich in der **Gastrula.** Es kommt zu einer äußerlichen Segmentierung des Embryos. Neben den Anlagen für den Kopf mit Ober- und Unterkiefer werden diejenigen für die 3 Thorax- und 8 Abdomensegmente sichtbar. Die Organogenese des 1. Larvenstadiums setzt ein.

Die Segmentierung kann durch entsprechende Mutationen analysiert werden. An der **Segmentorganisation** sind etwa 20 Gene beteiligt, die im wesentlichen in drei Gengruppen gegliedert werden können: **Lücke** (gap), **Paar-Regel** (pair rule) und **Segment-Polarität** (segment polarity). **Mutanten der Lücken-Gene** zeigen Segmentlücken: Bei den **„Krüppel"**-Defekten sind die Thorax-Segmente und die ersten fünf Abdomen-Segmente nicht ausgebildet und bei **„Knirps"** die Abdomen-Segmente 1 bis 6 (Abb. 8.**36**). Bei der Lücken-Gengruppe fehlt also ein zusammenhängender Körperabschnitt. Das zeigt, daß diese Gene für den Grundaufbau des Körpers verantwortlich sind. Bei Mutationen der beiden anderen Gengruppen treten periodische Defekte auf. Bei **Defekten der Paar-Regel-Gene** fehlt jedes zweite Segment, entweder jedes geradzahlige (even-skipped) oder jedes ungradzahlige (odd-skipped). Bei **Mutanten der Segment-Polarität-Gengruppe** fehlt ein Teil eines jeden Segments.

Die Gene der Körperorientierung bicoid und nos, und die der Segmentierung (Lücke, Paar-Regel und Segment-Polarität) werden hierarchisch in streng **zeitlicher und räumlicher Organisation** aktiviert. Erst determinieren die Genprodukte bcd und nos die Körperorientierungen anterior-posterior und ventral-dorsal. Dann aktivieren sie die Gruppe der Lücke-Gene, die dann die Paar-Regel-Gene anschalten. Erst wenn diese aktiv sind, werden die Segment-Polarität-Gene aktiviert. Das **Produkt**

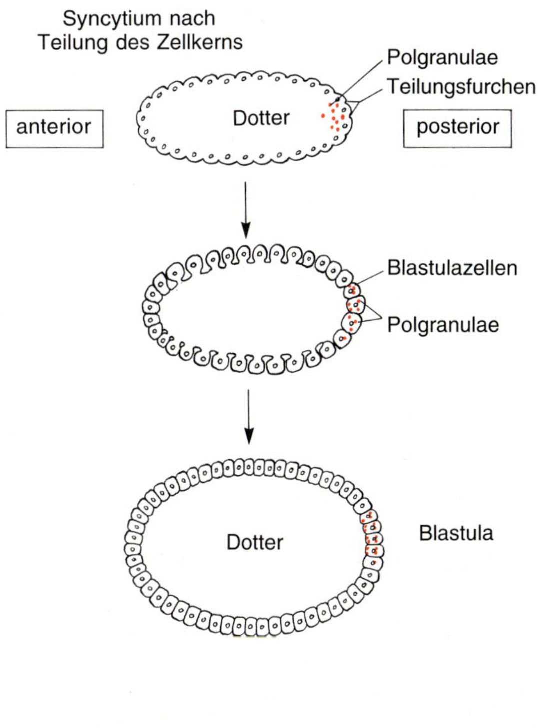

Abb. 8.35 Frühembryonal-Entwicklung bei Drosophila
Der Kern des befruchteten Oocyten durchläuft 9 Kernteilungen ohne Zellteilungen. Die Kerne wandern an die Membran. Es bilden sich Teilungsfurchen und schließlich Blastulazellen mit Polgranulae am posterioren Pol.

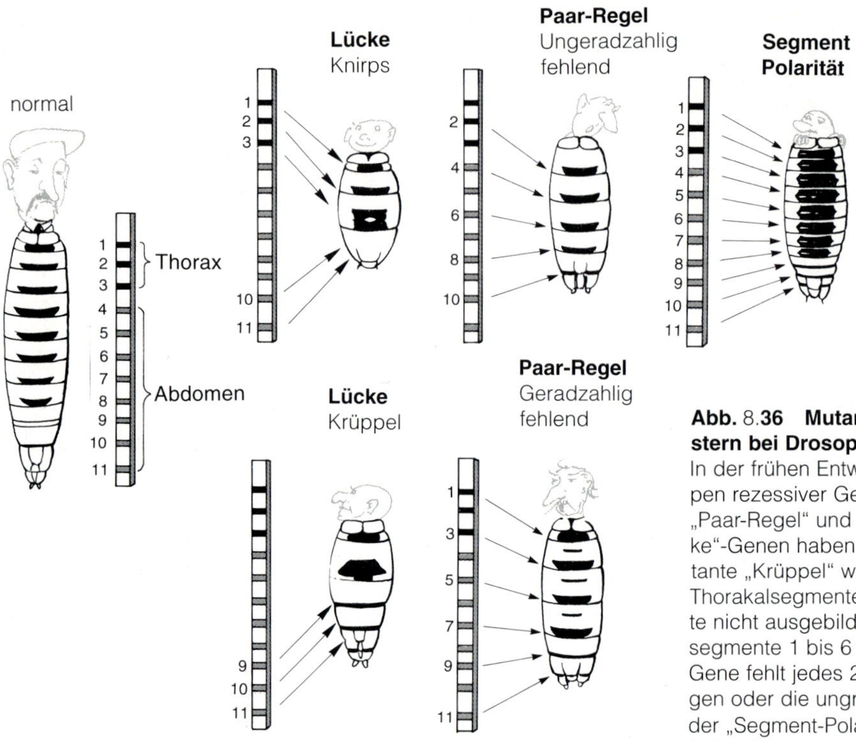

Abb. 8.**36 Mutanten in der Bildung von Segmentmustern bei Drosophila**
In der frühen Entwicklung von Drosophila spielen 3 Gruppen rezessiver Gene eine besondere Rolle: „Lücke", „Paar-Regel" und „Segment-Polarität". Mutanten in „Lücke"-Genen haben Segmentlücken. Bei der „Lücke"-Mutante „Krüppel" werden im homozygoten Organismus die Thorakalsegmente und die ersten fünf Abdominalsegmente nicht ausgebildet, während bei „Knirps" die Abdominalsegmente 1 bis 6 fehlen. Bei Mutanten der „Paar-Regel"-Gene fehlt jedes 2. Segment (entweder alle geradzahligen oder die ungradzahligen). Homozygoten Mutanten der „Segment-Polarität"-Gene fehlt jeweils ein Teil eines jeden Segments.

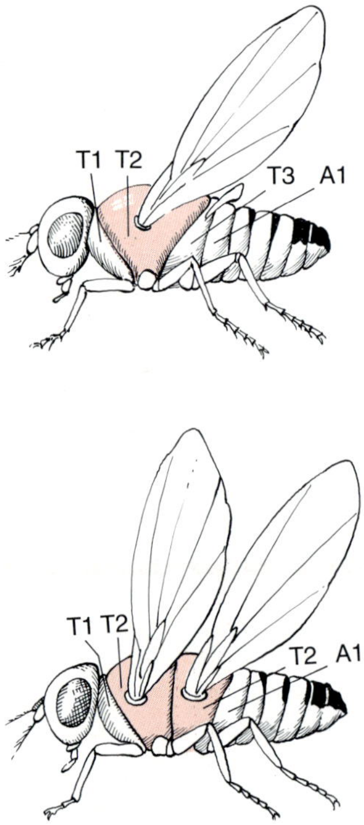

Abb. 8.**37 Mutation eines homeotischen Gens bei Drosophila**
Mutationen in Homeobox-Genen verändern die Individualität einzelner Segmente. Ein Segment bekommt die Individualität eines anderen Segments, das weiter vorne (anterior) oder hinten (posterior) liegt. Das Thorakalsegment T3 hat z. B. die Individualität von T2 erhalten. Dadurch gibt es T2 doppelt (mit Flügeln), aber kein T3.

des bcd-Gens ist ein DNA-Sequenz-spezifischer **Transkriptionsfaktor,** der Promotoren von Lücke-Genen aktiviert. Für die Induktion der einzelnen Lücke-Gene sind unterschiedliche Mengen von bcd-Protein notwendig. (Es sei daran erinnert, daß bcd-Protein einen Konzentrationsgradienten vom posterioren Pol aus bildet!) Das Lücke-Gen hb (hunchback) wird nur von hohen bcd-Konzentrationen angeschaltet – und damit nur in der Nähe des posterioren Pols. Krüppel benötigt deutlich weniger bcd-Protein, während Knirps nur induziert wird, wo bcd-Protein abwesend ist. Die Genprodukte der Lücke-Gene sind ebenfalls Transkriptionsfaktoren, ebenso wie einige der Segment-Polarität-Gene. So wie die segmentbildenden Gene kontrolliert werden, gibt es einen weiteren Satz von Genen, der die **Individualität der Segmente** ausprägt **(homeotische Gene).** Mutationen in dieser Gengruppe haben zwar keinen Einfluß auf die anterior-posterior- oder ventral-dorsal-Polaritäten oder auf die Ausbildung der Segmente oder deren Zahl, sie verändern jedoch die Individualität einzelner Segmente. Ein Segment erhält so z. B. die Eigenschaften eines anderen Segments, das weiter vorne oder hinten liegt. Als Beispiel: Die Mutation eines homeotischen Gens kann zum Auftreten von doppeltem Thorax-2-Segment mit Flügeln (also vier Flügelanlagen) und Fehlen von Thorax-3 führen (Bithorax-Mutation) (Abb. 8.**37**). Homeotische Gene kartieren in zwei großen genetischen Komplexen, dem **Bithorax-Genkomplex (Bx-C)** und dem **Antennapedia-Genkomplex (ANT-C).** Die homeotischen Gene beinhalten eine 180 bp DNA-Consensussequenz, die **Homeobox,** die für die 60 Aminosäuren der **Homeodomäne** codiert. Die Homeodomänen binden an spezifische DNA-Sequenzen und kontrollieren positiv oder negativ die Expression der entsprechenden Gene.

Die Gene der homeotischen Genkomplexe Bx-C und ANT-C werden gemeinsam von den Lücke-Genen reguliert und regulieren sich dann auch untereinander.

Homeoboxen sind, wie mit **„ZOO-Blots"** gezeigt wurde, auch in Säugetieren und quer durch das Tierreich vorhanden. (DNAs von verschiedenen Organismen werden mit einer Restriktions-Endonuclease geschnitten, durch Agarose-Gelelektrophorese aufgetrennt und geblottet (s. dort). „ZOO-Blots" hybridisieren spezifisch mit Homeobox-DNA. Bei Maus und Mensch wurde so der **Homeotische Genkomplex (HOX-C)** gefunden. Beim Menschen sind die Gene des HOX-C nach dem örtlichen Verlauf ihrer Aktivierungen von anterior nach posterior innerhalb von vier Gruppen (HOX 1–4) auf den Chromosomen 4, 7, 11 und 15 angeordnet.

Die Organisation der Homeobox-Gene zeigt, daß die wesentlichen Mechanismen der Embryonalentwicklung bei Drosophila, Mensch und Maus (und den anderen Tieren) einen gemeinsamen phylogenetischen Ursprung haben und grundsätzlich ähnlich ablaufen.

Weiterführende Literatur

Chapman, M., G. Grudzinskas, T. Chard: The Embryo. Springer, Berlin 1991

Langman, J.: Medizinische Embryologie, 8. Aufl. Thieme, Stuttgart 1989

Griffiths, A. J. F., J. H. Hiller, W. M. Gelbart, R. C. Lewontin, D. T. Suzuki: An Introduction to Genetic Analysis, 6th edition W. H. Freeman, Oxford 1995

Moore, K. L.: Grundlagen der medizinischen Embryologie. Enke, Stuttgart 1990

Moore, K. L.: Embryologie. Lehrbuch und Atlas der Entwicklungsgeschichte des Menschen, 3. Aufl. Schattauer, Stuttgart 1990

Vogel, G., M. Angermann: Taschenatlas der Biologie, Bd. I: Zellen, Organe, Organismen, Ontogenie, 5. Aufl. Thieme, Stuttgart 1990

Kapitel 9

Immunbiologie

9.1. Das Immunsystem

9.1.1. Antikörper dienen der Infektionsabwehr

Immunglobuline sind Teile des raffinierten Abwehrsystems, das den Vertebraten und damit auch dem Menschen ermöglicht, Attacken der Umwelt abzuwehren. Fremdstoffe, die in den Organismus eindringen, können Mikroorganismen (Bakterien, Pilze, Viren oder Parasiten), aber auch Toxine, Fremdzellen, Krebszellen oder Gifte sein. Vor etwa 400 Millionen Jahren entwickelten sich wahrscheinlich durch Gen-Duplikationen bzw. -Multiplikationen die primitiven Urformen. Bis heute hält das Geheimnis der Immunglobuline die moderne Biochemie, Molekularbiologie, Zellbiologie und Immunologie in Atem. Fragen stehen im Mittelpunkt des Interesses wie:

- Wie wird die Synthese eines Antikörpers ausgelöst, wenn das Individuum mit dem entsprechenden Antigen in Berührung kommt?
- Wie liegen die Gene für Antigen-spezifischen Antikörper vor?
- Warum bildet das Individuum normalerweise keine Antikörper gegen körpereigene Proteine?
- Was verursacht Abweichungen von der Norm?
- Worauf beruht die Überreaktion in Form von Anaphylaxie und Allergie?
- Welchen Bezug haben maligne Tumoren zum Immunsystem?

Die Bedeutung des Immunsystems wird deutlich, wenn der Organismus nicht mehr (oder nur eingeschränkt) die Fähigkeit besitzt, Immunglobuline (Ig) zu bilden: Bei Agammaglobulinämie fehlen die γ-Immunglobuline. Der X-chromosomal gebundene Typ (Bruton-Typ **Agammaglobulinämie)** manifestiert sich in frühester Kindheit, während der autosomale Typ sich mitunter erst im Erwachsenenalter entwickelt. Wenn die mütterlichen Antikörper im Serum des Kindes abfallen, tritt gesteigerte Infektionsanfälligkeit auf, häufig mit fatalem Ausgang. Eine einfache Pockenimpfung kann dann zu einer ernsten Angelegenheit werden. Hohe Gaben von Immunglobulinen sind zur Therapie notwendig. Ein zweites Beispiel für die Bedeutung der Immunglobuline sind die **Blutgruppen und Rhesusfaktoren** und die entsprechenden möglichen Komplikationen (s. Kap. **4**). Und schließlich sind besonders **Autoimmunkrankheiten** und **Allergien** im Ansteigen begriffen.

9.1.2. Die Entdeckung der Immunität war einer der entscheidenden Fortschritte der Medizin

Jenner erkannte 1798, daß Menschen, die harmlose Kuhpocken durchgemacht hatten, nicht an den meistens tödlich verlaufenden Pocken erkankten. Durch gezielte Infektion mit Kuhpocken „vakzinierte" er Menschen gegen Pocken. Mit leichten Abwandlungen führte diese Methode schließlich zur Ausrottung der Volksseuche Pocken. Generell waren durch Jenners Beobachtung die Vakzination (Impfung) und die Immunologie entstanden. **Pasteur** benutzte veränderte Cholera-Erreger, um experimentell Resistenz gegen Cholera bei Hühnern hervorzurufen. Das aktive Prinzip dieser Abwehr wurde von **Roux** im Blut nachgewiesen. Resistenz gegen bakterielle Toxine konnte von **v. Behring** mit dem Blut infizierter auf unbehandelte Tiere übertragen werden. Damit waren sowohl Antikörper als auch aktive und passive Vakzination entdeckt worden. Durch Einführung der Elektrophorese wurden dann schließlich die **Antikörper** als **γ-Globuline** (Proteine) des Serums identifiziert. Die Antikörper werden von spezifischen Zellen, z. B. Lymphocyten oder Plasmazellen, gegen Substanzen, sog. Antigene gebildet, die **antigene Determinanten** (Epitope) besitzen. Das sind Strukturen, gegen die die Antikörper spezifisch gerichtet sind. Eine antigene Determinante hat eine gewisse Mindestgröße und ist Teil eines größeren Gebildes. Verschiedene chemische Substanzen sind nur dann antigene Determinanten, wenn sie an größere Strukturen angehängt werden. **Landsteiner** entdeckte, daß z. B. Dinitrophenol immunogen wirkte, d. h. Antikörperbildung hervorrief, wenn es an Protein gekoppelt wurde. Solche Moleküle nannte er **Haptene.**

9.1.3. Antikörper und Antigen bilden Komplexe

Die Bindung eines Antikörpers an die zu ihm passende Determinante eines Antigens geschieht mit hoher Affinität. Die Antigen-Antikörper-Bindung ist äußerst spezifisch. Schon ein einziger Aminosäureaustausch in der antigenen Determinante kann die Spezifität verändern.

Antikörper können durch Bindung das Antigen zur Präzipitation bringen, ein Toxin-Antigen neutralisieren, Krankheitserreger für die Phagocytose durch Makrophagen präparieren, Bakterien agglutinieren oder die Komplementreaktion einleiten, die zur Lyse von Bakterien führt. Präzipitation des Antigens durch den Antikörper findet nur dann statt, wenn vergleichbare Mengen Antigen und Antikörper vorliegen **(Äquivalenzpunkt).** Bei Antigenüberschuß bindet nur ein Antikörper an das Antigen, bei Antikörperüberschuß ist nur jeweils ein Antigen gebunden. Am Äquivalenzpunkt, bei gleichen Mengen von Antigen und dem entsprechenden Antikörper, bindet der bivalente Antikörper zwei Antigene, die ihrerseits von mehreren Antikörpern besetzt sein können. Es bildet sich ein komplexes Netzwerk, das präzipitiert. Wenn größere Mengen Antigen in den Organismus eindringen und von Antikörpern gebunden werden, kann die Beseitigung der Komplexe problematisch sein. Normalerweise nehmen Makrophagen sie auf, und sie werden abgebaut. Überschüssige Komplexe führen zur folgenschweren **Immunkomplex-Krankheit.** Diese tritt z. B. bei bakteriellen persistierenden Infektionen auf, wenn über längere Zeiträume bakterielle Produkte im Organismus freigesetzt werden. Klassisches Beispiel ist die Streptokokken-**Glomerulonephritis** bei Kindern, bei der es zur ernsten Schädigung der Glomeruli durch Immunkomplexe kommt. Ähnliche Glomerulonephritiden können durch chronische Infektionen wie Pneumokokken-Otitis, Streptokokken-Endokarditis oder Lues verursacht werden. Auch bei Lepra ist die Komplikation durch Immunkomplexe gefürchtet. Viren, die zu einer längeren Virämie führen, wie sie z. B. bei Hepatitis B auftritt, haben ebenfalls die Bildung größerer Mengen von Immunkomplexen zur Folge. Auch sei erwähnt, daß derartige Nephritiden durch überschüssige Immunkomplexbildung nach Parasitenbefall entstehen können; z. B. ist die Pathogenese der die Malaria begleitenden Nephritiden durch Immunkomplexe zu erklären. Schließlich ist bei den Autoimmunkrankheiten eine zusätzliche ernste Folge die Immunkomplexkrankheit.

Der experimentelle Nachweis einer Antigen-Antikörper-Reaktion ist äußerst wichtig. Im Testverfahren nach **Ouchterlony** wird eine Petrischale mit Agar ausgeschüttet. In ein kleines zentrales Loch wird Antikörper eingefüllt, in kreisförmig darum herum angelegte Löcher werden verschiedene Antigene gegeben. Beide Reaktionspartner diffundieren in das Gel und führen am Ort ihrer Berührung zur Ausbildung eines **Antigen-Antikörper-Komplexes.** Die Präzipitate werden durch die Lichtbrechung sichtbar.

Der **Radio-Immun-Assay** macht eine Aussage über die **Bindungsfähigkeit** eines Antigens an seinen Antikörper. Hierbei werden Antikörper, radioaktiv markiertes und unmarkiertes Antigen zusammengegeben. Es findet eine Konkurrenz von markiertem und unmarkiertem Antigen um die Bindungsstellen am Antikörper statt: Je mehr kaltes Antigen vorhanden ist bzw. je besser es bindet, um so weniger Radioaktivität kann im Komplex nachgewiesen werden.

9.1.4. Weiße Blutzellen können primäre und sekundäre Immunantwort vermitteln und immunologisches Gedächtnis entwickeln

Die Zellen, die für die Immunabwehr zuständig sind, gehören zu den weißen Blutzellen **(Leukocyten).** Die **Monocyten** sind in der Lage, die Blutgefäße zu verlassen und in den Interzellularräumen des Gewebes Eindringlinge zu phagocytieren **(Makrophagen).** Die **Lymphocyten** befinden sich im Blut und im Lymphsystem, wo sie z. B. in den Lymphknoten 99% der Zellen (im Blut nur 20–30%) ausmachen. Die weißen Blutzellen differenzieren aus **Stammzellen,** die beim Menschen zum einen im Knochenmark als Vorläufer der **B-Lymphocyten** zu finden sind, zum anderen im Thymus, wo sie sich zu den verschiedenen Formen der **T-Lymphocyten** entwickeln (T-Helferzellen, cytotoxische T-Lymphocyten Rep. 9.**2**). B- und T-Lymphocyten sind mit bloßem Auge nicht, cytologisch jedoch an spezifischen Markern der Zellmembran zu unterscheiden. So finden sich auf der Membran der B-Lymphocyten die später zu besprechenden membranständigen Antikörper. Die T-Lymphocyten tragen, neben anderen Markerproteinen, T-Zell-Rezeptoren.

Das erstmalige Erscheinen eines spezifischen Antigens im Organismus führt zu einer ersten, der **primären Immunantwort.** Je nachdem, wo das Antigen auf Lymphocyten stößt, kann es von Antikörpern der B-Lymphocyten gebunden werden **(humorale Immunabwehr)** oder von Makrophagen phagocytiert, lysosomal zerlegt, membrangebunden mit speziellen Oberflächenproteinen komplexiert und von den T-Zell-Rezeptoren (**zelluläre Immunabwehr** s. Abb. 9.**2**, 9.**6**) gebunden werden.

In beiden Fällen ist der Erkennungsprozeß zufällig und beinhaltet eine Verzögerungsphase. B-Lymphocyten, im Knochenmark aus Stammzellen zu jungfräulichen B-Lymphocyten gereift, tragen an ihrer Oberfläche membrangebundene Antikörper – jede Zelle einen anderen mit spezifischen Bindungseigenschaften für ein fiktives Antigen. Dringt nun ein Antigen tatsächlich in den Organismus ein, dann bindet es im Zuge der humoralen Abwehr an einen zu seiner Konfiguration am besten passenden Antikörper und selektioniert auf diese Weise einen bestimmten Lymphocyten aus der Masse der anderen (klonale Selektion S. 306). Dieser Lymphocyt wird zur Antikörperproduktion angeregt, deren Anstieg im Serum verfolgt werden kann. Es werden hauptsächlich Antikörper vom Typ IgM und nur wenige vom Typ IgG gebildet (**Primärantwort**). Nach einiger Zeit verschwinden die spezifischen Antikörper aus dem Serum. Bei erneuter Antigeninvasion werden wesentlich schneller und mehr spezifische Antikörper als sog. **Sekundärantwort** gebildet. Diese Antikörper sind hauptsächlich IgGs (Abb. 9.**1**).

Diese schnellere und intensivere Sekundärantwort (ähnliches gilt für die zelluläre Immunabwehr) basiert auf dem **immunologischen Gedächtnis,** mit dessen Hilfe die Information des spezifischen Antigens zwischen Primär- und Sekundärantwort gespeichert wurde. Alle Lymphocytenarten haben eine beschränkte Lebensdauer von wenigen Tagen. Um dem Organismus aber ein schnelles „Sich-Erinnern" an ein einmal abgewehrtes Antigen zu ermöglichen, werden einige ausdifferenzierte Zellen eines jeden Zellklons in **Gedächtniszellen** umgewandelt. So gibt es B-, T-Helfer- und CTL-Gedächtniszellen (s. Abb. 9.**5**, 9.**6**, 9.**12**).

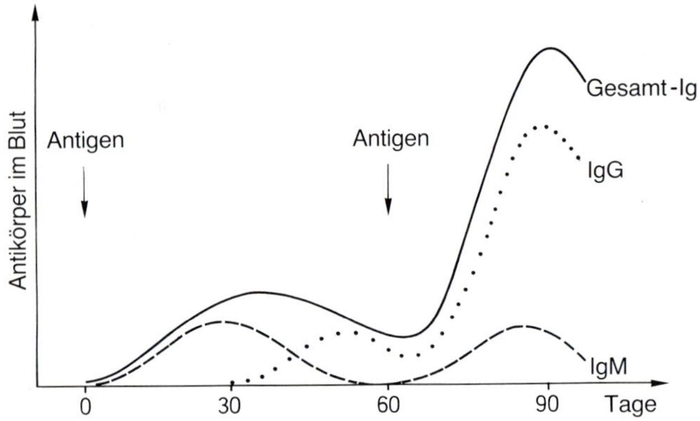

Abb. 9.**1** **Primäre und sekundäre Immunantwort**

9.1.5. Neben der durch Antikörper gebildeten humoralen Immunität spielt die zelluläre Immunität eine Rolle

Entsprechend dem Invasionsweg der Fremdstoffe gibt es zwei Abwehrsysteme, die ihrerseits eng miteinander verwoben sind (Abb. 9.**2**).

Das humorale Immunsystem. Mit ihm werden Eindringlinge bekämpft (z. B. Bakterien oder freie Viren), deren Antigene im Blut gelöst sind. B-Lymphocyten und ihre ausdifferenzierten Endstufen, die Plasmazellen, produzieren **Antikörper,** die Antigene zu erkennen und zu komplexieren in der Lage sind. Zur humoralen Abwehr gehören auch die **Proteine des Komplementsystems,** die durch Antikörper angeregt werden, Fremdzellen mit Proteinkanälen zu durchlöchern und zu lysieren bzw. zur Phagocytose befähigte Zellen zu aktivieren.

Das zelluläre Immunsystem. Die zelluläre Immunität hat ihre besondere Bedeutung bei der Abwehr **intrazellulärer Parasiten** (s. Kap. **13**). Neben den Antikörper produzierenden B-Lymphocyten spielen die T-Lymphocyten eine wichtige Rolle. Zu den bakteriellen Krankheitserregern, die besonders durch zelluläre Immunprozesse bekämpft werden, gehören die Erreger der Lepra, das Mycobacterium tuberculosis, Brucella abortus und Salmonella typhii. Protozoen, wie die Erreger der Malaria, die Leishmanien, Trypanosomen und Toxoplasmen, aktivieren ebenso die zelluläre Immunabwehr wie der Pilz Candida albicans. Auch bei Virusinfektionen und der Abwehr gegen Tumoren spielen zelluläre Immunprozesse eine Rolle. Von besonderer Bedeutung ist die **Transplantat-Unverträglichkeit.** Die Abstoßungsreaktion gegen transplantiertes Fremdgewebe hat ihre Ursache in der zellulären Immunantwort (Rep. 9.**1**, 9.**2**).

Rep. 9.**1** Charakteristika des Immunsystems

Humorale Immunität
- Antikörper-Induktion durch Antigen (antigene Determinante)
- primäre und sekundäre Immunantwort

Zelluläre Immunität
- Abwehr von intrazellulären Parasiten und Tumorzellen
- Transplantatabstoßung

Rep. 9.**2** An der Immunabwehr beteiligte Leukocyten

B-Lymphocyten, Plasmazellen	Antikörpersynthese – humorale Immunabwehr
T-Lymphocyten	T-Zell-Rezeptoren – zelluläre Immunabwehr
cytotoxische T-Lymphocyten	– Lyse von Fremdzellen (Transplantatabstoßung) – Lyse von Eigenzellen mit präsentierten Antigenstrukturen (Krebszellen, infizierte Zellen)
T-Helferzellen	– verhelfen den B-Lymphocyten zur Proliferation und Differenzierung – erkennen antigenpräsentierende Makrophagen
Makrophagen	– phagocytieren Antigene – präsentieren Fragmente zur Aktivierung der Immunabwehr

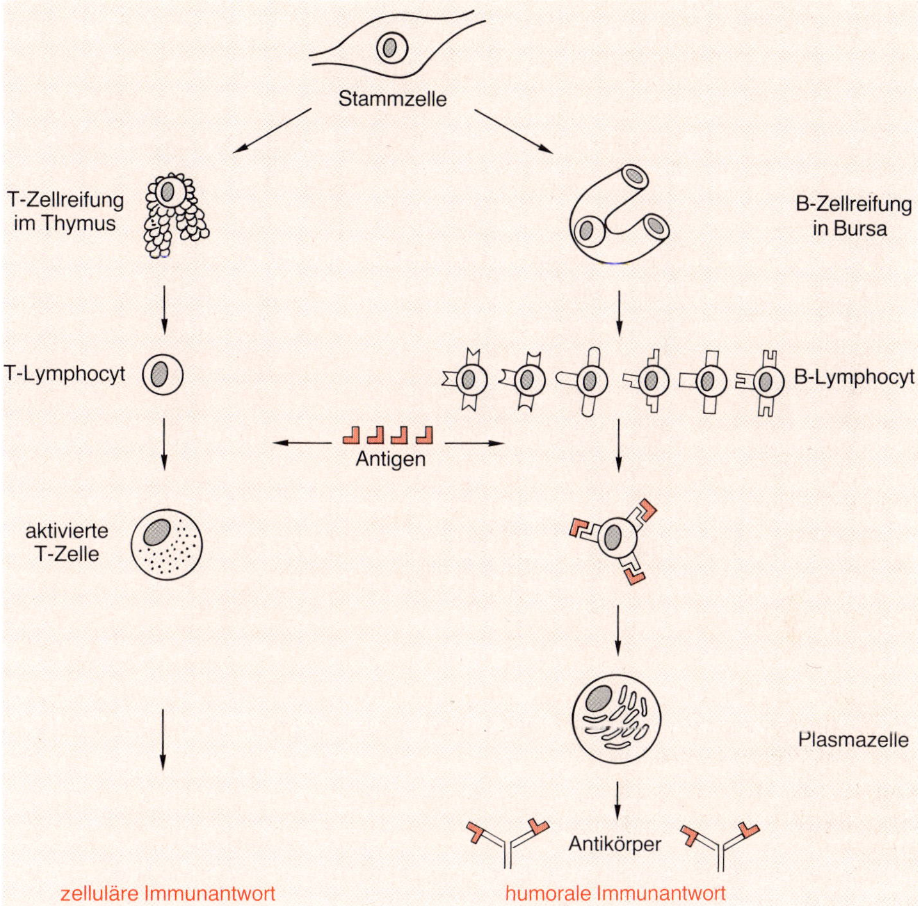

Abb. 9.2 Lymphocytenreifung
Aus einer gemeinsamen Stammzelle entwickeln sich im Thymus die T-Lymphocyten, in dem Bursaäquivalent die B-Lymphocyten. Die T-Lymphocyten sind hauptsächlich für die zelluläre Immunantwort verantwortlich. Die B-Lymphocyten bilden nach Stimulation durch Antigeneinwirkung eine Plasmazelle aus. Diese Plasmazelle entläßt antigenspezifische Antikörper und führt zur humoralen Immunantwort

Die Antigene sind dabei nicht in Körperflüssigkeiten gelöst, sondern an zelluläre Strukturen gebunden und werden in einer Zell-Zell-Interaktion bekämpft. Die dabei beteiligten Zellen sind T-Lymphocyten, die auf ihrer Oberfläche eine antigenerkennende Struktur, den T-Zell-Rezeptor, tragen.

T-Zell-Rezeptoren ähneln in der Vielfalt ihrer Struktur den Antikörpern und gehören zur großen Gruppe der **Immunglobulin-verwandten Proteine** (Abb. 9.**3**). Sie erkennen bestimmte Proteine auf der Oberfläche von Zellen (z. B. Proteine der MHC-Klassen, s. unten), die für die Zellindividualität wichtig und von Individuum zu Individuum unterschiedlich sind und erstmals bei Abstoßungsreaktionen nach körperfremden Gewebstransplantationen entdeckt worden sind.

9.1.6. T-Lymphocyten erkennen fremde Histocompatibilitätsgene

Oberflächenproteine werden durch eine Klasse von hochpolymorphen Genen codiert, die **Histocompatibilitätsgene.** Die wichtigsten bilden den **Major-Histocompatibilitäts-Complex** (MHC = Haupt-Gewebsverträglichkeits-Komplex). Zwei **Klassen** derartiger Gene werden unterschieden: **MHC I** und **MHC II,** die von bestimmten Zellen bevorzugt exprimiert werden: MHC I von fast

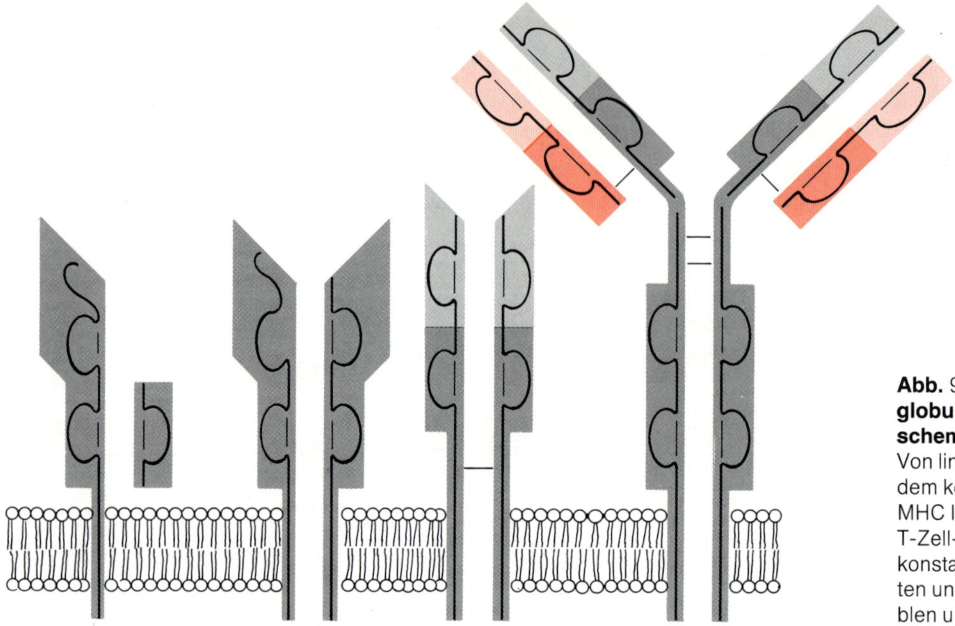

Abb. 9.**3 Die Familie der Immunglobulin-verwandten Proteine in schematischer Darstellung**
Von links nach rechts: MHC I mit dem konstanten β_2-Mikroglobulin; MHC II mit 2 polymorphen Ketten. T-Zell-Rezeptor mit variablen und konstanten Domänen; IgG mit leichten und schweren Ketten und variablen und konstanten Domänen

allen kernhaltigen Zellen, MHC II besonders von Makrophagen und den B-Lymphocyten.

Auch die MHC-Proteine gehören zur Gruppe der Immunglobulin-verwandten Proteine, die sich in ihrem Aufbau aus mehreren Peptidketten mit variablen und konstanten Regionen sehr ähneln. (Für sie codiert beim Menschen z. B. die Gruppe der **HLA-Gene,** die auf dem Chromosom 6 zu finden ist.) MHC-Proteine der Klasse I bestehen aus 2 Polypeptidketten, von denen die eine hochvariabel, die andere, das **β_2-Mikroglobulin,** konstant ist. (Dieses Mikroglobulin wird von einem Gen auf einem anderen Chromosom codiert.) Die MHC-Proteine der Klasse II bestehen aus 2 polymorphen Ketten. Alle diese Proteine, nach ihrer Wirkung auch Transplantationsantigene genannt, sind typische Transmembranproteine mit einem C-terminalen cytoplasmatischen, einem transmembranen- und einem größeren extrazellulären Anteil. Sie alle sind glycosiliert (Abb. 9.**3**, Tab. 9.**1**).

T-Lymphocyten sind in der Lage, derartige Individualitätsproteine zu erkennen und über T-Zell-Rezeptoren zu binden. Eine Abwehrreaktion wird jedoch nur dann ausgelöst, wenn die Proteine sich als **„fremd“** ausweisen. Der körpereigene MHC-Besatz wird im Verlauf der Reifung der T-Lymphocyten im Thymus kennengelernt und im weiteren Leben toleriert. Anders ist es, wenn MHC-Proteine auf körpereigenen Zellen mit Fremdproteinen (z. B. Virus-Proteinfragmenten o. ä.) komplexiert sind. MHC-Proteine bilden in ihrer Tertiärstruktur eine Spalte, in die ein Fremdpeptid gut paßt und fest gebunden werden kann. So binden Klasse-I-MHC-Proteine hauptsächlich aus der Zelle beförderte Peptidfragemente von intrazellulären Parasiten, z. B. Viren. Klasse-II-MHC-Proteine bevorzugen antigene Peptidstrukturen, die von extrazellulären Parasiten stammen, wie z. B. von Bakterien, die von Makrophagen verschlungen und abgebaut wurden (Abb. 9.**4**, Rep. 9.**3**).

Tab. 9.**1** Immunglobulin-verwandte Proteine (Auswahl)

- Immunglobuline
- T-Zell-Rezeptoren
- MHC-I-Proteine
- MHC-II-Proteine

Derartige membranständige Komplexe aus MHC-Protein und Fragment initiieren die zelluläre Immunabwehr.

9.1.7. T-Lymphocyten unterscheiden sich nach ihrer Funktion in cytotoxische T-Lymphocyten und T-Helferzellen

Die an der zellulären Abwehr beteiligten T-Lymphocyten unterteilen sich in 2 große Gruppen (die Existenz einer dritten Gruppe, T-Suppressor-Zellen, die die B-Zell-Aktivität einschränken soll, ist nicht abgesichert):

1. Die **cytotoxischen T-Lymphocyten (CTL)**, auch **Killer-Zellen** genannt.

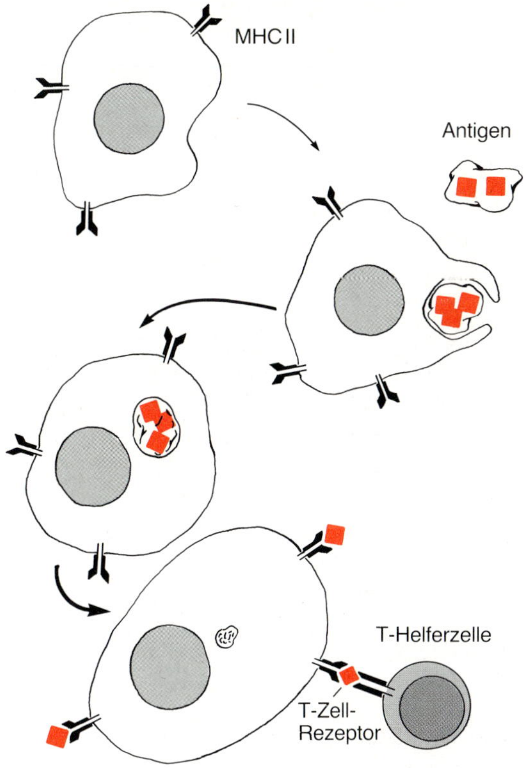

Abb. 9.4 Antigenpräsentation durch Makrophagen
Auf einen Makrophagen trifft ein Antigen, z. B. ein Bakterium, und wird von diesem phagocytiert. Im Zellinneren wird das Antigen in den Lysosomen in Fragmente zerlegt, die ihrerseits auf der Zelloberfläche zusammen mit Proteinen des Major-Histocompatibilitäts-Komplexes (in diesem Fall MHC-II-Proteinen) nach außen präsentiert werden. Diese Struktur wird von den T-Zell-Rezeptoren der T-Helferzellen erkannt, die die Immunantwort einleiten

Diese Zellen erkennen **MHC-I-Proteine** entweder auf Fremdzellen (s. Abstoßungsreaktion nach Transplantation) oder auf Eigenzellen, wenn diese mit Antigenstrukturen eines Eindringlings gekoppelt sind. Die CTL sezernieren dann Proteine, die **Ionenkanäle** in die Membran der attackierten Zelle legen und auf diese Weise zur Lyse führen (Abb. 9.**5**).

2. Die **T-Helferzellen (T_H).**

T-Zell-Rezeptoren dieser Zellen erkennen **MHC-II-Proteine** und die an sie assoziierten Fremdpeptide. So binden sie z. B. an Makrophagen. Die T-Helferzellen sezernieren **Lymphokine,** Wachstums- und Reifungsfaktoren, wie z. B. das **Interleukin 2** (IL 2), das seinerseits die T_H-Zellen stimuliert. Andererseits sezernieren auch Makrophagen nach Kopplung an eine T_H-Zelle einen Wachstumsfaktor für die T_H-Zelle, das **Interleukin 1.** Sie selektionieren dadurch einzelne Zellen aus dem Wust der anderen und regen sie zur Vermehrung an (klonale Selektion, Abb. 9.**6**).

T_H-Zellen schlagen eine Brücke zum humoralen Immunsystem, indem sie auch MHC-II-Antigen-Komplexe auf B-Lymphocyten erkennen und binden. Spezifische Lymphokine der T_H-Zellen bringen B-Lymphocyten zur

Rep. 9.3 Major-Histocompatibilitäts-Komplex-(MHC-)Proteine

Klasse I

Aufbau:	2 Polypeptidketten eine hochvariabel eine konstant (β_2-Mikroglobulin)
Standort:	fast alle kernhaltigen Zellen

Klasse II

Aufbau:	2 Polypeptidketten beide hochvariabel
Standort:	bevorzugt Makrophagen und B-Lymphocyten

- Membranständig
- Immunglobulin-verwandt
- Verantwortlich für Zellindividualität
- Werden von T-Zell-Rezeptoren der T-Lymphocyten erkannt
- Toleranz gegen „körpereigene“ MHC-Proteine
- Abwehr gegen „körperfremde“ MHC-Proteine (Fremdgewebe) und „körpereigene“, die antigene Strukturen präsentieren

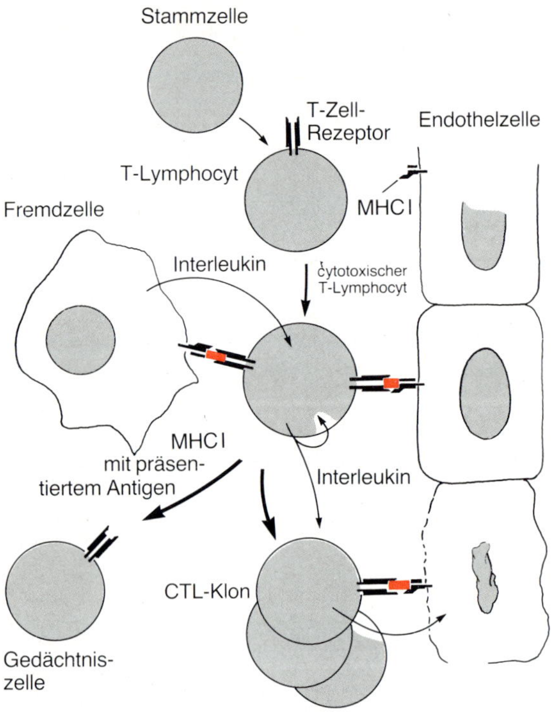

Abb. 9.**5 Die Aktivierung cytotoxischer T-Lymphocyten (CTL)**
Killerzellen erkennen mit ihrem T-Zell-Rezeptor Antigenfragmente, die zusammen mit MHC-I-Proteinen auf der Oberfläche von Fremdzellen oder antigenattackierten Endothelzellen präsentiert werden. Interleukine fördern das Wachstum der Lymphocyten, von denen ein kleiner Teil zu Gedächtniszellen wird. Die CTL perforieren mit einem Protein die Membran der antigenbefallenen Zelle und führen zu deren Lyse

Reifung und führen durch Förderung der Proliferation einzelner derartiger Zellen zur **klonalen Selektion** (s. Abb. 9.**2**, 9.**12**).

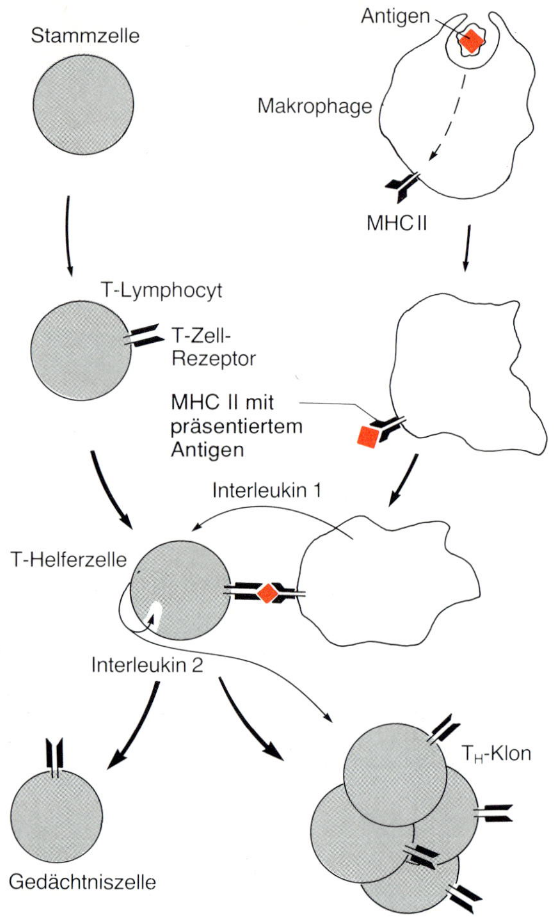

Abb. 9.**6 T-Helferzell-Aktivierung**
Nach Phagocytose eines Antigens präsentiert ein Makrophage ein Antigenfragment im Komplex mit MHC-II-Proteinen. Eine T-Helferzelle (T_H) erkennt diesen Komplex mit ihrem T-Zell-Rezeptor. Interleukine führen zum Wachstum und zur Vermehrung dieser speziellen T_H-Zelle. Es bildet sich ein Klon und einzelne T_H-Gedächtniszellen

9.2. Immunglobuline

9.2.1. Die Immunglobuline bestehen aus leichten und schweren Ketten

Entscheidenden Fortschritt auf dem Gebiet der Immunglobuline brachten die **Myelome** und der *Morbus Waldenström* (Makroglobulinämie). Bei den Myelomen (Plasmocytomen) handelt es sich um krebsartig wuchernde, Antikörper produzierende Zellen. Da der Ursprung eine Einzelzelle ist, wird bei einem Myelom ein spezifischer Antikörper in großen Mengen produziert. Dieser praktisch **„monoklonale Antikörper"** kann leicht aus dem Serum der Patienten isoliert, gereinigt, analysiert und sequenziert werden. So treten beim Morbus Waldenström im Blut vermehrt spezifisch Antikörper vom IgM-Typ auf. Mehrere hundert Myelomglobuline sind bereits in ihrer Sequenz bekannt, aber keines ist identisch mit einem anderen. Das zeigt schon ein wesentliches Axiom: Eine Antikörper bildende Zelle synthetisiert nur jeweils einen spezifischen Antikörper.

Bei den **Plasmocytomen des Bence-Jones-Typs** werden Teile von Immunglobulinen, **leichte Ketten** (L-Ketten), stark vermehrt gebildet. Diese Proteine werden im Harn ausgeschieden und können analysiert werden. Entsprechend scheiden H-Myelome **schwere Ketten** (H-Ketten) aus.

Die Sequenzaufklärung der Bence-Jones-Proteine war entscheidend für das Verständnis der Struktur der Immunglobuline. Bei den leichten Ketten (L) wurden zwei Gruppen gefunden: kappa $\varkappa$ und lambda λ. Bei den schweren Ketten (H) gibt es verschiedene, entsprechend verschiedenen Immunglobulinen: IgG mit γ-, IgA mit α-, IgM mit μ-, IgD mit δ- und IgE mit ε-Ketten. Durch Immunelektrophorese können diese fünf Klassen getrennt werden. Alle diese Immunglobuline bauen sich aus **vier Proteinketten** auf (Abb. 9.**7**): zwei schweren und zwei leichten Proteinketten. Die beiden schweren Ketten bilden gemeinsam eine Y-ähnliche Struktur. Im mittleren Teil sind sie durch zwei S-S-Brücken verbunden. Jeweils an einem Ende der schweren Ketten ist je eine leichte Kette ebenfalls über je eine S-S-Brücke und nicht-kovalente Bindungen an die schwere Kette gebunden. Diese symmetrische Struktur bildet spezialisierte Bereiche oder **Domänen.** Die Enden der schweren und leichten Ketten bilden die **V-Domäne** (variable Domäne), die die direkte **Antigenbindungsstelle** ist. Beide Ketten bilden eine gemeinsame räumliche Struktur, die zu dem spezifischen Antigen paßt. Die strukturelle Komponente des Antigens, die gebunden wird, die antigene Determinante, tritt in enge Wechselwirkung mit der Höhle, die von der schweren und leichten Kette des Antikörpers gebildet wird. Die eigentlich für die Bindung verantwortlichen Stellen in dieser Domäne sind hypervariabel, bilden 3 kurze Polypeptide von ca. je 5–10 Aminosäuren, die als Schleifen aus der übrigen soliden Struktur herausstehen. Diese Regionen heißen, da sie zur antigenen Determinante complementär sind, **Complementarität-determinierende Region (CDR).** Im mittleren Abschnitt der schweren Kette liegt die **Domäne,** die für die **Komplementbindung** verantwortlich ist. Das Komplementsystem ist ein zusätzlicher Abwehrmechanismus, der zur Lyse von Zellen führt. Auf diesen Mechanismus kann hier nicht näher eingegangen werden. Schließlich ist eine weitere **Domäne** am Ende der schweren Ketten für die **Bindung an Makrophagen** und die Information, ob und wohin der Antikörper sezerniert werden soll, notwendig **(Effektorregion).** Sowohl die Paarungen zwischen leichten und schweren Ketten als auch der schwer-schwere Stamm des Antikörpers weisen eine komplexe und kompakte Sekundär- und Tertiärstruktur auf. Als unorganisiertes Stück Peptidkette liegen die schweren Ketten nur in Nachbarschaft der sie verbindenden S-S-Brücken vor. Deshalb ist diese Region, die **„Scharnierregion",** sehr beweglich. Dadurch

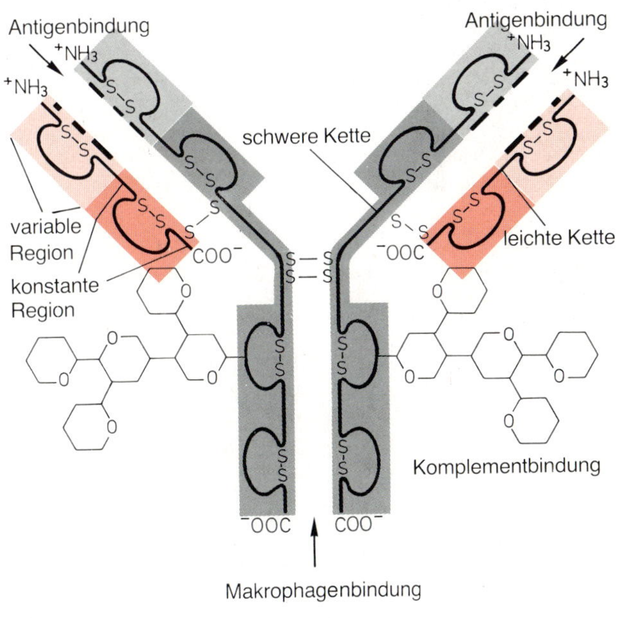

Abb. 9.7 Struktur der Immunglobuline
Schwere und leichte Ketten sind aufgezeichnet mit den Domänen der konstanten und variablen Region. In den variablen Domänen sind die Complementarität-determinierenden Regionen (CDR) durch unterbrochene Striche angedeutet

kann der Winkel zwischen den beiden Schenkeln des Y im ungebundenen Antikörper frei verändert werden. Je nach dem Abstand zweier antigener Determinanten kann der Winkel eingestellt werden.

Mit proteolytischen Enzymen kann das Antikörpermolekül in Fragmente zerlegt werden (Abb. 9.**8**). **Papain** spaltet spezifisch knapp neben den S-S-Brücken der schweren Ketten. Der Stamm bildet das **Fc-Fragment** (so genannt, weil es sich leicht kristallisieren läßt). Die beiden Schenkel ergeben je ein **Fab:** Antigenbindendes Fragment. Diese Fabs sind monovalent gegenüber dem Antigen, während der intakte Antikörper divalent ist. **Pepsin** spaltet am Stamm des Antikörpers knapp unterhalb der S-S-Brücken. Dabei entstehen zwei solide Fragmente der schweren Ketten und ein divalentes $F(ab)_2$-Fragment, bei dem die beiden Schenkel von den S-S-Brücken der schweren Ketten zusammengehalten werden. Die Spaltung des Immunglobulins war Voraussetzung für die Aufklärung der **Primärstrukturen** der vier Ketten.

Jede Domäne besteht aus ca. 110 Aminosäuren. Ihre mehr oder weniger starke Homologie untereinander läßt vermuten, daß ein derartiges 110 AS-langes Protein in der Evolution Ausgangsmolekül für die heutigen Immunglobuline war.

Von den 211–221 Aminosäuren der **leichten Ketten** sind am carboxyterminalen Ende 102–112, d. h. etwa die Hälfte, konstant. Die Aminosäuren 1 bis 108 am aminoterminalen Ende sind variabel. Bei den konstanten Teilen gibt es die Typen ϰ und λ. Bei den **schweren Ketten** ist ebenfalls das aminoterminale Ende variabel: Aminosäuren 1 bis 110. Die weiteren 330 Aminosäuren sind konstant. Interessant ist, daß die variablen Regionen

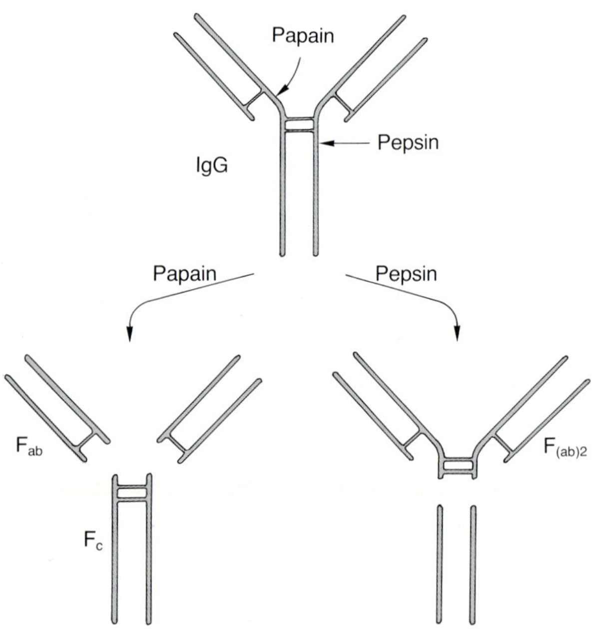

Abb. 9.**8 Proteolyse von Ig**
Die unterschiedlichen Proteolyseprodukte nach Papain- bzw. Pepsineinwirkung sind aufgezeichnet

der leichten und schweren Peptide jeweils homolog sind, und daß auch die konstanten Bereiche der leichten und schweren Ketten homolog sind. Daneben gibt es homologe Regionen innerhalb der konstanten Bereiche der schweren Ketten. Die Homologiebereiche werden jeweils durch S-S-Brücken zusammengehalten.

Konstanter Bereich bedeutet nicht absolute Identität. Bei den schweren Ketten gibt es, wie schon erwähnt, fünf Haupttypen in den konstanten Regionen: γ, α, μ, δ, ε, entsprechend IgG, IgA, IgM, IgD, IgE. Im γ-Typ – also bei den IgGs – gibt es Unterschiede in den Primärsequenzen der Aminosäuren entsprechend γ_1- bis γ_4. Auch vom IgA und IgM gibt es Subklassen.

9.2.2. Die verschiedenen Immunglobulinklassen haben unterschiedliche Aufgaben

IgG machen etwa 70–80% von den 10–30 g/l der Immunglobuline im Serum aus

Während die leichten Ketten der menschlichen Antikörper zu ca. 50% aus ϰ- und zu 50% aus λ-Ketten bestehen, bestimmen die Unterschiede in den konstanten Regionen der schweren Ketten über die Zugehörigkeit zu verschiedenen Klassen. Dabei können die Antikörper-synthetisierenden Zellen von der Produktion einer Klasse auf eine andere wechseln (Klassenwechsel s. später), ebenso, wie von der Produktion eines membrangebundenen Antikörpers auf einen sezernierbaren gewechselt werden kann.

Die relative Molekülmasse des **IgG** ist 150 000. Vier verschiedene γ-Ketten charakterisieren 4 Unterklassen des IgG. Die schweren Ketten sind nur gering glykosiliert. Über die **Funktion** der Kohlenhydrate ist wenig bekannt. IgG **stimuliert** das **Komplementsystem** und die **Makrophagen.** IgG ist u. a. verantwortlich für den von der Mutter auf den **Embryo** übertragenen **Immunschutz,** da es in der zweiten Hälfte der Schwangerschaft die Placentaschranke passieren kann. Dadurch ist auch das Neugeborene normalerweise noch geschützt. Mit Nachlassen der IgG-Konzentration im Serum des Säuglings wird der mütterliche Schutz erniedrigt. Die Halbwertszeit der IgGs beträgt etwa 20 Tage. 60 Tage nach der Geburt wird der Schutz gering, und der Säugling muß bis dahin seine eigene Abwehr aufgebaut haben. Gebildet wird IgG hauptsächlich im lymphatischen Gewebe, in der Milz, der Leber, im Knochenmark und in den Lymphknoten.

IgA ist zu etwa 10–20% an den Immunglobulinen im Serum beteiligt

IgA ist das Ig der seromucösen Sekrete. Seine spezielle Aufgabe ist die **Abwehr auf den Schleimhäuten.** Es ist mit einer rel. Molekülmasse von 160 000 etwas größer als

IgG. Das IgA stammt aus Plasmazellen, die direkt unter der Schleimhaut liegen. IgA kann als Monomer (häufigste Form), aber auch unter Zuhilfenahme einer J-Kette als Di- und Trimer auftreten. Derartige Polymere können vom Blut durch **Transcytose** in ein Drüsenlumen oder duch die Schleimhaut z. B. in den Respirationstrakt transportiert werden. Sie binden dabei an einen **Zellrezeptor,** der eine **sekretorische und eine membranbindende Komponente** enthält, werden mit diesem endocytiert, durch die Zelle transportiert, wieder in die Zellmembran integriert und dann entlassen. Dabei wird der Rezeptor gespalten, wobei die **sekretorische Komponente** (S-C) des Rezeptors an das Ig-Molekül assoziiert bleibt. Für die Sekretion durch die Schleimhaut und zum gleichzeitigen Schutz gegen Proteasen ist das IgA assoziiert mit dem S-C. In dieser Assoziation liegt es in der Tränenflüssigkeit, dem Speichel, dem Nasensekret, Schweiß etc. vor. Der Rezeptor für IgA kann auch IgM binden, so daß bei IgA-defizienten Individuen IgM den Antikörperschutz übernimmt (Abb. 9.**9**).

Die Halbwertzeit des IgA ist, da es verstärkt Proteasen ausgesetzt ist, kürzer als die des IgG (20 Tage), etwa 4–7 Tage.

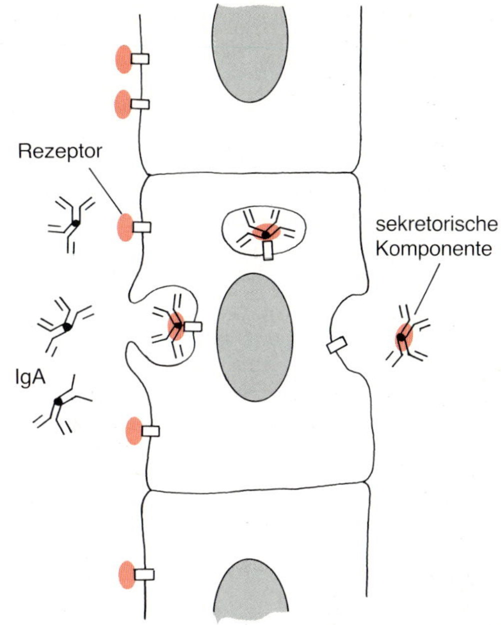

Abb. 9.**9 Transcytose des IgA**
Aus dem Blut werden IgA-Moleküle an Zellrezeptoren gebunden, endocytiert, in Vesikeln durch die Zelle transportiert und durch Exocytose aus der Zelle in ein Sekret abgegeben. Der Zellrezeptor, der aus einer sekretorischen und einer membrangebundenen Komponente besteht, wird dabei gespalten, wobei die sekretorische Komponente (S-C) an das Ig-Molekül assoziiert bleibt.

Das IgM ist in hohem Maße polymerisiert

IgM liegt in zwei Formen, einer **membrangebundenen und einer löslichen** vor. Von der ersteren finden sich ca. 10^5 Kopien auf dem ruhenden B-Lymphocyten, noch bevor ein spezielles Antigen in den Organismus eingedrungen ist. Die lösliche Form (ihr fehlt die hydrophobe Membranverankerungssequenz) wird als erste Immunantwort unmittelbar nach Kontakt mit einem Antigen produziert. Diese Form erscheint als **Pentamer:** 5 Einzelmoleküle werden durch ein kurzes Polypeptid, eine **J-Kette,** und mit Hilfe von Disulfidbrücken sternförmig zusammengelagert (Abb. 9.**10**). IgM hat zur Hauptaufgabe die **Aktivierung** des **Komplementsystems** und die Anregung der **Makrophagen** zur Phagocytose. Wegen seiner Größe neigt es besonders zu Agglutination. Die **Anti-Blutgruppen-Igs** sind IgMs.

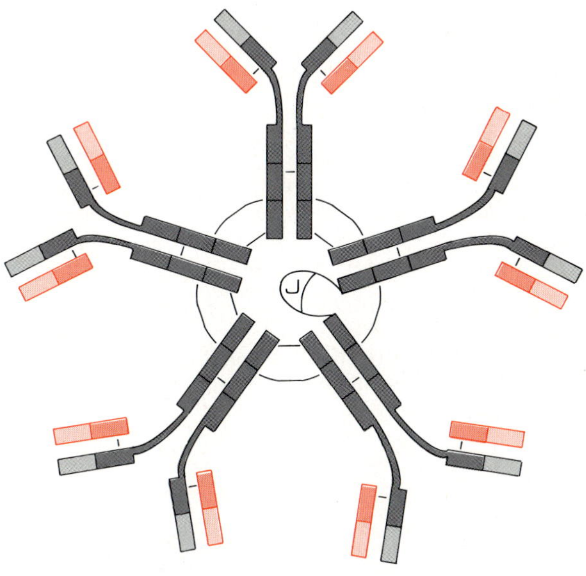

Abb. 9.**10 Die lösliche Form des IgM**
Fünf IgM-Moleküle werden durch Disulfidbrücken und eine J-Kette sternförmig zum Pentamer zusammengehalten.

Wenig ist über IgD und IgE bekannt

IgE hat trotz seiner geringen Konzentration (0,0001% bezogen auf 10 –30 g/l Gesamt-Ig) größte Bedeutung für die **Parasitenabwehr** und bei **Allergien**. Es bindet an spezifische Rezeptoren auf den Mastzellen, an die dann seinerseits das Antigen bindet und zur **Histaminausschüttung** führt (S. 316).

IgD wird zusammen mit IgM fast ausschließlich auf der Zelloberfläche ruhender B-Lymphocyten gefunden, kommt aber auch in sezernierter Form vor. Seine **Funktion ist unbekannt.**

Rep. 9.**4** Antikörper

Aufbau	4 Proteinketten: 2 schwere Ketten } jeweils mit konstanten 2 leichte Ketten } und variablen Bereichen
Typen	IgG, IgA, IgM, IgE, IgD
schwere Ketten	γ, α, μ, ε, δ
leichte Ketten	$\varkappa$ oder λ
IgG	Majorität der Antikörper Immunität des Neugeborenen
IgA	Ig der seromucösen Sekrete; Assoziation an SC
IgM	Primärantwort, J-Protein-Assoziation, Anti-Blutgruppen-Ig
IgE	Parasitenabwehr, gesteigert bei Allergien

Tab. 9.**2** Eigenschaften von Immunglobulinen (Igs)

	IgG	IgA	IgM	IgD	IgE
Gehalt im Serum in % (bezogen auf Gesamt-Ig)	70–80	10–20	5–10	1–3	0,002
H-Kette	γ	α	μ	δ	ε
L-Kette	λ oder $\varkappa$	λ oder $\varkappa$	λ oder $\varkappa$	λ oder $\varkappa$	λ oder $\varkappa$
Kilo-Molekulargewicht	150	160	900	180	200

IgM und IgD kommen zu Beginn einer Immunantwort, alle anderen Immunglobulinklassen erst im späteren Verlauf und nach neuerlichem Kontakt mit dem Antigen vor (Sekundärantwort). Die Reihenfolge ihres Auftretens ist dabei IgG, IgE und IgA (Rep. 9.**4**, Tab. 9.**2**).

9.2.3. Die Individualität der Antikörper wird durch ihre Bildung bestimmt

Die Vielfalt der Antikörper wird durch Anordnung des genetischen Materials nach dem Baukastenprinzip erzielt

Die Hauptgruppen IgG, IgA etc. mit dem $\varkappa$- und λ-Typ leichter Ketten spiegeln nur grob die enorme **Heterogenität** der Antikörper wider. In der Tat müssen wir davon ausgehen, daß praktisch jedes Antigen, und deren gibt es viele Millionen, seinen spezifischen Antikörper findet. Bei einer Aminosäureanzahl von 660 für leichte und schwere Ketten eines Antikörpers – das entspricht der dreifachen Anzahl von Nucleotiden in der RNA bzw. der sechsfachen Anzahl von Nucleotiden in der DNA – können wir abschätzen, welch ein riesiges genetisches Material notwendig wäre, um alle Antikörper zu codieren. Wir müssen quasi für jeden Antikörper 4000 Nucleotide erwarten, d. h. jeder Antikörper würde DNA mit einer rel. Molekülmasse in der Größenordnung von 1,3 Mill. Molekulargewicht DNA erfordern. Bei einer geschätzten Minimalanzahl von 1 Million verschiedener Antigene würde das einem DNA-Bedarf mit einer rel. Molekülmasse von $1{,}3 \times 10^{12}$ entsprechen. Das ist eine unrealistische Zahl, denn der ganze DNA-Satz einer normalen menschlichen Zelle liegt in bezug auf die rel. Molekülmasse in der Größenordnung von 10^{12}. Der DNA-Bedarf entspräche also dem gesamten DNA-Gehalt der menschlichen Zelle, und es würde keinen Platz mehr für die vielen anderen Gene geben. Eine andere Möglichkeit wäre die vieler verschiedener variabler Bereiche, sowohl bei den schweren als auch bei den leichten Ketten, die immer an die konstanten Teile ankoppeln. Dann muß nur eine große Heterogenität bei den variablen Teilen der schweren und der leichten Kette vorausgesetzt werden. Der variable Teil enthält jeweils ca. 110 Aminosäuren, und damit erniedrigt sich der Bedarf für codierende DNA auf ein Drittel. Wir können außerdem verschiedene Kombinationen verschiedener Teile aus dem variablen Teil vornehmen, und schließlich können wir diesen Kombinationen unterschiedliche hypervariable Teile anhängen, um das entsprechende Segment an den konstanten Teil anzufügen. Dadurch vermindert sich der Bedarf an codierender DNA noch einmal ganz erheblich. In der Tat folgt die Natur diesem Prinzip. So liegen die Genloci für die beiden leichten und die schweren Ketten beim Menschen auf 3 verschiedenen Chromosomen: $\varkappa$-Kette auf Chromosom 2, λ-Kette auf Chromosom 22 und H-Ketten auf Chromosom 14. Dabei ist bemerkenswert, daß die **Anordnung der Information** für variable und konstante Regionen der einzelnen Ketten in den Blutstammzellen und in nichtlymphatischen Zellen grundsätzlich anders ist als in den Lymphocyten. In letzteren liegen die Exons für variablen und konstanten Teil dicht beieinander, im ersteren sind sie weit von einander entfernt. Und nicht nur das. Betrachten wir zunächst die Verhältnisse bei den **leichten $\varkappa$-Ketten** (Abb. 9.**11**).

Beim Menschen gibt es ca. 150 verschiedene Exons für den **variablen Teil** ($V_\varkappa$, in ihrer Gesamtheit als Bibliothek bezeichnet), denen in 5'-Richtung je ein Exon für eine **Signalsequenz** vorangestellt ist ($L_\varkappa$), die die Synthese der Immunglobuline am RER ermöglicht. Die $V\varkappa$-Exons codieren nicht für die gesamte variable Region, sondern nur für 95 der insgesamt 108 Aminosäuren. Die restlichen Aminosäuren werden von Exons, die weiter stromab-

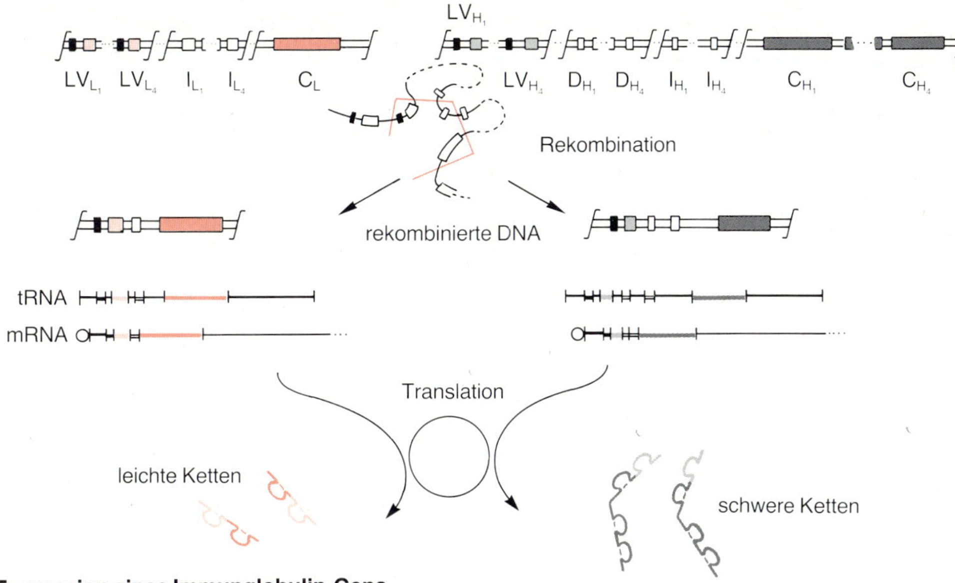

Abb. 9.**11 Kreation und Expression eines Immunglobulin-Gens**
Unarrangierte DNA für leichte (links) und schwere (rechts) Ketten enthalten in Blutstammzellen und im nichtlymphatischen Gewebe Bibliotheken von Exons für die variable Region (V_L-V_H), für die Junktionsregionen (J_L-J_H), die Diversitätsregionen (D_H) und die konstanten Regionen (C_L-C_H). Den V_L-Exons geht jeweils ein Exon für die Leadersequenz (L_L) voraus. Durch Rekombination werden in Lymphocyten einzelne Exons jeder Gruppe beliebig hintereinandergeschaltet zum eigentlichen Gen. Transkription und Splicing führen zur reifen mRNA, die an Ribosomen des RER translatiert wird. Die Polypeptidketten werden gereift und in Folge glycosiliert und zum fertigen Immunglobulin zusammengesetzt.

wärts liegen, den fünf ebenfalls polymorphen **Junktionsregionen** ($J_\varkappa$), geliefert. Sowohl zwischen den einzelnen $V_\varkappa$ und $J_\varkappa$ als auch zwischen der $V_\varkappa$- und der $J_\varkappa$-Bibliothek als auch zwischen dieser und dem stromab gelegenen Exon für die konstante Region liegen unterschiedlich lange untranslatierte Regionen.

Während der Differenzierung der lymphatischen Zellen wird durch **intrachromosomale Rekombination** ein für jede Zelle individuelles Gen arrangiert. Dabei wird im Falle der ϰ-Kette eine beliebige LVϰ-Region an eine der 5 Jϰ-Regionen angefügt.

Diese Rekombination findet an speziellen Erkennungssequenzen statt, die am 3'Ende der Vϰ-Region bzw. am 5'Ende der Jϰ-Region liegen und die spiegelbildlich zueinander **Palindrome** bilden. So folgt der Vϰ-Region (und geht der Jϰ-Region voraus) eine Sequenz von 7 Nucleotiden (Heptamer). Dieser folgen 12 bzw. gehen 23 nichtkomplementäre Nucleotide voraus, um jeweils wieder in eine komplementäre Sequenz von 9 Nucleotiden (Nonamer) einzumünden. Für den **intrachromosomalen Rekombinationsprozeß** lagern sich komplementäre Sequenzen zu einer **Stamm-Schleifen-Struktur** aneinander und bringen dadurch die jeweilige Vϰ und Jϰ-Region eng zusammen. Die Verbindung erfolgt immer etwas unpräzise, eine Tatsache, die zu einer weiteren Variabilität der variablen Region um Aminosäure 96 beiträgt (hypervariable Stelle). Auch in einer bereits rearrangierten DNA können noch durch somatische Mutation Basen ausgetauscht werden. Die Mutationsrate ist mit 10^{-3} Basenaustausch/Nucleotid/Zellgeneration sehr hoch und erhöht die Variabilität der variablen Region.

In B-Lymphocyten der nächsten Generation wird die rearrangierte DNA zur **hnRNA** transkribiert, die durch **Spleißen** von allen nichttranslatierten Sequenzen befreit wird, wodurch die **LVϰJϰ**-Region an die **konstante Region (Cϰ)** angefügt wird. Der Translation steht nichts mehr im Wege, allerdings können nur diejenigen Transkripte zu einer funktionstüchtigen leichten Kette führen, deren Leserahmen intakt aus dem Manöver hervorgegangen sind. D. h., es werden solange neue Rearrangements ausprobiert, bis eine Zelle ein brauchbares Transkript enthält. Sollte es in keiner der Zellen gelingen, dann werden die Genorte der λ-Kette rearrangiert, die ebenfalls für eine leichte Kette codieren und die beim Menschen in 50% der Antikörper zu finden ist.

Nach dem gleichen Prinzip werden auch die **Gene für die schweren Ketten** aus einer Vielzahl von möglichen Gensequenzen zusammengestellt. Allerdings ist hier die **Variationsmöglichkeit** noch größer. Im Unterschied zu den leichten Ketten, die nur eine konstante Region besitzen, gibt es bei den schweren Ketten 8 Regionen, entsprechend den Antikörperklassen IgM, IgD, IgG_{1-4}, IgE und IgA. Für den variablen Teil gibt es 3 statt 2 Bibliotheken, wobei eine **Diversitätsregion** (D_H < 12 Segmente) zwischen die V_H-Region (~ 250 Segmente) und die J_H-Region (4 Segmente) eingeschoben ist. Die Rekombination der variablen Elemente verläuft wie bei den leichten Ketten über Verbindungssequenzen und kann auch hier zu Ungenauigkeiten führen (Abb. 9.**11**).

Noch nicht genug der Variabilität bei den schweren Ketten. Ein spezielles Enzym, die **terminale Deoxynucleotidyl-Transferase,** kann an den Verbindungsstellen zusätzliche Nucleotide einfügen, wodurch sog. **N-Regionen** entstehen, die zu Hypervariabilität in der Complementarität-determinierenden Region führen.

Die Wahl der konstanten Region erfolgt während der Transkription und schreibt den Antikörper einer bestimmten Klasse und damit einer bestimmten Funktion zu. So wird im jungfräulichen B-Lymphocyten für den ersten membranständigen Antikörper die konstante Region für die H_μ-Kette transkribiert, gemeinsam mit 2 zusätzlichen Exons für eine Transmembranregion (Rep. 9.**5**).

Rep. 9.5 Module von Antikörper-Genen beim Menschen

Leichte Kette: Variabler Teil (108 Aminosäuren)
- V_L-Region: ca. 150 Exons jeweils mit Leadersequenzen
- J_L-Region: 5 Exons
  Konstanter Teil (110 Aminosäuren)
- C_L-Region: 1 Exon

Schwere Kette: Variabler Teil (110 Aminosäuren)
- V_H-Region: 250 Exons, jeweils mit Leadersequenzen
- D_H-Region: mehr als 12 Exons
- J_H-Region: 4 Exons
  Konstanter Teil (330 Aminosäuren)
- C_H-Region: 8 Exons

Nach der Synthese der Immunglobuline müssen sie maturiert werden

Nach Synthese von schweren und leichten Ketten an Ribosomen des RER (s. Kap. **2**) werden diese kombiniert und an den entsprechenden Stellen S-S-Brücken ausgebildet. In weiteren Reifungsprozessen erhalten die schweren Ketten in der Region der Komplementdomäne Kohlenhydrate. Die Zahl der Zucker ist ganz charakteristisch für das entsprechende Ig. IgG z. B. hat weniger Kohlenhydrat als die anderen Immunglobuline. Die Aufgabe dieser Kohlenhydrate scheint es zu sein, das Antikörpermolekül für die Sekretion zu präparieren. Diese Kohlenhydrate werden im Golgi-Apparat stufenweise angefügt. Wenn das Molekül gereift ist, wenn die richtige Kombination zwischen schweren und leichten Ketten erfolgt ist, wird das Immunglobulin von der Zelle nach außen entlassen beziehungsweise im Fall eines membranständigen IgMs in die Plasmamembran integriert.

9.3. Eine funktionierende Immunabwehr erfordert das Zusammenspiel hoch differenzierter Zellen

Die **Antikörpersynthese** findet in spezifischen Lymphocyten, den **B-Lymphocyten,** bzw. in Zellen, die sich aus diesen B-Lymphocyten entwickeln, den **Plasmazellen,** statt (s. Abb. 9.**2**). Diese Lymphocyten entwickeln sich ihrerseits aus **Stammzellen** im Knochenmark, die **omnipotent** sind. Während der Reifung gelangen diese Stammzellen bzw. deren Abkömmlinge in das **Bursasystem,** das bei Vögeln die Bursa Fabricii ist, ein Organ in der Nähe des Enddarms. Beim Menschen findet wahrscheinlich die B-Lymphocyten-Entwicklung in den **Peyerschen Plaques** am Darm statt. Diese B-Lymphocyten, die in unserem Blut zirkulieren und über den Lymphkreislauf immer wieder durch den gesamten Organismus transportiert werden, sind relativ Stoffwechsel-inert. Ihre Aufgabe ist es, auf ein Antigen zu warten, um dann die Antikörperproduktion erheblich anzukurbeln. Die Rekombinationsprozesse, die zur Kreation eines Ig-Gens führen, ereignen sich bereits in der frühen Entwicklung der B-Lymphocyten. Dabei werden viele Lymphocyten mit unterschiedlichen Ig-Produktionsprogrammen hergestellt. Diese Millionen verschiedener Lymphocyten, von denen jeder sein spezifisches Programm trägt, sind im Organismus vorhanden. Sie produzieren auch ohne Stimulus eine geringe Menge Antikörper. Dieses Ig vom Typ IgM befindet sich nicht nur im Innern, sondern auch auf der Oberfläche des jeweiligen Lymphocyten.

9.3.1. Lymphocytenstimulierung erfolgt durch Bindung des Antigens an das spezifische Oberflächen-Ig von B-Lymphocyten

Die Lymphocyten werden aus dem Knochenmark ins Blut oder in die Lymphe ausgeschleust. Hier gehen sie nach einigen Tagen zugrunde, es sei denn, es bindet an einen von ihnen ein passendes Antigen, das diesen dadurch aus der Masse der anderen Lymphocyten selektioniert. Durch diese Antigen-Erkennung wird der Lymphocyt als Ausgangszelle für einen Lymphocytenklon vorgesehen **(klonale Selektion).**

Jetzt erfolgt die Auslösung eines komplexen Vorganges, die **Stimulierung** der Lymphocyten. Am Anfang steht die Bindung des Antigens an das Oberflächen-Ig, am Ende eine starke Vermehrung dieses das Antigen erkennenden B-Lymphocyten. Es werden viele Nachkommen dieses speziellen Lymphocyten gebildet, die alle in der Lage sind, den spezifischen Antikörper zu produzieren. Voraussetzung der Proliferation ist jedoch erst gegeben, wenn mehrere Antigenmoleküle an zahlreiche IgMs des Lymphocyten binden und diese dank der Fluidität der Plasmamembran an einem Zellpol zusammenziehen (**Capping,** s. Kap. **1**). Dieses Käppchen wird durch Endocytose internalisiert, das Antigen im Zellinneren zerlegt und gegebenenfalls antigene Strukturen, an MHC-II-Proteine gekoppelt, wieder auf der Zelloberfläche präsentiert (Abb. 9.**12**).

Diese MHC-gekoppelten Antigene werden ihrerseits von Rezeptoren der T-Helferzellen erkannt, die einen **B-Zell-Wachstumsfaktor** beisteuern. Auch Makrophagen stimulieren das B-Zell-Wachstum durch einen **B-Zell-aktivierenden Faktor.** Mit Hilfe dieser Faktoren vermehrt sich der selektionierte B-Lymphocyt. Sein Ziel, Antikörper zu sezernieren, erreicht er aber erst, nachdem er zu einer Plasmazelle differenziert ist. Hierzu tragen wiederum Proteine der T-Helferzellen, sog. **B-Zell-Differenzierungsfaktoren,** u. a. das Interferon γ, bei. Die reife Plasmazelle sezerniert zunächst IgM, indem sie alle Exons der Hμ-Kette mit Ausnahme der für die Transmembransequenz zuständigen translatiert. Im weiteren Verlauf kann eine derartige Plasmazelle Antikörper mit einer anderen Effektorregion sezernieren: durch Rekombination der variablen Region an die Exons einer anderen Klasse (δ, γ, ε oder α) unter Ausschaltung aller übrigen findet ein **Klassenwechsel** statt.

Die B-Zell-Differenzierungsfaktoren hemmen ihrerseits wieder die Proliferation. Nach intensiver Antikörperproduktion stirbt die Plasmazelle ab, es sei denn, sie geht in eine Gedächtniszelle über (Rep. 9.**6**).

T-Lymphocyten sind eine andere Klasse der Lymphocyten. Sie entstehen aus derselben Stammzelle, reifen allerdings nicht im Bursa-, sondern im **Thymussystem,** deswegen der Name T-Zellen.

B- und T-Zellen gleichen einander äußerlich. Man muß ein Rasterelektronenmikroskop zu Hilfe nehmen, um morphologische Unterschiede zu erkennen, aber beide Zelltypen haben unterschiedliche Funktionen. Während B-Lymphocyten für die Antikörpersynthese zuständig sind, sind die T-Zellen für die zelluläre Immunreaktion verantwortlich. Diese zelluläre Immunreaktion zeigt sich besonders beim Abstoßen körperfremden

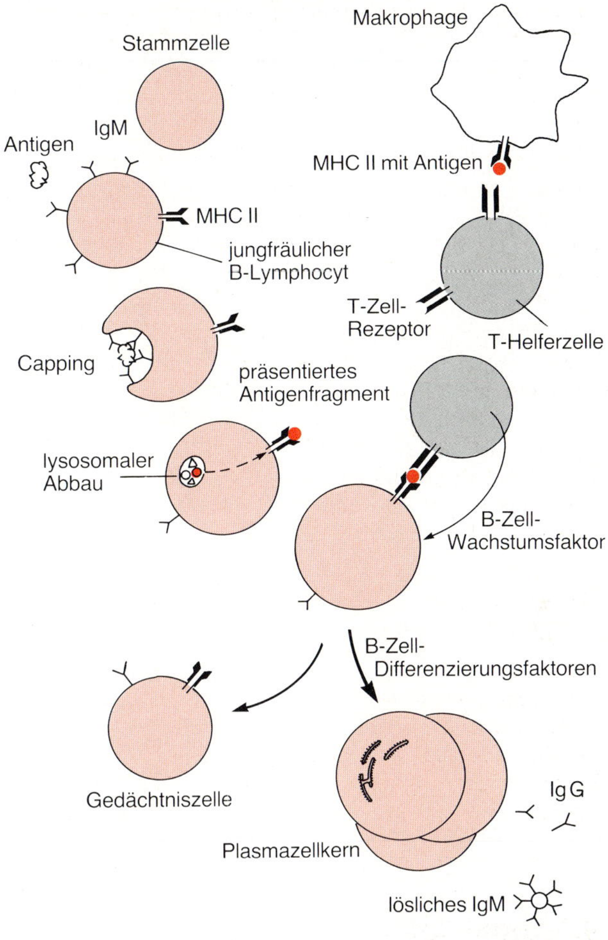

Abb. 9.**12 B-Zell-Aktivierung zur Antikörperproduktion** Treffen Antigenmoleküle auf passende IgMs in der Membran eines jungfräulichen B-Lymphocyten, dann können die Komplexe zu einem Capping führen. Die Antigen-Antikörper-Komplexe werden endocytiert, in Lysosomen abgebaut und Antigenfragmente an MHC-II-Proteinen präsentiert. Bindet ein passender T-Zell-Rezeptor einer T-Helferzelle, dann fördert dieser durch Faktoren das Wachstum und die Differenzierung des B-Lymphocyten zur Plasmazelle, die lösliche IgM-Pentamere sezerniert. Einige Zellen werden zu Gedächtniszellen. Die schemenhafte Darstellung eines antigenpräsentierenden Makrophagen verdeutlicht die Verknüpfung von humoraler und zellulärer Abwehr durch T_H-Zellen.

Gewebes, z. B. bei der Transplantation (zelluläre Immunantwort, 9.1.5.).

Reagieren bei der **humoralen Immunabwehr** die **Antikörper** mit für sie spezifischen Antigenen, dann erfüllen Proteine aus der Immunglobulin-verwandten Superfamilie, die **T-Zell-Rezeptoren,** diesen Dienst bei der **zellulä-**

Rep. 9.6 Vom Antigen zum Antikörper

Antigen
↙ ↘

Bindung an membranständiges IgM eines B-Lymphozyten
↓
Capping
↓
Endocytose
↓
lysosomaler Abbau
↓
Präsentation eines antigenen Fragments an MHC-II-Membranprotein
↓
Bindung an T-Helferzell-Rezeptoren
↓
Proliferation
↓
Differenzierung
↓
Plasmazelle
↓
Antikörpersynthese

Phagocytose durch Makrophagen
↓
lysosomaler Abbau
↓
Präsentation eines antigenen Fragments an MHC-II-Membranprotein
↓
Bindung an T-Zell-Rezeptor einer T-Helferzelle
↓
Synthese von Wachstumsfaktoren (→ Bindung an T-Helferzell-Rezeptoren)
↓
klonale Selektion
↓
T-Helferzell-Klon (→ Bindung an T-Helferzell-Rezeptoren)
⇅
Lymphokinsynthese

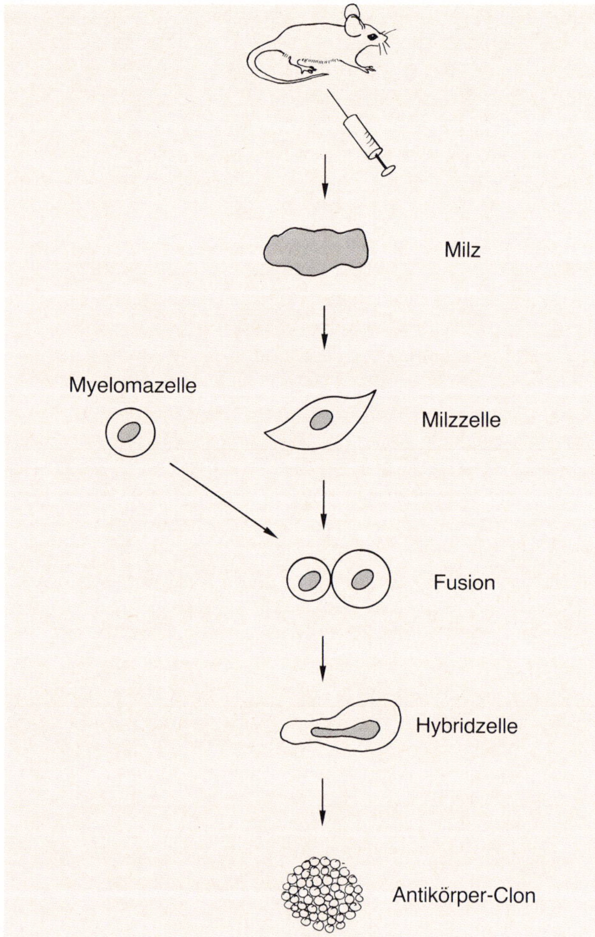

Abb. 9.13 Monoklonale Antikörper
Näheres s. Text

ren Immunabwehr. Auch sie bestehen aus variablen und konstanten Regionen, deren codierende DNA-Sequenzen in den Stammzellen der T-Lymphocyten während deren Reifung im Thymus aus V-, D- und J-Regionen rearrangiert werden müssen. Diese Proteine enthalten eine Transmembran-Sequenz, mit der sie in die Membran der T-Helferzellen und der cytotoxischen T-Lymphocyten (CTL) eingelassen werden. Sie erkennen, anders als frei im Blut schwimmende Antikörper, nur antigene Strukturen, die membrangebunden in Assoziation mit MHC-Proteinen auf Zellen auftreten.

9.3.2. Proliferation eines Lymphocyten führt zu monoklonalen Antikörpern

Monoklonale Antikörper haben ganz neue Perspektiven in der Immunologie und in der Biochemie eröffnet. Eines der Handicaps bei der Herstellung von Antikörpern war, daß jedes Antigen eine Unzahl von Antigen-Determinanten hatte, und jede Antikörperpräparation ergab deswegen eine Mischung von vielen verschiedenen Antikörpern gegen die unterschiedlichen Antigen-Determinanten. Diese Schwierigkeit wird durch die Technik der Herstellung von monoklonalen Antikörpern eliminiert. Ziel ist es dabei, Lymphocytenklone zu bekommen, die nur einen Antikörper produzieren.

Man injiziert einer Maus ein Antigen (Abb. 9.**13**). Dadurch werden die Lymphocyten stimuliert, Antikörper gegen alle vorhandenen Antigen-Determinanten zu produzieren. Nachdem die Maus diese Immunantwort gegeben hat, wird die Milz entfernt; die B-Lymphocyten, die in großen Mengen in dieser Milz enthalten sind, werden gewonnen und mit transformierten Zellen fusioniert. Diese Zellhybride können in vitro vermehrt werden. In der Praxis verschmilzt man die B-Lymphocyten mit Plasmocytomzellen (Krebszellen). Jede **Hybridzelle** (Hybridomazelle) hat nun von der Krebszelle die Eigenschaft übernommen, unbegrenzt zu wuchern. Von dem B-Lymphocyten hat sie die Eigenschaft erworben, ein spezifisches Antikörperprogramm zu realisieren. Es gibt natürlich eine Menge von verschiedenen Hybridzellen. Jede enthält ein individuelles Programm gegen eine der antigenen Determinanten. Aus den individuellen Zellen werden **Klone** gezogen, d. h. Zellen, die jeweils nur von einer Zelle abstammen. Es wird getestet, gegen welche antigene Determinante eines Antigens ein Klon reagiert. Ein derartiger Klon bildet gezielt einen spezifischen Antikörper, der ganz speziell auf die entsprechende antigene Determinante abgestimmt ist. Die Potenz dieser Technik ist groß.

Beispiel: Nehmen wir den Fall eines Proteins, das wir aus technischen Gründen nicht reinigen können, wie Interferon. Da die Mengen Interferon, die die Zellen synthetisieren, verschwindend gering sind, gab es über viele Jahre größte Schwierigkeiten, Interferon zu reinigen. Mit monoklonalen Antikörpern ist es schließlich gelungen. Nach einer ersten Vorreinigung wurden mit dem unreinen Protein Mäuse injiziert. Es wurden Klone hergestellt, die gegen die vielen Proteine, die in der Mischung waren, Antikörper produzierten. Und in mühseliger Kleinarbeit wurden Tausende von Klonen auf Interferonproduktion hin getestet. Solch ein Klon wurde gefunden, und damit hatte man Antikörper, die ganz spezifisch gegen dieses Interferon gerichtet waren. Man kann diese Hybridomazellen eines solchen Klons wieder einer Maus injizieren. Die Zellen sind potentielle Krebszellen, sie produzieren in der Maus einen Krebs, ein antikörperproduzierendes Myelom, dessen einzelne Zellen spezifische Interferon-Antikörper bilden. Auf diese Weise war es möglich, größere Mengen Interferon-Antikörper zu produzieren. Diese Interferon-IgGs können sehr einfach mit ihrem schwer-schweren Stamm an eine Matrize gekoppelt werden. Füllt man damit eine Säule und trägt ein Interferon-haltiges Proteingemisch auf, so werden alle Proteine durch diese Säule hindurchlaufen, außer den Interferonmolekülen, die spezifisch von einer Antikörpersäule festgehalten werden. Sorgfältig wird mit Puffer gewaschen, und schließlich bleibt praktisch reines Interferon an dem Antikörper hängen. Die Antigen-Antikörper-Bildung, die ja nicht kovalent ist, kann durch Erhöhung der Salzkonzentration des Eluats gelöst werden. Damit wird das Antigen, in diesem Fall Interferon, vom Antikörper getrennt und kann auf diese Weise gewonnen werden (Affinitätschromatographie).

9.3.3. Pathologische Veränderungen des Immunsystems führen zu ernsten Krankheiten

Von besonderer medizinischer Bedeutung ist die Fähigkeit des Immunsystems, gegen körpereigene Strukturen tolerant zu sein. Nimmt diese **Toleranz** ab (im Alter oder bedingt durch genetische Defekte), kann es zu **Autoimmunkrankheiten** kommen mit Antikörperproduktion gegen alle möglichen Körperstrukturen. Dabei sind zu unterscheiden die Bildung von **Autoantikörpern** gegen

Tab. 9.3 Einige Autoimmunkrankheiten mit ihren Erfolgsorganen

	Organ	Krankheit
	– Schilddrüse	Thyreotoxikose Thyreoiditis Hashimoto
Organspezifisch	– Nebenniere – Magen – Pankreas	Morbus Addison perniciöse Anämie juveniler Diabetes
	rheumatischer Formenkreis	Sklerodermie (Haut) – systemischer Lupus erythematodes = SLE (Niere)
Organunspezifisch		– rheumatische Arthritis (Gelenke) – Dermatomyositis – Myasthenia gravis (Muskel)

Bei einigen Krankheiten sind die Antikörper identifiziert:

Thyreotoxikose	=	Antikörper gegen Hormonrezeptoren
Perniciöse Anämie	=	Antikörper gegen Intrinsic factor (B_{12}-Resorption!)
SLE	=	Antikörper gegen zahlreiche Zellstrukturen, u. a. DNA
Myasthenia gravis	=	Antikörper gegen Acetylcholinrezeptoren

Bestandteile eines einzigen Organs (organspezifisch) und solche gegen verschiedene Gewebe (organunspezifisch) (Tab. 9.**3**).

Wie es zum Unterlaufen der Toleranz kommt, ist nicht geklärt. Normalerweise wird die Entwicklung autoaggressiver T_H-Klone im Thymus abgebrochen. Die auffällige Assoziation bestimmter Autoimmunkrankheiten mit bestimmten HLA-Typen (Humanleukocyten-assoziierte Antigene MHC-Klasse-II-Proteine) läßt vermuten, daß einige Allele für Peptide codieren, die den klonalen Entwicklungsabbruch nicht optimal induzieren.

Krebsige Entartung der Lymphocyten führt zu akuter und chronischer Leukämie. Ein Retrovirus, Human-T-Lymphotropes Virus (HTLV) verursacht **T-Helferzell-Leukämie,** ein anderes, Human-Immuno-Deficiency-Virus (HIV) führt zum Zusammenbruch des Immunsystems durch Abtöten der T-Helferzellen und hat **AIDS** zur Folge (s. Kap. **11**).

Genetische Defekte mit Auswirkung auf das Immunsystem können im schwersten Fall zu einem lebensbedrohlichen Abfall der B- und T-Lymphocyten führen. Von **schwerer kombinierter Immundefizienz (SCID)** spricht man, wenn die zelluläre und humorale Immunabwehr vollständig fehlen. Derartige Defekte können autosomal rezessiv oder X-chromosomal vererbt werden. Die Symptomatik ist dadurch gekennzeichnet, daß im Alter von 3–6 Monaten Gedeihstörungen und opportunistische Infektionen auftreten. Völlig sterile Lebensbedingungen waren bisher lebensverlängernd. Inzwischen werden Knochenmarkstransplantationen durchgeführt. 25% der SCID-Fälle (ca. 70 Patienten weltweit!) sind durch Mutationen des Gens für **Adenosindesaminase** bedingt. Fehlt das Enzym, dann steigt der Adenosin- und Desoxyadenosingehalt besonders in Lymphocyten stark an. Ein hoher Spiegel von Desoxy-ATP ist die Folge, der die Ribonucleotid-Reduktase hemmt und damit auch die Bildung der drei anderen für die DNA-Synthese notwendigen Desoxyribonucleotide.

Neuerdings konnten einige Erkrankungen auf **Mutationen** in der **Signaltransduktion am T-Zell-Rezeptor** zurückgeführt werden. Dieser Rezeptor ist an seiner cytoplasmatischen Seite eng mit Proteinkinasen assoziiert, die über Phosphorylierung der Tyrosine diverser Proteine (s. Proliferationskette) in Zellaktivitäten eingreifen. Eine solche Tyrosinkinase ist z. B. ZAP 70, die eng mit einer cytoplasmatischen Untereinheit des T-Zell-Rezeptorkomplexes interagiert. Mutationen in einem Intron des Gens für ZAP 70 führen durch Addition von 3 Aminosäuren zu einer Spleißstelle und damit zu einem defekten Protein.

Eine Überreaktivität des Immunsystems führt zu **Überempfindlichkeitsreaktionen** (Typ I-Typ IV) mit Schädigung von körpereigenem Gewebe und Entzündungsreaktionen.

Typ I–III: **Sofortreaktion** unter Beteiligung der humoralen Immunabwehr.

Typ IV: **Reaktion vom verzögerten Typ** unter Beteiligung der zellulären Immunabwehr.

Zum **Typ I (anaphylaktischer Typ)** zählen Allergien, wie sie durch Umweltantigene (Pollen, Hausstaub) ausgelöst werden können. Hierbei werden von antigenstimulierten Plasmazellen IgEs auf Schleimhautoberflächen sezerniert. Mastzellen binden mit spezifischen Rezeptoren die Fc-Effektorregion der Antikörper, Bindet Antigen an diese IgEs, dann schütten die Mastzellen Mediatoren, u. a. Histamin, aus, und Asthma, Heuschnupfen, Ekzeme und Juckreiz sind die Folge. Genetische Disposition verstärken diese Reaktionen.

Die **Typ-II-Überempfindlichkeit (cytotoxischer Typ)** ist Folge der Zerstörung von Zellen, die wegen ihres Antigenbesatzes von Komplement oder Killerzellen zerstört oder nach Antigen-Antikörper-Reaktion durch Phagocytosezellen angegriffen werden. Hierbei kann es, sind die zu phagocytierenden Zellen zu groß, zur Ausschüttung von lysosomalen Enzymen ins Gewebe kommen (s. Kap. **1**). Auch Transfusionsreaktionen und Rhesusunverträglichkeiten gehören hierher.

Typ III-Überempfindlichkeiten werden durch ein Zuviel an Immunkomplexen hervorgerufen und führen zur **Immunkomplexkrankheit** (S. 287).

Typ IV zeichnet sich im Gegensatz zu den drei anderen durch eine Überempfindlichkeitsreaktion vom verzögerten Typ aus. Vier verschiedene Arten werden, entsprechend dem Zeitpunkt ihres Auftretens (24 Stunden bis 14 Tage nach Kontakt mit dem Antigen!), unterschieden.

Besonders zu betonen ist die **Kontaktallergie,** die nach ca. 48 Stunden an der Kontaktstelle zu einem Hautekzem führt. Allergene sind Haptene wie Nickel, Acrylate oder Verbindungen im Gummi, die an sich keine Reaktion hervorrufen können. Sie scheinen aber die Haut zu durchdringen und sich an körpereigene Proteine zu koppeln. Derartige Antigene werden besonders von Langerhansschen Zellen der Epidermis aufgenommen, die antigene Determinanten präsentieren und auf diese Weise die Monocyten anlocken, die dann ein sichtbares Zellinfiltrat hervorrufen.

Weiterführende Literatur

Abbas, A. K., A. H. Lichtman, J. S. Pober: Cellular and Molecular Immunology. Saunders, Philadelphia 1991

Kayser, F. H., K. A. Bienz, J. Eckert, J. Lindenmann: Medizinische Mikrobiologie, 7. Aufl. Thieme, Stuttgart 1989

Keller, R.: Immunologie und Immunpathologie, 3. Aufl., Thieme, Stuttgart 1987

Roitt, I.: Essential Immunology, 7th ed. Blackwell, London 1991

Roitt, I. M., J. Brostoff, D. K. Male: Kurzes Lehrbuch der Immunologie, 2. Aufl. Thieme, Stuttgart 1991

Kapitel 10

Mikrobiologie

➡ **Zur Mikrobiologie werden neben den Mikroorganismen auch Viren, Pilze und unter Umständen auch größere Parasiten gerechnet.** Mikroorganismen erlangen immer größere Bedeutung als **Produzenten** von wichtigen Wirkstoffen, als Komponenten der **ökologischen Gleichgewichte,** bei der Entwicklung der modernen **Biotechnologie,** aber auch für die **Pathologie** (Tab. 10.**1**). Wie aus dem Namen ersichtlich, beschäftigt sich die Mikrobiologie mit den Mikroorganismen (Abb. 10.**1**). Ganz sicher gehören dazu die **Bakterien.** Schon bei den **Viren** ist die Definition fraglich, da Viren keine autonomen Organismen sind. Trotzdem wird die Virologie zur Mikrobiologie gerechnet. Auch **Pilze** gehören hierher und **Algen.** Bei den Pilzen gibt es einige, die eine beträchtliche Größe erreichen können. Einzellige Algen können bis 20 cm groß sein *(Acetabularia major)*. Auch Mehrzeller können

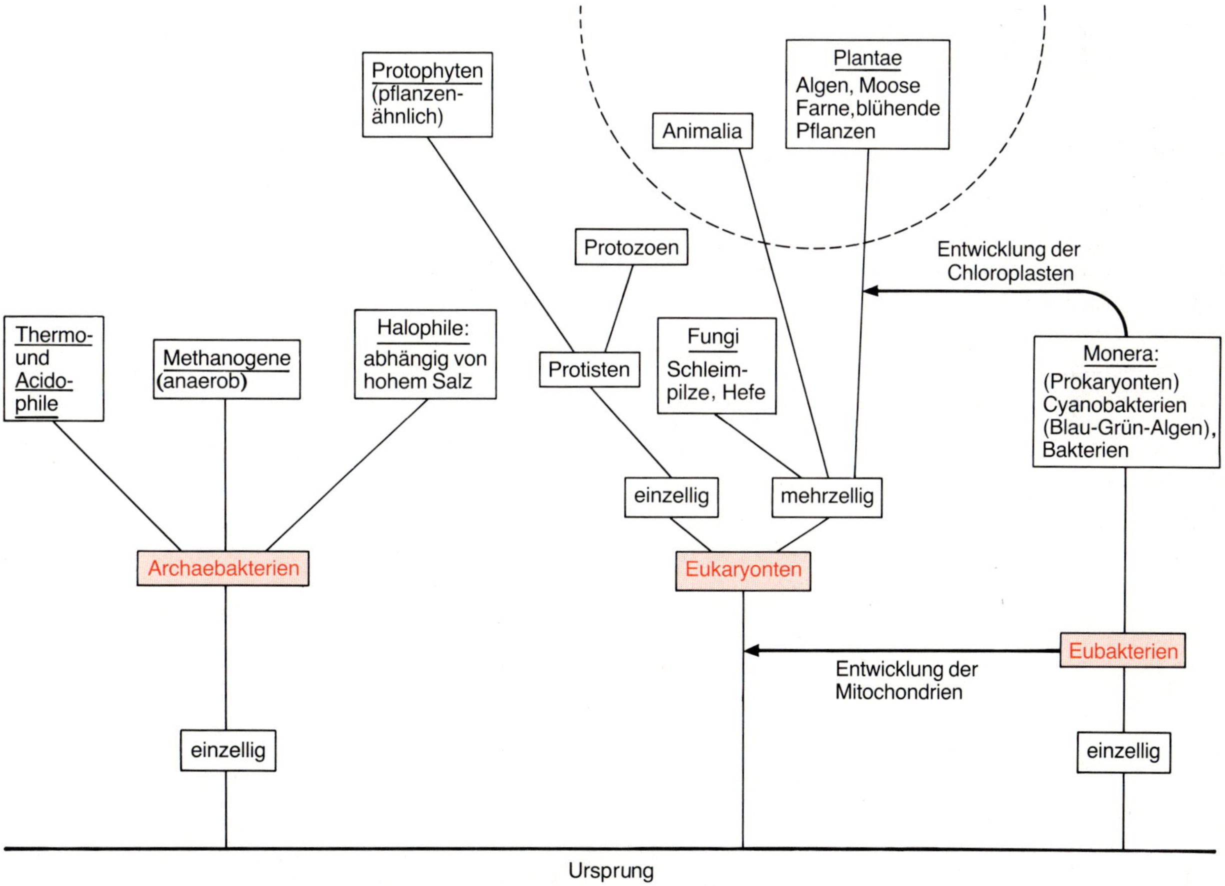

Abb. 10.**1** **Stellung der Mikroorganismen im Stammbaum der Organismen**
Nur höhere Pflanzen und Tiere mit Ausnahme der Parasiten gehören nicht zur Mikrobiologie

Tab. 10.**1** Gruppen von Mikroorganismen mit medizinischer Bedeutung

Einzeller	Mehrzeller	Viren
– Bakterien	– Pilze	
– intrazelluläre Parasiten: Rickettsien Chlamydien Mykoplasmen	– mehrzellige Parasiten Würmer Insekten	– DNA-Viren – RNA-Viren – Tumorviren
– Protozoen: Amöben Ciliaten Sporozoen		

zur Mikrobiologie gehören. Da viele der bisher erwähnten Organismen Parasiten des Menschen sind, werden häufig auch die großen **Parasiten,** wie z. B. der Rinderbandwurm, der mehr als 10 Meter lang werden kann, der Mikrobiologie zugeschlagen.

10.1. Prokaryonten sind kernlose Zellen

Bakterien und Cyanobakterien (Blaugrünalgen) haben keinen Zellkern und werden **Prokaryonten** genannt. Organismen, deren Zellen Kerne besitzen, heißen **Eukaryonten.** Auch biochemisch unterscheiden sich diese beiden Gruppen von Organismen, so z. B. in ihrer Empfindlichkeit gegen einige Antibiotica (Rep. 10.**1**).

Rep. 10.**1** Vergleich zwischen Prokaryonten und Eukaryonten

	Prokaryonten	Eukaryonten
DNA im Zellkern	nein	ja
Membranbegrenzte Organellen (Mitochondrien Chloroplasten)	nein	ja
Nucleosomen	nein	ja

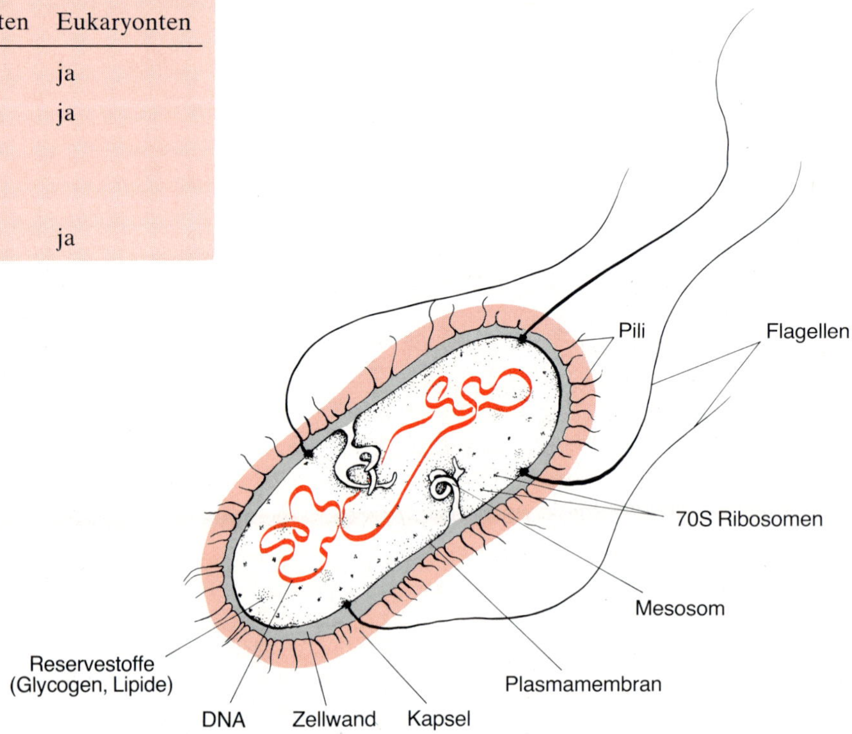

Abb. 10.**2** **Aufbau der Bakterienzelle**
Aufgaben einiger Bestandteile:
- Flagellum: Fortbewegung
- Pili: Anheftung an Oberflächen
- Sexpili: Parasexualität
- Mesosom: Anheftungsstelle der DNA bei der Replikation, Konzentration von Nährstoffen
- Plasmamembran-Innenseite: Atmungsenzyme, *DNA-Polymerase*

10.1.1. Die Bakterienzellen haben Murein-haltige Zellwände

Charakteristisch für die **Bakterienzelle** (Abb. 10.**2**, 10.**3**) ist die **Zellwand** (Tab. 10.**2**, Abb. 10.**5**) und in ihr ein zweidimensionales, sackartig die Zelle umgebendes Makromolekül, das **Murein** (Abb. 10.**4**). Beim Murein sind Kohlenhydratketten über Peptide miteinander verbunden. Die Kohlenhydratketten bestehen alternierend aus ***N*-Acetylglucosamin** und ***N*-Acetylmuraminsäure.** Die Peptidketten enthalten neben den üblichen Aminosäuren L-Alanin, L-Lysin und Glycin auch D-Isoglutamin und D-Alanin.

Diese komplexe Struktur wurde von dem deutschen Biochemiker Weidel aufgeklärt, der dem Sacculus den Namen Murein gab. Gram-positive Bakterien besitzen neben einer besonders dicken, mehrschichtigen Mureinschicht **Teichonsäure,** ein ebenfalls komplexes Makromolekül (Abb. 10.**5**). Sie trägt die antigenen Eigenschaften der Bakterien. Die Aufgaben der Zellwand (Tab. 10.**3**) sind es, die Zelle zu schützen, die äußere Struktur der Zelle zu fixieren und sehr differentiell bestimmte Stoffe

Tab. 10.**2** Strukturen der Zellwand

- Antigene
- Rezeptoren
- Sexpili
- Bewegungsorganellen
- Proteine für Oberflächenadhärens

Tab. 10.**3** Funktionen der Zellwand

- Schutz
- Gestaltgebung
- Osmoregulation
- Selektive Stoffaufnahme und -abgabe

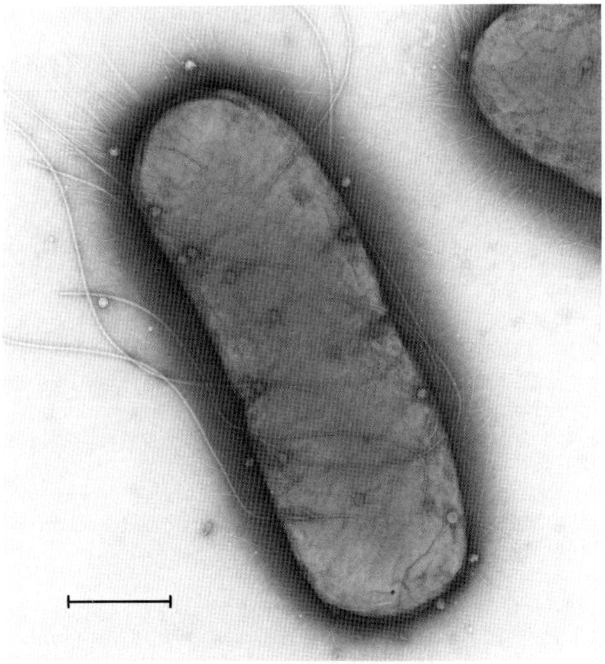
a

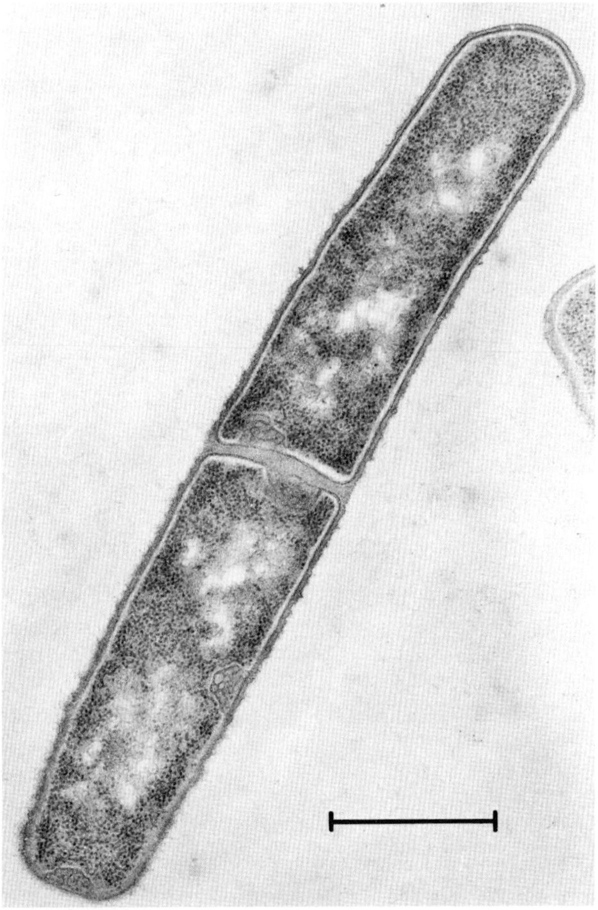
b

Abb. 10.**3 Bakterien im Elektronenmikroskop**
a Gramnegatives Bakterium *(Escherichia coli)* mit Flagellen und Pili; dazu Lambda-Viren (Aufnahme: B. Menge, K. G. Lickfeld, Basel; M: 2 cm ≙ 0,5 μm)
b Grampositive Bakterien *(Bacillus subtilis)* (Aufnahme: J. C. Benichon, Basel; M: 2 cm ≙ 0,5 μm)

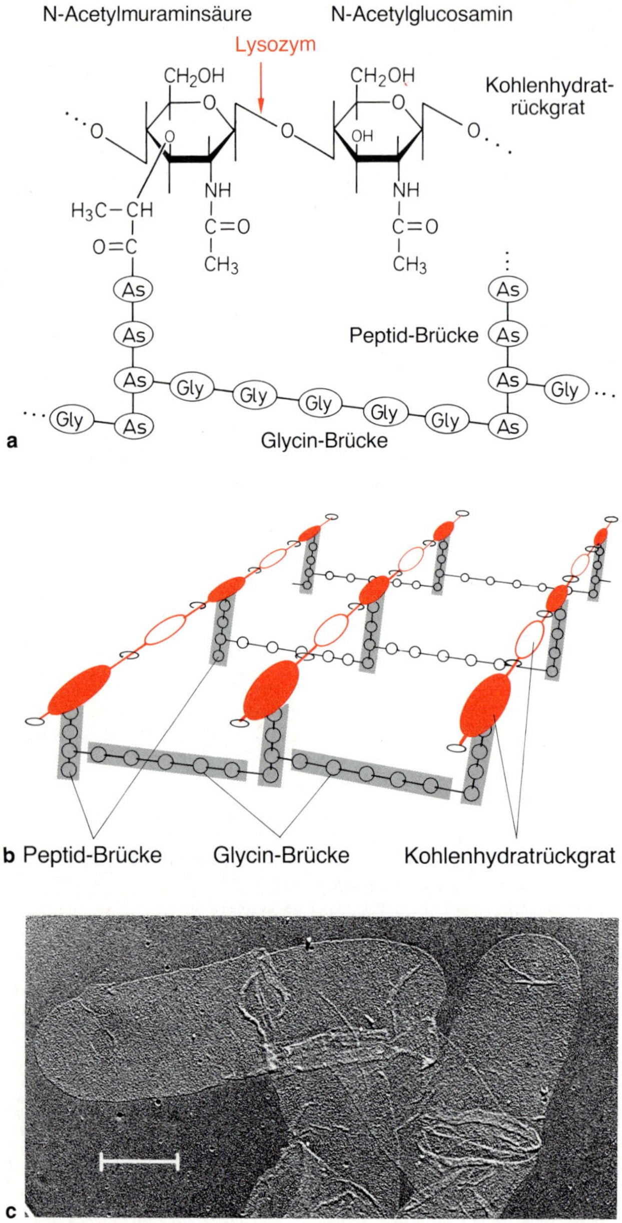

Abb. 10.**4** **Murein**

a Aufbau des Mureins: Kohlenhydratketten, die aus *N*-Acetylglucosamin und *N*-Acetylmuraminsäure bestehen, sind über Peptidbrücken zu einem zweidimensionalen Gerüst verbunden

b Chemische Strukturen im Murein

c Isolierte Mureinsacculi von *Escherichia coli*. Sie spiegeln die Gestalt der Zelle wider, aus der sie isoliert wurden. Die Sacculi zeigen in der Zellmitte einen scharfen Einschnitt – Resultat des lokalen Abbaus der Zellwand durch zelleigene Enzyme unter Einwirkung von Penicillin G (Aufnahme: H. Frank und U. Schwarz, Tübingen; M: 1,2 cm ≙ 1 µm)

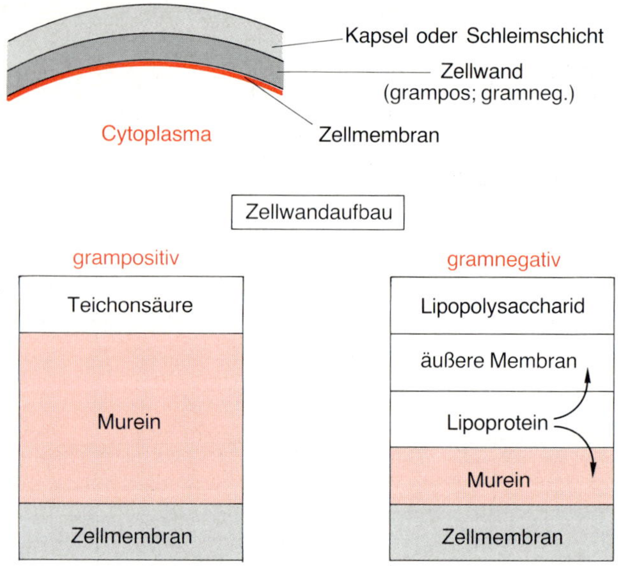

Abb. 10.**5** **Aufbau der Zellwand**

Der Aufbau der Zellwand unterscheidet sich bei verschiedenen Bakterien. Gram-positive: Eine Schicht aus einem Polysaccharid, der Teichonsäure, ist für Ionentransport und Antigenität verantwortlich. Eine mehrlagige Mureinschicht bietet mechanischen Schutz. Die Zellmembran, eine Phospholipid-Doppelschicht, bildet den Anschluß zum Cytoplasma hin.

Bei den gram-negativen Bakterien übernimmt eine Schicht aus Lipopolysacchariden die Schutzfunktion, vermittelt Antigenität und enthält Toxine. Eine äußere Phospholipid-Doppelschicht wird über Lipoproteine mit der einlagigen Mureinschicht verankert. Alle drei äußeren Schichten behindern das Eindringen von Substanzen wie z. B. Penicillin oder Farbstoffe.

Der Zellwand kann (nicht obligat) durch Sekretion eine Kapsel oder Schleimschicht aufgelagert werden, die Schutz vor Phagocytose bietet, wodurch das Bakterium seine Virulenz erhöht (s. z. B. Pneumokokken)

hineinzulassen und andere auszuschließen. Auch der osmotische Druck und die Ionenkonzentrationen im Inneren der Zelle werden durch die Zellwand aufrechterhalten.

Während die mechanischen Schutzfunktionen von dem Murein ausgeübt werden, sind für die differentielle Aufnahme bzw. Abgabe von Stoffen die Zellmembranen verantwortlich. Besonders deutlich werden die Aufgaben der **Membranschichten** in gram-negativen Zellen (Abb. 10.**6**). Die Phospholipid-Doppelschicht der Membranen ist praktisch undurchgängig für alle polaren Verbindungen wie auch z. B. für Ionen. Für deren Durchtritt gibt es in der **äußeren Membran Poren** und in der **inneren Membran** spezifische **Transportproteine,** die unter Energieverbrauch die notwendigen Stoffe aufnehmen bzw. abgeben.

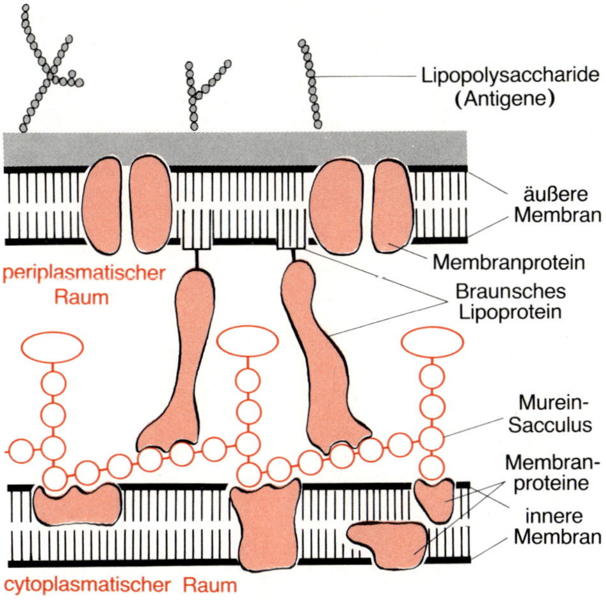

Abb. 10.**6** **Aufbau der Wand der gram-negativen Bakterien**

Rep. 10.**2** Die Zellwand als Angriffspunkt beim Kampf gegen Bakterien

Lysozym wirkt besser auf gram-positive als auf gram-negative Bakterien sowohl in der Wachstums- als auch in der stationären Phase
- es zerstört glycosidische Bindungen des Mureins
- die Zellwand löst sich auf
- die Zellmembran bleibt zunächst intakt (Protoplast bzw. Sphäroplast)
- Zellmembran platzt infolge Osmose (Lyse)

Penicilline töten bevorzugt gram-positive Bakterien in der Wachstumsphase
gram-negative Bakterien: die äußeren Zellwandschichten behindern den Zutritt des Penicillins!
- Penicilline verhindern das Vernetzen der Peptidbrücken des Mureins
- sie zerstören dadurch die Zellwand

Zellwandlose Bakterien, wie z. B. Mycoplasmen oder L-Formen, werden von Penicillin nicht angegriffen.

Zwischen beiden Membranen liegt der **periplasmatische Raum,** in dem sich das Murein befindet. Ein Lipoprotein verankert die äußere Membran an dem Murein. Der Lipidanteil ist in die lipophile Schicht der Phospholipid-Doppelschicht eingelagert, und der Proteinteil ist mit dem Murein verbunden. Auf der äußeren Seite der äußeren Membran sind **Lipopolysaccharide** (LPS) fixiert. Ein solches Lipopolysaccharid ist z. B. das **Endotoxin,** das die Bildung von **Pyrogen** induziert und dadurch Fieber hervorruft. Noch weiter außen kann sich zum weiteren Schutz der Zelle eine Schleimschicht aus Polysacchariden oder Polypeptiden auflagern. Kapseln aus Polysaccharid-haltigen Schleimen oder manchmal aus Polypeptiden können Bakterien dem Zugriff des Wirtes entziehen. Sie können die Phagocytose verhindern (Abb. 10.**5**).

Beim **Wachsen** der Bakterien müssen natürlich auch die Schichten der Wand mitwachsen. Bei den Membranen werden neue Phospholipide eingelagert. Für die Vergrößerung des Murein-Sacculus müssen das zweidimensionale Netz geöffnet und neue Elementarstrukturen eingesetzt werden. Penicillin und ähnliche Antibiotica dieser Gruppe verhindern das Einsetzen der Elementarstrukturen, indem sie die Bildung der verknüpfenden Peptidbindungen unmöglich machen. Berücksichtigt man diese Tatsache, dann werden einige Besonderheiten der Wirkung von Penicillin klar: Nur Prokaryonten werden gehemmt, denn nur diese besitzen Murein. Nur wachsende Zellen sind Penicillin-empfindlich, denn nur diese öffnen das Murein. Sporen und metabolische Ruheformen sind unempfindlich (Rep. 10.**2**).

10.1.2. Die bakterielle Zellwand trägt Kapsel, Pili und Flagellen

Neben der Möglichkeit, Kapseln zu bilden, finden sich bei einigen Bakterien Strukturen besonderer Art (Tab. 10.**4**), z. B. die **Pili.** Diese fadenförmigen Ausläufer dienen der Anheftung an Oberflächen. Pili mit spezifischer Aufgabe sind die **Sex-Pili.** Sie werden von den „männlichen" Bakterien gebildet und sind Proteinrohre, die für die Konjugation notwendig sind. Bewegliche Bakterien bilden **Flagellen** (Geißeln) aus (Abb. 10.**7**). Das sind

Tab. 10.**4** Aufgaben der Organellen des Bakteriums

Flagelle	Fortbewegung
Pili	Anheftung an Oberflächen
Sex-Pili	Parasexualität
Mesosom	Anheftungsort der DNA bei Replikation, Konzentration von Nährstoffen, Enzyme der Photosynthese
Plasmamembran	Atmungskette, *DNA-Polymerase III*, *ATP-Synthetase*

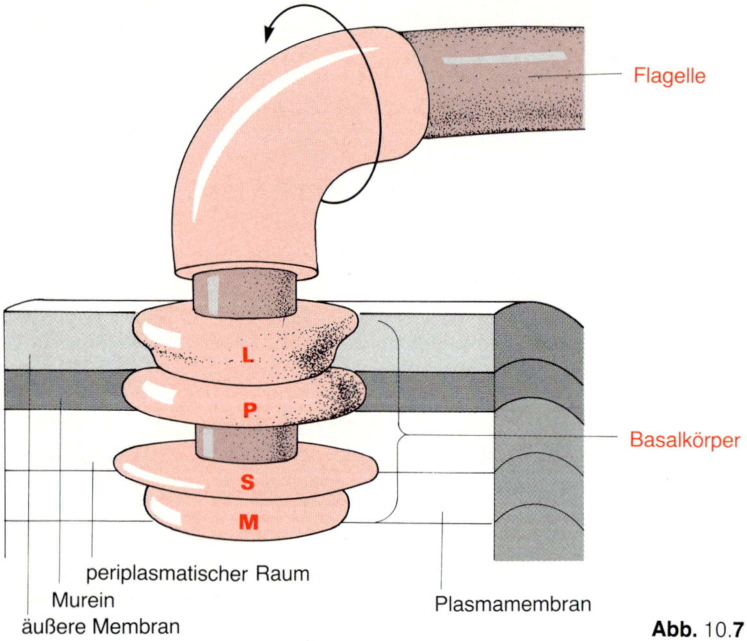

Abb. 10.**7** **Schematischer Aufbau einer Bakterienflagelle**

lange Proteinstrukturen aus **Flagellin,** die entweder einzeln an einem Zellpol (monotrich) oder als polares Büschel (lophotrich) oder über den ganzen Zellkörper (peritrich) verteilt angeordnet sind. Die Geißeln sind an ihrer Basis in der Zellwand verankert. Vier Ringe sind von außen nach innen fest installiert (Basalkörper: L, P, S, M): der L-Ring in der äußeren Membran, P im Murein und S und M in der inneren Membran. Wie in einem aus Ringen gebildeten Köcher wird die stäbchenförmige Achse der Geißel gehalten. Der Antrieb der Geißeln erfolgt mit Hilfe der **Protonengradienten.** An jeder bakteriellen Zelle existiert zwischen außen und innen ein Konzentrationsunterschied an Protonen (innen niedriger als außen), Protonengradient genannt. Die Protonen haben das Potential, dem Konzentrationsgefälle folgend, bergab in die Zelle zu fließen. Die Energie kann entweder in chemische Energie (ATP) umgewandelt werden oder in Konzentrationsgradienten anderer Ionen (z. B. K^+: innen hohe Konzentration außen niedrig) oder in mechanische Arbeit wie z. B. Bewegung transformiert werden. Der Geißelmotor arbeitet nach dem Prinzip einer Wasserturbine.

10.1.3. Bacillen und Clostridien sind Sporenbildner

Einige Gruppen von Bakterien haben die Möglichkeit, in „schlechten Zeiten" besonders widerstandsfähige Umhüllungen zu bilden. Bazillen und Clostridien bilden Sporen. Die Sporulation wird eingeleitet, sobald die Lebensbedingungen ungünstig sind (Abb. 10.**8**). Die Auskeimung zu einer vegetativen Zelle erfolgt erst wieder, wenn die Konditionen sich gebessert haben. Auslöser der **Sporulation** ist das Absinken der **GTP**-Konzentration – ein Indikator für den Energiegehalt der Zelle. Wie bei einem echten Differenzierungsprozeß werden vegetative Gene ab- und Sporulationsgene angeschaltet. Die Zellmembran stülpt sich ein und „umwächst" das Core. Dieses Core enthält eine eiserne Reserve der Zelle: DNA, Ribosomen. Die Zellwand bildet eine Doppelstruktur, von der ausgehend die äußerst resistente Sporenwand synthetisiert wird. Da die Sporen sehr wenig Wasser enthalten, sind sie besonders hitzeresistent. Diese **Resistenz** – auch gegen Gefrieren – wird unterstützt durch den hohen Gehalt an **Calciumdipicolinat** (5 bis 15%). Außer einer Sporenwand (Murein) hat die Spore eine Rinde, die aus weniger vernetztem Murein besteht, und den Mantel, der aus stark Disulfid-verknüpften keratinartigen Proteinen besteht. Außen lagert sich dann noch die verkittende Schicht des Exosporiums, eine Lipoproteinmembran, auf. So können Sporen äußeren Einwirkungen wie Hitze, Strahlung oder Chemikalien über lange Zeit widerstehen (Rep. 10.**3**).

Für die Auskeimung der Sporen ist der entscheidende Schritt der autolytische Abbau der wasserundurchlässigen Murein-Rinde. Diese Autolyse wird ausgelöst, wenn das spezifische Substrat, das der Zelle die besseren Lebensbedingungen anzeigt, aufgenommen wird. Das

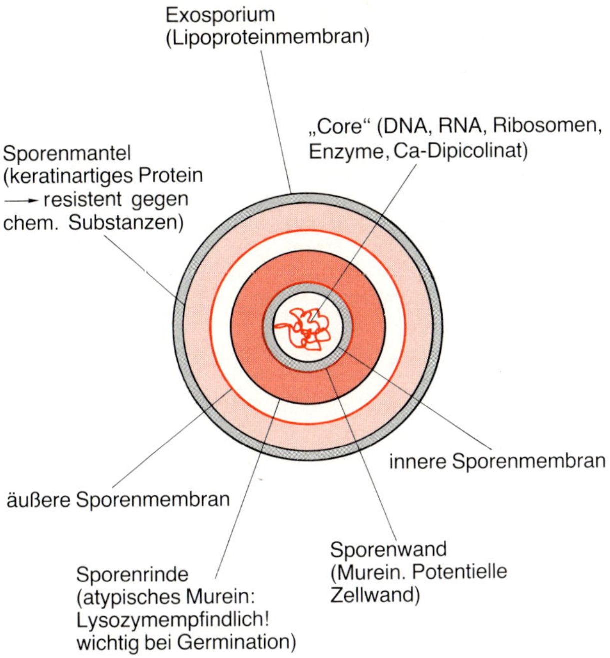

Abb. 10.**8** **Aufbau einer Spore**
Bazillen und Clostridien sind Sporenbildner. Bei Absinken der Energieversorgung und fallendem GTP-Gehalt werden Sporolationsgene angeschaltet. Die Plasmamembran zeigt Invaginationen, die schließlich zusammenfließen und zur Ausbildung eines kleinen Kompartimentes, der sog. Vorspore, führen. In dieser Vorspore befindet sich die DNA und weitere lebensnotwendige Bestandteile. Die Sporenmembranen synthetisieren die Sporenwand und die Spore wird nach dem Tod der Mutterzelle freigesetzt. Sporen sind außerordentlich resistent gegen Hitze, Tiefsttemperaturen, Austrocknen, chemische Agentien und Strahlen

Rep. 10.**3** Sporenbildung (bei Bazillen und Clostridien)

Ursache: Energieversorgung ↓ GTP ↓
Vorgang: vegetative Gene ↓ Sporulationsgene ↑
Invagination der Plasmamembran,
Dipicolinsäure ↑ H_2O ↓

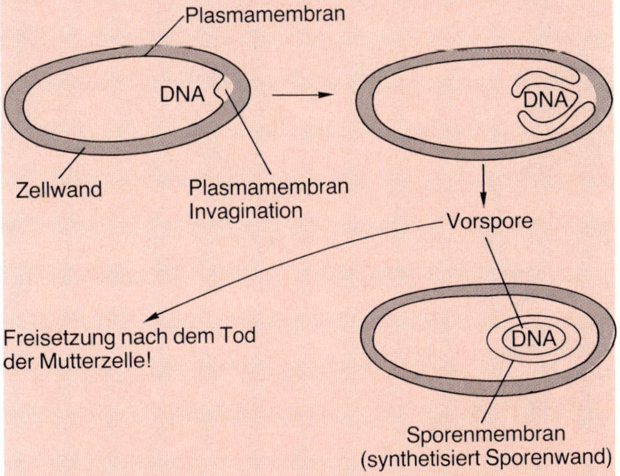

Die Sporen sind wenig empfindlich gegen:
- Erhitzen
- Einfrieren
- Austrocknen
- chemische Agentien
- Strahlen

Rep. 10.**4** Germination (Sporenauskeimung)

Lebensbedingungen verbessern sich:
Glucose, Adenosin oder Aminosäuren } dringen ein
- Autolyse der Murein-Rinde
- H_2O-Einstrom
- Ausscheidung von Dipicolinsäure
- Wiederaufnahme des Metabolismus
- vegetatives Wachstum

Substrat kann Adenosin, Glucose oder eine Aminosäure sein. Wenn die Rinde aufgelöst ist, wird Wasser aufgenommen, die Diaminopimelinsäure (Abbauprodukt der Dipicolinsäure) ausgeschieden und dadurch das vegetative Wachstum eingeleitet (Rep. 10.**4**).

10.1.4. Bakterien synthetisieren ihre Bestandteile aus einfachen Bausteinen

Bakterien sind in der Regel **autonome Organismen,** die alle chemischen Verbindungen ihrer Zellen aus den Grundstoffen aufbauen können (Rep. 10.**6**, Abb. 10.**9**). Natürlich brauchen sie dazu **Energie.** Einige Bakterien können die Energie des Sonnenlichtes ausnützen. Die meisten Bakterien müssen die benötigte Energie allerdings mit organischen Verbindungen aufnehmen. Dafür kommen Zucker wie Glucose, Milchzucker, Fructose usw. oder Aminosäuren, aber auch Fette usw. in Frage. Wird die Energie aus Kohlenhydraten bezogen, bedarf die Zelle zusätzlich einer **Stickstoff-Quelle,** mit deren Hilfe sie Aminosäuren und andere Stickstoff-haltige Verbindungen synthetisieren kann. Außerdem braucht die Bakterienzelle die essentiellen Ionen wie K^+, Cl^-, Sulfat,

Tab. 10.**5** Wachstumsmedien

Minimalmedium

Substanz		Konzentration (mol/l)	pH
Na_2HPO_4 KH_2PO_4	← Puffer[1]	0,06	7,0
NaCl		0,01	
NH_4Cl		0,02	
$MgSO_4$		0,0001	
Glucose		0,04	
erweitert:	$CaCl_2$	0,0001	
	Fe^{III}	10^{-6}	

In diesem Medium synthetisieren Mikroorganismen andere Bestandteile (z. B. Aminosäuren) selbst! Verdopplungszeit von *E. coli* ≈ 45 min

Vollmedium

Substanz	Konzentration (g/l)
Pepton oder Trypton[2]	10
NaCl	5
Agar (bei Festmedium)[3]	15

Verdopplungszeit von *E. coli* = 20 min

[1] Puffer ist nötig, da die Bakterien Protonen abscheiden und das Medium ansäuern
[2] Gewonnen durch Pepsin- oder Trypsin-Verdau von Fleisch- oder Milcheiweiß
3 Natürliches Kohlenhydrat

Tab. 10.**6** Medien zur Stammselektion

1. Differenzierungsmedien:
   Verschiedene Bakterien können auf derselben Platte unterschieden werden
   – Beispiel: Blutagarplatten
     Kolonien blutzellzerstörender Bakterien zeigen einen hämolytischen Hof
2. Selektionsmedien:
   Bedingungen werden so gewählt, daß nur der gesuchte Stamm wachsen kann
   – Beispiel: Tbc-Diagnose-Medien

Medium nach	Kirchner	Sauton	Dubos
Substanz	Konzentration in (mol/l)		
Asparagin	0,0226	0,03	0,0075
PO_4^{3-}	0,0757	0,00872	0,0517
Mg^{2+}	0,005	0,005	0,005
Natriumcitrat	0,014	0,0093	0,007
NH_4Cl	0,093	–	–
$Fe(NH_4)(SO_4)_2$	0,00038	0,00019	–
Glycerin	0,2174	0,6522	–
Indikator	0,0013% Malachitgrün 10% Rinderserum	–	0,005 Twen 80 0,2–0,3% Rinderserum

Phosphat und einige **Spurenelemente** wie Eisen u. a. Ein künstliches Medium könnte z. B. aus Glucose, NH_4Cl, PO_4^{3-}, KCl, SO_4^{2-} und einer Spur Fe^{2+} bestehen. In einem solchen Minimalmedium wachsen die Bakterien relativ langsam. Die Generationszeit, die Periode zwischen zwei Zellteilungen, verkürzt sich, wenn das Medium angereichert wird und die Zellen nicht mehr alles selbst synthetisieren müssen (Tab. 10.**5**). Verkürzte Wachstumszeiten sind erwünscht beim Testen von Antibiotica-Sensitivitäten oder in der Wissenschaft. Neben den angeführten Substanzen brauchen die meisten Bakterien **Sauerstoff zur Energiegewinnung durch Atmung.** Alternativ können viele Bakterien ihre Energie über **anaerobe Glycolyse** gewinnen. Je nachdem, ob Sauerstoff essentiell ist oder schädlich, gibt es obligate Aerobier, fakultative Anaerobier oder obligate Anaerobier. Zur letzten Gruppe gehören z. B. die Clostridien (Rep. 10.**5**, 10.**6**, Tab. 10.**6**).

10.1.5. Spezielle Bedürfnisse einzelner Bakterienstämme können für „biologische quantitative Tests" ausgenutzt werden

Bakterien synthetisieren auch die **essentiellen Faktoren,** die für den Menschen Vitamin-Charakter haben, selbst. Durch Mutation kann die Fähigkeit, eine spezifische Verbindung zu synthetisieren, verlorengehen. Im natürlichen Biotop existiert ein starker Selektionsdruck gegen diese Bakterien mit der eingeschränkten Synthesekapazität, denn die spezifische Struktur wird nicht oder in nicht ausreichender Konzentration im Medium vorhanden

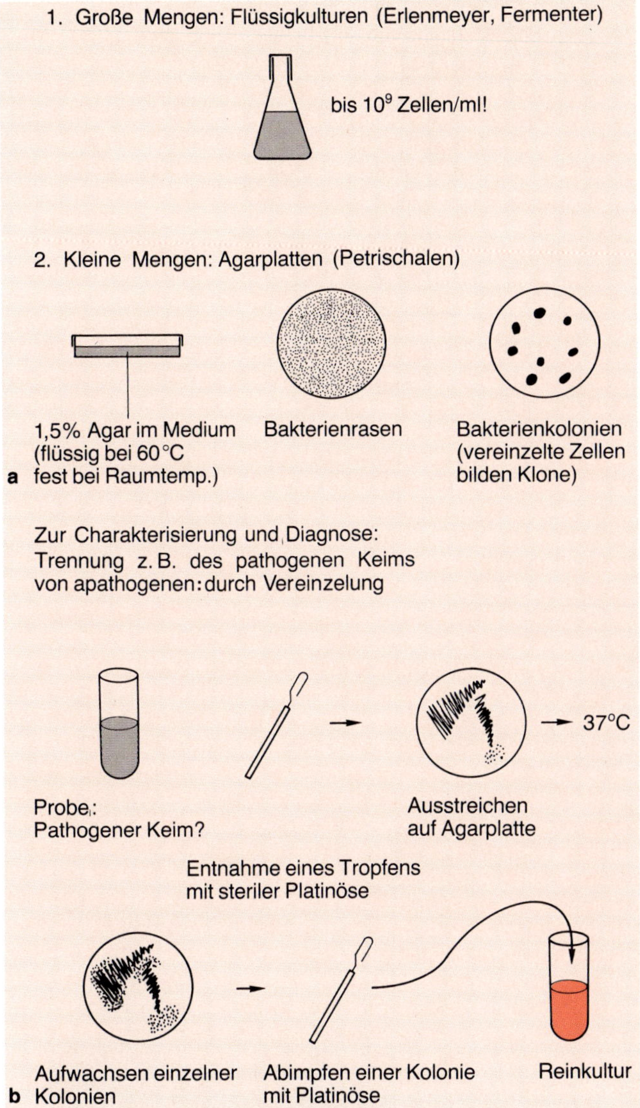

Rep. 10.5 Physikalische Faktoren für das Wachstum von Bakterien

Temperatur
Psychrophile 0 °C–20 °C
Mesophile 30 °C–40 °C
Thermophile 50 °C–70 °C (bis 100 °C)

Ionen-Milieu
(pH-Wert)

wenige	pH < 4,0	sauer
viele	**pH = 6,0–8,0**	**neutral**
wenige	pH > 8,0	alkalisch

Osmotischer Druck
muß in tolerierbaren Grenzen sein, wenn er zu hoch ist → Plasmolyse → Wachstumsstop

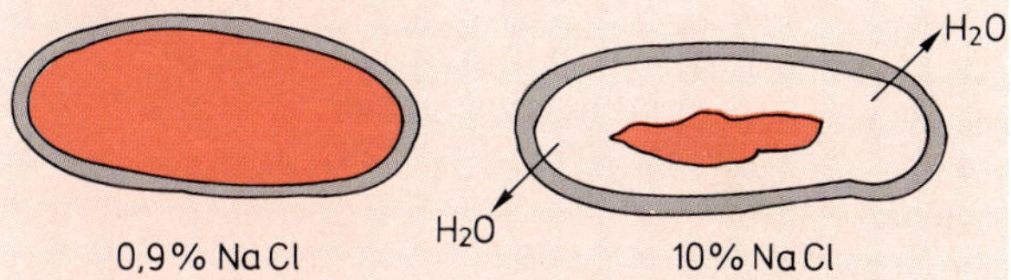

Plasmolyse: Plasmamembran löst sich von der Zellwand!

Nur halophile Bakterien tolerieren einen hohen Salzgehalt (bis 10%) im Medium. Daher ist eine Konservierung von Lebensmitteln durch hohe Salz- und Zuckerkonzentrationen möglich.

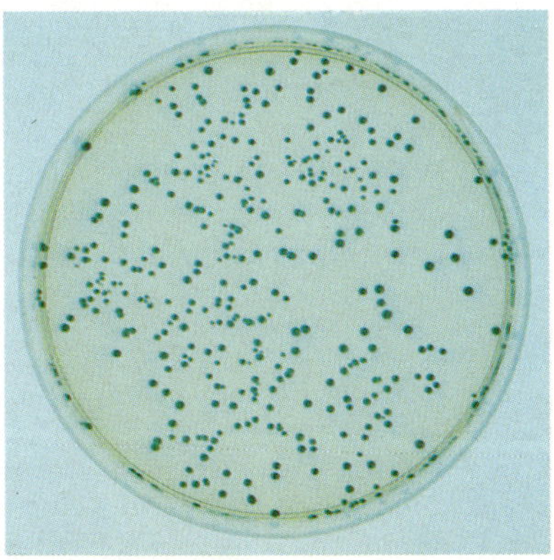
c

Abb. 10.**9** **Züchtungsmethoden für Bakterien**
a Herstellung größerer und kleinerer Bakterienmengen
b Herstellung einer Bakterienreinkultur
c Bakterienkolonien auf einer Agarplatte (Aufnahme: B. Auer, Innsbruck)

Rep. 10.**6** Chemische Faktoren für das Wachstum von Bakterien

Wasser	– 80–90%
Kohlenstoff- bzw. Energiequelle	– organische Materialien (Protein, Kohlenhydrat, Fett) – essentiell für Heterotrophe – Autotrophe beziehen ihre Energie aus dem Licht und reduzieren CO_2
Stickstoff-quelle	(15% der Zelltrockenmasse sind Stickstoffverbindungen) – Proteine, Aminosäuren – Ammoniak (NH_4^+) – Nitrate (NO_3^-) – Luftstickstoff (N_2) Nitratfixierung (z. B. Symbiose mit Leguminosen!)
Schwefel	(3% der Zelltrockenmasse) Sulfat-Ionen (SO_4^{2-}) – Schwefelwasserstoff (H_2S) – Methionin, Cystein
Phosphor	– Phosphat-Ionen (PO_4^{3-})
Spuren-elemente	– Eisen (Fe) – Kupfer (Cu) – Zink (Zn)
Sauerstoff	– Aerobier – obligate (z. B. Mycobacterium tuberculosum) – Anaerobier – fakultative (*E. coli;* Hefe) – Anaerobier – Aerotolerante – Anaerobier – obligate (Clostridium, Katalase-Mangel!)

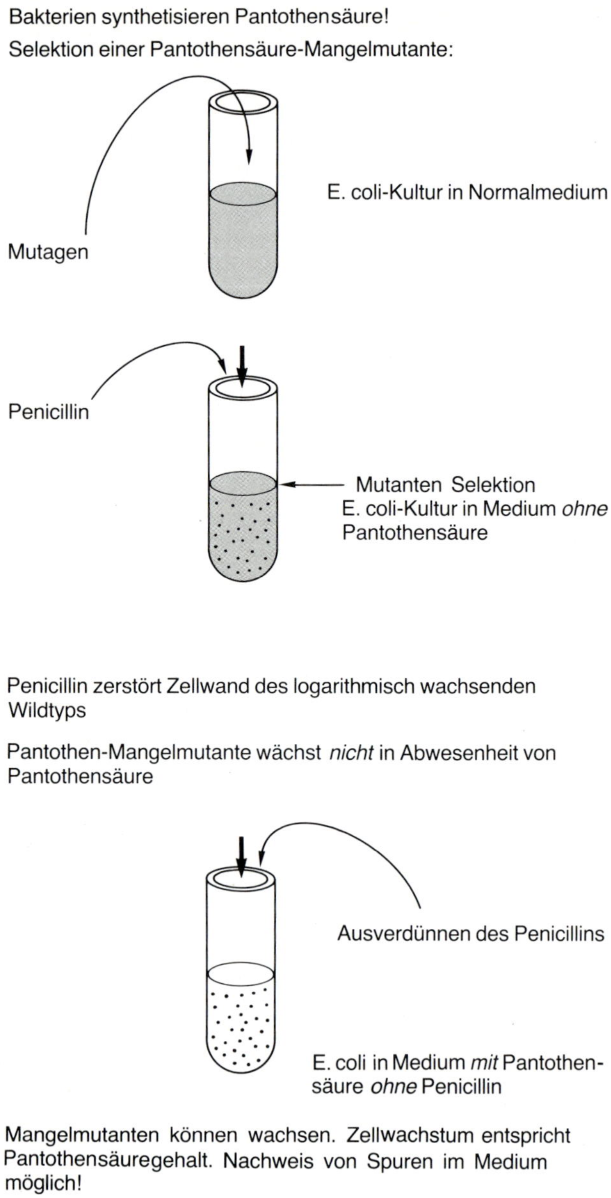

Abb. 10.**10** **Prinzip des mikrobiellen, quantitativen Tests** ▸
Biologischer Test auf kleinste Mengen eines Wirkstoffes am Beispiel der Pantothensäure

sein. Diese Tatsache läßt sich z. B. für quantitative Bestimmungsmethoden von Vitaminen ausnutzen. Nehmen wir als konkretes Beispiel die Bestimmung von **Pantothensäure** (Abb. 10.**10**). Sie ist Vitamin für den Menschen und ist bereits in sehr geringen Konzentrationen aktiv. Konventionelle chemische Methoden sind nicht geeignet, ultrakleine Mengen von Pantothensäure zu messen. Mit einem mikrobiologischen Test ist das jedoch ohne großen apparativen Aufwand möglich. Für die Bestimmung benötigt man einen Bakterienstamm, für den Pantothensäure zum Wachsen essentiell ist. Die Menge des Vitamins im Medium bestimmt dann das Wachstum des Bakteriums. Unter Standardbedingungen ist die Masse an Bakterien proportional der Menge an Pantothensäure.

Der Teststamm muß zunächst selektioniert werden. Ein nichtpathogener Laborstamm, z. B. ein *Escherichia coli*-Stamm, wird in künstlichem Medium aufgezogen. Die Bakterienpopulation wird mit mutationsauslösenden Stoffen, wie z. B. Nitrit, behandelt. Anschließend wird die Kultur zur Selektion der Pantothen-

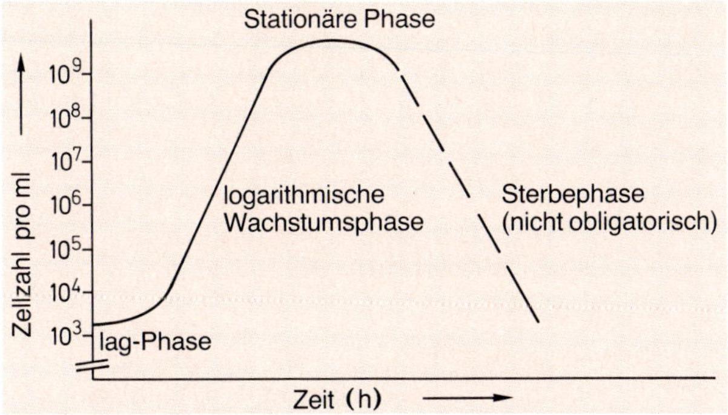

Abb. 10.**11** **Wachstumsphasen einer Bakterienkultur**
Lag-Phase = Verzögerungsphase = Anwachsphase; Ursache: schlechter Zellzustand aus der letzten Züchtung
Log-Phase = Wachstumsphase, gleichmäßige Zellverdopplung
Stationäre Phase = Reduktion des Bakterienwachstums bis zum Einstellen jeder Vermehrung; Ursache: Nahrungsmangel, Toxine, Erschöpfung der Sauerstoff-Versorgung
Sterbe-Phase = Zelltod; Ursache: Sterilisation, extremer Sauerstoff-Mangel; diese Phase ist nicht bei allen Bakterien obligat

säure-defizienten Mutanten in einem Medium ohne Pantothensäure aufgezogen. Dem Medium ist Penicillin beigegeben, ein Antibioticum, das alle Zellen tötet, die sich im Wachstum befinden. Da sich die Pantothensäure-Mangelmutanten in Abwesenheit von Pantothensäure nicht vermehren, werden sie von Penicillin nicht angegriffen. Alle Wildtypzellen werden eliminiert. Die Kultur wird anschließend stark verdünnt, so daß das Antibioticum unter seine Wirkkonzentration kommt, und die verbliebenen Bakterien mit Medium, das Pantothensäure enthält, kultiviert. Dieser Cyclus kann mehrfach wiederholt werden, bis ein reines Kollektiv von Pantothensäure-Mangelmutanten resultiert. Das Wachstum dieser Mutanten hängt von dem Gehalt an Panthothensäure im Medium ab. Das Gewicht der Bakterien bzw. die Anzahl ist ein direktes Maß dafür.

In ähnlicher Weise, wenn auch nur qualitativ, können Wachstumsbedürfnisse von Bakterien als Indikator für Stoffwechselstörungen ausgenutzt werden. Auf einem solchen Prinzip beruht der Guthrie-Test als Nachweis einer erblichen Phenylketonurie (S. 183).

Tab. 10.7 Bestimmungsmöglichkeiten der Zellzahl

Zählkammer	mikroskopische Bestimmung
Kolonienbildung	auf Agarplatten werden einzelne Zellen immobilisiert, vitale Zellen bilden Klone (Kolonien)
Trübungsmessung	wachsende Bakterien trüben das Medium; Absorption von Licht entspricht der Zelldichte: optische Dichte (OD-Messung, Eichkurve)
Trockenmassebestimmung	aus Zellmasse über Eichkurve Zellzahl
Messung der metabolischen Aktivität	z. B. O_2-Verbrauch

10.1.6. Bakterien vermehren sich unter optimalen Bedingungen exponentiell

Bei ausreichender Nährstoff- und Sauerstoff-Zufuhr vermehren sich die Bakterien durch Zweiteilung (Tab. 10.**7**). Aus einer Zelle werden 2, dann 4, 8, 16 usw. Das Wachstum ist *exponentiell.* Der graphische Auftrag des Logarithmus der Zellzahl gegen die Zeit ergibt eine Gerade. Diese Phase des Wachstums wird deshalb **logarithmische Wachstumsphase** genannt (Abb. 10.**11**, Rep. 10.**7**).

Rep. 10.7 Bakterienwachstum

Wachstum: Vermehrung durch Zweiteilung
– exponentielles Wachstum

$$\begin{array}{cccccccccccc} 1 & \rightarrow & 2 & \rightarrow & 4 & \rightarrow & 8 & \rightarrow & 16 & \rightarrow & 32 \\ \uparrow & & \uparrow & & \uparrow & & \uparrow & & \uparrow & & \uparrow \\ 2^0 & & 2^1 & & 2^2 & & 2^3 & & 2^4 & & 2^5 \end{array}$$

Basis: 2
Exponent: Anzahl der Teilungsschritte

Die Vermehrung ist proportional der Zellzahl *N.*
Die Zellzahl *N* zur Zeit *t* ist abhängig von der Zellzahl N_0 zur Zeit $t = 0$ und der Vermehrungskonstanten *k* (*k* ist abhängig von Zellart und Umgebung):

$$k \cdot N = \frac{dN}{dt} \rightarrow N = N_0 \cdot e^{kt}$$

$$k = \frac{1}{t} (\ln N - \ln N_0$$

Wachstumskurven von Bakterien:
im halblogarithmischen Maßstab aufgetragen;
N gegen *t;*
Steigung der Geraden = *k*

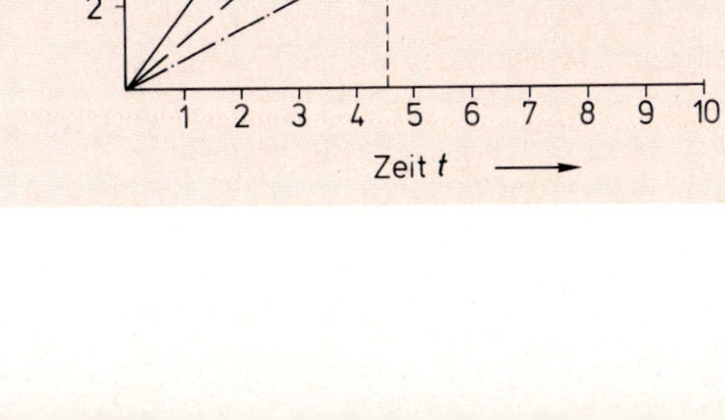

Die logarithmische Wachstumsphase kann artifiziell über eine sehr lange Periode aufrechterhalten werden, wenn gleichzeitig neues Medium hinzugefügt und Teile der Kultur entfernt werden. Zu- und Abfluß können z. B. durch automatische Messung der durch die Bakterien verursachten Lichtstreuung (Chemostat) kontrolliert werden. Aus der Rate des Zu- bzw. Abflusses kann dann die Wachstumsgeschwindigkeit der Kultur ermittelt werden, die Aufschluß über die Physiologie der Bakterienkultur gibt.

Dieser Phase vorgeschaltet wird häufig bei Wachstumskurven nach dem Animpfen (Überführen von Bakterien in Wachstumsmedium) eine Verzögerungsphase **(Lag-Phase)** beobachtet, die eine Folge des Zellzustandes aus der letzten Züchtung ist. Stammen die Bakterien z. B. aus der stationären Phase oder kommen sie aus einer Kultur, in der die Nährbedingungen limitiert waren, dann müssen die Enzymsysteme erst an die neuen Wachstumsbedingungen adaptiert werden. Entsprechend fehlt eine derartige Verzögerungsphase, wenn aus einer gut wachsenden Kultur angeimpft wird. Ist das Milieu nicht geeignet, die angeimpften Bakterien entsprechend ihren genetischen Möglichkeiten wachsen zu lassen, vermehren sich nur spontane Mutanten. Da nur sehr wenige Bakterien eine entsprechende Mutation tragen, dauert es längere Zeit, bis diese Mutanten zu einer dichten Population aufgewachsen sind. Ein typisches Beispiel für ein derartiges Verhalten ist die **Antibiotica-Resistenz:** Ein wirksames Antibioticum tötet in einer Bakterienkultur fast alle Zellen ab – nur die wenigen, spontan zur Resistenz mutierten überleben und überwuchern nach einiger Zeit alle anderen. Die Wachstumskurve zeigt scheinbar eine Verzögerungsphase.

Bei hoher Zellzahl kommt es zu Mangel an Nährstoffen oder Sauerstoff. Auch ausgeschiedene Toxine sind verantwortlich für den Übergang vom logarithmischen Wachstum zur stationären Phase. Die Zellvermehrung wird stark verlangsamt, und schließlich werden nur in dem Maße neue Zellen entstehen, wie andere absterben. Die Kultur ist stationär.

Wenn die Lebensbedingungen über längere Zeit ungünstig bleiben, können Bakterienzellen absterben **(Sterbephase).** Bacillus-Arten wie z. B. *B. subtilis* lysieren, wenn, besonders in der spätstationären Phase, Sauerstoff-Mangel entsteht. Einige Bacillus-Arten, wie *B. brevis* oder *B. megaterium,* sporulieren. Zelltod bedeutet für die Bakterien Verlust der Fähigkeit zur Vermehrung und Beendigung des Zellstoffwechsels. Der Zelltod ist keine im Lebenscyclus der Zelle notwendige Konsequenz. Unter günstigen Bedingungen wächst und vermehrt sich ein Bakterium praktisch unbegrenzt.

Das Absterben von Bakterien wird gemessen und angegeben durch den Verlust der Fähigkeit, auf Agarmedien Kolonien zu bilden. Bei halblogarithmischer Darstellung ergibt eine Abtötungskurve in der Regel eine abfallende Gerade. Damit läßt sich praktisch ermitteln, wie lange oder mit welcher Dosis eine Bakterienkultur mißhandelt werden muß, um sie vollständig abzutöten. Diese Information ist für die Desinfektion bzw. die Sterilisation, also für die Vernichtung von Keimen wichtig.

10.1.7. Mikroorganismen werden durch Desinfektion oder Sterilisation abgetötet

Desinfektion ist die Tötung von pathogenen Keimen, ohne die biologische Umgebung zu töten. **Sterilisation** ist das Abtöten jeglicher lebender Zellen. Sterilisation bedeutet also gleichzeitig totale Desinfektion, während **Desinfektion** keineswegs Keimfreiheit, also Sterilität, bedeutet. Häufig werden während dieser Vorgänge Bakterien nicht abgetötet (bakterizide Wirkung), sondern nur im Wachstum gehemmt (bakteriostatische Wirkung). Dem befallenen Organismus wird durch die Eindämmung des Schädlings Gelegenheit gegeben, die pathologischen Keime mit körpereigenen Mitteln zu bekämpfen.

Sterilisation kann durch physikalische Mittel erfolgen

Am häufigsten wird Hitze für die Sterilisation eingesetzt. Siedetemperatur des Wassers reicht, um in wenigen Minuten die meisten Keime zu töten. Sporen und vegetative Dauerformen sind hitzeresistenter. Temperaturen von mindestens 120 °C müssen länger als eine Viertelstunde zu ihrer Sterilisation einwirken. Diese Bedingungen werden am besten mit Dampf unter Druck (1 bis $2 \cdot 10^5$ Pa Überdruck) erreicht. Bei trockener Hitze muß bei 180 °C sterilisiert werden.

Milchprodukte werden z. B. kurze Zeit hohen Temperaturen ausgesetzt und dadurch **pasteurisiert.** Dieser Vorgang wirkt bakteriostatisch. Auch tiefe Temperaturen (Einfrieren) oder Exsiccation (Austrocknen) führen zur Bakteriostase.

Auch andere physikalische Mittel, die lebende Zellen schädigen, können zum Sterilisieren eingesetzt werden, wie z. B. Strahlung. UV- oder Röntgen-Strahlen in ausreichend hohen Dosen töten Zellen ab. Auch besonders **harte Strahlung** aus radioaktivem Zerfall wird zum Sterilisieren eingesetzt, z. B. zur Haltbarmachung von Lebensmitteln.

Chemische Mittel eignen sich zur Sterilisation

Wie bei den physikalischen Mitteln kann auch jedes chemische Mittel, das Keime tötet, zum Sterilisieren benutzt werden (Rep. 10.**8**). Jede aggressive chemische Verbindung (wie z. B. konzentrierte Schwefelsäure) sterilisiert. Da aber gleichzeitig die zu sterilisierenden Gegenstände angegriffen werden, sind Sterilisationsmittel praktisch nur diejenigen, die hauptsächlich gegen Keime gerichtet sind. Bewährt haben sich:

- **Detergentien:** Stoffe mit lipophilen und hydrophilen Gruppen, die die lipidhaltigen Zellwände auflösen.
- **Alkylantien:** Verbindungen, die Alkylgruppen auf labile Funktionen, wie sie in biologischem Material vorkommen, übertragen. Bewährt haben sich besonders Formalin (37% Formaldehyd) und Ethylenoxid.
- **Phenol:** Durch seinen Benzolring und die OH-Gruppe hat es sowohl Eigenschaften eines Detergens als auch eines Wasserstoffbrücken-Brechers.
- **Alkohole:** Ähnlich wirken auch die aliphatischen Alkohole. Bewährt haben sich hochkonzentriertes Ethanol oder Isopropanol: $(CH_3)_2CHOH$
- **Oxidationsmittel:** Jod, Hypochlorit, Chlor, H_2O_2.
- **Schwermetall-Ionen:** Viele Schwermetall-Ionen sind stark toxisch für Zellen, so z. B. Silbernitrat als Gonorrhoe-Prophylaxe. Früher wurden Quecksilber-Salze eingesetzt. Ihr Gebrauch ist heute zweifelhaft bzw. nicht angebracht.

Antibiotica und Chemotherapeutica sind spezifisch gegen pathogene Keime gerichtet

Die Mittel der Sterilisation töten generell Zellen. Gezielt, d. h. spezifisch, gegen bestimmte Gruppen von pathogenen Keimen sind Antibiotica bzw. Chemotherapeutica gerichtet. Die Einführung des Salvarsans (ein Arsen-Derivat zur Bekämpfung der Syphilis) durch **Paul Ehrlich** bzw. die Erfindung der Sulfonamide durch **Domagk** eröffneten das Zeitalter der **Chemotherapie** und die Entdeckung des Penicillins durch **Fleming** das der **Antibiotica.** Die gesetzlich vorgeschriebene Behandlung der Augen aller Neugeborenen, z. B. mit 1%iger Silbernitrat-Lösung als Gonorrhoe-Prophylaxe, war in den Industrienationen ein Durchbruch im Kampf gegen die gonorrhoeische Erblindung.

Chemotherapeutica bzw. Antibiotica interferieren mit zentralen biochemischen Reaktionen von Mikroorganismen (Rep. 10.**9**, 10.**10**). Sie tun dies teilweise sehr spezifisch. Das klassische Beispiel ist die **kompetitive Hemmung** (Konkurrenz) der Folatsynthese durch die Sulfonamide.

Die wirksame Grundstruktur dieser Klasse ist die p-Aminophenylsulfonsäure, die in ihrer Struktur der p-Aminobenzoesäure sehr ähnlich ist (Abb. 10.**14**).

Tetrahydrofolat ist ein notwendiger Cofaktor bei der Übertragung von **C_1-Bausteinen,** wie sie z. B. bei der Synthese von Pyrimidin- und Purinbasen, den Bausteinen der Nucleinsäuren, notwendig sind. Die **Sulfonamide,** die der **p-Aminobenzoesäure** ähnlich sind, hemmen die Bildung der Folsäure der Mikroorganismen, die dadurch nicht mehr lebensfähig sind. Der Mensch

Rep. 10.**8** Möglichkeiten zum Abtöten von Bakterien

Desinfektion: Tötung von pathogenen Keimen, ohne die biologische Umgebung zu schädigen

Sterilisation: Abtöten aller lebender Zellen

Methoden der Sterilisation

1. Physikalische Mittel
   - Autoklavieren: feuchte Hitze (> 120 °C; 1–2 · 10^5 Pa; > 15 min) (bakteriocid)
   - Sterilisieren: trockene Hitze (180 °C; > 1 h) (bakteriocid)
   - Pasteurisieren: z. B. Milch (> 72 °C; > 15 s) (bakteriostatisch)
   - Filtrieren: Membranfilter kleiner Porengröße (bakteriocid)
   - Bestrahlen: ionisierend (Röntgen-, γ-Strahlen) nicht-ionisierend (UV) (bakteriostatisch)
2. Chemische Mittel (meist bakteriostatisch)
   - Detergentien: lösen Zellmembranen auf
   - Alkylantien: Formaldehyd (Formalin 35%ig), Glutaraldehyd
   - Phenole: zerstören Membranen, denaturieren Proteine
   - Alkohole: Isopropanol, Ethanol
   - Oxidationsmittel: Jod, Chlor, Hypochlorid, H_2O_2
   - Schwermetall-Ionen: Silber (1%ige Silbernitrat-Lösung); Kupfer (Kupfersulfat); Quecksilber-Salze
3. Antibiotica und Chemotherapeutica s. Rep. 10.**9**

Rep. 10.**9** Chemotherapeutica und Antibiotica

Wirkungsprinzip	Störung zentraler biochemischer Prozesse der Mikroorganismen **ohne** Schädigung des Wirtes
Gefahren	Resistenzausbildung Überempfindlichkeiten – Allergien Schädigung der normalen Bakterienflora: – Haut wird anfällig für Pilzinfektionen – im Darm mangelnde Vitaminproduktion
Bakteriozid	Abtötung der Keime; hohe Dosierung; kurze Behandlung!
Bakteriostatisch	Hemmung des Keimwachstums; Organismus überwindet inzwischen aus eigener Kraft die Infektion; lange Behandlung!

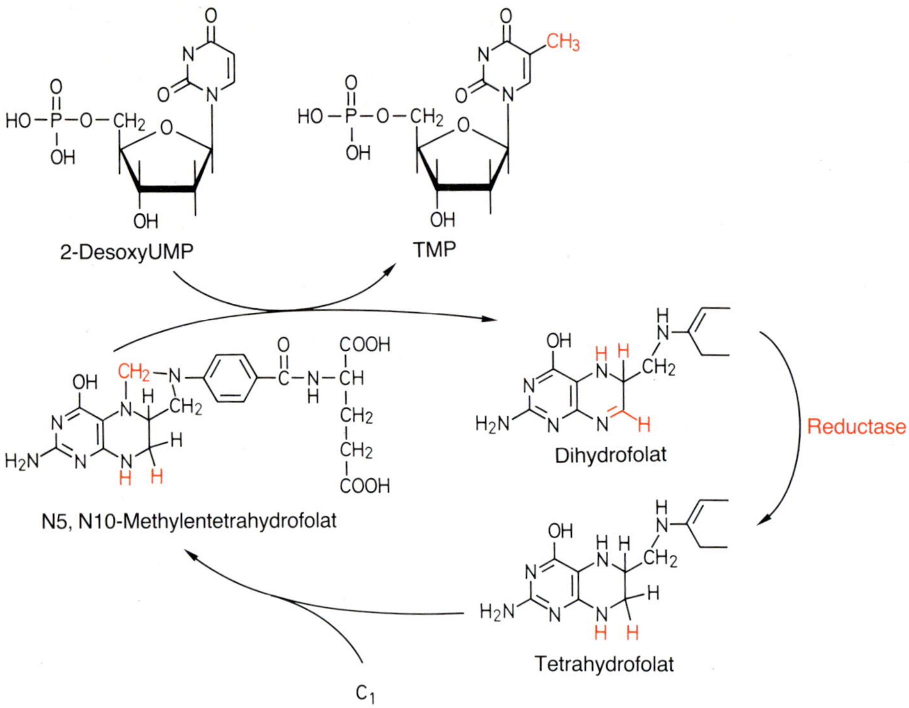

Abb. 10.**12** **Rolle von Tetrahydrofolat bei der Thymidin-Synthese**
Tetrahydrofolat überträgt die Methylgruppe und überführt dadurch UMP zu TMP

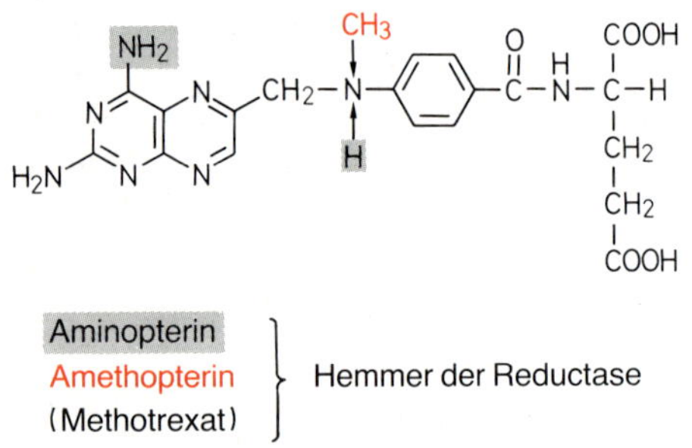

Abb. 10.**13** **Hemmer der *Folatreductase***

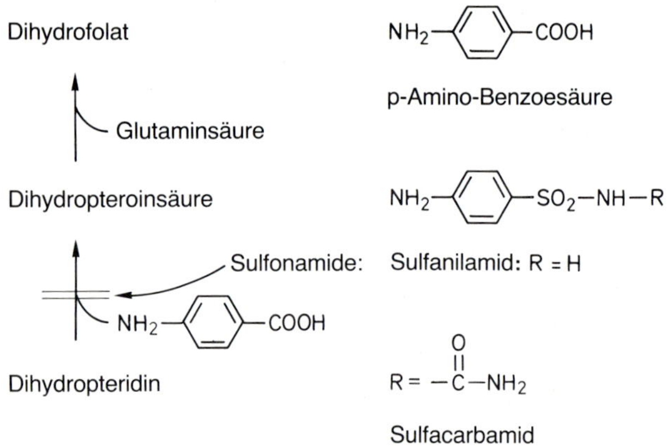

Abb. 10.**14** **Wirkung der Sulfonamide**
Sulfonamide wirken als kompetitive Hemmer der *p*-Aminobenzoesäure und verhindern damit die Folat-Synthese

synthetisiert keine Folsäure. Sie wird über den Darm aufgenommen. Damit sind Sulfonamide spezifisch gegen Mikroorganismen gerichtet. Noch an einer anderen Stelle greifen chemische Substanzen in die C_1-Übertragung ein. Um C_1-Bruchstücke übertragen zu können, wird die Folsäure in Tetrahydrofolsäure überführt (Abb. 10.**12**). Die für diesen Schritt notwendige *Reductase* wird durch **Trimethoprim** (Amethopterin, Abb. 10.**13**) gehemmt. Da in diesem Fall auch der Mensch, nicht nur Mikroorganismen, diese Reaktion durchführt, werden auch seine Zellen von Trimethoprim geschädigt. Dieses Chemotherapeuticum ist ein unspezifischer Inhibitor.

Infolge der Hemmung der Synthese bzw. der Reduktion kommt es zu einem Mangel an Tetrahydrofolsäure (Abb. 10.**12**–10.**14**). Die Nucleotide, die Vorstufen der Nucleinsäuren, werden nicht ausreichend gebildet, und damit wird indirekt die **Synthese von Nucleinsäure gehemmt.** Dies kann durch verschiedene Antibiotica auch direkt erfolgen. **Rifamycin** (bzw. Rifampicin) bindet z. B. an prokaryontische DNA-abhängige *RNA-Poly-*

Rep. 10.**10** Chemotherapeutica und Antibiotica

Name	Wirkungsmechanismus
Hemmer der Translation	
– Chloramphenicol	bindet an 50-S-Untereinheit der Prokaryonten-Ribosomen Vorsicht:
– Erythromycin	Mitochondrien-Ribosomen
– Tetracyclin	bindet an Ribosomen
– Lincomycin	bindet an Ribosomen
– Streptomycin – Neomycin – Kanamycin – Gentamycin	(Aminoglycoside)
– Puromycin	Kettenabbruch! Lagert sich statt Tyrosyl-tRNA in die A-Stelle der Ribosomen ein
Antimetaboliten	
– Sulfonamide (synthetisch)	hemmen die Folat-Synthese
Membran- und Zellwand-aktive Antibiotica	
– Penicillin	verhindert Murein-Neusynthese
– Bacitracin (Polypeptid)	Änderung der Permeabilität
– Polymyxin B (Polypeptid)	Anlagerung an Phospholipide
– Gramicidin	Änderung der Permeabilität
– Nystatin	Schädigung der Plasmamenbran der Pilze
DNA-Stoffwechsel-Inhibitoren	
– Nalidixinsäure (synth.) – Novobiocin	verhindert bakterielle DNA-Synthese (Topoisomerase II)
– Trimethoprim (synth.)	stört Nucleotidsynthese
– Mitomycin	Schädigung der DNA
Hemmer der RNA-Synthese	
– Rifampicin	bindet an prokaryontische *RNA-Polymerase*
– Actinomycin D	bindet an DNA

merase und blockiert dadurch die RNA-Synthese. Eukaryontische *RNA-Polymerase* wird durch Rifamycin nicht gehemmt. Dieses Antibioticum ist somit spezifisch gegen Bakterien gerichtet. Es wird besonders bei Tuberkulose und Lepra angewandt. Im Gegensatz zu Rifamycin hemmt α-**Amanitin,** ein Gift des Knollenblätterpilzes *Amanita phalloides,* die *RNA-Polymerase II* des Menschen, nicht aber bakterielle Enzyme. Auch andere Enzyme, die im Nucleinsäure-Stoffwechsel eine Rolle spielen, können gehemmt werden, wie z. B. die *Topoisomerase,* die durch **Novobiocin** oder **Nalidixinsäure** inhibiert wird. Alternativ gibt es Wirkstoffe, die mit DNA direkt reagieren und dadurch die Nucleinsäure-Synthese hemmen **(Actinomycin D, Adriamycin, Mitomycin)** (Rep. 10.**10**).

Ein weiterer zentraler Angriffspunkt für Antibiotica ist die Proteinsynthese **(Translation).** Auch dabei gibt es Wirkstoffe, die spezifisch die bakterielle Proteinsynthese blockieren **(Chloramphenicol, Erythromycin, Lincomycin, Tetracyclin, Neomycin, Streptomycin).** Unspezifisch wirkt dagegen **Puromycin.**

Antibiotica können auch ihre Wirkung gegen die **Zellmembranen** richten. Polymyxine stören spezifisch prokaryontische Zellmembranen, während Polyene besonders die Zellmembranbildung von Pilzen hemmen. Diese Möglichkeit zur Spezifität bei der Wirkungsweise an Membranen resultiert aus den unterschiedlichen chemischen Zusammensetzungen der Membranen.

Das **Murein** der bakteriellen Zellwand ermöglicht eine weitere spezifische Schädigung, da nur Bakterien Murein besitzen. Die Synthese der zweidimensionalen Murein-Struktur kann durch **Penicillin-Abkömmlinge** gehemmt werden. Beim Zellwachstum und der damit verbundenen Murein-Vergrößerung werden lokal Bindungen geöffnet, die, nach Einsetzen weiterer Bausteine, wieder geschlossen werden müssen. Penicillin inhibiert dieses Schließen. Zu dieser Gruppe gehören **Vancomycin, Cephalosporine** und **Bacitracin.**

Resistenz ist eine Gefahr der Anwendung von Antibiotica

Ebenso vielfältig wie die Wirkungsmechanismen sind die Möglichkeiten der Entwicklung von Antibiotica-Resistenz. Von größter Bedeutung sind dabei die **genetisch bedingten Resistenzen.** Durch spontane Mutation können in einer Population ein oder einige Individuen mutieren, was eine Veränderung des Angriffspunkts des Wirkstoffs zur Folge hat. Alle nicht mutierten Bakterien werden dann durch das Antibioticum gehemmt. Die wenigen mutierten Zellen wachsen weiter. Unter diesem Selektionsdruck werden resistente Bakterien selektioniert. Die bedenkenlose Anwendung von Antibiotica ist immer mit der Gefahr der Aufzucht von resistenten Bakterien verbunden. Routinemäßige Beimischungen von Antibiotica zum Viehfutter oder in Zahnpasta sind deshalb gemeingefährlich! Der hohe Prozentsatz resistenter Stämme ist ein Resultat unbedachter Anwendung von Antibiotica. Grundsätzlich müssen Antibiotica deshalb in genügend hohen Dosen gegeben werden, damit die Konzentration im Organismus hoch genug ist, um die Bakterien zu töten! Kombination von zwei oder mehreren verschiedenen Antibiotica ist empfehlenswert, weil dadurch auch die Mutanten getötet werden.

Noch gefährlicher als chromosomale Mutanten sind Antibiotica-Resistenzen, die durch **Resistenz-Faktoren** übertragen werden. Das sind extrachromosomale genetische Elemente, Plasmide, also DNAs, die meistens Resistenzen gegen mehrere Antibiotica-Gruppen gleichzeitig hervorrufen. Diese Resistenz-Plasmide können nicht nur durch Zellteilung, sondern auch horizontal von Zelle zu Zelle weitergegeben werden. Das erfolgt entweder über Transduktion mittels eines Phagen oder durch die bakterielle Sexualität, die Konjugation.

Antibiotica-Resistenz kann durch Inaktivierung der Antibiotica oder durch Veränderung des Wirkungsziels erfolgen

Bei der Resistenzbildung durch chromosomale Mutation wird meistens der Angriffspunkt des Wirkstoffs verändert. Gibt man z. B. zu einer Population von 10^8 Bakterien Rifampicin, dann wird nach einiger Zeit die Kultur resistent gegen Rifampicin sein. Die resistenten haben die abgetöteten empfindlichen Zellen überwuchert. Die biochemische Analyse dieser resistenten Kultur ergibt zwei Bakterientypen: Der eine nimmt Rifampicin nicht mehr auf (bzw. nur, wenn die Konzentration wesentlich erhöht wird), der andere verfügt über eine mutierte *RNA-Polymerase.* Rifampicin bindet nicht mehr (oder viel weniger) an dieses bakterielle Enzym. Bei näherer Untersuchung zeigt sich, daß die Untereinheit β', die den hemmenden Wirkstoff bindet, eine veränderte Proteinkette hat. Der durch Mutation erfolgte Aminosäure-Austausch kann direkt nachgewiesen werden. Bei dem resistenten Bakterien-Typ mit verminderter Antibiotica-Aufnahme ist die Zellwand verändert, so daß der Wirkstoff nicht mehr in die Zelle gelangen kann. Eine derartige Mutation zur Resistenz ist generell bei jedem Antibioticum möglich (Rep. 10.**11**).

Ein weiterer **Resistenz-Mechanismus** besteht darin, das in die Zelle gelangte Antibioticum durch ein eigenes zu diesem Zwecke gebildetes Enzym zu **modifizieren** und damit für die Zelle unschädlich zu machen. Zur Modifikation gibt es mehrere Möglichkeiten: entweder spezifischer Abbau (z. B. Spaltung der Penicilline durch *β-Lactamase*) oder Kopplung mit Phosphat aus ATP, mit ADP-Ribose aus NAD bzw. mit Acetat aus Acetyl-CoA:

Chloramphenicol + AcetylCoA → Acetylchloramphenicol + CoA

Auf diesem Weg wird von resistenten Mikroorganismen das Antibioticum Chloramphenicol entgiftet. Das Enzym, die *Chloramphenicolacetyl-Transferase,* wird von einem Resistenz-Plasmid codiert. Entsprechend sind die anderen Modifikationsreaktionen Produkte derartiger Plasmide.

Unter Umständen kann bei der Mutation des Angriffsortes eines Wirkstoffs die Veränderung so stark sein, daß die betreffende Funktion nur noch in Anwesenheit des Antibioticums ausgeübt werden kann. Streptomycin kann z. B. bei Mutation zu Streptomycin-Resistenz zu Streptomycin-abhängigen Bakterien führen. Diesen gilt besonderes wissenschaftliches Interesse.

Rep. 10.**11** Antibiotica-Resistenz

1. Antibiotica-haltiges Medium selektioniert die Resistenzmutanten
   Mutations-rate: $10^{-5}-10^{-9}$ (spontan)
   d. h. eine resistente Mutante pro 10^5-10^9 Zellen führt z. B. nach 12 Stunden zu 1000 Zellen!
   deshalb: möglichst mehrere Antibiotika gleichzeitig nehmen
2. Resistenz-Faktoren:
   - Plasmide mit Genen für Resistenz gegen ein oder mehrere Antibiotica oder Chemotherapeutica
   - horizontale Weitergabe durch Konjugation
3. Mechanismus der Resistenzen:
   a) Veränderung der Zellwand
      - die Aufnahme wird eingeschränkt
   b) Modifikation der Antibiotica
      - Abbau bzw. Spaltung des Antibioticums
      - Kopplung an Phosphat (aus ATP)
      - Kopplung an Acetat (aus Acetyl-CoA)
4. Resistenzbestimmung:
   - Bakterienrasen auf Agarplatte aufwachsen lassen
   - Auflegen von Filterpapierchen mit Antibiotica
   - Hofbildung durch Abtötung der Bakterien, falls diese nicht resistent sind

Bestimmung der Antibiotica-Resistenz erfolgt über Wachstumshemmung

Aus klinischer Sicht ist es wichtig zu wissen, gegen welche Antibiotica eine Kultur empfindlich ist. Im einfachsten Fall werden entsprechende Wirkstoffe zu wachsenden Kulturen gegeben, und nach einiger Zeit wird gemessen, ob sich die Zellen vermehrt haben. Das kann meistens schon an der Trübung des Mediums abgelesen werden. Um gleichzeitig mehrere Antibiotica zu testen, werden auf einer Petrischale gleichmäßig die zu testenden Bakterien ausgesät und kleine Filterpapierstücke, die mit jeweils einem Wirkstoff getränkt sind, aufgelegt. Um diese Schnitzel entstehen Höfe, aus deren Größe, der Wachstumsgeschwindigkeit der Bakterien und der Konzentration des Antibioticums gewisse Abschätzungen über die Empfindlichkeit der Bakterien vorgenommen werden können.

Die Anwendung von Antibiotica hat auch Gefahren

Neben der Selektion von resistenten Bakterienstämmen besteht die Gefahr der Ausbildung von Überempfindlichkeiten und Allergien. Deshalb sollte in Zweifelsfällen immer geprüft werden, ob eine **Antibiotica-Unverträglichkeit** gegeben ist (Rep. 10.**9**).

Komplikationen bei der Verabreichung von Antibiotica können in Nebenwirkungen bestehen, die durch **eingeschränkte Spezifität** verursacht werden. Ein klassisches Beispiel dafür ist Chloramphenicol, das in der prokaryontischen Translation wirkt. Es hemmt aber auch die mitochondriale Proteinsynthese. Allerdings muß es dazu erst durch die Zellmembran und durch das Cytoplasma bis in die Mitochondrien gelangen. Trotz des komplizierten Weges hat das Chloramphenicol speziell in hohen Dosierungen Nebenwirkungen, die sich besonders negativ auf die Blutbildung auswirken. Es kann zur Ausbildung aplastischer Anämie kommen.

Vernachlässigt darf auch nicht der schädigende Einfluß auf die normale **Bakterienflora** des Menschen werden. Bei oraler Gabe von Antibiotica kann die normale Darmflora abgetötet werden. Da aber die Symbiose mit den „normalen" Darmbakterien für den Menschen notwendig ist, muß nach Absetzen der Therapie für Reetablierung einer gesunden Darmflora Sorge getragen werden. Die Darmbakterien versorgen den Menschen mit einigen wichtigen Produkten, die Vitamin-Charakter haben, wie z. B. dem „intrinsic factor", der für die Resorption des Vitamin B_{12} essentiell ist, und mit Vitamin K.

Ebenso besteht bei der Abtötung der physiologischen Bakterienflora auf der Haut die Gefahr der Ausbreitung von pathogenen Keimen, z. B. von Pilzen.

Bakterien synthetisieren auch Antibiotica und Toxine

Einige Bakterien bilden stark wirksame Substanzen, **Toxine** bzw. Antibiotica, die gegen andere Mikroorganismen oder auch gegen die Wirtsorganismen gerichtet sein können (Rep. 10.**12**). Streptomyceten aus der Gruppe der Actinomyceten bilden viele der bekannten Antibiotika (bis auf Penicillin, s. Rep. 2.**17**). **Gegen Bakterien** sind die Oligopeptide Tyrocidin *(Bacillus brevis),* Bacitracin *(B. licheniformis)*, Gramicidin S *(B. brevis)* und Enniatin *(Fusarium oxysporum)* gerichtet. Diese Peptide werden nicht auf dem Weg üblicher Protein-Synthese gebildet, sondern nicht ribosomal an Multienzymkomplexen. Diese Substanzen haben Antibiotica-Charakter und wirken wahrscheinlich über die Störung der Membranen.

Rep. 10.**12** Bakterielle Toxine gegen andere Mikroorganismen

Oligopeptide	Tyrocidin, Bacitracin, Gramicidin, Enniatin	Störung der Membran, Antibiotica-Charakter
Colicine		

Von *Escherichia coli* (Darmbakterien) werden die **Colicine** gebildet, die für andere Bakterien giftig sind. Einige **Colicine** (E1, Ia, K) wirken, indem sie in die Membran der Bakterien inserieren und dort Ionen-Kanäle bilden. Dadurch werden diese Zellen getötet. *Colicin E3* ist eine sehr spezifische RNAase, die die 16S-RNA der Ribosomen spaltet und damit die Proteinsynthese inaktiviert. *Colicin E2* ist eine spezifische Endo-DNAase, die die DNA der Zielzelle zerstört. Ähnliche Toxine wie die *Colicine* werden auch von anderen Bakterien produziert. Die Anwendung von *Colicinen* als Antibiotica steht noch bevor.

Bakterielle Toxine werden entweder von den lebenden Bakterien produziert und ausgeschieden **(Exotoxine)** oder sind Bestandteile der Zellwand **(Endotoxine)** und werden erst bei deren Zerstörung freigesetzt, z. B. als Folge der Abwehrreaktion des Organismus. Diese Endotoxine sind zumeist Lipopolysaccharide, die relativ hitzestabil sind.

Die **Exotoxine** sind **krankheitsspezifisch** und ursächlich am entsprechenden Krankheitsbild beteiligt: **Diphterie-Toxin** ist ein Exotoxin, das vom *Corynebacterium diphteriae* produziert wird, und das das pathogene Prinzip der Diphterie darstellt.

Es ist ein Polypeptid mit einer rel. Molekularmasse von 62000, das proteolytisch in zwei Fragmente (A-24000 und B-38000) gespalten wird, die über eine S-S-Brücke verbunden bleiben. B vermittelt den Transport von A in die Zelle, in der es dann den eukaryontischen Elongationsfaktor eEF2 der Translation durch ADP-Ribosylierung inaktiviert. Dabei wird aus dem Nicotinamidadenindinucleotid (NAD) das Nicotinamid abgespalten und der Rest Ribose-P-P-Ribose-A auf den Elongationsfaktor 2 übertragen. Sehr ähnlich wirkt das Toxin von *Pseudomonas aeruginosa,* ein Bakterium, das u. a. in Verbindung mit Hospitalismus gefürchtet ist.

Cholera-Toxin ist das Exotoxin von *Vibrio cholerae,* und wie beim Diphterie-Toxin ist das enzymatische Prinzip eine *ADP-Ribosyl-Transferase.* Das Choleratoxin setzt den Inaktivierungsmechanismus der *Adenylatcyclase* außer Kraft. Dadurch wird unter dem Einfluß des Toxins von der Zelle maximal cyclisches AMP, ein Regulatormolekül, synthetisiert. Die Folge der hohen Konzentration an cyclischem AMP sind eine gesteigerte Ausscheidung von

Wasser im Darm und Störungen im Ionenhaushalt, die als Diarrhoe in Erscheinung treten.

Einige Stämme von *Escherichia coli* und von *Salmonella typhimurium* bilden sehr ähnliche Toxine.

Botulinum-Toxin wird von *Clostridium botulinum,* einem strengen Anaerobier, produziert. Es hemmt die präsynaptische Ausschüttung des Neurotransmitters Acetylcholin und führt dadurch zu motorischen Lähmungen. **Tetanus-Toxin** stammt von *Clostridium tetani,* das sich anaerob im infizierten Gewebe vermehrt und ein starkes Neurotoxin produziert. Wahrscheinlich wird in diesem Falle der Abbau von Acetylcholin gehemmt. Dadurch kommt es zur Dauererregung der motorischen Endplatten.

Gasbrand-Toxin von *Clostridium perfringens* ist primär gegen einen Zellmembran-Bestandteil gerichtet, das Lecithin. Es zerstört die Membranen des Wirts und zersetzt dadurch progressiv das befallene Gewebe.

Bakterien können auch Enzyme ausscheiden (Exoenzyme)

Einige Mikroorganismen **scheiden Enzyme aus,** die ähnlich wie Toxine, für die Pathogenität eine ursächliche Rolle spielen. Als Beispiel sollen Streptokokken und Staphylokokken dienen. Streptokokken sind kugelförmig, zumeist in Ketten angeordnet und gehören zur normalen menschlichen Flora. Einige Stämme sind Erreger von Krankheiten wie z. B. Endokarditis mit ihren indirekten Folgen wie rheumatischem Fieber und Glomerulonephritis, der Streptokokken-Angina oder der Sepsis. **Streptokokken** können pathogen verschiedene Enzyme ausscheiden, u. a.

- *Streptokinase:* Sie aktiviert das Fibrin-abbauende System.
- *Erythrogenes Toxin:* Es ruft das Scharlachexanthem hervor und wird von einem lysogenen Virus codiert.
- *Hämolysin:* Es lysiert Erythrocyten.
- *Streptodornase:* Es ist eine *DNAase.*
- *Hyaluronidase:* Dieses Enzym spaltet die Kittsubstanz des Bindegewebes, die Hyaluronsäure.

Staphylokokken sind ebenfalls kugelförmig, aber unregelmäßig angeordnet. Sie verursachen Furunkel und lokale Abszesse. Besonders gefürchtet ist die Osteomyelitis. Auch an schweren Aknen sind Staphylokokken häufig beteiligt. Aber auch Eiterherde in anderen Organen werden durch sie hervorgerufen, wie z. B. Meningitis, Pneumonie oder Endokarditis. Andererseits gehören gewisse Staphylokokken-Stämme zur gesunden Flora. Wie Streptokokken scheiden Staphylokokken eine Reihe von Exoenzymen aus: *Hyaluronidase, Staphylokinase, Lipase, Proteinase.* Daneben bilden sie auch Enzyme, die wegen ihrer Toxizität Toxine genannt werden: *Leukoci-*

Rep. 10.**13** Bakterielle Toxine gegen Wirtsorganismen

Exotoxine: hoch wirksame Gifte, die **krankheitsspezifisch** sind
- Diphtherie-Toxin (Corynebacterium diphtheriae)
  Polypeptid: Fragment A;
  Fragment B inaktiviert Elongationsfaktor eEF II der eukaryontischen Proteinbiosynthese
- Botulinum-Toxin (Clostridium botulinum)
  hemmt präsynaptische Ausschüttung des Neurotransmitters Acetylcholin → motorische Lähmung
- Gasbrand-Toxin (Clostridium perfringens)
  wirkt gegen Lecithine der Zellmembran → gewebszerstörend
- Tetanus-Toxin (Clostridium tetani)
  hemmt Abbau von Acetylcholin → Dauererregung der motorischen Endplatten
- Entero-Toxin (Staphylococcus)
  wirkt auf das Zentralnervensystem → Erbrechen, Diarrhoe
- Cholera-Toxin (Vibrio cholerae)
  verhindert Inaktivierung der *Adenylatcyclase* cyclisches AMP ↑↑ : H_2O wird aus dem Darm ausgeschieden → Störung im Ionenhaushalt → Diarrhoe

Endotoxine sind nicht krankheitsspezifisch! verantwortlich für allgemeine Symptome wie: Fieber, Schwäche, Schmerzen, Schock. Bestandteile der Zellmembran: Lipide, Kohlenhydrate z. B. Pyrogen: Lipopolysacchardid; werden erst freigesetzt, wenn die Zellstruktur zerstört wird

Exoenzyme werden von Bakterien ausgeschieden (Vorbereiter der Invasion)

Streptokokken
- *Streptokinase* aktiviert Fibrin-abbauendes System und erleichtert somit die Krankheitsausbreitung
- Erythrogenes Toxin ruft Scharlacherythem hervor
- Hämolysin lysiert Erythrocyten
- *Streptodornase* hat *DNAase*-Aktivität
- *Hyaluronidase* } zerstören das Bindegewebe
- *Kollagenase* }

Staphylokokken
- Leukocidin zerstört die weißen Blutzellen
- *Coagulase* fördert die Blutgerinnung, Fibrin maskiert Bakterien
- *Hyaluronidase*
- *Staphylokinase*
- *Lipasen*
- *Proteinasen*

din tötet Leukocyten. *Exotoxin* verursacht Nekrosen und hat hämolytische Wirkung. *Enterotoxin* wirkt auf das Zentralnervensystem (Brechreiz). *Coagulase* führt zur Blutgerinnung, auch in Abwesenheit von Ca^{2+}. Mit dem präzipitierten Fibrin können sich die Staphylokokken maskieren und sind dann dem immunologischen Abwehrsystem des Wirtes nicht mehr zugänglich (Rep. 10.**13**).

Die von den Bakterien ausgeschiedenen Enzyme und Toxine sind für die **Pathogenität** verantwortlich. Die Enzyme bereiten die Invasion der Keime vor, und die Toxine schädigen die befallenen Gewebe. Ebenfalls entscheidend für die Pathogenität von Bakterien ist die Struktur der Zellwand. So hängt z. B. bei Pneumokokken die Pathogenität von einer Polysaccharid-Kapsel ab. Ein Stamm, der die Fähigkeit verloren hat, diese Kapsel zu synthetisieren, ist nicht mehr pathogen. Die DNA von kapselbildenden Zellen war in der Lage, apathogene Pneumokokken zur Kapselbildung zu veranlassen (s. Avery-Experiment, Kap. **2**) und sie dadurch zu einem pathogenen Stamm zu transformieren. Auch Antigen-Strukturen der Zelloberfläche vermitteln Pathogenität (Rep. 10.**14**).

Rep. 10.**14** Was bewirkt die Pathogenität von Bakterien?

Pathogenität: Fähigkeit, Krankheiten zu erzeugen

Virulenz: Stärke der Pathogenität (z. B. durch Zahl der eindringenden Mikroorganismen)
- Antigenwirkungen der Zellwandbestandteile
- Ausscheiden toxischer Stoffe: Exotoxine, Exoenzyme
- Freisetzung toxischer Stoffwechselprodukte und Endotoxine nach dem Zelltod
- Kapseln und spezifische Oberflächenproteine

Rep. 10.**15** Parasexualität: Möglichkeiten der interbakteriellen Übertragung von genetischem Material

- Transformation
  DNA wird von kompetenten Zellen aufgenommen und exprimiert
- Transduktion
  Transfer von Genen mit Hilfe eines transduzierenden Phagen
- Konjugation
  Transfer von Genen über Sexpili

10.1.8. Die genetische Konstellation von Bakterien kann durch DNA-Transfer verändert werden

Bakterien haben die Möglichkeit zum Austausch genetischer Information. Mehrere Mechanismen sind bekannt (Rep. 10.**15**).

Bei der Transformation wird DNA künstlich eingeführt

Bei der **Transformation** wird eine genetische Eigenschaft durch isolierte DNA auf ein Bakterium übertragen. So wurde z. B. mit dem Pneumokokken-Experiment erstmals bewiesen, daß DNA der Träger genetischer Information ist (s. Kap. **2**). Die Transformation ist ein häufig angewandtes Prinzip, um Bakterien – und nicht nur diese! – genetisch zu verändern. Sie ist ein Mittel zum Studium der genetischen Konstitution von Zellen. Durch Cotransformation kann z. B. die Kopplung von Genen untersucht werden. Dieser Vorgang hat besondere Bedeutung für genetische Studien an Mikroorganismen gewonnen, die für andere Techniken nur schlecht zugänglich sind. In neuerer Zeit hat die Transformation größte Bedeutung erlangt, da auch künstliche bzw. fremde Gene, die über Gen-Technologie erhalten wurden, eingeführt werden können.

Die Aufnahme von DNA hängt von der **Kompetenz** der Zellen ab. Nur eine kleine Fraktion einer Bakterienkultur ist jeweils kompetent. Dieser Zustand ist vom Teilungszustand abhängig. Die Biochemie der Kompetenz ist noch ungeklärt.

Bei der Transduktion wird ein DNA-Fragment von einer bakteriellen Zelle in eine andere übertragen

Ein lysogenes Virus kann ein DNA-Fragment aus seiner letzten Wirtszelle auf eine nächste übertragen. Bei der **spezifischen Transduktion** wird jeweils ein gleiches Stück DNA-Region des Wirts übertragen. Bei der **generalisierten Transduktion** wird mit Zufallsverteilung jede DNA-Region des Wirts übertragen (Rep. 10.**16** und 10.**17**). Im Regelfall ist die Transduktion ein seltenes Ereignis. Unter 10^5 bis 10^6 Viren transduziert eines. Das zu übertragende Wirtszellen DNA-Fragment ersetzt jeweils ein Stück Virus-DNA. Dadurch entstehen **defekte Viren,** die sich im neuen Wirt häufig nicht mehr vermehren können. Bei gleichzeitiger Infektion einer Zelle mit einem defekten und einem normalen Virus hilft das gesunde Virus dem defekten bei der Vermehrung. Das defekte Virus vermehrt das Wirtszellen DNA-Fragment gemeinsam mit

Rep. 10.**16** Generalisierte Transduktion

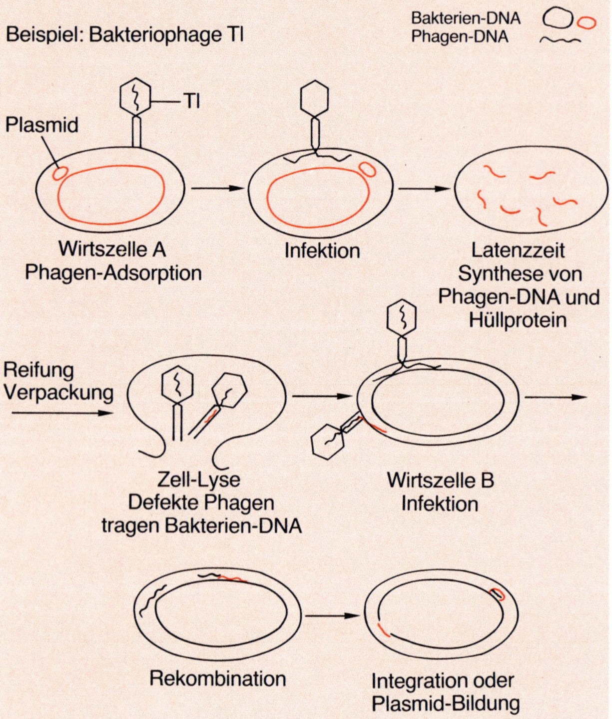

Jedes beliebige Bakterien-DNA-Stück kann, dem Zufall folgend, in den Phagenkopf verpackt werden, auch Plasmide. Nur einer von 10^5–10^6Phagen transduziert!

Rep. 10.**17** Spezifische Transduktion

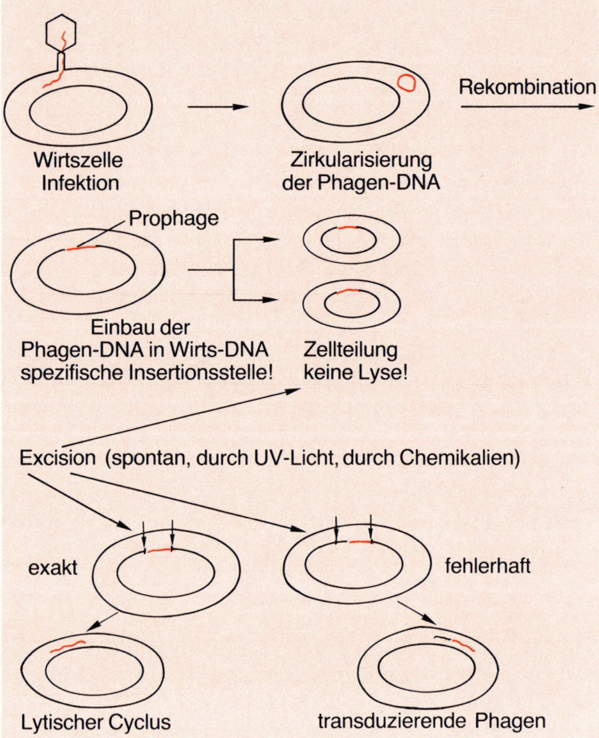

seiner eigenen DNA. Im Zell-Lysat finden sich dann 50% defekte Viren mit Wirtszellen DNA-Fragmenten und 50% intakte Viren. Dieses Viren-Gemisch ist in der Lage, in neue Wirtszellen in einem hohen Ausmaß zu transduzieren (hochfrequente Transduktion).

Bei der Sexduktion wird DNA durch Konjugation übertragen

Die größte Bedeutung für die Bakterien-Genetik (wie auch generell für die Bakterien) hat der Transfer genetischer Information mittels der **Sex-Faktoren,** die besonders intensiv bei *E.-coli*-K12-Stämmen untersucht wurden. Zellen, die den Sex-Faktor F **(Fertilitäts-Faktor)** besitzen, werden F^+ genannt und sind männlich. Fehlendes F wird als F^- markiert. Der F-Faktor liegt auf extrachromosomaler DNA, einem **Plasmid,** das in seltenen Fällen (10^{-5}) durch „crossing-over" in das Hauptchromosom eingebaut wird. Alle Abkömmlinge dieser Zellen (Klon) mit einem inserierten Sexfaktor werden bei der Sexduktion mit hoher Frequenz Wirtsgene mitübertragen **(Hfr: Hohe Frequenz des Gen-Transfers).** Der Prozeß der F-Faktor-Integration ist reversibel, so daß mit der Zeit aus Hfr-Stämmen wieder F^+-Stämme werden. Wird beim Ausbau des F-Faktors wirtszelleigenes Material mit ausgebaut, dann bezeichnet man einen solchen F-Faktor als F'.

Das **F-Faktor-Plasmid** trägt eine Reihe von Genen **(Tra-Gene),** die für die Konjugation notwendig sind. TraA codiert z. B. für das Protein der Sex-Pili, jene langen geißelförmigen Strukturen der F^+- bzw. Hfr-Zellen. Andere Gene verursachen die Inkompatibilität (Unverträglichkeit), die dafür sorgt, daß jede Zelle nur einen F-Faktor enthält.

Für den Transfer des Sex-Faktors, gleichgültig, ob er als Plasmid oder in integrierter Form vorliegt, wird zunächst der DNA-Doppelstrang in der Donorzelle durch eine *Endo-DNAase* in einem Strang geöffnet. Durch einen Sex-Pilus hindurch wird dieser DNA-Einzelstrang

Rep. 10.**18** Analyse der Anordnung von Genen mittels Konjugation

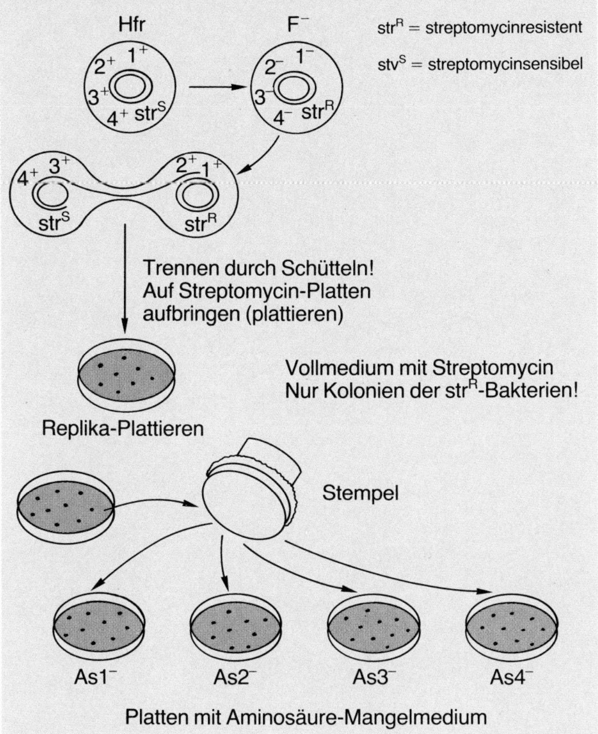

Rep. 10.**19** Konjugation

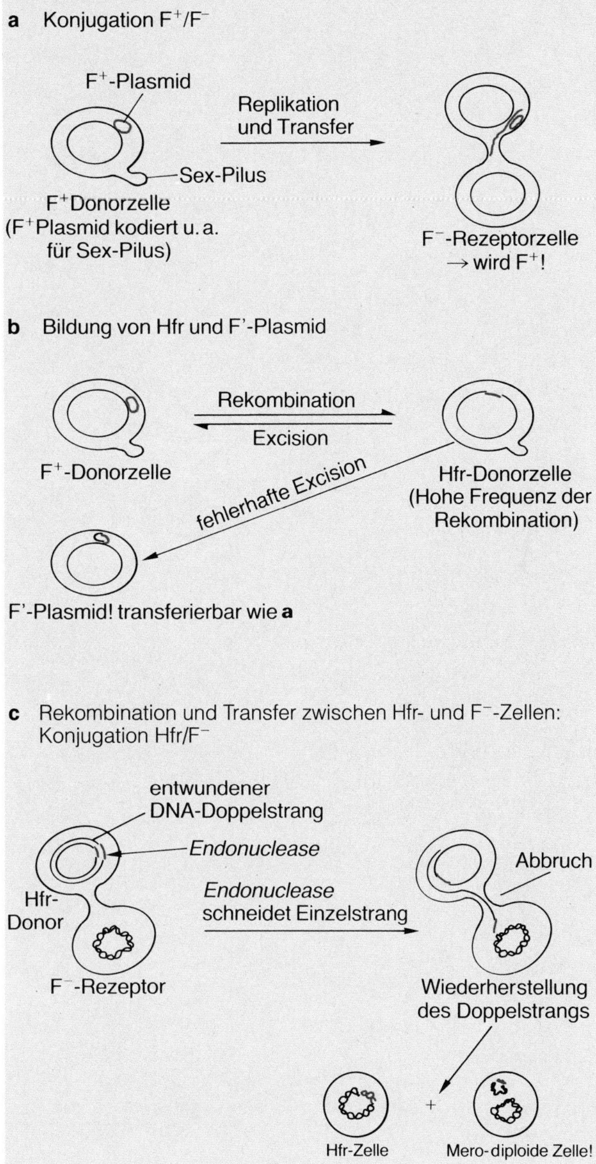

geschoben und gleichzeitig von der weiblichen Empfänger-Zelle zum Doppelstrang aufsynthetisiert. In der Donorzelle wird der verbleibende Einzelstrang ebenfalls zu doppelsträngiger DNA aufrepliziert (Rep. 10.**19**). Ist der F-Faktor ins Chromosom integriert, dann wird im Anschluß an den F-Faktor der DNA-Transfer mit chromosomaler DNA fortgesetzt. Dadurch gelangen in linearer Reihenfolge chromosomale Gene in die Empfängerzelle. Da bei einem Hfr-Klon der F-Faktor in allen Zellen an der gleichen Stelle in die Wirts-DNA integriert ist und die Transfer-Richtung immer die gleiche ist, ist die Reihenfolge des Transfers von Genen von deren Anordnung auf dem Chromosom abhängig.

Der Transfer der Gene kann durch Lösung des Sex-Pilus-Kontaktes z. B. durch Schütteln, jederzeit unterbrochen werden.

Aus dem zeitlichen Verlauf des Gentransfers lassen sich die **Genorte** auf dem Chromosom bestimmen. Mit Hilfe der Konjugation ist das Chromosom von *Escherichia coli,* dem populärsten Labor-Organismus, genetisch bestens charakterisiert worden (Abb. 10.**16**).

Wie sieht ein praktisches Experiment aus?

1, 2, 3, 4 seien z. B. Gene zur Synthese bestimmter Aminosäuren (Rep. 10.**18**). Es können alternativ auch Gene des Zuckerabbaus oder chromosomal codierte Antibiotica-Resistenz-Gene benutzt werden.

Im Experiment werden Hfr-$1^+2^+3^+4^+$-Zellen mit F^--$1^-2^-3^-4^-$-Zellen gemischt. Nach verschiedenen Zeiten werden Aliquots der Kultur entnommen, stark geschüttelt, um die Zellen zu trennen, und die Zahl der Rezipienten-Zellen bestimmt, die Gene erhalten haben. Außerdem wird festgestellt, ob die Zellen Gen 1, Gen 1 und 2, Gen 1

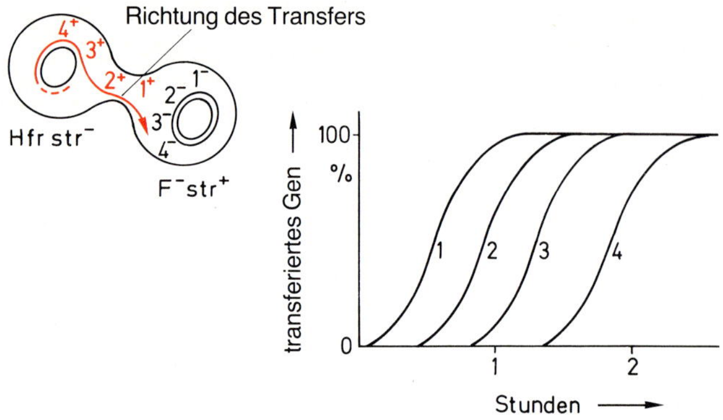

Abb. 10.**15** **Konjugation**
Die Anordnung von Genen auf einem Genom kann mit Hilfe der Konjugation bestimmt werden. Die relative Lage der Gene zum Start des Transfers bestimmt das Erscheinen der entsprechenden Genproduktion in der Akzeptorzelle

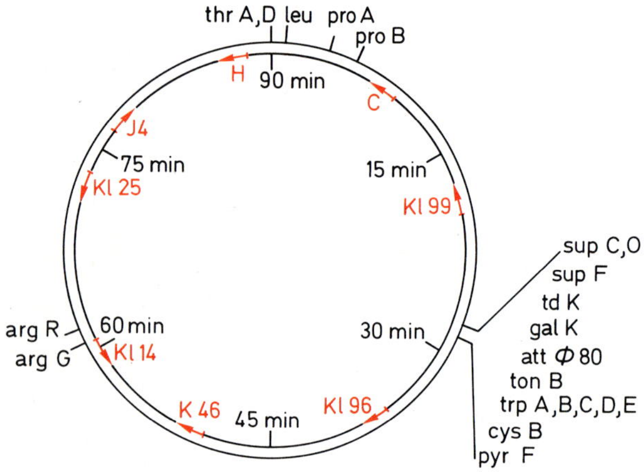

Abb. 10.**16** **Konjugation**
Startpunkte und Transferrichtungen einiger Hfr-Stämme sind am inneren Ring, der das in 90 Minuten unterteilte, ringförmige *E.-coli*-Chromosom darstellt, eingetragen. Auf dem Außenring sind einige Gen-Orte angegeben. So wird z. B. bei der Konjugation mit HfrC im Gegenuhrzeigersinn erst Prolin (pro), dann Leucin (leu), Threonin A, D (thr) und dann Arginin (arg R. G.) übertragen. Die Region zwischen Sup C-pyr F ist gespreitet. Es sind hier einander benachbarte Gene eingetragen, um zu zeigen, wie dicht das Chromosom mit Genen besetzt ist

und 2 und 3 oder alle Gene bekommen haben (Abb. 10.**15**). Dazu müssen Donor- von Akzeptorzellen unterschieden werden. Das geschieht z. B. mittels Streptomycin-Resistenz. Ist die Hfr-Zelle sensibel, die F⁻-Zelle aber resistent, dann werden nach Streptomycin-Beimischung nur die Rezeptorzellen überleben. Die Zellen werden demnach auf streptomycinhaltigen Agarplatten ausgesät. Die aufgewachsenen Kolonien werden mittels eines Samtstempels „Replika-plattiert", d. h., der Samtstempel wird einer frischen Agarplatte aufgedrückt. Diese enthält ein Medium, dem jeweils eine der Aminosäuren, für die die Gene 1, 2, 3, 4 codieren, fehlt. Es wachsen auf dem Mangelmedium nur die Kolonien der F⁻-Zellen, die aus der Hfr-Zelle Gene erhielten, die ihnen die Synthese der benötigten Aminosäure ermöglichen. So werden auf der Platte 1 nur diejenigen Kolonien wachsen, die beim Gentransfer aus der Hfr-Zelle Gen 1 bekommen haben, etc.

Resistenz-Faktoren werden durch Konjugation übertragen

Die **Resistenz-Faktoren** sind den F-Faktoren sehr ähnlich (Rep. 10.**20**). Die Transfer-Gene sind sogar in der Lage, sich gegenseitig zu ersetzen. Auch die R-Faktoren bilden Hfr-Stämme. Am effizientesten erfolgt der Gen-Transfer bei der Sexduktion innerhalb des gleichen Bakterienstammes, also z. B. bei *Escherichia coli K12*. Aber auch zwischen verwandten gram-negativen Bakterien erfolgt Gentransfer durch Konjugation. Z. B. können *E. coli, Shigella, Klebsiella, Pseudomonas* und *Citrobacter* oder *Salmonella* untereinander Gene mittels Konjugation übertragen.

Ein einmal angereicherter Resistenz-Faktor kann sich dadurch nicht nur im eigenen Stamm ausbreiten, sondern quer durch die Bakterienarten. Es bedeutet eine große Gefahr, wenn ein Resistenzfaktor aus einem harmlosen *E.-coli*-Bakterium auf einen hochpathogenen *Salmonella-Stamm* übertragen wird!

Anmerkung: F- oder R-Faktoren sind extrachromosomale DNA-Elemente. Sie sind große Plasmide mit Inkompatibilität. Jede Zelle enthält nur ein derartiges Plasmid. Kleine Plasmide, deren DNA-Größen im Bereich von einigen Millionen rel. Molekülmasse liegen, können in vielen Kopien in der Zelle vorliegen. In Gegenwart von Chloramphenicol reichern sich die kleinen Plasmide in der Zelle an. Diese Tatsache wird ausgenutzt, um künstlich eingeführte Gene in einer Zelle stark zu vermehren (s. Kap. **12**).

Bewegliche genetische Elemente, Transposons, sorgen für Mobilität der Gene innerhalb des Genoms

Die Verlagerung von genetischem Material innerhalb eines Chromosoms, aber auch von einem Chromosom auf ein Plasmid und vice versa wird von sog. **transponierbaren Elementen** bewerkstelligt. Solche Elemente werden auch **Insertions-Sequenzen** (IS) genannt. IS_1 bis IS_4 sind derartige Elemente bei *E. coli,* deren Sequenzen bekannt sind. IS_1 besteht aus ca. 800 Basenpaaren (bp): IS_2 aus ca. 1350. Von ersterem besitzt ein *E.-coli*-Chromosom ca. zehn, von letzterem ca. fünf Exemplare.

Der Einbau solcher Elemente folgt wahrscheinlich nicht dem üblichen Rekombinationsmechanismus (rec), sondern wird durch **illegitime Rekombination** mit Hilfe spezifischer Enzyme bewerkstelligt. Der Ausbau erfolgt exakt. Die DNA schließt sich anschließend wieder, als wäre nichts geschehen (Rep. 10.**21**).

Rep. 10.**20** Resistenzfaktoren

R-Faktoren = Resistenzplasmide

Sie tragen:

TRA-Gene +	Resistenzgene +	Inkompatibilitätsgene
↓	↓	↓
nötig zur Replikation und zum Transfer	oft mehrere gleichzeitig	nur 1 R-Plasmid pro Zelle!

→ bilden Hfr-Stämme
→ können zwischen verschiedenen Bakterienspezies übertragen werden; daher:
R-Plasmid von *E. coli* → *Salmonella* oder *Shigella*

Ein pathogenes Bakterium kann auf diese Weise therapieresistent werden!

Rep. 10.**21** Bewegliche, genetische Elemente

Insertions-Sequenzen (IS)

Lage	z. B. *E.-coli*-Chromosom F-Plasmide R-Plasmide
Struktur	bekannte Sequenzen definierter Länge z. B. IS_1: ≈ 800 Basenpaare; ≈ 10 Kopien pro *E.-coli*-Genom IS_2: ≈ 1350 Basenpaare; ≈ 5 Kopien pro *E.-coli*-Genom
Transposition	replikationsabhängig! Kopie wird eingebaut mittels „illegitimer Rekombination“
Wirkung	– Inaktivierung eines Gens (durch Transkriptions-Stopsignale) – Polarität der Gen-Expression in einem Operon – Anschaltung von Genen (durch Einführen von Promotorstrukturen) – Deletionen bzw. Inversionen in angrenzender DNA

Transposons

Lage	meistens auf Plasmiden
Struktur	Größe: 2500–20500 Basenpaare repetitive, invertierte Sequenzen „inverted repeats“ (IR) flankieren Gene bzw. Gengruppen (z. B. Antibiotica-Resistenz-Gene) IR können auch IS (z. B. IS_1) sein
Transposition	En-bloc-Bewegung der eingeschlossenen Gene z. B. auf andere Plasmide bzw. Chromosomen
Wirkung	z. B. sehr effektiver Transfer von Antibiotica-Resistenzen

Die Transposition dieser IS ist vermutlich kein „Wegspringen", sondern eng gekoppelt an die Replikation. Nach erfolgter Replikation erscheint eine Kopie des IS an neuer Stelle, während die eigentliche Insertions-Sequenz unverändert in ihrer alten Position bleibt. Damit diese Sequenzen durch Replikation nicht überhand gewinnen, werden einige ausgebaut, ohne wieder eingebaut zu werden. Derartige IS finden sich auf dem Bakterienchromosom, aber auch auf F- und R-Plasmiden. So geht z. B. die Integration des F-Faktors ins Bakterienchromosom zur Bildung einer Hfr-Zelle über Rekombination zwischen gleichem IS vonstatten.

Werden IS in Gene eingebaut, dann werden diese häufig inaktiviert. Transkriptions-**Stop-Signale** sind in den Insertions-Sequenzen häufig und führen zum Abbruch der Transkription. Aber auch **Promotor-Sequenzen** finden sich auf den transponierbaren Elementen und können gegebenenfalls ruhende Gene anschalten. Werden sie in ein Operon eingebaut, dann führen sie zu polaren Effekten in der Ausprägung der Strukturgene. Die an IS-Elemente angrenzende DNA wird auch häufig durch Deletionen oder Inversionen verändert.

Eine Sonderform derartiger transponierbarer Elemente bilden die **Transposons.** Sie sind größere Einheiten (zwischen 2500 und 20 500 bp lang) und liegen primär **auf Plasmiden,** können aber auf das Bakterienchromosom oder über Bakteriophagen-DNA übertragen werden. Ihr Aufbau ist folgendermaßen: Zwei gegenläufig orientierte, sich wiederholende Sequenzen **(IR = inverted repeats)** rahmen eine einfache DNA-Sequenz ein. Diese kann z. B. für ein Resistenz-Gen codieren. Sie kann aber auch Transpositionsgene enthalten oder das Gen für das *E.-coli* Enterotoxin oder solche für die Lactose-Verwertung. Große Transposons können mehrere Resistenz-Gene gleichzeitig enthalten. Die „Inverted repeats" können auch unabhängig Insertions-Sequenzen sein. So rahmen z. B. IS_1-Sequenzen das Gen für Chloramphenicol-Resistenz ein und machen es beweglich. Diese Transposons liegen auf Plasmiden, können aber auf das Bakterienchromosom transponiert werden und bilden ein erhebliches Problem bei der Antibiotica-Resistenz. Transposons sind demnach Gengruppen, die durch Insertions-Sequenzen flankiert sind und en bloc bewegt werden.

10.2. Spezielle Bakteriologie: Die Einteilung der Bakterien kann unter den verschiedensten Gesichtspunkten erfolgen

10.2.1. Bakterien werden nach ihrer Färbbarkeit in gram-positiv und gram-negativ eingeteilt

Auf der Basis der **Färbbarkeit** ist eine Grobeinteilung in **gram-positive, gram-negative** und **säurefeste** Bakterien möglich. Da die Gramfärbbarkeit mit der Verwandtschaft korreliert, ist auch heute noch diese Einteilung gebräuchlich. Zunächst werden die Bakterien mit Kristallviolett und Jod angefärbt. Praktisch lassen sich damit alle Stämme färben (Rep. 10.**22**). Gram-negative Bakterien werden durch anschließende Alkoholbehandlung entfärbt, während gram-positive Zellen gefärbt bleiben. Die Ursache für diese Reaktion ist im Wandaufbau zu suchen.

Säurefeste Bakterien behalten auch nach Behandlung mit alkoholischer Salzsäure ihre Färbung.

10.2.2. Bakterien können auch nach Gestalt oder nach physiologischen Kriterien eingeteilt werden

Einteilung nach

- ihrer Gestalt: **Kokken** (kugelförmig), **Stäbchen** oder **Schrauben,**
- der Möglichkeit, **Sporen** zu bilden oder nicht,
- auch die **Begeißelung** bzw. die Beweglichkeit charakterisiert Bakterien (Tab. 10.**8**, Rep. 10.**23**).

Mehr Aufwand erfordert die Charakterisierung durch

- **physiologische Leistungen,** wie verschiedene Stoffwechselleistungen,
- die **Serologie** oder
- die Rolle des **Sauerstoffs** für die Zelle: Man unterscheidet **Aerobier** (Sauerstoff-abhängig) von **Anaerobiern** (nicht Sauerstoff verbrauchend). Bei den Anaerobiern gibt es fakultative, die wahlweise mit oder ohne Sauerstoff leben können und obligate Anaerobier, die von Sauerstoff getötet werden.

Rep. 10.**22** Unterschiedliche Reaktion von Bakterien auf die Gram-Färbung

1 Färben mit Gentiana-Violett

2 Differenzierung mit Jod-Kaliumjodid

3 Entfärben mit Alkohol → säurefeste Bakterien entfärben nicht mit alkoholischer Salzsäure

4 Gegenfärben mit Fuchsin

gram-positiv	gram-negativ
1 und **2** bilden einen Komplex, der im Murein gefangen wird **3** und **4** sind blockiert	**3** Alkohol löst Lipoproteine auf → Entfärbung **4** Bakterium nimmt Fuchsin auf
nicht entfärbbar = gram-positiv	**entfärbbar = gram-negativ**

Tab. 10.**8** Einteilung der Bakterien

1. Gram-negative Bakterien

Bezeichnung	Bemerkungen	Pathogenität
Kokken		
Neisseria	– meist paarweise (Diplokokkus, unbeweglich, nierenförmig. Aerobier)	– normale Flora im Respirationstrakt
N. gonorrhoeae (Gonokokkus)	– $AgNO_3$-Prophylaxe	– Gonorrhoe – G. neonatorum
N. meningitidis		– Meningitis
Stäbchen	– Endotoxine, die zur Pyrogenfreisetzung führen (Fieber)	
Coli-Gruppe *Klebsiella* *Escherichia coli*	– dicke Stäbchen – Colicine – Hauptdarm-Bakterien	– Pneumonie – Darmstörungen
Serratia marcescens	Ursache fürchterlicher Pogrome im Mittelalter (Hostien-Verfärbung)	
Citrobacter proteus		– Gastroenteritis Sepsis – Harnweginfektionen
Enterobacter aerogenes		
Pseudomonas-Gruppe	– beweglich, dicke Stäbchen – starke Farbstoffe werden ausgeschieden	
P. aeruginosa	– Exotoxine wie Diphtherie-Toxin	– normale Flora – pathogen, wenn am „falschen Ort" – blaugrüner Eiter – Meningitis – Harnwegsinfektion
	– fluoreszierender Urin	– Pneumonie, Sepsis
Salmonella	– beweglich, aerob – dicke Stäbchen	
S. typhii S. parathyphii		– Typhus – Paratyphus
S. typhimurium	– viele nicht-pathogene Laborstämme	– Gastroenteritis
Shigella *S. dysenteriae*	– hitzelabiles Toxin	– normale Darmflora – Bakterienruhr
Vibrio	– gekrümmte Stäbchen beweglich, eine Geißel	
V. cholerae	– Toxin	– Cholera
Pasteurella	– kurze Stäbchen, wie Sicherheitsnadeln	– führen meist zu Sepsis!
Yersinia (Pasteurella) pestis	– Wirt: Nagetiere, z. B. Ratte, Floh Überträger auf Mensch	– Pest
Haemophilus		– normale Flora
H. influenzae	– kurze kokkoide Ketten – gute Fähigkeit zur Transformation	– Infekte des Respirationstraktes – Meningitis
Bordetella pertussis	– Endotoxin → Lymphocytose, Epithelreiz	– Keuchhusten

Tab. 10.**8** (Fortsetzung)

2. Gram-positive Bakterien

Bezeichnung	Bemerkungen	Pathogenität
Kokken		
Staphylokokken	– unregelmäßige Haufen – unbeweglich – Exotoxin – Enterotoxin – Leukocidin – *Hyaluronidase* – *Staphylokinase* – *Coagulase*	– normale Flora – Furunkel – herdförmige Eiterungen
Streptokokken	– in Ketten angeordnet – Aerobier, fakultative oder auch obligate Anaerobier – *Streptokinase* – *Streptodornase (DNAase)* – *Hyaluronidase* – Toxin, Hämolysine	– normale Flora – Sepsis, Erysipel – Angina – Endokarditis – Harnwegsinfektion – Glomerulonephritis – rheumatisches Fieber
Str. pneumoniae	– paarweise (Diplokokken) – Phagocytose-resistente Kapsel	– Pneumonie – tödliche Pneumokokkenbakteriämie
Stäbchen		
Anthrax	– Bacillus, aerobes Toxin	– Milzbrand bei Rind, Pferd, Schaf, selten Mensch
Clostridien	– Anaerobier, Bacillen	
Cl. botulinum	– Sporen – hitzeresistent – Toxin	– Nahrungsmittelvergiftung durch Toxin, hohe Letalität
Cl. tetani	– Tennisschläger form – Tetanus-Toxin – Impfschutz!	– Tetanus 50% Letalität
Cl. des Gasbrandes	– Toxine – *DNAase* – *Hyaluronidase* – Collagenase	– Gasbrand
Corynebakterien	– charakteristische Form: keulenförmig	
C. diphtheriae	– Toxin: *ADP-Ribosyltransferase:* EF 2 wird modifiziert und blockiert	– Diphtherie

3. Säurefeste Bakterien

Bezeichnung	Bemerkungen	Pathogenität
Mycobacterium tuberculosis	– stäbchenförmig – Wachshülle, dadurch schwer angreifbar – viele Lipide incl. Wachse – Tuberkulinreaktion	– Tuberkulose
M. leprae	*wie M. tuberculosis* – empfindlich gegen Rifampicin, Streptomycin	– Lepra

4. Spiralige Bakterien (Spirochäten)

Bezeichnung	Bemerkungen	Pathogenität
Treponema pallidum	– dünne Schrauben – Infektion durch die Placenta möglich – serologische Diagnostik – Salvarsan – frühe Chemotherapie	– Syphilis
Borrelia recurrentis	– unregelmäßige Spirale – Überträger: Kleiderlaus – seine Entdeckung im menschlichen Blut 1868 in Berlin eröffnete die Ära der Bakteriologie	– Rückfallfieber
Leptospiren	– schlanke Spiralen – häufig hakenförmiges Ende	– Leptospirosen (Leptospirämie + akutes, generalisiertes Fieber)
Spirillum minus	– klein, starr	– Rattenbißfieber

Rep. 10.**23** Klassifikation von Bakterien

Eigenschaften	Einteilung in			
Form	Kugeln (Kokken)	Stäbchen	Schrauben: Vibriae, Spirilla, Spirochäten	
Zellwand-färbung	gram-positiv	gram-negativ	säurefest	
Kapsel-bildung		Flagellen		
Beweglich-keit	monotrich	amphitrich	lophotrich	peritrich
Sauerstoff-bedürfnis	Aerobier (Atmung)		Anaerobier (Gärung)	
Sporen-bildung				
Metabolische Eigenschaften				

10.2.3. Obligat parasitäre Bakterien (bakterienähnliche, prokaryonte Mikroorganismen) können sich nicht unabhängig vermehren

Bakterien wurden als autonome prokaryonte Organismen definiert. Sie vermehren sich auf Nährmedien. Eine Gruppe von Organismen braucht für ihre Vermehrung jedoch lebendige Zellen. Wegen der Abhängigkeit von funktionsfähigen Zellen und ihrer geringen Größe wurden diese Organismen früher zu den Viren gerechnet. Heute wissen wir, daß es sich um **obligat parasitäre Bakterien-ähnliche prokaryonte Mikroorganismen** handelt. Eine Reihe von Gründen beweisen es:

- Antibiotica, die spezifisch gegen Prokaryonten wirken, inhibieren auch ihre Vermehrung.
- Sie besitzen die für Bakterien charakteristischen Zellbestandteile, Ribosomen, RNA und DNA, Murein und die Enzyme des Energiestoffwechsels.
- Sie vermehren sich durch Teilung.

Rickettsien sind Überträger von Fleckfieber, Rocky-Mountain-Fieber und Fünftagefieber

Mit dem Namen wird der Rickettsien-Forscher **H. T. Ricketts** (1871–1910), der an einer Infektion mit seinem Arbeitsobjekt starb, geehrt. Der häufigste Vertreter dieser Gruppe wurde nach dem Forscher Stanislaus **v. Prowazek** (Hamburg 1875–1915), der ebenfalls ein Opfer seiner Arbeit wurde, *Rickettsia prowazeki* genannt.

Rickettsien leben bevorzugt **in Arthropoden:** Zekken, Milben, Insekten sowie höheren Tieren. Häufig rufen die Rickettsien in den Arthropoden keine Krankheiten hervor, sind jedoch für den Menschen pathogen! Sie verursachen das **Fleckfieber** (Überträger sind Laus und Floh), **Rocky-Mountain-Fieber** mit verschiedenen Varianten (Zecken), **Zecken-Fieber** und **Fünftagefieber** (Kleiderlaus).

Alle diese Krankheiten sind mit **Fieber** verbunden. Die Rickettsien befallen bevorzugt die Endothelzellen der Blutkapillaren, die stark geschädigt werden, platzen und nekrotisieren. Jede der geplatzten Endothelzellen setzt eine große Anzahl von Nachkommen-Parasiten frei und außerdem Toxine, die für die pathologischen Folgen der Infektion verantwortlich sind. Die Infektion erfolgt über die Atemwege oder durch die Ausscheidungen der

Insekten. Fleckfieber z. B. wird indirekt durch die Blutmahlzeit der Kleiderlaus übertragen (s. Kap. **13**). Die Rickettsien werden dabei mit den Faeces der Laus ausgeschieden; die Faeces werden bei der Blutmahlzeit abgelegt. Ausgelöst vom Juckreiz, wird durch Kratzen die Haut verletzt, und die Erreger infizieren den Menschen. Beißt eine rickettsienfreie Laus einen infizierten Menschen, dann wird sie infiziert, und die Rickettsien vermehren sich im Darm. Die **Prophylaxe** gegen Rickettsieninfektionen richtet sich deshalb auf die Eliminierung der übertragenden Arthropoden, im Fall des Fleckfiebers der Kleiderlaus. Das Wiederauftauchen von Läusen in jüngster Zeit ist deshalb nicht nur ein bedauerlicher Indikator für vernachlässigte Hygiene, sondern auch ein Anlaß zu berechtigten Sorgen.

Chlamydien sind Sulfonamid-empfindlich

Sie stehen den gram-negativen Bakterien nahe und unterscheiden sich von den Rickettsien u. a. durch ihre Sulfonamid-Empfindlichkeit. Zwei Typen von Zellen treten während der Entwicklung der **Chlamydien** auf: kleine Zellen, **„Elementar-Körperchen"**, die infektiös sind und ein Nucleoid besitzen, die dann zu doppelt bis dreifach so großen **„Initialkörpern"** ohne Nucleoid heranwachsen. Die Initialkörper vergrößern sich und teilen sich mehrfach. Diese Vermehrung erfolgt in Vakuolen der Wirtszelle. Eine Vakuole, die mit Nachkommen gefüllt ist, persistiert als Einschlußkörper. Schließlich werden die kleinen Zellen entlassen und beginnen einen neuen Infektionscyclus von ein bis zwei Tagen.

Chlamydien können über lange Zeiträume in den Wirtsorganismen unauffällig persistieren. Zur Befreiung von Chlamydien sind deshalb sehr langwierige Behandlungen mit Antibiotica erforderlich. Da Chlamydien Vögel befallen, werden in Plätzen besonderer Infektionsgefahr, wie z. B. auf Geflügelfarmen, dem Futter Antibiotica beigemischt! (Gefahr: s. Antibiotica-Resistenz!)

Zwei Gruppen von Chlamydien sind von Bedeutung: *Chlamydia psittaci,* die Einschlußkörper ohne Glycogen produzieren, und *Chlamydia trachomatis* mit glycogenhaltigen Einschlußkörpern.

Ch. psittaci ist der Erreger der **Psittakose (Ornithose).** Der Erreger, der Vögel befällt und sich dort vermehrt, infiziert Menschen bei häufigen Kontakten mit Vögeln und tritt besonders über die Atemwege ein. Die Psittakose ähnelt der Pneumonie. Sie beginnt plötzlich mit Fieber, starkem Unwohlsein, Kopfschmerzen und kann zu herdförmiger Entzündung der Lunge führen. Unbehandelt liegt die Letalität bei 20 bis 30%. Im Zeitalter der Antibiotica beträgt sie nur noch 1 bis 2%. Die **Prophylaxe** der Ornithose muß sich hauptsächlich auf die Vögel richten. Besonders gefährdet sind künstliche Einheitspopulationen von Vögeln, wie in Hühner- oder Putenfabriken, oder Taubenansammlungen auf Innenstadtplätzen, die eine unnötige permanente Gefahr für den Menschen bedeuten.

Chlamydia trachomatis ist der Erreger des **infektiösen Trachoms.** Etwa 10% aller **Menschen,** d. h. mehr als 400 Millionen, sind mit diesem Parasiten infiziert und bereits **20 Millionen sind erblindet** – eine erschütternde Bilanz! *Ch. trachomatis* ist ganz auf menschliche Schleimhäute, besonders die der Augen, orientiert. Trachom ist eine chronische Keratokonjunktivitis, die besonders in tropischen und subtropischen Regionen sozial unterprivilegierte Schichten befällt. Die Übertragung erfolgt direkt, begünstigt durch gemeinsamen Gebrauch von Handtüchern, ungewaschene Hände usw. Neben dem Trachom werden auch die Einschlußkonjunktivitis des Neugeborenen und die venerische Krankheit Lymphopathia venerea von *Chlamydia-trachomatis*-Stämmen verursacht.

Mycoplasmen sind für Zellkulturen gefährlich

Mycoplasmen sind auch unter dem Synonym PPLO (pleuropneumonia like organisms) bekannt. Es sind **wandlose,** sehr kleine, intrazelluläre Parasiten, die sich aber auch auf zellfreien Nährmedien züchten lassen. Da sie nur Zellmembranen haben, aber **keine Bakterienwand** (kein Murein), sind sie ohne feste Gestalt und gegen Penicillin unempfindlich. *Mycoplasma pneumoniae* verursacht Pneumonie und Infektionen der Atmungsorgane, die mit Tetracyclin behandelt werden können.

Neben ihrer Pathogenität haben die Mycoplasmen besonders große Bedeutung bei der Kultivierung höherer Zellen gewonnen. Diagnose und Erforschung vieler menschlicher Krankheiten erfolgen mit Hilfe von Zellkulturen (z. B. der Amnionzellkultur). Mycoplasmen infizieren die Zellen der Kultur. Da die Parasiten sehr klein sind, werden sie häufig nicht entdeckt. Zellen von Mycoplasmen zu kurieren, ist sehr schwierig. Oft müssen die Kulturen vernichtet werden. Ein einmal verseuchtes Labor ist nur mit großen Schwierigkeiten wieder Mycoplasma-frei zu bekommen. Da viele Menschen Träger von Mycoplasmen sind, ist eine Restriktion des Zutritts zu Zellkulturlabors unbedingt notwendig. Neben einer Empfindlichkeit gegen bestimmte Antibiotica kann man sich die Sensitivität der Mycoplasmen gegen feuchte Hitze zunutze machen. Um sterilisationsempfindliche Medien Mycoplasma-frei zu machen, müssen sie durch ultraenge Filter filtriert werden.

10.3. Pilze

Zu mikrobiologischen Organismen gehören auch die **Pilze,** wenn sie auch deutlich größer sind. Während Bakterien einen Durchmesser von etwa 1 µm haben, sind Pilze 5–6 µm groß oder größer und können eine Reihe von unangenehmen Mycosen verursachen. Pilze haben einen Zellkern, mehrere Chromosomen, führen Mitosen durch, haben Mitochondrien und sind wie andere Eukaryonten unempfindlich gegenüber Antibiotica, die gegen Prokaryonten wirksam sind. Dementsprechend sind sie aber empfindlich gegen Cycloheximid, einen Hemmer der eukaryontischen Translation. Viele einzelne Zellen können gemeinsam lange Fäden, **Hyphen,** bilden, die sich ihrerseits zu einem Geflecht, **Mycel,** verzweigen. Pilze können aber auch als Einzelzellen, als Hefe, leben. Die Vermehrung dieser Hefen verläuft **sexuell oder asexuell.** Die asexuelle Vermehrung erfolgt durch Sprossung. In der Zellwand bildet sich eine Ausbuchtung, in die ein neu gebildeter Kern einwandert. Die Sprosse vergrößert sich und schnürt sich von der Mutterzelle ab. Daneben gibt es bei Hefen auch sexuelle Vermehrung. Zwei Zellen gegensätzlichen Paarungstyps, die morphologisch nicht unterscheidbar sind, kopulieren, nachdem sie die Meiose durchlaufen haben, und bilden eine Zygote, die ihrerseits durch Sprossung Nachkommen erzeugt.

Auch bei den Pilzen mit Hyphen gibt es sexuelle und asexuelle Fortpflanzung.

10.3.1. Pathogene Pilze haben besonders in der Dermatologie Bedeutung

Als **pathogene Pilze** haben *Candida, Cryptococcus, Aspergillus, Mucor* und *Dermatophyten* besondere Bedeutung. Das spezielle Problem bei pathogenen Pilzen bietet ihre Behandlung. Als Eukaryonten sind sie nur gegen die Antibiotica und Chemotherapeutica empfindlich, die auch die menschlichen Zellen schädigen. Derartige Mittel sind deshalb toxisch, was sich speziell bei Langzeittherapien unangenehm auswirkt. Für die innere Anwendung kommen nur Amphotericin B und 5-Fluorcytosin in Frage, die beide toxisch sind und unter anderem zu Nierenschäden führen. Für die äußere Anwendung stehen Nystatin und Sulfonamide zur Verfügung.

Pilze synthetisieren die verschiedensten Pilzinhaltsstoffe (Tab. 10.**9**). Von den mikroskopischen Pilzen ist das Aflatoxin (s. Kap. 2) am gefährlichsten, das von *Aspergillus flavus,* einem Schimmelpilz, gebildet wird. *Aspergillus flavus* befällt besonders häufig Nüsse und Nußprodukte, Obstkerne, Getreide und Getreideprodukte. Aflatoxin ist das stärkste bisher bekannte Kanzerogen. Schon 10^{-9} Mol sind sehr toxisch für den Menschen! Deshalb ist der Verzehr von Nahrungsmitteln mit Schimmelbefall äußerst gefährlich! Andere Pilze produzieren z. B. Halluzinationsdrogen!

10.3.2. Pilze mit großem Fruchtkörper synthetisieren viele eigenartige, teilweise giftige Verbindungen

Giftige Pilzinhaltsstoffe spielen besonders bei Pilzen mit großem Fruchtkörper eine Rolle. Diese Pilzgifte sind häufig Ursache für Vergiftungen, die immer wieder tödlich enden. Eine Reihe von Pilzen sind nicht lebensbedrohend giftig, wie Birkenreizker, Tigerritterling, Speitäublinge, Blasse Koralle, Satanpilz, Netzstieliger Hexenröhrling und Kartoffelbovist.

Gefährlich sind **Knollenblätterpilze** (Abb. 10.**17**) *(Amanita phalloides* und *Amanita virosa). Amanita phalloides* wird im Volksmund mit Grund „Grüner Mörder" genannt. Charakteristisch ist die knollige Verdickung am unteren Stielende, die zumeist im Boden steckt und beim Sammeln abgebrochen wird. Oberhalb der Knolle ist der Stiel schlank, nach oben dünner werdend. Er ist weißlich „genattert". *Amanita phalloides* wächst besonders in Laubwäldern, selten im Nadelwald.

Amanita phalloides (auch *virosa*) enthält hochgiftige cyclische Oligopeptide, die seltene Aminosäuren enthalten und dadurch resistenter gegen Peptidasen sind. Eines unter ihnen, das α-Amanitin, ist besonders giftig. Es

Tab. 10.**9** Pilze – eine tödliche Gefahr für den Menschen

Pilz	Pilzinhaltsstoff	Wirkung
Schimmelpilz	Aflatoxin	starkes Karzinogen
Knollenblätterpilz	cyclische Oligopeptide:	
	α-Amanitin	hemmt DNA-abhängige *RNA-Polymerase*
	β-Amanitin	hemmt DNA-abhängige *RNA-Polymerase*
	Phalloidin	macht Cytoplasmamembran der Leberzellen Ionen-durchlässig
Ziegelroter Rißpilz	Muscarin Muscimol	blockieren synaptische Erregungsübertragung
Pantherpilz		
Fliegenpilz		

Abb. 10.**17 Knollenblätterpilz *(Amanita phalloides)* im natürlichen Habitat**
(Aufnahme: B. Auer, Innsbruck)

hemmt die DNA-abhängige *RNA-Polymerase II* eukaryontischer Zellen, die für die Synthese von mRNA zuständig ist. Gleiche Wirkung hat das β-Amanitin, ein nah verwandtes Derivat von α-Amanitin.

Phalloidin, ein weiteres Gift von *Amanita phalloides,* greift die Cytoplasmamembran besonders der Leberzellen an. Die Membran wird durch Phalloidin Ionendurchlässig, K^+ strömt aus, Na^+ fließt hinein. Der osmotische Druck der Zelle bricht zusammen. Das heimtückische bei Vergiftung mit *Amanita phalloides* ist die lange Zeit, die verstreicht, bevor die ersten Krankheitszeichen bemerkt werden. Meistens erst nach einem Tag beginnen heftige Brechdurchfälle. Nach einer ersten Phase, die ein bis zwei Tage dauert, kommt es zu scheinbarer Besserung. Nach einem weiteren Tag kommt es zu den typischen Zeichen von Leberinsuffizienz, die durch schwere Lebernekrose hervorgerufen wird. Todesursache ist dann ein Leberkoma mit allen Begleiterscheinungen, wie Sepsis, Urämie und Versagen der Gerinnung. Noch bis vor kurzem war die Letalitätsrate sehr hoch. In den letzten Jahren scheint sich die Prognose wesentlich verbessert zu haben.

(Bei Vergiftungen mit *Amanita phalloides* beraten z. B. das Max-Planck-Institut für Medizinische Forschung in Heidelberg und das Institut für Mikrobiologie der Universität Innsbruck).

Extrem giftig sind weiterhin der **Ziegelrote Rißpilz** *(Inocybe patouillardi)* und seine Verwandten, z. B. der **Pantherpilz** *(Amanita pantherina).* Der **Fliegenpilz** *(Amanita muscarina)* ist vergleichsweise harmlos. Sie enthalten **Muscarin** und **Muscimol.**

Diese Analoge des Acetylcholins blockieren die synaptische Erregungsübertragung. Die Muscarin-Vergiftung äußert sich in extrem verstärkter Darmtätigkeit (Koliken, Erbrechen) sowie Tränenfluß, Schweißausbruch, Pupillenverengung und Speichelsekretion. Der Blutdruck fällt ab, der Puls wird schwach und langsam. Die Symptome treten sehr bald nach der Pilzaufnahme ein. Gegen Muscarin-Vergiftung helfen hohe Atropindosen. Da *Amanita pantherina* selbst Atropin-ähnliche Inhaltsstoffe hat, kann in diesen Fällen kein Atropin gegeben werden! Allerdings verlaufen Vergiftungen mit Pantherpilz in der Regel nicht tödlich.

Hier wurden nur die wichtigsten tödlichen Pilzgifte erwähnt. Es gibt unzählige Pilzinhaltsstoffe, viele sind für den Menschen giftig oder schädlich. Für die Zubereitung von Pilzgerichten sollten daher nur Pilze verwendet werden, die von einem Pilzkenner eindeutig als eßbar eingestuft wurden!

Weiterführende Literatur

Kayser, F. H., K. A. Bienz, J. Eckert, J. Lindenmann: Medizinische Mikrobiologie, 7. Aufl. Thieme, Stuttgart 1989

Kapitel 11

Virologie

Viren sind makromolekulare Strukturen mit der Fähigkeit, sich auf Kosten von Wirtszellen zu vermehren. Sie sind obligate Parasiten, die für die Produktion ihrer Nachkommen voll auf die Ausnützung der Wirtszelle angewiesen sind.

Entsprechend dem Wirtsbereich gibt es bakterielle Viren, eukaryontische tierische Viren, die kernhaltige Zellen befallen und pflanzliche Viren. Wesentlicher Bestandteil eines Virus ist das genetische Material, das entweder Desoxyribonucleinsäure (DNA) oder Ribonucleinsäure (RNA) sein kann. Die Nucleinsäuren der Viren können je nach Virusart einzelsträngig oder doppelsträngig sein (Tab. 11.**1**).

Wesentliche Bestandteile von Zellen fehlen den Viren, wie z. B. zelluläre Strukturen und Ribosomen sowie ein eigener Stoffwechsel. Zur Vermehrung bemächtigen sie sich Zellen, deren Stoffwechsel, Replikations-, Transkriptions- und Translationsapparat sie zur optimierten Produktion von Virusnachkommen benutzen. Viren sind extreme Parasiten, die ihre eigenen Bestandteile auf ein Minimum reduziert haben, zu Nucleinsäure und einer Schutzkapsel, die aus Proteinen und in einigen Fällen zusätzlich aus Lipiden besteht. Eine Zusatzfunktion der Schutzhülle ist es, geeignete Zellen zu erkennen und das effektive Eindringen der Nucleinsäure zu garantieren.

Tab. 11.1 Virusbestandteile

		einzelsträngig
	RNA:	
	↑	doppelsträngig
Nucleinsäure:	(alternativ)	
	↓	einzelsträngig
	DNA:	
		doppelsträngig
Proteine	Strukturproteine, u. a Glycoproteine Kapselbestandteile; antigene Determinanten	
	Enzyme (fakultativ) z. B. Reverse Transkriptase	
Lipide	Kapselbestandteile bei einigen Viren Lipidmembran	

11.1. Bakterielle Viren (Bakteriophagen) sind ausgezeichnete Modelle für die Molekularbiologie

Bakterielle Viren wurden zu Beginn des Jahrhunderts von **Twort** (1915) und **D'Herelle** (1917) als Bakteriophagen („Bakterienfresser", kurz „Phagen" genannt) entdeckt. Sie waren für die Entwicklung der Molekularbiologie und Genetik von großer Bedeutung. So hat sich z. B. die moderne Gentechnologie aus der Forschung an bakteriellen Viren entwickelt. Proteinsynthese *in vitro* und die Mechanismen von Replikation und Rekombination sind an Bakterien-Viren-Systemen erforscht worden. Auch heute noch haben diese Systeme große Bedeutung.

11.1.1. Grundtechnik der Phagenforschung ist die Plaquebildung auf einem Bakterienrasen

Bakteriophagen vermehren sich in Bakterienzellen, die sie am Ende ihrer Entwicklung lysieren. Eine durch Bakterien getrübte Kultur wird durch **Lyse** der Zellen klar. Die einzelnen Viren können trotz ihrer winzigen Dimension sehr einfach gezählt werden.

Zunächst wird das Lysat verdünnt, z. B. in 1 : 10-Schritten. Ein Aliquot der verdünnten Phagen-Suspension (0,1 ml) wird mit Bakterien versetzt und auf einer Petri-Schale auf festem Medium (Agar) ausgebreitet. Die Bakterien wachsen zu einem dichten „Rasen". Die Viren infizieren je ein Bakterium (infektiöses Zentrum), das lysiert wird. Die benachbarten Zellen werden

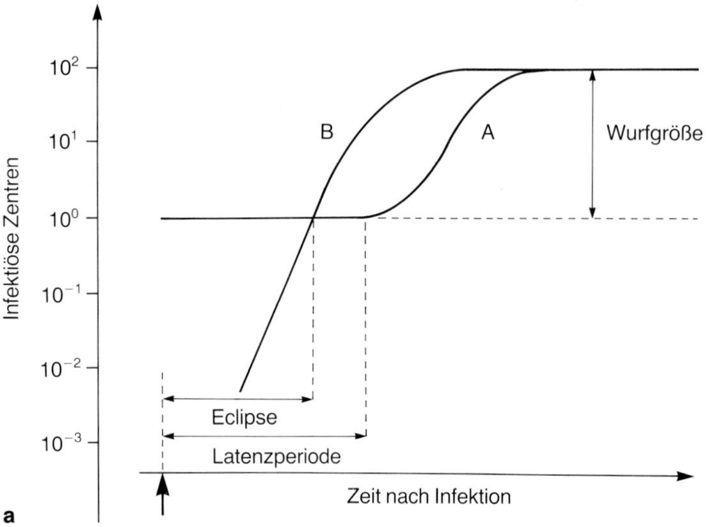

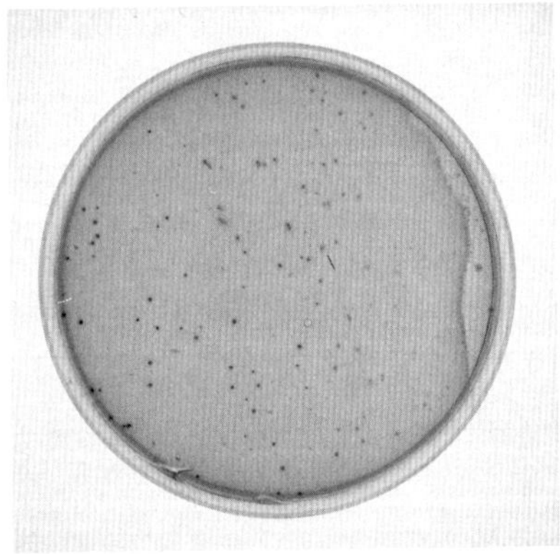

Abb. 11.1 **Virusentwicklung**
a Grundexperiment: Einstufenkurve
Zellen werden mit Viren infiziert und nach verschiedenen Zeiten werden Aliquote entnommen, in Zehner-Schritten verdünnt und mit einem Überschuß nicht-infizierter Zellen auf Agarplatten ausgesät. Aus den infizierten Zellen werden Viren entlassen, die ihrerseits die benachbarten Zellen infizieren und damit „auffressen". Im Bakterienrasen entsteht an der Stelle der Zell-Lyse ein Loch, ein Plaque. Die **Kurve A** zeigt im ersten Teil die Zahl der infizierten Zellen an (infektiöse Zentren). Der Anstieg der Kurve entspricht der Vermehrung der Viren. Aus der Zahl der infizierten Zellen und der Anzahl der produzierten Viren kann die Nachkommenzahl pro Zelle (Wurfgröße) ermittelt werden.
Unmittelbar nach der Infektion sind alle Viren an Zellen absorbiert. Jede Zelle bildet mit den angehefteten Viren ein infektiöses Zentrum.
Werden infektiöse Zentren mit Chloroform behandelt, dann entlassen sie vorzeitig Viren **(Kurve B).** Sind in der Zelle noch keine reifen Viren gebildet worden, dann finden sich keine infektiösen Zentren, da die Zellen vom Chloroform zerstört wurden. Die Zeitspanne zwischen dem Beginn der Infektion und der Fertigstellung der ersten Viren in der Zelle heißt Eclipse. Die Zeitspanne zwischen Beginn der Infektion und dem Auftreten freier Viren ist die Latenzperiode
b Plaques des Phagen

durch die freiwerdenden Viren infiziert etc. Es bildet sich, ausgehend von einer infizierten Zelle, ein Loch im Rasen, ein **Plaque.** Die Anzahl der Plaques, multipliziert mit dem Verdünnungsfaktor, ergibt den Phagen-Titer. Mit dieser Plattierungstechnik kann z. B. das Schicksal der Viren während der Infektion verfolgt werden (Abb. 11.**1**).

Wird eine Kultur mit Viren infiziert, dann gibt das Verhältnis von infizierenden Viren zu infizierbaren Zellen die **Multiplizität der Infektion,** abgekürzt: moi (multiplicity of infection), an. So bedeutet moi = 0,1, daß zu jeweils 10 Zellen ein Virus zugesetzt wurde.

In einem solchen Fall kann angenommen werden, daß theoretisch jedes Virus eine Zelle infiziert. Eine von einem Virus infizierte Zelle bildet ein **infektiöses Zentrum** (s. o.: Erklärung der Plattierungstechnik).

Die Zeit, die von der Infektion bis zur Freisetzung der Phagennachkommen vergeht, heißt **Latenzzeit** (Abb. 11.**1**). Plattiert man während dieser Zeit die infektiösen Zentren, so wird ihre Zahl immer gleich bleiben. Erst wenn Phagen durch Zell-Lyse freigesetzt werden, beginnt der Phagentiter zu steigen. Er steigt kontinuierlich an, bis ein Plateau erreicht ist, nämlich dann, wenn alle Phagennachkommen freigesetzt worden sind. Das Verhältnis der neuentwickelten Viren zu den primär eingesetzten ergibt die **Wurfgröße,** die einige Hundert pro Bakterium betragen kann.

Will man die Vorgänge während der Latenzzeit verfolgen, dann kann man mit Hilfe von Chloroform die Phagen künstlich aus ihren Zellen befreien. Chloroform zerstört die Bakterienzelle, greift aber die Viren nicht an. Chloroformiert man infizierte Bakterien kurz nach der Infektion und plattiert infektiöse Zentren, dann werden keine solchen nachweisbar sein. Die Phagen sind in die Zelle eingedrungen und haben sich zum Zwecke der Vermehrung entkleidet. Solche Phagen sind nicht in der Lage, infektiöse Zentren zu bilden. Diese Periode wird

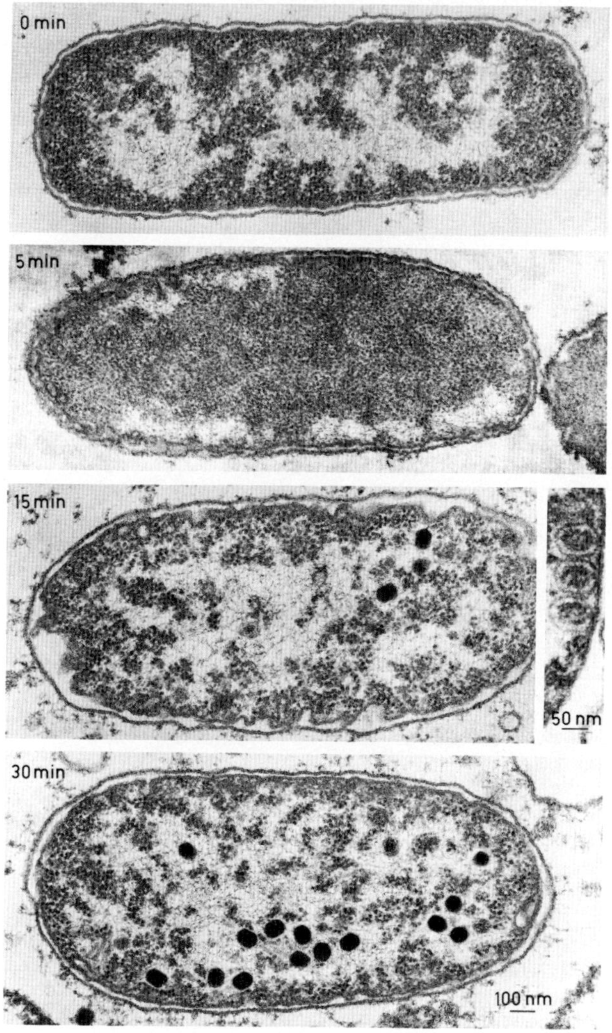

Abb. 11.2 **Die Entwicklung des Virus T4 im Elektronenmikroskop dargestellt**
0 Minuten (nach Beginn der Infektion): Die *E.-coli*-Zelle sieht unverändert aus. Die zentralen weißen Flächen zeigen das Nucleoid, die organisierte zelluläre DNA. Die kernförmigen Strukturen sind Ribosomen
5 Minuten: Das Nucleoid ist vom Virus fast vollständig zerstört worden. Die DNA wurde abgebaut. Die Nucleotide werden zur Synthese von Virus-DNA herangezogen
15 Minuten: Die ersten Virus-Partikel sind in der Zelle sichtbar. Der Zusammenbau des Virus aus den Einzelbestandteilen und seine Reifung brauchen etwa 7 Minuten. In jeder Minute werden ca. 5 Viren fertiggestellt. Zunächst werden Vorstufen der Köpfe, die „preheads" angefertigt (Einschub rechts), die dann mit DNA gefüllt werden. Die hellen Flächen zeigen große Mengen der Virus-DNA.
30 Minuten: Mehr Viren sind fertiggestellt. Es ist nur ca. ein Zwanzigstel der tatsächlich in der Zelle vorhandenen Viren zu sehen. Zu diesem Zeitpunkt befinden sich ca. 300 Nachkommenviren in der Zelle (Aufnahmen: B. Menge, J. v. d. Broek, H. Wunderli, K. Lickfeld, M. Wurtz, E. Kellenberger, Basel)

„Eclipse" genannt. Am Ende der Eclipse tauchen intrazellulär die ersten reifen Phagen auf, die aber unter physiologischen Bedingungen erst bei der Zell-Lyse freigesetzt werden (Abb. 11.**2**).

11.1.2. Viren sind Nucleinsäure-Protein-Komplexe

Die Viren bestehen aus einer **Nucleinsäure,** die entweder **DNA oder RNA** sein kann, und einer Reihe von **Proteinen.** In speziellen Fällen kann das Virus auch Membranen enthalten (PM2). Die DNA kann doppelsträngig oder einzelsträngig vorliegen. Entsprechend werden bakterielle Viren eingeteilt in DNA-Viren mit Doppelstrang (T1–T7) oder DNA-Viren mit Einzelstrang (φX 174, fd, M 13) bzw. RNA-Viren (M 12, Qß, fr).

Die Nucleinsäure ist bei den Viren in einem Proteinmantel verpackt. Daneben besitzen sie Strukturen, die für die Infektion notwendig sind. Bei den „großen" Bakteriophagen befindet sich die DNA im **Kopf,** an dem ein sehr komplex aufgebauter **Schwanz** sitzt (Abb. 11.**3**). Am Ende des Schwanzes können sich noch weitere Hilfsstrukturen befinden wie **Schwanzfibern** und **Schwanzspikes.** Der Schwanz ist bei einigen bakteriellen Viren kontrahierbar. Diese Schwanzstrukturen dienen der Infektion, genauer gesagt, der Injektion der Nucleinsäure in den Wirt.

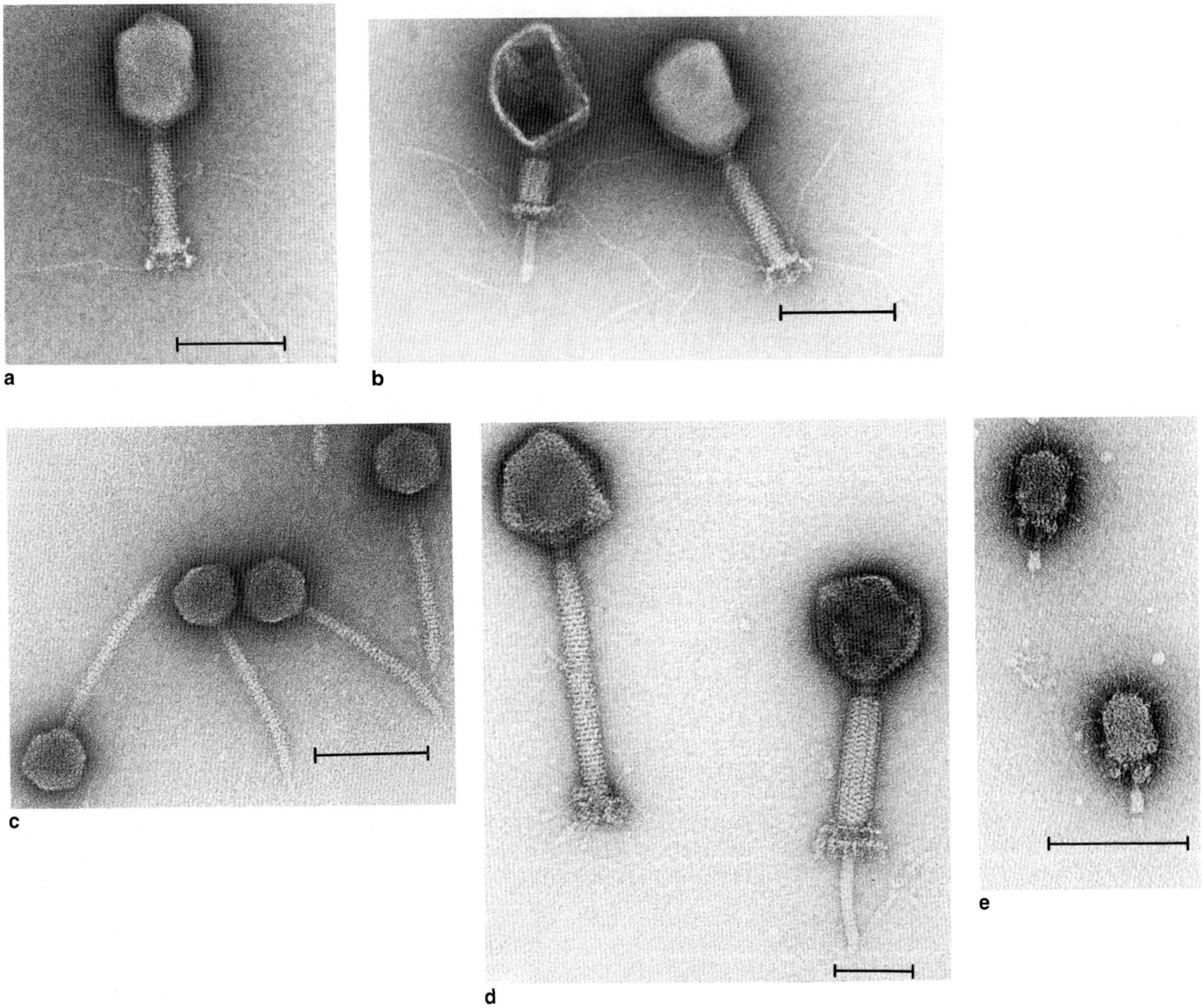

Abb. 11.3 **„Große" bakterielle Viren**

a T4 *(E. coli).* Der kontraktile Schwanz ist mit dem Kragen am Kopf befestigt. Am Schwanzende befinden sich Grundplatte und Schwanzfibern, Vorrichtungen zur Anheftung an die Zelle (Aufnahme: B. Ten Heggeler, Basel; M: 2,2 cm ≙ 100 nm)

b T4 *(E. coli).* Neben einem intakten Virus ein T4-Virus mit kontrahiertem Schwanz, das seine DNA ausgestoßen hat (leerer Kopf) (Aufnahme: H. Wurtz, Basel; M: 2,2 cm ≙ 100 nm)

c Lambda *(E. coli).* Der Schwanz zeigt keine besonderen Strukturen zur Anheftung (Aufnahme: J. Katsura, Basel)

d SP105 *(B. subtilis).* Bei dem Virus mit kontrahiertem Schwanz ist die Struktur der Grundplatte mit Zähnen zu sehen (Aufnahme: B. Ten Heggeler, Basel)

e Φ29 *(B. subtilis).* Ein Virus mit 12 Fortsätzen (Aufnahme: M. Wurtz, Basel)

Von besonderem Interesse ist die Art der Organisation der DNA im Phagenkopf. Wahrscheinlich ist das Prinzip der Organisation ähnlich dem bei Eukaryonten in Nucleosomen. Das Haupt-Kopf-Protein des Phagen *Lambda* (D-Protein) hat eine Aminosäure-Sequenz, die homolog zu der eines chromosomalen Proteins der höheren Zellen ist. Es liegt nahe, daß nicht nur die Strukturen dieser Proteine, sondern auch deren Funktion eng verwandt sind. Das wiederum bedeutet, daß die Organisation der DNA beim Phagen der der Chromosomen gleicht.

11.1.3. Ein spezifisches Methyl-Muster der DNA (Modifikation) ermöglicht es der Zelle, Fremd-DNA zu erkennen

Mit der erfolgreichen Injektion seiner DNA hat das Virus sein Opfer noch nicht überwältigt, denn dieses verfügt über Abwehrmechanismen. So wird Fremd-DNA erkannt und durch spezifische Enzyme, *Nucleasen,* abgebaut **(Restriktion).** Die Unterscheidung der Fremd-DNA von der eigenen Zell-DNA erfolgt über das **Methylierungs-Muster der DNA.** Spezifische Enzyme übertragen Methylgruppen auf Adenin, das zum 6-Methyladenin wird, und auf Cytosin, das zum 5-Methylcytosin wird.

Diese **Modifikationsenzyme** erkennen spezifische Adenine und Cytosine, die jeweils Teil einer längeren DNA-Sequenz sind. Über die Spezifität der Sequenz hat jeder Bakterienstamm die Möglichkeit, seine eigene DNA mit einem spezifischen Modifikationsmuster zu versehen. Ein komplementäres Enzym kann dann alle DNAs angreifen, die nicht das zelleigene Muster tragen. Diese Enzyme, die *Restriktions-Endonucleasen* genannt werden, erkennen nur die nicht modifizierten Sequenzen.

Ein Beispiel: Das Bakterium *Escherichia coli RY 13* methyliert in der DNA-Sequenz GAATTC ein Adenin. Die entsprechende Restriktions-Endonuclease *„Eco R1“* spaltet neben G. Die Sequenz des Gegenstranges der DNA ist spiegelbildlich. Lautet die Sequenz GAATTC auf dem eigenen Strang, dann ist die auf dem anderen CTTAAG.

Beim Schneiden einer Fremd-DNA (sie ist in dieser Sequenz nicht methyliert) werden die beiden Stränge nicht an der gleichen Stelle geschnitten, sondern um vier Nucleotide verschoben. Die Spezifität der Erkennung von DNA-Sequenzen, und das damit verbundene Schneiden wird in der Gentechnologie (s. Kap. **12**) ausgenutzt.

Zur erfolgreichen Infektion haben bakterielle Viren verschiedene Strategien entwickelt. Das *E.-coli*-Virus Lambda z. B. benützt während seiner Entwicklung die wirtsspezifischen *DNA-Methyltransferasen* dazu, seine eigene DNA mit dem Wirts-Modifikationsmuster zu tarnen. Bei der Infektion der nächsten Wirtszelle kann die Lambda-DNA nicht mehr als fremd erkannt werden.

T7 codiert für ein Protein, das die *Restriktions-Endonuclease* des Wirts hemmt. Eine weitere Taktik hat z. B. T1 entwickelt. Dieses Virus synthetisiert eine *„Supermodifikations-Methyltransferase“.* Dieses Enzym tarnt die T1-DNA durch starke Methylierung gegen die verschiedenartigsten Spezifitäten von Restriktions-Nucleasen. T3 schließlich sorgt für die Synthese eines Enzyms, das das Substrat für die Methylierung, das *S*-Adenosylmethionin, spaltet. Mit diesen Taktiken unterlaufen bakterielle Viren die Abwehrmechanismen der Zellen.

Das nächste Ziel muß die Behinderung der Gen-Expression des Wirts sein. Nur so ist gewährleistet, daß die Viren alle Bausteine für Virus-RNA- bzw. -Proteinsynthese zur Verfügung haben.

11.1.4. Viren haben raffinierte Strategien entwickelt, um die Gen-Expression umzusteuern

Das Ziel des Virus ist es, sich selbst möglichst effektiv zu vermehren. Bei den kurzen Entwicklungszeiten einiger Viren ist es aus ökonomischen Gründen wichtig, die **Gen-Expression des Wirts** zu **blockieren** und alle Bausteine für die Synthese von Virus-Bestandteilen zu benutzen. Andere Viren, die sich relativ langsam entwickeln, können es sich leisten, den Wirt weiter Proteine synthetisieren zu lassen. Sie zweigen nur einen Teil für die Virussynthese ab. Da der Wirt so längere Zeit intakt bleibt, werden viele Viren gebildet. Zur Gruppe der Schnellentwickler gehören die T-Phagen. Sie blockieren die Wirts-Gen-Expression sowohl in der RNA-Synthese als auch in der Proteinsynthese.

Zur Umschaltung der RNA-Synthese wird die *RNA-Polymerase* des Wirts verändert. T7, T3 und T1 synthetisieren ein Enzym, das aus ATP Phosphat auf Proteine überträgt *(Kinase).* Bei T7- (Abb. 11.**4**) und bei T3-infizierten Zellen ist eine Untereinheit der *RNA-Polymerase* Phosphat-Akzeptor. Dadurch wird das Wirtsenzym verändert. Das Startvermögen wird reduziert und die DNA-Übersetzung auf einen Teil des T7-Genoms, die sog. **frühe DNA-Region,** beschränkt. In dieser frühen DNA-Region ist neben der Information für das phosphatübertragende Enzym *(T7-Kinase)* auch die für eine Virus-*RNA-Polymerase* lokalisiert. Diese Virus-*RNA-Polymerase* liest die späte DNA ab. Sie findet keine Startpunkte auf der Wirts-DNA. In der **„späten“ T7-DNA** findet sich eine Sequenz, die für ein weiteres Kontrollprotein, den Transkriptionsinhibitor, codiert. Dieses Protein verbindet sich mit der Wirts-*RNA-Polymerase* und blockiert sie. Von diesem Zeitpunkt an wird nur noch „späte“ T7-DNA abgelesen. Zu diesen späten Virusinformationen gehören u. a. alle Strukturproteine des Virus und eine Reihe von Enzymen, die für die Virusentwicklung notwendig sind. U. a. wird ein *DNAase*-System synthetisiert, das die Wirts-DNA zu Nucleotiden abbaut. Diese Nucleotide werden dann für den Aufbau von Virus-DNA benutzt.

In der „späten“ Phase der Phagenentwicklung werden auch die Bedingungen geschaffen, die nötig sind, um die reifen Viren aus der Zelle zu befreien. Im einfachsten Fall werden *Lysozyme* synthetisiert, Enzyme, die das Murein der Zellwand lysieren können (s. Kap. **10**). Andere Phagen, z. B. der kleine Phage M13, schleust seine Nachkommen durch die intakte Zellwand aus. Die freigesetzten Viren können, wenn sie eine neue, geeignete Wirtszelle finden, einen neuen lytischen Cyclus beginnen.

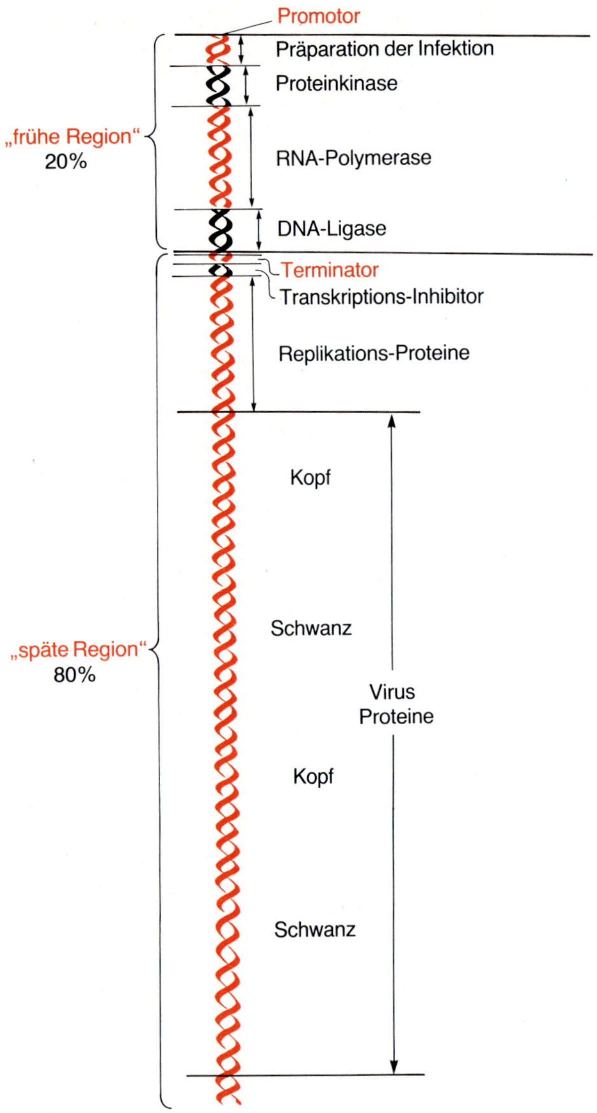

Abb. 11.4 **Die Strategie des *E.-coli*-Virus T7, den Wirt zu überwältigen und optimale Nachkommenzahlen zu zeugen**
Die Strategie der T7-Infektion: Die Injektion der Phagen-DNA in die Wirtszelle beginnt mit dessen früher Region. Zunächst gelangt nur das erste Stück DNA in die Zelle. Jetzt werden, vermittelt durch die *RNA-Polymerase* des Wirts, Proteine synthetisiert, die die weitere Infektion vorbereiten. So wird unter anderem die Wirtsrestriktion ausgeschaltet. Die *Wirts-RNA-Polymerase* transkribiert die frühe Phagen-DNA-Region. Auf ihr liegen die Gene für eine *Proteinkinase,* eine phageneigene *Polymerase* und eine *DNA-Ligase.* Die Aufgabe der *Kinase* ist es, Phosphat aus ATP auf einige kritische Wirtsproteine zu übertragen und damit die Überwältigung des Wirts fortzusetzen. Die *RNA-Polymerase* des Phagen erkennt ausschließlich Promotoren der späten T7-DNA-Region. Am Terminator (T) wird die Transkription der frühen Region weitgehend beendet. Dicht hinter diesem Terminator liegt ein Gen für einen Transkriptionsinhibitor, der die *Wirts-RNA-Polymerase* blockiert. Jetzt kann nur noch mit Hilfe der *T7-Polymerase* „späte T7-DNA" übersetzt werden. Die Wirtszelle ist wehrlos und das Virus kann in Ruhe seine Nachkommen zeugen

11.1.5. Das Genom einiger Viren kann in das Wirtsgenom einrekombiniert werden und so persistieren, bis es wieder ausgeschnitten wird: Lysogenie

Einige Viren haben sich besonders stark an die Wirtszellen angepaßt. Nach der Injektion der Nucleinsäure in die Zelle kann entweder eine **lytische** Entwicklung eingeleitet oder das Virusgenom über Rekombination in das Genom des Wirtes inseriert werden **(Lysogenie).** Die Folge davon ist, daß der Wirt bei der Replikation seiner eigenen DNA auch die Nucleinsäure des jetzt lysogenen Phagen vermehrt. Der lysogene Zustand kann über viele Generationen stabil sein. Die Wirtszellen vermehren sich dabei unbehindert. Erst wenn die Lebensbedingungen für die Zellen schlecht werden, wird die lytische Entwicklung des Virus eingeleitet. Die Lysogenie wird von einem bewundernswerten Kontrollsystem reguliert. Besonders gut studiert wurde es am Phagen Lambda.

Das für die Insertion des Phagengenoms verantwortliche Enzym, die *Integrase* (int.) wird synthetisiert, wenn Wirts-*RNA-Polymerase* vom Startpunkt P_L (Promotor P_L) aus, den linken Teil

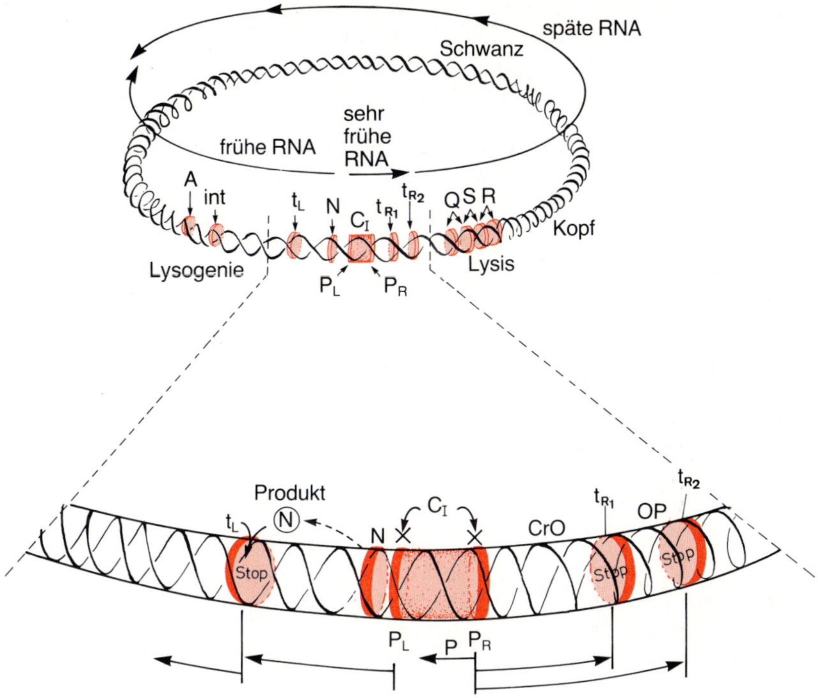

Abb. 11.5 **Das Genom des *E.-coli-* λ, Regulation der Gen-Expression bei λ**
Die Kontrollregion des Virus λ ist der CI-Abschnitt der DNA. Von den Promotoren P_L und P_R beginnt die Transkription nach rechts und nach links. Außerdem beginnt von einem Promotor neben P_r aus auch die Transkription des CI-Gens. CI codiert für einen Repressor, der P_L und P_R blockiert und damit die weitere Transkription stillegt. Erst wenn der CI-Repressor inaktiviert wird, kann die DNA uneingeschränkt abgelesen werden. Die Transkription erfolgt durch die *Wirts-RNA-Polymerase*. An den Terminationssignalen t_{R_1}, t_{R_2} und t_L stoppt die Transkription. Das Genprodukt von N hebt diese Termination auf, so daß die „frühen RNAs" gebildet werden können. Das Q-Genprodukt ist für die „späte" Transkription notwendig. Das cro-Genprodukt ist ein Repressor der CI-Region, so daß sich ein Gleichgewicht zwischen CI, das die Transkription des cro-Gens blockiert, und dem cro-Genprodukt, das die Synthese des CI blockiert, einstellt. Unter diesen Bedingungen kann das Phagengenom nicht repliziert werden. Als Folge davon wird die DNA in das Wirtsgenom mit Unterstützung von „Att" (A) und „int" einrekombiniert und in der Folge gemeinsam mit dem Wirtsgenom repliziert (Lysogenie). Der Übergang zum lytischen Entwicklungscyclus (Virusentwicklung) findet statt, wenn der Repressor CI inaktiviert wird. Dazu kommt es, wenn in der Zelle eine spezifische Protease, die *SOS-Protease* aktiviert wird. Diese spaltet CI. Die *SOS-Protease* wird von der Zelle als natürliche Notreaktion immer dann mobilisiert, wenn diese durch Nahrungsmangel, Strahlung oder Noxen geschädigt wird. Die Genprodukte von 0 und P werden für die Virusreplikation gebraucht, S und R sind für die Lyse zuständig

des Lambda-Genoms transkribiert (Abb. 11.**5**). Gleichzeitig werden auch der rechte Teil (von P_R aus) und der zentrale Teil (von P aus) abgelesen. Auf dem rechten Teil des Phagengenoms liegen wichtige Funktionen für die lytische Virusentwicklung. Bevor jedoch genügend von diesen Genen transkribiert werden kann, ist das Produkt des Gens CI synthetisiert worden. Dieses ist ein Repressor, der an P_L und P_R bindet und damit die Transkription des Phagengenoms (bis auf die CI-Region) blokkiert. Durch die *Integrase* wird das Virusgenom in die Wirts-DNA einrekombiniert. Unter ungünstigen Lebensbedingungen induziert der Wirt die Synthese eines SOS-Systems für Rettungsaktionen. Eine dabei gebildete spezifische *Protease* spaltet den Lambda-Repressor. Die Promotoren werden frei, und die lytische Entwicklung wird eingeleitet. Es werden reife Viren gebildet, die die Zelle lysieren und freigesetzt werden.

Für die Einrekombination besitzt das virale Genom Sequenz-Homologien mit dem Wirtsgenom. Deshalb wird das lysogene Virus an ganz bestimmten Stellen inseriert. Sind derartige Insertionssequenzen sehr häufig auf dem Wirtsgenom vertreten, wie z. B. beim Phagen Mu, dann kann an vielen Stellen inseriert werden.

Bei der Einleitung der lytischen Entwicklung können beim Herausschneiden der Phagen-DNA Fehler gemacht werden, so daß auf Kosten eines Stückes Virus-DNA Wirts-DNA ausgeschnitten und in der Phagenhülle verpackt wird. Auf diesem Weg kann die Information für ein Bakterienenzym von einer Zelle über lysogene Viren in eine andere Zelle gelangen (**Transduktion;** s. Kap. **10**).

Lysogenie bedeutet nicht nur eine optimale Anpassung eines Virus an die Wirtszelle, sondern häufig bringt das lysogene Virus auch große Vorteile für diese mit sich. Während Lysogenie einer Symbiose entspricht, verkörpert die lytische Entwicklung natürlich extremen Parasitismus.

Ein Beispiel für eine derartige **Symbiose** bietet das Diphtherie-Bakterium, *Corynebacterium diphtheriae.* Es ist nur dann pathogen, wenn es einen lysogenen Phagen trägt. Auf dem Phagengenom liegt die Information für das Diphtherie-Toxin. Dieses Toxin schädigt den infizierten Organismus und ermöglicht dadurch die starke Vermehrung des Corynebakteriums. Entsprechendes gilt für *Streptococcus* bei Scharlach, *Clostridium botulinum* bei Lebensmittelvergiftungen, und für *Streptococcus mutans* bei Karies. Auch Viren höherer Organismen können in das Wirtsgenom inseriert werden, wie z. B. Adenovirus, SV 40 oder Tumorviren.

11.2. Tierische Viren haben große praktische Bedeutung

11.2.1. Viren können in Tieren oder in Zellkultur gezüchtet werden

Sehr einfach lassen sich bakterielle Viren im Laboratorium vermehren (Tab. 11.**2**). Ein nicht menschenpathogener Bakterienstamm kann leicht bis zu 10^{11} Viren pro ml in 30 Minuten produzieren. Wesentlich langwieriger ist in der Regel die Zucht pflanzlicher und tierischer Viren. Aus menschlicher Sicht haben die animalen Viren besondere Bedeutung. Sie werden im Labor durch Infektion von Tieren vermehrt. Dazu eignen sich besonders weiße Mäuse, Ratten, Meerschweinchen, Hamster, Kaninchen, Hühner und in einigen Fällen auch Affen. Primaten werden immer dann gebraucht, wenn kein leichter zu haltendes Labortier für das spezifische Virus empfänglich ist. (Beispiel: Virus des Marburg-Fiebers, das sich in grünen Meerkatzen vermehrt und AIDS.)

Viele Viren (auch menschliche) können auf Hühner-Embryonen vermehrt werden. Ein klassisches Beispiel ist das Influenza-Virus. Angebrütete Hühnereier werden nach 7–14 Tagen durch die eröffnete Schale infiziert. Einige Viren verbreiten sich nur an der Eihaut, andere entwickeln sich im gesamten Embryo.

In neuerer Zeit werden animale Viren erfolgreich in Zellkulturen vermehrt. Das ermöglicht die Züchtung menschlicher Viren auf menschlichen Zellen.

Tab. 11.**2** Virenzucht

Bakterielle Viren	– apathogene Bakterienstämme
Tierische Viren	– Mäuse, Ratten, Meerschweinchen, Hamster, Kaninchen, Hühner, Affen – Hühnerembryonen – Zellkulturen
Pflanzliche Viren	– Pflanzen – Zellkulturen

Zellen, die aus einer winzigen Hautstanze gewonnen werden, können in Petri-Schalen mit synthetischem Medium, dem 5 bis 15% Serum zugesetzt wird, kultiviert werden. Nachdem eine Platte vollgewachsen ist, werden die Zellen von der Unterlage abgelöst und auf weiteren Platten ausgesät. Normale Zellen tolerieren bis zu 50 solcher Passagen. Die Zellkultur-Zellen können unter weitgehend definierten Bedingungen infiziert werden. Die Virusinfektion der Zellen bewirkt meistens charakteristische Schädigungen der Zellen (cytopathische Effekte). Diese cytopathischen Effekte ergeben für die Diagnostik wichtige Hinweise auf das infizierende Virus. Die Möglichkeit der Virusinfektion in Zellkultur beschleunigte die Fortschritte auf dem Gebiet der Virologie außerordentlich.

11.2.2. Viren können wie große Proteine gereinigt werden

Die **Reindarstellung** von Viren ist aufgrund ihrer geringen Dimensionen durch differentielle Zentrifugation möglich. Aus der Zellkultur, aus infizierten Hühnerembryonen, Körperflüssigkeit infizierter Tiere oder sonstigen Quellen werden grobe Partikel durch Zentrifugation entfernt. Die Viren können dann, vergleichbar einem Riesenenzym, konzentriert werden z. B. durch Fällung mit Ammonsulfat oder Polyethylenglycol. Die virushaltige Flüssigkeit kann auch im Vakuum eingedampft werden. Die konzentrierten Viren werden anschließend durch Dichtegradienten- oder Zonen-Zentrifugation gereinigt. Auch andere Techniken der Enzymologie wie Säulenchromatographie oder Elektrophorese können zur Virus-Reinigung herangezogen werden.

11.2.3. Viren werden wie Makromoleküle charakterisiert

Die gereinigten Viren können nach **Größe, Struktur** und **Zusammensetzung** charakterisiert werden (Tab. 11.**3**). Da alle Viren zu klein sind, um mit gewöhnlichen Hilfsmitteln wie z. B. Mikroskopen betrachtet zu werden, muß

Tab. 11.**3** Charakterisierung von Viren

Größe	– Elektronenmikroskopie – Sedimentationsverhalten
Struktur	– Elektronenmikroskopie
Chemische Zusammensetzung	– Nucleinsäureanalyse (nach Phenolisierung) – Basensequenzierung – Proteinanalyse (nach Detergentien) – Gel-Elektrophorese
Verhalten gegen schädigende Agentien	– Strahleninaktivierung – Hitze-Kälte-Resistenz – Stabilität gegen Salzkonzentrationen – Etherempfindlichkeit lipidhaltiger Viren

Tab. 11.**4** Einteilung der Viren

RNA-Viren

1. Einzelsträngig
   a) RNA nicht segmentiert
   – Retro: Tumorviren, Oncarnaviren
   – Human lymphotropic virus (HIV)
   Aquired immune deficiency syndrome (AIDS)
   – Picorna: Poliomyelitis, Maul- und Klauenseuche
   – Toga: Gelbfieber, Dengue, Zeckenencephalitis, Pferdeencephalitis, Semliki-Forest-Krankheit
   – Corona: respiratorische Infekte beim Menschen
   – Paramyxo: Mumps, Masern, Röteln
   – Rhabdo: vesikuläre Stomatitis
   b) RNA segmentiert
   – Arena: Lassa-Krankheit
   – Bunya: Nairobi-Schlafkrankheit, Encephalitis California
   – Orthomyxo: Influenza
2. Doppelsträngig
   – Reo: Colorado-Zeckenfieber

DNA-Viren

1. Einzelsträngig
   – Parvo: akute, nichtbakterielle Gastroenteritis
2. Doppelsträngig
   – Papova: Papilloma, Polyoma, SV40
   – Adeno: Respirationstrakt-Infektionen
   – Herpes: H. zoster, H. simplex, infektiöse Mononucleose
   – Pocken: Pocken

entweder ihre Größe unter technischem Aufwand mit dem Elektronenmikroskop oder über ihr Sedimentationsverhalten bestimmt werden. Die Dimensionen können zwischen den Extremen zehn nm (Picorna, Parvo) bis mehreren hundert nm (Pocken) variieren. (Im Vergleich: Bakterien etwa 1000 nm; einfache Proteine 10 bis 20 nm). Auch die Strukturen der Viren sind sehr unterschiedlich. Viele bakterielle Viren sind gegliedert in Kopf, Hals und Schwanz. Eine derartige Gliederung gibt es bei animalen Viren nicht, viele von ihnen sind schlicht rund. Andere besitzen eine feine, sichtbare Architektur wie z. B. Adeno-Viren (s. Abb. 11.**10 a**).

Zur weiteren Charakterisierung kann die Analyse der chemischen Zusammensetzung dienen. Proteine und Nucleinsäuren können z. B. durch wäßriges Phenol getrennt werden. Es bleibt dann die **Nucleinsäure** in der wäßrigen Phase zurück. Die Differenzierung zwischen DNA und RNA ist mit Hilfe der Enzyme *DNAase* bzw. *RNAase* möglich (Tab. 11.**4**). Die Größen der Nucleinsäuren können durch Sedimentationsanalyse oder mittels Elektronenmikroskopie bestimmt werden. Sie liegen für RNAs zwischen einer Million (Bromga-Mosaik) und 15 Millionen (Reo), für DNAs zwischen 1,5 (Papova) und 160 Millionen (Pocken) molekulare Masse (M_r). Mit modernen Methoden können die Basensequenzen der viralen Nucleinsäuren festgestellt werden. Für eine Reihe von Viren sind die kompletten Sequenzen bekannt.

Bisher wurde davon ausgegangen, daß die Nucleinsäure eines Virus aus einem einzigen Molekül besteht. Bei einigen RNA-Viren besteht das Genom jedoch aus mehreren **Segmenten.** In diesen Fällen ist es ein ungeklärtes Geheimnis, wie bei der Virusverpackung die richtige Kollektion von RNAs in eine Virushülle gepackt wird. Die RNA einiger Viren fungiert sowohl als Genom als auch als mRNA. Hier ist die reine RNA (ohne Proteinassoziation) auch infektiös (Picorna, Toga). Bei anderen Viren ist die Genom-RNA komplementär zur mRNA (Influenza). Diese reinen RNAs sind nicht infektiös. Zunächst muß die RNA durch eine *RNA-Polymerase,* die im Virus mitgebracht wird, in mRNA transkribiert werden. Schließlich wird an ihr im Verlauf der Entwicklung ein Gegenstrang synthetisiert, der in das Nachkommen-Virus eingepackt wird.

Die **Virusproteine** können durch Elektrophorese analysiert werden. Dazu wird das Virus durch ein Detergens wie Natriumdodecylsulfat dissoziiert und durch Elektrophorese in einem grobmaschigen Gel, z. B. aus polymerisiertem Acrylamid, analysiert. Den größten Anteil liefern die Strukturproteine. Ihre Aufgabe ist es, die schützende Hülle zu bilden. Aber sie sind auch für die Organisation des Genoms notwendig. Neben den Strukturproteinen besitzen viele Viren Proteine, die nur in wenigen Kopien vorhanden sind und Enzymfunktion haben: Retro-Viren besitzen die *Reverse Transkriptase,* die in der Zelle aus RNA DNA synthetisieren kann. Pocken-Viren bringen ein ganzes Arsenal von Enzymen mit.

An der Außenseite von Viren gelegene Proteine können in einigen Fällen **Kohlenhydrate** tragen. Diese Glycoproteine werden als antigene Determinanten erkannt.

Lipide in Viren sind für deren Ether-Empfindlichkeit verantwortlich. Phospholipide können eine Mem-

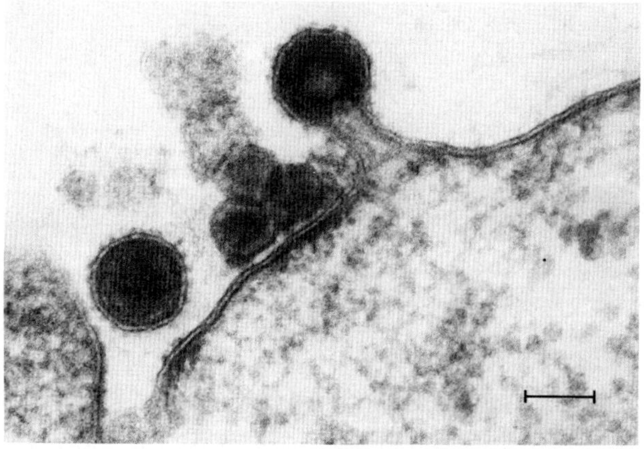

Abb. 11.6 **„Knospung“ von Rous-Sarkoma-Virus (Oncorna)**
(Aufnahme: Institut für Virologie, Gießen)

bran in den Viren bilden. Diese Lipidmembran entsteht bei der Freisetzung der Viren aus Zellen durch Knospung. Dabei wird ein Teil der zellulären Membran vom Virus mitgenommen (Abb. 11.**6**).

Viren können auch an Hand ihrer Inaktivierung durch schädigende Einflüsse charakterisiert werden. Viren mit großem Genom werden bei kleineren Dosen Röntgenstrahlen inaktiviert als kleine Genome, da bei letzteren der Trefferbereich kleiner ist. Ähnliches gilt auch für UV- und γ-Strahlung.

Die meisten Viren werden bei Temperaturen zwischen 50 °C und 60 °C stark inaktiviert. Das **Hepatitis-Virus** ist wesentlich hitzestabiler. Nicht ausreichend sterilisierte Spritzen bergen deshalb die Gefahr der Hepatitisübertragung. Niedrige Temperaturen, auch unterhalb des Gefrierpunktes, werden von den meisten Viren toleriert. Einige Viren überstehen Gefriertrocknung.

Hohe Salzkonzentrationen stabilisieren Viren, so daß sie höhere Temperaturen zur Inaktivierung brauchen.

Schließlich wurde schon erwähnt, daß Lipid-haltige Viren Ether-empfindlich sind. Auch das hilft bei ihrer Charakterisierung. Ether-unempfindlich sind Adeno, Papova, Parvo, Picorna und Reo.

11.2.4. Viren sind phylogenetisch mit Zellen verwandt

Über die Entwicklung von Viren hat man erst in allerjüngster Zeit einen klaren Hinweis erhalten. Das sicherste **Verwandtschaftsmerkmal** zellulärer Organismen ist die Nucleotidsequenz der ribosomalen RNA (s. Kap. **7**). Da Viren keine Ribosomen haben, ist dieses Kriterium nicht anwendbar. Eine andere Möglichkeit, Verwandtschaftsverhältnisse bei zellulären Organismen aufzuklären, bieten die Sequenzen von Proteinen, die in allen Organismen vorkommen und in ihrer Sequenz relativ konstant (konservativ) sind. Besonders geeignet sind das Cytochrom C und das Hämoglobin (s. Kap. **7**). Diese beiden Proteine sind in Viren nicht enthalten. Deshalb ließen sich Viren lange Zeit nicht in den phylogenetischen Stammbaum einordnen. Einen Anschluß der Viren an die Phylogenie der höheren Organismen und an die Bakterien brachte die Entdeckung, daß eines der Strukturproteine des bakteriellen Virus Lambda, das Protein D, immunologisch kreuzreagiert mit den Histonproteinen H2a und H2b höherer Organismen, u. a. des Menschen. Aus der Aminosäure-Sequenz dieses Proteins ergab sich in der Tat eine Verwandtschaft zu einem chromosomalen Protein. Damit ist zumindest für das Virus Lambda bewiesen, daß es zum gemeinsamen phylogenetischen Stammbaum gehört. Inzwischen wurden auch andere virale Proteine gefunden, die Verwandtschaften zu chromosomalen Proteinen zellulärer Organismen zeigen. Das Gesamtbild wird dann ergeben, an welcher Stelle des Stammbaums die Viren einzuordnen sind. Der Nachweis, daß Viren mit den zellulären Organismen in der Phylogenie verbunden sind, zeigt, daß Viren eine Entwicklung zum extremen Parasitismus hinter sich haben und dabei alle zellulären Strukturen inklusive der Ribosomen über Bord geworfen haben.

11.2.5. Die Virusentwicklung hat eine Frühphase, in der der Wirt entmachtet wird, und eine späte oder Replikationsphase

Animale Viren, speziell diejenigen, die Lipide in ihrer Hülle haben, gelangen durch **Endocytose** in die Zelle. Dabei verschmilzt ihr Lipid mit der Zellmembran, und der „harte Kern“ des Virus (Genom und Protein) gelangt in die Zelle. Im nächsten Schritt wird das Virus ausgekleidet. Dies geschieht im Lysosom. Das Genom, an den Ort seiner Vermehrung – entweder Kern oder Cytoplasma – gelangt, steuert nun alle wesentlichen Stoffwechselvorgänge der Zelle in Richtung optimale Virusvermehrung. Die Information des Virus wird in mRNA umgesetzt. Bei einigen Viren dient die Virus-RNA direkt als mRNA. Andere Viren transkribieren ihre RNA durch eine mitgebrachte RNA-abhängige *RNA-Polymerase* in mRNA, andere, wie z. B. Pockenviren, transkribieren ihre DNA mit der mitgebrachten DNA-abhängigen *RNA-Polymerase,* und wieder andere, wie z. B. Adeno oder Herpes, benützen die *RNA-Polymerase* des Wirtes. Entsprechend sind die Techniken der Replikation sehr unterschiedlich. RNA-Viren können über *Reverse Transkriptase* (s. Kap.

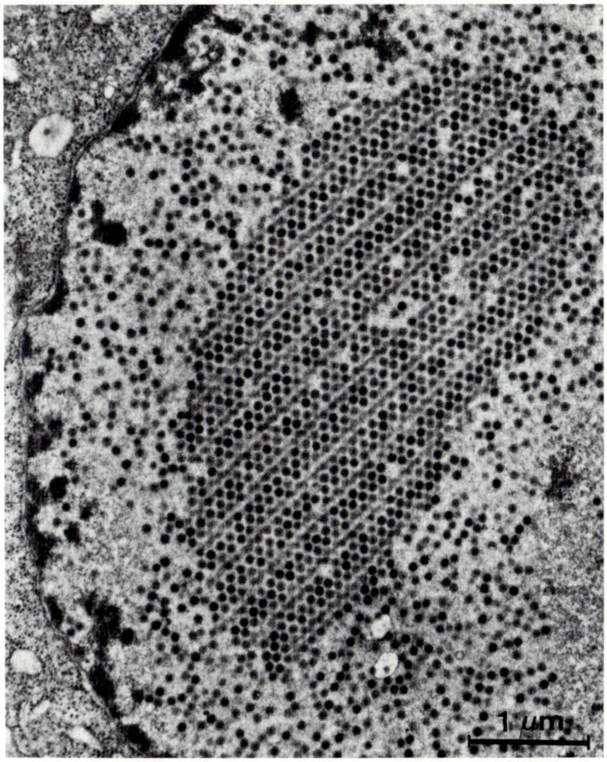

Abb. 11.7 Mammalia-Viren werden in der Zelle in großer Zahl gebildet
Kristallin angeordnete Adenoviren im Kern der Wirtszelle (Aufnahme: W. Hecker, Basel)

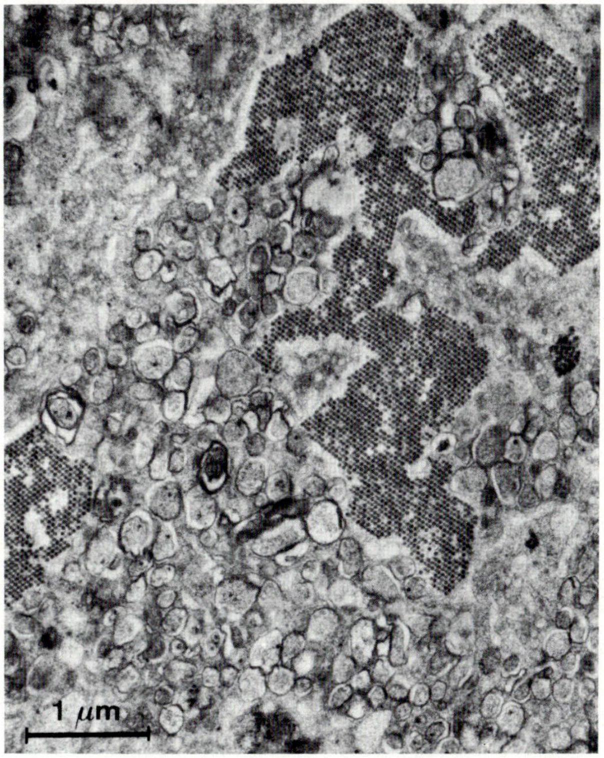

Abb. 11.8 Mammalia-Viren werden in der Zelle in großer Zahl gebildet
Poliomyelitis; kristallin angeordnete Poliomyelitis-Viren im Cytoplasma der Wirtszelle (Aufnahme: J. Meyer, Basel)

2) zunächst DNA synthetisieren und dann schließlich wieder Virus-RNA (Retroviren). Oder sie synthetisieren an der Virus-RNA zunächst eine *RNA-Polymerase* (Polio). DNA-Viren benützen den Replikationsapparat des Wirtes. Alle Taktiken gleichen sich im zeitlichen Verlauf. In einer **„frühen Phase"** werden die Vorbereitungen für die Synthese der Virus-Bestandteile getroffen, und der Wirt wird entmachtet. In der **„späten Phase"** der Entwicklung wird repliziert, die Strukturproteine werden gebildet und die Viren zusammengesetzt (Abb. 11.**7**, 11.**8**).

Die fertiggestellten Viren verlassen die Zelle wiederum mit unterschiedlichen Techniken (Abb. 11.**9**). Lipidmembran-haltige Viren verlassen die Zelle über **Exocytose.** Sie wandern an die Zellmembran, binden an ein Protein der Membran und werden vorübergehend Bestandteil der Membran. Die Lipid-Doppelschicht schließt sich um das Virus, und das Virus wird mitsamt der es umgebenden Lipidmembran nach außen entlassen. Andere Viren zerstören die Wirtszelle und erlangen dadurch die Freiheit, und wieder andere Viren werden **aktiv** ausgeschleust.

Genauso unterschiedlich wie die Taktiken bei der Vermehrung sind die **Entwicklungszeiten.** Einige schnelle Viren sind in 20 Minuten oder in wenigen Stunden fertig, andere benötigen sehr lange Perioden bis hin zu den extrem langsamen Viren **(slow virus).**

Langzeitviren (slow virus) haben extrem lange Latenzzeiten

Die **Inkubationszeiten** für Krankheiten, die im Verdacht stehen, durch Langzeitviren übertragen zu werden, d. h., die Zeiten zwischen der Infektion und dem Auftreten der Symptome, können Jahre bis Jahrzehnte betragen. Dadurch ist die Identifizierung des Erregers kompliziert. Bei den Langzeitvirus-Erkrankungen des Menschen ist neben der sehr langen Inkubationszeit der chronisch-pro-

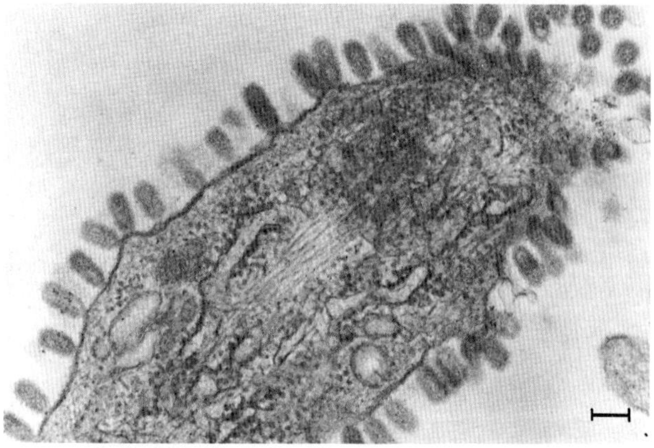

a

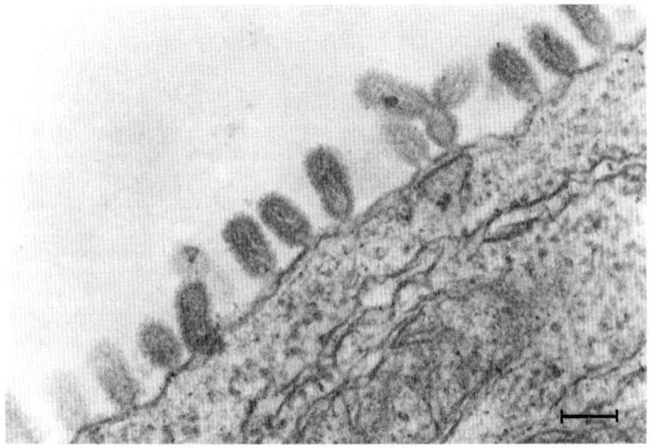

b

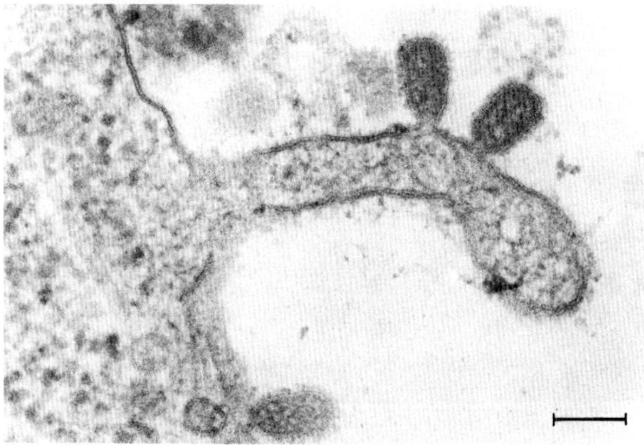

c

Abb. 11.**9** **Ausschleusung von Influenzavirus (Myxovirus) in Fibroblastenzellen**
a 80 000fache
b 120 000fache
c 160 000fache Vergrößerung (Aufnahmen: Institut für Virologie, Gießen)

gressive Verlauf über relativ lange Zeitperioden charakteristisch. Meistens enden sie tödlich. Alle bisher gesicherten Langzeit-Virus-Erkrankungen manifestieren sich im Zentralnervensystem (Tab. 11.**5**).

Das die **„Progressive multifokale Leukencephalopathie“** verursachende Virus wurde aus befallenem Gehirn isoliert und gehört zu den kleineren Papovaviren. Es treten Gedächtnisschwund, Desorientierung und zentraler geistiger Abbau durch Demyelinisierung des Gehirns auf. Die **„Subakute Sklerosierende Panencephalitis“** wird durch ein **Masern-Virus** verursacht. Die Inkubationszeit beträgt 2 bis 20 Jahre. Symptome sind Lähmungen, Tremor, Ataxie und Krämpfe. Auf je 200 000 Masernerkrankungen entwickelt sich eine subakute sklerosierende Panencephalitis. Möglicherweise handelt es sich hier um einen Langzeit-Entwicklungscyclus des Masern-Virus.

Auch nach **Rötelninfektion** im Verlauf einer Schwangerschaft kann als Spätfolge nach mehr als 10 Jahren in einigen Fällen eine **progressive Panencephali-**

Tab. 11.**5** Infektionen durch Langzeit-Viren bzw. Prione beim Menschen

Krankheit	infektiöse Agens	Inkubationszeit	Symptome
Subakute, sklerosierende Panencephalitis (SSP)	Masern-Virus	2–20 Jahre	Lähmungen, Ataxie, Krämpfe
Kuru-Kuru	Prion?	1–20 Jahre	Lähmungen, Tremor, Ataxie, geistiger Abbau
Creutzfeldt-Jakob	Prion?	4 Monate bis Jahre	Lähmungen, Tremor, Ataxie, geistiger Abbau
Gerstmann-Sträussler-Schenker	Prion?	2–6 Jahre	Lähmungen, Tremor, Ataxie, geistiger Abbau
Fatale familiäre Insomnie	Prion?	1 Jahr und mehr	Schlaflosigkeit, geistiger Abbau

tis auftreten, die wohlmöglich auf eine Langzeitvirusform des Rötelnvirus zurückzuführen ist.

Neben einigen wenigen Krankheiten, in denen das infizierende Virus nachgewiesen werden konnte, gibt es eine größere Gruppe **neurodegenerativer Syndrome,** die man als virale Infektionskrankheiten verdächtigt, solange keine andere Ursache gefunden worden ist. Hierher gehören Multiple Sklerose, Morbus Parkinson, Alzheimer-Erkrankung und die Amyotrophe Lateralsklerose.

Multiple Sklerose mit disseminierter chronischer Entzündung des ZNS könnte zu den Autoimmunkrankheiten zählen.

Beim **Morbus Parkinson** (progrediente chronische Erkrankung der Stammganglien) scheint eine Reparaturdefizienz von Schäden durch Sauerstoffradikale insbesondere der mitochondrialen DNA vorzuliegen.

Die **Alzheimer-Erkrankung,** bei der es ebenfalls sporadische und erbliche Formen gibt, geht mit einer progredienten Hirnatrophie mit nicht therapierbarem geistigem Abbau einher. Die familiären Formen haben einen frühen Krankheitsbeginn. Kandidatengene sind kürzlich auf Chromosom 14 und Chromosom 1 gefunden worden, die für Membranproteine codieren, deren Funktion noch unbekannt ist. Von der sporadischen Form werden ca. 1% aller über 65jährigen befallen. Patienten mit dieser Krankheit zeigen post mortem amyloide Plaques im Gehirn und neurofibrilläre Tangles in den Neuronen. Vermutlich wird der Untergang der Neuronen durch Ablagerungen eines kleinen β-Amyloid-Proteins in β-Faltblattstruktur bewirkt. β-Amyloid ist ein Spaltprodukt eines größeren Amyloid-Vorläufer-Proteins, eines membrangebundenen Glykoprotein mit unbekannter Funktion, dessen Information auf dem Chromosom 21 liegt. Die neurofibrillären Tangles bestehen aus gepaarten helicalen Proteinfasern, die ein abnormal phosphoryliertes Protein Tau enthalten. Tau ist normalerweise ein Bestandteil der Mikrotubuli (s. Kap. 1) des Cytoskeletts, das durch die pathologischen Ablagerungen aus den Fugen gerät und mit zum Absterben der Neurone beiträgt. Ähnliche Veränderungen finden sich auch in den Gehirnen von Patienten mit Trisomie 21 (Down-Syndrom).

Bei einigen Patienten mit **Amyotropher Lateralsklerose,** die mit einer fortschreitenden Schädigung der Vorderhornzellen einhergeht, wurden Missense-Mutationen im Gen der Cu^{2+}/Zn^{2+}-Superoxiddismutase auf Chromosom 21 gefunden, die eine wichtige Rolle im Radikalstoffwechsel spielt.

Abgesetzt von den Langzeit-Virus-Infektionen sind die **„transmittierbaren Spongiformen Encephalopathien“,** die sowohl bei Tieren (weitverbreitet), als auch bei Menschen (seltener) vorkommen. Eine spongiöse Degeneration der Grauen Substanz, Neuronenverlust und Ausbildung von amyloiden Plaques ähnlich wie bei Alzheimer werden gefunden. Die erste, schon vor ca. 200 Jahren beschriebene Erkrankung ist der **Schafswahnsinn** (Scrapie). Die Tiere verlieren die Fähigkeit zur Koordination der Bewegungen und werden von unerträglichem Juckreiz geplagt. In jüngster Zeit macht der sogenannte **Rinderwahnsinn** (mad cow disease) oder BSE (bovine spongiforme Encephalopathie) von sich reden. Hier wurde offensichtlich durch Verfütterung von an Scrapie erkrankten Schafkadavern die Speziesbarriere zwischen Schaf und Rind durchbrochen. Das wiederum führte zu großer Unruhe bei den Konsumenten, die sich vor infiziertem Rindfleisch fürchten, obwohl es bisher keinen Fall einer gesicherten Übertragung vom Rind zum Menschen gibt. Der mögliche Erreger befällt das ZNS und macht Neuronen-haltiges Gewebe (z. B. das Gehirn) außerordentlich infektiös. Aus diesem Grund sollte, schon rein prophylaktisch, der Genuß von Gehirn jeglicher Art vermieden werden! Die menschlichen Krankheiten dieses Formenkreises sind selten.

„Kuru-Kuru“ ist die wohl bekannteste Krankheit dieser Gruppe. Sie wird durch den Verzehr rohen Menschengehirns übertragen. Verbreitet war Kuru-Kuru bis in die jüngere Vergangenheit im Hochland von Neu-Guinea, wo, verursacht durch Mangel an tierischem Eiweiß, Kannibalismus gebräuchlich war. Die Inkubationszeit dieser Krankheit beträgt 1 bis 20 Jahre. Die Krankheitserscheinungen dauern 5 bis 10 Monate und enden meist tödlich: Lähmungen, Tremor, Ataxie und schließlich geistiger Abbau (Tab. 11.**5**).

Die **„Creuzfeldt-Jacob-Krankheit“** (CJK) verhält sich sehr ähnlich – wenn nicht, mit Ausnahme des Übertragungsmodus, identisch. In beiden Fällen läßt sich das nicht klassifizierte infektiöse Prinzip auf Schimpansen übertragen. Die Inkubationszeit beträgt vier Monate bis mehrere Jahre. Diese Krankheit tritt weltweit, auch sporadisch in Europa, auf. Man unterscheidet 3 Formen: die **sporadische** (ca. $^1/_{10^6}$), die **autosomal dominant erbliche** (ca. 100 Großfamilien bekannt) und die **iatrogene** (durch medizinische Einwirkung) übertragene (ca. 80 Fälle). So wurde CJK vereinzelt von Mensch zu Mensch über unzureichend desinfizierte Gehirnsonden, über Corneatransplantationen und über die Verabreichung von Wachstumshormon, das vor der gentechnologischen Ära aus den Gehirnen Verstorbener gewonnen wurde, übertragen. Eine andere direkte Übertragung von Mensch zu Mensch ist nicht bekannt!

Noch seltener als CJK ist das **Gerstmann-Sträussler-Schenker-Syndrom (GSS).** Angehörige dieser Krankheit (ca. 50 Großfamilien bekannt) wurden zuerst von Gerstmann in Österreich beschrieben. In allerneuester Zeit wurde ein weiteres sehr seltenes Krankheitsbild (ca. 9 Großfamilien), die **Fatale familiäre Insomnie (FFI)** mit progredienter Schlaflosigkeit und Beeinträchtigung des autonomen Nervensystems, dieser Gruppe zugeordnet.

Auf der Suche nach dem auslösenden Agens fand man erstaunlicherweise in dem infektiösen Material bisher keinerlei Nucleinsäure, sondern nur ein Protein. Dieses Protein, **Prion** genannt, könnte ein völlig neues infektiöses System darstellen, in dem Proteine, offensichtlich durch **Änderung ihrer Sekundärstruktur,** höchste Infektiosität erlangen können. Das Prion kommt in normalen Zellen als membranständiges Protein vor, wo es von einem einzigen Gen, das beim Menschen auf dem kurzen Arm von Chromosom 20 liegt, codiert wird. Das **zelluläre Prion-Protein (PrP^C)** ist Protease-sensitiv und **löslich.** In kranken Zellen findet sich dieses Prion ebenfalls, nur ist seine α-helicale Sekundärstruktur hier in eine β-helicale convertiert. Letzteres Prion, nach seiner Entdeckung in Scrapie-Schafen **PrP^{Sc}** genannt, ist Protease-unempfindlich, **un-**

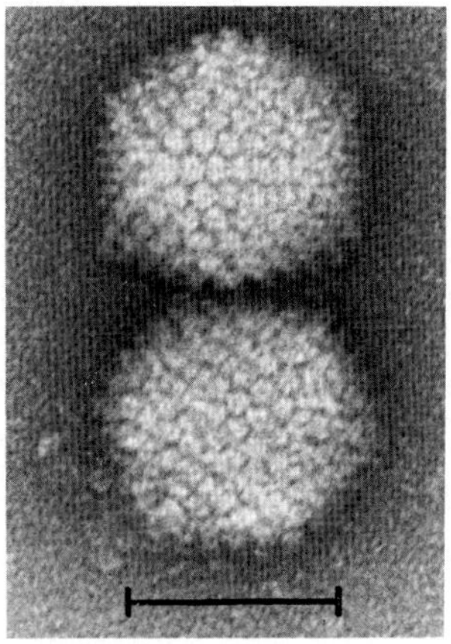

a

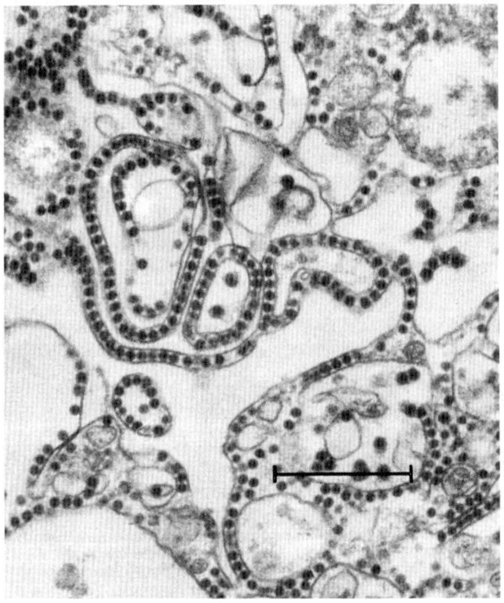

b

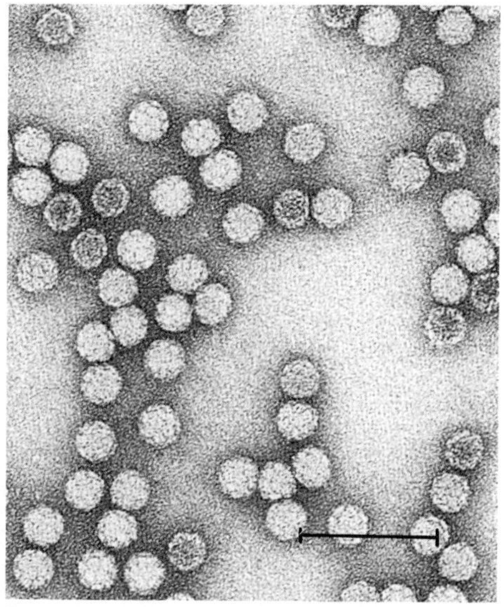

c

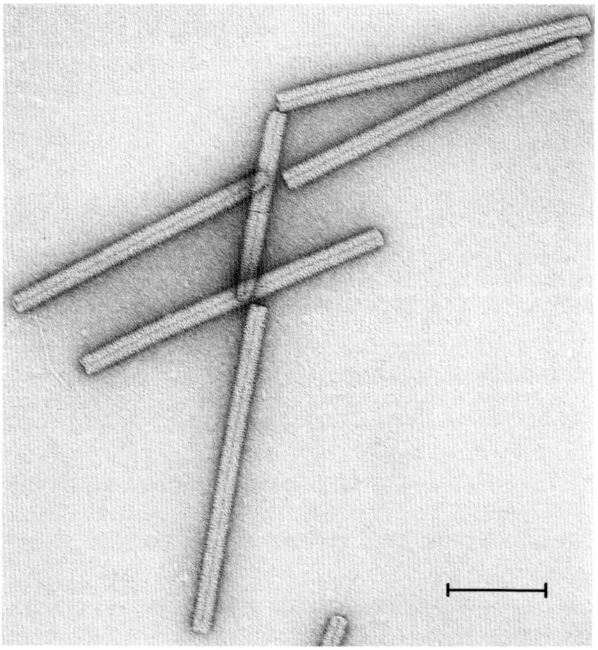

d

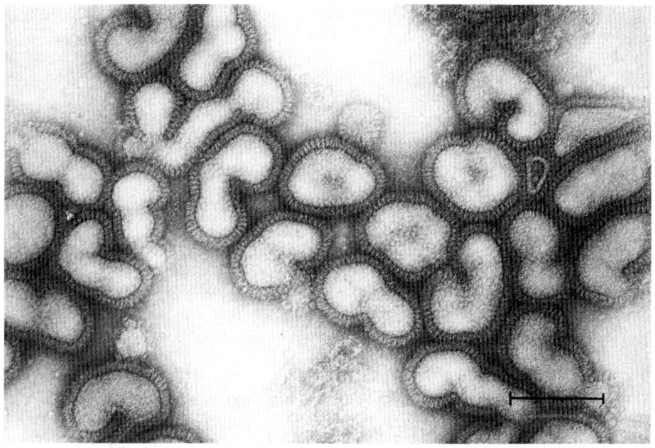

e

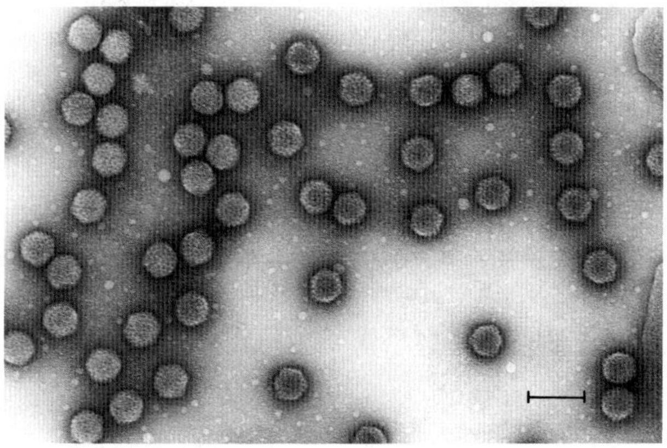

f

Abb. 11.**10 Viren**
a Adenovirus 2 (Aufnahme: M. Wurtz, Basel)
b SV 40 (Aufnahme: W. Hecker, Basel)
c TYMV (Aufnahme: M. Wurtz, Basel)
d Tabak-Mosaik-Virus (Aufnahme: M. Wurtz, Basel)
e Myxo-Virus (Influenza) (Aufnahme: Institut für Virologie, Gießen)
f Gumbora-Virus (Aufnahme: Institut für Virologie, Gießen)

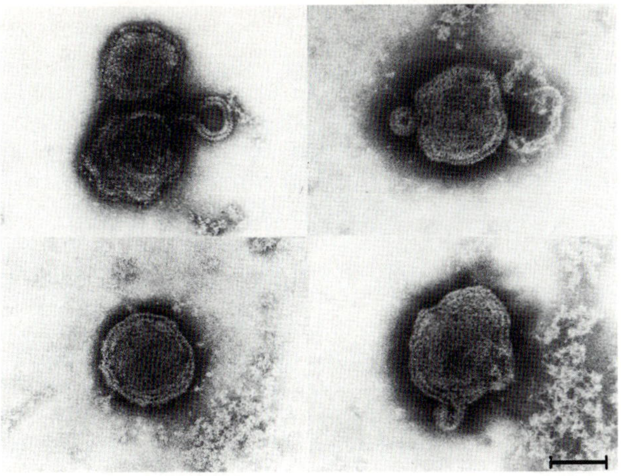

Abb. 11.**10g** **NDV-Newcastle-Disease-Virus** (Paramyxovirus) (Aufnahme: Institut für Virologie, Gießen)

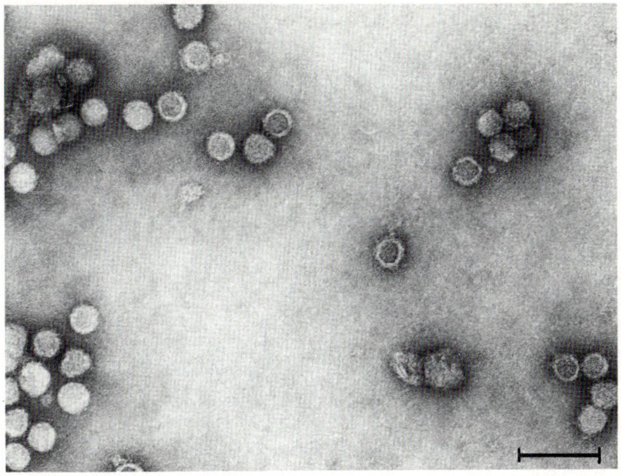

Abb. 11.**10h** **WN-Flavi-Virus** (Aufnahme: Institut für Virologie, Gießen)

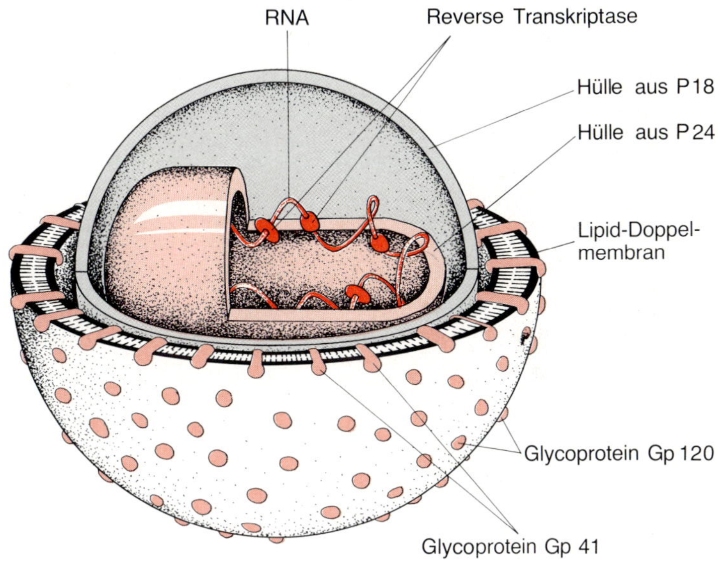

Abb. 11.**10i** **Human Immun-Deficiency Virus (HIV),** Erreger von AIDS (schematische Darstellung)

löslich und fällt aus. Zwischen den Nervenzellen bilden sich Prion-haltige amyloide Plaques. Innerhalb der Neurone füllt das ausgefallene Protein die Lysosomen und zerstört die Zellen. Wie kann es zu einer derartigen **Convertierung** kommen? Es sieht so aus, als könne ein pathologisch strukturiertes Prion einem gesunden seine Form, möglicherweise im Verlauf einer membrangebundenen Dimerisierung, aufzwingen (Abb. 11.**11**). Diese Convertierung verläuft umso leichter, je ähnlicher die interagierenden Prione in ihrer Form sind. Auf diese Weise entstehen immer neue konvertierte Prione, bis schließlich keine intakten zellulären mehr da sind. Woher kommt aber das erste Scrapie-PrP? Entweder wurde es durch infektiöses Material übertragen, z. B. iatrogen, oder es ist durch Mutation im Prion-Gen entstanden. Bei sporadischem Auftreten kann es auch durch somatische Mutation im Gen einer Zelle bzw. durch homozygotes Vorliegen eines speziellen Polymorphismus im Prion-Codon 129 entstanden sein. In diesem Polymorphismus liegen die Aminosäuren Valin oder Methionin vor, die das Prion-Protein besonders anfällig für eine spontane, aber auch induzierte Convertierung machen. Die Empfänglichkeit für Prion-Krankheiten wird also wesentlich durch die **genetisch bedingte Convertierfreudigkeit** der zellulären Wirts-Prionen mitbestimmt.

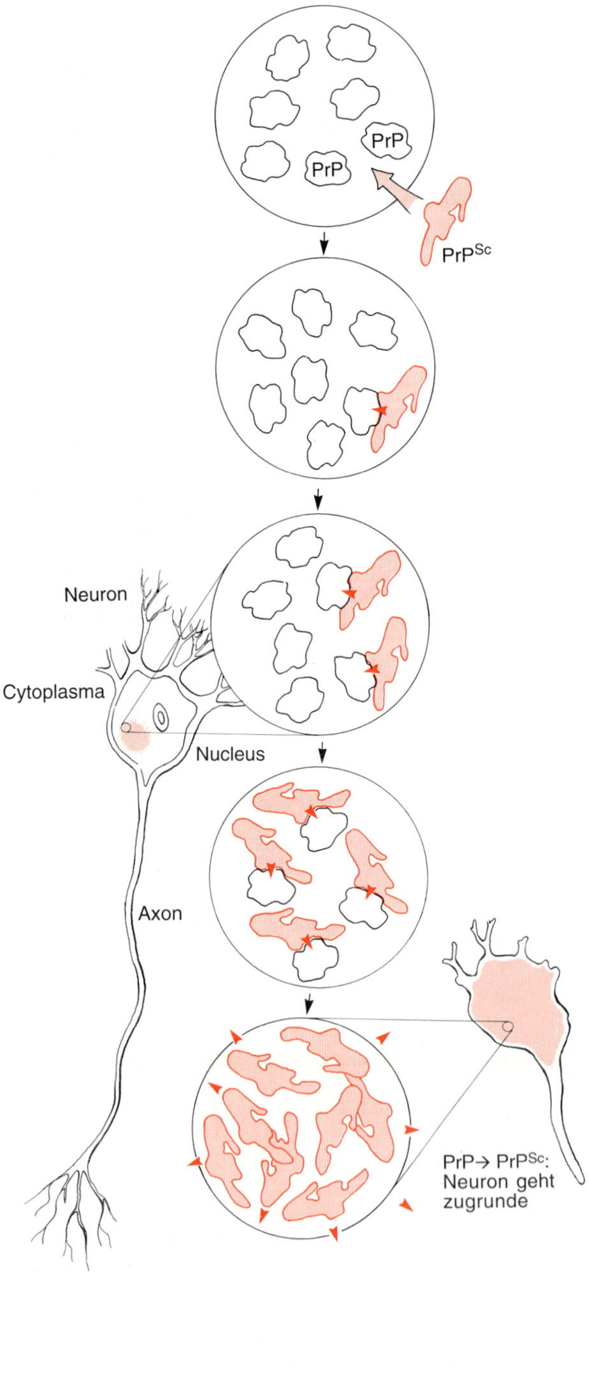

Persistierende und latente Virus-Infektionen haben für das Fortbestehen von Reservoiren Bedeutung

Virus-Infektionen können in langen Zeiträumen ohne akutes Auftreten von Symptomen ablaufen. So führt z. B. pränatale Röteln-Infektion häufig zu einer persistierenden Virus-Infektion. Während der postnatalen Entwicklung wird durch das Immunsystem die persistierende Infektion beendet (Tab. 11.**6**).

Virusinfektionen können unter Umständen sehr unauffällig verlaufen. Das infizierte Individuum ist dann kaum oder nicht beeinträchtigt, obwohl das Virus sich ständig vermehrt und präsent ist. Ein klassisches Beispiel für eine **persistierende latente Virus-Infektion** ist die Tollwut-Infektion der Fledermäuse. Die Tiere sind durch die Infektion nicht beeinträchtigt, d. h., die Infektion ist latent und dauert in der Regel lebenslang an, sie ist persistierend. Infizierte Fledermäuse (daneben auch Fuchs, Hund und Katze) sind deshalb ein ständiges **Reservoir** für Tollwut. (Blutsaugende Fledermäuse als Reservoir gibt es nur in Südamerika!) Einige Arten, die ein Reservoir bilden, sind Blutsauger und übertragen bei der Blutmahlzeit das Tollwut-Virus auf Warmblüter wie Rind oder Wild. Persistierende latente Virus-Infektionen haben als Virus-Reservoir generell eine große Bedeutung. Neben der Tollwut sollen zwei weitere Beispiele angeführt werden: Zecken-Encephalitis und Influenza. **Zecken-Encephalitis hat in Zecken ein Reservoir.** Die Viren der Zeckenencephalitis haben ein Reservoir in latent persistierend infizierten Zecken. Die Zecken infizieren ihre Nachkommen transovarial. Beim Zeckenbiß wird das Virus auf Vögel, Nagetiere, Wild, Ziegen, Rinder und andere Haustiere oder auf den Menschen übertragen. Im Menschen verursacht das Virus, das zur Toga-Familie gehört, Encephalitis.

Abb. 11.**11 Prione sind die Erreger transmittierbarer, spongiformer Encephalopathien**
Das infektiöse Agens einiger Erkrankungen mit Manifestation im ZNS scheinen Proteine zu sein, die in löslicher, Protease-verdaubarer Form normale Zellbestandteile sind (PrP). Durch Mutation der genetischen Information oder durch Kontakt mit pathologischen Prionen (PrP^{sc}) kommt es zu einer Änderung der Sekundärstruktur (Convertierung). Dabei oktruieren die PrP^{Sc} den PrP ihre β-Faltblattstruktur auf. Dieser Prozeß folgt einer Kettenreaktion, bis alle intakten Prione umkonfiguriert sind. Dieser Vorgang spielt sich hauptsächlich in Neuronen ab und führt zu einem progressiven Absterben von Nervenzellen.

Tab. 11.**6** Persistierende latente Virus-Infektionen und ihre Reservoirs

Virus	Reservoir	Endwirt	Krankheit
Tollwut-Virus	Fledermäuse	Warmblüter	Tollwut
Toga-Virus	Zecken	Tiere und Mensch	Encephalitis
Influenza-Virus	u. a. Schwein	Mensch	Influenza

Reservoirs sind eine Quelle der Antigen-Variation bei Influenza. Influenza-Viren haben Reservoirs in verschiedenen Tieren wie z. B. dem Schwein. Das Genom der Influenza-Viren besteht aus acht Segmenten. Bei Mischinfektionen entstehen Viren aller möglichen Kombinationen. Wenn ein latent persistierend infiziertes Schwein mit einem Influenza-Virus des Menschen infiziert wird, entstehen **Neu-Rekombinanten,** u. a. Viren, die vorwiegend Genomsegmente des Virus vom Menschen mit Antigen-Struktur des Virus vom Schwein haben. Dieses Virus findet im Menschen keine Antikörper vor und kann deshalb eine Infektion verursachen, die sich über ganze Länder und Kontinente ausbreiten kann **(Pandemie).** Dieser plötzliche Antigen-Wechsel **(antigenic shift)** wird begleitet von Antigen-Veränderung **(antigenic drift),** verursacht durch Mutationen. Diese Antigenitäts-Veränderungen erfolgen nicht nur im Menschen, sondern auch in den Reservoirs, so daß immer neue Antigene für Antigenitäts-Wechsel zur Verfügung stehen. Antigen-Wechsel und -Veränderung komplizieren außerordentlich die Impfstoff-Herstellung.

11.2.6. Schutzimpfung ist das beste Mittel gegen Virusepidemien

Impfungen brachten den entscheidenden Durchbruch bei der Bekämpfung von Viruserkrankungen (Tab. 11.**7**). Viren, die zu großen Epidemien führten, die viele Menschen dahinrafften, schienen bis zum Auftreten von AIDS an Bedeutung verloren zu haben. Pocken, einst eine der meist gefürchteten Volksseuchen, gilt (jedenfalls nach der Deklaration der Weltgesundheitsbehörde) als ausgerottet. Seit einigen Jahren gibt es keine Pockenerkrankungen mehr. Die Pockenimpfung wurde von **Jenner,** einem britischen Arzt, entwickelt. Er hatte entdeckt, daß Kuhpocken den Menschen zwar infizieren, aber nur zu einer sehr leichten Pockenform führen. Nach durchgemachten Kuhpocken erkrankten die Menschen nicht mehr oder nur sehr leicht an Pocken. Jenner infizierte Menschen (zunächst sich selbst) mit Kuhpocken und schützte sie dadurch vor dem Pockentod. Bis vor wenigen Jahren war die Pockenschutzimpfung gesetzliche Pflicht in den Industrienationen. Das Virus der Kuhpocken (Vaccina) ist sehr ähnlich dem Pockenvirus, führt aber nur zu einer schwachen Infektion. Impfungen mit **abgeschwächten Viren** werden auch gegen Poliomyelitis, Masern, Mumps, Röteln, Gelbfieber und Adeno angewandt. Die Menschen entwickelten gegen diese Viren natürliche Immunität. Es besteht bei einer derartigen aktiven Immunisierung ein geringes Risiko der Reversion zur Wildtypform. Die abgeschwächten Impfviren werden meist in Zellkultur hergestellt. Zwar besteht bei diesem Kultivierungsvorgang die Gefahr zusätzlicher, unerwünschter Virusinfektionen, diese Gefahren sind jedoch minimal im Verhältnis zum Nutzen der Schutzimpfung. Auch **inaktivierte Viren** werden zum Impfen herangezogen: Influenza, Tollwut und Zecken-Encephalitis. Die erzeugte Immunität ist relativ kurzlebig und muß periodisch aufgefrischt werden.

Tab. 11.**7** Schutzimpfungsmöglichkeiten

Aktive Immunisierung	Passive Immunisierung
– Abgeschwächte Viren – Virusproteine – Virusprotein-Bruchstücke – Abgetötete Viren – Bakterientoxine	– Antikörperhaltige Seren

In jüngster Zeit wird mit einzelnen gereinigten viralen Proteinen oder **Protein-Bruchstücken** immunisiert. Solche Proteine oder deren Bruchstücke werden über gentechnologische Verfahren gewonnen (s. Kap. **12**). Ein klassisches Beispiel sind Hepatitis-Viren, die nicht in ausreichenden Mengen isoliert werden können. Deshalb wurde Hüllprotein kloniert, in Bakterien produziert und zum Immunisieren verwendet. Bislang war gegen Hepatitis nur passive Immunisierung möglich. Dabei werden Immunglobuline von Menschen gewonnen, die eine Hepatitiserkrankung überstanden und dabei Antikörper gebildet haben.

Impfung kann auch mit Hilfe künstlich abgeschwächter Toxine gegen Toxine von Diphtherie, Botulismus, Cholera oder Typhus erfolgen. Daneben gibt es gegen Bakterien auch aktive Immunisierungen.

11.2.7. Virusinfektionen während der Schwangerschaft können zu Mißbildungen führen

Infektionen von Schwangeren mit Röteln-, Varicellen-, Herpes-simplex-, Coxsackie- und anderen Viren führen häufig zu Mißbildungen des Föten. Die Mißbildungen können so stark sein, daß es zum Abort kommt. Besonders Röteln führen zu Mißbildungen.

Infektionen während des ersten Schwangerschaftsmonats haben in 80% der Fälle mißgebildete Föten zur Folge. **Congenitale Röteln-Mißbildungen** betreffen das Herz und die Augen und führen zu Taubheit. Dazu kommen noch wechselnde, unspezifische Mißbildungen. Selbst bei zunächst normal wirkenden Neugeborenen können Röteln-Mißbildungen noch später auftreten. Besonders heimtückisch ist eine latente Röteln-Infektion der Schwangeren, da auch sie zu Mißbildungen des Föten führen kann.

Um eine Röteln-Infektion während der Schwangerschaft zu verhindern, werden Mädchen noch vor der Pubertät gegen Röteln geimpft.

11.2.8. Interferone sind zelleigene Abwehrproteine

Interferone sind zelluläre **Abwehrproteine,** die als Antwort auf eine Virusinfektion gebildet werden. Als Induktoren wirken auch andere Organismen und Substanzen wie Chlamydien, Rickettsien, bakterielle Endotoxine, Protisten, Lectine und doppelsträngige RNAs. Interferone unterdrücken die Virusentwicklung. Über den Mechanismus der Wirkung herrscht noch weitgehend Unklarheit. Interferone sind hitzestabile Glycoproteine mit einer rel. Molekülmasse von 13 000 bis über 100 000. Sie sind streng speziesspezifisch, d. h., menschliche Interferone wirken nur in menschlichen Zellen. Der Mensch bildet mindestens drei verschiedene Interferone α, β, γ. Die Interferone scheinen auch unterschiedliche Angriffspunkte zu haben: Sie verändern die Zellmembranen, induzieren die Synthese eines Translationshemmers und induzieren die Synthese eines exotischen Nucleotids. Wegen ihrer Wirkung auf die Virusentwicklung sind menschliche Interferone besonders interessant. Mit gentechnologischen Methoden wurden Interferon-Gene isoliert und in bakterielle Plasmide eingebaut. Gesteuert von diesen Plasmiden, synthetisieren Bakterien Interferon, das so in technischem Maßstab produziert wird. Menschliche Interferone befinden sich in der klinischen Erprobung. γ-Interferon z. B. ist aktiv gegen Haarzell-Leukämie. Es besteht die Hoffnung, daß Interferone auch gegen virusbedingte Tumoren wirksam sein können.

11.2.9. Tumorviren

Retro-Viren sind RNA-Viren, die ***Reverse Transkriptase*** und häufig ein Oncogen haben

In tierischen Systemen ist erwiesen, daß Viren Tumoren erzeugen können (Tab. 11.**8**). Klassische Beispiele sind das **Mäuse-Mamma-Tumorvirus** (MMTV, Bittner) sowie die **Vogel-Sarkom-** (ASV) bzw. **Leukämie-Viren** (ALV). Ähnliche Viren gibt es bei Affen, Rind, Ratte, Hamster, Katze und Viper. Alle diese Viren sind **RNA-Tumor-Viren,** die zur Gruppe der **Retro-Viren** gehören, d. h., sie besitzen *Reverse Transkriptase.* Die mit Hilfe dieses Enzyms an der RNA des Virus synthetisierte DNA kann in das Wirtsgenom einrekombiniert werden, so wie es bei den lysogenen bakteriellen Viren der Fall ist. Das Genom dieser Viren (auch Oncorna – zusammengesetzt aus Onco (Krebs) und RNA – genannt) trägt die Information für drei Proteine: Ein Hüllprotein, die *Reverse Transkriptase* und ein Genprodukt, das für die Transformation der Zelle in eine Tumorzelle verantwortlich ist (Tab. 11.**9**). Das **Oncogen-Produkt** kann z. B. eine *Kinase-Aktivität* haben, d. h. eine Enzymaktivität, die Phosphat von ATP auf Proteine überträgt. Dadurch können einige kritische Proteine so verändert werden, daß die Zelle **„transfor-**

Tab. 11.**8** Tumorviren

	Gruppe	Wirt	Wirkungsmechanismus
RNA	Retro- (bzw. Oncorna-) Viren	Mäuse-Mamma-Tumor-Virus (MMTV) Vogel (Avian-)Sarkoma-Virus (ASV) Vogel-Leukämie-Virus (ALV)	Transformation der Zelle durch – Oncogenübertragung – Ein-Rekombination und Eröffnung eines starken Promotors für das zelluläre Oncogen
DNA	Papova:		
	Papilloma	Mensch (Warzenvirus)	
	Polyoma	Maus, Huhn	
	SV40	Affe	Ein-Rekombination
	Adeno	Nager (Mensch?)	Ein-Rekombination?
	Herpes	Frosch (Mensch)	Ein-Rekombination?

Tab. 11.**9** Die drei Proteine der Retroviren

1. Hüllprotein	⟶	Strukturprotein
2. *Reverse Transkriptase*	⟶	*Polymerase*aktivität RNA ⟶ DNA
3. Oncogenprodukt	⟶	*Kinaseaktivität*

miert" wird. Die transformierten oder Tumorzellen unterscheiden sich von nichttransformierten Zellen durch mehrere Kriterien (Tab. 11.**10**):

- Transformierte Zellen sind nicht kontaktinhibiert. Diploide normale Zellen vermehren sich in Kultur auf dem Boden von z. B. Petrischalen nur so lange, bis sie sich berühren. Der Zellkontakt hemmt das weitere Wachstum. Da Tumorzellen nicht kontaktinhibiert sind, wachsen sie nicht nur zu einer einschichtigen Lage aus, sondern sie schieben sich auch übereinander und bilden Zellhaufen.
- Transformierte Zellen haben keinen oder einen stark eingeschränkten Serumentzugsblock. Diploide Zellen brauchen, um sich vermehren zu können, einen Zusatz von Serum (10 bis 20%) zum Medium. Wenn der Serumgehalt herabgesetzt wird, wird das Wachstum eingestellt, nicht so bei transformierten Zellen.
- Nur Tumorzellen wachsen auch in Suspensionskultur.
- In der Regel ist die Aufnahme von Glucose in transformierten Zellen stark gesteigert, und diese Zellen vollziehen anaerobe Glycolyse, obwohl Sauerstoff vorhanden ist.

Neben diesen besonders augenfälligen Veränderungen als Folge der Transformation gibt es noch weitere, die besonders die Zellmorphologie und die Zelloberfläche betreffen. Zentraler Schalter ist hierbei das Oncogen des Tumor-Virus. Interessanterweise hat sich in jüngster Zeit herausgestellt, daß auch die nichttransformierten Zellen Gene besitzen, die den Oncogenen sehr verwandt sind. Normalerweise werden diese **zellulären Oncogene** kaum in Genprodukte exprimiert, weil der zuständige Promotor schwach ist. Es gibt wahrscheinlich bei der Tumorentstehung einmal die Möglichkeit, daß das Tumor-Virus sein Oncogen in die Zelle bringt und diese dadurch transformiert, zum anderen, daß das Virus dadurch, daß seine DNA in das Wirtsgenom einrekombiniert wird, dem zellulären Oncogen einen starken Promotor gibt.

Tab. 11.**10** Eigenschaften transformierter und normaler Zellen

	Nicht transformiert	Transformiert
Kontaktinhibition	ja	nein
Serumentzugsblock	ja	nein
Wachstum in Suspension	nein	ja
Glucoseaufnahme	normal	gesteigert
Unsterblichkeit	nein	ja

AIDS wird durch ein Retrovirus verursacht

Retroviren können nicht nur die Bildung solider Tumoren hervorrufen, sondern sie können auch zu Wucherungen von Leukocyten, Leukämien, führen. Von besonderer Aktualität sind Retro-Viren, die Lymphocyten befallen und zur Immun-Defizienz führen (human Immundefizienz-Viren, **HIV**). Die entsprechende Krankheit, **AIDS (Acquired Immune Deficiency Syndrome),** hat seit ihrer ersten Beschreibung 1981 erschreckende Verbreitung gefunden. Allein in den USA waren 1986 mehr als 2 Millionen Menschen infiziert. In Haiti und Zentralafrika ist ein großer Anteil der Bevölkerung von diesem Virus befallen. Nach den bisherigen Erfahrungen ist zu befürchten, daß die meisten infizierten Patienten an der Krankheit sterben werden. Charakteristisch für AIDS sind der **Zusammenbruch des T-Zell-abhängigen Immunsystems** und die daraus resultierenden „opportunistischen Infektionen" wie z. B. die durch den Protozoen *Pneumocystis carinii* verursachte Pneumonie. AIDS modifiziert, beschleunigt und erschwert auch die Verläufe anderer Infektionen, z. B. der Tuberkulose und der Lues. Auch das Zentralnervensystem wird betroffen. Es kommt zur pathologischen Proliferation der Gliazellen und Degeneration der weißen Substanz. Das Virus überwindet die Blut-Hirn-Schranke wahrscheinlich eingeschlossen in Makrophagen. Diese tragen wie T-Lymphocyten und Monocyten auf ihrer Oberfläche das **CD4-Antigen,** das für das Virus als **Rezeptor** dient. Das HIV bindet an CD4 mit seinem **Glycoprotein Gp120** (s. Abb. 11.**10i**), und über Rezeptor-vermittelte Endocytose wird das Virus von der Zelle aktiv aufgenommen. In der Zelle wird das Virus ausgezogen, und die Virus-RNA wird durch die *Reverse Transkriptase* in DNA umgeschrieben. Die Virus-DNA wird als Provirus in das Zellgenom einrekombiniert, wo es für lange Zeit persistieren kann. Bei Stimulation des infizierten T-Lymphocyten wird die Virusentwicklung ausgelöst, und der T-Lymphocyt zerfällt unter Freisetzung der neugebildeten Viren. Ebenso wie die CD4-tragenden T-Lymphocyten werden die CD4-spezifischen Makrophagen und die CD4-Monocyten von der HIV-Infektion zerstört. Die T-Zell-abhängige Antikörperbildung und die zelluläre Immunität brechen zusammen und damit die Tumorabwehr. Es entstehen bei AIDS-Patienten gehäuft **Tumoren:** Kaposi-Sarkome, Karzinome und B-Zell-Lymphome. (Kaposi-Sarkome sind maligne Tumoren der Blutgefäße, besonders der Haut und der inneren Organe.) Zur Entwicklung von AIDS sind die Infektion mit HIV und wahrscheinlich Mycoplasmen notwendig.

Das HIV des AIDS ist relativ empfindlich, so daß es außerhalb des Organismus sehr geringe Überlebenschancen hat. Deshalb wird es nur durch **intensiven Körperkontakt** übertragen. Das Virus befindet sich bei AIDS-Patienten auch im Ejakulat. Zur Infektion sind kleine Verletzungen, in die das Virus eindringen kann, notwendig. Da solche Verletzungen im Analbereich häufig auftreten, sind homosexuelle Männer besonders infektionsgefährdet. Auch Blutübertragungen sind geeignet, das Virus zu übertragen, ebenso benutzte Kanülen, wie sie häufig von Süchtigen verwendet werden. Momentan gibt es noch keine Therapie, nur Möglichkeiten der **Prophylaxe:** Verwendung von Kondomen bei homo- und heterosexuellem Geschlechtsverkehr mit nicht genau bekannten Partnern, monogame Lebensführung, Vermeidung von Partnerwechsel, ausschließlich Übertragung von auf Virus-Antigen kontrollierten Blutkonserven und Blutderivaten etc.

An **Heilmitteln** gegen AIDS wird intensiv gearbeitet. Azidothymidin wurde zum Großeinsatz bei AIDS-Patienten freigegeben und Ribovirin scheint ebenfalls eine gewisse Wirkung zu haben. Die Hoffnungen liegen auf der gentechnologischen Herstellung von AIDS-Immunogenen zur aktiven Vakzination.

DNA-Tumor-Viren werden in das Wirtsgenom inseriert

In die Gruppe der **DNA-Tumorviren** gehören Papova, Adeno und Herpes. Papova ist die Abkürzung für: Papilloma- und Polyoma- und SV40-Viren. Sie alle sind sehr kleine Viren, deren Genome nur einige Millionen rel. Molekülmasse haben. Papilloma sind die **Warzen-Viren,** die auch beim Menschen Warzen hervorrufen. Polyoma-Viren induzieren bei Maus und Huhn Tumoren, so wie das Simian-Virus (SV40) bei Affen. SV40 wird in das Wirtsgenom (vergleichbar einem lysogenen bakteriellen Virus) einrekombiniert, ebenso verhalten sich *Adeno* und wahrscheinlich auch Herpes. Tumorinduktion durch chemische Kanzerogene könnte dann durch Induktion der latenten Proviren oder Teilen von ihnen zustande kommen. Obwohl davon ausgegangen werden muß; daß auch beim Menschen Tumoren durch Viren erzeugt werden, ist, außer für Papilloma, kein sicherer Beweis für diesen Zusammenhang erbracht worden.

11.2.10. Oncogene aktivieren die Proliferationssignalkette

Die Entdeckung der **Oncogene** bei einigen **Tumorviren** leitete eine Entwicklung ein, die uns dem Verständnis der Regulation der Zellproliferation als auch der unkontrollierten Proliferation der Krebszelle näher brachte. Die gezielte Suche nach Oncogenen in Tumoren führte zur Entdeckung weiterer Oncogene: DNA von verschiedenen Tumorzellen wurde in normale Zellen eingeführt und jene Zellen, die transformiertes Wachstum zeigten, selektioniert. Aus diesen Zellen wurden dann die DNA-Abschnitte, die für die Transformation verantwortlich waren, isoliert. Sie waren Oncogene. Es zeigte sich, daß diese Oncogene bereits in normalen, nicht transformierten Zellen vorhanden sind. Oncogene in normalen Zellen werden deshalb **Protooncogene** oder **zelluläre Oncogene** genannt. Verschiedene Mechanismen können dazu führen, daß das **Genprodukt** eines Protooncogens **unkontrollierte Aktivität** erhält und damit zum Oncogenprotein wird. So kann das Produkt des Protooncogens vermehrt synthetisiert werden, z. B. dadurch, daß das Protooncogen einen **starken Promotor** sowie Transkriptionssignale **(enhancer)** vorgeschaltet bekommt. Dies kann durch **Integration von Tumorviren** vor das Protooncogen erfolgen, falls das Virus mit entsprechenden Strukturen in seinem Genom ausgestattet ist. Alternativ kann ein Protooncogen einen starken Promotor aus dem eigenen Zellgenom durch **Chromosomen-Translocationen** erhalten. Das ist z. B. der Fall bei einer Gruppe von Tumoren, bei denen das Protooncogen **„myc“** durch Translocation einen Promotor der Immunglobulin-Gene erhält und dadurch intensiv transkribiert wird. Diese Chromosomenumlagerung kann cytogenetisch sichtbar gemacht werden. Klassisches Beispiel ist die Translocation des endständigen Teils des langen Arms des Chromosoms 8, der myc trägt, auf den langen Arm von Chromosom 14 mit dem Immunglobulin-Gen IgG. Die Bruchlinie liegt bei dem entstandenen Translocationschromosom zwischen Immunglobulin-Gen und myc. Das Vorliegen dieser Translocation kann für die Diagnose ausgenutzt werden. Sie ist charakteristisch für **Burkitt-Lymphome,** die durch Epstein-Barr-Virus verursacht werden.

Eine weitere Möglichkeit, die aus einem Protooncogen ein Oncogen macht, ist die **Stabilisierung** des Genproduktes. Als Beispiel sei das Virus SV40 angeführt. Das von ihm synthetisierte „mittlere T-Antigen“ stabilisiert das Protein, das vom Protooncogen src (sarc) codiert wird. In der normalen Zelle wird das **scr**-Genprodukt nach 30 Minuten wieder abgebaut. Im Komplex mit „mittlerem T-Antigen“ erst nach 25 Stunden.

Das **ras**-Genprodukt hat GTP-bindende *GTPase*-Aktivität. (Man vermutet einen ähnlichen Mechanismus wie beim G-Protein der *Cyclase.* Dieses aktiviert nach Hormonstimulation unter Mitwirkung von GTP die *Cyclase,* inhibiert aber selbst durch seine eigene *GTPase*-Aktivität diese Stimulation. Es gehört zur Klasse der „kleinen“ G-Proteine, die im Gegensatz zu den klassischen heterotrimeren G-Proteinen, die die Cyclase regulieren, als Monomere fungieren.) Durch Mutation kann dieser Inaktivierungsmechanismus ausfallen – dann wird aus dem Protooncogen das entsprechende Oncogen.

Eine andere Form von Mutation in einem Protooncogen führt folgendermaßen zur Bildung eines entsprechenden Oncogens: Bei **„erb B“** ist neben vermehrter Genprodukt-Synthese durch Ausbildung eines stärkeren Promotors auf der Basis von Virusintegration das Produkt des Oncogens verstümmelt. „Erb B" ist ein **verkürzter Rezeptor** für den Epidermalen Wachstumsfaktor (epidermal growth factor = EGF). Der veränderte EGF-Rezeptor sitzt als erb B in der Membran und signalisiert permanent in die Zelle, daß EGF gebunden ist, so daß die Zelle unkontrolliert proliferiert. Das Oncogen **„neu"** entspricht ebenfalls einem **Rezeptor,** ohne daß bekannt ist, welches der dazugehörige natürliche Ligand ist. **„Erb A"** entspricht dem natürlichen **Rezeptor** für das Schilddrüsenhormon. **„Fms"** ist ein **veränderter** Rezeptor für den Kolonie-stimulierenden Faktor (CSF) der mononucleären Phagocyten.

Oncogene können nicht nur Rezeptoren, sondern auch Wachstumsfaktoren imitieren, wobei der Abbau derselben auf der Basis von strukturellen Veränderungen reduziert ist. **„Sis"** ist z. B. ein Teil des **PDGF** (Plättchen-Wachstumsfaktor).

Zum Verständnis der Funktion der Oncogen-Produkte ist die Kenntnis der **Zellproliferations-Signalkette** notwendig: Wachstumsfaktoren wie EGF, PDGF etc. binden an spezifische Rezeptoren und aktivieren über ein GTP-bindendes G-Protein die *Phospholipase C* (Abb. 11.**12**). Dieses Enzym spaltet den Membranbestandteil Phosphatidylinositol-bis-phosphat in Diacylglycerol und Inositol-tris-phosphat. Beide Substanzen sind aktiv in der Signalkette. Das Inositol-tris-phosphat aktiviert die Ca^{2+}-Freisetzung aus dem Endoplasmatischen Reticulum. Dadurch wird die Zelle zur Proliferation gebracht. Das Diacylglycerol aktiviert die *Proteinkinase C,* die auf einige Proteine Phosphat aus ATP überträgt. Unter anderem wird ein Protonen-Na^+-Translocator aktiviert. Durch die ausgeschiedenen H^+-Ionen wird der pH-Wert erhöht. Dadurch wird ebenfalls die Zelle zur Proliferation gebracht. Die *Proteinkinase C* kann auch direkt durch den Tumorpromotor Phorbolester aktiviert werden. Diese von **Hecker** entdeckten Verbindungen simulieren Diacylglycerol, unterliegen aber nicht seinem Stoffwechsel. Die **Oncogen-Produkte** haben ihre **Funktion in dieser Signalkette.** „Scr" und „ros" haben *Phosphatidyl-Inositol-Kinase*-Aktivität. „Sis" fungiert als Wachstumsfaktor, „erb B" ist ein dauernd aktiver EGF-Rezeptor. „Ras" enthemmt die Aktivierung der *Phospholipase C* dadurch, daß seine *GTPase*-Aktivität defekt ist und schließlich gibt es eine Reihe von Oncogen-Produkten wie „myc", „myb" und „fos", die im Zellkern auf bisher noch nicht bekannte Weise die Zellproliferation enthemmen (Rep. 11.**1**).

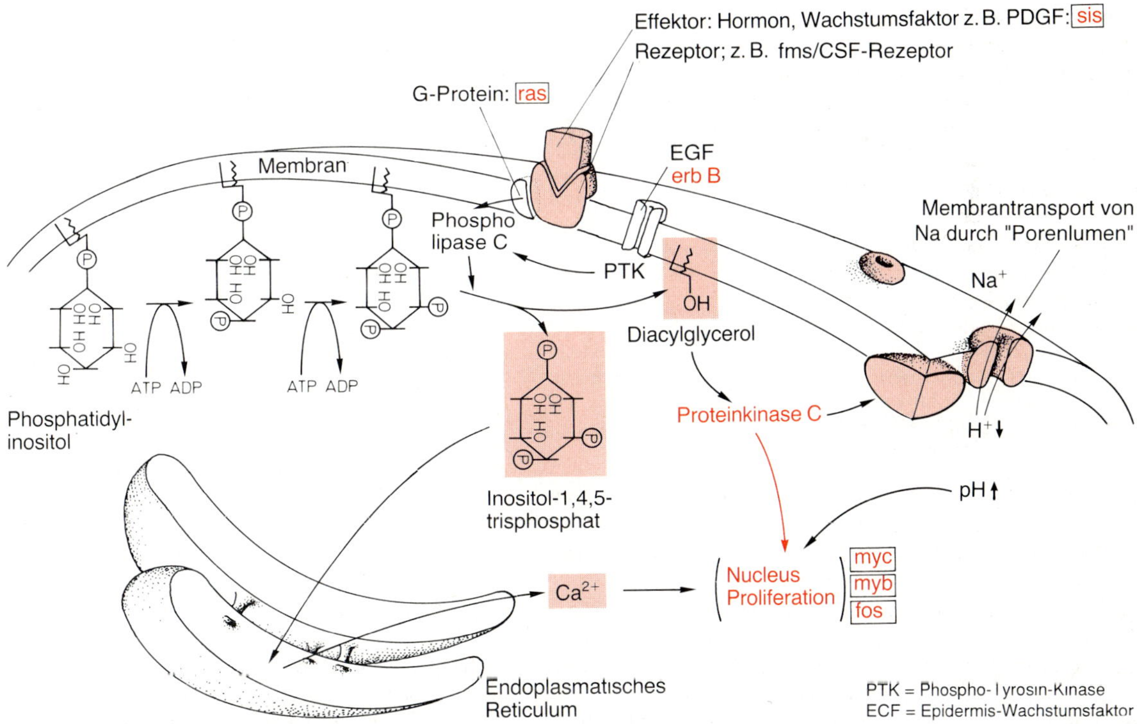

Abb. 11.**12** **Signalkette für die Wirkung von Wachstumsfaktoren bzw. Oncogenen**

Rep. 11.**1** Proliferationssignalkette und Oncogene

Kriterien der transformierten (Tumor-)Zelle:
- keine Kontaktinhibition
- unendliche Lebensfähigkeit
- kein Serumsentzugsblock
- Gesteigerte Glucose-Aufnahme, Glycolyse
- Wachstum in Agar

Oncogene: Gene, die für Zelltransformation zuständig sind

Protooncogene: Gene der normalen Zelle, die zu Oncogenen werden können

Funktion einiger Oncogene:
- **sis** – Wachstumsfaktorderivat
- **fms** – veränderter Rezeptor für CSF der Phagocyten
- **erbB** – Rezeptorabkömmling
- **ras** – defektes G-Protein
- **myc, myb, fos** – nucleäre Oncogene

Signalvermittler:
- Inositol-tris-phosphat
- Diacylglycerol

Alternative Wege der **Signaltransduktion** laufen über **Kinase-Kaskaden** (Abb. 11.**13**). Bei diesem Typ besitzt der Rezeptor eine endogene Tyrosinkinase, die durch Ligandenbindung aktiviert wird.

Der autophosphorylierte Rezeptor aktiviert über das Adaptermolekül Grb2 den GDP/GTP-Austauscher Sos, der seinerseits Ras, das erste Glied der Kinasen-Kaskade, aktiviert. Ras-GTP phosphoryliert Raf, welches sozusagen als MAPKK-Kinase wirkt (MAPK steht für Mitogen-aktivierte Proteinkinase). Die nächsten Kinase-Stufen sind MAPKK und MAPK. Letztere aktiviert schließlich die Transkriptionsfaktoren cMyc, cJun, cFos und ATF2 durch Phosphorylierung.

MAPK aktiviert aber auch den Glycogenstoffwechsel über MAPKAF-Kinase 2 bzw. über $p90^{rsk}$ sowie direkt Zellbestandteile wie z. B. Talin, Lamine, MAP2 und MAP4. Durch Aktivierung der Transkription wird MAP-Kinase-Phosphatase (MKP-1) induziert, welche die MAP-Kinase inaktiviert. Dieser Schritt beendet die Kaskade.

Mit der beginnenden Entschlüsselung der Proliferations-Signalkette und der Rolle der Oncogen-Produkte ist die Krebsforschung zu einem der aufregendsten Gebiete der modernen Naturwissenschaft geworden.

11.2.11. Tumorsuppressorgene bremsen die Tumorentstehung

Tumorsuppressorgene sind entscheidend an der Tumorentwicklung beteiligt. Beispielsweise führen Mutationen des **Retinoblastom-Gens (Rb)** zum Retinoblastom, einem Tumor der Retina, der sich bereits im Kindesalter, meistens an beiden Augen, ausbildet.

Das Gen liegt mit seinen 200 000 bp auf Chromosom 13 (13q14.2) und codiert eine mRNA von 47 000 b. Durch die enorme Größe des Gens sind Mutationen entsprechend häufig. In einigen Retinoblastom-Fällen wurde keine Mutation im Rb-Gen gefunden, dafür aber eine Übermethylierung in seiner Promotor-Region mit Inaktivierung des Gens (keine mRNA-Synthese). Das Gen kommt in jeder menschlichen Zelle vor. Mutationen im Rb-Gen werden in verschiedensten Tumoren gefunden. Das **Rb-Protein** ist an der **Regulation des Zellcyclus** beteiligt. Gemeinsam mit Cyclin A stimuliert es **cdc-2-Kinasen,** welche die Replikation einleiten (s. Kap. 1). Wenn der Übergang von G_1 in die S-Phase vollzogen ist, wird das Rb-Protein von Cyclin-abhängigen Kinasen phosphoryliert und kann dann das Cyclin nicht mehr binden. Bei Ausschalten der Zellcyclus-regulierenden Funktion des Rb-Proteins können durch gleichzeitige Oncogen-Aktivierung Tumoren entstehen.

Das Gen der **Neurofibromatose** (NF: Neurofibrome, „café-au-lait"-Flecken, knöllchenförmige, gutartige Neurotumoren, die in maligne Formen übergehen können) ist häufig mutiert (300/Mill.), kartiert auf 17q11.2, ist 130 000 bp lang und wird in eine 13 000 b mRNA transkribiert, welche die Synthese von **Neurofibromin** (2483 Aminosäuren) vermittelt. Es ist wie Rb-Protein ein **rezessiver Tumorsuppressor** und wird in allen Geweben synthetisiert. Bei verschiedenen malignen Tumoren werden Mutationen in NF gefunden.

Neurofibromin ist ein **GAP (GTPase-Aktivierungs-Protein).** Die GAPs spalten das an G-Proteine gebundene GTP zu GDP und inaktivieren dadurch das G-Protein. Da das Ras-Protein ein oncogenes G-Protein ist, das durch GAPs inaktiviert wird, fällt diese Inaktivierung bei Ausfall des Neurofibromins weg. Damit wird Ras zum entzügelten Oncogen.

WT1 ist ein Tumorsuppressor, dessen Ausfall zum Wilms-Tumor führt (Nieren-Tumor, etwa 8% aller kindlichen malignen Tumoren). WT1 ist ein **Transkriptionsfaktor** und enthält 4 **„Zinkfinger"** (Zn^{2+}-haltige Schleifenstrukturen) zum Binden an DNA. In der Nachbarschaft (11p13/11p15) liegt **WT2,** ein weiteres Gen für einen Tumorsuppressor.

P53 ist der wichtigste **Tumorsuppressor**. Das Protein hat eine molekulare Masse von 53 000 (393 Aminosäuren). Bei vielen Tumoren (wenn nicht sogar bei den meisten) ist das P53-Gen mutiert.

Beim **Kleinzell-Lungencarcinom** ist P53 stets mutiert. Ebenfalls ein P53-Defekt verursacht das **Li-Fraumeni-Syndrom,** eine seltene, erbliche Krankheit mit starker Häufung von Tumorentwicklung. Die Mutation liegt im 3. Exon oder am Beginn des 3. Introns

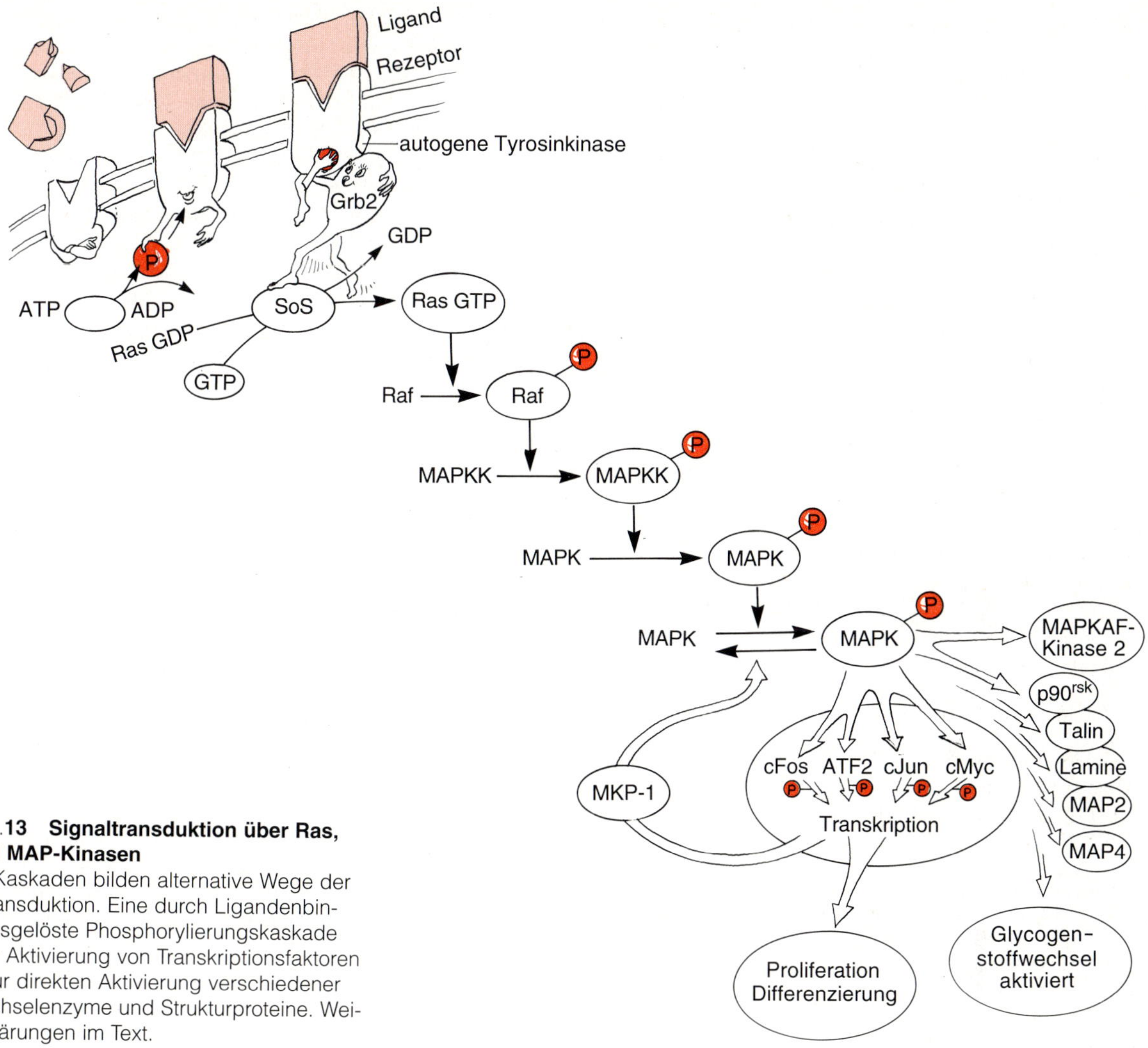

Abb. 11.**13 Signaltransduktion über Ras, Raf und MAP-Kinasen**
Kinase-Kaskaden bilden alternative Wege der Signaltransduktion. Eine durch Ligandenbindung ausgelöste Phosphorylierungskaskade führt zur Aktivierung von Transkriptionsfaktoren sowie zur direkten Aktivierung verschiedener Stoffwechselenzyme und Strukturproteine. Weitere Erklärungen im Text.

des Gens. Mutationen des P53-Gens außerhalb dieser Region dürften während der Embryonalentwicklung letal sein.

Auch P53 ist ein **Transkriptionsfaktor,** der an spezifische DNA-Sequenzen bindet. P53 schaltet die Transkription einer Gruppe von Genen an. P53 bindet auch an andere Transkriptionsproteine, wie etwa das TATA-Bindungsprotein. DNA-Schäden induzieren Transkription und Translation von P53, und dieses induziert seinerseits Gene, die DNA-Schäden beseitigen sollen. P53 ist verantwortlich für das Pausieren der DNA-Replikation während der **Reparatur** und für die **Apoptose.**

Ein zur Proliferation gegenläufiger Prozeß ist die Apoptose

Um in einem vielzelligen Organismus ausgeglichene Zellpopulationen zu gewährleisten, gibt es neben der Proliferation auch Vorgänge der Differenzierung und des Zelltodes. Der **„programmierte Zelltod“** wurde zunächst bei B-Lymphozyten beobachtet, die mit Glucocorticoiden behandelt worden waren. Diese Zellen schrumpfen und zerschneiden ihr stark kondensiertes Kern-Chromatin zu gleichmäßigen Fragmenten von einigen Nucleosomen Länge. Anschließend zerfällt die Kernmembran und die Zellreste werden phagocytiert. Eine derartige **Apoptose** findet sich auch bei anderen Zellen, z. B. während der Embryonalentwicklung (s. Kap. 8) oder bei der

Reduktion von hormonregulierten Organen (z. B. Uterus). Auch im Thymus wird u. a. gegen autoaggressive T-Lymphocyten mit Apoptose vorgegangen (s. Abschn. 9.3.3). Apoptose findet sich weiterhin in Zellen mit irreparablen DNA-Schäden (s. DNA-Reparatur, Abschn. 2.3.6), wobei p53 als Schadenskontrolleur wirkt. Der Apoptose entgegen wirkt ein Oncogen, das für das **Protein bcl2** codiert. Dieses allerdings verhindert nur den Zelltod, stimuliert die Zellen aber nicht zur Proliferation. Eine Überproduktion von bcl2 macht Zellen unempfindlicher gegen DNA-schädigende Mittel, wie z. B. Bestrahlung und cytotoxische Drogen; bcl2 ist somit ein echtes Oncogen-Produkt.

11.2.12. Viroide

Viroide sind eine Klasse von Viren, die hauptsächlich bei **Pflanzen** studiert wurden, aber möglicherweise auch für das Tierreich Bedeutung haben. Es wird vermutet, daß die Langzeit-Viren mit ihnen verwandt sind. Viroide bestehen ausschließlich aus einer **kleinen RNA** (etwa 360 Nucleotide lang), die ringförmig geschlossen ist. Durch interne Basenpaarung entsteht ein Stäbchen. Würde die Gesamt-RNA für Protein codieren, entspräche das 120 Aminosäuren oder einem Protein mit einer rel. Molekülmasse von etwa 13 000, also einem kleinen Protein. Es ist unklar, wie eine derartig kleine RNA für seine eigene Replikation sorgen und außerdem die Überwältigung des Wirts, die sich ja in den pathologischen Veränderungen des Wirts manifestiert, zustande bringen kann. Eine Erklärung könnte es geben, wenn die Viroid-RNA die komplementäre Struktur eines Promotors enthielte, ebenso wie die Signale für Ein-Rekombination, Amplifikation und Aus-Rekombination. Diese **Signalstrukturen** können kurz sein und würden die Wirtszelle zwingen, das Viroid ständig zu replizieren. Damit würden Viroide den Oncorna-Viren sehr nahe stehen. Als Krankheitserreger in Kartoffelpflanzen, Citruskulturen, Hopfen und Kokospalmen besitzen Viroide große wirtschaftliche Bedeutung.

Weiterführende Literatur

Grunicke, H. H.: Signal Transduction mechanisms in cancer, Springer 1995

Kayser, F. H., K. A. Bienz, J. Eckert, J. Lindenmann: Medizinische Mikrobiologie, 7. Aufl. Thieme, Stuttgart 1989

Kapitel 12

Gentechnologie

Die Entwicklung der Gentechnologie, auch Rekombinanten-DNA-Technik oder Klonieren genannt, hat in den vergangenen Jahren zu einer wahren Revolution der Biologie und der Medizin geführt. Es ist nicht absehbar, welche Perspektiven diese neue Disziplin noch eröffnen wird.

Durch die Gentechnologie werden Gene oder Signale auf der DNA in ausreichenden Mengen zugänglich, um sie zu sequenzieren. Indirekt können so auch die Sequenzen von Proteinen bestimmt werden.

Eukaryontische Gene können mit entsprechenden Signalstrukturen in Bakterien gebracht werden, und die Bakterien produzieren dann die Proteine.

Defekte Gene können durch intakte kompensiert werden. So können z. B. erbliche Defekte in Zellen geheilt werden. Intensive Versuche werden unternommen, somatische Gentherapie auch beim Menschen erfolgreich anzuwenden.

Was versteht man unter DNA-Klonierung? Ein Zellklon beinhaltet alle Zellen, die durch Zellteilung aus einer Stammzelle hervorgegangen sind und deshalb untereinander identisch sind. Analog bezeichnet „klonierte DNA" die durch Replikation von einer Ausgangs-DNA hergestellten identischen Kopien. In diesem Sinne liefert jede lytische Infektion einer Bakterienzelle durch ein Virus einen DNA-Klon: Die Virus-Nachkommen enthalten alle replikative Kopien der Stamm-DNA. Das Beispiel verdeutlicht auch gleich eines der praktischen Ziele der Klonierungstechniken, nämlich die Vermehrung der zu untersuchenden DNA um viele Größenordnungen. Wir möchten z. B. spezifische Abschnitte eukaryontischer DNA untersuchen. Aus der Bakteriengenetik kennen wir das Phänomen der transduzierenden Viren (s. Kap. **10**). Unter Verlust eines Teils der eigenen DNA nimmt ein solches Virus ein kurzes Stück des Bakteriengenoms mit auf die Reise, wenn es aus dem Wirtsgenom herausgeschnitten wird. Diese neu erworbene DNA bleibt fester Bestandteil der Virus-DNA. Transduzierende Viren sind für die Genetiker von Interesse, weil die mitgenommene DNA oft komplette Gene oder ganze Operons enthält. So gibt es Lambda-Phagen, die das Lactose-Operon aus *E. coli* tragen. Vom Standpunkt des lac-Operons aus gesehen fungiert die Virus-DNA bei diesem Vorgang lediglich als Träger oder als Vehikel, das für den Transport und die Vermehrung der lac-DNA als **Passagier oder Mitfahrer** sorgt. Wir sprechen von der Lambda-DNA als **Vektor oder Vehikel.** Prinzipiell ist es möglich, an Stelle der lac-DNA beliebige fremde DNA-Stücke durch Reaktion im Reagenzglas in den Lambda-Vektor einzuführen. Das wäre einer in vitro Rekombination vergleichbar – und damit verstehen wir auch die häufig benutzte Bezeichnung „Rekombinanten-DNA-Technik".

12.1. Die Strategie der Klonierung beinhaltet das Einsetzen der Passagier-DNA, das Einschleusen des beladenen Vektors und seine Vermehrung

Dies erlaubt uns, eine allgemeine Strategie für DNA-Klonierung zu formulieren. Im einzelnen sind folgende Teilschritte zu durchlaufen:

1. Isolierung der Passagier-DNA,
2. Wahl eines geeigneten Vektors,
3. Einbau der Passagier-DNA in den Vektor,
4. Einschleusen des Vektors mit der Passagier-DNA in eine geeignete Zelle,
5. Replikation der Rekombinanten-DNA in der Zelle,

6a. Isolierung der Rekombinanten-DNA,
6b. eventuell Produktion des Genproduktes
6c. oder Sequenzierung der DNA.

12.1.1. Isolierung der Passagier-DNA

Zwei grundlegende Taktiken können befolgt werden: Entweder wird das Gen (bzw. der DNA-Bereich), das kloniert werden soll, zunächst isoliert, oder alle Fragmente einer DNA werden kloniert, und anschließend wird für die gewünschten Sequenzen selektioniert.

Isolierung von Genen

Die **Isolierung von Genen** ist in manchen Fällen relativ einfach: Die Globin-Gene des Hämoglobins z. B. können über die mRNAs gewonnen werden. In Reticulocyten,

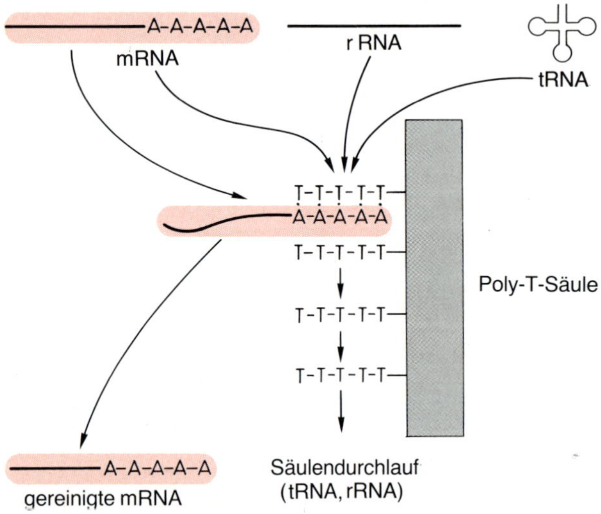

Abb. 12.**1** **Präparation von Messenger-RNA**
mRNA hybridisiert mit seinem charakteristischen Poly-A-Schwanz an Poly-T, das an eine Säulenmatrix fixiert ist. tRNA und rRNA laufen durch die Säule hindurch. Durch Erhöhung der Temperatur bzw. durch hohe Salzkonzentrationen kann die Messenger-RNA eluiert werden

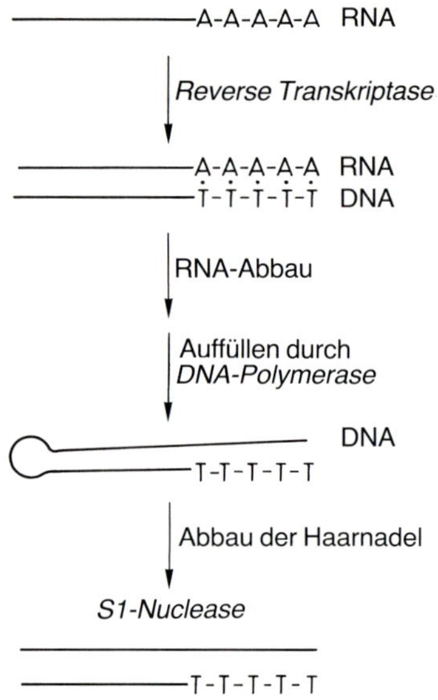

Abb. 12.**2** **Präparation von komplementärer DNA (cDNA)**
An mRNA wird mit einem Oligo-T-Starter durch *Reverse Transkriptase* cDNA synthetisiert. Der RNA-Strang wird z. B. durch alkalische Hydrolyse entfernt. Der zweite DNA-Strang wird durch *DNA-Polymerase* gebildet, und die entstandene Haarnadelstruktur wird enzymatisch geöffnet

den Vorstufen der Erythrocyten, wird fast nur Hämoglobin synthetisiert. Entsprechend besteht die mRNA fast ausschließlich aus Globin-mRNA.

Das Experiment sieht wie folgt aus: Kaninchen (oder andere Tiere) werden zur Bildung von Reticulocyten angeregt, z. B. durch wiederholte Blutabnahmen. Die Blutzellen werden abzentrifugiert und die roten von den weißen Blutkörperchen abgetrennt. Die roten Blutkörperchen werden lysiert (in Wasser), und die Gesamt-RNA wird durch mehrfaches Ausschütteln der wäßrigen Phase mit Phenol isoliert. Zur Entfernung des Phenols kann die RNA durch Ethanol gefällt werden. Die mRNA muß jetzt noch von der ribosomalen und der tRNA getrennt werden. Die mRNA besitzt an ihrem 3′-Ende einen Poly-A-Schwanz, an dem sie durch Poly-T-Säulen herausgezogen werden kann (Abb. 12.**1**).

Die mRNA wird durch das Enzym *Reverse Transkriptase* in den komplementären DNA-Strang, die **cDNA,** übersetzt (Abb. 12.**2**). Im alkalischen Milieu wird der RNA-Strang hydrolysiert. An dem verbleibenden cDNA-Strang wird mit *DNA-Polymerase I* von *E. coli* der fehlende DNA-Strang synthetisiert. Diese DNA, die fast ausschließlich für Globin codiert, kann als Passagier-DNA eingesetzt werden.

Die Fälle, daß die Natur eine fast reine mRNA präsentiert, sind selten. Meistens ist die gewünschte mRNA begleitet von einer Majorität anderer RNAs. Sehr oft macht eine mRNA nur 0,01 bis 1% der Gesamt-Poly-A-RNA aus. Die Anreicherung gestaltet sich dann schwieriger: Voraussetzung ist ein spezifischer **Antikörper gegen das Genprodukt.**

Mit diesem Antikörper werden aus einem Zellhomogenat das fertige und auch das unfertige Genprodukt ausgefällt. Zusammen mit dem unfertigen Genprodukt wird der Komplex (Ribosomen), an dem das Protein gerade synthetisiert wird, gefällt. Dieser Komplex enthält die spezifische mRNA. Nach der Isolierung der Gesamt-mRNA durch Phenolisierung und mittels Poly-T-Säulen ist die spezifische RNA um den Faktor 100 bis 1000 angereichert, d. h. 1 bis 10% der mRNA sind die gesuchte. Häufig wird dieses angereicherte Gemisch (nachdem über cDNA doppelsträngige DNA synthetisiert wurde) zum Klonieren eingesetzt und dann anschließend für das gesuchte Gen selektioniert.

Eine Verbesserung der Strategie geht von der spezifischen Hybridisierung von DNA-Sequenzen mit der mRNA aus. Voraussetzung ist, daß ein Stück Sequenz des Gens, z. B. aus der Proteinsequenz, bekannt ist (Abb. 12.**3**). Ein synthetisches Oligonucleotid des Gens wird als Starter für die *Reverse Transkriptase* benutzt. Gesamt-mRNA (Poly-A-RNA) wird präpariert und mit dem Starter-Oligonucleotid hybridisiert. Die *Reverse Transkriptase* startet bevorzugt an RNA, die das Starter-Oligonucleotid hat, d. h., es wird bevorzugt von der

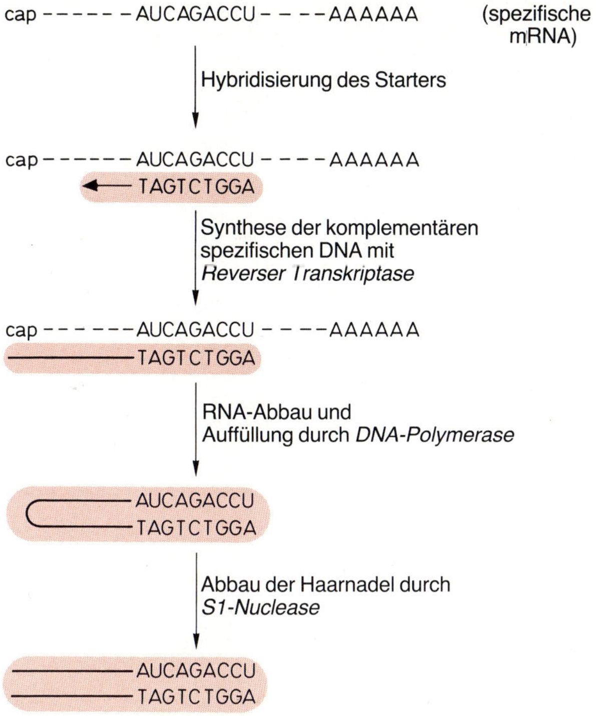

Abb. 12.**3** **Selektion einer spezifischen mRNA mit Hilfe eines spezifischen Starters**
Statt wie in Abb. 12.**2** die cDNA-Synthese mit einem Oligo-T-Starter beginnen zu lassen, kann als Starter für die *Reverse Transkriptase* auch ein komplementäres DNA-Oligonucleotid dienen. Diese DNA-Sequenz entspricht einer Region auf einem spezifischen Gen und selektioniert aus den zahlreichen mRNA-Molekülen die entsprechende mRNA heraus, die bevorzugt in cDNA übersetzt wird

gewünschten RNA transkribiert. Das Resultat ist eine starke Anreicherung der gewünschten cDNA.

Klonierung der Gesamt-DNA

Bei sog. Schrotschuß-Klonierungen, d. h., das gesamte Genom wird kloniert (Abb. 12.**4**), kommt es darauf an, das Genom in möglichst einheitlich lange DNA-Fragmente zu zerlegen. Die Länge der Fragmente richtet sich einerseits nach der Länge der Sequenzen, die man untersuchen möchte, andererseits hängt die Länge des Passagiers auch vom Vektor ab.

DNA-Stücke von 20 Kilobasenpaaren (1 kbp = 1000 bp) entstehen durch mehrmaliges Passieren durch eine enge Kanüle. Die Anzahl der nötigen Passagen muß empirisch ermittelt werden. Die Brüche erfolgen statistisch entlang der DNA. Hierbei entstehen viele „ausgefranste“, d. h. einzelsträngige Enden. Die Einzelstrangbereiche werden mit Hilfe der Einzelstrang-spezifischen *Nuclease S1* beseitigt, so daß stumpfendige DNA (glatte Enden) entsteht.

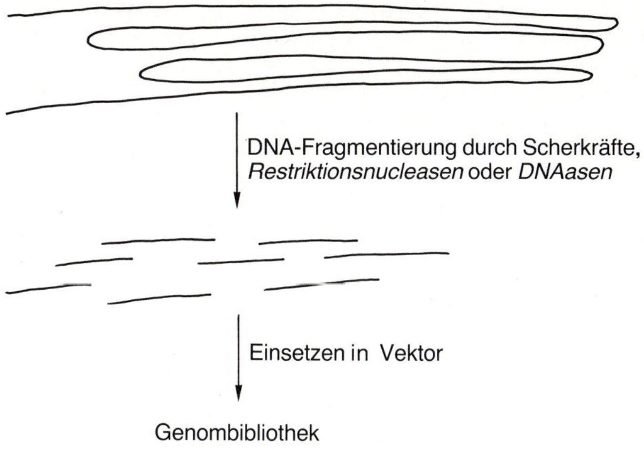

Abb. 12.4 **Schrotschuß-Klonierung**

Tab. 12.**1** Restriktionsendonucleasen mit den spezifischen Erkennungssequenzen

Name der *Restriktions-endonuclease*	Herkunftsorganismus	Spezifische Sequenz
Alu I	*Arthrobacter luteus*	-AG'CT-
Bam HI	*Bacillus amyloliquefaciens H*	-G'GATCC-
Bgl I	*Bacillus globigii*	-GCC(N_4)'N-GGC-
Cla I	*Caryphanon latum L*	AT'CGAT-
Dpn I	*Diplococcus pneumoniae*	-GMA'TC-
Eco R I	*E. coli BS5*	-G'AATTC-
Eco RV	*E. coli J62*	-GAT'ATC-
Hae III	*Haemophilus aegyptius*	-GG'CC-
Hind III	*Haemophilus influenzae*	-A'AGCTT-
Hpa I	*Hameophilus parainfluenzae*	-GTT'AAC-
Hpa II	*Haemophilus parainfluenzae*	-C'CGG-
Msp I	*Moraxella*	-C'CGG-
Pst I	*Providencia stuartii*	-CTGCA'G-
Sal I	*Streptomyces albus*	-G'TCGAC-
Sau I	*Streptomyces aureofaciens*	-CC'TNAGG-
Sau 3A I	*Staphylokokkus aureus 3A*	-'GATC-
Sma I	*Serratia marcescens* S_b	-CCC'GGG-
xho I	*Xanthomonas holcicola*	-C'TCGAG-
xho II	*Xanthomonas holcicola*	-PuGATCPy-

Eine bessere Methode ist der Einsatz von **Restriktionsenzymen** wie z. B. *Hae III* und *Alu I*.

Beide Nucleasen haben eine Erkennungssequenz von vier Nucleotiden (Tab. 12.**1**). Bei gleichem Vorkommen aller vier

Basen ist zu erwarten, daß etwa alle $4^4 = 256$ Nucleotide eine Schnittstelle für diese Enzyme auftaucht. In der Realität bedeutet dies eine relativ geringe durchschnittliche Fragmentlänge. Führen wir bei gleichzeitiger Anwesenheit beider Nucleasen die Verdauung jedoch so durch, daß nur an einem Bruchteil der möglichen Schnittstellen gespalten wird (Teilverdauung, engl.: limited digest), so kann durch die Reaktionsbedingungen die Fragmentlänge der DNA recht genau auf eine gewünschte Länge eingestellt werden. Damit ist mit hoher Wahrscheinlichkeit jedes beliebige Stück der DNA unter den Bruchstücken vorhanden und die erhaltene Kollektion von Bruchstücken des Genoms (Genombibliothek) komplett. Wenn wir andererseits eine Restriktionsendonuclease wie *Eco RI* verwenden würden, die eine Erkennungsregion von sechs Nucleotiden hat, so könnten wir durchschnittlich nur alle $4^6 = 4096$ Nucleotide eine Schnittstelle erwarten. Die Längenverteilung der DNA wäre in diesem Fall sehr heterogen. Bei Auswahl einer bestimmten Fragmentlänge zum Klonieren kann es so zu einer unvollständigen Bibliothek kommen.

12.1.2. Der Vektor muß autonom replizieren, Passagier-DNA aufnehmen und in Wirtszellen eingeschleust werden können

Ein geeigneter **DNA-Vektor** muß drei Bedingungen erfüllen:

- Er muß unabhängig vom Hauptgenom der Wirtszelle replizieren, also ein **selbständiges Replikon** bilden. Von Vorteil ist dabei, wenn die Vektorreplikation von der des Hauptgenoms abgekoppelt werden kann, so daß eine hohe Kopienzahl der klonierten DNA pro Wirtszelle erreicht wird.
- Der Vektor muß die **Passagier-DNA** aufnehmen können, unter Umständen unter Austausch gegen einen Teil seiner eigenen DNA.
- Der Vektor sollte mit hoher Effizienz in die Wirtszelle eingeführt werden können, etwa durch **Transformation** (auch als Transfektion bezeichnet) oder durch Infektion nach Verpackung in Virushüllen.

Sowohl Plasmide wie Viren erfüllen diese Bedingungen und finden als Vektoren Verwendung.

Zweckmäßigerweise ist der Vektor so konstruiert, daß nach dem Einschleusen in die Zelle kontrolliert werden kann, ob er tatsächlich in der Zelle vorhanden ist. Dafür eignet sich z. B. **ein Gen für Antibiotica-Resistenz.** Wenn Antibiotica-sensitive *E.-coli*-Zellen Empfänger des Vektors mit dem Resistenz-Gen sind, werden diese gegen das betreffende Antibioticum resistent. Außerdem muß ersichtlich sein, daß der Vektor Rekombinanten-DNA trägt. Dafür eignet sich ebenfalls ein Gen für eine andere Antibiotica-Resistenz. In dieses Gen wird die Passagier-DNA eingesetzt und damit das Gen für diese Resistenz inaktiviert. Die Zellen, die mit einem beladenen Vektor transformiert wurden, sind resistent gegen das Antibioti-

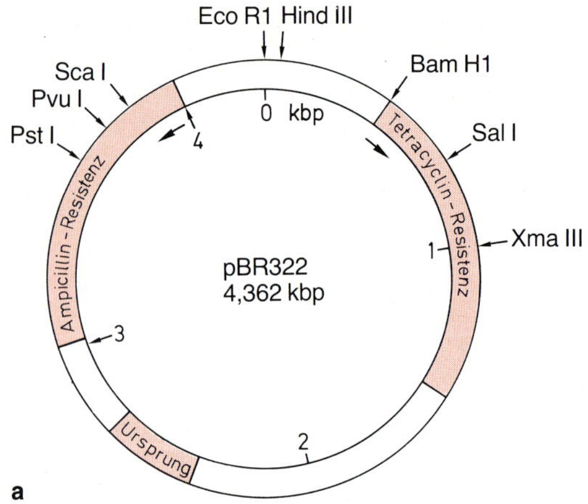

a

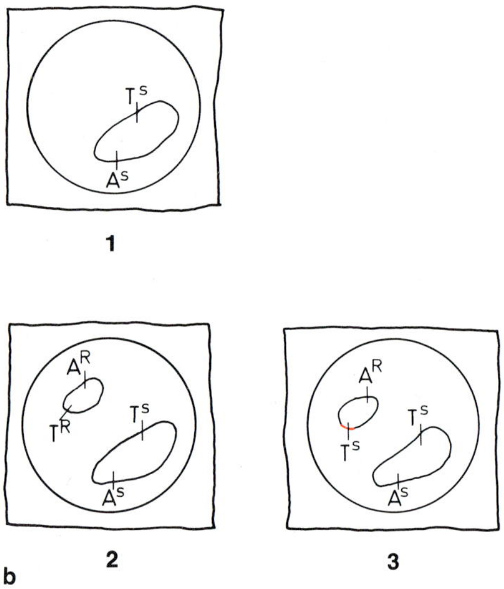

b

Abb. 12.**5** **Verwendung von Vektoren in der Gentechnologie**

a Das Plasmid pBR322 hat 4,362 Kilobasenpaare (kbp), 2 Resistenz-Gene, Tetracyclin und Ampicillin, einen Ursprung der Replikation und sog. einmalige Schnittstellen (Eco RI, Hind III, Bam HI, Sal I, Xma III, Pst I, Pvu I, Sca I). Am Innenring sind die Nucleotidpositionen in Kilobasenpaaren und die Transkriptionsrichtung angegeben

b Antibiotica-Resistenz als Nachweis für ein intaktes Resistenz-Gen: Der Wirt (**1**) ist empfindlich gegen beide Antibiotica, Ampicillin (A^S) und Tetracyclin (T^S). (**2**) Transformation mit dem Plasmid pBR 322, das die beiden Resistenz-Gene (A^R, T^R) trägt, resultiert in Resistenz gegen beide Antibiotica (A^R, T^R). (**3**) Transformation einer Zelle mit einem Plasmid, das in dem Tetracyclin-Resistenz-Gen einen Passagier trägt, macht die Zelle resistent gegen Ampicillin, aber die Zelle bleibt empfindlich gegen Tetracyclin (A^R, T^S)

cum 1 und sensitiv gegen Antibioticum 2, während Zellen mit unbeladenem Vektor resistent gegen beide sind.

Als Beispiel sei das Plasmid **pBR322** (Abb. 12.**5**) angeführt. Es ist ringförmig und trägt Gene für Resistenz gegen Ampicillin und gegen Tetracyclin. Beide Gene können wechselseitig für die Einrekombination von Passagier-DNA ausgenutzt werden. Sowohl im Ampicillin-Gen als auch im Tetracyclin-Gen gibt es einmalige Schnittstellen (s. u.) für Restriktionsendonucleasen.

Statt einer Antibiotica-Resistenz kann auch jedes andere Gen ausgenutzt werden. Im Plasmid **pUR222** (Abb. 12.**6**) befindet sich ein Teil des Lactose-Operons mit Promotor, Operator und dem Gen für β-*Galactosidase.* In diesem Gen liegen einige einmalige Schnittstellen für *Restriktionsendonucleasen.* Eine **einmalige Schnittstelle** ist gegeben, wenn auf dem gleichen DNA-Molekül für die spezifische Nuclease keine weitere Schnittsequenz existiert. Wird in den Vektor pUR222 im Gen für β-*Galactosidase* DNA hineinrekombiniert, wird das Gen inaktiviert. Wenn die Empfängerzelle kein Gen für β-*Galactosidase* trägt, bleibt sie nach Transformation mit beladenem pUR222 in einer Farbreaktion negativ. Diese Zellen lassen sich mit spezifischen Farbagarplatten technisch sehr einfach erkennen. Zur Selektion der Zellen, die ein Plasmid aufgenommen haben, eignet sich die Ampicillin-Resistenz. Die transformierten Zellen werden auf ampicillinhaltigen Platten kultiviert, die den Farbindikator enthalten. Kolonien, die beladenes pUR222 enthalten, sind sofort an ihrer Farblosigkeit zu erkennen (s. Abb. 12.**6**).

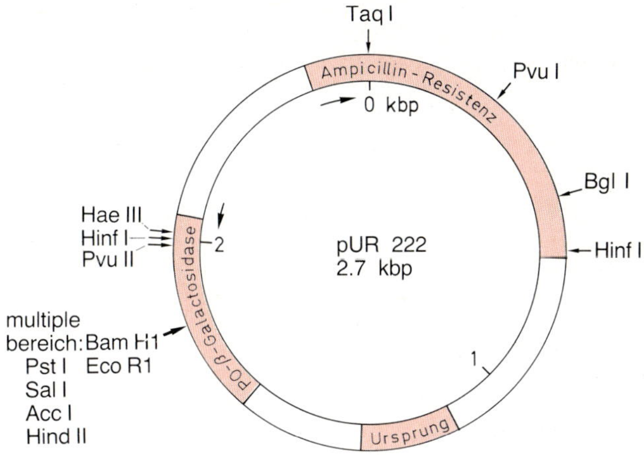

Abb. 12.**6 Plasmid pUR 222**
Das Plasmid pUR222 ist 2,7 Kilobasenpaare lang, besitzt ein Resistenz-Gen für Ampicillin, das Gen für *β-Galactosidase* mit Promotor P und Operator, sowie einen Ursprung der Replikation. Am Innenring sind die Nucleotidpositionen in Kilobasenpaaren und die Transkriptionsrichtungen angegeben. Außen sind einige „einmalige Schnittstellen" eingezeichnet

Die Plasmide pBR322 und pUR222 eignen sich nicht zum Klonieren großer DNA-Stücke. Für diese Aufgabe wurden die **Cosmide** entwickelt. Cosmide sind Hybride zwischen Plasmiden und Sequenzen vom Phagen Lambda. Von den Plasmiden haben sie die Strukturen für die autonome Replikation sowie Gene für Antibiotica-Resistenzen und von Lambda haben die Cosmide die spezifischen DNA-Sequenzen, die der Phage für die Verpackung der DNA in die Phagenhülle braucht (Cos-Stellen). Damit besitzen die Cosmide die Vorteile von Plasmiden wie die autonome Replikationsfähigkeit und Gene für Selektion sowie Vorteile von Lambda wie die Möglichkeit der Verpackung in Phagenhüllen. Durch die Möglichkeit, verpackt zu werden, können Cosmide gezielt aus einem DNA-Gemisch isoliert werden. Cosmide lassen sich dann mit hoher Ausbeute in neue Empfängerzellen infizieren (Abb. 12.**7**).

Eine andere Möglichkeit, große DNA-Fragmente zu klonieren, sind die kleinen, einsträngigen, bakteriellen Viren wie **M13** (Abb. 12.**8**) und **fd.** Bei diesen Viren wird nicht eine vorgefertigte Virushülle mit DNA gefüllt,

Abb. 12.**7 Cosmid X**
Das Cosmid X besitzt die Resistenz-Gene für Ampicillin (Penicillin) und Neomycin sowie den „Ursprung der Replikation" im E. coli von einem Plasmid (gefärbt) und die „Cos"-Stellen des bakteriellen Virus λ zum Verpacken in λ-Hüllen (grau). Daneben hat es einen „Ursprung der Replikation" des Virus SV40 zur Vermehrung in höheren Zellen und eine Klonierungskassette mit „einmaligen Schnittstellen" zum Einsetzen von Passagier-DNA. An den Enden der Kassette können starke Promotoren wie hier von T7 bzw. T3 sein, um diese Region besonders intensiv in Genprodukt übersetzen zu können

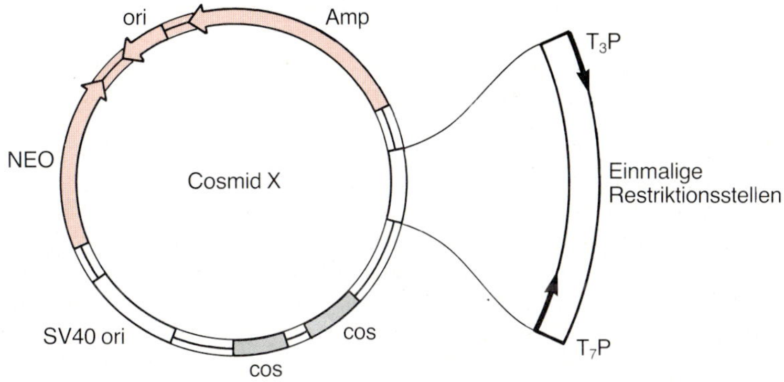

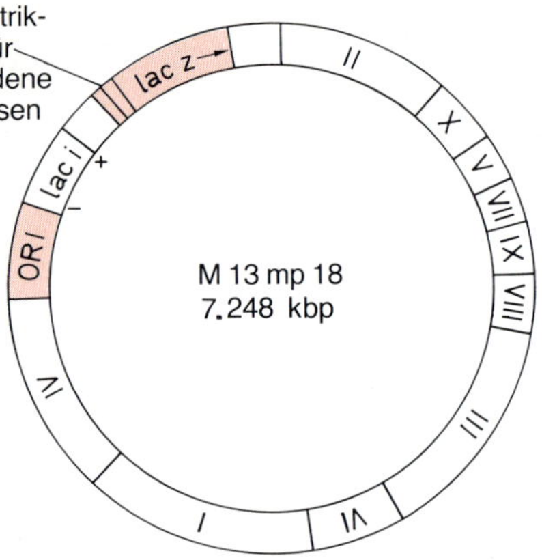

Abb. 12.**8** **Der Vektor M13**
Grundlage ist das bakterielle Virus M13, dessen DNA einzelsträngig ist. Während der Entwicklung wird eine doppelsträngige DNA (RF) gebildet

wobei aus räumlichen Gründen nur eine bestimmte DNA-Menge verpackt werden kann, sondern die DNA wird durch das Hüllprotein zu einem Filament geformt. Je länger die DNA ist, desto länger wird das Filament. Diese Viren lysieren ihre Wirte nur unter besonderen Umständen. Normalerweise werden die Viren von den Zellen fortlaufend „ausgeschwitzt". Dadurch werden hohe Titer erzielt. Besonders geeignet sind diese Vektoren zum Sequenzieren klonierter DNA-Fragmente, weil auf diese Weise leicht große Mengen Einzelstrang-DNA gewonnen werden können. M13 kann auch zu Klonierungszwecken mit dem Gen für β-*Galactosidase* kombiniert werden.

Ein besonders raffinierter M13-Vektor enthält im Gen für β-*Galactosidase* eine einmalige Schnittstelle und in unmittelbarer Nähe eine Basendeletion. Die Basendeletion bewirkt Rasterverschiebung. Das entstehende Protein ist inaktiv, da stromabwärts falsche Aminosäuren eingebaut werden. Wird an der einmaligen Schnittstelle eine Passagier-DNA eingesetzt, wird diese im Anschluß an das erste Stück der β-*Galactosidase* in Protein übersetzt. Am Ende der eingesetzten DNA kann sich für den Rest der β-*Galactosidase* der richtige Leseraster wieder ergeben. Aktive β-*Galactosidase* wird nur gebildet, wenn der Leseraster durch eingesetzte DNA korrigiert wird. Kolonien mit beladenem Vektor können so an der Synthese von β-*Galactosidase* erkannt werden. Diese Zellen haben dann auch die Passagier-DNA ausgeprägt. Die Wahrscheinlichkeit, daß der Leserahmen für diese DNA korrekt ist, ist ⅓, bedingt durch die Triplettkonstruktion. Durch zusätzliche Basendeletionen stromaufwärts entstehen Vektoren, die die Passagier-DNA jeweils in einem der drei möglichen Leserahmen in Protein übersetzen. Diese Vektoren werden **Expressionsvektoren** genannt. Entsprechend gibt es auch Expressionsvektoren für eukaryontische Zellen.

Besonders anwendungsorientiert sind Kombinationen verschiedener Vektorsysteme, wie z. B. ein Hybrid aus dem Phagen M13 und einem Plasmid. Das Lambda-System ermöglicht das Einsetzen großer DNA-Fragmente. Durch die Möglichkeit des Verpackens in Lambda-Hüllproteine und Infektion ist die Effizienz des DNA-Transfers hoch. Mit einem Helfer-M13-Phagen kann das M13-Plasmid ausgeschnitten und direkt zum Sequenzieren benutzt werden. Das Konstrukt aus M13 und Plasmid trägt das Gen für β-Galactosidase, in das die Passagier-DNA eingesetzt wird. Dieses Vektorsystem kann mit Oligonucleotiden und mit spezifischen Antikörpern selektioniert werden. Durch die Promotoren für DNA-abhängige RNA-Polymerase der Phagen T7 und T3 kann spezifisch der eine oder der andere Strang transkribiert werden (Abb. 12.**9**). Das erlaubt das Sequenzieren (s. S. 385) in beiden Richtungen.

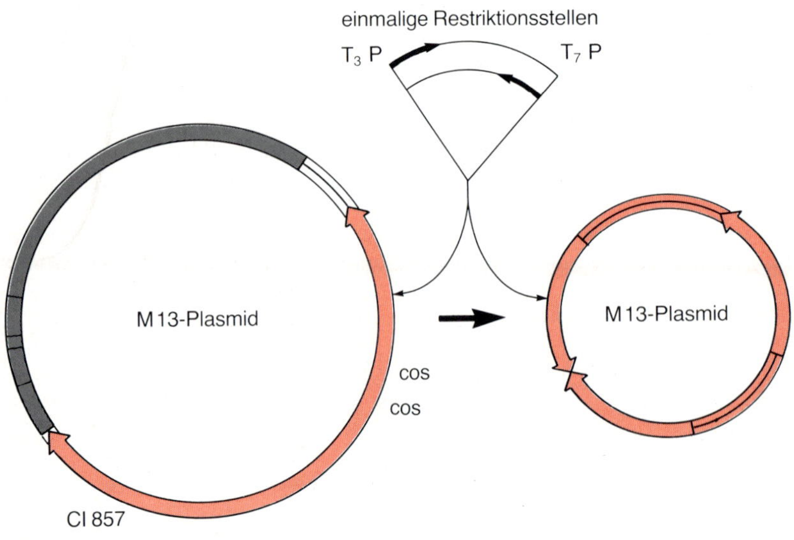

Abb. 12.**9** **M13/λ-Hybrid**
Es verbindet die Vorteile von λ- und M13-Vektoren. Es hat eine Klonierungskassette, die sich auch zur starken Expression eignet, wenn die Zelle klonierte RNA-Polymerase von T7 bzw. T3 enthält. Durch Schneiden und Religieren kann das M13/λ-Plasmid gewonnen werden

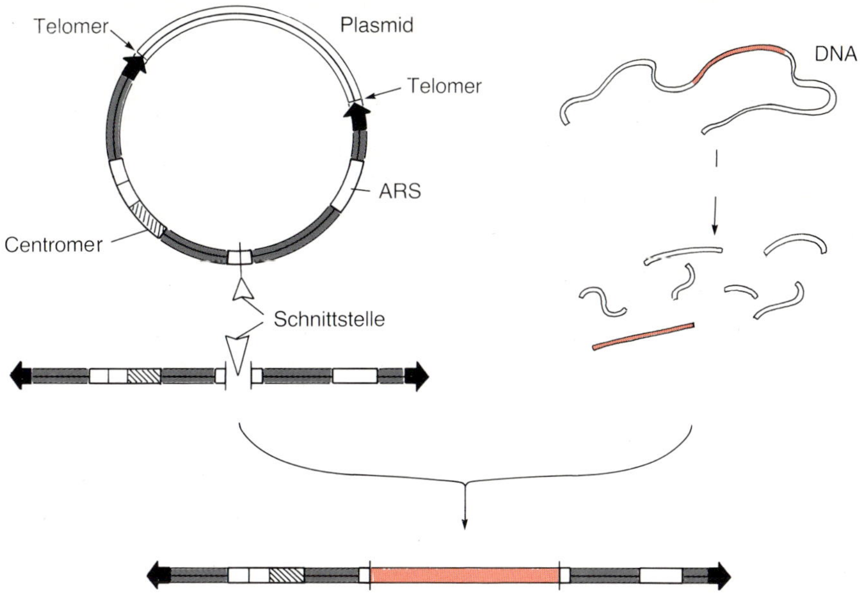

Abb. 12.**10** **YACs (Yeast artificial chromosomes – artifizielle Hefechromosomen)**
Aus Zentromeren, Telomeren und ARSs (autonom replizierende Sequenzen – Ursprung der Replikation) zusammengesetzte Vektoren zum Klonieren großer DNA-Fragmente

Für die Klonierung besonders großer DNA-Fragmente von mehreren hundert kbp eignen sich die YACs (Yeast artificial chromosomes = künstliche Hefechromosomen). Sie bestehen aus künstlich zusammengefügten Zentromeren, Telomeren und ARSs (autonom replizierende Sequenzen – Ursprung der Replikation) (Abb. (12.**10**). An der einmaligen Restriktionsstelle wird die Passagier-DNA hineinkloniert. Nach Behandlung mit der Restriktionsendonuclease Bam H1 fällt das Segment zwischen den Telomeren heraus, so daß ein künstliches Chromosom entsteht mit endständigen Telomeren, einem Zentromer und einem ARS. Dieses künstliche Chromosom wird in der Zelle wie ein natürliches behandelt und vermehrt. Das riesige Fassungsvermögen an Passagier-DNA ermöglicht das Klonieren von großen Genen wie das der Duchenne-Muskeldystrophie (>1000 kbp) oder das Gen für Faktor VIII, das bei der Hämophilie A defekt ist (186 kbp). Auch für die Charakterisierung von Abschnitten auf Chromosomen durch „chromosomales Wandern" ist das YAC-System geeignet.

Beim **chromosomalen Wandern** (chromosome walking) werden große DNA-Fragmente kloniert und durch überlappende Klone eine längere DNA-Strecke überwunden. Größere Distanzen lassen sich mit dem **chromosomalen Springen** (chromosome jumping) überbrücken (Abb. 12.**11**). Durch partielle Spaltung von DNA durch eine Restriktionsendonuclease werden große Fragmente erzeugt, die mit einem Pilot-Gen zirkulär zusammengefügt werden. Das Pilot-Gen markiert die Stelle des Ringschlusses und damit die Enden des DNA-Fragmentes. Mit einer anderen Restriktionsendonuclease werden die Ringe zerschnitten und in einem geeigneten Vektor kloniert. Klone, die das Leit-Gen flankiert von Passagiersequenzen tragen, werden isoliert. Auf der einen Seite des Leit-Gens befindet sich die „Startsequenz", auf der anderen das Ende des ursprünglich großen DNA-Fragmentes, das als Startsequenz für den nächsten chromosomalen Sprung dient.

Polymerase-Kettenreaktion (PCR). Für die Sequenzierung von DNA ist die Klonierung nicht Voraussetzung. Über eine Vervielfältigungstechnik, die Polymerase-Kettenreaktion, können auch geringste Mengen DNA der Sequenzierung ohne vorherige Klonierung unterworfen werden. Das Prinzip der Polymerase-Kettenreaktion ist die wiederholte Synthese spezifischer DNA-Teile (Abb. 12.**12**). Die Spezifität wird erzielt durch die Hybridisierung der Starter-Oligonucleotide an die denaturierten DNA-Stränge. Praktisch geht die cyclische DNA-Synthese über die Stufen Schmelzen der DNA durch Temperaturerhöhung, Hybridisierung der Starter-Oligonucleotide und Synthese der komplementären

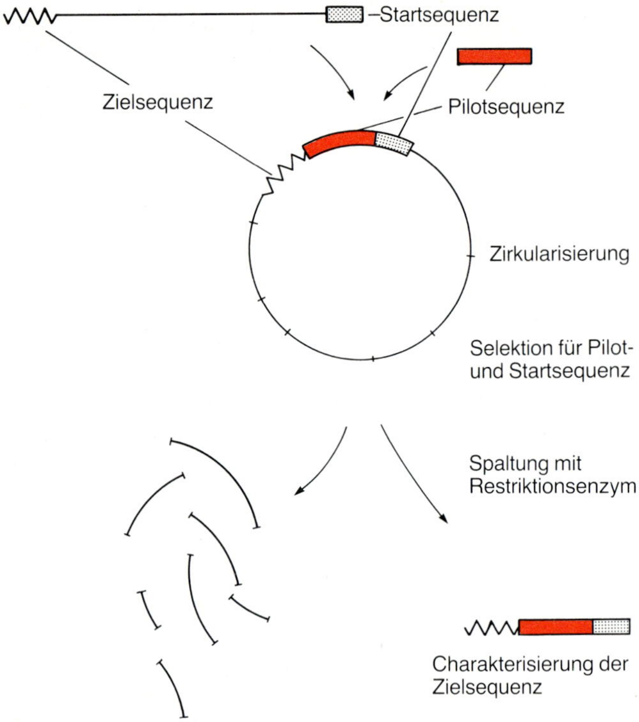

Abb. 12.**11** **Chromosomales Springen**
Um die Nachbarschaft von bekannten Sequenzen der DNA zu ergründen, wird in beide Richtungen „gesprungen". DNA wird fragmentiert. Die Stücke werden mit einem „Leit-Gen" (Pilotsequenz) verbunden und zirkularisiert. Die Ringe werden durch Restriktionsendonucleasen zerkleinert. Fragmente, die das Leit-Gen und die bekannte Startsequenz haben, werden analysiert. Dem Leit-Gen benachbart ist die Endsequenz des ursprünglichen DNA-Fragmentes.

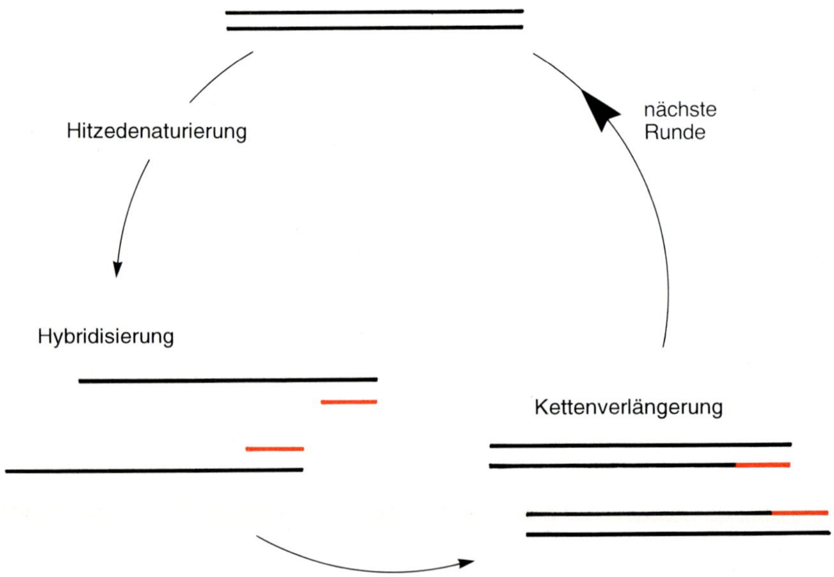

Abb. 12.**12** **Polymerase-Kettenreaktion**
DNA wird durch Temperaturerhöhung denaturiert. An die Einzelstränge werden spezifische Oligonucleotide hybridisiert. Durch DNA-Polymerase werden die Stränge synthetisiert. Eine weitere Runde kann begonnen werden. Die temperaturstabile DNA-Polymerase (Taq) ermöglicht eine „Eintopfreaktion", die durch Temperaturcyclen läuft

DNA-Stränge. Für den Start des nächsten Cyclus wird die Temperatur wieder erhöht. Temperaturunempfindliche DNA-Polymerase (Taq-Polymerase) übersteht die Temperaturerhöhungen ohne Inaktivierung. Die vervielfältigten DNA-Stränge können direkt sequenziert oder kloniert werden. Es kann auch von mRNA ausgegangen werden, die dann in einem ersten Schritt mit *Reverser Transcriptase* in DNA umgeschrieben wird (RT-PCR). PCR hat sich als eine sehr wichtige Methode entwickelt. Auf den verschiedensten Gebieten wird sie angewandt.

Eine spektakuläre Anwendung ist die Kriminalistik. Aus kleinsten Spuren von Blut, Samenzellen oder Speichel kann die DNA über PCR vervielfältigt werden, so daß über DNA-Muster nach Restriktionsverdau Individual-Zuordnungen getroffen werden können.

12.1.3. Entscheidend ist der gezielte Einbau der Passagier-DNA in den Vektor

Die DNA-Sequenz, die von der Restriktionsendonuclease erkannt wird, ist streng spezifisch. Als Beispiele sind in Tab. 12.**1** einige dieser Enzyme aufgeführt. Einige Endonucleasen haben die gleichen Spezifitäten. Die Schnitte können an der gleichen Stelle liegen, so daß glatte Enden entstehen, oder sie können versetzt erfolgen, und es entstehen überstehende Enden.

Methyl-Gruppen können Restriktionsendonucleasen hemmen

Einige Restriktionsendonucleasen werden durch Methylierung eines Stranges inhibiert, andere nur durch Doppelstrang-Methylierung, während andere dadurch nicht gehemmt werden. Diese Unterschiede der Inhibition können zur Feststellung von Methylierungen an bestimmten Stellen der DNA-Sequenz ausgenutzt werden. Diese Analysen sind besonders aus der Sicht, daß methylierte Basen in der DNA als Signale dienen können, interessant.

Die Methylierung der Cytosine in eukaryonten DNAs erfolgt in der Sequenz $5'C_mG3'$. Diese Sequenz ist z. B. Teil der Erkennungssequenz der beiden *Restriktionsendonucleasen HpaII und MspI:* CCGG. *HpaII* wird gehemmt, wenn das zentrale Cytosin methyliert ist, während *MspI* in seiner Aktivität durch diese C-Methylierung nicht beeinträchtigt wird. Ein Paar von Restriktionsendonucleasen, die die gleiche Erkennungssequenz besitzen, aber unterschiedlich empfindlich gegen Methylbasen sind, werden Isoschizomere genannt. Mit verschiedenen Paaren von Isoschizomeren kann die Methylierung in spezifischen DNA-Regionen studiert werden.

Verbindungsstücke und künstliche Schwänze ermöglichen das Einsetzen bei „glatten" DNA-Enden

Glatte Enden von DNA sind ungünstig für das Einsetzen in Vektoren. Diese Schwierigkeit kann durch Anhängen von Schwänzen oder von Verbindungsstücken behoben werden. Durch das Enzym *Terminale Nucleotidtransferase* können an das 3′-Ende Guanin-Nucleotide bzw. Cytosin-Nucleotide gehängt werden. Es entstehen dann Oligo-G- bzw. Oligo-C-Schwänze, je nachdem, ob in der Reaktion GTP oder CTP angeboten wird (Abb. 12.**13**).

Am günstigsten ist es, die Passagier-DNA mit G-Schwänzen und die Vektor-DNA mit C-Schwänzen zu versehen – oder umgekehrt. Da immer G mit C basenpaart, aber nicht G mit G oder C mit C, ist sichergestellt, daß die Passagier-DNA mit Vektor-DNA verbunden wird und nicht mit anderen Molekülen der Passagier-DNA oder Vektor mit Vektor.

Schwänze können nicht nur an glatte DNA-Enden gehängt werden, sondern auch an überstehende. Das ist immer notwendig, wenn Passagier- und Vektor-DNA mit verschiedenen Restriktionsnucleasen geschnitten wurden, die Enden bilden, die nicht zueinander passen. Nach dem Anhängen der Schwänze muß mit *DNA-Polymerase* aufgefüllt werden.

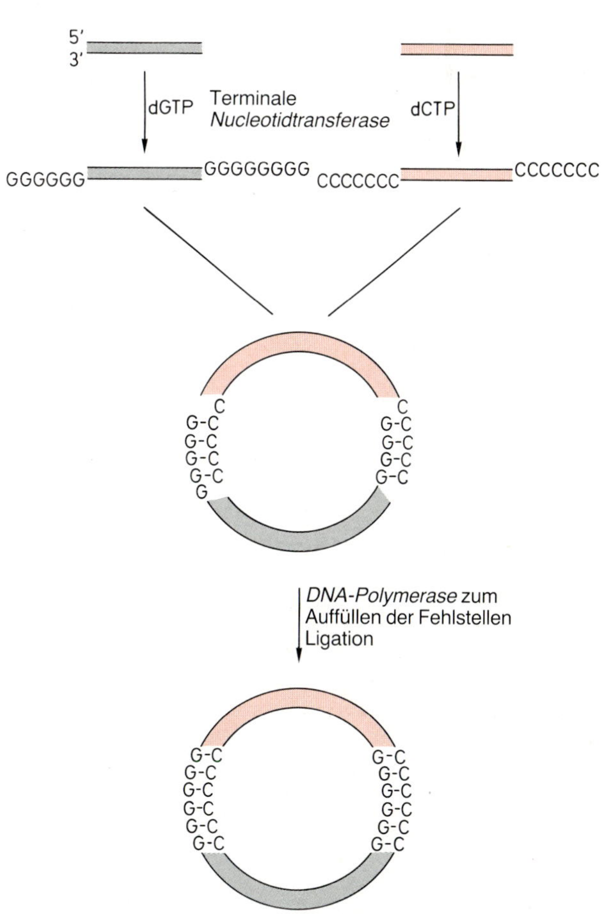

Abb. 12.13 G-C-Schwänze zur Kombination von DNA-Stücken mit glatten Enden (Homopolymeren-Ligation)

Alternativ zu den Schwänzen können auch mit *DNA-Ligase* **Verbindungsstücke** angefügt werden. Dazu benutzt man synthetische Oligonucleotide, die in ihrer Sequenz zu gewünschten Restriktionsenden passen. Nach dem Ankoppeln der Gegen-DNA wird mit *DNA-Polymerase* aufgefüllt und mit *DNA-Ligase* die kovalente Bindung hergestellt.

Der kovalente Einbau der Passagier-DNA in den Vektor erfolgt durch *DNA-Ligase*

Genauso wie für den Schneidevorgang sind für **das Verschweißen** der DNA von Vektor und Passagier geeignete Enzyme notwendig. Dazu gehören die *DNA-Ligasen,* zu deren natürlichen Aufgaben die Reparatur von Einzelstrangbrüchen gehört (s. Kap. **2**). Diese Enzyme können dazu gebracht werden, im Reagenzglas untypische Reaktionen durchzuführen. So ist die Ligation stumpfendiger DNAs eine unphysiologische Reaktion. Ihre Durchführbarkeit *in vitro* eröffnet jedoch vielfältige experimentelle Möglichkeiten, da dadurch beliebige DNA-Fragmente ligiert werden können. Ähnliches gilt für die *RNA-Ligase,* die, wie die gebräuchliche *DNA-Ligase,* vom Genom des Phagen *T4* codiert wird. Ergänzend zu diesen beiden Enzymen sei die Terminale Nucleotidtransferase erwähnt, die zur Anheftung einzelsträngiger Enden verwendet wird, und die auch für die Nucleinsäure-Sequenzierung eingesetzt wird.

Die **Zirkularisierung** linearer bakterieller Virus-DNA liefert ein Beispiel für eine in vitro Ligation. Hierbei werden komplementäre (kohäsive) Enden benutzt. Da viele Restriktionsenzyme ebenfalls, wenn auch kurze, kohäsive Enden erzeugen, kann dies bei der in vitro Ligation ausgenützt werden. Kohäsive Enden lassen sich mit Hilfe homopolymerer 3′-Einzelstrangschwänze auch nachträglich einführen. Unter bestimmten Umständen bleibt dabei sogar die Erkennungssequenz für das Restriktionsenzym erhalten, so daß das klonierte Fragment später wieder gewonnen werden kann. Durch stumpfendige Ligation haben wir darüber hinaus die Möglichkeit, kurze DNA-Adaptorfragmente anzuhängen. Diese Fragmente enthalten eine oder auch mehrere Restriktionsschnittstellen, die durch entsprechende Enzyme freigelegt werden können. Diese Methode wird benutzt, wenn die Passagier-DNA etwa durch mechanisches Scheren gewonnen wurde. Ein wichtiger Gesichtspunkt bei der in vitro Ligation von Vektor und Passagier ist die Wahl geeigneter Reaktionsbedingungen, um unerwünschte Nebenprodukte zu unterdrücken. Dazu gehört die Zirkularisierung des Vektors ohne Passagier, die Ring- oder Polymerenbildung der Passagierfragmente und andere Kombinationen.

12.1.4. Einschleusen des Vektors mit der Passagier-DNA in die Wirtszelle erfolgt durch DNA-Transformation, Infektion oder Elektroporation

In den meisten Fällen wird die Rekombinanten-DNA in *Escherichia coli* vermehrt. Die höchste Effizienz beim Einschleusen haben Vektoren, die sich von *E.-coli*-Viren ableiten wie Lambda-Abkömmlinge, Cosmide oder *M13* bzw. *fd*. Die DNA wird in einer in vitro Reaktion in Virus-Hüllprotein verpackt und dann über **Infektion** eingeschleust. Plasmide werden in **kompetente Zellen** transfiziert: Durch entsprechende Vorbehandlung wird erreicht, daß möglichst viele Zellen DNA aufnehmen. Die Effizienz der **DNA-Transformation** ist um mehrere Zehnerpotenzen geringer als bei der Infektion.

In höhere Zellen wird DNA durch **Copräzipitation** mit Calciumphosphat eingeschleust. Das Copräzipitat von DNA und Calciumphosphat wird von Zellkultur-Zellen über Phagocytose aufgenommen. Die Fraktion von Zellen, die DNA aufnimmt, ist gering und liegt meistens unterhalb 0,1%. Vektoren auf viraler Basis können auch in höhere Zellen über Infektion eingeschleust werden.

Eine bessere Effizienz der DNA-Aufnahme konnte durch die **Feldsprung-Methode** erreicht werden. Die DNA wird zu den Zellen gegeben und kurzfristig ein hohes elektrisches Feld angelegt. Die Membran wird für kurze Zeit permeabel, und die DNA kann in die Zellen gelangen.

DNA kann auch durch Fusion mit DNA-beladenen Liposomen in höhere Zellen eingeschleust werden. **Liposomen** sind kleine Bläschen aus Phospholipiden, die mit der gewünschten DNA beladen werden können. Sie haben die Tendenz, mit Membranen, die ebenfalls aus Phospholipiden bestehen, zu verschmelzen und ihren Inhalt in das Zellinnere zu entleeren. Liposomen können durch Ultraschall in einer wäßrigen DNA-Phospholipid-Suspension gebildet werden. Alternativ können Liposomen nach dem Prinzip von Seifenblasen entstehen. Dabei wird eine etherische Lösung von Phospholipiden durch eine Kapillare in eine wäßrige Lösung gepumpt. Die austretenden Phospholipide bilden dann die Liposomenbläschen und schließen jeweils etwas der wäßrigen Lösung ein. Enthält die wäßrige Lösung DNA, werden die Liposomen mit DNA beladen.

12.1.5. Die Vermehrung von beladenen Vektoren erfolgt als Plasmid oder als Virus

Im Wirt wird der Vektor entweder als Plasmid oder wie ein Virus vermehrt. In jedem Fall handelt es sich um eine sehr unphysiologische Situation, und die Zelle versucht, die parasitäre DNA loszuwerden. Deshalb reicht es nicht aus, einen beladenen Vektor in die Zelle zu bringen, sondern es muß mit **Selektionsdruck** dafür gesorgt werden, daß sich nur Vektor-haltige Zellen vermehren. Dafür sind z. B. die Antibiotica-Resistenzen der Vektoren geeignet. Entsprechend kann über β-*Galactosidase* – durch Wachstum auf Lactose – das Überleben des Vektors begünstigt werden. Häufig wird ein Vektor in einem gewünschten Wirt nur ineffizient vermehrt. Dieses Problem wird durch die Ausstattung des Vektors mit den zur Replikation in einem anderen Wirt notwendigen Genfunktionen gelöst. So können Hefevektoren in *E. coli* oder auch pflanzliche Vektoren in Bakterien oder Vektoren von menschlichen Zellen in Prokaryonten vermehrt werden. Dadurch werden die Systeme sehr flexibel.

Die **Proliferation** von Passagier-DNA in geeigneten **eukaryontischen Vektoren** verläuft analog den bei Bakterien benutzten Techniken. Der bisher gängigste Vektor, das *SV 40*-Virus, kann bis zu 2 kbp an Passagier-DNA aufnehmen, wenn komplette Viruspartikel in einem lytischen Cyclus gebildet werden sollen. Durch Cotransfektion mit einem Helfervirus, das die durch Passagier-Insertion verlorenen Funktionen beisteuert, werden auf einem konfluenten Rasen geeigneter Zellen Plaques erzeugt. Die Plaques werden auf die Anwesenheit des gesuchten DNA-Klons hin getestet und dann weiter proliferiert.

Nicht Proliferation, sondern permanente Einführung eines fremden DNA-Stückes wird mit der **stabilen Transformation** der Wirtszelle selbst verfolgt. Hierbei dient das virale Vektorgenom nur dazu, die Passagier-DNA in die Wirtszelle hineinzulotsen. Doch scheint ein Vektor dazu gar nicht nötig zu sein, wie die neuesten Berichte zeigen, bei denen einfache, nackte DNA verwendet wurde. Eine weitere Variante verwendet die ganze bakterielle Zelle, in der sich ein Passagier-haltiges Plasmid befindet, als Überträgergefäß. Offensichtlich wird unter geeigneten Bedingungen das ganze Bakterium von der eukaryontischen Zelle aufgenommen. Dadurch gelangt die Passagier-DNA ebenfalls ins Zellinnere. Unter Umständen wird das Passagierfragment durch Rekombination in das Wirtsgenom stabil integriert und exprimiert. Durch ein geeignetes selektives Medium werden die Transformanten angereichert. Diese Versuche stellen eine Form der Genmanipulation dar, die im medizinischen Bereich sehr wichtig werden könnte.

12.1.6. Die Selektion für spezifische, klonierte DNAs kann über die DNA oder die Genprodukte erfolgen

Nach der Vermehrung von beladenen Vektoren müssen die spezifischen Klone identifiziert und isoliert werden (Tab. 12.**2**). Häufig liegt hier das Hauptproblem für das Klonieren einer DNA. Wenn das Ausgangsmaterial für die Passagier-DNA eine angereicherte, aber nicht einheitliche RNA war, oder bei „Schrotschuß-Klonierungen" (Abb. 12.**4**), ist die Selektion unbedingt notwendig.

Tab. 12.**2** Strategien zur Identifizierung menschlicher Gene

Identifizierung auf dem DNA-Niveau: Hybridisations-Selektion
– Verwendung einer spezifischen tierischen cDNA-Probe zur Identifizierung des betreffenden menschlichen cDNA-Klons
– Isolierung einer spezifischen mRNA aus hochspezialisierten Zellen und Anlegen eines cDNA-Klons
– Isolierung einer spezifischen mRNA durch Immunpräzipitation von Polysomen und Anlegen eines cDNA-Klons
– Selektion einer cDNA-Bank mit radioaktiver mRNA, die von Zellen gewonnen wurde, die auf Grund ihres Differenzierungszustandes oder eines genetischen Defektes eine bestimmte mRNA nicht bilden; Isolierung des nicht-markierten cDNA-Klons
– Verwendung synthetischer Oligonucleotide zur Identifizierung des betreffenden cDNA-Klons
– cDNA-Bank nach differentieller Hybridisierung
– cDNA-Selektion durch Starter für *Reverse Transkriptase*
Selektion über das spezifische Genprodukt
Nachweis durch Komplementation
– in *E. coli*
– in eukaryontischen Zellen
Immunoselektion

Selektion durch Enzymkompensation

Im einfachsten Fall soll ein Gen kloniert werden, das dem Wirt fehlt und für das selektioniert werden kann, wie z. B. Enzyme zum Verdauen von spezifischen Substraten. Wenn das spezifische Substrat als einzige Kohlenstoff- (oder Stickstoff-)Quelle angeboten wird, wachsen nur die Zellen, die das fehlende Gen erhalten haben. Diese Selektion ist auch für eukaryonte Gene in *E. coli* möglich. Die Passagier-DNA muß von mRNA als cDNA gewonnen werden. Durch einen Expressionsvektor wird dann das Gen in Bakterien in Protein übersetzt, das dann das fehlende Gen kompensieren kann. In gleicher Weise kann auch in Eukaryonten-Zellen selektioniert werden. Wenn ein Cosmid als Vektor benutzt wird, kann die Cos-haltige DNA-Sequenz durch in vitro Virusverpackung spezifisch isoliert und anschließend in *E. coli* vermehrt werden.

Selektion mit Antikörpern

Spezifische Gene können über ihre **Genprodukte** mit Hilfe von Antikörpern identifiziert werden (Abb. 12.**14**). Diese Technik eignet sich auch zur Massenselektion. Dazu wird cDNA (oder auch geschnittene Genom-DNA) in einen Selektionsvektor z. B. pUR 222 (oder den

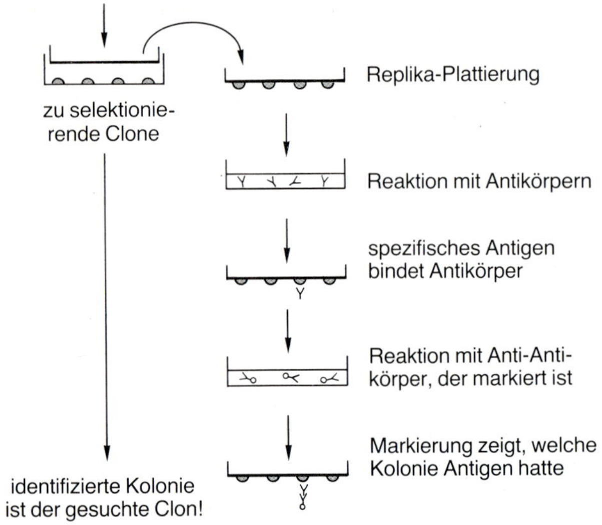

Abb. 12.**14** **Strategie zur Klonierung: Immunscreening** Zellen, die das gesuchte Gen in exprimierbarer Form enthalten, werden auf Agarplatten plattiert. Abzüge dieser Kolonien werden mit Antikörpern versetzt. Der Antikörper bindet nur an die das spezifische Antigen produzierende Kolonie. Durch einen markierten Anti-Antikörper wird der gebundene Antikörper sichtbar gemacht. Die im Nachweis aufscheinende Kolonie wird auf der Meisterplatte als gesuchter Klon identifiziert

Lambda-Abkömmling λgt 11) eingesetzt. Diese Vektoren enthalten das Gen für β-*Galactosidase* mit „einmaligen Schnittstellen", in die die cDNA eingesetzt wird. Ausgehend von den Startsignalen des Lac-Operons wird Protein synthetisiert, das von den eingesetzten Sequenzen codiert wird. Das Antigen kann durch spezifische Antikörper sichtbar gemacht werden. Dazu werden die Plasmid-haltigen Bakterien bzw. die infizierten Zellen auf Agar plattiert. Es bilden sich Kolonien, die mit Detergentien lysiert werden; im Falle von λgt 11 entstehen Phagenplaques. Mit **Nitrocellulosefiltern** wird ein Abklatsch angefertigt, der anschließend mit den spezifischen Antikörpern inkubiert wird. An Stellen, an denen sich das gesuchte synthetisierte Antigen befindet, wird der Antikörper gebunden. Dieser kann durch einen markierten Antikörper, der seinerseits gegen diesen Antikörper gerichtet ist, sichtbar gemacht werden. Zur Markierung des **Anti-Antikörpers** eignen sich radioaktives Jod oder ein Enzym, das eine Farbreaktion katalysiert oder Biotin, das Avidin binden kann. Von angefärbten Flecken auf den Filtern kann dann auf das Vorliegen einer Kolonie bzw. eines Plaques, der das spezifische Antigen synthetisiert hat, geschlossen werden.

Selektion durch DNA-DNA-Hybridisierung

Für Massenfahndung nach einem spezifischen Gen eignet sich die **DNA-DNA-Hybridisierung** (Abb. 12.**15**, 12.**16**). Teilsequenzen des gesuchten Gens können z. B. aus der Aminosäure-Sequenz des Genprodukts abgeleitet werden. Die gewünschte DNA-Sequenz wird chemisch synthetisiert. Für die Synthese von DNA-Sequenzen gibt es automatisch arbeitende Maschinen. Die vorhandene Teilsequenz wird für die Klonsuche radioaktiv markiert. Dies kann über **Nick-Translation** erfolgen (Abb. 12.**17**).

Dabei werden durch *DNA-Polymerase I*, die an Einzelstrangbrüchen startet und Teile des alten Stranges durch Neusynthese ersetzt, radioaktive Nucleotide eingebaut. Die so radioaktiv markierte DNA-Sequenz kann für die Suche nach Klonen, die komplementäre DNA-Sequenzen enthalten, eingesetzt werden. Von den ausgesäten Zellen, die beladenen Vektor enthalten, wird eine Abdruckplatte hergestellt. Diesmal wird der Abdruck mit Nitrocellulose-Papier vorgenommen. Einige Zellen aus jeder Kolonie bleiben hängen. Diese Zellen werden lysiert. (Die Zellen der Meisterplatte bleiben intakt.) Die freiwerdende DNA wird an die Nitrocellulose gebunden. Der ganze Filter wird mit der markierten DNA bei höheren Temperaturen inkubiert, und anschließend wird die nicht gebundene DNA weggewaschen. Nur wo die radioaktiv markierte DNA komplementäre Sequenzen zum Hybridisieren gefunden hat, bleibt Radioaktivität an den Filter gebunden. Nach der Autoradiographie können die positiven Kolonien durch Schwärzung identifiziert werden (Abb. 12.**15**, 12.**16**).

12.1.7. Präparation der klonierten Passagier-DNA

Nach der Identifizierung von Zellklonen, die die gesuchten Sequenzen tragen, soll die klonierte DNA präpariert werden. Das ist einfach, wenn sich der Vektor vom Virus Lambda ableitet. Die Cos-haltigen Sequenzen werden durch das Lambda-Verpackungssystem verpackt und können als **Pseudo-Lambda** über Zentrifugation gereinigt werden. Alternativ kann die **ringförmige** Vektor-DNA von der Passagier-DNA über differentielle Zentrifugationen abgetrennt werden. Nach dieser Methode werden auch die Plasmid-Vektoren präpariert. Die Passagier-DNA kann vom Vektor durch Herausschneiden mit einer Restriktionsendonuclease getrennt werden. Meistens wird diejenige zum Schneiden benutzt, die bei der Öffnung des Vektors zur Konstruktion der Beladung dient. Vektor und Passagier-DNA können elektrophoretisch getrennt werden.

Häufig soll die klonierte DNA charakterisiert werden. Dafür wird in einen anderen Vektor **umkloniert,** der für die Charakterisierung besser geeignet ist. Dafür muß nicht in jedem Fall die

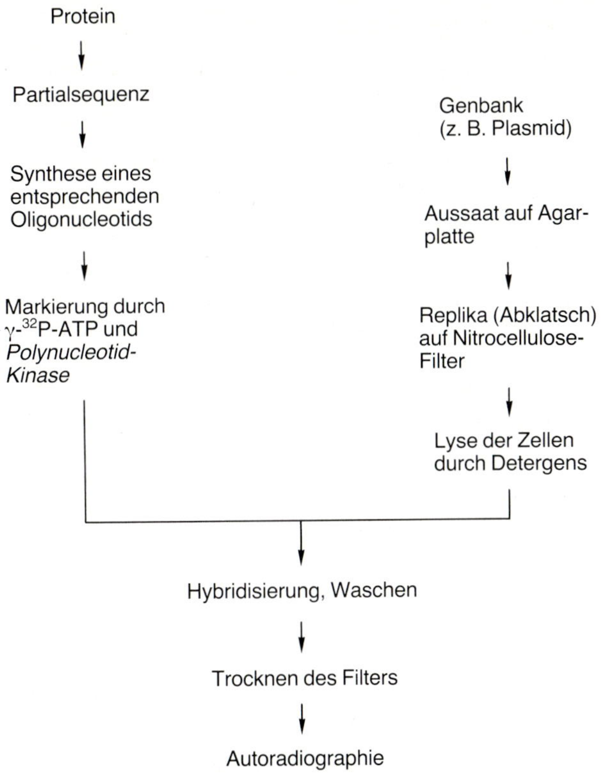

Abb. 12.15 Strategie zur Klonierung
Das Protein, dessen Gen kloniert werden soll, wird gereinigt und nach proteolytischem Abbau ein Stück Partialsequenz ermittelt. Das sich aus dieser Sequenz ergebende Oligonucleotid wird bei der Synthese radioaktiv markiert. Über Hybridisierungstechnik werden Klone mit homologen Sequenzen gesucht. Dazu wird die DNA der Klone an Nitrocellulose-Filter fixiert. Homologe Sequenzen hybridisieren mit dem markierten Oligonucleotid, das dadurch seinerseits an den Filter fixiert wird. Die radioaktive Markierung wird durch Schwärzung des Filmes sichtbar (autoradiographische Methode) und läßt Kolonien, die homologe Sequenzen tragen, in Erscheinung treten

klonierte DNA vom alten Vektor getrennt werden. Auf einem abgekürzten Weg wird mit dem neuen Vektor ligiert und im Schnellverfahren nach Klonen mit dem neuen beladenen Vektor gesucht. Wichtig ist diese Prozedur für das Umklonieren in Einzelstrang-Phagen wie M13 oder fd für das anschließende Sequenzieren.

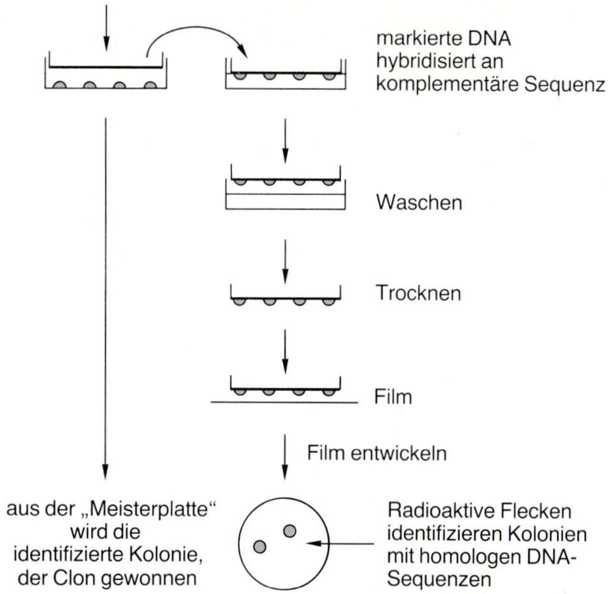

Abb. 12.16 Klon-Selektion durch DNA-DNA-Hybridisierung
Auf Agarplatten wachsende Kolonien, die Plasmide enthalten, die Gene einer Genbank als Inserte tragen, werden mit Nitrocellulose „gestempelt" (Replika plattiert). Die Zellen werden mit Hilfe von Detergens auf den Nitrocellulose-Blättern geöffnet und die DNA an die Nitrocellulose gebunden. Diese Blätter werden in ein Bad mit radioaktiv markierter DNA gegeben und bei erhöhten Temperaturen getempert. Homologe Sequenzen hybridisieren und binden damit an die Nitrocellulose. Nach Waschen und Trocknen werden die Filter autoradiographiert. Schwarze Flekken entstehen auf dem Film an Stellen mit homologen DNA-Sequenzen. Auf der „Meisterplatte" kann ein entsprechender Klon identifiziert werden

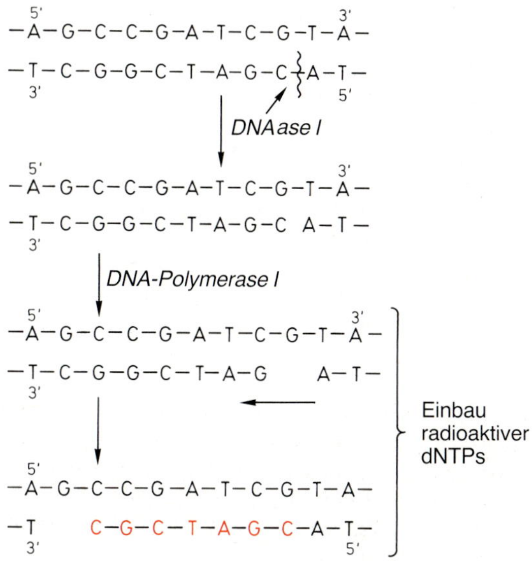

Abb. 12.17 Markierung von DNA durch Nick-Translationen ▸
An Strangbrüchen innerhalb der DNA startet die DNA-*Polymerase I* von *E. coli* in 5'-3'-Richtung und ersetzt Nucleotide durch neue, die radioaktiv markiert sein können. Dadurch wird markierte DNA erhalten

12.2. Die durch Gentechnologie gewonnene DNA kann analysiert und als Matrize für die Produktion spezifischer Genprodukte benutzt werden

12.2.1. Charakterisierung von Genen und der dazugehörigen Signale

Es ist besonders interessant, von spezifischen Genen zu erfahren, wo sie Introns haben und wie lang sie sind. Mit dem klonierten Gen können diese Fragen relativ einfach beantwortet werden.

Introns-Exons-Analyse

Je nachdem, ob für die Klonierung von genomischer DNA (Gesamt-DNA) oder von cDNA ausgegangen wurde, sind die Intron-Sequenzen vorhanden oder nicht (Abb. 12.**18**). cDNA enthält keine Intron-Sequenzen mehr, da sie bei der Reifung der mRNA herausgeschnitten worden sind. Wenn klonierte cDNA vorhanden ist, kann die genomische DNA durch Hybridisierung aus der fragmentierten Gesamt-DNA isoliert werden. Bei der neuerlichen Hybridisierung der beiden DNA-Typen finden sowohl die Intron-Sequenzen als auch die Nucleotide der Poly-A-Kette der mRNA keine Partner. Die letzteren Sequenzen werden als nichthybridisierende Schwänze im Elektronenmikroskop sichtbar, während die Introns einzelsträngige Ösen (loops) bilden. Aus der Lage der Öse(n) zum Poly-A-Schwanz (Poly-T) ergibt sich die Lokalisation der Introns im Gen. Die Größe der Öse entspricht der Größe eines Introns. Zur weiteren Charakterisierung des Introns kann die nichthybridisierte Einzelstrang-DNA durch Einzelstrang-spezifische *Nuclease S1* (von *Aspergillus oryzae*) abgebaut werden. Gleichzeitig werden nichthybridisierte Schwänze entfernt. Bei der anschließenden denaturierenden Elektrophorese werden drei Banden erhalten: die intakte Kette, die der cDNA entspricht, und mindestens zwei Teilketten (Einzelstrangstücke, entstanden durch Herausschneiden des Introns). Die Länge der Teilketten ergibt wieder die Lage des Introns. Wenn genomische DNA kloniert vorliegt, ist die Situation komplementär. Es kann dann mit mRNA hybridisiert werden. Genauere Informationen über die Introns in dem spezifischen Gen werden über Sequenzierung erhalten.

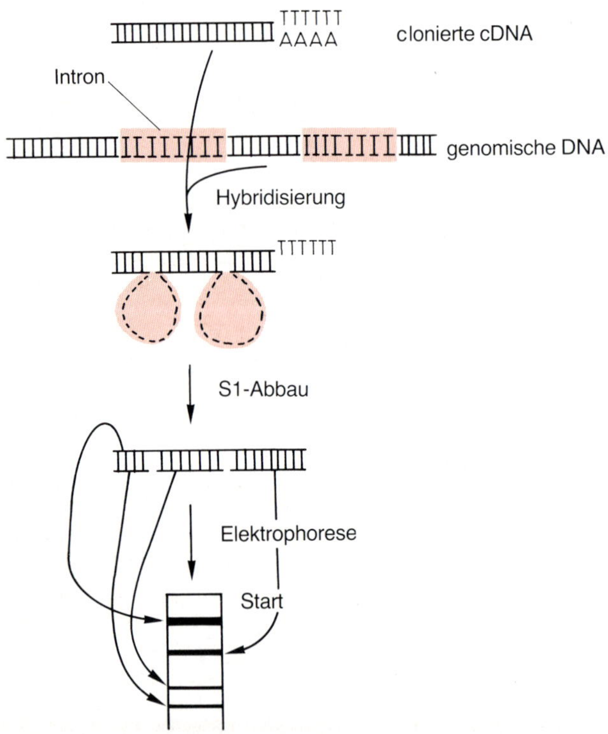

Abb. 12.**18** **Analyse von Introns**
Introns sind nur in genomischer DNA enthalten. Hybridisierung mit klonierter cDNA ergibt Einzelstrangschleifen im Bereich der Introns, weil keine entsprechenden Sequenzen in der cDNA vorhanden sind. Wenn die genomische DNA markiert war, können nach Abbau der Einzelstrangschleifen nach Gel-Elektrophorese und Autoradiographie die entsprechenden Fragmente identifiziert werden

DNA-Sequenzierungen

Zum Sequenzieren von DNA gibt es zwei Methoden, die nach ihren Grundprinzipien Dideoxy-Methode und Endgruppentechnik genannt werden.

Bei der **Dideoxy-Methode (Sanger-Methode)** wird von Einzelstrang-DNA und einer kurzen Sequenz komplementärer DNA ausgegangen. Diese doppelsträngige DNA dient als Starter für *DNA-Polymerase,* die die angebotenen markierten Triphosphate einbaut (Abb. 12.**19**). Der besondere Trick dabei ist, den Nucleosidtriphosphaten eine kleine Menge eines Dideoxynucleosidtriphosphats beizumischen. Jede Kette, bei der ein Molekül dieses Dideoxynucleotids eingebaut wird, kann nicht weiter verlängert werden, da kein 3′-OH vorhanden ist. Die Konzentration muß so gering gehalten werden, daß ein Kettenabbruch selten ist. Die Ketten werden Gelelektrophoretisch getrennt. In parallelen Ansätzen wird das gleiche Experiment jeweils mit DideoxyATP, DideoxyGTP, DideoxyCTP und DideoxyTTP durchgeführt und die Ansätze auf dem Gel nebeneinander aufgetragen (Abb. 12.**20**). Das Gel trennt die Ketten ihrer Länge nach

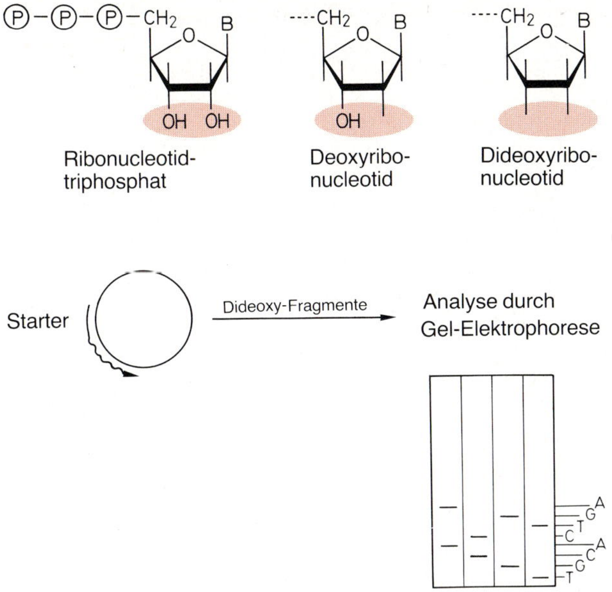

Abb. 12.**19** **DNA-Sequenzierung nach der Dideoxy-Methode**
Zugabe von kleinen Konzentrationen von Dideoxyribonucleotiden führt während der DNA-Synthese durch *DNA-Polymerase I* zu Kettenabbruch, da im Dideoxynucleotid in der 3'-Position kein freies OH vorhanden ist. Zu vier verschiedenen Ansätzen wird jeweils eine kleine Konzentration eines der vier Dideoxynucleotide, das radioaktiv markiert ist, zugesetzt. Da ein Überschuß an entsprechenden Deoxyribonucleotiden während der Reaktion vorhanden ist, wird so lange polymerisiert, bis es wieder zu einem Abbruch durch Einbau von Dideoxynucleotid kommt. Es entstehen somit unterschiedlich lange Ketten. Diese Fragmente können Gelelektrophoretisch aufgetrennt und durch Autoradiographie identifiziert werden. Werden die Ansätze mit Abbrüchen in T, G, C und A nebeneinander in der Gel-Elektrophorese aufgetragen, dann kann die Sequenz direkt abgelesen werden. Am einfachsten funktioniert diese Methode, wenn die zu sequenzierende DNA in einem M13-Vektor eingesetzt wird. Die Phagen-DNA ist einzelsträngig, und somit kann die eingesetzte Fremd-DNA auch einzelsträngig sein. Als Starter für die *DNA-Polymerase* dient ein Oligonucleotid, das komplementär zu einem Stück M13-DNA ist, das unmittelbar der eingesetzten DNA benachbart ist. Auf diese Weise kann theoretisch von beiden angrenzenden M13-DNA-Regionen in das zu analysierende DNA-Stück hineinsequenziert werden

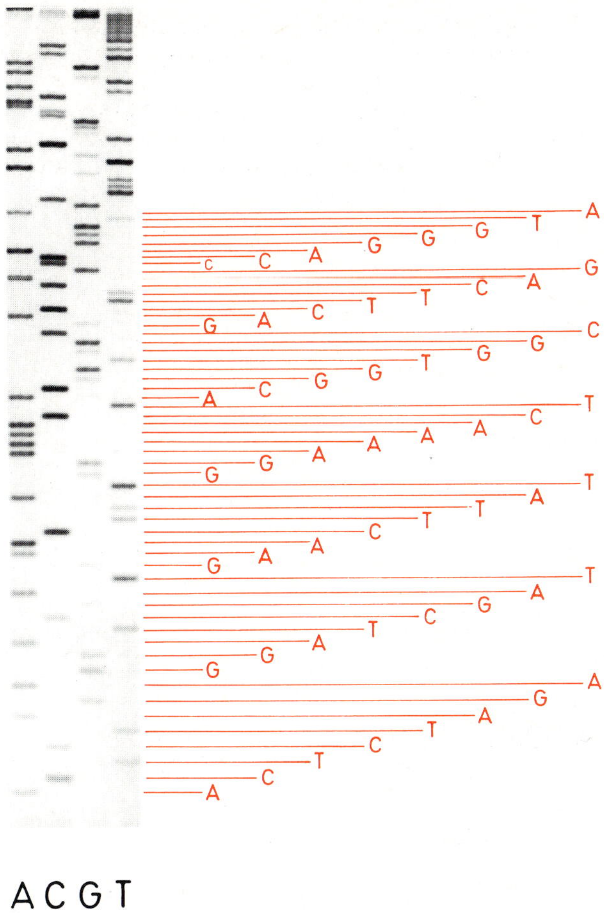

Abb. 12.**20** **DNA-Sequenz-Gel (Dideoxymethode)**
Die linken vier Bahnen zeigen die sequentielle Auftrennung nach Synthese mit *DNA-Polymerase*

auf. Die Bahn, die das nächstgrößte Fragment zeigt, trägt am Ende das Nucleotid, an dem der Kettenabbruch erfolgte. So läßt sich aus dem Gel die Sequenz direkt ablesen. In der Praxis ist die Technik für den Laborbedarf sehr stark standardisiert worden. Die DNA, die sequenziert werden soll, wird mit *M13RF*-Vektor (bzw. *fd RF*) kloniert und in *E. coli* vermehrt. Die entstehenden Phagen enthalten die DNA einzelsträngig. Käufliche Starter-DNAs binden komplementär an die *M13*-DNA. Die Sequenzanalyse verläuft parallel mit der Synthese des komplementären Stranges.

Die **Endgruppen-Technik (Maxam-Gilbert-Technik)** markiert die DNA am Ende (Abb. 12.**21**). Die endmarkierte DNA wird dann durch chemische Agentien partiell an verschiedenen Stellen gespalten. Die Spaltprodukte werden Gel-elektrophoretisch getrennt. Die radioaktiv markierten Bruchstücke werden durch Autoradiographie sichtbar gemacht. Ähnlich wie bei der Sanger-Technik läßt sich die Sequenz direkt ablesen. Für die Endgruppenmarkierung werden endständige Phosphatgruppen mit alkalischer Phosphatase abgespalten

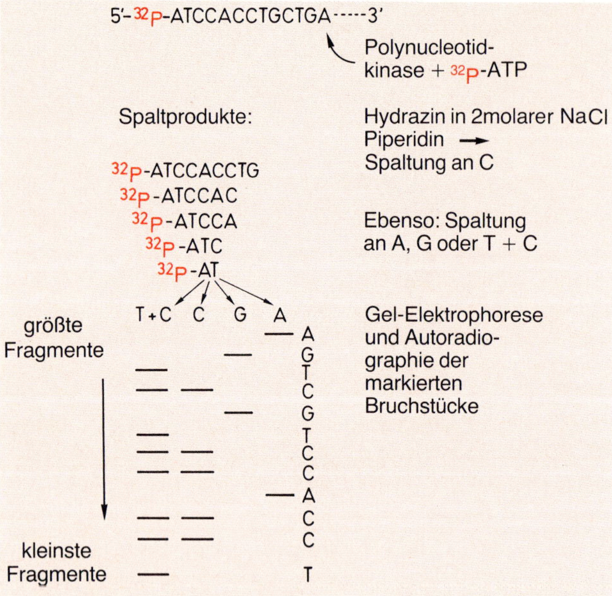

Abb. 12.**21** **DNA-Sequenzierung mit Endgruppenmarkierung und chemischer Spaltung**
Die Grundlage für diese Technik ist die partielle chemische Spaltung an A, G, C oder an Pyrimidinen. Die Endgruppenmarkierung erfolgt mit Hilfe der *Polynucleotidkinase* und ^{32}p-ATP. Gel-Elektrophorese und Autoradiographie ermöglichen das Ablesen der Sequenz

und an die nackten Enden wird ^{32}P-markiertes Phosphat aus ATP durch *Polynucleotid-Kinase* angehängt.

Entweder werden die beiden Einzelstränge getrennt, oder das DNA-Fragment wird durch eine Restriktionsendonuclease gespalten und die Produkte getrennt. Die DNA-Stränge werden chemisch partiell gespalten. Spaltreaktionen für G, für Purine (A + G), für Pyrimidine (C + T) oder für C werden parallel durchgeführt, und die Spaltprodukte der Reaktionen werden im Gel nebeneinander getrennt. Der Vorteil dieser Technik ist der, daß von beiden Seiten einer DNA aus sequenziert wird.

Mit den Sequenzierungs-Techniken werden natürlich Gene nicht nur in bezug auf ihre Introns und Exons, sondern auch auf ihre Signale hin charakterisiert. Eine ganze Reihe von Genen sind in ihrer Sequenz inzwischen bekannt geworden.

Genetischer Polymorphismus

Für viele Fragestellungen ist die routinemäßige Sequenzierung von Genen zu aufwendig. Genetische Polymorphismen können für die Identifikation von Mutationen, zur Kartierung von Genen über Kopplungsanalysen oder zur Analyse genetischer Verwandtschaften herangezogen werden. Polymorphismen sind unterschiedliche Formen der gleichen Grundstruktur. Bei genetischen Polymorphismen ist die genetische Grundstruktur, die DNA, an gleichen Stellen unterschiedlich. Jede Mutation ist ein Polymorphismus – auch „stille Mutationen", d. h. wenn die Mutation aufgrund der Degeneration des Codes sich nicht in der Aminosäuresequenz niederschlägt. Außerhalb der nichtcodierenden DNA-Sequenzen ist eine große Möglichkeit für (indirekte) Polymorphismen gegeben. Aber auch innerhalb der proteincodierenden Sequenzen treten (direkte) Polymorphismen auf. Genetische Polymorphismen können über das Entfallen bzw. über neues Auftreten von Schnittstellen für spezifische Restriktionsendonucleasen nachgewiesen werden. Dabei sind die Längen der Restriktions-Fragmente polymorph: „Restriktions-Fragmentlängen-Polymorphismus", RFLP. Als Beispiel für die praktische Analyse eines genetischen Polymorphismus kann die pränatale Diagnose der Sichelzellanämie dienen: Bei dieser Krankheit ist in der β-Globin-Kette die sechste Aminosäure durch Mutation ausgetauscht. Statt Glutaminsäure steht Valin, da in der DNA im codierenden Strang ein „A" durch ein „T" ersetzt ist. Dadurch entfällt an dieser Stelle eine spezifische Erkennungssequenz für eine Restriktionsendonuclease (DdeI: –CCTG**A**G– → –CCTG**T**G–). An dieser Stelle wird nicht mehr geschnitten. Die Analyse erfolgt durch Präparation von DNA aus Kultur-Amnionzellen und Schneiden der DNA mit der spezifischen Restriktionsendonuclease (DdeI). Die entstandenen DNA-Bruchstücke werden elektrophoretisch aufgetrennt, und die Fragmente von Interesse werden durch Hybridisation mit markierter β-Globin-DNA sichtbar gemacht.

Für die Hybridisierung werden die aufgetrennten Gesamt-DNA-Fragmente auf ein Nitrocellulose-Papier übertragen. Das ist technisch einfach. Auf das Gel werden die Nitrocellulose und darüber mehrere Schichten Filterpapier gelegt. Die Filter saugen durch die Nitrocellulose Wasser auf. Die DNA bleibt an der Nitrocellulose hängen. Alternativ kann die DNA durch Elektrophorese transferiert werden. Der DNA-Transfer in Nitrocellulose wird **„blotting"** (Abb. 12.**22 b**) genannt. Die Nitrocellulose trägt einen direkten Abklatsch des Elektrophorese-Gels. Die DNA ist gebunden. Das ganze Nitrocellulose-Papier wird mit der radioaktiven Indikator-DNA unter Hybridisationsbedingungen inkubiert. An vorhandene komplementäre DNA hybridisiert die Indikator-DNA. Ungebundene DNA-Überschüsse werden herausgewaschen, das Nitrocellulose-Papier wird getrocknet und mit einem Röntgenfilm im Dunkeln autoradiographiert. Die Schwärzungen auf dem Film entsprechen den β-Globin-Fragmenten aus der untersuchten DNA.

Anhand der Fragmentlängen kann identifiziert werden, ob die entsprechende Schnittsequenz vorlag oder nicht. Bei Heterozygoten treten beide Möglichkeiten nebeneinander auf. Diese Analyse der Restriktions-Fragmentlängen ist technisch einfach durchzuführen und eignet sich für große Untersuchungsreihen, wie z. B. Familienuntersuchungen.

Bei der Sichelzellanämie liegen die Schnittstellen, die zum Fragment „A" führen, außerhalb der codierenden Sequenz des β-Globins. Genetische Polymorphismen befinden sich häufig außerhalb codierender Sequenzen. Restriktions-Fragmentlängen-Polymorphismen (RFLP) wurden über alle Chromosomen verteilt gefunden und haben große Bedeutung für die Kartierung von genetischen Defekten und anderen Mutationen. Es wird empirisch nach Kopplung des Merkmals mit RFLPs gesucht und über Kopplungsanalyse die Lage auf dem Chromosom bestimmt. So wurden die Gene für Chorea Huntington, Duchenne-Muskeldystrophie, Cystenniere und cystische Fibrose lokalisiert und dann identifiziert. In der Diagnostik gibt z. B. die Überprüfung der **Haplotypen** (sehr eng an einen Genlocus gekoppelte und mit diesem gemeinsam vererbte DNA-Marker) Aufschluß über heterozygote Genträger.

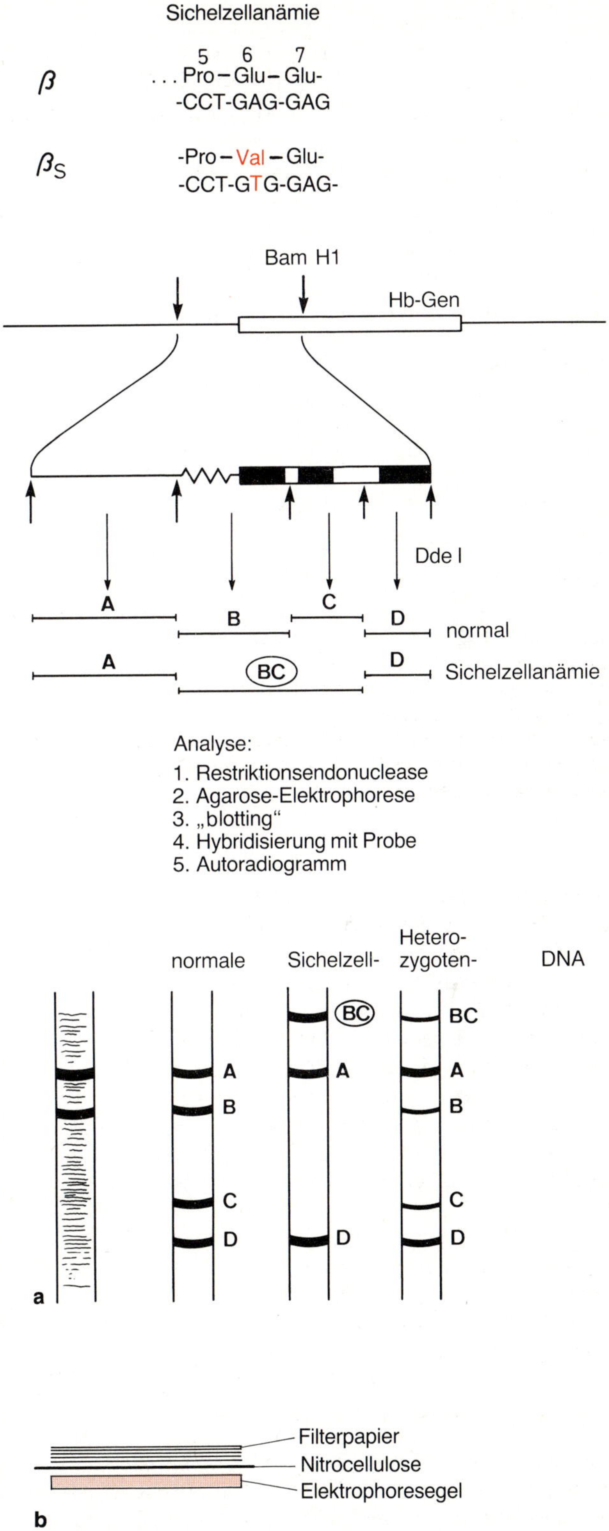

Abb. 12.22 Analyse eines genetischen Polymorphismus am Beispiel der Sichelzellanämie

a Strategie des Vorgehens. Normale DNA und solche eines Patienten mit Sichelzellanämie wird durch *Restriktionsendonucleasen* in typische Fragmente geschnitten. Diese Fragmente werden mit Hilfe von Agarose-Elektrophorese der Größe nach aufgetrennt, durch die Blotting-Technik auf Nitrocellulosefilter übertragen und mit einer radioaktiv markierten DNA-Probe, die Fragmente bestimmter Größe sichtbar macht, hybridisiert. Autoradiographie läßt die hybridisierenden Fragmente erkennen. Die Lage der Sichelzell-DNA-Fragmente unterscheidet sich von der aus normaler DNA dadurch, daß ein Nucleotidaustausch in der Sichelzell-DNA das Schneiden einer *Restriktionsendonuclease* verhindert hatte

b Blotting-Technik. Übertragung von DNA oder anderer Makromoleküle aus einem Elektrophorese-Gel auf Papier, Nitrocellulose-Filter oder ähnliches. Das Prinzip besteht darin, daß aus dem Gel die Moleküle in die Filter hineingesogen werden, in denen sie dann hängenbleiben

Hypervariable Polymorphismen

Bei den Restriktions-Fragmentlängen-Polymorphismen (RFLP) treten durch das Entfernen von Restriktionsstellen durch Mutation zwei Möglichkeiten auf: Entweder es kann an der spezifischen Stelle geschnitten werden oder nicht. Entsprechend gibt es zwei unterschiedlich lange DNA-Fragmente. Bei den hypervariablen Polymorphismen treten bis zu 15 unterschiedliche Fragmentlängen an derselben Stelle auf. Hyperpolymorphe Stellen treten u. a. in der Nähe des Insulin-Gens, des Harvey-ras-Oncogens, des Zeta-Globinpseudo-Gens und des Myoglobingens auf. Sie bestehen aus Tandem-Wiederholungen von DNA-Sequenzen (tandem repeats). Entsprechend werden diese Hyperpolymorphismen auch VNTR (variable number of tandem repeats) genannt (Abb. 12.**23**). Die DNA-Sequenzen haben Längen von 11 bis 60 Basenpaaren. Die Länge der Restriktionsfragmente richtet sich nach der Anzahl der Wiederholungen (repeats). Die VNTRs sind hoch informativ, da bis zu 15 Allele an der gleichen Stelle auftreten können. Zusätzlich gibt es sich stark ähnelnde „Wiederholungen", die über das gesamte Genom verteilt und ihrerseits hypervariabel sind. Daraus ergibt sich bei der Analyse ein ganzes Muster „fingerprint", das für jedes Individuum charakteristisch ist. Die VNTRs werden vererbt. Sie haben zur Identifikation von Individuen eine große Bedeutung erlangt, wie z. B. der Abstammungsidentifikation. Durch die Muster der VNTRs kann eine fragliche Vaterschaft eindeutig geklärt werden.

Erstmalig wurden hypervariable Restriktions-Fragmentlängen-Polymorphismen herangezogen, um Abstammung festlegen zu können (Abb. 12.**24**). Während der argentinischen Diktatur wurden Kinder ermorderter Widerständler von Mitgliedern der Geheimpolizei aufgezogen. Nach der Beseitigung der Diktatur konnten einige Kinder ihren Großeltern bzw. anderen Verwandten zugeordnet werden. In der Kriminalistik sind auf der Basis von VNTR-Muster Verbrechen geklärt worden.

Punktmutationen können ohne Sequenzierung erkannt werden

Auch Punktmutationen, die nicht zu Veränderungen im RFLP-Muster führen, können ohne aufwendige Sequenzierung erkannt werden. Grundlage der Analyse ist das veränderte Hybridisierungsverhalten von zwei DNA-Einzelsträngen, wenn die Komplementarität der Basen an einer Stelle unterbrochen ist. Mehrere Testmöglichkeiten bieten sich an:

Ist die Normalsequenz eines Gens bekannt, dann werden kleine, komplementäre Oligonucleotide synthetisiert, die man z. B. Fluoreszenz-markiert und mit denaturierter Einzelstrang-DNA des Gens hybridisieren läßt. Enthält die Gensequenz keine Mutation, dann hybridisieren die Oligonucleotide problemlos und geben ein deutliches Signal. Liegt eine Punktmutation vor, kann an dieser Stelle eine Base des Oligonucleotids nicht komplementär paaren. Es kommt zu einem „Mismatch" und das Hybrid ist instabil. Tragen beide DNA-Stränge die gleiche Mutation (homozygot), gibt es kein Signal, bei Heterozygotie ein abgeschwächtes Signal. Auch eine weitere Methode nutzt die unvollständige Hybridisierung am Ort einer Mutation aus. Bei dieser Methode läßt man Einzelstrang-DNA des zu untersuchenden Gens an ihre mRNA hybridisieren. Im Normalfall ergibt sich ein einwandfreies Hybrid, das als einheitliches Fragment im Southern-Blot erkannt werden kann. Liegt eine Mutation vor, dann kommt es an dieser Stelle nicht zur Basenpaarung. Diese kurze Stelle einzelsträngiger RNA bietet einen Angriffspunkt für die Ribonuclease A, welche die RNA spaltet. Dementsprechend erscheinen zwei Fragmente im Southern-Blot.

12.2.2. Produktion schwer zugänglicher Proteine

Durch die Gentechnologie entstand die Möglichkeit, eukaryontische Gene durch Klonierung in Bakterien zur Expression der entsprechenden Genprodukte zu bringen. Die Gene werden dazu in ein bakterielles Gen eingesetzt. Das gebildete Protein kann allerdings als Fremdprotein

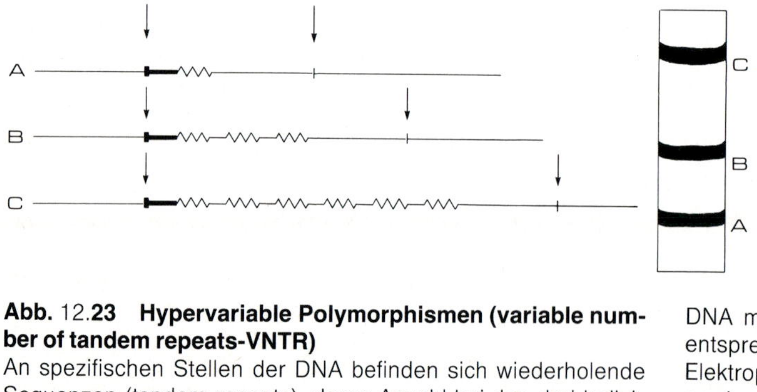

Abb. 12.**23 Hypervariable Polymorphismen (variable number of tandem repeats-VNTR)**
An spezifischen Stellen der DNA befinden sich wiederholende Sequenzen (tandem repeats), deren Anzahl bei den drei Individuen A, B und C unterschiedlich sein kann. Nach Schneiden der DNA mit einer Restriktionsendonuclease (Pfeile) ergeben sich entsprechend unterschiedlich lange DNA-Stücke, die durch Elektrophorese und anschließende DNA-Hybridisierung nachgewiesen werden

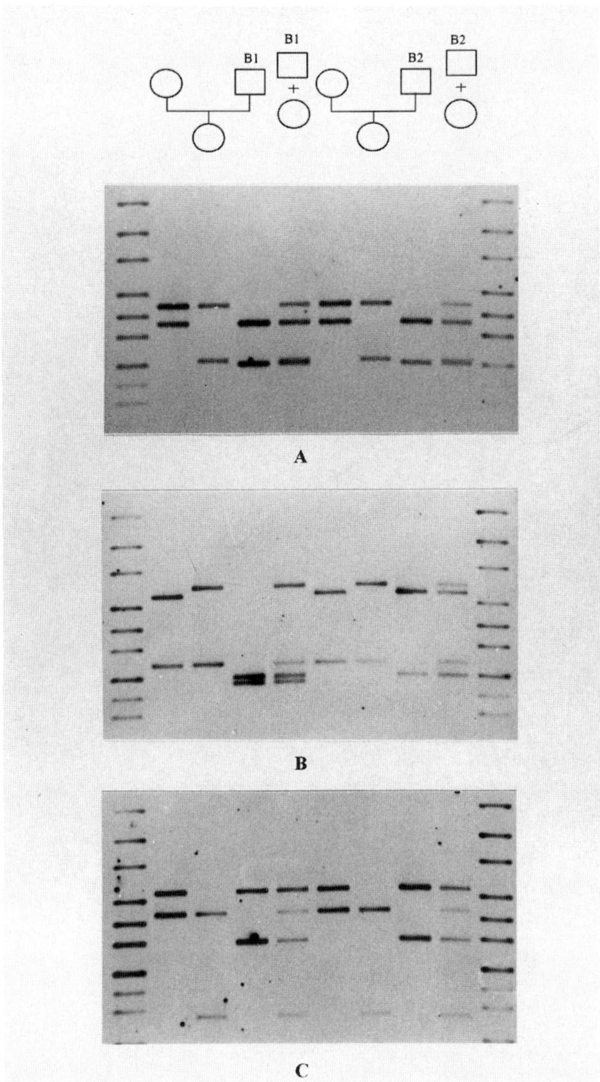

a

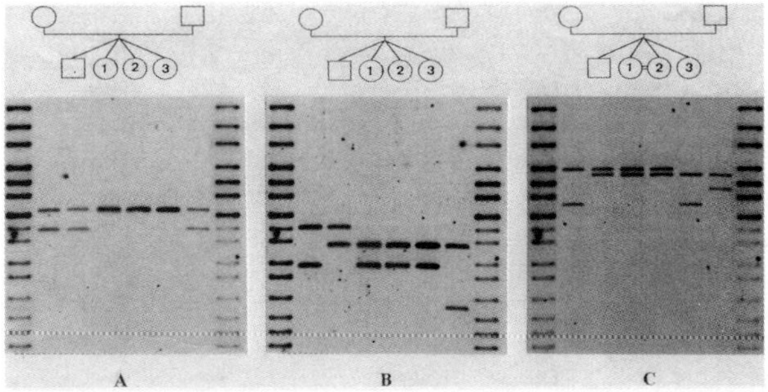

b

c

Aufnahme: Dr. Kattner, Hamburg

Abb. 12.24 a Paternitätsbestimmung mittels des genetischen Fingerprints

Es sollte die Frage beantwortet werden, welcher von zwei Brüdern der Vater eines Kindes ist. Bei der Hybridisierung mit der Sonde MS 43 a (A) zeigte sich, daß die beiden Brüder (B1 und B2) jeweils ein Allel besitzen, welches annähernd die gleiche Größe hat wie das zweite kindliche Allel. Aus diesem Grund wurden zwei DNA-Gemische (Kind + B1 und Kind + B2) untersucht. Nach der Hybridisierung mit der Sonde MS 43 a ließ sich immer noch nicht klären, ob besagtes Allel der Männer die gleiche Größe hat wie das entsprechende Allel des Kindes. Ein eindeutiges Ergebnis ließ sich durch Hybridisierung mit den Sonden MS 31 (B) und G 3 (C) erzielen: Im DNA-Bandenmuster des Kindes stimmt keines der Allele mit dem Allel der potentiellen Väter überein. Somit konnten die Männer B1 und B2 von der Vaterschaft ausgeschlossen werden.

b DNA-Fingerprint bei Vierlingen

Eine Hormonstimulation führte zu einer Vierlings-Schwangerschaft, bei der ein Junge und drei Mädchen geboren wurden. Dabei waren zwei Mädchen hochgradig diskordant bezogen auf das Geburtsgewicht im Vergleich zu ihren Geschwistern. Die Bestimmung der Eiigkeit sollte die Frage klären, ob es sich hier um ein fetofetales Transfusionssyndrom (möglich bei eineiigen Zwillingen) handelte. Nach der Hybridisierung mit der Sonde MS 43 a (A) zeigte sich, daß sowohl die Mutter als auch der Vater den drei Mädchen das gleiche Allel vererbt hatten. Auch durch Hybridisierung mit MS 31 (B) war die Eiigkeit der drei Mädchen nicht zu klären, denn sowohl die Mutter als auch der Vater hatten das gleiche Allel an alle drei Mädchen vererbt. Erst durch Hybridisierung mit der Sonde G 3 (C) konnte eindeutig nachgewiesen werden, daß die Mädchen 1 und 2 eineiige Zwillinge sind. Obwohl Mädchen 3 hochgradig diskordant bezogen auf das Geburtsgewicht war (1000 g gegenüber 1600 g bei Mädchen 2), konnte ein fetofetales Transfusionssyndrom ausgeschlossen werden, da es sich bei den Mädchen 2 und 3 nicht um eineiige Zwillinge handelte.

erkannt und abgebaut werden. Um das zu vermeiden, wurden *Escherichia-coli*-Mutanten isoliert, die bezüglich der entsprechenden Proteasen defekt sind. Zusätzlich kann man die Gene mit Siganlsequenzen für die Sekretion versehen. Dann synthetisieren die Bakterien das Genprodukt und exportieren es nach außen. Das gewünschte Protein, das in großen Mengen ins Medium abgegeben wird, kann isoliert werden. Die Gentechnologie ist sehr segensreich durch die Produktion eukaryontischer Proteine, im folgenden werden zwei Beispiele aufgeführt.

Synthese menschlichen Wachstumshormons. Das Wachstumshormon ist für die normale Entwicklung notwendig. Bei genetisch bedingtem Defizit entsteht Zwergwuchs, der extrem sein kann. Diese Defizienz kann in der Kindheit durch Hormonzufuhr kompensiert werden. Die Wachstumshormone sind artspezifisch. Beim Zwergwuchs kann nicht, wie etwa beim Diabetes, durch Rinder- oder Schweine-Insulin substituiert werden. Das Wachstumshormon (Somatotropin) wird im Hypophysenvorderlappen synthetisiert und stimuliert in der Leber die Bildung der Somatomedine, einer Klasse von Proteinen, die das Wachstum von Knochen und Muskeln veranlassen. Sie greifen in die Regulation von Ca^{2+}- und Phosphat-Haushalt ein. Somatotropin ist ein Protein von 191 Aminosäuren, also zu lang, um im großen Maßstab chemisch synthetisiert zu werden, obwohl die Synthese prinzipiell möglich ist. Da das Hormon artspezifisch ist, beim Menschen also nur menschliches wirksam ist, war bisher die einzige Quelle der Mensch. Es kann nur aus menschlicher Hypophyse frisch Verstorbener gewonnen werden. Damit war der Zugang außerordentlich eingeengt, und es konnte nicht ausreichend Somatotropin isoliert werden, um allen Patienten zu helfen. Das Gen für menschliches Wachstumshormon ist kloniert worden, und es kann nun gentechnologisch in Bakterien in theoretisch beliebigen Mengen produziert werden.

Herstellung von Antigen zur Impfstoffgewinnung. Für einige Viren war es bisher nicht oder nicht in ausreichendem Maße möglich, Antigen für Impfstoffe auf konventionellem Wege zu isolieren. In besonderem Maße trifft das für Hepatitis-Viren zu. Außerdem sind diese Viren stark infektiös und besonders gefährlich. Gentechnologisch können seit neuerer Zeit Hepatitis-Virus-Antigene produziert werden. Das Verfahren hat außerdem den großen Vorteil, daß es ungefährlich ist. Da jeweils nur Virus-Teilsequenzen kloniert sind, entstehen keine infektiösen Viren. Auf diesem Weg sind neben Hepatitisvirus- auch Maul-und-Klauen-Seuche-Impfstoffe und solche gegen einige andere Viren hergestellt worden. Der gentechnologische Weg ist die Wahl der Zukunft.

Die Zahl der gentechnologisch produzierten Proteine steigt laufend an. Es sollte darüber hinaus nicht vergessen werden, daß klonierte Gene defekte Gene kompensieren können. Der Humangenetik wird dadurch die Möglichkeit zur Heilung von Erbkrankheiten eröffnet (Gentherapie).

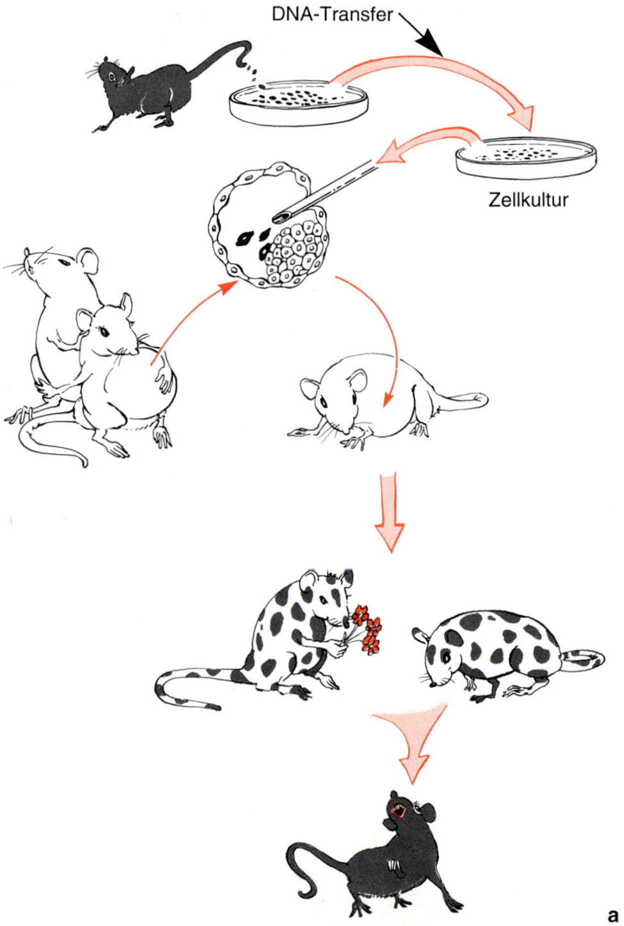

a

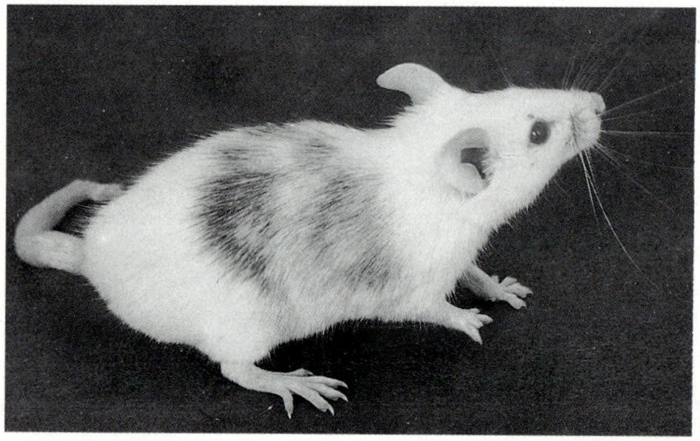

b

Abb. 12.**25 a, b**

Abb. 12.**25** **Transgene Mäuse**
a Totipotente Stammzellen der Maus können in Zellkultur propagiert werden wie andere Zellkulturen auch. Durch Mikroinjektion lassen sie sich in Blastocysten, die aus schwangeren Mäusen gewonnen werden, einbringen. Die reimplantierte Blastocyste entwickelt sich zu einer Maus, die sowohl aus den Zellen der Blastocyste als auch aus den injizierten Stammzellen hervorgegangen ist.
b Derartige chimäre Mäuse sind z. B. schwarz-weiß gescheckt, wenn die Blastocyste von reinrassig weißen Eltern und die Stammzellen von schwarzen Mäusen stammen. Rückkreuzungen der F1-Nachkommen führt zu weißen und schwarzen Mäusen. Bei letzteren haben die „schwarzen" Stammzellen die Keimbahn gebildet.
c Die „schwarzen" Stammzellen können in der Zellkulturphase genetisch verändert werden. Z. B. kann ein Gen spezifisch zerstört werden. In vitro wird das entsprechende Gen kloniert, durch eine spezifische Restriktionsendonuclease geöffnet und ein DNA-Fragment durch einen Selektionsmarker, z. B. ein Antibiotica-Resistenzgen, ersetzt. Das Wildtyp-Gen wird dadurch inaktiviert, so daß kein ursprüngliches Genprodukt mehr synthetisiert werden kann. Dieses Genkonstrukt mit dem Resistenzgen wird in Stammzellen transfiziert. Durch Einrekombination des Konstrukts tritt das defekte Gen an die Stelle eines der beiden Wildtyp-Gene. Aufgrund des Resistenzgens ist die Zelle permanent z. B. Neomycin-resistent. Die heterozygot negative Zelle wird in eine entsprechende Blastocyste transferiert. Später wird bei den „schwarzen" F2-Nachkommen nach heterozygot negativen Mäusen gesucht. Durch anschließende Kreuzungen können homozygot negative Individuen gezüchtet werden („k.o.-Maus" oder „Doppelt-Null"-Maus).

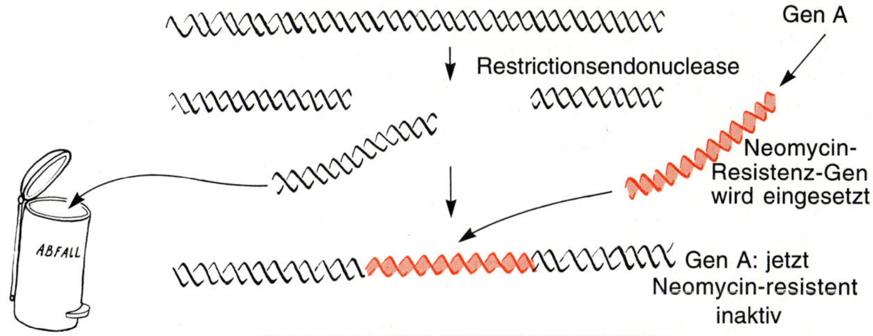

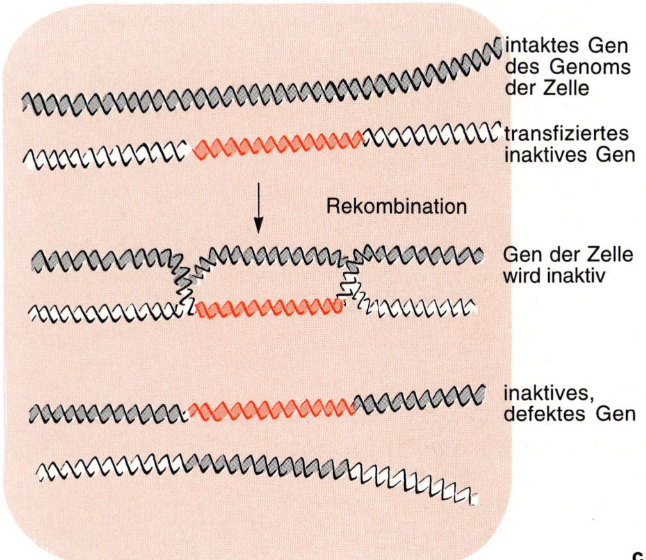

Abb. 12.**25c** c

12.2.3. Transgene Tiere zeigen die funktionelle Rolle eines Gens

Die Ermittlung der funktionellen Rolle von individuellen Genprodukten ist mit Hilfe von **transgenen Tieren** möglich. Besonders eignet sich die Maus. Häufig werden Mäuse mit einem homozygoten Gendefekt erzeugt **(Knock-out mouse),** um die Auswirkungen des Ausfalls eines bestimmten Gens zu studieren.

Grundlage ist die Entnahme von **Blastocysten** einer schwangeren Maus, Injektion von zusätzlichen Zellen und Reimplantation der Blastocysten in den Uterus einer scheinschwangeren Maus (Abb. 12.**25a**). Die hinzugefügten Zellen können sich an der Embryonalentwicklung beteiligen und so genetisch **chimäre Mäuse** entstehen lassen. Das kann optisch sehr eindrucksvoll sichtbar werden, wenn z. B. eine Blastocyste von weißen Eltern mit Zellen einer schwarzen Maus ergänzt wird. Dann entsteht eine im Fell schwarz-weiß gemusterte Maus (Abb. 12.**25b**). Dieser Effekt kann ausgenutzt werden, um im Experiment unter den Nachkommen die Chimären zu selektionieren. Die Zellen, die den Blastocysten zugesetzt werden, müssen totipotent sein, sich also potentiell in alle Gewebe differenzieren können. Das ist z. B. bei embryonalen Stammzellen der Fall. Sie können in Zellkultur vermehrt, in flüssigem Stickstoff konserviert und in jeder Hinsicht wie andere in-vitro-Zellen gehandhabt werden. U. a. durch Transfektion oder Injektion lassen sich auch Gene bzw. DNA-Stücke in sie einführen.

Wenn es sich dabei um ein Gen derselben Spezies (in unserem Fall von der Maus) handelt, kann dieses durch Rekombination im Genom das ursprüngliche, entsprechende Gen ersetzen. Soll das ursprüngliche Gen völlig ausgeschaltet werden, wird das hinzugesetzte Gen entsprechend präpariert. Ein Stück des Gens wird z. B. entfernt und durch ein anderes Stück DNA ersetzt (Abb.

12.**25c**). Ein häufig verwendetes Insert ist das Resistenzgen gegen Neomycin. Jetzt haben wir ein Konstrukt, das zum größten Teil aus dem Gen besteht, das im Mausgenom ausgeschaltet werden soll mit einer internen Unterbrechung durch das **„Neo-Gen"**. Dieses Gen bringt der Zelle Neomycinresistenz, aber kein aktives Genprodukt des ursprünglichen Gens. Nach Einbringen der DNA in die embryonalen Stammzellen wird für Neomycinresistenz selektioniert. Nur die Zellen, die das DNA-Konstrukt einrekombiniert haben, sind permanent resistent. Sie sind zunächst heterozygot. Die beschriebene Prozedur kann nun mit einem anderen Resistenzgen wiederholt werden. Zellen, die beide Resistenzgene einrekombiniert haben, sind homozygot negativ für das Gen, das ausgeschaltet werden sollte. Die homozygot negativen Zellen werden in eine Blastocyste injiziert und die F1-Generation auf Chimären untersucht (erkennbar am Fell, s. o.). Die Chimären werden gekreuzt und unter den Nachkommen diejenigen mit der Fellfarbe des Spenders der embryonalen Stammzellen selektioniert. Bei diesen Individuen ist die behandelte Stammzelle und damit auch das doppelt negative Gen in die Keimbahn aufgenommen worden.

Alternativ kann man eine heterozygot negative Stammzelle in die Blastocyste geben. Dann muß unter den F2-Nachkommen nach homozygot negativen Individuen gesucht werden (25% der Tiere mit der Fellfarbe des Spenders). Analog kann man auch Gene hinzufügen usw.

Die Herstellung transgener Mäuse ist u. a. durch die sehr kostspielige Mäusehaltung und starke Reglementierungen relativ aufwendig. Eine Alternative, um transgene Tiere zu erhalten, bietet *Drosophila.*

Weiterführende Literatur

Ibelgaufts, H.: Gentechnologie von A bis Z. Verlag Chemie, Weinheim 1990

Kirby, L. T.: DNA Fingerprinting. Stockton Press, New York 1990

Winnacker, E. L.: Gene und Klone, eine Einführung in die Gentechnologie. Verlag Chemie, Weinheim 1984

Kapitel 13

Parasitologie

13.1. Allgemeine Parasitologie

13.1.1. Mehr als eine Milliarde Menschen leiden unter Parasiten

Die Bedeutung der Biologie für die Medizin wird besonders bei der Betrachtung der Parasiten deutlich. Mehr **als eine Milliarde Menschen leiden unter tierischen Parasiten.** Dabei sind die anderen großen Gruppen des Parasitismus wie bakterielle, virale oder Pilzinfektionen noch ausgeklammert. In den westlichen Industrieländern spielen Parasiten durch Rückgang der Hygiene (Läuse, Flöhe), Anstieg des Tourismus (tropische Parasiten), sexuelle Freizügigkeit (Filzlaus, Aids) und veränderte Lebensgewohnheiten bezüglich der Hundehaltung (Hundebandwurm) eine steigende Rolle.

Gleichzeitig ist Parasitismus aus biologischer Sicht sehr interessant, da evolutionäre Anpassung und ökologische Entwicklung ausgeprägt sind. **Evolutionäre Anpassung** manifestiert sich sowohl in der Rückbildung von Organen, wie Rückbildung des Darms (z. B. bei *Taenia*, dem Bandwurm) oder der Bewegungsorgane (z. B. Flügel beim Floh) oder der Sinnesorgane: Viele Parasiten sind blind. Daneben gibt es Spezialanpassungen. Die Mundwerkzeuge werden bei parasitären Insekten zu stechend-saugenden Organen umgewandelt. Bei den Siphonaptera (Flöhen) wird das Saug-Stech-Organ zu einem komplexen 2-Kanal-System. Während durch einen Kanal ein Gerinnungshemmer injiziert wird, kann durch den anderen Blut abgesaugt werden.

Die Entwicklung des ökologischen Systems hat bei den Parasiten ein Extrem erreicht. Die Übergänge von der Lebensgemeinschaft (z. B. Mensch/Darmflora) über ausgeprägte gegenseitige Nützlichkeit in Form der **Symbiose** bis hin zum **Parasitismus** sind fließend. Bei der Symbiose haben beide Partner einen essentiellen Nutzen: So beherbergen die Wiederkäuer im Pansen und Netzmagen eine große Anzahl von Ciliaten (bis 10^6 pro ml bei Ziegen oder Schafen). Die Aufgabe dieser Einzeller ist es, Pflanzenmaterial aufzuschließen, das dann von Bakterien vergoren werden kann. Die Ciliaten ernähren sich von den Gärprodukten und verwandeln gemeinsam mit den Bakterien das pflanzliche Material, das von dem Wirt nicht verdaut werden kann, in tierisches Eiweiß. Zusammen mit dem Nahrungsbrei kommen Ciliaten in den Blätter- und Labmagen, werden abgetötet und im Darm verdaut. Das heißt, zunächst ernährt der Wiederkäuer die Ciliaten und anschließend die Ciliaten den Wiederkäuer. Einer wäre ohne den anderen nicht in der Lage zu existieren. Wenn der Vorteil sich zugunsten eines Partners verschiebt, entsteht Parasitismus.

Eine andere Möglichkeit zur Entwicklung von Parasiten demonstrieren die Turbellarien. Viele Turbellarien sind Saprozoa (Aasfresser). Ihnen dient der Pharynx (Schlund) zum Festsaugen an der Fischleiche. Sie können auch bereits geschädigte, kranke Tiere befallen. Bei einigen Arten gibt es jedoch eine Spezialisierung mit Saugnäpfen zum Anhaften an gesunden Tieren. Damit sind diese Arten zu Parasiten geworden.

Parasiten können den Wirt äußerlich befallen: **Ektoparasiten.** Einige tun dies ständig, **permanent** (z. B. Läuse), oder nur zeitweise, **temporär** (z. B. Mücken). Der Befall kann auch innerlich erfolgen **(Endoparasiten),** einerseits im Darm **(Darmparasiten),** andererseits im Blut **(Blutparasiten)** oder in Geweben **(Gewebsparasiten)** (Rep. 13.**1**). Jedes Organ, jedes Tier und jede Pflanze kann von Parasiten befallen sein. Im weiteren Verlauf werden nur Parasiten des Menschen besprochen.

Rep. 13.**1** Einteilung der Parasiten

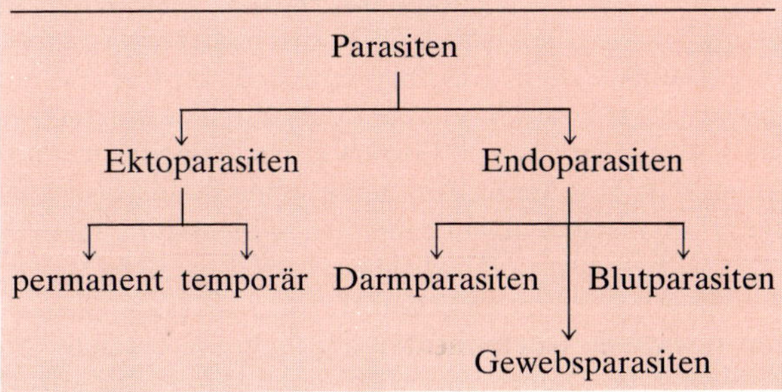

13.1.2. Die sexuelle Vermehrung der Parasiten erfolgt im Endwirt, die asexuelle im Zwischenwirt

Bei Befall oder Infektion mit Parasiten treten die ersten pathologischen Symptome erst nach einer gewissen Inkubationszeit auf (Rep. 13.**2**). Die ersten Entwicklungsstadien des Parasiten bzw. die Ausscheidung von Eiern können nach der **Präpatenz** nachgewiesen werden (Zeitraum zwischen Infektion und Sichtbarwerden von Larven bzw. Eiern im Stuhl etc.). Von diesem Zeitpunkt an bis zum Erlöschen der Ausscheidung rechnet die **Patenz.** Die Patenz kann sehr kurz (wenige Tage) bzw. lang (viele Jahre bei *Taenia*) sein. Häufig durchlaufen Parasiten einen Generationswechsel, d.h. sexuelle und asexuelle Generationen, die außerordentlich unterschiedlich in Gestalt und Wirtsbeziehungen sein können, wechseln einander ab. Die Entwicklung kann in mehreren Wirten **(heteroxen)** wahlweise **(fakultativ)** oder notwendigerweise **(obligat)** oder nur in einem Wirt **(monoxen)** ablaufen (Rep. 13.**3**). Bei Generationswechsel ist der Wirt, in dem die sexuelle Vermehrung erfolgt, der **Endwirt** (Rep. 13.**4**). Die asexuellen Generationen werden im **Zwischenwirt** vermehrt. Viele Parasiten befallen verschiedene Tiere. Wird ein Wirt bevorzugt **(Hauptwirt),** dann tragen **Nebenwirte** seltener diesen Schmarotzer, unter Umständen, weil er sich in diesen weniger gut entwickeln kann. Auf Mensch und Tier können sich oft die gleichen Parasiten vermehren, so daß die Schmarotzer der Tiere ein Reservoir für die Infektionen des Menschen darstellen. Das entsprechende Tier ist der **Reservoirwirt.** Ein Zwischenwirt oder auch ein Reservoirwirt transportiert den Parasiten oft über größere Distanzen: **Transportwirt.** Befällt der Schmarotzer einen Wirt, auf dem er sich entweder nicht vermehren kann oder von dem die Nachkommen nicht freikommen, dann spricht man von **Fehlwirt.**

Rep. 13.**2** Patenz und Präpatenz bei Parasiten

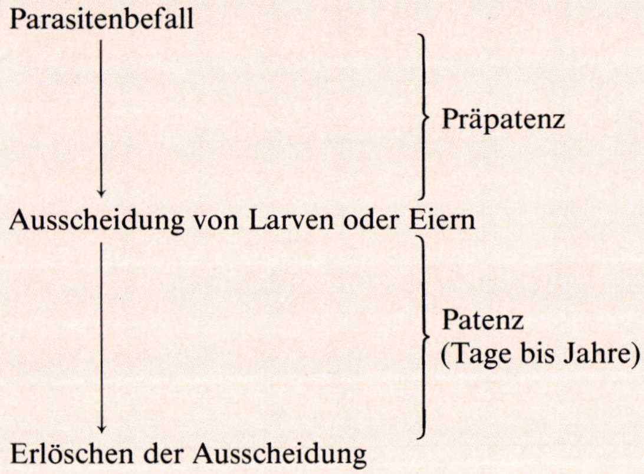

Rep. 13.**3** Einteilung der Parasiten nach dem Wirtsverhalten

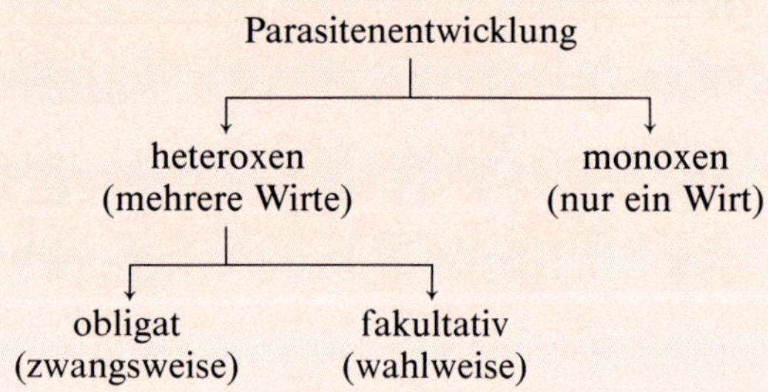

13.1.3. Die Pathogenitätsmechanismen der Parasiten sind sehr unterschiedlich

Die Strategie des Schmarotzers muß es sein, einerseits seinen Wirt möglichst gut und lange funktionstüchtig zu erhalten, andererseits muß die Abwehr des Wirts so geschwächt werden, daß der Wirt sich nicht seiner Parasiten entledigen kann. Gut adaptierte Schmarotzer, die ein gutes System zum Unterlaufen der Wirtsabwehr haben, wie z.B. einige *Taeniae* (Bandwürmer) coexistieren mit ihrem Wirt über lange Zeiträume, ohne diesen ernsthaft krank zu machen. Der Befall eines Menschen manifestiert sich dann nur in Gewichtsverlust (Rep. 13.**5**).

Deutlich krank wird der Mensch, wenn der Parasit ihm **essentielle Komponenten** der Nahrung entzieht. So entzieht z.B. *Diphyllobothrium latum* (Fischbandwurm)

Rep. 13.**4** Parasitenwirte

Hauptwirt:	bevorzugter Wirt
Nebenwirt:	weniger begehrter Wirt
Reservoirwirt:	Wirt, der Parasiten für weiteren Befall bereithält
Zwischenwirt:	Wirt während eines Entwicklungsstadiums des Parasiten
Transportwirt:	sowohl Reservoir- als auch Zwischenwirt, wenn er Parasiten über Distanzen transportiert
Endwirt:	Wirt, in dem bei Generationswechsel die sexuelle Vermehrung erfolgt
Fehlwirt:	Wirt, aus dem weitere Vermehrung nicht stattfindet

Rep. 13.**5** Pathogenitätsmechanismen der Parasiten

Wirkungsweise	Parasit	Folgeerscheinung
Entzug essentieller Nahrungskomponenten	Fischbandwurm	Vitamin B_{12}-Mangel perniziöse Anämie
Produktion giftiger Stoffwechselprodukte	Malariaparasit	Malariafieber
Gewebszerstörung – Gewebsverdrängung	Hundebandwurm	Leberschädigung
Auslösung von Gewebsentartung	Großer Leberegel	Malignom
Virus- bzw. Bakterienübertragung	Zecken Läuse Flöhe	Encephalitis Fleckfieber Pest

dem Menschen das lebenswichtige Vitamin B_{12}. Dadurch entwickelt sich eine charakteristische perniziöse Anämie. Diese Diphyllobothriasis spielt eine Rolle in Gegenden, wo roher Fisch gegessen wird: in Japan, Mikronesien und früher auf der kurischen Nehrung.

Stärkere Krankheitssymptome zeigen auch Patienten, wenn Parasiten **giftige Stoffwechselprodukte** produzieren. So wird z. B. das hohe Fieber bei Malaria durch Abbauprodukte des Häms aus dem Hämoglobin hervorgerufen, einer essentiellen Nahrungsquelle des Malariaparasiten.

Zu schweren Krankheitserscheinungen kommt es ebenfalls durch **Gewebszerstörung** oder -verdrängung. Auf diese Weise schädigt z. B. *Echinococcus* (Hundebandwurm) erheblich (letal) die Leber des infizierten Menschen. Das Wachstum eines Parasiten kann auch entartetes Gewebswachstum hervorrufen: z. B. Malignomauslösung durch *Fasciola hepatica* (großer Leberegel).

Große medizinische Bedeutung haben Parasiten durch die Übertragung von Viren, Rickettsien oder Bakterien. **Überträger** finden sich besonders zahlreich unter den Arthropoden (Gliederfüßlern). Als Beispiele seien genannt: Zecken → Encephalitis, Läuse → Fleckfieber, Flöhe → Pest.

Der Mensch kann auch durch **Sekundärinfektionen,** die mit dem Parasitenbefall assoziiert sind, erkranken. *Ascaris lumbricoides* z. B. beinhaltet in seiner Entwicklung eine Lungen-Pharynx-Passage, die häufig Ausgangspunkt von Pneumonie-artigen Sekundärinfektionen ist.

Rep. 13.**6** Parasitäre Methoden zur Überlistung der Wirtsabwehr

Methode	Parasit
Intrazelluläre Entwicklung	Malariaparasit
Wechsel der Außenhaut und der antigenen Determinanten	Insektenlarven
Veränderung der antigenen Determinanten	*Trypanosomen*
Ausbildung einer dicken Cuticula	Insekten

13.1.4. Um den Wirt ausnutzen zu können, müssen die Abwehrmechanismen überlistet werden

Der Wirt setzt nach dem Parasitenbefall seine **Abwehrmechanismen** wie humorales und zelluläres Immunsystem in Gang (s. Kap. **9**). Entsprechend haben die Schmarotzer raffinierte Wege entwickelt, den Wirt zu überlisten (Rep. 13.**6**).

Kleine Parasiten können sich in Zellen des Wirtes flüchten und sind dann immunologisch nicht mehr zugänglich. Als Beispiel: Malariaparasit in Erythrocyten (Abb. 13.**1**). Häufig bleibt dem Wirt kein anderes Mittel gegen intrazelluläre Parasiten als den befallenen Bereich abzukapseln. Diese Cystenbildung wird dann oft von den Parasiten ausgenutzt, um sich ungestört zu vermehren (siehe z. B. *Trichinella*).

Eine andere parasitäre Strategie ist die **systematische Irreführung des Wirts.** Hat ein Wirt nach einiger Zeit des Parasitenbefalls seine Immunabwehr aufgebaut, können sich verschiedene Parasiten häuten. Die neue Haut hat dann eine neue antigene Struktur und wird vorerst von den bereitgestellten Antikörpern nicht erkannt. Es müssen neue Antikörper gebildet werden. Die alten reagieren statt mit dem Parasiten mit seiner abgelegten Haut (Arthropoden – Insektenlarven). Alternativ kann auch die antigene Struktur des Mantels selber gewechselt werden. Trypanosomen z. B. haben an ihrer Oberfläche als antigene Hauptdeterminanten Proteoglycane, komplexe Strukturen aus Proteinen, die viele Kohlenhydratketten tragen. Die Anordnungen der Zucker in den Ketten werden ständig variiert, so daß der Wirt nicht schnell genug spezifische Antikörper produzieren kann.

Parasiten können auch von einer derartig dicken und resistenten Cuticula (Mantel) umgeben sein, daß sie entweder schlecht oder gar nicht immunologisch erkannt

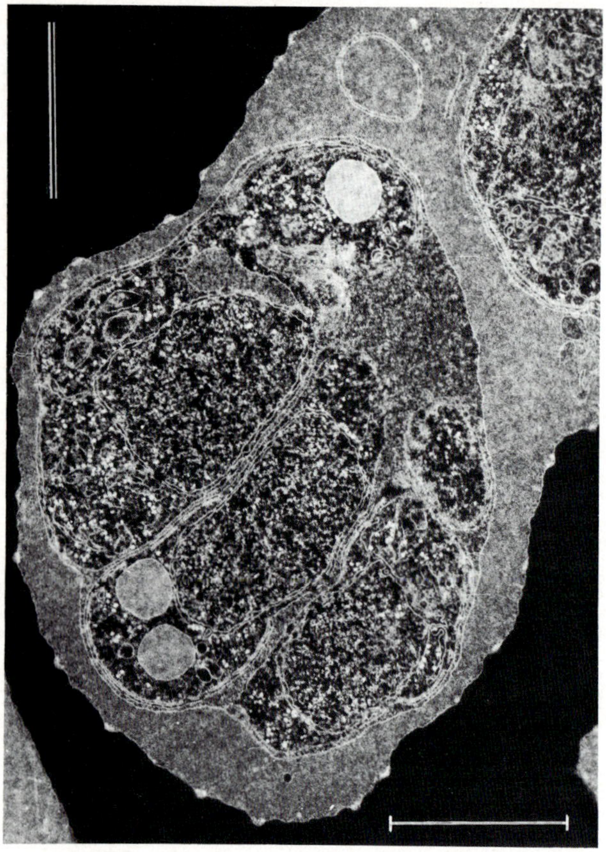

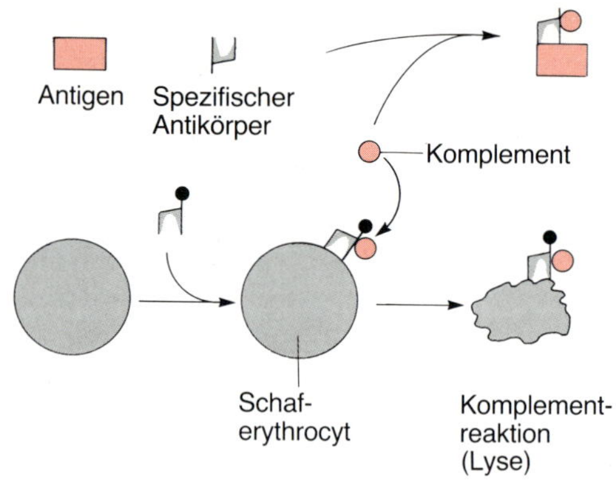

Abb. 13.**2** **Komplementbindung-Test**
Die Ausbildung eines Antigen-Antikörper-Komplexes kann dadurch nachgewiesen werden, daß ein Komplement an diesen Komplex bindet und damit nicht mehr für die Indikatorreaktion, nämlich die Lyse von Schaf-Erythrocyten, zur Verfügung steht

◀ **Abb.** 13.**1** **Malariaparasiten im Erythrocyten.**
Plasmodium falciparum (Aufnahme: Bauer, F. Wunderlich, Düsseldorf; M: 3,5 cm ≙ 1 μm)

bzw. nicht angegriffen werden können (Arthropoden – Insekten).

13.1.5. Der Nachweis des Parasitenbefalls erfolgt direkt oder über serologische und immunologische Techniken

Der sicherste und direkte **Nachweis** erfolgt über ausgeschiedene Eier bzw. andere Formen verschiedener Entwicklungsstadien, z. B. bei *Taeniae* (Bandwürmern) oder *Ascaris* (Spulwurm; Rep. 13.**7**), oder über Sichtbarmachung des Parasiten (Malaria). Häufig stößt das auf große Schwierigkeiten. Deshalb erhalten immunologische Verfahren immer mehr Bedeutung. Wohl am bekanntesten ist die **Komplementbindungsreaktion** (Abb. 13.**2**). Als Indikatorsystem dient die Komplement-abhängige Lyse von Schaferythrocyten durch einen hämolysierenden Antikörper. (Komplement ist ein Serumfaktor, der für die Zell-Lyse nach Antikörperbindung an die Fremdzellen verantwortlich ist.) Für den Test auf Parasiten-Antigen bzw. -Antikörper wird die Probe mit spezifischem Antiserum bzw. Antigen des Parasiten versetzt. Ist der Gegenpartner vorhanden, wird eine Antigen-Antikörper-Reaktion stattfinden und Komplement gebunden. Dadurch gibt es dann nicht mehr ausreichend Komplement für die Indikatorreaktion: Die Schaferythrocyten

Rep. 13.**7** Nachweismethoden für Parasiten

Direkte Methode	Indirekte Methode
Darstellung des Parasiten	Komplementbindungsreaktion
Nachweis ausgeschiedener Eier oder anderer Entwicklungsstadien	
Immunologische Tests: – Doppeldiffusionstest – Fluoreszenzmethode – Radio-Immun-Assay	

werden nicht hämolysiert (positiver Komplementbindungstest). Dies läßt sich einfach mit freiem Auge feststellen. Fehlt in der Testreaktion ein Partner, wird kein Komplement gebunden. Dann steht das Komplement für die Indikatorreaktion zur Verfügung, und der hämolysierende Antikörper lysiert (mit Komplement) die Schaferythrocyten (negativer Komplementbindungstest).

Auch direkte immunologische Tests werden zum Nachweis von Parasiten-Antigen bzw. spezifischen Antikörpern angewandt. Im **Doppeldiffusionstest** (Abb. 13.**3**) werden auf einem mit einer Agarschicht bedeckten Objektträger in zwei voneinander entfernten Löchern Antigen und Antikörper gegeneinander aufgetragen. Beide diffundieren in den Agar. An der Stelle, an der sie aufeinanderstoßen, entwickelt sich durch Präzipitation des Antigen-Antikörper-Komplexes eine Trübung, die mit bloßem Auge sichtbar ist.

Die Antigen-Antikörper-Reaktion kann auch direkt durch die Präzipitation getestet werden. Um die Empfindlichkeit erheblich zu steigern, wird an den spezifischen Anti-Parasiten-Antikörper ein fluoreszierendes Molekül, z.B. Fluorescein, gekoppelt. Im manchmal unsichtbaren Sediment des Antigen-Antikörper-Komplexes können durch die Fluoreszenz noch Antigenspuren nachgewiesen werden.

Noch empfindlicher für den Nachweis von Parasiten-Antigen bzw. spezifischen Antikörpern sind Tests mit radioaktiven Isotopen. Beim **Radio-Immun-Assay** (RIA; Abb. 13.**4**) ist die Indikatorreaktion die Bindung eines radioaktiv markierten (meistens gereinigten) Parasiten-Antigens an die vorgelegten Antikörper. Der Antigen-Antikörper-Komplex wird ausgefällt und die Radioaktivi-

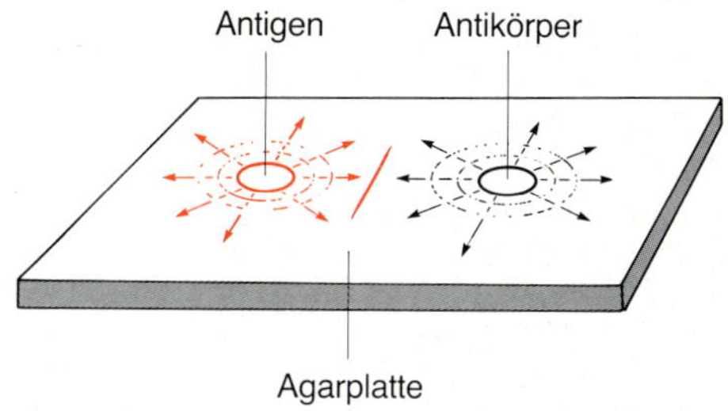

Abb. 13.**3** **Doppeldiffusionstest**
Antikörper und Antigen werden in je einer Aushöhlung auf eine Agarplatte gegeben. Beide Substanzen diffundieren in den Agar. Erkennt der Antikörper das Antigen, dann bildet sich an der Stelle, an der beide in Kontakt treten, eine Präzipitationsbande

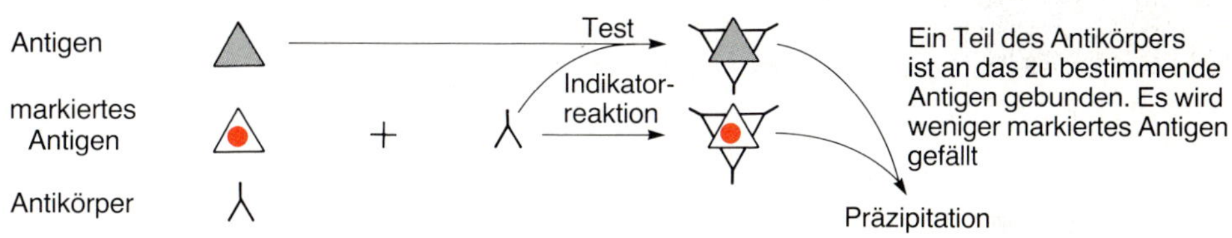

Abb. 13.**4** **Radio-Immun-Test**
In einer Indikatorreaktion wird eine bestimmte Menge radioaktiv markiertes Antigen mit einer vorgelegten Menge Antikörper zur Reaktion gebracht. Das zu bestimmende, unmarkierte Antigen konkurriert um die Bindung an den Antikörper. Aus der Abnahme der vom Antikörper gebundenen Radioaktivität kann auf die Menge unmarkierten Antigens geschlossen werden

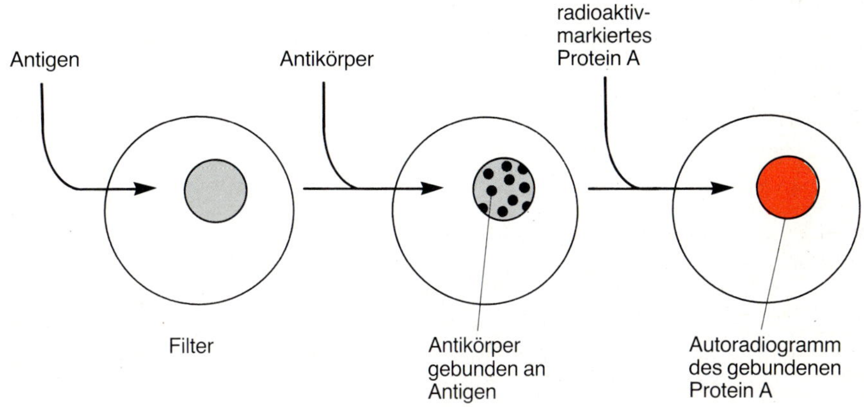

Abb. 13.**5** **Protein-A-Test**
Ein Antikörper bindet auf einem Filter an sein spezifisches Antigen. Radioaktiv markiertes Protein A bindet seinerseits an den Antikörper. Auf diese Weise kann über Autoradiographie die Menge des gebundenen Antikörpers bestimmt werden

tät gemessen. Wird zu der Indikatorreaktion eine zu bestimmende Menge unmarkierten Parasiten-Antigens hinzugefügt, konkurriert dieses mit dem radioaktiv markierten vorgelegten Antigen. Je mehr zu bestimmendes Antigen angeboten wird, desto weniger Radioaktivität wird gebunden. Sehr empfindlich ist der Nachweis von Parasiten-Antigen bzw. -Antikörper über radioaktiv markiertes Protein A. Protein A wird von dem Bakterium *Staphylococcus aureus* produziert und läßt sich relativ einfach reinigen. Es bindet spezifisch an Antikörper (an das Fac, s. Kap. **9**).

Mit radioaktiv markiertem Protein A kann gebundener Antikörper nachgewiesen werden (Abb. 13.**5**). Im eigentlichen Test wird das Antigen auf ein Nitrocellulose- (oder Cellulose-)Blatt aufgetüpfelt und fixiert, z. B. durch Säurebehandlung. Das Blättchen wird dann in einer Lösung mit Antikörper gebadet, mit Wasser gewaschen und anschließend mit Protein A inkubiert, das mit radioaktivem Jod markiert ist. Protein A bindet an den Antikörper, der mittels Antigen an das Celluloseblatt gebunden ist. Nach der Entfernung überschüssigen Proteins A wird das Blättchen getrocknet und anschließend mit einem Film überzogen und im Dunkeln inkubiert. Der entwickelte Film zeigt durch das Maß seiner Schwärzung die Menge Radioaktivität und damit die Menge gebundenen Proteins A an. Damit kann quantitativ die Antikörperbindung bestimmt werden.

Für immunologische Bestimmungen sind Antigen- und Parasiten-spezifische Antikörper kommerziell erhältlich. Oft wird jedoch ein Parasitenbefall von dem behandelnden Arzt erst gar nicht in Erwägung gezogen. Deshalb werden Parasitenkrankheiten häufig nicht erkannt, obwohl die Diagnose möglich, manchmal sogar trivial ist. Dem angehenden verantwortungsbewußten Arzt sei deshalb empfohlen, sich die menschlichen Parasiten besonders gut einzuprägen.

13.2. Spezielle Parasitologie

13.2.1. Einteilung

Die Parasiten sind fast ausschließlich drei Tierstämmen zuzuordnen: Protozoen (Einzeller), Plathelminthes, Nemathelminthes (Würmer) und Arthropoden (Gliederfüßler) (Tab. 13.**1**).

13.2.2. Parasitäre Protozoen (Einzeller)

Flagellaten (Geißeltiere)

Zu den Flagellaten gehören die für den Menschen pathogenen *Trypanosoma, Leishmania* und *Trichomonas* (Tab. 13.**2**).

➨ ***Trypanosoma brucei* ist der Überträger der Schlafkrankheit.** Trypanosomen machen einen obligaten Wirtswechsel durch, der mit einem ausgeprägten morphologischen Wechsel einhergeht. Die Vermehrung erfolgt durch Teilung in der Längsrichtung.

Pathogen sind: *Trypanosoma brucei gambiense, T. brucei rhodesiense* und *T. cruzi.* Daneben gibt es etliche wichtige pathogene Trypanosomen für Großtiere.

Trypanosoma brucei gambiense und *T. brucei rhodesinese* sind die Erreger der **Schlafkrankheit.** Beide und das *Trypanosoma brucei brucei,* der Erreger der Nagana-Seuche vieler Großtiere (Pferde, Wiederkäuer, Nager, Schweine), sind morphologisch nicht unterscheidbar. Es sind genetische Varianten, die von ***Glossina*-Arten** (Tsetsefliegen: *G. tachinoides, G. palpalis, G. morisitans)* durch Stich übertragen werden. Charakteristisch für die Schlafkrankheit sind die schlafähnlichen Absencen in den fortgeschrittenen Stadien und extrem hohes Fieber. Die Infektion wird durch den Stich der *Glossina* gesetzt. An der Einstichstelle kommt es häufig durch Sekundärinfektion zur Ausbildung von Eiterherden. Die Nackenlymphdrüsen schwellen – es kommt zur Ödembildung. Die Vermehrung der Parasiten im Blut führt zu Fieberanfällen und Drüsenentzündungen. Nach etwa 12 Wochen passiert der Parasit die Hirn-Liquor-Schranke und verursacht die charakteristische Encephalomeningitis. *Trypanosoma brucei gambiense* und *T. brucei rhodesiense* sind geographisch unterschiedlich lokalisiert. Das erstere ist in Westafrika weit verbreitet. *T. brucei rhodesiense* tritt besonders in Ostafrika auf und verläuft akut. Der Tod tritt ohne Therapie bei dieser Form nach etwas mehr als einem halben Jahr ein. Die Trypanosomiasis brucei gambiense verläuft viel milder. Der Tod tritt ohne Therapie erst nach Jahren ein.

Trypanosoma cruzi ist der Erreger der **Chagas-Krankheit.** Überträger (Vektoren) sind Wanzen, die mit ihrem Kot die Trypanosomen übertragen. Die Trypanosomen siedeln sich in Nestern in den Muskeln – besonders im Myocard – an. Der Herzmuskel wird dadurch geschwächt und neigt nach vielen Jahren chronischer Erkrankung zum plötzlichen mechanischen Versagen (Herztod). Die Chagas-Krankheit ist **sehr häufig.** Etwa **15 Millionen Menschen** leiden in Südamerika an ihr und 40 Millionen sind von ihr bedroht.

Tab. 13.1 Einteilung der Parasiten

Protozoen (Einzeller)	
– Flagellaten (Geißeltiere)	Trypanosomen Leishmanien Trichomonaden
– Rhizopoden (Wurzelfüßler)	Amöben
– Sporozoen (Sporentierchen)	Toxoplasmen Plasmodien
– Ciliaten (Wimperntierchen)	Balantiden
Plathelminthen (Plattwürmer)	
– Trematoden	Schistosomatiden
– Cestoden (Bandwürmer)	*Echinococcus* (Hundebandwurm) *Diphyllobothrium latum* (Fischbandwurm) *Taenia saginata* *Taenia solium*
Nemathelminthen (Rundwürmer)	
	Ascaris Hakenwürmer *Trichinella spiralis* *Trichuris* (Peitschenwurm) *Strongyloides* (Zwergfadenwurm) *Dracunculus* (Drachenwurm) Filarien
Arthropoden (Gliederfüßler)	
– Chelicerata (Spinnenartige)	Zecken Milben
– Insekten: Hemimetabole (unvollkommene Verwandlung)	Phthiraptera (Tierläuse) Heteroptera (Wanzen)
– Insekten: Holometabole (vollkommene Verwandlung)	Diptera (Zweiflügler) (Mücken, Fliegen, Bremsen) Siphonaptera (Flöhe)

Tab. 13.2 Flagellaten (Geißeltiere)

Art	Überträger	Wirt	Krankheit bzw. Symptome
Trypanosoma gambiense	Tsetsefliegen: *Glossina palpalis* *Glossina tachinoides*	Mensch Affe	Schlafkrankheit milde Form: Absencen, Fieber, Encephalomeningitis
Trypanosoma rhodesiense	*Glossina morsitans*	Mensch Ratte	Schlafkrankheit akute Form
Trypanosoma cruzi	Wanzen	Mensch Haustiere	Chagas-Krankheit Herztod
Leishamania donovani	Sandmücken: *Phlebotomus*	Mensch	Kala-Azar Splenohepatomegalie
Leishmania major *L. tropica* *L. mexicana* *L. brasiliensis*	*Phlebotomus*	Mensch	Hautleishmaniasis (Orientbeule)
Trichomonas vaginalis		Mensch	Urethritis Kolpitis
Trichomonas intestinalis		Mensch	Enterocolitis

Die Trypanosomen haben zahlreiche Reservoirwirte. *T. brucei gambiense* und *rhodesiense* vermehren sich auch auf anderen Mammalia (Säugetieren) wie z. B. Affen und Ratten. *T. cruzi* befällt auch Haustiere.

Der Wirtswechsel Mensch – Insekt ist obligat und außerordentlich bemerkenswert, weil die Trypanosomen unter Umständen einen **Proteoglycan-Mantel** haben können, der ständig die antigenen Eigenschaften wechseln kann. Dieser Mantel wird aber nur synthetisiert, wenn er benötigt wird, d. h., wenn der Parasit für das menschliche (bzw. sonstige Mammalia-)Immunsystem erreichbar ist. Das ist nur dann der Fall, wenn sich der Parasit im Serum befindet. Der Mantel wird nicht gebraucht, solange die Trypanosomen im Insekt sind oder wenn *Trypanosoma cruzi* zwar im Menschen (oder in anderen Mammalia) sitzt, aber wohlverborgen innerhalb des Muskelsyncytiums kein Problem mit dem Immunsystem des Wirts hat. In dieser Situation erspart sich der Parasit die Produktion des Proteoglycan-Mantels. Allerdings wird dieser Mantel sofort erzeugt, wenn die Trypanosomen im Verlauf ihrer Reifung im Insekt für den Menschen (oder ein anderes Säugetier) infektiös werden. Diese Stufe der Reifung erfolgt in der Speicheldrüse des Insekts, dem Warteraum des Parasiten für seinen Transfer in den Menschen.

Außerdem durchlaufen die Trypanosomen während ihrer Entwicklung sehr bemerkenswerte **Transformationen des biochemischen Apparats,** die die raffinierte Anpassung dieser Parasiten zeigt: Während der Vermehrungsphase der Trypanosomen im menschlichen (oder sonstigen Mammalia-)Serum steht ausreichend Glucose (100 mg pro 100 ml) zur Verfügung. Der Parasit optimiert seinen Stoffwechsel. Er setzt Glucose glycolytisch zu Pyruvat um, das ausgeschieden wird. Dabei wird aus 1,3-Glyceratbisphosphat sowie aus Phosphoenolpyruvat jeweils ein ATP gebildet. Da sowohl bei Umsetzung von Glucose als auch bei Fructose ATP verbraucht wird, dann aber viermal ATP (zweimal über 1,3-Glyceratbisphosphat, zweimal über Phosphoenolpyruvat) erzeugt wird, bleibt eine Bilanz von zwei produzierten ATPs pro verbrauchter Glucose. Der Parasit kann sich diesen ineffizienten Luxus leisten. Er schert sich nicht um die

Energiebilanz des Wirts, der über oxidative Phosphorylierung aus Glucose die 18fache Menge Energie gewinnen könnte (s. Lehrbücher der Biochemie). Dabei hätten die Trypanosomen auch diese Möglichkeit. Ihre DNA enthält jedenfalls die Informationen für alle Enzyme des Citrat-Cyclus und der Atmungskette. Aber beim feinen Leben im Glucose-reichen Mammaliaserum spart sich der Parasit die Synthese dieser Enzymsysteme und lebt auf großem Fuß auf Kosten des Wirts. In dieser Phase sind die **Mitochondrien** des Parasiten klein, haben keine Cristae und sind degeneriert.

Im Insekt geht es dem Parasiten lange nicht so gut. Hier steht ihm hauptsächlich Prolin zur Verfügung. Substrat-Phosphorylierung ist unmöglich. In diesem Entwicklungsstadium sind die Mitochondrien groß und reich an Cristae. Die Enzyme des Citrat-Cyclus und der Atmungskette sind vorhanden und der Parasit gewinnt seine Energie über oxidative Phosphorylierung. Wann erfolgt diese Umstellung der Mitochondrien? Schon während der Reifung im Menschen (bzw. im Reservoirwirt) werden Cristae im Mitochondrium angelegt, und der Parasit stattet sich mit *Pyruvatdehydrogenase* aus, dem Enzym, das durch oxidative Decarboxylierung aus Pyruvat Acetyl-Coenzym-A macht. Damit sind alle Vorbereitungen für den Citrat-Cyclus getroffen. Nur diese gereiften Trypanosomen mit Mitochondrien-Cristae und *Pyruvatdehydrogenase* überstehen den Transfer in den Insektenwirt. Wenn das Insekt ein gereiftes Trypanosom aufgenommen hat, muß der Parasit die Enzyme für den Citrat-Cyclus produzieren. Dazu ist notwendig, daß er in den Kropf des Insekts gelangt und dort mindestens eine Stunde verweilen kann. Gleichzeitig schwellen die Mitochondrien. Noch haben diese Mitochondrien jedoch keine funktionierende Atmungskette. Diese wird erst in den nächsten beiden Tagen der Reifung im Darm synthetisiert. Jetzt ist der Parasit in der Lage, mit hoher Effizienz Energie über oxidative Phosphorylierung zu gewinnen und sich optimal im Insekt zu entwickeln und zu vermehren.

➡ **Leishmanien verursachen Kala-Azar und Orientbeule.** Leishmanien sind mit den Trypanosomen eng verwandt und ihnen in vielen Aspekten ähnlich. Im Menschen halten sich die Parasiten zumeist intrazellulär auf. Sie sind sehr klein (1/10 der Trypanosomen, 2 bis 6 μm). Leishmanien lassen sich gut in Zellkultur züchten. Überträger sind *Phlebotomus*-Arten (Sandmücke). **Kala-Azar** wird von *Leishmania donovani* verursacht. Dieser Parasit setzt sich in den Endothelzellen der Blut- und Lymphgefäße von Milz, Leber, Knochenmark, Lunge und Niere fest. Die resultierende Splenohepatomegalie führt (ohne Behandlung) zum Tode. Kala-Azar ist besonders in Indien, im Nahen Osten und in Südamerika verbreitet. *Leishmania infantum* verursacht Kala-Azar bei Kindern im Mittelmeerraum. Leishmanien sind auch die Erreger der Hautleishmaniasis oder Orientbeule. Je nach geographischer Verbreitung ist es: *L. major* – Nordiran, *L. tropica* – mittlerer Osten, *L. mexicana* – Mittelamerika oder *L. brasiliensis* – Brasilien, Südamerika. Wichtigste Reservoirwirte sind Hunde und Nagetiere.

➡ **Trichomonaden sind lästig, aber relativ harmlos.** Trichomonaden sind ebenfalls Flagellaten. Charakteristisch ist eine undulierende Membran, vier oder fünf vordere und eine hintere Flagelle. Sie sind sehr weit verbreitet, aber relativ harmlos. Dieser Parasit durchläuft keinen Wirtswechsel. Infektion erfolgt nur durch direkten Kontakt, da er sehr empfindlich gegen Austrocknen und Lufteinwirkung ist. Da *Trichomonas vaginalis* hauptsächlich durch Geschlechtsverkehr übertragen wird, handelt es sich praktisch um eine **Geschlechtskrankheit,** die sich als Urethritis oder Kolpitis äußern kann.

Zu den Trichomonaden gehören auch eine Reihe harmloser Darmflagellaten, die besonders im Dickdarm angesiedelt sein können. *Trichomonas intestinalis* kann Enterocolitis hervorrufen.

Amöben

Die **Amöben** gehören zu den Rhizopoden (Wurzelfüßlern; Tab. 13.**3**). Sie entwickeln **Pseudopodien** (Scheinfüße) zur Fortbewegung und Nahrungsaufnahme. Das sind Plasmaausstülpungen, mit deren Hilfe sie die Nahrung umfließen können (s. Kap. **1**). Einige Amöben leben unauffällig im Darm, z. B. *Entamoeba coli, E. hartmanni* und *Naegleria gruberi. Entamoeba histolytica, Nagleria fowleri, N. aerobia* und *N. invadens* sind hingegen pathogen. Die Vermehrung erfolgt über Zweiteilung. Aus den vegetativen Zellen können Cysten gebildet werden, die durch eine resistente Wand geschützt sind. Die Cysten können einen *(Naegleria)*, vier *(Entamoeba histolytica)* oder acht *(Entamoeba coli)* Kerne enthalten. *Entamoeba histolytica* verursacht die tropische **Amöbenruhr.** Aus unklarem Anlaß können die Amöben in das Darmgewebe eindringen. An den Stellen des Eindringens kommt es zu bakteriellen Sekundärinfektionen, die zu Abszessen führen und kolikartige Diarrhöen zur Folge haben. Nach dem Eindringen von *Entamoeba histolytica* in das Darmgewebe entwickelt sich der Parasit aus der **Minuta-Form** zur sog. **Magna-Form,** die über das Gefäßsystem in Lunge, Leber und Gehirn gelangt. Die Diagnose erfolgt über die Ausscheidung von Cysten im Kot. *Naegleria gruberi* und *N. fowleri* sind die Erreger menschlicher **Encephalomeningitiden.** Diese Parasiten sind sehr wenig charakterisiert.

Tab. 13.**3** Amöben

Art	Wirtsgewebe	Krankheit
Entamoeba histolytica	menschliches Darmgewebe	Amöbenruhr
Naegleria gruberi	apathogen	
Naegleria fowleri *Naegleria aerobia* *Naegleria invadens*	menschliches Zentralnervengewebe	Amöben-Encephalomeningitis

Sporozoen (Sporentierchen)

Charakteristisch für diese Gruppe ist die Bildung von **Sporen oder Sporencysten.** Die menschlichen Parasiten unter ihnen entwickeln sich alle intrazellulär in drei Phasen mit Generationswechsel (Rep. 13.**8**). Durch einfache Zellteilung vermehren sie sich ungeschlechtlich **(Schizogenie).** Die **Schizonten** vermehren sich zu **Merozoiten,** dann wird eine sexuelle Entwicklungsphase **(Gamogonie)** durchlaufen. Dabei teilt sich der männliche **Mikrogamont** öfter und bildet viele begeißelte Mikrogameten, der weibliche Makrogamont bildet einen **Makrogameten.** Je ein Mikrogamet befruchtet einen Makrogameten. Aus der entstandenen **Zygote** bilden sich durch Zellteilung, also ungeschlechtlich, im Verlauf der Sporogonie die Sporozoiten, die für den nächsten Wirt infektiös sind.

➡ ***Toxoplasma gondii* ist pathogen für den Menschen, Haupt-Endwirt ist aber die Katze.** Bei der für den Menschen pathogenen **Toxoplasmose** sind die Sporozoiten als Sporocysten mit einem resistenten Mantel umgeben, werden mit dem Kot abgegeben, überleben Perioden von Monaten bis Jahren und bleiben durch diese Resistenz lange für neue Wirte infektiös.

Endwirt für *Toxoplasma gondii* ist ausschließlich die Katze. Allerdings sind die Zwischenwirte sehr unspezifisch. Alle Mammalia, aber auch Vögel können durch Sporocysten, die von den Katzen abgeschieden werden, infiziert werden. In Katzen-Exkrementen schnüffelnde Hunde tragen häufig die Sporocysten zum Menschen. Im unspezifischen Zwischenwirt kommt es dann zur ungeschlechtlichen Vermehrung. So vermehrt sich *Toxoplasma gondii* im Zwischenwirt in den lymphatischen Zellen. Es bilden sich intrazelluläre Cysten, besonders im Muskelsyncytium, aber auch im Gehirn, die mit Merozoiten angefüllt sind. Diese Merozoiten sind nicht nur infektiös für den Endwirt, die Katze, sondern auch für andere Zwischenwirte, die durch die Aufnahme von rohem Fleisch, das Toxoplasma-Gewebscysten enthält, infiziert werden. Kommen derartige Gewebscysten, z. B. durch Genuß einer infizierten Maus, in den Endwirt, die Katze, dann bilden sich, nach geschlechtlicher Vermehrung des Parasiten, infektiöse Sporocysten aus, die die Katzen ausscheiden.

Bei der menschlichen Toxoplasmose wird das **Lymphknotensystem** geschädigt. Wichtig ist die **congenitale Toxoplasmose** (embryonale T.). Sie führt zu starker Schädigung des menschlichen Embryos (Hydrocephalus, Entwicklungsstörungen). Das Toxoplasma gelangt diaplazentar zum Embryo, wenn sich die Mutter im 6. bis 9. Monat der Schwangerschaft infiziert. Bei früherer Infektion entwickelt die Mutter einen immunologischen Schutz, der das Kind schützt. Die Durchseuchung der Mitteleuropäer mit Toxoplasma ist sehr hoch. Die Majorität der Bevölkerung hat Antikörper als Zeichen einer durchgemachten Infektion.

➡ **Plasmodien sind Erreger der Malaria (Wechselfieber).** Die Malaria erlangt in letzter Zeit wieder eine stark zunehmende Bedeutung, da die Bekämpfung des Insektenwirts durch DDT praktisch eingestellt worden ist, und immer mehr Plasmodien resistent gegen die gängigen Mittel der **Malariaprophylaxe** werden. **Plasmodien** haben einen obligaten heteroxenen Generationswechsel (Abb. 13.**6**). Überträger ist *Anopheles* (Mücke). In der Speicheldrüse der infizierten *Anopheles* befinden sich Sporozoiten. Beim Stich injiziert die Mücke zusammen mit gerinnungshemmendem Speichel die Sporozoiten in den Menschen. In den **Endothelzellen** des Reticulo-Endothelialen Systems wachsen sie heran, und jeder Sporozoit teilt sich in etwa 20 Merozoiten. Sind diese reif, lysiert die Endothelzelle und entläßt die Merozoiten, die sich anschließend in **Erythrocyten** weiter vermehren. Die Erythrocyten zerfallen, wenn die nächste Merozoiten-Generation reif ist. Damit werden Abbauprodukte des Häms frei, die als Pigment für den Wirt toxisch sind und zu **Fieber** führen. Die Merozoiten-Vermehrung erfolgt synchron, so daß die befallenen Erythrocyten gleichzeitig zerfallen und es zu periodischen Fieberanfällen kommt (Wechselfieber). Einige der Merozoiten differenzieren zu weiblichen oder männlichen Gamonten, die sich aber erst im Darm von *Anopheles* zu reifen Gameten entwickeln. Die Merozoiten können sich also im Menschen immer

Rep. 13.**8** Entwicklungsschema von Sporozoen, intrazellulärer Generationswechsel

1. Schizogenie	Zellteilung (ungeschlechtlich) Schizonten → Merozoiten	
2. Gamogonie	Mikrogamont ♂	Makrogamont ♀
	Mikrogameten (viele)	Makrogamet (einer)
	Befruchtung (geschlechtlich) ↓ Zygote ↓	
3. Sporogonie	Zellteilung (ungeschlechtlich) ↓ Sporozoiten (infektiös, beweglich)	

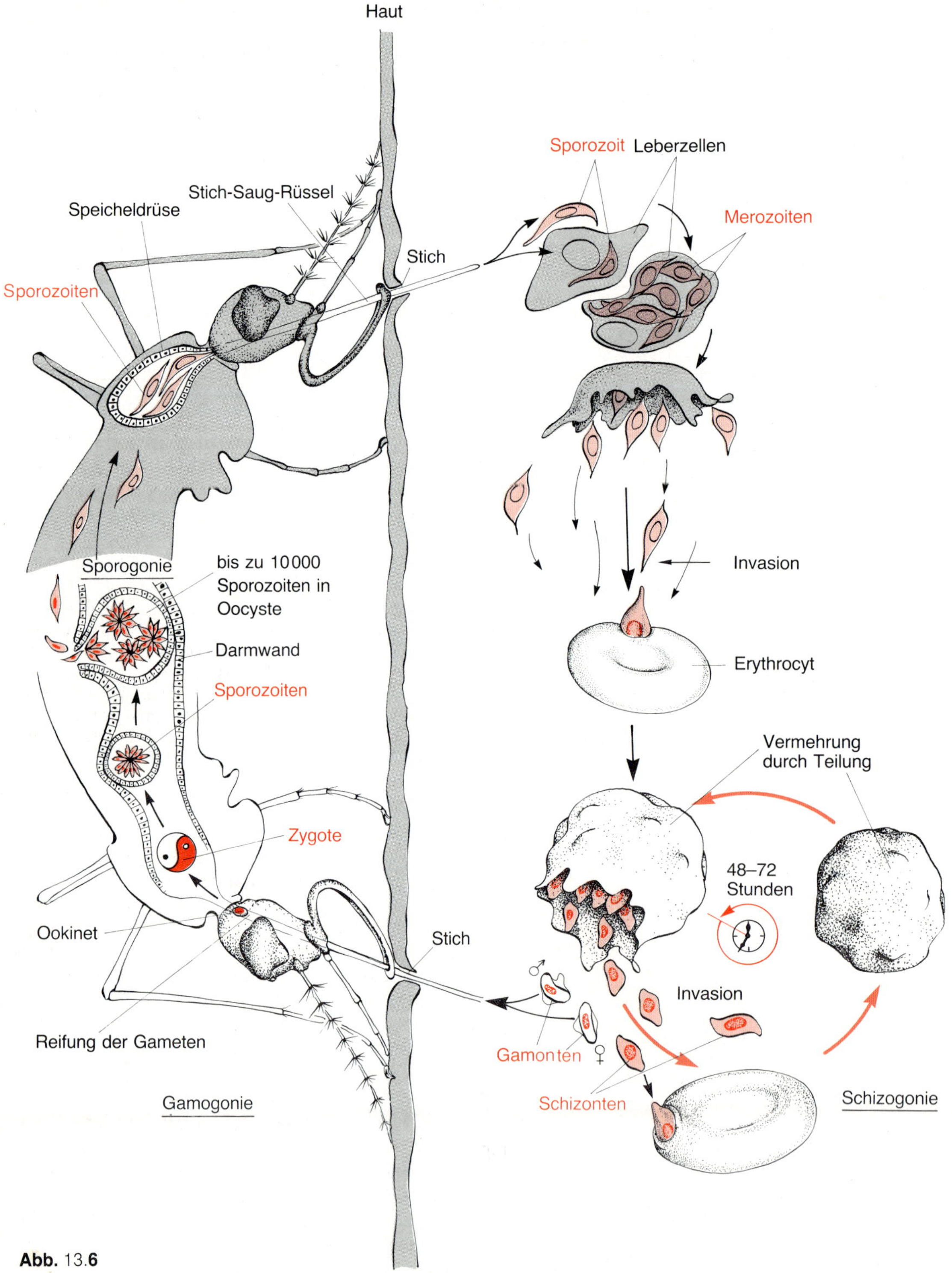
Haut
Sporozoit
Leberzellen
Stich-Saug-Rüssel
Speicheldrüse
Merozoiten
Stich
Sporozoiten
Invasion
Sporogonie
bis zu 10000 Sporozoiten in Oocyste
Darmwand
Erythrocyt
Sporozoiten
Vermehrung durch Teilung
Zygote
48–72 Stunden
Ookinet
Stich
Invasion
Reifung der Gameten
Gamonten
Schizonten
Gamogonie
Schizogonie

Abb. 13.**6**

weiter vermehren (bis zum Tod des Wirts!), und parallel dazu werden für die Weitergabe der Infektion Gamonten gebildet. Diese gelangen beim Stich zurück in den *Anopheles*-Darm, und die dort gereiften Gameten (Makro- und Mikrogameten) verschmelzen (1:1). Die entstandene Zygote dringt in die Darmwand ein und bildet hier eine Oocyste, in der durch Teilungen bis zu 10000 Sporozoiten entstehen können. Die Oocysten platzen, wodurch die Sporozoiten in die Leibeshöhle entlassen werden. Von hier wandern sie in die Speicheldrüse des Insekts und reifen zur Infektiosität heran. Eine neue Infektion kann durch den Stich der *Anopheles* gesetzt werden.

Nach der Periodik der Fieberanfälle und dem spezifischen Erreger wird unterschieden: **Malaria tertiana** *(Plasmodium vivax, P. ovale);* alle 48 Stunden kommt es zu einem Fieberschub. Bei **Malaria quartana** *(P. malariae)* kommt es nach je 72 Stunden zu Fieberanfällen. Bei **Malaria tropica** *(P. falciparum)* gibt es sowohl Fieberanfälle nach 48 Stunden als auch unregelmäßiges, hohes Fieber. Die Malaria tropica ist die bösartigste Form und verläuft unbehandelt mit Sicherheit letal. Ihre Diagnose ist durch das unregelmäßig auftretende Fieber kompliziert (Tab. 13.**4**).

Menschen, die **heterozygote Träger von Sichelzellanämie** sind, besitzen Immunität gegen die Entwicklung der Malaria-Plasmodien (s. Kap. **4**). Sporozoiten werden zwar von *Anopheles* beim Stich injiziert, es bilden sich auch Merozoiten in den Endothelzellen. Aber diese Merozoiten können sich in den Erythrocyten nicht weiter vermehren, da die Blutzellen vorzeitig lysieren. Diese Malaria-Immunität bei heterozygoten Trägern von Sichelzellanämie äußert sich in einem positiven Selektionsdruck (Heterosis). Deshalb finden sich bei Populationen in Malariagebieten (meist Neger) überdurchschnittlich viele Träger der Sichelzellanämie.

◀ **Abb.** 13.**6** **Heteroxener Generationswechsel bei Malariaplasmodien**
Beim Stich von *Anopheles* gelangen Sporozoiten in die Blutbahn des Menschen und dringen in Endothelzellen ein. Dort vermehren sie sich zu Merozoiten, die ihrerseits Erythrocyten infizieren und sich dort vermehren. Die befallenen Erythrocyten brechen auf und lassen die Merozoiten frei, die neue Erythrocyten infizieren. Während dieses Vorganges werden fiebererregende Stoffe, Pyrogene, frei und führen im 48- bis 72-Stunden-Rhythmus zu den charakteristischen Fieberschüben. In einigen Erythrocyten werden Mikro- und Makrogametocyten gebildet, die bei einem *Anopheles-Stich* in ein Insekt gelangen können. Im *Anopheles-Darm* entwickeln sich dann Mikro- und Makrogameten, die miteinander zur Zygote verschmelzen, in das Darmepithel eindringen, Sporozoiten produzieren und in der Speicheldrüse von *Anopheles* heranreifen, um gegebenenfalls auf den Menschen übertragen werden zu können

Tab. 13.**4** Sporozoen

Art	Überträger	Wirt	Krankheit bzw. Symptome
Plasmodium vivax (Plasmodium ovale)	Mücke: *Anopheles*	Mensch	Malaria tertiana (48-Stunden-Fieber)
Plasmodium malariae	*Anopheles*	Mensch	Malaria quartana (72-Stunden-Fieber)
Plasmodium falciparum	*Anopheles*	Mensch	Malaria tropica (48-Stunden-Fieber und unregelmäßige Intervalle)
Toxoplasma gondii	Mensch (Zwischenwirt) Gewebscysten congenitaler Befall		Lymphknotenerkrankung Hydrocephalus Entwicklungsstörungen

Ciliaten (Wimpertierchen)

Viele der **Ciliaten** leben als Kommensalen (Freßgenossen). Pathogen für den Menschen ist nur *Balantidium coli*, der Erreger der **Balantidienruhr.** Häufigster Wirt von *B. coli* ist das Schwein. Cysten werden im Kot ausgeschieden, durch den sich der Mensch infizieren kann. Daher tritt Balantidienruhr als Berufskrankheit von Bauern, Tierärzten und Fleischern auf. Die Parasiten greifen die Darmwand an. Bakterielle Sekundärinfektionen rufen dann das typische Krankheitsbild hervor.

13.2.3. Plathelminthes (Plattwürmer) und Nemathelminthes (Schlauchwürmer)

Zu den gefährlichsten menschlichen Parasiten gehören die Würmer, die sich gleichermaßen auf die beiden Hauptstämme Plathelminthen (Plattwürmer) und Nemathelminthen (Schlauchwürmer) verteilen.

Plathelminthen (Plattwürmer)

Die **Plathelminthen** (Tab. 13.**5**) sind in charakteristischer Weise ventro-dorsal abgeplattet. Dadurch wird die Nahrungsaufnahme durch die Oberfläche erleichtert. Der Darm hat keinen After. Auch die Exkretionsorgane sind als Protonephridien rudimentär. Sie verfügen über ein primitives Nervensystem mit Ganglien am Vorderende und längsverlaufenden Nervensträngen. Sie sind **Hermaphroditen** (Zwitter). Ausgeprägte Saugnäpfe sind bei Trematoden (Saugwürmern) vorhanden.

Tab. 13.5 Plathelminthen (Plattwürmer)

Art	Zwischenwirt	Wirtsgewebe	Krankheit
Trematoden			
Schistosomatidae (Pärchenegel)	Schnecke	menschlicher Darm- u. Urogenitaltrakt (Leber)	Bilharziose
Cestoden			
Echinococcus granulosus bzw. *multilocularis* (Hundebandwurm)	Hund	menschliche Leber, seltener Gehirn, Lunge etc.	Echinococcose, Lebercysten
Diphyllobotrium latum (Fischbandwurm)	Cyclops Fisch	Darm des Menschen	z. B. Vitamin-B_{12}-Mangel
Taenia saginata (Rinderbandwurm)	Rind	Darm des Menschen; Finnen in Gehirn, Muskulatur, Leber	Magen-Darm-Störungen; Gewebsverdrängung
Taenia solium (Schweinebandwurm)	Schwein	Darm des Menschen; Finnen in Gehirn, Muskulatur, Leber	Magen-Darm-Störungen; Gewebsverdrängung

➡ **Trematoden (Saugwürmer) – zu ihnen gehören die Schistosomatidae (Pärchenegel),die Verursacher der Schistosomiasis (Bilharziose).** Schistosomatidae (Pärchenegel) sind Erreger einer der wichtigsten tropischen Parasitenkrankheiten, der Schistosomiasis **(Bilharziose). Mehr als 250 Millionen Menschen** leiden an ihr. Betroffen sind besonders Darm und Urogenitalsystem und manchmal die Leber. Die Larven der Schistosomen (Cerrarien; Abb. 13.**7**) leben frei im Wasser (Süßwasser!) und dringen aktiv in den Endwirt Mensch ein. In den Tropen birgt jede Berührung mit Süßwasser (sogar Spritzer) die Gefahr der Schistosomiasis in sich! Immer häufiger treten Krankheitsfälle, bedingt durch Fernreisen, auch in Europa auf.

Die **Cercarien** wandern in die Lunge, wachsen heran und wandern dann über die Vena porta in die Venen des Darms und des Urogenitalsystems. Die geschlechtsreifen Schistosomen leben paarweise ineinander verschlungen **(Pärchenegel).** Das Weibchen wird durch die Paarbildung geschlechtsreif. Das Männchen ist besonders flach gebaut und hat an den seitlichen Rändern Noppen und Haken, mit denen es eine Röhre bildet (Canalis gynaecophorus), in der sich das wesentlich kleinere Weibchen permanent aufhält. Das Weibchen produziert nach der Befruchtung Eier mit Stacheln, die in den Darm oder in die Blase abgegeben werden und mit den Faeces bzw. dem Urin nach außen gelangen (geeignet für Diagnose). Die Läsionen der Darm- oder Blasenwand, die für die Eiablage notwendig sind, sind Ursache von bakteriellen Sekundärinfektionen und Blutungen, die häufig zum Tode führen. Eier können aber auch im Gewebe abgelegt werden. Es bilden sich Cysten **(Pseudotuberkel),** die durch Reizung zu **Malignomen** führen können. Wenn die Leber betroffen ist, werden Eier im Lebergewebe abgelegt, und es entsteht **Leberfibrose.**

Die nach außen ausgeschiedenen Eier entwickeln sich im Wasser zu **Miracidien.** Diese Entwicklung findet bei einer optimalen Temperatur von 25 bis 30 °C statt, d. h. Schistosomen in diesem Stadium entwickeln sich nur in warmen Gegenden (Tropen).

Das Miracidium hat Cilien zur Fortbewegung im Wasser und einen Augenfleck. Durch Chemotaxis wird der Zwischenwirt, Schnecken, die im Wasser leben, gefunden. Die Larve dringt aktiv in die Schnecke, in der sich das Miracidium zur **Sporocyste** differenziert. Die Sporocyste bildet viele Tochtersporocysten, die beim Zerreißen der Muttersporocyste frei werden und den Wirt überfluten. Die Sporocysten bilden dann schließlich eine neue Larvengeneration, die Cercarien. Die Cercarien verlassen aktiven den Schneckenwirt und gehen im Wasser schwimmend auf die Suche nach einem geeigneten Endwirt, z. B. einem Menschen, in den sie eindringen, und ein neuer Entwicklungscyclus kann beginnen.

Je nach Art der Schistosoma können Affen, Haustiere und Nagetiere befallen werden.

➡ **Cestoden (Bandwürmer) sind auch in Europa weit verbreitet.** Die Cestoden sind ganz flach gebaut, und Organe, so auch z. B. der Darm, sind vollständig oder fast vollständig zurückgebildet, ebenso das Nervensystem und die Muskulatur. Sie sind Hermaphroditen mit charakteristischem Aufbau aus **Kopf (Scolex), Proliferationszone** (Hals oder Wachstumsregion) und der **Gliederkette** (Strobila), die aus den **Proglottiden** besteht (s. Abb. 13.**9**). Der Scolex ist sehr klein und trägt Sauggruben (Bothrien) oder Saugnäpfe (Acetabula) und einen Hakenkranz, der bei *Taenia saginata* (Rinderbandwurm) fehlt. Die Proglottiden imponieren erst im distalen Abschnitt der Cestoden als abgegrenzte Segmente. Im proximalen Teil wird die Segmentierung nur durch Hautfalten angedeutet. Die Anzahl der Proglottiden ist sehr unterschiedlich. Während *Echinococcus granulosus* (granulöser Hundebandwurm) nur drei Proglottiden hat und maximal 6 mm groß wird, hat *Diphyllobothrium latum* (Fischbandwurm) bis 4000 Proglottiden und wird bis zu 20 m lang!

Alle Nährstoffe werden durch die Oberfläche aufgenommen. Die Haut, das Tegument, ist ein Syncytium mit **Mikrotrichen** (ähnlich den Mikrovilli des Mammaliadarms, die zur Oberflächenvergrößerung dienen). Nach außen schließt sich eine Schicht Proteoglycane zum Schutz des Parasiten an.

1. Der *Echinococcus* (Hundebandwurm) ist besonders gefährlich.

Größte medizinische Bedeutung unter den Cestoden hat der *Echinococcus granulosus* bzw. *multilocularis* (Hundebandwurm), der auch in Zentraleuropa aufgrund der wohlstandsbedingten vermehrten Hundehaltung in Städten eine zunehmende Gefahr darstellt. Die Majorität der verwilderten Hunde in Süd- und Südosteuropa sowie in Südostasien trägt *Echinococcus,* so daß er auch ständig nach Zentraleuropa neu eingeschleppt wird. Ein vernünftiges Mittel gegen menschliche *Echinococcus*-Infektionen wäre die **Restriktion der Hundehaltung** in Städten. Endwirt ist der Hund, manchmal auch Fuchs oder Katze (bei *Echinococcus multilocularis).* Die ausgeschiedenen Eier (frühes Larvenstadium) dringen, wenn sie vom Menschen aufgenommen werden, nach 12 Stunden durch die Darmwand und gelangen über die Vena portae in die Leber, manchmal (viel seltener) ins Gehirn, in die Lunge oder in andere Organe. Dort entwickeln sich die **Cysten.** Beim *Echinococcus granulosus* bildet sich eine prall mit Flüssigkeit gefüllte Blase, die bis zu 20 cm groß werden kann. Innen liegt die Keimschicht, umgeben von einer relativ derben Bindegewebsschicht, die vom Wirt beigesteuert wird. Die innere Schicht bildet viele **Scolices (Protoscolices)** in Tochterblasen. Die großen Blasen führen zu Druckatrophie der befallenen Organe. Deshalb müssen die Blasen operativ entfernt werden, was technisch wegen der klaren Abkapselung möglich ist. Doch wehe, wenn die *Echinococcus*-Blase während der Operation verletzt wird! Die vielen freiwerdenden Protoscolices entwickeln sich jede zu einer neuen Blase! Daneben besteht die akute Gefahr eines anaphylaktischen Schocks.

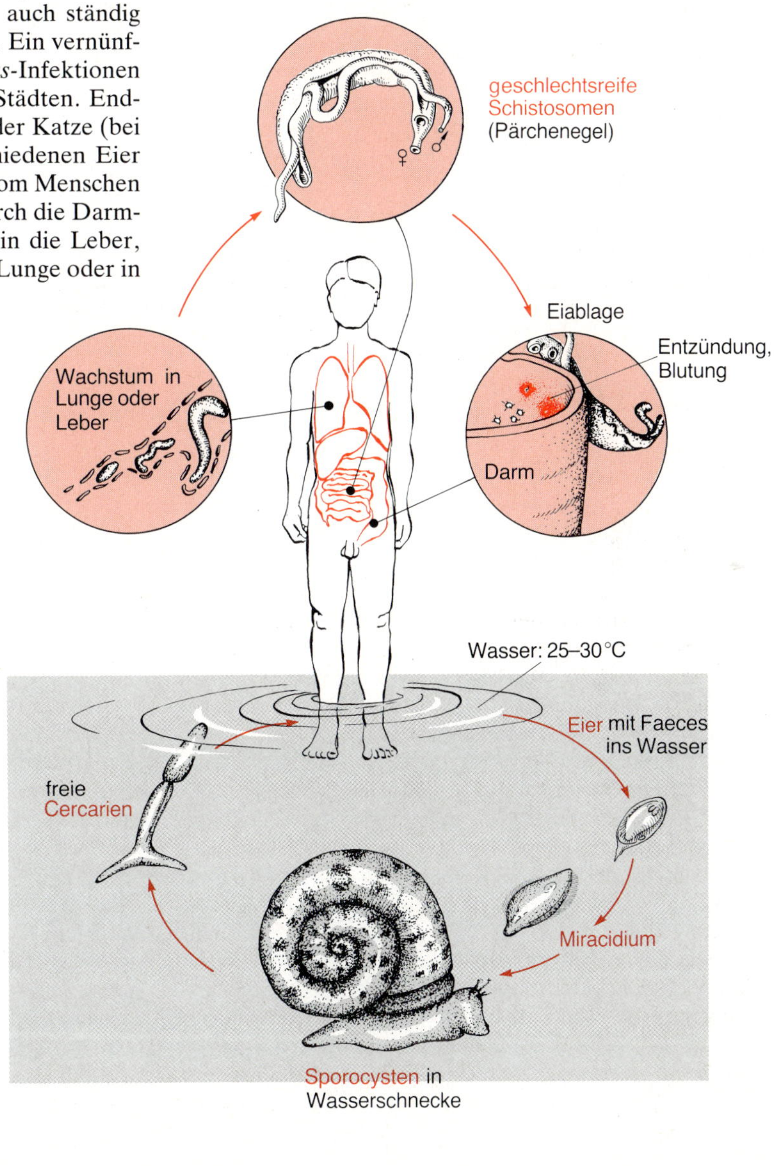

Abb. 13.7 Entwicklungskreislauf der Schistosomatidae
Die Infektion des Menschen erfolgt durch verseuchtes Wasser, in dem die Cercarien schwimmen. Diese Larven wandern in die Venen und gelangen über Lunge und Herz in die Leber, in der sie ihre Geschlechtsreife erreichen. Die Paarung der Schistosomen (Pärchenegel) erfolgt in den Darmvenen. Durch die Eiablage in Venen und Gewebe kommt es zu Entzündungen und Reizungen. Die Eier reifen im Darmlumen zu Miracidien und werden mit dem Stuhl ausgeschieden. Im Wasser schlüpfen die Miracidien (Larven) bei Temperaturen über 25 °C und suchen sich Wasserschnecken. Hier bilden sich nach zwei Sporocystenstadien Cercarien, die den Zwischenwirt durch die Atemöffnung verlassen und für einen weiteren Befall von Menschen bereit sind

Bösartiger ist *Echinococcus multilocularis*. Meistens in der Leber, aber auch in Gehirn oder Lunge entwickeln sich die Cysten, diese aber nicht als gut abgegrenzte Blasen. Vielmehr bildet die Keimschicht nach beiden Seiten Protoscolices, die sich ihrerseits vielfach vermehren und so das gesamte Gewebe infiltrieren. Dadurch gleicht diese Echinococcose einem malignen Tumor mit vielen Metastasen. Eine erfolgreiche Operation ist nicht möglich, der Patient ist nicht zu retten. Der Preis der menschlichen Echinococcose mit fatalem Ende ist für das unnötige Hundehalten in der Stadt zu hoch! Nicht nur der Hundehalter ist gefährdet!

2. Der *Diphyllobothrium latum* (Fischbandwurm) wird durch rohen Fisch übertragen.

Mit *Diphyllobothrium latum* (Fischbandwurm), und zwar der Larvenform, infiziert sich der Mensch beim Genuß von **rohem Fisch,** wie er besonders am kurischen Haff beliebt war und in Asien noch beliebt ist. Neben dem Menschen können auch Hunde und Katzen infiziert werden. Im Menschen entwickelt sich die geschlechtsreife **Cestode** (Abb. 13.**8**). Die Eier gelangen mit dem Kot in das Wasser, in dem sich die Eier zum **Coracidium** (Sechs-

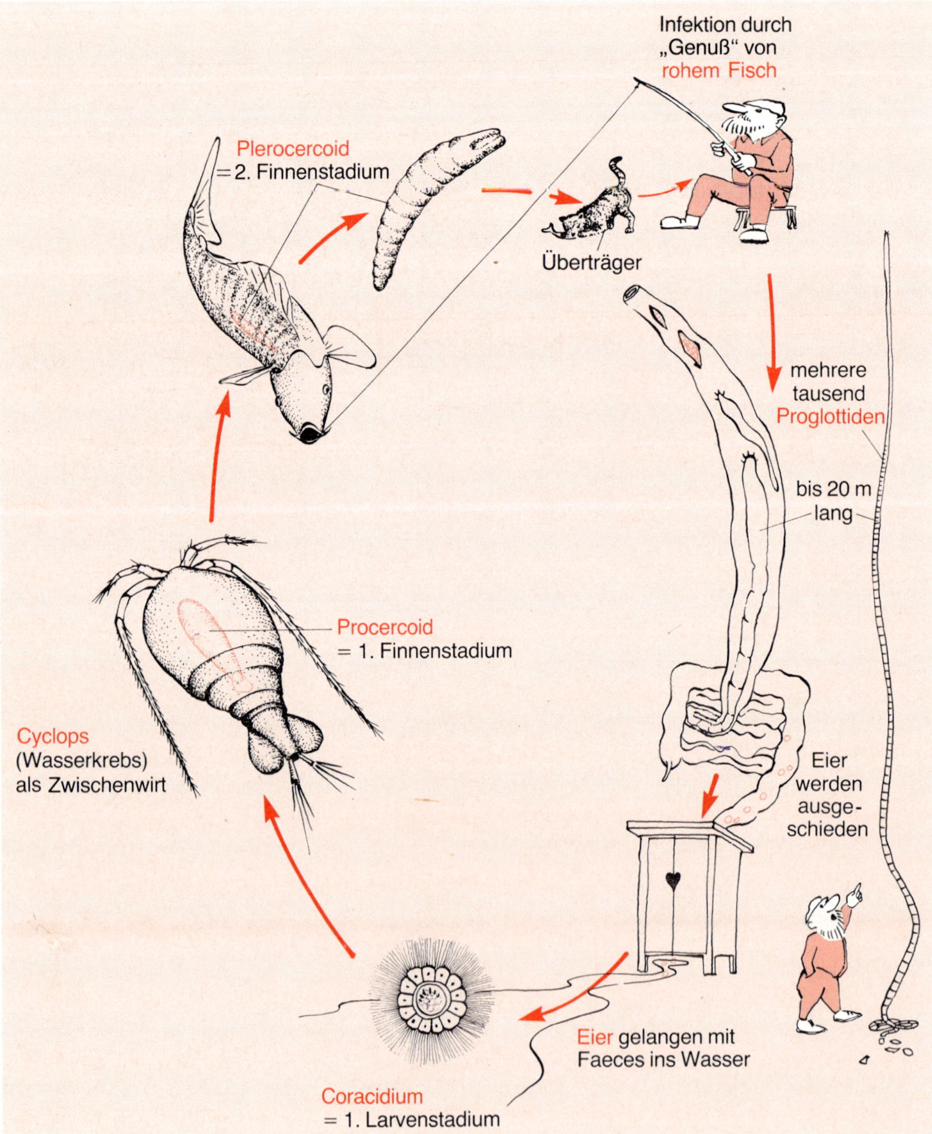

Abb. 13.**8 Entwicklungskreislauf des *Diphyllobothrium latum* (Fischbandwurm)**
Die Übertragung erfolgt durch Genuß von rohem **Fisch,** mit dem die Plerocercoide in den Menschen gelangen. Im Dünndarm des Menschen entwickelt sich der geschlechtsreife Bandwurm, der bis zu 20 Meter lang werden und aus mehreren tausend Proglottiden bestehen kann. Die Bandwurmeier werden im Stuhl ausgeschieden und gelangen ins Wasser, wo sie sich zum Coracidium (1. Larvenform) entwickeln. Der erste Zwischenwirt ist der Cyclops (Wasserkrebs). In ihm entwickeln sich die Proceroide, die die Fische zusammen mit dem Cyclops aufnehmen. In der Fischmuskulatur bilden sich die Plerocercoiden aus und der Kreislauf beginnt von neuem

hakenlarve) entwickeln. Mittels eines Flimmerepithels sucht sich diese Larve einen **Cyclops** (sehr kleiner Wasserkrebs), in den sie eindringt und das Procercoid (Finne) bildet. Der Cyclops wird als Nahrung von einem Fisch aufgenommen. Im Darm wird die Larve befreit und wandert dann durch die Darmwand in die Fischmuskulatur und entwickelt sich hier zum **Plerocercoid** (2. Finnenstadium). Durch Aufnahme dieser Plerocercoide mit dem rohen Fischfleisch infiziert sich der Mensch, in dem sich der eigentliche Bandwurm entwickelt. Er ist gigantisch (bis 20 m) lang und besitzt bis zu mehreren Tausend Proglottiden. Bezeichnend ist, daß er ein Nahrungskonkurrent für den befallenen Menschen ist. Besonders Vitamin B_{12} wird der Nahrung entzogen. Der Patient entwickelt eine ausgeprägte B_{12}-Hypovitaminose, die **perniziöse Anämie.** Darum sollte bei jedem B_{12}-Mangel auch an die Möglichkeit des Befalls mit *Diphyllobothrium latum* gedacht werden!

3. Bei *Taenia saginata* und *Taenia solium* (Rinder- und Schweinebandwurm) sind die Eier gefährlich.

Taenia saginata (Rinderbandwurm) und *Taenia solium* (Schweinebandwurm) spielen nur in Gegenden mit **mangelnder Hygiene** eine Rolle (Abb. 13.**9**). Ernsthaft pathogen sind Infektionen mit *Taenia*-Eiern, die mit dem

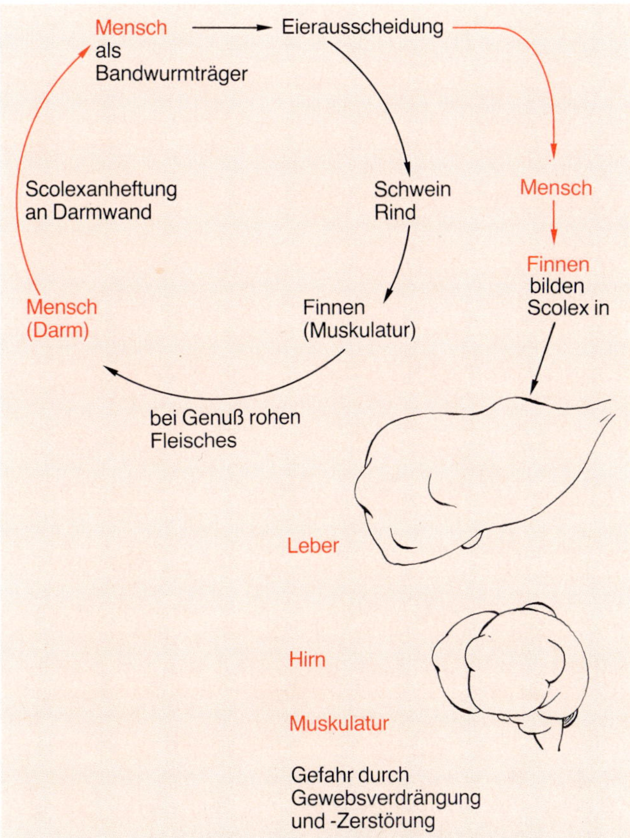

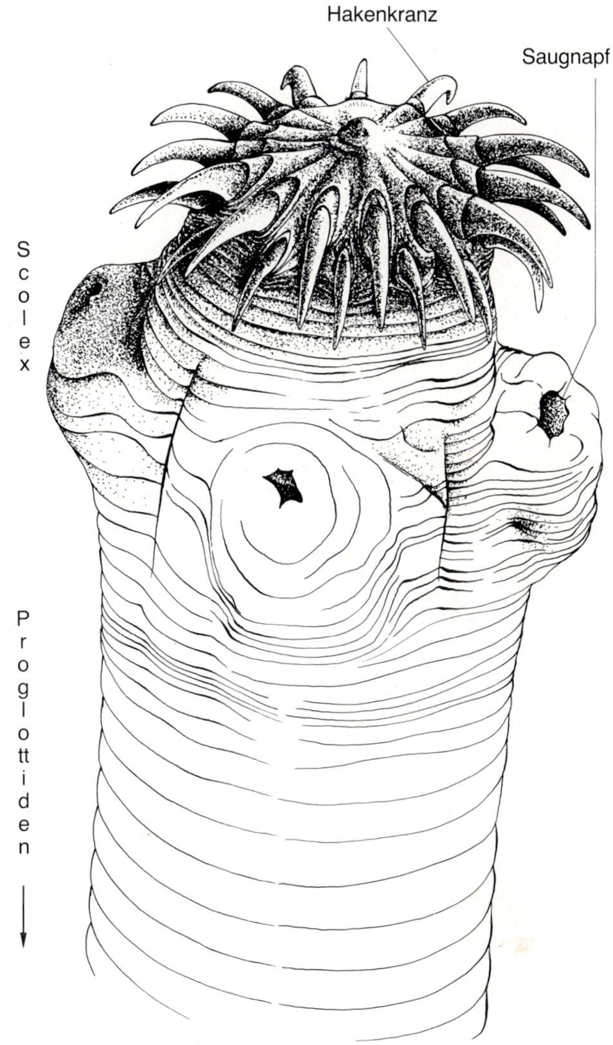

Abb. 13.**9** **Entwicklungsweg der Taeniae (Bandwürmer)**
Der Befall des Menschen kann durch Genuß rohen, verseuchten Fleisches oder durch Aufnahme von Bandwurmeiern erfolgen. In dieser Möglichkeit zur Reinfektion durch Aufnahme von Eiern liegt die große Gefahr der *Taeniae.* Die Eier entwickeln sich zu Finnen und führen in verschiedenen Organen zu Schädigungen. Zur Ausbildung der *Taeniae* ist ein Zwischenwirt (Rind, Schwein) notwendig. Finnenhaltiges Fleisch gelangt in den Darm des Menschen, wo sich der Bandwurm entwickeln kann

menschlichen Kot ausgeschieden werden! Besonders *Taenia solium* ist gefährlich. Die Eier sind etwa zwei Monate im Freien lebensfähig. Werden sie mit verunreinigter Nahrung aufgenommen, entwickelt sich im Darm die Larve, die durch die Darmwand über den Blutweg in das Gehirn, die Muskulatur oder in die Leber gelangt, wo die **Finne** eine Blase mit einwärts gerichtetem Scolex entwickelt. Je nach dem Ort dieser Entwicklung richten die Finnen durch Gewebszerstörung und -verdrängung großen Schaden an.

Für die Entwicklung der *Taeniae* selbst werden die vom Menschen ausgeschiedenen Eier vom Schwein *(T. solium)* und vom Rind *(T. saginata)* aufgenommen. Der Mensch infiziert sich durch Aufnahme des rohen, finnenhaltigen Fleisches. Im Darm wird die Finne durch Teilverdauung befreit. Der Scolex sucht sich eine geeignete Darmfalte, heftet sich fest und beginnt seinen bis zu 20 (sogar 30) Jahre währenden Kommensalismus (Freßgemeinschaft). Die **Taeniose** ist relativ **harmlos:** Gewichtsverlust (nicht immer von Nachteil!) und leichtere Magen-Darm-Störungen sind die Folge. Die Gefahr der Taeniae lauert in den Eiern, wenn der Mensch zum Zwischenwirt wird, wie bei Taenia solium (T. saginata, Mensch nicht Zwischenwirt!).

Nemathelminthen (Schlauchwürmer)

➡ ***Ascaris* verursacht die häufigste Parasitose in Europa.** *Ascariasis* (Spulwurmbefall) tritt auch in Zentraleuropa sehr häufig auf. Es ist eine der meistverbreiteten Parasiten-Krankheiten, die von *Ascaris* hervorgerufen wird (Tab. 13.**6**). Das geschlechtsreife Weibchen erzeugt im Darm des Wirtes eine riesige Anzahl von Eiern: 100 000 bis 1 Million pro Tag während 500 bis 600 Tagen, der gesamten Lebensspanne des reifen Weibchens. Die Eier reifen im Freien, und erst diejenigen, die nach über einem Monat mehrere Furchungen durchlaufen haben, sind infektiös (**Larve I;** Abb. 13.**10**). Die mit dem menschlichen Kot ausgeschiedenen und derartig gereiften Eier können den Menschen über die Nahrungsaufnahme infizieren. Speziell bei mangelhafter Hygiene oder durch Düngen mit menschlichen Fäkalien, z. B. von Erdbeeren oder Salat, kommt es zu Infektionen. Das reife Ei wird im Darm angedaut und dadurch die Larve freigesetzt **(Larve II).** Sie dringt durch die Darmwand und gelangt über die Vena portae in die Leber, wo ein weiteres Larvenstadium gebildet wird **(Larve III).** Nach einer Verweildauer von einer Woche in der Leber wandert die Larve III in die Lunge, wo die **Larve IV** entsteht, die die Alveolenwand durchbohrt und in die Bronchien gelangt. Durch Husten wird die Larve IV passiv in den Rachenraum befördert und geschluckt. Nach etwa einem Monat ist aus dem aufgenommenen *Ascaris*-Ei über den beschriebenen Entwicklungsweg ein geschlechtsreifer *Ascaris* im Darm geworden. Die Weibchen setzen dann wieder viele Eier ab. Damit beginnt ein neuer Cyclus.

Tab. 13.**6** Nematoden (Fadenwürmer)

Art	Wirtsgewebe	Krankheitssymptome
Ascaris (Spulwurm)	Larven in menschlicher Leber, Lunge, Darm	Ascariasis
Ancylostoma duodenale (Hakenwurm)	menschlicher Darm	Darmbeschwerden, schwere Eisenmangel-Anämie, Herzinsuffizienz
Necator americanus	menschlicher Darm	s. *Ancylostoma duodenale*
Trichinella spiralis	Darmwand des Menschen, Muskulatur	Darmbeschwerden, Fieber, Ödeme, Muskelbeschwerden, evtl. Herzversagen
Trichuris (Peitschenwurm)	menschlicher Darm	schwere Entzündungen des Enddarms
Strongyloides (Zwergfadenwurm)	menschlicher Darm Larven in menschlicher Lunge	Diarrhöen, Pneumonie
Dracunculus medinensis (Drachenwurm)	Unterhautbindegewebe der Beine (Mensch-spezifisch!)	eiternde Wunden
Filarien:		
Wuchereria bancrofti	menschliche Lymphgefäße	Elephantiasis
Onchocera vulvulus	Bindegewebe der Unterhaut Lymphgefäße des Auges	Knotenbildungen Flußblindheit

Während des Durchtritts der Larven durch die Darmwand können bakterielle Sekundärinfektionen mit entsprechenden Komplikationen entstehen. Der Durchtritt durch die Alveolarwand führt bei Masseninfektionen zur *Ascaris*-Pneumonie.

➡ **Die Hakenwürmer *Ancylostoma duodenale* und *Necator americanus* brauchen für die Eientwicklung höhere Temperaturen, ähneln aber *Ascaris*.**

Praktisch den gleichen Entwicklungsweg durchlaufen *Ancylostoma duodenale* (Hakenwurm) und *Necator americanus* (Hakenwurm; s. Tab. 13.**6**). Die Larve I entwickelt sich im Freien nur bei **höheren Temperaturen.** Optimal sind 25–30 °C. Deshalb ist dieser Parasit hauptsächlich zwischen den Wende-

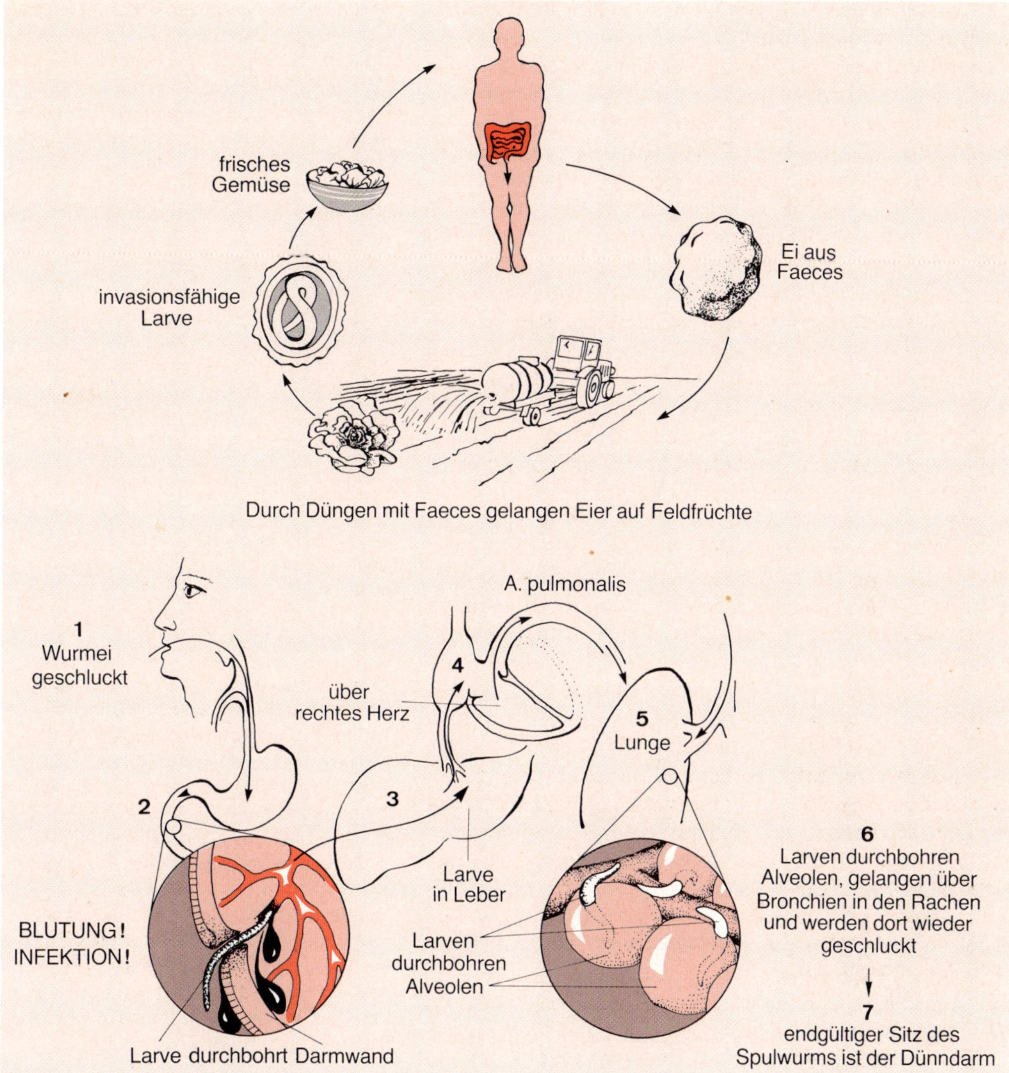

Abb. 13.**10 Entwicklungskreislauf von *Ascaris***
Der Befall des Menschen erfolgt durch Aufnahme befruchteter Eier, z. B. durch ungewaschenes, rohes Gemüse. Im Dünndarm schlüpfen die Larven, durchbohren die Darmwand und gelangen über Leber und Herz in die Lunge, durchbrechen die Alveolenwände und befallen die Atemwege. Durch Abhusten gelangen die Larven in den Rachenraum, und von dort durch Verschlucken zurück in den Darm, wo sie sich ansiedeln und zur Geschlechtsreife heranwachsen. Ihre Eier werden befruchtet mit dem Kot ausgeschieden. In der Außenwelt reifen die Eier zu Larven heran, die wieder von Menschen aufgenommen werden können

kreisen verbreitet. In Europa entwickelt sich die Larve I in Bergwerken, die untertags hohe, konstante Temperaturen haben **(Grubenwurm).** Der Kopf hat charakteristische Zähne (Ancylostoma) bzw. eine Schneideplatte (Necator, Grubenwürmer). Die geschlechtsreifen Nematoden schmarotzen im menschlichen Darm an der Mucosa und saugen Blut. Bei Massenbefall ist der **Blutverlust** beträchtlich (0,3 bis 0,51 pro Tag). Die Folgen sind schwere Anämie und intensive Darmbeschwerden, häufig mit fatalem Ausgang. **Fast eine Milliarde Menschen** leiden an diesen Parasiten!

Die Trichinose ist durch Fleischbeschau stark zurückgedrängt. Trichinose wird durch *Trichinella spiralis* hervorgerufen (s. Tab. 13.**6**). Dank der gesetzlich vorgeschriebenen Trichinenbeschau spielt die Trichinose in Zentraleuropa nur noch eine untergeordnete Rolle. Aber in anderen Ländern (sogar Industrienationen) mit weniger strengen Hygienevorschriften findet sich eine starke Durchseuchung der Bevölkerung. Zum Beispiel wiesen mehr als 80% der Bevölkerung von New York Ende der sechziger Jahre als Zeichen für eine durchgemachte Trichinella-Infektion Antikörper gegen *Trichinella spiralis* auf. Die Infektion erfolgt durch Genuß **trichinösen Fleisches.** Innerhalb einer Woche werden die aufgenommenen Larven im Darm des Wirts geschlechtsreif. Das Weibchen erzeugt dann 1000 bis 2000 Larven, die durch die Darmwand in die Muskulatur wandern und dort eingekapselt werden. Im Muskel sind die encystierten Larven infektiös, solange der Wirt lebt. Als Wirte kommen alle fleischfressenden Mammalia in Frage, also neben dem Menschen Ratte, Schwein, Hund, Fuchs, usw. Der Cyclus hin zum Menschen verläuft zumeist über Ratte und Schwein. Der Mensch ist dann Endstation (Fehlwirt), da sein Fleisch in der Regel nicht von Mammalia gefressen wird. Die meisten Trichinella-Infektionen bleiben unerkannt. Hauptsymptome sind **Darmbeschwerden,** bedingt durch den massenweisen Durchtritt der Larven durch die Darmwand, mit allerdings selten letalem Ausgang, hohes Fieber und starke Ödeme. In der chronischen Phase treten durch die encystierten Larven Muskelbeschwerden auf (Schmerzen und Leistungsminderung). Bei Befall des Herzmuskels (Myocarditis) besteht Lebensgefahr.

Der Peitschenwurm, *Trichuris*, wird häufig aus den Tropen eingeschleppt.

Trichuriasis (*Trichuris*- bzw. Peitschenwurmbefall) ist besonders in den Tropen weit verbreitet und wird nicht selten nach Zentraleuropa eingeschleppt (s. Tab. 13.**6**). *Trichuris* sitzt in der Darmschleimhaut des Menschen oder anderer Mammalia. Über mehr als ein Vierteljahr produziert das Weibchen viele Eier, die mit dem Kot ins Freie gelangen, wo sie reifen (bei höheren Temperaturen). Reife Eier werden mit kontaminierter Nahrung aufgenommen. Die im Darm geschlüpften Larven entwickeln sich innerhalb von vier bis zehn Wochen zu geschlechtsreifen Peitschenwürmern. Starker *Trichuris*-Befall führt zu schweren Entzündungen des Enddarms.

Der *Strongyloides* (Zwergfadenwurm) reguliert seine Erscheinungsform über den Chromosomensatz.

Strongyloidiasis, der Befall mit *Strongyloides* (Zwergfadenwurm), ist nicht nur aus pathologischer, sondern auch aus biologischer Sicht interessant (s. Tab. 13.**6**). Die Individuen können haploid (1n), diploid (2n) oder triploid (3n) sein. Je nach **Chromosomensatz** variiert ihre Aufgabe! Im Darm leben parthenogenetisch (Jungfernzeugung) entstandene Weibchen, die triploid sind und Eier produzieren, die 3n-, 2n- oder 1n-Chromosomensätze haben. 95 bis 99% sind triploid, nur 1 bis 5% haploid oder diploid. Haploide Eier reifen zu freilebenden Männchen, diploide Eier werden zu freilebenden Weibchen. 3n-Individuen werden wieder zu parthenogenetisch sich vermehrenden Weibchen. Die relative Verteilung von triploiden zu haploiden und diploiden Eiern hängt von den jeweiligen Bedingungen im Darm ab. Wenn das im Darm lebende zur Parthenogenese befähigte Weibchen optimale Bedingungen vorfindet, werden fast ausschließlich 3n-Eier abgelegt. Bei suboptimaler Situation werden vermehrt Eier (1n, 2n) erzeugt, die zu freilebenden Formen führen, d. h., die Nachkommen werden auf die Reise geschickt. Die freilebende, getrenntgeschlechtliche Generation produziert triploide Eier, die Larven bilden. Diese dringen aktiv durch die Haut in einen neuen Wirt (Hund oder Mensch), gelangen nach einer Herz-Lungen-Schlund-Passage in den Darm und entwickeln sich dort zu (parthenogenetischen) Weibchen. Nach zwei Wochen werden wieder Eier abgelegt. Durch den Durchtritt der Larven durch die Lungenalveolaren entsteht die *Strongyloides*-Pneumonie. Entsprechend kommt es zu Darmaffektionen mit schweren Diarrhoen. Oft verläuft die Strongyloidiasis letal. Der Parasit ist **sehr häufig.** Zwischen 10 und 25% der tropischen Bevölkerung leidet an ihm!

Der *Dracunculus medinensis* (Drachenwurm) verursacht unter anderem infizierte, eiternde Wunden.

Dracunculiasis, der Befall mit *Dracunculus medinensis* (Drachenwurm), ist spezifisch für den Menschen (s. Tab. 13.**6**). Die Infektion erfolgt durch Aufnahme eines larventragenden **Cyclops** (kleiner Wasserkrebs) meistens über das **Trinkwasser.** Die Larven dringen durch die Darmwand und wandern in die Lymphknoten, wo die weitere Reifung stattfindet. Die geschlechtsreifen Parasiten besiedeln das **Unterhautbindegewebe** besonders der **Beine.** Dort werden Eier produziert, die sich gleich an Ort und Stelle zu Larven entwickeln. Das Weibchen durchbricht die Haut und entläßt die Larven, die sich im Süßwasser einen Cyclops suchen – ein neuer Cyclus beginnt. Wo die Haut durchbrochen wird, kommt es zu bakteriellen Sekundärinfektionen. Aus der Wunde läßt sich mitunter mit einer Pinzette das bis zu 1 m lange Weibchen ziehen. *Dracunculus* ist in den Tropen relativ weit verbreitet.

Filarien verursachen Elephantiasis.

Filariasis wird von Filarien hervorgerufen (s. Tab. 13.**6**), die obligat von Insekten übertragen werden, deren Weibchen Mikrofilarien im Körper des Menschen absetzen. Bei der **Elephantiasis** (Erreger: *Wuchereria bancrofti*) erfolgt die Infektion durch einen Stich der parasitentragenden Mücken *(Anopheles, Culex* oder *Aedes)*. Innerhalb eines Jahres entwickeln sich die Larven zu den geschlechtsreifen Würmern, die sich bevorzugt in Lymphgefäßen ansiedeln und zu **riesigen Schwellungen** der befallenen Gliedmaßen führen! Die Weibchen legen nachts Mikrofilarien, die von Mücken aufgenommen werden können. In den Mücken reifen die Larven unter mehrfacher Häutung und können schließlich durch einen Stich den nächsten Menschen infizieren. Sehr ähnlich ist die **Flußblindheit** (Onchocerciasis-Erreger: *Onchocerca volvulus*), an der mehr als **50 Millionen Menschen** leiden. Wenn sich die Parasiten in den Lymphgefäßen des Auges ansiedeln, kommt es zur Blindheit.

13.2.4. Arthropoden (Gliederfüßler)

Die Arthropoden sind der arten- und individuenreichste Tierstamm. Darunter befinden sich einige menschliche Parasiten **(meistens Ektoparasiten)**, die als Überträger ernster Krankheiten Bedeutung haben (Tab. 13.**7**).

Zecken und Milben

Sie gehören in die Klasse der Chelicerata (Spinnenartige)

➨ **Zecken sind als Überträger von Krankheiten besonders gefürchtet (Abb. 13.11).** Sie können die Erreger der **Zeckenencephalitis (Virus)**, der **Frühsommer-Meningoencephalitis (FSME)**, der **Borreliose (Lyme-Krankheit)**, der **Tularämie** (**Bakterium** *Pasteurella tularensis*), des **Rocky-Mountain-Fiebers (Rickettsien)** oder solche von anderen Wirbeltierkrankheiten **(Protozoen-Parasiten)** tragen. Die Erreger werden vom Weibchen auch an die Eier weitergegeben, wodurch die Verbreitung der Krankheiten gewährleistet ist. Die häufig letal verlaufende Zeckenencephalitis ist in letzter Zeit stark gehäuft aufgetreten. Interessanterweise gibt es geographisch umgrenzte Gebiete in Mitteleuropa, in denen Zeckenencephalitis endemisch ist. Zecken sind bis zu 2 mm groß. Beim **Blutsaugen** kann das Körpervolumen auf ein Mehrfaches vergrößert werden. Die Zecken beißen zum Blutsaugen eine Grube in die Haut des Wirts, die voll Blut läuft und dann genußvoll immer wieder ausgeschlürft wird. Dadurch verliert der befallene Wirt beträchtliche Mengen Blut. Dies führt häufig zu Anämie. Durch Eingraben sind die Zecken, die überdies Haken besitzen, fest im Wirt verankert. Speziell wenn das Körpervolumen des Parasiten durch Blutsaugen angeschwollen ist, ist er nicht oder kaum vom Wirt zu trennen. Nur nach Betäubung, z. B. mit Alkohol, kann die Zecke vollständig entfernt werden. Abdeckung mit Öl verschließt die Stigmen und die Zecke erstickt. Dann kann sie entfernt werden. Sofern kein Alkohol oder Öl zur Hand ist, kann man die Zecke durch vorsichtiges Herausdrehen auch mechanisch entfernen. Während des Blutrausches findet, durch aufgenommene Hormone induziert, die Begattung statt. Das Weibchen legt dann mehrere tausend Eier ab. Jedes Entwicklungsstadium, Larve, Nymphe und Imago, muß einmal für mehrere Tage einen Wirt zum Blutsaugen aufsuchen. Mit dem **Speichel,** der Antikoagulantien (Gerinnungshemmer) und manchmal auch Krankheitserreger enthält, werden von einigen Zeckenarten dem Wirt **Neurotoxine** injiziert, die die aufsteigende **Zeckenlähmung** hervorrufen. Zunächst werden die Beine und dann aufsteigend die anderen Muskeln befallen. Auch Herz- und Atemmuskeln können gelähmt werden. Ob eine Schutzimpfung gegen die Frühsommer-Meningoencephalitis sinnvoll ist, wird derzeit noch kontrovers diskutiert.

Tab. 13.7 Arthropoden

Gruppe Art	Krankheitsfolge direkt	Überträger von	Krankheitsfolge indirekt
Chelicerata (Spinnenartige)			
Zecken	Anämie	Viren Bakterien Rickettsien	Encephalitis, Frühsommer-Meningoencephalitis (FSME), Tularämie, Borreliose, Rocky-Mountain-Fieber
Milben	Bäckerkrätze (Trugkrätze)	Viren Rickettsien	Encephalitis, Tsutsugamushi-Fieber
Grabmilbe	Krätze		
Insekten: Hemimetabola			
Läuse	Dermatosen	*Rickettsia prowazeki* Spirochaeta recurrentis	Flecktyphus Rückfallfieber
Wanzen	Hautirritationen	*Trypanosoma cruzi*	Chagas-Krankheit
Insekten: Holometabola			
Flöhe	Hautirritationen		Pest
Rattenfloh	Hautirritationen	obligat: *Yersinia pestis* unspezifisch: Viren Bakterien Rickettsien	 u. a. Fleckfieber u. a. Tularämie
Sandflöhe	Hautirritationen		
Diptera (zweiflügelige Insekten)			
Mücken			
Aedes	Hautirritationen	Viren	Gelbfieber
Anophelses	Hautirritationen	Protozoen Nematoden	Malaria u. a. Elephantiasis
Phleobothomus (Sandmücke)	Hautirritationen	Protozoen	Leishmaniosen
Fliegen			
Musca		Viren Bakterien	Poliomyelitis u. a. Cholera, Typhus
Muscalarven			Myiasis
Glossina		Protozoen	Schlafkrankheit
Bremsen			
Crysops	Hautirritationen	Bakterien	Tularämie

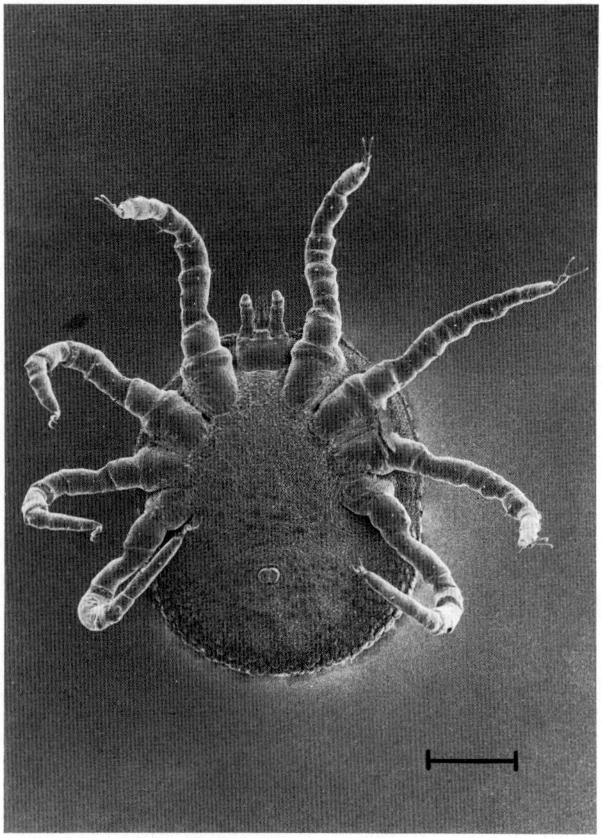

a

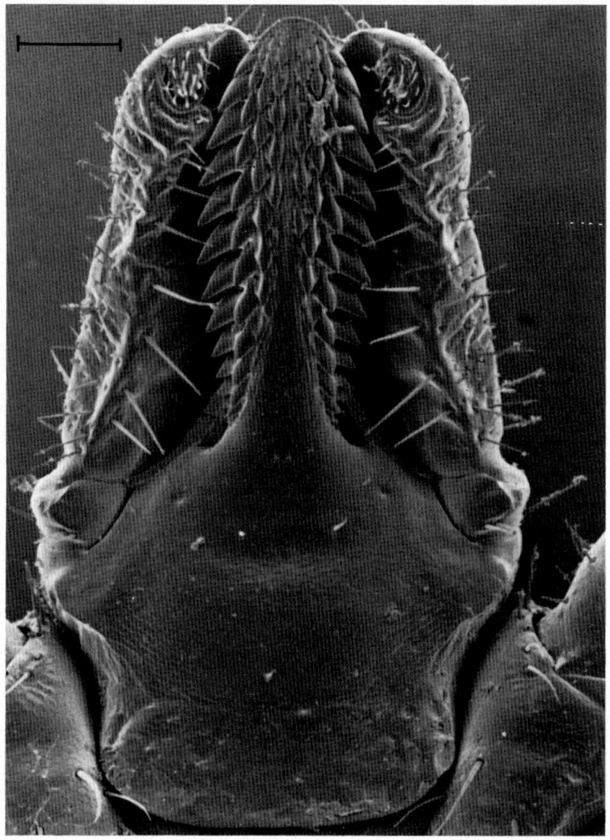

b

Ei
↓
Larve
↓
Maus ← Blutmahlzeit
↓
Nymphe
↓
Katze ← Blutmahlzeit
↓
Imago
↓
Mensch ← Blutmahlzeit

c

Abb. 13.**11 Zecken**
a Nymphe der Taubenzecke (*Argas reflexus;* M: 1,3 cm ≙ 0,1 mm)
b Hundezecke *(Ixodes ricinus)* (Aufnahmen: W. Peters, Düsseldorf; M: 2 cm ≙ 150 μm
c Wirtswechsel der Schildzecke

Zecken haben häufig einen interessanten **Wirtswechsel.** So durchlaufen z. B. die Encephalitis übertragenden **Schildzecken** *(Ixodidae)* in ihrer Entwicklung drei Wirte (Abb. 13.**11**). Vor jeder der drei Häutungen, die jeweils auf dem Boden erfolgen, muß Blut aufgenommen werden. Nach jeder Häutung wird ein größerer, neuer

Wirt gesucht z. B. Maus – Katze – Mensch. Die Gesamtentwicklung dauert (je nach Temperatur) zwischen einigen Monaten und Jahren. Zecken gehören zu der Ordnung der Milben (Acari).

➡ **Milben verursachen Krätze.** Milben übertragen nur in **seltenen Fällen** Krankheiten auf den Menschen: **Encephalitis** (Virus) und **Tsutsugamushi-Fieber (Rickettsien).** Einige Arten leben mit Vorliebe in **Mehl** und rufen bei Menschen, z. B. Bäckern, die mit dem Mehl in Kontakt kommen, Reizungen hervor **(Bäckerkrätze oder Trugkrätze).** Die Reizung erfolgt durch die für Milben charakteristische Behaarung sowie durch alte Milbenhäute. Die eigentliche Krätze wird von der **Grabmilbe** *Sarcoptes scabiei* erzeugt. Diese Milbe gräbt **Kanäle** in die menschliche Epidermis, in denen die bis zu einem halben Millimeter großen Parasiten leben. Männchen und Weibchen treffen sich für das Sexualleben an der Oberfläche. Nach der Befruchtung erfolgt die letzte Häutung. Nach einigen Tagen startet die Eiproduktion (etwa ein Dutzend jeden zweiten Tag). Die Kanäle sowie resultierende Sekundärinfektionen rufen starken **Juckreiz** (Pruritus), **Eiterungen** und **Verhornung** (letztere vor allem an den Ohren) hervor. Menschliche Krätze ist bevorzugt zwischen den Fingern und Zehen lokalisiert.

Hemimetabole Insekten

Bis auf eine Ausnahme sind die Parasiten unter den Insekten **Ektoparasiten.** Nur der **Sandfloh** ist ein **Endoparasit.** Die Atmung der Insekten erfolgt über das Tracheensystem, ein Röhrensystem, das den ganzen Organismus durchzieht. Der Körper ist in Kopf, Thorax und Abdomen gegliedert. Der **Kopf** ist mit einem Paar **Antennen** und den Mundwerkzeugen, einem Paar **Mandibeln,** einem Paar **Maxillen** und einem unpaaren Labium, ausgestattet. Die beiden **Facettenaugen** können bei den Parasiten rudimentär sein. Der **Thorax** trägt an den drei Segmenten je ein Paar fünfgliedrige Extremitäten. Die beiden Flügelpaare sind meistens rückgebildet. Das **Abdomen** hat keine Extremitäten, dafür Geschlechtsorgane und Drüsen.

➡ **Läuse können Indikatoren für mangelnde Hygiene sein.** Läuse sind Überträger des **Flecktyphus** *(Rickettsia prowazeki).* Die Erreger werden mit den Läusefaeces ausgeschieden und gelangen dann zur Aufnahme. Auch **Rückfallfieber** (Erreger: *Spirochaeta recurrentis*) und **Wolhynisches Fieber** werden auf diese Weise übertragen. Die Auswirkungen des Läusebefalls selber sind zwar äußerst lästig, aber nicht lebensbedrohend. Es treten **Hautschädigungen** auf und häufig bakterielle Sekundärinfektionen, die zu Dermatosen führen können. **Kleider-** und **Kopflaus** sind eng verwandt und deshalb auch kreuzbar. Die **Filzlaus** setzt sich etwas von ihnen ab und parasitiert in der Schambehaarung. Kleider- und Kopfläuse sind relativ beweglich und gehen dadurch schnell auf das nächste Individuum über. Filzläuse sind viel stationärer und werden fast nur bei Intimkontakten, ähnlich einer Geschlechtskrankheit, übertragen. Kopfläuse werden häufig durch die Eier **(Nissen)** bei Benutzung ein und desselben Kammes, Kleiderläuse durch Kleidertausch weitergegeben. Läuse sind in Zentraleuropa wieder stark im Vormarsch.

Läuse sind **ungeflügelt,** und ihre Beine sind in typische Klammerorgane umgebildet (Abb. 13.**12 e**). Auch ihre Facettenaugen sind zurückgebildet. Die Mundwerkzeuge sind stark an die parasitäre Lebensweise angepaßt, sie sind Stechsauger. Läuse sind auf häufiges Blutsaugen angewiesen. Nach wenigen Tagen des Fastens sind sie nicht mehr lebensfähig (Quarantäne, z. B. der Kleider). Das Weibchen legt nach der Begattung täglich einige Nissen ab, die an die Haare geklebt werden und den charakteristischen Läusefilz ergeben. Abhängig von der Temperatur schlüpft nach ein bis zwei Wochen die ebenfalls blutsaugende Nymphe, die sich über drei Häutungen zu dem Imago entwickelt (1 bis 2 Wochen).

Biologisch gesehen sind Läuse äußerst interessant durch ihre **Symbiose** mit dem Mikroorganismus **Mycetom,** von dem ihr Stoffwechsel abhängig ist, und das sie an ihre Eier vererben.

➡ **Wanzen haben den charakteristischen „Wanzengestank“. Raubwanzen** übertragen *Trypanosoma cruzi* (Chagas-Krankheit). Sie werden bis zu 3 cm groß und ihre Stiche sind sehr unangenehm. Bettwanzen übertragen nur in Ausnahmefällen Krankheiten. Durch die lästigen Stiche sowie ihren penetranten **„Wanzengestank“** aus ihrer Stinkdrüse sind Bettwanzen sehr widerwärtig. Ihre Stiche sind schmerzhaft, stark juckend mit erheblichen **Hautirritationen.** Es wird dem Wirt verhältnismäßig viel Blut entnommen, denn Wanzen fressen auf Vorrat. Sie können bis zu sechs Monate fasten, wodurch ihre Bekämpfung erschwert ist.

Holometabola (Insekten mit vollkommener Umwandlung)

➡ **Flöhe sind Überträger der Pest.** Flöhe übertragen das **Pestbakterium** *(Yersinia pestis).* Der **Rattenfloh** *(Xenopsylla cheopsis)* lebt auf Nagetieren (Abb. 13.**12 c, d**), vorzugsweise auf der **Ratte,** aber auch, wenn kein Nagetier vorhanden ist, auf dem Menschen. In Kalifornien ist die Pest immer noch endemisch. Der Floh lebt dort auf einem Wüstennager. Ratten (und andere Nager) werden ebenfalls von *Yersinia pestis* infiziert. Wenn eine Rattenpopulation durch Pestbefall ausgestorben ist, wird ein anderer Wirt von den dann hungernden Flöhen gesucht und im Menschen gefunden – der Grund für die mittelalterlichen Pestepidemien.

Flöhe können auch **Zwischenwirte für Parasiten** sein: Rattenbandwurm, Zwergbandwurm etc. Außerdem können noch eine Reihe nicht spezifisch an Flöhe gebundene Erreger übertragen werden: Tularämie-Erreger, Salmonellen, Shigellen, Rickettsien, Fleckfiebererreger etc.

➨ **Sandflöhe** sind teilweise **Endoparasiten.** Die Weibchen bohren sich in die menschliche Haut und entwickeln sich dort. Das Hinterende mit der Geschlechtsöffnung bleibt an der Oberfläche und wird vom Männchen, das frei auf dem Menschen lebt, begattet. Etliche tausend Eier werden nach außen abgelegt. Flöhe sind flügellos (zurückgebildet). Das Mundwerkzeug zeigt eine ausgeprägte Anpassung an das parasitäre Leben. Es hat sich ein zweikanäliges Stechorgan entwickelt, durch das gleichzeitig Speichel mit Antikoagulantien injiziert und durch ein größeres Rohr Blut gesaugt werden kann. Zur Fortbewegung ist das dritte Beinpaar besonders stark ausgebildet. Die Flöhe sind nicht wählerisch mit ihren Wirten. Praktisch alle Mammalia können befallen werden. Hunde in den Städten sind häufig Träger von Flöhen, die auf Menschen übergehen können und erhöhen damit dessen Gesundheitsrisiko.

➨ **Die fliegenden Insekten – Mücken, Fliegen und Bremsen – sind zweiflügelig.**

Die Vorderflügel sind groß und erscheinen wie durchsichtige Membranen. Die Hinterflügel sind zurückgebildet. Mücken haben mindestens sechsgliedrige Antennen, Fliegen und Bremsen dreigliedrige, wobei die der Bremsen Borsten an den Antennen tragen.

Mücken (Abb. 13.**12b**), zu denen **Stechmücken** (Culicidae), **Kriebelmücken** (Simuliidae) (Abb. 13.**12f**) und **Sandmücken** (Phlebotomidae) gehören, sind wichtige Überträger menschlicher Parasiten und anderer Krankheiten (s. Tab. 13.**7**).

Interessant ist bei den **Mücken,** daß nur die **Weibchen Blutsauger** sind! Bei den Culicidae braucht das Weibchen Blut für die Entwicklung der Eier. Die Männchen leben von pflanzlichen Produkten. Die Eier werden im Wasser abgesetzt, wo nach wenigen Stunden oder längstens einem Tag die blinden Larven schlüpfen. Die Atemöffnung ist am Hinterende und steht aus dem Wasser heraus, wobei *Anopheles* parallel zur Oberfläche liegt, die anderen Mücken schräg an der Wasseroberfläche hängen. Innerhalb von zwei Wochen bildet sich über mehrere Larvenhäutungen die Puppe, die nach einigen Tagen zum Imago wird. Neben der Bedeutung als Parasitenüberträger sind Mücken lästige Ektoparasiten.

➨ **Fliegen** sind ebenfalls wichtige **Überträger von Krankheiten,** sowohl parasitärer als auch bakterieller oder viraler Art. Bei den Fliegen sind sowohl Weibchen als auch Männchen Blutsauger!

Die wichtigsten Fliegen sind aus medizinischer Sicht die *Glossina-Arten* (Tsetsefliegen; s. Tab. 13.**7**, Abb. 13.**12a**), die Trypanosomen übertragen und sie in der Funktion eines Zwischenwirts auch vermehren können. Charakteristisch für die Glossinae ist, daß sich in der Ruheposition die Flügel vollständig decken (Zungenform: **Zungenfliegen**), während bei allen anderen Fliegen die Flügel auseinanderstehen. Glossinae legen keine Eier ab, sondern entwickeln intrauterin einzelne Larven bis fast zum Puppenstadium. Die Puppe ist sehr unempfindlich und nicht auf Nahrungsaufnahme angewiesen. Nach knapp einem Monat schlüpft dann die fertige Fliege, die etwa drei Monate lang lebt und etwa zehn Nachkommen hervorbringt.

Die Muscidae **(Hausfliege)** bieten ein Gesundheitsrisiko durch die vielfältigen Übertragungsmöglichkeiten von Krankheiten! Fliegen können auch als **Endoparasiten** bzw. stationäre Ektoparasiten auftreten und zu **Myiasis** führen. Eier oder Larven werden an entsprechenden

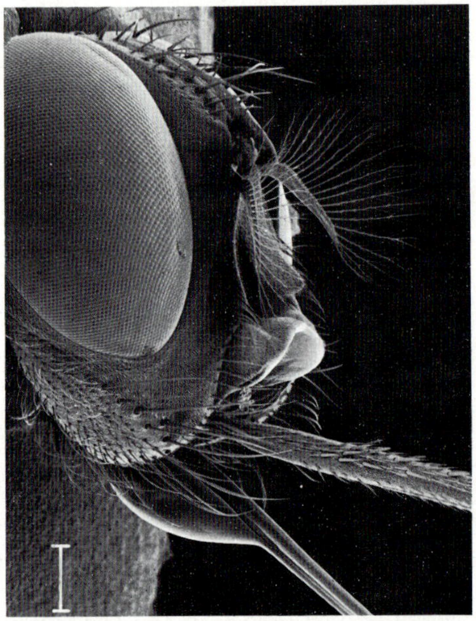
a

Abb. 13.**12 Insekten**
a Kopf der Tsetsefliege, *Glossina morsitans*, Überträger der Schlafkrankheit (M: 1,1 cm ≙ 0,1 mm)
b Kopf der Gelbfiebermücke, *Aedes aegypti* (M: 2,5 cm ≙ 50 µm)
c Nagerfloh von schräg oben (M: 1,5 cm ≙ 0,2 mm)
d Kopf eines Nagerflohs (M: 2,5 cm ≙ 33 µm)
e Kleiderlaus mit Ei (Nisse; M: 2,5 cm ≙ 0,1 mm)
f Kopf der Kriebelmücke, *Odagmia ornata* (M: 2,2 cm ≙ 0,1 mm)
(Aufnahmen: W. Peters, Düsseldorf)

b

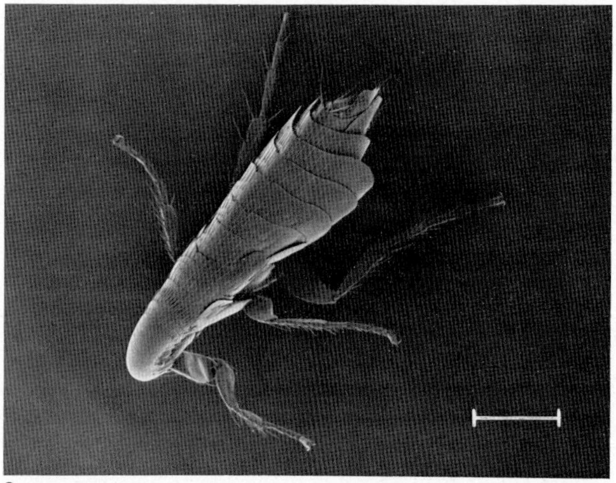

c

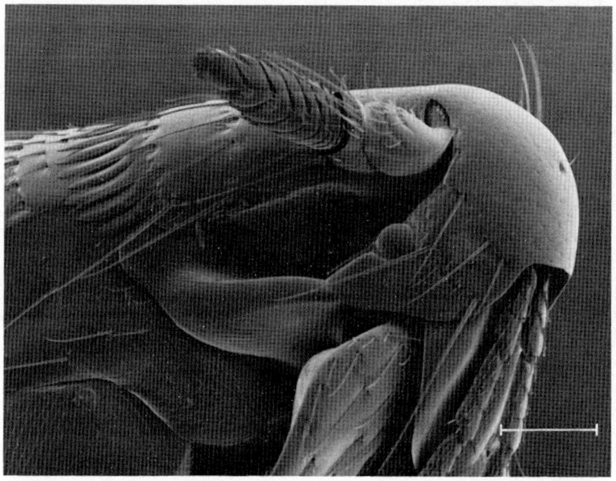

d

Abb. 13.**12b–f**

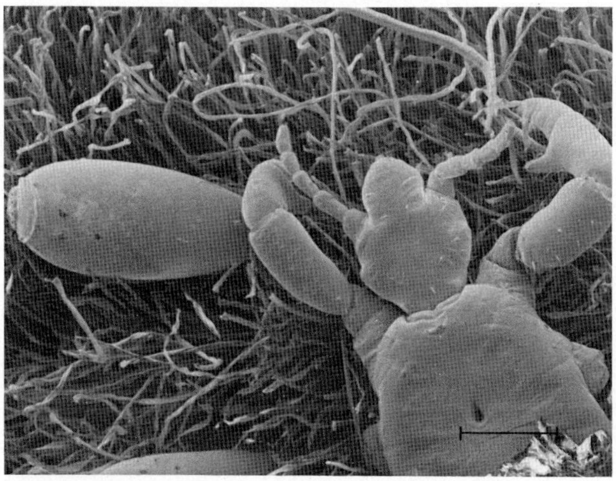

e

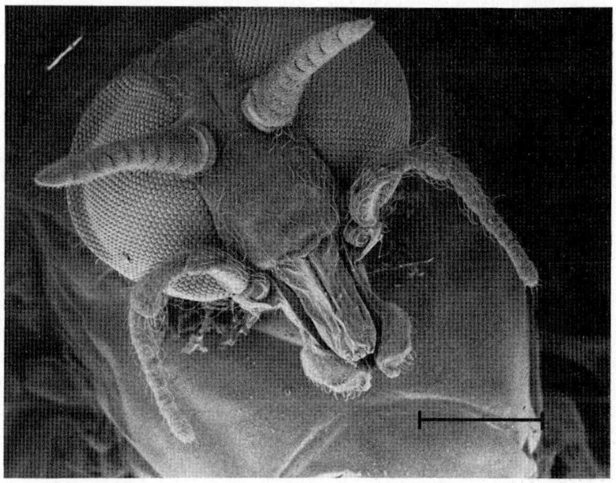

f

Stellen (Wunden, Augen, Schleimhäuten –, auch im Körperinneren wie Darm etc.) deponiert. Die geschlüpften Larven ziehen dann als fußlose Maden an die Plätze, wo sie sich entwickeln, und kommen erst kurz vor der Verpuppung wieder hervor. Besonders im Zusammenhang mit begleitenden Sekundärinfektionen ist Myiasis lebensbedrohlich.

Weiterführende Literatur

Dönges, J.: Parasitologie, 2. Aufl. Thieme, Stuttgart 1988

Kayser, F. H., K. A. Bienz, J. Eckert, J. Lindenmann: Medizinische Mikrobiologie, 7. Aufl. Thieme, Stuttgart 1989

Piekarski, G.: Medizinische Parasitologie in Tafeln, 3. Aufl. Springer, Berlin 1987

Kapitel 14

Ökologie

Ökologie, so wie sie 1866 von Ernst Haeckel definiert wurde, ist die Lehre von den Wechselbeziehungen zwischen den Lebewesen und ihrer Umwelt. Da die Umwelt wiederum u. a. aus Organismen besteht, befaßt sich die Ökologie auch mit den Wechselbeziehungen der Organismen untereinander und deren Stoff- und Energiehaushalten und -flüssen. Die Intensivierung der Forschung auf diesem Gebiet, ebenso wie ein ausreichendes Wissen um die bereits belegten Gesetzmäßigkeiten, hat in jüngster Zeit außerordentlich an Bedeutung gewonnen. Schon seit der Steinzeit hat der Mensch in die Vorgänge der Natur willkürlich eingegriffen: Er hat Wälder gerodet, Ackerbau und Viehzucht betrieben, Bodenschätze gewonnen und Abfall produziert. All diese Unternehmungen waren kompensierbar, solange sich die Bevölkerungszahl nahezu konstant hielt, und der Mensch einzig und allein auf seine eigene Arbeitskraft angewiesen war. Eine grundsätzliche Änderung der Situation brachten einerseits die **Industrialisierung** in der zweiten Hälfte des 19. Jahrhunderts, andererseits die **Fortschritte in Wissenschaft und Medizin** Anfang des 20. Jahrhunderts. Ein exponentieller Anstieg im Wachstum der Bevölkerung (Senkung der Kindersterblichkeit, Anstieg der Lebenserwartung) zwang zu erhöhter Produktivität. Der Einsatz von Maschinen ermöglichte eine systematische Veränderung der Natur: Bau von Städten und Industrieanlagen, Beschaffung ausreichender Nahrungsmittel durch künstliche Bodenanreicherung (Düngung) und Ausrottung unerwünschter Organismen (Schädlingsbekämpfung), Anlegen ausgedehnter Monokulturen und Dezimierung des Baumbestandes, Deckung des ständig steigenden Energiebedarfs durch Plünderung der Bodenschätze, gedankenlose Produktion von unverrottbaren Materialien, die als Abfallprodukte die Natur belasten, und industriebedingte Verunreinigungen von Luft und Wasser haben zu ungeahnten Problemen geführt. Umweltschutz ist zur Überlebensfrage geworden. Gerade für angehende Mediziner ist es deshalb erforderlich, sich mit den Grundlagen der Ökologie auseinanderzusetzen, um ein Verständnis für Nutzen und Gefahren bei menschlichen Manipulationen ökologischer Gleichgewichte zu entwickeln. Sie sind aufgerufen, mittels ihres medizinischen Wissens einem unkontrollierten und für die Menschheit verheerenden Bevölkerungswachstum entgegenzusteuern. Anhand ihrer Patienten werden sie täglich mit den gesundheitsschädigenden Folgen eines unreflektierten Eingreifens in unsere Umwelt konfrontiert, in die wir alle unausweichlich durch naturgegebene Wechselbeziehungen fest eingebunden sind.

Es gibt verschiedene Standpunkte, von denen aus man ökologische Beziehungen betrachten kann:
- Autökologie,
- Ökosystemforschung,
- Populationsökologie.

14.1. Die Autökologie analysiert die Wechselwirkung des Einzelorganismus mit der Umwelt

Die **Autökologie** stellt das Individuum (bzw. Individuen einer Art) in den Mittelpunkt ihrer Betrachtungsweise und beobachtet seine Funktionen in Beziehungen zu einzelnen Umweltfaktoren bzw. seine Reaktionen auf Veränderung derselben.

14.1.1. Die Umwelt setzt sich aus belebten (biotischen) und unbelebten (abiotischen) Faktoren zusammen

Zu **biotischen Faktoren** zählen Lebewesen pflanzlicher oder tierischer Art, die als Nahrung dienen und solche, mit denen eine Beziehung aufgenommen werden muß: Konkurrenten um den Lebensraum, Feinde, Symbionten, Geschlechtspartner oder bei Pflanzen Tiere, die Bestäubung und Samenausbreitung garantieren.

Abiotische Faktoren sind z. B. Bodenbeschaffenheit (Minerale), das Klima, das durch die jahreszeitlichen Schwankungen der Temperatur, der Feuchtigkeit, der Luftbewegungen und der Lichteinstrahlung bestimmt wird, und Sauerstoff- bzw. Kohlendioxidgehalt der Luft (Rep. 14.**1**).

14.1.2. Biotop und Biozönose bilden das Ökosystem

Die im Hinblick auf ihre physikalischen und chemischen Eigenschaften abgrenzbaren Lebensräume bilden ein Biotop (Tümpel, Meer, Sumpf etc.). Die dieses Biotop bewohnenden Lebensgemeinschaften bilden eine Biozönose. Biotop und Biozönose bilden mit ihren Wechselbeziehungen ein **Ökosystem.** Alle Ökosysteme zusammengefaßt versteht man als Ökosphäre bzw. Biosphäre (Rep. 14.**2**). Dieser belebte Raum umfaßt alle Bereiche der Ökosysteme: Atmosphäre (Lufthülle der Erde: tiefere Schicht = Homosphäre mit N_2, O_2, CO_2 und H_2O-Dampf, obere Schicht = Heterosphäre mit atomarem Sauerstoff, H_2 und Ozon), Hydrosphäre (festes, flüssiges und gasförmiges Wasser: 97% Meerwasser, 3% Süßwasser, davon ~70% Eis und Schnee), Pedosphäre (oberste Bodenschicht bis in 5 m Tiefe), Lithosphäre (Gesteinsanteil der Erde).

Rep. 14.1 Umwelteinflüsse

Faktoren

biotische (belebte)	abiotische (unbelebte)
Individuen der eigenen oder anderer Arten: Konkurrenten, Geschlechtspartner, Symbionten, Parasiten, Feinde, Beutetiere, Pflanzen etc.	**Bodenbeschaffenheit:** Minerale, Bodenart etc. **Klima:** Temperatur, Licht, Feuchtigkeit, Winde, Zusammensetzung der Atmosphäre etc.

Rep. 14.2 Ökologische Systeme

Ökosphäre (Biosphäre)

Ökosystem → Biotop (Lebensraum, Siedlungsort)
Ökosystem → Biozönose (Lebensgemeinschaft: Tiere, Pflanzen, Mikroorganismen mit gegenseitiger Wechselwirkung)

14.1.3. Organismen, die an enge Bedingungen gebunden sind, sind stenopotent (stenök), anpassungsfähige nennt man eurypotent (euryök)

Die Lebensbedürfnisse der Organismen sind ausschlaggebend dafür, welche Biotope sie sich als Wohnstätte auswählen können. Solche, die an streng definierte Bedingungen gebunden sind, nennt man **stenopotent (stenök),** jene mit großer Anpassungsfähigkeit an unterschiedliche Außenbedingungen **eurypotent (euryök).** Sind derartige Organismen in der Lage, große Temperaturschwankungen zu tolerieren, dann sind sie **eurytherm.** Können sie

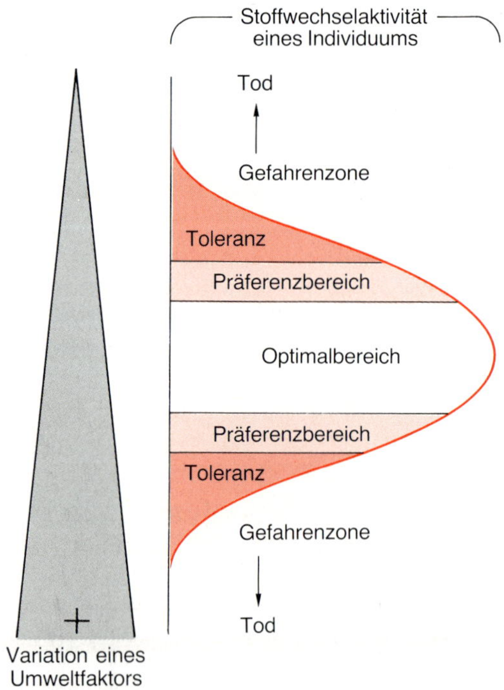

Abb. 14.1 **Idealisierter Verlauf der Stoffwechselaktivität eines Organismus als Reaktion auf Umweltfaktoren (Temperatur, Licht, etc.)**
Sowohl ein Zuwenig als auch ein Zuviel eines bestimmten Umweltfaktors gefährdet das Überleben. Toleranz-, Präferenz- und Optimalbereich sind Bereiche wachsenden Wohlgefühls

unter verschiedenen Sauerstoffbedingungen existieren, dann sind sie **euryoxibiont.** Zu derartigen eurypotenten Lebewesen zählt der Mensch, der als **Ubiquist** die verschiedenen Umweltbedingungen tolerieren kann. (Allerdings ist er von Natur aus durch seine Temperaturempfindlichkeit stenotherm und wurde erst nach Einführung warmer Kleidung „eurytherm".) Der **Toleranzbereich** (Abb. 14.**1**) gegen Schwankungen der Umweltfaktoren ist genetisch fixiert. Er kann relativ weit gefaßt sein und besagt nur, daß Veränderungen der Umweltbedingungen in diesem Rahmen mit dem Leben vereinbar sind. In der Praxis werden die Individuen bestrebt sein, sich in einem kleineren Teilbereich aufzuhalten, dem **Präferenzbereich.** Er fällt mit dem **Optimalbereich** zusammen, das ist jener Bereich, in dem die Lebensvorgänge des Individuums optimal ablaufen. Dabei ist optimal für einen Organismus immer jener Zustand, in dem zur Aufrechterhaltung seines Stoffwechsels die geringste Energiemenge aufgewendet werden muß.

Häufig müssen zur Anpassung an Umweltbedingungen **Adaptationsprozesse** durchgeführt werden. Ein vielzitiertes Beispiel ist die **Akklimatisation** an große Höhen. Um dem geringen Sauerstoffgehalt der Luft entgegenzuwirken, wird zunächst das Schlagvolumen des Herzens erhöht (gesteigerte Pulsfrequenz), anschließend kommt es zu einer Erhöhung des Hämoglobingehaltes der Erythrocyten und schließlich sogar zu einer Vermehrung der roten Blutkörperchen selbst.

14.1.4. Tiere mit konstanter Körpertemperatur sind homoiotherm, die mit wechselnder poikilotherm

Besonders interessant sind die Vorgänge bei der **Anpassung** der Organismen **an die Temperatur.** Stoffwechselprozesse ändern ihre Raten in Abhängigkeit von der Temperatur. Es wird zum lebenswichtigen Problem, die Körpertemperatur auch bei schwankender Außentemperatur konstant zu halten. Außer bei Vögeln und Säugern hängt bei allen anderen Lebewesen die Stoffwechselrate von der Außentemperatur ab. Sie sind **wechselwarm (poikilotherm)** und können nur mit Hilfe ihrer Färbung Wärme vermehrt abstrahlen oder speichern bzw. durch Ortswechsel Einfluß auf ihre Körpertemperatur nehmen. **Vögel und Säuger sind homoiotherm,** das heißt, sie sind in der Lage, im gewissen Rahmen die Temperatur ihres Körperkerns konstant zu halten (Rep. 14.**3**). Das Temperaturregulationszentrum liegt im Hypothalamus. Steigt die Körperinnentemperatur an, dann wird in der Peripherie vermehrt Wärme abgegeben (Gefäßerweiterung und verstärkte Durchblutung, Schwitzen, Hecheln bei Hunden, Bewegung großer Elefantenohren). Sinkt die Körperinnentemperatur, dann wird vermehrt Wärme konserviert (Gefäßverengung in der Peripherie) bzw. produziert

Rep. 14.**3** Temperaturkonstanz bei homoiothermen Tieren

Homoiotherme Organismen (Vögel, Säuger) versuchen, die Temperatur ihres Körpers konstant zu halten durch:
- verstärkte Wärmeabgabe:
  Gefäßerweiterung
  vermehrte Durchblutung
  Schwitzen
  Hecheln etc.
- verminderte Wärmeabgabe:
  Gefäßverengung
- Konstruktion von Bauten (Höhlen, Erdlöcher etc.)
- wechselnde Fell- und Federbekleidung
- evolutionäre Anpassung des Körpervolumens
- Winterschlaf
- Veränderung der Wärmeerzeugung:
  braunes Fettgewebe
- gesteigerte Muskelbewegung (Kältezittern)

(Kältezittern). Allerdings sind auch dieser Regulation Grenzen gesetzt: Der Mensch kann über beschränkte Zeit große Temperaturschwankungen tolerieren (−50 bis +100 °C), wenn auch oft nicht ungestraft (Erfrierungen). Steigt allerdings die Temperatur seines Körperkerns (normal 37 °C) über +44 °C oder sinkt sie unter +21 °C, dann tritt der Tod ein.

Eine weitere Möglichkeit, Temperaturschwankungen zu begegnen, bieten je nach der Jahreszeit wechselnde **Fell- und Federbekleidungen,** beim Menschen Sommer- und Winterkleidung. Auch die Evolution hat dazu beigetragen, die Lebewesen bestimmter Temperaturzonen von vornherein winter- bzw. sommerfest zu machen. Da die Fähigkeit zur Wärmeproduktion durch Anregung von Stoffwechselvorgängen um so größer ist, je größer das **Körpervolumen** eines Individuums ist, treten in kälteren Gegenden größere Exemplare einer Tierart auf als in wärmeren. Zwar vergrößert sich bei ihnen auch die wärmeabgebende Oberfläche. Da das Volumen jedoch in der dritten Potenz, die Oberfläche nur in der zweiten zunimmt, bleibt ein positiver Effekt erhalten. Einige Tiere haben einen weiteren Anpassungsmodus an tiefe Temperaturen entwickelt. Sie halten **Winterschlaf.** Eine extreme Erniedrigung aller Stoffwechselvorgänge ermöglicht eine schadlose Senkung der Körperinnentemperatur.

14.1.5. Ein weiterer lebensnotwendiger abiotischer Faktor ist das Sonnenlicht

Ohne Sonnenlicht wäre ein Leben auf dieser Erde nicht denkbar, ist es doch für grüne Pflanzen zur **Photosyn-**

these unerläßlich. Auch die im Sonnenlicht enthaltene **UV-Strahlung** hat große Bedeutung. Einerseits wird sie zur Überführung des Provitamins D_3 in Vitamin D_3 benötigt. (Mangelnde Sonneneinstrahlung im Kindesalter führte früher zu schweren rachitischen Veränderungen!) Andererseits muß der Organismus vor UV-Strahlung geschützt werden wegen ihrer schädigenden Wirkung auf die DNA (s. Kap. **2**). Eine Schutzreaktion ist die Pigmentierung der Haut, der Haare oder der Federn. In die Zellen wird ein Pigment, **Melanin,** eingelagert, das beim Menschen induzierbar und für die so begehrte Sonnenbräune verantwortlich ist. Genetisch fixiert ist die Haut- bzw. Fellfarbe: In Gegenden intensiver Sonneneinstrahlung ist die Haut von vornherein dunkelbraun pigmentiert. Wie außerordentlich schädigend auf die Haut und den Gesamtorganismus UV-Strahlen wirken können, zeigen Erkrankungen bei Menschen, deren DNA-Reparatursystem defekt ist. In der heutigen Zeit bleiben allerdings die krankheitsinduzierenden Schäden nicht auf die relativ wenigen Individuen beschränkt, die homozygot einen Reparaturdefekt tragen. Die Luftverschmutzung hat bereits derartige Formen angenommen, daß Dunstglocken über Industriestädten den größten Teil des UV-Lichts absorbieren. Die menschlichen Zellen werden durch den Mangel an UV-Strahlung weder zur Melaninbildung noch zur DNA-Reparatur angeregt. Der Wunsch nach Sonne ist verständlicherweise gerade in solchen Populationen außerordentlich groß, und Fernreisen in den sonnigen Süden bringen die Menschen innerhalb von Stunden in Gegenden höchster UV-Strahlung. Der Melaninschutz ist nicht gegeben, das Reparatursystem ist untrainiert, und schwere Schädigungen sind häufig die Folge.

14.2. Biotische Faktoren regulieren die Populationen des Ökosystems (Synökologie)

Zahlreich sind die **biotischen Faktoren,** die das Zusammenleben einzelner Individuen miteinander, aber auch ganzer Populationen (Mitglieder einer Art, die in einem fest umschriebenen geographischen Areal eine Fortpflanzungsgemeinschaft bilden) untereinander bestimmen.

14.2.1. Konkurrenz führt zur Einnischung

Dazu gehört das **Konkurrenzverhalten.** Lebewesen, die auf gleiche Umweltfaktoren (Nahrung, Nistplätze, Temperatur etc.) angewiesen sind, geraten in Konkurrenz, sobald bei wachsenden Populationen einer dieser Faktoren verknappt. Die eine Art muß die andere aus dem Felde schlagen, will sie überleben.

Um derartigen Konkurrenzen auszuweichen, ist es für jede Art notwendig, die für ihre Bedürfnisse am besten geeignete ökologische Nische zu finden. Da deren Zahl beschränkt ist, werden diejenigen Veränderungen einer Art bevorzugt selektioniert, die durch eine leichte Variation ihrer Ansprüche mit anderen ein und dasselbe spezifische Biotop nützen und somit der Konkurrenz entgehen können.

Ökologische Nischen (Rep. 14.**4**) können demnach einerseits unterschiedliche Biotope sein, andererseits durch Nutzung ein und desselben Biotops entstehen. Die ökologische Nische ist also nicht rein räumlich zu verstehen. Sie beinhaltet vielmehr auch Beziehungen einer Art zu ihrer Umwelt, ihre Fähigkeit, den ihr zur Verfügung stehenden Lebensraum zu nützen. Zur unterschiedlichen **Einnischung** innerhalb ein und desselben Biotops gibt es verschiedene Möglichkeiten:

1. Zeitliche Verschiebung der Aktivitäten:
   - tagaktive und nachtaktive Arten,
   - unterschiedliche Zeiten sexueller Aktivität.
2. Unterschiedliche Nahrungsbedürfnisse
   - Ort der Nahrungssuche (z. B. Boden, Baumstamm, Baumkrone),
   - Größe der Nahrung,
   - Beweglichkeit der Nahrung (fliegende Insekten, Larven, Würmer, Schnecken).
3. Unterschiedliche Schlafplätze (Baumstämme, Baumkronen etc.).

Rep. 14.**4** Einnischung

Einnischung zweier Konkurrenten

in unterschiedliche Biotope	im gleichen Biotop:
	– zeitlich verschobene Aktivitätsphasen (Rhythmik) – unterschiedliche Nahrungsbedürfnisse – unterschiedliche Schlafplätze – abweichendes Sexualverhalten

Rep. 14.5 Biologische Rhythmen

Länge	Bemerkungen
Minuten	Taufliege *(Drosophila)*
ca. 24 Std.	circadianer Rhythmus
28 Tage	circalunarer Rhythmus
1 Jahr	Vogelmigration

Eigenschaften circadianer Rhythmen:
- endogen, also auch ohne äußeren Zeitgeber wirksam
- temperaturkompensiert: Temperaturveränderung beeinflußt den Rhythmus nicht oder nur wenig
- Hemmer der Translation beeinflussen die Periode
- Trainierbarkeit der Phasendauer
- erblich

14.2.2. Endogene Rhythmen sind wichtige biotische Faktoren

Bei der gemeinsamen Ausnutzung eines Biotops ist die strikte Einhaltung eines Rhythmus, z. B. Zeiten des Wachseins, Zeiten der Nahrungssuche, Zeiten des Brütens, Zeiten der Fortpflanzung Voraussetzung. Diese **Rhythmik** (Rep. 14.5) ist **endogen** für jedes Individuum vorgegeben und wird als **innere Uhr** bezeichnet.

Die Längen biologischer Zeitmessung sind unterschiedlich. Der Mensch besitzt einen 24-Stunden-Rhythmus, circadianen Rhythmus

Wohl das interessanteste biologische Kontrollphänomen, dessen molekulare Grundlage immer noch gänzlich unbekannt ist, ist die **periodische Zeitmessung.** Nicht nur Vögel, wie schon lange bekannt, sondern auch Menschen haben einen erstaunlich genauen Mechanismus zur Messung von Zeiten. Auch dann, wenn äußere Zeitgeber, wie z. B. Tag und Nacht, nicht vorhanden sind, d. h. unter **absolut konstanten Bedingungen,** durchläuft der menschliche Organismus eine **24-Stunden-Periode,** die sich z. B. in Schwankungen der Körpertemperatur, in der Ausschüttung von Steroidhormonen oder in der Empfindlichkeit gegenüber Arzneimitteln zeigt.

Jeder lebende Organismus, der untersucht wurde, besitzt eine solche periodische Zeitmessung; unter anderem auch Einzeller wie das Pantoffeltierchen *Paramecium,* die Alge *Euglena, Gonyaulax* (Leuchtalgen) oder *Chlamydomonas.* Lediglich Prokaryonten, d. h. Zellen ohne Zellkern, haben keinen Tagesrhythmus. Neben der **Periodenlänge** von ungefähr 24 Stunden **(circadian)** gibt es auch Periodizitäten anderer Längen in der Biologie, wie z. B. **Brutcyclen.** Als Beispiel sei eine Stechmücke genannt, deren Eier bei Tiefstebbe gelegt werden, und die erst bei der nächsten Tiefstebbe, d. h. nach 28 Tagen, schlüpfen. Erstaunlich dabei ist, daß die kleinen Mücken nach 28 Tagen exakt zur entsprechenden Tageszeit schlüpfen. An diesem Objekt zeigt sich der ungeheure Selektionsvorteil, den eine solche Zeitmessung bietet. Nachdem die Eier am Ende der Tiefstebbe abgelegt wurden, sind sie in den folgenden 28 Tagen für die zahlreichen Feinde auf dem Lande und in der Luft nicht erreichbar. Daß die Nachkommen erst bei der nächsten Tiefstebbe schlüpfen, beweist, daß diese Stechmücke nicht nur einen 28-Tage-Rhythmus, sondern auch innerhalb der 28 Tage den Stundenrhythmus mißt. Ein **Jahresrhythmus** wird z. B. bei Vögeln gemessen, die auch unter konstanten Dauerbedingungen nach einem Jahr ihre sog. Zugunruhe zeigen. Es ist zu vermuten, daß es in der Biologie noch wesentlich längere bzw. kürzere Periodenlängen gibt.

Circadiane Rhythmen sind endogen, erblich, zeigen phasenabhängige Umstimmbarkeit und sind temperaturkompensiert

Um einen circadianen Rhythmus von zufälligen periodischen Veränderungen in einem Organismus abgrenzen zu können, muß nach den charakteristischen Eigenschaften eines circadianen Rhythmus gefragt werden. Wichtigstes Kriterium ist, daß die Periodizität auch unter endogenen, d. h. äußerlich absolut konstanten Bedingungen beibehalten wird. Als äußere Zeitgeber sind dabei nicht nur Hell-Dunkel-Schwankungen, sondern auch Temperaturen oder Luftdruckänderungen zu berücksichtigen. Charakteristisch für einen circadianen Rhythmus ist der ungefähre 24-Stunden-Ablauf (Abb. 14.**2**), mit einem Schwan-

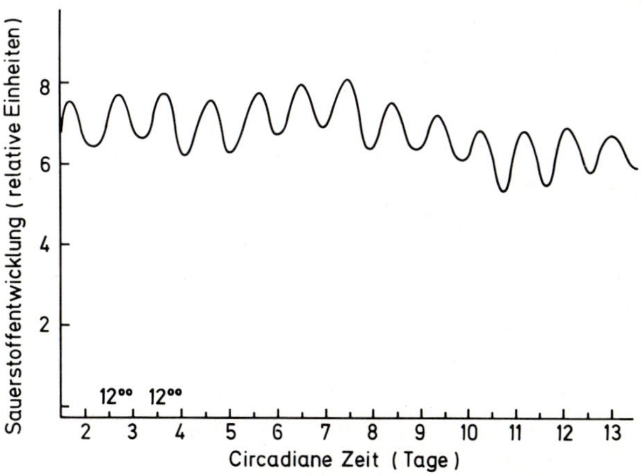

Abb. 14.**2** **Der Verlauf eines circadianen Rhythmus**
Der endogene Rhythmus der einzelligen Alge *Acetabularia* wurde unter konstanten Bedingungen (Licht und Temperatur) anhand der Sauerstoffentwicklung gemessen

kungsbereich zwischen 22 und 26 Stunden. Ein Individuum mit einem relativ kurzen Rhythmus, z. B. 22 Stunden, wird diesen ebenso über lange Zeit bei konstanten Bedingungen beibehalten wie ein Individuum mit langer Periodizität. Das heißt, die **Länge der Periodizität** ist sehr charakteristisch für das Individuum und wird als solche **vererbt.** Werden zwei Individuen mit einem besonders kurzen Rhythmus gepaart, dann werden die Nachkommen wieder die kurze Periodizität haben. Somit folgt die Vererbung der circadianen Rhythmik den **Mendelschen Gesetzen.** Daraus muß der Schluß gezogen werden, daß dem Zentrum des biologischen Uhrwerks nur ein oder höchstens einige wenige Gene zugrundeliegen. Der Nachweis eines einfachen Mendelschen Erbgangs schließt multifaktorielle Vererbung für die biologische Uhr aus (s. Kap. **3**).

Die Phase der Periode kann durch eine Trainingsperiode umgestimmt werden. So kann z. B. die ursprüngliche Nachtphase zur Tagphase werden, wenn man über eine längere Zeit den Tag-Nacht-Rhythmus verschiebt. Eine Tatsache, die jedem Fernreisenden bekannt ist.

Besonders interessant ist die **Temperaturkompensation.** Während wir von jeder chemischen Reaktion gewohnt sind, daß eine Erhöhung der Temperatur um 10°C in der Regel zu einer Beschleunigung der Reaktion um den Faktor 2 bis 3 führt, ist das bei circadianen Rhythmen nicht der Fall. Diese sind von der Temperatur fast völlig unabhängig. Ja, es wird sogar mitunter ein paradoxes Phänomen beobachtet, daß bei Temperaturerhöhung die Phasen verlängert werden.

Einzellige Algen sind sehr gute Modellsysteme für das Studium des circadianen Rhythmus

Bei der Frage nach der **molekularen Basis** für die biologische Zeitgebung haben besonders **einzellige Organismen** große Bedeutung. So zeigt der Flagellat *Gonyaulax* eine Reihe von periodischen Parametern. Diese Einzeller, die in den Meeren leben, strahlen besonders bei Reizung der Zellen durch Turbulenzen Lumineszenz aus, die als sog. Meeresleuchten bekannt ist.

Interessanterweise sind die Zellen nur während ihrer Nachtphase in der Lage, dieses Licht auszusenden, d. h., die Lumineszenz durchläuft eine 24-Stunden-Periode. Dieser Rhythmus erfüllt alle Kriterien eines circadianen Rhythmus. Die Photosyntheseleistung von *Gonyaulax* verläuft mit genau entgegengesetzter Phase: maximale Aktivität in der Tagphase und minimale in der Nachtphase. Auch die Teilung dieses Organismus findet nur zu ganz bestimmten Tageszeiten statt. Mit **Lumineszenz, Photosynthese** und **Zellteilung** liefert dieser Flagellat drei verschiedene periodische Parameter, die sich experimentell leicht verfolgen lassen. Mit *Gonyaulax* in Zellkultur kann die Frage gestellt werden, ob es Mittel gibt, die die Periodenlänge beeinflussen, und welche Zellstrukturen Ziel dieser Einflüsse sind.

Ein anderer Einzeller, der sich besonders für Studien an der biologischen Uhr eignet, ist *Chlamydomonas,* der in Massenkultur gezogen werden kann und die Möglichkeit für erfolgreiche Genetik bietet. Der Nachteil beider Objekte ist, daß man es jeweils mit ganzen Zellkollektiven zu tun hat, so daß Interferenzen zwischen den einzelnen Zellen der Population nicht auszuschließen

a

b

Abb. 14.3 ***Acetabularia major***
a Einzellige Grünalge mit Schirm, Stiel und Rhizoid
b Rasterelektronenmikroskopische Aufnahme eines Hutes (Aufnahmen: S. Berger, H. G. Schweiger, Heidelberg)

sind. Dieses Problem wird bei Untersuchungen an der einzelligen **Alge** *Acetabularia* umgangen (Abb. 14.**3**). *Acetabularia* besteht aus einem sog. **Rhizoid,** in dem sich der einzige Kern befindet, einem **Stiel** und einem darauf aufgesetzten **Hut.** Diese einzelligen Algen können zum Teil beträchtliche Größen erreichen. So ist *Acetabularia major* bis zu 15 cm groß. Damit eröffnen diese Riesenzellen die Möglichkeit, an einzelnen Zellen den circadianen Rhythmus zu studieren. Als **Meßparameter** bieten sich an: der Sauerstoffverbrauch bzw. die Sauerstoffabgabe bei der Photosynthese, die sog. Chloroplastenmigration und das elektrische Feld dieser Zellen. Bei der Chloroplastenmigration wird die Wanderung der Chloroplasten vom Hut in Richtung Rhizoid beim Übergang von der Tag- in die Nachtphase und in umgekehrter Richtung beim Übergang von der Nacht- in die Tagphase gemessen. Bei dem elektrischen Feld wird die Spannung zwischen dem Rhizoid und dem Hut bestimmt, ein Parameter, der dem circadianen Rhythmus unterliegt.

Der circadiane Rhythmus wird durch Translation an 80S-Ribosomen und Membranen bedingt

Die Periodenlänge als auch die Phasenlänge sind genetisch festgelegt und werden von den Eltern auf die Nachkommen **vererbt.** Damit steht fest, daß der **Kern,** in dem sich die genetische Information befindet, für den circadianen Rhythmus entscheidend ist. In der Tat kann ein Kern einem Cytoplasma seine Phase und Periode aufprägen. Dazu wurden von zwei in der Phase entgegengesetzten *Acetabulariae* die Kerne und die Cytoplasmen ausgetauscht. Es zeigte sich, daß das Cytoplama die Periode des eingefügten Kernes übernimmt. Überraschend ist die Tatsache, daß die entkernte Zelle, die im Falle von *Acetabularia* durchaus für eine lange Periode überleben und sich normal fortentwickeln kann, den ihr einmal aufgeprägten circadianen Rhythmus behält. Die Phase dieser entkernten Zelle wird aber sofort umgestimmt, wenn ein neuer Kern eingesetzt wird. Diese Experimente zeigen, daß es die Aufgabe des Kerns ist, die Periodizität zu installieren, daß die Periodizität dann aber vom Cytoplasma fortgesetzt werden kann. Daraus resultiert, daß die Information für die Periodizität entweder als RNA oder als Protein in der kernfreien Zelle vorliegt. Die Frage, ob RNA oder Protein, kann durch Inhibitoren der Translation entschieden werden. Pulse von Cycloheximid, einem Inhibitor der Translation am eukaryontischen Ribosom, zeigen, daß die Phase durch derartige Pulse tatsächlich verschoben werden kann. Das bedeutet, daß die **Translation** am 80S-Ribosom für die Beibehaltung des Rhythmus **notwendig** ist. Parallel kann gezeigt werden, daß eine Reihe von Verbindungen, die die Struktur der Membranen beeinflussen, auch einen Einfluß auf die Periodizität ausüben können. Das heißt, der circadiane Rhythmus braucht sowohl Translation am 80S-Ribosom als auch Membranen.

Bei *Acetabularia* tritt ein Uhrenprotein in periodische Wechselwirkung mit der Membran und verändert diese rhythmisch

Will man diese Befunde zu einem Modell zusammenfügen, dann wäre folgendes denkbar: Ein essentielles Uhrenprotein wird am 80S-Ribosom synthetisiert, in die Membran eingebaut und verändert diese so, daß eine Rückkopplung zur Synthese dieses essentiellen Proteins an dem 80S-Ribosom stattfindet. Das in die Membran eingebaute essentielle Uhrenprotein verändert seinerseits die Eigenschaften der Membran nachhaltig, so daß die Sauerstoffentwicklung in der Photosynthese und andere, von dieser abhängige Parameter periodisch erscheinen. Das Uhrenprotein selbst unterliegt in der Membran offensichtlich einem spontanen Umsatz, so daß es schließlich unter den Schwellenwert gerät und seine Neusynthese an dem 80S-Ribosom wieder erfolgen kann. Damit kann eine neue Periode beginnen.

Das **Uhrenprotein** ist inzwischen isoliert worden, in absehbarer Zeit wird es wahrscheinlich kloniert sein, so daß man zumindestens für die einzelligen Pflanzen eine Möglichkeit haben wird, eine Aussage über den molekularen Mechanismus der circadianen Periodizität zu machen.

Komplizierter wird die Situation bei den Vielzellern, wie z. B. dem Menschen, weil hier noch eine Koordination der Zelle die Periodizität überlagert. Vermutlich gibt es im Zentralnervensystem, in der Gegend der Epiphyse, einen übergeordneten Bereich, der die Uhr des Gesamtorganismus beherrscht.

Diese periodischen Phänomene gewinnen um so mehr an Interesse, je klarer ihre Bedeutung für Schichtarbeit, Fernreisen oder Empfindlichkeit des Organismus gegen Arzneimittel wird.

14.2.3. Das Räuber-Beute-Prinzip ist eine Grundlage des Ökosystems und Beispiel für ein biozönotisches Gleichgewicht

Eine der offensichtlichsten Beziehungen in einem Ökosystem bildet das **Räuber-Beute-Verhältnis. Heterotrophe Organismen,** dazu zählen alle Tiere, können sich, im Gegensatz zu **autotrophen Organismen** (Pflanzen), nur von organischen Stoffen ernähren. Um diesen Bedarf zu decken, sind sie darauf angewiesen, andere Organismen zu töten: Größere die Kleineren, Schnellere die Langsameren, Kräftigere die Schwächeren. Dabei gilt als Beute alles Freßbare, als Räuber alles was frißt.

Die Beziehung zwischen Räubern und Beutetieren führte zu zahlreichen Analysen und zu mathematischen Formulierungen ihrer Gesetzmäßigkeiten. Unterstützt durch Untersuchungen an den Populationsschwankungen bei Schneehasen und Luchsen in Kanada wurden, stark vereinfacht, folgende Abhängigkeiten formuliert (Abb. 14.**4**): In einem Ökosystem bildet sich zwischen Beutetieren und Räubern ein Kreislauf mit regelmäßigen dynami-

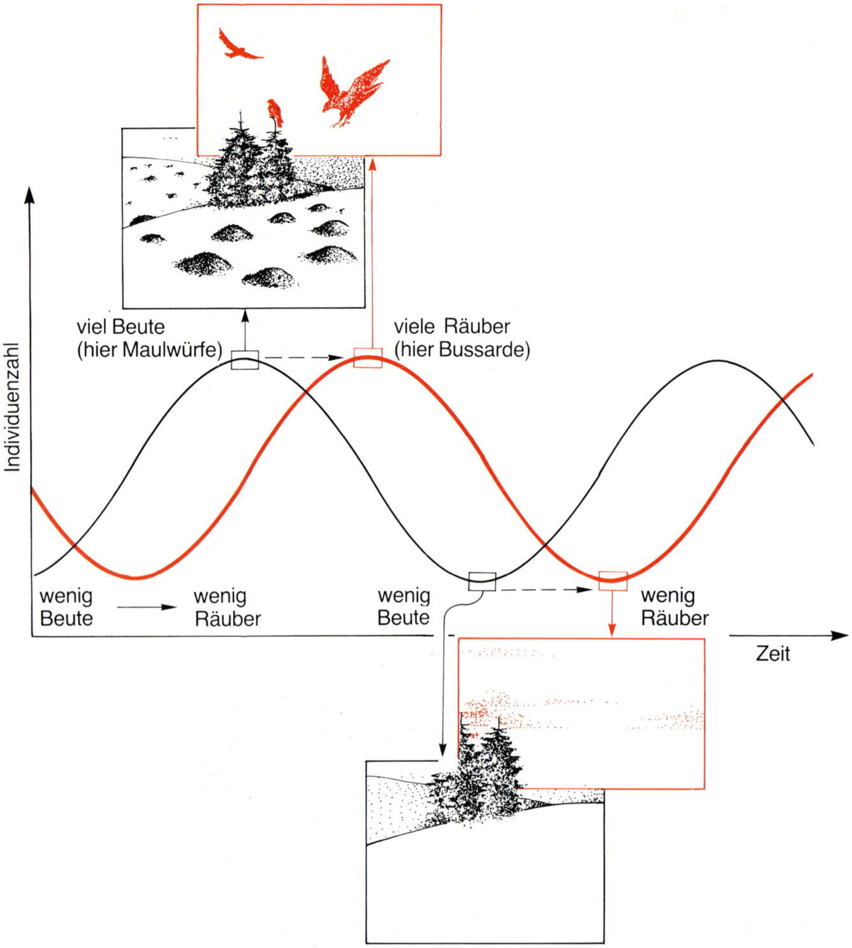

Abb. 14.4 **Räuber-Beute-Beziehung (schematisiert)**
Eine wachsende Zahl von Räubern dezimiert die Beute bis zu dem Punkt, an dem die Beutetiere zur Ernährung der Räuber nicht mehr ausreichen. Die Räuber nehmen ab, die Beutetiere wieder zu. Diese Beziehung mißachtet, daß die Ökosysteme offen und die Räuber meistens oligophag sind

schen Schwankungen aus: Zunahme der Beutepopulation führt zu einer Zunahme der Zahl der Räuber, die reichlich Nahrung vorfinden. Die wachsende Räuberpopulation ihrerseits dezimiert die Beutepopulation und mit einer gewissen Verzögerungsphase nehmen die Räuber wieder an Zahl ab. Dieses Modellsystem, vorausgesetzt bestimmte Umweltbedingungen sind gegeben, führt zur Einstellung eines biologischen Gleichgewichts, das selbstregulierend und charakteristisch für jedes Ökosystem ist. Ein derartiges Gleichgewicht wird durch Verknüpfung aller am Ökosystem beteiligten Faktoren (nicht nur Räuber-Beute-Beziehung) erreicht und deshalb auch als **biozönotisches Gleichgewicht** bezeichnet. Ein derartiger Gleichgewichtszustand ist nur dann stabil, wenn das Ökosystem ein offenes ist, d. h. mit anderen Ökosystemen in Verbindung steht, wie es in allen natürlichen Ökosystemen tatsächlich der Fall ist. Auch wird sich ein Räuber-Beute-Verhältnis selten auf zwei Arten beschränken: Räuber sind meist oligophag, sie ernähren sich von unterschiedlichen Organismen. Ein biozönotisches Gleichgewicht wird um so stabiler sein, je mehr Arten an seinem Zustandekommen beteiligt sind. Gerade eurypotente Arten sind dabei von Nutzen. Sie können durch Anpassung ihrer Bedürfnisse an die gegebene Umweltsituation zur Aufrechterhaltung des Gleichgewichtszustandes beitragen. Oft greift der Mensch willkürlich in dieses System ein, vernichtet z. B. einseitig die Räuber, weil er sie als unbequem oder schädlich erachtet. Dadurch kann die Population der Beutetiere überhand nehmen und sich ihrerseits unter Umständen schädigend für den Menschen auswirken.

14.2.4. Symbiosen sind Lebensgemeinschaften zum gegenseitigen Nutzen

Neben Räuber-Beute-Beziehungen charakterisieren **Symbiose** (Mutualismus = Symbiose verschiedener Tierarten), **Kommensalismus** und **Parasitismus** das Zusammenleben von Arten. Bei der Symbiose finden sich Individuen zweier Arten zu gemeinsamem Nutzen zusammen.

Einige Beispiele mögen diese Form der gegenseitigen Abhängigkeit veranschaulichen (Rep. 14.**6**): Die Wiederkäuer, die sich ausschließlich von Pflanzen ernähren, selbst aber keine *Cellulase* haben, beherbergen in ihrem Pansen celluloseabbauende Ciliaten. – Auch der Mensch ist auf Symbiose mit Mikroorganismen angewiesen. Die Darmbakterien produzieren für ihn die lebenswichtigen Vitamine K und E. Wird die Darmflora zerstört, dann kann es zu Avitaminosen kommen. – Ebenso sind Symbiosen zwischen Tieren und Pflanzen bekannt. Termiten stellen besondere Gärtner ab, die auf Beeten im Innern des Termitenbaus Pilzkulturen anlegen, die Pilze düngen und pflegen, die ihrerseits den Termiten wichtige Vitamine liefern. – Ein Beispiel besonderer Art für die Symbiose zwischen pflanzlichen Organismen sind die Mycorrhizen, z. B. Birkenpilz und Birke – eine Symbiose zwischen Baum und Pilz. Beide sind aufeinander angewiesen. Algen und Pilze bilden in Form der Flechten eine Symbiose: Die Algen liefern Photosyntheseprodukte, die Pilze haben Stützfunktion und versorgen die Algen mit Mineralien.

Eine weitere Symbiose findet sich bei den Fischen des Korallenriffs. Die sog. Putzerfische befreien ihre Kunden von Parasiten, die sich auf deren Haut angesiedelt haben und ernähren sich auf diese Weise. Auch das Zusammenleben von Clownfisch und Seeanemone ist von gegenseitigem Nutzen geprägt (Abb. 14.**5**).

Rep. 14.**6** Beispiele für Symbiosen

	Symbioseleistung	
Ciliaten	Celluloselieferanten → / ← Schutz und Nahrung	Wiederkäuer
Darmbakterien	Vitaminproduzenten → / ← Schutz und Nahrung	Mensch
Pilze	Vitaminlieferanten → / ← Pflege und Nahrung	Termiten
Mycorhizien	Bodenverbesserer → / ← Nahrung	Bäume
Putzerfische	Körperpflege → / ← Nahrung	Riff-Fische
Clownfische	Nahrung → / ← Schutz	Seeanemone

Abb. 14.**5** Symbiose bei Seeanemone und Clownfisch. Die giftige Seeanemone schützt den Clownfisch, der seinerseits zur Nahrungsbeschaffung beiträgt. Aufgenommen auf den Malediven

14.2.5. Beim Parasitismus ist der Nutzen einseitig

Leben beim Kommensalismus zwei Organismen zusammen, ohne sich gegenseitig zu nutzen oder zu schaden (Freßgemeinschaft), wird beim Parasitismus eine Art auf Kosten und zum Nachteil der anderen ausgenutzt. **Parasiten** sind Organismen, die in oder auf einem anderen Organismus leben und diesen Wirt sowohl als Lebensraum (Habitat) als auch als Nahrungsquelle (Energielieferant) benutzen und ihm dadurch schaden.

Die Parasiten sind grundsätzlich nicht daran interessiert, ihren Wirt umzubringen, denn natürlich möchten sie möglichst lange von der Situation profitieren. Trotzdem entsteht dem Wirt z. B. durch den Dauerentzug wichtiger Nährstoffe ein permanenter Schaden. Häufig entwickeln sich Parasiten innerhalb eines Wirts und benötigen zu ihrer Freisetzung den Tod der Wirtszelle (s. Phagenentwicklung, Kap. **11**). Alle Arten, sowohl Pflanzen als auch Tiere, können von Parasiten befallen werden. Wegen der eminenten Bedeutung menschlicher Parasiten für den Arzt wurde diesem Themenkreis ein eigenes Kapitel gewidmet (s. Kap. **13**).

14.3. Im Ökosystem sind die Organismen durch Kreisläufe der Energie und von Stoffen, die abgegeben und aufgenommen werden, miteinander verbunden

Zahlreiche Wechselbeziehungen zwischen den verschiedensten Tier- und Pflanzenarten (biozönotischer Zusammenhang) innerhalb eines Biotops charakterisieren ein Ökosystem. Steppe, Meer, Teich, Fluß, Stadt etc. bilden ihr eigenes Ökosystem. Jedes einzelne wäre der gesonderten Besprechung wert. Hier sollen jedoch nur einige grundlegende Prinzipien besprochen werden, die das Aufeinanderabgestimmtsein beleuchten. Besonders erwähnenswert ist der Kreislauf von Energie und von Stoffen, die, aufgenommen und wieder abgegeben, die Lebewesen eines Ökosystems vielfältig miteinander verbinden.

14.3.1. Der Kreislauf der Energie geht von den autotrophen Pflanzen über die heterotrophen Konsumenten und Destruenten

Alle grünen Pflanzen (auch die Algen) können dank ihres Chlorophylls aus Wasser und Kohlendioxyd unter Zuhilfenahme des Sonnenlichtes organische Substanz (Zucker) und Sauerstoff bilden. Außerdem entnehmen sie dem Boden wichtige Mineralien, wie Phosphor und Stickstoff, zur Bildung von Nucleinsäuren und Eiweißen. Da ausschließlich grüne Pflanzen zur Produktion organischer Verbindungen befähigt sind **(autotroph),** werden sie als **Produzenten** bezeichnet (Rep. 14.7). Tiere sind darauf angewiesen, organische Verbindungen aufzunehmen **(heterotroph)** und gelten deshalb als **Konsumenten.** Die Konsumenten wiederum werden in Konsumenten 1. Ordnung (**Primärkonsumenten,** Pflanzenfresser = Herbivore) und Konsumenten 2. Ordnung (**Sekundärkonsumenten,** Fleischfresser = Carnivore) unterteilt. Konsumenten 2. Ordnung können wieder von größeren Tieren, den Konsumenten 3. Ordnung gefressen werden. Dabei werden die Nährstoffe auf dem Wege einer **Nahrungskette** von Glied zu Glied weitergegeben. Alle Konsumenten, die sich auf einer Ebene als Verbraucher in die Nahrungskette einschalten, ganz gleich, welcher Art sie angehören, stehen auf dem gleichen **trophischen Niveau** (z. B. Fuchs und Mensch). Leichen der Produzenten und Konsumenten ermöglichen eine Rückgewinnung der Grundsubstanzen. **Destruenten** (Bakterien und Pilze) bauen die organischen Substanzen ab und führen Mineralien dem Boden sowie CO_2 der Luft zu, so daß diese Stoffe neuen Produzenten zur Verfügung stehen.

Rep. 14.7 Nahrungskette und Energiequellen eines Ökosystems

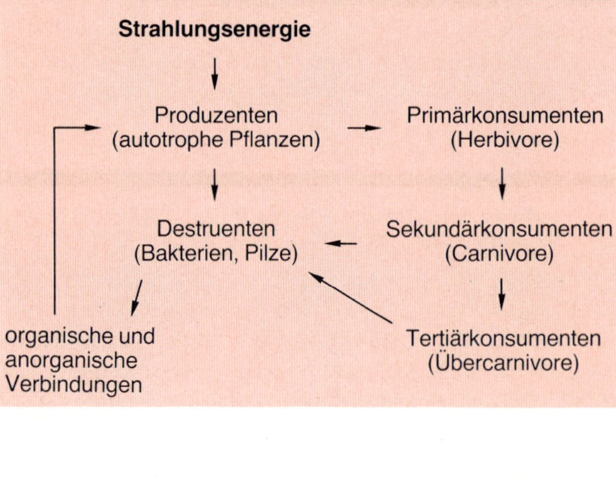

Ändern sich in einem Ökosystem Umweltfaktoren gravierend, seien es abiotische oder auch biotische (durch die Organismen selbst herbeigeführt), dann müssen sich die bestehenden Biozönosen auf diese neuen Gegebenheiten einzustellen versuchen. Die dabei ablaufenden Vorgänge nennt man **Sukzession.** Sukzessive siedeln sich Lebewesen, den gegebenen Umständen entsprechend, an, bilden eine Lebensgemeinschaft, verändern das Biotop und ermöglichen damit weiteren Pflanzen und Tieren entweder die Wiederherstellung des alten oder den Aufbau eines neuen Ökosystems. Muß ein Ökosystem von Grund auf neu gebildet werden (z. B. Geröllfeld nach Lawinenabgang), dann handelt es sich um eine **Primärsukzession,** die, da sie von autotrophen Organismen ausgehen muß, auch **autotrophe Sukzession** genannt wird. Je artenreicher das Ökosystem wird, um so stabiler wird die Biozönose. Schließlich wird die **Klimax,** eine Dauergesellschaft im Fließgleichgewicht, erreicht.

Wird ein Ökosystem nur stark geschädigt, ohne zerstört zu werden, dann wird es im Verlauf einer Sekundärsukzession umgebaut. Ein Beispiel dafür ist die Abholzung eines Waldgebietes. Nach einigen Jahrzehnten hat sich durch Sukzession ein neuer Wald gebildet, übrigens in mitteleuropäischen Breitengraden die stabilste Klimaxgesellschaft überhaupt. Stehen bei einer Sukzession abbauende Prozesse im Vordergrund, z. B. die Besiedelung eines verfaulenden Baumstammes, dann spricht man auch von **heterotropher Sukzession.**

Sukzession ist ein generelles Phänomen bei der Entstehung jedes Ökosystems. Durch die Änderung biotischer oder abiotischer Faktoren, herbeigeführt durch die Existenz der Organismen selbst, wird neu hinzukommenden Pflanzen- oder Tierformen das Leben ermöglicht, die ihrerseits aber die vorhandenen nicht gänzlich verdrängen. Schließlich erreicht die Biozönose ein Gleichgewicht. Der Endzustand der Sukzession, die Klimax, ist erreicht.

14.3.2. Kreisläufe der Elemente Stickstoff, Kohlenstoff und Sauerstoff sind wichtig für die Biomasse

Neben Wasser, Sauerstoff und Kohlendioxyd, Stoffe, die meistens ausreichend zur Verfügung stehen, werden zum Wachstum und zur Vermehrung wichtige Minerale wie Phosphor und Stickstoff, aber auch Spurenelemente wie Kobalt und Mangan benötigt, die, falls nicht ausreichend vorhanden, wachstumslimitierend sein können. Stickstoff, obwohl fast zu 80% an der Zusammensetzung der Atemluft beteiligt, kann nur durch wenige spezialisierte Mikroorganismen (Bakterien und Blaualgen) als molekularer Stickstoff verwendet werden. Zur **Stickstoffixierung** sind z. B. **Knöllchenbakterien** befähigt, die in Symbiose mit **Leguminosen** (Schmetterlingsblütler) leben. Alle anderen Pflanzen können Stickstoff nur als Nitrat oder Ammoniak aus dem Boden aufnehmen. Ammoniak wird durch Destruenten (Fäulnisbakterien) aus organischen Materialien freigesetzt und ebenfalls durch Bakterieneinwirkung zu Nitrit und Nitrat umgesetzt. Die Überführung von einem Teil des Nitrits in molekularen Stickstoff ist ebenso Bakterien zuzuschreiben. Der Mensch versucht, durch künstliche Dünger den Stickstoffkreislauf zu umgehen, der durch das Zusammenwirken so vieler Mikroorganismen notgedrungen störanfällig ist.

Indem anorganische und organische Substanzen einem dauernden Kreislauf unterworfen sind, stehen sie den Produzenten unvermindert zur Verfügung (Rep. 14.**8**).

Rep. 14.**8** Kreisläufe

a Kohlenstoffkreislauf

Reservoire: Organische Abfallstoffe
Fossile Brennstoffe
Carbonate
Luft: 0,03 Vol% CO_2

Kreislauf: Assimilation des CO_2 aus der Luft (Photosynthese in den Chloroplasten):
$6\,CO_2 + 6\,H_2O \xrightarrow{\text{Licht}} C_6H_{12}O_6 + 6\,O_2$
Dissimilation:
CO_2-Abgabe an die Luft durch Atmung und Verbrennung

b Sauerstoffkreislauf

eng gekoppelt an CO_2- und H_2O-Kreislauf

Kreislauf: O_2-Bildung bei Photosynthese durch Photolyse des Wassers
Luft: 21 Vol% O_2
O_2-Verbrauch bei der Zellatmung; ATP-Gewinnung in den Mitochondrien

c Stickstoffkreislauf

1. *Luft:* 78 Vol% N_2
   - N_2-fixierende Mikroorganismen
   - Ammonifikation → NH_4^+
   - Nitrifikation → Nitrit, Nitrat
   - Denitrifikation → NH_4^+ → N_2
2. *Exkremente, Kadaver*
   - Gewinnung von NH_3 aus organischen Verbindungen
   - Nitrifikation → Nitrit, Nitrat
   - Denitrifikation → NH_4^+ → N_2
3. *Düngung*
   - Nitratzufuhr
   - Denitrifikation → NH_4^+ → N_2

14.3.3. Jede Konsumentenstufe reduziert die Energieausbeute auf ein Zehntel

Wie verhält es sich mit dem Energiehaushalt in einem Ökosystem? Die Pflanzen sind als Produzenten die einzigen, die Sonnenenergie durch Photosynthese binden und in **Organismenmasse (Biomasse)** umsetzen können. Dabei werden ca. 3% der eingestrahlten Energie ausgenutzt. Die übrige Energie wird reflektiert bzw. absorbiert oder geht als Wärme verloren. Diese Stoffproduktion, die **Bruttoprimärproduktion,** steht den Konsumenten nur mehr zu einem Teil zur Verfügung. Der übrige Teil wird von der Pflanze selbst als Energie für ihre Stoffwechselprozesse verbraucht und geht als Wärmeenergie (Atmung) verloren. Die verbleibende **Nettoprimärproduktion** kann von den Konsumenten 1. Ordnung aufgenommen werden (Abb. 14.**6a**). Auch sie verwenden nur einen Teil der Nahrungsenergie zur Vergrößerung ihrer eigenen Biomasse. Als grober Richtwert mag gelten, daß im Verlauf einer Nahrungskette auf jedem trophischen Niveau nur $^1/_{10}$ der konsumierten Masse als Biomasse für die nächsten Konsumenten konserviert werden kann. $^9/_{10}$ der Energie geht verloren (s. Abb. 14.**6**).

Dieser Tatsache muß man sich bewußt sein, will man über Welternährungsprobleme diskutieren. Ein Einschleusen des Menschen als Primärkonsument am Anfang der Nahrungskette wäre vom Standpunkt der Energiegewinnung das Vorteilhafteste. Können mit dem Ertrag eines Maisfeldes 100 Menschen ernährt werden, dann reduziert sich diese Zahl auf 10, verfüttert man den Mais an Rinder und bietet den Menschen Fleischnahrung an. Allerdings ist die rein pflanzliche Ernährung des Menschen z. B. in Hungergebieten außerordentlich problematisch. Aus dieser Sicht werden Überlegungen unverständlich, dem Hunger auf der Welt durch Nahrung aus dem Meer zu begegnen:

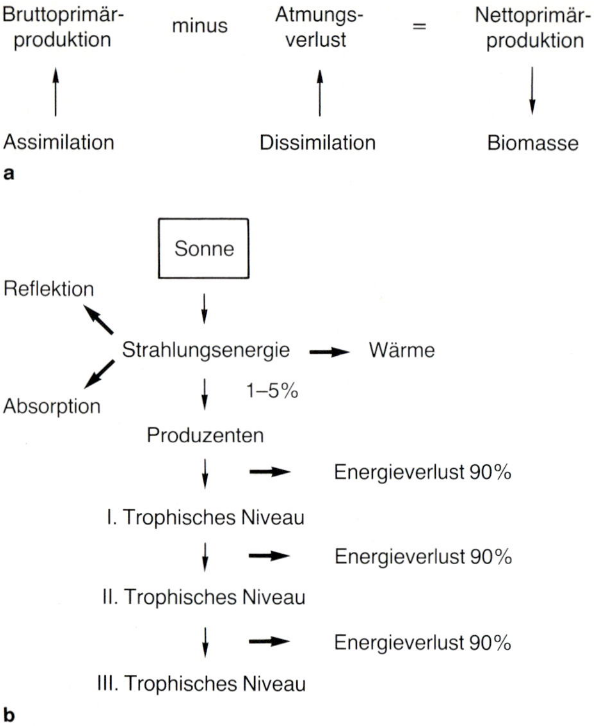

Große Fische stehen weit hinten in einer Nahrungskette und sind deshalb nur geeignet, wenige Individuen zu ernähren. Konsum von Algen wäre energetisch außerordentlich günstig. Diese müßten allerdings unter künstlichen Bedingungen in großem Maßstab ohne große Kosten gezüchtet werden, und dafür gibt es bisher keine experimentelle Grundlage.

Eher droht Gefahr aus dem Meer. **Giftstoffe,** wie z. B. Quecksilber, werden von Algen aufgenommen und an die Kleinfische weitergegeben, die sie häufig in spezifischen Organen speichern. Größere Fische, die zu ihrer Ernährung viele kleine Fische fressen müssen, akkumulieren das Gift, und zwar um so mehr, je spätere Glieder der Nahrungskette sie bilden. Der Verzehr dieser Fische gefährdet den Menschen hochgradig.

◀ **Abb.** 14.**6** **Energieweitergabe im Ökosystem**
a Erst die zur Nettoprimärproduktion dezimierte Bruttoprimärproduktion kann zum Aufbau der Biomasse verwendet werden
b Die von den Produzenten mit Hilfe der Sonnenenergie angereicherte Biomasse wird unter Energieverlust von den Konsumenten auf den verschiedenen Ernährungsstufen aufgenommen und weitergegeben

14.4. Die Bedingungen im Ökosystem regulieren die Population (Populationsökologie)

Angehörige einer Art, die in einem begrenzten Biotop leben, bilden eine Population. Mit der Reaktion derartiger Populationen als Folge der Wechselwirkungen mit Individuen der eigenen Art oder mit denen anderer Populationen befaßt sich die **Populationsökologie.**

14.4.1. Die Populationsgröße wird von dichteunabhängigen (abiotischen) und dichteabhängigen (biotischen) Faktoren bestimmt

Populationen werden beschrieben durch ihre **Größe,** darunter versteht man die Zahl der Individuen während eines bestimmten Zeitraums, und ihre **Dichte,** die bestimmt wird durch die Zahl der Individuen pro Areal Lebensraum (Rep. 14.**9**). Populationen sind **offene Systeme,** deren Größe durch Zu- und Abwanderung, Geburt und Tod verändert werden kann. Größe und Dichte einer Population werden im natürlichen Ökosystem durch **dichtebegrenzende Faktoren** reguliert. Diese Faktoren können erstens dichteunabhängig sein:

- Abiotische Faktoren, Verknappung an Wasser und Nahrung durch Dürre, Verknappung der Schlafplätze durch Waldbrand; das Klima, das mit extremen Trokkenperioden, besonderen Kälteeinbrüchen oder Unwettern eine Population unabhängig von ihrer Dichte dezimieren kann.
- Biotische Faktoren. Hierzu gehören Parasitenbefall, Seuchen, Konkurrenzverhalten und Räuber-Beute-Verhältnis.

Zweitens können die erwähnten Faktoren auch in Abhängigkeit der Dichte die Populationsgröße beeinflus-

Rep. 14.**9** Charakteristika einer Population

Größe	
Dichte	
Struktur:	Sozialstruktur
	Sexualindex
	Altersstruktur

sen. Ihre Wirkung setzt als direkte Folge der zunehmenden Dichte einer Population ein: Steigende Zahl der Räuber führt zu einer Dezimierung der Beute und einer Nahrungsverknappung, die ihrerseits die Dichte der Räuber reguliert. Außer der Nahrung können dichteabhängige (dichtebegrenzende) Faktoren z. B. der auftretende Mangel an Wasser oder Schlafstellen sein sowie Krankheiten, die bei großer Populationsdichte zu Epidemien ausarten.

Größen- und Dichteschwankungen, denen Populationen unterworfen sind, bezeichnet man als **Populationsdynamik.** Manche Populationen durchlaufen derartig charakteristische Populationswellen, daß sie von Kennern vorausberechnet und z. B. bei der Schädlingsbekämpfung berücksichtigt werden können.

Eine weitere Charakterisierung von Populationen kann anhand ihrer **Strukturen** erfolgen. Beziehungen der Individuen untereinander (Gruppenbildungen, Aufbau von Hierarchien, Familiengründungen) machen die Sozialstruktur aus. Der **Sexualindex** macht eine Aussage über die Verteilung der Geschlechter innerhalb der Population (Rep. 14.**9**).

14.4.2. Populationspyramiden geben Aufschluß über die Struktur der Population

Wesentlich für die Beurteilung einer Population ist die **Altersstruktur.** Derartige Informationen werden graphisch in **Populationspyramiden** (Abb. 14.**7**) dargestellt. Hierbei wird der Prozentsatz der Individuen verschiedener Altersklassen (1 bis 100 Jahre) nach Geschlechtern getrennt aufgetragen. Solche Pyramiden lassen Rückschlüsse zu auf Geburten- und Sterberaten, auf Bevölkerungsdezimierung durch Kriege, Lebenserwartung von Männern und Frauen oder Zahl der Frauen im gebärfähigen Alter und auf Fortpflanzungsgewohnheiten.

14.4.3. Die natürlichen Faktoren versagen, um die menschliche Population zu regulieren

Betrachtet man die menschliche Population, so fällt auf, daß in den letzten 100 bis 200 Jahren ein langsames **Wachstum** in ein **exponentielles** übergegangen ist, das mit einer jährlichen Zuwachsrate von 2% die Weltbevölkerung von ca. 500 Millionen auf ca. 5 Milliarden hat ansteigen lassen und immer noch steigen läßt. Wo liegen die Gründe für diese beängstigende Entwicklung? Früher

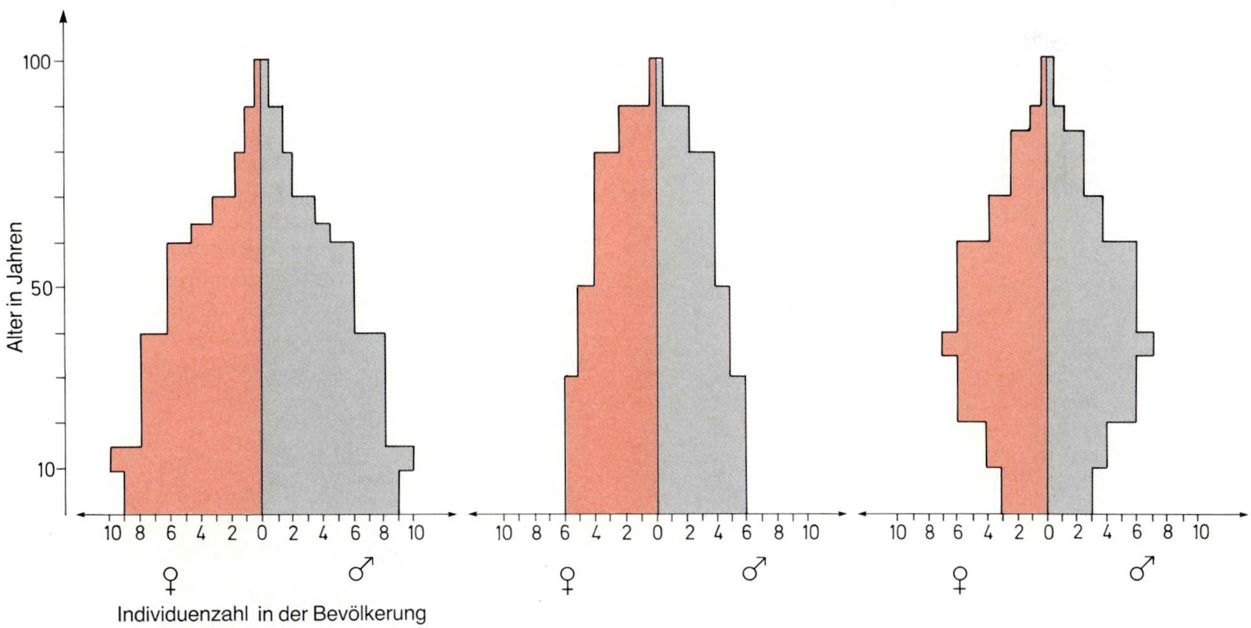

Abb. 14.**7** **Populationspyramiden**
a Wachsende Bevölkerung. Die breite Basis zeigt den großen Anteil junger Menschen in der Population
b Gleichbleibende Bevölkerung
c Abnehmende Bevölkerung. Der Anteil der Alten in der Population überwiegt den der Jungen

lag die durchschnittliche Lebenserwartung selbst bei hochstehenden Kulturen bei 30 Jahren. Die Sterberate war hoch und hielt der Geburtenrate die Waage. Kriege, Seuchen und Hungersnöte wirkten außerdem dichteregulierend. Wurde dennoch die Populationsdichte in einer Gegend zu hoch, dann kam es zu Auswanderungen in dünner besiedeltes Land. Auch gewisse Formen der Geburtenregelung wurden, besonders bei Inselvölkern, deren Ausdehnungsmöglichkeiten limitiert waren, praktiziert. Sie reichten von Konzeptionsverhütung bis hin zu rituell sanktioniertem Neugeborenenmord.

Mit dem ständig wachsenden Fortschritt auf dem Gebiet von Wissenschaft und Medizin (Antibiotica-Aera, verbesserte Hygiene) wurde die Sterberate gesenkt, was sich besonders bei der Säuglingssterblichkeit bemerkbar macht. Die Lebenserwartungen sind auf mehr als das Doppelte angehoben. Es ist heute schon abzusehen, daß trotz aller Rationalisierung die Nahrungsbeschaffung mit dem Bevölkerungswachstum nicht schritthalten kann. In manchen Gebieten ist die Populationsgröße schon längst nicht mehr der Umweltkapazität angepaßt. Dabei bezeichnet die **Umweltkapazität** die Zahl an Individuen, die ein Gebiet gerade noch verkraften kann. In einem gut funktionierenden Ökosystem wird das Wachstum einer Population dauernd an die Umweltkapazität selbstregulierend angepaßt (z. B. Räuber-Beute-Beziehung; Abb. 14.**8**). Da der Mensch keine natürlichen Feinde hat und alles daran setzen muß, daß er sich selbst nicht zum Feind wird, d. h. völkerreduzierende Kriege unter allen Umständen verhindert werden müssen, jeder einzelne von uns auf eine hohe Lebenserwartung ein Anrecht hat, ist der einzige Ansatzpunkt, ein Regulativ für den Bevölkerungsboom zu finden, die Geburtenrate. Hierbei sind die Mediziner aufgerufen, mit modernen Mitteln der **Geburtenkontrolle** die aus den Fugen geratene Populationsdynamik wieder in natürliche Bahnen zu lenken.

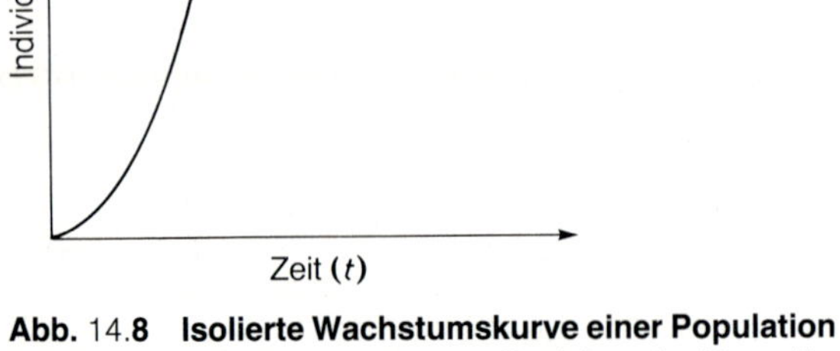

Abb. 14.**8** **Isolierte Wachstumskurve einer Population**
Wachstum der Population bis zum Erreichen der Umweltkapazität und Oszillation um die Kapazitätsgrenze

14.4.4. Die Bevölkerungsexplosion gefährdet die Ökosphäre

Neben der drohenden Nahrungsverknappung hat die **Übervölkerung** weitere erhebliche **Nachteile.** Der Mensch ist gezwungen, immer nachhaltiger die Ökosysteme zu beeinflussen. Sein steigender Nahrungsbedarf zwingt ihn dazu, Teichen, Flüssen und Meeren Fische aller Altersklassen zu entnehmen und damit die natürliche Reproduktion zu stören. **Nahrungsbeschaffung** veranlaßt den Menschen auch, vermehrt Wälder zu roden, um großflächige Monokulturen anzulegen. Dabei zerstört er eines seiner wertvollsten Ökosysteme. Durch die **Dezimierung des Baumbestandes** gefährdet der Mensch hochgradig den Sauerstoffgehalt seiner Atemluft, der hauptsächlich den Assimilationsprozessen der Wälder zuzuschreiben ist. Darüber hinaus verschuldet er die Vertreibung und Ausrottung ganzer Tier- und Pflanzenpopulationen, die ihr Biotop verlieren. Andere Tierarten vermehren sich dadurch extrem stark und werden zu Schädlingen. Die **Schädlingsbekämpfung** ihrerseits richtet, wird sie ohne Rücksicht auf das Ökosystem betrieben, großen Schaden an. So führte das heute in den Industrieländern verbotene **DDT** nicht nur zur Ausbildung resistenter Arten, sondern wurde, im Fettgewebe gespeichert, in den Nahrungsketten angereichert. **Chemische Schädlingsbekämpfungsmittel** vernichten durch ihren Radikalismus oft nicht nur den Schädling, sondern, seiner Beute beraubt, auch den biologischen Räuber. Diese Tatsache machen sich **biologische Schädlingsbekämpfungsmittel** zunutze, die besonders Pflanzenschädlinge durch Einsetzen ihrer biologischen Feinde bekämpfen. Eine elegante Methode bietet die Anwendung von **Sexuallockstoffen (Pheromonen),** die entweder die Schädlinge in eine Falle locken oder sie an gezielter Paarung hindern sollen.

Durch Abholzung von Wäldern wird darüber hinaus das Klima maßgeblich beeinträchtigt. Der Boden, des natürlichen Stoffkreislaufs beraubt, verarmt. Am Bei-

Rep. 14.**10** Übervölkerung ruiniert die Ökosysteme

- Unökologische Ausbeutung von Meeren und Wäldern
- Abholzung der Wälder zugunsten von Monokulturen
- Bodenverarmung
- Beeinträchtigung des Klimas
- Luft- und Wasserverunreinigung

spiel vieler Länder wird klar, daß unkontrollierte Nutzung des Bodens als Weideland zur Abtragung der Humusschicht durch Wind und Regen und schließlich zur Erosion und Verwüstung der Landschaft führt (Rep. 14.**10**).

In jüngster Zeit kündigt sich mit dem **Waldsterben** eine größtenteils zivilisationsbedingte Katastrophe an. Der ständig wachsende Energiebedarf wird zu einem großen Teil über Erdölverbrennung gedeckt. Die schwefeldioxidhaltigen **Abgase** von Raffinerien, Elektrizitätswerken und Haushalten werden ungefiltert in die Luft geleitet und tragen, zusammen mit den stickoxidhaltigen Abgasen der Kraftfahrzeuge, wesentlich zur Luftverschmutzung bei. Im Niederschlag gelöst werden diese Substanzen zum **„sauren Regen"**, dessen pH-Wert von 3 bis 4 mit dem von Essigsäure vergleichbar ist. Die **mutagene Wirkung** von salpetriger Säure (HNO_2) wurde bereits im Rahmen der Molekularbiologie besprochen. Bisher ist noch nicht bekannt, ob der saure Regen allein für das Waldsterben verantwortlich ist oder ob zusätzlich eine Virusinfektion die geschädigten Bäume erfaßt hat. Eine weitere Theorie macht das starke Abholzen ohne entsprechende Nachdüngung dafür mitverantwortlich.

Die **Luftverschmutzung** über den Städten hat zur Folge, daß sich Dunstglocken bilden, die die UV-Strahlen der Sonne absorbieren. UV-Strahlung ist notwendig für die Vitamin-D_3-Produktion der Haut, für Pigmentbildung und Reparaturinduktion und zur Abtötung von Krankheitskeimen. Besonders über Industriegebieten, die in Talkesseln liegen, kann sich der sog. **Smog** entwickeln. Diese besondere Nebelart tritt auf, wenn bei Hochdruckeinfluß in Tallagen eine Kaltluftschicht von warmen verunreinigten Luftmassen überlagert wird. Schädliche Gase können eine derart hohe Konzentration erreichen, daß Smogalarm gegeben wird, um die Produktion von Rauch und Abgasen zu verringern.

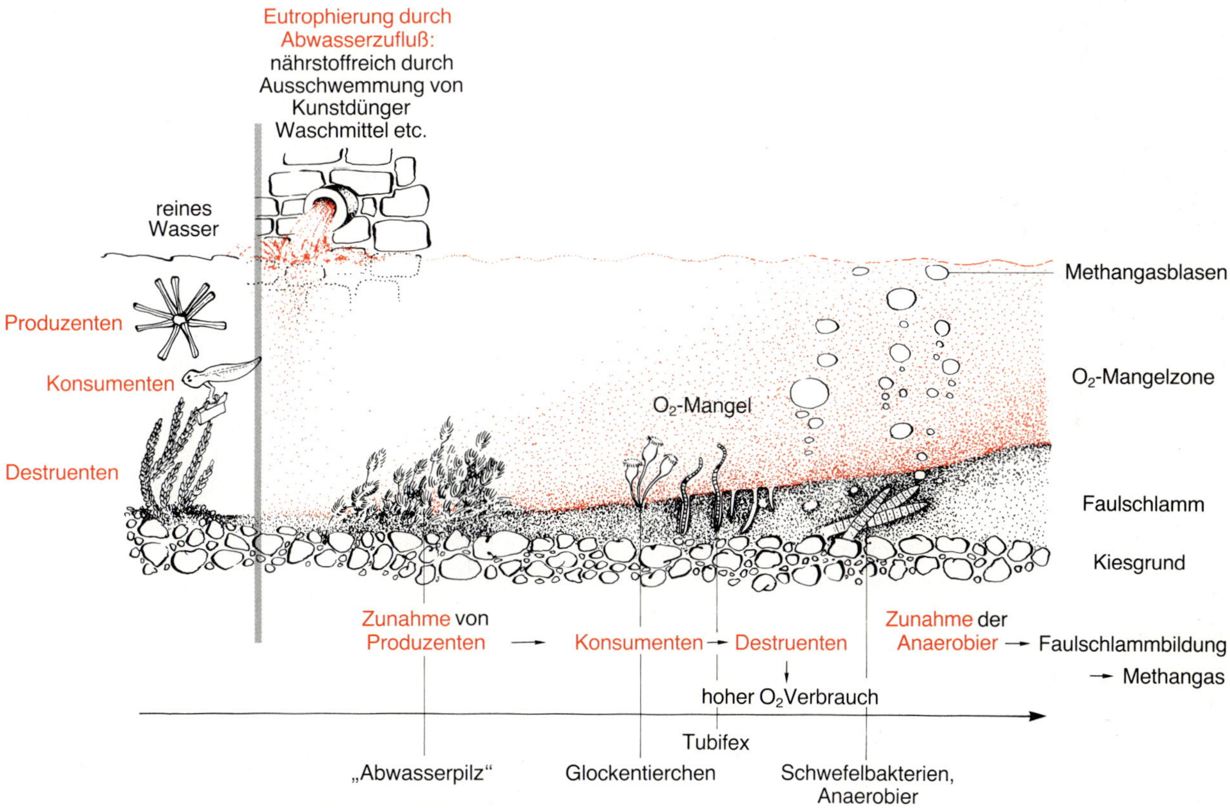

Abb. 14.**9** **Folgen der Eutrophierung eines Gewässers**
Zufluß von nährstoffreichem Abwasser erhöht in einem Gewässer zunächst das Wachstum der Produzenten. Eine steigende Zahl von Konsumenten führt zu einer Zunahme von Destruenten, die unter Sauerstoffverbrauch vermehrt anfallende organische Substanz abbauen müssen. Zunehmende Sauerstoffverarmung des Gewässers führt zur Anreicherung von Anaerobiern, zur Methangasbildung und Faulschlammentwicklung. Die Art der im Wasser vorhandenen Lebewesen gibt Aufschluß über den Reinheitsgrad des Wassers

14.4.5. Die katastrophale Verschmutzung der Gewässer zeigt die ruinöse Wirkung der menschlichen Population auf die Ökosysteme

Durch Abgase wird die Luft, durch **Abwässer** das Wasser verunreinigt. Fabriken, landwirtschaftliche Betriebe und Haushalte leiten Abwässer, die stark mit organischen Substanzen angereichert sind, in Flüsse und Seen. Einer der Hauptbestandteile ist **Phosphat,** das in Dünger und Waschmitteln reichlich vorhanden ist. Gewässer, in denen Phosphat normalerweise in eher wachstumslimitierenden Konzentrationen vorkommt, werden mit diesem Nährstoff angereichert. Man spricht von **Eutrophierung** (Abb. 14.**9**), die zu einem verstärkten Algenwachstum führt. Durch Zunahme der Produzenten vermehren sich auch die Konsumenten. Absterbende Organismen werden zunächst von Destruenten unter Sauerstoffverbrauch beseitigt. Eine Selbstreinigung findet statt, deren Kapazität aber bald nicht mehr ausreicht, da die Produzenten nicht mehr genügend Sauerstoff nachliefern können. Dieser verknappt, in tieferen Bereichen verschwindet er ganz. Nicht abgebaute organische Substanz reichert sich besonders am Boden an. **Anaerobier** (polysaprobische Organismen, d. h. solche, die an O_2-Mangel angepaßt sind) übernehmen die Verstoffwechselung unter **Giftgasproduktion** (Methan, Schwefelwasserstoffe). Es bildet sich **Faulschlamm.** Kommt es durch diese Gifte zum Absterben aller Lebewesen, dann ist das System „umgekippt". Gelingt es den in höheren Bereichen des Gewässers verbliebenen Produzenten Sauerstoff nachzuliefern, dann beginnt eine langsame **Selbstreinigung.** Die Art der auftretenden Organismen gibt, wie ein Indikatorsystem, Aufschluß über den Reinheitsgrad des Wassers (Saprobiensystem der Wasserqualität). α-mesosaprobische Organismen (aerobe Bakterien und Algen) lösen die Polysaprobien ab. Weitere Sauerstoffproduktion und wenig organische Substanz führt zum Aufkommen β-mesosaprobischer Organismen (Algen und Fische). Ein Wasser höchster Reinheit ist kühl und sauerstoffreich. Oligosaprobien zeigen diese Reinheit an.

So wie sich der Mensch bei der Abwasseraufbereitung bereits am Vorbild der natürlichen Selbstreinigung orientiert, so wird uns nur die exakte Kenntnis ökologischer Gesetzmäßigkeiten und ihre genaue Befolgung bei allen Eingriffen in natürliche Abläufe davor bewahren, uns eines Tages durch eigenes Verschulden unserer Existenzgrundlagen restlos zu berauben.

14.4.6. Die Ozonschicht der Stratosphäre schützt vor kurzwelligem UV

In den höheren Schichten der Atmosphäre wird durch die energiereiche UV-Strahlung der molekulare Sauerstoff gespalten:

$$O_2 \xrightarrow[(\lambda < 242\ \text{nm})]{h\nu} O + O$$

Der aktive atomare Sauerstoff verbindet sich mit molekularem Sauerstoff zu **Ozon (O_3):**

$$O + O_2 \longrightarrow O_3$$

Gleichzeitig wird Ozon durch atomaren Sauerstoff zu molekularem Sauerstoff abreagiert:

$$O_3 + O \longrightarrow 2\,O_2$$

Licht spaltet Ozon zu molekularem und atomarem Sauerstoff:

$$O_3 \xrightarrow[(\lambda < 310\ \text{nm})]{h\nu} O_2 + O$$

Diese Reaktionen führen zu einem Gleichgewicht des Ozons in der Stratosphäre in 20 bis 30 km Höhe. Das Ergebnis ist, daß ultraviolettes Licht abgefangen wird und nur zu einem geringen Maße die Erdoberfläche erreicht.

In den letzten Jahren nimmt der Ozonfilter ab. In der Antarktis wird ein sich vergrößerndes **„Ozonloch"** beobachtet. Aber auch in unseren Breitengraden nimmt der UV-Filter des Stratosphären-Ozons ab (Abb. 14.**10**). Mit hoher Signifikanz wurde eine Erhöhung der UV-Einstrahlung in den letzten 10 Jahren gemessen.

Der Abbau des stratosphärischen Ozons erfolgt durch **Fluor-Chlor-Kohlenwasserstoffe (FCKW):**

$$\text{FCKW} \xrightarrow{h\nu} Cl + \text{andere Abbauprodukte}$$
$$Cl + O_3 \longrightarrow ClO + O_2$$
$$ClO + O \longrightarrow Cl + O_2$$

Das entstandene atomare Chlor wirkt katalytisch auf die Zersetzung des Ozons. Fluor-Chlor-Kohlenwasserstoffe werden in großem Umfang produziert und benutzt. Es ist Treibgas in Spraydosen und Kühlmittel in Kühlschränken. Trotz des Wissens um die Zusammenhänge war es bisher nicht möglich, ein internationales Abkommen zum Verbot von FCKW zu erreichen. In der Langfristigkeit der vorgesehenen Einschränkungen ist zu erwarten, daß die Schäden für viele fatal sein werden. Die **Melanom-Rate** steigt jährlich um etwa 5%! – Ein Teil dieser Melanomraten ist auf den abnehmenden Schutz durch das Ozon zurückzuführen. Unterstützend wirkt aber auch das unüberlegte Freizeitverhalten vieler Menschen. Da unsinnigerweise brauner Teint angestrebt wird, exponieren sich immer mehr Menschen in ihrer steigenden Freizeit ungeschützt der Sonneneinstrahlung (z. B. Germanengrill!).

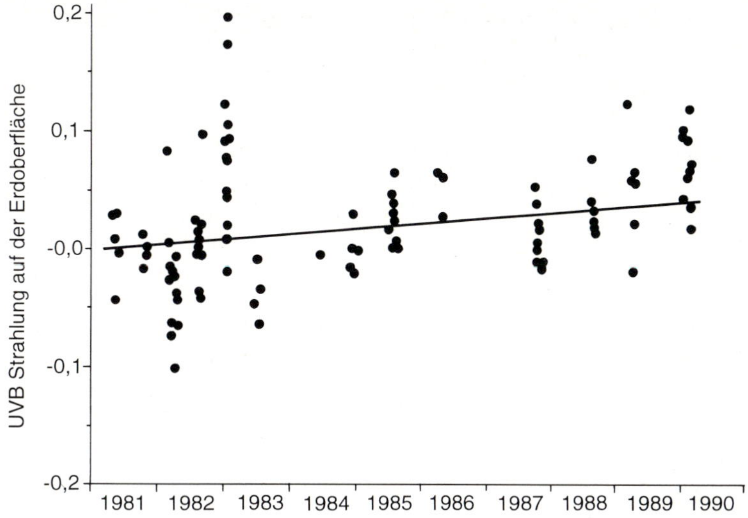

Abb. 14.10 Zunahme der UV-Strahlung auf der Erdoberfläche als Folge der Abnahme der Ozonschicht in der Stratosphäre. Die Zunahme der Häufigkeit von Hautkrebs läuft streng parallel. Die Abweichungen der Meßpunkte werden zum größten Teil durch Schwankungen der UV-Strahlung, wie sie z. B. durch Sonnenflecken verursacht werden, hervorgerufen. Die Meßpunkte wurden freundlicherweise von Doz. Dr. Blumenthaler, Innsbruck erhoben

14.4.7. Bodennahes Ozon ist ein starkes Gift

Auf der Basis von zunehmenden Konzentrationen an Luftverunreinigungen entsteht in bodennahen Schichten der Atmosphäre zunehmend stark **giftiges Ozon.** Besonders die **Stickoxide der Autoabgase** vermitteln die Entstehung des Ozons:

$$NO_2 \dashrightarrow NO + O$$
$$O + O_2 \dashrightarrow O_3$$
$$\underline{O_3 + NO \dashrightarrow NO_2 + O_2}$$
$$NO_2 + O_2 \dashrightarrow NO + O_3$$

Stickstoffmonoxid, das Ozon abreagieren kann, wird von Sauerstoff oxidiert und steht dann nicht mehr zur Abreaktion des Ozons zur Verfügung. Die Bildung von Ozon überwiegt.

14.4.8. Das zunehmende CO_2 der Atmosphäre verursacht den Treibhauseffekt

Das Kohlendioxid der Atmosphäre reflektiert die Wärmestrahlung. Bei Erhöhung der CO_2-Konzentration wird immer mehr Wärme in Bodennähe festgehalten, so daß die Wärme der Sonne eingestrahlt, aber weniger abgestrahlt wird. Durch die ständig steigende Verbrennung fossiler Energien wie Erdöl (Benzin, Heizöl) und Kohle steigt die CO_2-Konzentration in der Atmosphäre an. Dadurch wird eine Erhöhung der erdnahen Temperaturen verursacht. Als Folge ist ein Schmelzen der Polkappen und Gletscher zu befürchten, so daß der Meeresspiegel ansteigen und niedrig gelegenes Land überschwemmen könnte. Ob es wirklich zu diesem Horrorszenario kommen wird, ist nicht sicher. Es gibt noch die Möglichkeit, daß das Verbrennen der fossilen Energiequellen eingeschränkt wird, entweder über Energiesparen oder durch Eröffnen alternativer Energien wie Sonnen- oder Windenergie bzw. Zugänglichkeit von Fusionsenergie. Außerdem ist zu erwarten, daß die komplexen Regulationsmechanismen das globale System im Gleichgewicht halten. Dabei ist die Erhöhung der Effizienz der Photosynthese durch größere CO_2-Partialdrucke wichtig. Effektivere Photosynthese bedeutet mehr CO_2-Fixierung, also größeren CO_2-Verbrauch. Die Rate der Photosynthese wird durch CO_2 gesteigert, weil die Konkurrenz von O_2 (Photorespiration) und CO_2 (Photosynthese) um das Ribulose-1,5-bisphosphat verschoben wird. Notwendig dafür ist ausreichende Vegetation. Wenn es möglich wäre, das unsinnige Abbrennen der Urwälder zu stoppen, sollte ausreichend Photosynthesekapazität vorhanden sein, um den Treibhauseffekt zu kompensieren (Rep. 14.**11**).

Rep. 14.**11** Bevölkerungsexplosion führt direkt bzw. indirekt zu Umweltkatastrophen

- Ausrottung vieler Arten
- Akkumulation von Schadstoffen, z. B. DDT
- Waldsterben und saurer Regen
- Luftverschmutzung
- Gefährdung des Grundwassers
- Verschmutzung der Gewässer
- Abbau der Ozonschutzschicht
- Ozon in bodennahen Schichten der Atmosphäre
- Treibhauseffekt

Notwendigkeit der Regulation der menschlichen Populationsdichte durch Geburtenregelung u. a. durch Kontrazeptiva!

Weiterführende Literatur

Edmunds, jr. L. N.: Cellular and Molecular Bases of Biological Clocks, Models and Mechanismus for Circadian Timekeeping. Springer, Berlin 1988

Kalusche, D.: Ökologie, 2. Aufl. Quelle & Meyer, Heidelberg 1982

Müller, H. J.: Ökologie. Fischer, Jena 1984

Schubert, R.: Lehrbuch der Ökologie. 3. Aufl. Fischer, Jena 1991

Streit, B.: Ökologie. Thieme, Stuttgart 1980

Vogel, G., M. Angermann: Taschenatlas der Biologie, Bd. 2: Physiologie und Ökologie, 5. Aufl. Thieme, Stuttgart 1990

Winfree, A. T.: The Timing of Biological Clocks. Scientific American Library, New York 1987

Glossar

Abiotische Faktoren. Einflüsse, die durch die unbelebte Umwelt auf einen Organismus wirken

Acrania. Schädellose, Unterstamm der Chordaten

Actin. Protein der dünnen Filamente des Muskels, kommt auch in vielen Nicht-Muskelzellen vor

Adaptive Radiation. Evolutionäre Artaufspaltung, die an besondere Situationen angepaßt wird

Adenylatcyclase. Membrangebundenes Protein, dessen enzymatische Aktivität die Bildung von cyclischem AMP aus ATP bewirkt

ADP-Ribosylierung. Modifikation von Proteinen durch Übertragung eines oder mehrerer Moleküle ADP-Ribose aus NAD mit Hilfe einer *Transferase*

Aerobier. Organismen, die molekularen Sauerstoff im Stoffwechsel verwerten; obligate A. können ohne Sauerstoff nicht leben, fakultative A. können auf andere Stoffwechselwege ausweichen

Agammaglobulinämie. Fehlen der γ-Globuline, Defekt des Immunsystems

Akrosom. Spermium-Lysosom, das kappenförmig dem Spermium aufsitzt und dessen Enzyme den Durchtritt durch die Eimembran ermöglichen

Akrozentrische Chromosomen. Chromosomen mit extrem exzentrisch gelegenem Zentromer und dadurch äußerst kurzen p-Armen

Albinismus. Rezessiv erbliche Stoffwechselstörung, hervorgerufen durch einen Defekt im Phenylalanin-Tyrosin-Stoffwechsel

Alkan. Aliphatischer Kohlenwasserstoff

Allel. Eine von zwei oder mehr alternativen Formen eines Gens, das sich am selben Genlocus zweier homologer Chromosomen befindet; die Unterschiede liegen in der Nucleotidsequenz

Allergie. Überempfindlichkeit

Ames-Test. Ein für eine Aminosäure heterotropher Salmonellastamm wird nach Behandlung mit einem mutagenen Agens durch Mutation für diese Aminosäure wieder autotroph

Aminoacyl-tRNA. Mit einer Aminosäure beladene tRNA

Aminoacyl-tRNA-Synthetase. Eines von mindestens 20 verschiedenen Enzymen, das eine spezifische Aminosäure mit Hilfe von ATP aktiviert und sie in einem weiteren Schritt auf die entsprechende tRNA überträgt

Amitose. Bildung von Tochterzellen durch Durchschnürung der Zelle und des Zellkerns ohne vorherige Ausbildung einer Teilungsspindel

Amniocentese. Punktion der Amnionhöhle; Vorgehen zur Gewinnung von Amnionzellflüssigkeit zur Diagnose von genetischen Veränderungen des Föten

Amnion. Innere Eihaut von Mammalia, Vögeln und Reptilien; gefüllt mit Amnionflüssigkeit, in der sich der Embryo entwickelt

Amniota. Tiere, die für die Keimesentwicklung ein Amnion entwickeln

Amöboide Bewegung. Fähigkeit von Einzelzellen sich durch Ausstülpung von Fortsätzen (Pseudopodien) fortzubewegen

Amphibien. Wirbeltierklasse, die im Wasser und auf dem Land lebt

Anaerobe Glycolyse. Energiegewinnung ohne Sauerstoffver brauch aus Zucker

Anaerobier. Ohne Sauerstoff lebender Organismus, fakultativ – wahlweise, obligat – Sauerstoff schädigt ihn

Analogie. z.B. von Organen: verschiedener Bau, gleiche Funktion, Gleichwertigkeit in funktioneller Beziehung

Anaphase. Phase der Zellteilung, in der Chromosomen bzw. Chromatide an die Zellpole gezogen werden

Anaphylaxie. Überempfindlichkeitsreaktion eines sensibilisierten Organismus nach erneutem Kontakt mit dem Antigen

Aneuploidie. Abweichung von der normalen Zahl des euploiden Chromosomensatzes einer Zelle

Angelman-Syndrom. Genetische Erkrankung mit mentaler Retardierung. Deletion von Sequenzen auf dem maternalen Chromosom 15 bzw. beide Chromosomen 15 sind paternalen Ursprungs

Anhydride. Entstehen aus Säuren oder Basen durch Wasserentzug

Anisogamie. Beide Gametentypen unterscheiden sich morphologisch

Antennapedia (Ant-C)-Genkomplex. s. Homeotische Gene

Antibiotica. Biologische Wirkstoffe gegen Bakterien

Anticodon. Die drei Nucleotide an einem Arm der tRNA, die die komplementären drei Nucleotide auf der mRNA erkennen und mit ihnen paaren

Antigen. Eine körperfremde Substanz, die die Zellen des Immunsystems zur Produktion eines spezifischen Antikörpers anregt

Antikörper. Ein Protein (Immunglobulin), das als Reaktion auf ein fremdes Molekül (Antigen) vom Immunsystem höherer Organismen gebildet wird, und das sein spezifisches Antigen bindet

Aorta. Größte Körperarterie

Archaeopteryx. Urvogel

Art. Kollektiv von Individuen, die miteinander unter natürlichen Bedingungen Nachkommen zeugen können

Arteria pulmonalis. Lungenarterie

Arthropoden. Gliederfüßler

Ascus. Ein Sack, der die Ascosporen enthält, Meioseprodukte bei Pilzen, wie z. B. Neurospora

Atmungskette. In der Mitochondrienmembran lokalisiertes Enzymsystem, das Wasserstoff stufenweise unter Sauerstoffverbrauch zu Wasser oxidiert und dadurch einen Protonengradient errichtet

ATP. Adenosintriphosphat – energiereiche Verbindung, die zentral im Energiehaushalt der Zelle ist

Atrium. Herzvorhof

Atrophie. Abnahme eines Organs durch Verringerung der Zellzahl

Attenuator. Nucleotidsequenz auf der DNA, den Strukturgenen in einigen Operons vorgelagert, an der die *RNA-Polymerase* bei einer entsprechenden Sekundärstruktur der wachsenden mRNA am Weiterlesen gehindert wird

Ausgefranste DNA. DNA mit überstehenden Enden

Autökologie. Ökologie der Einzelorganismen; untersucht die Beziehung der Individuen einer Art zu Umweltfaktoren

Autophagosom. Zusammenschluß von primärem Lysosom mit einem Phagosom zum Verdau zelleigenen Materials

Autosom. Ein Chromosom, das kein Geschlechtschromosom ist

Autotrophe Organismen. Organismen, die in der Lage sind, organische Substanzen selbst aufzubauen, z. B. Pflanzen

Baktericid. Bakterien abtötend

Bakteriophage, Kurzform. Phage = bakterielles Virus

Bakteriostase. Hemmung des Wachstums und der Vermehrung bei Bakterien

Barr-Körperchen. Auch in der Interphase stark färbbares Körperchen, meist an der Innenseite der Kernmembran, das dem kondensierten X-Chromosom entspricht (Geschlechtschromatin, X-Chromatin)

Basalkörper. Ein Organell aus Mikrotubuli, das an der Basis von Cilien bzw. Geißeln im Cytoplasma liegt; der Aufbau ist identisch mit dem des Zentriols

Basalmembran. Schicht zwischen Epithelzellen und Bindegewebe

Befruchtungsmembran. Membran, die nach dem Eindringen des ersten Spermiums in die Eizelle den Zutritt für weitere Spermien verhindert

Beta-Galactosidase. Ein Enzym, das die Hydrolyse von Lactose zu Glucose und Galactose katalysiert

Bicoid-Gen. Entwicklungsgen bei *Drosophila melanogaster;* Genprodukt ist die anteriore Determinante. Transkriptionsfaktor

Bifunktionelles Alkylanz. Chemische Substanz, die Methyl-, Ethyl- oder andere Alkylgruppen gleich zweifach übertragen kann; bifunktionelle Alkylantien führen zu DNA-Kettenvernetzung

Biogenetische Grundregel. Die Ontogenese ist eine kurze Rekapitulation der Phylogenese (Haeckel)

Biomasse. Organismenmasse als Trocken- oder Frischgewicht

Biosphäre. Belebter Teil der Erdrinde

Biotische Faktoren. Einflüsse, die durch andere Lebewesen auf einen Organismus ausgeübt werden

Biotop. Abgrenzbarer, in seinen physikalischen und chemischen Gegebenheiten klar definierbarer Lebensraum einer Lebensgemeinschaft

Biozönose. Lebensgemeinschaft aller zueinander in Beziehung stehender Pflanzen und Tiere, die in Folge ihrer Umweltansprüche in einem Biotop überleben

Biozönotisches Gleichgewicht. Einstellung eines Gleichgewichtszustandes in einem natürlichen ungestörten Ökosystem unter Beteiligung aller Faktoren unter Erhaltung der Artenvielfalt

Bithorax (bx-C)-Genkomplex. s. Homeotische Gene

Bivalent. Gepaarte homologe Chromosomen während der Reduktionsteilung der Meiose

Blastem. Zusammenschluß von Stammzellen

Blastocoel. Hohlraum der Blastula

Blastocyste. Embryonalstadium von Mammalia im etwa 64-Zell-Stadium, implantiert sich in die Uterusschleimhaut

Blastula. Vielzelliges Embryonalstadium vor der Gastrula, gekennzeichnet durch einen Hohlraum, das Blastocoel

bp. Abkürzung für Basenpaare der DNA; häufig als kbp = Kilobasenpaare = 1000 bp angegeben

Bruttoprimärproduktion. Durch Produzenten in einem bestimmten Zeitraum gebildete organische Substanz

Bukettstadium. Stadium während der Prophase I der Meiose, in dem die homologen Chromosomen mit ihren Telomeren an die Lamina interna der Kernmembran angeheftet sind

C-Bandierung. Spezifische Färbemethode zur Darstellung heterochromatischer Abschnitte auf dem Chromosom, z. B. konstitutives Heterochromatin im Zentromer

Carnivor. Fleischfressender

Carrier. s. Transporter

cDNA. Zur RNA komplementäre DNA, die durch *Reverse Transkriptase* synthetisiert wird

Cercarien. Larven der Schistosomen

Cestodes. Bandwürmer

Chemische Synapse. Kontaktstelle eines Nervs mit seinem Erfolgsorgan. Überbrückung des synaptischen Spaltes durch Neurotransmitter

Chemotherapeutica. Therapeutisch wirksame chemische Verbindungen, wie z. B. Sulfonamide

Chiasma. Cytologisch erkennbarer Bereich des Crossing-over im Bivalent; Überkreuzungsstelle der Nicht-Schwesternchromatide

Chlorophyll. Grünes Pigment der pflanzlichen Photosynthese

Chloroplast. Von Membran umschlossenes Organell im Cytoplasma von Pflanzenzellen, das Chlorophyll enthält und damit die Pflanze zur Photosynthese befähigt

Chorda dorsalis. Rückensaite, primitives Rückgrat der Chordata, wird in der späteren Entwicklung durch Wirbelsäule ersetzt

Chordata. Chordatiere; Schädellose und Vertebraten

Chorion. Äußere Eihaut, mit Zotten versehen, über die die Ernährung des Embryos erfolgt

Chromatid. Eine Hälfte eines replizierten Chromosoms, das durch die Zentromerregion mit dem anderen Chromatid verbunden ist

Chromatin. Kernmaterial, aus dem die Chromosomen bestehen; besteht aus DNA, Histonen, Nicht-Histonproteinen und etwas RNA; es kann durch seine Färbeeigenschaften im Kern sichtbar gemacht werden

Chromosom. Das während der Mitose zu sichtbaren Strukturen kondensierte Chromatin des Zellkerns, es enthält Gene in linearer Anordnung

Chromosomenaberration. Pathologische Veränderung der Chromosomenzahl oder der Chromosomenstruktur

Chromosomenbanden. Für jedes Chromosom charakteristische helle und dunkle Querbänderung nach Anwendung spezieller Färbetechniken

Chromosomenkondensation. Starkes Aufspiralisieren des Chromatins während der Mitose. Dadurch Übergang des Euchromatins in Heterochromatin und Möglichkeit der Sichtbarmachung der Chromosomen durch Anfärben

Cilium. Fadenförmiges Organell an Zelloberflächen, das in großer Zahl auftritt und Einzelzellen zur Bewegung befähigt oder als Flimmerepithel in Körperhöhlen zum Transport von Stoffen dient

Circadianer Rhythmus. Endogener Tagesrhythmus

Coated vesicles. s. Stachelsaumvesikel

Code, genetischer. Übersetzungsschlüssel für die in der DNA in Nucleotidsequenzen gespeicherte Information in die Aminosäuresequenz der Polypeptidketten

Codominanz. Ein Gen liegt im diploiden Organismus in zwei verschiedenen Allelen vor; die Genprodukte beider Allele werden voll exprimiert und tragen in gleicher Weise zum Phänotyp bei

Codon. Die Aufeinanderfolge von drei Nucleotiden (Triplett) in der mRNA, die die Information für eine Aminosäure oder als Stopcodon die Information zum Abbruch der Polypeptidkette tragen.

Coelenterata. Hohltiere

Colchizin. Auch Colchicin. Ein Alkaloid der Herbstzeitlosen, das an Tubulin bindet und die Aggregation zu Mikrotubuli verhindert

Colicine. Von Bakterien, z. B. *E. coli,* produziertes Toxin, das gegen andere Bakterien gerichtet ist

Connexin. Protein mit sechs Untereinheiten, das in den Kommunikationskontakten röhrenförmige Verbindungen (Porengröße 1,5 nm) zwischen den Innenräumen zweier Zellen herstellt

Coracidium. Sechshakenlarve des Fischbandwurms

Corpus luteum. Gelbkörper; nach Platzen des Graafschen Follikels Hormonproduzent

Cosmid. Plasmid mit Verpackungssequenzen des *E.-coli*-Virus Lambda

CpG-reiche Inseln. CpG-Wiederholungen (Cluster) in der 5′-Region vor einem Gen, die auf die Nähe eines codierten Gens aufmerksam machen

Cranioten. Schädeltiere

Crossing-over. Überkreuzungsereignisse zwischen den gepaarten Chromatiden homologer Chromosomen während der Meiose und Austausch homologer DNA-Abschnitte

Cystische-Fibrose-Transmembran-Regulator (CFTR). Transmembranprotein, das einen Chloridkanal in Endothelzellen bilden kann; Mutation führt zum Krankheitsbild der Cystischen Fibrose

Cytokinese. Zellteilung

Cytoplasma. Zellplasma; in den Organellen als Endoplasma bezeichnet

Cytoplasmatische Vererbung. s. extrachromosomale Vererbung

Cytoskelett. Strukturelle Bestandteile der Zelle im Cytosol aus Actin, Myosin und Tubulin

Cytosol. Der unstrukturierte Anteil des Cytoplasmas, in dem sich die Organellen befinden

Cytotoxische T-Lymphocyten. Untergruppe der T-Lymphocyten. Erkennen mit MHC I komplexierte Fragmente von intrazellulären Antigenen und führen zur Lyse der Antigen-befallenen Zelle

Deletion. Verlust eines Chromosomenabschnittes oder eines Stücks DNA

Desinfektion. Tötung von pathogenen Keimen, ohne die biologische Umgebung zu schädigen

Desmosom. Zellkontakt, der druckknopfartig zwei Zellen verbindet und gegen mechanische Belastung widerstandsfähig macht

Desoxyribonucleinsäure (DNA). Träger der genetischen Information in Zellen, bestehend aus zwei Polynucleotid-Strängen

Destruenten. Organismen, die organische Substanzen abbauen

Deuterostomia. Tiere mit sekundärer Mundöffnung; der Urmund wird zum kaudalen After, z. B. alle Vertebraten

Decidua. Uterusepithel

Diakinese. Letztes Stadium der Prophase I der Meiose

Diencephalon. Zwischenhirn

Differenzierung. Herausbildung spezifischer morphologischer oder funktioneller Zellstrukturen bzw. Gewebe oder Organe

Diffusion. Passiver Konzentrationsausgleich zwischen zwei Lösungen entsprechend dem Konzentrationsgefälle

Dihybride. Nachkommen reinerbiger Eltern, die sich in zwei Merkmalen voneinander unterscheiden

Diktyosom. Zisternenpaket: Untereinheit des Golgi-Apparats

Diktyotän. Vorgeburtliches Wartestadium der Oocyten, das sich dem Diplotän der Prophase I anschließt und die Meiose bis zur Ovulation des entsprechenden Eis unterbricht

Diploidie. Zellulärer Zustand mit doppeltem Chromosomensatz

Diplotän. Stadium der Prophase I der Meiose

Diskordanz. Nicht-Übereinstimmung bei Zwillingen in einem Merkmal

Disomie. Zusammentreffen zweier Chromosomen vom gleichen Elternteil (maternal oder paternal)

Dizygote Zwillinge. Zweieiige Zwillinge entstehen durch gleichzeitige Befruchtung zweier Eizellen durch zwei Spermien

DNA-Glycosylase. Enzym, das die Abspaltung einer Base aus der DNA unter Hinterlassung einer Apurin/Apyrimidin-Stelle katalysiert

DNA-Polymerase. Enzym, das DNA aus Desoxyribonucleosidtriphosphaten an einer DNA-Einzelstrangmatrize synthetisiert

Dominant. Allel, dessen Genprodukt auch im heterozygoten Zustand den Phänotyp bestimmt

Doppeldiffusionstest. Nachweis einer Antigen-Antikörper-Reaktion durch gegenseitige Diffusion im Agarose-Gel

Doppelmembran. Membran aus zwei Schichten Phospholipiden, die ihre hydrophoben Schwänze vom Wasser weg und ihre polaren Köpfe zum Wasser hin orientieren (engl. bilayer)

Dorsal(dl)-Gen. Entwicklungsgen bei *Drosophila melanogaster;* das Genprodukt ist verantwortlich für die dorsal/ventral-Determination

Down-Syndrom. Mongolismus; Trisomie 21. Ursache: freie Trisomie oder Translocationstrisomie

Ductus Botalli. Während der Ontogenese des Menschen aus dem 6. Kiemen-Arterienbogen sich entwickelnde Verbindung von der Arteria pulmonalis zur Aorta, die nach der Geburt degeneriert

Duplikation. Verdopplung eines Chromosomen- oder DNA-Abschnittes

Dynein. Protein mit *ATPase*-Aktivität in den hakenförmigen Fortsätzen der Cilienmikrotubuli

Dystrophin. Protein der Spectrin-Familie, das bei der Duchenne-Muskeldystrophie defekt ist

Echinococcus. Hundebandwurm

Eclipse. Periode zwischen Infektionsbeginn und Auftreten der ersten fertigen, intrazellulären Viren

Edwards-Syndrom. Trisomie 18

Einmalige Schnittstelle. Einzige Schnittstelle für eine *Restriktionsnuclease* auf einer DNA

Eisen (iron)-Response-Element (IRE). Haarnadelförmige Schleifenstrukturen in der mRNA, an die Regulationsfaktoren binden können

Ektoderm. Äußeres Keimblatt; entsteht während der Gastrulation

Ektoparasit. Parasit, der den Wirt äußerlich befällt, z. B. Floh

Ektoplasma. Plasma-Gel; festere, durchsichtige Cytoplasmabeschaffenheit bei Zellen mit amöboider Bewegung

Elektrische Synapse. s. Kommunikationskontakt

Embryoblast. Innere Zellmasse der Morula, die in der Blastocyste innen liegt und den Embryo bildet

Endocytose. Aufnahme von Partikeln in die Zelle unter Transport derselben in Membranvesikeln

Endomembranöses System. Intrazelluläres Membransystem: Kernhülle, Endoplasmatisches Reticulum, Golgi-Apparat

Endonuclease. Enzym, das innerhalb einer Nucleinsäurekette spaltet

Endoparasit. Parasit, der den Wirt innerlich befällt, z. B. Blutparasiten oder Darmparasiten

Endoplasma. Plasmasol; flüssige Beschaffenheit des Cytoplasmas bei Zellen mit amöboiden Bewegungen

Endoplasmatisches Reticulum (ER). Gefaltetes Membransystem in eukaryonten Zellen: rauhes Endoplasmatisches Reticulum (RER) besetzt mit Ribosomen; glattes (samtenes) Endoplasmatisches Reticulum (SER) ohne Ribosomenbesatz

Endoreduplikation. Chromosomenreplikation ohne anschließende Aufteilung der Schwesterchromatiden auf Tochterzellen

Endosymbionten. Innere Symbiosepartner, z. B. Mitochondrien und Chloroplasten; könnten aus Endosymbiose mit Zellen entstanden sein

Endothel. Einschichtige, zelluläre Auskleidung der Gefäße

Endotoxin. Von Bakterien erzeugtes Gift, das fest mit dem Produzenten verbunden ist und erst frei wird, wenn dessen Struktur zerstört wird, z. B. Lipopolysaccharide der Zellwand gram-negativer Bakterien

Endwirt. Bei Parasiten mit Generationswechsel der Wirt, in dem die sexuelle Vermehrung stattfindet

Energiekonservation. Speicherung und Umformung von Energie

Enhancer. DNA-Sequenz mit Bindungsstelle für Transkriptionsfaktoren, welche die Transkription eines u. U. weit entfernten Gens beschleunigen

Entoderm. Inneres Keimblatt, entsteht während der Gastrulation

Ergastoplasma. Zellregion, die besonders reich an rauhem Endoplasmatischem Reticulum ist; die in den Ribosomen enthaltene rRNA läßt sich besonders gut mit basophilen Farbstoffen anfärben

Erleichterte Diffusion. Passive, aber durch Transportermoleküle erleichterte Wanderung eines Moleküls durch eine Membran entsprechend dem Konzentrationsgefälle

Estrogen. Weibliches Sexualhormon

Euchromatin. Dekondensiertes, genetisch aktives Chromatin

Eukaryont. Organismus mit kernhaltigen Zellen

Euploidie. Zellulärer Zustand mit normalem, komplettem, für eine Art charakteristischen Chromosomensatz

Euryök. Die Eigenschaft von Organismen, durch Anpassungsfähigkeit große Schwankungen in ihren Lebensbedingungen tolerieren zu können

Eurypotent. s. Euryök

Eutrophierung. Anreicherung von Gewässern mit Nahrungstoffen, z. B. Kunstdünger, und daraus resultierende Organismenvermehrung

Evolution. Entwicklung; biologisch: Entwicklung der Arten

Excinuclease. Enzym, das im Zuge der Nucleotid-Excisions-Reparatur bis zu 29 Nucleotide ausscheidet; setzt sich aus mehreren Enzymen zusammen

Exocytose. Abgabe von Partikeln aus der Zelle durch Abschnürung von Zellmembranvesikeln

Exotoxin. Gift, das vom Produzenten nach außen abgegeben wird

Expressionsvektor. Vektor, dessen Passagier-DNA in Genprodukte übersetzt werden kann, da die notwendigen Signale vorhanden sind

Expressivität. Die Stärke, mit der sich ein Gen manifestiert

Extrachromosomale Vererbung. Vererbung von Genen, die auf mitochondrialer oder Chloroplasten-DNA liegen, und die nicht den Mendelschen Gesetzen folgt; die Gene werden mit den Organellen auf die Tochterzellen verteilt

Extrazelluläre Matrix. Gelartige Grundmasse zwischen den Zellen, die Kollagen, Elastin, Fibronectin etc. enthält

F-Faktor. Plasmid bei Bakterien, das für Sexduktion notwendig ist = Sexfaktor; auf diesem Plasmid liegt die Information zur Ausbildung eines Sexpilus

Familie. Zusammengehörige Gattungen

Fehlpaarungs-Reparatur. Mismatch-Reparatur; Ausschneide-Reparatur fehlgepaarter Basen durch Mutator-Genprodukte

Fehlwirt. Wirt, auf dem sich ein Parasit nach Befall nicht vermehren kann oder von dem die Nachkommen nicht freikommen

Feldsprungmethode. Technik zur effizienteren Transformation eukaryontischer Zellen durch wechselnde Feldstärken

Fertilisation. Befruchtung einer Eizelle

Filialgeneration. Tochtergeneration

Fitness, Darwinsche. Fähigkeit eines Individuums, sich fortzupflanzen

Fluor-Chlor-Kohlenwasserstoffe (FCKW). Treibgas in Spraydosen, in Kühlschränken. Zerstört die Ozonschicht der Stratosphäre. FCKW sind Indikator für Idiotie der Menschheit

Fossilien. Überlieferungen früherer Erdepochen

Fotoreaktivierung. Spaltung des UV-Fotoproduktes Thymin-Cyclobutan-Dimer durch Licht unter Vermittlung der *Fotolyase*

Fötus. Embryo

Frühe DNA. Abschnitt eines viralen Genoms, der in der frühen Entwicklungsphase transkribiert wird

G_1-Kontrollpunkt. Kontrolle des Zellcyclus am Übergang G_1/S-Phase; überprüft werden eventuelle DNA-Defekte und das Nährstoffangebot

G_2-Kontrollpunkt. Kontrolle des Zellcyclus am Übergang G_2/M-Phase; überprüft wird, ob die gesamte DNA repliziert ist

Gamet. Keimzelle, reife reproduktive Zelle, die mit einer Keimzelle des anderen Geschlechts eine Zygote bilden kann. Enthält den auf die Hälfte reduzierten Chromosomensatz (haploid)

Gametogenese. Entwicklung der Geschlechtszellen

Gamogonie. Sexuelle Vermehrung bei Plasmodien

Gap-junction. s. Kommunikationskontakt

Gastrula. Embryonalstadium, in dem die Organogenese beginnt

Gattung. Zusammenfassung mehrerer verwandter Arten

Geißel. Bei Eukaryonten einzelstehendes Bewegungsorganell mit Mikrotubulistrukturen (9·2)+2; Energie aus Mitochondrien; bei Prokaryonten: Flagellum aus Flagellin; Turbinenantrieb aus Protonengradient

Gen. Linearer Abschnitt auf einem Chromosom, dessen Nucleotidsequenz für ein Protein bzw. eine spezifische RNA codiert

Gen-Drift. Veränderung des Gen-Pools durch Zufallswirkung; besonders relevant bei kleinen Populationszahlen

Gen-Duplikation. Verdopplung von Genen – spielt besonders in der Evolution eine Rolle

Gen-Bank. Vektor, beladen mit einer Kollektion von Passagier-Genen

Generationswechsel. Wechsel von Generationen mit vegetativer und sexueller Vermehrung

Genfluß. Langsamer Austausch von Genen zwischen zwei Populationen, z. B. durch Fernreisen, auch Gen-Migration genannt

Genom. Genetischer Gehalt einer Zelle oder eines Virus; häufig fälschlicherweise auf den haploiden Satz bezogen

Genom-Bibliothek. Vektor, beladen mit DNA-Fragmenten eines Genoms

Genomische DNA. DNA eines Genoms mit Introns, repetitiven Sequenzen etc.

Genotyp. Die Gesamtheit aller genetisch festgelegten Merkmale eines Individuums

Gen-Pool. Die Summe aller Gene in einer Fortpflanzungspopulation

Gen-Prägung (Imprinting). Reversible Veränderung der genetischen Information, die Einfluß auf die Expressivität von Genen hat

Gentechnologie. Rekombinanten-DNA-Technik: Klonierung: Methode zur Vermehrung spezifischer DNA-Segmente durch *in-vitro*-Einsetzen in Plasmide oder Viren

Glycokalix. Zellmembran eukaryontischer Zellen mit Glycoproteinen und Glycolipiden

Glycosylierung. Enzymatische Anheftung von Zuckern z. B. an Proteine oder Lipide mit Hilfe von *Glycosyltransferasen*

Glycosyltransferasen. s. Glycosylierung

Glyoxisomen. Membranumgrenzte Organellen mit Enzymen des Glyoxalat-Cyclus in Pflanzenzellen

Golgi-Komplex. Membrankomplex im Cytoplasma, bestehend aus Stapeln von Zisternen (Diktyosom); Sekretion, Transport, Reifung von Proteinen; Beitrag zur Membrandynamik

Gonosom. Geschlechtschromosom X bzw. Y

Gram-positiv, gram-negativ. Anfärbbarkeit von Bakterien beruhend auf Zellwandeigenschaften, dient zur Einteilung der Bakterien

Gründereffekt. Gen-Drift, hervorgerufen durch die Neugründung einer Population durch wenige Individuen

Habitat. Lebensraum einer Art (meist von Tieren)

Hämoglobin. Roter Blutfarbstoff in den Erythrocyten; Protein aus 2α- und 2β-Ketten mit der Aufgabe, Sauerstoff zu übertragen

Hämolyse. Auflösung der Membran der roten Blutkörperchen und Austritt des roten Blutfarbstoffes (Hämoglobin)

Hämophilie. Bluterkrankheit als Folge eines Defekts in einem Gerinnungsfaktor (X-chromosomaler Erbgang)

Haploidie. Zellulärer Zustand mit einfachem Chromosomensatz, wie er in reifen Keimzellen vorliegt

Haplotypen. Sehr eng an einen Genlocus gekoppelte und mit diesem gemeinsam vererbte DNA-Marker

Hauptwirt. Von Parasiten bevorzugter Wirt

Hemidesmosomen. Schweißstelle zwischen Epithelzellen und Bindegewebe

Hemizygotie. Zustand, bei dem einzelne Chromosomen im sonst diploiden Satz nur einmal vorhanden sind, z. B. die Gene des X-Chromosoms im männlichen Genotyp

Herbivor. Pflanzenfresser

Heritabilität. Das Verhältnis additiver genetischer Varianz zur gesamten phänotypischen Varianz, Ausmaß der Vererbbarkeit eines Merkmals

Hermaphrodit. Organismus, der sowohl reife männliche als auch weibliche Gameten ausbildet

Heterochromatin. Wegen seines starken Kondensierungszustandes besonders anfärbbares, genetisch inaktives Chromatin

Heterochromatin, fakultatives. Dem physiologischen Zustand bzw. Entwicklungszustand der Zellen entsprechendes Heterochromatin, z. B. inaktives X-Chromosom

Heterochromatin, konstitutives. Dauerndes Heterochromatin, auch im Interphasekern; hochrepetitive Sequenzen der DNA

Heterogenie. Unterschiedliche Genotypen, die zu in einem Merkmal gleichen Phänotypen führen, s. z. B. Taubstummheit

Heterokaryon. Zelle, die durch Fusion aus 2 oder mehreren Zellen entsteht und deren Kerne noch nicht verschmolzen sind

Heterophagosom. Zusammenschluß von primärem Lysosom mit einem Phagosom zum Verdauen zellfremden Materials

Heteroplasmie. Das gleichzeitige Vorhandensein von Mitochondrien mit intakter und defekter DNA in einer Zelle

Heterosis. Vorteil heterozygoter gegenüber homozygoten Genotypen (Züchtungsvorteil)

Heterotrophe Organismen. Organsimen, die bei ihrer Ernährung auf die Aufnahme organischer Substanzen angewiesen sind

Heteroxen. Eigenschaft von Parasiten, die Entwicklungsstadien in verschiedenen Wirten durchlaufen

Heterozygot. Das Vorhandensein zweier verschiedener Allele an einem Genlocus homologer Chromosomen

Heterozygotentest. Test zur Ermittlung von Allelträgern für eine Stoffwechselkrankheit, die unter normalen Bedingungen phänotypisch unauffällig sind

Hfr-Stämme. Bakterien mit einrekombiniertem Sexfaktor mit hoher Frequenz der Sexduktion

Histone. Basische Proteine, die mit der DNA assoziiert sind, s. Nucleosom

HLA = Human Leucocyte Antigen System A. Histokompatibilitätssystem; Antigene auf der Oberfläche von Zellen, die für die Gewebsunverträglichkeit verantwortlich sind

HMG-Domäne. Proteindomäne in DNA-Bindungsproteinen der „high mobility group“; verantwortlich für feste DNA-Bindung

hnRNA. Heterogene nucleäre RNA – Primärtranskript im Zellkern; nur etwa 20% der hnRNA-Moleküle werden in mRNA umgewandelt, die anderen werden innerhalb weniger Minuten hydrolysiert

Hochrepetitive Sequenzen. Sequenzen, die viele Male im Genom vorhanden sind; z. B. Tandemwiederholungen mit Satelliten-DNA, verstreute Wiederholungssequenzen (Alu-Sequenzen, Kpn-Sequenzen)

Homeobox. DNA-Consensussequenz in homeotischen Genen (s. dort). 180 bp codieren für 60 Aminosäuren der Homeodomäne. Diese kontrolliert positiv bzw. negativ die Genexpression bestimmter Gene

Homeodomäne. s. Homeobox

Homeotische Gene. Entwicklungsgene bei *Drosophila melanogaster,* die für die Segmentindividualität verantwortlich sind, z. B. Bithorax-Genkomplex und Antennapedia-Genkomplex

Hominiden. Mensch und seine direkten Vorfahren

Hominoide. Vorfahren der Hominiden

Homoiotherm. Gleichwarm; Tiere (Vögel und Säuger) mit von der Umgebungstemperatur unabhängiger Wärmeregulation

Homologe Chromosomen. Chromosomen, die in ihrer Struktur und der Anordnung der Genloci identisch sind

Homologie. Bei Organen: Gleiche Lage, gleiche Entwicklung, aber nicht gleich in Bau und Funktion

Homozygotie. Das Vorhandensein zweier gleicher Allele an einem Genlocus homologer Chromosomen

Humorale Immunabwehr. Abwehr von Antigenen durch Antikörper im Serum

Hybridisierung. Bindung eines Nucleinsäure-Einzelstranges an einen komplementären anderen, z. B. DNA-DNA oder DNA-RNA

Hydrophil. Wasseranziehend, wasserlöslich

Hydrophob. Wasserabstoßend

Hyperplasie. Zunahme eines Organs durch Vermehrung der Zellzahl

Hypertrophie. Zunahme eines Organs durch Vermehrung der Zellmasse

Hyphen. Pilzfäden

Hypogenitalismus. Unterentwicklung der Genitale

Hypotrophie. Abnahme eines Organs durch Verringerung der Zellmasse

Immunglobulin. Antikörperprotein

Implantation. Einpflanzung, z. B. der Eizelle in die Uterusschleimhaut

Imprinting. s. Genprägung

Infektiöses Zentrum. Virus bzw. infizierte Zelle, die bei der Aussaat mit einem Überschuß von uninfizierten Zellen zu Plaques führen, s. Plaquebildung

Initiationskomplex. Mit Hilfe von Initiationsfaktoren exakt zusammengefügter Komplex aus kleiner ribosomaler Untereinheit mit der zu translatierenden mRNA und der in die P-Stelle eingelagerten Formylmethionyl-tRNA

Inkubationszeit. Periode vom Beginn einer Infektion bis zum Auftreten erster Symptome

Insertionssequenz (IS). Bewegliches genetisches Element; sie kann u. a. Promotor- bzw. Terminatorsequenzen für die mRNA tragen

Interferon. Zellulärer Abwehrstoff gegen Viren

Intermediäre Filamente. Z. B. Cytokeratinfilamente wie Tonofilamente der Desmosomen oder Neurofilamente, charakteristisch für spezifische tierische Zellen

Intermediärstoffwechsel. Zwischenstoffwechsel

Interphase. Phase im Zellcyclus zwischen zwei Mitosen; die Chromosomen sind dekondensiert

Inversion. Drehung eines Chromosomenstücks innerhalb eines Chromosoms um 180 Grad

Inverted repeat (IR). Wiederholung einer DNA-Sequenz mit entgegengesetzter Polarität

Inzuchtkoeffizient. Maß für die Wahrscheinlichkeit, daß zwei Allele eines Gens eines Individuums abstammungsgleich sind, d. h. durch Blutverwandtschaft von einem gemeinsamen Vorfahren stammen

Isochromosom. Chromosom, bestehend aus 2 identischen p- bzw. q-Armen

Isogamie. Morphologische Gleichheit beider Gametentypen

Isogen. Genotypisch identisch

Isolation. Gegebenheiten (geographische, physische, religiöse), die Individuen von anderen der gleichen Art absondern

Isoschizomere. Restriktionsendonucleasen; Nucleasen, die die gleiche DNA-Sequenz erkennen, aber unterschiedlich empfindlich gegen Methylierung dieser Sequenz sind

Karyolemma. Kernmembran, Doppelmembran, von Poren durchsetzt; äußere Membran mit Ribosomen, von innerer durch perinucleären Raum getrennt

Karyotyp. Chromosomensatz einer Zelle eines Organismus, charakterisiert durch Zahl und Struktur der Chromosomen

Kernmatrix. Proteingemisch aus Nicht-Histon-Proteinen, an das DNA-Schleifen angeheftet werden

Kernporen. Öffnungen in der Kernmembran, an deren Rand innere und äußere Membran aufeinander übergehen. Sowohl cytoplasma- als auch karyoplasmaseitig befindet sich ein Wulst aus 8 Granula. Der ca. 15 nm große Kanal enthält häufig ein Zentralgranulum

Kinetochor. Ansatzstelle der Spindelfasern am Zentromer

Klimax. Dauergesellschaft im Fließgleichgewicht

Klinefelter Syndrom. Numerische gonosomale Chromosomenaberration: 47, XXY

Klon. Auch Clon. Von einem gemeinsamen Ursprung abgeleitete Population; Zell-Klon, DNA-Klon, Organismen-Klon; alle Mitglieder des Klons (Zellen, DNA-Moleküle, Organismen) sind genetisch identisch

Kolonie. Räumlich abgegrenzte Population z. B. von Bakterien (Bakterienklon)

Kommensalismus. Lebensgemeinschaft ohne gegenseitigen Nutzen; Kommensale beanspruchen vom Wirtsorganismus nur Stoffe, deren Entzug dem Wirt nicht schadet

Kommunikationskontakt. Synonyme: Nexus, Gap-junction; direkte Verbindung zwischen dem Zellinneren zweier Zellen unter Überbrückung des Interzellularspaltes durch Röhren aus Proteinen (Connexin)

Kompetente Zellen. Bakterienzellen, die durch besondere Behandlung effizient transformierbar sind

Komplementationsgruppe. Mutanten der gleichen Komplementationsgruppe können sich nicht kompensieren, d. h. gleiche Komplementationsgruppe = Mutation im gleichen Gen

Komplementbindungsreaktion. Methode zum Antikörper- oder auch Antigen-Nachweis

Konduktorin. Überträgerin einer X-chromosomal gebundenen Erbkrankheit; die Konduktorin ist heterozygot für das kranke Allel, selbst phänotypisch gesund

Konjugation. Übertragung von genetischer Information zwischen Bakterien

Konkordanz. Auftreten von gleichen Krankheiten bzw. Merkmalen bei Zwillingen

Konkurrenz. Wettkampf um Nahrung, Raum oder andere ökologische Faktoren zwischen zwei Lebewesen

Konsument. Organismus, der die von Produzenten gebildeten organischen Verbindungen aufnimmt

Kontaktinhibition. Zellen, die nicht transformiert sind, stellen das Wachstum ein, sobald sie sich gegenseitig berühren

Konvergenz. Vergleichbarer Bau von Organen oder Gebilden von Organismen, die phylogenetisch entfernt sind

Kopplungsgruppe. Lineare Anordnung von Genen auf einem Chromosom, die, wenn sie nicht durch Rekombination voneinander getrennt sind, gemeinsam vererbt werden

Lampenbürstenchromosomen. Chromosomen in den Oocyten I im Diplotän der Meiose von Vertebraten, deren Chromatide regional entspiralisiert und seitlich ausgestülpt sind; hier findet RNA-Synthese statt

Latenzzeit. Periode zwischen Infektionsbeginn und Auftreten freier Nachkommen des Virus bzw. infizierenden Agens

Lectine. Proteine, die bivalent an spezifische Zuckermoleküle binden

Leit-RNA (Guide-RNA). Kleine RNAs mit Information für die RNA-Redaktion. Übertragung von Nucleotiden aus diesen RNAs auf mRNA durch Transesterifizierung

Leptotän. Stadium der Prophase I der Meiose

Leserasterverschiebung. Durch Einfügen oder Deletieren von Nucleotiden innerhalb der Sequenz eines Gens entstandene Verschiebung im Ablesen der Tripletts der mRNA

Letalfaktor. Gene, die bei Homozygotie zum Tod des Individuums bereits intrauterin oder aber vor Erreichen der Geschlechtsreife führen

Ligase. Enzym, das das Verschließen eines DNA-Einzelstrang-Bruchs, die Verbindung zweier DNA-Ketten bewirkt

Lipophil. Löslich in Fettlösungsmitteln

Lipophob. Unlöslich in Fettlösungsmitteln, fettabstoßend

Liposom. Phospholipidvesikel

LOD-Wert. Maß für die Koppelung von Genloci: Logarithmus der Quotienten aus der Wahrscheinlichkeit der Koppelung zweier Genloci und der Wahrscheinlichkeit ihrer Zufallsverteilung

Lücke-Gen. Auch „gap“. Segmentorganisationsgen bei *Drosophila.* Mutanten: Krüppel, Knirps. Transkriptionsfaktor

Lymphocyt. Weiße Blutzelle, die durch ein Antigen zur Proliferation angeregt werden kann; bedeutsam für die Immunabwehr

Lyon-Hypothese. Hypothese der Mary Lyon, daß beim Vorhandensein von mehr als einem X-Chromosom im Karyotyp in somatischen Zellen alle bis auf ein einziges inaktiviert werden

Lysat. Infolge von Virusinfektion lysierte Zellkultur

Lyse. Auflösung von Zellen, z. B. bei der Virusinfektion

Lysogenie. DNA eines Virus wird in das Wirtsgenom einrekombiniert und mit diesem repliziert; wird das Virusgenom wieder herausgeschnitten, entwickelt sich das Virus wieder lytisch

Lysosom. Vesikel, abgeschnürt von der Reifungsseite des Golgi-Komplexes, gefüllt mit Verdauungsenzymen

Macula adhaerens. s. Desmosom

Makrophage. Amöboid bewegliche Zelle, die sich durch Phagocytose an der Körperabwehr beteiligen kann

Mammalia. Säugetiere

Maternale Vererbung. s. Extrachromosomale Vererbung

Maxam-Gilbert-Technik. Methode zur DNA-Sequenzierung durch Endgruppenmarkierung

MDR-Protein. Multidrogen-Resistenz-Protein – ein Transporter, der Drogen aus eukaryontischen Zellen herauspumpt

Meiose. Teilungsvorgänge, die während der Bildung von Keimzellen zur Reduktion eines diploiden zum haploiden Chromosomensatz führen

Melanin. Pigment, das, von Melanocyten produziert, in Zellen eingelagert wird und u. a. als Lichtschutz dient

Membrandynamik. Ständige Erneuerung der Membranen, nicht durch Neusynthese, sondern durch Verschiebung von Membranstücken über die Membransysteme vom Zellinnern zur Zelloberfläche und in entgegengesetzter Richtung

Menarche. Zeitpunkt des Auftretens der ersten Menstruation

Menopause. Zeitpunkt der letzten Menstruation (zwischen 47. und 52. Lebensjahr)

Merozoit. Stadium der vegetativen Vermehrung der Sporozoen

Mesencephalon. Mittelhirnbläschen der embryonalen Gehirnanlage

Mesoderm. Mittleres Keimblatt, entsteht während der Gastrulation

Mesoderm, parietales. Mesoderm, das den Eidotter bedeckt

Messenger-RNA (mRNA). Heterogene, kurzlebige RNA; Transkript eines oder (bei Prokaryonten) mehrerer Gene, dessen Information während der Proteinbiosynthese in Protein umgesetzt wird

Metamerie. Segmentierung von Körperabschnitten

Metaphase. Phase der Zellteilung, in der sich die Chromosomen in der Äquatorialebene anordnen

Metaphase-Kontrollpunkt. Kontrolle des Zellcyclus am Übergang Metaphase/Anaphase; überprüft wird, ob alle Chromosomen am Spindelfasersystem liegen

Metaplasie. Umwandlung eines Gewebes in ein anderes

Metazentrische Chromosomen. Chromosomen, bei denen durch die Lage des Zentromers der kurze und der lange Arm gleich lang sind

Metencephalon. Hinterhirn: Brücke und Kleinhirn

Methyltransferase. Enzym, das Methylgruppen überträgt, z. B. auf Basen der DNA

Mikrocephalie. Pathologische Verkleinerung des Kopfes mit vorzeitigem Schluß der Schädelnähte; Fehlentwicklung des Gehirns

Mikrofibrille. Im Elektronenmikroskop sichtbare quergestreifte Einheit der Kollagenfibrille

Mikrofilamente. (Myo-)Proteinfasern aus Actin bzw. Myosin in der Muskelfibrille

Mikronucleus-Test. Mutagenitätstest, in dem auftretende Instabilität (Brüche) im genetischen Material als kleine Extrakerne neben dem Hauptkern in der Zelle zu finden sind

Mikrotubulus. Hohlzylinder aus 13 Protofilamenten, die aus Tubulin-Untereinheiten aufgebaut sind

Mikrotubulus-Organisationszentrum. (Synonyme: Zellzentrum, Cytozentrum, Zentrosom). Ort, an dem die Aggregation von Tubulin zu Mikrotubuli stattfindet, z. B. zu Spindelfasern

Mismatch-Reparatur. s. Fehlpaarungs-Reparatur

Mitochondrien. Zellorganellen der Eukaryonten, die die Zellatmung vollziehen

Mitose. Vorgang der Kern- und Zellteilung nach erfolgter Replikation der DNA

Modifikation. Veränderung der DNA, so daß Fremd-DNA von der Zelle erkannt werden kann

Monocyten. Weiße Blutzellen, zur Phagocytose in den Blutgefäßen befähigt

Monoklonaler Antikörper. Spezifischer Antikörper, der von einem Lymphocytenklon produziert wird

Monogenes Merkmal. Erbmerkmal, das durch ein einziges Gen vererbt wird

Monohybride. Nachkommen reinerbiger Eltern, die sich in einem einzigen Merkmal unterscheiden

Monosomie. Diploider Chromosomensatz, vermindert um ein oder mehrere einzelne Chromosomen

Monoxen. Eigenschaft eines Parasiten, der sich im gleichen Wirt entwickelt

Monozygote Zwillinge. Eineiig, entstehen durch Befruchtung eines einzigen Eis durch ein Spermium; abschließend komplette Durchtrennung des Embryos im frühen Teilungsstadium

Morgan. Längeneinheit auf der Gen-Karte, die die Entfernung von zwei Gen-Orten zueinander angibt, ermittelt aus Rekombinationshäufigkeiten

Morula. Maulbeerkeim, ein Embryonalstadium

Mosaik, chromosomales. Gleichzeitiges Vorhandensein von Zellinien mit unterschiedlichen Chromosomensätzen in einem Individuum

mtDNA. DNA der Mitochondrien – ringförmig; 16569 bp lang; keine Introns; die genannte mtDNA ist doppelsträngig bis auf einen kleinen, einzelsträngigen Bereich (D-Schleife), codiert mitochondrieneigene Proteine, RNA, tRNA

Multiple Allelie. Auftreten eines Gens in mehr als zwei Allelformen in der Bevölkerung

Multiplizität der Infektion (MOI). Anzahl der Viren pro Zelle bei der Infektion

Murein. Makromolekulare Struktur der Bakterienzellwand = Sacculus = Peptidoglycan

Mutation. Veränderung des genetischen Materials (DNA)

Mutualismus. Lebensgemeinschaft verschiedener Tierarten mit stark ausgeprägten wechselseitigen Vorteilen

Mycel. Netz von Pilzhyphen

Mycosen. Durch Pilzinfektion hervorgerufene Krankheiten

Myelencephalon. Nachhirn

Myelin. Eng geschichtete Umscheidung der Axone von Nervenzellen mit Plasmamembranschichten von Gliazellen. Im peripheren Nervensystem bilden Schwann-Zellen die Myelinscheide, indem sie ihre Plasmamembran spiralförmig um das Axon wickeln. Im Zentralnervensystem wird die Myelinscheide von Oligodendrocyten gebildet

Myofibrillen. Fasern im Sarcoplasma der Muskelzelle

Myomer. Muskelsegment, z. B. bei Fischen

Myosin. Protein der dicken Filamente des quergestreiften Muskels

Myotom. Muskelanlage im Somit

Nahrungskette. Weitergabe von Nahrungsstoffen von einem trophischen Niveau zum nächstniedrigeren

Nebenwirt. Von Parasiten nicht bevorzugter Wirt

Nematoden. Fadenwürmer

Nettoprimärproduktion. Bruttoprimärproduktion abzüglich der als Wärme verlorengegangenen Energie

Nexus. s. Kommunikationskontakt

Nissen. Eier der Laus

Non-disjunction. Nicht-Auseinanderweichen zweier homologer Chromosomen während der Meiose bzw. von Chromatiden und damit fehlerhafte Verteilung auf die Tochterzellen

Nos-Gen. Entwicklungsgen bei *Drosophila melanogaster;* Genprodukt ist die posteriore Determinante

Noxe. Schädigende Einwirkung wie Chemikalien oder Strahlung

Nucleäre Lamina. Schicht an der Innenseite der inneren Kernmembran aus fibrösem Material und drei Hauptpolypeptiden als Ansatzort der Chromosomen in der Synapse

Nucleolus. Organell des Kerns, das am Locus der Gene für rRNA aus rRNA und unfertigen Ribosomen entsteht

Nucleolus-Organisatorregion (NOR). Unterhalb der Satelliten akrozentrischer Chromosomen gelegene DNA-Region, die Gene für ribosomale RNA enthält

Nucleosom. Abschnitt der eukaryontischen DNA. 200 bp lang, der aus einem Core (140 bp) und einer Spacer-Region besteht. Im Core ist die DNA in 2.5 Umdrehungen um einen Histonoktaeder gewunden

Nucleotid. Baustein, aus dem sich DNA und RNA aufbauen; es besteht aus einer Ribose, einer Base und einer Phosphorsäure

Nucleus. Von einer Doppelmembran umgebenes Zellorganell eukaryontischer Zellen, in dem sich die Chromosomen befinden

Obligat parasitäre Bakterien. Bakterien, die für ihre Vermehrung auf andere Zellen angewiesen sind: Rickettsien, Chlamydien, Mycoplasmen

Ökologie. Wissenschaft von Wechselbeziehung der Lebewesen mit ihrer Umwelt, vom Stoffhaushalt, den Energieflüssen und der Anpassung der Organismen an die Lebensbedingungen

Ökologische Nische. Einordnung einer Art ins Ökosystem unter bestmöglicher spezialisierter Nutzung des ihr zur Verfügung stehenden Lebensraumes

Ökosphäre. Die Gesamtheit aller Ökosysteme

Ökosystem. Wechselbeziehungen zwischen Biotop und Biozönose zu einem dynamischen Gefüge

Oncogen. Gen eines Tumorvirus, das für die Transformation der Zelle verantwortlich ist; auch Zellen haben Oncogene – aber in reprimiertem Zustand

Oncornaviren. Oncogene RNA-Viren

Ontogenese. Individualentwicklung

Oocyste. Zygote der Sporozoen

Oocyte. Eizelle; Oocyte 1. Ordnung: unreife Eizelle, die aus einer Oogonie entstanden ist; sie ist diploid; Oocyte 2. Ordnung: nach der Teilung in der Meiose aus Oocyte I entstanden; sie ist haploid

Oogenese. Entwicklung der Eizelle

Oogonie. Von den Urkeimzellen abstammende Ureizelle

Operator-Gen. Gen innerhalb eines Operons, dessen Sequenz durch einen Repressor verschlossen werden kann, so daß die *RNA-Polymerase* blockiert wird

Operon. Regulationseinheit auf der DNA

Optimalbereich. Lebensbereich innerhalb eines Faktorengefälles, in dem die Lebensvorgänge eines Lebewesens optimal unter geringstem Energieaufwand ablaufen

Ovar. Eierstock

Oviduct. Eileiter

Ovulation. Eisprung in der Mitte des Menstruationscyclus

Ozon: O_3 stark reaktiver Sauerstoff. In der Stratosphäre, schützt vor kurzwelligem UV. Starkes Gift in der bodennahen Atmosphäre

Paar-Regel-Gen. Auch „pair-rule". Segmentorganisationsgen bei *Drosophila.* Mutanten: Fehlen jedes 2. Segments: „even-skipped" oder „odd-skipped"

Pachytän. Stadium der Prophase I der Meiose

Panmixie. Paarung bei absolut freier Partnerwahl

Panmyelophthise. Alle Zelltypen des Blutes sind in ihrer Anzahl verringert

Parasitismus. Lebensgemeinschaft mit starkem Vorteil für einen Partner (Schmarotzertum)

Parentalgeneration. Elterngeneration

Parthenogenese. Entwicklung eines Embryos aus einer unbefruchteten Eizelle

Passagier. Mitfahrer, ein DNA-Fragment, das in einen Vektor eingesetzt wird und mitfährt

Pätau-Syndrom. Trisomie 13

Patenz. Periode vom Zeitpunkt des Erscheinens erster Larven oder Eier eines Parasiten bis zum Erlöschen der Ausscheidung

PCR. Polymerase-Kettenreaktion – Technik zum Vervielfältigen von DNA

Pendelvektor. Vektor, der sich in verschiedenartigen Zellen vermehren läßt

Penetranz. Die Häufigkeit, mit der sich ein Gen manifestiert

Periplasmatischer Raum. Bereich zwischen äußerer und innerer Zellmembran in der Zellwand gram-negativer Bakterien

Petri-Schalen. Flache Schalen aus Glas oder Plastik mit Deckel zum Züchten von Zellen

Phagocytose. Form der Endocytose – Aufnahme größerer Partikel durch dafür spezialisierte Zellen (Makrophagen, Leukocyten)

Phän. Merkmal

Phänokopie. Imitation einer genetisch bedingten Erkrankung durch äußere Einflüsse

Phänotyp. Erscheinungsbild eines Individuums, resultierend aus Genotyp und Umweltfaktoren

Pharynx. Schlund

Phenylketonurie. Autosomal-rezessive Erbkrankheit mit Defekt in der *Phenylalanin-Hydroxylase* und Abbau der angehäuften Aminosäure Phenylalanin zu Phenylbrenztraubensäure

Philadelphia-Chromosom. Chromosom 22, das eine Deletion am langen Arm trägt und sich charakteristischerweise bei chronisch myeloischer Leukämie findet

Phylogenese. Stammesentwicklung

Phytohämagglutinin. Pflanzliches Lectin, das z. B. ruhende Lymphocyten zur Teilung anregt

Pinocytose. Form der Endocytose: Aufnahme kleiner Partikel bzw. Lösungen in die Zelle

Placenta. Verflechtung von Uterusschleimhaut und fötalem Chorion, durch die der Stoffaustausch stattfindet

Plaque. Loch in einem Bakterienrasen, das durch die Vermehrung eines bakteriellen Virus und der damit verbundenen lokalen Lyse der Bakterien erzeugt wurde

Plasmalemma. Zellmembran, Plasmamembran

Plasmid. Extrachromosomale DNA in einer Zelle, die sich unabhängig vom Hauptgenom replizieren kann

Plathelminthes. Plattwürmer

Pleiotropie. s. Polyphänie

Poikilotherm. Wechselwarm, Abhängigkeit der Körpertemperatur von der Umgebungstemperatur

Polkörper. Während der Oogenese entstehende, degenerierte Zelle, die sich nicht weiterentwickelt

Pollen. Männliche Samenzellen bei Pflanzen

Polygenie. Mehrere Gene führen zur Ausprägung eines einzigen Merkmals

Polymorphismus, chromosomaler. Größenvariation im konstitutiven Heterochromatin einiger Chromosomen, vermutlich ohne pathologische Bedeutung

Polymorphismus, genetischer. Das Vorhandensein multipler Allele für ein Gen in einer Population führt zur Ausprägung varianter Phänotypen

Polypeptid. Aneinanderreihung von Aminosäuren durch Ausbildung von kovalenten Peptidbindungen; Grundstruktur der Proteine

Polyphänie. Ein Gen führt zur Ausprägung mehrerer Merkmale

Polyploidie. Vervielfältigung eines haploiden Chromosomensatzes um mehr als das Doppelte (3 n; 4 n etc.)

Polysom. Struktur aus mRNA und mehreren Ribosomen

Polytäne Chromosomen. Spezielle Form von Chromosomen, u. a. in den Speicheldrüsen von Fliegenlarven; wiederholte Replikation von Chromatiden ohne nachfolgende Kernteilung führt zur Bildung von Riesenchromosomen

Populationsdynamik. Größen- und Dichteschwankungen einer Population

Populationsökologie. Wissenschaft von den Wechselwirkungen einer Population mit Individuen der eigenen Art oder anderer Populationen

Prader-Willi-Syndrom. Genetische Erkrankung mit mentaler Retardierung. Beide Chromosomen 15 sind maternalen Ursprungs, oder es liegt eine Deletion 15q11 – 13 des paternalen Chromosoms vor

Präferenzbereich. Von einem Lebewesen bevorzugter Lebensbereich innerhalb eines Faktorengefälles

Präpatenz. Periode vom Beginn einer Parasiteninfektion bis zum Erscheinen von Larven oder Eiern im Stuhl

Primärfollikel. Unreife Eizelle im Ovar, umhüllt vom flachen Follikelepithel

Primaten. Affen, Menschenaffen, Menschen

Prion. Protein, auch mit Membrananker, besonders in Neuronen, α-helical und löslich; kann bei Mutationen womöglich anderen Prionen (Wildtyp-Form) seine veränderte Form aufzwingen (s. Prion-Konvertierung); Gen auf Chromosom 20. Eventuell. Ursache der transmittierbaren spongiformen Encephalopathie

Prion-Convertierung. Zwangsumwandlung eines löslichen in ein unlösliches Prion mit β-Faltblattstruktur durch Dimerisierung mit einem mutierten Prion

Proband. Angehöriger einer Familie, der Anlaß zur genetischen Untersuchung der Sippe gibt

Probionten. Vorstufe der Lebewesen

Procercoid. Finne

Produzenten. Pflanzen, die mit Hilfe von Photo- bzw. Chemosynthese organische Verbindungen aus anorganischen bilden können

Proglottiden. Glieder des Bandwurms

Prokaryonten. Organismen, deren Zellen keine Kerne besitzen

Proliferation. Wucherung, Wachstum, Vermehrung von Gewebe

Promotor. Startsequenz auf der DNA für die Transkription, *RNA-Polymerase*-Erkennungsort

Prophase. Erste Phase der Zellteilung, in der die Chromosomen kondensieren und sichtbar werden

Prosencephalon. Vorderhirnbläschen in der Embryonalentwicklung

Prostostomia. Tiere, bei denen die Mundöffnung aus dem Urmund gebildet wird: Würmer, Insekten u. a.

Proteoglycan. Makromolekül, bestehend aus einem zentralen Protein, an dem zahlreiche Polysaccharide und deren Abkömmlinge hängen

Protofilamente. s. Mikrotubulus

Protonengradient. Konzentrationsunterschied von Protonen beidseitig einer Membran

Protoplasma. Gesamte strukturierte lebende Substanz der Zelle

Prozessierte Pseudogene. Vermutlich durch reverse Transkription der mRNA eines Gens entstandene DNA-Moleküle; ohne Introns; enthalten Stop-Codons

Pseudogene. Gene mit zahlreichen Stop-Codons

Pseudopodien. Scheinfüße bei der amöboiden Fortbewegung

Puff. Schleifenförmige Ausstülpungen dekondensierter DNA bei Riesenchromosomen an Orten genetischer Aktivität

Pyrogen. Fieber hervorrufendes Bakterientoxin (Lipopolysaccharid)

Quadrivalent. Zwei Chromosomen, die durch reziproke Translocation umgebaut worden sind mit ihren beiden homologen Partnern in der Prophase I der Meiose

Quastenflosser. Lebendes Fossil, Fischgruppe, Stammgruppe der Landtetrapoden → Amphibien

Radio-Immun-Assay. Radioaktive Bestimmungsmethode für ein Antigen mittels spezifischer Antikörper

Rasse. Unterart

Regeneration. Wiederentstehung von Geweben oder Organen

Regulator-Gen. Gen, das die Synthese von Regulatorproteinen veranlaßt

Rekombination. Neukombination von Genen auf einem Chromosom als Folge eines Austauschs homologer Genloci von Nicht-Schwesterchromatiden, z. B. während des Crossing-over

Reparatose. Erblicher Defekt der DNA-Reparatur

Repetitive Sequenzen. DNA-Abschnitte, in denen sich kürzere oder längere Nucleotidsequenzen mehrfach wiederholen

Replikation. DNA-Synthese

Repressor. Kontrollprotein der Transkription; bindet an spezifische DNA-Sequenz und blockiert dadurch die Ablesung eines oder mehrerer Gene

Reptilien. Kriechtiere, Klasse der Vertebraten

Residualkörper. s. Telolysosom

Resistenzfaktoren. Plasmide mit Resistenz-Genen gegen Antibiotica

Restriktion. Abbau von Fremd-DNA durch zelleigene *Restriktions-Endonucleasen*

Restriktions-Endonuclease. Spezifische *DNAase,* die spezifische DNA-Sequenzen erkennt

Retardierung. Verzögerung der geistigen Entwicklung als Folge körperlicher Schädigungen

Retikulo-Endotheliales System (RES). Funktionelle Einheit der biologisch aktiven Mesenchymzellen für Speicherung, Antikörperbildung und Phagocytose

Retroviren. RNA-Viren, die mit *Reverser Transkriptase* DNA an der RNA-Matrize synthetisieren

Reverse Transkriptase. RNA-abhängige *DNA-Synthetase*

Revertante. Rückmutation einer Mutante zum Wildtyp

Rezessives Allel. Ein Allel, dessen Genprodukt nur dann den Phänotyp prägt, wenn es homozygot vorliegt, d. h. durch kein dominantes Merkmal überdeckt wird

Reziproke Translocation. Strukturelle Chromosomenaberration durch Austausch von Chromosomensegmenten zwischen Chromosomen

RFLP. Restriktions-Fragmentlängen-Polymorphismus

Rhabdosarkom. Bösartiger Tumor der glatten Muskulatur

Rhizopoden. Wurzelfüßler

Rhombencephalon. Rautenhirnbläschen der embryonalen Gehirnanlage

Ribonucleinsäure (RNA). Transkript der DNA; Polynucleotidstrang (einzelsträngig); in der Zelle hauptsächlich als Messenger-RNA (mRNA), ribosomale RNA (rRNA) und Transfer-RNA (tRNA).

Ribosomale RNA (rRNA). Stabile RNAs verschiedener Größen, die ein Strukturelement der Ribosomen sind

Ribosomen. Organellen im Cytoplasma bestehend aus rRNA und Proteinen, an denen die Proteinbiosynthese stattfindet; die Ribosomen bestehen aus einer kleinen und einer großen Untereinheit

Ribozym. RNA mit enzymatischer Aktivität

Rinderwahnsinn (BSE). Transmittierbare spongiforme Encephalopathie; Prion-Erkrankung

RNA-Editing. s. RNA-Redaktion

RNA-Polymerase. Enzym, das DNA in RNA mit Hilfe von Ribonucleosidtriphosphaten umschreibt

RNA-Redaktion. Posttranskriptionelle Veränderung der mRNA durch Einsetzen, Deletieren oder Austauschen von Basen, vermittelt durch kleine Leit-RNAs

Sacculus. s. Murein

Sanger-Technik. Methode zur DNA-Sequenzierung durch Kettenabbruch durch Dideoxynucleosidtriphosphat-Einbau

Saprobien (alpha-, beta-, meso-, oligo-). Bakterienarten mit unterschiedlichem Sauerstoffbedürfnis, die die Reinheit des Wassers anzeigen

Saprozoa. Aasfresser

Sarcolemma. Zellmembran der Muskelzellen

Sarcoplasmatisches Reticulum. Endoplasmatisches Reticulum der Muskelzellen

Sarcomer. Kleinste kontraktile Einheit einer Muskelfibrille; enthält Actin- und Myosinfilamente

Sarcosom. Mitochondrium der Muskelzelle

Satelliten. Regionen am distalen Ende der kurzen Arme akrozentrischer Chromosomen; heterochromatisches Material

Satelliten-DNA. Tandemwiederholungen von hochrepetitiven Sequenzen; man unterscheidet Mikrosatelliten (< 1 kb), Minisatelliten (1 – 30 kb) und Makrosatelliten (bis zu Megabasen)

Saurer Regen. Im Niederschlag gelöstes Schwefeldioxid und Stickoxid; pH-Wert 3 bis 4

Schafswahnsinn (Scrapie). Transmittierbare spongiforme Encephalopathie; Prion-Erkrankung

Schizogonie. Vegetative Vermehrung bei Sporozoen

Schizont. Vegetatives Stadium der Sporozoen, auch Ringstadium bei Plasmodien

Schrotschuß-Klonierung. Undifferenzierte Klonierung von DNA-Fragmenten

Schwere kombinierte Immundefizienz (SCID). Vollständiges Fehlen von zellulärer und humoraler Immunabwehr aufgrund verschiedener Defekte

Schwesterchromatid-Austausch (SCE). Austausch von homologen Stücken zwischen Schwesterchromatiden hervorgerufen durch Crossing-over in der Mitose von Körperzellen und sichtbar in Metaphasechromosomen nach Spezialfärbung. Nachweismethode für Instabilität des genetischen Materials

Schwesterchromatide. Chromatide ein und desselben Chromosoms; Nicht-Schwesterchromatide: Chromatide homologer Chromosomen

Scolex. Kopf beim Bandwurm

Segment-Polarität-Gen. Auch „segment polarity“. Segmentorganisationsgen bei *Drosophila.* Mutanten: Fehlen von Teilen eines jeden Segments

Segregationsgesetz. 2. Mendelsches Vererbungsgesetz: durch die zufällige Verteilung homologer Chromosomen in der Meiose auf die Keimzellen kommt es zu einer statistisch vorhersagbaren Aufteilung der Erbfaktoren

Sekundärfollikel. Graafscher Follikel: Eizelle mit mehrschichtigem Follikelepithel und Hohlkörper, gefüllt mit Liquor folliculi

Semipermeable Membran. Membran mit selektiver Durchlässigkeit für Stoffe

Septum. Wand, z. B. beim Herz

Serumentzugsblock. Zellkulturzellen, die nicht transformiert sind, stellen das Wachstum ein, wenn aus dem Medium das Serum entzogen wird

Sexduktion. Übertragung von genetischer Information von einem Bakterium zum anderen durch Konjugation

Sexfaktor. s. F-Faktor

Sexpilus. Bakterieller Zellfortsatz, der für die Sexduktion bzw. Konjugation notwendig ist; das für ihn codierende Gen liegt auf einem Plasmid

Sichelzellanämie. Erbkrankheit, charakterisiert durch ein verändertes Hämoglobin, das zur Sichelform der Erythrocyten führt; Ursache: Punktmutation im Gen der β-Kette des Hämoglobins

Silencer. DNA-Sequenzen auf der DNA mit Bindungsstelle für Transkriptionsfaktoren, welche die Transkription eines u. U. weit entfernten Gens verringern

Sklerotom. Wirbelanlage des Somits

Slow virus. Virus mit ultralanger Latenzzeit

snRNA. Kleine (small) nucleäre RNA; am Spleißen der RNA-Exons beteiligte, kleine RNA-Moleküle

Somit. Ursegment

Späte DNA. Abschnitt des viralen Genoms, der in der späten Entwicklungsphase transkribiert wird

Spermatid. Unreife männliche Samenzelle, haploid, nach der Meiose II entwickelt sie sich zum reifen Spermium

Spermatocyt. Unreife männliche Samenzelle; Spermatocyt 1. Ordnung: diploid, entsteht aus der Spermatogonie; Spermatocyt 2. Ordnung: haploid, nach der Meiose I

Spermatogonie. Männliche Ursamenzelle, die sich aus der Urkeimzelle bildet

Spermiogenese. Entwicklung der Spermien

Spezifischer Locus-Test. Testmöglichkeit für mutagene Wirkung von Noxen durch mutagene Behandlung von Wildtypmäusen und Kreuzung derselben mit für mehrere rezessive Gene homozygoten Spezialmäusen

Spleißen. Herausschneiden von Introns aus dem Primärtranskript (hnRNA)

Spleißosom. Komplex aus Proteinen und kleinen, nucleären RNAs (snRNA), der Consensus-Sequenzen an Exon-Intron-Übergängen erkennt, und in dem die RNA als Ribozym schneidet

Spore. Zelle zur ungeschlechtlichen Fortpflanzung bei Pflanzen und Bacillen; aus einer Spore kann wieder ein neuer Organismus entstehen; häufig sind Soren besonders resistent gegen Umwelteinflüsse

Sporozoit. Entwicklungsstadium der Sporozoen

Sporulation. Sporenbildung

Sprossung. Form der ungeschlechtlichen Fortpflanzung durch Abschnürung von Zellen, z. B. Hefe, oder Organismenteilen, z. B. Hydra

SRY-Gen. Für männliche Entwicklung verantwortliches Gen auf dem p-Arm des Y-Chromosoms; determiniert die Testes durch den Testes-Determinierenden Faktor (TDF)

Stachelsaumvesikel. Bei Endocytoseprozessen in die Zelle eingeschleuste membranumschlossene Bläschen, die außen von einem Netz (Clathrin) umgeben sind (coated vesicles)

Stenök. Organismen, die an streng definierte Lebensbedingungen gebunden sind

Stenopotent. s. stenök

Sterilisation. Abtöten jeglicher lebender Zellen

Stickstoff-Fixierung. Assimilation des Luftstickstoffs

Strobila. Gliederkette des Bandwurms

Struktur-Gene. Gene innerhalb eines Operons, deren Genprodukte Enzyme bzw. Strukturproteine sind

Sukzession. Neuzusammenstellung einer Lebensgemeinschaft nach gravierender Änderung der Faktoren in einem Ökosystem

Svedberg-Konstante (S). Maß für die Sedimentationsgeschwindigkeit eines Partikels im Schwerefeld

Symbiose. Lebensgemeinschaft verschiedener Arten mit Nutzen für beide Partner

Symptom. Krankheitsmerkmal

Synaptonemaler Komplex. Proteingerüst, das für die exakte Paarung der homologen Chromosomen in der Prophase der Meiose sorgt

Syndrom. Symptomenkomplex bei Krankheiten, die sich mit meistens gleichbleibenden Krankheitszeichen manifestieren

Syncytium. Verschmelzung von Zellen zu einer großen mehrkernigen Zelle, z. B. Muskelzelle

Telencephalon. Endhirn

Telolysosom. Residualkörper; Lysosom gefüllt mit unverdaulichem Material

Telomerase. Enzym, das der Replikations-bedingten Telomerverkürzung entgegenwirkt. Aktiv nur in Keimzellen und transformierten Zellen

Telomere. Endstücke der Chromosomen

Telophase. Phase der Zellteilung, in der sich die Zelle endgültig in zwei Tochterzellen teilt

Terminale Nucleotidtransferase. Enzym, das auf die Enden einer DNA Nucleotide transferieren kann – Kettenverlängerung ohne Matrize

Testis. Hoden

Testosteron. Sexualhormon des Mannes

Tetrade. Bivalent, bestehend aus homologen Chromosomen, die ihrerseits aus je zwei Chromatiden bestehen

Theca folliculi. Mit Theca interna und Theca externa die Grenzschicht des Ovars gegen Graafschen Follikel

T-Helferzellen. T-Zell-Rezeptoren dieser Zellen erkennen MHC-II-Oberflächenproteine und stimulieren Zellen, die Fragmente von Antigenen präsentieren, zur Proliferation

Thylakoid. Membranen im Stroma der Chloroplasten

Tight junction. s. Verschlußkontakt

T-Lymphocyten. Im Thymus gereifte Lymphocyten, beteiligt an der Immunabwehr

Toleranzbereich. Von einem Lebewesen tolerierbarer Lebensbereich innerhalb eines Faktorengefälles

Totipotenz. Möglichkeit einer Zelle, sich während der Entwicklung zu sämtlichen Gewebetypen eines Organismus zu differenzieren

Transduktion. Übertragung eines Gens bzw. DNA-Fragments durch einen lysogenen Phagen

Transfektion. Ursprünglich Initiation einer Virusinfektion durch DNA-Transformation; häufig wie DNA-Transformation benutzt

Transformation. 1. in der Bakteriengenetik: Umbildung durch von außen zugegebene DNA; 2. in der Tumorbiologie: Umbildung von Zellen in Tumorzellen bzw. „transformierte“ Zellen

Transgene Tiere. Tiere, die in der DNA sämtlicher oder eines Teiles ihrer Körperzellen ein fremdes Gen tragen. Die Fremdgene werden im allgemeinen unter Ausschaltung des eigenen Gens in Zellen des Blastocystenstadiums eingebracht

Transkription. RNA-Synthese

Translocation. Strukturelle Chromosomenaberration durch Übertragung eines Chromosomensegmentes auf eine andere Stelle desselben oder ein anderes Chromosom (s. reziproke Translocation)

Transport. Translocation einer Substanz oder eines Stoffes; biologisch: Translocation durch eine Membran

Transporter. Membranproteine, die Molekülen den Durchtritt durch eine Membran erleichtern

Transportwirt. Wirt, der einen Parasiten über längere Distanzen transportieren kann

transfer-RNA (tRNA). Überträger der Aminosäuren bei der Proteinsynthese

Transposon. Gengruppe, die durch Insertionssequenzen flankiert ist und als Block bewegt werden kann

Treibhauseffekt. Erwärmung der Atmosphäre durch verringerte Wärmeabstrahlung durch erhöhtes CO_2

Trigeminus. Hirnnerv

Triplett. s. Codon

Triploidie. Zellzustand mit dreifachem Chromosomensatz

Trisomie. Auftreten eines zusätzlichen Chromosoms zu den beiden Homologen eines diploiden Chromosomensatzes ($2n+1$) z. B. Trisomie 21

Trivalent. „Paarung“ eines durch zentrische Fusion entstandenen Translocationschromosoms mit seinen beiden homologen Partnern in der Prophase I der Meiose.

Trophoblast. Äußere Zellschicht der Morula bzw. Blastula, die sich später zur Placenta ausbildet

Tumorsuppressorgene. Meist rezessive Gene, die häufig Transkriptionsfaktoren codieren, welche Tumorentstehung verhindern. Mutationen führen zur Tumorentstehung

Tumorviren. Viren, die Zellkulturzellen transformieren und in Tieren Tumoren erzeugen können

T-Zell-Rezeptor. Immunglobulin-verwandtes Protein auf der Oberfläche von T-Lymphocyten. Erkennungsfunktion bei der zellulären Abwehr

Ubiquisten. Organismen, die durch ihre große Toleranz an keinen spezifischen Lebensraum gebunden sind

Ullrich-Turner-Syndrom. Numerische gonosomale Chromosomenaberration: 45, X0

Umweltkapazität. Zahl der Individuen, die ein Gebiet verkraften kann

Ungleiches Crossing-over. Verschiebung des reziproken Austausches zwischen homologen DNA-Abschnitten, Ursache für Duplikation in dem einen und Deletion in dem anderen Chromosom (s. Crossing-over)

Uniformitätsgesetz. 1. Mendelsches Vererbungsgesetz: Uniformität der ersten Filialgeneration bei Paarung reinerbiger Eltern

Uratmosphäre. Atmosphäre zur Zeit der Frühphase des Entstehens des Lebens

Urdarm. Höhle der Gastrula

Urkeimzellen. Frühembryonale Anlage für die Entwicklung der Keimzellen

Urmund. Öffnung der Gastrula

Urpeptid. Erstes Peptid, das bei der Evolution gebildet wurde

Vegetative Fortpflanzung. Ungeschlechtliche Vermehrung, Fortpflanzung durch Sporen, Sprossen, Knospen

Vektor. Vehikel: Plasmid oder Virus zur Klonierung von DNA

Ventrikel. Herzkammer

Verschlußkontakt. Synonyme: Zonula occludens, Tight junction; enge Kontaktstelle zwischen zwei Zellen unter Verschmelzung der beiden Membranen; Permeationsbarriere

Vertebraten. Wirbeltiere: Fische, Amphibien, Reptilien und Mammalia

Vesikel. Membranumschlossenes Bläschen

Viroid. Infektiöses Agens bei Pflanzen, besteht aus einer kleinen ringförmigen RNA

Virusreservoir. Vermehrung bzw. Aktiverhaltung von Viren auf einem Wirt, von dem sie wieder den Hauptwirt infizieren können; menschliche Influenzaviren z. B. haben unter anderem das Schwein als Reservoir

VNTR. Hypervariable Polymorphismen (variable number of tandem repeats)

Wilms-Tumor. Bösartiger Nierentumor des Kindesalters

Wurfgröße. Anzahl der Nachkommen pro Wurf bzw. bei Viren pro Zelle

YACs. Yeast artificial chromosomes – artifizielle Hefechromosomen: aus Zentromeren, Telomeren und ARSs (autonom replizierende Sequenzen – Ursprung der Replikation) zusammengesetzte Vektoren zum Klonieren großer DNA-Fragmente

Zellcyclus. Wachstumsphasen von einer Zellteilung zur anderen, bestehend aus G_1-Phase, S-Phase, G_2-Phase und Mitose; in der G_0-Phase gehen wachsende Zellen ins Ruhestadium über

Zelluläre Immunabwehr. Abwehr von zellgebundenen Antigenen durch Zell-Zell-Interaktion

Zentriol. Hohlzylinder aus Mikrotubuli (9·3), die paarig vorliegen und nach Verdopplung ihrer Struktur zu den Zellpolen ziehen, um dort als Ansatzstellen für die Spindelfasern zu dienen

Zentrische Fusion. Translocation der langen Arme zweier akrozentrischer Chromosomen aufeinander unter Verlust der kurzen Arme und Verschmelzung des Zentromers

Zentromer. Chromosomenregion, an der während der Mitose oder Meiose die Spindelfasern ansetzen; Zentromere halten die Chromatide eines Chromosoms zusammen, unterteilen es in einen kurzen und einen langen Arm

Zisterne. Membranbegrenztes Becken, z. B. im Golgi-Apparat

Zonula occludens. s. Verschlußkontakt

ZOO-Blot. Untersuchung der DNA verschiedener Spezies auf die Anwesenheit von Homeobox-DNA anhand von Hybridisierungsbanden

Zwischenwirt. Bei Parasiten mit Generationswechsel der Wirt, in dem sich die vegetative Generation entwickelt

Zygotän. Stadium der Prophase I der Meiose

Zygote. Diploide Zelle, die durch die Vereinigung von Eizelle und Spermium entstanden ist

Sachverzeichnis

A

Aasfresser 393
A-Bande 77
AB0-Blutgruppensystem 172 ff, 230
ABC-Transporter-Superfamilie 17
Aberration, autosomale 207
– Definition 204
– Diagnose, pränatale 224 f
– gonosomale 207
– Häufigkeit 207
– numerische 204 ff
– – autosomale 209 ff
– – gonosomale 209
– strukturelle 168, 205, 212 ff
– – Familienuntersuchung 215
– – Folgen 225
– – Häufigkeit 207
Abgase 431, 433
Abiotischer Umweltfaktor 418 f, 428
Abort 186
Abstammungsidentifikation 388
Abstammungslehre 236 ff
– Beweise 253
Abwasser 432
Abwehrprotein, zelleigenes 364
Acetabula 404
Acetabularia 421 ff
– *major* 317
– *mediterranea* 38, 44
– – Chloroplasten 46
– – Kernmembran 50 f
– – messengerRNA 121
– – Mikrotubuli 71
– – Nucleolus 59
– – rRNA-Transkription 120
Acetylcholin 31
Acetylcholinesterase 32
Acetylcholin-Synthetase 31
Acetylierung 137
Achondroplasie 178
Aconitase 148
Acquired Immune Deficiency Syndrome 355, 365 f
Acrania 251, 262
Acrasiales 260
Acridin-Farbstoff 104
Acrylate 316
Actin 5, 32, 70, 76
– Aggregationsfähigkeit 80
– F-Actin 77, 79, 84
– G-Actin 77 ff
Actinbindendes Protein 84
Actin-Bindungsstelle 81 f
Actinfaser, kontraktile 28
Actinfilament 78
– Quervernetzung 84
α-Actinin 78
Actin-Mikrofilamentbündel 24
Actinomycin 138, 331
Adaptation 419
Adenin 90, 92
Adenosindesaminase 316
Adenosintriphosphat 16 f, 49
– Muskelkontraktion 81
Adenoviren 355, 360, 366
Adenylatcyclase 13 f, 145 ff
ADP-Ribose 54
ADP-Ribosylierung 137
Adrenalin 31, 147
Adriamycin 331
Aedes 411
– *aegypti* 414 f
Aerobier 340
– obligate 324
Aflatoxin 345
Aflatoxin B_1 102
Agammaglobulinämie, Bruton-Typ 300
Agglutination 174
Agglutinationstest 174
AIDS 355, 365 f
Akklimatisation 419
Akrosom 42, 269, 276
Aktivatorprotein 140, 145
Alanin 255
Albinismus 181 f
Alge 317, 425, 428
– einzellige 422 f
Algenwachstum 432
Alkaptonurie 181 f
Alkohole 329
Alkylantien 329
Alkylierung 103
Alkyltransferase 109
Allantois 281, 283, 286 f
Allel 156
– dominantes 158 f, 178
– Expressivität 190
– Penetranz 190 f
– rezessives 159, 180
– Selektion 230
Allele, identische 232
– variante 156
Allelfrequenz 226 ff
– Veränderung 230
Allelhäufigkeit 226
Allelie, multiple 156, 158
Allel-Pool 237
Allergie 309, 316
Alterungsvorgang 111
Altweltaffen 262
Alveolarsack 289
Alzheimer-Krankheit 75, 359
Amanita phalloides 331, 345 f
– *virosa* 345
α-Amanitin 331, 345 f
β-Amanitin 345 f
Amboß 288 f
Ames-Test 107
Aminoacyl-AMP-Komplex 127
Aminoacyl-Synthetase 124
Aminoacyl-tRNA 134, 257
Aminoacyl-tRNA-Synthetase 127 f
p-Aminobenzoesäure 329
α-Aminobuttersäure 255
p-Aminophenylsulfonsäure 329
Aminopterin 169
Aminosäure 131
– Modifikation 137
Aminosäure-Bindungsregion 127
Aminosäure-Erkennungsregion 126
Aminosäuresequenz, Übereinstimmung 241 f
Aminosäure-tRNA-Akzeptor-Stelle 131 ff, 136
Ammenzellen 296
Ammoniak 427
Amniocentese 224 f
Amnion 281, 283, 285 f
Amnionhöhle 279 ff, 283, 285 f
Amnionzellen 224
Amnioten 250
Amöben 82 f, 318, 399 f
Amöbenruhr 400
Amphibien 244, 247, 262
– Kreislaufsystem 252
– Lunge 253, 255
Amphioxus lanceolatus 279
Amphipathisch 7
Amphotericin B 345
Anacystis nidulans 242
Anaerobier 432
– fakultative 324, 340
– obligate 324, 340
Anämie 409, 411
– aplastische 333
– perniziöse 395, 407
Anamnia 248, 250
Anaphase 61 ff
Anaphase I 66, 69
Anaphase II 69
Anaphasebrücke 214
Anaphase-Lag 206
Ancylostoma duodenale 408 f
Aneuploidie 205 ff
– gonosomale 208
Angelman-Syndrom 197 f
Anisogamie 266
Anopheles 401 ff, 410, 414
Antennapedia-Genkomplex 298
Anthrax 342
Anti-Antikörper 382
Antibiotica 329 f
– Nebenwirkung 333
– Proteinsynthesehemmung 138
Antibiotica-Resistenz 235 f, 328, 331 ff, 374
– Bestimmung 332 f
– Mechanismen 332
Antibiotica-Unverträglichkeit 333
Anti-Blutgruppen- Immunglobulin 309
Anticodon 126
Antigen 300 f
– CD4-Antigen 365
Antigen-Antikörper-Komplex 13, 301, 396 f
Antigenbindendes Fragment 308
Antigenbindung 313
Antigenbindungsstelle 307
Antigene Determinante 300, 307
Antigenherstellung 390
Antigenic drift 363
– shift 363
Antigenpräsentation 304 ff
Antigen-Veränderung 363
Antigen-Wechsel 363
Antikörper 300 f
– Heterogenität 310
– monoklonale 307, 314 f
– Parasiten-spezifische 398
Antikörperproduktion 302
Antikörpersynthese 312 f
Antimetaboliten 331
Antiport 17
Antizipation 101
Aorta 292 f
AP-Endonuclease 109
Apolipoprotein B 122
Apoptose 369 f
Appendix epididymidis 295
Äquationsteilung 65, 68
Äquatorialebene 63
Äquivalenzpunkt 301
Arabinose-Operon 145
Arbeit 265

Archaeopteryx 244 f
Argas reflexus 412
Art 226
– Entwicklung 237 f
– Isolierung 238
– Unterkollektive 238
– Veränderung 235
– Verbreitung, geographische 245 f
Arteria carotis externa 292 f
– – interna 292 f
– omphalomesenterica 287, 293
– pulmonalis 252, 292 f
– umbilicalis 286, 292 f
Arthropoden 343 f, 399, 411 ff
Ascaris 396, 399, 408 f
– Entwicklungskreislauf 409
– *lumbricoides* 395
Ascaris-Pneumonie 408
Asparaginsäure 255
Aspergillus 102
– *flavus* 345
A-Stelle 131 ff, 136
Ataxia teleangiectasia 111, 223
Atmosphäre 418
Atmung 258
Atmungsenzym 318
Atmungskette 43, 45, 48, 258
Atmungsorgan 247
ATP s. Adenosintriphosphat
ATP-Speicher 79
ATP-Synthetase 45, 49
Atrium dextrum 292
– sinistrum 292
Atrophie 282
Attenuator 140, 143 f
AUG-Codon 130 f
Augenanlage 281
Augenbecher 290 f
Augenblase 291
Australopithecus 263 f
Autoantikörper 315
Autoimmunkrankheit 301, 315
Autoklavieren 329
Autökologie 417
Autophagie 40
Autophagosomen 40
Autoradiographie 171
Autosomen 172
Autotrophe Sukzession 426
Autotropher Organismus 423, 426
Avitaminose 425
Axialfaden 74
Axon 6
Azidothymidin 366

B

Bacillus brevis 328, 333
– *licheniformis* 333
– *megaterium* 328
– *subtilis* 183, 319, 328
Bacitracin 331, 333
Bakterien 317 ff
– Absterben 328
– Antibiotica-Synthese 333
– Differenzierungsmedium 324
– Einteilung 340 ff
– Energiegewinnung 323 f
– Enzymausscheidung 334 f
– gram-negative 319, 340 f
– – Zellwandaufbau 320 f
– gram-positive 319, 340 ff
– obligat parasitäre 343 f
– Parasexualität 335 ff
– Pathogenität 335, 341 f
– Phagocytose 22 f
– Replikation 94
– resistente 235 f, 331
– säurefeste 340, 342
– Selektionsmedium 324
– spiralige 342
– symbiontische 258
– Verdopplungszeit 324
– Virulenz 320, 335
– zellwandlose 321
– Züchtungsmethoden 325
Bakterienflagellen s. Flagellen
Bakterienflora, normale 333
Bakterienkultur, Wachstumsphasen 327
Bakterienreinkultur 325
Bakterienstamm, Antibiotikaresistenter 235 f
Bakterienwachstum, exponentielles 327
– Faktor, chemischer 326
– – physikalischer 325
– Lag-Phase 327 f
– Log-Phase 327 f
– stationäre Phase 327
– Sterbephase 327 f
– Wachstumsmedium 324
Bakterienzelle, Aufbau 318 ff
Bakteriologie, spezielle 340 ff
Bakteriophagen s. Phagen
Bakteriostase 328 f
Bakterizidie 328 f
Balantiden 399
Balantidium coli 403
Balbiani-Ringe 55 f
Bande A 77
– H 77
– I 77
Bandwürmer 394, 399, 404 ff
Barr-Körperchen 57, 189, 209 f, 268
Basalkörper 72 ff
Basalmembran 10
Base 90
– ψ 126
Basenanaloge 103 f
Basen-Excisions-Reparatur 109
Batophora oerstedii 62
Baumbestand, Dezimierung 430
Bayessches Theorem 233 f
Bazillen 322 f
bcd-mRNA 296 f
Beckwith-Wiedemann- Syndrom 198
Befruchtung 42, 275 ff
Befruchtungsmembran 276
Bence-Jones-Protein 307
Benzpyren 36, 102
Beuteltier 245, 247, 251
Bevölkerung, abnehmende 429
– wachsende 429
Bevölkerungsexplosion 430 f, 433
Bewegung, amöboide 83
Bilayer 7
Bilharziose s. Schistosomiasis
Biogenetische Grundregel 237, 246
Biogeographie 245 f
Biologie, molekulare 87 ff
Biomasse 427
Biotischer Umweltfaktor 417, 420 ff, 428
Biotop 418
Biozönose 418
Biozönotisches Gleichgewicht 424
Bithorax-Genkomplex 298
Bivalent 66 f
Blastem 282
Blastocoel 283
Blastocyste 277 f
Blastocytenhöhle 279 f
Blastula 279
Blockmutation 101
Bloom-Syndrom 111, 223
Blotting 386 f
Blutbildung 295
Blütenpflanze, Entwicklungskreislauf 153
Blutgerinnung 335
Blutgruppe 11, 172 ff, 236
Blutgruppe 0 181
Blutgruppen-Allel 172 ff
Blutgruppenunverträglichkeit 174
Blutgruppenvererbung 158
Blut-Hirn-Schranke 26
Blutparasiten 393
Bluttransfusion 174
Blutzellen, Entwicklung 295
B-Lymphocyten 301 f
– Antikörpersynthese 312
– Stimulierung 313
Bombyx mori 238
Bordetella pertussis 341
Borrelia recurrentis 342
Borreliose 411
Bothrien 404
Botulin 31 f
Botulinum-Toxin 334
Brachydaktylie 178
Branchiostoma 251
– *lanceolatum* 262
Brechreiz 335
Bremse 411, 414
5-Bromuracil 104
Bruch-Fusions-Brücke 214
Brutcyclus 421
Bruttoprimärproduktion 427
Bukett-Stadium 66
Burkitt-Lymphom 366
Bursasystem 312
B-Zell-aktivierender Faktor 313
B-Zell-Differenzierungsfaktor 313
B-Zell-Wachstumsfaktor 313

C

^{14}C, Zerfall 243 f
Ca^{2+}-Ionen 30
– Muskelkontraktion 81 f
– Speicherung 45
Ca^{2+}-Ionen-Pumpe 17
Calcium 15 f
Calcium-ATPase 36
Calciumdipicolinat 322
cAMP s. cyclisches AMP
Canalis neurentericus 281, 283
Candida 345
Cap 119, 122, 131
– Blockade 140
– Genregulation 145 f
Capping 13 f, 313
Carboanhydrase 11
Carcinom, colorectales, nichtpolypöses, hereditäres 111
Carnivore 426
Carotiden 252
Carotinoide 47
CD4-Antigen 365
cdc-2-Kinase 368
CdK s. Cyclin-abhängige-Protein-Kinase
cDNA 372
– klonierte 381, 384
CDR s. Complementarität-determinierende Region
Cellulase 425
Cephalosporine 331
Cercarien 404
Cerebellum 289 f
Cestoden 394, 399, 404 ff
– Aufbau 404
Chagas-Krankheit 398, 411, 413
Chelicerata 399, 411
Chemotherapeutica 329
Chiasma 66, 68, 160
Chimäre 391
Chironomus 55
Chlamydia psittaci 344
– *trachomatis* 344
Chlamydien 318, 344
Chlamydomonas 259, 421 f
Chlor 15
Chloramphenicol 134 f, 138, 331
– Nebenwirkung 333
Chloramphenicolacetyl-Transferase 332
Chlorophyll 46, 426
Chloroplasten 6, 32, 43, 46 ff
– Evolution 240, 259
– Migration 423
– Photosynthese 47 f
Choleratoxin 8, 333 f
Cholesterin 7 f, 21
Cholesterol 35
Chorda 262
– dorsalis 279, 281, 283
Chordalplatte 284
Chordaten 261 f
Chorea Huntington 178, 191
– – Genprägung 198
– – Triplett-Wiederholung, expandierte 101
Chorionepithel 283, 285
Choriongonadotropin 287

Chorion-Kaverne 285
Chorionplatte 286
Chorionzotte 286
Chorionzottendiagnostik 224
Chromatiden 61, 63
Chromatidenüberkreuzung s. Crossing-over
Chromatid-Fehlverteilung 72
Chromatin 49
– Definition 52
– Dekondensierung 56
– Formen 56 f
– Kondensation 63
Chromomere 56, 167
Chromoplasten 47
Chromosomal painting 171
Chromosomales Springen 376 f
– Wandern 376
Chromosomen 52
– Addition 216
– akrozentrische 202
– Anfärbung 199 f
– Banden 167 f, 201, 203
– Bruch 212 ff, 223
– – G_1-Phase 214
– – G_2-Phase 214
– Bruchfusionsbrücke 214
– C-Banden 200
– Dekondesieren 63
– dizentrische 214
– Duplikation 213, 218 f
– Fusion, zentrische 213, 220
– G-Banden 200 f
– Harlekinmuster 223
– homologe 67, 69, 156
– Instabilität 222 f
– Inversion, parazentrische 217
– – perizentrische 217 f
– kondensierte 56
– Konstriktion, primäre 202
– – sekundäre 203
– metazentrische 202, 218
– non-disjunction 206
– p-Arm 202 f
– polytäne 55 f, 167
– q-Arm 202 f
– Q-Banden 200
– Strukturveränderung 101, 168
– – balancierte 215
– – unbalancierte 215
– submetazentrische 202
– telozentrische 218
– Translocation 219 ff
– unineme 52
Chromosomenaberration s. Aberration
Chromosomenanalyse 108, 200
Chromosomenbruch-Syndrom 111
Chromosomenkarte, genetische 167 f
– physikalische 167 f
Chromosomen-Kondensation 60, 65 f
Chromosomensatz, diploider 63
– haploider 65 f, 160, 273
– männlicher 202
– tetraploider 205
– weiblicher 202
Chromosomentheorie 152
Chromosomenverkürzung 100
Ciliaten 318, 393, 399, 403, 425
Cilien 74 f
– nichtbewegliche 74
– Querschnitt 76
Cilienbewegung 74 f
Citrobacter proteus 341
Citronensäure-Cyclus 45
Clathrin 19 f, 22
Clostridien 322 f
Clostridium botulinum 32, 334, 342, 354
– *perfringens* 334
– *tetani* 334, 342
Clownfisch 425
CO_2 11
Coagulase 335
Coated vesicles 19 f, 24
Codominanz 158
– Blutgruppensystem 172 ff
– Sichelzellanämie 175 ff
Codon 127
Codonerkennung 133 f
Coelom 283
– intraembryonales 284
Colchicin 71, 201
Colicine 333
Complementarität-determinierende Region 307
Connexin 29 f
Conyaulax 421 f
Coracidium 406
Core 322 f
Core-Enzym 115 f
Co-Repressor 143
Corona radiata 273, 276
Corpus luteum 273 ff
– – graviditatis 275
Cortison 42
Corynebacterium diphtheriae 333, 342
– – Symbiose 354
Cosmid 375
Cosmid X 375
Cotransport 17
Creuzfeldt-Jacob-Krankheit 358 f
Cristae 43, 45
Crossing over 66, 68, 112, 163 ff
– – ungleiches 218
Cryptococcus 345
Crysops 411
Culicidae 414
Curare 31
CURL-Kompartiment 22
Cyanobakterien 240, 259, 318
Cyclin B 64 f
Cyclin-abhängige-Protein-Kinase 65
Cycline 64
Cyclisches AMP 13 f
– – Genregulation, positive 145 ff
Cyclisches-AMP-bindendes Protein s. Cap
Cycloheximid 138, 345
Cyclops 407, 410
Cystische-Fibrose-Transmembran-Regulator-Protein 184
Cytochemie 2 f
Cytochrom C 242
Cytochrom P450 36
Cytogenetik 199 ff
Cytokeratinfilament 70
Cytokinese 61, 63
Cytopempsis 21
Cytoplasma 3, 32
– Teilung 63
Cytoplasmakonsistenz 83 f
Cytose 19 ff
Cytosin 90, 92
– Deaminierung 102
Cytosindimer 105
Cytosinhydrat 105
Cytoskelett 5, 32, 70 ff
– Funktion 70
Cytosol 5, 32

D

Darm 289
Darmbakterien 425
Darmknospung 289
Darmparasiten 393
Darmperistaltik 30, 83
Darwin, Charles 237
Darwinsche Tauglichkeit 230
Deaminierung 102
Deletion 101, 104, 128, 168, 213 ff
– endständige 216
– heterozygote 197
– interstitielle 216
5p-Deletion 216
Deletionssyndrom 216
9-Deletionssyndrom 216
13-Deletionssyndrom 216
18-Deletionssyndrom 216
Deoxynucleotidyl-Transferase, terminale 312
Dermatophyten 345
Desinfektion 328 f
Desminfilament 70
Desmosomen 22, 24, 27 f
Desoxyribonucleinsäure s. DNA
Desoxyribose 92
Destruenten 426
Detergentien 329
Deuterostomia 279
Dezidua 277
DHU s. Dihydroxyuridinschleife
Diabetes mellitus 195
Diacylglycerol 367
Diakinese 68
Diaminopimelinsäure 323
Diarrhöe, kolikartige 400
Dictyostelium 260
Dideoxy-Methode 384 f
Diencephalon 289 f
Differentialzentrifugation 3
Diffusion 15 f
– erleichterte 15 f
Dihybride 155
Dihydroxyuridinschleife 126
Diktyosom 36
Diktyotän 68, 209, 270
Diphtherie-Toxin 148, 333
Diphyllobothrium latum 394 f, 399, 404, 406
– – Entwicklungskreislauf 406
Diplotän 68
Diptera 399, 411
Diskordanz 194 f
Disomie 197
Disposition 196
Diversitätsregion 311 f
DNA 87 ff
– Amplifikation 139
– Basenaddition 101, 104
– Basendeletion 101, 104
– Basendimerisierung 105
– Basen-Excisions-Reparatur 109
– Basenpaarung 91 ff
– – Veränderung 103
– Basensequenz, einmalige 57
– – hochrepetitive 57 f
– – repetitive 214
– – – unterbrochene 57
– – – verstreute 58
– – Tandemwiederholung 58
– – Verwandtschaftsbeweis 239
– Basensubstitution 101
– Copräzipitation 380
– Doppelhelix 92 f
– Elimination 139
– Faltungsprozeß 54
– Fehlpaarungs-Reparatur 110 f
– α-Helix 91
– klonierte, Analyse 384 ff
– – Präparation 382
– – Selektion 381 ff
– komplementäre s. cDNA
– Methylierung 198
– Methylierungsmuster 351
– mitochondriale 45
– mutierte 65
– Nucleotide 90
– Primärstruktur 92 f
– prokaryontische, Methylierungssequenz 111
– Promotorregion 141
– Reparatur 109 ff, 369
– Restriktion 351
– Sekundärstruktur 92 f
– Selbstverdopplung, identische 94
– Sequenz, autonom replizierende 376 f
– Sequenzieren 378, 384 ff
– – Endgruppen-Technik 385 f
– Spiralisierung 54 f
– Stabilität 93
– Strang, codogener 115
– Strangbruch 105
– Struktur 90 ff
– Synthesewege 169
– Transkription 56
– UV-Schäden 105
– virale 347, 349
– Windung 93
DNA-Alkylierung 103 f
DNAase 87
DNA-Bindungsprotein 52, 54, 94
DNA-Deaminierung 102

DNA-DNA-Hybridisierung 382 f
DNA-Ende, glattes 379
DNA-Faden, Verkürzung 55
DNA-Fingerprint 389
DNA-Gehalt, haploider 57
DNA-Glycosylase 109
DNA-Klonierung 371
DNA-Ligase 98 f, 109 f, 113, 380
DNA-Molekül-Länge 52
DNA-Organisation 240
DNA-Polymerase 52, 94 f, 97, 109, 384 f
– Korrekturfunktion 98
– temperaturstabile 378
DNA-Polymerase I 97 f, 110, 113, 382
– – Exonuclease-Aktivität 98
DNA-Polymerase II 97
DNA-Polymerase III 97
DNA-Region, frühe 351
DNA-Replikation 60 f, 94 ff
– Dauer 96
– semikonservative 98
– Startpunkte 95 f
DNA-Replikationsfehler 111 f
DNA-Sequenz-Gel 385
DNA-Sonde 171
DNA-Stoffwechsel-Inhibitoren 331
DNA-Synthese 51
– Darstellung 2
DNA-Transfer 335 ff
DNA-Transformation, Effizienz 380
DNA-Tumor-Viren 366
DNA-Vektor 374
DNA-Viren 349, 355, 357
Docking-Protein s. Signal-Erkennungsprotein
Dolichol 39
Domäne 55, 307 f
Dominantes Merkmal 152, 158
Dopamin 31
Doppel-Crossing-over 166 f
Doppeldiffusionstest 397
Doppelmembran 43, 47, 49, 52
Doppelschichtmembran 258
Dottersack 279 ff, 283, 285 f
Down-Syndrom 207, 209 ff, 221
Dracunculus 399, 410
Dreifaktorkreuzung 167
Drosophila, DNA-Gehalt, haploider 57
– DNA-Molekül-Länge 52
– Frühembryonalentwicklung 297
– Genexpression 139
– *melanogaster*, Eireifung 296
– Mutanten 297 f
Druck, osmotischer 15
– – Messung 15
Drumsticks 209
Drüsenzellen 260
Ductus arteriosus Botalli 248, 252
– omphaloentericus 286
Dünndarmepithel 25 f, 84
Duplikation 213, 241
– fehlerhafte 256
Duplikations-Deletions-Syndrom 218
Dynein 74 f
Dysmorphiesyndrom 215
Dystroglycan 188
Dystrophin 188

E

E605 32
Echinococcus 393, 395, 399
– *granulosus* 404 f
– *multilocularis* 405 f
Eclipse 348 f
Edwards-Syndrom s. Trisomie 18
Effektorregion 307
Ei, oligolezithales 279
– polylezithales 279
Eileiter 250
Einnischung 245, 420
Einschlußkonjunktivitis 344
Einzeller 318, 398
Einzelstrang-DNA 384
Eireifung 296
Eisenmangel 148
Eisen-Regulations-Faktor 148
Eiweißkörnchensynthese 168
Eizelle 65
– befruchtungsfähige 273 ff
Ektoderm 260 f, 279 ff, 283
– Organentwicklung 283
– Organogenese 289 ff
Ektoparasiten 393, 411, 413
Elastin 86
Elektronenmikroskop 1
Elektronentransport-Kette 47
Elementar-Körperchen 344
Elephantiasis 410
Elongation 115 ff
– Translation 131, 133 ff
Elongationsfaktor 333
– II 148
– G 134, 136
– Ts 136
– Tu 133 f, 136
Elongationshemmung 138
Embryo, Form 287
– Immunschutz 308
Embryoblast 279 f, 283
Embryonalentwicklung 30, 246 ff, 267, 279 ff
– Abstammung, phylogenetische 287 ff
– Metazoen 295 ff
Embryonalschild 283, 285
Empfängnishügel 276
Empfängnisverhütung 275
Encephalitis 395, 413
Encephalomeningitis 398, 400
Encephalomyopathie, mitochondriale 47, 196
Encephalopathie, spongiforme, transmittierbare 359, 362
Enddarm 281
Endocytose 19 ff, 37, 356, 365
– elektronenmikroskopische Darstellung 21
– rezeptorvermittelte 19 f
Endo-(desoxy)-Ribonuclease 124
Endo-DNAase 336
Endomembransystem 32
Endomitose 56
Endonuclease 55, 113
Endoparasiten 393, 413 f
Endopeptidase 137
Endoplasmatisches Reticulum 4, 32
– – Elektronenmikroskopie 44
– – glattes 34 ff
– – – Aufgaben 34 f
– – – Hypertrophie 36
– – – Vorkommen 34
– – Lipidsynthese 8
– – Proteinsynthese 138
– – rauhes 27, 33 f, 49 f
– – – Aufgaben 33
Endoreduplikation 204
Endosomen 19, 21
Endothelzelle 84
Endotoxin 321, 333 f
Endwirt 394
Energieausbeute, Reduktion 427 f
Energiegewinnung 256 f
Energiekonversation 257
Energiekreislauf 426
Energielieferant 16, 47 ff
Energieproduktion 43
Energiequelle, fossile 433
Energiespeicher 80
Energieweitergabe 428
Enhancer 115, 366
Enniatin 333
Entamoeba coli 400
– *hartmanni* 400
– *histolytica* 400
Enterobacter aerogenes 341
Enterocolitis 400
Enterotoxin 335
Entgiftung 36
Entoderm 260 f, 279 ff, 283
– Organentwicklung 283
Entwicklungsstammbaum 255
Enzymaktivität, Regulation 140 f
Enzymdefekt 180 f
Enzyme 36
– lysosomale 39 f, 42
– mitochondriale 45
Enzymopathie 182
Enzymsynthese, DNA-abhängige 89
– Rückkopplungs-Inhibition 149
Epilepsie, myoklonische 47
Epiphyse 289
Epithelzellen 25
Epitop s. antigene Determinante
Epstein-Barr-Virus 366
Erbfaktor s. Gene
Erbgang, autosomal-dominanter 172, 178 ff
– autosomal-rezessiver 172, 175, 180 ff
– X-chromosomal-dominanter 172, 185 f
– X-chromosomal-rezessiver 172, 186 ff
– Y-chromosomaler 186
Erbkrankheit, autosomal-dominante 179
– monogene 172
– multifaktorielle 195 f
– Risikoabschätzung, genetische 233 f
– X-chromosomal-dominante 185
Erblindung 344
Erbmerkmal s. Merkmal
Ergastoplasma 34
Erkennungssequenz-Rezeptorkomplex 39
Ernährung, pflanzliche 427
Erregungsleitung 6, 24, 30 f
Erythrocyten, Lebensdauer 282
– Stechapfelform 18 f
Erythrocytenantigen 173
Erythrocytenmembran 9 ff
– Neuraminsäure-Anteil 10
– Proteine 11
Erythromycin 331
Escherichia coli 341
– – DNA-Molekül-Länge 52
– – DNA-Replikation 95
– – Genexpression 139
– – Gramfärbung 319
– – Mureinsacculi 320
– – Ribonucleinsäuren 119
– – Toxinbildung 333
– – Verdopplungszeit 324
Escherichia-coli-Virus, Lambda 350 f
Ethanolamin 7
Ethylenoxid 329
Euchromatin 57
Euglena 421
Euglena-Chloroplasten-DNA 95
Eukaryonten 318
– DNA-Molekül-Länge 52
– mRNA-Bildung 119 ff
– Replikations-Startpunkte 96
Eukaryontenzelle 3 ff
– Außenladung 10
– Bestandteile 5
Euphorbia 43
Euploidie 205
Euryoxibionter Organismus 419
Eurypotenter Organismus 418
Eurythermer Organismus 418
Eusthenopteron 244 f
Eutrophierung 432
Evolution 235 ff
– Chromosomenduplikation 218
– kulturelle 265
– Primaten 262
– soziale 265
– Zeitmessung 243 f
– Zeiträume 265
Evolutionäre Anpassung 393
Excinuclease 109
Exocytose 19 f, 37, 357
Exoenzym 334 f
Exon 120, 122 f
Exonuclease 55
Exopeptidase 137
Exotoxin 333 ff
Expressionsvektor 376
Expressivität 191

Extrazelluläre Matrix 85 f
Extremität 287
Extremitätenknospe 284

F

Fab-Fragment 308
Facettenauge 413
F-Actin 77, 79, 84
Fallot-Syndrom 252
Familie 238
Fanconi-Anämie 111, 223
Fasciola hepatica 395
Fäulnisbakterien 427
Faulschlamm 432
F-Body 209 f
Fc-Fragment 308
FCKW s. Fluor-Chlor-Kohlenwasserstoffe
Fehlpaarungs-Reparatur 110 f
Fehlwirt 394
Feldsprung-Methode 380
Feminisierungs-Syndrom, testiculäres 268
Ferritin 148
Fertilitäts-Faktor 336
Fettsäure 7
– ungesättigte 8
Fettsäuresynthese 257
30-nm-Fiber 55
Fibroblasten 2, 84
Fibronectin 86
Fibrose, cystische 17, 181, 184
Fieber 321, 343
Filament 70
Filamin 84
Filarien 399, 410
Filopodien 83
Filzlaus 393, 413
Fingerabdruck 195
Fingerprint 388 f
Finne 407 f
Fisch 262
– Kreislaufsystem 251 f
Fischbandwurm s. *Diphyllobothrium latum*
Fischverzehr 428
Fitness 230 f, 235
Flagellaten 398 ff
Flagellen (s. auch Geißeln) 75, 318
– Aufbau 322
Flagellin 75, 322
Flechte 425
Fleckfieber 343 f, 395
Flecktyphus 413
Fleischfresser 426
Fliege 411, 414
Fliegenpilz 345 f
Flimmerepithel 74
Flimmertrichter 248
Flip-Flop 8
Flöhe 393, 411, 413 f
Fluidität 7
Fluiditätsbestimmung 11 ff
Fluid-Mosaic-Modell 9
Fluor-Chlor-Kohlenwasserstoffe 432
5-Fluorcytosin 345
Fluoreszenz 12
Fluoreszenz-in-situ-Hybridisierung 171
Flußblindheit 410
Folatsynthese, Hemmung, kompetitive 329 f
Follikelzelle 270
Formalin 329
Formylmethionin 133
Formyl-Methionyl-tRNA 132 f
Fortpflanzung 266 ff
– asexuelle 345
– sexuelle 266, 345
– vegetative 266
Fortpflanzungsseparation, postzygotische 231
– präzygotische 231
– zygotische 231
Fortpflanzungsisolation 237
Fossilien 244 f
Fotolyase 109
Fötus 283
Fremd-DNA 351
Freßgemeinschaft 425
Fruchtwasser 286
Frühsommer-Meningoencephalitis 411
FSME s. Frühsommer-Meningoencephalitis
Fünftagefieber 343
Furunkel 334
Fusarium oxysporum 333
Fusion 12 f

G

G-Actin 77 ff
β-Galactosidase 141 f, 375 f
Galapagos-Finken 245 f
Gameten 266
Gametogenese 268, 273
Gamogonie 401 f
GAP s. GTPase-Aktivierungs-Protein
Gap junction 22, 24, 27, 29 f
Gartenerbse 152 ff
Gasbrand 342
Gasbrand-Toxin 334
Gastrocoel 279
Gastrula 279
Gattung 238
G_1-Cycline 64 f
G_2-Cycline 64
Gebiß 263
Geburtenrate 430
Gedächtniszelle 302, 313
Gefrierätzung 8
Gehirnanlage 289
Gehirnbläschen 289
Geißeln (s. auch Flagellen) 74, 259, 269, 321 f
– Antrieb 322
Geißeltiere s. Flagellaten
Gelbfieber 411
Gelbkörper 273 ff
Gelsolin 84
Gen-Amplifikation 139
Gene 56
– abstammungsgleiche 232
– Aktivität 168
– Anzahl 139
– Chromosomenzuordnung 168 ff
– Definition 158
– Durchmischung 163
– Entfernungsmessung 166 f
– epistatische 190
– Expressivität 191
– funktionelle Rolle 391
– gekoppelte, Entfernung 165 ff
– homeotische 298
– Identifikation 381 f
– induzierbare 142
– Isolierung 371 ff
– Klonierung 384, 388
– Kopplung 160 ff
– – eingeschränkte 160 f
– Kopplungswahrscheinlichkeit 167
– mitochondriale 45
– modifizierende 190
– Neukombination 112 f
– Positionseffekt 217
– reprimierbare 143
– Segregation 160
– Wechselwirkung 190
Generationswechsel 266
– heteroxener 401 ff
– intrazellulärer 401
– Parasiten 394
Genetik 151 ff
– Grundprinzipien 155
Genetische Drift 230, 238
– Entfernung 166
– Information 52 ff, 87 ff
– Varianz 163 f
Genetischer Code 127 ff
– – degenerierter 127, 130
– – Entzifferung 129 f
– – kommafreier 127, 129
– – nicht überlappender 127, 129
– – universeller 127, 129
– Informationsfluß 113 f
– Polymorphismus 386 f
Genetisches Kombinationsquadrat 157, 160
Gen-Expression, Blockade 351
– konstitutive 142
– Regulation 139 ff
Gen-Fluß 226
Gen-Frequenz 226 ff
Genitale, Entwicklung 247, 294 f
– Evolution 250
– männliches 294
– weibliches 294
Genlocus 156
Genmaterial 87
Genom, Komplexität 172
Genombibliothek 374
Genom-Mutation s. Aberration
Genort 338
Genotyp 101, 154
– Ableiten 157, 160
– Ausprägung 191
– Ermittlung 155 f
– Häufigkeit 226 ff
– Selektion 230
– Selten-Paarungs-Vorteil 231
Gen-Pool 226 f
– Veränderung 230 f
Genprägung, elterliche 196 ff
Genregulation, negative 139 ff
– positive 140, 145 f
– – bei Eukaryonten 147
Gentechnologie 371 ff
Gen-Transfer 336 ff
Gen-Wirkkette 182
Gen-Wirkketten-Aktivierung 145
Gerinnungsstörung 186 f
Germination 323
Gerstmann-Sträussler-Schenker-Syndrom 358 f
Geschlechtsbestimmung 189, 209
Geschlechtskrankheit 400
Gewebeparasiten 393
Gewebsbildung 282
Giftgasproduktion 432
G_1-Kontrollpunkt 63 f
G_2-Kontrollpunkt 63 f
Gliafilament 70
Gliazelle 6
Gliederfüßler s. Arthropoden
Globin-Gen 371
– Duplikation 241
γ-Globulin 300
Glomerulonephritis 301, 334
Glossina 398, 411, 414 f
Glucose-6-phosphatase 36
Glucose-6-phosphat-Dehydrogenase-Mangel 188
Glucose-Transport 18, 26
Glutamat 31
Glutaminsäure 178, 255
Glycane 86
Glycerin 7
Glycin 86, 255
Glycogenose 42
Glycogen-Reserve 36
Glycogenspeicherkrankheit 181
Glycokalix 10, 38
Glycolipide 7 ff
Glycolyse, anaerobe 324
Glycophorin 11
Glycoproteine 9 f, 38, 137
– Reifung 39
– Rezeptorfunktion 13
Glycosphingolipidose 42
Glycosylierung 34, 37, 173
Glycosyltransferase 38
Glyoxisomen 42 f
Golgi-Apparat 32, 34, 36 ff
– Aufbau 37
– Aufgabe 37
– cis-Seite 37 f
– Elektronenmikroskopie 44
– Regenerationsseite 38
– Sekretionsseite 38
– trans-Seite 37 f
Golgi-Zisterne 36 ff
Gonaden, primordiale 266
Gonium pectorale 259
Gonorrhoe-Prophylaxe 329
Gonosomen 168, 172, 202
G_0-Phase 61, 65
G_1-Phase 60 f
G_2-Phase 60 f
G-Protein s. Protein G
Graafscher Follikel 273 f
Gram-Färbung 340 ff
Gramicidin 333

Gray 105
Greifhand, fünfgliedrige 262
deGrouchy-Syndrom 216
Grubenwurm 409
Grünalge 259
GTP 131, 136
GTPase-Aktivierungs-Protein 368
Guanin 90, 92
Guanin-Nucleotid-bindendes Protein s. Protein G
Guanosintriphosphat s. GTP
GUG-Codon 130
Gumbora-Virus 360
Gürtel-Desmosomen 22, 24, 28 f
– Aufbau 28
– Aufgabe 28
Guthrie-Test 183

H

Haarfollikelanomalie 185
Haarzell-Leukämie 364
Haeckel, Ernst 237
Haemophilus influenzae 341
Hakenwurm 399, 408
Häm 176
Hammer 288 f
Hämoglobin 11, 176 ff
– embryonales 241
– Sequenzvergleich 241 f
Hämoglobinsynthese 140
Hamolyse 19, 188
Hämolysin 334
Hämophilie 186
– A 186
– B 186
– Heterozygotentest 187
Haplotyp 387
Hapten 300, 316
Hardy-Weinberg-Gleichgewicht 226 ff
Harlekin-Chromosom 108
Hausstaub 316
Hautekzem 316
Hautleishmaniasis 400
HbA 176 f
H-Bande 77
HbC 178
Hb-Lepore 218
HbS 176 f
HCO_3 11, 15
Hefe 242, 345
– Genexpression 139
Hefechromosomen 52
– artifizielle 376 f
Helicase 94 f, 110
Hemi-Desmosomen 22, 24
– Aufbau 28
– Aufgabe 28
Hemimetabole 399, 411, 413
Hemizygotie 169
Heparin 86
Hepatitis-Virus 356
– Immunisierung 363
Hepatitis-Virus-Antigenherstellung 390
Hepatocyten 36
Herbivore 426
Heritabilität 194 f
Hermaphroditen 403
Herpesviren 355, 366
Herz, Embryogenese 292 f
– Entwicklung 247, 251 ff
– Phylogenese 254
Herzanlage 281
Herzmuskelzelle 28 f
Herzmuskulatur, Erregungsleitung 30
Herzwulst 284, 287
Heterochromatin 57, 209
– fakultatives 57
– konstitutives 57
– – Darstellung 200
Heterogenie 184
Heterophagie 40
Heterophagosomen 40
Heteroplasmie 47
Heteroptera 399
Heterosis 231
Heterosomen 202
Heterosphäre 418
Heterotrophe Sukzession 426
Heterotropher Organismus 423, 426
Heterozygotenhäufigkeit 229
Heterozygotentest 180
Heterozygotenvorteil 178
Heterozygotie 154, 158
Heusersche Membran 279
Hfr-Stamm 336
Hirnatrophie 359
Hirnbläschen 281
Hirnnerven 289
Histamin 316
Histaminausschüttung 309
Histidin-Operon 143 ff
Histiocyten 40
Histocompatibilitätsgen 303 f
Histon 36 f, 52 ff, 240
– H1 53 f, 61
– H2A 54
– H2B 54
– H3 54
– H4 54
– Modifikation 54
– Synthese 54
Hitzesterilisation 328
HIV s. Human-Immuno-Deficiency-Virus
HLA-Gene 304
HMG-Domäne 267 f
hnRNA s. RNA, nucleäre, heterogene
Hoden 250
Hohltiere 260
Holo-Enzym 115 f
Holometabole 399, 411, 413 f
Homeobox 298 f
Homeodomäne 299
Homeotischer Genkomplex 299
Hominiden 262 f
Hominoiden 262 f
Homo erectus 262, 264
– habilis 262, 264
– sapiens 262, 264
Homogentisinsäure 182 f
Homoiothermer Organismus 419
Homopolymeren-Ligation 379
Homosphäre 418
Homozygotenhäufigkeit 229
Homozygotie 153, 158
– Testkreuz 155
Hörgrube 287
Hormon, fettlösliches 147 f
– wasserlösliches 147
Hüftgelenkluxation, angeborene 196
Hüllprotein 364
Human Immun-Deficiency Virus 315, 361, 365
– lymphotropic virus 355
Humangenetik 172 ff
Human-T-lymphotropes Virus 315
Hundebandwurm 393, 395, 399, 404 f
Hyaluronidase 42, 269, 276, 334
Hyaluronsäure 86
HY-Antigen 186
Hybrid 378
Hybridisierung 170 f, 382 f, 386
Hybridzelle 169, 314
Hydra 261
Hydrosphäre 418
Hypercholesterinämie, familiäre 178
Hyperplasie 282
Hyperploidie 206 ff
Hyperpolymorphismen 388
Hypertonie 18 f, 195
Hypertrophie 282
Hyphen 345
Hypophosphatämie 185
Hypoploidie 206
Hypothalamus 290
Hypothalamus-Hypophysen-Gonaden-Achse 291
Hypotonie 18 f
Hypotrophie 282

I

I-Bande 77
IF s. Initiationsfaktor
IgA 307
– Halbwertzeit 309
– Molekülmasse 309
– Transcytose 309
IgA-Rezeptor 309
IgD 307, 309 f
IgE 307, 316
– Funktion 309
IgG 302, 304, 307
– Funktion 308
– Halbwertzeit 309
– Molekülmasse 308
IgM 302, 307, 310, 313
– lösliches 309
– membrangebundenes 309
Immunabwehr, humorale 301 f
– zelluläre 301 f, 313 f
Immunantwort, primäre 301 f
– sekundäre 302
Immunbiologie 300 ff
Immundefizienz 365
– kombinierte, schwere 315 f
Immunfluoreszenz 2
Immunglobulin 38, 300, 307 ff
– Aufgabe 308 ff
– Klassenwechsel 313
– Proteolyse 308
– Reifungsprozeß 312
– Reihenfolge des Auftretens 310
– Serumkonzentration 310
– Struktur 307
– Subklassen 308
Immunglobulin-Gen 310 ff
Immunglobulin-verwandtes Protein 303 f
Immunkomplex-Krankheit 301, 316
Immunologisches Gedächtnis 302
Immunschutz 308
Immunsystem 300 ff
– Veränderung, pathologische 315 f
Impfstoffgewinnung 390
Impfung 363
Implantation, intradeziduale 277
– zentrale 278
i-Mutante 142
Inborn Errors of Metabolism 182
Incontinentia pigmenti 186
Individual-Entwicklung 246
Infektion, opportunistische 365
Infektionsabwehr 300
Influenza-Virus 360, 363
Initialkörper 344
Initiation, Transkription 115
– Translation 131 ff
Initiationsfaktor 131
Initiationsfaktor$_2$ 134
Initiationsfaktor$_3$ 134
30S-Initiationskomplex 131
70S-Initiationskomplex 132 f
Initiationsstörung 138
Inkubationszeit, Langzeitviren 357
Innere Uhr 421
Inositol-tris-phosphat 367
Insekten 399, 411
– fliegende 414 ff
– hemimetabole 399, 411, 413
– holometabole 399, 411, 413 f
Insertions-Sequenz 339 f
Insomnie, familiäre, fatale 358 f
Insulin-ähnlicher Wachstumsfaktor 2 197 f
Integrase 352 f
Interferenz 167
Interferon 140, 148, 364
– γ 313
Interleukin 1 305 f
Interleukin 2 305 f
Intermediärfilament 2, 27, 70
Intermediärstoffwechsel 257
Intermembranöser Spalt 46 f
Interphase 59, 65 f
Interzellularraum 22, 28
Intron 120, 122 f
Intron-Exon-Analyse 384
Invagination 19
Inversion 213
– parazentrische 213
– perizentrische 213

Inverted repeats 340
Inzucht 230 ff
Inzuchtkoeffizient 232
Ionengradient 6, 16, 32
– Zelltransport 17 f
Ionenpumpe 16 f
IR s. Inverted repeats
IS s. Insertions-Sequenz
Isochromosom 213
– Entstehungsmechanismus 218
Isogamie 266
Isolat 230 f
Isoschizomere 379
Isotonie 19
Isotopenmarkierung 3
Ixodes ricinus 412

J

Jahresrhythmus 421
J-Kette 309
Juckreiz 413
Junktionsregion 311

K

Kala-Azar 400
Kalium 15 f
Kalium-Argon-Methode 243 f
Kannibalismus 265
Kanzerogene 107, 345
Kapazitation 276
Kaposi-Sarkom 365
Kapsel 320 f
Kartagener-Syndrom 75
Karyogramm 199 ff, 207 ff
– männliches 199
– Polymorphismus, chromosomaler 204
– weibliches 201
Karyoplasma 3 f, 49
Karyotyp 203
Katalase 43
Katzenschreisyndrom 216
Kaulquappe 251 f
Kearns-Sayre-Syndrom 47
Keimbahnzelle 65
Keimblätter 283
Keimdrüsen-Leistenband 294
Keimesentwicklung 246
Keimplasmatheorie 151
Keimscheibe 279
Keimzelle 266 ff
– Entwicklung, geschlechtsspezifische 268
– haploide 160
– Mutation 106
– primordiale 266 f
– weibliche 270
Keratinfilament 28
Keratokonjunktivitis, chronische 344
Kern s. Nucleus
Kernhülle 32, 49
Kernikterus 175
Kernkompartiment 6
Kernmatrix 56
Kernmembran 49 ff
– Auflösung 63
Kernporen 49 ff
– Aufbau 52
Kernteilung 61
$\varkappa$-Kette 310 f
Kette, leichte 307 f, 310, 312
– schwere 307 f, 310 ff
Kiemenanlage 246, 289
Kiemenbögen 287 f
– Abstammung, phylogenetische 287
Kiemenfurche 289
Kiemengefäß 251, 292
Kiemenherz 251, 292
Kiemennerv 289
Killer-Zellen s. T-Lymphocyten, cytotoxische
Kinase 65
– cdc-2-Kinase 368
Kinase-Kaskade 368 f
Kinesine 75
Kinetochor 72, 202
Kinetochor-Spindelfaser 61, 63
K^+-Kanal 16
Klassenwechsel 313
Klebsiella 341
Klima 418
Klimax 426
Klinefelter-Syndrom 208, 268
Kloake 281
Kloakenmembran 281
Kloakentier 245, 250
Klon 315
– Präparation 382
– Selektion 381 ff
Klonierung 375 ff
– Schrotschuß-Klonierung 373
– Strategie 382 f
Klumpfuß 196
Knochenmarkstransplantation 316
Knock-out-mouse 391
Knöllchenbakterien 427
Knollenblätterpilz 331, 345 f
Knorpelfisch 251
Knospung 266
Kobalt 427
Kohlendioxid 433
Kohlenstoffkreislauf 427
Kokken 341 f
Kollagen 86
Kolobom 218
Kolonie-stimulierender Faktor 367
Kolpitis 400
Kommensalismus 408, 425
Kommunikation, interzelluläre 5 f, 23
Kommunikationskontakt 22, 24, 29 f
– Aufbau 29 f
– Aufgabe 29
Kompartiment 5 f, 32, 45
Komplementbindung 307
Komplementbindungsreaktion 396 f
Komplementsystem 302
– Aktivierung 308 f
Kondensation 57
Konduktorin 186
Konjugation 336 ff
Konkordanz 194 f
Konkurrenzverhalten 420
Konstriktion, primäre 202
– sekundäre 203
Konsument 426
Kontaktallergie 316
Kontaktinhibition 23
– fehlende 30
Konzentrationsgefälle 15
Kopffortsatz 283
Kopplungsgruppe 160
Kopulation 275
Korallenpolyp 260
Körpergröße 192
Körpertemperatur, konstante 419
Körpervolumen 419
Krankheit, mitochondriale 47
Krätze 413
Kreatinphosphat 79 f
Krebs-Disposition 111
Krebsentstehung 65
Krebszelle, Kontaktinhibition, fehlende 30
Kreislauf 247, 251 ff
– Embryogenese 292 ff
Kreislaufsystem, geschlossenes 251
Kretinismus, sporadischer 185
Kriebelmücke 414 f
Kuru-Kuru 358 f

L

Lactose-Abbau 141
Lactose-Operon 141 f, 145 f
deLamarck, Jean 236
Lambda-DNA 371
Lamellipodien 83
Lamina, nucleäre, fibröse 49
Lampenbürsten-Chromosomen 56
Langerhanssche Zelle 316
Langzeitviren 357 ff
Lanzettfischchen 251
Latenzzeit 348
Lateralsklerose, amyotrophe 359
Laubfrosch 295
Laus 393, 395, 411, 413 ff
Leben, Entstehung 255 f
Lebenserwartung 430
Leber 289
Leberegel 395
Leberfibrose 404
Leberknospe 281
Lebernekrose 346
Leberperoxisom 41
Leberregeneration 282
Lebersche Hereditäre Optikus Neuropathie 47
Lectin 13
Leguminosen 427
Leishmania brasiliensis 399 f
– *donovani* 399 f
– *infantum* 400
– *major* 399 f
– *mexicana* 399 f
– *tropica* 399 f
Leit-RNA 122
Leptospiren 342
Leptotän 66, 68
Lesch-Nyhan-Syndrom 188
Letalfaktor 231
Leukämie 315
– chronisch-myeloische 216
– – Philadelphia-Chromosom 223
Leukämie-Viren 364
Leukencephalopathie, multifokale, progressive 358
Leukocidin 334 f
Leukocyten, Bewegung 83
– Immunabwehr 301 f
– Phagocytose 40
Leydigsche Zelle 267 f
Lichtmikroskop 1
Li-Fraumeni-Syndrom 368
Lincomycin 331
Linné, Carl 236
Linsenentwicklung 291 f
Lipase 334
Lipid-Doppelschicht 6 ff
Lipide 355 f
Lipid-Mantel 256
Lipofuscin 40
Lipopolysaccharide 321
Lipoproteine 137
Liposomen, DNA-beladene 380
Lippen-Kiefer-Gaumen-Spalte 196
Lithosphäre 418
Locus-Test, spezifischer 107
Lod-Wert 167
Low-density-Lipoproteine 21
Luftverschmutzung 431
Lumineszenz 422
Lunge, Embryogenese 288 f
– Entwicklung 247
– Phylogenese 253, 255
Lungencarcinom 368
Lungenknospe 281
Lyme-Krankheit s. Borreliose
Lymphocyten 301 ff
– Stimulierung 312 ff
Lymphocytenkultur 108
Lymphocytenreifung 303
Lymphokine 305
Lymphopathia venerea 344
Lyon-Hypothese 189
Lyse 347
Lysin 178
Lysogenie 352 ff
Lysosomen 32, 40 ff
– Aufgabe 40, 42
– enzymlose 42
– Fehlleistung 42
– primäre 40
– sekundäre 21, 40
Lysozym 321

M

Macula adhaerens 22, 24
Magnesium 15
Maispflanze 167 f
Major-Histocompatibilitäts-Complex 303 ff, 313
Makrogameten 401
Makroglobulinämie 307
Makrophagen 301 f
– Aktivierung 308 f
– Antigenpräsentation 304 ff

– Endocytoseleistung 19
– Phagocytose 24, 40
– Stimulierung 308
Malaria 178, 395, 401 ff
– Nephritis 301
– quartana 403
– tertiana 403
– tropica 403
Malaria-Immunität 403
Mammalia 245, 247, 262
– Kreislaufsystem 252 f
– Lunge 255
Mammalia-Viren 357
Mangan 427
Mannose-6-phosphat 39
MAP s. Mikrotubulus-assoziertes Protein
MAPK-Kinase 368
Marfan-Syndrom 86, 178
Masern-Virus 358
Mastzelle 316
Matrix, extrazelluläre 85 f
Matrixprotein 56
Maus, transgene 391 f
Mäuse-Mamma-Tumorvirus 364
Maxam-Gilbert-Technik 385 f
Meckel-Knorpel 288
Medulla oblongata 289 f
Mehrfaktorkreuzung 155
Mehrzeller 260 f, 318
Meiose 65 ff
– Komplikation 219 f
Meiose I 68
Meiose II 68 f
Melanin 182, 420
Melanomrate 432
Melatonin 291
Membran 256
– Aufbau 6 ff
– äußere 320
– Deckschicht 10
– Doppelschichtmembran 8, 258
– Durchmesser 6
– Eigenschaften 7 f
– Einheitsmembran 6 f
– Einschichtmembran 7
– Erneuerung 39 f
– Fluidität 7
– Fluiditätsbestimmung 11 ff
– Funktion 5 f
– innere 320
– intrazelluläre 32
– Invagination 19
– Kohlenhydrat-Gehalt 10
– Lipide 7 ff
– Lipid-Protein-Verhältnis 9
– permeable 16
– Permeationsschranke 14 ff
– Proteine 9 ff
– Recyclisierung 39 f
Membrandynamik 39 f
Membrangängigkeit 15
Membransystem, intrazelluläres 32 ff
Membrantransport 256
Membranvermehrung 39 f
Mendel, Gregor 151 ff
Mendel-Population 226
Meningitis 341
Menstruationscyclus 273 ff
Merkmal 178
– dominantes 152, 158
– multifaktoriell vererbtes 195
– rezessives 152, 158
Meromyosin 79
Merozoiten 401
Mesencephalon 289 f
Mesenchym 260 f
Mesoderm 279 f, 283
– Organentwicklung 283 f
Mesosom 318, 321
Messenger-RNA 35, 117, 136
– *Acetabularia mediterranea* 121
– Bereitstellung, kontrollierte 139 f
– Bildung 119 ff
– Halbwertszeit 148
– Präparation 372
– Proteinsynthese, Initiation 131
– schweigende 277
– Selektion 372 f
– Veränderung, redaktionelle 122
Meß-Gen 145
Metaphase 61 ff
Metaphase I 66, 69
Metaphase II 69
Metaphase-Kontrollpunkt 63 f
Metaphasenchromosomen 201 f
Metaplasie 282
Metencephalon 289 f
Methangasbildung 431 f
Methionin 130 ff
6-Methyladenin 351
Methylcytosin 105, 351
Methylen-Tetrahydrofolat 132 f
– Methylierung 137, 198, 379
MHC I 303 ff
MHC II 303 ff, 313
Micelle 7
Microbodies 43
Microsatelliten-DNA 58
Mikrobiologie 317 ff
Mikrodeletion, Nachweis 171
Mikrofilament 5, 70, 76 ff
Mikrogamont 401
β_2-Mikroglobulin 304
Mikronucleus-Test 108
Mikroorganismen 317, 328 ff
– prokaryonte, bakterienähnliche 343 f
Mikrosomenfraktion 107 f
Mikrotubulus 5, 63, 70 f
– Aufbau 70 f
– Aufgabe 70
– Vorkommen 70
Mikrotubulus-assoziertes Protein 75
Mikrotubulus-Duplett 74
Mikrotubulus-Organisationszentrum 63, 71 f
Mikrotubulus-Polymerisation 71
Mikrotubulus-Triplett 72 f
Mikrovilli 84 f
Milbe 399, 411, 413
Mini-Sarcomer 76, 84
Minisatelliten-DNA 58, 100
Mirabilis jalapa 46
– – Erbgang, intermediärer 159
Miracidien 404
MIS s. Müllersche-Inhibitor-Substanz
Mißbildung 363 f
Mitochondrien 6, 32, 43 ff
– Aufbau 43, 45
– Autonomie 45
– Elektronenmikroskopie 4
– Energieproduktion 43
– Evolution 259
– Funktion 45
– Protonengradient 48
– Stammbaumeinordnung 240
– Vermehrung 45
Mitochondrien-Membran 9
Mitomycin 331
Mitose 59 ff
Mitosegift 71
Mitose-Promotor-Faktor 65
Mittelschmerz 273
MN-System 11
Modifikationsenzym 351
Moi s. Multiplizität der Infektion
Monocyten 301
Monohybride 152
Monosomie 206 f
– partielle 214 ff
Morgan 166
Morula 277 f
Mosaik 189, 212
– triploid-diploides 204
Motorische Endplatte 30
MPF s. Mitose-Promotor-Faktor
M-Streifen 77 f
Mücke 410 f, 414
Mucopolysaccharide 38
Mucopolysaccharidose 42, 86
Mucor 345
Mucoviszidose s. Fibrose, cystische
Müllersche-Inhibitor-Substanz 267 f
Müllerscher Gang 248 ff, 267, 294 f
Multidrogen-Resistenz-Protein 17
Multiple Sklerose 6, 359
Multiplizität der Infektion 348
Multivalente 219
Murein 319
– Aufbau 320
– Synthesehemmung 331
Murein-Sacculus, Vergrößerung 321
Muscalarve 411
Muscarin 345 f
Muscidae 414
Muscimol 345 f
Muskeldystrophie, myotone, Triplett-Wiederholung, expandierte 101
– Typ Duchenne 188
Muskelfaser 76
Muskelkontraktion 80 ff
Muskelschwäche, neurogene 47
Muskulatur, glatte 83
– Metamerie 283
– quergestreifte 76 ff
– segmentale Anordnung 285
Mutagenität 431
Mutagenitätstest 106 ff
Mutation 46 f, 100 ff, 128, 230 f, 235, 237
– Erkennung 388
– induzierte 100
– Leseraster-Mutation 104
– letale 100
– Missense-Mutation 104
– Nonsense-Mutation 104
– Punktmutation 101, 104, 128 f, 178, 388
– Regulator-Gen 142
– stille 101, 386
– strahlenbedingte 105 f
– Ursachen 214
Mutationsauslöser 102 ff
Mutatorgen 111
Mutilation 188
Mutualismus 425
M13-Vektor 375 f
Mycel 345
Mycetom 413
Mycobacterium leprae 342
– *tuberculosis* 342
Mycoplasma pneumoniae 344
Mycorrhizen 425
Mycose 345 f
Myelencephalon 289
Myelin 9
Myelinprotein, basisches 6
Myelinscheide 6
Myelom 307
Myiasis 414, 416
Mykoplasmen 318
Myocarditis 410
Myocoel 284
Myofibrille 5, 77
Myofilament 77
Myoglobin 241
Myosin 5, 32, 70, 76 f
– Kopfregion, globuläre 79 ff
– Schaft, fibrillärer 79
Myosin-ATPase 81
Myosinfilament 78
Myotom 283
Myxo-Virus 360

N

Nabelstrang 281, 287
N-Acetylglucosamin 319 f
N-Acetylmuraminsäure 319 f
Nachgeburt 287
Nachniere 250, 295
Naegleria aerobia 400
– *fowleri* 400
– *gruberi* 400
– *invadens* 400
Nagerfloh 414 f
Nahrungsaufnahme 282 f
Nahrungskette 426
Na^+-Kanal 16
Na^+-K^+-ATPase 17
Na^+-K^+-Pumpe 17
Nalidixinsäure 331
Na^+-Symport 18
Natrium 15 f

Neandertaler 265
Nebenhoden 250
Necator americans 408 f
Neisseria gonorrhoeae 341
Nemathelminthen 399, 408 ff
Neomycin 134 f, 331
Nephritis 301
Nervengift 31
Nervenzelle 260
Nesselzelle 260
Nettoprimärproduktion 427
Neuralfalte 289
Neuralleiste 289
Neuralplatte 279 f, 283, 289
Neuralrinne 284, 289
Neuralrohr 29, 262, 280 f, 283 f, 289
– Verschluß 289
Neuraminsäure 10
Neurodegeneratives Syndrom 359
Neurofibromatose 178, 368
Neurofibromin 368
Neurofilament 70 f
Neurospora crassa 45
– – Tetradenanalyse 163 ff
Neurotoxin 334, 411
Neurotransmitter 24, 31
Neurotransmitter-Rezeptor 31
Newcastle-Disease-Virus 361
Nexin 74
Nexus 22, 24, 29 f
Nickel 316
Nick-Translation 382 f
Nicotinamid-Adenin-Dinucleotid 137
Nierenentwicklung 247 f
Nisse 413
Nissl-Schollen 34
Nitrocellulosefilter 382, 386
Nitrosamin 102
Non-disjunction 72, 206
– meiotische 208, 211
– mitotische, postzygotische 212
nos-RNA 296
Novobiocin 331
N-Region 312
Nuclease 110, 351
Nucleinsäure 3, 87
– Bausteine 90
– Synthesehemmung 330 f
– Viren 349 f
Nucleolus 58 f, 118
– Aufbau 58
– Auflösung 60 f
– Elektronenmikroskopie 4, 44
Nucleolus-Organisator-Region 58, 118, 203
Nucleoprotein 52
Nucleosid 90
Nucleosomen 53 ff
Nucleotide 90
– Veränderung, mutagene 102 ff
Nucleotid-Excisions-Reparatur 109 f
Nucleotid-Polymerisation 97
Nucleotidtransferase, terminale 379 f
Nucleotid-Triplett 127 f
Nucleotidyl-Transferase 124
Nucleus 32, 43, 49 ff
– Aufgabe 49
– Elektronenmikroskopie 4, 44
Nystatin 331, 345

O

Oberflächenerkennungsprotein 38
Odagmia ornata 414 f
Okazaki-Stücke 95 f, 98
Ökologie 417 ff
Ökologische Nische 420
Ökosphäre 418
Ökosystem 418, 426
– Energiequelle 426
– Energieweitergabe 428
– Gefährdung 430 f
Oligonucleotide 256 f, 378 f
– komplentäre 388
– synthetische 380
Oligosaccharid 39
Oligosaprobien 432
O-Mutante 142
Onchocerca volvulus 410
Oncogen, erb A 367
– erb B 366 ff
– fms 367 f
– fos 367 f
– myb 367 f
– myc 366 ff
– neu 367
– ras 366 ff
– scr 366 f
– sis 367
Oncogene 365 f
– Funktion 367 f
– Proliferationssignalkette 366 ff
– zelluläre 366
Oncogenprodukt 364
Oncorna 355 f, 364
Ontogenese 246 ff, 266 ff, 283
Oocyte 56, 65, 68, 268
– Gen-Amplifikation 139
– 2. Ordnung 270
– primäre 270
Oocytenchromatin 53
Oogamie 266
Oogenese 206, 270, 272 f
Oogonien 266, 270
Operator 141, 143
Operator-Gen, Mutation 142
Operon 141, 143
lac-Operon 371
Organelle 5, 32
– membranbegrenzte 40, 43
Organische Verbindung 255 f
Organismenmasse 427
Organismus, autotropher 423, 426
– euryoxibionter 419
– eurypotenter 418
– eurythermer 418
– heterotropher 423, 426
– mesosaprobischer 432
– poikilothermer 419
– Präferenzbereich 419
– stenopotenter 418
– Toleranzbereich 419
Orientbeule 400
Ornithose 344
Oropharyngealmembran 281
Osmolarität 19
Osmose 15, 18 f
Osteomyelitis 334
Osteosarkom 198
Östrogen 268, 287
Ovar 267
Oviduct 250, 252, 273, 275, 295
Ovulation 270, 273
Oxidase 43
Oxidation 36
β-Oxidation 45
Oxidationsmittel 329
α-Oxosäure 257
Oxychinolin-Quetschtechnik 199
Ozon 432 f
– bodennahes 433
Ozonloch 432

P

Paarung, ausgewählte 231
Pachytän 68
Paläontologie 244
Panencephalitis, progressive 358
– sklerosierende, subakute 358
Pangenese 151
Pankreas 289
Pankreaszelle, exokrine 34
Panmixie 226
Pantherpilz 345 f
Pantothensäure 326
Papain 308
Papovaviren 355, 358, 366
Paramaecium 192, 421
Parasexualität 335
Parasiten 393, 425
– Abwehr 395
– Cystenbildung 395
– Doppeldiffusionstest 397
– Einteilung 393, 399
– – nach Wirtsverhalten 394
– evolutionäre Anpassung 393
– Generationswechsel 394
– intrazelluläre 302, 318
– Komplementbindungsreaktion 396 f
– Nachweis 396 ff
– obligate 347
– Pathogenitätsmechanismen 394 f
– Protein-A-Test 397 f
– Radio-Immun-Assay 397
– Vermehrung, asexuelle 394
– – sexuelle 394
Parasitenabwehr 309
Parasitenwirt 394
Parasitologie 393 ff
– spezielle 398 ff
– Pärchenegel 404
Parkinson-Krankheit 359
Parthenogenese 266
Passagier-DNA 374
– Einbau 379 f
– Isolierung 371 ff
– Präparation 382
Pasteurella 341
– *tularensis* 411
Pasteurisieren 328 f
Pätau-Syndrom s. Trisomie 13
Patenz 394
Pathogenität 335, 341 ff
PCR s. Polymerase-Kettenreaktion
Pedosphäre 418
Peitschenwurm s. *Trichuris*
Penetranz 191
Penicillin 138, 321
– Wirkung 331
Pentamer 309
Pentose 90
Pepsin 308
Peptidase 35
Peptidbindung 136
Peptidkette, Wachstumsgeschwindigkeit 136
Peptidyl-Stelle 131 ff
Peptidyl-Transferase 134, 136
– Inhibition 134
Peptidyl-tRNA 133 f
Perinucleärer Raum 49
Periodizität 422
Periplasmatischer Raum 321
Permeabilität, selektive 5
Permease 141, 145
Permeationsschranke 14 f, 25
Peroxisomen 32, 41
– Aufgabe 42 f
Pest 395, 411, 413
Peyersche Plaques 312
Pflanzenfresser 426
Pflanzenklonierung 295
P53-Gen 368
Phage, Lambda 350 ff
– M13 375 f
– T3 351
– T4 350
– T7 351 f
Phagen 89 f, 347 ff
– große 350
Phagenentwicklung 351
Phagengenom, Insertion 352 f
Phagenkopf 350
Phagenplaque 382
Phagenschwanz 349 f
Phagocytose 19, 22 ff, 302
Phalloidin 345 f
Phän 172
Phänokopie 184 f
Phänotyp 101, 154, 178 ff
– Ableiten 157, 160
– Ausprägung 190 ff
– Beeinträchtigung 216
– Umweltfaktor 190 f
– Variabilität 190
– Varianz, kontinuierliche 192 f
Phenobarbital 36
Phenol 329
Phenylalanin 129
Phenylalanin-Hydroxylase 182 f
Phenylketonurie 181 ff
– atypische 184
– Diagnose 183 f
Phenylthioharnstoff 181
Pheromone 430
pH-Gradient 32
Philadelphia-Chromosom 223 f

Phlebotomus s. Sandmücke
Phorbolester 367
Phosphat 7, 432
Phosphatidylinositol-bisphosphat 367
Phosphattransfer 124
Phosphodiesterase 124
Phospholipase C 367
Phospholipid-Doppelschicht 320 f
Phospholipide 7, 258
– molekulare Struktur 7
– Synthese 35
– Verteilung, asymmetrische 8
Phosphomonoesterase 124
Phosphor 427
Phosphorsäure 90
Phosphorylierung 37, 64 f, 137
Photosynthese 47 f, 258, 419 f, 422, 433
Photosynthese-Bakterien 240
Phthiraptera 399
Phylogenese 236, 246 ff
– Kreislaufsystem 251 ff
Phylogenie 244 ff, 249 f
Phytohämagglutinin 200
Picornaviren 355
Pili 318, 321
Pilot-Gen 376 f
Pilze 317 f, 345 f, 425
– pathogene 345
Pilzgift 345
Pinocytose 19, 21
Placenta 285 f
– endotheliochorialis 285
– epitheliochorialis 285
– Funktion 287
– haemochorialis 285 f
– syndesmochorialis 285
Plaque 348
Plasmagel 83
Plasmalemma 3 f
Plasmamembran, bakterielle 318, 321
Plasmasol 83
Plasmazelle 302 f, 312 f
Plasmid 332, 336, 339
– pBR 322 374 f
– pUR 222 375
Plasmocytom 307
Plasmodien 399, 401 ff
– Generationswechsel, heteroxener 401 ff
Plasmodium falciparum 17, 178, 396, 403
– *malariae* 403
– *ovale* 403
– *vivax* 403
Plathelminthen 399, 403 ff
Plättchen-Wachstumsfaktor 367
Plattwürmer s. Plathelminthen
Pleiotrophie 178, 190
Pleodorina californica 259
Plerocercoid 407
Pleuropneumonia like organisms 344
Plexus choroideus 281
Pneumocystis carinii 365
Pneumonie 344
Pockenimpfung 363
Pocken-Viren 355
Poikilothermer Organismus 419
Poliomyelitisvirus 148
Polkörper 270
Pollen 316
Polydaktylie 178
Polygenie 172, 190, 192 f
Polymerase-Kettenreaktion 378 f
Polymorphismus, chromosomaler 204
– genetischer 386 f
– hypervariabler 388
Polymyxine 331
Polynucleotide 256
Polynucleotid-Kinase 386
Polynucleotid-Phosphorylase 129
Polypeptide 256
– processing 137
Polypeptidkette 131
Polypeptid-Nucleotid-Komplex 256
Polyphänie 178
Polyphosphat 256
Polyploidie 204 f
Polysom 136 f
Pons 289 f
Population, Sexualindex 429
– Struktur 429
Populationsdichte 428, 430
Populationsdynamik 429
Populationsgenetik 226 ff
Populationsgröße 428 f
Populationsökologie 428 ff
Populationspyramide 429
Poren 320
Porengranula 50
Porphyrie, akute, intermittierende 178
Prächordalplatte 281, 284
Prader-Willi-Syndrom 171, 197 f
Prä-mRNA 120
Prämutation 101
Pränatal-Diagnostik 224 f, 233
Präpatenz 394
Primärfollikel 270, 273 ff
Primärkonsument 426
Primärsukzession 426
Primase 97
Primaten 262
Primer 97
Primitivkanal 285
Primitivstreifen 284
Prion 358 f
– Convertierung 361 f
Probionten 256
Processing 137
Produzent 426
Profilin 79 f
Progesteron 273, 287
Proglottis 404
Prokaryonten 257 ff, 318 ff
– DNA-Molekül-Länge 52
– photosynthetische 244
– Replikation 95
– RNA-Vorstufen 118
– Transkription 116
Proliferationssignalkette 366 ff
Prolin 86
Prometaphase 61 ff
Promotor 115, 141, 366
Promotor-Sequenz 340
Prophase 61 f
Prophase I 66 ff
Prophase II 69
Prosencephalon 289 f
Protein 9 ff
– Band-III-Protein 11
– bcl2-Protein 370
– chromosomales 240
– D 356
– faserbildendes 86
– G 147, 367 f
– Glycosylieren 34
– integrales 12, 34
– integriertes 10
– Lateraldiffusion 26
– lysosomales 39
– p53 65
– Produktion, gentechnologische 388, 390
– Reifung 39, 136 ff, 149
– sekretorisches 34 f, 137 f
– Sequenzübereinstimmung 241 f
– Signalfrequenz 10
– Signalsequenz 34 f, 138
– Verwandtschaftsbeweis 241 f
– virales 240, 349 f, 355 f
– – Immunisierung 363
Proteinase 334
Protein-A-Test 397 f
Proteinkinase 147, 352
Proteinkinase C 367
Proteinmodifikation 38
– posttranslationale 37
Proteinsynthese 10, 33 ff, 113, 124 ff
– bakterielle 331
– Blockade 148, 331
– Elongation 133 ff
– Initiation 131 ff
– Komponenten 130 ff
– Mechanismus 134
– Termination 136
– Triplett-Code 127 ff
– Unterbrechung 138
– virale 148
Proteoglycane 10, 86
Proteoglycan-Mantel 399
Protobionten 244
Protofilament 71
Protonenexport 256 f
Protonengradient 257 f, 322
– elektrochemischer 48 f
– Energiegehalt 258
Protooncogene 366, 368
Protoplasma 3
– Zusammensetzung 3
Protoscolices 405
Protostomia 279
Protozoen 318
– parasitäre 398 ff
Pseudogene 124
– prozessierte 124
Pseudoisochromosom 219
Pseudo-Lambda 382
Pseudomonas aeruginosa 242, 333, 341
Pseudopodien 22, 83, 400
Pseudotuberkel 404
Psittakose 344
P-Stelle 131 ff, 136
Puffs 55 f, 168
Punkt-Desmosomen 22, 24, 28 f
– Aufbau 28
– Aufgabe 28
Punktmutation 101, 104, 128 f, 388
– HbS 178
Puromycin 138, 331
Purpurbakterien 259
Putzerfisch 425
Pylorusstenose 196
Pyrene 12
Pyrimidinhydrate 105
Pyrogen 321
Pyrophosphat 97

Q

Quastenflosser 244 f
Quecksilber 428
Quinacrin-Mustard 199

R

rad 105
Radiocarbon-Methode 243 f
Radio-Immun-Assay 301, 397
Ramapithecus 263 f
Rana esculenta 56
Ranvier-Schnürring 6
Rasse 238
Rattenfloh 413
Räuber-Beute-Prinzip 423 f, 430
Raum, perinucleärer 49
– periplasmatischer 321
Redox-Nucleotid 257
Reduktionsteilung 65, 68
Regen, saurer 431
Regeneration 282
Region, konstante 311 f
– variable 311
Regulator-Gen 141, 143, 190
– Mutation 142
Rekombinanten-DNA, Einschleusen 380
Rekombinanten-DNA-Technik 371
Rekombination 112 f, 160 ff
– Häufigkeit 165 ff
– illegitime 339
– intrachromosomale 311
– Nachweisgrenze 166
rem 105
Reparatose 111, 181, 223 f
Replikation 94 ff
Replikationsapparat 257
Replikationsenzym 97
Replikations-Loops 95
Replikon 374
Repressor-Protein 140 ff
– Aktivierung 143
– Inaktivierung 142
Reptilien 245, 247, 262
– Kreislaufsystem 252
– Lunge 253, 255
RER s. Endoplasmatisches Reticulum, rauhes

Reservoirwirt 394
Residualkörper 21, 40
Resistenz, genetisch bedingte 331
– Sporen 322
Resistenzentwicklung 17
Resistenz-Faktor 332
– Übertragung 338 f
Resistenzgen 340, 374, 392
Restriktion 351
Restriktions-Endonuclease 351, 373 f
– Hemmung 379
– Schnittstelle 375
Restriktions-Fragmentlängen-Polymorphismus 386 ff
Retardierung, geistige 181
Reticulocyten 140
Reticulumzelle 40
Retinoblastom, erbliches 224
Retinoblastom-Gen 368
Retroviren 355, 364 ff
Reverse Transkription 113 ff
– Transkriptase 113, 355, 364 f
Rezeptor 5 f, 13, 19 ff
Rezeptor-Ligand-Bindung 22
Rezessives Merkmal 152, 158
Reziprozität 152
RFLP s. Restriktions-Fragmentlängen-Polymorphismus
Rhabdosarkom, embryonales 198
Rhesusfaktor 175
Rhesus-Inkompatibilität 175 f
Rhesussystem 174 f
Rheumatisches Fieber 334
Rhizoid 423
Rhizopoden 399
Rhodopsin 291
Rhombencephalon 289 f
Rhythmus, circadianer 421 ff
– – Vererbung 422 f
– circalunarer 421
– endogener 421 ff
Ribonuclease P 124
Ribonucleinsäure s. RNA
Ribophorin I 34
Ribophorin II 34
Ribose 113
Ribosomen 43, 49 f, 124 f
– 30S 134
– 50S 134
– 70S 318
– 80S 423
– A-Stelle 131 ff
– Aufbau 124 f
– membrangebundene 33 f
– Proteinsynthese 10, 131
– P-Stelle 131 ff
Ribosomen-Cyclus 35
Ribosomenuntereinheit 58 f
Ribovirin 366
Ribozyme 122, 124
Rickettsia prowazeki 413
Rickettsien 318, 343 f, 411
Riechgrube 287
Riesenchromosom 167
Rifampicin 138, 330 f
Rinderbandwurm s. *Taenia saginata*
Rinderwahnsinn 359
Ringchromosom 213
– Entstehung 216
Rißpilz, ziegelroter 345 f
RNA 88
– 5S 58, 118 f
– 16S 118 f, 131
– 18S 131
– 23S 118 f
– Aufbau 113 f
– bcd-mRNA 296 f
– cap 119
– Doppelstrangbildung 113
– Enzymfunktion 122
– kleine 370
– nucleäre, heterogene 119
– – kleine 122 f
– – Spleiße 123
– Nucleotide 90
– processing 117
– Sekundärstruktur 148
– virale 347, 349, 356
– Vorstufen 117 ff
RNA/DNA-Hybridisierung 239
RNA-Identifikation 117 f
RNA-Kettenverlängerung 115 f
RNA-Lasso-Struktur 123
RNA-Ligase 124, 380
RNA-Polymerase 52, 115, 356 f
– Aktivitätsveränderung 140
– Blockade 138
– Hemmung 143
RNA-Polymerase II, Hemmung 331, 346
RNA-Primer 95
RNA-Redaktion 122
RNA-Retrovirus 113
RNA-Startermolekül 97 f
– Abbau 98
RNA-Synthese 51
– Hemmung 331
RNA-Tumor-Viren 364 ff
RNA-Viren 349, 355 f
– Translationsregulation 148
Robertsonsche Translocation 213, 220 f
Rocky-Mountain-Fieber 343, 411
Röntgen 105
Röntgenstrukturanalyse 1
Rötelninfektion 358
– pränatale 362
Röteln-Mißbildung, congenitale 364
Rot-Grün-Blindheit 186
Rous-Sarkoma-Virus 356
rRNA 117
– *Acetabularia mediterranea* 120
– Aufgabe 124
– Sequenzvergleich 239 f
rRNA-Gen 58, 118, 203
– Transkription 58
rRNA-Synthese 61
Rückenmark 289
Rückfallfieber 411, 413
Rückkreuzung 155
Ruhepotential 16
Rundwürmer s. Nemathelminthen

S

Saccharosegradienten-Zentrifugation 117 f
Sacculi 43, 45
S-Adenosylmethionin 89
Salmonella 341
Salvarsan 329
Sandfloh 413 f
Sandmücke 400, 411, 414
Sanger-Methode 384 f
Sarcolemma 76
Sarcomer 77
Sarcoplasma 76
Sarcoplasmatisches Reticulum 36, 77
Sarcosomen 77
Satelliten 202 f
Satelliten-DNA 57 f
α-Satelliten-DNA 202
Sauerstoff 258
Sauerstoffkreislauf 427
Sauerstoff-Radikale 45, 106
Sauerstoffverarmung 431
Säuger, Genexpression 139
Sauggruben 404
Saugnäpfe 404
Saugwürmer s. Trematoden
Säure, salpetrige 431
Schädelvolumen 264
Schädlingsbekämpfung 430
Schafswahnsinn 359
Scharlachexanthem 334
Schilddrüsenhormon 42
Schimmelpilz 345
Schistosomatiden 399
– Entwicklungskreislauf 405
Schistosomiasis 404
Schizogenie 401
Schizogonie 402
Schizophrenie 195
Schlafkrankheit 398
Schlauchherz 292 f
Schlauchwürmer s. Nemathelminthen
Schlundtasche 289
Schmetterlingsblütler s. Leguminosen
Schnabeltier 245
Schrotschuß-Klonierung 373
Schutzimpfung 363
Schutzkapsel 347
Schwachsinn 182
Schwamm, primitiver 260
Schwangerschaft 275, 287
– Virusinfektion 363
Schwann-Zelle 6
Schwanzfibern 349 f
Schwanzspikes 349 f
Schwefel 326
Schweinebandwurm s. *Taenia solium*
Schwermetall-Ionen 329
Schwesterchromatid-Austausch 2, 108
– Steigerung 223
Schwesterchromatiden 60 f, 68, 202
Schwimmblase 253
Scolex 404 f
Scrapie-Prion-Protein 359, 361
Sedimentationskoeffizient 117
Seeanemone 425
Segment-Polarität 297
Segregation, alternierende 219 f
– Nachbarschafts-Segregation 219 ff
Segregationsgesetz 152
Sehen, räumliches 262
Seitenventrikel 291
Sekret 39
Sekretion 19 f, 38
Sekundärfollikel 273 ff
Sekundärinfektion 395
Sekundärkonsument 426
Sekundärsukzession 426
Selbstbefruchtung 152
Selektion 230 f, 235, 237, 381 f
– klonale 302, 305 f, 313
Selektionsdruck 324, 331
Semidominanz 158
Separation 237 f
– akustische 238
– genetische 231
– geographische 231, 245
– optische 238
– reproduktive 231
Septum primum 292
– secundum 292
– transversum 281
Sequenz, autonom replizierende 376 f
SER s. Endoplasmatisches Reticulum, glattes
Serotonin 31
Serratia marcescens 341
Sertoli-Zelle 267 f
Sex reversal on Y 267
Sexchromatin 57, 209 f
Sex-Determination 267 f
Sexduktion 336 ff
Sex-Pili 318, 321
Sexuallockstoff 430
Shigella 341
Shine-Dalgarno-Sequenz 131
Silbernitrat-Lösung 329
Sichelzellanämie 175 ff, 403
– Diagnose, pränatale 386 f
Sichelzellsyndrom 177
Sievert 105
Sigma-Faktor 115 f
Signal-Erkennungsprotein 34 f, 138
Signalsequenz 34 f, 138
Signaltransduction 367 ff
Silencer 115
Sinneszelle 260
Siphonaptera 399
Situs inversus 75
Sklerotom 283
Slow virus 357 ff
Smog 431
Somatomedine 390
Somatoplasma 151
Somite 283 f
Sonnenenergie 255 ff
Sonnenlicht 419 f
SOX9 268
Spacer-Region 54
Spalthand 178
Spectrin 11
Speicherkrankheit 42
Spermatiden 65, 269

Spermatocyten 65, 268 f
Spermatogenese 268 ff
Spermatogonien 266, 268
Spermatogonienbahn 270
Spermien 266, 269
– Mittelstück 269, 276
Spermienbewegung 275
Spermiengeißel 74
Spermiogenese 206, 269
Spezies 226
Sphärocytose, hereditäre 11
S-Phase 60 f, 65
Spina bifida 196
Spindelapparat 63, 71 f
Spindelfaser, kinetochore 72
– polare 61, 63, 72
Spirillum minus 342
Spirochaeta recurrentis 411, 413
Spirochäten 342
Spleißen 120, 122
Spleißosom-Komplex 122 f
Spontanabort 204, 207
Spontanmutation 106, 230
Sporen 266
– Aufbau 323
– Resistenz 322
Sporenauskeimung 322 f
Sporenbildner 322 f
Sporencyste 401, 404
Sporentierchen s. Sporozoen
Sporogonie 401 f
Sporozoen 318, 399, 401 ff
– Generationswechsel, intrazellulärer 401
Sporulation 322
Sprache 265
Springen, chromosomales 376 f
Spulwurm s. Ascaris
5S-RNA-Gene 58
SRY-Gen 267 f
– Translokation 268
Stäbchen 341 f
Stachelsaum-Vesikel 19 ff, 24
Stammbaumanalyse 172 ff
Stammesentwicklung 236, 244 ff
Stammzelle 301, 312
– totipotente 391
Staphylococcus aureus 398
Staphylokinase 334
Staphylokokken 334, 342
Stechmücke 414, 421
Steigbügel 288 f
Stenopotenter Organismus 418
Sterilisation 328 f
Sterilität 238
Steroide, Genregulation 147
Steroidhormone, Synthese 35
Stickoxide 433
Stickstoff-Ausscheidung 246
Stickstoffkreislauf 427
Stickstoffquelle 326
Stoffaustausch 14 ff
Stoffwechseldefekt, Diagnose, pränatale 224 f
Stop-Codon 122, 124, 129, 136
Stop-Signal 340
Strahlen, harte 105
– ionisierende 105 f
– Toleranzdosis 106
– Verdoppelungsdosis 106
– weiche 105
Strahlenbelastung 105
– natürliche 106
Strahlensensibilität 111
Strahlensterilisation 328
Strahlenwirkung 105
Strahlungsenergie 426
Stratosphäre 432 f
Stratum 29
Streptococcus mutans 354
Streptodornase 334
Streptokinase 334
Streptokokken 334, 342
Streptomycin 134, 138, 331
Streptomycin-Resistenz 236
Strobila 404
Stromatolithen 244
Strongyloides 399, 410
Struktur-Gen 141 f, 190
Strukturprotein 178
Sukzession 426
Sulfate 38
Sulfonamide 329, 345
– Wirkung 329 f
SV-40 360, 366
Svedbergeinheit 118 f
Symbionten 47
Symbiose 258, 354, 393, 425
Symport 17
Synapse 22
– chemische 24, 30 f
– elektrische 24, 30
Synapsis 67
Synaptischer Spalt 31
Synaptonemaler Komplex 66 f, 69
Syncytium 76
Syngamie 266
Synökologie 420
Synonyme 127, 129

T

Tabak-Mosaik-Virus 360
Tachyglossus 250
Taenia 394, 396
– Entwicklungsweg 407
– *saginata* 399, 404, 407 f
– *solium* 399, 407 f
Tandem-repeats 388
Tandemsatelliten 202
Taubstummheit 181, 184
Taufliege s. *Drosophila*
Tbc-Diagnose-Medium 324
T7-DNA, späte 351 f
Teichonsäure 319
Teilungsring 63
Telencephalon 289 f
Telolysosomen 40
Telomer 58, 66, 100, 216
Telomerabbruch 216
Telomerase 99 f
Telomerlänge 100
Telophase 61 ff
Telophase I 66, 69
Telophase II 69
Temperaturanpassung 419
Temperaturkompensation 422
Temperaturregulationszentrum 419
Terminalisierung 68
Termination, Transkription 117
– Translation 131, 134, 136
Terminationsfaktor 134, 136
– ϱ 116 f
Terminator 116 f
Termiten 425
Test, mikrobiologischer 326
Testis 267, 294
Testkreuz 155 f, 162
Testosteron 267
Tetanus-Toxin 334
Tetracyclin 134, 138, 331
Tetrade 66 f
Tetradenanalyse 163 ff
Tetrahydrobiopterin 184
Tetrahydrofolat 329 f
Tetraploidie 204 f
Thalidomid 185
Theca folliculi 273 f
T-Helferzellen 302, 305 f
– B-Lymphocytenaktivierung 313
T-Helferzell-Leukämie 315
Thylakoide 46 f
Thymin 90, 92
Thymin-Cyclobutan-Dimer 109
Thymindimer 105
Thyreoglobulin 42
Tierzucht 235 f
Tight junction 24 ff, 22
T7-Kinase 351
T-Lymphocyten 301 f
– cD4-tragende 365
– cytotoxische 302, 304 ff
– Histocompatibilitätsantigen-Erkennung 303 f
Toga-Virus 355, 362 f
Toleranz 315
Tollwut 362 f
Tonofilament 27, 29, 70
Topoisomerase 2, 94, 331
Topoisomerase II 56
Totipotenz 295
Toxin 334 f
– bakterielles 333
– erythrogenes 334
– Immunisierung 363
Toxoplasma gondii 401
Toxoplasmen 399
Toxoplasmose 401
T-Phage 351
T-ψ-Schleife 126
Trachea 288 f
Trachom 344
Tra-Gen 336
Transacetylase 141
Transcytose 21, 309
Transduktion 335 f
– generalisierte 335 f
– hochfrequente 336
– spezifische 335 f
Transfer-Gen 338
Transferrin-Rezeptor 148
Transfer-RNA 117
– Aminosäure-Bindungsregion 127
– fmet-Transfer-RNA 132 f
– Haarnadelstruktur 113
– leere 136
– Proteinsynthese 131
– Struktur 126
Transfer-RNA-Gen 58, 119
Transformation 87, 335, 365
– stabile 381
Transkription 56, 113 ff
– Botenfunktion 115
– Initiation 115
– Regulation 115, 140
– Termination 117
– Vervielfältigung 115
Transkriptionsfaktor 115, 267 f, 297, 368 f
Transkriptionshemmung 138
Transkriptionsprodukt 117
Translation 124 ff, 131
– Elongation 131, 133 ff
– Hemmung 138, 331
– Initiation 131 ff
– Regulation 140, 148
– 80S-Ribosom 423
– Termination 131, 134, 136
Translocation 133 f, 136, 213, 219 ff
– balancierte 215
– reziproke 219 f, 224
– unbalancierte 215
Translocationschromosom, metazentrisches 213
– submetazentrisches 213
Translocations-Mongolismus 221
Transmembranprotein 9, 11, 16
Transplantatabstoßung 302
Transplantationsantigen 304
Transport, aktiver 15 ff
– passiver 15
Transporter 16, 18
Transportprotein 320
Transportwirt 394
Transposon 339 f
trans-Test 142
Treibhauseffekt 433
Trematoden 399, 404
Treponema pallidum 342
Trichinella 395
– *spiralis* 399, 410
Trichinose 410
Trichomonaden 399
Trichomonas intestinalis 399 f
– *vaginalis* 399 f
Trichuris 399, 410
Triglyceridsynthese 35
Trimethoprim 330
Triplett-Code 127 f
– Entstehung 256 f
Triplett-Wiederholung, expandierte 101
Triploidie 204
Triplo-X-Frau-Syndrom 208 f
Trisomie 206
– partielle 210, 215
– strukturelle 219
Trisomie 13 207, 210
Trisomie 18 207, 210
– – Karyogramm 211
Trisomie 21 207
– – Alterabhängigkeit 209, 211
– – Karyogramm 210
– – Merkmal 210

Trivalente 220
tRNA s. Transfer-RNA
Trophoblast 279 f, 282 f, 285
Tropomyosin 81
Troponin 81
Trugkrätze 413
Trypanosoma brucei gambiense 398 f
– – *rhodesiense* 398 f
– *cruzi* 398 f, 411, 413
Trypanosomen 395, 400
– Leit-RNA 122
Tryptophan-Synthese-Operon 143
Tsetsefliege 398, 414 f
Tsutsugamushi-Fieber 411, 413
Tube 267
Tubenschwangerschaft 277
Tubulin 5, 32, 70 f
Tubulus 43, 45
– A-Tubulus 73 f
– B-Tubulus 73 f
– C-Tubulus 73
Tularämie 411
Tumorrisiko, erhöhtes 111, 223
Tumorsuppressorgen 65, 368 f
– inaktives 198
Tumorviren 364 ff
– RNA-haltige 113
Tumorzelle 365
– Abwehr 302
– Resistenzentwicklung 17
– Telomerase, aktive 100
Tunnelprotein 34
Turbellarien 393
Turner-Syndrom 189, 207, 218, 268
Tyrocidin 333
Tyrosin 182
T-Zell-Rezeptor 301, 303 f, 313 f
– Signaltransduktion, Mutation 316

U

UAA-Codon 129
UAG-Codon 129
Überempfindlichkeitsreaktion, cytotoxischer Typ 316
– Sofortreaktion 316
– vom verzögerten Typ 316
Ubiquist 419
Ubiquitin 54
UGA-Codon 129
Uhrenprotein 423
Ullrich-Turner-Syndrom 189, 207, 218, 268
Ultrazentrifugation 3
Umwelt 417 f
Umweltfaktor, abiotischer 418 f, 428
– Änderung 426
– biotischer 417, 420 ff, 428
– Phänotypvarianz 192 f
Umweltkapazität 430
Umweltkatastrophe 433
Unabhängigkeitsregel 155, 157
Uniformitätsgesetz 152
Uracil 90, 92, 113 f
Uracildimer 105
Uratmosphäre 255
Urdarm 279
Urethritis 400
Urkeimzelle 266
Urniere 249, 295
Urnierengang 248 f
Urnierenkanälchen 294
Urnucleotide 256
Urogenitalsystem, Entwicklung 248 ff
Urozean 255
Urpeptid 242, 256
Ursegment 283, 287
Uterus 250, 267, 294
– arcuatus 295
– bicornis 295
– duplex 295
Uterusschleimhaut 274 f
Utriculus prostaticus 294 f
UUU-Codon 129
UvrA 109
UV-Sensitivität 111
UV-Strahlung 420, 431
– DNA-Schäden 105, 109
– Schutz 432

V

Vagina 250, 267, 294
Vakzination 300
Vancomycin 331
Variabilität, genetische 191, 194
– multifaktorielle 193 f
– der Phänotypen 190
– umweltbedingte 193
Variable number of tandem repeats 388
Varianz, diskontinuierliche 190
– genetische 163 f
Vaterschaftsausschluß 173 f, 388 f
Vaterschaftsgutachten 204
V-Domäne 307
Vehikel 371
Vektor 371, 374
– beladener, Vermehrung 380 f
– Einschleusen 380
– M13 375 f
Vektor-DNA, ringförmige 382
Vena cava 252
– omphalomesenterica 287, 293
– pulmonalis 252, 292
– umbilicalis 286, 292 f
Ventrikel 289
Verdauungsenzym 40
Vererbung 151
– codominante 172 ff
– cytoplasmatische 45 ff
– extrachromosomale 45 ff
– intermediäre 158
– maternale 46
– polygene 195
– – mit Schwellenwert 196
Verschlußkontakt 22, 24 ff, 28
Vertebraten 245, 247 f
– Kreislaufentwicklung 251 ff
Verwandtenehe 231 ff
Verwandtschaft 238 ff
– Beweis 239 f
Verwandtschaftskoeffizient 232
Vesikel 19 f, 37, 256 f
Vibrio cholerae 333, 341
Vielzeller 259, 261
Villin 84 f
Vinblastin 71
Virämie 301
Viren 317 f
– abgeschwächte 363
– bakterielle s. Phagen
– Charakterisierung 354 ff
– defekte 335
– Entwicklungszeit 357
– Ether-empfindliche 356
– Evolution 240
– inaktivierte 356, 363
– Lipid-haltige 356
– Lysogenie 352 ff
– phagocytierte 24
– Phylogenie 356
– Reindarstellung 354
– Schutzimpfung 363
– SV40 360, 366
– tierische 354 ff
– Zusammensetzung, chemische 355
Virenzucht 354
Viroide 370
Virologie 317, 347 ff
Virulenz 335
Virusbestandteile 347
Virus-DNA, Zirkularisierung 380
Virusentwicklung 348 f, 356 ff
– Frühphase 356 f
– Replikationsphase 356 f
– Unterdrückung 364
Virusinfektion, latente 362
– persistierende 362
– Schwangerschaft 363 f
Virusprotein 355
Virus-Reservoir 362
Virus-RNA 356
Virus-RNA-Polymerase 351
Virustranslation 140
Vitamin B_{12} 333
Vitamin D_3 420
Vitamin E 425
Vitamin K 333, 425
Vitamin-B_{12}-Mangel 395, 407
Vitamin-D-resistente-Rachitis 185 f
Vitellin-Hülle 296
VNTR s. Variable number of tandem repeats
Vogelmigration 421
Vogel-Sarkom-Viren 364
Vorderdarm 281
Vorkern 276
Vorniere 247 f, 295
Vorspore 323

W

Wachstum 63
– vegetatives 45
Wachstumsfaktor, epidermaler 367
– Genregulation 147
– Zellcyclus-Kontrolle 65
Wachstumshormon 390
Wahrscheinlichkeitsrechnung 228
Waldsterben 431
Wallace, A. R. 237
Wandern, chromosomales 376
Wanze 398 f, 411, 413
Wärmeabgabe 419
Warzen-Viren 366
Wasser, Reinheitsgrad 431 f
Wasserstoffperoxid, Abbau 43
Wasserverschmutzung 432
Wechselfieber s. Malaria
Weismann, August 151
Wildtyp-Allel 156
Wilms-Tumor 198, 368
Wimperntierchen s. Ciliaten
Winterschlaf 419
Wirts-vermittelter Test 108
WN-Flavi-Virus 361
Wobble-Theorie 130
Wolffscher Gang 250, 294 f
Wolf-Hirschhorn-Syndrom 216
Wolhynisches Fieber 413
Wuchereria bancrofti 410
Wurzelfüßler 399

X

X-Chromosom 168 f
– Duplikation 218
– inaktiviertes 57, 189, 209, 218, 268
Xenopus laevis 295
Xeroderma pigmentosum 110 f, 223
X-Inaktivierungs-spezifisches Gen 268
45,X0-Karyotyp 207
X-Syndrom, fragiles 101
46,XX-Karyotyp 203
XX-Mann 268
47,XXX-Karyotyp 208 f
47,XXY-Karyotyp 208
XY-Frau 268
46,XY-Karyotyp 203
XYY-Syndrom 208 f

Y

YACs s. Yeast artificial chromosomes
Y-Chromosom 168 f
– SRY-Gen-Lokalisation 267
Yeast artificial chromosomes 376 f
Yersinia pestis 341, 411, 413

Z

Zahnschmelzdefekt, erblicher 185
Zecke 395, 399, 411 ff
– Wirtswechsel 412
Zecken-Encephalitis 362
Zeckenfieber 343
Zeitmessung, periodische 421
Zeitmessungsmethode 243 f
Zellabbau 42

Zellbewegung 83 f
Zellbiologie, Methoden 2 f
Zellcyclus 59 ff
Zelldifferenzierung 282
Zelle, Definition 1
– Evolution 258
– kernlose 318
– merodiploide 142
– Spezialisierung 259 ff
– Totipotenz 261
– transformierte 364 f, 368
Zellenergie 48 f
Zellgenetik, somatische 169 f
Zellindividualität 5 f, 305
Zellkern s. Nucleus
Zellklon 266
Zellkontakt 10, 23 ff, 282
Zellkultur, Infektion 344
Zellmembran 3
Zellregulation 140
Zellrezeptor 309
Zellteilung 59
– Kontrollpunkte 63 f
Zelltod 327 f
– programmierter 369
Zellverband 282
Zellvermehrung 282
Zellvolumen 18 f
Zellwand, Aufbau 320 f
– mureinhaltige 319
Zellwandsynthesehemmung 138
Zellweger-Syndrom 43
Zellzahlbestimmung 327
Zentralnervensystem 290 f
Zentriol 63, 72 f
– Verdopplung 60
Zentriolensynthese de novo 72
Zentromer 63, 202
Zentromer-DNA 57
Zentrosom 71
Zigarettenrauch 102
Zona pellucida 276
Zonula adhaerens 22, 24, 27
– occludens 10, 22, 24, 27
Z-Streifen 77 f
Zungenbein 288 f
Zweiteilung 266
Zwergfadenwurm s. *Strongyloides*
Zwillinge, dizygote 194 f
– monozygote 194 f
Zwischenwirt 394
Zwitter 266
Zygotän 67 f
Zygote 227, 266, 401
– diploide 160
– Totipotenz 295
– Wanderung 277